Best Available Techniques (BAT) Reference Document for Waste Incineration

废物焚烧最佳可行技术

（比利时）弗雷德里克 · 纽瓦尔（Frederik NEUWAHL）
（意大利）吉安卢卡 · 库萨诺（Gianluca CUSANO）
（秘鲁）豪尔赫 · 戈梅斯 · 贝纳维德斯（Jorge GOMEZ BENAVIDES）
（英国）西蒙 · 霍尔布鲁克（Simon HOLBROOK）
（西班牙）谢尔盖 · 鲁迪尔（Serge ROUDIER）
著

汤健 乔俊飞 译

化学工业出版社
· 北京 ·

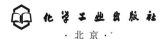

内容简介

废物焚烧最佳可行技术（BAT）参考文件（BREF）是系列文件的一部分，这些文件展示了欧盟成员国、相关行业、促进环境保护的非政府组织和委员会之间进行信息交流的结果，其根据工业排放指令（2010/75/EU）（简称“指令”）第13（1）条的要求，起草、审查并在必要时更新。本文档由欧盟委员会根据指令第13（6）条发布。

废物焚烧的BREF包括废物焚烧厂和废物协同焚烧厂所进行的废物处置或回收，以及废物焚烧产生的炉渣和/或底灰处理的废物处置或回收。

废物焚烧行业针对指令的重要问题包括：大气排放、水体排放以及从废物中回收能源和材料的效率。第1章提供了废物焚烧部分的一般信息。第2章提供了在废物焚烧行业已经应用的常用工艺和通用技术信息，包括：不同类型废物的预处理、储存与加工、热处理、能量回收、烟气净化、废水处理以及固体残余物的处理。第3章描述了废物焚烧行业报告中的废物排放和消耗层次的当前范围。在确定BAT时需要考虑的技术（即广泛应用于废物焚烧行业的技术）在第4章中进行描述。第5章描述了指令第3（12）条中定义的BAT结论。第6章提供了指令第3（14）条中定义的“新兴技术”信息。第7章给出结论意见和对未来工作的建议。第8章为附件，列举了大气排放监测系统成本、能源效率计算示例以及数据收集情况等。

图书在版编目（CIP）数据

废物焚烧最佳可行技术 /（比）弗雷德里克·纽瓦尔等著；汤健，乔俊飞译. -- 北京：化学工业出版社，2025. 2. -- ISBN 978-7-122-46593-1

Ⅰ. X705

中国国家版本馆CIP数据核字第2024ED8235号

责任编辑：宋　辉　于成成
文字编辑：毛亚囡
责任校对：李雨晴
装帧设计：王晓宇

出版发行：化学工业出版社
（北京市东城区青年湖南街13号　邮政编码100011）
印　　装：天津千鹤文化传播有限公司
787mm×1092mm　1/16　印张41¾　字数1041千字
2025年5月北京第1版第1次印刷

购书咨询：010-64518888
售后服务：010-64518899
网　　址：http://www.cip.com.cn
凡购买本书，如有缺损质量问题，本社销售中心负责调换。

定　　价：198.00元　

本出版物是由欧盟委员会内部科学服务机构联合研究中心编写的科学促进政策报告，旨在为欧洲决策过程提供有科学依据的支持，但该出版物所表达的科学结论并不隐含着欧盟委员会的政策立场。欧盟委员会或代表委员会行事的任何人均不对该出版物的使用负责。

联系方式

名称：欧洲 IPPC 局

地址：西班牙塞维利亚 E-41092，Edificio Expo c/Inca Garcilaso 3，联合研究中心

邮件：JRC-B5-EIPPCB@ec. europa. eu

电话：+34 95 4488 284

JRC 科学中心

JRC118637

EUR 29971 EN

PDF ISBN 978-92-76-12993-6 ISSN 1831-9424 doi:10. 2760/761437

卢森堡：欧盟出版局，2019 年。

如何引用本报告：Frederik Neuwahl，Gianluca Cusano，Jorge Gómez Benavides，Simon Holbrook，Serge Roudier；*Best Available Techniques（BAT）Reference Document for Waste Incineration*；EUR 29971 EN；doi:10. 2760/761437。

书名：《废物焚烧最佳可行技术》

摘要：

废物焚烧最佳可行技术（BAT）参考文件（BREF）是系列文件的一部分，这些文件展示了欧盟成员国、相关行业、促进环境保护的非政府组织和委员会之间进行信息交流的结果，其根据工业排放指令（2010/75/EU）（简称“指令”）第13(1)条的要求，起草、审查并在必要时更新。本文档由欧盟委员会根据指令第13(6)条发布。

废物焚烧的BREF包括废物焚烧厂和废物协同焚烧厂所进行的废物处置或回收，以及废物焚烧产生的炉渣和/或底灰处理的废物处置或回收。

废物焚烧行业针对指令的重要问题包括：大气排放、水体排放以及从废物中回收能源和材料的效率。第1章提供了废物焚烧部分的一般信息。第2章提供了在废物焚烧行业已经应用的常用工艺和通用技术信息，包括：不同类型废物的预处理、储存与加工、热处理、能量回收、烟气净化、废水处理以及固体残余物的处理。第3章描述了废物焚烧行业报告中的废物排放和消耗层次的当前范围。在确定BAT时需要考虑的技术（即广泛应用于废物焚烧行业的技术）在第4章中进行描述。第5章描述了指令第3(12)条中定义的BAT结论。第6章提供了指令第3(14)条中定义的“新兴技术”信息。第7章给出结论意见和对未来工作的建议。第8章为附件，列举了大气排放监测系统成本、能源效率计算示例以及数据收集情况等。

致谢

本文档由欧洲委员会联合研究中心B局的欧洲综合污染预防和控制局（EIPPCB）编制，由Serge Roudier（EIPPCB负责人）和Luis Delgado Sancho（循环经济和工业领导小组负责人）监督。

该BREF的作者是Frederik Neuwahl，Gianluca Cusano，Jorge Gómez Benavides和Simon Holbrook❶。

本报告是在执行工业排放指令（2010/75/EU）的框架内起草的，是该指令第13条所提供信息交流的结果。

信息的主要贡献者是：

• 欧盟成员国：奥地利、比利时、捷克、丹麦、芬兰、法国、德国、意大利、荷兰、波兰、西班牙、瑞典和英国❷。

• 欧洲经济区国家：挪威。

• 行业包括：CEWEP（欧洲废物变能源电厂联合会）、ESWET（欧洲废物变能源技术供应商）、FEAD（欧洲废物管理和环境服务联合会）、HWE（欧洲危险废物）、Eurits（特殊废物责任焚烧和处理欧洲联盟）、CEFIC（欧洲化学工业理事会）。

• 非政府环境组织：EEB（欧洲环境局）。

参与审查过程的其他成员者包括匈牙利、爱尔兰、马耳他、葡萄牙、罗马尼亚、Cemboura（欧洲水泥协会）、CEPI（欧洲造纸工业联合会）、ESPP（欧洲可持续磷平台）、Eurelectric（电能工业联盟）、Eurometaux（欧洲有色金属协会）、Euroheat&Power、FIR（国际回收利用基金会）、欧洲IMA（欧洲工业矿物协会）和Orgalim（欧洲技术产业）。

整个EIPPCB团队也提供了贡献和同行评审。

这份报告由Anna Atkinson编辑、Carmen Ramírez Martín排版。

❶ 译者注：原书为此，此处缺少封面上的第五作者Serge Roudier。

❷ 译者注：该书涵盖数据截止于2016年4月，英国脱欧为2017年3月，为保证书籍内容和数据的完整性，译者保留了原著中的相关内容。

本文档是下表中系列可预见文档中的一份：

最佳可行技术参考文件(BREF)	编码
陶瓷制造业	CER
化工行业常见的废水和废气处理/管理系统	CWW
化工行业常见废气管理和处理系统	WGC
储存的排放	EFS
能效	ENE
黑色金属处理行业	FMP
食品、饮料和牛奶工业	FDM
工业冷却系统	ICS
家禽和猪的集约饲养	IRPP
钢铁生产	IS
大型燃烧装置	LCP
大批量无机化学品——氨、酸和化肥行业	LVIC AAF
大批量无机化学品——固体和其他行业	LVIC-S
大批量有机化工	LVOC
采矿活动中的尾矿和废石管理	MTWR
玻璃制造	GLS
有机精细化学品制造	OFC
有色金属工业	NFM
水泥、石灰和氧化镁生产	CLM
氯碱生产	CAK
聚合物生产	POL
纸浆、纸张和纸板生产	PP
特种无机化学品生产	SIC
人造板生产	WBP
矿物油和天然气精炼	REF
屠宰场和动物副产品行业	SA
锻造和铸造工业	SF
金属和塑料表面处理	STM
基于有机溶剂的表面处理，包括木材和木制品的化学防腐	STS
兽皮鞣制	TAN
纺织业	TXT
废物焚烧	WI
废物处理	WT
参考文件(REF)	
经济学与跨介质影响	ECM
IED装置对空气和水的排放监测	ROM

译者序

“废物焚烧最佳可行技术”（WIBAT）是欧盟成员国、相关行业、促进环境保护的非政府组织和委员会之间根据工业排放指令（2010/75/EU）的要求进行起草、审查和更新的参考文件，旨在为欧洲决策过程提供有科学依据的支持。在废物焚烧技术在我国推广力度日益加大的背景下，为提高自主焚烧工艺与设备的研制、提高焚烧过程的自动化与智能化水平、降低焚烧过程的碳排放量和二次污染、确保打赢新时期的“蓝天、净土、绿水”保卫战，需要借鉴 WIBAT。

本书是由欧洲委员会联合研究中心 B 局的欧洲综合污染预防和控制局（EIPPCB）于 2019 年编制完成的。主体内容分为 8 章，第 1 章是废物焚烧基础知识，包括焚烧目的与基本概念、欧洲废物焚烧概况、焚烧厂规模、废物组成及工艺设计的介绍，阐明了大气与水体中的污染排放、残余物产生与可回收材料、工艺噪声、能源生产与消耗、原材料与能源消耗等主要环境问题和经济信息。第 2 章是废物焚烧应用工艺和技术，介绍了针对城市固体废物与类似废物、危险废物、污水污泥和医疗废物等相关的预处理、储存与加工技术；给出了面向炉排焚烧炉、回转窑、流化床、热解和气化系统的热处理技术；在介绍影响能源效率的外部因素和废物焚烧炉的能源效率后，叙述了包括废物供给预处理、锅炉与传热、燃烧空气预热、水冷炉排、烟气冷凝、热泵、烟气再循环、热能回收和水蒸气循环改进等能够提高能量回收的已应用工艺；描述了粉尘、酸性气体（例如 HCl、HF 和 SO_X）、氮氧化物、汞与其他金属、有机碳化合物、温室气体（CO_2、N_2O）排放减排等已应用的烟气净化与控制系统；在给出废水控制的设计原则和分析烟气净化系统对废水的影响后，给出了湿式烟气净化系统和危险废物焚烧中的废水处理技术；在描述了固体残余物种类后，介绍了焚烧过程直接产生固体残余物的处理和回收利用技术以及应用于烟气净化残余物的处理技术。第 3 章主要描述当前排放和消耗水平，介绍废物焚烧出口物流中的物质分配、城市固体废物焚烧（MSWI）的二噁英平衡示例和废物焚烧厂原料烟气的成分；对排放至大气和水体的各类污染物进行描述，给出了来自城市固体废物和其他无害废物焚烧、污水污泥焚烧、危险废物焚烧和医疗废物焚烧的大气污染排放现状，给出了废物焚烧厂废水的潜在来源和其所含有的相关物质；介绍了不同类型废物焚烧固体残余物的组成和可浸出性，给出了焚烧底灰/炉渣处理现状；描述了焚烧过程的能耗与产物，给出废物焚烧厂的噪声来源和水平以及所采用的减噪措施等。第 4 章给出了确定最佳可行技术需要考虑的技术，介绍了提升环境绩效的组织技术和运行技术、热处理技术、增加能源回收的技术、烟气净化和大气排放预防技术、废水处理与控制技术、固体残余物处理技术等。第 5 章给出了废物焚烧的最佳可行技术结论，包括针对环境管理系统、监控、环境绩效和燃烧性能、能源效率、大气排放、水体排放、材料效率、噪声等多项最佳可行技术。第 6 章介绍了汽轮机蒸汽的再加热、用于减少焚烧厂烟气中多卤代芳烃和多环芳烃（PAH）的油洗涤器、无焰加压富氧燃烧、从污水污泥焚烧灰中回收磷等新兴技术。第 7 章总结了本书相关的工作和对未来工作的建议等。第 8 章为附件，列举了大气排放监测系统成本、能源效率计算示例以及数据收集情况等。

在本书的翻译过程中，还得到了夏恒、辛鹏、丁海旭、王丹丹、崔璨麟、郭海涛、徐雯、王天峥、潘晓彤、王子轩、许超凡等同志的大力帮助，他们帮助完成部分章节的素材初译，在此对他们的工作致以诚挚谢意！本书的出版得到了国家自然科学基金（62073006，62173120，62021003）、北京市自然科学基金资助项目（4212032，4192009）、科技创新 2030——“新一代人工智能”重大项目（2021ZD0112301，2021ZD0112302）的资助及支持。

此外，译者特别感谢化学工业出版社的大力支持和本书责任编辑的帮助！

由于译者的知识和认识水平有限，译文中难免有表达不妥或较为生涩的语句，请各位热心的读者和专家不吝赐教，积极批评指正，以帮助我们改进和提高。谢谢！

汤　健　乔俊飞

2023 年 10 月于北京

前言

1. 文件说明

除非另行说明，书中所提及的“指令”引用于欧洲议会和理事会工业排放指令（2010/75/EU）。

在 2006 年，废物焚烧的初版最佳可行技术（Best Available Techniques，BAT）被欧盟委员会采纳。2014 年 5 月又重启了针对废物焚烧的调查研究。因此，本书是在初版 BAT 基础上的最新调查研究结果。

这份关于废物焚烧的 BAT 参考文件是欧盟成员国[1]、相关行业、促进环境保护的非政府组织和委员会之间讨论研究的系列文件中的一部分。关于起草和审查，可根据该指令第 13（1）条的要求对 BAT 参考文件进行更新。根据指令中的第 13（6）条，本书由欧盟委员会发布。

根据指令第 13（5）条的规定，委员会于 2019 年 11 月 12 日通过了关于第 5 章 BAT 结论的 2019/2010/EU 号的决定，进而于 2019 年 12 月 3 日发布[2]。

2. 参与者信息

根据指令第 13（3）条的要求，委员会组建了用于促进信息交流的论坛，该论坛由成员国、相关行业和促进环境保护的非政府组织的代表组成 [2011 年 5 月 16 日委员会决定建立信息交流论坛，参见工业排放指令（2010/75/EU）（2011/C 146/03），OJ C 146，17.05.2011，p. 3]。

技术工作组（Technical Working Group，TWG）由论坛成员提名的技术专家组成，TWG 负责了文件起草的主要工作。欧洲 IPPC 局（委员会联合研究中心）领导和负责 TWG 的总体工作。

3. 本书的结构和内容

第 1 章和第 2 章提供相关工业行业和本行业采用的工业过程的通用资料（信息）。

第 3 章提供关于焚烧企业的环保绩效、运行记录、尾气排放、原材料消耗、耗水量、能源使用和废物产生等相关的数据和信息。

---

[1] 译者注：该书涵盖数据截止于 2016 年 4 月，英国脱欧为 2017 年 3 月，为保证书籍内容和数据的完整性，译者保留了原著中的相关内容。

[2] OJ L 312，03.12.2019，p. 55.

第 4 章详细地描述在确定 BAT 技术时，需要考虑的防止或（在不可行的情况下）减少该设施对环境影响的技术。在相关情况下，该信息包括可通过使用技术实现的环保绩效水平（例如排放和消耗水平）、相关监测和成本以及与技术相关的跨媒体问题。

第 5 章介绍指令中第 3（12）条定义的 BAT 结论。

第 6 章介绍指令第 3（14）条中定义的“新兴技术”信息。

第 7 章给出结论意见和对未来工作的建议。

4. BAT 的信息说明

本书是在综合了多个渠道的信息资料后撰写而成的，特别是通过 TWG 所收集的信息，TWG 是根据指令第 13 条专门为交换信息而设立的组织。欧洲 IPPC 局（委员会联合研究中心）已对这些资料进行了整理和评估，在技术专长、透明度和中立性原则的指导下，领导并肯定了 BAT 的工作。非常感谢 TWG 和所有其他贡献者所完成的工作。

BAT 结论已经通过不断的迭代过程进行了确认，所包含的具体步骤如下：

- 确定废物焚烧行业的关键环境问题；
- 考察与解决这些关键问题的最相关技术；
- 根据欧盟和世界范围内的可用数据，明确最佳环保绩效等级；
- 检查达到最佳环保绩效等级的条件，例如成本、跨介质影响和技术实施所涉及的主要驱动力；
- 根据指令第 3（10）条和附件Ⅲ，选择最佳可行技术（BAT）、与其相关的排放等级（和其他环保绩效等级）以及对该行业的相关监测。

欧洲 IPPC 局和 TWG 的专家指导在上述每个步骤中均发挥了非常关键的作用。

第 4 章中介绍的技术描述提供了能够获得的、低成本的相关数据，其粗略地表明了成本和收益的范围。但是，应用某项技术的实际成本和收益可能会在很大程度上取决于相关设备或装置的具体情况，这些情况在本书中无法进行全面评估。在缺乏与成本相关的数据的情况下，有关技术经济可行性的结论是依据对已有焚烧装置的观察而得到的。

5. BAT 参考文件（BREF）评价

由于 BAT 在本质上是动态概念，所以针对 BREF 的评价也是一个连续不断的过程。例如，新措施和技术的出现，科学技术的不断发展，新的或新兴的工艺被成功地引入废物焚烧行业中。为了反映诸如此类的变化及其对 BAT 的影响，需要对本文档进行周期性评估并在必要时进行相应的更新。

目录

插图目录

插表目录

适用范围

该废物焚烧 BREF 涵盖了针对《工业排放指令（2010/75/EU）》在附件Ⅰ中规定的以下内容：

5.1　处理能力超过 10t/d 的危险废物处理或回收，包含废物焚烧产生的炉渣和/或底灰的处理。

5.2　废物焚烧厂中废物的处置或回收：

① 对于无害废物，处理能力超过 3t/h；

② 对于危险废物，处理能力超过 10t/h。

5.3　废物协同焚烧厂中废物的处置或回收：

① 对于无害废物，处理能力超过 3t/h；

② 对于危险废物，处理能力超过 10t/h；

当生产的主要目的不是生产材料产品时，这要至少具备下列条件之一：

① 仅焚烧废物，但《工业排放指令（2010/75/EU 号）》中第 3（31）（b）条中定义的废物除外；

② 40%以上的热能释放源于危险废物；

③ 燃烧混合的城市废物。

5.4　(a) 处理能力超过 50t/d 的非危险废物，包含废物焚烧产生的炉渣和/或底灰的处理。

(b) 处理能力超过 75t/d 的非危险废物的回收或者回收与处置相混合，包含废物焚烧产生的炉渣和/或底灰的处理。

本 BREF 不包含以下内容：

① 废物焚烧前的预处理。这可能包含在面向废物处理（Waste Treatment，WT）的 BREF 文档中。

② 处理焚烧飞灰和源于烟气净化（Flue Gas Cleaning，FGC）的其他残余物。这可能包含在面向 WT 的 BREF 文档中。

③ 焚烧或协同焚烧除废物热处理产生的废物之外的气态废物。

④《工业排放指令（2010/75/EU 号）》中第 42（2）条所涵盖的工厂内的废物处理。

与本 BREF 所涵盖的内容相关的其他参考文档如下：

① 废物处理（Waste Treatment，WT）；

② 经济和跨介质影响（Economics and Cross-Media Effects，ECM）；

③ 存储排放（Emissions from Storage，EFS）；

④ 能源效率（Energy Efficiency，ENE）；

⑤ 工业冷却系统（Industrial Cooling Systems，ICS）；

⑥ 源于 IED 装置的空气和水排放监测（Monitoring of Emissions to Air and Water from IED Installations，ROM）；

⑦ 大型燃烧装置（Large Combustion Plants，LCP）；

⑧ 化工行业常见的废水和废气处理/管理系统（Common Waste Water and Waste Gas Treatment/Management Systems in the Chemical Sector，CWW）。

本 BREF 的范围不包括仅涉及工作场所安全或产品安全的事项，原因在于这些事项不在指令涵盖范围内。当这些事项在指令涵盖范围内时，才对其予以讨论。

第1章

废物焚烧基础知识

1.1 焚烧目的与基本概念

文献［1］和［64］指出，目前能够采用焚烧进行处理的废物范围非常广。通常，焚烧自身也仅是复杂废物处理系统中的一部分。在总体上，复杂废物处理系统为社会生产生活中所产生的大量废物提供了全面管理的手段。

在过去的25年❶中，废物焚烧行业已经历了快速的技术发展。大部分的变化在很大程度上是由行业立法驱动的，尤其体现在对废物焚烧所产生废气和废水的减排限制。持续的工艺研究一直在发展之中，目前该行业正在开发能够将成本限定于一定范围之内的技术，同时也能够保持或改善环境性能。

废物焚烧的第一目标是减少废物的体积和危害性，同时捕获（进而浓缩）或销毁在焚烧过程中释放或可能释放的潜在有害物质。焚烧过程还可回收废物的能量、矿物和/或其他化学物质。从城市废物和类似废物中回收能源已成为废物焚烧的第二个重要目标（即“废物变能源”或“废物产生能源”的概念）。

废物焚烧的本质是将废物中所含有的可燃物进行氧化。通常，废物是一种高度异质的材料，其主要由有机物质、矿物质、金属和水组成，其焚烧所产生的烟气中包含着大部分的可用的燃料能量。

在达到必需的点火温度且能够与氧气进行接触的条件下，废物中的有机燃料物质会开始燃烧。在实际燃烧过程中，气相反应是以秒为单位进行的，在废物热值和氧气供应充足的情况下，该反应会同时释放出能量，进而导致热的连锁反应和废物的稳定燃烧，即不需要添加额外的辅助燃料就能够完成废物的焚烧。

焚烧过程包含如下3个主要阶段：

① 干燥和脱气：此阶段中，挥发性成分（例如碳氢化合物和水）通常会在温度处于100～300℃之间时进行挥发。此过程不需要采用任何氧化剂进行触发，仅依赖于提供的热能。

② 热解和气化：热解是指在温度处于250～700℃条件下时，在不存在氧化剂的情况下，废物中的有机物质发生进一步的分解。气化是指在温度处于500～1000℃条件下时，含碳残余

❶ 译者注：截止于本书数据收集截止时的2016年4月。

物与水蒸气和 CO_2 所发生的反应，但其也可能在温度高达 1600℃时发生，进而废物中的固体有机物会转换为气态。显然，除了温度因素之外，水、蒸汽和氧气均支撑了上述反应的发生。

③ 氧化：依赖于所选择的焚烧方法。通常，烟气温度在 800～1450℃之间时，在前几个阶段所产生的可燃气体会发生氧化反应。

上述这些反应阶段通常是相互重叠的，这意味着：在废物焚烧过程中，这些反应阶段在空间和时间上的分离可能仅在有限的范围内发生。事实上，这些反应过程是同时发生的，并且会相互影响。尽管如此，还是有可能通过采用炉内技术措施影响这些反应过程，进而减少污染排放，这些相应的技术措施包括炉膛设计、风量分配和控制策略。

在完全氧化焚烧中，烟气的主要成分包括水蒸气、氮气、二氧化碳和氧气。依据所焚烧材料的成分和运行工况，会形成或残留少量的 CO、HCl、HF、HBr、HI、NO_X、NH_3、SO_2、VOCs、PCDD/F、PCB 和重金属化合物（以及其他）。根据焚烧主要阶段的燃烧温度，挥发性重金属和无机化合物（例如盐）会全部或部分地蒸发，进而这些物质会从输入废物转移到烟气和飞灰中，进一步会产生矿物质残留飞灰（粉尘）和较重固态灰（底灰）。在城市废物焚烧过程中，底灰约占固体废物输入量的 10%（体积分数）和 20%～30%（质量分数）；相对而言，飞灰的产生比例要低得多，通常仅占固体废物输入量的百分之几。固体残余物所占比例会因废物类型和具体工艺设计的不同而存在较大的差异性。

充足的氧气供应是废物实现有效氧化燃烧的基础。通常，供应的焚烧风量与化学反应需要的焚烧风量（或化学计量量）之间的比值“n”的范围是 1.2～2.5，其取决于燃料是气体、液体还是固体，以及所采用的焚烧炉系统等多方面的因素。

燃烧仅是整个焚烧过程中的一个工艺阶段。也就是说，焚烧过程通常包括存在复杂相互作用的多个技术阶段，在这些阶段的共同作用下，才能完成废物的处理。每个阶段的主要用途略有不同，如表 1.1 所述。

表 1.1 废物焚烧各工艺阶段的用途[1,64]

目标	负责的阶段
• 有机物质的破坏 • 水分的蒸发 • 挥发性重金属和无机盐的蒸发 • 产生能够二次利用的矿渣 • 减少残余物的体积	焚烧炉
• 可用能量的回收	能源回收系统
• 固体残余物中挥发性重金属和无机物的去除和浓缩，例如，烟气清洗后的残余物和废水处理后的污泥 • 最小化面向全部介质的污染排放	烟气净化系统

1.2 欧洲废物焚烧概况

作为废物管理的一种方法，焚烧的采用比例具有因地而异的特点。例如，欧盟（EU）成员国中，对城市废物进行焚烧处理的份额范围是 0～55%。

表 1.2 给出了欧盟每个成员国针对城市固体废物、危险废物和污水污泥的处理估计量。该表还包括了沉积废物，原因在于：这些废物中相当大的一部分在将来可能会被转为采用包括焚烧在内的其他废物处理方法。

表 1.2 EU 成员国的城市固体废物（MSW）、危险废物（HW）和污水污泥（SS）的数量及其处理方式统计表[7,14]

国家	城市固体废物(MSW)				危险废物(HW)				污水污泥(SS)			
	MSW 产生总量 /$\times10^6$t	数据年份	填埋占比（或/和数量 /$\times10^6$t）	焚烧占比（或/和数量 /$\times10^6$t）	HW 产生总量 /$\times10^6$t	数据年份	填埋数量 /$\times10^6$t	焚烧占比（以干污泥形式 /$\times10^6$t）	SS 产生总量 /$\times10^6$t	数据年份	填埋数量 /$\times10^6$t	焚烧数量 /$\times10^6$t
比利时①	4.65	2015	0.04	2.05	3.81	2016	1.22	0.42	0.16	2012	0	0.089
保加利亚①	3.01	2015	1.99	0.08	13.3	2016	13.1	0.006	0.06	2015	0.0085	0
捷克①	3.34	2015	1.75（估计）	0.59（估计）	1.09	2016	0.033	0.107	0.21	2015	0.021	0.008
丹麦	11② 4.48①	2015	4% 0.05	27% 2.36	0.055	2016	0.17	0.12	0.13	2016	0.001	0.035
德国	51.1	2014	0	32%	25.3	2014	4.6①	4.5	1.8	2014	0	1①
爱沙尼亚①	0.47	2015	0.035	0.24	9.68	2016	9.23	0.013	0.02	2013	0.002	NI
爱尔兰	2.62	2014	0.54	0.89	0.48①	2014	0.04①	0.045①	0.06①	2015	0.0001①	0①
希腊①	5.27	2015	4.43	0.018	0.22	2014	0.02	0.006	0.12	2014	0.039	0.039
西班牙	21.2	2015	57.3%	12.7%	3.18	2016	0.6	0.22	1.13	2012	0.08	0.075
法国	34.1	2016	22.4%	35.9%	11	2016	2.3	2.6	1.2	2016	NI	NI
克罗地亚①	1.65	2015	1.32	0	0.174	2016	0.006	0.0014	0.018	2015	0.016	NI
意大利	29.52	2015	26.5%	18.9%	9.1	2015	1.3	0.39	3.1	2015	0.4	0.01
塞浦路斯①	0.54(估计)	2015	0.43	0	0.159	2016	0.129	0.0002	0.007	2015	0	0
拉脱维亚①	0.80	2015	0.49	0	0.066	2016	0.002	0.003	0.008	2012	0.0002	0
立陶宛①	1.30	2015	0.70	0.15	0.176	2016	0.01	0.005	0.043	2015	0	0
卢森堡①	0.35	2015	0.06	0.12	0.427	2016	0.007	0.042	0.009	2015	NI	0.001
匈牙利①	3.71	2015	1.99	0.52	0.174	2016	0.069	0.1	0.157	2015	0.005	0.024

续表

国家	城市固体废物(MSW)				危险废物(HW)				污水污泥(SS)			
	MSW 产生总量 /×10^6 t	数据年份	填埋占比（或/和数量/×10^6 t）	焚烧占比（或/和数量/×10^6 t）	HW 产生总量 /×10^6 t	数据年份	填埋数量 /×10^6 t	焚烧占比（以干污泥形式/×10^6 t）	SS 产生总量 /×10^6 t	数据年份	填埋数量 /×10^6 t	焚烧数量 /×10^6 t
马耳他①	0.27	2015	0.24	0.001	0.174	2016	0	0.0005	0.008	2015	0.008	0
荷兰	8.86①	2015	0.13①	4.15①	5.13①	2016	1①	0.716①	0.53	2015	0	0.321①
奥地利①	4.84	2015	0.14	1.83	1.26	2016	0.066	NI	0.239	2014	0.003	0.139
波兰①	10.8(估计)	2015	5.90（估计）	1.44（估计）	1.91	2016	0.30	0.161	0.568	2015	0.04	0.057
葡萄牙	4.71	2014	2.31	0.97	0.83①	2016	0.24①	0.046①	0.339①	2012	0.011	0
罗马尼亚①	4.9	2015	3.56	0.13	0.619	2016	0.12	0.147	0.210	2015	0.104	0
斯洛文尼亚	0.93	2015	0.21	0.16（估计）	0.124	2016	0.01	0.015	0.029	2015	0.0002	0.013
斯洛伐克①	1.78	2015	1.23	0.19	0.496	2016	0.08	0.019	0.056	2015	0.005	0.003
芬兰	2.7	2016	3%	55%	2.0	2016	86%	8%	0.8（湿污泥质量）	2016	2%	0
瑞典	4.55	2017	0.4%（0.02）	53%（2.4）	2.0	2016	0.63	0.32	0.2	2014	0.003	0.002
英国①	31.46	2015	7.12	9.90	6.11	2016	0.84	0.33	1.14	2012	0.005	0.229
总量①	244.82	2015	26%	27%	94.73	2014	37.3	10.2	9.1	2012	0.67	2.3

① 表示源于欧盟统计局的数据（env wasmun，env wasnt，env ww spd access on 20/11/2018）。在所有其他情况下，数据均由欧盟成员国直接提供。

② 表示包括所产生的全部非有害废物但不包括污水污泥和受污染土壤。

注：1. NI 表示没有提供信息。

2. 废物处理方法达到 100%均衡的原因在于，采用了除填埋和焚烧以外的其他方法，例如回收和再循环。

注意：由于废物定义和废物类别因国家不同而存在差异，表1.2中所给出的某些值可能是无法进行直接比较的。

表1.3列出了已有的用于处理各类废物的焚烧厂（不包括规划中的场地）的数量及总容量。

表1.3　城市、危险和污水污泥废物焚烧厂的地理分布[1,64,47,16,34]

国家	MSW焚烧厂		HW焚烧厂		SS焚烧厂	
	总数	容量/(Mt/a)	总数	容量/(Mt/a)	总数	容量/(Mt/a)
奥地利	12	2.5	2	0.1	1	NI
比利时	16	2.7	3	0.3	1	0.02
捷克	3	0.65	NI	NI	NI	NI
丹麦	29①	4.8①	3	0.26	3	0.1
爱沙尼亚	NI	0.25	NI	NI	NI	NI
芬兰	9	1.7	1	0.2	3	0.039
法国	127	14.4	48②	2.03③	27	NI
德国	89	22.8	31④	1.5	19	2.2
匈牙利	1	0.38	NI	NI	NI	NI
爱尔兰	1	0.22	11	NI	NI	NI
意大利	44	7.3	NI	NI	NI	NI
立陶宛	NI	0.23	NI	NI	NI	NI
卢森堡	1	0.15	0	0	NI	NI
荷兰	13	7.6	1	0.1	2	0.19
挪威	15	1.6	NI	NI	NI	NI
波兰	NI	0.04	NI	NI	NI	NI
葡萄牙	3	1.2	5	NI	NI	NI
斯洛伐克	2	0.17	NI	NI	NI	NI
斯洛文尼亚	NI	0.004	NI	NI	NI	NI
西班牙	10	2.64	1	0.038	2	0.032
瑞典⑤	34	6.6	1	0.1⑥	0	0
瑞士	29	3.29	11	2	14	0.1
英国	NI	6.18	3	0.12	11	0.42
欧盟	470	NI	NI	NI	NI	NI

① 包括以处理无害化固体废物为主的全部焚烧和协同焚烧厂。文献［16］估计仅MSW的处理量为3.3Mt/a。
② 包括28个专用商业焚烧厂和20个非商业焚烧厂（2015年数据）。
③ 商业焚烧厂容量为1.51Mt/a，非商业焚烧工厂容量为0.52Mt/a（2015年数据）。
④ 包括在化学工业中采用的焚烧装置。
⑤ 在34个焚烧厂中，共有54条WI线（锅炉）运行；34个焚烧厂中的14个同时获准焚烧HW。
⑥ 此外，在注⑤中提到的14个MSWI厂，所允许的焚烧容量为0.56Mt/a。
注：NI表示未提供信息。

图1.1显示了各成员国人均城市废物焚烧量的变化，其中，2014年无焚烧厂运行的成员国未在图中列出。

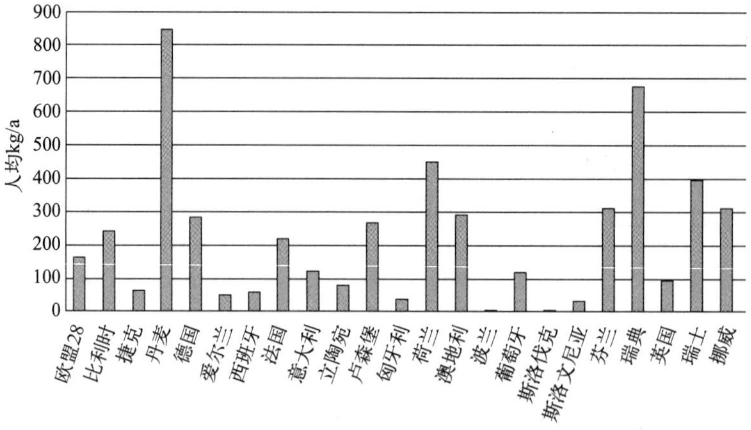

图 1.1 2014 年人均城市废物焚烧量[42,64,16]

1.3 焚烧厂规模

整个欧盟所采用的焚烧装置的规模差异很大。在焚烧技术和废物类型内部与相互之间均可看到规模的差异性，其中，欧洲最大 MSW 厂每年可处理的废物超过 100 万吨。

表 1.4 给出了各国废物焚烧炉的平均容量情况。

表 1.4 各国 MSW 焚烧炉的平均容量[11,64,47]

国家	平均废物焚烧炉容量/(kt/a)
奥地利	178
比利时	141
丹麦	114
芬兰	180
法国	113
德国	256
意大利	161
荷兰	488
葡萄牙	390
西班牙	264
瑞典	136
英国	246
挪威	60
瑞士	110
欧盟平均	193

表1.5给出了主流的不同焚烧技术的典型应用吞吐量范围。

表1.5　热处理技术的典型吞吐量范围[10,64]

技术	典型应用范围/(t/d)
移动炉排(物质燃烧)	120～720
流化床	36～200
回转窑	10～350
热解	10～100
气化	250～500

注：上述取值是典型的应用范围，每种热处理技术也适用于该范围之外。

1.4　废物组成及工艺设计

废物焚烧厂的精确设计取决于其所需要处理的废物类型，其中，以下参数及其波动范围是关键的驱动因素：

① 废物的化学成分；

② 废物的物理属性，例如粒径尺寸；

③ 废物的热特性，例如热值和湿度水平。

通常，针对变化范围相对窄的特定废物所设计的处理工艺是明显优于处理具有大变化范围废物的处理工艺的。同样，处理变化范围较窄废物的方案也能够改善工艺的稳定性和环境绩效，以及简化诸如烟气净化等下游工艺阶段的运行。由于烟气净化所需成本是焚烧总成本的重要组成部分（即占总资本投资的15%～35%），采用上述方案能够降低焚烧炉的处理成本。然而，预处理或选择性地收集某些变化范围较小的废物所造成的额外成本（即通常超出IED装置的边界范围）可能会显著增加废物管理总体成本和整个废物管理系统的污染排放量。通常，涉及更为宽泛的废物管理（即完整的废物产生、收集、运输、处理、处置等）的决定需要考虑大量的因素。焚烧工艺的选择能够成为该更加宽泛的废物管理过程的一部分。

所采用的废物收集和预处理系统对最终焚烧炉所接收废物的类型和性质（例如混合城市废物或者RDF）的影响很大，因此焚烧炉类型需要最适合处理该种废物。对家庭废物的不同组分进行单独收集的规定会对MSWI厂所接收废物的平均成分具有巨大影响。例如，对电池和牙科汞合金的单独收集能够显著减少焚烧厂的汞输入[64]。

管理焚烧炉所产生的残余物以及分配和使用回收能源所消耗的工艺成本，在整个焚烧工艺的选择中也占有一席之地。

在多数情况下，废物焚烧厂可能对其所接收废物的准确含量只能进行有限范围的控制。因此，这需要设计一些足够灵活、能够应对所接收废物的成分变化的设施，其同时应用于废物燃烧阶段和后续烟气净化阶段。

能够采用焚烧方式处理的废物主要包括：

① 城市废物（未进行预处理的残余废物）；

② 预处理的城市废物（例如选定的部分废物或者RDF）；

③ 无害工业废物和包装物；

④ 危险废物；

⑤ 污水污泥；

⑥ 医疗废物。

针对多数焚烧厂而言，其能够接受上述废物类型中的若干种。此外，废物本身也通常存在以下不同分类方式：

① 依据原产地，例如家庭、商业、工业；

② 依据废物性质，例如易腐烂的、危险的；

③ 依据进行废物管理的方法，例如单独收集的废物、回收的材料。

上述这些不同的分类方式也是相互重叠的。例如，各种来源的废物都可能含有易腐烂或有害的废物成分[64]。

表 1.6 给出了德国所产生废物的典型成分，其中，污水污泥包括社区和工业废水处理产生的污泥。

表 1.6　德国所产生废物的典型成分[1,64]

参数	MSW	HW	SS
热值(上位)/(MJ/kg)	7～15	1～42	2～14
水分/%	15～40	0～100	3～97
灰分	20～35	0～100	1～60
碳/% DS	18～40	5～99	30～35
氢/% DS	1～5	1～20	2～5
氮/% DS	0.2～1.5	0～15	1～4
氧/% DS	15～22	NI	10～25
硫/% DS	0.1～0.5	NI	0.2～1.5
氟/% DS	0.01～0.035	0～50	0.1～1
氯/% DS	0.1～1	0～80	0.05～4
溴/% DS	NI	0～80	NI
碘/% DS	NI	0～50	NI
铅/(mg/kg DS)	100～2000	0～200000	4～1000
镉/(mg/kg DS)	1～15	0～10000	0.1～50
铜/(mg/kg DS)	200～700	NI	10～1800
锌/(mg/kg DS)	400～1400	NI	10～5700
汞/(mg/kg DS)	1～5	0～40000	0.05～10
铊/(mg/kg DS)	<0.1	NI	0.1～5
锰/(mg/kg DS)	250	NI	300～1800
钒/(mg/kg DS)	4～11	NI	10～150
镍/(mg/kg DS)	30～50	NI	3～500
钴/(mg/kg DS)	3～10	NI	8～35
砷/(mg/kg DS)	2～5	NI	1～35
铬/(mg/kg DS)	40～200	NI	1～800

续表

参数	MSW	HW	SS
硒/(mg/kg DS)	0.21～15	NI	0.1～8
多氯化联苯(PCB)/(mg/kg DS)	0.2～0.4	最高60%	0.01～0.13
二噁英(PCDD/F)/(ng I-TEQ/kg)	50～250	10～10000	8.5～73

注：1. NI表示未提供信息。
2. %DS表示干燥固体的比例。
3. 污水污泥的热值与DS含量>97%的原污泥有关。
4. HW的子部分在这些范围之外也存在变化。

焚烧装置的设计范围几乎和废物成分范围一样广泛。

新建焚烧厂的优势在于：可设计特定的技术解决方案以满足焚烧厂中待处理废物的特定性质。此外，其还受益于多年行业发展和技术实际应用所累积的知识，因此，可在依据高环境标准进行设计的同时进行成本的控制。

相反，针对选择新技术进行升级的已有焚烧厂而言，其具有较差的灵活性，这些焚烧厂的设计也许是10～20年的工艺演变的结果。通常，欧洲焚烧厂进行技术更新的动机是，需要减少至大气中的污染排放和/或需要提高能源效率等目标。通常，工艺改进的下一阶段会高度（甚至完全）依赖于焚烧厂的已有设计，因此，在该行业可看到许多特定于场地的本地解决方案。如果是进行完全重建，其中的许多焚烧厂可能会采用不同的方式进行建造[6]。

1.5　主要环境问题

废物及其管理本身就是重大的环境问题。因此，废物热处理可被视为对因管理不善或未管理废物流而造成的环境威胁的回应。

热处理的目标是全面减少废物可能产生的环境影响。但是，焚烧装置在运行过程中会产生污染排放和能源消耗，这是否存在或存在时的幅度受到焚烧装置设计和运行的影响。因此，本节简要总结由焚烧装置直接引起的主要环境问题（即此处不包括焚烧的广泛影响或焚烧的优势）。从本质上讲，这些直接影响可分为以下主要类别：

① 至大气和水体中的污染排放；

② 残余物的产生；

③ 工艺噪声的产生；

④ 能源的消耗和生产；

⑤ 原料（试剂）的消耗；

⑥ 产生易挥发排放物和气味——主要源自废物储存；

⑦ 降低危险废物储存/加工/处理的风险。

超出本书所涉及范围的其他影响（但可能会对整个项目的整体环境产生重大影响）源于以下的操作：

① 输入废物和输出残余物的运输；

② 焚烧现场或场外的扩展废物预处理（例如废物衍生燃料制备和相关废物处理）。

1.5.1　至大气与水体中的污染排放

至大气中的污染排放一直是废物焚烧厂的关注焦点。目前，特别是在烟气净化技术上的重大进步，已经显著地减少了废物焚烧厂至大气中的污染排放。

然而，控制向大气中进行污染排放仍然是该行业的重要问题。由于整个焚烧过程通常是在负压（因为通常包含引风机）状态下运行的，这使得至大气中的污染物通常仅由位于焚烧厂尾部的烟囱所排放[2]。

由焚烧厂烟囱排放至大气中的主要排放物（详见 3.2.1）概述如下：

① 粉尘，即颗粒物质——各种粒径的颗粒；

② 酸性和其他气体，包括 HCl、HF、HBr、HI、SO_2、NO_X 和 NH_3；

③ 重金属，包括 Hg、Cd、Tl、As、Ni 和 Pb；

④ 二氧化碳，在 IED 装置或此 BREF 文档中未涵盖；

⑤ 其他碳化合物，包括 CO、VOCs、PCDD/F 和 PCB。

从其他来源排放至大气中的污染物可能包括：

① 臭气，源于未经加工废物的处理和储存；

② 温室气体，源于储存废物的分解，例如甲烷、CO_2；

③ 粉尘，源于干试剂处理和废物储存区域。

排放至水体中的主要潜在来源（依赖于所采用工艺）包括：

① 空气污染控制设备排放的废水，例如盐类、金属；

② 废水处理装置的最终排放废水，例如盐类、金属；

③ 锅炉水，排污口，例如盐类；

④ 冷却水，源于湿式冷却系统，例如盐类、杀菌剂；

⑤ 道路及其他地表排水，例如稀释的废物渗滤液；

⑥ 进入废物储存、处理和转移区域，例如稀释的废物；

⑦ 原材料储存区，例如处理化学品；

⑧ 残余物处理、加工和储存区域，例如盐类、金属和有机物。

根据实际来源的不同，焚烧装置所产生的废水可能含有多种潜在的污染物质，并且实际释放的污染物种类是高度依赖于所采用的处理和控制系统的。

1.5.2 残余物的产生与可回收材料

废物焚烧过程产生的残余物/输出物的性质和数量是该行业的关键问题之一，其原因在于：①提供了焚烧过程完全性的衡量标准；②通常代表了焚烧装置所产生的具有最大潜力的废物。

尽管因焚烧装置的设计及其运行状态和废物输入的不同，焚烧所产生的残余物的类型和数量会存在着差异性，但该过程中通常产生如下所示的主要废物流[64,1]：

① 底灰和/或灰渣；

② 锅炉灰；

③ 飞灰；

④ 烟气净化后的其他残余物（例如钙或氯化钠）；

⑤ 废水处理产生的污泥。

在某些情况下，这些废物流是被隔离的；在其他情况下，它们会在工艺过程的内部或外部进行合并。

处理底灰可获得的物质包括：

① 建筑材料；

② 黑色金属；

③ 有色金属。

此外，某些废物焚烧厂采用安装了额外特定设备的湿式 FGC 工艺，也会相应地回收得到以下物质：

① 硫酸钙（石膏）；

② 盐酸；

③ 碳酸钠；

④ 氯化钠；

⑤ 锌、铅、铜和镉。

在所有这些输出产物中，虽然其产量非常依赖于废物类型，但底灰的产量通常是最大的。在许多地区，底灰是能够作为建筑材料骨料的替代品进行回收的，但这通常取决于当地的法律和实践。某些 EU 成员国所报告的以下示例数据表明，底灰具有相当高的再利用率[47]：

① 在法国，87%回收利用和 13%填埋；

② 在意大利，83%回收利用和 17%填埋；

③ 在芬兰，100%回收；

④ 在瑞典，100%以废物填埋场覆盖材料的形式进行再利用；

⑤ 在丹麦，非危险废物焚烧产生的底灰 100%被回收利用，危险废物焚烧产生的底灰被填埋。

烟气净化阶段所产生的残余物是废物产品的重要来源，但因焚烧废物类型和所采用技术的不同，这些废物产品在数量和性质上存在着差异性。

1.5.3 工艺噪声

在工艺噪声方面，废物焚烧与其他行业和发电厂是相当的。因此，一种较为常见的方法是将城市废物焚烧厂尽可能地设置在完全封闭的建筑物中。废物焚烧厂一般包括废物卸载、机械预处理、烟气处理和残余物处理等操作。通常，只有烟气净化系统的某些部分（管道、管子、SCR、热交换器等）、冷却设施和底灰长期储存场地是直接置于露天的[2]。

最为重要的外部噪声来源包括如下几种：

① 用于运输废物、化学品和残余物的车辆；

② 废物的机械预处理，例如切碎、打包；

③ 排气扇，因从焚烧过程抽取烟气进而在烟囱出口处产生噪声；

④ 冷却系统（源自蒸发冷却，特别是空冷冷凝器）；

⑤ 涡轮发电机（由于会产生高排放水平噪声，故其通常会被放置于特定的隔音建筑物中）；

⑥ 锅炉压力紧急排污（考虑到锅炉安全等原因，要求其直接排放至大气中）；

⑦ 压缩空气的压缩机；

⑧ 底灰的运输和处理（若处于相同地点）。

因 SCR 工艺和烟气管道所产生的噪声较小，故通常其未放置于建筑物内。废物焚烧厂的其他安装部分通常不会产生较大的外部噪声，但可能会导致焚烧厂房产生一般等级的外部噪声。

1.5.4 能源生产与消耗

废物焚烧炉既能够产生能源又会消耗能源。在大多数情况下，由于废物的能源价值高于焚烧工艺所需要的能量，这导致废物焚烧厂能够净输出能源。上述情况是在城市废物焚烧厂内较为常见的场景。

因废物产生总量的增加以及其多年来的连续增长，废物焚烧可被视为是巨大的潜在的能源来源。在某些成员国中，该种能源已得到很好的利用，在采用 CHP 的情况下尤其如此。本书稍后将对能源问题进行更为详细的讨论（参见 3.5 节和 4.4 节）。

图 1.2 给出了某些 EU 成员国的城市废物焚烧厂的热能和电能生产情况。总体而言，2013 年欧盟 28 国废物发电厂回收的总能量估计为 275000TJ 的回收热能和 110000TJ 的回收电能。图 1.2 给出了北部和南部 EU 国家之间的总体差异，其中：北部国家的废物焚烧厂通常设计为通过区域供热网络输出热能；南部国家却因气候变暖而使得热能需求具有很强的季节性，这使得区域供热网络并不常见，故废物焚烧厂通常被设计为仅输出电能。

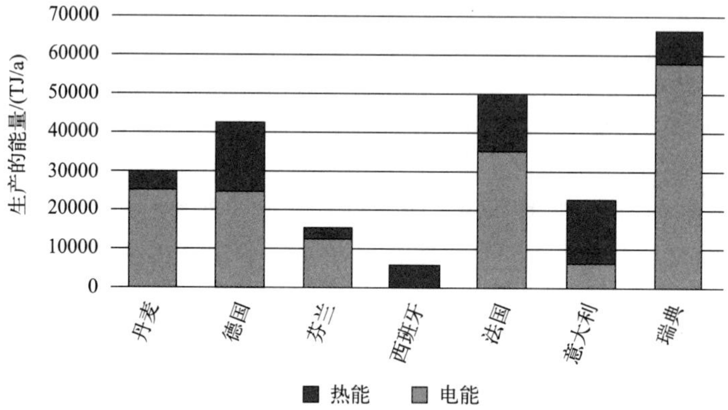

图 1.2　欧洲基于城市废物焚烧的能源生产情况[47]

大多数的城市废物和商业废物，包括废物衍生燃料，都含有很大一部分的生物成分（在某些情况下会达到 60%，甚至更多）。对于处理源自生物质废水处理的污水污泥焚烧炉和专用的木材废物焚烧炉，这一比例通常能够超过 95%。源自生物质部分的能量可被认为是替代的化石燃料，因此从该部分回收能量被认为有助于减少源自能源生产的总二氧化碳的排放量。在一些国家，这些特性使得废物焚烧具有了吸引补贴和减税政策的能力[64]。

废物焚烧过程的能量输入可包括：

① 废物。

② 辅助燃料（例如柴油、天然气），其主要用途是：

a. 用于启炉和停炉；

b. 当废物热值较低时维持工艺所要求的焚烧温度；

c. 用于烟气处理或释放前的再加热。

③ 输入电能：当汽轮机或所有焚烧线停止运行时予以使用，以及用于无电能产生的焚烧厂。

注：采用上述某些能源输入后有助于锅炉产生蒸汽/热能，此能源在焚烧过程中被部分回收。

能源生产、消耗和输出包括：

① 电能；

② 热能（例如蒸汽或者热水）；

③ 合成气（适用于现场不燃烧合成气的热解和气化焚烧厂）。

通常，废物中能量的有效回收率被认为是废物焚烧行业的关键问题[74]。

1.5.5　原材料与能源消耗

废物焚烧厂中的可能消耗如下所示[74]：

① 电能，用于焚烧厂运行；

② 热能，用于特定工艺需求；

③ 燃料、辅助燃料（例如天然气、轻油、煤、焦炭）；

④ 水，用于烟气处理、冷却和锅炉运行；

⑤ 烟气净化试剂，例如烧碱、石灰石、生石灰、熟石灰、碳酸氢钠、亚硫酸钠、过氧化氢、活性炭、氨和尿素；

⑥ 水处理试剂，例如酸、碱、三巯基三嗪、亚硫酸钠；

⑦ 高压空气。

1.6　经济信息

在废物焚烧的经济方面，因地区和国家的不同而存在差异性，其不仅是由于技术方面的原因，而且还取决于当地的废物管理政策[43,64]。

焚烧成本的一般影响因素如下所示：

① 土地征用成本。

② 规模（小规模废物焚烧厂的运行通常存在着严重的弊端）。

③ 焚烧厂利用率。

④ 针对焚烧烟气/流出物处理的实际要求。例如：强加的排放限值能够推动对特定技术的选择，而这些技术在某些情况下会需要较大的额外资本和运行成本，包括燃料成本、电能、试剂和其他消耗品的成本。

⑤ 灰渣的处理和处置/回收。例如，底灰通常可用作建筑目的进而能够避免填埋成本。由于回收或处置前的处理需求不同以及处置场地自然环境方面的不同而会采用差异化的方法和规定，这使得飞灰的处理成本存在着很大的差异性。

⑥ 能量回收的效率以及提供能量所获得的收入。所输送能源的单价、是否仅通过热能或电能或者两者获得收入等因素均是净成本的重要决定因素。

⑦ 金属的回收和由此回收所获得的收入。

⑧ 因废物焚烧和/或排放所征收的税收或补贴——直接和间接的补贴费会显著地影响废物的处理成本，即在10％～75％的范围内进行波动。

⑨ 建筑需求费用。

⑩ 用于废物运送通道和其他基础设施的周边区域开发费用。

⑪ 可用性的要求，例如，安装冗余设备以提高可用性，但这会增加额外的投资成本。

⑫ 规划和建设成本/折旧期、税收和补贴、投资成本。

⑬ 保险费用。

⑭ 行政管理费、人事、工资成本。

焚烧厂的所有者和经营者可能是市政机构，也可能是私营公司。此外，公私合营的模式也是很常见的。显然，资本投资的融资成本可能会因所有权而异。

废物焚烧厂通常会收取废物处理费，同时其还能够生产和销售电能、蒸汽和热能，并回收其他的产品，例如：用于土木建筑材料的底灰，用于金属工业的废铁和有色金属，以及盐酸、盐或石膏。为这些商品所支付的费用以及生产它们所需的投资均对废物焚烧厂的运行成本具有重大影响。在考虑特定的技术投资和工艺设计时（例如，热能的销售价格是否能够证明焚烧厂进行能量外供所需的投资是合理的），其也可能是决定性的。这些商品的支付价格因不同的成员国而异，甚至因地而异。

此外，由于排放要求、工资成本和折旧期等的变化，在经济方面会产生显著的差异。基于这些原因，表 1.7 所给出的废物入闸费也仅在有限的范围内具有可比性。

表 1.7　欧洲 MSW 和 HW 焚烧厂的废物入闸费[1,47]

成员国	废物入闸费/(EUR/t)	
	城市废物	危险废物
比利时	57	100～1500
丹麦	40～70	100～1500
芬兰	50～100	NI
法国	50～120	50～1500
德国	100～350	50～1500
意大利	70～120	100～1000
荷兰	90～180	50～5000
瑞典	38～67(平均:49)	50～2500
英国	20～40	NI

注：NI 表示没有提供信息。

重要的是，不要混淆为支付投资和运行所需的废物处理费的实际成本和为应对竞争而采取的市场价格。与废物管理替代方法（例如废物填埋场、燃料生产）间的竞争以及投资成本和运行费用均会影响废物焚烧厂的最终废物处理费。竞争价格因成员国的不同或地点的不同而存在差异。

表 1.8 给出了（除非另有说明）成员国之间城市废物焚烧成本间的差异。请注意，表 1.8 所给出的成本与表 1.7 中的成本是不同的（表 1.7 给出了废物入闸费的数据）。

表 1.8　不同成员国 MSW 焚烧的成本比较[43,64]

成员国	每吨供给废物收入的税前[①]成本净额/EUR	税费(用于能源回收厂)	能源供应收入/[(EUR/(kW・h)]	每吨焚烧灰处理费用/EUR
奥地利	326(在 60kt/a 处理能力时) 159(在 150kt/a 处理能力时) 97(在 300kt/a 处理能力时)		电能:0.036 热能:0.018	底灰:63 烟气处理灰:363
比利时	72(平均)	12.7EUR/t (Flanders)	电能:0.025	未得到数据

续表

成员国	每吨供给废物收入的税前[①]成本净额/EUR	税费（用于能源回收厂）	能源供应收入/[(EUR/(kW·h)]	每吨焚烧灰处理费用/EUR
丹麦	30～45	44EUR/t	电能:0.05	底灰:34 烟气处理灰:80
芬兰	无		针对气化， 电能:0.034 热能:0.017	
法国	86～101(在37.5kt/a处理能力时) 80～90(在75kt/a处理能力时) 67～80(在150kt/a处理能力时)		电能:0.033～0.046 热能:0.0076～0.023	底灰: 13～18EUR/t
德国	250(50kt/a及以下)[②] 105(200kt/a)[②] 65(在600kt/a处理能力时)[②]		电能:0.015～0.025	底灰:25～30 飞灰:100～250
希腊	无		未知	未知
爱尔兰	无		未知	未知
意大利	41.3～93 (350kt,取决于能源和回收的收入)		电能:0.14(之前) (市场) (绿色证书)	底灰:75 飞灰:29
卢森堡	97(120kt)		电能:0.025(估计值)	底灰:16EUR/t 烟气处理灰:8EUR/t
荷兰	71～110 70～134		电能:0.027～ 0.04(估计值)	
葡萄牙	46～76(东部)			无数据
西班牙	34～56		电能:0.036	
瑞典	21～53		电能:0.03 热能:0.02	
英国	69(在100kt/a处理能力时) 47(在200kt/a处理能力时)		电能:0.032	底灰回收 (运营净成本) 飞灰:小于90

① 税前成本是指不含税的总成本。

② 这些数字是废物处理费用，不是成本。

表1.9给出了全部新建MSWI厂的投资成本随所采用的烟气处理和残余物处理工艺的不同而变化的情况。

表1.10给出了城市废物和危险废物焚烧厂（全部为新建厂）的平均特定焚烧成本（1999年）的一些示例。数据表明，特定焚烧成本在很大程度上取决于资本的融资成本，也取决于投资成本和焚烧厂的处理能力。重大的成本变化可能会发生并取决于诸如折旧期、利息成本等设置。焚烧厂的利用率也会对焚烧成本产生显著的影响。

表 1.9 德国新建 MSWI 厂的具体投资成本与年处理能力（针对废物供给）和某些类型 FGC 有关[1,64]

烟气处理类型	具体投资成本/[EUR/(t·a)]			
	100kt/a	200kt/a	300kt/a	600kt/a
干式法	670	532	442	347
干式法+湿式法	745	596	501	394
具有残余物处理的干式法+湿式法	902	701	587	457

表 1.10 MSW 和 HW 焚烧厂的单成本要素的比较示例[1,64]

成本结构	焚烧厂	
	城市废物处理量为 250kt/a，成本单位为 10^6EUR	危险废物处理量为 70kt/a，成本单位为 10^5EUR
规划许可	3.5	6
设备部分	70	32
其他部件	28	28
电气工程	18	20
基础建设	14	13
建造时间	7	7
总投资成本	140	105
资本融资成本	14	10
人员	4	6
维护	3	8
行政	0.5	0.5
经营资源/能源	3	2.5
废物处理	3.5	1.5
其他	1	0.5
总运行成本	29	12.5
具体焚烧成本(无收入)	约 115EUR/t	约 350EUR/t

注：该示例是为了说明 MSWI 和 HWI 之间的差异。每个废物类型焚烧的成本和它们之间的差异是各不相同的。

(1) 能源价格

文献［43］指出，营业收入源于能源销售。对每千瓦·时电能和/或热能的支持程度的差异性是很大的。例如，在瑞典和丹麦，废物处理费较低，其中部分原因是从热能和电能销售中获得了收益。事实上，在瑞典，由于进行热能回收所获得的收入巨大，通过焚烧产生电能往往是无法实现的。

在其他一些国家，对电能生产的支持是鼓励在热能回收之前进行电能回收。英国、意大利和西班牙等国，在某个阶段通过提高焚烧生产电能的价格以支持进行废物焚烧。

在其他成员国，支持可再生能源的激励结构也可能会影响替代废物处理方式的相对价格，从而会影响废物焚烧的竞争价格。

废物焚烧厂能源销售的潜在收入鼓励了全部相关方在焚烧厂规划阶段即开始考虑能源供应至何处[64]。

(2) 包装材料回收带来的收入

文献［43］指出，材料回收也影响了相关价格。例如，在意大利、法国和英国，废物焚烧厂已经得到了与包装材料回收相关的收入。

需要指出的是，有关回收和处置的立法准则也可能会影响废物焚烧厂是否能够合法地从上述收入中受益[64]。

(3) 焚烧税费

文献［43］指出，丹麦的焚烧税费特别高。因此，尽管基础成本往往较低（主要是由于规模和能源价格），但扣除税收后的成本与其他几个无税收国家的成本顺序相同。在丹麦，该税与废物填埋税同时采用，目的是促进符合废物等级的废物处理。焚烧税费的实施导致了废物从填埋场到回收利用的巨大转变，但被焚烧废物的百分比保持不变[64]。

第2章

应用工艺和技术

2.1 概况与介绍

典型的废物焚烧厂包括以下运行阶段：

① 废物接收；

② 废物和原材料的储存；

③ 废物预处理（按需在场内或场外）；

④ 废物装载至焚烧过程；

⑤ 废物热处理；

⑥ 能量回收（例如锅炉）和转换；

⑦ 烟气净化（FGC）；

⑧ 烟气净化残余物的管理；

⑨ 烟气排放；

⑩ 排放监测与控制；

⑪ 废物废水的控制与处理（例如源于现场排水、烟气净化、储存的废水）；

⑫ 粉尘/底灰的管理和处理（产生于燃烧阶段）；

⑬ 固体残余物的排放/处置。

每个阶段均会针对废物焚烧厂所处理的特定类型的废物进行设计。有关这些阶段的详细信息将在本章后面予以介绍。

许多废物焚烧厂均是采用24h的不间断连续运行模式，几乎一年要运行365天。在确保废物焚烧厂始终具备可运行能力方面，控制系统和运维程序起着重要作用[74]。

配置湿式FGC系统的城市固体废物焚烧厂的布局示例如图2.1所示。

主要存在以下3种废物热处理方式：

① 燃烧——完全氧化燃烧（迄今为止最常见的工艺）；

② 热解——有机材料在无氧条件下的热降解；

③ 气化——部分氧化。

上述废物热处理方式的反应条件和产物如表2.1所示。

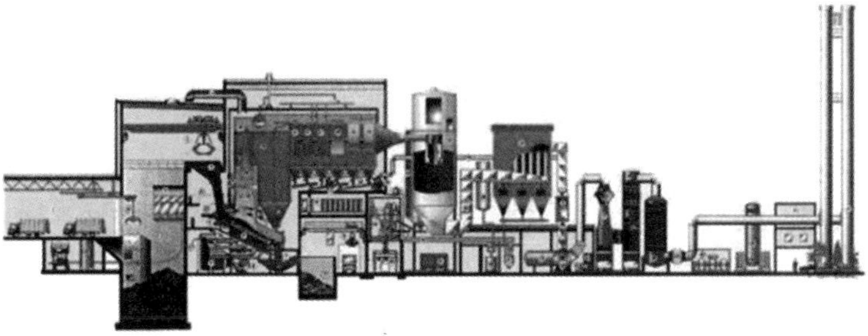

图 2.1　配置湿式 FGC 系统的城市固体废物焚烧厂的布局示例

表 2.1　燃烧、热解和气化工艺的典型反应条件和产物[9]

反应条件和产物	燃烧	热解	气化
反应温度/℃	800～1450	250～700	500～1600
压力/bar①	1	1	1～45
供气	空气	惰性气体/氮气	气化剂：O_2，H_2O
化学计量比率	＞1	0	＜1
不同工艺的相态产物： • 气相 • 固相 • 液相	 CO_2、H_2O、O_2、N_2 灰尘，炉渣	 H_2、CO、碳氢化合物、H_2O、N_2 灰尘，焦炭 热解油和水	 H_2、CO、CO_2、CH_4、H_2O、N_2 炉渣，灰尘

① 1bar＝10^5Pa。

热解和气化厂的基本结构与废物焚烧厂相似，但也存在一些显著差异，主要在于：

① 预处理阶段：可能会更广泛，需要提供窄范围的原料，需要额外的设备加工、处理和储存那些不能被热解和气化的材料。

② 进料：需要更加注意操作的密封性。

③ 热反应器：用于替代（或补充）燃烧阶段。

④ 产品加工：气体和固体产品需要进行加工、储存和可能的进一步处理。

⑤ 产品燃烧：可能是单独阶段，包括通过产品燃烧和随后的气/水/固体处理和管理以实现能量回收。

2.2　预处理、储存与加工技术

不同类型的废物焚烧可能需要采用不同类型的预处理、储存和加工操作，本节描述了与以下废物最为相关的操作：

① 城市固体废物和类似物；

② 危险废物；

③ 污水污泥；

④ 医疗废物。

2.2.1 城市固体废物与类似废物（MSW）

2.2.1.1 MSW焚烧厂外的收集和预处理

尽管该部分的内容超出了本书的覆盖范围，但必须要认识到：应用于MSW的收集和预处理操作对废物焚烧厂所接收物料的性质具有非常大的影响。因此，在废物焚烧炉所进行的预处理和其他操作，需要与现有的收集系统保持一致。

回收计划可能意味着废物的某些部分会被移除，其所造成的主要影响如表2.2所示。

表2.2 废物选择和预处理操作对残余废物的主要影响[74]

移除部分	对保留废物的主要影响
玻璃和金属	• 提高热值 • 减少炉渣中可回收金属的量
纸、卡片和塑料	• 热值降低 • 若PVC很常见，则减小了氯负荷
有机废物，例如食物和花园废物	• 减少湿负荷（特别是峰值负荷） • 净热值增加
大件废物	• 减少了清除/粉碎此类废物的需要
有害废弃物	• 减少有害金属的输入量，包括汞 • 诸如Cl、Br等其他物质输入量的减少

依据选择性收集策略对剩余家庭废物（称为“灰色废物”）影响的评估研究，可得出以下结论[74]：

① 玻璃回收降低了剩余“灰色废物”的产生量（－13%）和增加了热值（＋15% LHV）。

② 包装和纸张的回收降低了“灰色废物”的产生量（－21%）和LHV（－16%）。

③ 通常，“灰色废物”的产生量和LHV随着选择性回收效率的提高而降低。选择性回收的最大影响是：“灰色废物”产生量和LHV为－42%和－3%。

④ 选择性收集策略对“灰色废物”的质量有影响：显著增加可能富含重金属的细骨料的含量（细骨料从16%增加到33%）。

⑤ 选择性收集策略造成底灰比率减少（－3%）。

分类收集和类似方案对输送到废物焚烧厂的最终废物的影响程度取决于所采用的分离和预处理系统的有效性。这种影响程度的变化很大，但某些残余部分经常可能会留在输送至焚烧厂的最终废物中。

2.2.1.2 焚烧厂内的城市固体废物预处理

常用的MSW混合策略是在废物储存池内进行的，所采用的工具是同时具有为料斗送料功能的废物抓斗。虽然最为常见的情况是，MSW的预处理多限于粉碎压好的捆绑废物和大件废物等，但有时更为宽泛的粉碎工作需要通过以下方式进行：

① 鳄鱼剪；

② 碎纸机；

③ 磨机；

④ 转子式剪切机。

考虑到消防安全的原因，也可采用以下策略：

① 将废物倾倒区与废物池中的储存区分开；

② 将液压设备（供油、泵和供应设备）与切削工具分开；

③ 采用漏油收集装置；

④ 对建筑物进行减压释放，进而降低爆炸损坏的危险。

当大件废物的尺寸大于焚烧炉入口时，通常通过粉碎方式进行预处理。此外，还可通过压碎、切碎和/或混合等方式进行预处理以实现废物的均质化，进而使得待燃烧废物具有更一致的燃烧特性（例如，对于某些具有高 LHV 的废物）。这种附加的废物预处理工作对于炉排炉型废物焚烧厂而言并不是常见的，但对于其他炉型的废物焚烧厂而言却是必不可少的处理工作。

2.2.1.3 废物运输和储存

在 2006 年 7 月出版的关于储存排放的 BREF（EFS BREF）文档中，对废物储存的一般原则进行了描述。此外，在废物处理（WT）BREF 文档中，还涉及了废物运输、储存和加工的相关内容。本节主要概述针对 MSW 而言所特有的某些问题。

（1）废物控制

废物运输区是运送废物的卡车、火车或集装箱等运输装置所到达的区域。通常，经过视觉控制和称重后，运输装置将废物倾倒至储仓内。废物倾倒是在运输区域和储仓之间的开口位置进行的，可采用倾斜床和滑动床等设备以促进废物转移至储仓。通常，这些开口是能够闭合的，其作用包括：防止异味逸出、作为防火屏障和降低车辆事故风险。封闭运输区域能够有效地减少废物产生的气味、噪声及其排放等问题。

（2）储仓

通常，储仓是防水的混凝土空间。通过安装了抓斗的起重机，能够在储仓内部进行废物的堆放和混合。废物的混合有助于实现倾倒至焚烧炉填充料斗中物料的热值、粒径、结构、成分等因素的平衡。

在储仓区和进料系统中采用的防火设备如下所示：

① 起重机防火电缆；

② 具有安全设计的起重机驾驶室；

③ 火灾探测器；

④ 有或无泡沫的自动水炮喷射器。

起重机驾驶室的设计还需要考虑，为起重机操作员提供面对整个储仓的良好视野。此外，驾驶室应该具有独立于储仓的通风系统。

用于废物焚烧的空气通常从储仓区域抽取，这样还可以同时去除储仓区内的粉尘、气味和因废物发酵而产生的甲烷类气体。废物的热值以及废物焚烧厂的布局和理念决定着，从储仓内抽取的空气在焚烧过程中是作为一次风、二次风还是同时作为一/二次风[74]。

通常，储仓的储存容量需要能够满足焚烧厂 3～5 天的处理量，但这在很大程度上取决于焚烧厂的本地因素和废物的特定性质。

储仓需要配备额外的安全装置，例如：在废物料斗水平处的干燥立管、废物料斗上方的泡沫喷嘴、液压机组的火灾探测、储仓和焚烧炉之间的耐火墙、焚烧炉和控制室之间的耐火墙、控制室和焚烧炉之间窗户上的水幕、排烟和防火设备（占屋顶表面的 5%～10%）等[74]。

2.2.2 危险废物

危险废物焚烧行业包括两个主要的子行业：

① 商业焚烧厂；

② 专用焚烧厂。

两类危险废物焚烧子行业间的区别如表 2.3 所示。

表 2.3 HWI 市场子行业间的差异汇总

准则	商业焚烧厂	专用焚烧厂
所有权	私人公司、市政府或合伙企业	通常归私人公司(用于自身企业废物的处理)
被处理废物的特点	• 废物范围非常广泛 • 在某些情况下废物的准确成分信息可能是有限的	• 虽然废物范围广泛,但主要为液体和气体废物 • 废物往往源于一家公司或甚至源于同一种工艺 • 有关废物成分的知识通常较多
燃烧技术应用	• 主要是回转窑 • 某些专用技术用于专用或受限规格的废物	• 主要是静态窑 • 用于专用或受限规格废物的多种特定技术
操作和设计考虑	• 性能需求的灵活性和较宽范围要求确保具有良好的过程控制	• 在某些情况下能够为更窄的进料规格设计更具有针对性的工艺
烟气处理	• 常采用湿式处理工艺以获得性能的灵活性 • 具有系列 FGC 技术(常与湿式洗涤技术结合使用)	• 常采用湿式处理工艺以获得性能的灵活性 • 具有系列 FGC 技术(常与湿式洗涤技术结合使用)
成本/市场因素	• 运营商通常在开放的(全球)市场上进行业务竞争 • 某些焚烧厂受益于国家/地区政策,并与该国家/地区所产生废物的目的地有关 • EU 的危险废物运输受到了能够限制开放全球市场范围的跨界运输条例的控制	• 竞争范围更加有限或在某些情况下甚至不存在 • 因废物产生者内部处置政策的原因,使用者在某些情况下能够容忍更高的处置成本

注：表中信息源于 TWG 的讨论结果。

文献［41］指出，商业部门采用的回转窑的单体焚烧能力在 25000～140000t/a 之间变化。单体设计的质量容量随废物平均热值的变化相当大，相应的主要影响因素为热容量。

以下部分主要涉及商用行业危险废物的运输、储存和预处理。

2.2.2.1 废物接收

由于所要面对的危险废物种类繁多，并且这些废物均具有很高的潜在危险性，以及获得有关危险废物成分精确知识的不确定性的逐渐增加，通过全流程对输入危险废物进行评估、表征和追踪需要付出巨大的努力。所采用的系统需要提供清晰的审计跟踪能力，以便任何事件均能够被追溯至其源头，进而调整处理步骤以预防随后可能发生的事故。

废物的接收和储存所需的确切步骤主要取决于待处理废物的化学和物理特性。

文献［1］指出，针对每种危险废物，废物产生者都需要提交有关该废物性质的声明，以便废物管理人员随后能够决定对其采用适当的储存和处理方式。这种声明包括：

① 有关废物产生者和负责人的数据；

② 有关废物代码和其他废物名称的数据；

③ 有关废物来源的数据；

④ 有关特定有毒物质的分析数据；

⑤ 包括燃烧参数的一般特性，例如 Cl、S、热值、含水量；

⑥ 其他安全/环境信息；

⑦ 具有法律约束力的签名；

⑧ 根据接受焚烧厂的要求提供其他的附加数据。

某些类型的废物需要其他额外识别技术。通常，同质的、特定生产的废物可采用一般术语予以充分描述。对于成分不太为人所知的废物（例如，源自废物倾倒场地或源自危险家庭废物收集处的废物），通常需要采取额外的其他措施，包括对每个单独的废物容纳容器进行检查。

当废物成分无法进行详细描述时（例如少量杀虫剂或实验室化学品），废物管理公司可与废物产生者就其具体的包装要求达成一致意见，进而确保废物在运输过程中、在焚烧厂接收时或在容纳容器内时，均不会发生反应。例如，风险可能会源自[74]：

① 含磷废物；

② 含有异氰酸酯的废物；

③ 含有碱金属（或其他活性金属）的废物；

④ 含酸的氰化物；

⑤ 在燃烧过程中形成酸性气体的废物；

⑥ 含汞废物。

通常，交付的废物需要经过特定的接收控制程序，其中可能包括根据废物的数量和性质所进行的详细实验室分析。这需要将废物的视觉和分析调查结果与废物产生者所提供的声明中给出的数据进行比较，这会出现两种结果：要么是因为废物符合声明数据被接收并分配至适当的存储区域，要么是因出现了重大偏差的情况而使得废物被拒绝。

2.2.2.2　储存

在 2006 年 7 月出版的关于储存排放的 BREF（EFS BREF）中，进行了废物储存通用原则的描述。关于废物处理的 BREF 也讨论了废物的运输、储存和加工处理。此处，本节的目的是概述一些有关危险废物焚烧的特定问题。

一般而言，废物储存还需要额外地考虑废物的未知性质和成分，原因在于：这些未知因素会增加额外的风险和不确定性。在许多情况下，这种不确定性意味着，需要对这些废物采用比良好特性物料具有更高规格的存储系统。

通常的做法是，尽可能地确保将危险废物储存在与用于运输的容器（桶）相同的容器（桶）中，从而避免额外的处理和转移需要。显然，废物产生者和废物管理者间的良好沟通是有助于确定废物的储存和转移等行为的，从而能够妥善管理整个与废物有关的链条上的风险。重要的一点是，只有特性良好且相容的废物才能储存在储罐或桶中。

危险废物的储存安排可能需要遵守关于重大事故危险控制的 Seveso Ⅲ指令，以及 EFS BREF 和/或 WT BREF 中所描述的 BAT 规定。在某些情况下，可能需要优先考虑重大事故危害的预防/缓解措施。

文献［41］指出，合理的废物评估是选择储存和装载方案的一个基本要素，此时需要注意的问题如下所示：

① 为了储存固体危险废物，许多焚烧炉都会配备料仓（500～2000m^3），通过起重机或进料斗将料仓内的物料送入焚烧炉。

② 针对液体危险废物和污泥，其通常会储存在罐体中，其中，某些罐体还需要在惰性（例如 N_2）气体中进行储存。液体废物通过管道送入燃烧器，进而供给至回转窑和/或后燃

烧室（PCC）。污泥可通过采用能够输送特殊“黏性物质”的泵送入回转窑内。

③ 通过直接注入设备，某些焚烧炉能够将某些物质（例如有毒、有气味、反应性和腐蚀性液体）从运输容器供给至窑炉或 PCC 内。

④ 欧洲近乎半数的商用焚烧炉均配备了传送带和升降机，其作用是直接将废物桶和/或小包装废物（例如实验室包装）运输和引导至回转窑内。这可通过气闸系统予以实现，并且可采用惰性气体供应系统。

（1）固体危险废物的储存

文献［1］指出，未经脱气且无异味的固体和不可倾倒的糊状危险废物可以临时储存在料仓中，但是，料仓中的存储区和混合区是需要相互分开的，这可通过采用若干个设计分段的方式予以实现。起重机既可输送固体废物也可输送糊状废物。此外，针对储仓危险废物的料仓的设计方案而言，其必须要具有能够防止污染物排放至地下的功能。

除非出于健康和安全原因（例如爆炸和火灾危险），否则应该封闭料仓和容器储存库。通常，用于废物焚烧炉的燃烧空气取自废物储存区，进而可以防止粉尘和气味的对外排放。同时，需要对废物储存区进行持续监控，以便确保实现对任何可能出现的火灾情况的早期探测。控制室操作员和/或起重机操作员可通过热检测相机对储存区进行视觉监控。

（2）可泵送危险废物的储存

文献［1］指出，大量流体和可泵送的糊状废物是暂时储存在罐中的。因此，这就要求，必须配备足够数量和尺寸的储罐，以便于不相容类型的废物能够实现单独的储存（例如，氧化剂需要与易燃材料分开存放以防止火灾/爆炸，酸与硫化物需要分开存放以防止产生硫化氢）。

储罐、管道、阀门和密封件在结构、材料选择和设计等方面必须要适应可泵送的危险废物的特性，这些物件必须要具有足够的耐腐蚀性和能够进行清洁与采样。此外，平板罐通常仅在需要存储大量可泵送的危险废物时才予以采用。

在储存过程中，也可能有必要采用机械或液压搅拌器以使得罐内的废物能够均匀化。依据废物特性，储罐需要进行间接加热和隔热。储罐被放置在集水池中时，集水池必须要针对被储存的材料进行设计并且要选择合适的边界区域容积，以便在发生废液泄漏时能够容纳这些废物。

（3）容器的储存

文献［1］指出，考虑到安全原因，危险废物通常是堆积在特殊容器中的，这些容器被直接运送到焚烧厂。此外，散装液体的运输也可采用容器方式。

通常，可以采用直接储存运输容器的方式，也可采用将容器内的危险废物转移出来再进行储存的方式。在某些情况下，根据风险评估结果，危险废物也可通过采用单独管道直接注入焚烧炉的方式进行处理。加热的输送管线可用于运输只有在较高温度下才呈现出液相的危险废物。

通常，集装箱的储存区域是位于有或无屋顶的室外；相应地，这些区域的对外排水通常会受到控制，原因在于这些区域可能会产生污染。

2.2.2.3 进料和预处理

某些危险废物的宽覆盖范围的化学和物理特性可能会给废物焚烧过程带来困难。通常，需要进行某种程度的废物混合或特定预处理，其目的是获得更为均匀一致的进料。

文献［2］指出，每个废物焚烧厂均会制定废物的接收标准，其用于规定所提供废物的关键燃烧和化学性质的允许范围。废物焚烧厂通过应用这些标准，能够确保稳定和可预测的结果，以使其符合工艺运行和环境（例如许可条件）需求。

设定这些范围的因素包括：

① 烟气净化系统针对单体污染物的处理能力（例如洗涤器流速）；

② 是否存在特定的烟气净化技术；

③ 焚烧炉的热能生产能力额定值；

④ 废物进料机制的设计和对所接收废物的物理适合性。

文献［41］指出，某些焚烧炉采用具有专门的和集成的均质化过程进行废物的预处理，其包括以下内容：

① 用于大块固体（例如受污染的包装物）的粉碎机[74]。

② 专用滚筒粉碎机。根据废物焚烧厂的情况，采用能够处理含有固体和/或液体废物的滚筒，然后将粉碎后的残余物通过料仓和/或罐送入焚烧炉。专用滚筒粉碎机在本质上是与机械混合设备相结合的粉碎机，其会产生均质废物，通过粗物质泵将其直接供给至回转窑中。此外，某些粉碎机还能够处理重达 1t 的包装桶和/或固体废物。

根据废物成分和废物焚烧厂的个性化特征，可进行其他形式的预处理，例如[1]：

① 中和（针对废物接收而言，pH 值通常在 4～12）；

② 污泥排放；

③ 采用黏合剂固化污泥。

图 2.2 给出了商业危险废物焚烧炉（HWI）所采用的 2 个危险废物预处理系统。

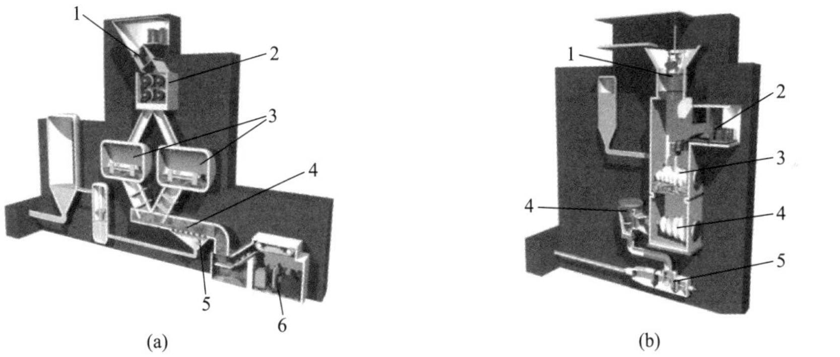

1—氮气闸；2—粉碎机；3—搅拌罐；4—过滤器；5—排放液体；6—分离金属与塑料

1—吊车废料闸；2—鼓室闸；3—粉碎室；4—螺旋排放；5—废物泵

图 2.2　某些商业危险废物焚烧厂的危险废物预处理系统示例[25]

2.2.3　污水污泥

2.2.3.1　污水污泥成分

污水污泥的成分因受多种因素的影响而存在差异性，包括：

① 系统连接，例如，系统连接中存在工业输入时会增加重金属含量；

② 沿海地区，例如，含盐水；

③ 在污水处理厂进行的处理，例如，仅采用粗筛分、厌氧污泥消化、好氧污泥消化、处理化学品添加等工艺阶段；

④ 天气/季节，例如，降雨会稀释污泥。

污水污泥的成分差异很大，脱水后的公共污水污泥和工业污水污泥的典型成分范围如表 2.4 所示。

表 2.4 公共污水污泥与工业污水污泥脱水后的典型成分[2,64,7]

成分		公共污水污泥	工业污水污泥
干固体/%		10～45	
有机物质(干固体)/%		45～85	
金属（干固体）/(mg/kg)	Cr	20～77	170
	Cu	200～600	1800
	Pb	100～700	40
	Ni	15～50	170
	Sb	1～5	<10
	Zn	500～1500	280
	As	5～70	<10
	Hg	0.5～4.6	1
	Cd	1～5	<1
	Mo	4～20	

根据污水处理厂是否进行除磷和预处理，污水污泥中的磷含量通常占比干固体的范围为1%～2.5%。因此，在污水污泥焚烧的上游工艺中或者在焚烧灰烬中，均有机会回收磷[138]。

焚烧污水污泥时，需要考虑的重要因素包括[64,74]：

① 干固体含量（典型污水污泥中的含量变化为 10%～45%——这对废物焚烧过程具有重大影响）；

② 污泥是否被消化；

③ 污泥中的石灰、石灰石和其他调节成分；

④ 一级、二级、生物污泥等污泥的成分；

⑤ 气味问题，尤其在储存区供给污泥期间。

2.2.3.2 污泥预处理

针对污水污泥，可应用不同类型的预处理方式。某些处理方式（特别是降低污泥含水量的处理）与该废物的焚烧特性有关，而另外一些方式则可能会具有不同的目的，这包括对原始污泥中所含的资源（例如沼气、磷）进行回收；同时，预处理方式可能会对随后的焚烧过程产生或多或少的显著影响[143]。下文介绍了一些常用的污泥预处理工艺。

(1) 物理脱水

文献［1，64］指出，在废物焚烧前，进行机械排水处理能够减小污泥混合物的体积和增加热值，进而为实现独立、经济的废物焚烧提供保证。能否成功实现机械排水取决于所选用的机械设备、所执行的运行工况以及污泥的类型和组成。

通过滗析器、离心机、带式压滤机和箱式压滤机等设备对污水污泥进行机械排水，能够实现 10%～45%的干固体（DS）水平。通常，在机械排水前会对污泥进行预处理，目的是改善其排水性能，这通常是通过采用含有植绒建筑材料添加剂的方式予以实现的。需要注意的是，有必要区分无机植绒物质（铁和铝盐、石灰、煤等）和有机植绒物质（有机聚合物）。

通常，无机物质不仅能用作植绒物质，而且还可作为助洗剂，即其会显著增加无机含量进而导致所产生的灰分数量也增加。因此，通常首选有机调节物质，原因在于：这些物质会在焚烧炉中被破坏掉，并且不会增加灰分数量。

(2) 干燥

文献［1，64］指出，通常，采用机械排水干燥后的污泥湿度仍然过大，难以在不添加辅助燃料的情况下实现自热燃烧。因此，需要采用热干燥设备用于增加污泥的热值和减小污泥进入焚烧炉前的体积。

污水污泥的干燥/脱水是在单独或相互连接的干燥装置中进行的，能够采用的干燥设备如下所示：

① 盘式干燥器；

② 滚筒干燥器；

③ 流化床干燥器；

④ 带式干燥器；

⑤ 薄膜干燥器/盘式干燥器；

⑥ 冷风干燥器；

⑦ 薄膜干燥器；

⑧ 离心干燥器；

⑨ 太阳能烘干器；

⑩ 由上述不同类型的干燥器组成的组合式干燥器。

干燥过程可分为两组模式[74]：

① 部分干燥模式，可获得高达 60%～80%的干固体；

② 完全干燥模式，可获得高达 80%～90%的干固体。

外部干燥模式的替代方法之一是，通过与高热废物的协同焚烧实现污泥的就地干燥。在这种情况下，从脱水污泥中多获得的水分有助于防止焚烧所导致的高温峰值；如果高 CV 废物进行自热焚烧，是能够达到该高温峰值的。

针对仅焚烧污水污泥的废物焚烧厂而言，通常，当原始污水污泥排水达到 35%干固体的含量时就能够实现自热焚烧了。该排水目标能够通过机械脱水的方式予以实现，并且不需要采用热干燥处理。

针对给定废物焚烧厂，实现自热焚烧所需的干固体含量取决于污泥的成分（干固体的能量含量主要与有机物质的含量有关），其会受到污泥性质和诸如污泥消化、有机或者无机污泥调节剂等预处理方式的影响。

依据待焚烧废物中的水分含量和用于协同焚烧的污泥总份额，可能需要进行污泥的干燥处理，目的是能够在城市废物焚烧厂中同时焚烧污水污泥和其他废物流。MSWI 进料的典型运行条件是，约 10%的含 20%～30%的干固体的排水污水污泥[74]。

通常，污水污泥干燥过程所需的热能是从废物焚烧过程中获取的。在直接干式工艺中，污水污泥与热载体（例如，在流式、带式、双层和流化床干燥器中）进行直接接触。通常，干燥过程产生的由蒸汽、空气和污泥释放气体所组成的混合物会被注入焚烧炉。

在间接干燥系统（例如蜗杆、圆盘、薄膜干燥器）中，热能通过蒸汽发生器或热油设备注入，其中，加热流与污泥是不发生接触的，热传递是在炉壁和污泥之间进行的。

通常，采用接触式干燥器可使得污水污泥达到 35%～40%的干固体含量。干燥过程所产生的蒸发水仅受到泄漏空气和少量挥发性气体的污染，其几乎完全能够冷凝为蒸汽，剩余的惰性气体可用作焚烧炉的供气以防止气味排放。由于 NH_4OH、TOC 等物质的存在，冷凝水的处理可能会比较复杂。

(3) 污泥消化

污泥消化会降低污泥中的有机物含量，同时厌氧消化也会产生沼气。消化后的污泥通常比未消化的污泥更容易脱水，也会产生比例略高的干固体含量[64]。

2.2.4 医疗废物

2.2.4.1 医疗废物的本质和成分

处理医疗废物时，需要特别注意的事项包括：进行特定风险的管理（例如传染性污染、针头）、确定审查的标准（操作残余物等）以及医疗废物的焚烧行为（在热值和水分含量变化很大的情况下）。

通常，特定的医疗废物包含有 LHV 非常高的材料（塑料等），但也会包含有含水量非常高的残余物（例如血液）。因此，医疗废物通常需要很长的焚烧时间，进而确保达到彻底燃烧废物和残余物质量可接受的目的。

与危险废物类似，临床废物的成分差异非常大，其可能包括：

① 传染源物质；
② 受污染的衣服/抹布和拭子；
③ 医药用品；
④ 锋利的材料，例如皮下注入针；
⑤ 兽医废物；
⑥ 生物体的部位；
⑦ 使用过的医疗设备；
⑧ 包装材料；
⑨ 实验室废物；
⑩ 放射性污染材料。

在某些情况下，病理性废物（具有潜在传染性的废物）和非病理性废物的焚烧技术是存在区别的，其中：病理性废物的处理有时仅限于采用专用焚烧炉进行处理；在某些情况下，非病理性废物可与其他废物在非专用焚烧炉中进行协同焚烧，例如 MSWI。

2.2.4.2 医疗废物的加工、预处理和储存

一般而言，通过限制与废物的接触和确保良好的储存条件能够降低医疗废物处理的风险，可以采取以下措施：

① 采用专用容器和提供洗涤/消毒设施；
② 采用密封且坚固的可燃容器，例如，用于尖锐物和生物危险材料的储存；
③ 采用自动化的焚烧炉进料系统，例如，采用专用废物箱升降机；
④ 具备隔离储存和转移区域（特别是在与其他废物进行协同焚烧的情况下）；
⑤ 如果需要，采用冷藏或冷冻方式进行医疗废物的储存。

预处理可采用以下方式进行：

① 蒸汽消毒，例如，在高温高压下进行灭菌；
② 用水煮沸。

上述每种方法都能够使得医疗废物达到充分的消毒，以便随后可采用与城市废物相类似

的方式进行处理。通常，工作区和储存区需要设计为便于消毒的模式。

通常，需要安装适当的清洁和消毒设备以清洁可回收的容器。针对消毒过程所产生的固体废物，需要进行收集以便进行有效的处置。对消毒所产生的废水进行收集，然后在焚烧过程中进行回收（例如，在 FGC 中进行回收，或者与废物共同作为焚烧炉的进料），或者进行处理和排放[74]。

采用诸如粉碎或浸渍等预处理方式能够改善医疗废物的均匀性，但从安全方面的视角而言，在对某些临床废物进行预处理时还需要进行较为细致的考虑。

在危险废物焚烧厂和其他废物焚烧厂，医疗废物也与其他类型的废物进行协同焚烧。如果不能对输送至焚烧厂的医疗废物立即进行焚烧，则需要对废物进行临时性的储存。在某些情况下，如果需要储存的医疗废物超过 48h，则有必要将其存放在具有最高温度（例如+10℃）限制的冷储存区域。

2.3 热处理阶段

不同类型的热处理方式适用于不同类型的废物。本节和表 2.5 回顾了常用技术的概念及其应用，特别需要关注的是以下热处理方式：

① 炉排焚烧炉；

② 回转窑；

③ 流化床；

④ 热解和气化系统。

上述这些热处理方式还涵盖了一些其他更为具体的技术[6]。

表 2.5　当前用于不同废物类型的热处理工艺应用总结[81]

技术	城市固体废物	其他无害废物	危险废物	污泥	医疗废物
炉排-间歇/往复	56%	43%	0%	0%	0%
炉排-振动	0%	0%	11%	0%	0%
炉排-移动	24%	27%	0%	0%	0%
炉排-滚轴	12%	10%	0%	0%	0%
炉排-水冷式	22%	48%	17%	0%	0%
炉排+回转窑	0.5%	0%	2%	0%	0%
回转窑	2%	0%	70%	0%	0%
静电炉	0%	0%	0%	0%	67%
静态炉	0%	0%	16%	0%	0%
流化床-鼓泡	2%	13%	0%	90%	0%
流化床-循环	3%	8%	0%	10%	0%
热解	0%	0%	0%	0%	0%
气化	0.5%	0%	0%	0%	33%

注：该表显示了参与 2016 年 WI BREF 概况数据收集的焚烧厂所采用的技术，此处是按 2014 年废物焚烧的主要类型进行的分类。

城市固体废物可在移动炉排炉、回转窑和流化床中进行焚烧。流化床技术要求MSW的粒径在一定范围之内，相应地在完成废物的单独收集后需要对其进行某种程度的预处理。

污水污泥可在回转窑、多炉床或流化床焚烧炉中进行焚烧，也能够在炉排燃烧系统、燃煤厂和工业过程中进行协同焚烧。污水污泥的含水量通常很高，因此一般均需要进行干燥或添加补充燃料以确保达到稳定和高效的燃烧。

危险废物和医疗废物通常在回转窑中进行焚烧，但炉排焚烧炉（包括与其他废物协同焚烧）有时也用于危险废物和医疗废物中固体废物的焚烧，流化床焚烧炉适用于某些预处理过的危险废物和医疗废物材料。此外，在化工企业，静态炉也在工业现场广泛地用于危险废物焚烧。

其他工艺是基于对焚烧炉内发生的干燥、挥发、热解、碳化和氧化等阶段进行解耦的基础上所研制的工艺。这些工艺可采用蒸汽、空气、碳氧化物或氧气等气化剂对废物进行气化，其目的是减少烟气量和相关的烟气处理成本。其中，某些工艺，由于在扩大至商业和工业规模时遇到了技术和经济等方面的问题，相应地该研究工艺就被放弃了；某些工艺已经用于商业用途（例如，在日本）；另外的某些工艺，还正在欧洲各地的示范焚烧厂进行测试。但上述这些工艺与常用的废物焚烧工艺相比而言，仅占废物整体处理能力的一小部分。

2.3.1 炉排焚烧炉

炉排焚烧炉已经广泛地应用于混合城市废物焚烧。在欧洲，大约90%的废物处理焚烧厂采用的是炉排焚烧炉。通常会在炉排焚烧炉中处理其他类型的废物，后者通常作为MSW的额外进料，其包括商业和工业非危险废物、污水污泥和某些临床废物。

炉排焚烧炉通常包括以下组件：

① 废物进料器；

② 焚烧炉排；

③ 底灰卸料器；

④ 焚烧风管系统；

⑤ 燃烧室；

⑥ 辅助燃烧器。

图2.3给出了具有热回收锅炉的炉排焚烧炉的示例。

2.3.1.1 废物进料器

废物通过桥式起重机从储仓供给至进料斗槽，然后通过液压坡道或其他输送系统将其送至炉排系统。炉排以翻滚方式运动，使得废物能够通过燃烧室的各个区域。

填充料斗用于实现废物的连续供应，采用桥式起重机对其以批次方式进行装填。因填充料斗的表面需要承受很大的压力，故需要选择具有高摩擦阻力的材料（例如锅炉板或耐磨铸铁）进行制造。这些制造材料必须要能够确保的是，在可能会偶尔发生的料斗火灾中其也不会被损坏。

废物料斗有时也可采用以输送机进行输送的方式。在这种情况下，采用桥式起重机将废物投放于中间料斗中，采用桥式起重机为输送机供料[74]。

如果被输送的废物未经过预处理，则其在粒径大小和性质方面通常是非常不均匀的。因此，进料斗的尺寸需要能够确保大块的物料可以落下去，以避免形成跨桥和堵塞现象。必须

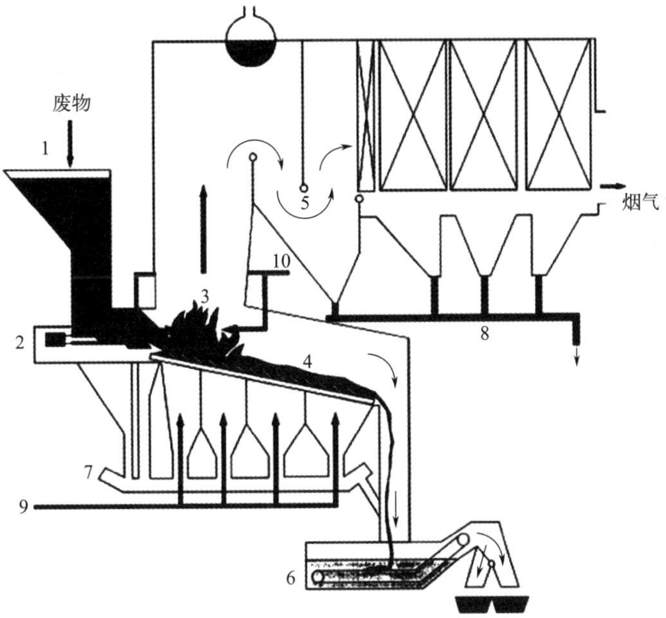

图 2.3　城市废物焚烧厂的炉排焚烧炉和热回收阶段[1]

1—废物进料槽；2—废物进料器；3—焚烧区；4—主要焚烧区；5—颗粒分离器；6—底灰卸料器；7—筛选器；8—锅炉灰输送器；9—一次风供应；10—二次风供应

要避免产生物料堵塞现象的原因在于：其会导致焚烧炉内进料的不均匀性和不受控的风量被供应进入焚烧炉。

进料槽壁可通过以下方式进行热防护：

① 水冷双壳结构；

② 膜墙结构；

③ 水冷截止阀；

④ 耐火砖衬里。

如果进料槽是空的，可采用截止阀设备（例如密封门）避免回火和防止不受控风量进入焚烧炉。为实现焚烧炉进料的均一化管理，建议在装料槽中均匀放置废物。

进料槽下端与炉膛的连接处由进料机构组成，其可采用机械或液压方式进行驱动，对应的进料速度是可调的。针对不同类型的进料系统，已经开发了不同的构造方法，如下所示[74]：

① 链条炉排/板带；

② 给料炉排；

③ 可变锥度进料槽；

④ RAM 进料器；

⑤ 液压坡道进料；

⑥ 螺旋进料。

(1) 在城市废物焚烧炉中添加污水污泥

在城市炉排炉焚烧厂中，有时会将污水污泥与其他废物进行协同焚烧（有关流化床的使用信息请参见 2.3.3 节）。

如果将污水污泥添加到 MSWI 中，那么进料技术所耗费的资金通常会在额外投资成本中占相当大的一部分。可采用以下 3 种进料技术：

① 将干燥污水污泥（约 90%的干固体）以粉尘形式直接吹入焚烧炉。

② 将排水污水污泥（20%～30%的干固体）通过喷水装置单独供给至燃烧室和分布于炉排上，进一步，在炉排上对废物进行翻转，进而使得污泥混合在燃烧床物料中。某些运行经验表明，采用该技术可焚烧质量占比高达 20%的污泥（干固体含量为 25%）；其他经验表明，若污泥占比过高（例如大于 10%），则可能会出现高飞灰含量或底灰中存在未燃物的现象。

③ 将排水后、干燥后或部分干燥后的污泥（50%～60%干固体）添加到城市废物中，两者组成的混合物作为物料直接供给至燃烧室。废物混合操作可由起重机操作人员按照指定配比在废物储仓内进行，也可通过将脱水污泥泵入料斗或通过喷洒系统喷入储仓内等方式进行[74]。

(2) 在城市废物焚烧炉中加入医疗废物

文献［49］指出，医疗废物有时会在城市废物焚烧厂中与其他废物进行协同焚烧，即医疗废物与 MSW 在同一个焚烧炉内进行燃烧。

传染性医疗废物直接放置至焚烧炉内，其不先与其他类别的废物进行混合，也不进行直接处理。对传染性医疗废物采用配有气闸的单独装载系统，气闸有助于防止燃烧空气的不受控制供给和防止传染性医疗废物在装载区域的逸散性排放。

医疗废物与城市固体废物的协同焚烧也可以在无单独医疗废物装载系统的情况下进行。例如，采用自动装载系统将医疗废物直接供给至装有 MSW 的进料斗中。

国家法规有时会限制在协同焚烧中进行处理的医疗废物的比例（例如，在法国的要求是小于 10%的热负荷）。

最后，源自不同废物的烟气在普通 FGC 系统中进行处理。

图 2.4 给出了某单独装载系统的焚烧处理阶段的顺序。

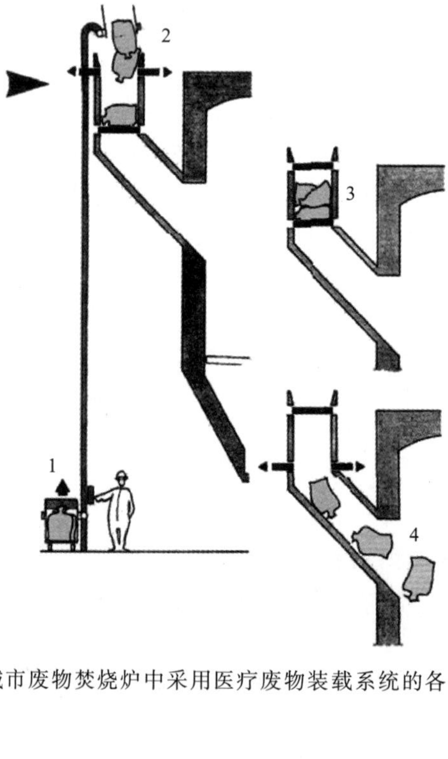

图 2.4　在城市废物焚烧炉中采用医疗废物装载系统的各阶段示例[49]

2.3.1.2　焚烧炉排

焚烧炉排具有以下功能：

① 将待焚烧物料运输通过焚烧炉；

② 添加和松散待焚烧物料；

③ 通过与焚烧炉性能控制措施相结合将主要燃烧区域固定在燃烧室内。

焚烧炉排的目标是，根据燃烧要求实现燃烧风量在炉内的良好分配，其中：一次风机强制燃烧空气通过炉排层的开口进入燃料层；在物料床上方，通常会添加更多燃烧空气以实现完全燃烧。

常见的现象是，一些细料（有时称为碎屑或筛屑）会从炉排中掉落，其会在底灰移除器中回收或被单独回收。进一步，其可供给至炉排上进行再次的燃烧，也可直接运出以进行处置。当底灰中的筛分物通过料斗进入焚烧炉以实现再循环时，需要特别注意的是，不能点燃料斗中的废物。

文献［74］指出，废物在炉排上的停留时间通常不超过60min。

文献［74］指出，一般而言，连续（滚轮和链式炉排）和不连续（推式炉排）给料的原理是能够有效区分的。图2.5给出了一些类型的炉排的示意图[1]。

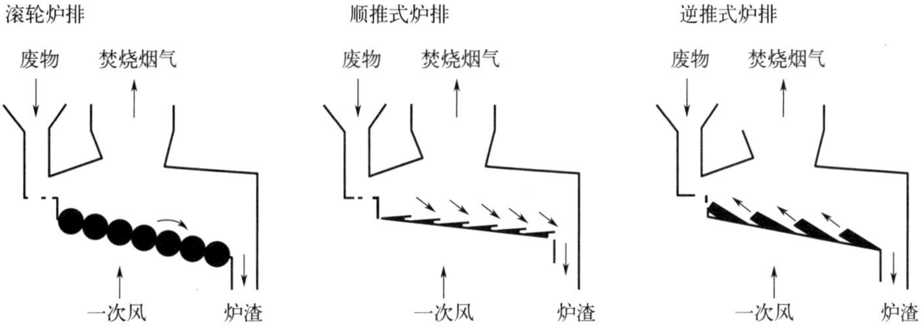

图2.5　不同的炉排类型

对炉排进行冷却的目的是，控制制造炉排的金属材料的温度，进而提高炉排的使用寿命，对应的冷却介质可采用空气或水（也可以采用其他液体，例如油或其他导热流体）。液体冷却介质的本质是，从较冷的区域流向逐渐变热的区域，进而最大限度地提高热传递性能，其所吸收的热能可用于焚烧过程或供至外部的其他过程。

风冷炉排在欧洲的使用非常普遍，大约90%的焚烧MSW的工厂均采用风冷炉排的方式进行降温。空气在炉排下方供给并穿过炉排间的间距。以此种方式所供应的风量的主要作用是提供废物燃烧氧化所必需的氧气，其中，所供给的风流量的大小是根据该燃烧氧化的要求进行设计的。同时，此处所供应的风量也起到冷却炉排的作用。在供给更多的过量空气的情况下，虽然能够提供额外的冷却功能，但也会产生大量的烟气。

水冷最常用于废物热值较高的情况，例如，MSW的热值大于12～15MJ/kg。此外，水冷系统的设计要比风冷系统更加复杂。

添加水冷可使得炉排金属温度和局部燃烧温度的控制在更大程度上能够独立于一次风量的供应（通常是在炉排之间），进而可以优化温度和风量（氧气）供应以适应特定的炉排燃烧要求，达到改善燃烧性能的目的。冷却液体的温度可用于监测炉排上料层床中所发生的反应（有些是吸热的，有些是放热的，并且程度不同）。这些反应的控制方式是，改变通过炉排供应给该炉排上方废物的空气量。显然，这种冷却功能和送风功能相分离的方式能够增加对焚烧过程的控制能力。对炉排温度的更好控制能够允许焚烧高热值的废物，但却不会增加额外的运行和维护问题。

不同的炉排系统可采用废物通过燃烧室不同区域的方式进行区分，其中，每种方式都必须要满足有关一次风量、传输速度和耙动以及废物混合等要求。其他特征可能包括附加控制，或者能够承受燃烧室的恶劣条件的更鲁棒的结构。

(1) 摇摆炉排

文献［4］指出，摇摆炉排的各个部分是沿炉膛宽度方向进行放置的，其采用机械方式的旋转交替或摇动以产生向上和向前的运动，进而达到推进和搅动废物的目的。

(2) 往复式炉排

这种设计是由跨越炉排炉宽度且彼此堆叠的多个部分组成的，其中：交替的炉排部分前后滑动，相邻的炉排部分保持固定；废物从固定部分滚落后再沿着炉排移动时，会被搅动和混合。这种类型的炉排存在着多种变体，某些类型具有交替的固定和移动部分，另外一些类型则将若干移动部分组合到每个固定部分。在后一种情况下，这些部分或者同时移动或者在循环中的不同时间段内进行移动。

基本上，存在两种主要的往复式炉排的变体，具体如下：

① 逆向往复炉排。炉排沿着与废物流动相反的方向进行前后摆动。炉排从进料端向排灰端进行倾斜，其由固定和移动的炉排台阶组成。

② 前向推进炉排。炉排形成一系列的多个台阶，其通过水平振动将废物推至排灰方向。

(3) 移动炉排

这种类型的炉排由连续的金属带式输送机或联锁连杆组成，其沿着焚烧炉的长度方向进行移动。显然，这种炉排对废物进行搅动的可能性降低（只有废物从一个传送带转移到另外一个传送带时，才会发生废物间的混合行为），这也意味着其很少用于现代废物焚烧厂[4]。

(4) 滚动炉排

这种设计由贯穿炉排区域宽度的穿孔滚筒组成，通过采用多个滚筒的串联装配实现物料在滚筒上滚落点处的搅拌行为。

2.3.1.3 底灰卸料器

底灰卸料器（图 2.6）用于冷却和排出堆积在炉排末端的固体残余物（底灰），其还用作焚烧炉的空气密封件，实现防止烟气排放和不受控制的空气进入焚烧炉的目的。

通常，充水闸板式结构和带式输送机用于提取底灰和输送任何大块的焚烧残余物。

冷却水在底灰卸料器出口处从底灰中分离，并再循环至排灰器。此处，通常需要补水以保持排灰器中的足够高的水位，进而补充因去除底灰和蒸发而损失的水量。此外，可能需要进行排水处理以防止发生盐分的积聚——如果为实现此目的而进行特定流速的调整，此类排放系统还能够辅助降低残余物的含盐量。底灰清除竖井通常是用于防火的，并且要求其建造方式能够避免底灰发生结块的现象。

通过在无水时操作闸板式卸料器的方式，可实现底灰以干燥形式进行排放。在这种情况下，对焚烧炉的空气密封是通过堆积在底灰卸料器的入口部分的底灰实现的。底灰通过空气进行冷却，这不会增加卸料器的表面温度[82]。

2.3.1.4 燃烧室和锅炉

典型的燃烧室（参见图 2.7）是由位于底部的炉排、炉侧的冷却壁和非冷却壁以及顶部的炉顶或锅炉表面的加热器组成的。通常，城市废物含有较高的挥发性成分，因此挥发性气体被排出并在炉排上方进行燃烧，仅有一小部分的挥发性气体的燃烧发生在炉排上或炉排附近。

以下要求会影响燃烧室的设计：

① 焚烧炉排的形状和尺寸：炉排的尺寸决定了燃烧室横截面的大小。

② 烟气流动的涡流和均匀性：烟气的完全混合对于良好的烟气燃烧至关重要。

③ 烟气在高温焚烧炉中具有足够的停留时间：需要在高温下具有足够的反应时间以确保能够完全燃烧。

④ 通过供给二次风对烟气进行部分冷却：为避免锅炉中的热飞灰发生熔化，燃烧室出口处的烟气温度不得超过工艺规定的上限值。

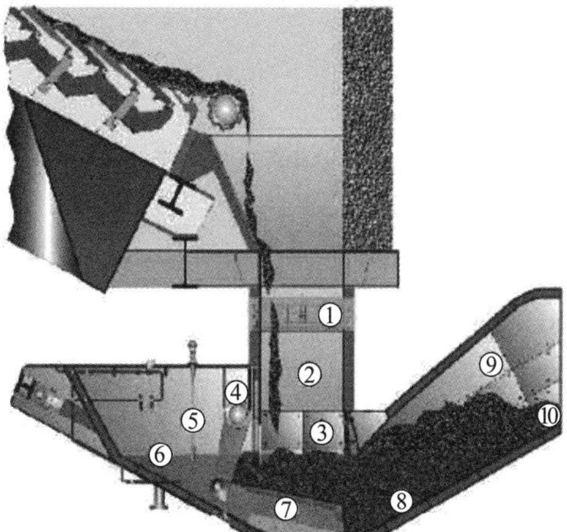

图 2.6　炉排焚烧炉采用的闸板式底灰卸料器示例[82]

1—滑动闸门；2—连接件；3—进口段；4—传动轴；
5—电控测量系统；6—水位；7—卸料闸板；
8—卸料桶；9—出口溜槽；10—下降边缘

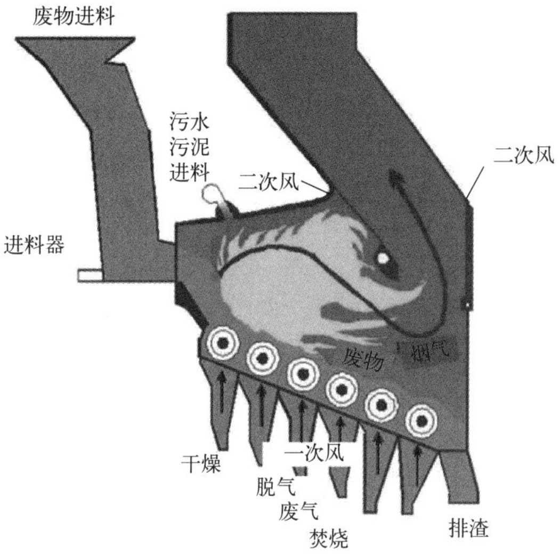

图 2.7　燃烧室示例[82]

通常，燃烧室的详细设计是与炉排的类型有关的。由于工艺要求是随燃料特性的变化而变化的，因此在进行燃烧室精确设计时，需要进行一定程度的折中以适应具有较强不确定性的燃料。

不适当的燃烧室设计会导致可燃气体在燃烧区的滞留性较差、气相燃尽性差和污染排放量增加等问题。

通常，3 种不同的燃烧室设计是能够进行有效区分的。与此处相关的术语，即单向流、逆流和中流（如图 2.8 所示），源自与废物流动相关的烟气流动方向。

(1) 单向流、并流或平行流加热炉

在并流燃烧装置中，一次风和废物由通过燃烧室的共同流动方向所引导。因此，烟气出口位于炉排末端，燃烧气体和炉排上的废物之间仅能交换相对较低的能量。

采用此单向流模式的优点是，烟气在点火区域的停留时间最长，并且会通过最高温度区。此外，为了便于点火，需要对一次风进行预热处理。

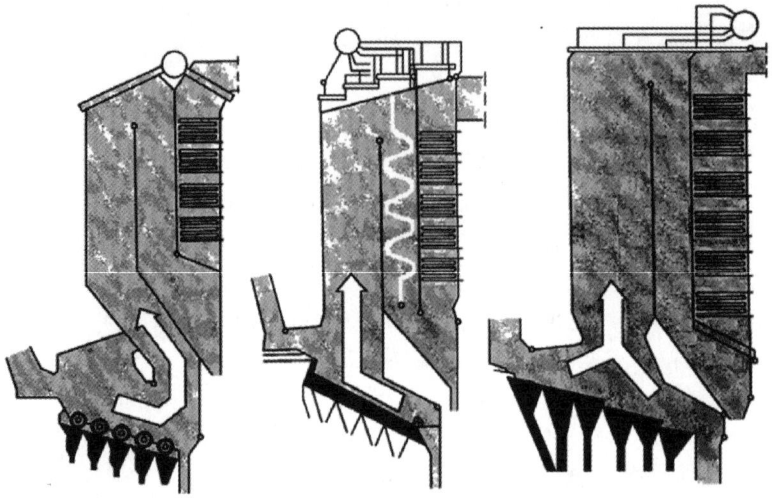

图 2.8　具有不同烟气流和废物流方向的不同炉型设计[1]

(2) 逆流或逆流炉

在这种情况下，一次风和废物以逆流方式引导后通过燃烧室，对应的烟气出口位于炉排前端。此种情况下，采用热烟气有助于废物的干燥和点火。

必须要特别注意的事项是：需要避免未燃烧的气流通过。通常，逆流模式需要更多的二次风或更多的燃烧室上层空气添加量。

(3) 中流或中流炉

鉴于城市固体废物的成分差异很大，此处所描述的中流模式是面对较宽泛的废物进料范围的一种折中方案。在该种模式下，要达到所有部分烟气流的良好混合，必须要考虑混合物的外在形状和/或二次风的注入角度等因素。在这种情况下，烟气的出口位于炉排的中部。

表 2.6 比较了考虑额外因素而进行的不同类型的燃烧室设计，这些因素包括：基于几何特征、基于不同废物类型适用性以及基于有关特定燃烧空气的供给要求等。

表 2.6　不同燃烧室设计特点的比较[1,2,4,15]

类型	设计特点	评价
并流或平行流	• 在焚烧炉尾部流至燃烧室 • 气体流动方向与废物移动方向相同	• 适用于较高 LHV 的废物 • 所有逸出气体都必须通过最高的温度区域并具有较长的保留时间 • 在点火区域需要对一次风进行加热
逆流	• 在焚烧炉前部流至燃烧室 • 气体流动方向与废物移动方向相反	• 适用于低 LHV/高水分/高灰分的废物(原因在于源自挥发区的热气体会经过干燥区) • 对二次风的要求更高以确保气体燃烧
中流或中心流	• 在焚烧炉中部流至燃烧室	• 与上述设计相比,适用于较宽泛的废物进料 • 炉膛配置/二次风对确保气体的燃尽非常重要
分流	• 在焚烧炉中间位置由燃烧室流出,但会被中心部分分开	• 中心部分有助于气体保留并允许从其他位置注入二次风 • 主要应用于非常大规模的焚烧炉

分流设计系统主要用于较大规模的焚烧炉，原因在于：在此大规模焚烧炉的中心位置，能够进行额外的二次风混合。对于较小规模的焚烧炉而言，能够通过从炉壁注入二次风的方

式以实现充分的混合。

平衡燃烧室设计要确保废物产生的气体能够充分混合和在燃烧室内保持足够高的温度，进而使得燃烧过程能够充分地完成。这一原理适用于所有的焚烧过程。

2.3.1.5　焚烧进风

焚烧过程所需要的燃烧空气可用于实现以下目标：

① 提供氧化剂；

② 冷却作用；

③ 避免炉内形成熔渣；

④ 烟气的混合。

理论上，可在燃烧室的各个位置进行燃烧空气（供风量）的添加。通常将其描述为一次风或二次风，但也会采用三次风和再循环烟气。

通常，一次风取自废物储仓，这会使得废物储仓区保持轻微的负压，进而避免该区域的大部分气味和粉尘的向外排放。一次风是由风机吹入炉排下方区域的，进一步的更为严格的配比分配控制是通过多个风箱和分配阀实现的。

在待焚烧废物的热值较低时，可通过预热燃烧空气的方式对待焚烧废物进行预干燥。一次风是通过炉排层吹入燃料床的，其在冷却炉排构件的同时又将氧气带至燃烧床上。

二次风是通过喷枪或焚烧炉内部结构以高速方式吹入燃烧室的，其目的是确保燃烧气体进行完全燃烧，并保证烟气能够密集混合和防止未燃烧烟气流自由通过。

2.3.1.6　焚烧温度、停留时间和氧含量

焚烧炉设计和运行的目的是实现燃烧气体的良好燃尽，其主要实现方式为：确保燃烧气体在最低氧含量水平和最低要求温度下保持在焚烧炉内达到一定的停留时间。通常，上述工艺参数的典型取值范围是：至少 6%的氧气水平下，在 850～1100℃（需要达到更高的焚烧温度通常与某些危险废物相关）的最低温度下，停留至少 2s。

此外，烟气中的一氧化碳含量也是表征燃烧质量的关键指标之一。

2.3.1.7　辅助燃烧器

文献［74］指出，在焚烧炉启炉时，辅助燃烧器用于在添加任何废物之前将焚烧炉加热至规定的温度。在焚烧炉运行期间，若炉内温度低于规定值，燃烧器也将切换至自动运行状态。在停炉期间，燃烧器会被使用直到焚烧炉内不再存在任何未燃烧的废物，其目的是：将焚烧炉的温度保持在期望值范围之内。

2.3.2　回转窑

回转窑具有非常好的鲁棒性，其几乎能够焚烧任意类型和成分的废物。回转窑的应用范围非常的广泛，尤其是针对危险废物的焚烧，大多数危险临床废物均采用高温回转窑焚烧炉进行处理[64]。

回转窑的工作温度范围大约是从 500℃（作为气化炉）到 1450℃（作为高温熔灰窑）。回转窑有时也会采用更高的温度，但这通常是用于非废物焚烧的场景。当回转窑用于常规氧化燃烧时，窑内温度一般会在 850℃以上。当焚烧危险废物时，窑内温度通常在 900～1200℃之间。

针对供给至回转窑的废物，通常是焚烧过程的运行温度越高，发生结垢和热应力损坏耐

火窑内衬的风险也就越大。某些回转窑会安装冷却套（采用空气或水）用于延长耐火材料的使用寿命，从而缩短焚烧过程的维护和停炉时间。

通常，回转窑的水冷系统是在窑内出现较高温度时才予以使用的。回转窑水冷系统是由两个冷却回路组成的。主冷却水回路将主冷却水输送至回转窑顶部并均匀分布，进而保证对整个回转窑壳的冷却效果是相同的，然后将水收集在位于窑炉下方的集水池中以进一步地流入集水箱，最后通过过滤器和带有循环泵的热交换器将其循环返回。此外，蒸发掉的水分会通过另外的补加水予以补偿。同时，为避免发生腐蚀作用，水冷系统会自动采用 NaOH 对以上的混合水进行中和。

二次回路通过热交换器排出主回路中的热能并将其转移以供使用。

该系统通过遍布窑壳的数百个喷嘴进行冷却水的输送，进而将窑壳温度保持在 80～100℃。而对于空冷方式，所对应的钢壳温度通常会高出水冷方式几百度。回转窑所具有的冷却功能增加了通过耐火材料的热传递性能，进而足以确保将化学侵蚀率降至最低。

依据回转窑的规模尺寸和耐火材料厚度的差异，通过回转窑炉体进入冷却水中的热能在 0.5～3.0MW 之间变化。耐火材料的厚度包括剩余的砖衬里和固化的底灰层厚度。

回转窑焚烧系统的示意图如图 2.9 所示。

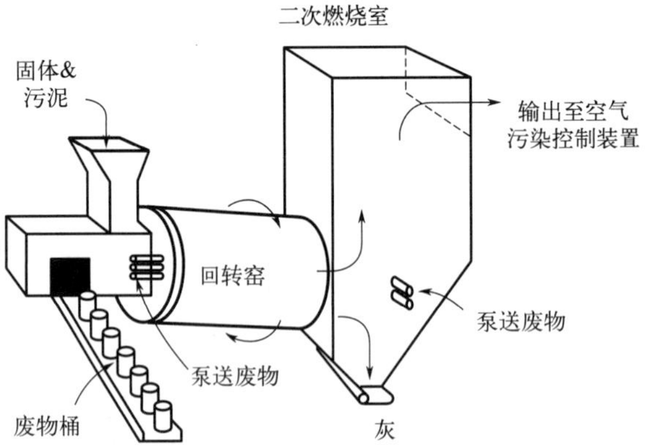

图 2.9　回转窑焚烧系统示意图[6]

回转窑是由水平轴略微倾斜的圆柱形容器组成的。通常，容器是安装于滚筒上的，允许回转窑围绕滚筒的轴线进行旋转或摆动（往复运动）。在回转窑旋转时，废物通过重力作用进行传输。将废物直接注入回转窑的方式尤其适用于液体、气体或糊状（可泵送）等废物，这适用于存在安全风险并特别需要减少操作人员暴露的废物处理情景。

固体物料在回转窑内的停留时间是由窑体的水平角和转速决定的。通常，30～90min 的停留时间足以实现较好的废物燃尽效果。

固体废物、液体废物、气体废物和污泥都可以在回转窑中进行焚烧，其进料方式为：固体物料通常采用不旋转的料斗进料，废液采用燃烧器喷嘴喷入回转窑内的方式进料，可泵送的废物和污泥采用水冷管道注入的方式进料。

为增加对有毒化合物的破坏作用，通常需要采用后燃烧室。此外，可采用废液或辅助燃料进行额外燃烧的方式，以便维持和确保达到废气中的化合物能够被完全破坏所需要的温度。

用于危险废物焚烧的后燃烧室式回转窑

针对危险废物的焚烧而言，组合回转窑和后燃烧室的模式已被证明是成功的，原因在于该组合模式能够均匀地处理固体、糊状、液体和气体等类型的废物，其结构如图 2.10 所示。

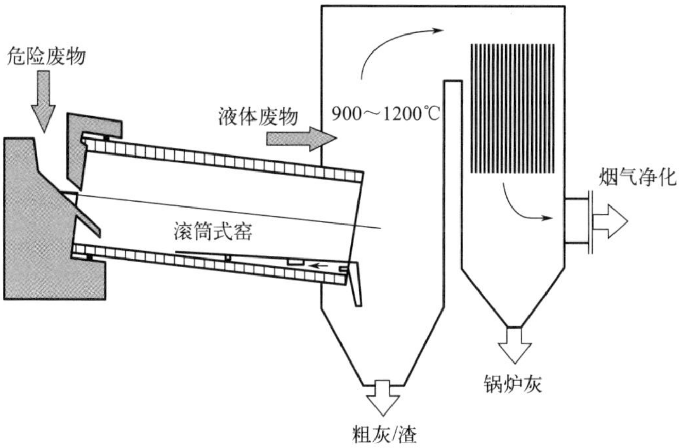

图 2.10　带后燃烧室的回转窑（滚筒式）

回转窑的长度在 10～15m 之间，其长径比通常在 3～6 之间，内径在 1～5m 之间，常用于对危险废物进行焚烧。

某些回转窑的年处理量高达 140000t/a。在以热回收模式运行时，蒸汽的产生量与废物的平均热值直接相关。

回转窑在能够处理的废物输入方面具有高度的灵活性，其典型操作范围为：

① 固体废物：10%～70%。

② 液体废物：25%～70%。

③ 糊状废料：5%～30%。

④ 桶装废物：高达 15%。

通常，回转窑的运行温度在 850～1300℃之间，运行期间可通过燃烧高热能（例如液体）废物、废油、加热油或气体以保持温度。运行时具有更高温度的回转窑可能需要配备以水作为介质的炉体冷却系统。通常，在较高温度下运行回转窑可能会产生熔融（玻璃化的）底灰（炉渣），而在较低温度下运行则会出现底灰烧结现象。

为在高达 1200℃的高温下保护回转窑，其所安装的内衬为具有高含量 Al_2O_3 和 SiO_2 的耐火砖。针对每种应用场景，如何选择适合的耐火砖取决于所焚烧废物的成分。耐火砖会受到碱金属化合物（由低熔点共晶合金形成）和 HF（由 SiF_4 形成）的侵蚀。为保护耐火砖免受化学的侵蚀和掉落至桶装废物上而形成的机械冲击，通常在回转窑运行开始时，需要通过供给具有良好成渣性能的废物或玻璃和/或沙子的混合物以形成硬化渣层。随后，通常会通过控制温度、废物矿物质含量以及有时采用诸如沙子等添加剂等方式保持此硬化渣层[74]。

工业界已经对采用其他的表面类型的回转窑进行了试验，结果表明，无论是采用注入耐火材料还是采用冲压耐火材料块都未能够获得成功。采用特殊合金钢对回转窑进行表面处理的模式，仅在某些特殊的应用中取得了成功。显然，耐火表面的耐久性仍然取决于输入废物的性质，这些耐火表面的正常使用寿命为 4000～16000h

回转窑通常都是朝着后燃烧室的方向进行倾斜的。伴随着慢速旋转（每小时 3～40 圈），回转窑将供入其上端的固体危险废物以及在焚烧过程所产生的底灰沿着朝向后燃烧室的方向进行传输，之后，这些底灰与源自后燃烧室的底灰被湿式底灰排放器同时清除。固体废物的典型停留时间是大于 30min 的。

后燃烧室能够为窑体中所产生的烟气以及直接供给窑体的液体和气体废物的焚烧提供必需的停留时间。后燃烧室的尺寸和烟气流速决定着在实际运行中所能够达到的停留时间。研究表明，缩短停留时间会增加气体未完全燃尽的风险。

后燃烧室中的温度通常在900～1200℃之间变化，具体温度取决于所采用的装置类型和废物的进料情况。大多数焚烧装置都具有支持将二次风注入后燃烧室的功能。由于高温和二次风的引入，窑内的气体被完全燃烧，窑内的有机化合物（例如低分子量碳氢化合物、多环芳烃、多氯联苯和二噁英）被销毁。

在图2.11中，给出了处理能力为45000t/a的回转窑焚烧厂的示例图，该焚烧炉可分为以下3个主要区域：

① 具有后燃烧室的回转窑；

② 能够产生蒸汽的余热锅炉；

③ 拥有多步骤的烟气净化装置。

此外，还包括废物和燃料储存基础设施，进料系统以及在焚烧过程中产生的废物和废水（源自湿式烟气洗涤）的储存、处理和处置等。

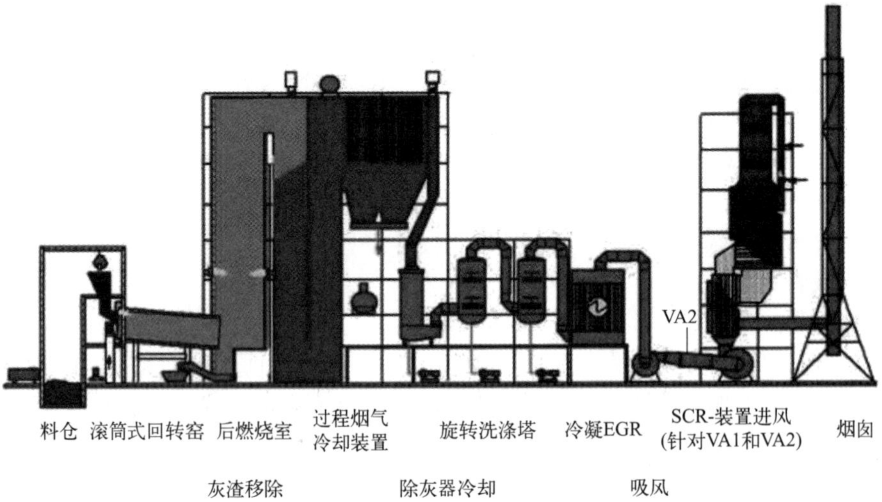

图2.11　用于危险废物焚烧的回转窑（滚筒式）示例[1]

2.3.3　流化床

流化床焚烧炉广泛地用于焚烧RDF和污水污泥等细碎的废物。实际应用表明，流化床已经用于煤、原煤、污水污泥和生物质等均质燃料的燃烧达数十年之久。

通常的流化床焚烧炉是垂直圆筒形式的具有内衬的燃烧室。在流化床焚烧炉的下部，位于炉排或分配板上的惰性材料层（例如沙子或灰烬）通过预热燃烧空气进行流化。焚烧废物通过泵、星形给料机、螺旋管输送机、板式输送机或称重带等方式，从顶部或侧面被连续供给至流化砂床/灰床[66,7]。

在流化床焚烧炉中，会发生干燥、挥发、点火和燃烧等行为。通常，燃烧床（自由区域）上方自由空间内的温度在850～950℃之间。在流化床的物料上方进行自由区域设计的目的是，允许烟气在燃烧区具有足够的停留时间。此外，流化床自身的温度较低，其可能会运行在650℃左右。

由于在反应器内能够达到良好的混合，故流化床焚烧系统通常具有均匀的温度和氧气浓度，进而能够得以稳定运行。对于异质废物，在流化床上进行燃烧前需要对废物进行选择和预处理，目的是使得废物粒径符合规格要求[64,74]。

通常，预处理包括分选和粉碎废物中较大的惰性颗粒以及对废物进行切碎等操作，也可能需要去除废物中所含有的黑色金属和有色金属材料。对废物粒径的要求是，必须要尺寸很小，其通常的最大直径为 50mm。但是，依据报道，针对旋转流化床而言，其平均可接受的废物直径为 200～300mm[74]。

图 2.12 所示示意图给出了流化床焚烧厂预处理混合 MSW 进行焚烧的装置，其预处理阶段包括：机械粉碎和气动分离，以及焚烧最终阶段、FGC 系统和残余物储存。

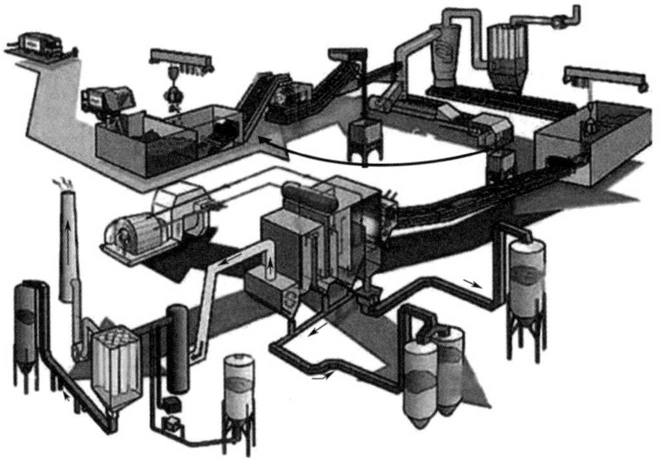

图 2.12　采用流化床燃烧前进行 MSW 预处理的示意图[1]

在焚烧过程中，流化床中包含着未燃烧的废物和产生的灰烬。通常，焚烧过程所产生的余灰会在焚烧炉的底部被清除[1,33]。

燃烧所产生的热能可通过集成在流化床内或燃烧气体出口处的装置，或者基于组合上述两种设计的模式进行回收。

由于针对某些废物所需的预处理过程成本相对较高，这限制了流化床系统在更大规模的项目中进行商业推广应用的可能性。在某些情况下，通过选择性收集某些废物以及制定废物衍生燃料（RDF）的质量标准，已经能够有效地克服上述问题。将准备好的通过质量控制所得到的废物与采用基于流化床的燃烧处理方式相结合，能够提升燃烧过程的控制性能，并因此而具有简单化、低成本化的烟气净化阶段使得潜力。

表 2.7 给出了在流化床中进行处理的各种废物组分的特性。

表 2.7　在流化床中处理的各种废物衍生燃料（RDF）组分的特性[33]

参数	单位	商业废物	预处理后的建筑废物	分类和预处理后的家庭废物
净热值	MJ/kg MW·h/t	16～20 4.4～5.6	14～15 3.8～4.2	13～16 3.6～4.4
湿度(质量分数)	%	10～20	15～25	25～35
灰分(质量分数)	%	5～7	1～5	5～10
硫分(质量分数)	%	<0.1	<0.1	0.1～0.2
氯分(质量分数)	%	<0.1～0.2	<0.1	0.3～1.0
储存属性		好	好	与储存颗粒一样好

依据烟气速度和喷嘴板设计2个因素，流化床焚烧炉技术可分为以下几个类型：

① 固定（或鼓泡）流化床（常压和加压）：与惰性材料进行混合，但由此而产生的固体的向上运动并不显著（见图2.13）。

② 旋转流化床：是鼓泡流化床的变体之一。由于流化床是旋转的，这使得废物能够在燃烧室内具有更长的停留时间。自1990年以来，旋转流化床焚烧炉一直被用于处理混合后的城市废物。

③ 循环流化床：通过采用热旋风分离器而实现床料的再循环。燃烧室中较高的气体速度负责完成燃料和床料的部分去除，其中，床料会通过再循环回路被送回至燃烧室内（见图2.14）。

为了启动焚烧过程，流化床必须要加热至供给废物的最低着火温度（或当地法规所要求的更高温度）。该温度可通过采用油或可燃气体燃烧器预热空气的方式予以实现，同时这些燃烧器需要保持一直运行，直到废物能够达到独立燃烧。废物在掉落至流化床上之后，对它的粉碎是通过磨损和燃烧实现的。通常，虽然大部分灰分会随着烟气流进行传输并且需要在FGC设备中分离，但是底灰（从床层底部移除）和飞灰的实际比例却是取决于流化床技术和废物本身[1]。

废物焚烧锅炉中常见的结垢问题可通过控制废物质量（主要是将氯、钾、钠和铝等保持在较低水平）以及更改锅炉和焚烧炉的设计等方式予以解决。流化床焚烧炉允许采用一些不能应用于炉排炉的锅炉设计，原因在于：流化床焚烧炉具有更为稳定的温度，以及其所采用的床料不同于炉排炉。

2.3.3.1 面向污水污泥的固定（或鼓泡）流化床焚烧

通常，固定或鼓泡流化床（BFB）用于处理污水污泥以及诸如石化和化学等其他工业污泥，其由圆柱形或矩形内衬燃烧室、喷嘴床和位于焚烧炉体下方的启炉燃烧器等组成，如图2.13所示。

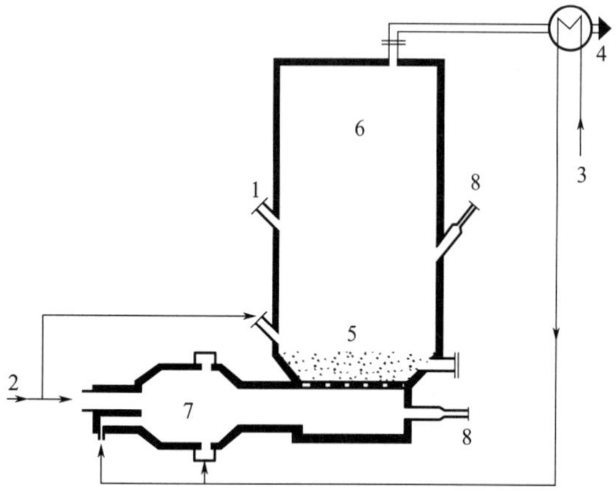

图2.13 固定/鼓泡流化床的主要组成部分[1]

1—废物；2—燃料；3—燃烧空气；4—废物烟气；5—流化床；6—二次燃烧室；7—起始燃烧室；8—观察镜

预热后的空气通过分配板后向上流动并对床层上的物料进行流化。根据应用情景的差异，可采用各种不同的床料（硅砂、玄武岩、莫来石等）和床料粒径（0.5～3mm）[2,64]。

废物除能够在焚烧炉的顶部进行装载外，也可在侧面采用皮带装料机进行装载，或直接被注入流化床上。在床层上，废物被粉碎并与热床料进行混合，被干燥和进行部分焚烧。未在床层上进行焚烧的剩余部分（挥发性颗粒和细颗粒）在自由区域上方进行焚烧，剩余的灰烬与焚烧炉顶部的烟气被一起清除。

通过采用排水和干燥等预处理阶段，可使得在燃烧废物时不再需要添加额外的其他燃料。焚烧过程所回收的热能能够用于提供废物干燥所需要的能量。

在焚烧炉启炉时或当污泥的质量较低时（例如旧污泥或高比例的二次污泥），可通过采用额外燃料（油、气和/或废燃料）使得焚烧炉达到规定的温度（通常为850℃）。此外，可通过向焚烧炉内注水的策略控制燃烧温度。

在开始将废物供给至焚烧炉内之前，必须要将焚烧炉预热到其所需要的工作温度。为此，可在喷嘴床的下方设置起始燃烧室（见图2.13）。该工艺比高架燃烧器更具有优势的原因在于：热能被直接引导至流化床上。其他额外的预热所需要的燃料，可由从喷嘴床上突出到砂床中的燃料喷枪进行提供。

在很大程度上，焚烧炉的尺寸取决于需要的蒸发量（炉子横截面积）、炉内的热周转率（炉子体积）和需要的空气量。

流化床污水污泥焚烧炉的运行参数示例如表2.8所示。

表2.8 固定流化床的主要运行准则[1]

参数	单位	数值
蒸汽负荷	$kg/(m^2 \cdot h)$	300～600
供给空气量	$m^3/(m^2 \cdot h)$	1000～1600
热能转换	$GJ/(m^3 \cdot h)$	3～5
最终焚烧温度	℃	850～950
停留时间(自由空间和后燃区)	s	最小值为2
大气氧气预热温度	℃	400～600

当采用高热能燃料（例如干燥的污水污泥、木材、动物副产品）时，可以完全省去空气预热工艺阶段，所产生的热能能够通过膜壁和/或浸入式热交换系统予以去除。

某些焚烧过程将干燥阶段作为第一步。锅炉产生的蒸汽可用作干燥阶段所需要的加热介质，其中，蒸汽与污泥之间采用的是无直接接触方式。污泥蒸汽从干燥器中抽出并进行冷凝，相应的冷凝水通常具有较高的COD（约2000mg/L）和N含量（约600～2000mg/L），也可能会含有源自污水污泥的其他污染物（例如重金属），因此，通常需要在最终排放前进行处理。剩余的非冷凝液可进行焚烧处理，焚烧后的烟气可在热交换器中进行冷却，同时将燃烧空气预热至约300℃的温度，甚至有时会超过500℃。蒸汽锅炉中的余热可被回收并用于生产饱和蒸汽（压力值约为10bar），而饱和蒸汽又可用于污泥的部分预干燥[64]。

除污水污泥外，废水处理过程中产生的其他废物也通常会被进行焚烧处理，例如，泳池的浮渣、筛分后的废物和废水中提取的脂肪。

接收部分干燥污泥的焚烧厂比接收原始污泥的焚烧厂需要更少的额外燃料。能够实现自热焚烧处理的污泥热值介于3.5MJ/kg和6.5MJ/kg之间，而原始污水处理厂的污泥热值介于2.2MJ/kg和4.8MJ/kg之间。能够实现污水污泥自热焚烧处理的极限热值约为3.5MJ/kg。通过采用高效的内部能量回收系统，例如，采用将烟气中的热能回收来加热燃烧空气和/或将热能用于污泥干燥的方式能够减少对额外燃料的需求。

加热油和天然气是专用污水污泥焚烧炉中最为常用的额外燃料，也可采用选定的液体和固体废物以及附近厌氧消化装置所产生的沼气作为额外燃料。

2.3.3.2 污水污泥循环流化床

循环流化床（CFB）特别适用于焚烧高热值的干污泥和预处理后的城市固体废物，其主要组成如图2.14所示。CFB基于细的床料运行，其采用高速气体将大部分固体材料颗粒与烟气同时从流化床燃烧室中进行移除，那些被移除的颗粒在下游旋风分离器中被分离，之后再返回至燃烧室内。

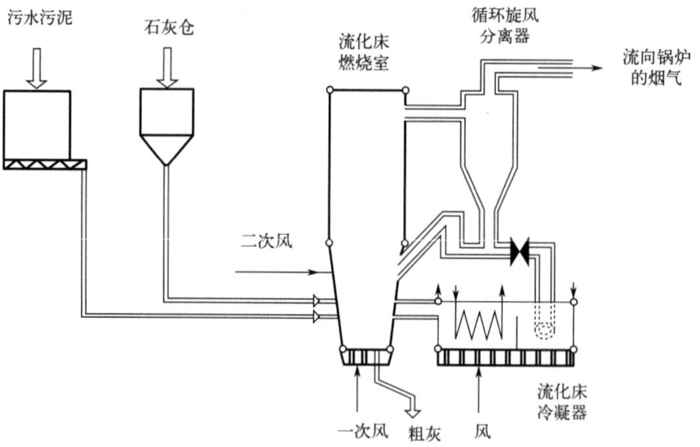

图 2.14 循环流化床的主要组成部分[1]

该工艺的优点是，能够在较小的反应体积下达到较高的热转换率，沿焚烧炉高度方向的温度分布更加均匀。CFB 焚烧厂的规模通常会大于 BFB 焚烧厂，其能够处理更为宽泛范围内的废物输入成分。通常，废物从侧面供给至燃烧室，并在 850～950℃下进行焚烧。多余的热能通过膜壁和放置在再循环旋风分离器和 CFB 之间的热交换器排出，热交换器对返回的灰分进行冷却，进而作为控制热能移除的一种方式。

2.3.3.3 抛煤机焚烧炉

该系统被认为是介于炉排焚烧炉和流化床焚烧炉之间的中间系统。

废物（例如 RDF、污泥）在几米的高处采用气动方式被吹入焚烧炉。细颗粒的废物直接参与焚烧过程，较大颗粒的废物落在移动式炉排上，其中，移动式炉排的运动方向与废物的喷入方向是相反的。由于最大的颗粒被散布的距离最大，相应地在炉排上停留的时间也最长，这显然便于燃烧过程的完成。同时，二次风供给至焚烧炉，用于确保烟气在燃烧区域的充分混合。

与炉排焚烧炉相比，抛煤机焚烧炉的炉排结构并不复杂，原因在于：后者的热负荷和机械负荷相对较小。此外，与流化床系统相比，废物粒度的均匀性也不太重要，并且抛煤机焚烧炉具有较低的堵塞风险[64]。

2.3.3.4 旋转流化床

该系统是废物焚烧鼓泡式流化床系统的改进型，其具有倾斜的喷嘴板、较宽的炉床灰提取槽、加大尺寸的进料和提取螺杆等特定特征，进而有利于进行固体废物的可靠处理。具有内衬耐火材料的燃烧室（床层和自由区域）的温度控制是通过烟气再循环过程实现的，这允许其所燃烧的燃料具有很大的热值范围，例如，能够进行污泥和预处理废物的协同焚烧[74]。

2.3.4 热解与气化系统

2.3.4.1 热解和气化简介

文献［9］指出，热解和气化技术作为用于废物热处理的替代技术已被应用于选定的废物流，但其规模还远小于传统的基于燃烧的焚烧处理技术。

这些技术试图在专门设计的反应器中，通过控制工艺温度和压力对传统废物焚烧厂中所发生反应的成分进行分离（如表 2.9 所示）。

表 2.9 焚烧、热解和气化工艺的典型反应条件和产物[9]

反应条件和产物	焚烧	热解	气化
反应温度/℃	800～1450	250～700	500～1600
压强/Pa	1	1	1～45
气体	空气	惰性气体/氮气	气化剂：O_2，H_2O
化学计量比	＞1	0	＜1
工艺中所生成的产品			
• 气相	CO_2，O_2，H_2O，N_2	H_2，CO，烃类，H_2O，N_2	H_2，CO，CO_2，H_2O，CH_4，N_2
• 固相	灰烬，炉渣	灰烬，焦炭	炉渣，灰烬
• 液相		热解油和水	

与专门开发的热解/气化技术相同，传统焚烧技术（即炉排、流化床、回转窑等）也可适用于在热解或气化的工况下运行，即在减少氧气含量（亚化学计量）的工况下或者在低温工况下运行。通常，热解和气化系统与生成合成气体的下游燃烧过程存在相互耦合的关系（参考 2.3.4.4 节的组合过程）。

除废物焚烧的一般目标外（即废物的有效处理），热解和气化工艺的额外目的还包括：

- 将废物的某些部分转化为工艺气（称为合成气）；
- 通过减小烟气体积降低对气体净化的需求。

热解和气化与焚烧的本质差异在于：前两者均能够回收废物的化学价值（而不是能量价值）。在某些情况下，热解和气化工艺所衍生的化学产品可作为其他工艺的原料。但是，当热解和气化工艺用于废物处理时，更为常见的方式是对热解、气化和焚烧工艺进行组合，通常是在相同场地内作为整体集成工艺的一部分。但是，在这种情况下，该焚烧装置所回收的是废物的能量价值，而不是像传统热解与气化炉所回收的是废物的化学价值。

在某些情况下，这些热解和气化工艺所产生的固体残余物中会含有污染物；在焚烧系统中，这些污染物首先会被转化成气态，然后再进行高效的烟气净化，最后与 FGC 残余物一起被清除[64]。

2.3.4.2 气化

气化是指通过有机物的部分燃烧产生可作为原料（通过某些重整过程）或燃料的气体[64]。

目前存在若干种不同的可用或正在被开发的气化工艺，这些工艺在原理上是适用于处理城市废物、某些危险废物和干燥的污水污泥等废物的[1]。

通常，将废物的性质保持在一定的预定义限度内是非常重要的。通常，这需要对城市废物进行特殊的预处理。

气化工艺的特殊特点包括：

① 与焚烧工艺所产生的烟气体积（采用纯氧燃烧最多可达 10 倍）相比而言，气化工艺所产生的气体体积更小；

② 主要形成的是 CO 而不是 CO_2；

③ 运行时需要高压（对于某些工艺而言）；

④ 固体残余物堆积为炉渣（在高温结渣气化炉中）；

⑤ 生成少量密实骨料（特别是加压气化过程）；

⑥ 合成气能够作为材料和能量利用；

⑦ 进行合成气净化所产生的废水更少。

常被采用的气化反应器如下所示：

① 流化床气化炉；

② 气流气化炉；

③ 旋风气化炉；

④ 填充床气化炉。

填充床气化炉和气流气化炉的组成示意如图 2.15 所示。

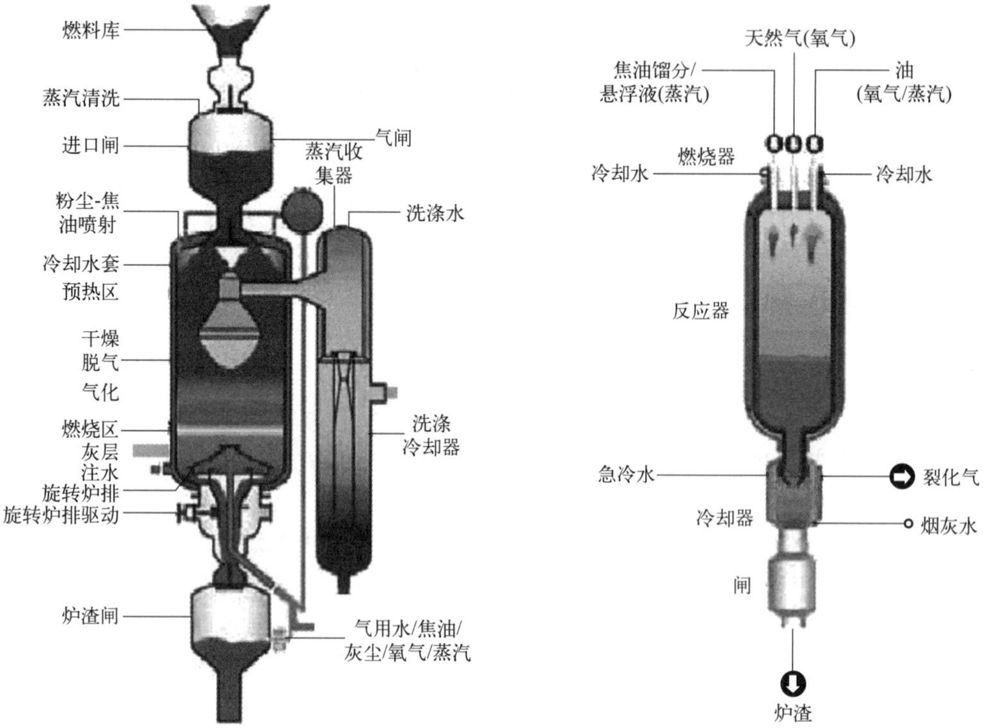

图 2.15 填充床气化炉和气流气化炉的组成示意图[1]

在采用气流气化炉、流化床气化炉或旋风气化炉时，要求所供给的原料必须是细颗粒状的。因此，进行废物的预处理是必要的工艺，特别是针对城市废物而言尤其必要。另外，待焚烧的危险废物如果是液体、糊状或细颗粒，也许可直接进行气化处理。

2.3.4.3 热解

文献［1］指出，热解是无氧条件下的废物脱气过程，在该过程中会生成热解气和固体焦炭。针对城市废物而言，典型热解气的热值在 5～15MJ/m^3 之间；针对 RDF 而言，其热值在 15～30MJ/m^3 之间。从更为广泛的意义上而言，“热解”是一个包含众多不同技术组合的通用术语。通常，热解包括以下技术步骤：

① 闷烧过程：温度在 400～600℃之间，由挥发性废料颗粒形成气体。

② 热解：温度在 500～800℃之间，废物中的有机分子进行热分解，进而形成气体和固

体部分。

③ 气化：温度在 800～1000℃下，热解焦炭中剩余的碳在气化物质（空气或蒸汽）的帮助下转化为过程气体（CO、H_2）。

④ 焚烧：依据所采用的组合技术，气体和热解焦炭在焚烧室内被燃烧。

通常，用于废物处理的热解厂包括以下基本工艺阶段：

① 准备和研磨：研磨操作能够改善和标准化处理焚烧过程所产生的废物质量，从而能够促进热传递。

② 干燥（取决于工艺）：采用单独的干燥步骤能够提高原始工艺气体的 LHV，进而提高回转窑内气-固反应的效率。

③ 废弃物的热解：除了热解气体外，还会积累含碳的固体残余物，其还包含着矿物和金属成分。

④ 热解气体和热解焦炭的二次处理：通过气体冷凝，提取能量可用的油混合物和/或燃烧气体，提取用于破坏有机成分的焦炭以及同时进行能源利用。

用于城市废物处理的热解厂的流程如图 2.16 所示。

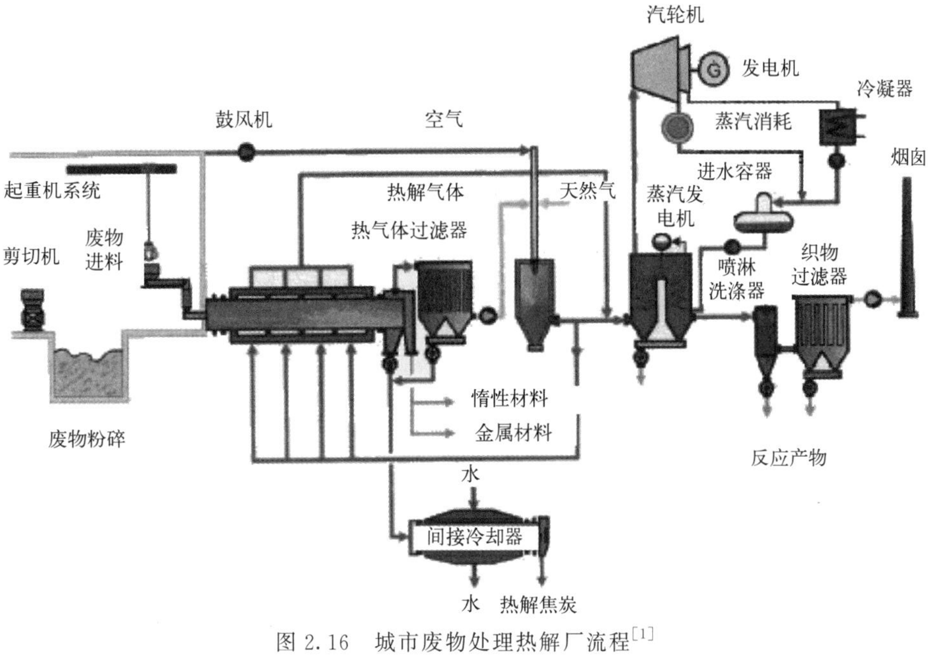

图 2.16 城市废物处理热解厂流程[1]

通常，热解阶段的温度在 400～700℃之间。但是，即使处于较低温度下（大约 250℃），在某种程度上还会发生其他反应。这个过程有时也被称为转化（例如污泥转化）。

除了对某些城市废物和污水污泥进行热处理外，热解工艺还用于以下场景：

① 土壤净化；

② 合成废物和旧轮胎处理；

③ 电缆残余物以及用于物质回收的金属和塑料复合材料的处理。

热解过程的潜在优势可能包括[64,74]：

① 具有回收部分有机材料价值的可能性，例如甲醇；

② 增加采用燃气发动机或燃气汽轮机（取代蒸汽锅炉）进行发电的可能性；

③ 减小燃烧后的烟气体积，在某种程度上降低 FGC 系统的投资成本；

④ 具有通过洗涤（例如氯含量）生产满足外部使用规范的焦炭产品的可能性。

下面介绍一个热解过程的例子。

文献［2］指出，在本示例中，热解过程中所处理的固体是工业污泥和粉碎后的油漆废物/化学包装。

该热解装置与热处理装置相结合以用于处理污染土壤，同时，由该热解装置所产生的合成气也可用作燃料。热解装置由两个平行反应器组成，其与热处理装置均安装了采用反应器输送原料的螺旋输送机。该装置的供给原料包括污泥和其他现场处理废水与油漆废料后的沉淀物。该原料的平均有机质含量的变化范围在25%～85%之间，平均含水量约为25%。

启炉时，先采用天然气将反应器加热到大约500℃，然后开始供给废物和停止采用天然气加热。供风量需要保持在化学计量的需求量以下，进而实现气化。气化温度为900～1200℃，每个反应器的处理容量大约是4t/h。

合成气在急冷冷凝器中进行冷却，剩余的合成气（LHV约为7MJ/m^3）会作为进行污染土壤热处理装置的燃料。焚烧和烟气的处理是按照荷兰的排放标准进行的。急冷装置的冷凝水在滗水器中进行处理以实现碳的分离，其中水用于对反应器残余物进行保湿处理。

反应器的残余物（温度约500℃）通过磁选系统去除油漆废料和包装废物中的铁，剩下部分在被冷却和采用凝结水润湿后，运至填埋场进行处置。

图2.17给出了包括主要物质流的通用工艺方案。

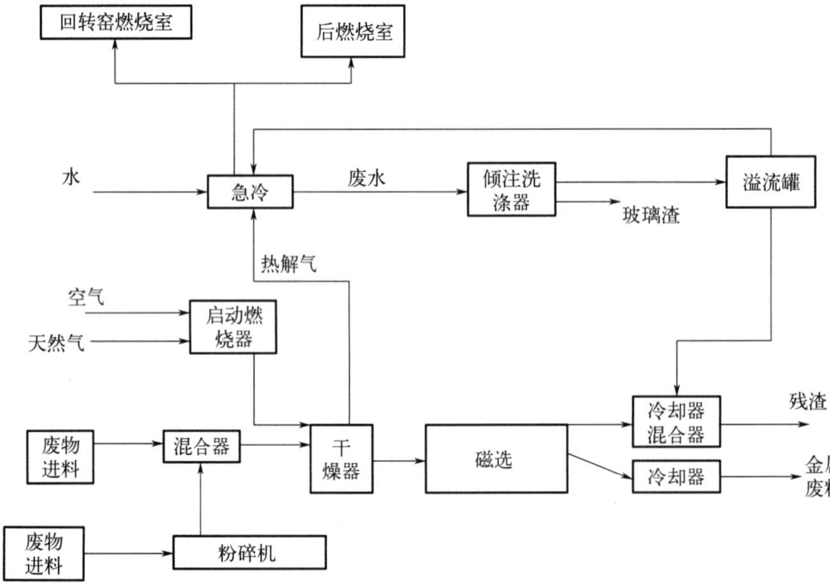

图2.17　ATM（Moerdik废物处理站）热解装置的工艺方案[2]

该热解装置的主要优点是，处理污泥、沉积物和油漆废料后的剩余LHV废物可直接用于受污染土壤的热处理装置。因此，其能源效率至少能够与废物焚烧装置相媲美。此外，去除的铁屑部分（15%）被回收，处理后废物的体积减小了约50%。剩余残余物可在ATM自身设施中进行部分的处理。由于采用可综合大型污染土壤和废物处理的焚烧炉和废气处理设施，因此降低了管理费用。

2.3.4.4　组合工艺

该术语是指由不同的热处理工艺（热解、气化、焚烧）组合而成的工艺过程。

(1) 热解-焚烧

文献［1］指出，以下技术正处于不同的发展阶段：

工艺 1：在回转窑中进行废物热解后，对热解气体和热解焦炭进行高温燃烧。在德国，该类型的焚烧厂还未完全投产。

工艺 2：在回转窑中进行废物热解后，先对气态焦油和油进行冷凝，接着对热解气体、热解油和热解焦炭进行高温燃烧。

工艺 3：热解在与高温燃烧直接相连的炉排上进行。

上述这些工艺所产生的固体残余物均是颗粒状的，这有利于进行后续的再利用或处置。污水污泥（经过脱水或干燥处理）可与城市废物进行协同处理。

工艺 2 与工艺 1 的原理是相似的，但主要存在以下两个不同之处：

① 热解气体在离开回转窑时被冷却，同时进行油、灰尘和水的沉积；

② 这是随特殊集料炉而进行的氧化高温处理，热解产物、油-水-尘混合物、热解焦炭和热解气体均被燃烧掉，同时固体残余物也被转化为液态熔融物。

在与高温燃烧直接相连的炉排上进行的热解工艺如图 2.18 所示。

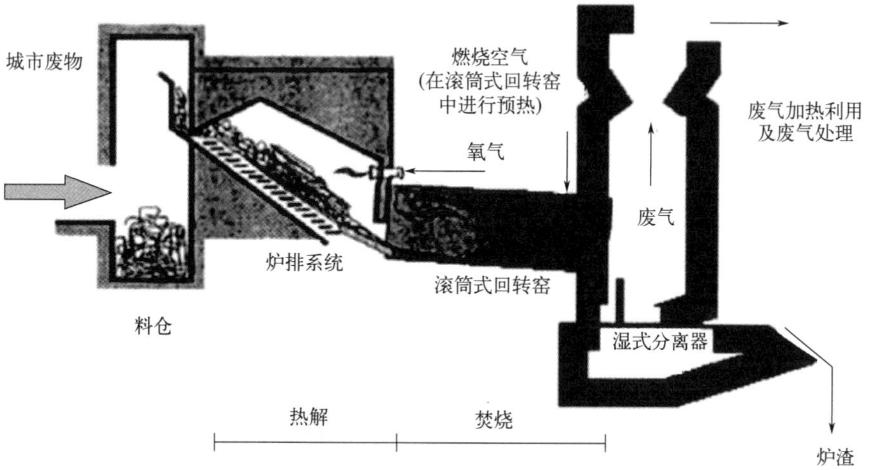

图 2.18　与高温燃烧直接相连的炉排上的热解工艺[1]

在与高温燃烧直接相连的炉排上的热解（见图 2.18）是在传统炉排焚烧的基础上发展起来的，但其目的是产生液态熔融物。首先，通过采用直接加热的方式，废物在炉排进行热解，所需热能源于热解气体与纯氧的部分燃烧。其次，在直接连接的回转窑高温环境下，上一步的产物、热解气、焦炭和惰性物质分别被燃烧或熔化。此处所累积的熔渣中含有玻璃、石材、金属和其他惰性物质，这些物质是不同于上述工艺 1 中的相应产品的。

在原则上，上述 3 种热解组合工艺所采用的烟气净化技术与城市废物焚烧厂所采用的净化系统是无区别的。烟气净化工艺会累积相同的残余物和反应产物，其类型和组成主要取决于所采用的烟气净化系统。但是，与城市废物焚烧所不同的是，热解组合工艺所产生的过滤粉尘能够回收至熔化室内。

位于荷兰的医疗废物热解-焚烧装置示例如下。

文献［2］指出，非特定的医疗废物主要源自在医院和其他医疗机构所进行的周期性收集。废物被收集在特制的容量为 30L 或 60L 的桶中，这些桶在基层医疗机构填满密封后就不再需要打开。这些废物与其装载桶会同时被焚烧，此外，它们也可作为辅助燃料使用。

收集自医院和其他医疗机构的非医疗废物被视为常规城市废物。

收集后的废物会存储在现场的封闭运输容器内。这些装载废物的桶以半自动的方式收集和运送至位于封闭建筑内的焚烧装置处。通过气闸方式将这些废物供给至焚烧炉，目的是防止引入不用于焚烧的燃烧空气。

焚烧可分为两个阶段（如图 2.19 所示）。在底部焚烧室内，控制热解的发生；随后，当废物通过燃烧室时，采用一次风进行废物的燃烧；最后，废物到达作为终点的充满水的排灰器中，其中的灰分采用链式输送系统清除。

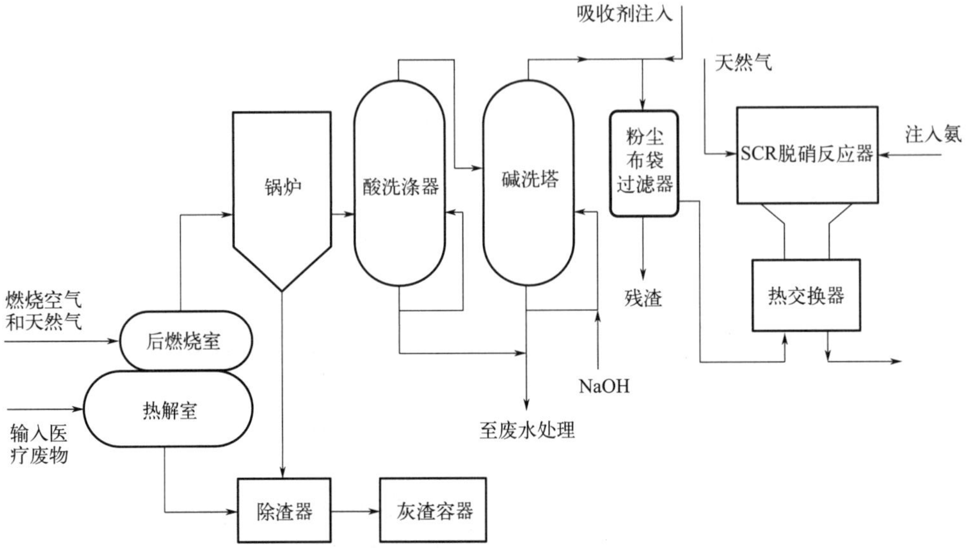

图 2.19 荷兰 ZAVIN 的某医疗废物热解焚烧厂示例[2]

通常，烟气的燃烧是基于二次风进行的，在需要的情况下，可通过采用辅助燃油的方式将炉内的温度提升至大约 1000℃。随后，高温烟气在饱和蒸汽锅炉（蒸汽温度为 225℃，气压为 10bar）、热交换器和洗涤器中进行冷却。蒸汽供应给邻近需要使用蒸汽的城市废物焚烧厂，并将回水返回至锅炉给水。

洗涤器是用于去除酸性化合物的两级系统。处理后的烟气被加热（在热交换器和蒸汽-烟气热交换器中）后，通过具有吸附剂（活性炭和熟石灰）注入功能的粉尘布袋过滤器对二噁英进行去除，之后再通过 SCR 脱硝装置，最终净化后的烟气通过 55m 高的烟囱排出至大气。其中，烟气排放浓度需要符合荷兰的标准。

(2) 热解-气化

文献［1］指出，热解-气化工艺的以下两种不同类型是能够区分的：

a. 非直接连接（先热解再气化＝转化过程）；

b. 直接连接。

① 转化过程。在转化过程中，若存在要求，金属和惰性物质会在热解步骤完成后予以去除。在气化过程中，由于热解气和热解焦炭均需要进行再加热，因此该工艺对技术和能量的需求要高于采用直接连接工艺的热解-气化方式。此外，冷凝后的废蒸汽被视为污水并被排放。

在转化过程中，待处理的废弃物在能够被第 1 热处理阶段使用之前，需要对其进行粉碎和干燥处理。在一定程度上，该阶段是与“闷烧”过程相对应的。后续的处理阶段包括：

a. 炉内热解；

b. 固体残余物的去除；

c. 富含碳的细馏分的分离；

d. 金属和惰性馏分的分选。

热解气被冷却为冷凝废蒸汽和热解油。之后，热解气与热解油和细馏分共同供给至第 2 热处理阶段，即气流气化反应器。进一步，气流中的热解油和细馏分在高压和 1300℃ 的温度下被气化，所产生的合成气在被净化后，通过燃烧的方式实现能量的回收。固体残余物作为熔融颗粒，通过冲洗的方式进行提取，其类型和数量与“焚烧”工艺的产物相对应。

通过直接连接的热解-气化工艺可能会提高发电效率，但是金属和惰性材料会被包含在熔融产物中，后者的用途迄今尚未发现。

② 组合气化-热解-熔炼工艺。在组合气化-热解-熔炼的工艺流程中，如图 2.20 所示，未粉碎的废物在推式焚烧炉中被干燥和部分热解，接着被直接以无间断的模式转移至立式填充床气化炉中，随着氧气的添加，进而在高达 2000℃ 的温度下被气化（气化炉中较低位置的部分）。此外，在气化反应器较高位置的上部中还会加入纯氧，从而能够通过氧化、气化和裂解反应，破坏上述所生成的合成气中的剩余的有机组分。

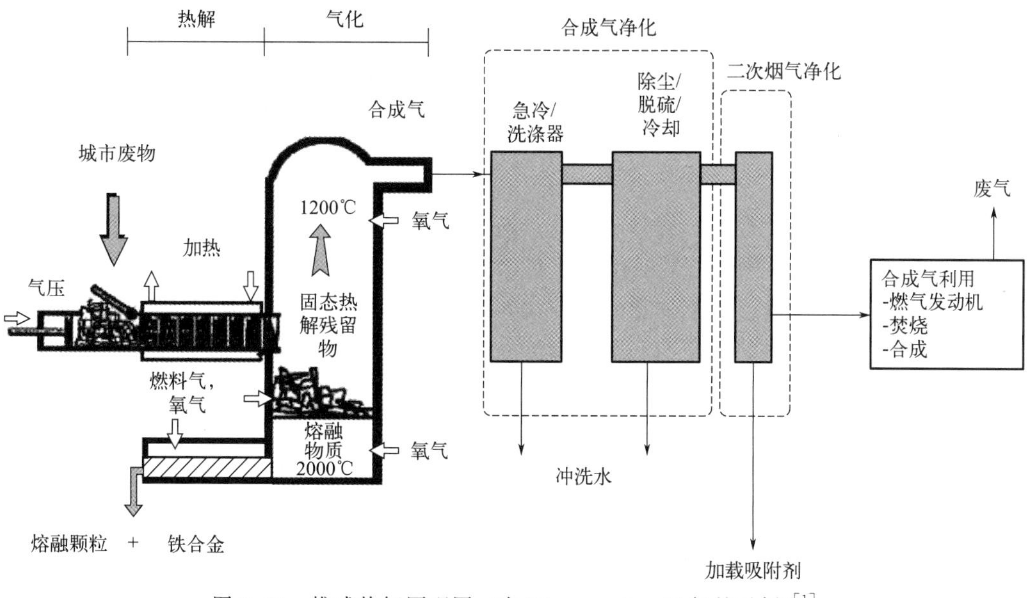

图 2.20 推式热解原理图（由 Thermoselect 运行的示例）[1]

据报道，虽然上述工艺能够处理范围更为宽泛的废物，但该工艺主要用于处理城市废物和非有害工业废物。同时，该工艺也可用于处理 LHV 热值为 6～18MJ/kg 和含水量高达 60%的废物。对于氯含量高达 3.5%的自动粉碎机残余物，与大约等量的 MSW 进行协同处理[69]。

合成气进行烟气净化处理后，通过燃烧的方式对其所产生的能量进行利用。原始的固体残余物会以熔融物的形式排出热解炉。在该工艺的测试运行期间，输入每吨废物约产生 220kg 的底灰和累积约 30kg 的金属。

截至 2003 年，在日本有两家上述类型的焚烧厂。虽然欧洲也建造了两家该种类型的焚烧厂，但在运行几年后就已经停炉[47]。

(3) 气化-焚烧

两种不同类型的气化-焚烧工艺可区别如下：

a. 流化床气化炉和灰分熔融炉（两个独立阶段）；

b. 竖炉（单集成阶段）。

① 流化床气化炉和灰分熔融炉。流化床气化炉和灰分熔融炉进行组合的示例如图 2.21 所示。

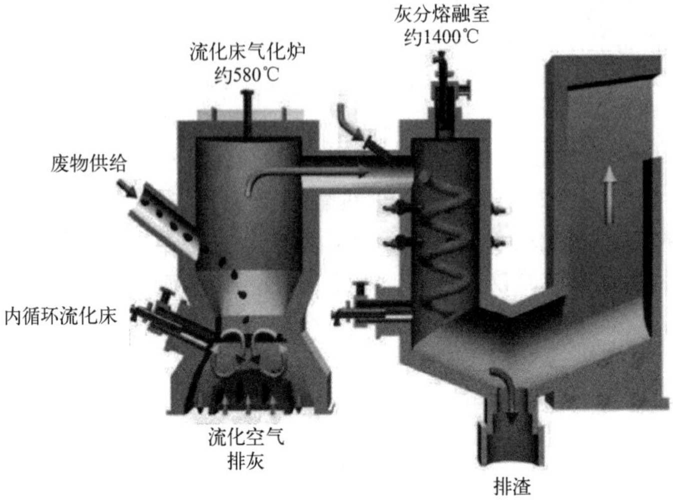

图 2.21 组合流化床气化与高温燃烧工艺[68]

在上述的焚烧装置类型中，切碎的废渣、废塑料或粉碎的 MSW 在运行温度为 580℃左右的循环鼓泡流化床工艺中被气化，其中：较大的惰性颗粒和金属在焚烧装置底部排出并与床层物质分离，后者需要返回至气化炉中；细灰分、较小炭颗粒和可燃气体会被传输至气旋灰分熔融室，在加入燃烧空气后达到灰分熔融所需的温度（通常为 1350～1450℃）。

灰分熔融室作为蒸汽锅炉的组成部分之一，用于实现能量回收。

除电能或蒸汽外，上述工艺的产品还包括金属碎片、玻璃化熔渣（具有低浸出率和稳定特性）和从二次灰分中所提取的金属精矿。

与其他气化工艺所不同的是，上述工艺是在大气压力下运行的，所采用的气源是空气而不是氧气。为将废物粒径减小至 300mm，必须要对 MSW 进行粉碎预处理；但是，对于在规范范围内的废物而言，其可在未进行切碎处理的情况下进行燃烧。在已经运行的各种类型的焚烧厂中，除了处理 MSW 外，还会处理诸如污水污泥、骨粉、医疗废物、工业矿渣和污泥等其他废物[68]。

② 竖炉。

与图 2.21 所示的气化熔融工艺相比，竖炉工艺的结构更为简单（如图 2.22 所示），原因在于：气化和熔融工艺均是在单个焚烧炉内进行的。

在焚烧炉的高温环境下，由未粉碎 MSW 提取的可燃馏分在气化后被转化为用于发电的合成气。废物中的不可燃物（金属和矿物成分）在焚烧炉底的熔融区内进行熔化，并转变为金属和玻璃化炉渣。

在 MSW 中的塑料包装尺寸为 600mm×600mm×600mm 或更小的情况下，无须对 MSW 进行预粉碎处理。

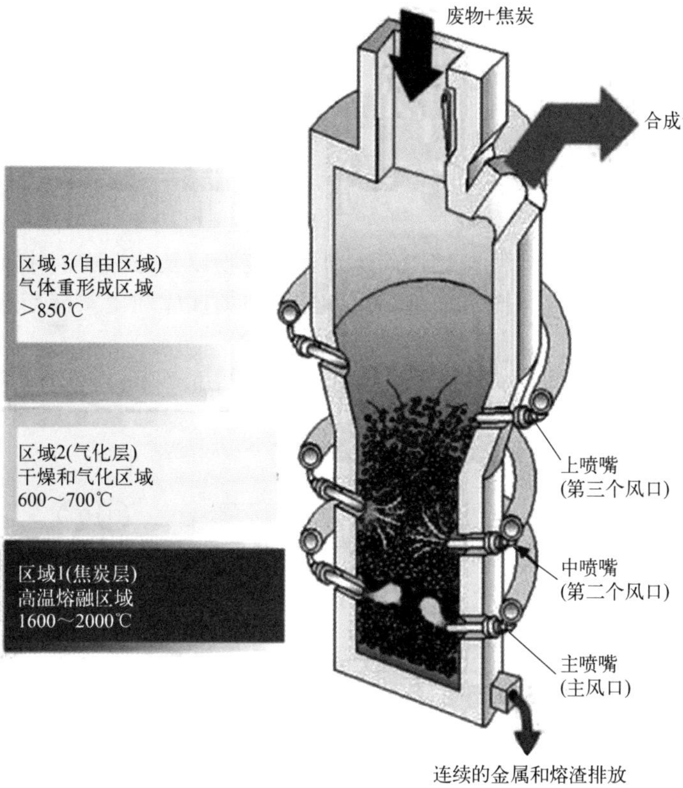

图 2.22　集成废物气化和灰分熔融的竖炉[53]

废物与焦炭（约占废物质量的 5%和能量的 15%）和石灰石（约占废物质量的 3%）同时从焚烧炉的顶部供给至竖炉中。由于竖炉是在还原环境中运行的，因此金属被气化为气态，熔融的灰分被转化为玻璃化的炉渣。熔融灰在竖炉底部排出，其在水冷输送机中冷却后被转化为玻璃化的炉渣和金属。

该竖炉分为 3 个区域，其描述如下所示：

① 在区域 1 中，填满着焦炭，其与废物中的碳通过由主喷嘴供给至焚烧炉下部的富氧空气（约 35%的氧气）进行燃烧。燃烧空气可通过炉壁上的主喷嘴、中喷嘴和上喷嘴注入焚烧炉内。区域 1 的温度会超过 2000℃❶，在这样的高温下，废物中的不可燃物被熔化后通过炉底的出渣口对外连续排放，其温度在 1600℃左右，并且保持着熔融态。燃烧产生的 CO_2 通过与焦炭的溶解损失反应被还原为 CO，这些 CO 在温度大约为 1000℃时流入竖炉区域 2 的上部。

② 在区域 2 中，在竖炉的下部区域所产生的气体被部分燃烧，并保持在 700℃左右的温度。燃烧空气通过中喷嘴注入，同时，由焚烧炉顶部所供给的废物、焦炭和石灰石保持处于流化的状态。在该区域，废物被预热和热分解。

③ 在区域 3 中，竖炉所产生的部分气体在 850℃以上的还原环境中进行燃烧，其所需要的燃烧空气通过上喷嘴注入。焚烧炉内气体的停留时间为 2s 或更长，其目的是促进焦油热解和防止二噁英形成。该工艺能够提高所生产合成气的质量。

❶ 译者注：译者认为，在特殊运行工况下，区域 1 的温度会超过 2000℃。

竖炉所生产的合成气在进入锅炉前被引至辅助燃烧区后进行完全燃烧。

第 1 个采用该技术处理 MSW 的焚烧厂已于 2003 年投入商业运行。在日本，总共存在 11 个该种类型的焚烧厂处于运行状态[53]。

2.3.5 其他技术

2.3.5.1 液体和气体废物的燃烧室

燃烧室是专门设计的，主要用于燃烧液体和气体废物以及分散在液体废物中的固体（如图 2.23 所示）。此类燃烧室的常见应用是对化学工业中的液体和工艺废气进行燃烧。对于含氯的废物，可对 HCl 进行回收，进而用于其他用途。

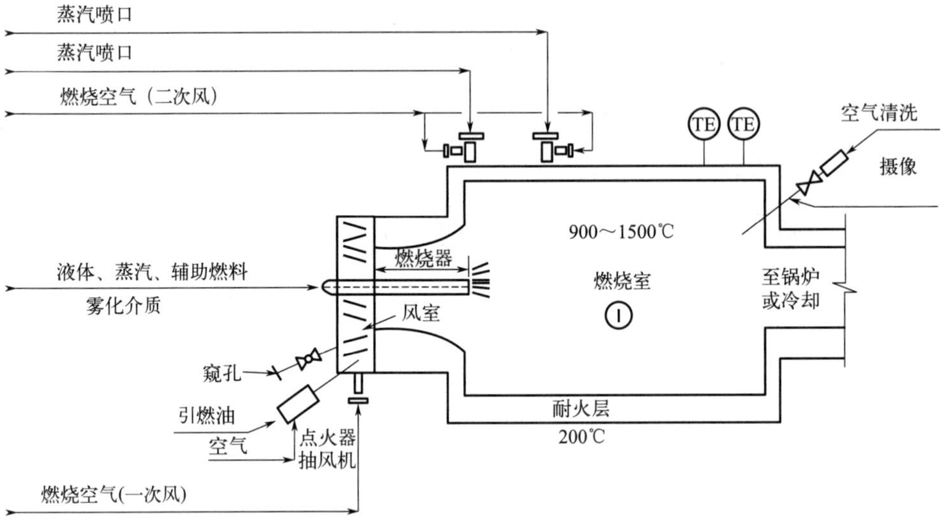

图 2.23 液体和气体废物燃烧室的典型设计[1]

危险废物焚烧厂的后燃烧室基本上都是作为燃烧室使用的。某焚烧厂（意大利的 Ravenna）的后燃烧室十分庞大，整个热处理过程均可在其内部进行。

通常，所选择的燃烧室运行温度是为了确保供给至其内的废物都能够被较好地销毁。在某些情况下，催化系统可应用于特定的废物流，其通常是在 400～600℃ 的低温下进行运行。一般而言，针对非催化室，其所选择的温度应该在 850℃ 以上。辅助燃料常用于维持稳定的燃烧工况。热回收的方式是通过锅炉系统提供热水/蒸汽。

2.3.5.2 面向 HCl 回收的液态和气态氯化废物焚烧

文献 [1] 指出，面向 HCl 回收的液态和气态氯化废物焚烧工艺（图 2.24）包括：

① 燃烧室；

② 蒸汽发生器；

③ 与 HCl 回收相结合的烟气净化器；

④ 烟气排放烟囱。

该装置利用废物所产生的热能对液态和气态氯化废物进行处理并生产盐酸。

废物所产生的热能在蒸汽发生器（212℃，20bar）中转化为蒸汽并进行转移分配。对焚烧过程所产生烟气的颗粒物部分进行分离，进而在烟气净化装置中生产浓度尽可能高的盐酸。通常，盐酸的去除和利用在焚烧厂内进行。

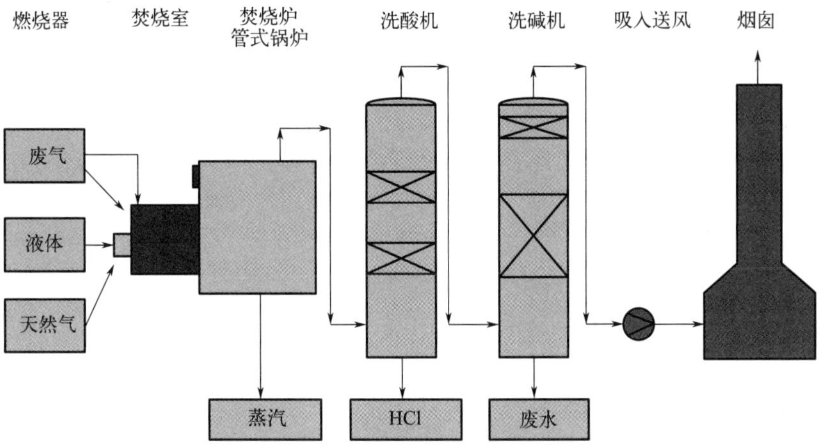

图 2.24　从残余气体和液态氯化废物提取 HCl 的工艺示意图[1]

残余气体（烟气）通过输送管道进入回收装置内。在焚烧之前，每股烟气流都会经过一个单独的储存容器，在该容器中将液体颗粒从烟气流中予以分离。根据烟气的分类结果，在进料管线上安装适当的回火安全防护装置。进料管线的数量取决于该工艺所采用的控制机制。通过采用压力和温度补偿的流量测量方法可得到烟气的体积流量。采用具有最大压力限制控制的压力调节器将烟气送入燃烧室。此外，所有连接到燃烧室的烟气管道均要安装具备自动化功能的紧急关闭阀。

液体废物的输送管道也安装了具有自动化功能的紧急关闭阀。所有液体废物被输送至位于燃烧室前部的多物料燃烧器中。这些液体的汽化是通过加压空气和/或蒸汽的方式进行的，后者是在单独气量控制器的作用下进入燃烧器的。此外，各种烟气通过喷枪供给至多物料燃烧器中，其中，每把喷枪均是由同心管道组成的。因此，若干种烟气流可分别供给至燃烧室内。为进行冷却和防止发生腐蚀，喷枪通过外部的圆形间隙以连续方式注入空气。

在焚烧装置启动时，需要采用主要能源（天然气）以维持燃烧室内的期望温度。通过一个单独的鼓风进行连接，天然气能够被输送至多物料燃烧器中。天然气的流量能够通过数字控制计算机进行系统的调节，采用依赖于焚烧炉内温度的压力调节器将天然气供给至燃烧器中。天然气也是点燃多物料燃烧器的点火火焰所必需的燃料。在连接至多物料燃烧器和点火火焰的天然气管道中，安装了两个具有自动间隙控制的自动紧急关闭阀。

该装置安装了两个独立的火焰故障警报（UV 和 IR）对燃烧器火焰进行监测。此外，还可通过检查窗对燃烧器火焰进行监视，也可在安装于废热锅炉后墙上的电视摄像机的辅助下进行燃烧器火焰的监视。燃烧空气量通过采用适当的仪表进行记录，同时，鼓风机所产生的压力值也采用类似方式进行记录。

圆柱形燃烧室从设计上能够保证废物在焚烧炉内具有足够的停留时间，进而保证在正常工况且运行温度高于 1100℃ 的情况下实现废物的完全燃烧。燃烧室的设计温度为 1600℃，该运行温度是需要进行连续监测的。为了使得焚烧炉能够承受如此高的温度，从整个燃烧室直到蒸汽锅炉装置的入口处，燃烧室的内壁均安装了耐火砖，其壳体是由锅炉板制成的。针对烟气的湿式清洗是在两个洗涤塔中进行的，同时要回收浓度尽可能高并且在技术上能够可重复使用的盐酸。对于氯化废物的焚烧，可允许回收 5%～20%的盐酸。

2.3.5.3　面向氯回收的氯化液体废物焚烧

文献 [2] 指出，该用于处理高浓度氯化废液（氯化烃）的焚烧装置位于工业现场，其总生产能力约为36000t/a，所处理的废物同时源自工业客户和外部客户。废物的含量被限制为固体（小于10g/kg）、氟、硫和重金属。此外，该装置也用于处理PCB（多氯联苯）。

焚烧在2个运行温度为1450～1550℃的焚烧炉内进行（气体停留时间为0.2～0.3s），在不添加辅助燃料的情况下，该温度通常也是能够维持的。对焚烧炉进行注水的目的是抑制Cl_2的形成。离开焚烧炉后的烟气经过冷却段后，可将温度降至约100℃。不溶物和重金属盐从冷却槽中的循环液体中去除。进一步，烟气继续通过等温吸收器和绝热吸收器。回收后的盐酸在升高的压力和温度下进行蒸馏，之后烟气被冷却至－15℃以实现将含水量降低到几乎为零。所回收的无水HCl在氯乙烯单元装置中进行再处理。

烟气还需要通过碱性洗涤器和活性炭过滤器（用于吸收二噁英），并对其所包含的TOC、HCl、NO_X、O_2、CO和粉尘浓度等进行连续性的分析。烟气排放中的二噁英和PCB浓度要低于0.1ng TEQ/m^3。

从冷却和洗涤器单元装置中所排出的废水在物理/化学单元和生物废水处理单元中进行处理，相应的要求是：二噁英含量＜0.006ng TEQ/L，PCB低于检测限值（＜10ng/L）。

该工艺的方案如图2.25所示。

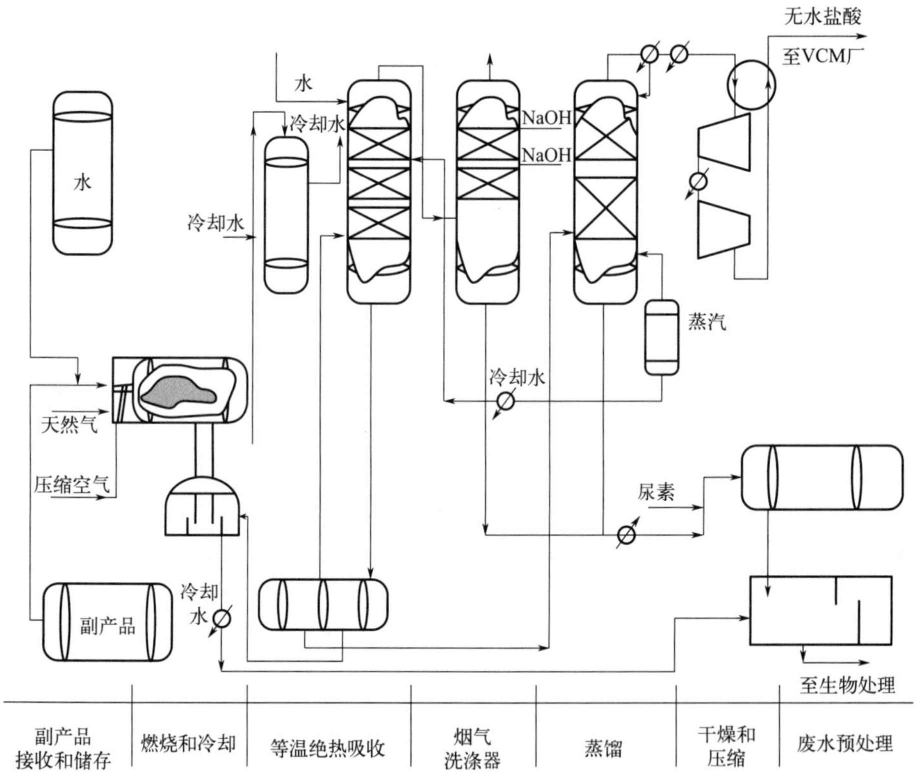

图2.25 在AkzoNobel运行的氯回收装置工艺方案[2]

这种专用焚烧装置的主要优点是能够进行氯的回收。此外，在该种情况下，上述装置是大型化工厂的一部分，这一事实降低了该装置的间接成本。

2.3.5.4 废水焚烧

文献［1］指出，废水可以通过焚烧有机物质的方式进行处理。废水焚烧是处理工业废水的一种特殊技术。在高温环境下，废水中的有机物质或者有时是无机物质，会在大气中氧气的帮助下随着水的蒸发而发生化学氧化。术语“气相氧化”，常用于将此种类型的废水焚烧与诸如湿氧化等其他技术进行区分。若水中的有机物不能被重复使用或其回收不具有经济性或未采用其他技术，则采用气相氧化技术。

如果废水中所包含的有机负荷足以独立地完成水分份额的蒸发并能够进行过热处理时，则能够进行无辅助燃料支持的非外部支撑燃烧。通常，水的热值太低，其不能进行非外部支撑的燃烧。在这种情况下，采用协同焚烧或采用辅助燃料是非常必要的。废水焚烧时，减少对额外能量的需求能够通过降低水分含量的方式予以实现，这可通过安装预连接装置或设计多步冷凝装置实现。此外，还可安装热回收装置（锅炉），进而从焚烧所产生的热能中回收用于冷凝的蒸汽。

根据废水中的有机物质和无机物质含量以及当地的不同情况，存在着多种具有非常大的差异的焚烧装置设计方案。

通过燃烧器或喷枪，废水和燃料可在焚烧室的多个位置注入焚烧炉。同时，大气氧气也可在多个不同的位置进行供给（此处，一次风＝大气氧气与燃料相结合，二次风＝混合空气）。

图 2.26 给出了具有废水蒸发（浓缩）装置的废水焚烧炉示例。

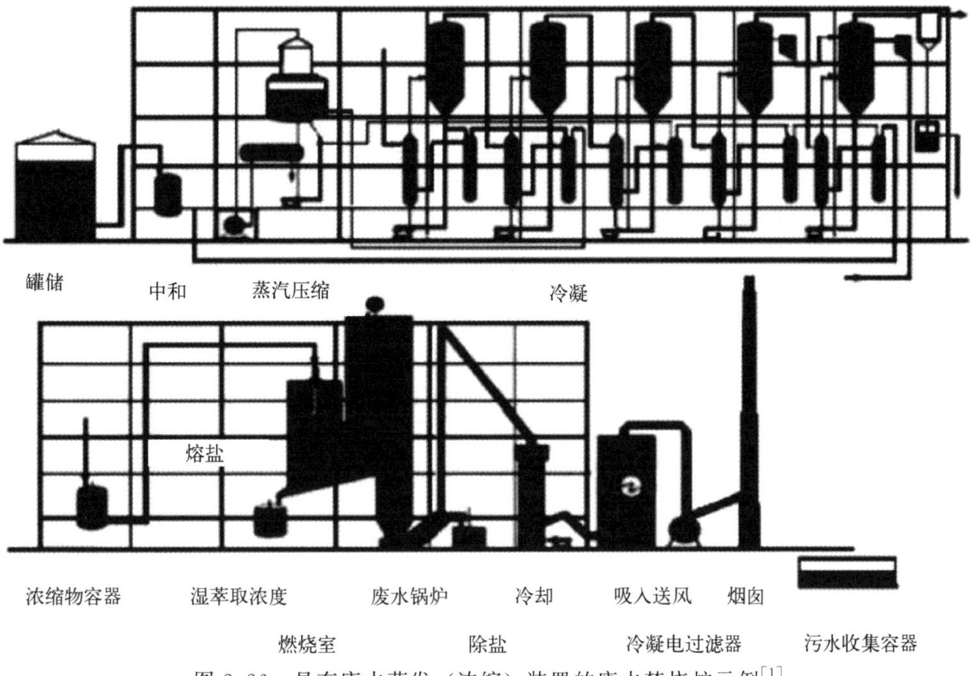

图 2.26　具有废水蒸发（浓缩）装置的废水焚烧炉示例[1]

碱废水的焚烧装置示例如下。

文献［2］指出，碱水是由单苯乙烯环氧丙烷（MSPO）装置所产生的特定废水流。该废水是在工艺过程的若干个洗涤步骤中产生的，含有 10%～20%的有机成分，具有高钠负荷（主要是 NaCl）的特点。

碱水的高有机含量和高钠含量使得采用基于生物的水处理工艺对其进行处理变得困难，甚至是不可能的。由于这种水的热值太低，不能支持单独焚烧，所以进行协同焚烧或者采用辅助燃料是非常必要的。采用具有高钠含量且数量占比很大的废水在城市废物焚烧炉中进行协同焚烧会导致若干问题。

通常，可应用于碱水处理的技术包括湿式氧化和焚烧。为此，本示例中采用了4个静态垂直焚烧炉（总容量为350～400kt/a），该示例焚烧厂自1999/2000年以来一直处于运行状态。

低热值废物（含10%～20%有机物的碱水）可通过降膜蒸发器进行处理。这种蒸发器依靠用于焚烧炉壁冷却的过量低压蒸汽进行运行，因此可在焚烧炉中采用更少的燃料。

剩余液体和所产生蒸汽，在采用天然气和/或高热值液体燃料（废油或燃料油）的静置立式由上而下进料的焚烧炉内进行燃烧。由此而产生的部分烟气采用膜壁进行冷却，产生压力为27bar的蒸汽。随后，烟气被冷却以清除气体中的钠盐和其他水溶性杂质。

在热回收阶段，再循环水被喷洒至烟气中，在闪蒸室中进行闪蒸处理后，每个装置产生大约30t/h的蒸汽。

在热回收阶段后，烟气通过文丘里洗涤器和湿式静电除尘器对气溶胶和灰尘进行去除。

焚烧炉在低过量空气（3%～4%O_2）、温度为930～950℃的工况下运行。依据所含有机物浓度的不同，碱水的处理量为每个装置10～15t/h。

冷却水在离子交换床中进行处理，其目的是去除所包含的重金属。其中，特殊的离子交换床能够将金属钼（MSPO工艺中的催化剂）浓缩至可重新使用的等级。

上述这些焚烧炉的主要优点是能够焚烧数量巨大、具有高盐浓度的低热值废物。

图2.27所示为该工艺的某个工厂示例。

2.3.5.5 等离子体处理

等离子体是电子、离子和中性粒子（原子和分子）的混合物。作为高温、电离、导电的气体，其是通过与电场或磁场间的相互作用而产生的。同时，等离子体也是活性物质的来源，高温环境会促进其发生快速的化学反应。

等离子体工艺是利用高温（5000～15000℃）环境下导致的电能至热能的转换产生等离子体。该工艺还包括采用强电流通过惰性气体流的产生方式。

在这些条件下，通过将PCB、二噁英、呋喃和杀虫剂等危险污染物注入等离子体中，这些危险废物会被分解为其对应的原子成分。该工艺能够用于处理有机物、金属、PCB（包括小型设备）和六氯苯。在许多情况下，可能需要对废物进行预处理。

根据被处理的废物类型，通常需要废气净化系统，其残余物为玻璃化的固体或灰分。等离子体工艺具有大于99.99%的高破坏效率。虽然等离子体工艺已经是成熟的商业技术，但其非常复杂、昂贵，并且需要众多的运行维护人员。

热等离子体的产生方式包括：将DC或AC电流通过电极之间的气体，或者采用不需要电极的射频（RF）磁场，或者利用微波。下面介绍几种不同的等离子体技术。

(1) 氩等离子弧

作为具有“在飞行”特点的等离子体过程，其意味着废物能够与氩等离子体射流进行直接混合。选择氩气作为等离子气体的原因在于：其具有惰性，不与焊枪的组件发生反应。

据报道，在流量为120kg/h和电能为150kW的情况下，针对臭氧消耗物质（ODS）的破坏和去除效率（DRE）超过99.9998%。

这项技术与其他等离子体系统相比的优势在于：几年来，氩等离子弧对CFCs和卤化烷类物质的高效销毁能力已在商业应用中被证明。同时，其也具有低排放水平的PCDD/F。由于该工艺所产生的烟气量相对而言较低，这也降低了污染物的大量排放。此外，非常高的能量密度也使得其成为容易运输的非常紧凑的工艺设备。

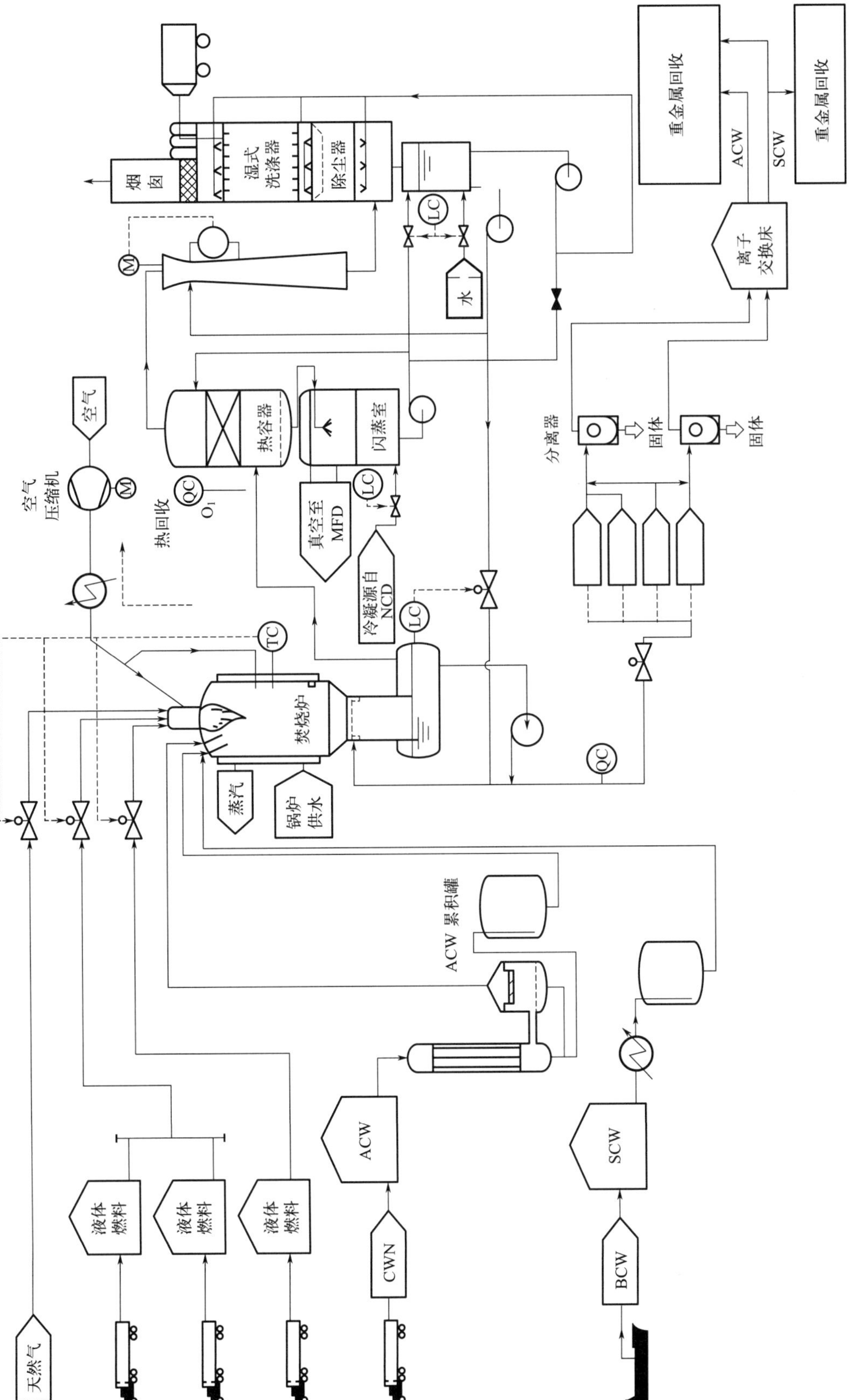

图 2.27　AVR 运行的苛性碱水处理厂工艺方案[2]

（2）电感耦合射频等离子体（ICRF）

在 ICRF 应用中，采用的是电感耦合等离子体炬，其与等离子体的能量耦合是通过感应线圈的电磁场实现的。由于未采用电极，ICRF 可采用多种气体（包括惰性、还原性或氧化性气体）进行操作，并且比等离子弧工艺具有更好的可靠性。

ICRF 等离子体工艺表明，其 DRE 超过 99.99%，同时能够以 50～80kg/h 的速度破坏 CFCs。

据报道，该工艺已在商业上进行了示范应用，实现了 CFCs 的高破坏率和污染的低排放。ICRF 等离子体不需要氩气，因此其具有比其他类似系统更低的运行成本。此外，该工艺产生的气体量很低，进而也导致污染物排放的水平较低。

（3）AC 等离子体

AC 等离子体由 60Hz 高压电直接产生，在其他方面类似于电感耦合 RF 等离子体。该 AC 等离子体系统的电气和机械部分很简单，其也因此被认为具有非常高的可靠性。该工艺不需要氩气，可以耐受包括空气或蒸汽在内的多种可用气体。此外，作为等离子气体，其能够承受 ODS 中的油污染。

（4）CO_2 等离子弧

高温等离子体是通过向氩气等惰性气体进行强烈放电而产生的。一旦等离子体场已经形成，依赖于期望工艺产出的高温等离子体能够采用普通压缩空气或某些大气气体进行维持。

液体或气体废物直接注入的等离子体产生点的温度远高于 5000℃。上层反应器的温度约为 3500℃，在通过反应区后，温度将降低至 1300℃左右的精确控制范围内。

该工艺的特点是采用氧化反应所形成的 CO_2 作为维持等离子体的气体。

以合理的高示范率，该工艺已经证明了难熔化合物具有较高的 DRE。污染物的质量排放率很低的主要原因在于：该工艺所产生的烟气量很低。

（5）微波等离子体

该工艺将 2.45GHz 的微波能量注入特殊设计的同轴腔，进而在大气压力下产生热等离子体。除了需要采用氩气进行该等离子体工艺的初始化外，在其他过程中不再需要用于维持等离子体的气体。

据报道，微波等离子体过程的 DRE 超过 99.99%，同时能够以 2kg/h 的速度摧毁 CFC-12。

据报道，该工艺具有很高的破坏效率，能够在很短的时间内实现较高的工作温度，进而能够提供灵活的操作性和减少停机时间。

该工艺不需要惰性气体参与运行，提高了电效率，降低了运行成本，减少了烟气产出量。此外，该工艺也非常紧凑。

（6）氮等离子弧

该工艺采用基于水冷电极操作的 DC 非转移等离子体炬，采用氮气作为工作气体，进而产生热等离子体。

据报道，该工艺的 DRE 可达到 99.99%，同时能够以 10kg/h 的进料速度摧毁 CFCs、HCFCs 和 HFCs。

该技术的突出优点是，氮等离子弧的产生设备在尺寸上非常紧凑。该系统仅需要 9m×4.25m 的安装面积，还包括用于副产品（$CaCl_2$ 和 $CaCO_3$）沉淀和脱水的装置的空间。因此，该系统能够装载在卡车上，能够在产生废物的现场进行处理。

2.4　能量回收阶段

2.4.1　简介与通用原则

文献［28］指出，燃烧是放热（产热）的过程。燃烧过程所产生的大部分能量都被传递至烟气中。在进行烟气冷却时，允许进行以下操作：

① 从热烟气中进行能量回收；

② 在烟气排放至大气之前对其进行净化。

在未进行热回收的焚烧厂中，烟气通常是通过注入水、注入空气或同时注入水和空气的方式进行冷却的。

大多数焚烧厂会采用锅炉进行热回收，其具有如下所示的两个相互关联的功能：

① 对烟气进行冷却；

② 将热能从烟气中转至另外一种流体内。最为常用的流体是水，其通常会在锅炉内被转化为蒸汽。

蒸汽或热水的特性（压力和温度）是由焚烧厂所在地的能源需求和运行限制所确定的。

锅炉设计主要取决于以下因素：

① 蒸汽特性。

② 烟气特性（对形成腐蚀、侵蚀和污垢的潜在影响）。烟气特性是高度依赖于废物成分的。例如，危险废物的成分往往变化很大，有时其原料烟气中的腐蚀性物质（例如氯化物）的浓度会很高。在这种情况下，对所采用的能量回收技术具有重大的影响。特别地，锅炉在高温下会受到严重的腐蚀。因此，锅炉通常被设计为在较低的温度下运行，并产生具有较低压力的蒸汽。

③ 类似地，每个焚烧厂的热循环（蒸汽-水循环）也将依赖于生产电能、蒸汽和/或热水之间的相对重要性。

水冷壁（燃烧室的炉壁通常是由充满水且具有某种类型保护涂层的热交换管制成的）被广泛地用于冷却通过空置锅炉通道（即换热管束）的燃烧气体。通常，第 1 通道是需要空置的，原因在于：热烟气腐蚀性太强和粉尘太黏稠，使得无法在该区域有效地采用换热管。

根据所焚烧废物的性质和所采用燃烧器的设计，废物焚烧是可能产生足够的热能的，进而使得燃烧过程能够实现自我支撑（即不需要采用除废物以外的燃料）。

能量转移至锅炉的主要用途是：

① 热能的生产和供应（例如蒸汽或热水）；

② 电能的生产和供应；

③ 以上两种能源的组合。

转移的能量可用于焚烧厂内（从而可以取代从焚烧厂外输入的能量）和/或厂外。这些废物焚烧所提供的能量能够用于多种其他工艺。通常，热能和蒸汽用于工业或地区的供热系统，工业过程的热能和蒸汽也偶尔会作为制冷和空调系统的动力。通常，电能供至国家配电网和/或在焚烧厂内部使用。

2.4.2 影响能源效率的外部因素

2.4.2.1 废物类型及性质

运输至焚烧厂的废物特性将决定着焚烧厂所能够采用的合适的技术，以及能源可能被有效回收的程度。

实际运抵焚烧厂或供给焚烧炉的待焚烧废物的化学和物理特性可能会受到许多焚烧厂本地因素的影响，这些因素包括：

① 与废物供应商签订的合同（例如，加入 MSW 中的工业废物）；

② 焚烧厂内或厂外的废物处理或收集/分类制度；

③ 改变特定物流到或来自废物处理的其他形式的市场因素。

在某些情况下，焚烧厂经营者对所供应废物特性的影响范围是非常有限的。在其他情况下，这却是需要考虑的。

表 2.10 列出了某些废物类型的典型净热值（LHV）范围。

表 2.10 某些焚烧炉输入废物的典型净热值范围[31]

废物输入类型	注释和示例	原始物质 LHV(含湿度)	
		范围/(GJ/t)	平均值/(GJ/t)
混合城市固体废物(MSW)	混合家庭生活废物	6.3～10.5	9
大型废物	家具等,运至 MSWI 厂进行处理	10.5～16.8	13
类似 MSW 的废物	源自商店、办公室等场所,是与家庭废物性质相似的废物	7.6～12.6	11
回收操作的残余 MSW	从堆肥和材料回收过程中筛选出的部分废物	6.3～11.5	10
商业废物	分别从商店、办公室等场所收集	10～15	12.5
包装废物	分别进行收集的包装	17～25	20
RDF(废物衍生燃料)	由城市和类似的无害废物所生产的球团或絮团物质	11～26	18
生产特定产品所导致的工业废物	例如,塑料或造纸工业的残余物	18～23	20
危险废物	也称为化学或特殊废物	0.5～20	9.75
污水污泥	产生于污水处理过程	参见图 2.28	参见图 2.28
	原始污泥(脱水至 25%干固体)	1.7～2.5	2.1
	消化污泥(脱水至 25%干固体)	0.5～1.2	0.8

图 2.28 给出了某 MSWI 厂 4 年内的废物 LHV 变化情况。

2.4.2.2 焚烧厂位置对能量回收的影响

除受到废物质量和技术方面的影响外，废物焚烧过程的能量回收效率在很大程度上还会受到焚烧所产生能源用途可选项的影响。当能源用途可选项为提供电能、蒸汽或热能时，焚烧过程将能够利用更多的在焚烧过程中所产生的热能，这显然不需要采用会导致能量利用率降低的热冷却等工艺。

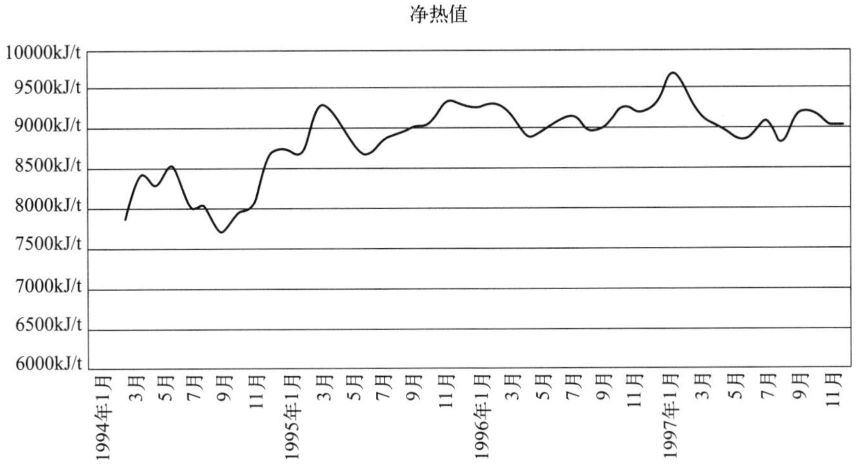

图 2.28　某 MSWI 厂 4 年内的废物 LHV 变化图[3]

焚烧过程所回收的热能能够以区域供热、过程蒸汽等形式进行连续供应，或与电能生产相结合，进而通常能够获得最高的废物能源利用率。但是，具有类似功能的焚烧系统的使用，在很大程度上取决于焚烧厂所在的地理位置，特别是，焚烧厂所供应的能源是否拥有可靠的用户。单独生产电能（即不提供热能）的情况是很常见的，这是从废物中进行能源回收的方式之一，显然这种方式对焚烧厂所处位置周围环境的依赖性是较低的。

在不存在外部能源需求的情况下，通常会将一定比例的能源就地供应给焚烧过程自身，进而将对输入能源数量的需求降低到非常低的水平。对于城市废物焚烧厂而言，内部能源使用比例可能会占焚烧废物所产生总能量的 10%左右。

冷却系统用于冷凝锅炉水，并将其返回至锅炉。

对于具有易于连接能源分配网络（或个别协同能源用户）的焚烧厂而言，会增加其获得更高整体能源利用效率的可能性。

2.4.2.3　选择能源循环设计时考虑的因素

在确定新建废物焚烧厂的本地设计方案时，需要考虑的因素如表 2.11 所示[51]。

表 2.11　废物焚烧厂在选择能源循环设计方案时所考虑的因素[51]

需考虑的因素	需考虑的细节方面
废物供给	• 数量和质量 • 可用性、规律性、随季节的变化性 • 废物性质和数量的未来变化可能性 • 废物分类和回收的影响
能源销售可能性	热能销售相关： • 供给社区等，例如区域供暖 • 供给私人工业 • 热能使用，例如过程使用、加热使用等 • 地理约束，例如输热管道的可行性 • 需求的持续期限，供给合同的持续期限 • 有关供给可用性的义务，即焚烧炉停炉后是否还存在其他热源 • 蒸汽/热水条件：压力（正常/最低）、温度、流量、冷凝水是否返回重用 • 季节需求曲线 • 补贴能否显著地影响经济效益

续表

需考虑的因素	需考虑的细节方面
能源销售可能性	• 热能客户持有的焚烧厂股份与资金，即供给合同的安全性 电能销售相关： • 国家电网或工业网（罕见）电能、焚烧厂自消耗电能、用户自消耗电能（即污水污泥处理厂消耗电能） • 电价会显著影响投资 • 补贴或降低贷款利率能够增加投资 • 技术要求：电压、电源、配电网连接的可用性
当地条件	• 选择的冷却介质：空气或水 • 运行期内的气象条件：温度、湿度（最低、平均、最高和曲线） • “羽状”水蒸气（冷却塔）的可接受性 • 冷水来源的可用性，河流或海洋： - 温度、水质 - 流量依据季节差异进行泵送 - 允许温度升高
热电联供	• 按季节分配 • 未来分配模式的演变
其他的	• 能够选择的选项：增加能源产量，降低投资成本、操作复杂性以及可用性要求等 • 可接受的噪声等级（空气冷却器） • 可用的空间 • 体系结构的约束

2.4.3 废物焚烧炉的能源效率

文献［29］指出，为进行废物焚烧炉相互之间能源性能的比较，有必要对下列各项进行标准化的处理：

① 评估范围，即包括/不包括工艺的哪些部分；

② 计算方法；

③ 如何处理不同的能源输入和输出，例如，热能、蒸汽、非废物燃料、电能生产，以及电能和蒸汽在焚烧厂内使用与否。

下面章节描述了众多废物焚烧炉的典型输入和输出。

2.4.3.1 废物焚烧炉的能量输入

文献［29］指出，在将焚烧厂的能源效率作为整体考虑时，除了废物中所蕴含的能量外，还需要能够识别出供给焚烧炉的其他能源输入。

(1) 电能输入

焚烧过程是需要使用电能才能够正常运行的。电能的来源可是外部提供的或者是焚烧厂内部循环的。

(2) 蒸汽/热能/热水输入

在焚烧过程中，可以采用蒸汽（或热水或其他热载体），其来源可以是外部提供的或是焚烧厂内部循环的。

(3) 非废物燃料

非废物燃料的作用体现在：

① 预热燃烧空气；

② 在启炉过程中，在焚烧炉被供给废物之前，用于增加燃烧室温度以达到工艺需要值；

③ 确保在焚烧厂运行过程中能够保持工艺所需要的燃烧室温度；

④ 在停炉过程中，在焚烧炉中仍存在未燃烧的废物时，用于将燃烧室温度保持在工艺的需要值；

⑤ 在诸如 SCR 或袋式过滤器等特定装置中加热用于处理的烟气；

⑥ 加热烟气（例如，在湿式洗涤器后）以避免对袋式过滤器和烟囱的腐蚀，同时抑制烟羽的可见性。

在考虑从废物中回收能源的整体效率时，很重要的一点是：某些非废物燃料的采用可促进蒸汽的产生，而其他如上述的第 5 和第 6 项是不会有助于蒸汽产生的，其原因在于这 2 项是在锅炉后才增加热能的。在计算能源效率值时，这是需要进行考虑的。

在废物的气化工厂，可将诸如煤或焦炭等非废料燃料添加至废物中，进而产生具有期望的化学成分和热值的合成气。

2.4.3.2 废物焚烧炉的能量输出

（1）电能

焚烧所产生的电能是容易测量的。焚烧过程自身可能会使用其自身所产生的一些电能。

（2）燃料

燃料（例如合成气）是在气化/热解焚烧厂生产的，其可作为产品从焚烧炉出口对外输出或在现场直接进行燃烧。

（3）蒸汽/热水

废物燃烧所释放的热能经常被回收并用于有益的目的，例如，为工业或家庭用户提供蒸汽或热水，甚至作为冷却系统的动力源。

热电联产（CHP）焚烧厂能够同时提供热能和电能。

2.4.4 提高能量回收的已应用工艺

2.4.4.1 废物供给预处理

与能源回收相关的预处理技术主要包括 2 类：

① 均质化；

② 萃取/分离。

均质化：废物原料的均匀化包括混合，有时还包括粉碎，其目的是供给焚烧炉具有一致燃烧质量的原料。

进行均质化的主要好处是提高工艺稳定性和获得更为连续的蒸汽质量，进而能够增加电能产生量。虽然总的能源效率被认为是有限的，但在成本节约和其他运营效益方面可能还是会增加的。

萃取/分离：在废物送入燃烧室之前移除其所含有的某些组分。

废物供给预处理的技术范围：起点是用于生产废物衍生燃料（RDF）和混合液体废物以满足特定质量标准的宽泛物理过程，终点是由起重机操作员对不适合燃烧的诸如混凝土或大型金属物件等废物进行的简单定位和移除工作。采用上述这些技术所获得的主要益处是：

① 提高均质性，特别是在采用更为精细化的预处理技术的情况下（参见上文关于均质性益处的相关评论）；

② 清除大件物品，进而减少阻塞焚烧炉和非计划停炉的风险；

③ 可能采用流化床或其他可提高燃烧效率的技术。

废物的萃取、分离和均质化能够显著提高焚烧厂自身的能源效率，原因在于：这些过程能够显著改变最终供给焚烧过程的废物的性质，能够使得焚烧工艺被设计为围绕着较窄范围的废物输入规格运行，进而导致优化（但不具备柔性）的焚烧性能。然而，对于更为宽泛的评估（已经超出本书的范围），重要的是要注意到：用于制备这种不同燃料的技术自身是需要能量的，并且也会导致额外的污染排放。

2.4.4.2 锅炉与热传递

管式锅炉通常用于从热烟气所含有的潜在能量中产生蒸汽和热水，其通常是在沿烟气运动路径所布置的管束中产生。炉膛外壳及其后续的空通道以及蒸发器和过热器管束所在空间，一般都被设计为安装水冷膜壁。

在蒸汽的产生过程中，通常可区分为如图 2.29 所示的 3 个热表面区域。

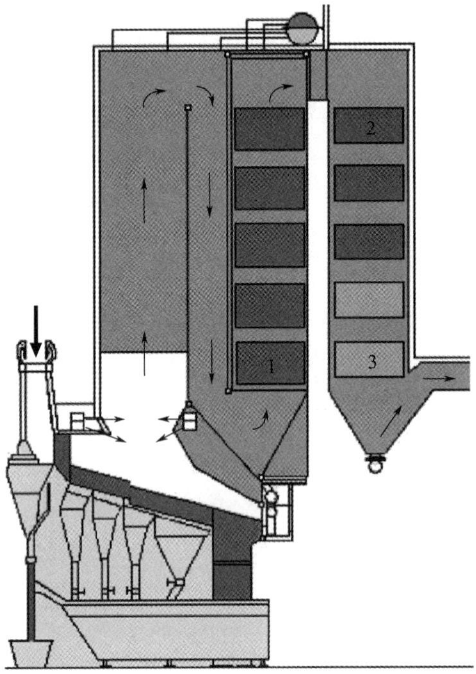
2
1
3
关键设备：
1—过热器，产生过热蒸汽(通常采用捆绑式或隔板式受热面)。
2—蒸发器，产生饱和蒸汽(捆绑式受热面、燃烧室内包壁)。
3—省煤器，预热给水(捆绑式受热面)。

图 2.29　蒸发器中单个热表面区域的说明[1]

如下传统蒸发系统是能够予以区分的（图 2.30）：

① 自然循环：由于加热和未加热管道中的介质密度不同，蒸发器内的水/蒸汽质量流量是维持不变的。水/蒸汽混合物进入蒸汽分离器储存后，饱和蒸汽通过过热器。

② 强制循环：其类似于自然循环，但需要采用循环泵以增加蒸发器中的循环。

③ 强制连续流（直流锅炉）：在该系统中，给水以连续流的形式泵入后通过省煤器、蒸发器和过热器。

在循环锅炉中，采用喷雾冷却器和表面冷却器用于维持所需要的精确的蒸汽温度，其作用是平衡蒸汽温度的波动，这种波动是由蒸汽负荷、废物质量和过剩空气的变化以及热交换表面的污染所引起的。

锅炉给水和补水的准备对锅炉的有效运行和减少管道内的腐蚀以及汽轮机的损坏风险都

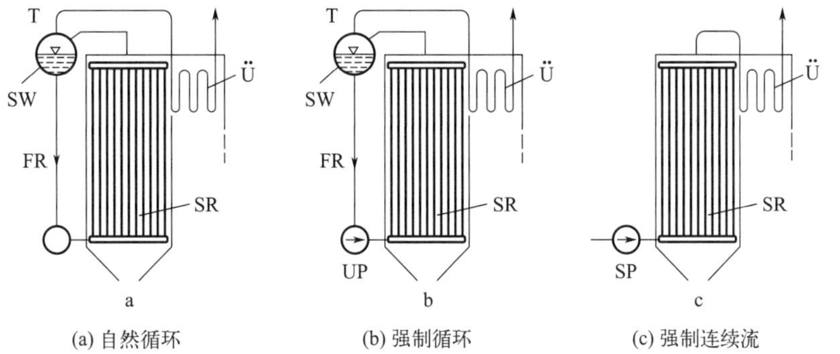

图 2.30　基本的锅炉流量系统[1]

FR—落水管；SP—进料泵；SW—进水；Ü—过热器；UP—循环泵；SR—上升管；T—储存桶

是极其重要的。当所采用的蒸汽参数增加时，锅炉用水的水质必须要提高。

在确定废物焚烧锅炉的蒸汽参数时，通常需要进行折中处理。当焚烧的设计主要是面向产生电能时，选择高蒸汽温度和压力将能够更好地利用废物中所包含的能量，但这会导致腐蚀问题显著地增加，特别是在过热器表面和蒸发器中。在城市废物焚烧炉中，当其用于产生电能时，焚烧炉通常是在压力为 40bar 和温度为 400℃的蒸汽参数下运行的，尤其在采用已经预处理的 MSW 和已制备的 RDF 时，会采用更高的参数值（结合特殊防止腐蚀措施，运行时的蒸汽参数为压力 60bar 和温度 520℃）。在焚烧厂产生热能的情况下，可能产生的是较低参数的蒸汽或过热的水。相对于以燃料为主的典型火力发电厂而言，由于这些蒸汽参数较低，这使得运行在这种情况下的焚烧炉几乎仅采用自然循环蒸汽锅炉。因此，这避免了焚烧废物时因给水泵发生故障而导致突然发生传热中断的风险。

废物焚烧的重要特点之一是烟气中的高含尘量。设计具有低烟气速度和曲烟气流经路径的锅炉区域，能够增加粉尘的重力分离量。

烟气的高粉尘负荷会导致粉尘沉积在传热表面，进而降低热传递和整个焚烧厂的性能。因此，清洗传热表面在提高焚烧厂的能量回收方面起着重要作用。对传热表面的清洗可采用手动或自动方式完成，包括采用喷枪（压缩空气或水注入）、搅拌器、蒸汽吹灰器、球团（有时是喷射清洗）、声波和冲击波或罐清洗设备等。清洗所产生的固体残余物在锅炉底部以锅炉灰的形式进行收集。

废物焚烧厂可采用不同的锅炉形式，其从左到右（图 2.31）如下所示：

① 卧式锅炉；

② 立式和卧式组合锅炉；

③ 立式锅炉。

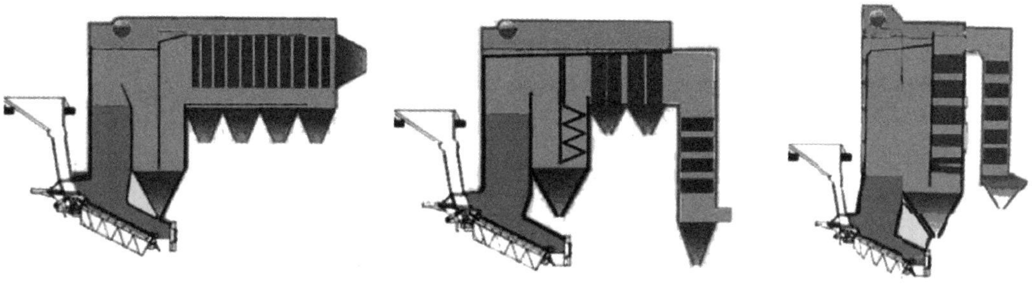

图 2.31　锅炉系统概览：卧式、组合式和立式[1]

在卧式和立式锅炉系统中，通常在具有蒸发壁的空通道后布置一系列捆绑式的热传递面，即过热器、蒸发器和省煤器。要选择部署何种类型的锅炉系统取决于给定焚烧装置的理念、选择的蒸汽参数和用户的需求规格。

文献［1］给出了下述的相关说明：

腐蚀是由源自焚烧炉的烟气和灰分颗粒的化学侵蚀行为而引起的。燃烧室、第一空通道（空置）的水冷壁和过热器是最易受到腐蚀的锅炉部件。

冲蚀主要是由烟气中的灰分颗粒引起的，其会通过对锅炉内部表面材料的磨损而产生冲蚀行为，主要发生在烟气改变运动方向的区域。

管损是由腐蚀和磨损的组合作用而造成的。洁净金属表面也会出现腐蚀。如果腐蚀产物沉积在管道表面并形成膜（氧化层），则该层膜起到保护层的作用，进而减缓了腐蚀行为。如果该保护层因受到侵蚀作用而被磨损，同时若金属表面重新出现，那么上述整个管损过程就会重新开始。

对腐蚀过程进行综合考虑是困难的，原因在于：这涉及焚烧过程中物理、化学、冶金和晶体参数间的相互作用。

已存在的不同类型的烟气腐蚀如下：

① 高温腐蚀：易燃过程。

② 初始腐蚀：在初始形成腐蚀的过程中，当在“空白”钢铁材料上形成首个氧化层之前，对于氯化亚铁膜的形成是存在时间限制的。即使通过移除侵蚀等操作而去掉了保护膜，但该反应依旧会持续发生。

③ 缺氧腐蚀：在保护膜（例如氧化物、污染物或防火材料）之下和炉内区域等缺氧烟气的氛围下会形成 $FeCl_2$。由于 $FeCl_2$ 在废物焚烧所具有的焚烧温度下存在足够的挥发性，故其是流动的。缺氧腐蚀的其中一个指标是 CO 的出现。然而，处于锅炉材料和保护膜间边界的微观情况对缺氧腐蚀而言是具有决定性的。这种腐蚀在蒸汽压力超过 30bar 的个别情况下是能够被观测到的，但其通常在压力高于 40bar 的情况下才会出现。此外，腐蚀速率会随着金属温度的升高而增大，腐蚀产物会以片状的形式出现。

④ 高温氯化物腐蚀：氯化物腐蚀是在碱性氯化物的硫酸化过程中产生的，这是腐蚀铁或铅后产生的氢氧化物。这种腐蚀机制在烟气温度大于 700℃ 和管道壁温度超过 400℃ 的废物焚烧厂中是能够被观测到的，其产物可被识别为黑色牢固黏合物，该物质存在于厚保护膜之中，其还包括吸湿性的红色 $FeCl_3$ 层。

⑤ 熔盐腐蚀：烟气中含有的碱和类似成分能够形成熔点低于原始单成分的共晶化合物。这些熔融系统具有的高反应性会导致锅炉钢材的严重腐蚀，它们会与锅炉的耐火衬里发生反应，进而导致内部形成诸如钾长石、白榴石和三胺等化合物，而这些化合物会机械地破坏作为锅炉内衬的耐火材料。此外，这些熔融系统还可以在由沉积材料和耐火材料（耐火腐蚀）组成的表面上形成低黏性熔体[64,74]。

⑥ 电化学腐蚀：这是基于不同金属的电势均衡而产生的腐蚀。导体可以是水或固体，其中，固体在所观测的温度下表现出了足够的导电性。电导率能够产生于水露点、硫酸露点或者熔融盐。

⑦ 静止腐蚀：由于高氯化物含量（尤其是 $CaCl_2$）而使得沉积物具有吸湿性。空气中的湿气会溶解上述化合物，进而导致材料中出现化学溶解行为。

⑧ 露点腐蚀：当温度低于酸露点时，在物体的冷表面会出现湿化学腐蚀。这种损坏可通过提高温度或选择合适的材料等方式予以避免。

实际上，从热力学的角度而言，产生一定程度的腐蚀是不可避免的。采用相应的对策仅能将腐蚀的损害降低到可接受的水平。针对不同腐蚀的产生原因，需要考虑建设性和可操作性的对策。面向腐蚀的改进，其可能性主要体现在蒸汽发生器上。采用较低的蒸汽参数、在烟气与热表面接触之前经历较长的反应时间、降低烟气的速度以及确保速度曲线的平整都能够降低腐蚀。可以采用保护层、工具、冲压和导向板等措施对热表面进行保护。

在确定锅炉的清洗强度时，必须要在最佳的可能热传递（金属管道表面）和最佳腐蚀保护之间进行折中。

2.4.4.3 燃烧空气预热

预热燃烧空气特别有益于辅助完成高含水率废物的燃烧。供应预热空气能够使得废物干燥，进而促进其点火。所供应的热能可通过热交换系统从废物燃烧过程中获得。

在产生电能的情况下，预热一次风对提高焚烧厂的整体能源效率具有积极的影响。

2.4.4.4 水冷炉排

对炉排进行水冷的目的是保护炉排。水被用作冷却介质从燃烧的废物床层中捕获热能，并将此热能在焚烧过程的其他地方予以使用。通常，排出的热能被反馈至焚烧过程以用于预热燃烧空气（一次风和/或二次风）或者加热冷凝液。另外一种选择是，直接将水冷与锅炉回路进行集成，这是在蒸发器内实现的。

这种水冷炉排适用于废物净热值较高的焚烧厂，其热值通常超过10MJ/kg。在欧洲，可以明确的是：城市废物的热值上升增加了水冷炉排技术的应用范围。

采用水冷炉排还存在其他的原因，详见2.3.1.2节。

2.4.4.5 烟气冷凝

文献［5］指出，烟气中的水包括从燃料中蒸发的游离水、由氢气氧化产生的反应水和存在于燃烧空气中的水蒸气。当燃烧废物时，处于锅炉和省煤器后的烟气中的含水量通常是在10%～20%（体积分数）之间变化，所对应的水露点为50～60℃。在采用蒸汽对锅炉进行清洗的情况下，烟气中的含水量会增加至25%左右。

当采用普通材料建造锅炉时，处于锅炉和省煤器后的可能干烟气温度的最小值为130～140℃。该温度主要取决于是否需要高于酸露点，其与烟气中的SO_3和水分含量有关。

低温会导致腐蚀。在存在腐蚀的情况下，锅炉热效率（由废物产生蒸汽或热水）约为85%，这是依据供给焚烧炉的废物热值计算得出的。然而，如果在烟气中存在更多的可用能量，会产生潜在比能约为2500kJ/kg的水蒸气和比热容约为1kJ/(kg·℃）的干烟气。

温度范围在40～70℃（系统配置相关）之间的区域供暖的返回水可直接用于冷却和冷凝烟气中的水蒸气，这样的系统在生物燃料焚烧厂是较常见的。通常，非常潮湿的生物燃料在烟气中的水露点为60～70℃。

仅在烟气水露点与冷却水（一般为区域供热的返回水）的温差较大的情况下，冷凝操作才是有效的。若不能满足上述条件，可通过采用安装热泵（参见2.4.4.6节）的方式予以解决。

需要注意的是，在这种烟气水露点与冷却水的温差较大的情况下，寒冷区域供热的返回水为烟气冷凝提供了积极的驱动力。这种情况仅可能存在于环境温度较低的地区，即主要位于北欧地区。

2.4.4.6 热泵

文献［5］指出，热泵的主要目的是将能量从一个温度水平转换至另一个更高的温度水平。在焚烧装置中，运行着3种不同类型的热泵，下文对这些示例进行描述。

(1) 压缩机驱动热泵

压缩机驱动热泵是众所周知的热泵。例如，其安装在冰箱、空调、冷水机、除湿机、地源热泵和空气源热泵之中。通常，采用电动机驱动热泵，但针对大型装置而言，需要采用蒸汽涡轮驱动的压缩机驱动热泵。

在闭合回路中，制冷剂（例如R134a）通过冷凝器、膨胀器、蒸发器和压缩机进行循环。压缩机对制冷剂进行压缩，制冷剂在更高的温度下发生冷凝并将热能输送至区域供热的用水中。在那里，制冷剂被迫膨胀到低压状态，导致其蒸发并在较低的温度下从源自烟气冷凝器的水中吸收热能。进而，源自烟气冷凝器的低温水中的能量就被转换至温度较高的区域供热系统中。在典型焚烧条件下，输出热能与压缩机功率的比值（热功率比）可高达5。压缩机驱动的热泵能够以非常高的比例利用烟气能量。

(2) 吸收式热泵

与压缩机类型的热泵相类似，吸收式热泵最初也是为制冷的目的而开发的。商用热泵以水为介质，通过发电机、冷凝器、蒸发器和吸收器采用闭环方式运行。不同于压缩模式，这种循环是通过在吸收器中的盐溶液（通常为溴化锂）中吸水的方式而维持运行的。稀释的水/盐溶液被泵送至发电机组。在那里，水被热水或低压蒸汽所蒸发，然后在冷凝器中以更高的温度进行冷凝。热能被转移至区域供热系统的热水中，而浓缩的盐溶液被循环回到吸收塔中。这个过程是由系统中的压力所控制的，其与液体、水和溴化锂的蒸气压力有关。

吸收式热泵的电能消耗非常低，其应用仅限于吸收器和发电机之间的小型泵，同时其所具有的运动部件很少。通常，输出热能与吸收器功率之间的比率约为1.6。

(3) 开放式热泵

开放式热泵的原理是：通过采用以空气为中间介质的热湿交换器，降低冷凝器下游烟气的含水率。

冷凝器烟气中的含水量越高，意味着水露点越高，则区域供热系统的水露点与回水露点之间的差异也就越大。

(4) 不同热泵的示例数据

表2.12是根据瑞典3个不同焚烧厂的数据整理得到的。此处的每个焚烧厂均采用了不同类型的热泵。

从表2.12中可知，采用热泵会消耗电能。虽然电能的净输出减少，但热能输出却增加了。

表2.12 瑞典的3个不同焚烧厂在采用各种不同类型热泵时热能和电能输出的变化[5]

项目	示例1	示例2	示例3
热泵的类型	压缩机驱动热泵	吸收式热泵	开放式热泵
采用热泵的净热能输出	82	80	81
无热泵的净热能输出	60	63	70
热能输出变化	+37%	+28%	+16%
采用热泵的净电能输出	15	15	0

续表

项目	示例 1	示例 2	示例 3
无热泵的净电能输出	20	19	0
电能输出变化	−25%	−21%	0

注：1. 数据的参考点是将输入能量记为 100，因此表中的全部数字均为百分比。
2. 示例 3 不产生电能。

2.4.4.7　烟气再循环

在经过预除尘处理后，通常会存在一定比例［大约 10%～20%（体积分数）］的烟气（通常是清洗后的）进行再循环，以用于取代注入燃烧室中的二次风。

据报道，烟气再循环技术能够减少烟气的热损失，并提高焚烧过程 0.75%～2%的能源效率。此外，该技术还具有另外的附加益处，即降低主要 NO_X 的排放。

据报道，再循环管道的滞后为烟气通过区域的腐蚀问题提供了有效的补救措施。

2.4.4.8　用于再加热烟气至 FGC 设备运行温度的热能回收

某些空气污染控制设备需要采用再加热的烟气以便能够有效运行。例如，焚烧厂的尾端 SCR 工艺和袋式过滤器，其要求的温度范围通常分别为 200～250℃和 140～190℃。

用于加热烟气的能量可从以下途径获得：

① 采用外部能源（例如电加热、燃气或燃油燃烧器）；

② 采用焚烧所产生的热能或电能（例如源于汽轮机的蒸汽）。

采用热交换器对与焚烧相关的设备所产生的热能进行回收，这种方式能够减少对外部能量输入的需求。需要提出的是，该回收是在工艺下一阶段的烟气温度未要求与前一设备的出口温度同样高的情况下进行的。

2.4.4.9　水蒸气循环改进：对效率和其他方面的影响

从焚烧厂的能源效率视角而言，选择蒸汽-水循环通常比改进系统中的单个部件具有更大的影响，为增加废物所蕴含能源的使用提供了更好的机会。

表 2.13 提供了城市废物至能源转换厂中用于改进能源回收技术的示例，并且评估了这些技术的有效性、优点和缺点。需要提出的是，表中所给的数字是根据某个仅生产电能的示例焚烧厂计算得到的[50]。

表 2.13　蒸汽-水循环改进：对效率和其他方面的影响[50]

采用的技术	净功率输出增加（近似）和其他优点	缺点
增加蒸汽压力	是 60bar 的 3%，而不是 40Pa	• 投资成本增加 • 腐蚀风险略有增加
降低汽轮机出口的真空度（例如，可采用水力冷凝器改善真空度）	减少 20mbar 的 1%～2%	• 投资成本显著增加（空气冷凝区：在空气温度为 15℃时，在 120～110mbar 之间增加 10%） • 设备尺寸和噪声增加 • 供应商对极低压力的承诺存在不确定性
热二次风	0.7%～1.2%	• 若存在 2 个风机，则复杂性和成本均会增加

续表

采用的技术	净功率输出增加（近似）和其他优点	缺点
2级空气加热器（即在汽轮机上存在2个排气口）	1%～1.5%	• 成本增加 • 空间需求增加
增加冷凝水加热器	0.5%～1.2%	• 存在设备和管道成本 • 不一定适用于小型TG装置 • 腐蚀问题，尤其可能发生在过渡阶段（启炉、停炉等）
回收部分烟气	• 在干O_2降低1%时，净功率为0.75%～5% • NO_X排放降低约100mg/m^3	• 投资成本增加 • 通过其他方式降低O_2减少了进行烟气回收的益处 • 腐蚀问题尤其可能发生在过渡阶段（启炉、停炉等）
降低锅炉出口烟气温度	在190～140℃之间降低10℃时，净功率为0.4%～0.7%	• 锅炉出口温度依据FGC系统类型确定
采用SNCR代替SCR进行脱硝	根据所采用的工艺，净功率为3%～6%	• 参见关于SCR和SNCR脱硝的讨论
TG装置优化选择的差异性	瞬时为1%～2%，但若TG装置具有较低的可用性，则在很长一段时间内会具有较高的差异	• 某些TG装置在标准工况下具有较高的效率，但在部分负荷时其可靠性、可用性和/或灵活性较差
降低烟气的O_2含量1%（在范围6%～10%之间）	增加为1%～2%	• 当O_2含量较低时，CO可能增加 • 低氧含量可能增加腐蚀风险

2.5 已应用的烟气净化与控制系统

2.5.1 FGC技术应用汇总

烟气净化系统是由多个独立工艺单元组合而成的，这些单元共同组成了烟气的整体处理系统。已经应用的烟气净化系统的平衡会因废物流的不同而具有差异性。根据对烟气净化系统产生主要影响的物质对本章的内容进行组织，并给出针对各工艺单元的描述。

2016年7月出版的《化学行业常用废水和废气处理/管理系统最佳可行技术参考文件》（CWW BREF）中，对某些烟气净化技术作了详细的说明。

基于2016年进行数据收集的参考焚烧线，表2.14总结了废物焚烧行业某些烟气净化系统的应用情况[81]。

2.5.2 全部组合式FGC系统选项总述

通过FGC系统的各组件部分的组合，能够获得有效的烟气净化整体系统以用于处理烟气中存在的污染物。存在诸多的单独组件和设计方案，理论上它们可采用多种方式进行组合，图2.32给出了选项示例和其可能的组合。可知，在该评估中共存在408个不同的组合式系统。

表 2.14　参与 2016 年数据收集的 WI 参考焚烧线的主要 FGC 系统汇总[81]

国家	配备各种烟气净化系统的 WI 焚烧线数量											
	脱酸						降尘			减排 NO_X		
	DSI	半 WS	WS	DSI 和 WS	半 WS 和 WS	DSI 和半 WS	ESP	ESP 和 BF	BF	SNCR	SNCR 和 SCR	SCR
奥地利	1	1	5	7	0	0	4	1	9	0	0	14
比利时	1	0	4	6	1	4	7	8	2	10	0	8
捷克	0	0	0	0	0	2	0	0	2	2	0	0
丹麦	2	0	1	4	0	0	0	3	3	7	0	0
芬兰	3	0	0	4	0	1	0	3	5	7	0	1
法国	30	2	18	8	4	8	19	17	38	33	0	30
德国	22	5	39	332	0	11	39	25	46	43	3	53
匈牙利	0	2	0	0	0	0	0	0	2	2	0	0
意大利	26	0	2	5	0	0	0	13	20	9	13	11
荷兰	1	0	2	3	0	0	1	3	2	2	0	4
挪威	0	0	0	6	0	0	2	1	3	5	0	1
波兰	7	0	1	1	0	0	1	2	4	5	3	0
葡萄牙	0	0	0	0	0	7	0	0	7	7	0	0
西班牙	4	1	1	0	0	12	1	1	16	8	0	10
瑞典	1	0	2	4	0	0	2	0	5	5	0	1
英国	14	2	4	6	0	3	1	4	24	25	0	0
总和	112	13	79	386	5	48	77	81	188	170	19	133

注：1. DSI—干吸收剂注入装置；半 WS—半湿式洗涤器；WS—湿式洗涤器；BF—袋式过滤器。
2. 其他已应用的 FGC 单元操作组合未包括在表中。

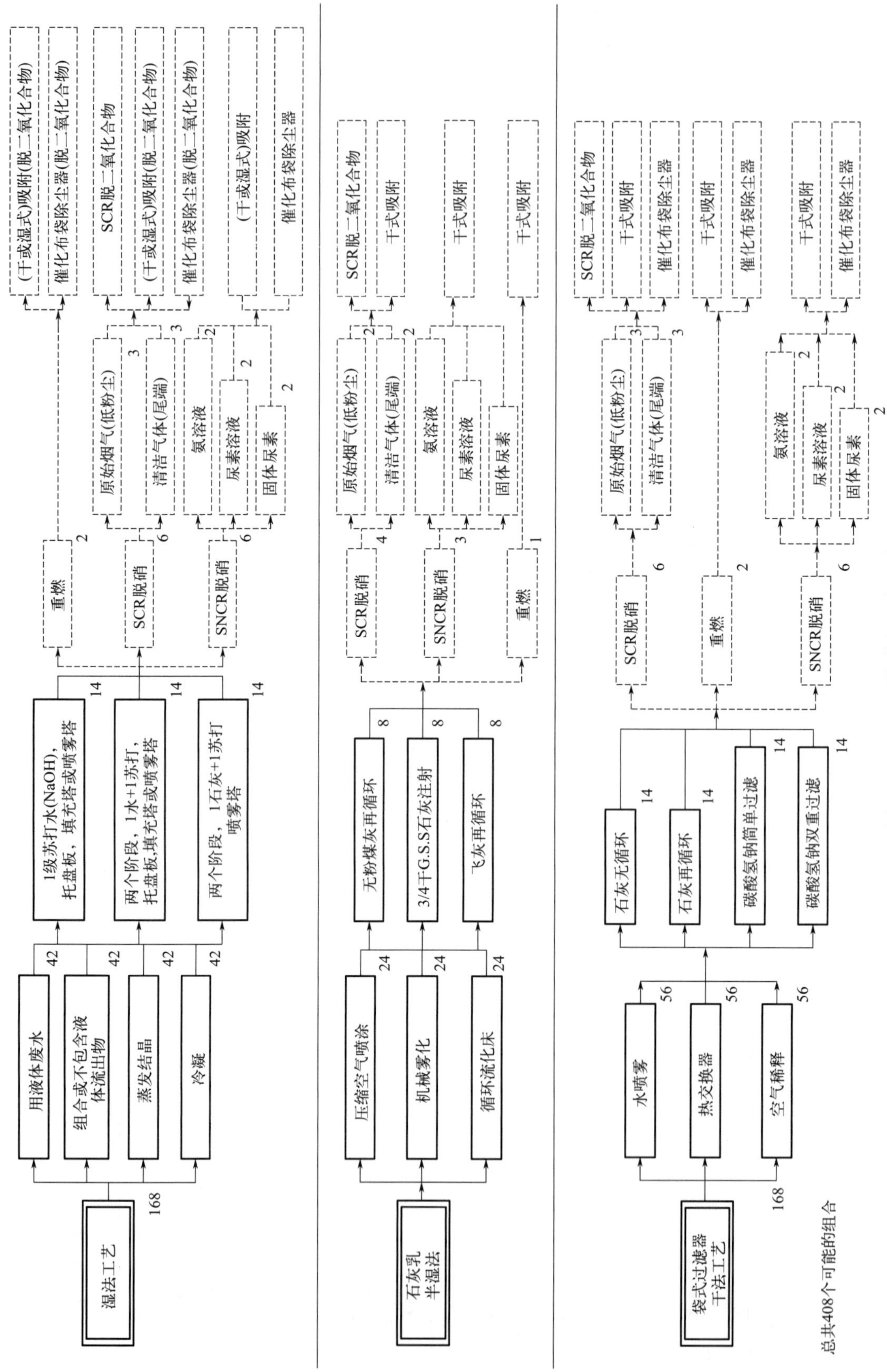

图 2.32 FGC 系统潜在组合总貌

2.5.3　粉尘排放减排技术

文献 [1] 指出，用于确定烟气中粉尘的气体净化设备的选择因素主要如下：

① 烟气流中的粉尘负荷；

② 平均粉尘粒径；

③ 粉尘粒度分布；

④ 烟气的流动速率；

⑤ 烟气温度；

⑥ 与整个 FGC 系统中其他组件的兼容性（即整体优化）；

⑦ 要求的出口浓度。

烟气中的某些参数几乎是未知的（例如粉尘的粒度分布或平均粒度），其取值只能是源于经验的数据。用于沉积物质的可用处理或处置选项也可能会影响到 FGC 系统的选择，也就是说，如果在烟气出口处安装飞灰的处理和使用装置，那么飞灰就可采用单独收集的方式而不是与 FGC 残余物共同收集的方式[74]。

2.5.3.1　静电除尘器

文献 [1] 指出，静电除尘器（图 2.33）有时也称为静电过滤器，其除尘效率主要受粉尘电阻率的影响。如果粉尘层电阻率上升到 $10^{11}\sim10^{12}\Omega\cdot cm$ 以上，则除尘效率就会降低。粉尘层电阻率会受到废物成分的影响。因此，粉尘层的电阻率会随着废物成分的变化而发生迅速的变化，特别地，在危险废物焚烧中的变化尤为显著。废物中的硫（以及运行温度低于200℃时的水分含量[64]）往往通过在烟气中产生的 SO_2(SO_3) 降低粉尘层的电阻率，从而促进其在电场中的沉积。

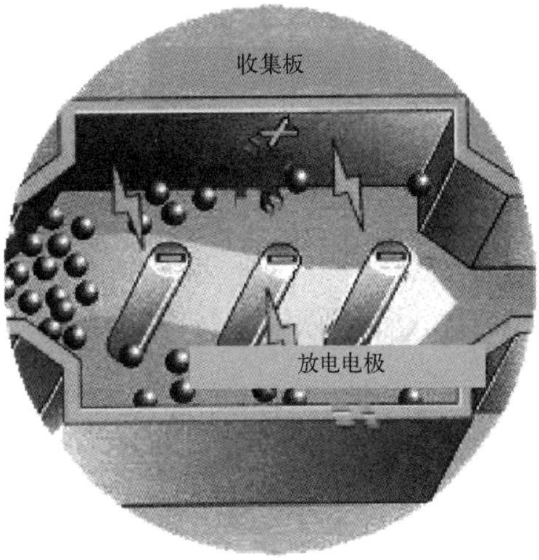

图 2.33　静电除尘器工作原理[1]

针对细粉尘和气溶胶的沉积，通过在烟气中形成的液滴以维持电场效应的装置（预装冷凝和湿式静电除尘器、冷凝静电除尘器、电动文丘里洗涤器和电离喷雾冷却器）可提高除尘效率。

静电除尘器的典型操作温度为 160～260℃。通常，需要避免在较高的温度（例如，250℃以上）下运行，原因在于：高温会增加 PCDD/F 形成的风险。

2.5.3.2　湿式静电除尘器

湿式静电除尘器与静电除尘器是基于相同的技术工作原理运行的。然而，湿式静电除尘器的设计要求是：位于收集板上的沉淀灰尘是能够用水清洗掉的，该清洗工作可连续性地进行也可周期性地进行。在潮湿或较冷的烟气进入静电除尘器的情况下，这项技术运行良好[1]。

2.5.3.3　冷凝静电除尘器

冷凝静电除尘器能够用于沉积非常细的固体、液体或黏性颗粒，例如源自危险废物焚烧厂的烟气。与传统的湿式静电除尘器不同，冷凝静电除尘器的粉尘收集面是由成束排列的垂直塑料管组成的，其采用外部水冷方式进行降温[1]。

含有粉尘的烟气首先通过直接注水方式在骤冷中冷却至露点温度，然后再用蒸汽进行饱和处理。进一步，通过冷却收集管道中的气体使得蒸汽冷凝，进而在管道的内表面形成了一层薄薄的、光滑的液体层。由于管道是接地的，因此可用作无源电极。

在烟气的连续流动中，受到管轴中悬浮放电电极与冷凝层间电场的影响，粉尘发生沉积。同时，凝结层也使得沉积颗粒在沉积区内被连续地去除，甚至是不溶于水的粉尘和难以润湿的煤烟也能被洗掉。此外，不断更新的湿度能够防止除尘器内形成干斑和粘连，需要避免干斑和粘连产生的原因在于：其会导致火花（电极之间的放电）产生。避免打火能够允许获得更高的沉积电压，其反过来又会使得除尘器具有更好的和持续的高沉积性能（见图 2.34）。

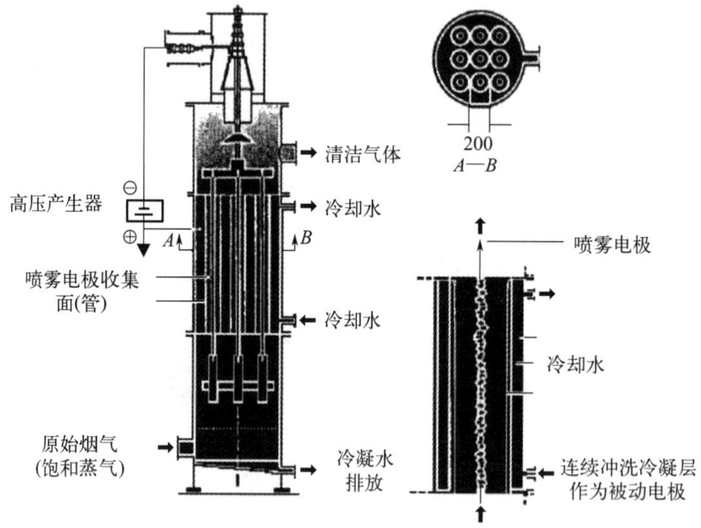

图 2.34 冷凝静电除尘器[1]

2.5.3.4 电离湿式洗涤器

电离湿式洗涤器（IWS）的目的是去除烟气流中的各种污染物[1]。IWS 组合了以下的原则：

① 粉尘的静电充电、气溶胶（小于 5μm）的静电吸引和沉积；

② 粗、液态、固态粉尘（大于 5μm）的垂直沉积；

③ 有害、腐蚀性和恶臭气体的吸收。

IWS 系统是基于静电过滤器和填料洗涤器的组合装置。据报道，其需要的能量少，针对亚微米和微米范围内的粉尘具有很高的沉积效率。

在每个填料塔的塔板之前均需要安装高压区，其作用是电离烟气中所包含的粉尘颗粒（灰尘、气溶胶、亚微米颗粒）。在湿填料的中性表面，负电荷的粉尘粒子会诱发相反电荷和水滴下落，其结果是它们被吸附到液体表面，然后在填充区域被冲洗出去。这也被称为图/力吸引（IF 吸引），也就是通过电子移动而产生的吸引。此外，有害的、腐蚀性和恶臭的气体在该洗涤流中也被同时吸收，在经过化学结合后与洗涤废水被同时排出。

另外一种类型的电离湿式洗涤器则包括了文丘里管。通过文丘里管所产生的压力变化允许微粉尘颗粒进行生长，同时采用电极对它们进行充电；然后，它们被喷嘴所喷出的密集水滴层收集，进而被作为收集粉尘的电极[74]。

2.5.3.5　袋式过滤器

袋式除尘器又称袋式过滤器（图2.35）或织物过滤器，其在废物焚烧厂中的应用非常广泛，针对粒径在很宽范围的粉尘均具有很高的过滤效率。当粉尘粒径小于0.1μm时，袋式除尘器的效率会降低，但在废物焚烧厂所排放的烟气中，此粒径范围的粉尘占比是相对较低的。因此，该技术实现了粉尘的低排放，其也可结合ESP和湿式洗涤器在焚烧厂中共同使用[74]。

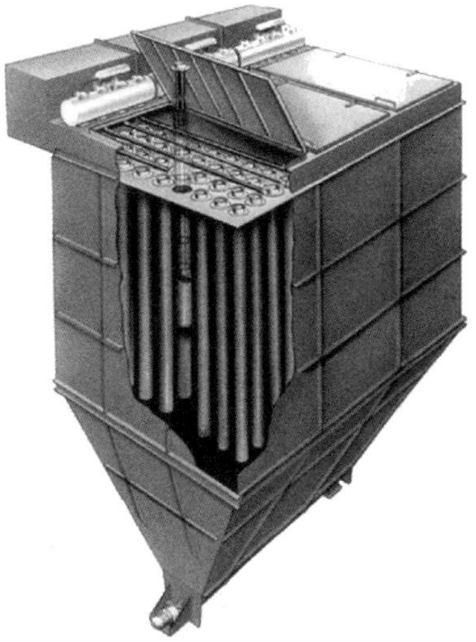

图2.35　袋式过滤器示例[1]

过滤介质与烟气和粉尘特性之间的兼容性，以及过滤器的工艺温度对袋式除尘器的有效性而言是至关重要的。过滤介质应具有适当的耐热、物理和化学性能（例如水解、酸、碱、氧化）。烟气流量决定着适合的过滤面，即过滤速度。

过滤材料的机械和热应力决定着其使用寿命以及其对能源与维护的要求。

在连续操作中，由于粉尘颗粒沉积的原因，导致过滤介质的压力会逐渐损失。当采用干式吸附系统时，在过滤介质上所形成的饼状物有助于酸的去除。通常，通过对过滤器两端压差的监视能够确定是否对过滤器进行清洗。在达到过滤器的剩余寿命或产生不可逆的损坏（例如，在过滤材料上的不可逆的细颗粒粉尘沉积导致压力的损失增加）的情况下，需要对其进行周期性更换。压降漂移、视觉分析或微观分析等参数用于辅助控制袋式除尘器的寿命。此外，袋式除尘器也存在的某些潜在的泄漏，这可通过判断出口增加的污染物排放浓度或通过某些过程干扰的方式予以检测[64]。

通常，袋式过滤系统由若干个除尘室组成。为便于维护，对各个除尘室可进行逐个的隔离。通常的实践做法是设计以满负荷运行的系统，即当某个除尘室不能运行时也能够进行带负荷维护进而减少系统的宕机时间。但是，在焚烧炉运行的情况下，仍然会存在这样的限制，即修复工作的完成度能够达到多少？例如，由于邻近的除尘室正处于运行之中，停止运行的除尘室的外部也可能会因为太热以至于人员无法安全地进入以进行修复工作。

过滤材料的选择要能够适应其即将运行的物理和化学条件。

用于烟气过滤的织物的关键特性包括最高运行温度、抗酸性、抗碱性和弯曲性（袋的清洗要求所致）等。由于水解作用，烟气的湿度会影响织物的强度和尺寸稳定性。表2.15总结了几种基本织物的属性。某些织物可涂抹或浸渍特殊的化学物质（例如硫）[74]。

表2.15　不同过滤材料的运行信息[2,67]

织物	最高温度/℃	阻力		
		酸	碱	物理灵活性
棉布	80	不好	好	非常好
聚丙烯	95	极好	极好	非常好

续表

织物	最高温度/℃	阻力		
		酸	碱	物理灵活性
绒线	100	一般	不好	非常好
聚酯	135	好	好	非常好
聚酰胺纤维	205	不好到一般	极好	极好
聚四氟乙烯	235	极好	极好	一般
聚酰亚胺	260	好	好	非常好
玻璃纤维	260	一般到好	一般到好	一般

注：并非所有这些材料都是焚烧工艺烟气净化的常用材料，请参阅下面的操作数据。

升高温度可能会导致袋式过滤器织物材料中的所有塑料成分发生熔化，进而可能引发火灾。此外，烟气中的高湿度可能会使得过滤材料粘在一起，进而导致过滤设备停止工作[74]。薄板/箔的 PTFE 覆盖层可用于改善布袋中黏性盐和固体颗粒的去除性能。据报道，在 Prague（捷克）和 Schwandorf（德国）的 MSWI 设施中，通过采用 PTFE 已经实现了半湿式过滤器系统的运行改进（参见 2.5.4 节）。

据报道，在 MSWI 中，棉花、羊毛和丙烯等几种过滤介质是不常用的。在 MSWI 中，主要的介质是聚酰亚胺、PPS（稀少）、PTFE 和玻璃纤维（具有或不具有 PTFE 涂层）。某些纤维（例如聚酰亚胺和 PTFE 在高温下具有更高的电阻）是可进行组合的。

吸收介质中的化学反应可能会影响设备的运行温度。此外，织物和纤维的质量是同样重要的[2,64]。

特殊的过滤布袋可包括用于减少 NO_X 和/或用于破坏 PCDD/F 的催化元素（见 4.5.4.5 节和 4.5.5.4 节）。

2.5.3.6 旋风分离器和多旋风分离器

文献 [64] 指出，旋风分离器和多旋风分离器的原理是利用离心力从气流中分离出粉尘，其中，多气旋与单气旋的不同之处在于：前者是由许多小气旋单元组成的。烟气流沿着切向进入分离器后从其中心端口离开。烟气中的固体被强制排放至旋风分离器的外侧，并在其侧面收集后被移除。

旋风分离器本身无法达到工艺所要求的粉尘排放水平。但是，它们可发挥重要作用，即在其他烟气处理阶段之前作为预除尘器，进而以减少最终净化处理的粉尘负荷。该设备的能量需求通常很低，原因在于：气旋中几乎不存在压降。

旋风分离器的主要优点之一是，具有较宽的运行温度范围和坚固的结构。旋风分离器的侵蚀是一个存在的问题，特别是在污浊烟气撞击点处发生的侵蚀，其原因在于：烟气中的颗粒含量较高，特别是在流化床焚烧炉所排出的床料中。循环流化床中通常包括旋风分离器，其用于移除床料和将床料再循环至焚烧炉内。

2.5.3.7 文丘里洗涤器

文丘里洗涤器是由 3 个部分组成的，即收敛段、喉部段和发散段。入口烟气流进入收敛段后，烟气速度随着面积的减小而增加。同时，液体被引至喉部段或者收敛段。入口烟气被迫在小喉部段以极高的速度流动，进而将液体从洗涤器壁上剪切下来，最终产生大量的非常小的液滴。

当入口烟气流与微小液滴进行混合时，会在喉部段发生颗粒和烟气的移除行为。入口气流之后会通过发散段退出洗涤器，其也在发散段被迫降低流速。

虽然文丘里管可用于减少颗粒和气体污染物，但其主要是在去除细小颗粒方面更有效。

针对完整的烟气流，洗涤器的设计可基于单个文丘里管或基于多个文丘里喷嘴进行。通过在文丘里管的上游注入洗涤液或将洗涤液注入文丘里管的喉部，和/或通过机械地调节文丘里管喉部的开口，能够控制洗涤器的压降和性能。

在多级湿式洗涤系统中，文丘里管塔板的位置可以是：入口（文丘里管冷却区）、中间（例如冷却/填充塔板的下游）或最后抛光塔板。

通常，文丘里洗涤器与干式粉尘预分离装置（例如采用 ESP）相结合，和/或在湿式洗涤器的上游注入活性炭（用于去除二噁英/汞）[77]。

2.5.4 酸性气体（例如 HCl、HF 和 SO_X）排放减排技术

烟气中诸如二氧化硫和气态卤化物等酸性气体，一般通过注入与烟气进行接触的碱性试剂的方式进行清除。根据所采用技术的不同，反应产物是溶解盐或干盐[1]。

常予以应用的烟气净化工艺：

① 湿式工艺：烟气流被供给至由水、过氧化氢和/或含有部分试剂（例如氢氧化钠溶液、微粉石灰石浆）的洗涤液中，其反应产物是水溶液。

② 半湿式工艺：又称半干式工艺。添至烟气流的吸附剂是水溶液（例如石灰乳）或悬浮物（例如泥浆），或具有单独注水方式的干燥熟石灰。水溶液会被蒸发，反应产物是干燥的，残余物可再循环以提高试剂的利用率。

③ 干式工艺：在烟气流中加入干燥的吸附剂（例如熟石灰、高孔隙率或高比表面积熟石灰、碳酸氢钠）。该工艺的反应产物也是干燥的。

2.5.4.1 湿式工艺

湿式烟气净化工艺可采用不同类型的洗涤器设计，例如：

① 注入洗涤器；

② 旋转洗涤塔；

③ 文丘里洗涤器；

④ 干燥塔洗涤器；

⑤ 喷淋洗涤塔；

⑥ 填料塔洗涤器。

由于在沉积过程中会形成酸，因此洗涤器溶液（在仅是注入水的情况下）是具有强酸性的（典型 pH 值为 0～1）。HCl 和 HF 主要在湿式洗涤器的第 1 塔板处去除。由第 1 塔板流出的废水会被循环多次，添加少量淡水并从洗涤器中排出，保持酸性气体的去除效率。在这种酸性介质中，SO_2 的沉积率很低，所以需要采用第 2 级塔板对其进行去除。

SO_2 的去除是将 pH 值控制在接近中性或碱性（通常 pH 为 6～7）的洗涤阶段的方式完成的，在该阶段中需要烧碱溶液或石灰乳。由于技术上的原因，SO_2 的去除是在单独的洗涤阶段进行的；此外，该阶段还会进一步地去除 HCl 和 HF。

如果处理后的废物中含有溴和碘，并且是与含硫废物同时燃烧的，则这些元素会在烟气流中发生沉积。除了含硫化合物外，还会形成溴和碘的水溶性盐，后者可通过湿式 SO_2 烟气净化工艺进行沉积。此外，通过采用特定的还原性洗涤阶段（亚硫酸盐溶液、亚硫酸氢盐

溶液)，元素溴和碘的沉积也能够得到改善。在任何情况下，最为重要的是要明晰哪些废物含有碘或溴。

在湿式烟道清洗阶段，若采用石灰乳或石灰石作为中和剂，硫酸盐（例如石膏）、碳酸盐和氟化物将会累积为不溶于水的残余物。这些物质需要去除以减少废水中的盐负荷，进而减少在洗涤系统内结成硬壳的风险。清洗过程中的残余物（例如石膏）是能够回收的。当采用苛性钠溶液作为中和剂时则不会存在这种风险，原因在于这些反应产物都是水溶性的。如果采用 NaOH 作为中和剂，则可能会形成 $CaCO_3$（依赖于水的硬度），其将再次导致洗涤器中出现沉积物。上述沉积物需要通过酸化作用进行周期性的清除。

图 2.36 为典型的两级湿式洗涤系统。通常，洗涤级数的数量是在 1～4 级之间，在每个容器中可包含多个洗涤级。

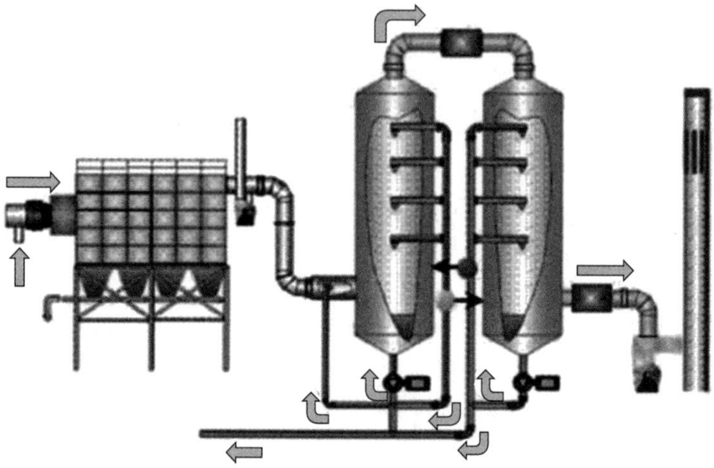

图 2.36　具有上游除尘设备的两级湿式洗涤器示意图

湿式洗涤系统会增加烟气中的水分进而使得所排放的烟羽具有可见性，尤其是在环境温度较低和湿度较高的情况下。提高烟气温度是能够降低烟羽可见度的途径之一，同时也能够改善排放物的弥散特性，但是重新对烟气进行加热需要耗费能源。根据烟气含水量和大气条件，当烟囱处的排放温度在 140℃以上时，烟羽的可见度会大大降低。通过采用冷凝洗涤器（参见 2.4.4.5 节）能够在减少烟气含水量的同时降低烟羽的可见度。

为保持洗涤器的效率和防止湿式洗涤系统的堵塞，必须将部分洗涤液作为废水从工艺循环过程中予以去除。这些废水在被排放或内部使用前必须要经过特殊的处理（中和、重金属沉淀），特别需要注意的是要进行除汞处理。诸如 $HgCl_2$ 等具有挥发性的汞化合物在烟气冷却时会发生凝结，并会溶解在洗涤器的排出物中。添加专门的用于除汞的试剂，是一种从洗涤过程中去除汞的方法。

在许多已安装了湿式减排系统的焚烧厂中，所产生的废水会在焚烧厂中被蒸发掉，其方式是：通过与干式除尘系统组合，将这些废水作为冷却剂回喷至烟气中。这种方式既避免了烟气处理系统的废水排放，又避免了废水处理所需要的成本。避免污水泄漏的其他技术详见 4.6.1 节。

2.5.4.2　半湿式工艺

在这种通常被称为半湿法的工艺中，典型方式是在调节塔和/或管道中分别注入水和熟石灰。在喷雾吸收型的半湿式工艺中，吸收剂会以悬浮液或溶液的形式注入喷雾反应器的热烟气流中（如图 2.37 所示）。

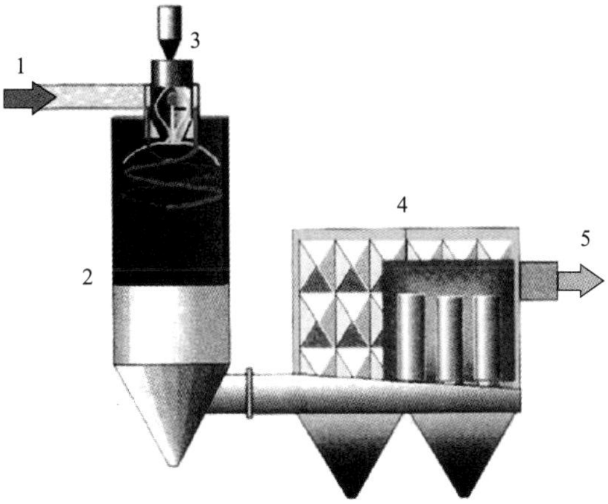

图 2.37　喷雾吸收器运行原理[1]

1—原始烟气；2—喷雾吸收器；3—吸附剂添加；4—袋式过滤器；5—净化烟气

在这种类型的工艺中，利用烟气的热能蒸发溶剂（水）所产生的产物是固体，并且这些固体需要在下一个阶段（例如袋式过滤器）中作为灰分从烟气中沉积。与干式工艺相比，这些典型工艺的效率会更高，所需要的吸附剂用量也会更少。

此外，袋式除尘器也是半湿式工艺的重要组成部分。采用此技术时，烟羽也是几乎不可见的。

在实际中，还采用了介于正常干式和半湿式工艺之间的系统，其有时被称为具有 CFB（循环流化床）的半干式反应器。在这些系统中，在袋式过滤器中所收集的部分固体会重新喷入进口烟气中。水以可控制的速率直接添加至所收集的飞灰和试剂中或者进入过滤器的上游反应器，所采用的方式要确保固体能够保持自由流动和不容易黏附或结垢。反应器的设计可采用循环流化床（CFB）反应器或简单的塞流反应器（管道）。此外，该系统不需要进行泥浆处理（与半湿式系统相比），也不会产生废水（与湿式系统相比）。

试剂的回收利用模式减少了对试剂的需求，也减少了固体残余物的产生数量。这也是能够应用于干式和半湿式系统的。

另外一种非完全干式或半湿式或半干式的系统，采用的是冷凝效应，作用于以再循环方式进入织物过滤器上游烟气中的固体颗粒上。这种效应可通过蒸汽注入或通过在重新注入前冷却固体的方式获得[78]。

2.5.4.3　干式工艺

在干式吸附工艺中，吸收剂以干粉的形式供给反应器。试剂的剂量率取决于温度、SO_2/(HCl+HF) 比率、工艺条件和试剂类型。反应器的产物为固体，其需要在工艺的下一个阶段（通常是袋式过滤器）以灰分的形式从烟气中清除。

除非采用试剂再循环操作，否则过量的试剂会导致相应的残余物数量的增加。在过去的 15 年里，未反应组分再循环技术已经进行了重大的改进，能够允许减少试剂的化学计量过量值现象的存在。

如果不存在预除尘阶段（例如静电除尘器），则会通过旧试剂和反应产物对颗粒物进行去除处理。在织物过滤器上所形成的试剂饼为烟气和吸收剂提供了有效的接触空间，进而作为第 2 反应阶段。

采用这种技术，烟羽几乎是不可见的。具有试剂注入 FG 管道和下游袋式过滤器的干法 FGC 系统的原理图如图 2.38 所示。

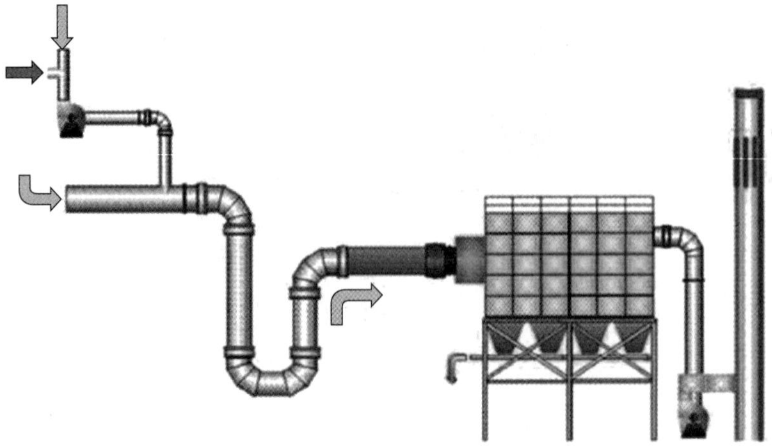

图 2.38 具有试剂注入 FG 管道和下游袋式过滤器的干法 FGC 系统原理图

2.5.4.4 直接脱硫工艺

文献 [1] 指出，在流化床工艺中，脱硫可通过直接向焚烧室中添加吸附剂（例如钙或钙/镁化合物）的方式实现，已经投入使用的添加剂包括石灰粉、熟石灰和白云石粉等。该系统可与下游的烟气脱硫设备相结合以进行使用。

喷嘴布置和注入速度会影响吸收剂在焚烧炉内的分布，从而影响 SO_2 的沉积程度。在下游的过滤装置中，虽然部分反应产物会被去除，但仍存在相当多的部分会残留在底灰中。因此，直接脱硫工艺会影响底灰的质量[64]。

由于温度恒定，圆形炉内具有直接脱硫的理想条件。

就其本身而言，这种技术并不能达到期望的 SO_2 排放水平。但是，其作为预处理技术还是可用的，即当与其他技术相结合后将有助于达到最低的排放水平。

源自烟气净化系统自身的残余物数量是可减少的，这会导致较低的处置成本。

污染物吸收（与吸附）也可在（循环）流化床反应器中进行，相应的残余物和试剂会在燃烧室中以较高的速率进行再循环。为保持床层的流化，烟气再循环速率要达到能够保持烟气流量在最低水平值以上。床层物料在袋式过滤器中被分离。此外，注水能够显著减少吸收剂的消耗（从而减少残余物的产生量）[74]。

2.5.4.5 碱性试剂的选择

各种碱性试剂（及其组合）已用于废物焚烧厂的 FGC 系统。

氢氧化钙已用于全部类型的 FGC 系统，包括：湿式、半湿（或半干）式和干式工艺。对于（半）湿式系统，石灰乳可在生石灰熟化装置的现场制备或从熟石灰开始制备。在（半）干式工艺中，直接采用熟石灰或具有高比表面积（HSS）的熟石灰[7]。碳酸氢钠已应用于一系列的主要的干式系统中。通常，氢氧化钠和石灰石仅应用于湿式 FGC 系统之中。

通常，不同试剂的优点和缺点会受到焚烧厂全部选择的技术的巨大影响。各种碱性试剂特性的比较总结如表 2.16 所示。

表 2.16 各种碱性试剂特性的比较[64,74]

试剂	优点	缺点	评论/其他数据
氢氧化钠	• 与酸性气体的高反应性 • 较低的消耗率 • 较低的固体废物产生量	• 较高的每千克试剂成本 • 可变的成本(随季度) • 湿式氢氧化钠工艺所产生的废水中包括需要控制和处理的可溶性盐 • 具有很高的腐蚀性物质	• 仅用于湿式系统 • 非常适于进口浓度可变的情况,如 HWI
生石灰和熟石灰	• 与 HSS 石灰可得到高反应活性 • 与 HSS 石灰可能会在更高的温度下运行 • 每千克试剂的成本更低 • 低溶解度的残余物 • 能够允许从湿式洗涤器中回收石膏	• 在非优化系统中进行处理可能会存在问题 • 进行残余物回收的选择有限	• 进行残余物再循环是可能的,允许降低特定的消耗
石灰岩	• 介质反应 • 每千克试剂的成本更低 • 低溶解度的残余物 • 能够允许从湿式洗涤器中回收石膏	• 湿式石灰石工艺会产生需要控制和处理的清洗(悬浮)液	• 在 MSWI 中未广泛应用 • 主要用于湿式系统中 • 有时用于流化床系统中
碳酸氢钠	• 与 SO_2 和 HCl 可高度反应 • 低消耗率(化学计量比 1.05～1.20) • 依赖于化学计量比的低残余物产生量 • 存在残余物的净化与再利用的可能与应用 • 在宽泛的 FGC 运行温度范围(120～300℃)内有效 • 高运行温度的范围和增加 SO_2 与可控硅兼容性的高效率 • 无须进行注水/湿度的控制	• 残余物中的可溶性成分较高 • 形成的可溶性固体残余物在处置时可能存在问题(但在化学工业中采用却是可能的) • 比每千克石灰试剂的成本更高 • 根据所提供试剂的颗粒粒度,可能需要研磨设备,并由于可能存在的污垢问题,影响其可用性	• 典型的试剂消耗范围是 MSW 焚烧 6～12kg/t 和 HW 焚烧 15～40kg/t • 若不包括飞灰和锅炉灰的残余物质,其数量平均为试剂的 70%～75%

碳酸氢钠干燥过程所需的足够温度范围是与碳酸氢钠至碳酸钠的转化过程相关联的，这种现象通过增加试剂的表面积和孔隙率进而提高了反应性。依赖于颗粒粒径的不同，这种现象在温度为 80～100℃时是能够观测的，但这也需要更高的温度以确保反应动力学是能够接受的。从 140℃开始，动态性通常是足够快的，依据经验可知：在 160～180℃的温度下，反应活性进一步增加。

在某些情况下，所采用的净化系统是混合的 FGC 系统，其运行时或者采用 HSS 石灰，或者采用碳酸氢钠。尽管这可能需要在工艺优化上进行折中处理，但这允许更好地对试剂成本进行控制[74]。

同时供给氢氧化钙与碳酸氢钠也是可行的工艺方案，其最近在德国和荷兰的焚烧厂已得到应用，表明这能够弥补碳酸氢钠与 HF 的反应性较低问题，进而改善对 HF 排放的持续性控制。据报道，共同注入熟石灰也可减少试剂的总使用量和相关的运行成本[99]。

净化系统的总减排成本是由试剂成本（每千克试剂的单位成本和所需试剂数量）和残余物处理/处置成本共同决定的。烟气成分（其会影响不同的可能的试剂/工艺的化学计量比）、每千克试剂的单价以及残余物处理/处置选项的可用性和成本等，都是影响总减排成本的重要因素。

石灰石、生石灰、熟石灰、强化（高比表面积）熟石灰、氢氧化钠和碳酸氢钠都在欧洲和其他地方的种类繁多的焚烧厂中予以采用。

2.5.5 氮氧化物排放减排技术

文献［3］指出，氮氧化物（NO_X）可能通过以下3种方式形成：

① 热力型 NO_X：在燃烧过程中，空气中的部分氮被氧化成 NO_X。此反应仅在温度为1300℃以上时才会显著地发生，其反应速率与温度成指数关系，与氧含量成正比。

② 燃料型 NO_X：在燃烧过程中，燃料（包括废物）中所包含的部分氮被氧化成 NO_X。

③ 自由基反应形成 NO_X（瞬时型 NO_X）：大气中的氮也可通过与CH自由基反应而被氧化，在反应中间会形成HCN。在废物焚烧过程中，这种形成机制的重要性相对而言较低。

废物焚烧中，各种 NO_X 形成机理的温度依赖性如图2.39所示。

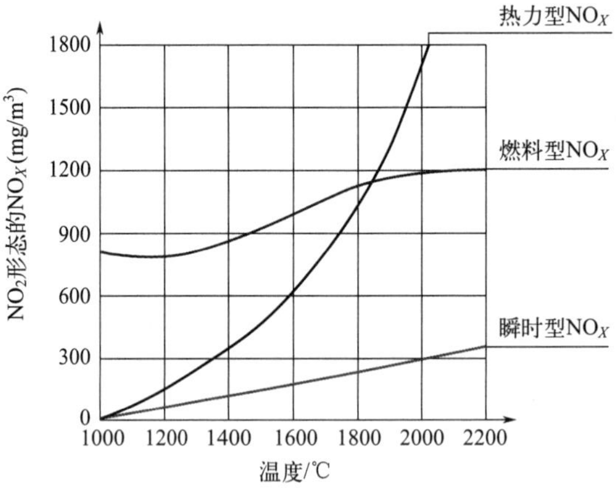

图2.39 废物焚烧中各种 NO_X 形成机理的温度依赖性[3]

2.5.5.1 减少 NO_X 的主要技术

文献［1］指出，可采用以下炉膛控制措施减少 NO_X 的产生：

① 防止燃烧空气的过量供给（即防止供给额外的氮气）；

② 防止采用不必要的高炉温（包括局部热点）；

③ 为使得燃烧工况均匀而进行燃烧控制优化，要避免急剧的梯度式的温度变化。

(1) 燃烧空气供给、烟气混合与温度控制

采用具有良好分布的一次风和二次风供给模式以避免不均匀的温度梯度，原因在于：高温区域会导致 NO_X 产生量的增加。因此，采用具有良好分布的一次风和二次风供给技术，是已被广泛采用的、重要的且能够减少 NO_X 产生量的技术。

虽然需要足够的氧气以确保待焚烧的有机物料被氧化（产生低的CO和VOC排放），但燃烧空气的过量供应会导致大气中的氮被额外氧化，进而产生额外的 NO_X。

显然，实现有效的气体混合和温度控制是十分重要的因素。

(2) 烟气再循环

这项技术采用再循环烟气对10%～20%的二次风进行替代。该技术能够降低 NO_X 排放的原因在于：供给焚烧炉的再循环烟气中的氧浓度较低、烟气温度较低使得 NO_X 的排放水平降低[74]。

(3) 氧气注入

采用注入纯氧或富氧燃烧空气方式，除了是为焚烧炉内的燃烧供给所需氧气的手段外，同时减少了可能导致产生更多 NO_X 的额外氮的供应。

(4) 分级燃烧

在某些情况下，已经应用了分级燃烧技术，这包括：减少主要反应区的氧气供给，增加后燃烧区域燃烧空气（即氧气）的供应以氧化燃烧所产生的可燃气体。这种技术需要在辅助燃烧区对燃烧空气/燃烧气体进行有效的混合，进而以确保CO（和其他不完全燃烧的产物）的排放浓度保持在较低水平。

(5) 注入天然气（再燃烧）

文献［70］指出，采用在炉排上方区域供给天然气的方式能够控制源于燃烧室的 NO_X 排放。对于MSWI，目前已经开发了2种不同的基于天然气注入的工艺，如下所示：

① 再燃烧：通过将天然气供给至主燃烧区域上方的显著再燃烧区域，设计将 NO_X 转化为 N_2 的三级工艺过程。

② 甲烷脱硝技术：该技术将天然气直接供给主燃烧装置以抑制 NO_X 的形成。

(6) 喷水至焚烧炉内/火焰

通过采用向焚烧炉内或直接向火焰喷水的适当设计和操作，用于降低主燃烧区域高热点的温度。这种降低峰值温度的措施可减少热力型 NO_X 的形成[74]。

2.5.5.2 NO_X 减排的辅助技术

文献［1］指出，为达到 NO_X 的排放限值，通常需要采用二次措施。在大多数工艺中，采用氨或氨的衍生物（例如尿素）作为还原剂，这已被证明是一种成功的技术。烟气中的氮氧化物主要由NO和 NO_2 组成，其通过还原剂被还原为 N_2 和水蒸气[1]。

反应方程式如下：

$$4NO+4NH_3+O_2 \longrightarrow 4N_2+6H_2O$$

$$2NO_2+4NH_3+O_2 \longrightarrow 3N_2+6H_2O$$

针对烟气脱氮而言，选择性非催化还原（SNCR）和选择性催化还原（SCR）这两种工艺是非常重要的。

NH_3 和尿素均能够以水溶液的形式在实际工业现场中予以应用。考虑到安全原因，NH_3 通常以25%的溶液形式提供。尿素也可采用纯固体的形式予以应用。

(1) 选择性非催化还原（SNCR）工艺

在选择性非催化还原（SNCR）工艺中，氮氧化物（$NO+NO_2$）的去除方式是向炉内供给还原剂（通常是氨或尿素）。还原反应发生在850～1000℃之间，在该温度范围具有较高和较低的反应速率区域。该技术的运行原理如图2.40所示。

基于SNCR技术要达到降低超过60%～80%的 NO_X 排放水平时，需要采用更高的额外还原剂，但这也可能会导致氨的排放，也被称为氨泄漏。NO_X 减排、氨泄漏❶和反应温度之间的关系如图2.41所示。

由图2.41可知，在反应温度为1000℃时，NO_X 的减排量约为85%，氨的泄漏量约为

❶ 译者注：图中缺少氨泄漏曲线。

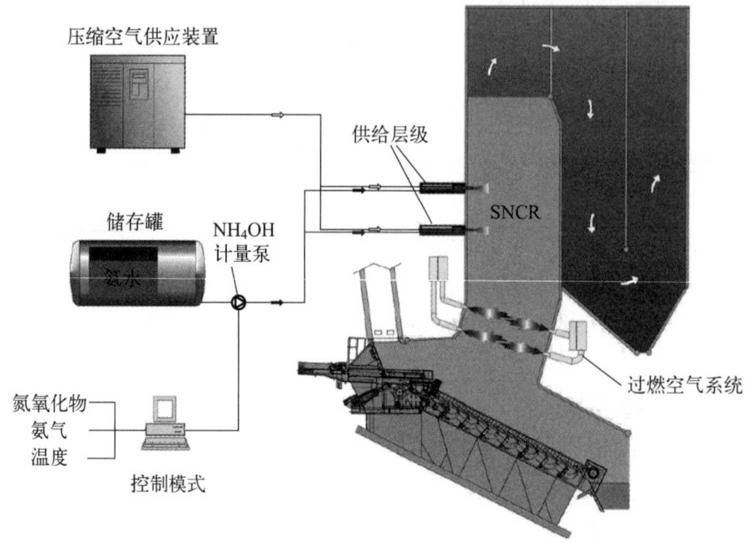

图 2.40　SNCR 运行原理[7]

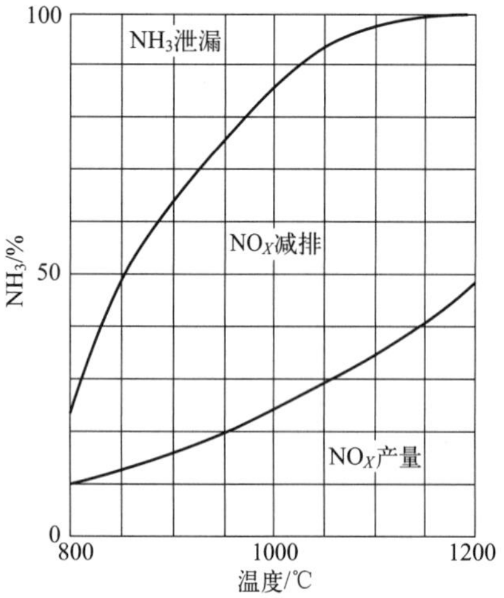

图 2.41　SNCR 工艺中 NO_X 减排、NO_X 产量、氨泄漏和反应温度间的关系[3,64]

15%。此外，在该温度下，因所供给 NH_3 的焚烧，也会产生约 25%的 NO_X。

从图 2.41 中还可知，在较高的温度下（含氨），NO_X 的减排比例会更高，同时氨的泄漏较低，进而由氨燃烧所产生的 NO_X 会升高。在高温（大于 1200℃）时，NH_3 自身会被氧化而形成 NO_X。在较低运行温度下，NO_X 的减排效率较低，氨的泄漏量较高。

与氨的减排进行相比，在 SNCR 中采用尿素代替氨会导致 N_2O 的排放浓度相对较高[64]。

为了确保氨在不同焚烧负荷下均能够得到最佳的利用，NH_3 可在多个不同层级供给至焚烧炉中，这会导致燃烧室的温度发生变化。

当与湿式洗涤系统共同使用时，过量的氨会在湿式洗涤器中去除。然后，采用氨汽提器从洗涤器流出物中进行氨的回收，并将其送回至 SNCR 进料系统。

烟气和 NO_X 还原试剂的有效混合对实现 SNCR 工艺的优化非常重要。此时，必须要具有足够的气体停留时间，进而使得能够发生 NO_X 的还原反应。

在采用热解和气化工艺的情况下，通过将试剂供给至合成气燃烧区的方式能够实现 SNCR 的优化，这要求具有良好的温度控制和有效的烟气混合策略。

用于 SNCR 的试剂包括氨和尿素。

对燃烧室温度分布的较好了解是进行试剂选择的基础。

可专门设计新建焚烧厂，目的是获得稳定且可预测的燃烧条件，允许获得试剂的最佳注入位置，进而能够得到以最大化环境效益（即在最低的 N_2O 排放下达到最高的 NO_X 减排峰值）为目标而合理采用氨注入的可能性。这种方案也应用于已有焚烧厂，条件是焚烧炉要具有稳定和良好可控的燃烧与温度分布。

针对在稳定燃烧条件方面存在困难（例如，因设计、控制或废物类型的原因）的已有焚烧厂而言，是不太可能达到具有优化试剂供给（位置、温度、混合）的情况的，故对该类焚烧厂而言，更有可能的情况是，从采用尿素作为试剂的 NO_X 减排方案中获得益处。然而，如果预期的焚烧炉的温度超过 1000℃，由尿素而引起的 N_2O 产生速率将会显著增加。

在优点和缺点能够被很好地均衡的情况下，试剂的存储和加工危险程度会对最终的选择产生更为显著的影响。

氨和尿素的相对优点和缺点如表 2.17 所示。试剂的选择需要考虑各种工艺运行、成本和性能等因素，进而确保能够为所面对的焚烧装置选择最优的试剂。

表 2.17 SNCR 采用尿素和氨的优点和缺点[62,64]

试剂	优点	缺点
氨	• 具有减排 NO_X 较高峰值排放的潜力（如果能够进行良好的优化） • N_2O 的排放浓度较低（10～15mg/m^3）	• 较窄的有效温度范围（850～950℃），因此需要更强的优化运行工况 • 更高的加工和储存危险 • 更高的每吨废物处理成本 • 若接触潮湿环境则存在残余物气味
尿素	• 较宽的有效温度范围（750～1000℃）使得温度的控制不是非常严苛 • 较低的储存和加工危险 • 较低的每吨废物成本	• 较低的峰值 NO_X 减排潜力（与进行优化时采用氨试剂相比而言） • 较高的 N_2O 排放（25～35mg/m^3），因此采用 GWP

尿素/N_2O 反应对温度具有很大的依赖性。在温度为 1000℃时，高达 18%的 NO_X 会以 N_2O 的形式进行移除；但在温度为 780℃时，这种移除却是可以忽略不计的。

据报道，采用氨作为试剂的成本是略高于采用尿素的。相比而言，通常对氨的液体、气体和溶液进行加工和存储的要求是更为严格的，因此，以氨作为试剂具有比采用尿素具有更高的成本。此外，尿素是可采用固体方式进行储存的，这也是导致这两种试剂之间存在成本差异的原因。

气化或液化氨的储存也受制于严格的安全要求，这也会导致额外成本的增加。在大多数情况下，氨是以溶液的形式进行使用的，进而使得对其安全性的要求不再过于繁重。

针对相对较小的焚烧厂而言，在成本上，采用尿素作为试剂仅是稍微较低。针对规模较大的焚烧厂而言，采用氨作为试剂时的较低的化学成本能够完全补偿其较高的储存成本。

(2) 选择性催化还原（SCR）工艺

在选择性催化还原（SCR）工艺（图 2.42）中，将氨-空气混合物（还原剂）通过某种催化剂添加至烟气中，此处所采用的催化剂通常是以网状物（例如铂、铑、TiO_2、沸石）的形式存在的[74]。当氨试剂作用于上述催化剂时，会与 NO_X 反应生成氮气和水蒸气。

为发挥催化剂的效用，通常需要的温度范围是在 150～450℃之间。目前，废物焚烧中所采用的大多数催化剂均在温度为 180～250℃的范围内运行，目的是尽量减少对烟气进行再加热的需求；此外，在较低温度下，即使采用更多必要的催化表面积，也还会存在结垢和催化剂中毒的风险。在某些情况下，为了避免对 SCR 装置造成损坏，还会采用催化温度调节旁路的措施[74,7]。

在接近化学计量值的范围内，对 SCR 系统添加还原剂会获得较高的 NO_X 减排率（通常超过 90%）。对于废物焚烧而言，SCR 主要用于烟气净化区域，即在除尘和酸性气体去除工艺之后。因此，烟气需要通过再加热处理以达到 SCR 工艺所需要的有效反应温度，这增加了烟气处理系统对能量的需求。但是，当烟气中的 SO_X 水平在 SCR 段的入口已被降到非常低的水平值时，能够显著减少或者甚至可以省略再加热处理。此工艺中，热交换器用于减少额外的能源需求。

在湿式 FGC 系统之后，进行去除液滴的操作处理能够防止在催化剂内部发生盐的沉积。由于在催化剂中累积的 CO 存在着火的危险，因此安全措施是非常重要的，可采用诸如旁路、CO 控制等措施[74]。

低温 SCR 要求具有低排放水平的 SO_X 浓度（通常低于 $20mg/m^3$），目的是最小化硫酸铵的形成风险。在硫酸铵沉积在催化剂层表面的情况下，可通过热再生处理方式除去这些沉积物。需要小心控制热再生处理的原因在于：盐升华可能导致诸如 SO_2、NO_X、NH_3 等污染物释放至大气中并达到其排放浓度的峰值。这些污染物的排放峰值可通过控制再生废气的再循环或控制升温速率等方式予以避免[74]。

SCR 有时直接安装在 ESP 装置之后，其目的是减少或消除对烟气重新加热的需求。当采用这种方法时，必须要考虑在 ESP 中存在形成 PCDD/F 的额外风险（通常是在温度高于 220～250℃时）。这种操作可能会导致离开 ESP 的烟气流中和 ESP 残余物中的 PCDD/F 排放量增加。然而，由于 SCR 也可用于破坏部分 PCDD/F，因此 PCDD/F 的排放水平在 SCR 的下游是普遍较低的。

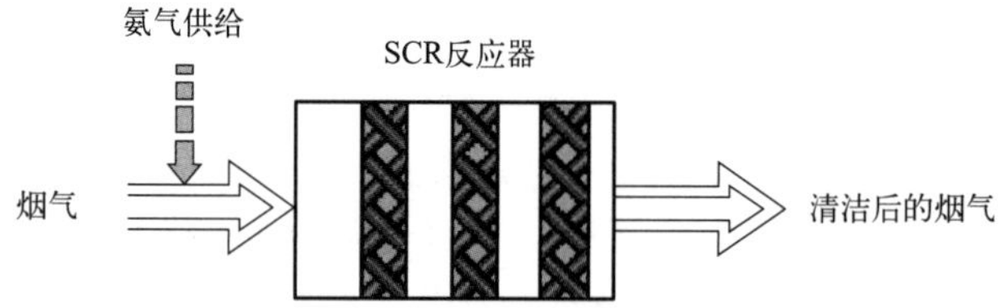

图 2.42　SCR 运行原理[3]

从反应器所排出的烟气可通过气-气热交换器对其进行预热，目的是保持催化剂的工作温度并节省部分的进口能源。

2.5.6　汞排放减排技术

2.5.6.1　主要技术

汞极易挥发，因此其几乎会完全地进入烟气之中。

避免汞排放至大气中的唯一相关的主要技术是：如果可能的话，需要防止或控制待焚烧废物中的汞含量。具体措施如下所示：

① 有效地分开收集那些可能含有重金属汞的废物，例如电池、牙科用汞合金。

② 向废物产生者发出需要分离汞的通知。

③ 识别和/或限制接收潜在的含汞污染废物：

a. 在可能的情况下，通过对待焚烧废物进行抽样和分析的方式予以识别；

b. 通过采用针对性的抽样/测试活动的方式予以识别。

④ 在已知的会接收此类废物的场所，添加控制操作以避免减排系统的处理能力过载。

2.5.6.2　辅助技术

在温度为 357℃时，汞会完全蒸发，其在通过焚烧炉和锅炉后，在烟气中依旧保持着气态的形式。FGC 系统对无机汞（主要是作为氯化物的 Hg^{2+}，在特定情况下是其他卤素化合物）和单质汞的影响存在着差异性，但对上述两种汞的最终处理均需要进行详细的考虑[1]。

选择哪种汞的减排工艺取决于待焚烧废物的汞含量和氯含量。当废物中的氯含量较高时，原料烟气中的汞将越来越多地以离子形式存在，其可沉积在湿式洗涤器中。在未净化气体中氯的含量可能较低的污水污泥焚烧厂中，这是一个特别需要考虑的因素。然而，如果（干）污水污泥中氯含量的质量分数为 0.3%或者更高，则烟气中仅有 10%的汞是元素汞[74]。高粉尘环境配置的 SCR 工艺还能够支持对单质汞的氧化，随后对其进行的捕获会在 FGC 系统的下游单元中完成。

元素汞可通过下列方法从烟气中予以去除：

① 通过添加氧化剂将元素汞转化为离子汞，然后在湿式洗涤器中进行沉积——其流出物可输送至具有重金属沉积处理能力的废水处理厂，进而将汞转化为更为稳定的形式（例如 HgS），后者更适合作为最终的处置方式[74]。

② 另外一种选择是，将汞元素直接沉积在溴化或掺杂硫的活性炭、炉膛焦炭或沸石上。活性炭吸附可在固定床的吸收器中进行，也可在注入烟气流的活性炭上进行。在后一种情况下，碳会累积在用于收集的袋式过滤器上并形成滤饼。当烟气通过滤饼时，会使得元素汞与吸附剂的接触时间和混合时间均有所增长，这进而增强了对汞的捕获能力。

试验表明，采用在焚烧炉中加入石灰石对二氧化硫进行中和的方式，能够减少金属汞的比例，从而更加有效地实现从烟气流中将汞去除的目的。

在城市和危险废物焚烧厂中，废物中的氯含量通常是足够高的，甚至能够确定汞主要以离子的形式存在。但是，某些废物的特定输入可能会改变这种情况，金属汞可能需要采用特定的技术予以清除。

对于在危险废物焚烧厂进行焚烧的高汞含量废物而言，当高氯化废物以针对汞负荷的适当比例进行协同焚烧时，能够确保达到 99.9%的汞沉积水平。多级湿式洗涤工艺是这类焚烧厂的典型工艺，其几乎能够将烟气中的汞全部去除。

高总氯负荷输入废物［输入百分率大约是 4%（质量分数）］的供给和因此而产生的过渡期的高 Cl_2 供给，会进一步导致较高的汞和氯的排放水平和接近 100%的汞沉积水平。当采用低氯负荷时，汞的沉积水平会迅速减少。

危险废物焚烧厂中以元素形式的汞含量与原料烟气氯化物含量之间的关系见图 2.43。

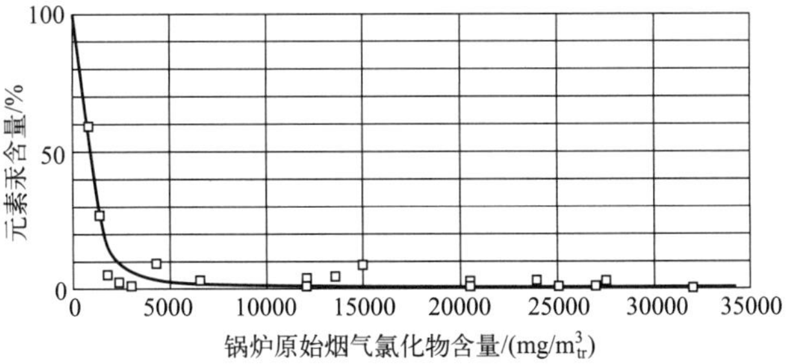

图 2.43　危险废物焚烧厂中以元素形式存在的汞含量与原料烟气氯化物含量之间的关系[1]

2.5.7　其他金属排放减排技术

焚烧中的其他金属主要是转化为非挥发性氧化物和沉积在飞灰中。因此，相关的主要减排技术是那些能够应用于除尘的相关技术（见 2.5.3 节）[1]。

活性炭也用于对其他金属排放物进行减排[74]。

2.5.8 有机碳化合物排放减排技术

有效燃烧是减少有机碳化合物排放最重要的手段。

文献［1］指出，废物焚烧厂所排放的烟气中含有非常广泛的痕量有机物，主要包括：

① 卤代芳烃；

② 多环芳烃（PAH）；

③ 苯、甲苯和二甲苯（BTX）；

④ 多氯二苯并二噁英（PCDD）和二苯并呋喃（PCDF），即 PCDD/F。

PCDD/F 可在焚烧的后续工艺中由多氯联苯（PCB）、多氯联苯甲烷（PCDM）、氯苯和氯羟基苯等前驱体化合物形成，也可由碳或碳化合物与无机氯化合物在金属氧化物（例如铜）上经过催化反应生成。在温度处于 200～450℃之间时，上述这些反应会发生，尤其是会在飞灰或过滤粉尘上发生。

在废物焚烧中，形成 PCDD/F 的机理如下所示：

① 由已经存在于炉内或在炉内形成的氯化碳氢化合物形成（例如氯氢苯或氯苯）；

② 由低温范围内的从头合成机理（通常存在于锅炉、干式 ESP 中）形成；

③ 待焚烧废物所含有的未完全被破坏的 PCDD/F。

通常，最佳的烟气焚烧条件会破坏大量的前驱体化合物。因此，在这种情况下，由前驱体化合物形成 PCDD/F 的方式会被抑制。

吸附工艺和氧化催化剂能够用于减少 PCDD/F 的排放。据报道，氧化催化剂也能够减少 NH_3 泄漏和 CO 的排放[74]。

有机碳氢化合物的排放也能够通过基于粉尘和气溶胶沉积的方式而进一步地减少，原因在于：通过强制烟气冷却（冷凝）方式，这些污染物能够更好地吸附在粉尘的细微部分上。

2.5.8.1 夹带流系统活性炭试剂吸附

活性炭被注入烟气流中，采用袋式过滤器从烟气流中对碳进行过滤。研究表明，活性炭对汞和 PCDD/F 均具有较高的吸附效率。

不同类型的活性炭具有不同的吸附效率。相关研究认为，这与碳颗粒的特殊性质有关，碳颗粒反过来又受到制造工艺的影响。

2.5.8.2 SCR 工艺

SCR 工艺用于对 NO_X 进行减排（见 2.5.5.2 节的描述）。此外，其还能够通过催化氧化作用破坏气态 PCDD/F（非颗粒结合态）；但是，这种情况下的 SCR 工艺必须要进行相应的设计，因为此时通常需要采用比仅用于脱除 NO_X 功能的 SCR 工艺更为大规模和多层化的系统。据报道，进行相应设计后，系统对 PCDD/F 的破坏效率会达到 98%～99.9%。

此处所涉及的主要反应包括[74]：

$$C_{12}H_nCl_{8}nO_2+(9+0.5n)O_2 \longrightarrow 12CO_2+(n-4)H_2O+(8-n)HCl$$

$$C_{12}H_nCl_{8}nO+(9.5+0.5n)O_2 \longrightarrow 12CO_2+(n-4)H_2O+(8-n)HCl$$

2.5.8.3 催化过滤袋

安装在袋式过滤器中的过滤袋，或者采用催化剂进行浸渍，或者在纤维生产中将催化剂直接与有机材料进行混合。这种过滤器已经用于PCDD/F的减排，同时也与NH_3源进行结合以降低NO_X的排放水平。

气态PCDD/F可在催化剂上被破坏掉，而不是仅仅被吸附在活性炭上（由碳注入系统提供）。通过过滤，是能够去除已经实现颗粒结合的PCDD/F的一小部分的。此处，催化剂对汞并没有影响，因此需要采用其他技术（例如活性炭或硫试剂）以去除汞[74]。

进入过滤袋时的烟气温度应该在170～190℃以上，目的是达到对PCDD/F的有效破坏和防止PCDD/F在介质中的吸附。用于脱除NO_X的参考运行温度为180～210℃[74]。

2.5.8.4 碳吸附剂的再燃烧

文献［55］指出，在许多废物焚烧炉中，碳被用于同时吸附PCDD/F和汞。对源自焚烧炉的净PCDD/F的排放，其对应的减排方式可以是：将使用的废碳供给至焚烧炉中，进而对其所吸附的PCDD/F进行再次的燃烧。然而，上述这项技术也会对汞进行回收，所以其只能用于在FGC系统中具有其他除汞方式的焚烧厂。通常，额外的汞去除功能是由低pH的湿式洗涤系统提供的，但这只有在如下的情况下才是有效的，即废物中的氯含量始终足够高以便能够确保汞主要是以离子的形式存在[55]。

应用这种技术的例子包括重新燃烧以下吸附剂：

① 静态焦床吸附剂；

② 夹流活性炭吸附剂。

碳浸渍插件用于吸附湿式洗涤器中的二噁英，以便防止累积在锅炉和FGC系统部件中的PCDD/F的排放，特别是在焚烧炉的冷启炉期间。

在某些欧盟成员国，当地法规是不允许进行再次燃烧的。

2.5.8.5 采用碳浸渍塑料吸附PCDD/F

由于具有优异的耐腐蚀性能，塑料已经广泛地应用于烟气净化设备的建造之中。在典型运行温度为60～70℃的湿式洗涤器中，PCDD/F被吸附在塑料上。如果温度仅仅升高几摄氏度，或者如果烟气中的二噁英浓度降低，这些被吸附的PCDD/F就会被解吸附至气相中，进而导致大气中的二噁英排放浓度增加。随着温度的进一步升高，低氯化PCDD/F的解吸附速率也会增大[58]。

在洗涤器中添加含有嵌碳的聚丙烯塔填料，提供了对PCDD/F进行选择性吸附（汞不被吸附在填料中）的手段。经过一段时间的使用后，这种材料就会达到饱和。因此，使用后的材料需要进行周期性移除和处置，或者在允许的情况下在焚烧炉中进行燃烧[74]。

该技术用于去除PCDD/F和/或防止/减少累积在洗涤器中的PCDD/F发生二次排放（被称为记忆效应），尤其是在停炉和启炉期间[7]。

该技术也可用于更为广泛的塔填料安装和/或与其他PCDD/F去除工艺进行结合[74]。

2.5.8.6 静态或移动床过滤器

活性焦炭移动床过滤器常被用作城市和危险废物焚烧过程的二次FGC工艺。这些过滤床能够高效地吸附包含在烟气中的极低浓度的污染物质。由炉膛炼焦工艺的褐煤或煤所生产的焦炭，常用于移动床吸收器中[1]。

干式焦炭床和湿式焦炭床均可用于废物的焚烧工艺。湿式系统增加了用于清洗焦炭的逆流水流，进而降低了反应器的温度，同时一些累积的污染物从过滤器中被清洗掉。当采用活化褐煤代替焦炭/煤时，其不需要对酸性露点以上的烟气进行预热，甚至能够在存在“湿”

或饱和水的烟气情况下有效地运行。由于这个原因，活化的褐煤过滤器可直接放置于湿式烟气洗涤器的下游[64]。

烟气穿过作为填充物的颗粒炉膛焦炭（HFC，粒径为1.25～5mm的细焦炭）。HFC的沉积作用主要是基于吸附和过滤机理，其能够去除几乎所有与污染排放有关的烟气成分［例如盐酸、氢氟酸、氧化硫和重金属（汞）］的残余物，有时甚至是低于检测下限的残余物。

移动床系统的基本特点之一是，针对所有的排放气体均具有较高的效率，原因在于：其具有大量活性焦炭，进而使得因操作所引起的源自焚烧炉和上游烟气净化的变化并不会造成不利的影响。

烟气由装配了多个双漏斗的分布床导引至活性焦炭填充物中。烟气以从底部到顶部或以水平方式通过这些活性焦炭填充物，而HFC以从顶部到底部的方式通过吸收器。采用这种运行模式，烟气在吸收器整个横截面上的理想分布和对吸收器容量的最佳利用是以最小化的活性焦炭消耗量为目标实现的。

需要细心处理这些过程以确保温度和CO能够被良好地监测和控制，进而防止在焦炭过滤器中发生火灾。为了避免活性的饱和和损失，每隔一定的时间就需要去除一些含有污染物的焦炭和加入一些新鲜的焦炭，这样才能够实现过滤器的连续运行。

另外一种设计是，采用具有碳浸渍聚合物（塑料）的静态床过滤器实现对PCDD/F的选择性吸附（汞不被这种材料所吸附）。与静态活性炭或焦炭过滤器相比，这种设计发生火灾的风险会非常低。此外，该工艺所采用的过滤料在使用一段时间后也可能会变得饱和，其也需要进行周期性的处置（例如焚烧）和更换。

2.5.8.7 烟气快速冷却

减少含尘烟气在200～450℃温度区域内的停留时间，能够降低PCDD/F及其类似化合物的形成风险。因此，进入除尘阶段的入口烟气的温度应控制在200℃以下，这能够通过以下方式实现：

① 适当的锅炉设计，限制灰尘在200～450℃的温度范围内的停留时间，避免将减排PCDD/F及其类似化合物的问题转移至上游工艺；

② 增加喷雾塔以将锅炉出口温度降低至200℃以下，以便于后续的粉尘净化阶段；

③ 采用单级或多级水洗涤器将烟气从燃烧温度直接急冷至100℃以下。该技术已经在某些危险废物焚烧厂使用。洗涤器在设计上必须要能够处理高颗粒（和其他污染物）负荷，这些负荷将会被转移至洗涤器的废水中；在后期阶段，有时需要进行冷却以减少烟气中蒸发水的损失。在这种设计下，并未采用锅炉，而且能量回收也仅限于采用热洗涤器液体的热传递方式。

2.5.9 温室气体（CO_2、N_2O）排放减排技术

文献［1］指出，减少温室气体排放基本上存在如下两种方法：

① 提高能源回收和供给的效率（详见2.4节和4.4节）；

② 采用烟气处理控制CO_2排放。

通过烟气中的CO_2与NaOH进行反应生成碳酸钠是可能的。

原则上，废物焚烧中的氧化亚氮（N_2O）的排放可能源于如下途径：

① 采用低温燃烧——通常这仅在850℃以下具有显著的作用；

② 采用SNCR减排NO_X（特别是以尿素作为试剂的情况下）。

文献［71］指出，据报道，同时能够最小化 NO_X 和 N_2O 产生量的最优温度是在 850～900℃范围内。当后燃烧室的温度高于 900℃时，N_2O 的排放浓度较低。采用 SCR 后，N_2O 的排放浓度也较低。因此，在燃烧温度高于 850℃的情况下，一般而言，SNCR 是废物焚烧炉中 N_2O 排放的唯一重要来源。

如果不采用适当的控制措施，SNCR 工艺会增加 N_2O 的排放浓度，尤其在采用尿素作为试剂的情况下。类似地，N_2O 可能会在低于化学计量值的氧气供应水平（例如气化和热解）的情况下进行排放，以及在某些工况下运行的流化床焚烧炉中进行排放[74]。

为了避免 N_2O 的排放，如下所示的技术已经被采用：

① 通过 SNCR 工艺优化降低 SNCR 的试剂用量；

② 优化用于 SNCR 试剂注入的温度窗口；

③ 在 SNCR 中采用氨替代尿素；

④ 采用流体动态建模方法优化喷嘴的位置；

⑤ 在适当的温度区域进行确保有效的气体/试剂混合设计；

⑥ 在燃尽区域采用过量的化学计量值以确保 N_2O 的氧化。

2.6 废水处理技术

2.6.1 废水控制的设计原则

文献［2］指出，以下原则适用于焚烧废水的控制：

(1) 优化焚烧技术的应用

以优化状态运行的焚烧过程对保持燃烧的稳定性至关重要，其也能够为采用湿式工艺的废水排放提供有效的控制。不完全燃烧对烟气和飞灰成分的组成会产生负向的影响，会增加具有污染性和/或有毒特性的有机化合物，进而会影响洗涤器出口废水的成分。上述这些结果反过来又会影响洗涤器出口废水中的污染物含量。

(2) 用水消耗和废水排放的减排

可采取的措施包括：

① 在湿式或半湿式 FGC 系统（例如湿式洗涤器）中进行污染废水的再循环，包括通过采取有效的过程控制以使得污水的排放量最小化；

② 冷却源自湿式 FGC 系统的污染废水（见 4.4.11 节所描述的内容❶）以减少烟气中的水损失，进而减少水的消耗量；该设计能够降低冷却水的消耗量；

③ 应用无污水排放的 FGC 技术（例如半干式或干式吸附系统）；

④ 采用锅炉排水作为洗涤器的供给水；

⑤ 在洗涤器中处理实验室污水；

⑥ 应用无废水产生的底灰卸料器；

⑦ 采用露天底灰储存区的渗滤液作为底灰排放器的给水；

⑧ 采用隔离排水系统以便直接排放源自屋顶和其他洁净表面的干净雨水；

⑨ 采用带顶的围栏以减少废物存储和处理区域的暴露表面积。

❶ 译者注：原文在此处所标注的 2.4.4.5 节并未介绍冷凝洗涤器，译者将其更改为见 4.4.11 节所描述的内容。

(3) 符合相关水排放标准

某些工艺的选择会在很大程度上受到当地因素的影响。以洗涤器盐流出物的排放为例进行说明。虽然此类废水排放可能被海洋环境所接受，但是面向淡水水体进行排放需要考虑对其进行稀释等因素。因此，此类决策可能会导致焚烧工艺的设计发生根本性变化，尤其是所选择的 FGC 系统和废水处理工艺。

(4) 水处理系统的优化运行

为缓冲废水存储需要具有足够的存储容量，这使得操作人员能够具有足够的时间对过程工况中的干扰作出反应，进而确保污水处理系统的优化运行。

2.6.2 烟气净化系统对废水的影响

文献［2］指出，废水的产生取决于系统所采用的 FGC 系统的类型。主要的可选择的 FGC 系统选项如下所示：

① 干式烟气净化系统。

② 半湿式烟气净化系统。

③ 湿式烟气净化系统。

a. 物理/化学洗涤器污水处理；

b. 在线洗涤器污水蒸发；

c. 单独洗涤器污水蒸发。

在上述这些选项中，仅有选项“物理化学洗涤器污水处理”存在着废水流的排放，以下部分讨论了该选项的洗涤器污水处理技术，以及用于选项“在线洗涤器污水蒸发”和“单独洗涤器污水蒸发”的蒸发污水技术。

2.6.3 湿式烟气净化系统的废水处理

湿式 FGC 系统所产生的工艺废水中含有多种的污染成分。污水的量和浓度取决于废物的成分和湿式烟气系统的设计。湿式 FGC 系统进行废水再循环，虽然可导致废水在体量上的显著减少，但也会导致污染物的排放浓度更高。

3 种已经用于处理湿式 FGC 系统废水的主要方法如下：

① 物理化学处理：该处理方式是基于 pH 校正和沉淀进行的。采用该系统会导致处理后的废水中包含溶解盐，如果工艺上不对其进行蒸发处理（参见下文），则需要进行对外排放。

② 在废物焚烧生产线中蒸发：通过喷雾干燥器进入半湿式 FGC 系统或者其他采用袋式过滤器的系统。在这种情况下，将溶解盐加入 FGC 系统的残余物中，不会产生废水排放。有关更多详细信息，请参阅 2.6.3.7 节。

③ 废水单独蒸发：在这种情况下，蒸发水被冷凝，但由于其通常是非常干净的，故无须特殊处理即可进行排放（或重复使用）。更多详细信息，请参阅第 2.6.3.7 节。

这些方法将在以下各节中进一步地讨论，其中，某些技术也在 2016 年出版的 CWW BREF 中有所描述。

如果 SNCR 是用于下游的湿式 FGC 系统以实现对 NO_X 的控制，那么废水中将会含有高浓度的 NH_3。在此种情况下，可能需要对 NH_3 进行汽提处理[74]。

2.6.3.1 物理化学处理

工艺废水的物理化学处理装置的典型工艺方案如图 2.44 所示。

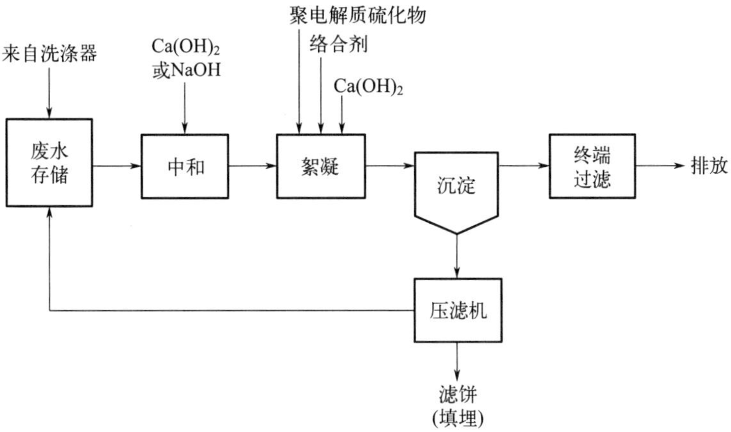

图 2.44　湿式烟气净化系统废水的物理化学处理工艺方案[2]

由图 2.44 可知，可采用的步骤如下：

① pH 控制（中和）；

② 温度控制；

③ 沉淀（例如重金属）；

④ 凝结；

⑤ 污染物絮凝；

⑥ 形成的污泥的沉淀；

⑦ 污泥脱水；

⑧ 终端过滤（“抛光”）。

熟石灰常用在中和反应过程中，其会产生亚硫酸盐和硫酸盐（石膏）沉淀物。在允许将亚硫酸盐/硫酸盐排放至地表水中的情况下（例如，在某些海洋环境中），苛性钠（NaOH）可用于替代熟石灰，进而显著降低污泥产量。

基于絮凝法，需要先去除废水中的重金属化合物，然后再进行沉淀。重金属化合物在 pH 值的范围为 9～11 时，具有非常低的溶解度。当 pH 值高于 11 时，重金属会被再次溶解。针对不同的重金属化合物，其对应的最佳 pH 值是不同的。特别需要指出的是，镍和镉的最佳 pH 值与其他重金属也是不同的。

采用两步（或更多步）的中和法更有利于提升废水酸性值（pH）的稳定性和控制，其中：第一步是粗中和，尤其是在废水源于洗涤系统的第 1 步酸化处理的情况下；第二步是细中和。通常，提供足够的废水储存容量有助于通过提供缓冲容量进而维持稳定的运行状态。

重金属氢氧化物的絮凝是在絮凝剂（聚电解质）和 $FeCl_3$ 的影响下发生的。如果再添加复合助洗剂，就能够实现对汞和其他重金属的额外去除。

沉淀氟化物需要的 pH 值范围为 8～9[74]。

沉淀通常发生在沉淀池或层状分离器中。

通常，废水处理过程所产生的污泥在压滤机中进行脱水。根据所采用的化学品和其他条件，干固体的含量可达到 40％～60％。

如果需要，可采用砂滤器和/或活性炭过滤器进行所产生污水的过滤（“抛光”）处理。砂滤器的直接作用主要是减少悬浮固体，但这也会降低重金属的浓度。活性炭过滤处理方式对于 PCDD/F、PAH 等污染物的减排是特别有效的。通常，活性炭需要进行周期性的更换。

此外，也可采用其他类型的过滤系统（例如磁盘过滤器）。

由于物理化学废水处理装置为敏感系统，对其进行操作时需要特别注意。

2.6.3.2 硫化物的应用

为针对废水进行絮凝，通常采用有机试剂（例如聚电解质）进行处理。添加复合助剂和硫化物（例如 Na_2S、三聚硫氰酸）能够进一步地实现减少汞和其他重金属的排放水平。

由于硫化物自身所具有的毒性，其在使用时需要遵守特殊的安全规定。与其他复合助剂相比，采用硫化物的优点之一是其具有更低的消耗成本。

2.6.3.3 膜技术的应用

处理含盐类和微污染物废水的一种选择是采用膜过滤，该技术对于盐浓度相对较低的大流量废水而言是特别有效的。随着废水中盐浓度的升高，其所需要的能源消耗也会迅速地增加。

废物焚烧工艺的废水含盐量较高（高达10%）。因此，采用膜技术通常会需要消耗大量的额外能源。

剩余的具有高溶质浓度的废水必须要通过适当的出口进行排放[74]。

2.6.3.4 氨的汽提

应用SNCR工艺脱 NO_X 时，湿式洗涤器的污水中会含有氨化合物。实际氨的浓度取决于SNCR脱 NO_X 装置的工艺条件。依据实际的氨浓度，从排出污水中进行氨的汽提可能是的一个选项。

氨的汽提装置主要是由加热蒸馏塔组成的。蒸气被冷凝后会产生氨溶液。通常，虽然氨的浓度低于商业贸易产品的初始浓度，但该溶液也可在SNCR工艺中进行重复的使用。

氨的汽提需要将pH值提高至11～12.5并需要采用蒸汽。据报道，当氨的汽提采用石灰作为中和剂时，会存在结垢的风险。

2.6.3.5 源自洗涤系统第一步和最后一步废水的分离处理

通常，湿式洗涤系统的第1步是在pH值水平非常低的情况下进行操作的。在这些工艺条件下，特别需要的是，将HCl从烟气流中去除。在最后一步时，是在中性pH值条件下进行 SO_2 的去除。

如果将上述2个废水流分别进行处理，则可针对每种废水流对废水处理工艺进行优化，并能够从 SO_2 洗涤器的废水中进行石膏的回收。

源自洗涤器的第1步废水的处理是采用熟石灰或石灰乳进行中和，随后通过絮凝和沉淀进行重金属化合物的去除。将处理后的主要含有 $CaCl_2$ 的废水与最后一步得到的主要含有 $Na_2SO_{3/4}$ 的废水进行混合，进而导致形成石膏和获得主要由NaCl组成的液体污染物。

根据当地的情况，这些含盐废水或者被排放或者被蒸发，其中，蒸发处理会导致NaCl的产生。

由于盐是从废水中所包含的其他烟气净化残余物中分离出来的，这导致残余物的质量显著减少，其中，含有重金属化合物的沉淀污泥是唯一的剩余残余物。

2.6.3.6 厌氧生物处理（硫酸盐转化为元素硫）

所排放的处理后的废水需要面临的问题之一可能是，该废水中的硫酸盐残留含量。通常，硫酸盐会影响混凝土排水系统。为解决这一问题，已经开发了一种用于处理废物焚烧废水的厌氧生物处理系统。

在活性厌氧菌的作用下，废水中的硫酸盐在反应器中被还原为硫化物。在该反应器中，具有高硫化物含量的污水将在第 2 个反应器中进行处理。在第 2 个反应器中，硫化物在有氧环境中被生物氧化为元素硫。必须注意的是，需要确保在有氧阶段存在足够的氧气，否则将会产生硫代硫酸盐而不是元素硫，而这种行为将会限制废水的处理效果。

随后，层压分离器废水中的元素硫被去除，所收集的污泥在滗析器中脱水，进而产生能够使用的硫饼。剩余的污水能够在洗涤器中重复地使用和/或排放。

据报道，这项技术可能难以应用于处理源于危险废物焚烧炉的废水[64]。

2.6.3.7　工艺废水蒸发系统

如果焚烧厂所在地不允许排放含有可溶性盐（氯化物）的废水，则此时的工艺废水就需要进行蒸发处理。为达到上述目的，存在如下两种方法：

① 在线蒸发；

② 分离蒸发。

(1) 在线蒸发

在这种配置中，废水通过喷雾干燥器实现在工艺中的循环使用，其相应的工艺配置如图 2.45 所示。

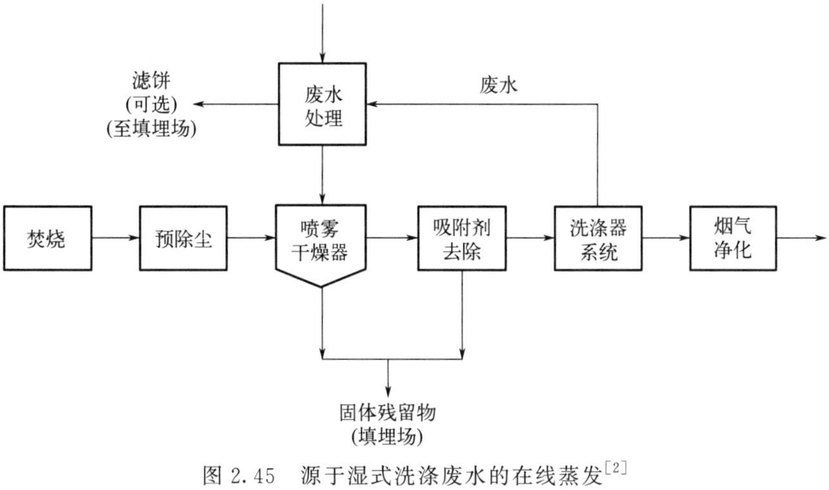

图 2.45　源于湿式洗涤废水的在线蒸发[2]

在此处的在线蒸发系统中，其所采用的喷雾干燥器与在半湿式 FGC 系统中所采用的喷雾吸收器是相当的，两者的不同之处在于：在半湿式处理工艺的情况下，供给注入 FGC 系统的是石灰乳；针对在线蒸发系统，源于洗涤器的废水在中和步骤后才被注入处理系统中。此处的中和步骤能够与絮凝和污染物沉降处理相结合，进而会产生分离的残余物（污泥）。在某些应用中，熟石灰会被注入喷雾吸收器中，以便进行烟气的预中和。

将含有可溶性盐的已中和废水注入烟气流中。水蒸气、剩余盐分和其他固体污染物在除尘步骤（例如 ESP 或者袋式过滤器）中予以去除。这种烟气净化残余物是由飞灰、盐类和重金属所组成的混合物构成的。

由于湿式洗涤系统的应用，化学品的消耗量约等于化学计量的数量。因此，该处理系统所对应的残余物产量是低于半干式 FGC 系统的。

(2) 分离蒸发

分离蒸发是基于蒸汽加热蒸发系统中的蒸汽而进行的处理过程，其工艺方案如图 2.46 所示。

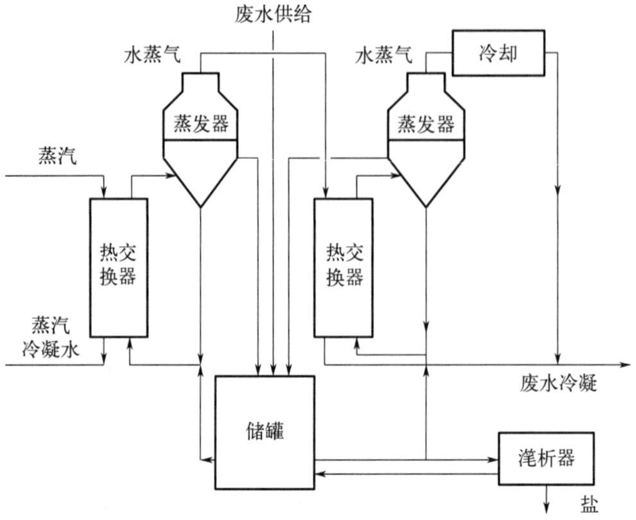

图 2.46　从湿式洗涤器中分离蒸发洗涤器废水的工艺方案[2]

将含有可溶性盐的废水供给至包含有废水和液体已部分蒸发的混合物的储罐中；随后，在低压情况下，水在反应器中被部分蒸发，其所需的热能由（低压）蒸汽提供；之后，水蒸气被传递至热交换器中的液体内，多余的液体则流回至储罐；最后，在蒸汽被冷却后，所产生清洁冷凝物被系统对外排放。

由于液体中盐浓度的增加，盐开始发生结晶。随后，盐晶体在滗析器中被分离并收集在容器中。

图 2.46 给出了两阶段的工艺方案，即安装了 2 个蒸发器。第 2 个蒸发器的热能输入源自第 1 个蒸发器，因此降低了能耗率。此外，如果该工艺不用于其他目的（例如区域供热），则可采用低压蒸汽的方式降低其有效能耗。

该技术是需要消耗能量的，并且也可能存在运行风险，例如结晶结垢[64]。

2.6.3.8　盐酸的汽提或蒸发

文献［1］指出，当含氯废物进行燃烧时，会生成氯化氢，后者被水吸收则会形成盐酸。此处所得到的盐酸是一种无色的液体，其在处理后不含有杂质。作为盐酸浓度约为 19%（质量分数）的水溶液，其可被用作为不同消耗装置的原材料，例如，在氯气生产厂进行 pH 值控制。

在盐酸的生产过程中，离开蒸汽锅炉的烟气首先被排放到冷却装置中，然后进行冷却。急冷装置的内衬中安装有喷嘴，其将源自下游洗涤塔的盐酸注入烟气中。进而，部分盐酸被蒸发，其进而导致烟气被冷却。

盐酸与冷却烟气会同时由急冷装置转移至洗涤塔内，接着烟气中所含有的氯化氢和其他酸性气体会被吸收，之后盐酸被传输到临时储罐内。此时，汽提氯化氢后的剩余烟气，通过安装在塔顶部的除雾器离开酸洗涤塔，进入电离湿式洗涤器中。

在烟气洗涤系统的酸洗涤塔中产生的盐酸，在蒸发器系统中被除去溶解的盐和固体。该清洗步骤所得到的盐酸可用作于各种生产工厂的原料。

通过泵的作用，盐酸从临时储罐中输送至蒸发器中。在此处，未经处理的酸会在真空中被转变为共沸混合物。同时，过量的水和少量的氯化氢会进入蒸气相，并在吸附塔中与水同时被冷凝。

工艺液体被从真空装置中与多余的水一起泵入废水处理厂。原料酸在升级为共沸物后，将会先进行蒸发处理，然后再次进行冷凝处理。剩余的含有固体和重金属的酸在蒸发器中进行萃取，之后再泵入混合器中，进而实现中和的目的[64]。

2.6.4　危险废物焚烧中的废水处理

欧洲 55%的 HWI 装置都不会进行废水的排放，相应的方式为：采用不产生废水的系统(例如干式或半干式 FGC)；采用喷雾干燥器经由烟囱将水分予以蒸发；在单独的蒸发设备中进行废水处理，有时会在废水处理后再进行汞的去除[74]。

其余 45%的欧洲 HWI 装置均配备污水处理设施，其系统总貌通常如图 2.47 所示。

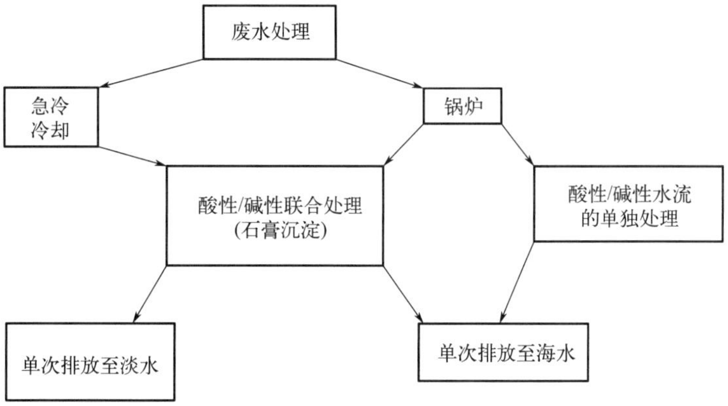

图 2.47　商业 HWI 装置中应用的废水处理系统总貌[41]

配备锅炉的焚烧炉和配备快速急冷系统的焚烧炉之间存在着常见的区别，即后者由于技术原因导致其所排放污水的流量较大（注：某些 HWI 装置同时配备了快速急冷系统和锅炉[74]）。配备锅炉的焚烧炉所排放的焚烧废物在 1～5L/kg 之间。针对仅配备急冷系统的焚烧炉而言，所排放的焚烧废物在 10～20L/kg 之间，但是，它们可通过废水处理厂污水的再循环或在急冷装置内进行的循环将水流量减少至 5L/kg。

通常情况下，会将湿式烟气净化系统酸性段的出水（含 NaCl、$CaCl_2$、Hg、CaF_2 和 SO_3）与碱性段的出水（含 Na_2SO_4）进行混合，其目的是：为了在进一步的处理前，实现部分石膏的沉淀（并将排出液体中硫酸盐的含量降低到 2g/L 以下，其对应的是石膏的溶解度浓度）。但是，目前还存在一种能够分别处理酸性和碱性洗涤器排出水的装置。

焚烧装置是否拥有现场的废水处理厂或将废水转移至外部的处理厂，这通常取决于焚烧厂所在的位置。

图 2.48 给出了用于处理危险废物焚烧中湿式烟气净化段污水的典型废水处理厂设施。

这些设施的主要要素如下所示：

• 中和剂（例如石灰、NaOH/HCl 的添加）；

• 添加试剂，专门用于作为氢氧化物或金属硫化物的金属沉淀（例如絮凝剂、三聚体-硫-三嗪、硫化物、聚电解质）；

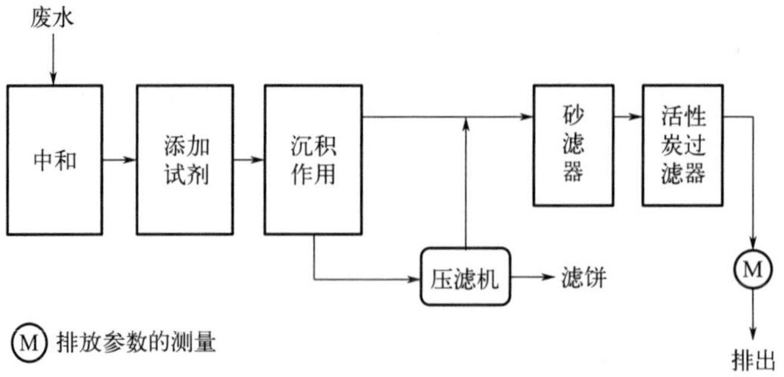

图 2.48 商业 HWI 焚烧行业的废水处理设施示例[41]

- 去除沉积物：采用重力沉降和倾析或者采用机械技术，例如过滤机或离心机。

在一些废水处理厂，废水通过砂滤器和活性炭过滤器进行抛光处理。

2.7 固体残余物处理技术

2.7.1 固体残余物种类

废物焚烧会产生各种类型的固体残余物，具体如下：

① 底灰：指废物焚烧后从燃烧室排出的固体残余物。

② 流化床灰：指废物被焚烧后从流化床中移除的固体残余物。

③ 炉渣：指废物焚烧后从燃烧室排出的固体熔融残余物。

④ 飞灰：包括源自燃烧室的颗粒或者在烟气流中形成的颗粒，其在烟气中进行传输。

⑤ 锅炉灰：从锅炉中移除的部分飞灰。

⑥ FGC 残余物：是混合物，包括烟气中最初存在的污染物和用于去除这些污染物的相关物质。

⑦ 废催化剂：指已被更换的用过的催化剂。

⑧ 污泥：指从湿式洗涤器或废水处理厂中移除的固体残余物。

2.7.1.1 焚烧过程直接产生的残余物

这些残余物可能会因焚烧废物的类型和所应用的焚烧工艺的差异而不同。

(1) 城市固废焚烧

① 底灰。这是城市废物焚烧的重要残余物，原因在于其产生量非常大。多数的城市废物焚烧炉均采用湿式排放系统进行底灰的排放，部分焚烧厂会采用干式排放系统。随后的底灰处理也可采用湿式或干式的方式进行处理（参见 4.7.5 节和 4.7.6 节）。底灰是指刚从焚烧炉中取出的新鲜底灰、等待处理的原始底灰以及处理后已被存储一段时间的老化底灰[75]。

② 筛下物（或残余物）。其是在焚烧过程中通过炉排掉落的废物颗粒。在某些情况下，它们会被再次送回至焚烧炉中进行燃烧。

③ 飞灰。这种类型的废物通常会在预处理后进行处置，其也在市政建筑中作为能够采用沥青进行黏结的填充材料，但这需要在允许这种处置方式的国家或地区才能够予以应用[74]。另外的一种选择是，对锌、铅、铜和镉等金属进行回收，目前这种处置方式已在瑞士进行了大规模的实施[65]。

④ 锅炉灰。其通常是与飞灰同时进行处理的。在某些国家（例如英国和荷兰），其可能是与底灰共同进行处理的[74]。

（2）危险废物和特定医疗废物焚烧

① 炉渣。可在填埋场进行处置，而无须对其进行进一步的处理，或者在经过焚烧厂所在地相关部门的允许后对其进行回收利用。

② 飞灰。与 MSWI 所产生的飞灰是类似的，但由于其可能会含有更高水平的污染物，因此通常会被进行处置。

（3）污水污泥焚烧

① 飞灰。不需要进一步的处理即可再作为市政建筑黏合应用中的填充材料，但这需要在允许该处理方式的国家才能执行。在德国，飞灰还用于矿山的回填。未使用的飞灰需要进行填埋处理。专门进行污水污泥焚烧的焚烧厂的飞灰中含有大量的 P_2O_5，其已被证明是磷的潜在二次来源。

② 流化床灰。其产生数量相对而言较少，通常将其添加至飞灰中或在未予以进一步处理的情况下进行填埋。

（4）RDF 焚烧

① 流化床灰。根据所采用 RDF 材料的具体特性，其数量可能会远远高于污水污泥焚烧所产生的数量。目前，几乎没有对流化床灰进行再次使用的经验。

② 飞灰。由小型和中型的木材废料焚烧产生时，其产量相对而言较小，此处不再进行进一步的讨论。

某些焚烧厂会在特别高的温度下运行（例如大于 1400℃），其特定的目的是：将底灰熔化后形成炉渣，后者因具有较低浸出性等原因而使得其被使用选择的情况有所改善。高温炉渣回转窑和联合气化-燃烧过程就是这类系统的示例。后者在日本使用时，对 MSWI 残余物采用了非常严格的可浸出性标准，特别地，增加了残余物再利用程度和减少了对其进行填埋的需求。

在欧洲内部和外部，关于焚烧炉残余物再利用的政策和程序是各不相同的[74]。

2.7.1.2 FGC 系统产生的残余物

FGC 系统的残余物是一种混合物，其包括最初烟气所包含的污染物和用于去除这些污染物所采用的物质。FGC 残余物中会含有大量的污染物（例如有害化合物和盐），因此，通常认为其是不适合进行回收的。FGC 系统的主要目标是获得对环境安全的最终处置方案。如下类型的烟气净化残余物是可以区分的：

① 干式和半湿式烟气处理系统的残余物是钙和/或钠盐的混合物，主要是氯化物和亚硫酸盐/硫酸盐，还存在一些氟化物和未发生反应的试剂化学物质（例如水石灰或碳酸钠）。这种混合物中还包括一些尚未采用任何先前所提及的除尘步骤进行处理的飞灰。此外，飞灰中还可能包括受污染的重金属和 PCDD/F。正常的处置方法是将残余物作为危险废物进行填埋，通常是将其放置在大的布袋中，或将其胶结成块。残余物浸出性是进行废物填埋场处置时的重要参数。在进行填埋前，可采用各种处理方式降低残余物的浸出性，相关方法在 WT BREF 中已进行了描述。此外，源自干碳酸氢钠处理法的 FGC 残余物是可以进行净化和回收的[74]。

② 对源自湿式烟气处理系统的废水进行物理化学处理，其所产生的污泥具有重金属含量非常高的特点，但其也可能包括诸如石膏等溶解度有限的盐。正常的处置方法是进行填埋

(作为危险废物)处理。在这些残余物中,可能会包含高浓度的PCDD/F,因此有时会在填埋前进行预处理。

③ 石膏也能够进行回收,对其是否进行清洗取决于其所对应的工艺参数和质量要求。当在具有高效水滴分离器的两级湿式洗涤器中采用石灰石或水石灰进行处理时,石膏是能够进行回收的[74]。回收的石膏在某些情况下也可进行循环利用。

④ 废水的在线蒸发会产生盐。该处理方式导致的残余物与(半)干式烟气处理系统所产生的残余物相当。

⑤ 废水的分离蒸发会产生盐。盐的使用或处置方式取决于残余物的组成,其通常会比采用在线蒸发处理方式所获取的盐更加纯净。

⑥ 源自干式吸附剂注入的残余物。处理该残余物所采用的方案取决于所采用的吸附剂(活性炭、煤芯、水石灰、碳酸氢钠、沸石)。如果废物焚烧厂能够摧毁和/或保留固体残余物所包含的污染物,源自固定床反应器碳(活性炭)的残余物有时会在焚烧厂中进行燃烧。如果所采用的吸附剂仅是活性炭或焦炭,还可以焚烧夹带床系统处理所产生的相关残余物。如果采用其他试剂和活性炭的混合物,残余物通常会在外部进行处理或处置,原因在于其可能存在腐蚀的风险。

2.7.2 焚烧过程直接产生固体残余物的处理和回收利用

针对具有高矿物质含量的焚烧残余物而言,其具有用于道路或其他建筑材料中的潜在可能。如果该材料能够符合系列的环境和技术标准,则其是可以采用的。这还需要通过主要或辅助的措施进行灰分质量的优化。此处所关注的常用参数包括:

① 燃尽; ③ 金属浸出; ⑤ 粒径和粒径分布。

② 矿物反应; ④ 盐含量;

针对上述质量参数而言,经过适当的处理,许多现代废物焚烧厂的残余物都能够符合相关的环境和技术要求。监管和政策制度有时是使用(特别是)底灰的主要障碍,其中相应的底灰来源于适当的设计/运行装置。

通常,残余物处理方法旨在优化上述参数中的一个或多个,进而其能够拟态主要建筑材料的质量。回收处理主要应用于具有产量大、存在危险性和浸出性低等特点的MSW底灰。焚烧非危险废物所产生的底灰在许多欧盟国家已经得到不同程度的应用,分别为:荷兰(>90%使用)、丹麦(90%)、德国(80%)、法国(>80%)、比利时和英国(21%)。通常,焚烧危险废物所产生的底灰和炉渣会被运输到危险废物填埋场处置。

针对底灰处理技术的描述参见4.7节,其可用作地面建筑材料。底灰可用于不同的建筑应用中,就体积而言,其具有强烈的季节性和区域性。底灰也可用作地下回填材料,进而为旧矿山的运行提供安全化的长期支持[38,39,56,64,74,82]。

在欧洲,仅有少数装置进行飞灰和锅炉灰的处理。在荷兰,在焚烧厂未进行任何预处理的情况下,源自MSWI和SSI厂的飞灰已被用作道路建筑材料(沥青)的填充材料。在荷兰,源自MSWI厂的全部飞灰和SSI厂的80%飞灰的总量的大约三分之一(每年约8万吨),已经在采用这种方式进行处理[74]。在WT BREF中,给出了飞灰和锅炉灰的处理技术。

此外,业界还开发了特定工艺对湿式烟气净化系统所产生的残余物进行协同利用,例如,已在瑞士广泛使用的酸性过滤灰浸出工艺(FLUWA工艺)。在该工艺中,洗涤器水中的酸性物质能够移动并提取飞灰中所包含的重金属。在过滤阶段,将具有低金属含量的滤灰饼从金属滤液相中进行分离，进一步，采用湿式冶金工艺进行金属的分离和回收。在FLUREC工艺中，镉、铅和铜会被还原分离，并可用作铅或铜生产的二次产品。针对存在于残余物中的锌而言，在其具有经济上可行的浓度时，可以采用选择性的液-液萃取技术将其在预清洁滤液中进行分离，富集后再电解回收为高纯度的锌。Bühler 和 Schlumberger 在文献［65］中进行了描述。

控制残余物产出的主要技术包括燃烧过程的优化控制，其目的如下[38]：

① 保证碳化合物的良好燃尽；

② 促进汞和镉等重金属从燃料床中挥发；

③ 在底灰中固定亲石的元素，进而降低其浸出性。

残余物的二次处理系统涉及以下一项或多项操作：

① 减小残余物粒径以允许进行金属分离和提高技术质量；

② 分离可在金属工业中进行回收的黑色金属和有色金属；

③ 分离未燃烧物料以使其能够返回焚烧炉；

④ 通过洗涤以去除可溶性的盐类；

⑤ 通过老化（碳化）以稳定残余物的基本结构和降低其反应性/浸出性；

⑥ 采用液压或碳氢化合物黏合剂进行处理，以路基材料方式进行再利用；

⑦ 通过热处理以使得金属在玻璃状基质中呈现惰性。

4.7 节将更为详细地讨论相关的主要和辅助技术。

2.7.3 应用于烟气净化残余物的处理技术

WT BREF 中描述了可应用于 FGC 系统残余物的处理技术。

焚烧残余物的热处理已在一些国家进行广泛开展，除主要用于减少残余物体积的目的之外，也是为了减少其所包含的有机物和重金属含量以及改善其填埋前的浸出行为。有时，需要先混合 FGC 系统残余物和底灰，再对其进行协同热处理[74]。

热处理可分为玻璃化、熔化和烧结 3 类工艺，其相互之间的差异主要与最终产物的特性和性能有关。由于进行固体残余物热处理所产生的烟气中可能会含有高浓度的污染物，例如，NO_X、TVOC、SO_X、灰尘和重金属等，因此需要对烟气进行适当的处理。有时，如果焚烧炉位于烟气净化残余物处理装置的附近，那么其所产生的烟气还可供给至焚烧炉的 FGC 系统中[74]。

2.8 安全装置与措施

本节从预防可能导致污染物排放的事故的角度进行安全问题的处理。

文献［64］指出，从废物焚烧厂规划、构建和运行的视角而言，焚烧厂的安全是非常重要的一个方面。为确保高水平的焚烧厂安全和运行过程安全，焚烧装置中与安全相关的部分均配备了相应的保护系统。这些措施只是尽可能地防止发生可能会对焚烧厂附近的环境造成负面影响的故障或事故，或在发生故障或事故时减少相应的影响[64]。

废物焚烧厂内与安全相关的部分和潜在的危险源，尤其是指某些物质的存放区域，或者可能已形成足够高的量进而构成了存在安全问题的区域。这些特别的区域如下所示：

① 用于储存潜在危险废物的废物储仓和其他区域；

② 燃烧和烟气净化厂；

③ 面向必要的辅助用料（例如氨、活性炭）的储存设施。

用于控制风险的保护系统包括：

① 控制污染物排放的系统，例如已使用的消防用水维持系统、对水体构成危害的物质储罐的堆积；

② 防火系统和设备，例如防火墙、火灾探测器、灭火系统；

③ 防爆系统，例如泄压系统、旁路、避免点火源的装置、惰性气体系统和接地系统；

④ 防止破坏的系统，例如建筑安全、访问控制和监视措施；

⑤ 防火分隔墙用于分隔变压器和固定装置；

⑥ 低压配电板安装位置的火灾探测和保护；

⑦ 废物的相应储存、配送等位置附近的污染物检测（氨、气体等）；

⑧ 防止环境危害的系统，例如洪水、强风、雷击、极端冷和热的天气。

运行安全所需的其他设备部件包括：

① 用于确保能量输入和输出的机器和设备（例如应急发电机）。

② 用于排放、清除或保留危险物质或危险物质混合物的部件，例如储罐、紧急救援和排空系统。

③ 警告、警报和安全系统，在正常操作中断时会被触发，目的是防止正常操作的中断或恢复正常操作。这包括焚烧厂的全部仪表和控制系统，即用于各种工艺参数的全部仪表和控制系统。一方面，这些参数对确保焚烧厂的正常运行是必要的；另一方面，在发生干扰时，能够使受到影响的焚烧厂的部分处于安全的状态，并及时地将这些干扰通知给相关的运行操作人员。

保护装置对故障或事故所进行的反应可能会导致污染物排放水平的暂时增加。所有安全措施的目的是，必须将这些措施的时间跨度保持在最低限度，并且要能够确保恢复焚烧厂的安全运行[64]。

第3章

当前排放和消耗水平

本章提供了源自废物焚烧行业的有关当前消耗以及烟气排放水平范围的信息，同时涵盖了第 2 章中所描述的有关工艺。在认为相关的情况下，根据数据的可用性，按照所考虑的焚烧废物的主要类型对当前排放和消耗水平数据进行详细的说明。对在第 2 章中已经描述的环境问题，通过本章中的数据予以了进一步的支撑，并确定了关键的环境问题。

该行业的主要环境问题是烟气的排放和能源的回收。相对而言，废水的排放是较为次要的问题。

本章中的排放和消耗数据主要来源于在 15 个欧盟成员国和挪威的独立场景所收集的常见数据，其为本书提供了支撑。其他的汇总数据和特定场景的数据来源于各成员国和工业界，也包含在了本章之中。本章所提供的数据旨在说明：该行业的当前排放水平以及与能源和用水相关的消耗水平，所采用的废物和其所产生的残余物数据及其详细信息。

为实现以更清晰的方式展示数据的目的和使得分析更加透明，本章以大量图表的形式给出了参与 2016 年数据收集的废物焚烧线/厂所具有的排放和消耗水平。在这样的情况下，对这些焚烧厂或焚烧线是基于以下若干视角进行分类的：

① 炉型。主要区分为：

a. 炉排炉；

b. 回转窑炉；

c. 流化床加热炉；

d. 除上述类型以外的其他焚烧炉（例如液体废物焚烧炉）；

e. 气化装置。

② 废物类型。根据在参考年份 2014 年所燃烧废物（按重量）的普遍类型对焚烧厂进行分类，其区分如下：

a. 城市固体废物；

b. 污水污泥；

c. 其他无害废物；

d. 临床废物；

e. 危险废物（从回收能源目的的视角而言，该类废物可进一步区分为危险木材废物和其他类型的危险废物）。

③ 规模。其主要区分如下：

a. 小型厂：处理无害废物小于100000t/a，或处理危险废物小于48000t/a。

b. 中型厂：处理无害废物在100000～250000t/a之间，或处理危险废物在48000～80000t/a之间。

c. 大型厂：处理无害废物超过250000t/a，或处理危险废物超过80000t/a。

④ 运行年份。根据焚烧厂/焚烧线首次开始运行的年份，其区分如下：

a. 陈旧厂，在2000年以前投入运行的焚烧厂；

b. 中间厂，在2000年之后且在2006年（之前版本WI BREF的出版年）前投入运行以及在2006年之前被升级改造为当前配置的焚烧厂；

c. 最近厂，在2006年之后投入运行以及在2006年之后被升级改造为当前配置的焚烧厂。

3.1 概述

废物焚烧炉的排放和消耗主要受到以下因素的影响：

① 废物的成分和含量；

② 炉膛的技术措施（设计和运行）；

③ 烟气净化设备的设计和运行。

(1) 大气排放物

HCl、HF、SO_2、NO_X和金属的排放主要取决于废物的结构和烟气的净化质量。CO和VOC的排放主要取决于炉膛的技术参数和废物达到燃烧阶段时的不均匀程度。在很大程度上，炉膛的设计和操作会影响NO_X的生成。粉尘的排放会非常依赖于烟气的净化性能。排放至大气中的PCDD/F水平主要取决于废物结构、焚烧炉（炉膛温度和烟气停留时间）、工厂运行工况（在某些运行工况下可重新形成和从头合成PCDD/F）和烟气净化性能。

依据废物LHV值的差异，城市废物焚烧厂的每吨废物通常会产生4500～6000m^3的烟气量（以11%的含氧量计算）。对于危险废物焚烧厂而言，烟气的产生量（以11%的含氧量计算）通常在6500～10000m^3之间，具体取值主要依赖于废物的平均LHV值。针对采用热解、气化或富氧燃烧空气供给的焚烧厂而言，所产生的烟气量低于每吨废物焚烧所产生的烟气量。

本书中的大气排放污染物水平是以指定的平均周期进行统计的——通常是每年、每天和半小时的平均值。在某些焚烧厂，特别是针对那些处理高度非均质废物的焚烧厂而言，可能会经历瞬时工况，即瞬时排放浓度超出平均值的范围[64]。

(2) 水体排放物

根据所应用的烟气净化工艺类型，焚烧厂的产物也可能会排放至水体中。湿式烟气净化系统是排放物的主要来源，尽管在某些情况下，这些排放物也能够通过蒸发的方式予以去除。

其他的一些废水流可能是源自储存、锅炉等工艺。这些描述详见3.3.1节和3.3.2节。

(3) 固体残余物

焚烧可能产生的固体残余物包括：

① 底灰或炉渣；

② 飞灰、烟气净化残余物和废水处理残余物。

有关的更多详细描述，参见2.7.1节[64]。

这些固体残余物的产生量和含量受到以下若干因素的影响：

① 废物含量和成分，例如，不同的灰分含量会影响底灰的产生量，氯、硫等物质的含量会影响烟气净化系统的残余物；

② 炉膛的设计和运行，例如，热解厂能够有目的地产生焦炭代替灰分，高温焚烧炉会烧结或玻璃化灰分和挥发某些部分；

③ 烟气净化的设计和运行，例如，某些净化系统会将灰分与化学残余物进行分离，处理湿式净化系统污水后能够提取得到固体。

(4) 能量输出

主要影响焚烧厂输出可达到的能量水平的因素是：

① 能源用户的可用性（特别是供热/供汽）；

② 焚烧厂的设计（特别是对于电能输出而言，发电蒸汽参数的选择对发电率具有重大的影响）。

通常，对外供应能源的销售收入会显著影响焚烧厂所采用的能源输出系统的设计方案。热能、蒸汽和电能的相对价格和绝对价格均会对焚烧厂的最终设计方案产生影响，从而影响焚烧厂的能源输出和效率水平。

(5) 能量消耗

主要的影响因素如下：

① 废物成分，某些废物的焚烧需要采用辅助燃料（废物或非废物）以确保能够完全燃烧，而其他废物则能够进行自热燃烧，即这些废物不需要额外辅助燃料作为输入便能够产生足够的热能以支持燃烧。

② 焚烧厂的设计，例如，不同的烟气净化设备的设计具有不同的能量需求。一般而言，所需要的空气排放量越低，相应的 FGC 系统的能耗也就越高。

(6) 其他消耗

化学试剂的消耗主要与烟气净化设备的设计和操作有关——这在很大程度上取决于所焚烧的废物类型和所要求的至大气中的排放水平——通常，较低的大气排放水平需要较高的试剂加药率。

3.1.1 废物焚烧出口物流中的物质分配

由于废物化学特性的差异，废物中所包含的不同元素在焚烧过程出口物流中的分布是不同的。表 3.1 给出了这种分布的示例，这是基于奥地利在维也纳 Spittelau 废物焚烧厂所进行的研究结果[1]。这种分布因焚烧厂而异，其也取决于所采用的烟气净化方法、废物类型和其他因素，但这些数字也为 MSWI 厂出口物流中各种物质的百分比分布提供了指导。设备方面，在湿式 FGC 系统之前采用了 ESP 设备作为预除尘器，并采用 WWTP 对洗涤器所排出的废水进行处理。

表 3.1　MSWI 装置的出口物流中各种物质的分布示例（质量分数）[1,64]

物质	净化后的烟气排放量	ESP 粉尘	污水	污水处理产生的污泥	底灰①②
碳/%	98(+/−2)	<1	<1	<1	1.5(+/−0.2)
氯/%	<1	35	54	<1	11
氟/%	<1	15(+/−1)	<1	<1	84(+/−1)

续表

物质	净化后的烟气排放量	ESP 粉尘	污水	污水处理产生的污泥	底灰①②
硫磺/%	<1	38(+/-6)	8(+/-1)	6(+/-1)	47(+/-7)
磷/%	<1	17(+/-1)	<1	<1	83(+/-1)
铁③/%	<1	1(+/-0.5)	<1	<1	18(+/-2)
铜/%	<1	6(+/-1)	<1	<1	94(+/-1)
铅/%	<1	28(+/-5)	<1	<1	72(+/-5)
锌/%	<1	54(+/-3)	<1	<1	46(+/-3)
镉/%	<1	90(+/-2)	<1	<1	9(+/-1)
汞/%	<1	30(+/-3)	<1	65(+/-5)	5(+/-1)

① 底灰残余物的生物利用度取决于在实际后续使用/处置中的浸出性。

② 与底灰再利用相关的风险没有必要通过指示物的存在或不存在作为标准进行表明——物质的化学和物理形态以及材料所使用环境的属性也同样很重要[64]。

③ 剩余的约 80%被分类为废料。

额外的差异源于废物的不同成分，特别是在危险废物焚烧厂的情况下，尤其如此。

在表 3.2 中，给出了 HWI 出口物流中诸如汞、镉、砷、铅、铜和锌等 6 种金属在测试周期内的平均百分比分布。该表中还给出了炉渣、粉煤灰和污泥等固体残余物的质量分数，这与试验期间所焚烧的废物数量有关。

表 3.2 危险废物焚烧出口物流中的金属分布分数[41] %

重金属	待处置固体残余物					排放至环境中		
	炉渣	飞灰	WWT 污泥	总和	碳	至大气中	至水体中	总和
质量分数	30	3	4					
Hg	<0.01	<0.01	99.88	99.88	0.05	<0.01	0.07	0.07
Cd	1.3	94.2	4.49	99.99	<0.01	<0.01	<0.01	<0.01
As	14.6	80.0	5.39	99.99	<0.01	<0.01	<0.01	<0.01
Pb	41.2	56.0	2.75	99.95	<0.01	0.03	0.02	0.05
Cu	75.9	22.4	1.69	99.99	<0.01	<0.01	0.01	0.01
Zn	41.9	56.9	1.17	99.97	<0.01	0.01	0.02	0.03

影响出口物流中金属排放水平的最重要的参数是：

① 回转窑温度；

② 回转窑内的 O_2 过量值；

③ 废物中氯和硫的含量；

④ 烟气中细颗粒的质量传递。

在表 3.3 中，给出了 HWI 测试期间产生如表 3.2 所示数据的平均运行条件。

表 3.3 某 HWI 装置测试期间的平均运行条件[41]

参数	测试数据
窑温	1120℃±40℃

续表

参数	测试数据
PCC 温度	1100℃±20℃
氧含量(回转窑内)	11.9%±1.3%
Cl 含量(废物中)	5.1%±1.0%
S 含量(废物中)	1.0%±0.2%

由表 3.2 可知，与所研究金属有关的结果如下所示：

① 约 99.6%的污染物集中在固体残余物中；

② 70%～80%的污染物被浓缩并固定在飞灰和 WWT 的部分污泥中，这两种残余物的重量约为原始废物输入重量的 5.5%；

③ 在烟气中，除汞（在这种情况下）外主要归因于第 1 个烟气净化阶段的低 pH 值。

进行污水污泥的单独焚烧（即单独焚烧污水污泥，不与城市固体废物或工业污泥等低磷废物进行混合）所产生的底灰和飞灰中含有 7%～11%的磷，对其进行回收后，生产诸如工业用磷化学品（例如磷酸）或肥料也是可行的[139,140～142]。

3.1.2 MSWI 的二噁英平衡示例

PCDD/F 包含在城市废物焚烧厂的输入物流（城市废物）以及输出物流（排放至大气、废水和残余物）中。虽然大部分的输入物流中的 PCDD/F 在焚烧过程中已被破坏，但 PCDD/F 也能够在相关的工艺阶段中重新形成[1]。

表 3.4 所示的输入输出平衡是针对德国某典型焚烧厂而言的。该焚烧厂在运行中不排放工艺废水，污染物排放符合德国排放限值的要求。

表 3.4 德国某城市废物焚烧厂的 PCDD/F 平衡[1,64]

输出物流	每千克输入废物所产生的量	特定负载	每千克输入废物所产生的特定流量负荷
烟气	6.0m^3	0.08ng/m^3	0.48ng/kg
底灰	0.25kg	7.0ng/kg	1.75ng/kg
来自烟气净化的过滤灰尘和其他残余物	0.07kg	220ng/kg	15.40ng/kg
所有介质的总输出量：	17.63ng TEQ/kg 废物		

注：废物中的估计输入量为 50ng TEQ/kg 废物。

从表 3.4 中可知，在该给定的示例中，排放至大气中的估计输出量约为输入量的 1%（50ng TEQ/kg 中的 0.48ng TEQ/kg）。排放至所有介质中的估计输出量为 17.63ng TEQ/kg。这相当于 35.3%源于估计输入量（即净销毁了废物中原始所包含 PCDD/F 的 64.7%）。因此，可得出结论的是：在这种情况下，该装置可作为 PCDD/F 的净化洗涤器[64]。

表 3.5 中数据源自向水体中排放 PCDD/F 的 MSWI 示例（法国）。

表 3.5 法国某 MSWI 厂的 PCDD/F 负荷数据示例[64]

输出物流	特定负荷
烟气	0.1ng I-TEQ/m^3

续表

输出物流	特定负荷
底灰	7ng I-TEQ/kg
FGC 残余物	5200ng I-TEQ/kg
废水	<0.3ng I-TEQ/L

注：装备了 ESP+湿式洗涤器（2 级）+SCR 的 MSWI 厂的示例。

3.1.3 废物焚烧厂原料烟气的成分

废物焚烧厂原料烟气的成分取决于废物的结构和炉膛的技术参数。

表 3.6 概述了锅炉处理后、烟气处理前的典型原料烟气成分。

表 3.6 各废物焚烧厂锅炉处理后、烟气处理前的典型原料烟气成分（O_2 参考值 11%）[1,64,7]

成分	单位	焚烧厂		
		城市废物	危险废物	工业污水污泥（流化床）
灰尘	mg/m^3	1000～5000	1000～10000	30000～200000
一氧化碳(CO)	mg/m^3	5～50	<30	5～50
TOC	mg/m^3	1～10	1～10	1～10
PCDD/F	ng TEQ/m^3	0.5～10	0.5～10	0.1～10
汞	mg/m^3	0.05～0.5	0.05～3	0.2
镉+铊	mg/m^3	<3	<5	2.5
其他重金属(Pb,Sb,As,Cr,Co,Cu,Mn,Ni,V,Sn)	mg/m^3	<50	<100	800
无机氯化合物(例如 HCl)	mg/m^3	500～2000	3000～100000	NI
无机氟化合物(例如 HF)	mg/m^3	5～20	50～1000	NI
硫化合物，SO_2/SO_3 总量被计为 SO_2	mg/m^3	200～1000	1500～50000	NI
氮氧化物，以 NO_2 计	mg/m^3	150～500	100～1500	<200
氧化亚氮	mg/m^3	<40	<20	10～150
CO_2	%	5～10	5～9	NI
水蒸气(H_2O)	%	10～20	6～20	NI

注：1. 污水污泥焚烧厂是用于焚烧工业污水污泥的焚烧厂。

2. 此信息适用于德国焚烧厂。较旧的焚烧厂的相关值可能要高很多，特别是在排放浓度受到焚烧炉 CO 和 TOC 等技术参数影响的情况下。

3. 危险废物值参考于混合 HW 的商业化焚烧厂，而不是专用的焚烧厂。

4. NI 表示未提供任何信息。

（1）城市废物

对于城市废物而言，其结构取决于用于收集不同废物部分时所采用的系统以及是否采用了相关的预处理技术。例如，不同城市废物部分的单独收集能够通过以下方式影响城市废物的热值：

① 玻璃和金属——灰分量减少，导致热值增加；

② 纸张——减少热值；

③ 轻型包装——降低热值；

④ 临床/医院废物——增加热值；

⑤ 有机废物——增加热值。

氯含量和重金属含量等参数也会受到影响，但其变化程度会保持在典型变化值的范围之内。但是，对诸如某些电池或牙科汞合金等特定物品进行单独收集，能够显著地减少供给至焚烧厂的废物中的汞含量[64]。

(2) 商业无害废物

对于源自商业企业的无害废物，其变化范围比 MSW 要大很多。当与其他 MSW 协同焚烧时，在燃料仓中进行混合和切碎处理此类商业无害废物能够限制这种变化。

(3) 有害废物

有害废物的组成可能会在相当大的范围内进行变化。针对有害废物而言，氟、溴、碘和硅是很重要的。但是，与城市废物不同的是，通常，有害废物的结构会在焚烧厂通过对所有基本参数进行检查分析的方式予以验证。由于可能存在的变化，有害废物焚烧厂是在考虑平均的废物结构（清单）的情况下进行设计的，在某些情况下还会考虑用于烟气净化处理的大量额外设备。

通过特意地在散装罐或燃料仓中混合所供给的废物，或者以与焚烧厂设计参数相对应的每小时供给量采用单独的管道进行废物的独立供给，能够创建得到焚烧废物清单。此外，还需要考虑的是，若废物是装入罐桶中的，这也会在供给时对焚烧炉施加突然的冲击负荷。在专门设计的用于分别从含有氯或硫的废物流中回收 HCl 和 SO_2 的焚烧厂中，可能会存在非常具有差异性的原料烟气组成。

(4) 污水污泥

污水污泥焚烧厂的原料烟气变化与焚烧废物成分的变化是相对应的，其反过来又会受到所进行的预处理操作和所接收的污泥成分的影响。污水污泥的成分在很大程度上还取决于：产生污泥的污水处理厂所服务的排水集水区域的性质以及所采用的处理方式[64]。

当污水污泥与其他废物协同焚烧时，由于其他废物的缓冲作用，污水污泥质量的变化可能对原料烟气质量的影响并不特别明显。在某些 MSWI 装置中，污水污泥的含水量确实能够提供益处，因为当通过位于废物床上方选定位置（通常在气体燃尽区域）的特殊喷嘴进行喷洒时，其提供了额外的温度控制方法并可能有助于主要 NO_X 的控制。

(5) 医疗废物

临床废物焚烧厂的原料烟气变化主要与所焚烧废物的成分的变化有关。由于担心废物存在传染性，通常，那些可能限制原料烟气成分变化范围的物理预处理方式不用于处理临床废物。

根据供给废物流的来源和可能的燃烧特性（主要与 CV、含水量和热能生产量有关）对供给废物进行分类，将其送入焚烧过程以使其符合适当的已有的废物供料“配方”，能够减少与燃烧相关的原料烟气成分的变化范围[64]。

3.2 排放至大气

3.2.1 排放至大气中的物质

文献［1，64］中总结的废物焚烧排放至大气中的物质如下所示。

(1) 一氧化碳

一氧化碳（CO）是无味的有毒气体。焚烧厂烟气中的 CO 是碳基化合物不完全燃烧的产物。当局部氧气不足或燃烧温度不够高而导致碳基化合物不足以完全氧化为二氧化碳时，就会产生 CO。特别是，如果存在自发蒸发或快速燃烧的物质，或者当燃烧气体与所供给氧气的混合不良时，也会发生产生 CO 的情况。针对 CO 排放水平的连续性方式测量，可用于检查焚烧过程的效率。因此，CO 可作为燃烧质量的一种度量方式。如果 CO 排放量非常低，那么表明烟气的燃尽质量是非常高的，相应的 TVOC 排放量也会很低（反之亦然）[74]。

在 CO 被释放到大气中时，其经过一段时间即被氧化为 CO_2。需要提出的是，必须要避免产生特别高浓度的 CO（高于爆炸下限），原因在于：它们会在烟气中形成具有爆炸性的混合物。特别是，在危险废物焚烧厂中，某些桶装废物也可能会增加 CO 的排放水平。

据报道，采用 SCR 处理 NO_X 可能会增加 CO 的排放水平[74]。

(2) 总挥发性有机碳（TVOC）

该参数中包括许多气体有机物质，对其进行单独检测是复杂的或者不可能实现的。在有机废物的焚烧过程中会发生大量的化学反应，其中的某些是不完全反应，进而导致了极其复杂的微量化合物模式。因此，获取 TVOC 参数中的每种物质的完整的数量占比是不可行的。通常，焚烧针对有机物质具有很高的破坏效率。

TVOC 是能够以连续性方式进行测量的。低 TVOC 排放水平是评价焚烧过程燃烧质量的关键指标。

(3) 氯化氢

许多废物中均含有氯化有机化合物或氯化物。在城市废物中，通常大约 50％的氯化物源自聚氯乙烯[64]。在焚烧过程中，这些化合物的有机成分会被破坏掉，氯会转化为 HCl。进一步，部分 HCl 可与废物中所含有的无机化合物发生反应，从而形成金属氯化物。

HCl 极易溶于水，其会影响植物的生长，能够以连续性方式进行测量。

在正常的焚烧条件下，Cl_2 的形成和排放是次要的。但是，其对结垢和腐蚀现象而言，却是至关重要的。因此，需要控制其形成，要使得上述过程在气相中发生，而不是锅炉管上产生沉积之后再发生[74]。

(4) 氟化氢

焚烧厂中 HF 的形成机制与 HCl 相似。城市废物焚烧厂 HF 排放的主要来源可能是氟化塑料或氟化纺织品。在个别情况下，其还会由污泥焚烧过程中 CaF_2 的分解产生。

HF 极易溶于水，其会影响植物的生长，能够以连续或间断方式进行测量。

各种氟化废物是在危险废物焚烧厂中进行处理的。

(5) 碘化氢和碘、溴化氢和溴

通常，城市固废中含有极少量的溴或碘化合物。因此，溴或碘的排放对城市废物焚烧厂而言，其重要性不大。

在危险废物焚烧厂中，有时会处理含有溴或碘的有机和无机废物。例如，溴化合物在塑料和纺织品中被用作阻燃剂，并且其也存在于某些电气和电子废物中；它们在化学工业中也被用作烷基化试剂。此外，碘也包含在药物中。但是，总体上，这些化合物的数量与氯化合物相比而言是较少的。通过提高湿式洗涤器对溴和碘的保留能力，能够辅助氧化汞的形成和降低净化气体中的汞含量[74]。

若存在上述物质，元素碘和溴的化学性质会导致烟囱所排放的烟羽是着色的。为防止元素溴或碘的形成和释放，可采取特殊措施对此类废物进行焚烧。这些物质也可能会产生毒性和刺激性[64]。

（6）硫氧化物

如果在废物中存在含硫的化合物，那么在焚烧过程中主要会产生 SO_2。在适当的反应条件下，也可能会产生 SO_3。针对 MSW 而言，FGC 系统入口处的 SO_3 比例大约为 5%（SO_3 含量对确定酸的露点非常重要）。某些废物流中最为常见的硫来源是：废纸、石膏板（硫酸钙）和污水污泥[64]。

SO_2 会引起酸化，其同时也是形成次级气溶胶的前驱物。SO_2 是能够以连续性方式测量的。

（7）氮氧化物

焚烧厂会排放各种类型的氮氧化物。在许多情况下，它们是采用连续性的排放监测设备进行测量的。氮氧化物会产生毒性和导致全球变暖效应，导致大气酸化和富营养化，还会依据其所涉及的氧化物形成次级气溶胶。

废物焚烧厂所排放的 NO 和 NO_2 包括两类，即待焚烧废物中所包含的氮转化的氮氧化物（被称为燃料型 NO_X）和燃烧空气中的大气氮转化的氮氧化物（被称为热力型 NO_X）。通常，热力型 NO_X 的产生在焚烧温度为 1000℃以上时会更加显著。因此，由于 MSWI 过程后燃烧室的温度较低，这使得产生热力型 NO_X 的比例通常会很低。在 MSWI 过程中，热力型 NO_X 的数量在很大程度上取决于注入后燃烧室的二次风的数量和方式——喷嘴温度越高，则 NO_X 的浓度也越高（即高于 1400℃以上）。

从废物中所包含的氮到形成 NO_X 的机制非常复杂。除其他原因之外，这是由于氮能够以多种形式存在于废物中，其根据化学环境的差异，可以与 NO_X 或者与元素氮进行反应。根据废物类型的不同，通常假设燃料氮的转化率为 10%～20%。高浓度的氯、硫和 O_2 含量以及温度可能会对生成 NO_X 的反应具有显著的影响。在全部的经烟囱所排放的 NO_X 量中，NO/NO_2 的比例通常约为 95%NO 和 5%NO_2。

通常，氧化亚氮（N_2O）是不作为 NO_X 估计量的一部分进行测量的。如果炉内温度不足够高导致难以进行完全燃烧（例如低于 850℃），以及在氧气量不足时，就会形成 N_2O。因此，焚烧过程中的 N_2O 排放量通常与 CO 的排放量有关。

如果采用 SNCR 工艺脱除 NO_X，则 N_2O 的形成比例可能会有所增加，这主要依赖于所采用的试剂剂量率和炉内温度。在采用较高的 SNCR 剂量率以便达到较低的 NO_X 排放水平时，特别是当所采用的试剂是尿素而不是氨时，所测量到的 N_2O 排放水平值为 20～60mg/m^3。

对于城市固废焚烧而言，所测量得到的 N_2O 排放值为 1～12mg/m^3（采用单独测量方式），平均排放值为 1～2mg/m^3。对于在流化床焚烧厂中进行的 MSW 焚烧而言，所测量得到的 N_2O 排放值（采用单独测量方式）通常是较高的。

在危险废物焚烧厂中进行的 N_2O 排放水平的单独测量，其值为 30～32mg/m^3[64]。

流化床污泥焚烧厂的正常 N_2O 排放水平可低至 10mg/m^3。污水污泥焚烧的 N_2O 排放水平值可能会较高，其具体数值依赖于污泥中氮的浓度。N_2O 的排放水平会随着焚烧温度的升高而降低，但最高的烟气温度值依赖于飞灰的融化温度。

虽然焚烧所释放的 N_2O 增加了对全球变暖的影响，但废物焚烧对 N_2O 人为排放总量的贡献比例是非常小的。

此外，NO_X 是以连续性方式进行测量的。

(8) 粉尘

废物焚烧厂的粉尘排放主要源于焚烧过程的烟气流中所夹带的细灰。根据反应平衡，其他元素和化合物也集中在这种空气中的粉尘之中。采用烟气净化装置能够对粉尘与烟气进行分离，可去除大部分的粉尘和其所夹带的无机和有机物质（例如金属氯化物、PCDD/F）。

烟气净化设备能够大大减少废物焚烧厂所排放的粉尘总量。与所有的燃烧过程相同，采用的烟气净化设备类型会影响所排放粉尘的粒径分布。通常，过滤设备对粒径较大的颗粒物更为有效，因此其能够改变排放至大气中的较细颗粒粉尘的比例，同时也能够减少颗粒总量的排放。

此外，粉尘是以连续性方式进行测量的。

(9) 汞和汞化合物

目前，汞仍存在于城市废物中，特别地，多以电池、温度计、牙科汞合金、荧光灯管或汞开关等形式存在。单独收集上述这些废物虽然能够帮助减少混合 MSW 中汞的总体荷载，但在实际实践中，并未能实现 100%的收集率。

汞是一种剧毒金属。如果未采用适当的烟气净化系统，对含汞废物所进行的焚烧会产生大量的汞排放。

汞排放浓度能够以连续性或周期性的方式进行测量（在某些情况下也采用长时期采样[80]）。

针对危险废物焚烧而言，在所接收的废物中，存在若干种特定的物流，其可能会含有更高浓度的汞，具体如下所示：

① 源自焦化厂的焦油；

② 源自氯碱电解（汞电池工艺）的废物；

③ 源自炼油厂的腐蚀性油污泥；

④ 含汞化学物质。

汞排放的形式在很大程度上取决于烟气中的化学环境。通常，在元素汞（Hg^0）和 $HgCl_2$ 之间会形成平衡。当烟气中具有足够高浓度的 HCl 时（相对于还原剂 SO_2 而言），汞主要以 $HgCl_2$ 的形式包含在烟气中；与元素汞相比，$HgCl_2$ 更容易从烟气中进行分离。但是，如果 HCl 包含在较低浓度的烟气中（例如污水污泥焚烧厂），则汞在烟气中主要以元素汞的形式存在，因此更加难以进行控制。此外，燃烧温度也会影响 $HgCl_2$ 的形成。

在湿式洗涤器中（仅限于此方式），如果存在 SO_2，则所去除的 $HgCl_2$ 会减少（对这些物质进行分离是运行不同的湿式洗涤器阶段以便去除 $HgCl_2$ 和 SO_2 的原因之一）。发生这种情况时，所形成的 Hg_2Cl_2 反过来可歧化为 $HgCl_2$ 和元素 Hg。通过将湿式洗涤器中的 pH 调整到低值和从洗涤器污水中进行汞的去除，可防止上述这些反应的发生。

实际上，元素汞是不溶于水的（在 25℃时为 59μg/L）。氯化汞（Ⅱ）的溶解性更大，其值为 73g/L。因此，氯化汞（Ⅱ）可在湿式洗涤器中进行分离。针对金属汞的分离而言，其需要在进一步的烟气处理阶段中进行（详见 2.5.6 节）[64]。

(10) 镉和铊化合物

在城市废物焚烧厂中，镉的常见来源是电子设备（包括蓄电池）、电池、一些涂料和镉稳定塑料。铊在城市废物中几乎是不存在的。

危险废物可能含有高浓度的镉和铊的化合物。源自金属电镀和处理的污水处理污泥和桶装废物可能是镉和铊化合物的重要来源。

镉含有剧毒，并且可在土壤中进行累积。镉和铊的排放浓度是采用周期性的方式进行测量的。

(11) 其他金属化合物

包括金属锑、砷、铅、铬、钴、铜、锰、镍、镉、锡及其各自的化合物。从满足排放测量要求的视角出发，欧洲和许多国家的法规将上述金属化合物归为一类。这组金属及其化合物中均含有致癌金属和金属化合物，例如，砷和铬（Ⅵ）的化合物以及其他具有潜在毒性的金属。

这些金属能够得以保留在很大程度上依赖于针对粉尘的有效分离作用。由于烟气中所含有的化合物（主要是氧化物和氯化物）的蒸汽压力，这些金属被束缚在粉尘中。

金属排放浓度是以周期性的方式进行测量的。

(12) 多氯联苯

在大多数城市废物和某些工业废物中，均发现存在少量的多氯联苯（PCB）。通常，含有较大比例PCB的废物是源于特定的PCB收集和销毁计划，显然这些废物中的PCB浓度是非常高的。

危险废物焚烧厂会焚烧PCB含量高达60%～100%的废物，这也适用于焚烧高氯烃的特殊焚烧厂。如果采用更高的焚烧温度（例如在1200℃以上的），PCB的被破坏效率会更高。在废物焚烧厂的原料烟气中所含有的PCB，可能是由于燃烧破坏的不彻底所造成的。

某些国际组织（例如WHO）将PCB归类为潜在的有毒物质，其毒性潜力（类似于二噁英和呋喃）主要归因于某些PCB（共平面PCB）。

(13) 多环芳烃

多环芳烃是众所周知的不完全燃烧的产物，其具有毒性、致癌性和致突变性[74]。

(14) 多氯联苯并二噁英和呋喃（PCDD/F）

二噁英和呋喃（PCDD/F）是一组化合物，其中的某些化合物的毒性极大，被认为是具有极强致癌性的物质。PCDD/F的产生和释放并非特定于废物焚烧过程而存在的，而是会发生在满足某些工艺条件下的所有热处理过程之中。

在废物焚烧行业中，针对PCDD/F的排放控制方面，目前已经取得了重大进展。在燃烧和烟气净化系统的设计和运行方面进行了相关改进，这使得焚烧厂能够可靠地实现非常低的排放限值。

文献[64]指出，在精心设计和运行的焚烧厂中，基于物料平衡的分析表明，焚烧能够有效地从环境中去除PCDD/F（详见3.1.2节）。

为实现最为有利的二噁英平衡，需要确定以下各项要求：

① 采用适当的燃烧条件，有效地破坏供给废物中的二噁英和前驱物；

② 减少可能导致PCDD/F形成和再形成的条件，包括重新合成反应等。

如果采用足够高的焚烧温度和适当的工艺条件，与待焚烧的废物共同进入焚烧炉的PCDD/F是能够非常有效地被破坏掉的。在废物焚烧厂的原料烟气中所发现的PCDD/F是碳、氧和氯进行重组反应的结果。合适的前驱体物质（例如氯酚类物质）也会通过反应生成二噁英和呋喃。某些过渡金属化合物（例如铜化合物）也可作为进行PCDD/F重组的催化剂。

PCDD/F可在焚烧炉的启炉过程中形成，即当废物因燃烧不良而未被完全焚烧时会形成。在焚烧炉处于冷启炉运行工况时，炉温会缓慢升高。在炉温较低时，会形成附着在炉膛和锅炉上的烟灰。当足够的碳和氯以无机氯化物的形式存在时，特别地，PCDD/F的重新合成反应就会发生在250～350℃之间的温度范围内。在焚烧炉处于冷启炉的运行工况时，在上述温度范围内的炉膛和锅炉表面上，通过重新合成反应方式促进 PCDD/F 形成的数量比在焚烧厂运行在稳定工况时要高很多，这可能导致的现象是：单次冷启炉后的 PCDD/F 排放负荷与焚烧厂正常运行数月的排放负荷相等[79]。此外，一些更为具体的研究成果也已经强调：由于在烟气净化设备中可能积累了许多 PCDD/F，针对停炉期间的 PCDD/F 排放量而言，其值会大大高于冷启炉开始后的长时间（数周）内的在稳定运行工况下的排放量[79,83,114]。多年来，已经开发了许多在冷启炉运行时预防或尽量减少 PCDD/F 排放的技术，其简要描述见 4.5.5.2 节。

PCDD/F 的排放浓度是采用周期性方式进行监测的，其可采用短时期和长时期的采样模式。

(15) 多溴二苯并二噁英和呋喃 (PBDD/F)

虽然溴在废物中并不如氯常见，但其在燃烧过程中会以类似氯的方式形成多溴二苯并二噁英和呋喃。溴和氯的存在会导致多溴二苯并二噁英和呋喃的形成。在燃烧过程中，溴和氯的比例在很大程度上对应于所形成的二噁英和呋喃分子中的溴与氯的比值[47]。

最值得注意的事件之一是，PBDD/F 会作为杂质存在于溴化阻燃剂（BFR）的商用混合物之中，例如，多溴二苯醚（PBDE），其还会出现在家用产品和室内粉尘中。

在未进行充分控制的燃烧过程中，可能会形成大量的 PBDD 和 PBDF，还包括那些具有最大毒性的二噁英类物质。针对这些 PBDF 的起源，可部分地解释为：它们作为污染物出现在家庭废物中的商用 PBDE 阻燃混合物中，但也不能排除是以从头合成反应方式生成的。焚烧过程中溴的另外一个来源是，通过高温溴注入技术增强汞氧化的工艺中（从而，在下游的 FGC 系统中能够更加有效地去除汞）[116]。

(16) 氨

氨对环境的富营养化和酸化具有显著的影响。氨排放是由于用于控制减排 NO_X 的还原试剂过量或控制不够充分所引起的。

(17) 二氧化碳

每燃烧一吨城市废物，会产生大约 0.7～1.7t 的 CO_2。

由于城市废物是生物质和化石原料的异质混合物，所以化石源（例如塑料）的 MSWI 中 CO_2 的通常占比在 33%～50%之间。其中，CO_2 被认为与气候变暖相关。

(18) 甲烷

可以假设的是：若在氧化条件下进行燃烧，烟气中的甲烷含量将几乎为零。甲烷是在 TVOC 组分中进行测量的[64]。

如果废物储仓中的氧气含量水平低和随后存在厌氧过程，则在废物储仓中会产生甲烷。需要注意的是，这只是在废物长期储存且不进行搅动的情况下才会发生的。当储仓内的气体被供给至焚烧室作为燃烧空气时，甲烷会被焚烧，其排放量也将会减少到微不足道的水平。

3.2.2 废物焚烧的大气排放

本节介绍了从参与 2016 年 WI BREF 调查收集的废物焚烧厂数据中所获得的大气污染物的排放范围。

所收集的特殊数据支持了该项工作，其涵盖了在 355 个独立监测排放点所测量的一个完整年度的全部排放数据。这项数据收集工作是在以半小时为时间分辨率和基于连续性监测方式的情况下进行的。

针对每个监测的排放至大气的焚烧厂排放点，收集了 2014 年以连续性方式监测的每种污染物的 17520 个半小时平均浓度的全系列数值，包括诸如流量、炉温、废物输入量和辅助燃料输入量等关键运行参数。

首先，通过尽可能地确定焚烧厂在每个半小时期间的运行工况，操作人员对上述这些数据进行了补充处理。这些相应的运行工况包括：废物未被燃烧，（部分）减排系统以旁路方式绕过，发生阻塞、损坏或失灵故障，或焚烧厂处于启炉或停炉状态。

然后，将这些数据处理为基于半小时平均值排放水平值的完整系列，其被用作确定基于不同的平均周期（主要是日平均值）排放水平值的基准数据。

最后，采用透明和可追溯的方式，确定以不同的平均周期表征的焚烧厂的排放水平，并允许进行包括或排除在不同类型运行工况影响下的详细分析。

总体上，本章所汇总的数据集中包括了由焚烧厂运营商所提供的近 1 亿条的污染排放水平的不同周期的平均值。

收集和分析这种规模的数据集具有相当大的挑战。根据在控制室所记录的日志，操作人员需要对焚烧厂全年的运行工况进行费力的检索和识别。在这种情况下，很自然地会导致各种不同的限制和错误。

进一步所需要注意的事项是与焚烧厂所报告的排放水平相关的。其在许多情况下，污染物的排放水平是非常低的。在某些情况下，这些值接近标准参考方法的定量值或检测极限值，或在与自动测量系统校准相关联的不确定度的较高限值范围之内。对于这些方面，读者可查看《JRC 关于 IED 装置中监测大气和水体排放的参考报告》[117]，特别是要查看 3.4.4 节❶及其参考文献，以及相关报告的更新版本[118,121]。

在附件 8.6、附件 8.7 和附件 8.8（本章的总结）的图表中，每个单数据点是指排放至大气中的监测排放点（参考焚烧线），也可能是指一条或一组单独的焚烧线。全部的参考焚烧线及其某些关键特征等信息，详见附件 8.4。

排放数据与其所采用的技术是以图表形式同时给出的，这些相关的信息包括：每条参考焚烧线所采用的试剂类型和其他额外的补充信息，例如每条参考焚烧线的年限和规模。每种污染物是以单独图表的形式进行展示的，并给出了适用于所描述污染物的技术选项（例如，SCR 和 SNCR 的采用情况会列在 NO_X 和 NH3 的排放图表中，ESP 和袋式过滤器的采用情况会列在粉尘的排放图表中）。

排放数据的具体情况如下所示：

① 在附件 8.6 中，分别给出了参与 2016 年数据收集并以连续性测量方式报告排放水平的每条参考焚烧线以及其每日的排放水平和相关技术。

② 在附件 8.7 中，分别给出了参与 2016 年数据收集并以连续性测量方式报告排放水平的每条参考焚烧线以及其半小时排放水平和相关技术。

③ 在附件 8.8 中，分别给出了参与 2016 年数据收集并以周期性测量方式报告排放水平的每条参考焚烧线以及其排放水平和相关技术。

④ 本章包括基于上述附件中的更为详细图表的简化图表，给出了所达到的排放水平分布以及最相关技术或焚烧厂特征，后者可能对焚烧厂的排放水平产生了重大的影响。

本节的其余部分将详细介绍每种图表类型的阅读要点。

(1) 连续性监测数据：日排放水平

附件 8.6 中的图表表明，排放量为年平均值和日平均值的年最大值，其是根据 2014 年

❶ 译者注：原书未包含 3.4.4 节。

所收集的17520个半小时平均值进行计算和采用“基本”和“精细”两种数据滤波方式获得的。数据滤波用于从日平均值中排除与某些特定运行工况相关的以半小时为周期测量的排放值。特别需要提出的是：

①“基本”数据滤波方式不包括在以下情况时所测量的排放值：

a. 炉膛温度低于工艺所要求的最低焚烧温度和/或所测量的流量非常低；

b. 焚烧厂处于维修、故障或停工状态；

c. 焚烧厂仅燃烧辅助燃料（在废物首次入炉前所进行的焚烧炉预热操作，或在炉内最后剩余废物被焚烧后所进行的停炉操作）；

d. 自动监控系统处于维修或故障状态。

② 此外，“精细”数据滤波方式不包括在以下情况时所测量的排放值：

a. 焚烧炉正在启炉而废物已经在焚烧，或焚烧炉停炉而废物仍在焚烧；

b. 减排系统被旁路（绕过），即焚烧的产物未进行减排系统的处理；

c. 减排系统或焚烧过程中出现宕机、故障或泄漏；

d. 排放超过了焚烧厂许可证中所允许的某个半小时ELV值；

e. 焚烧厂运行人员报告的其他异常情况。

此外，在采用“精细”数据滤波方式的情况下，当半小时周期的数据中超过5个数据点被上文所述中的任何一个条件过滤掉时，则日平均数据就是不可全信的，即数据质量的可信度降低。

应该注意的是，数据滤波的结果依赖于焚烧厂运行人员所报告的详细信息，其依据是一份统一的问卷。在这份问卷中，包括了常见的针对运行工况的定义，但该定义可能与焚烧厂操作员日志文件中所记录信息的详细程度和形式存在着差异性。运行人员在能够准确且高度详细地提供这些信息方面所面临的挑战已得到充分的认可。此外，如果某些信息缺失或者所提供的信息不准确，则可能会导致所采集的数据在各焚烧厂之间不具备可比性。

该图表也提供了在每个焚烧厂许可下的日ELV值以及相关的焚烧每吨废物所采用的试剂量。在采用碱性试剂的情况下，其值会通过化学计量标准化为生石灰的重量当量。

所有排放数据是在标准压力和温度条件下进行校正的，并按照11%的参考氧含量水平进行了标准化的处理；但是，在其他情况下的排放数据显示为测量值，未增加或降低测量的不确定度或考虑具有应用性的特定规则。

(2) 周期性监测数据

附件8.8中的图表给出了如下所示的排放水平数据点：

① 所有报告数据的最高排放水平；

② 长采样周期测量值中的最大排放水平；

③ 2014年报告数据中未超过ELV设定限值的最大排放水平；

④ 所有报告数据排放水平的平均值。

该图表还报告了每个焚烧厂所允许的日ELV值和在相关情况下每吨焚烧废物所采用的试剂量；在采用碱性试剂的情况下，其值会通过化学计量标准化为生石灰的重量当量。

所有排放数据是在标准压力和温度条件下进行校正的，并按照11%的参考氧含量水平量进行了标准化的处理；但是，在其他情况下的排放数据显示为测量值，未增加或降低测量的不确定度或考虑具有应用性的特定规则。

(3) 第3章所包含的简化图表

由于在数据中包括着大数量的参考焚烧线和对其进行可视化所需的巨大空间，因此展现各焚烧厂排放水平的图表详见附件 8.6、附件 8.7 和附件 8.8。第 3 章所给出图表的意图是，通过展示数据采集中所获得的系列焚烧厂排放水平值的分布，进而能够以紧凑的形式给出相同信息。针对第 3 章所给出的每个图表，在附件 8.6 或附件 8.8 中均具有相对应的详细图表，这些对应关系也在第 3 章中进行了清晰的说明。

第 3 章的简化图表的构建规则如下所示：

横轴表示浓度范围，以图 3.1 为例，从 0mg/m^3 至 2mg/m^3，从 2mg/m^3 至 4mg/m^3，以此类推直到最后，表示的是浓度超过 20mg/m^3 的范围。

竖轴表示在每个图范围之内的参考焚烧线（例如，在图 3.1 中，全部主要焚烧城市固体废物的参考焚烧线）在水平轴上所示范围内所达到排放水平的百分比值。

上述百分比值会根据平均周期和所采用数据滤波方式的差异而发生变化。例如，在图 3.1 中，在每个浓度范围内对应着 3 个柱状图，分别表示连续性监测的 HCl 排放水平的年平均值、“精细”方式的日平均值（基于“精细”数据滤波方式的日平均值的年最大值）和“基本”方式的日平均值（基于“基本”数据滤波方式的日平均值的年最大值）。在图 3.1 的示例中，HCl 的排放水平值在 0～2mg/m^3 之间的占参考焚烧线年平均值的 34%；在基于“精细”数据滤波方式时，占参考焚烧线日平均最大值的 18%；在基于“基本”数据滤波方式时，占参考焚烧线日平均值的最大值的 14%。同样地，HCl 排放水平值在 6～8mg/m^3 之间，占参考焚烧线年平均值的 17%；在基于“精细”数据滤波方式时，占参考焚烧线日平均值的最大值的 12%；在基于“基本”数据滤波方式时，占参考焚烧线日平均值的最大值的 8%。

在以周期性方式监测排放的情况下，在柱状堆叠图中，对每个排放浓度的范围都给出了两条柱状图，分别表示在相应的浓度范围内占全部参考焚烧线的百分比，其或者是基于所报告的排放测量最大值，或者是基于所报告的排放测量平均值。

在以上所述柱状堆叠图的下面，给出了系列的饼状图，其描述的是与达到特定排放水平参考焚烧线相关的主要技术或其他焚烧厂的特征。在图 3.1 所示的示例中，饼状图给出了在给定范围内达到排放水平的参考焚烧线的比例，其中，在柱状堆叠图的水平轴所示的浓度范围内达到排放水平的焚烧线，在报告中说明其采用了湿式洗涤器。例如，达到了 HCl 排放水平在 0～2mg/m^3 之间的参考焚烧线中的 93%配备了湿式洗涤器（其中，仅 7%采用干式或半湿式净化技术）。对于 HCl 排放水平在 6～8mg/m^3 之间的参考焚烧线，这一比例下降到了 35%（其中，65%的参考焚烧线仅采用基于干式或半湿式技术的过滤系统[1]）。这些结果通常是基于连续性方式监测的“基本”数据滤波结果和基于周期性方式监测排放的最大报告值。

对于某些污染物，在饼状图中展现了两种以上的相关处理技术。其中，展现了 3 类技术的诸如 NO_X（参考焚烧线所采用的技术为：采用 SCR 技术或不采用 SNCR 技术、采用 SNCR 技术但不采用 SCR 技术、仅采用主要技术）或 NH_3（参考焚烧线采用的技术为：采用 SCR 技术、采用 SNCR 和下游湿式洗涤器技术、采用 SNCR 但不采用湿式洗涤器技术）。在与没有特定的辅助技术相关的其他情况下，饼状图表征的是参考焚烧线的规模，例如，在 CO 排放的情况下。

以下各小节给出了燃烧不同类型废物的焚烧厂的上述信息，这些废物类型分别为：城市固体废物（MSW）、其他无害废物（ONHW）、危险废物（HW）、污水污泥（SS）和医疗

[1] 译者注：此处的比例值与图中不一致，经分析，此处的数值是正确的。

废物（CW）。由于实际上不同类型的废物可在同一焚烧厂中进行处理，因此对焚烧厂所分配到的废物类型的认定依据为，该焚烧厂在参考年份（2014 年）所焚烧的废物类型的质量，即将质量占比最高的废物作为该焚烧厂的主要焚烧废物类型。

3.2.2.1 源自城市固体废物和其他无害废物焚烧的大气排放

（1）氯化氢和氟化氢

HCl 和 HF 主要采用以下 3 种类型的烟气净化系统进行处理[74]：

① 湿式系统。湿式系统采用不同类型的洗涤器，其中，HCl 以水为介质予以去除，通常在 pH<1 的环境下运行。

② 半湿式系统（或半干式系统）。半湿式系统（或半干式系统）采用石灰乳作为介质。

③ 干式系统。基于采用水石灰或者碳酸氢钠（通常与活性炭结合采用）的干式系统通常与袋式过滤器结合后使用。

除其他因素外，HCl 和 HF 的排放水平主要取决于所采用的试剂数量和焚烧厂运行/设计时的设定点。

基于连续性方式测量的 HCl 排放数据，本章采用图 3.1、图 3.2 所示简化形式的图进行说明，更为详细的信息参见附件 8.6，半小时排放水平数据的图详见附件 8.7。

① 图 3.1 针对主要焚烧 MSW 的 202 条参考焚烧线。由于需要表征大量数据点，相应的详细图被分为 3 个图以增加可读性，其中：图 8.2、图 8.3 和图 8.4 分别对应于日和年排放水平，图 8.52、图 8.53 和图 8.54 对应于半小时排放水平。

② 图 3.2 针对主要焚烧 ONHW 的 54 条参考焚烧线。相应的详细图包括：图 8.5 对应日和年排放水平，图 8.55 对应半小时排放水平。

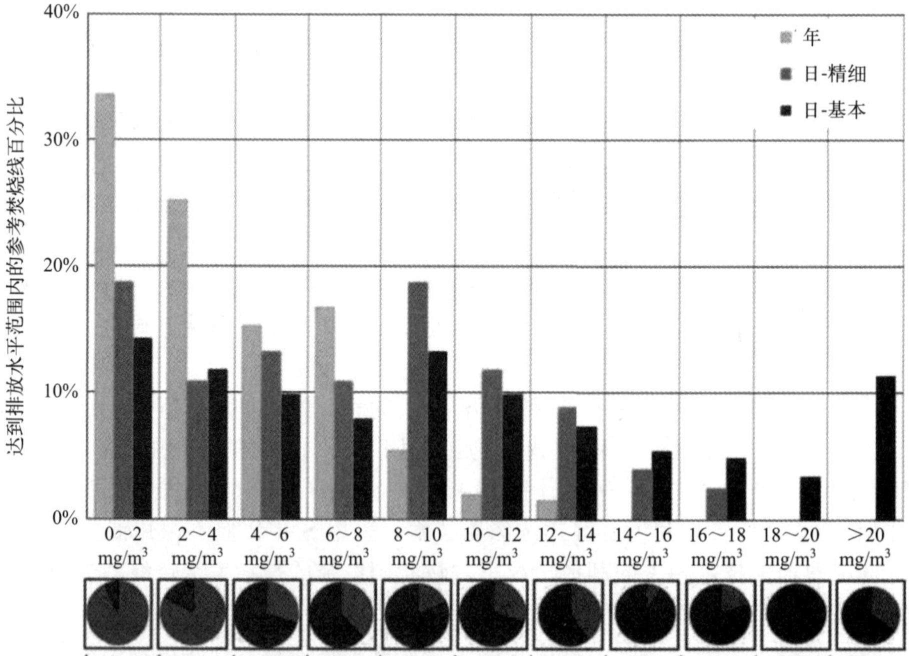

	0~2	2~4	4~6	6~8	8~10	10~12	12~14	14~16	16~18	18~20	>20
湿式	93%	83%	30%	38%	19%	30%	40%	9%	20%	0%	35%
其他	7%	17%	70%	63%	81%	70%	60%	91%	80%	100%	65%

图 3.1 以焚烧 MSW 为主的参考焚烧线排至大气中的连续性监测排放情况[81]

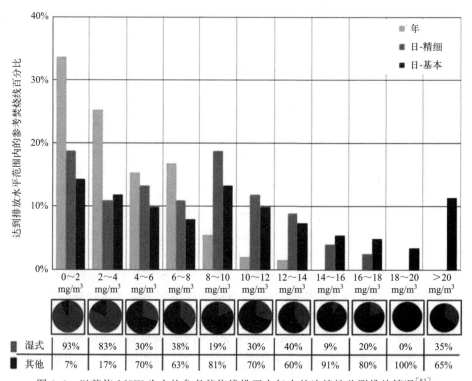

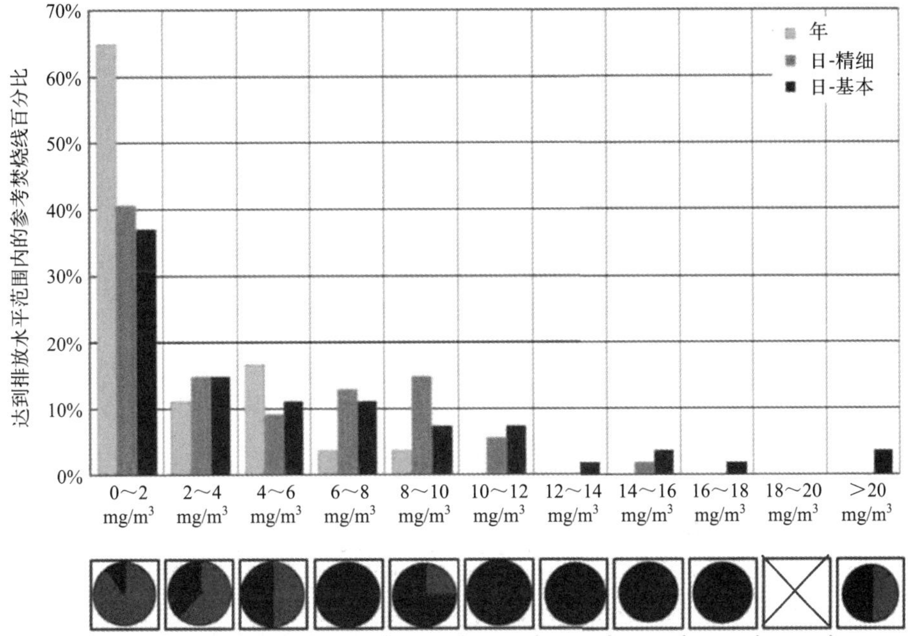

湿式	90%	63%	50%	0%	25%	0%	0%	0%	0%	—	50%
其他	10%	38%	50%	100%	75%	100%	100%	100%	100%	—	50%

图 3.2　以焚烧 ONHW 为主的参考焚烧线排至大气中的连续性监测排放情况[81]

针对横轴上标示的每个排放浓度范围，下面的饼状图给出了在这些给定范围内达到排放水平的参考焚烧线的比例，这些焚烧线采用了湿式洗涤器和其他技术（例如 DSI 或半湿式吸收器）。

排放水平值介于接近定量限值和年平均值 13mg/m^3 与最大日平均值 17mg/m^3 之间。在某些情况下，报告所记录的也可能是更高的排放峰值，这通常与 OTNOC 相关。

由图 3.1 和 3.2 可知，通常采用湿式洗涤器的焚烧厂（大多低于 2mg/m^3 的年平均水平值和 4mg/m^3 的最大日平均值）比采用干式吸附剂注入或半湿式技术的焚烧厂所达到的排放水平更低。

本书所采用的报告数据并没有表明，所达到的排放水平与所采用的试剂类型和数量、焚烧厂的年限和规模或者炉型之间存在明显的相关性。

有关氟化氢（HF）的数据主要是基于周期性测量方式得到的。HF 通过采用与 HCl 相同的技术降低排放水平，这意味着用于 HCl 的有效烟气净化系统也能够处理 HF。由于 HF 的化学行为与 HCl 并不完全相同，这使得 HF 的去除效率会因所采用净化系统的差异而略有不同。

HF 排放数据参见图 3.3～图 3.6，需要说明的是，本章此处的图采用的是简化形式，更为详细的信息参见附件 8.6 和附件 8.8，半小时排放水平的信息详见附件 8.7。

① 图 3.3 对应以焚烧 MSW 为主的 157 条参考焚烧线，对 HF 采用周期性监测方式。由于存在大量的数据点需要进行表征，相应的详细图被分为两个图以增加可读性，其分别是图 8.106 和图 8.107。

② 图 3.4 对应以焚烧 MSW 为主的 81 条参考焚烧线，对 HF 采用连续性监测方式。相应的详细图为表征每日与每年排放水平的图 8.6 和表征半小时排放水平的图 8.56。

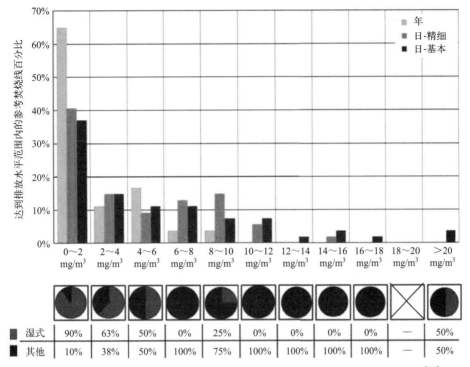

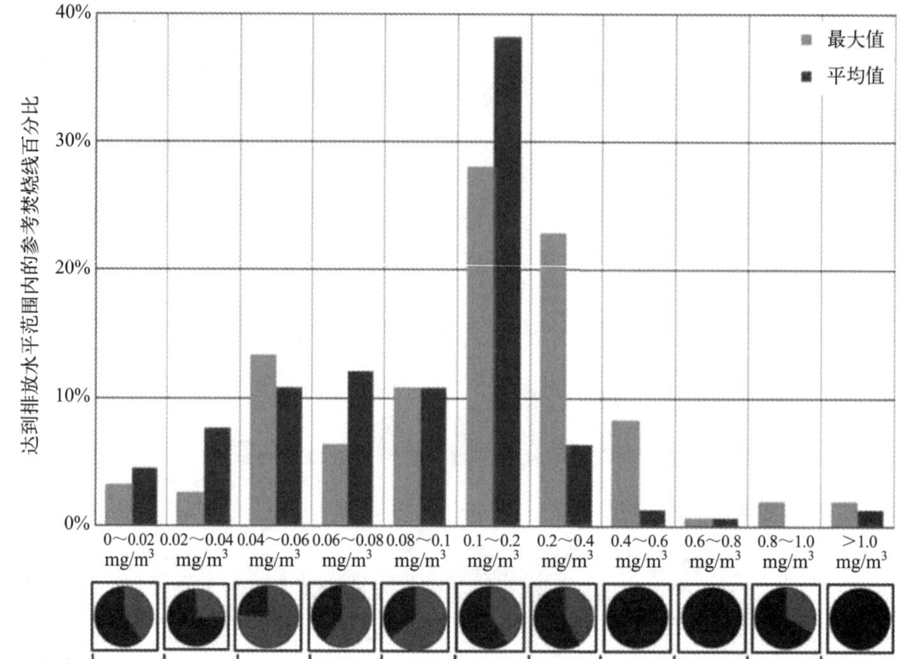

	0～0.02	0.02～0.04	0.04～0.06	0.06～0.08	0.08～0.1	0.1～0.2	0.2～0.4	0.4～0.6	0.6～0.8	0.8～1.0	>1.0
湿式	40%	25%	76%	60%	65%	41%	42%	0%	0%	33%	0%
其他	60%	75%	24%	40%	35%	59%	58%	100%	100%	67%	100%

图 3.3　以焚烧 MSW 为主的参考焚烧线排至大气中的周期性监测 HF 排放情况[81]

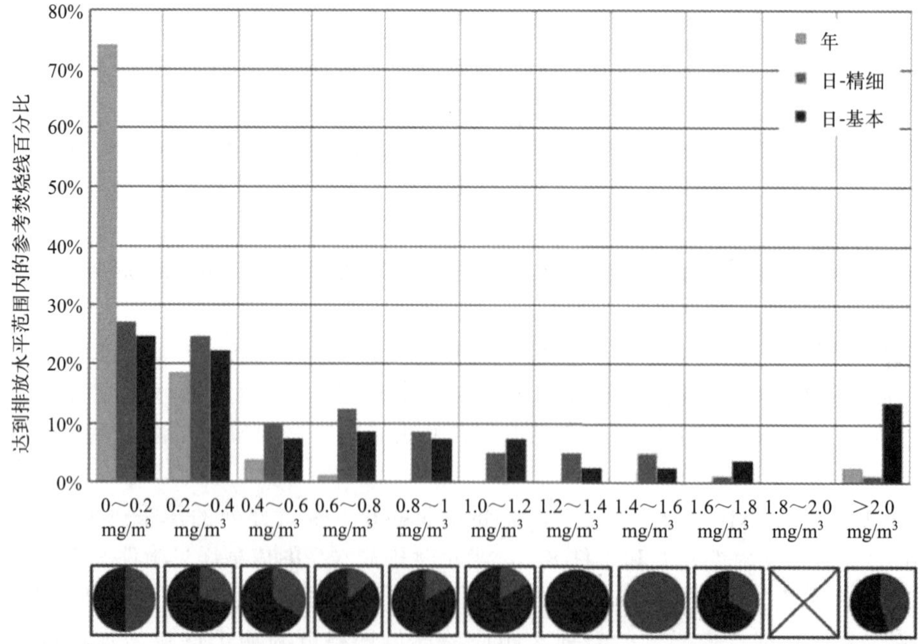

	0～0.2	0.2～0.4	0.4～0.6	0.6～0.8	0.8～1	1.0～1.2	1.2～1.4	1.4～1.6	1.6～1.8	1.8～2.0	>2.0
湿式	50%	28%	33%	14%	17%	17%	0%	100%	33%	—	45%
其他	50%	72%	67%	86%	83%	83%	100%	0%	67%	—	55%

图 3.4　以焚烧 MSW 为主的参考焚烧线排至大气中的连续性监测 HF 排放情况[81]

③ 图 3.5 对应于以焚烧 ONHW 为主的 31 条参考焚烧线，对 HF 采用周期性监测方式。相应的详细图为图 8.108。

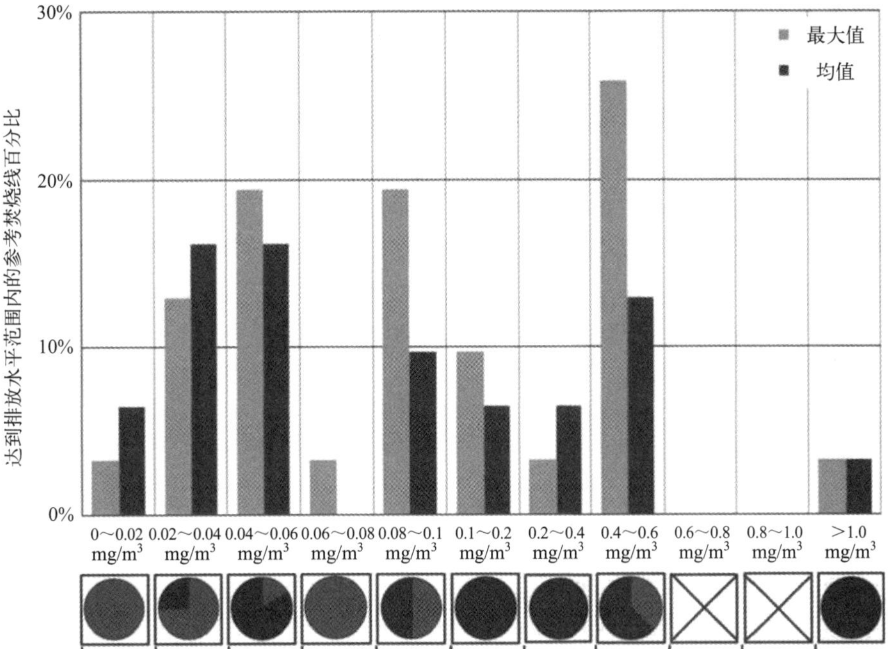

	0～0.02	0.02～0.04	0.04～0.06	0.06～0.08	0.08～0.1	0.1～0.2	0.2～0.4	0.4～0.6	0.6～0.8	0.8～1.0	>1.0
湿式	100%	75%	17%	100%	50%	0%	0%	38%	—	—	0%
其他	0%	25%	83%	0%	50%	100%	100%	63%	—	—	100%

图 3.5　以焚烧 ONHW 为主的参考焚烧线排至大气中的周期性监测 HF 排放情况[81]

④ 图 3.6 对应于以焚烧 ONHW 为主的 20 条参考焚烧线，对 HF 采用连续性监测方式。

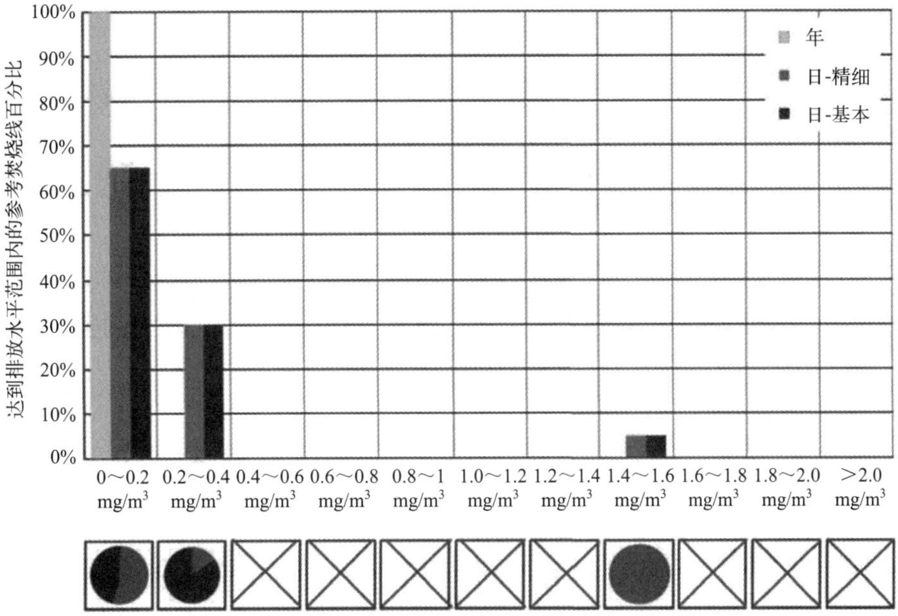

	0～0.2	0.2～0.4	0.4～0.6	0.6～0.8	0.8～1	1.0～1.2	1.2～1.4	1.4～1.6	1.6～1.8	1.8～2.0	>2.0
湿式	54%	17%	—	—	—	—	—	100%	—	—	—
其他	46%	83%	—	—	—	—	—	0%	—	—	—

图 3.6　以焚烧 ONHW 为主的参考焚烧线排至大气中的连续性监测 HF 排放情况[81]

相应的详细图为表征每日和每年排放水平的图 8.7 和表征半小时排放水平的图 8.57。

对于图中的横轴所标示的每个排放浓度范围，其下方的饼状图给出了在给定范围内达到排放水平的参考焚烧线的比例，这些焚烧线采用湿式洗涤器和其他技术（例如 DSI 或半湿式吸收器）。

由上述结果可知，排放水平值介于接近定量限值和年平均值 0.4mg/m^3 与最大日平均值 1.6mg/m^3 之间，但一个焚烧厂除外，其年平均值达到 0.7mg/m^3，最大日平均值超过 3mg/m^3。周期性监测的排放量介于接近定量限值和 0.6mg/m^3 之间，但 6 家焚烧厂除外，其所报告排放水平值介于 1mg/m^3 和 4mg/m^3 之间。

本书所参考焚烧厂的报告数据并没有表明，所达到的排放水平与所采用的试剂类型和数量、焚烧厂的年限和规模或者炉型之间存在明显的相关性。

此处采用的烟气净化系统类型与用于 HCl 的净化系统相同，主要区别是湿式洗涤器是在稍偏离于基本 pH（通常是 7～8）值的条件下运行的。

SO_2 的排放数据是基于连续性测量方式获取的，在本章中以简化形式显示在图 3.7、图 3.8 中，更为详细的情况参见附件 8.6，半小时排放水平值如附件 8.7 所示。

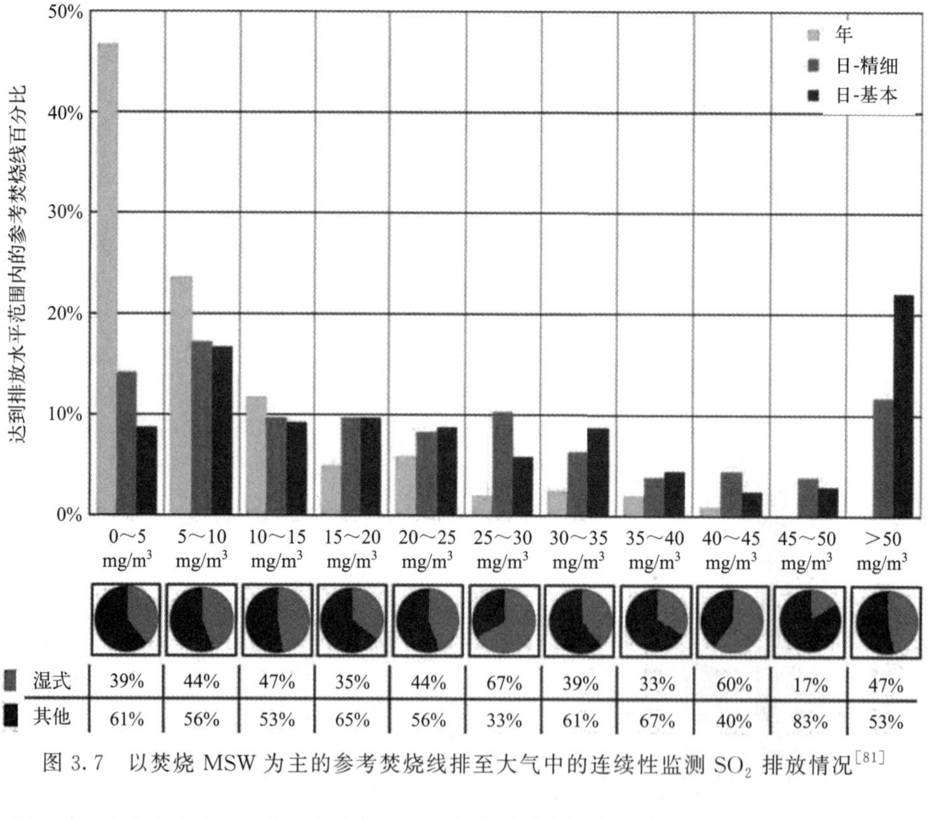

图 3.7　以焚烧 MSW 为主的参考焚烧线排至大气中的连续性监测 SO_2 排放情况[81]

① 图 3.7 对应以焚烧 MSW 为主的 204 条参考焚烧线。由于需要表征的数据点数量较多，相应的详细图被分为 3 幅图以增加可读性，其中：图 8.8、图 8.9 和图 8.10 为日和年排放水平，图 8.58、图 8.59 和图 8.60 为半小时排放水平。

② 图 3.8 对应以焚烧 ONHW 为主的 54 条参考焚烧线。相应的详细图为：图 8.11 为日和年排放水平，图 8.61 为半小时排放水平。

对于图中的横轴所标示的每个排放浓度范围，其下方的饼状图给出了在给定范围内达到排放水平的参考焚烧线的比例，这些焚烧线采用湿式洗涤器和其他技术（例如 DSI 或半湿式吸收器）。

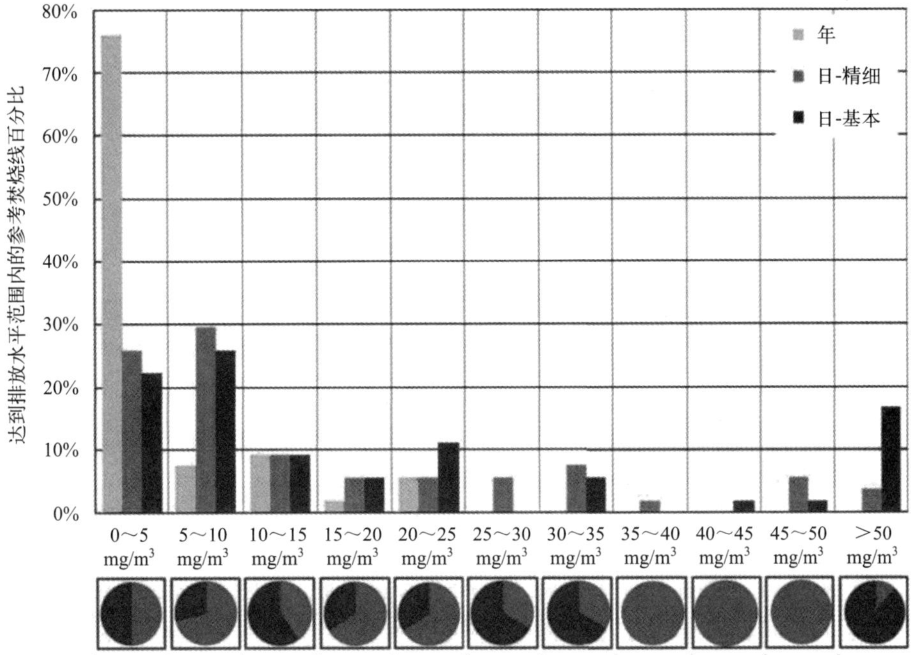

湿式	50%	71%	40%	67%	67%	33%	33%	100%	100%	100%	11%
其他	50%	29%	60%	33%	33%	67%	67%	0%	0%	0%	89%

图 3.8　以焚烧 ONHW 为主的参考焚烧线排至大气中的连续性监测 SO_2 排放情况[81]

排放水平值介于接近量化限值和作为年平均值的 45mg/m^3 与作为最大日平均值的 90mg/m^3 之间。

本书所参考焚烧厂的报告数据并没有表明，所达到的排放水平与所采用的试剂类型和数量、焚烧厂的年限和规模或者炉型之间存在明显的相关性。

（2）粉尘

对于粉尘而言，参考焚烧线中采用的 3 种主要类型的烟气净化系统如下：

① 干式静电除尘器（干式 ESP）。

② 湿式静电除尘器（湿式 ESP）（注：湿式 ESP 在 MSWI 中不常使用）。

③ 袋式过滤器（BF）。

在几种情况下，结合采用了上述这些技术中的两种，例如，用于在锅炉后进行预除尘的干式静电除尘器和用于烟囱前的袋式过滤器。这允许从 FGC 残余物中分离得到飞灰并单独地进行回收/处置。

湿式洗涤器和固定吸附床也有助于粉尘的移除。

某些焚烧厂还采用旋风分离器或多旋风分离器进行预除尘处理。尽管这并不是较为常见的配置，但在本书的示例焚烧厂中也是存在的：烟气净化系统不包括袋式过滤器或 ESP 系统，而是将湿式洗涤器与单（多）旋风分离器进行结合。

在整个烟气净化系统的设计中，经常可见的是，系统的不同部分之间具有相互依赖性。例如，在干式和半湿式系统的情况下，袋式过滤器还用作去除酸性气体的反应器。此外，如果采用合适的试剂（例如活性炭），袋式过滤器还可用于去除 PCDD/F 和金属（包括汞和镉）。

图 3.9、图 3.10 显示了基于连续性方式测量的粉尘排放数据，其在本章中以简化形式进行展示，详见附件 8.6，半小时的排放水平详见附件 8.7。

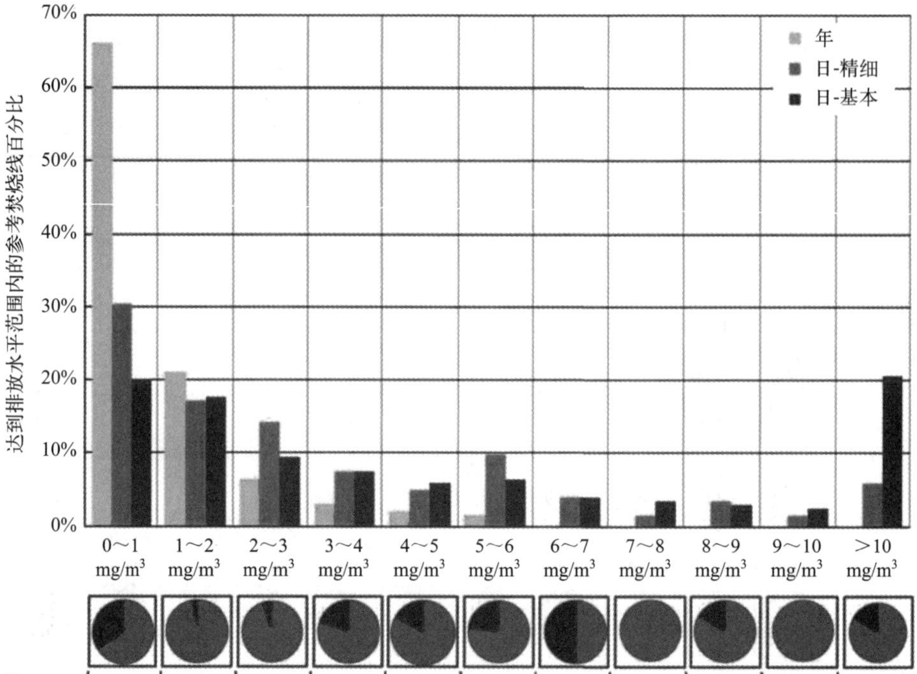

	0～1	1～2	2～3	3～4	4～5	5～6	6～7	7～8	8～9	9～10	>10
BF	66%	97%	95%	80%	83%	77%	50%	100%	83%	100%	83%
其他	34%	3%	5%	20%	17%	23%	50%	0%	17%	0%	17%

图 3.9　以焚烧 MSW 为主的参考焚烧线排至大气中的连续性监测粉尘排放情况[81]

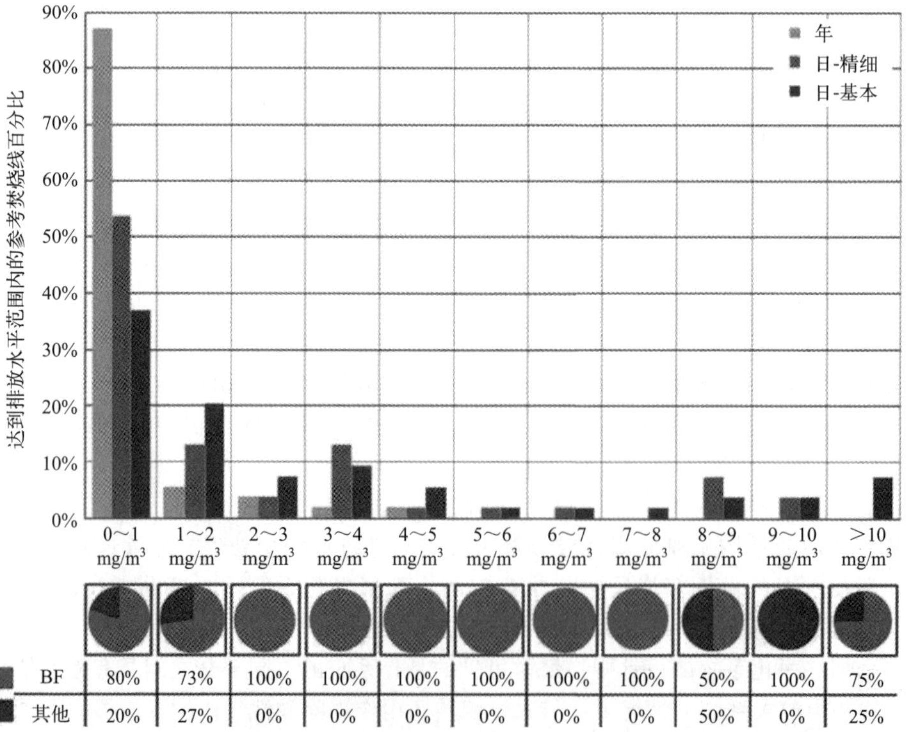

	0～1	1～2	2～3	3～4	4～5	5～6	6～7	7～8	8～9	9～10	>10
BF	80%	73%	100%	100%	100%	100%	100%	100%	50%	100%	75%
其他	20%	27%	0%	0%	0%	0%	0%	0%	50%	0%	25%

图 3.10　以焚烧 ONHW 为主的参考焚烧线排至大气中的连续性监测粉尘排放情况[81]

① 图 3.9 为主要焚烧 MSW 的 203 条参考焚烧线。由于需要表征的数据点数量较多，相应的详细图被分为 3 幅图以增加可读性，其中：图 8.12、图 8.13 和图 8.14 为日和年排放水平，图 8.62、图 8.63 和图 8.64 为半小时排放水平。

② 图 3.10 为主要焚烧 ONHW 的 54 条参考焚烧线。相应的详细图是：图 8.15 为日和年排放水平，图 8.65 为半小时排放水平。

对于图中的横轴所标示的每个排放浓度范围，其下方的饼状图给出了在给定范围内达到排放水平的参考焚烧线的比例，这些焚烧线采用袋式洗涤器和其他技术（例如 ESPs）。

排放水平值接近量化限值，年平均值为 $6mg/m^3$，最大日平均值为 $17mg/m^3$。在某些情况下，可能会记录到更高的排放峰值，这通常与 OTNOC 相关。

这些图表明：采用袋式过滤器的焚烧厂的年平均排放水平通常低于 $2.5mg/m^3$；仅有少数焚烧厂所报告的年平均水平值在 $3\sim6mg/m^3$ 之间，并且这些焚烧厂中除 UK7-1 和 UK7-2 外均采用 ESP 系统。作为最大的日平均值，绝大多数焚烧厂的排放水平值均低于 $7mg/m^3$，采用运维良好的袋式过滤器的焚烧厂的排放水平值低于 $5mg/m^3$，除非是在诸如过滤器故障或启炉时袋式过滤器未使用等事件的情况下；在上述例外的情况下，日平均排放水平值会受到重大的影响。

本书所参考焚烧厂的报告数据并没有表明，所达到的排放水平与所采用的试剂类型和数量、焚烧厂的年限和规模或者炉型之间存在明显的相关性。

(3) 氮氧化物

焚烧厂已采用多种类型的燃烧控制技术减少 NO_X 的形成。SCR 和 SNCR 是用于进一步降低 MSWI 过程中 NO_X 排放水平的主流辅助技术。

基于连续性方式测量的 NO_X 排放数据在本章中以简化形式展示在图 3.11、图 3.12 中，更为详细的信息参见附件 8.6，半小时排放水平详见附件 8.7。

① 图 3.11 为主要焚烧 MSW 的 204 条参考焚烧线。由于需要表征的数据点数量较多，相应的详细图表分为 3 幅图以增加可读性，其中：图 8.16、图 8.17 和图 8.18 为日和年排放水平，图 8.66、图 8.67 和图 8.68 为半小时排放水平。

② 图 3.12 为主要焚烧 ONHW 的 53 条参考焚烧线。相应的详细图是：图 8.19 为日和年排放水平，图 8.69 为半小时排放水平。

对于图中的横轴所标示的每个排放浓度范围，其下方的饼状图给出了在给定范围内达到排放水平的参考焚烧线的比例，这些焚烧线中选择的控制技术为：采用 SCR、采用 SNCR 但未采用 SCR，但多数采用了主要技术。

本书所报告的参考焚烧线的年平均排放水平值在 $18\sim275mg/m^3$ 之间，最大日平均排放水平值在 $22\sim350mg/m^3$ 之间。在某些情况下，运行在 OTNOC 时可能会记录到更高的排放水平峰值，但在大多数情况下，采用“基本”和“精细”数据滤波方式进行测量数据处理后，所观测到的日平均值差异很小，尤其是对于采用 SCR 的焚烧厂，在大多数情况下最大日平均值均在年平均值的 125%以内。

从图 3.11、图 3.12 中可知，与 SNCR 相比，采用 SCR 的焚烧厂在总体上获得了要低得多的排放水平值（最低值低至 $20mg/m^3$，通常年平均值低于 $100mg/m^3$，最大日平均值为 $130mg/m^3$）。针对采用 SNCR 工艺的具有最佳性能的焚烧厂而言，其年平均排放水平值最低为 $54mg/m^3$，最高日平均排放水平值为 $76mg/m^3$。

本书所参考焚烧厂的报告数据并没有表明，所达到的排放水平与所采用的试剂类型和数量、焚烧厂的年限和规模或者炉型之间存在明显的相关性。

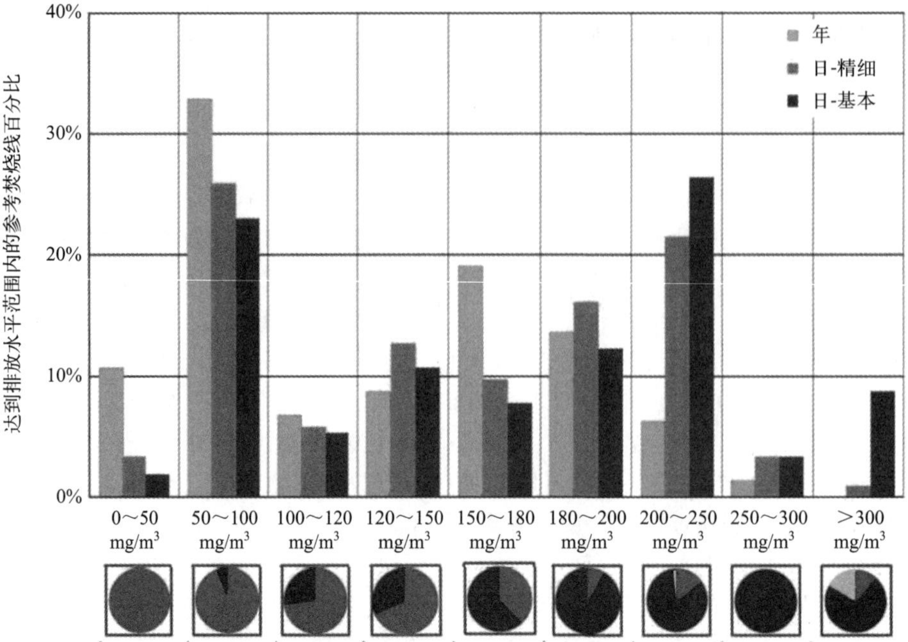

	0～50	50～100	100～120	120～150	150～180	180～200	200～250	250～300	＞300
SCR	100%	94%	73%	68%	38%	8%	15%	0%	11%
SNCR	0%	6%	27%	32%	63%	92%	83%	100%	72%
其他	0%	0%	0%	0%	0%	0%	2%	0%	17%

图 3.11　以焚烧 MSW 为主的参考焚烧线排至大气中的连续性监测 NO_X 排放情况[81]

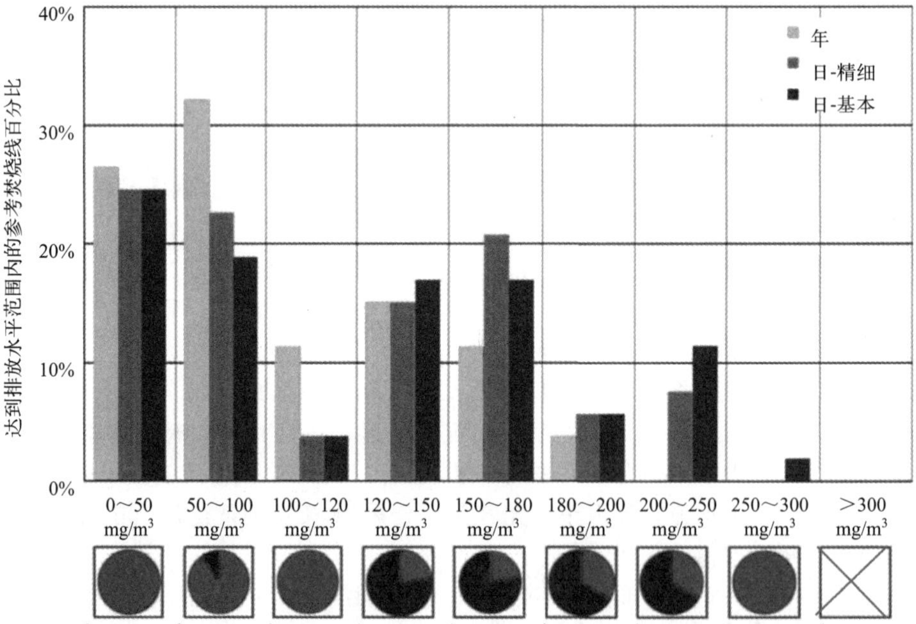

	0～50	50～100	100～120	120～150	150～180	180～200	200～250	250～300	＞300
SCR	100%	90%	100%	22%	22%	33%	33%	100%	—
SNCR	0%	10%	0%	78%	78%	67%	67%	0%	—
其他	0%	0%	0%	0%	0%	0%	0%	0%	—

图 3.12　以焚烧 ONHW 为主的参考焚烧线排至大气中的连续性监测 NO_X 排放情况[81]

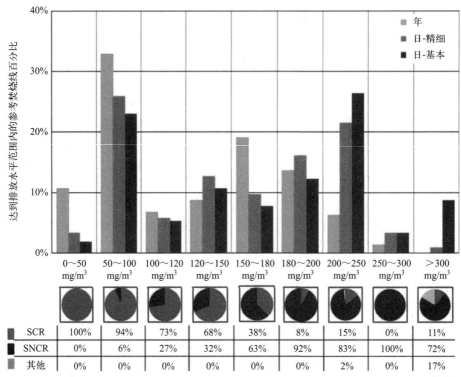

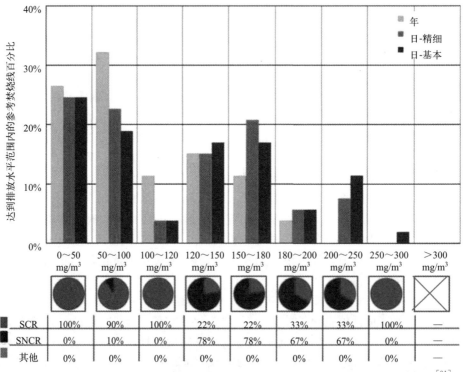

(4) 氨

氨的排放与 SCR 工艺或 SNCR 工艺的反应物泄漏相关。用于控制此类排放的主要技术是进行工艺优化和在采用 SCR 工艺的情况下对催化剂进行良好维护。对于 SNCR 工艺，通过在低 pH 值条件下运行的湿式洗涤器能够实现氨泄漏的有效移除。在 SNCR 工艺中发生主要还原反应之后，在 SCR 工艺中泄漏的催化剂可与未反应的氨进一步反应。

基于连续性或周期性方式所测量的氨排放数据在本章中以简化形式进行展示，如图 3.13～图 3.16 所示，更为详细的说明见附件 8.6 和附件 8.8，半小时排放水平参见附件 8.7。

① 图 3.13 为主要焚烧 MSW 并以周期性方式监测 NH_3 的 120 条参考焚烧线。由于需要表征的数据点数量较多，将相应的详细图分为 2 张图以增加可读性，其标记为图 8.109 和图 8.110。

② 图 3.14 为主要焚烧 MSW 并以连续性方式监测 NH_3 的 146 条参考焚烧线。由于需要表征的数据点数量较多，将相应的详细图分为 3 张图以增加可读性，其中：图 8.20、图 8.21 和图 8.22 为日和年排放水平，图 8.70、图 8.71 和图 8.72 为半小时排放水平。

③ 图 3.15 为主要焚烧 ONHW 并以周期性方式监测 NH_3 的 27 条参考焚烧线，其所对应的详细图为图 8.111。

④ 图 3.16 为主要焚烧 ONHW 并以连续性方式监测 NH_3 的 38 条参考焚烧线，其所对应的详细图是：图 8.23 为日和年排放水平，图 8.73 为半小时排放水平。

对于图中的横轴所标示的每个排放浓度范围，其下方的饼状图给出了在给定范围内达到排放水平的参考焚烧线的比例，这些焚烧线的控制技术为：采用 SCR、采用 SNCR 和下游湿式洗涤器、采用下游干式技术（不采用二次脱硝技术的焚烧厂的排放与氨泄漏无关）。

由图 3.13～图 3.16 可知，氨的排放水平接近量化限值，年平均值为 $10mg/m^3$，最大日平均值或采样期间的平均值为 $37mg/m^3$。在某些情况下，可观测到更高的排放水平值，这通常与 OTNOC 相关。

由图 3.13～图 3.16 可知，采用 SCR 的焚烧厂通常比采用 SNCR 的焚烧厂获得了更低的氨排放水平（通常远低于作为年平均值的 $5mg/m^3$ 和作为最大日平均值或采样期间平均值的 $10mg/m^3$）。采用 SNCR 设备的性能最好的焚烧厂达到了非常低的水平，甚至达到了量化极限值。

本书所参考焚烧厂的报告数据并没有表明，所达到的排放水平与所采用的试剂类型和数量、焚烧厂的年限和规模或者炉型之间存在明显的相关性。

(5) TVOC

TVOC 是衡量燃烧效率的重要指标。焚烧系统所能达到的 TVOC 排放水平主要是燃烧系统和后燃烧室设计的结果，原因在于：通过烟气净化进行 TVOC 减排的可能性是有限的。用于减少粉尘的相同设备也能够用于减少固体有机颗粒的排放浓度。此外，采用活性炭能够减少一些有机化合物的排放。

TVOC 的排放数据是基于连续性测量方式获得的，在本章中采用如图 3.17、图 3.18 所示的简化形式进行展示，详细情况参见附件 8.6，半小时排放水平详见附件 8.7。

① 图 3.17 为主要焚烧 MSW 的 198 条参考焚烧线。由于需要表征的数据点数量较多，此处将相应的详细图分为 3 幅图以增加可读性，其中：图 8.24、图 8.25 和图 8.26 为日和年排放水平，图 8.74、图 8.75 和图 8.76 为半小时排放水平。

② 图 3.18 为主要焚烧 ONHW 的 50 条参考焚烧线，其所对应的详细图是：图 8.27 为

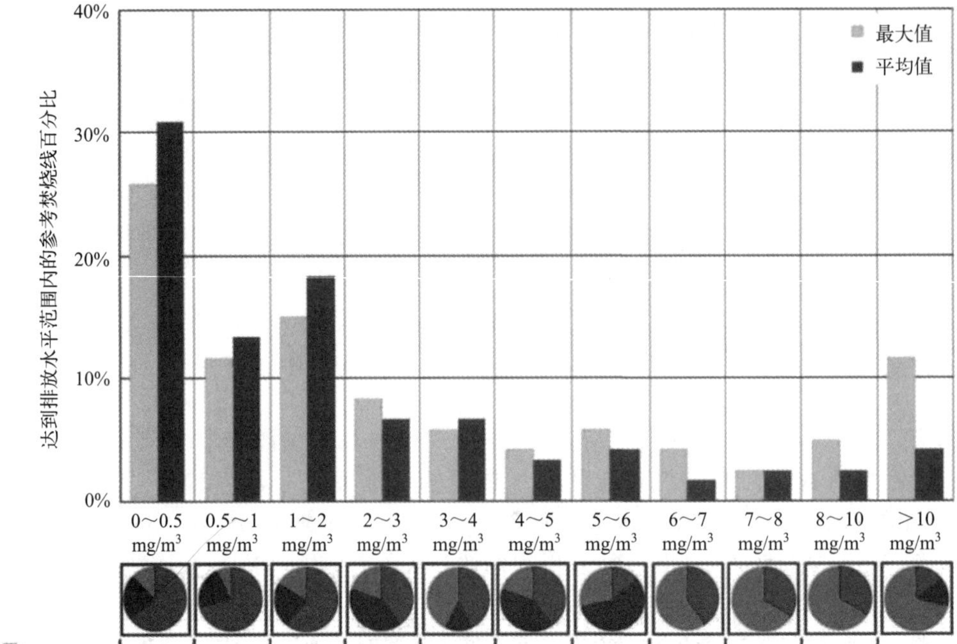

	0～0.5	0.5～1	1～2	2～3	3～4	4～5	5～6	6～7	7～8	8～10	>10
SCR	65%	71%	61%	40%	43%	40%	14%	40%	33%	33%	14%
SNCR+湿式	23%	21%	22%	40%	14%	40%	57%	0%	0%	0%	14%
SNCR+干式	13%	7%	17%	20%	43%	20%	29%	60%	67%	67%	71%

图 3.13　以焚烧 MSW 为主的参考焚烧线排至大气中的周期性监测 NO_3 排放情况[81]

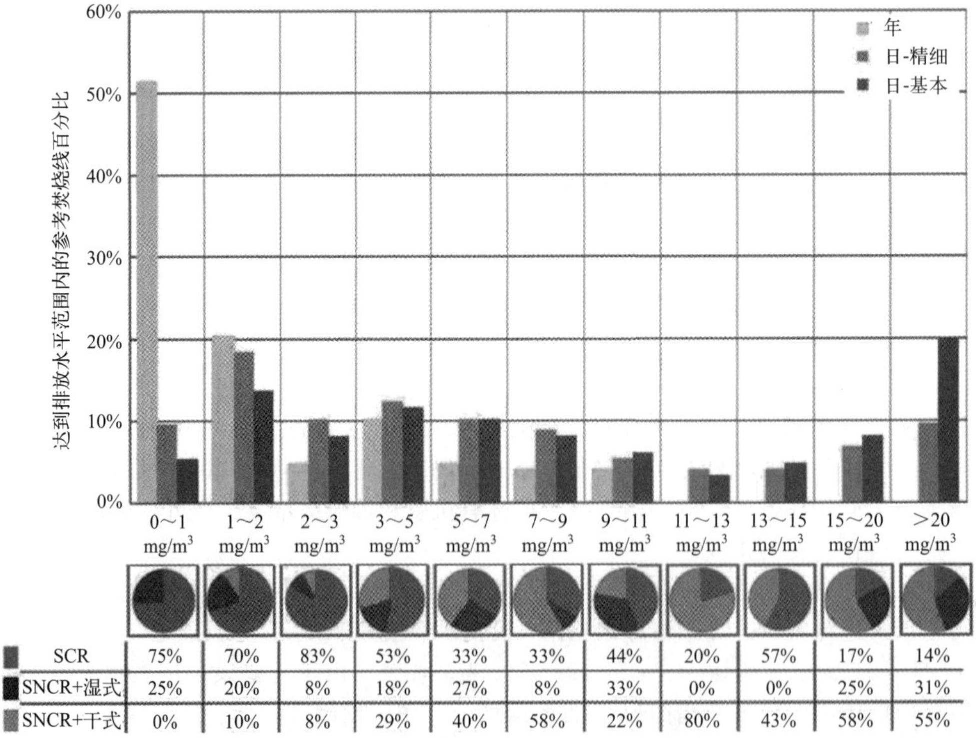

	0～1	1～2	2～3	3～5	5～7	7～9	9～11	11～13	13～15	15～20	>20
SCR	75%	70%	83%	53%	33%	33%	44%	20%	57%	17%	14%
SNCR+湿式	25%	20%	8%	18%	27%	8%	33%	0%	0%	25%	31%
SNCR+干式	0%	10%	8%	29%	40%	58%	22%	80%	43%	58%	55%

图 3.14　以焚烧 MSW 为主的参考焚烧线排至大气中的连续性监测 NO_3 排放情况[81]

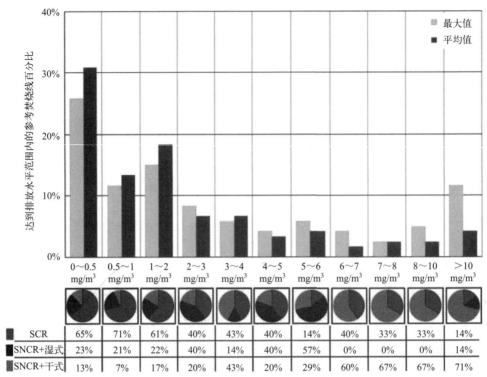

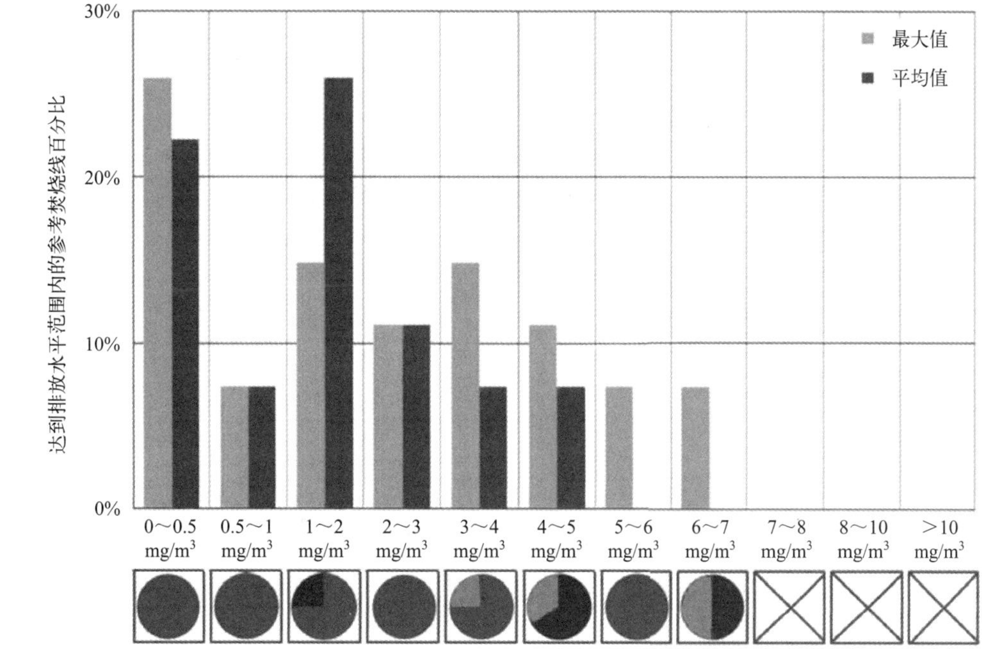

SCR	100%	100%	75%	100%	75%	0%	100%	0%	—	—	—
SNCR+湿式	0%	0%	25%	0%	0%	67%	0%	50%	—	—	—
SNCR+干式	0%	0%	0%	0%	25%	33%	0%	50%	—	—	—

图 3.15　以焚烧 ONHW 为主的参考焚烧线排至大气中的周期性监测 NH_3 排放情况[81]

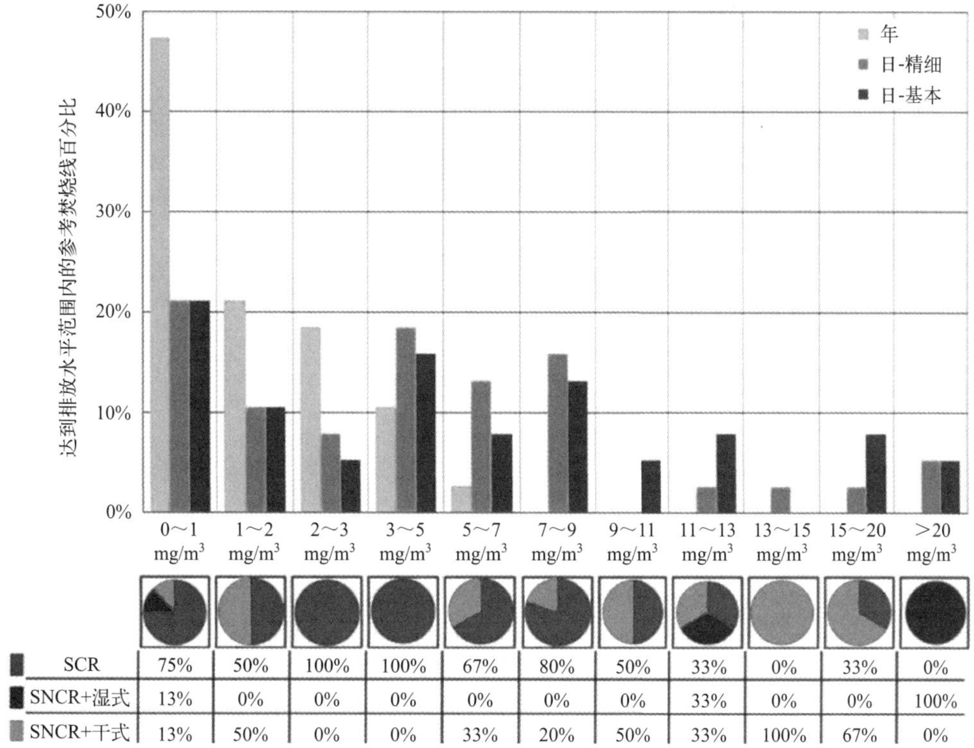

SCR	75%	50%	100%	100%	67%	80%	50%	33%	0%	33%	0%
SNCR+湿式	13%	0%	0%	0%	0%	0%	0%	33%	0%	0%	100%
SNCR+干式	13%	50%	0%	0%	33%	20%	50%	33%	100%	67%	0%

图 3.16　以焚烧 ONHW 为主的参考焚烧线排至大气中的连续性监测 NH_3 排放情况[81]

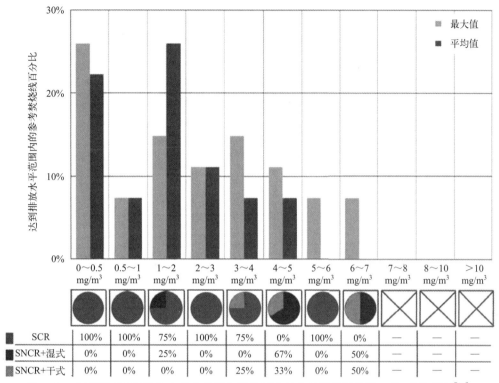

日和年排放水平，图 8.77 为半小时排放水平。

对于图中的横轴所标示的每个排放浓度范围，其下方的饼状图给出了在给定范围内达到排放水平的参考焚烧线的比例，这些焚烧线属于不同规模的类别（小型、中型和大型焚烧厂的划分区间已在前文进行了描述）。

由图 3.17、图 3.18 可知，TVOC 的排放水平接近量化限值，年平均值为 $3mg/m^3$，最大日平均值为 $17mg/m^3$，但是对于绝大多数焚烧厂而言，其最大日平均值低于 $6mg/m^3$。虽然即使最高每日排放水平值通常也非常低，但与年平均水平值的差异往往很大。这种情况反映了 TVOC 排放的可变性，即当焚烧炉中的燃烧条件不稳定时 TVOC 的排放会出现峰值，例如，在启炉和停炉时，通过“基本”和“精细”数据滤波方式所获得的日平均值的最大值之间也会偶尔出现较大的差异。

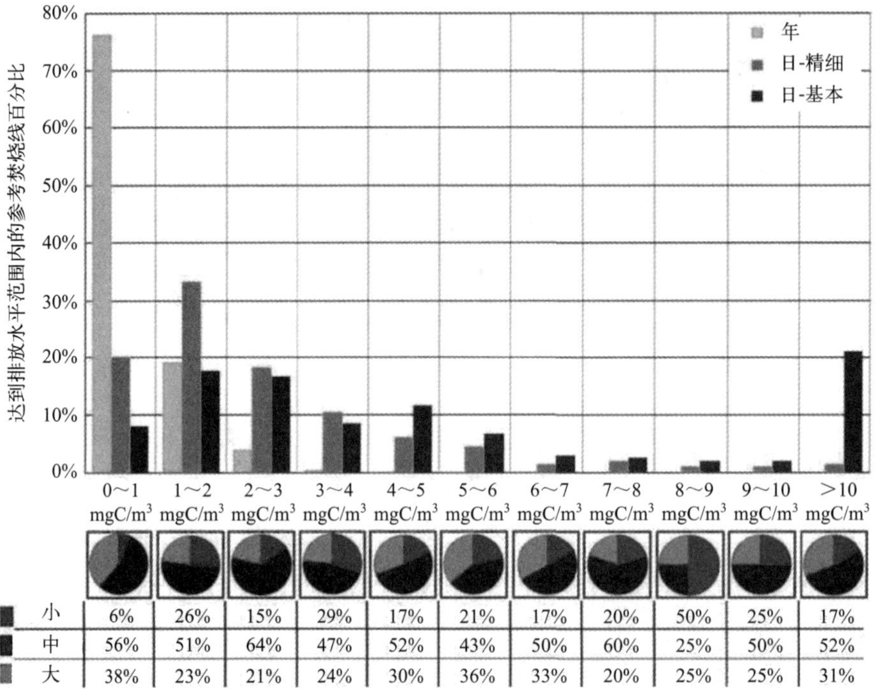

小	6%	26%	15%	29%	17%	21%	17%	20%	50%	25%	17%
中	56%	51%	64%	47%	52%	43%	50%	60%	25%	50%	52%
大	38%	23%	21%	24%	30%	36%	33%	20%	25%	25%	31%

图 3.17　以焚烧 MSW 为主的参考焚烧线排至大气中的连续性监测 TVOC 排放情况[81]

本书所参考焚烧厂的报告数据并没有表明，所达到的排放水平与所采用的试剂类型和数量、焚烧厂的年限和规模或者炉型之间存在明显的相关性。

(6) 一氧化碳

与 TVOC 相同，CO 也是燃烧质量的一种度量方式。低水平的 CO 排放是与高质量的烟气燃烧相关的。

CO 排放数据是基于连续测量方式获得的，其在本章中以图 3.19、图 3.20 所示的简化形式进行展示，详细说明参见附件 8.6，半小时排放水平详见附件 8.7。

① 图 3.19 为主要焚烧 MSW 的 199 条参考焚烧线。由于需要表征的数据点数量较多，此处将相应的详细图分为 3 幅图以增加可读性，其中：图 8.28、图 8.29 和图 8.30 为日和年排放水平，图 8.78、图 8.79 和图 8.80 为半小时排放水平。

② 图 3.20 为主要焚烧 ONHW 的 54 条参考焚烧线，其所对应的详细图是：图 8.31 为日和年排放水平，图 8.81 为半小时排放水平。

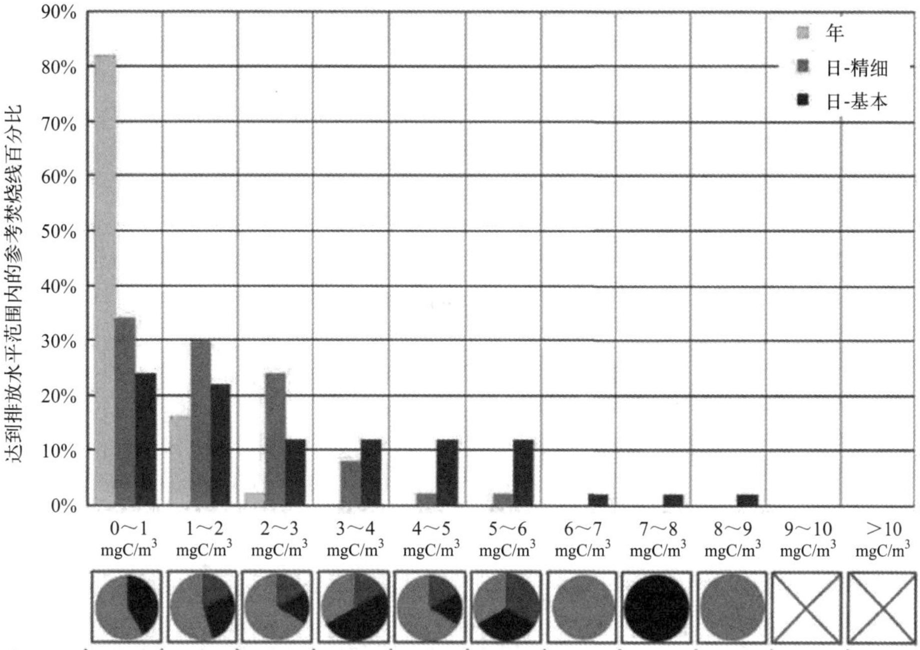

	0～1	1～2	2～3	3～4	4～5	5～6	6～7	7～8	8～9	9～10	>10
小	0%	18%	17%	17%	17%	33%	0%	0%	0%	—	—
中	42%	27%	17%	50%	17%	33%	0%	100%	0%	—	—
大	58%	55%	67%	33%	67%	33%	100%	0%	100%	—	—

图 3.18　以焚烧 ONHW 为主的参考焚烧线排至大气中的连续性监测 TVOC 排放情况[81]

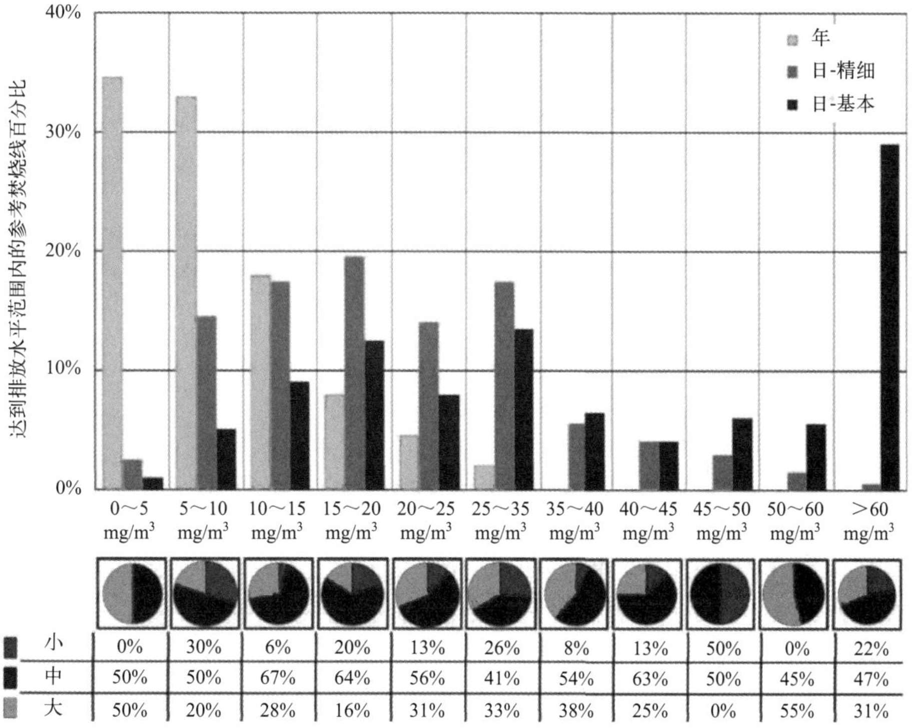

	0～5	5～10	10～15	15～20	20～25	25～35	35～40	40～45	45～50	50～60	>60
小	0%	30%	6%	20%	13%	26%	8%	13%	50%	0%	22%
中	50%	50%	67%	64%	56%	41%	54%	63%	50%	45%	47%
大	50%	20%	28%	16%	31%	33%	38%	25%	0%	55%	31%

图 3.19　以焚烧 MSW 为主的参考焚烧线排至大气中的连续性监测 CO 排放情况[81]

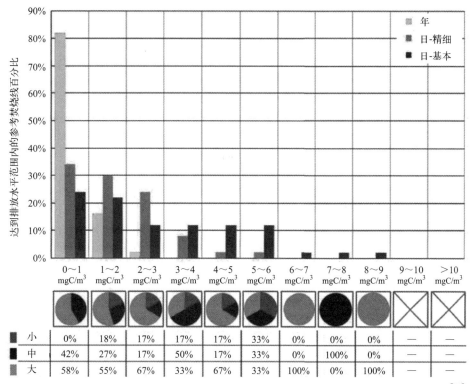

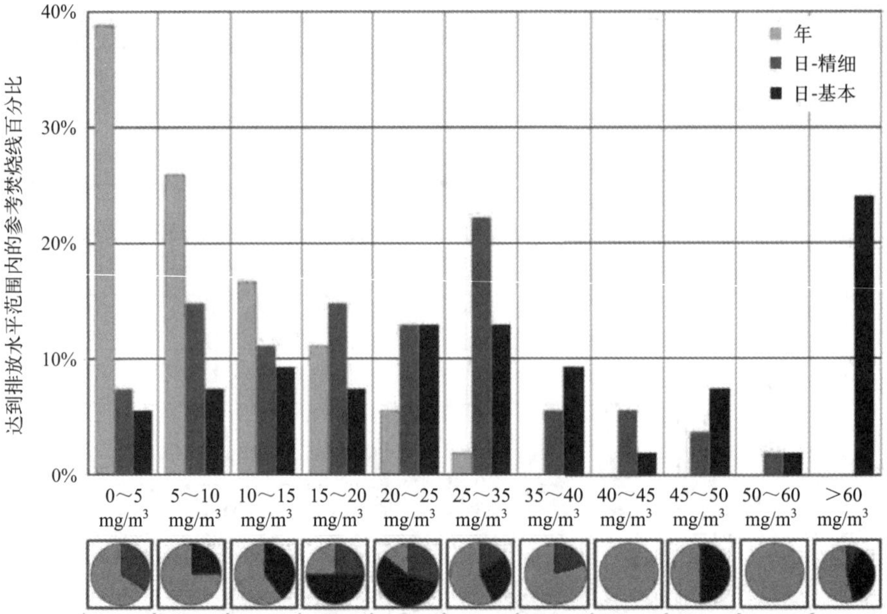

小	33%	0%	0%	25%	29%	14%	20%	0%	0%	0%	8%
中	0%	25%	40%	50%	57%	29%	0%	0%	50%	0%	38%
大	67%	75%	60%	25%	14%	57%	80%	100%	50%	100%	54%

图 3.20　以焚烧 ONHW 为主的参考焚烧线排至大气中的连续性监测 CO 排放情况[81]

对于图中的横轴所标示的每个排放浓度范围，其下方的饼状图给出了在给定范围内达到排放水平的参考焚烧线的比例，这些焚烧线为属于不同规模的类别（小型、中型和大型焚烧厂的划分区间已在前文进行了描述）。

由上述可知，CO 排放水平的年平均值在 0.5～31mg/m³ 之间，最大日平均值在 4～53mg/m³ 之间，例外的情况是：其中两个焚烧厂所报告的排放水平值非常低，以至于可忽略不计，其中一个焚烧厂所报告的最大日平均排放水平值为 81mg/m³（采用“精细”数据滤波处理方式）。与 TVOC 排放水平相类似，最大日平均值和年平均值之间的差异往往很大，这反映了当炉内燃烧条件不稳定时 CO 的排放水平具有可变性，例如，在启炉和停炉时。这也反映了在分别通过“基本”和“精细”数据滤波方式所获得的日平均最大值之间通常也存在着巨大差异。

本书所参考焚烧厂的报告数据并没有表明，所达到的排放水平与所采用的试剂类型和数量、焚烧厂的年限和规模或者炉型之间存在明显的相关性。

（7）PCDD/F、PCB 和 PAH

为达到 PCDD/F 的低排放水平，采取主要和辅助技术都是很重要的。在燃烧系统中，通过烟气的有效混合（高湍流）可提升对 PCDD/F 及废物中已存在类似化合物的破坏能力。通过避免在锅炉和烟气处理系统中出现 PCDD/F 和类似化合物重新合成的温度窗口，能够避免新 PCDD/F 的从头合成反应。

为进一步减排 PCDD/F，正在采用的 4 种主要技术类型如下：

① 采用静置或移动床活性炭过滤器。

② 注入活性炭（单独或与其他试剂混合）以在除尘器中去除 PCDD/F。

③ 采用催化剂以及催化过滤袋对气态 PCDD/F 进行破坏。

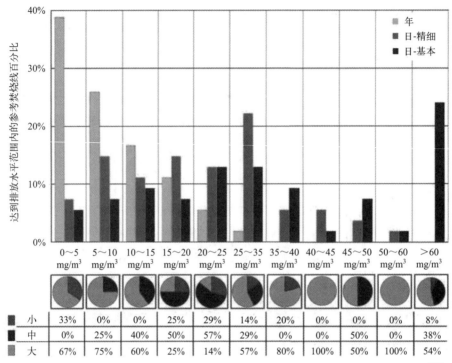

④ 在湿式洗涤器或静置床上采用含碳聚合物材料制成的填料元件吸附 PCDD/F。

采用活性炭还具有减少汞排放的优势。催化剂主要用于减少 NO_X 的排放。

PCDD/F 的排放数据是基于周期性测量方式获得的，在本章中以简化形式表示的结果如图 3.21、图 3.22 所示，详见附件 8.8。

① 图 3.21 为主要焚烧 MSW 并以周期性方式监测 PCDD/F 的 199 条参考焚烧线。由于需要表征的数据点数量较多，此处将相应的详细图分为 3 幅图以增加可读性，即图 8.112、图 8.113 和图 8.114。

② 图 3.22 为主要焚烧 ONHW 并以周期性方式监测 PCDD/F 的 45 条参考焚烧线。所对应的详细图如图 8.115 所示。

对于图中的横轴所标示的每个排放浓度范围，其下方的饼状图给出了在给定范围内达到排放水平的参考焚烧线的比例，这些焚烧线所安装的相关工艺设备包括：采用固定吸附床、未采用固定吸附床和湿式洗涤器、未采用固定吸附床和干式 FGC 技术。

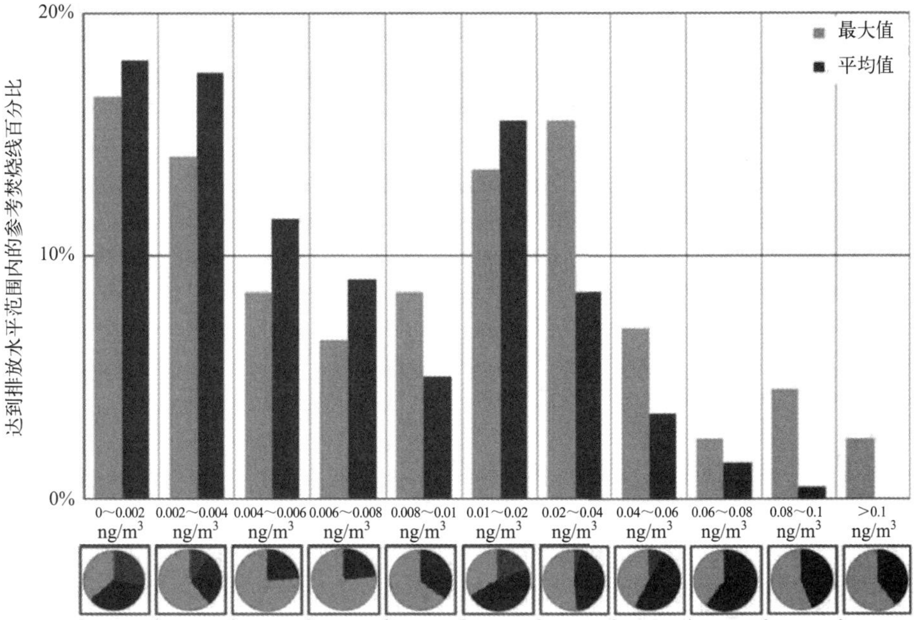

	0~0.002	0.002~0.004	0.004~0.006	0.006~0.008	0.008~0.01	0.01~0.02	0.02~0.04	0.04~0.06	0.06~0.08	0.08~0.1	>0.1
AB	27%	11%	0%	0%	0%	19%	3%	7%	0%	0%	0%
湿式	36%	29%	24%	23%	35%	48%	45%	50%	60%	44%	40%
干式	36%	61%	76%	77%	65%	33%	52%	43%	40%	56%	60%

注：浓度表示为ng I-TEQ/m^3。

图 3.21　以焚烧 MSW 为主的参考焚烧线排至大气中的周期性监测 PCDD/F 排放情况[81]

由图 3.21、图 3.22 可知，PCDD/F 的排放水平范围在接近量化极限和 0.24ng I-TEQ/m^3 之间，其中绝大多数参考焚烧线的排放水平值低于 0.06ng I-TEQ/m^3。所有采用固定吸附床的焚烧厂所报告的排放水平值均低于 0.05ng I-TEQ/m^3。

本书所参考焚烧厂的报告数据并没有表明，所达到的排放水平与所采用的试剂类型和数量、焚烧厂的年限和规模或者炉型之间存在明显的相关性。

迄今为止，所描述的 PCDD/F 排放数据仅涉及基于周期性测量方式获得的数据，该方式的典型（短时期）采样时间为 6～8h。但是，在典型的 2～4 周的时间段内，对 PCDD/F 排放浓度进行长时期采样测量的经验也在逐渐增加中。

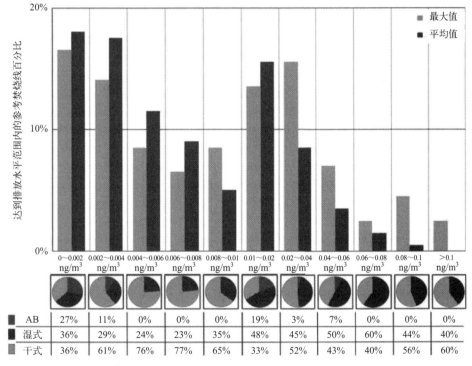

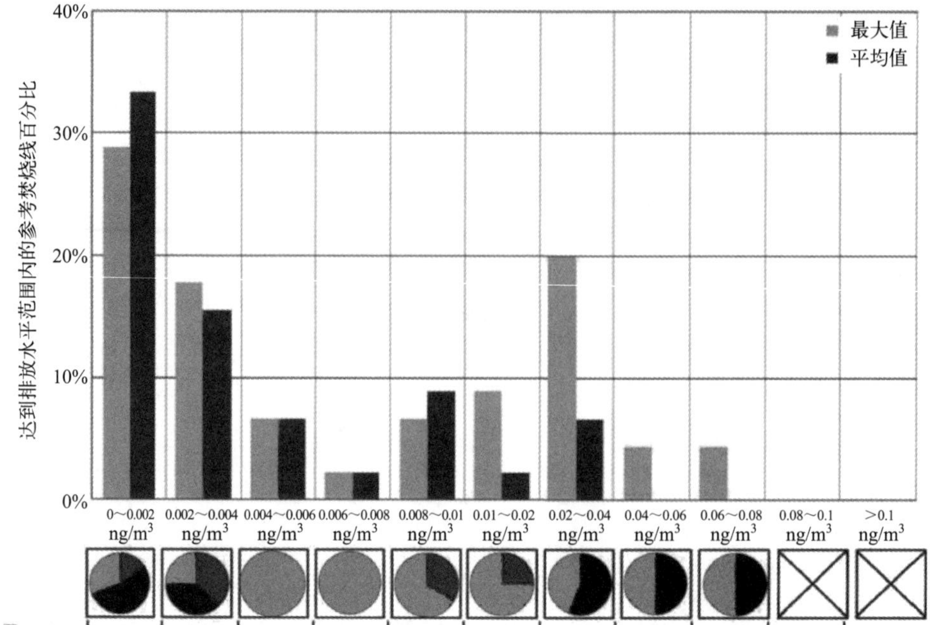

	0~0.002	0.002~0.004	0.004~0.006	0.006~0.008	0.008~0.01	0.01~0.02	0.02~0.04	0.04~0.06	0.06~0.08	0.08~0.1	>0.1
AB	15%	38%	0%	0%	33%	25%	0%	0%	0%	—	—
湿式	54%	38%	0%	0%	0%	0%	56%	50%	50%	—	—
干式	31%	25%	100%	100%	67%	75%	44%	50%	50%	—	—

注：浓度表示为ng I-TEQ/m^3。

图 3.22 以焚烧 ONHW 为主的参考焚烧线排至大气中的周期性监测 PCDD/F 排放情况[81]

为比较基于短时期和长时期采样测量的排放水平，在由比利时和法国的 142 条参考焚烧线所提交的排放数据中，包括了同一时段内的长时期和短时期采样测量值，详细的展示与分析见附件 8.9。

多氯联苯（PCB）和多环芳烃（PAH）采用与 PCDD/F 相同的去除技术，这意味着用于 PCDD/F 的有效烟气净化系统也将同时用于处理 PCB 和 PAH。

基于周期性方式测量的二噁英类 PCB 的排放数据参见附件 8.8 中所示的以下图中：

① 图 8.116 为主要焚烧 MSW 的 42 条参考焚烧线；

② 图 8.117 为主要焚烧 ONHW 的 17 条参考焚烧线；

③ 图 8.118 为 PCDD/F 和二噁英类多氯联苯排放水平值的总和，这两组物质是在同一样品中测量得到的，未考虑所焚烧废物的主要类型。

上述的排放水平值多数较低，而且低于 PCDD/F 的排放水平限制值。但是，也存在大量的焚烧厂报告了非常高的排放水平值，其中：针对 MSW 焚烧而言，其值高达 3ng WHO-TEQ/kg；针对 ONHW 焚烧而言，其值高达 56ng WHO-TEQ/kg。但是，这些高排放水平值可能是误报的（例如，未针对 TEF 进行标准化处理）。

PAH 和 BaP 的排放数据是基于周期性测量方式获得的，详见附件 8.8 中的以下各图：

① 图 8.119 为主要焚烧 MSW 的 44 条参考焚烧线的 PAH 排放；

② 图 8.120 为主要焚烧 ONHW 的 13 条参考焚烧线的 PAH 排放；

③ 图 8.121 为主要焚烧 MSW 的 48 条参考焚烧线的 BaP 排放；

④ 图 8.122 为主要焚烧 ONHW 的 19 条参考焚烧线的 BaP 排放。

PAH 的排放水平值范围为 0.01ng/m^3～50μg/m^3，BaP 的排放水平值范围为 0.004ng/m^3～

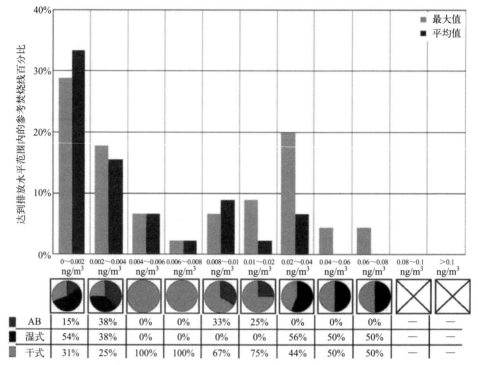

$1\mu g/m^3$。

(8) 汞

绝大多数焚烧厂采用活性炭去除汞，无论是在固定床系统还是在夹带流活性炭注入系统中，活性炭的消耗率和质量（例如溴化或硫浸渍）直接影响着汞的排放水平。其他不太常用的技术是，采用沸石或在酸性湿式洗涤器中捕集汞。若汞以氯化汞的形式存在，则洗涤器可用作汞沉积槽。随后，已经从烟气流中转移到洗涤器液体中的汞由污水处理厂予以去除。

如果汞以金属的形式存在，则需要采用氧化剂，例如，注入溴化活性炭或在锅炉中添加溴（参见汞去除技术）[74]。

在某些情况下（例如，待焚烧废物中汞的输入率较高），可能会超过 FGC 系统的汞去除能力的上限，进而导致汞的排放水平暂时升高。通常，MSW 中含有较低数量的汞。但是，如果汞含量超过系统的缓冲容量或相应烟气净化系统的峰值浓度处理能力，可能会观测到在短期内出现高负荷汞排放水平的现象。通常，这种现象与 MSW 中包含电池、电气开关、温度计、实验室废物等有关。这可能反映在，基于不同平均周期的参考焚烧线的排放水平表现出较大变化的情况。

汞排放数据是基于连续性或周期性的方式测量获取的，本章所采用的简化表示形式如图 3.23～图 3.30 所示，详见附件 8.6 和附件 8.8，半小时排放水平如附件 8.7 所示。

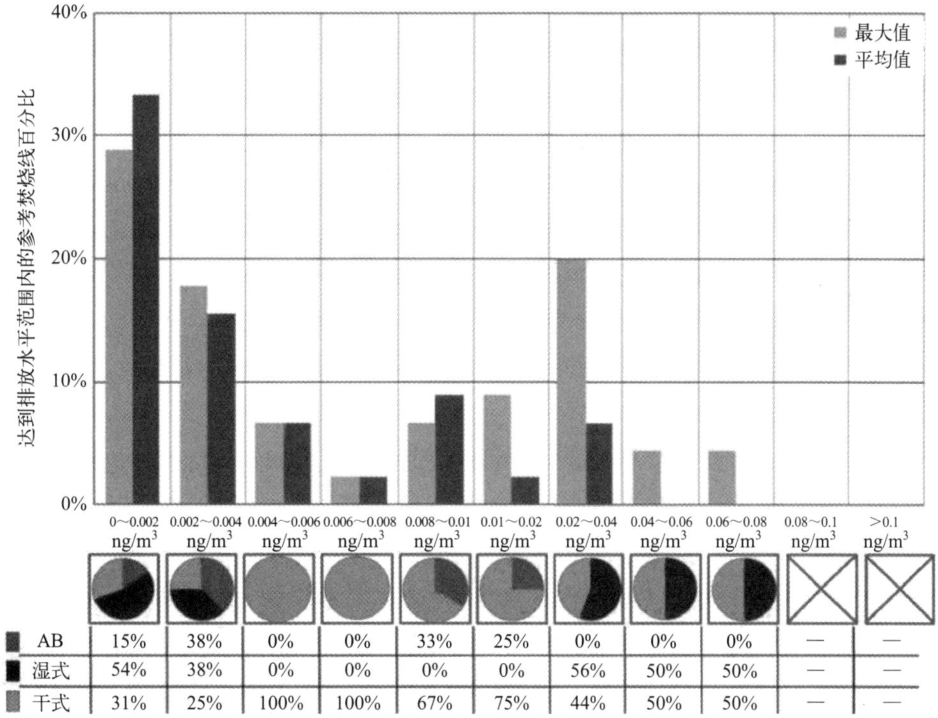

	0～0.002 ng/m^3	0.002～0.004 ng/m^3	0.004～0.006 ng/m^3	0.006～0.008 ng/m^3	0.008～0.01 ng/m^3	0.01～0.02 ng/m^3	0.02～0.04 ng/m^3	0.04～0.06 ng/m^3	0.06～0.08 ng/m^3	0.08～0.1 ng/m^3	>0.1 ng/m^3
AB	15%	38%	0%	0%	33%	25%	0%	0%	0%	—	—
湿式	54%	38%	0%	0%	0%	0%	56%	50%	50%	—	—
干式	31%	25%	100%	100%	67%	75%	44%	50%	50%	—	—

图 3.23 以焚烧 MSW 为主的参考焚烧线排至大气中的连续性监测汞排放情况[81]

① 图 3.23 为主要焚烧 MSW 并周期性监测的 171 条参考焚烧线的 Hg 排放水平。由于需要表征的数据点数量较多，此处将相应的详细图分为 3 幅图以增加可读性，其分别为图 8.123、图 8.124 和图 8.125。

② 图 3.24 为主要焚烧 MSW 并连续性监测的 53 条参考焚烧线的 Hg 日排放和年排放水平。所对应的详细图如图 8.32 所示。

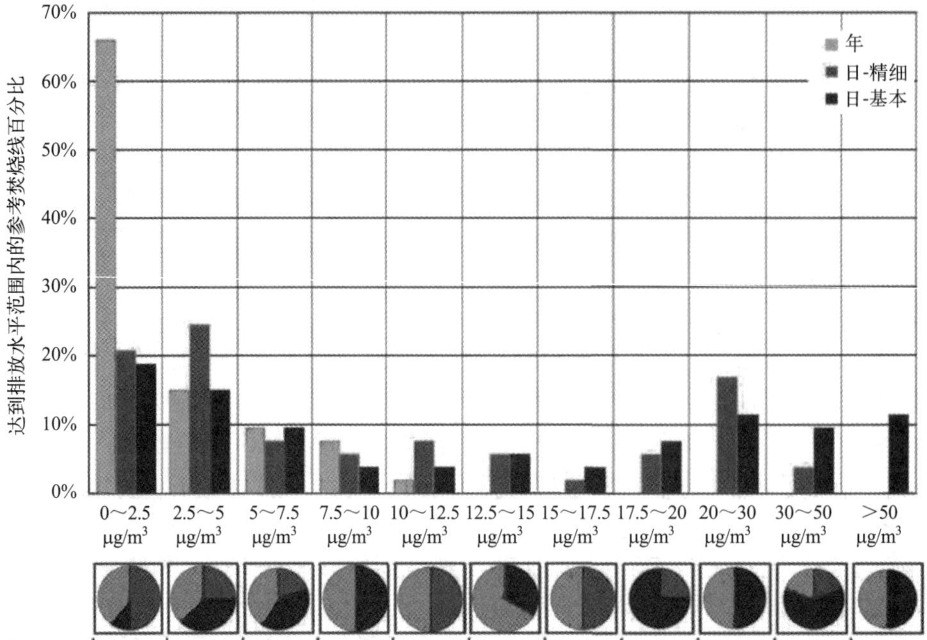

	0~2.5 μg/m³	2.5~5 μg/m³	5~7.5 μg/m³	7.5~10 μg/m³	10~12.5 μg/m³	12.5~15 μg/m³	15~17.5 μg/m³	17.5~20 μg/m³	20~30 μg/m³	30~50 μg/m³	>50 μg/m³
AB	50%	25%	20%	0%	50%	0%	50%	25%	0%	20%	0%
湿式	10%	38%	40%	50%	0%	33%	0%	75%	50%	60%	50%
干式	40%	38%	40%	50%	50%	67%	50%	0%	50%	20%	50%

图 3.24　以焚烧 MSW 为主的参考焚烧线排至大气中的连续性监测汞排放情况：日和年排放水平[81]

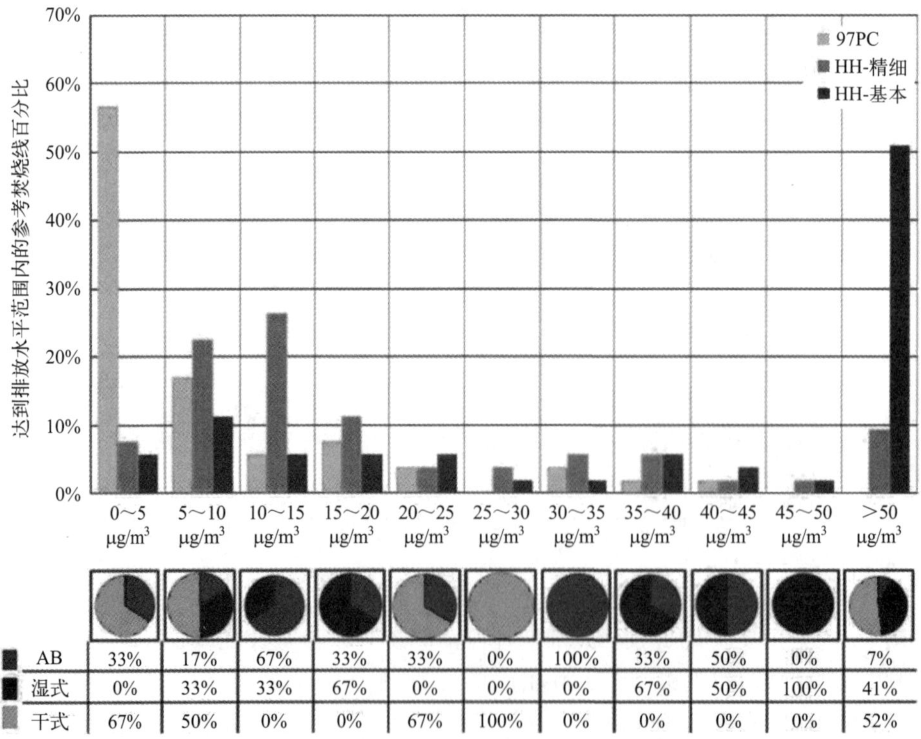

	0~5 μg/m³	5~10 μg/m³	10~15 μg/m³	15~20 μg/m³	20~25 μg/m³	25~30 μg/m³	30~35 μg/m³	35~40 μg/m³	40~45 μg/m³	45~50 μg/m³	>50 μg/m³
AB	33%	17%	67%	33%	33%	0%	100%	33%	50%	0%	7%
湿式	0%	33%	33%	67%	0%	0%	0%	67%	50%	100%	41%
干式	67%	50%	0%	0%	67%	100%	0%	0%	0%	0%	52%

图 3.25　以焚烧 MSW 为主的参考焚烧线排至大气中的连续性监测汞排放情况：半小时排放水平[81]

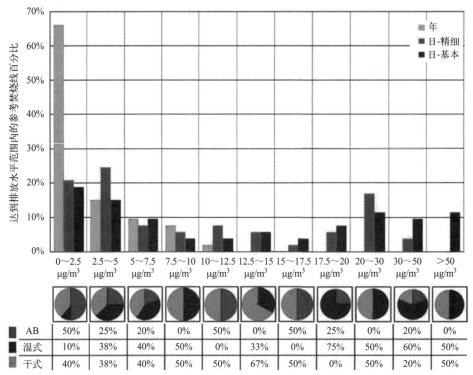

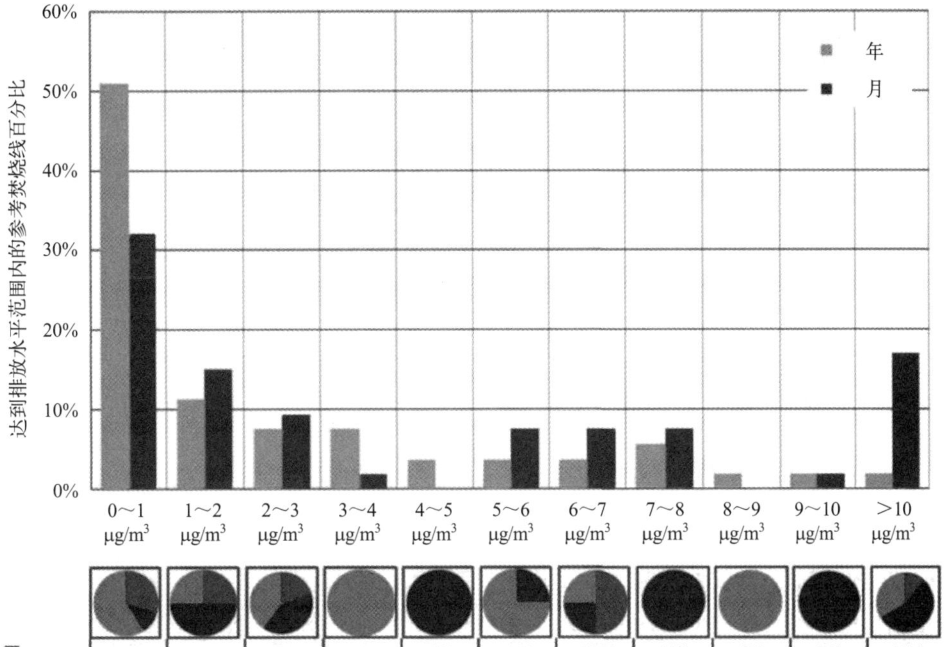

AB	29%	25%	20%	0%	0%	0%	50%	0%	0%	0%	11%
湿式	12%	50%	40%	0%	100%	25%	25%	100%	0%	100%	56%
干式	59%	25%	40%	100%	0%	75%	25%	0%	100%	0%	33%

图 3.26　以焚烧 MSW 为主的参考焚烧线排至大气中的连续性监测汞排放情况：月排放水平[81]

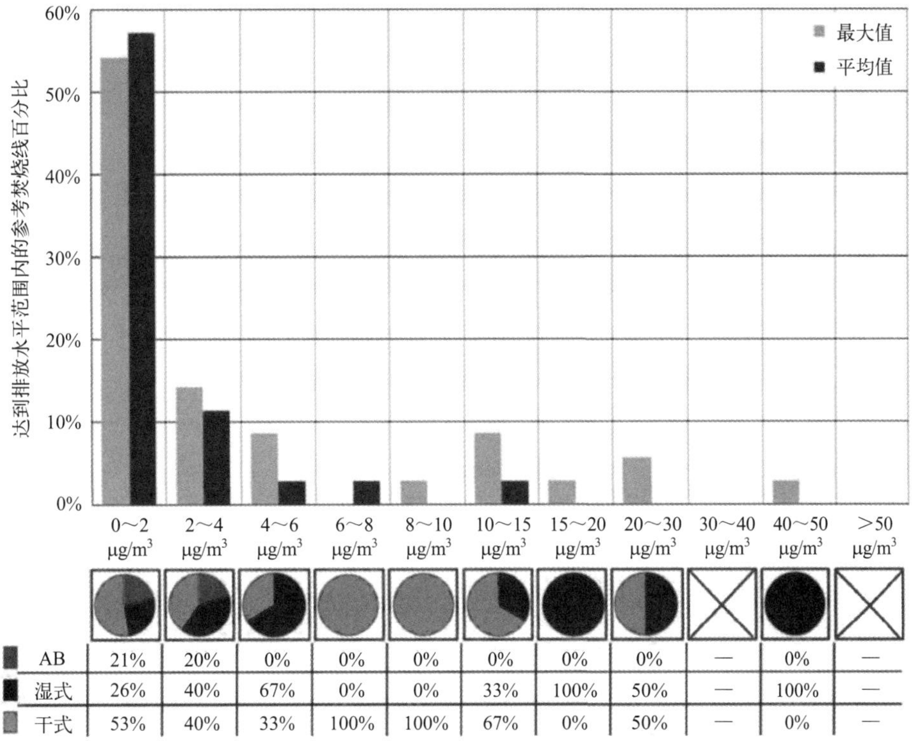

AB	21%	20%	0%	0%	0%	0%	0%	0%	—	0%	—
湿式	26%	40%	67%	0%	0%	33%	100%	50%	—	100%	—
干式	53%	40%	33%	100%	100%	67%	0%	50%	—	0%	—

图 3.27　以焚烧 ONHW 为主的参考焚烧线排至大气中的周期性监测汞排放情况[81]

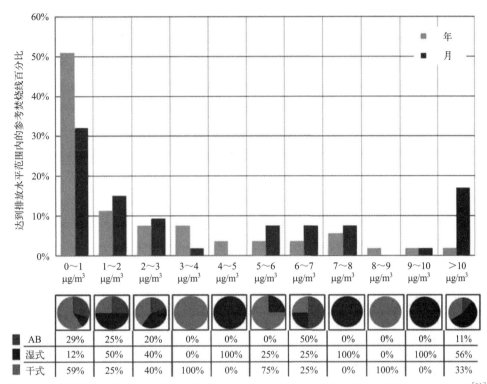

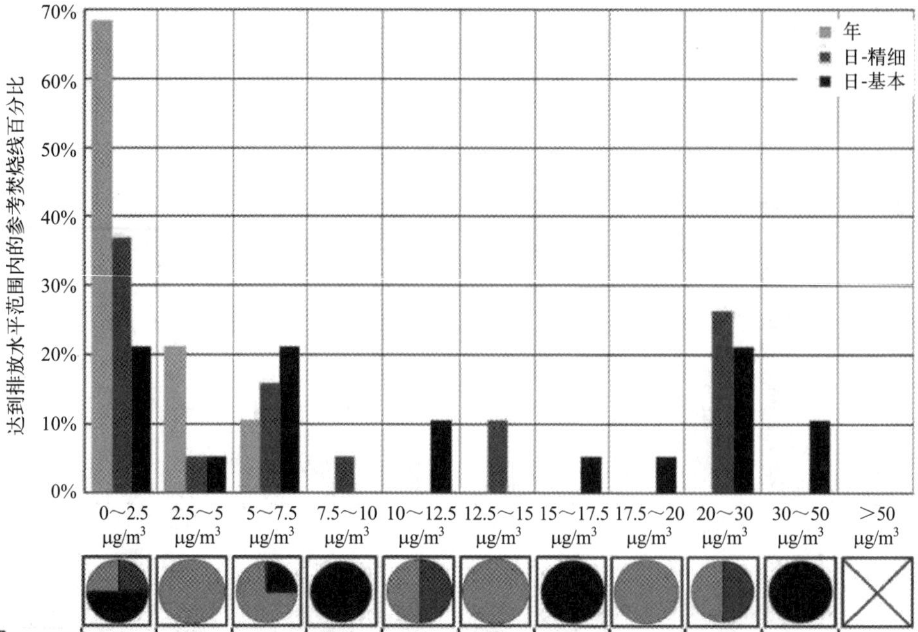

AB	25%	0%	0%	0%	50%	0%	0%	0%	50%	0%	—
湿式	50%	0%	25%	100%	0%	0%	100%	0%	0%	100%	—
干式	25%	100%	75%	0%	50%	100%	0%	100%	50%	0%	—

图 3.28　以焚烧 ONHW 为主的参考焚烧线排至大气中的连续性监测汞排放情况：日和年排放水平[81]

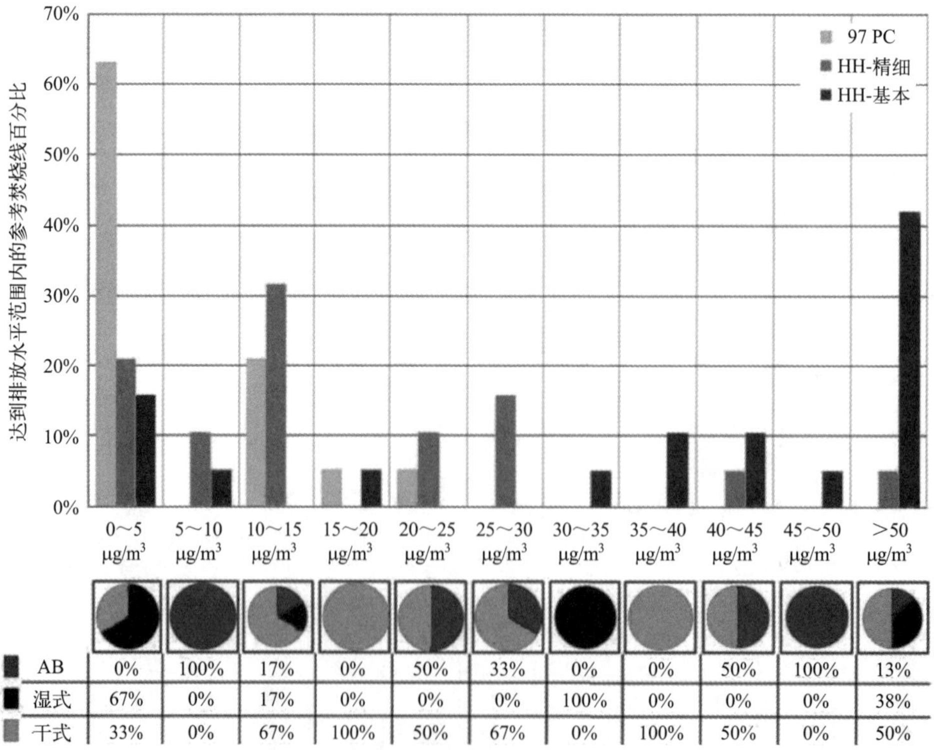

AB	0%	100%	17%	0%	50%	33%	0%	0%	50%	100%	13%
湿式	67%	0%	17%	0%	0%	0%	100%	0%	0%	0%	38%
干式	33%	0%	67%	100%	50%	67%	0%	100%	50%	0%	50%

图 3.29　以焚烧 ONHW 为主的参考焚烧线排至大气中的连续性监测汞排放情况：半小时排放水平[81]

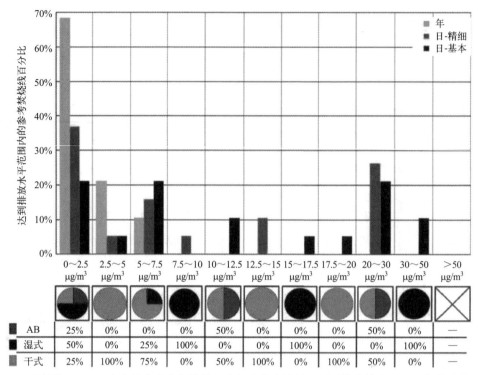

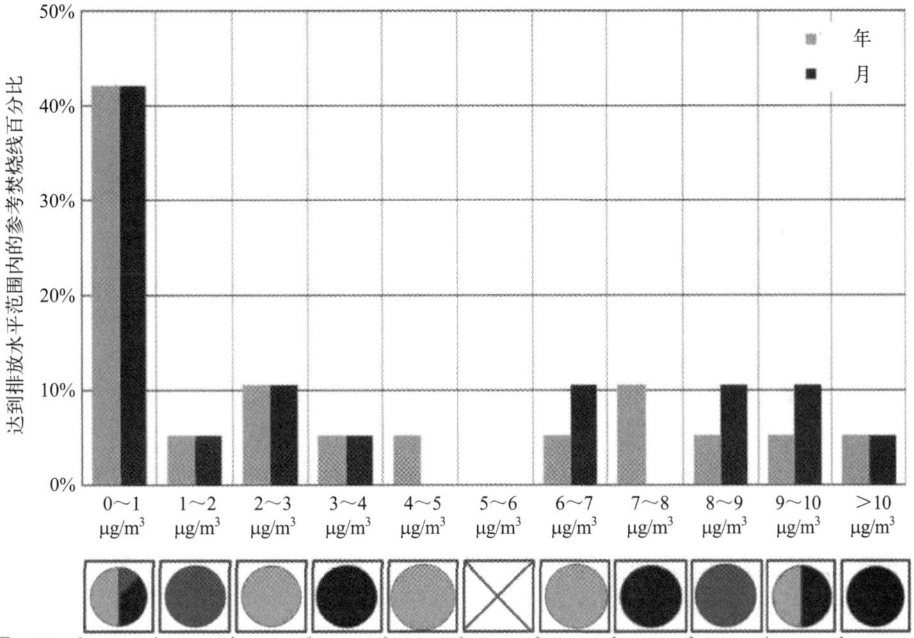

	0～1	1～2	2～3	3～4	4～5	5～6	6～7	7～8	8～9	9～10	>10
AB	13%	100%	0%	0%	0%	—	0%	0%	100%	0%	0%
湿式	38%	0%	0%	100%	0%	—	0%	100%	0%	50%	100%
干式	50%	0%	100%	0%	100%	—	100%	0%	0%	50%	0%

图 3.30 以焚烧 ONHW 为主的参考焚烧线排至大气中的连续性监测汞排放情况：月排放水平[81]

③ 图 3.25 为主要焚烧 MSW 并连续性监测的 53 条参考焚烧线的 Hg 半小时排放水平。所对应的详细图如图 8.82 所示。

④ 图 3.26 为主要焚烧 MSW 并连续性监测的 53 条参考焚烧线的 Hg 月排放水平。所对应的详细图如图 8.84 所示。

⑤ 图 3.27 为主要焚烧 ONHW 并周期性监测的 35 条参考焚烧线的 Hg 排放水平。所对应的详细图如图 8.126 所示。

⑥ 图 3.28 为主要焚烧 ONHW 并连续性监测的 19 条参考焚烧线的 Hg 日排放和年排放水平。所对应的详细图如图 8.33 所示❶。

⑦ 图 3.29 为主要焚烧 ONHW 并连续性监测的 19 条参考焚烧线的 Hg 半小时排放水平。所对应的详细图如图 8.83 所示❷。

⑧ 图 3.30 为主要焚烧 ONHW 并连续性监测的 19 条参考焚烧线的 Hg 月排放水平。所对应的详细图如图 8.85 所示❸。

对于图中的横轴所标示的每个排放浓度范围，其下方的饼状图给出了在给定范围内达到排放水平的参考焚烧线的比例，这些焚烧线所安装的相关工艺设备包括：采用固定吸附床、不采用固定吸附床和湿式洗涤器、不采用固定吸附床和干式 FGC 技术。

---

❶ 译者注：原文中图 3.28 和图 8.83 的对应关系是错误的，经比较，译者将有对应关系的图修改为图 8.28 和图 8.33。

❷ 译者注：原文中图 3.29 和图 8.85 的对应关系是错误的，经比较，译者将有对应关系的图修改为图 8.29 和图 8.83。

❸ 译者注：原文中图 3.30 和图 8.33 是错误的，经比较，译者将有对应关系的图修改为图 8.30 和图 8.85。

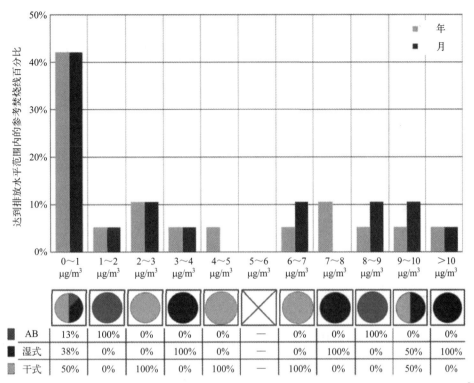

图 3.26 和图 3.30 中所显示的每月排放水平是基于连续性方式监测的数据得出的，并提供了采用长时期采样法的典型平均周期对汞进行测量时所达到的排放水平值。对于几乎不受短时峰值影响的月排放水平，仅给出采用“基本”数据滤波方式的对应结果。

由图 3.23～图 3.30 可知，汞排放水平接近量化限值，年平均值为 0.01mg/m^3，最大月平均值为 0.018mg/m^3，最大日平均值为 0.036mg/m^3（基于“精细”数据滤波方式处理）。在某些情况下，通过“基本”数据滤波方式处理所获得的最大日平均值可能要高很多（高达 0.09mg/m^3），这可能不仅反映了高含汞输入废物的情况，还反映了 OTNOC 的情况，即典型日平均值只包括若干个每半小时周期且其测量的汞含量是升高的情况。以周期性方式测量汞的焚烧厂所报告的采样周期均值通常低于 0.025mg/m^3，也存在少数例外情况，即焚烧厂未报告采用试剂进行汞排放的控制。

通常，采用固定吸附床的焚烧厂报告的汞排放水平是稳定的，最大日平均值相对于数据滤波方式而言并不敏感，其中大部分排放水平值均低于 0.01mg/m^3，在所有的情况下均低于 0.025mg/m^3。这些排放水平值在以周期性方式测量汞的焚烧厂所报告的采样期内也保持为平均值。

本书所参考焚烧厂的报告数据并没有表明，所达到的排放水平与所采用的试剂类型和数量、焚烧厂的年限和规模或者炉型之间存在明显的相关性。

(9) 锑、砷、铬、钴、铜、铅、锰、镍和钒

用于去除粉尘的技术也是减少粉尘所含金属排放的主要技术。Sb＋As＋Cr＋Co＋Cu＋Pb＋Mn＋Ni＋V 的排放数据是基于周期性方式测量的，本章采用简化形式表示的图如图 3.31、图 3.32 所示，更为详细的信息参见附件 8.8。

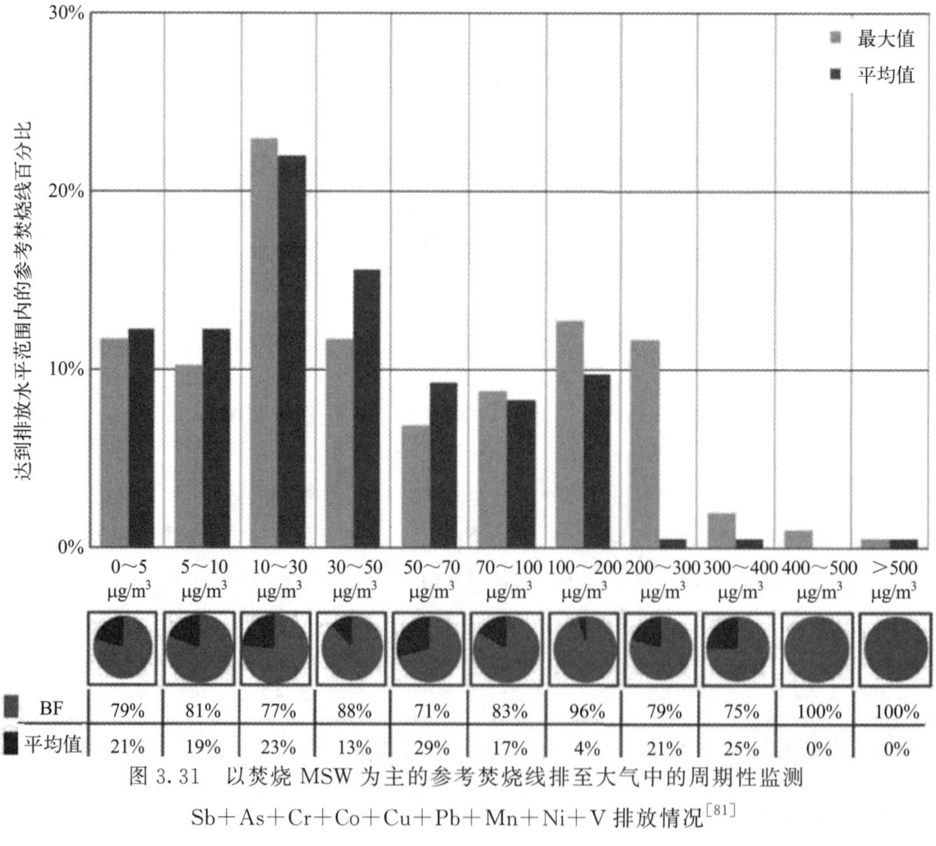

图 3.31　以焚烧 MSW 为主的参考焚烧线排至大气中的周期性监测 Sb＋As＋Cr＋Co＋Cu＋Pb＋Mn＋Ni＋V 排放情况[81]

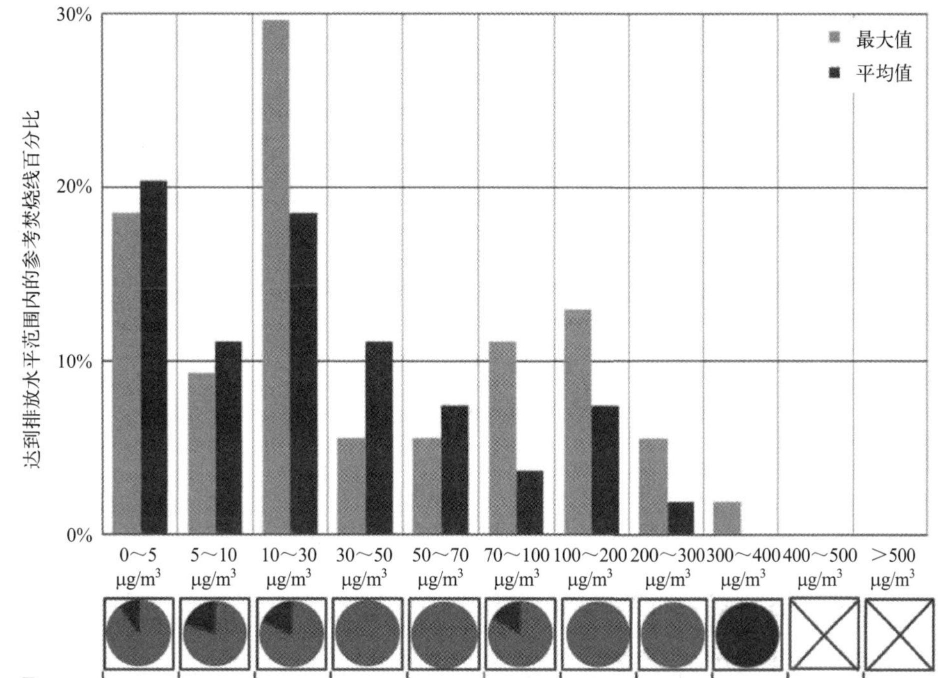

BF	90%	80%	81%	100%	100%	83%	100%	100%	0%	—	—
平均值	10%	20%	19%	0%	0%	17%	0%	0%	100%	—	—

图 3.32　以焚烧 ONHW 为主的参考焚烧线排至大气中的周期性监测 Sb＋As＋Cr＋Co＋Cu＋Pb＋Mn＋Ni＋V 排放情况[81]

① 图 3.31 为主要焚烧 MSW 并周期性监测 Sb＋As＋Cr＋Co＋Cu＋Pb＋Mn＋Ni＋V 排放的 205 条参考焚烧线。由于需要表征的数据点数量较多，相应的详细图分为 3 幅图以增加可读性，分别为图 8.127、图 8.128 和图 8.129。

② 图 3.32 为主要焚烧 ONHW 并周期性监测 Sb＋As＋Cr＋Co＋Cu＋Pb＋Mn＋Ni＋V 排放的 54 条参考线，所对应的详细图如图 8.130 所示。

对于图中的横轴所标示的每个排放浓度范围，其下方的饼状图给出了在给定范围内达到排放水平的参考焚烧线的比例，这些焚烧线所安装的相关工艺设备包括：采用袋式过滤器、采用其他技术（例如 ESP）。

由图 3.31、图 3.32 可知，排放水平值的范围在接近量化限值和 0.3mg/m^3 之间，例外的情况是：其中 6 条参考焚烧线的排放水平值在 0.3～0.5mg/m^3 之间，这些值为采样期间平均值的最大值；其中 1 条参考焚烧线所报告的最高排放水平值约为 5mg/m^3。

本书所参考焚烧厂的报告数据并没有表明，所达到的排放水平与所采用的试剂类型和数量、焚烧厂的年限和规模或者炉型之间存在明显的相关性。

(10) 镉和铊

用于去除粉尘的技术也是用于减少粉尘所含金属排放水平的主要技术。Cd＋Tl 的排放数据是基于周期性的测量方式获得的，本章以简化形式表示的图如图 3.33、图 3.34 所示，有关的详细信息参见附件 8.8。

① 图 3.33 为主要焚烧 MSW 并以周期性方式监测 Cd＋Tl 排放水平的 197 条参考焚烧线。由于需要表征的数据点数量较多，相应的详细图被分为 2 幅图以增加可读性，分别为

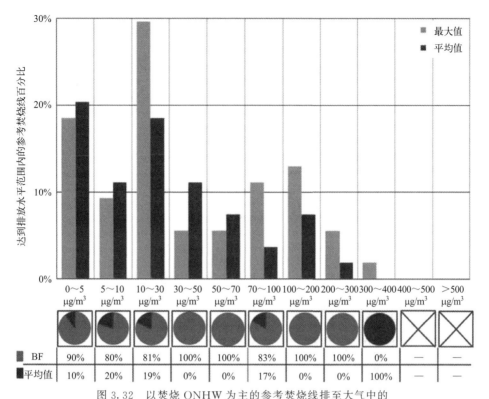

图 8.131、图 8.132 和图 8.133。

② 图 3.34 为主要焚烧 ONHW 并以周期性方式监测 Cd+Tl 排放水平的 45 条参考焚烧线，所对应的详细图如图 8.134 所示。

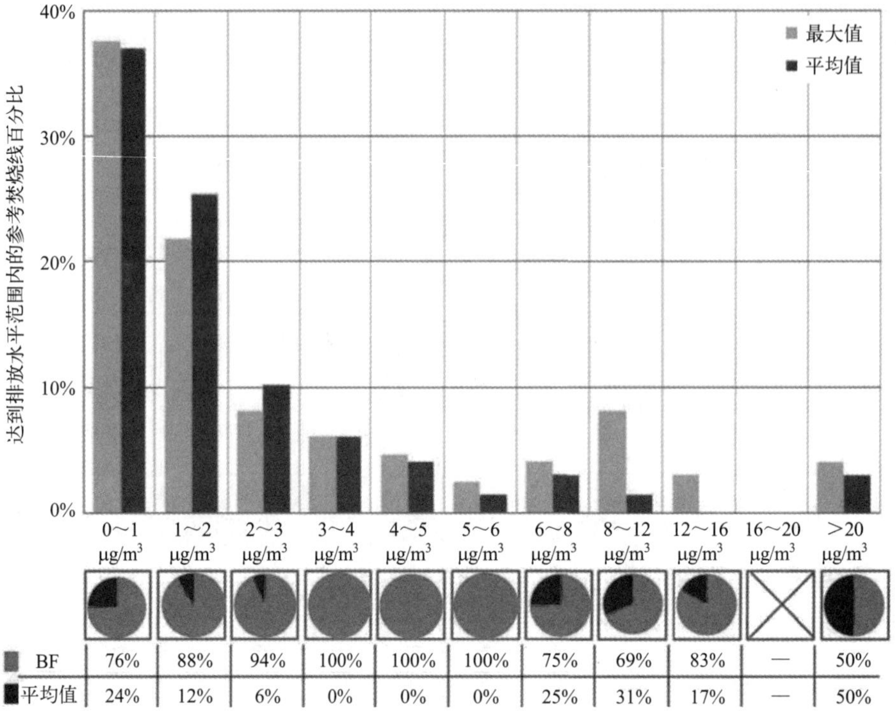

图 3.33　以焚烧 MSW 为主的参考焚烧线排至大气中的周期性监测 Cd+Tl 排放情况[81]

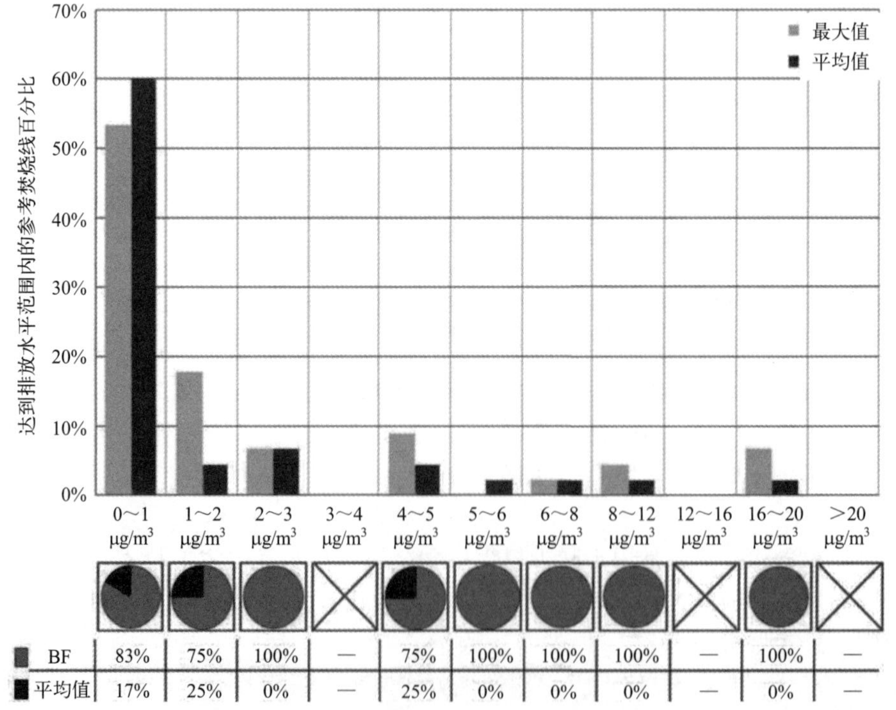

图 3.34　以焚烧 ONHW 为主的参考焚烧线排至大气中的周期性监测 Cd+Tl 排放情况[81]

对于图中的横轴所标示的每个排放浓度范围，其下方的饼状图给出了在给定范围内达到排放水平的参考焚烧线的比例，这些焚烧线所安装的相关工艺设备包括：采用袋式过滤器、采用其他技术（例如 ESP）。

由图 3.33、图 3.34 可知，Cd+Tl 的排放水平值通常总是非常低的，其范围在接近量化极限值和 0.02mg/m^3 之间，例外的情况是：其中 6 条参考焚烧线的排放水平值在 0.02～0.1mg/m^3 之间，这些值为采样期间平均值的最大值；其中 1 条参考焚烧线所报告的最高排放水平值超过 1mg/m^3。

本书所参考焚烧厂的报告数据并没有表明，所达到的排放水平与所采用的试剂类型和数量、焚烧厂的年限和规模或者炉型之间存在明显的相关性。

3.2.2.2　污水污泥焚烧的大气排放

(1) 氯化氢和氟化氢

参与 2016 年数据收集的污水污泥（SS）焚烧厂采用的是湿式或干式净化系统，未有任何焚烧厂报告其采用了半湿式或半干式净化系统。

源自 17 条主要焚烧 SS 的参考焚烧线的 HCl 排放数据是基于连续性测量方式获得的，其以简化形式显示在图 3.35 中，其相应的详细图是：附件 8.6 中的图 8.34 为日排放和年排放水平，附件 8.7 中的图 8.86 为半小时排放水平。

对于图中的横轴所标示的每个排放浓度范围，其下方的饼状图给出了在给定范围内达到排放水平的参考焚烧线的比例，这些焚烧线所安装的相关工艺设备包括：采用湿式洗涤器、采用其他技术（主要是 DSI）。

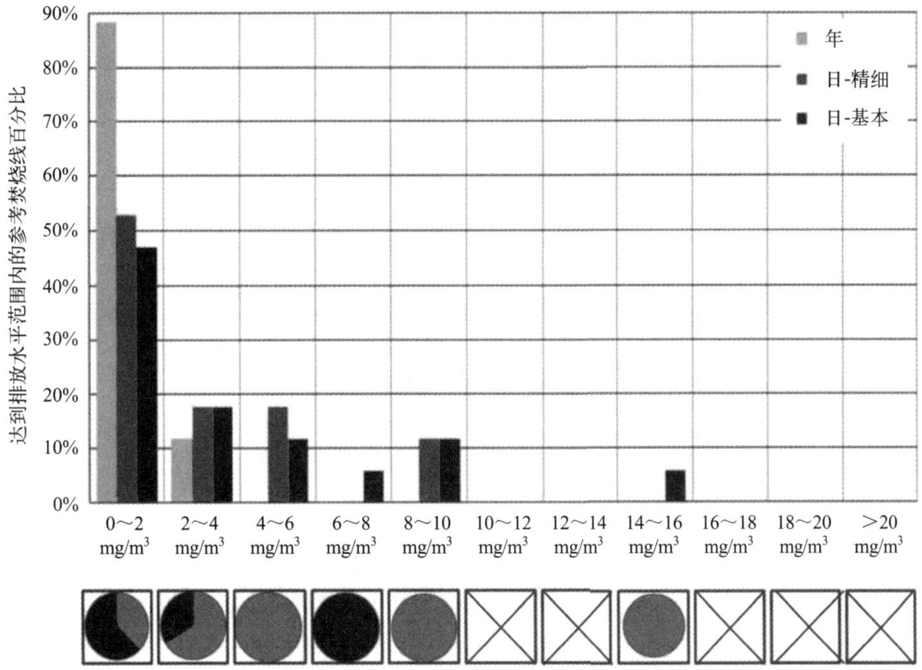

湿式	38%	67%	100%	0%	100%	—	—	100%	—	—	—
其他	63%	33%	0%	100%	0%	—	—	0%	—	—	—

图 3.35　以焚烧 SS 为主的参考焚烧线排至大气中的连续性监测 HCl 排放情况[81]

由图 3.35 可知，氯化氢和氟化氢的排放水平值接近量化限值，年平均值为 8mg/m^3，最大日平均值为 10mg/m^3（基于“精细”数据滤波方式处理）。在大多数情况下，通过标记为“基本”数据滤波方式所获得的最大日平均值与标记为“精细”数据滤波方式所获得的排放水平值间并无显著的变化；最为显著的例外是编码为 DE87.2R 的焚烧厂，其最大日平均排放水平值从 5.8mg/m^3 上升到 14.8mg/m^3，在启炉时所记录的排放水平值远高于正常的排放水平值，且日平均值仅包括有限数量的以半小时为周期的排放水平值。

本书所参考焚烧厂的报告数据并没有表明：所达到的排放水平与所采用的试剂类型和数量、焚烧厂的年限和规模或者炉型之间存在明显的相关性。此处所有的焚烧厂均采用的是流化床焚化炉。

基于连续性或周期性方式所测量的氟化氢（HF）排放数据在本章中以简化形式显示在下列图中，详细的说明参见附件 8.6 和附件 8.8，每半小时的排放水平参见附件 8.7：

① 图 3.36 为以焚烧 SS 为主并周期性监测 HF 的 6 条参考焚烧线的情况，所对应的详细图为图 8.135。

② 图 3.37 为以焚烧 SS 为主并连续性监测 HF 的 7 条参考焚烧线的情况，所对应的详细图分别是：图 8.35 为日排放和年排放水平，图 8.87 为半小时排放水平。

对于图中的横轴所标示的每个排放浓度范围，其下方的饼状图给出了在给定范围内达到排放水平的参考焚烧线的比例，这些焚烧线所安装的相关工艺设备包括：采用湿式洗涤器、采用其他技术（主要采用 DSI）。

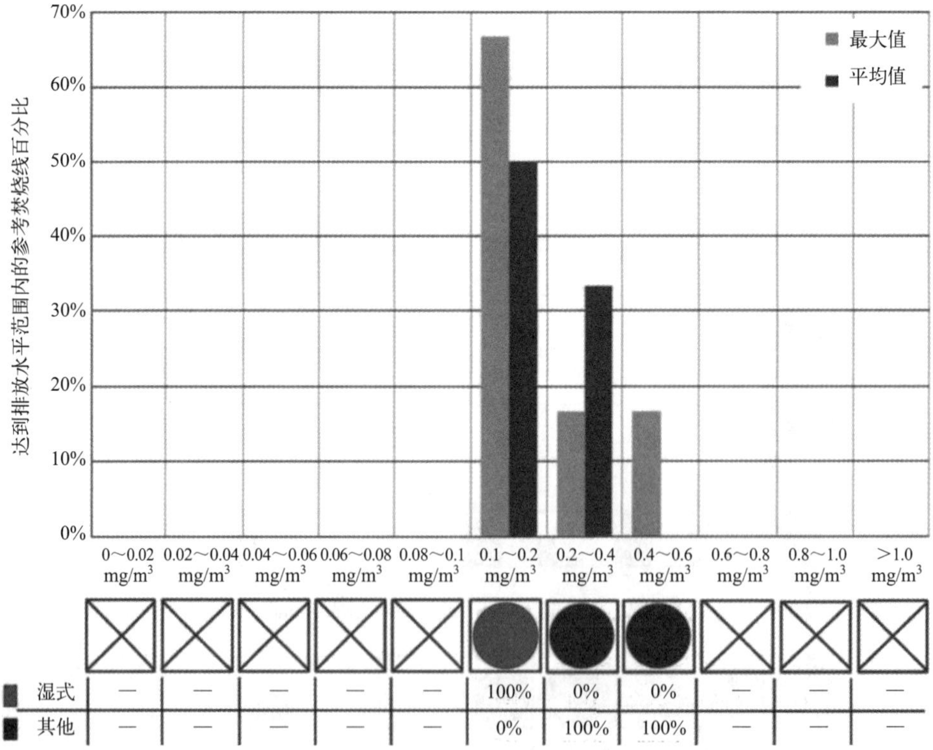

图 3.36　以焚烧 SS 为主的参考焚烧线排至大气中的周期性监测 HF 排放情况[81]

由图 3.36、图 3.37 可知，HF 的排放水平值接近量化限值，年平均值为 0.3mg/m^3，最大日平均值或采样期间的平均值为 1.2mg/m^3。通过采用“基本”数据滤波方式所获得的

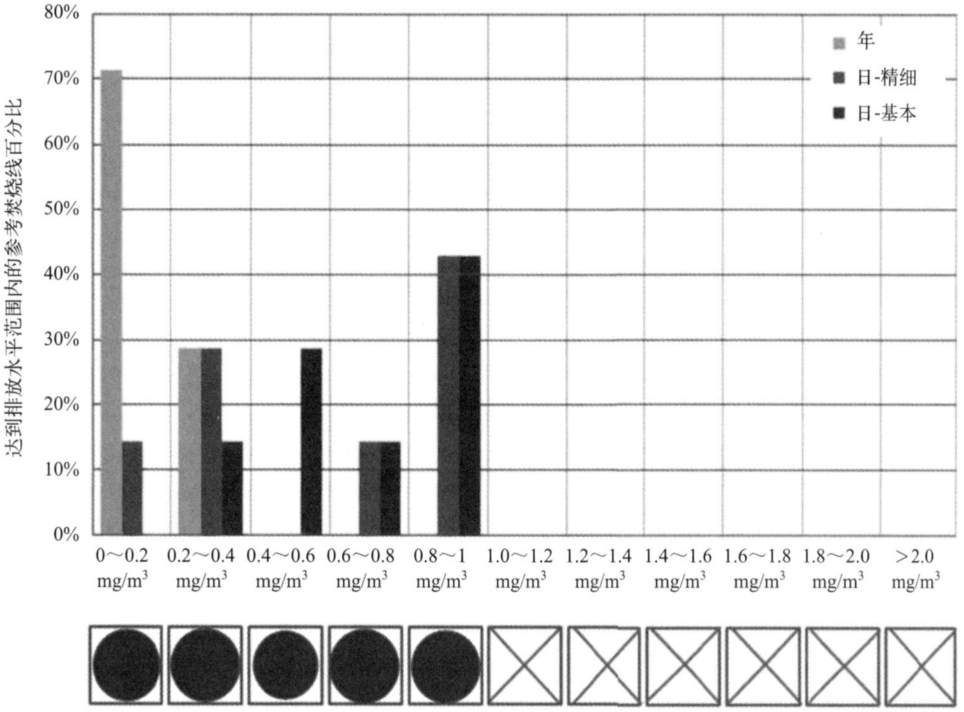

湿式	0%	0%	0%	0%	0%	—	—	—	—	—	—
其他	100%	100%	100%	100%	100%	—	—	—	—	—	—

图 3.37　以焚烧 SS 为主的参考焚烧线排至大气中的连续性监测 HF 排放情况[81]

最高日平均值与采用“精细”数据滤波方式所获得的平均值相比而言，并无实质变化。其中一个焚烧厂的排放水平值高于 1mg/m^3（最大日平均排放水平值为 1.2mg/m^3），其余焚烧厂的最大日平均排放水平值低于 0.9mg/m^3。

多数以连续性方式监测 HF 的焚烧厂都采用了 DSI 系统，并且采用 $NaHCO_3$ 作为试剂；而以周期性方式监测 HF 的焚烧厂通常配备 DSI 或 WS，并且多数采用 NaOH 作为试剂。

本书所参考焚烧厂的报告数据表明：所达到的排放水平与焚烧厂的年限和规模之间不存在明显的相关性。此处所有的焚烧厂都采用流化床焚化炉。

(2) 二氧化硫

用于减排 SO_2 的烟气净化系统的类型与减排 HCl 的系统相同，其主要区别在于：前者所采用的湿式洗涤器在弱碱性 pH 值（通常为 7～8）环境下运行。

图 3.38 为以焚烧 SS 为主并以连续性方式测量 SO_2 的 17 条参考焚烧线的数据简化形式，相应的详细图分别是：表征日排放和年排放水平的为附件 8.6 中的图 8.36，表征半小时排放水平的为附件 8.7 中的图 8.88。

对于图中的横轴所标示的每个排放浓度范围，其下方的饼状图给出了在给定范围内达到排放水平的参考焚烧线的比例，这些焚烧线所安装的相关工艺设备包括：采用湿式洗涤器、采用其他技术（主要采用 DSI）。

由图 3.38 可知，SO_2 的排放水平接近量化限值，年平均值为 40mg/m^3，最大日平均值为 72mg/m^3。由图 3.38 可知，采用结合 DSI 和 WS 技术的焚烧厂，其最大日平均排放水平值一般在 30mg/m^3 以下。

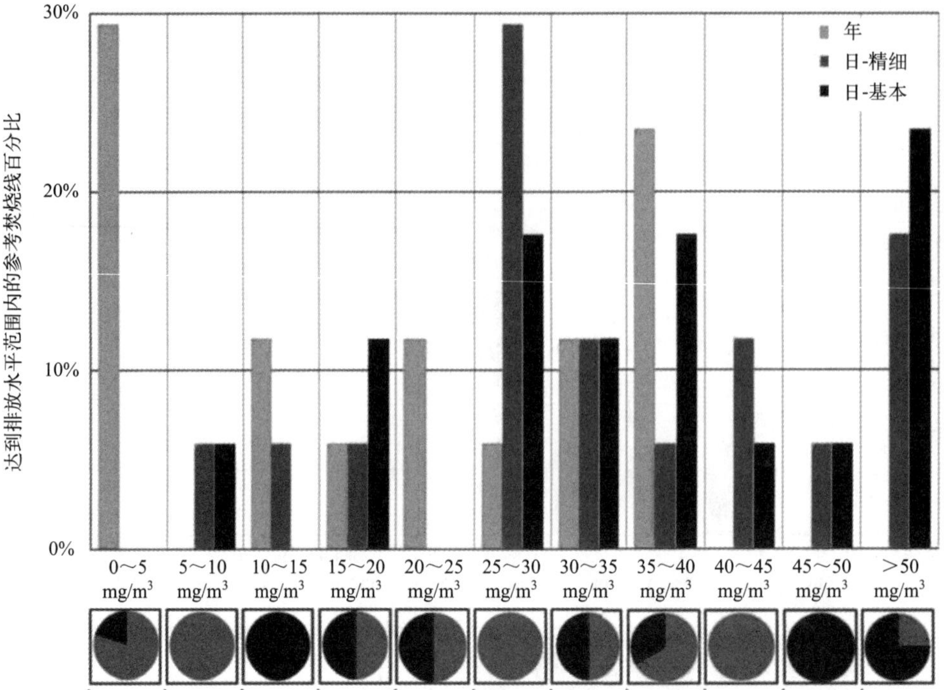

湿式	80%	100%	0%	50%	50%	100%	50%	67%	100%	0%	25%
其他	20%	0%	100%	50%	50%	0%	50%	33%	0%	100%	75%

图 3.38 以焚烧 SS 为主的参考焚烧线排至大气中的连续性监测 SO_2 排放情况[81]

本书所参考焚烧厂的报告数据表明：所达到的排放水平与所采用的试剂类型和数量或焚烧厂的年限间不存在明显的相关性。此处，所有焚烧厂都采用流化床焚化炉。

(3) 粉尘

为减少粉尘的排放水平，参与 2016 年数据收集的污泥焚烧厂或者安装了静电除尘器(ESP)，或者安装了袋式过滤器（BF）。

在某些情况下，上述两种技术是可结合使用的，例如，在锅炉后采用静电除尘器预先除尘，在排放烟囱前采用袋式除尘器除尘。这使得能够从 FGC 残余物中分离出飞灰和进行单独的回收/处置。某些焚烧厂还采用旋风器或多旋风器进行预除尘处理。

湿式洗涤器和固定吸附床也是有助于去除粉尘的。

在整体烟气净化系统的设计中，系统不同部分间具有相互依赖的关系是很常见的现象。例如，在干式和半湿式系统中，袋式过滤器也同时作为去除酸性气体的反应器。此外，如果采用合适的试剂（例如活性炭），它们也能够去除 PCDD/F 和金属（包括汞和镉）。

基于连续性方式监测以焚烧 SS 为主的 16 条参考焚烧线的粉尘排放数据的简化形式如图 3.39 所示，其中：日排放和年排放的详细曲线图为附件 8.6 中的图 8.37，半年排放水平的详细曲线图为附件 8.7 中的图 8.89。

对于图中的横轴所标示的每个排放浓度范围，其下方的饼状图给出了在给定范围内达到排放水平的参考焚烧线的比例，这些焚烧线所安装的相关工艺设备包括：采用袋式过滤器、采用其他技术（例如 ESP)。

由图 3.39 可知，粉尘的排放水平值接近量化限值，年平均值为 $3.4mg/m^3$，最大日平均值为 $6.2mg/m^3$（采用“精细”数据滤波方式处理）。在某些情况下，通过“基本”数据

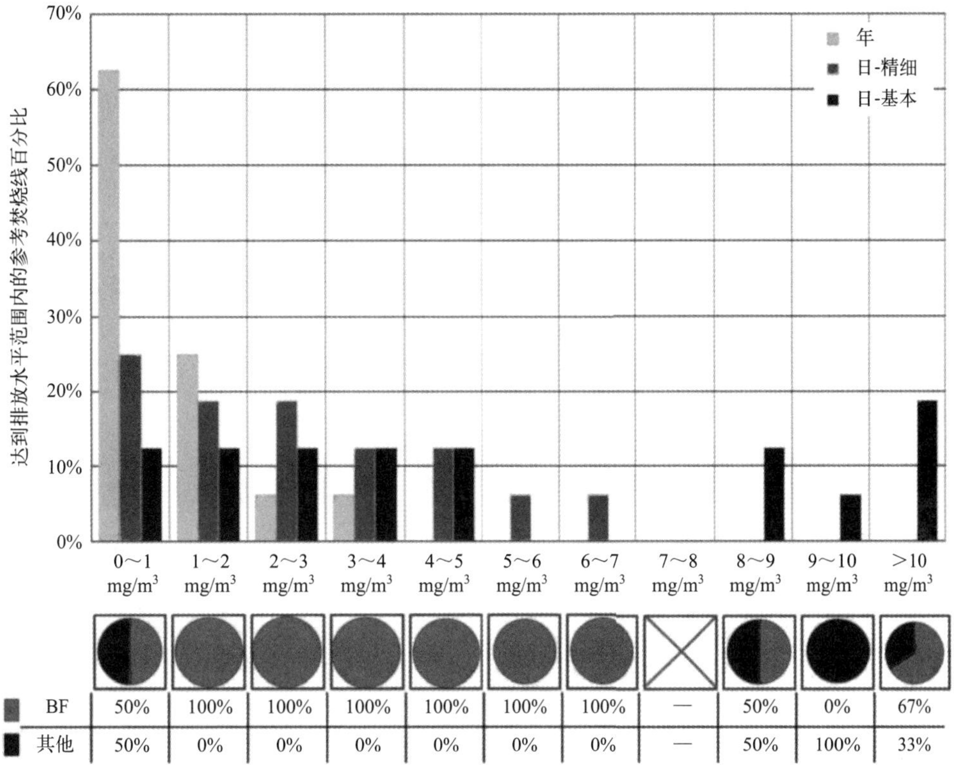

图 3.39　以焚烧 SS 为主的参考焚烧线排至大气中的连续性监测粉尘排放情况[81]

滤波方式处理的数据所获得的最高日平均值可能会高得多，这一般与 OTNOC 情况有关。该图表明，所有最大日平均排放水平值高于 3.7mg/m^3（采用“精细”数据滤波方式处理）的焚烧厂均是新建小型焚烧厂，而所有中型和大型焚烧厂的排放水平都是较低的。其中，所有焚烧厂采用的都是流化床焚化炉。

(4) 氮氧化合物

在污水污泥焚烧过程中，采用流化床焚烧炉会比采用其他炉型获得更低的 NO_X 排放水平。在参与 2016 年数据收集的污水污泥焚化炉中，约 60%采用 SCR 和或 SNCR 作为进一步减少 NO_X 排放水平的辅助技术。

基于连续性测量方式以焚烧 SS 为主的 17 条参考焚烧线的 NO_X 排放数据的简化形式如图 3.40 所示，其中：日排放和年排放水平数据的详细曲线图为附件 8.6 中的图 8.38，半小时排放水平数据的详细曲线为附件 8.7 中的图 8.90。

对于图中的横轴所标示的每个排放浓度范围，其下方的饼状图给出了在给定范围内达到排放水平的参考焚烧线的比例，这些焚烧线所安装的相关工艺设备包括：采用 SCR、采用 SNCR 不采用 SCR、最多采用主要技术。

由图 3.40 可知，NO_X 排放水平范围的年平均排放水平值在 12～223mg/m^3 之间，最大日平均排放水平值（采用“精细”数据滤波方式）在 20～233mg/m^3 之间。在采用 SNCR 或未采用任何辅助技术降低 NO_X 排放水平的焚烧厂中，可观测到高于 140mg/m^3 的排放水平值。

对于采用 SCR 的焚烧厂，通过基于“精细”和“基本”数据滤波方式处理所获得的最大日平均值之间未能观测到显著的差异性，但是对于采用 SNCR 或未采用辅助技术的焚烧

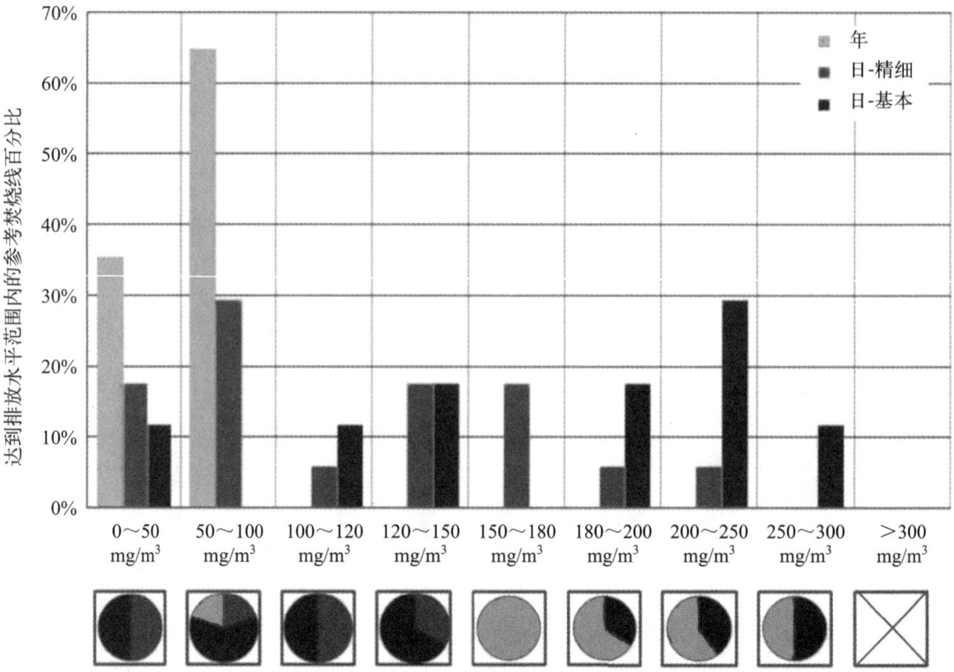

	0～50 mg/m³	50～100 mg/m³	100～120 mg/m³	120～150 mg/m³	150～180 mg/m³	180～200 mg/m³	200～250 mg/m³	250～300 mg/m³	>300 mg/m³
SCR	50%	20%	50%	33%	0%	0%	0%	0%	—
SNCR	50%	60%	50%	67%	0%	33%	40%	50%	—
初级	0%	20%	0%	0%	100%	67%	60%	50%	—

图 3.40　以焚烧 SS 为主的参考焚烧线排至大气中的连续性监测 NO_X 排放情况[81]

厂而言，这种差异性通常是较高的，这反映了焚烧过程较低的内在稳定性。

本书所参考焚烧厂的报告数据表明：所达到的排放水平与所采用的试剂类型和数量、焚烧厂的年限和规模或者炉型之间不存在明显的相关性。其中，所有的焚烧厂均采用流化床焚化炉。

(5) 氨

氨的排放水平与从 SCR 或 SNCR 工艺中所泄漏的反应物相关。在采用 SCR 工艺的情况下，控制此类氨排放的主要技术是进行工艺的优化和催化剂的良好维护。SCR 工艺也可作为所泄漏催化剂的回收过程而使用，其本质是，与在 SNCR 工艺中进行主要还原后还未反应的氨进一步地进行反应。

基于连续性测量方式，以焚烧 SS 为主的 7 条参考焚烧线的氨排放数据如图 3.41 所示，其相应的详细曲线图是：附件 8.6 中的图 8.39 为日排放和年排放水平，附件 8.7 中的图 8.91 为半小时排放水平。

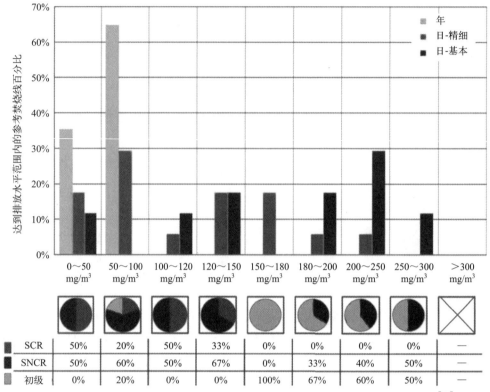

对于图中的横轴所标示的每个排放浓度范围，其下方的饼状图给出了在给定范围内达到排放水平的参考焚烧线的比例，这些焚烧线所安装的相关工艺设备包括：采用 SCR、采用 SNCR 和下游湿式洗涤器、采用 SNCR 和下游干式技术（针对未运行二次脱硝技术的焚烧厂而言，其相应的排放与氨泄漏无关）。

除采用 SNCR 的参考焚烧线 PL02 所报告的 NH_3 排放水平值的年平均水平值接近 90mg/m^3 和最大日平均水平值接近 235mg/m^3 之外，焚烧厂以连续性方式所监测氨的排放水平值介于接近量化限值和年平均值 19mg/m^3 或最大日平均值 47mg/m^3 之间。通常，采用 SNCR 和湿式洗涤器的焚烧厂能够达到低于 13.4mg/m^3 的排放水平。采用 SCR 的焚烧

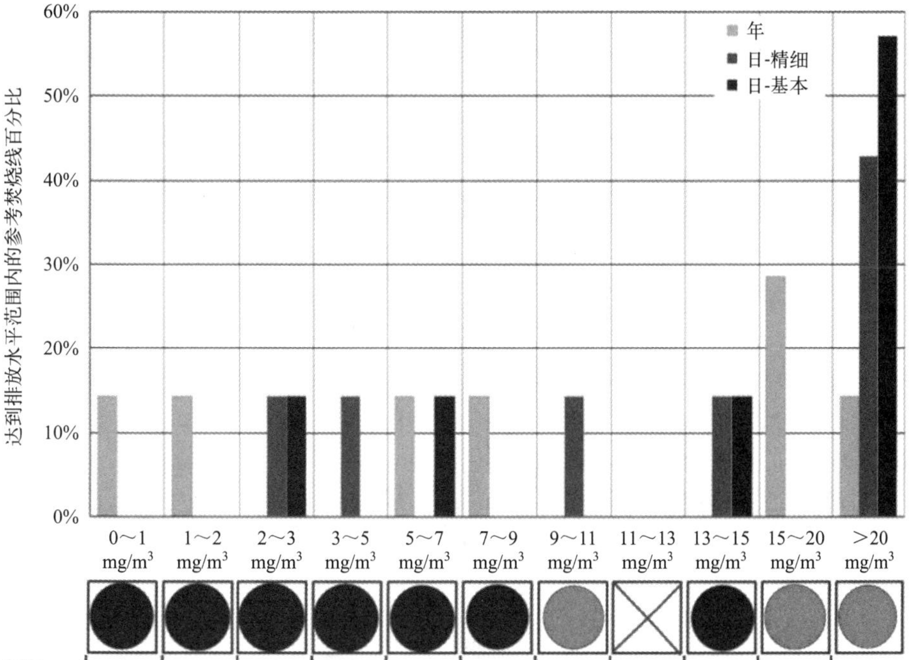

	0～1	1～2	2～3	3～5	5～7	7～9	9～11	11～13	13～15	15～20	>20
SCR	0%	0%	0%	0%	0%	0%	0%	—	0%	0%	0%
SNCR+湿式	100%	100%	100%	100%	100%	100%	0%	—	100%	0%	0%
SNCR+干式	0%	0%	0%	0%	0%	0%	100%	—	0%	100%	100%

图 3.41　以焚烧 SS 为主的参考焚烧线排至大气中的连续性监测 NH_3 排放情况[81]

厂均未采用连续性方式监测氨的排放。除参考焚烧线 PL02 外，PL07.1 和 PL07.2 也均采用 SNCR，其所对应的 NH_3 排放水平值升高（最大日平均值为 32mg/m^3 和 46mg/m^3）；同时，这两条参考焚烧线也报告了极低的 NO_X 排放水平值（年平均排放水平值为 11mg/m^3 和 19mg/m^3 的）。依据报告结果可知，导致如此高的氨排放水平值不是由于过量的氨注入速率（氨泄漏）造成的，而是因为：在这些焚烧厂的焚烧条件下，由于燃烧湿污泥（仅作机械脱水处理）而直接会排放氨。从污泥脱水装置中所提取的并用作燃烧空气的氨负荷，也进一步导致氨的高排放水平值。

通过“基本”和“精细”数据滤波方式所获得的最大日平均值之间不存在明显的差异。

报告以周期性方式监测排放水平数据的参考焚烧线仅有 2 条，其最大排放水平值为 0.1mg/m^3（参考焚烧线 AT08-1，采用了 SCR 和湿式洗涤器）和 5.7mg/m^3（参考焚烧线 FR98，采用了 SNCR 和 DSI）。

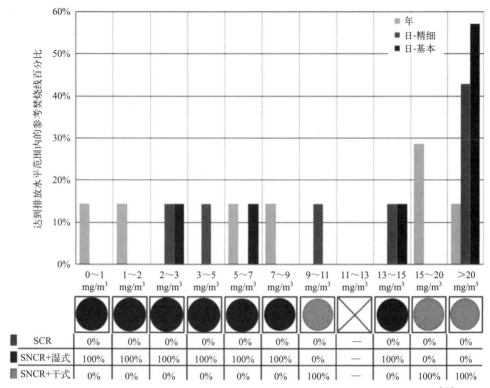

本书全部参考焚烧厂的报告数据表明：所达到的排放水平与所采用的试剂类型和数量、焚烧厂的年限和规模或者炉型之间不存在明显的相关性。此处，所有的焚烧厂都采用流化床焚化炉。

（6）TVOC

基于连续性方式测量以焚烧 SS 为主的 14 条参考焚烧线的挥发性有机化合物总量（TVOC），其排放数据的简化形式如图 3.42 所示，其对应的详细图分别是：附件 8.6 中的图 8.40 为日和年排放水平，附件 8.7 中的图 8.92 为半小时排放水平。

对于图中的横轴所标示的每个排放浓度范围，其下方的饼状图给出了在给定范围内达到排放水平的参考焚烧线的比例，其中：这些排放水平值都在给定的范围内，并归类于不同规模的焚烧厂（小型、中型和大型焚烧厂的分类区间已在前文进行了描述）。

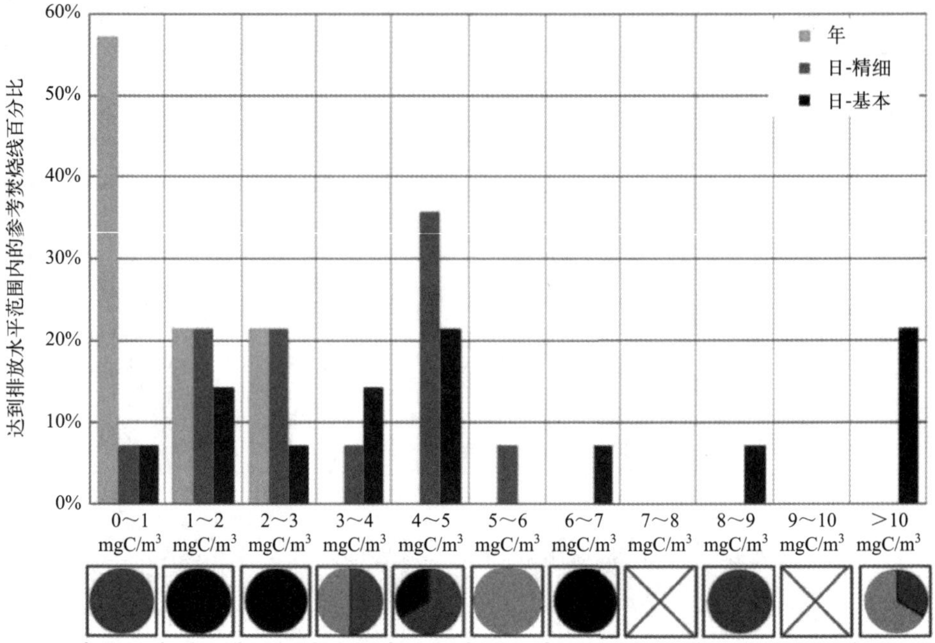

小	100%	0%	0%	50%	67%	0%	0%	—	100%	—	33%
中	0%	100%	100%	0%	33%	0%	100%	—	0%	—	0%
大	0%	0%	0%	50%	0%	100%	0%	—	0%	—	67%

图 3.42　以焚烧 SS 为主的参考焚烧线排至大气中的连续性监测 TVOC 排放情况[81]

由图 3.42 可知，TVOC 的排放水平值接近量化限值，年平均值为 3mg/m^3，最大日平均值为 5.1mg/m^3（采用“精细”数据滤波方式处理）。对于 3 条参考焚烧线，当采用“基本”数据滤波方式处理时，最大日平均值具有更高的排放水平峰值，这通常与 OTNOC 相关。

本书所参考焚烧厂的报告数据表明：所达到的排放水平与所采用的试剂类型和数量、焚烧厂的年限和规模或者炉型之间不存在明显的相关性。

（7）一氧化碳

基于连续性方式测量以焚烧 SS 为主的 17 条参考焚烧线的一氧化碳（CO），其排放数据的简化形式如图 3.42 所示，其对应的详细图分别是：日排放和年排放水平为附件 8.6 中的图 8.41，半小时排放水平为附件 8.7 中的图 8.93。

对于图中的横轴所标示的每个排放浓度范围，其下方的饼状图给出了在给定范围内达到排放水平的参考焚烧线的比例，其中：这些排放水平值都在给定的范围内，并归类于不同规模的焚烧厂（小型、中型和大型焚烧厂的分类区间已在前文进行了描述）。

由图 3.43 可知，CO 的排放水平值接近量化限值，年平均值为 29mg/m^3，最大日平均值为 42mg/m^3（采用“精细”数据滤波方式处理）。与 TVOC 排放类似，在某些情况下，采用“基本”数据滤波方式处理的排放水平值会观测到更高的排放峰值，这通常与 OTNOC 有关。

本书所参考焚烧厂的报告数据表明：所达到的排放水平与所采用的试剂类型和数量、焚烧厂的年限和规模或者炉型之间不存在明显的相关性。此处，所有的焚烧厂均采用流化床焚化炉。

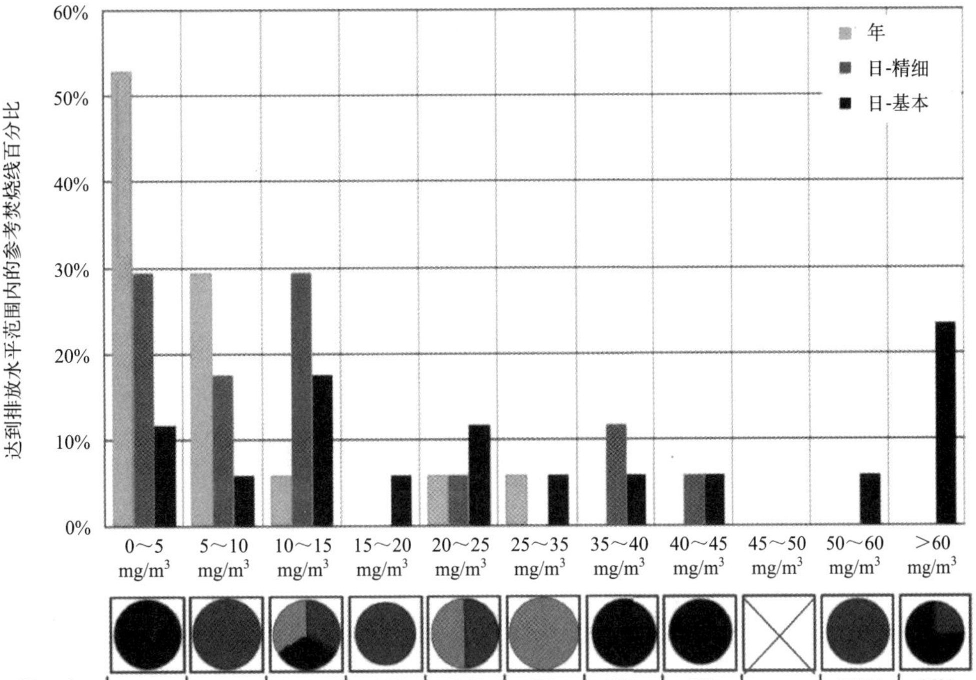

小	0%	100%	33%	100%	50%	0%	0%	0%	—	100%	25%
中	100%	0%	33%	0%	0%	0%	100%	100%	—	0%	75%
大	0%	0%	33%	0%	50%	100%	0%	0%	—	0%	0%

图 3.43　以焚烧 SS 为主的参考焚烧线排至大气中的连续性监测 CO 排放情况[81]

(8) PCDD/F、PCB 和 PAH

为了达到多氯代二苯并二噁英/呋喃（PCDD/F）的低排放水平，所采用的主要和辅助技术都很重要。在燃烧系统中，气体的有效混合性（高湍流）提高了对 PCDD/F 和废弃物中已存在的类似化合物的破坏能力。通过避免锅炉和烟气处理系统中的 PCDD/F 和与其类似化合物重新组合的温度窗口的出现，能够防止新 PCDD/F 从头合成反应的发生。

为进一步减少污染物排放水平，焚烧厂采用的 3 种主要技术如下：

① 静态或移动床活性炭过滤器；

② 活性炭（单独或与其他试剂混合）注入后在除尘器中去除污染物；

③ 在催化剂上对气态 PCDD/F 进行破坏，也包括在催化过滤袋中的此类情况。

采用活性炭还具有降低汞排放水平的优点。催化剂主要是用于减少 NO_X 的排放。

基于周期性方式测量的以焚烧 SS 为主的 14 条参考焚烧线的 PCDD/F，其排放数据的简化形式如图 3.44 所示，其对应的详细图为附件 8.8 中的图 8.136。

对于图中的横轴所标示的每个排放浓度范围，其下方的饼状图给出了在给定范围内达到排放水平的参考焚烧线的比例，这些焚烧线所安装的相关工艺设备包括：采用固定吸附床、未采用固定吸附床和湿式洗涤器、未采用固定吸附床和干式 FGC 技术。

由图 3.44 可知，排放水平值在接近量化限值和 0.011ng I-TEQ/m^3 之间，例外情况仅存在于一条参考焚烧中，其排放水平值为 0.06ng I-TEQ/m^3。

本书所参考焚烧厂的报告数据表明：所达到的排放水平与所采用的试剂类型和数量、焚烧厂的年限和规模之间不存在明显的相关性。此处所有焚烧厂均为流化床焚化炉。

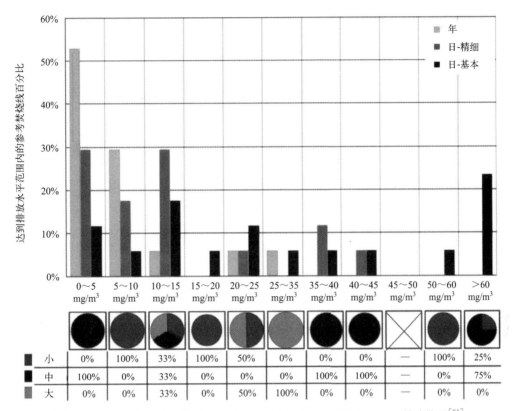

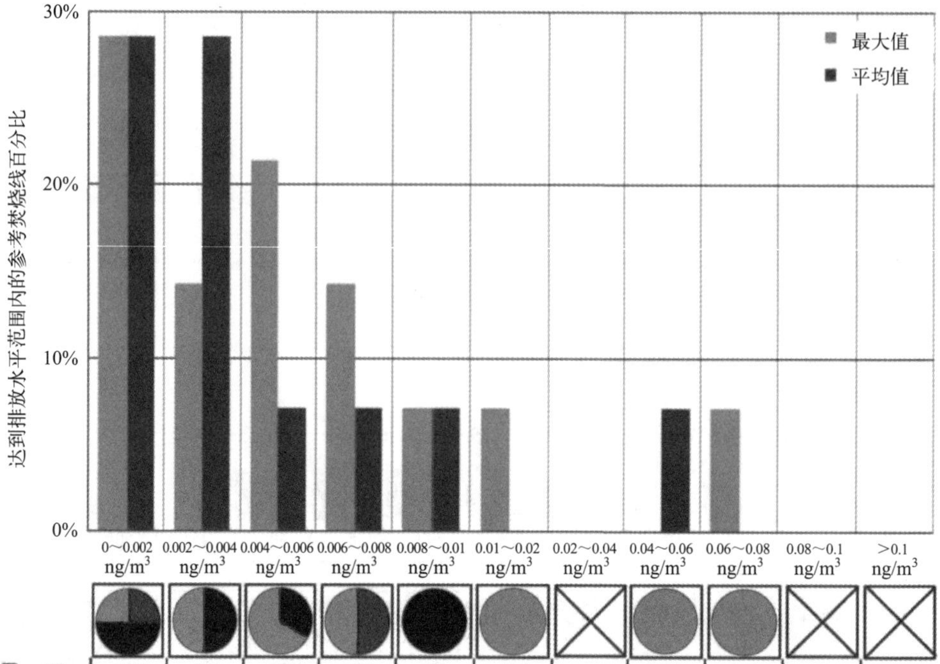

	0~0.002 ng/m^3	0.002~0.004 ng/m^3	0.004~0.006 ng/m^3	0.006~0.008 ng/m^3	0.008~0.01 ng/m^3	0.01~0.02 ng/m^3	0.02~0.04 ng/m^3	0.04~0.06 ng/m^3	0.06~0.08 ng/m^3	0.08~0.1 ng/m^3	>0.1 ng/m^3
AB	25%	0%	0%	50%	0%	0%	—	0%	0%	—	—
湿式	50%	50%	33%	0%	100%	0%	—	0%	0%	—	—
干式	25%	50%	67%	50%	0%	100%	—	100%	100%	—	—

注：浓度表示为ng I-TEQ/m^3。

图 3.44　以焚烧 SS 为主的参考焚烧线排至大气中的周期性监测 PCDD/F 排放情况[81]

去除多氯联苯（PCB）和多芳香烃（PAH）所采用的技术与去除 PCDD/F 相同，这意味着能够有效去除 PCDD/F 的烟气净化系统也将能够处理 PCB 和 PAH。

基于周期性方式测量的以焚烧 SS 为主的参考焚烧线中，所报告的二噁英类 PCB、PAH 和 BaP 的排放水平如下所示：

① 面向二噁英类 PCB 的两条参考焚烧线（UK15 和 FR98），所报告的最大排放水平值低于 0.001ngWHO-TEF；

② 面向 PAH 的 3 条参考焚烧线（DE15-1、DE15-2 和 UK15），其均采用安装了 ESP、湿式洗涤器和袋式过滤器的流化床焚烧炉，并且均注入了活性炭以进行污染物吸附。DE15-1 为新近改建的中等规模焚烧厂，所报告的排放水平为 0.002g/m^3。UK15 是一个较为陈旧的小规模焚烧厂，所报告的排放水平为 13g/m^3。

③ 面向 BaP 的一条参考焚烧线（DE16，采用 ESP、湿式洗涤器、袋式过滤器和进行活性炭注入的流化床焚烧炉）所报告的排放水平为 0.1g/m^3。

(9) 汞

绝大多数的焚烧厂采用活性炭进行汞的去除，或者在固定床系统中，或者在夹流活性炭注入系统中。活性炭（例如溴化或硫浸渍）的消耗率和质量直接影响汞的排放水平值。其他不太常用的技术是采用沸石或在酸性湿式洗涤器中捕获汞，其中：如果汞以氯化汞的形式存在，则其可作为汞的吸收池。汞从烟气流内转移至洗涤液中后，可通过废水处理装置予以去除。

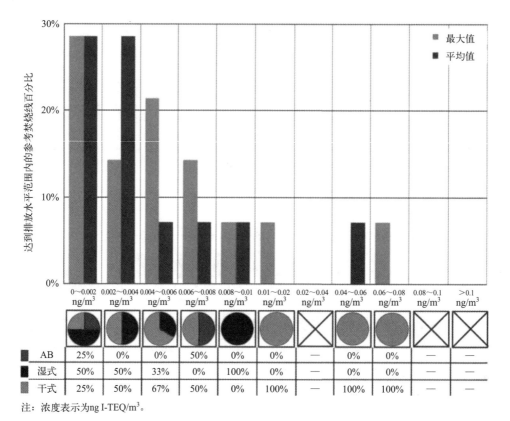

如果汞以金属形式存在，则需要使用氧化剂，例如，溴化活性炭注入或锅炉加溴（详见除汞技术）[74]。

在某些条件下（例如，存在高汞废物输入率），去除能力可能会超出 FGC 系统的上限，进而导致汞排放水平值的暂时升高。这可能反映的情况是，具有不同平均周期的参考焚烧线的排放水平值出现了较大的变化。

基于连续性或周期性方式测量的汞排放数据详见在本章中以简化形式表示的图 3.45～图 3.48，其中更为详细的情况参见附件 8.6 和附件 8.8，每半小时的排放水平详见附件 8.7。

① 图 3.45 为主要焚烧 SS 以周期性方式监测的 14 条参考焚烧线的 Hg 排放水平，所对应的详细情况参见图 8.137；

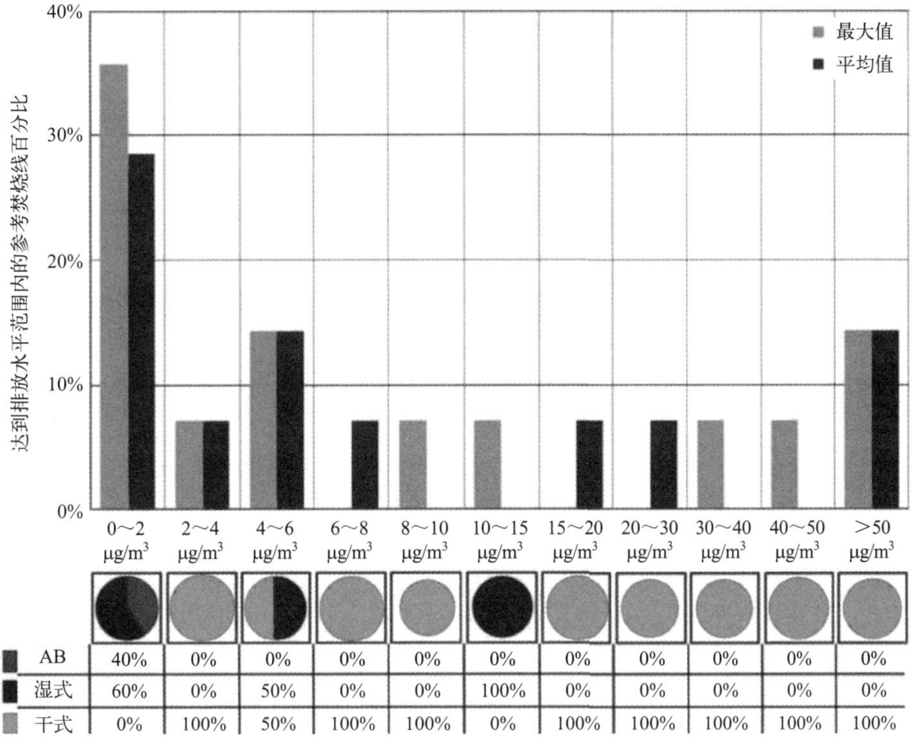

AB	40%	0%	0%	0%	0%	0%	0%	0%	0%	0%	0%
湿式	60%	0%	50%	0%	0%	100%	0%	0%	0%	0%	0%
干式	0%	100%	50%	100%	100%	0%	100%	100%	100%	100%	100%

图 3.45　以焚烧 SS 为主的参考焚烧线排至大气中汞的周期性监测情况[81]

② 图 3.46 为主要焚烧 SS 以连续性方式监测的 5 条参考焚烧线的 Hg 日排放和年排放水平，所对应的详细情况参见图 8.42；

③ 图 3.47 为主要焚烧 SS 以连续性方式监测的 5 条参考焚烧线的 Hg 半小时排放水平，所对应的详细情况参见图 8.94；

④ 图 3.48 为主要焚烧 SS 以连续性方式监测的 5 条参考焚烧线的 Hg 月排放水平，所对应的详细情况参见图 8.95。

对于图中的横轴所标示的每个排放浓度范围，其下方的饼状图给出了在给定范围内达到排放水平的参考焚烧线的比例，这些焚烧线所安装的相关工艺设备包括：采用固定吸附床、未采用固定吸附床和湿式洗涤器、未采用固定吸附床和干式 FGC 技术。

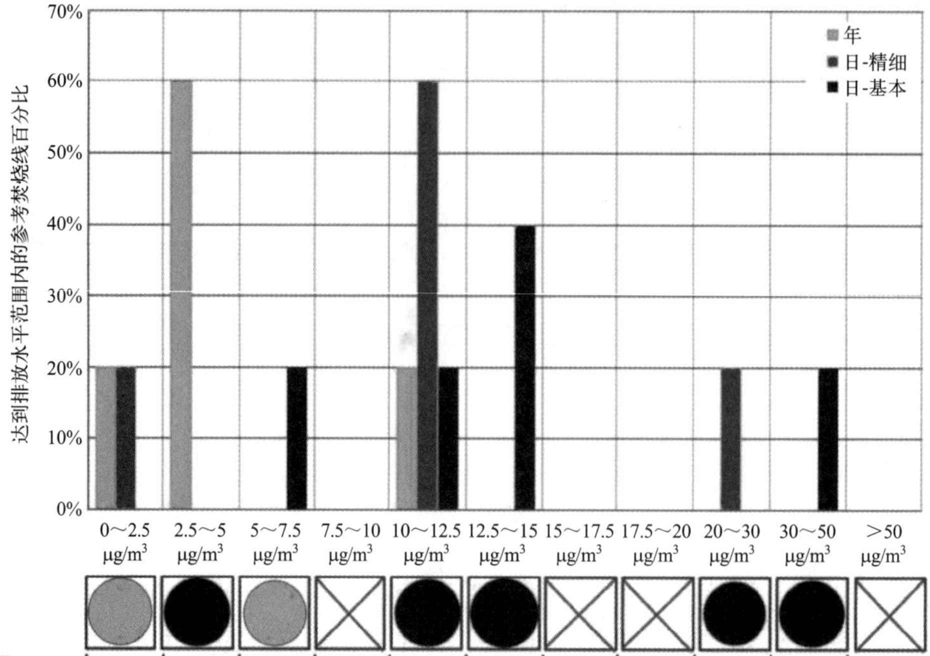

	0~2.5 μg/m³	2.5~5 μg/m³	5~7.5 μg/m³	7.5~10 μg/m³	10~12.5 μg/m³	12.5~15 μg/m³	15~17.5 μg/m³	17.5~20 μg/m³	20~30 μg/m³	30~50 μg/m³	>50 μg/m³
AB	0%	0%	0%	—	0%	0%	—	—	0%	0%	—
湿式	0%	100%	0%	—	100%	100%	—	—	100%	100%	—
干式	100%	0%	100%	—	0%	0%	—	—	0%	0%	—

图 3.46　以焚烧 SS 为主的参考焚烧线排至大气中汞的连续性监测情况[81]

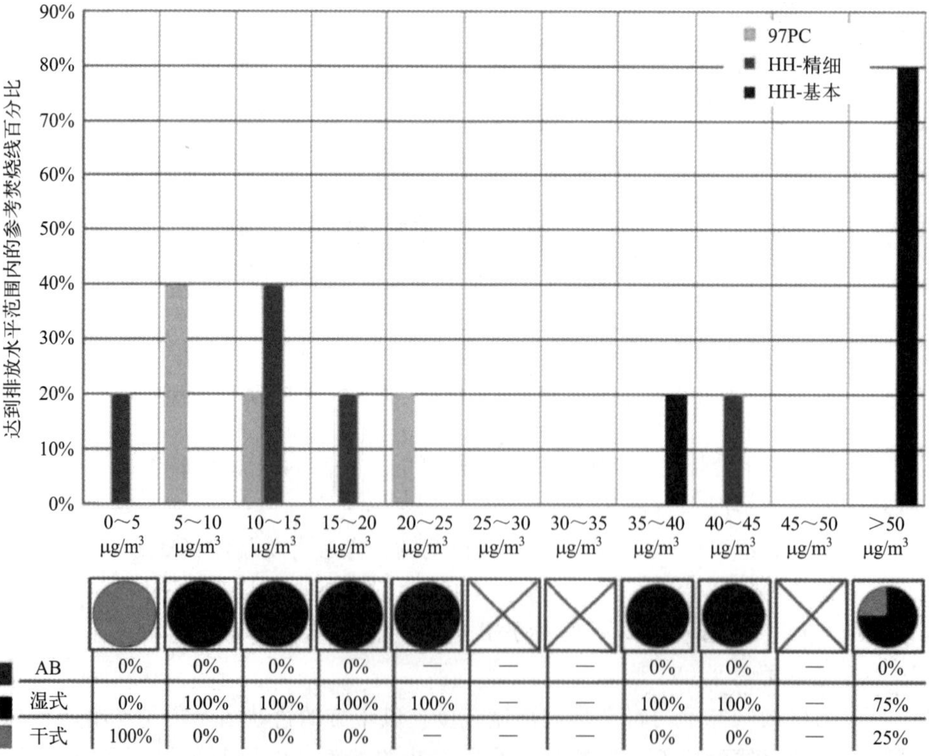

	0~5 μg/m³	5~10 μg/m³	10~15 μg/m³	15~20 μg/m³	20~25 μg/m³	25~30 μg/m³	30~35 μg/m³	35~40 μg/m³	40~45 μg/m³	45~50 μg/m³	>50 μg/m³
AB	0%	0%	0%	0%	—	—	—	0%	0%	—	0%
湿式	0%	100%	100%	100%	100%	—	—	100%	100%	—	75%
干式	100%	0%	0%	0%	—	—	—	0%	0%	—	25%

图 3.47　以焚烧 SS 为主的参考焚烧线排至大气中汞的连续性监测情况：半小时排放水平[81]

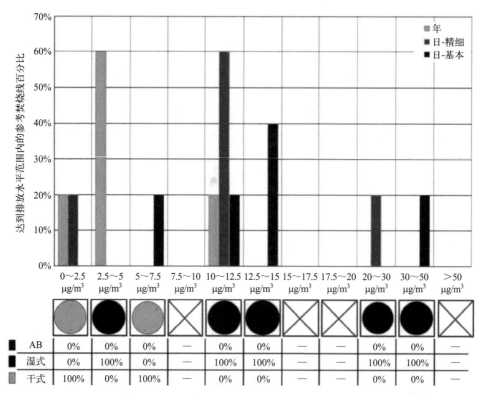

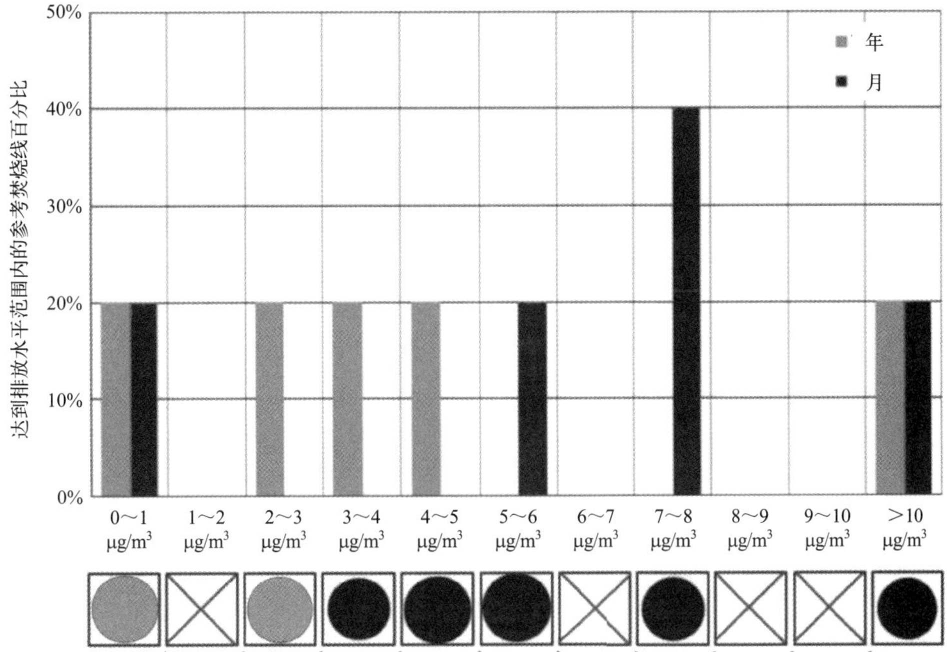

	0~1	1~2	2~3	3~4	4~5	5~6	6~7	7~8	8~9	9~10	>10
AB	0%	—	0%	0%	0%	0%	—	0%	—	—	0%
湿式	0%	—	100%	100%	100%	100%	—	100%	—	—	100%
干式	100%	—	0%	0%	0%	0%	—	0%	—	—	0%

图 3.48 以焚烧 SS 为主的参考焚烧线排至大气中汞的连续性监测情况：月排放水平[81]

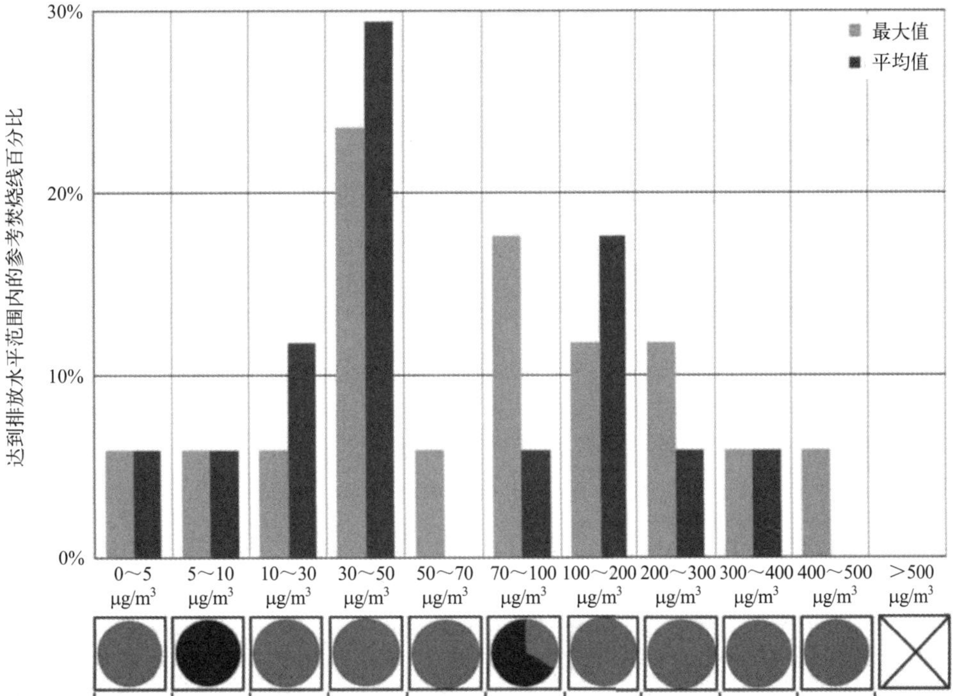

	0~5	5~10	10~30	30~50	50~70	70~100	100~200	200~300	300~400	400~500	>500
BF	100%	0%	100%	100%	100%	33%	100%	100%	100%	100%	—
其他	0%	100%	0%	0%	0%	67%	0%	0%	0%	0%	—

图 3.49 以焚烧 SS 为主的参考焚烧线排至大气中 Sb+As+Cr+Co+Cu+Pb+Mn+Ni+V 的周期性监测情况[81]

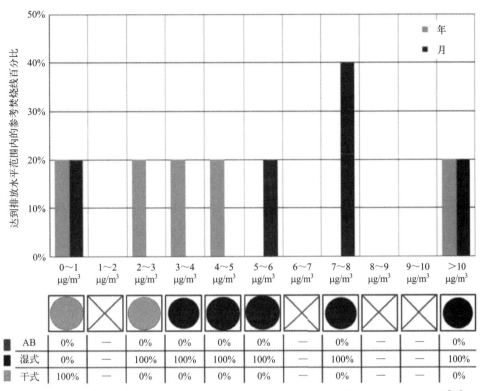

图 3.48 所示的月排放水平值是依据采用连续性方式所监测的数据得到的，所给出的汞排放水平是采用基于长时期采样的典型平均周期性测量方式所获得的。针对月排放水平值而言，其几乎不受短时峰值的影响，此处仅展示基于“基本”数据滤波方式处理的数据。

由图 3.45～图 3.48 可知，排放水平值接近量化限值，年与月平均值为 $0.01mg/m^3$，最大日平均值为 $0.024mg/m^3$（采用“精细”滤波数据方式处理）。在某些情况下，通过采用“基本”数据滤波方式得到的最大日平均值可能会更高（高达 $0.036mg/m^3$），这不仅仅反映存在的高汞废物输入的场景，而且也可能反映出数据采集期间存在 OTNOC 情况，其中的典型日平均值仅包括少许的半小时周期的排放水平值，并且所测量的汞排放水平值较高。

采用周期性方式测量的焚烧厂，在采样期间所报告的汞排放水平均值通常低于 $0.01mg/m^3$，但存在 4 条例外的焚烧线（PL02、PL05、PL07-2 和 PL07-1），其所报告的排放水平值在 $0.04～0.13mg/m^3$ 之间。

本书所参考焚烧厂的报告数据表明：所达到的排放水平与所采用的试剂类型和数量、焚烧厂的年限和规模之间不存在明显的相关性。此处，全部焚烧厂均采用流化床焚化炉。

(10) 锑、砷、铬、钴、铜、铅、锰、镍和钒

用于去除粉尘的技术也能够用于含尘金属的减排。

基于周期性的测量方式，以焚烧 SS 为主的 17 条参考焚烧线的 Sb＋As＋Cr＋Co＋Cu＋Pb＋Mn＋Ni＋V 排放数据的简化形式如图 3.49 所示，其详细情况参见附件 8.8 中的图 8.138。

对于图中的横轴所标示的每个排放浓度范围，其下方的饼状图给出了在给定范围内达到排放水平的参考焚烧线的比例，结果表明：针对达到给定范围内排放水平的参考焚烧线而言，其均采用了袋式过滤器和其他技术（例如，ESP）。

由图 3.49 可知，排放水平值在接近量化限值和 $0.3mg/m^3$ 之间，例外的情况是，其中一条参考焚烧线所报告的排放水平值为 $0.5mg/m^3$，这也是采样期间平均排放水平值的最大值。

本书所参考焚烧厂的报告数据表明：所达到的排放水平与所安装的技术设备、焚烧厂的年限和规模之间不存在明显的相关性。此处所有的焚烧厂均采用流化床焚化炉。

(11) 镉和铊

用于去除粉尘的技术也同样可用于含尘金属的减排。

基于周期性测量方式，以焚烧 SS 为主的 13 条参考焚烧线的 Cd＋Tl 排放数据的简化形式如图 3.50 所示，详细情况参见附件 8.8 中的图 8.139。

对于图中的横轴所标示的每个排放浓度范围，其下方的饼状图给出了在给定范围内达到排放水平的参考焚烧线的比例，其中：在达到给定范围内排放水平的参考焚烧线中均采用了袋式过滤器和其他技术（例如 ESP）。

由图 3.50 可知，Cd＋Tl 的排放水平几乎总是很低的，其值介于接近量化限值和 $0.005mg/m^3$ 之间，例外的情况是，其中的 2 条参考焚烧线（NL06 和 PL05）的排放水平值分别为 $0.02mg/m^3$ 和 $0.036mg/m^3$，这也是采样期间均值的最大值。

本书所参考焚烧厂的报告数据表明：所达到的排放水平与所安装的技术设备、焚烧厂的年限和规模之间不存在明显的相关性。此处，所有焚烧厂均采用流化床焚化炉。

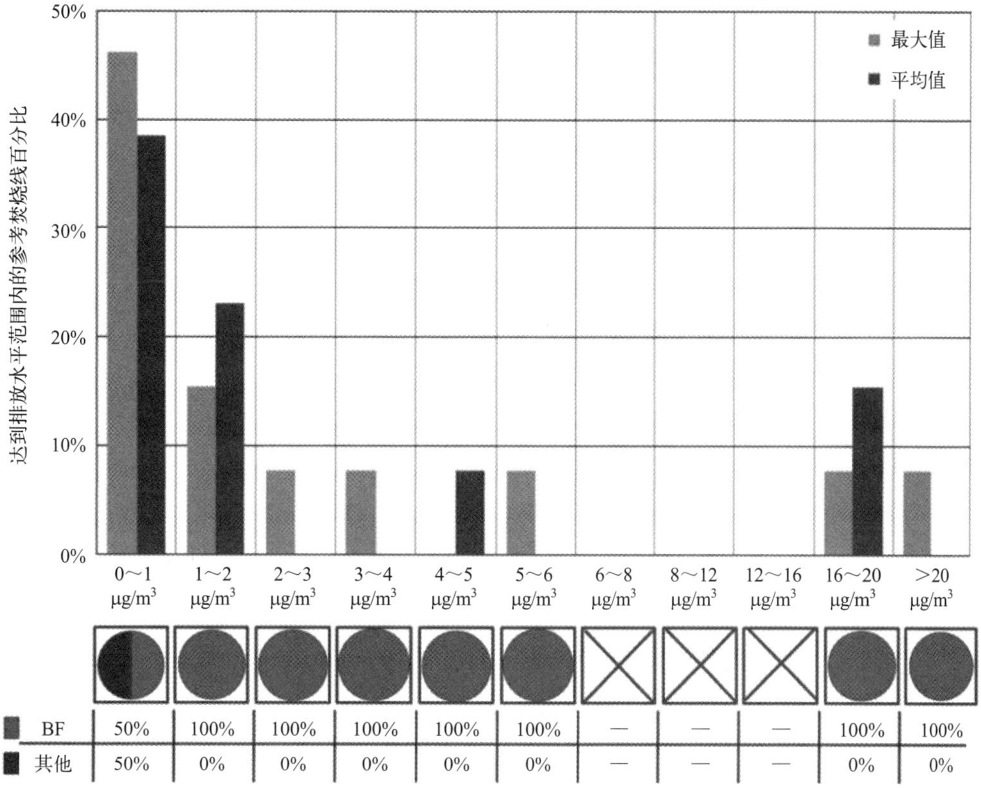

图 3.50　以焚烧 SS 为主的参考焚烧线排至大气中 Cd＋Tl 的周期性监测情况[81]

3.2.2.3　危险废物焚烧的大气排放

(1) 氯化氢和氟化氢

除了少数例外的焚烧厂外，参与 2016 年数据收集的主要焚烧危险废物的焚烧厂均采用配备了湿式减排系统的回转窑。例外的焚烧厂大多是废液炉焚烧系统，其处理的残余物源自化学行业，采用的是装配了干式或半湿式减排系统的炉排焚烧炉，例如，DE31、DE32 和 DE33，这些均用于焚烧受到污染的废木材。

基于连续性方式测量获得的以焚烧 HW 为主的 33 条参考焚烧线的 HCl 排放数据，其简化形式如图 3.51 所示，更为详细的情况为：附件 8.6 中的图 8.43 为日排放和年排放水平，附件 8.7 中的图 8.96 为半小时排放水平。

对于图中的横轴所标示的每个排放浓度范围，其下方的饼状图给出了在给定范围内达到排放水平的参考焚烧线的比例，其中排放水平达到给定范围的参考焚烧线采用了湿式洗涤器和其他技术（例如半湿式吸收器或 DSI）。

由图 3.51 可知，排放水平值接近量化限值，年平均值为 $7.5mg/m^3$，日平均值为 $12mg/m^3$（采用“精细”数据滤波方式处理）。在大多数情况下，采用“基本”数据滤波方式处理所获得的最高日平均排放水平值与采用“精细”数据滤波方式处理所获得的排放水平值间并无显著的变化；偏离这些排放水平值的一些例外情况与未予以报告的维护周期有关（例如 BE09.1 和 BE09.3）。

本书所参考焚烧厂的报告数据表明：所达到的排放水平与所采用的试剂类型和数量、焚烧厂的年限和规模不存在明显的相关性。此处的大多数焚烧厂均采用回转窑。

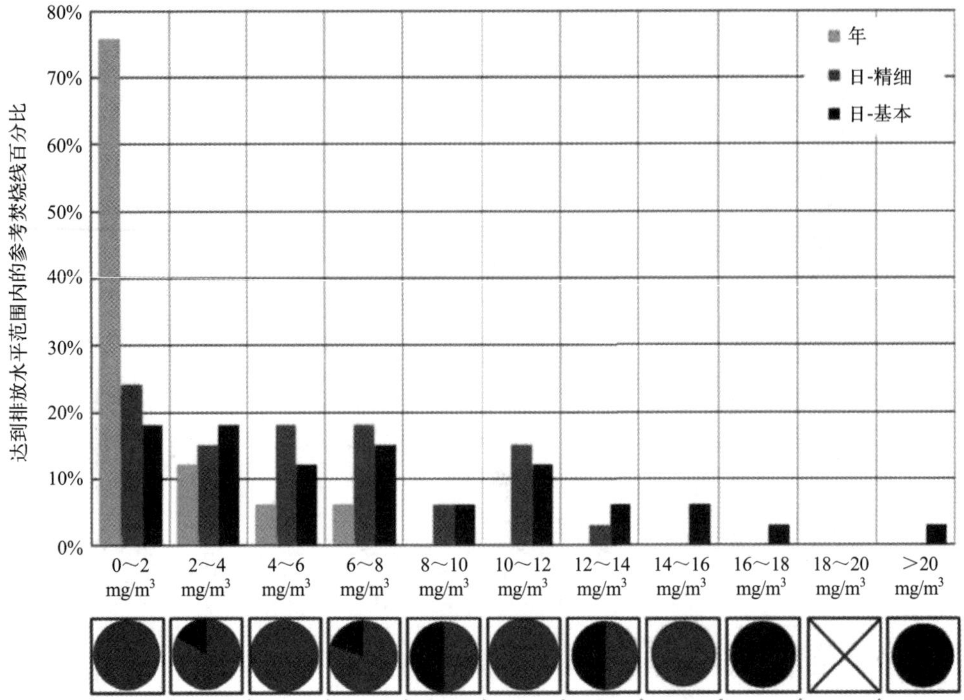

湿式	100%	83%	100%	80%	50%	100%	50%	100%	0%	—	0%
其他	0%	17%	0%	20%	50%	0%	50%	0%	100%	—	100%

图 3.51 以焚烧 HW 为主的参考焚烧线排至大气中 HCl 的连续性监测情况[81]

基于连续性或周期性方式所测量的氟化氢（HF）排放数据在本章中以简化形式在图 3.52、图 3.53 中展示，更为详细的说明见附件 8.6 和附件 8.8，每半小时的排放水平数据见附件 8.7。

① 图 3.52 为焚烧 HW 为主并周期性监测 HF 的 32 条参考焚烧线，所对应的详细情况参见图 8.140。

② 图 3.53 为焚烧 HW 为主并连续性监测 HF 的 9 条参考焚烧线，所对应的详细情况是：图 8.44 为日排放和年排放水平，图 8.97 为半小时排放水平。

对于图中的横轴所标示的每个排放浓度范围，其下方的饼状图给出了在给定范围内达到排放水平的参考焚烧线的比例，其中排放水平达到给定范围的参考焚烧线采用了湿式洗涤器和其他技术（例如半湿式吸收器或 DSI）。

由图 3.52、图 3.53 可知，排放水平值接近定量上限值，年平均值为 0.35mg/m^3，最大日平均值为 1.6mg/m^3。在所有参考焚烧线中除一条焚烧线外，其他焚烧线所报告的周期性测量的 HF 最高水平值均低于 0.66mg/m^3，这些值是全部采样周期的平均值。针对最高日平均值而言，基于“基本”数据滤波方式处理所得到的值与基于“精细”数据滤波方式处理所得到的值之间并不存在很大的差别。

本书所参考焚烧厂的报告数据表明：所达到的排放水平与所采用的试剂类型和数量、焚烧厂的年限和规模之间不存在明显的相关性。

(2) 二氧化硫

减排二氧化硫（SO_2）采用的烟气净化系统的类型与减排 HCl 所采用的系统相同，两者之间的主要区别在于：前者所采用的湿式洗涤器运行在弱碱性 pH 值（通常为 7～8）的

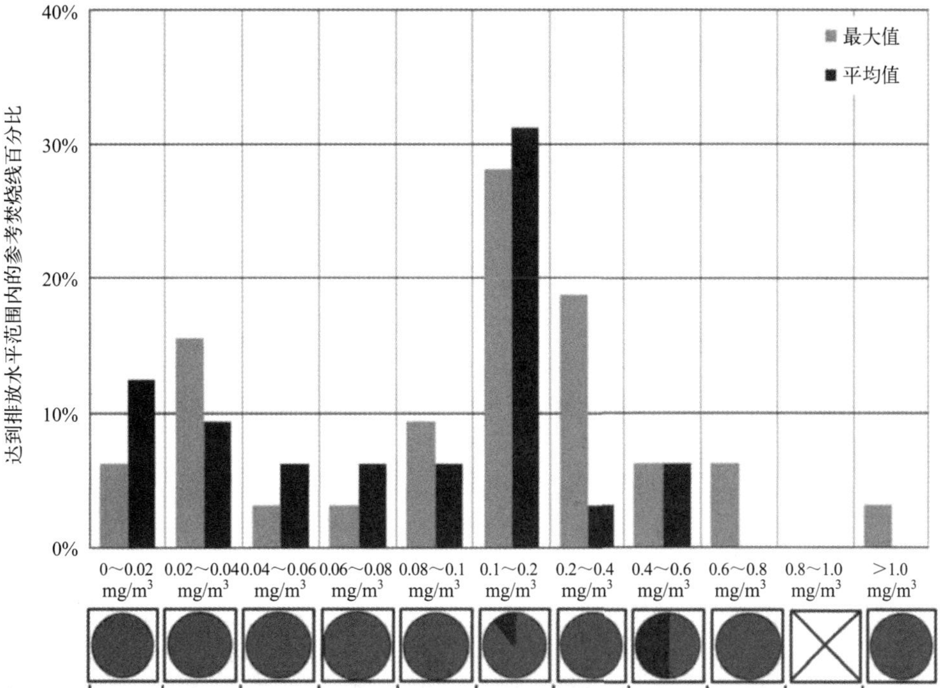

	0~0.02 mg/m³	0.02~0.04 mg/m³	0.04~0.06 mg/m³	0.06~0.08 mg/m³	0.08~0.1 mg/m³	0.1~0.2 mg/m³	0.2~0.4 mg/m³	0.4~0.6 mg/m³	0.6~0.8 mg/m³	0.8~1.0 mg/m³	>1.0 mg/m³
湿式	100%	100%	100%	100%	100%	89%	100%	50%	100%	—	100%
其他	0%	0%	0%	0%	0%	11%	0%	50%	0%	—	0%

图 3.52　以焚烧 HW 为主的参考焚烧线排至大气中 HF 的周期性监测情况[81]

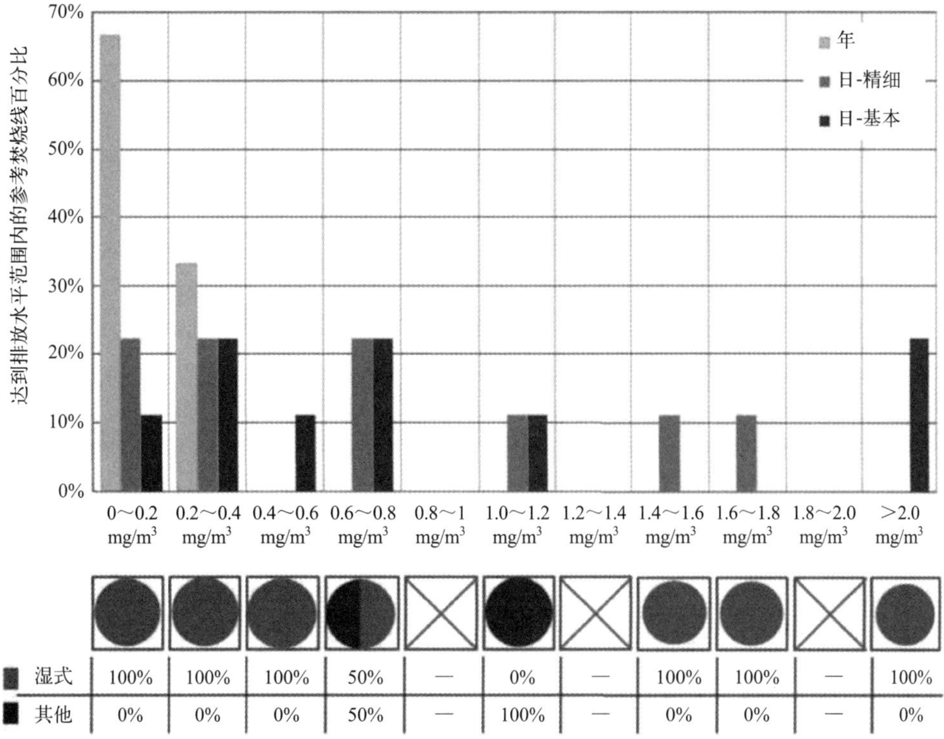

	0~0.2 mg/m³	0.2~0.4 mg/m³	0.4~0.6 mg/m³	0.6~0.8 mg/m³	0.8~1 mg/m³	1.0~1.2 mg/m³	1.2~1.4 mg/m³	1.4~1.6 mg/m³	1.6~1.8 mg/m³	1.8~2.0 mg/m³	>2.0 mg/m³
湿式	100%	100%	100%	50%	—	0%	—	100%	100%	—	100%
其他	0%	0%	0%	50%	—	100%	—	0%	0%	—	0%

图 3.53　以焚烧 HW 为主的参考焚烧线排至大气中 HF 的连续性监测情况[81]

环境下。

基于连续性测量方式，以焚烧 HW 为主的 34 条参考焚烧线的 SO_2 排放数据的简化形式如图 3.54 所示，其中：附件 8.6 中的图 8.45 为日排放和年排放水平数据，附件 8.7 中的图 8.98 为半小时排放水平数据。

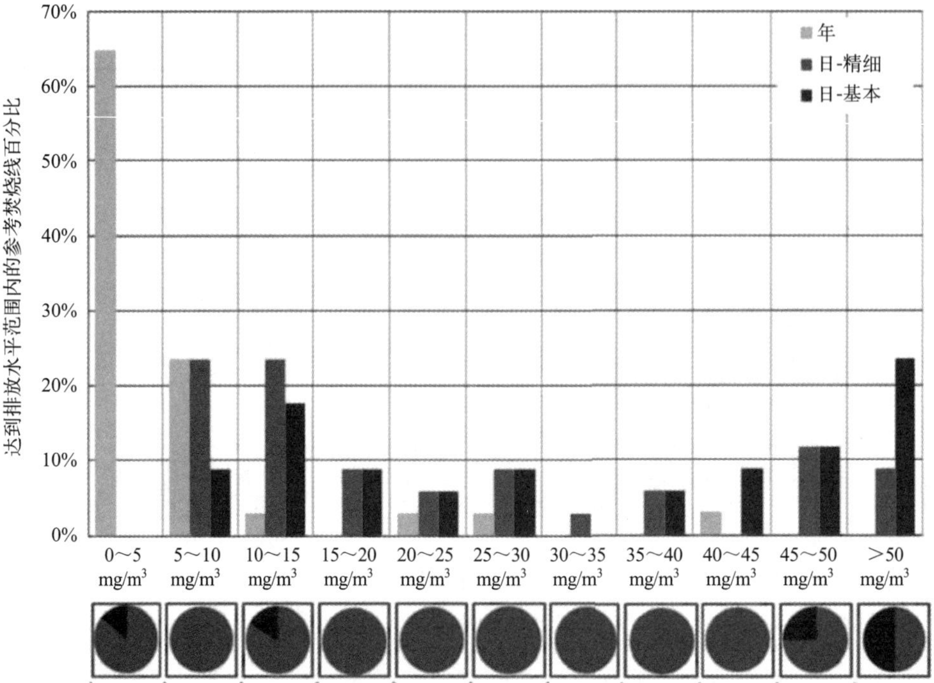

湿式	86%	100%	83%	100%	100%	100%	100%	100%	100%	75%	50%
其他	14%	0%	17%	0%	0%	0%	0%	0%	0%	25%	50%

图 3.54　以焚烧 HW 为主的参考焚烧线排至大气中 SO_2 的连续性监测情况[81]

对于图中的横轴所标示的每个排放浓度范围，其下方的饼状图给出了在给定范围内达到排放水平的参考焚烧线的比例，其中，排放水平达到给定范围的参考焚烧线采用了湿式洗涤器和其他技术（例如半湿式吸收器或 DSI）。

由图 3.54 可知，SO_2 的排放水平接近量化限值，年平均值为 $43mg/m^3$，最大日平均值在 $5～78mg/m^3$ 之间。图 3.54 还表明，绝大多数采用湿式减排技术的焚烧厂达到的最大日平均排放水平值（采用“精细”数据滤波方式处理）通常低于 $40mg/m^3$。

本书所参考焚烧厂的报告数据表明：所达到的排放水平与所采用的试剂类型和数量或者焚烧厂的年限和规模炉型之间不存在明显的相关性。此处大多数的焚烧厂均采用回转窑。

(3) 粉尘

相比其他类型的废物焚烧厂，参与 2016 年数据收集的危险废物焚烧厂很少采用袋式过滤器（BF）进行粉尘减排，而是主要采用 ESP 装备结合湿式洗涤器进行进一步的除尘抛光处理，在某些情况下也会采用单（多）旋风分离器。相对而言，固定吸附床在危险废物焚烧炉中会频繁使用，其一方面可实现进一步的粉尘减排，另一方面也与设备中的较大压降有关。

基于连续性测量方式，以焚烧 HW 为主的 38 条参考焚烧线的粉尘排放数据的简化形式如图 3.55 所示，其所对应的详细情况为：附件 8.6 中的图 8.46 为日排放和年排放水平数据，附件 8.7 中的图 8.99 为半小时排放水平数据。

对于图中的横轴所标示的每个排放浓度范围，其下方的饼状图给出了在给定范围内达到排放水平的参考焚烧线的比例，其中，排放水平达到给定范围的参考焚烧线采用了袋式过滤器和其他技术（例如 ESP）。

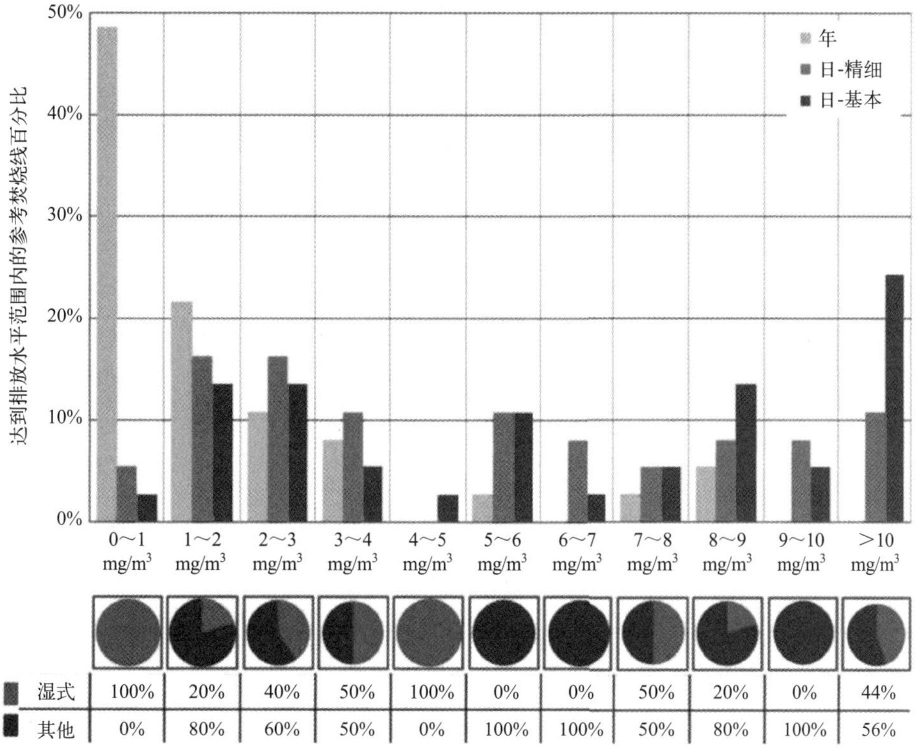

图 3.55　以焚烧 HW 为主的参考焚烧线排至大气中粉尘的连续性监测情况[81]

由图 3.55 可知，排放水平值接近量化限值，年平均值为 8.6mg/m³，最大日平均值为 14.6mg/m³（采用“精细”数据滤波方式处理）。在某些情况下，通过“基本”数据滤波方式处理所获得的最大日平均排放水平值可能会高得多，这通常与存在 OTNOC 情况相关。

报告年平均排放浓度超过 3.2mg/m³ 的焚烧厂存在 4 家，但仅有编号为 DE32R 的焚烧厂采用了袋式过滤器，该焚烧厂所报告的粉尘排放模式表明，其所采用的过滤袋性能产生了退化。

本书所参考焚烧厂的报告数据表明：所达到的排放水平与所使用试剂的类型和数量或工厂的年龄和规模之间不存在明确的相关性。此处大多数的焚烧厂均是采用回转窑。

(4) 氮氧化合物

在参与 2016 年数据收集的危险废物焚烧炉中，大约三分之一的焚烧厂的报告表明，其未采用或仅采用降低 NO_X 排放水平的主要技术；另外三分之一的焚烧厂的报告表明，其所采用的是 SNCR 工艺；针对剩下的三分之一的焚烧厂而言，其采用的是 SCR 工艺。

基于连续性测量方式，以焚烧 HW 为主的 38 条参考焚烧线的 NO_X 排放数据的简化形式如图 3.56 所示，所对应的详细情况是：附件 8.6 中的图 8.47 为日排放和年排放水平数据，附件 8.7 中的图 8.100 为半小时排放水平数据。

对于图中的横轴所标示的每个排放浓度范围，其下方的饼状图给出了在给定范围内达到排放水平的参考焚烧线的比例，其中，排放水平达到给定范围的参考焚烧线采用的净化设备为：采用 SCR、采用 SNCR 但不采用 SCR、最多采用主要技术。

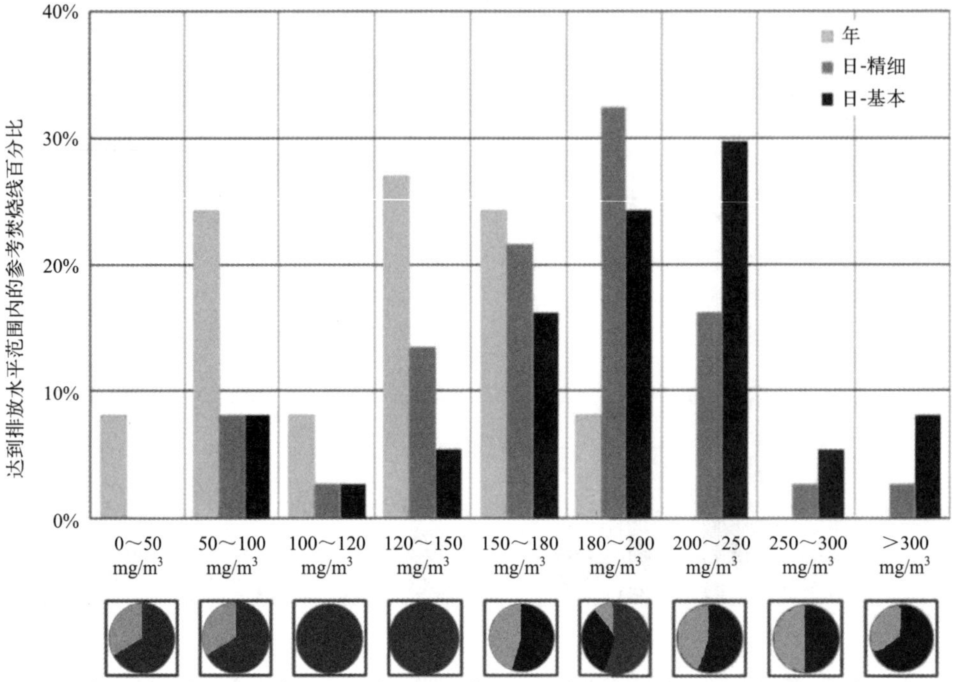

	0～50	50～100	100～120	120～150	150～180	180～200	200～250	250～300	>300
SCR	67%	67%	100%	100%	0%	56%	0%	0%	0%
SNCR	0%	0%	0%	0%	55%	33%	55%	50%	67%
初级	33%	33%	0%	0%	45%	11%	45%	50%	33%

图 3.56　以焚烧 HW 为主的参考焚烧线排至大气中 NO_X 的连续性监测情况[81]

由图 3.56 可知，NO_X 的年平均排放水平值介于 26～197mg/m^3 之间，最大日平均排放水平介于 68～329mg/m^3 之间（标记为“精细”数据滤波方式）。在采用 SNCR 工艺或未采用 NO_X 减排辅助技术的焚烧厂中，所观测的排放水平值均显著高于 200mg/m^3；编号为 FR109 的焚烧厂采用了 SNCR 工艺，但未报告其采用了试剂（氨或尿素）。

对于采用 SCR 净化技术的焚烧厂，通过“基本”和“精细”数据滤波方式处理所获得的最大日平均排放水平值之间并不存在显著的差异；对于采用 SNCR 工艺或未采用辅助技术的焚烧厂，这种差异通常较大，这反映出这些净化工艺的内在稳定性是较低的。

本书所参考焚烧厂的报告数据表明：所达到的排放水平与所采用的试剂类型和数量、焚烧厂的年限和规模之间不存在明确的相关性。此处的大多数焚烧厂均采用回转窑。

（5）氨

氨的排放水平与 SCR 或 SNCR 净化系统的反应物泄漏有关。控制此类排放的主要技术是工艺优化，以及采用 SCR 工艺时对催化剂进行良好的维护。对于 SNCR 工艺，实现有效去除氨的方式之一是，采用在低 pH 值环境下运行的湿式洗涤器。SCR 工艺也可作为泄漏催化剂的载体，这些催化剂可以进一步与在 SNCR 工艺中发生主还原反应后仍未反应的氨进行反应。

基于连续性或周期性的测量方式，本章所采用的 NH_3 排放数据的简化形式如图 3.57、图 3.58 所示，更为详细的内容见附件 8.6 和附件 8.8，半小时排放水平数据见附件 8.7。

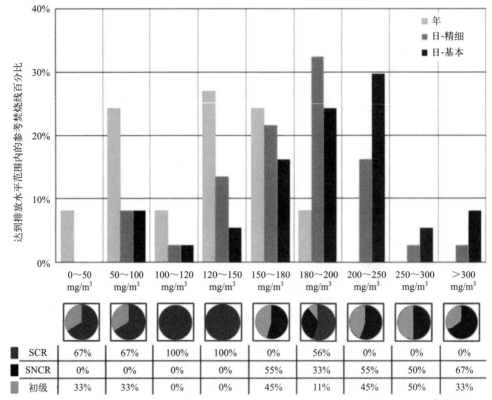

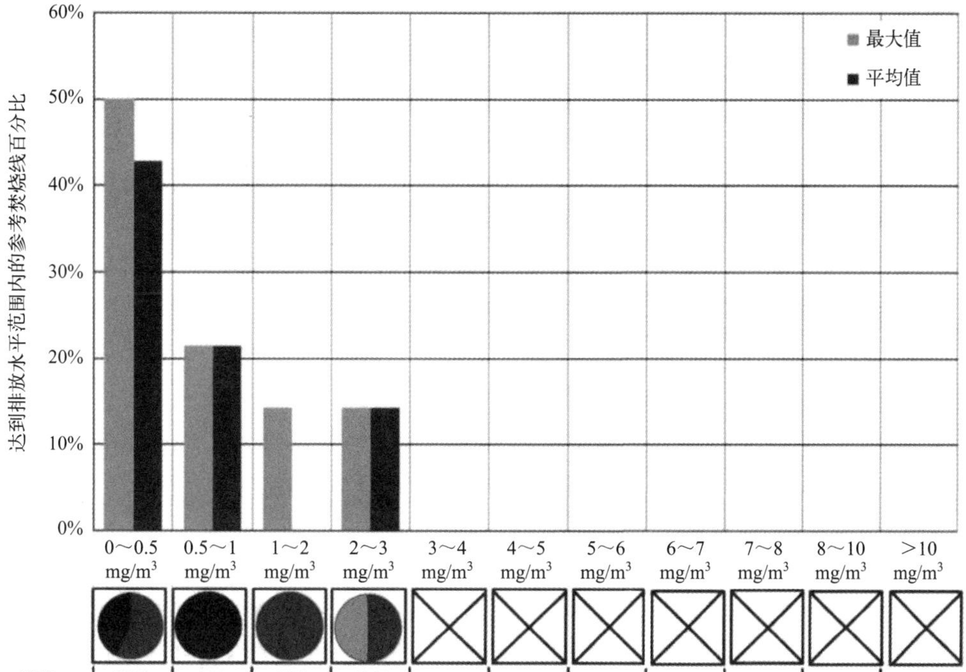

	0～0.5 mg/m³	0.5～1 mg/m³	1～2 mg/m³	2～3 mg/m³	3～4 mg/m³	4～5 mg/m³	5～6 mg/m³	6～7 mg/m³	7～8 mg/m³	8～10 mg/m³	>10 mg/m³
SCR	57%	0%	50%	50%	—	—	—	—	—	—	—
SNCR+湿式	43%	100%	0%	0%	—	—	—	—	—	—	—
SNCR+干式	0%	0%	0%	50%	—	—	—	—	—	—	—

图 3.57　以焚烧 HW 为主的参考焚烧线排至大气中 NH_3 的周期性监测情况[81]

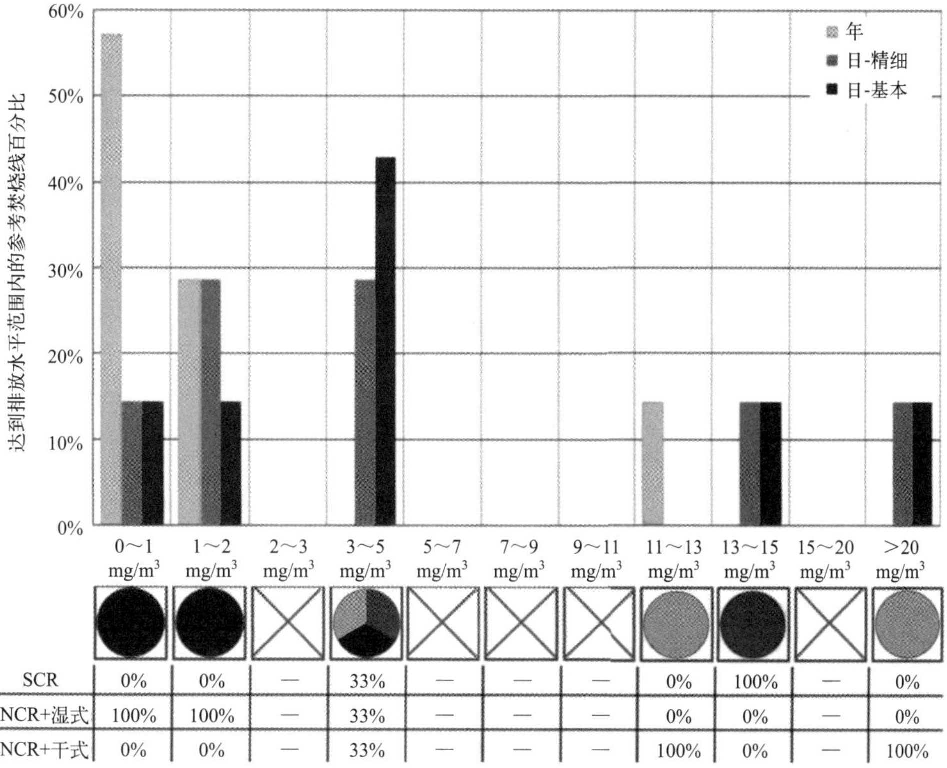

	0～1 mg/m³	1～2 mg/m³	2～3 mg/m³	3～5 mg/m³	5～7 mg/m³	7～9 mg/m³	9～11 mg/m³	11～13 mg/m³	13～15 mg/m³	15～20 mg/m³	>20 mg/m³
SCR	0%	0%	—	33%	—	—	—	0%	100%	—	0%
SNCR+湿式	100%	100%	—	33%	—	—	—	0%	0%	—	0%
SNCR+干式	0%	0%	—	33%	—	—	—	100%	0%	—	100%

图 3.58　以焚烧 HW 为主的参考焚烧线排至大气中 NH_3 的连续性监测情况[81]

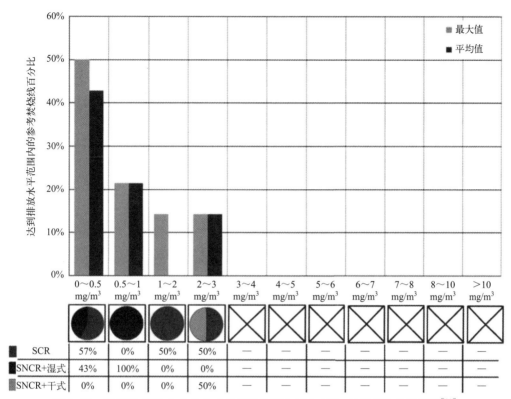

① 图 3.57 为主要焚烧 HW 和以周期性方式监测 NH_3 的 14 条参考焚烧线的排放水平数据，所对应的详细情况参见图 8.141；

② 图 3.58 为主要焚烧 HW 和以连续性方式监测 NH_3 的 7 条参考焚烧线的排放水平数据，所对应的详细情况为：图 8.48 为日和年排放水平数据，图 8.101 为半小时排放水平数据。

对于图中的横轴所标示的每个排放浓度范围，其下方的饼状图给出了在给定范围内达到排放水平的参考焚烧线的比例，其中，排放水平达到给定范围的参考焚烧线所采用的净化设备为：采用 SCR、采用 SNCR 和下游湿式洗涤器、采用 SNCR 和下游干式技术（未采用二次脱硝技术的焚烧厂的排放物与氨泄漏无关）。

除编号为 DE32R 的焚烧线外，其他的均采用了未安装下游湿式减排系统的 SNCR 净化设备，其所报告的 NH_3 排放水平值接近于年平均排放水平值 $12mg/m^3$ 和最大日平均排放水平值 $78mg/m^3$，以连续性方式监测氨的焚烧厂所达到的排放水平为：年平均排放水平值在 $0.3\sim1.8mg/m^3$ 之间，最大日平均排放水平值在 $1\sim13mg/m^3$ 之间。

除一个焚烧厂外，所有报告以周期性方式监测排放水平数据的焚烧厂均采用了下游湿式减排系统，并且所有焚烧厂的排放水平值均低于 $2.3mg/m^3$。

本书所参考焚烧厂的报告数据表明：所达到的排放水平与所采用的试剂类型和数量或者焚烧厂的年限和规模之间不存在明显的相关性。此处的大多数焚烧厂均采用回转窑。

(6) TVOC

基于连续性测量方式监测的主要焚烧 HW 的 37 条参考焚烧线的 TVOC 排放数据，其简化形式如图 3.59 所示，其相应的详细情况为：附件 8.6 中的图 8.49 为日排放和年排放水平，附件 8.7 中的图 8.102 为半小时排放水平。

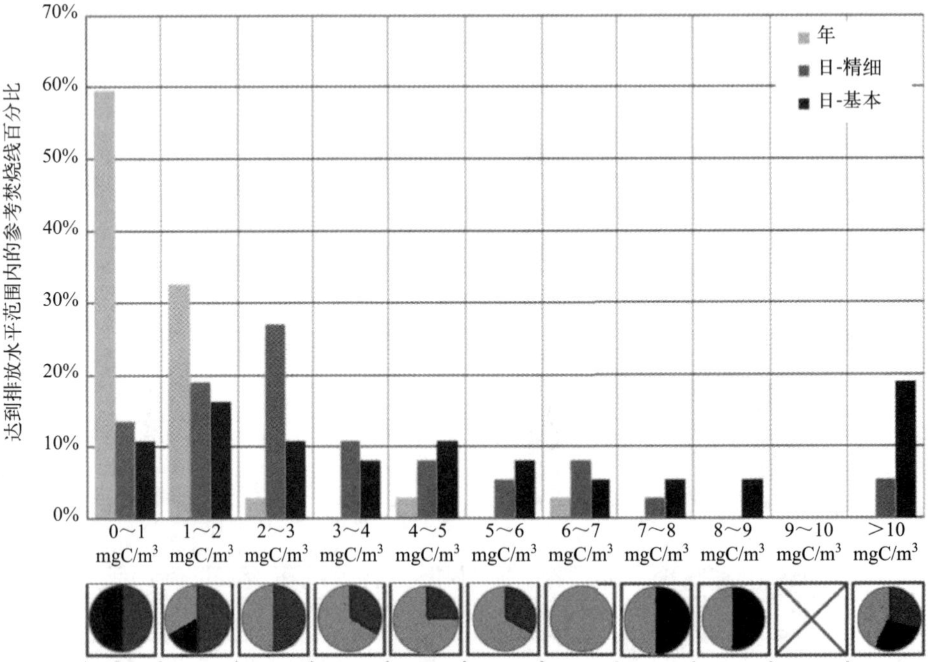

	0～1	1～2	2～3	3～4	4～5	5～6	6～7	7～8	8～9	9～10	>10
小型	50%	50%	50%	33%	25%	33%	0%	0%	0%	—	29%
中型	50%	17%	0%	0%	0%	0%	0%	50%	50%	—	29%
大型	0%	33%	50%	67%	75%	67%	100%	50%	50%	—	43%

图 3.59 以焚烧 HW 为主的参考焚烧线排至大气中 TVOC 的连续性监测情况[81]

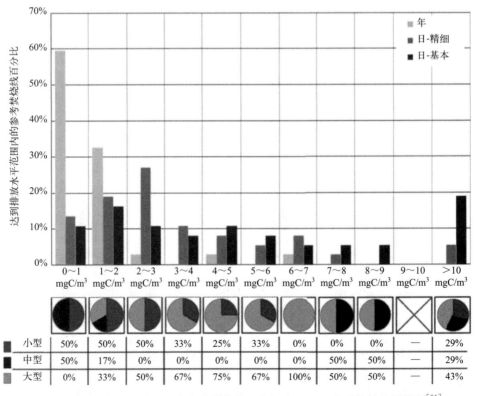

对于图中的横轴所标示的每个排放浓度范围，其下方的饼状图给出了在给定范围内达到排放水平的参考焚烧线的比例，其中，排放水平达到给定范围的参考焚烧线属于不同的规模级别（小型、中型和大型焚烧厂的分类区间已在前文进行了描述）。

在除两种情况❶外的所有其他情况中，TVOC 的排放水平值接近量化限值，年平均排放水平值为 $2mg/m^3$，最大日平均排放水平值为 $8mg/m^3$（采用“精细”数据滤波方式处理）。在某些参考焚烧线中，当采用“基本”数据滤波方式处理时，最大日平均排放水平值具有更高的排放峰值，这通常与存在 OTNOC 工况有关。

本书所参考焚烧厂的报告数据表明：所达到的排放水平与所采用的技术、所采用试剂的类型和数量、焚烧厂的年限和规模之间不存在明显的相关性。此外，大多数焚烧厂采用的是回转窑。

(7) 一氧化碳

燃烧效率可部分地采用烟气中的一氧化碳（CO）含量进行描述，其也用于表明形成了不完全燃烧的其他产物。

虽然 CO 是与具有较低基线排放水平相关的典型污染物，但局部燃烧条件的突然变化（例如，回转窑内部分温度的突然变化）也会呈现出周期性的尖峰排放水平值。这些排放峰值的监测和控制是焚烧厂日常运行中需要注意的重要方面之一。通过采用桶装废物预处理和进料平衡等方式，是存在降低 CO 排放峰值的可能性的。

基于连续性方式测量的主要焚烧 HW 的 38 条参考焚烧的 CO 排放水平数据，其简化形式如图 3.60 所示，更为详细的情况是：附件 8.6 中的图 8.50 为日排放和年排放水平值，附件 8.7 中的图 8.103 为半小时排放水平值。

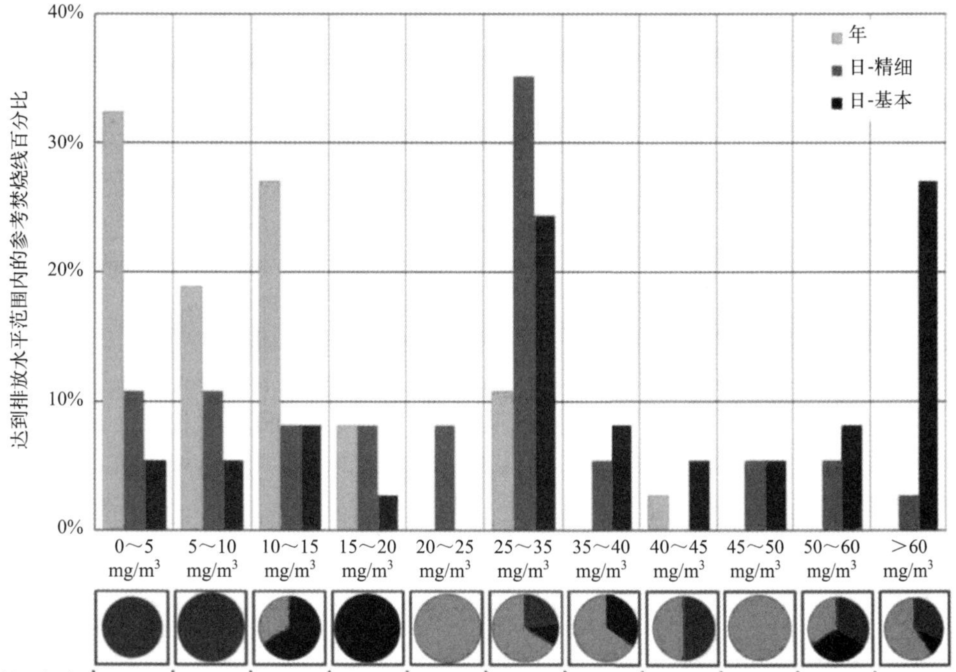

小型	100%	100%	0%	0%	0%	22%	0%	50%	0%	33%	30%
中型	0%	0%	67%	100%	0%	11%	33%	0%	0%	33%	10%
大型	0%	0%	33%	0%	100%	67%	67%	50%	100%	33%	60%

图 3.60　以焚烧 HW 为主的参考焚烧线排至大气中 CO 的连续性监测情况[81]

❶ 译者注：原文未给出这两种情况的具体信息。

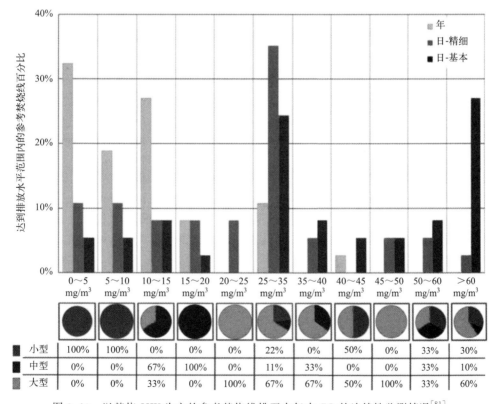

对于图中的横轴所标示的每个排放浓度范围，其下方的饼状图给出了在给定范围内达到排放水平的参考焚烧线的比例，其中，排放水平达到给定范围的参考焚烧线可归类于不同的规模级别（小型、中型和大型焚烧厂的分类区间已在前文进行了描述）。

由图 3.60 可知，CO 的排放水平接近量化限值，年平均值为 42mg/m^3，最大日平均值介于 2～72mg/m^3 之间（采用“精细”数据滤波方式处理）。与 TVOC 的排放水平相类似，在某些情况下，采用“基本”数据滤波方式处理所获得的数值中会观测到较高的排放水平峰值，这通常与存在 OTNOC 工况有关。

本书所参考焚烧厂的报告数据表明：所达到的排放水平与所采用技术、所采用试剂类型和数量或焚烧厂的年限和规模之间不存在明显的相关性。

(8) PCDD/F、PCB 和 PAH

为达到较低的多氯代二苯并二噁英/呋喃（PCDD/F）排放水平值，主要技术和辅助技术都很重要。在燃烧系统中，有效的烟气混合（高湍流）能够提高对废物中已经存在的 PCDD/F 及其类似化合物的破坏程度。避免锅炉和烟气处理系统中出现面向 PCDD/F 和类似化合物再合成的温度窗口，能够避免生成新 PCDD/F 从头合成反应的发生。

为进一步对 PCDD/F 进行减排，已采用的 4 种主要技术如下：

① 静态或移动床活性炭过滤器；

② 注入活性炭（通常与其他试剂混合）的袋式过滤器；

③ 在催化剂上对气态 PCDD/F 进行破坏；

④ 在湿式洗涤器或静态床中，PCDD/F 在碳浸渍聚合物材料的填料元件上被吸附。

采用活性炭还具有减少汞排放的优点。催化剂主要是用于减少 NO_X 的排放。

基于周期性测量方式监测的主要焚烧 HW 的 37 条基准焚烧线的 PCDD/F 排放数据的简化形式如图 3.61 所示，详细情况为附件 8.8 中的图 8.142。

对于图中的横轴所标示的每个排放浓度范围，其下方的饼状图给出了在给定范围内达到排放水平的参考焚烧线的比例，其中，排放水平达到给定范围的参考焚烧线所配置的净化系统包括：采用固定吸附床、未采用固定吸附床和湿式洗涤器、未采用固定吸附床和干式 FGC 技术。

除 5 种情况外，其他所有情况下的 PCDD/F 排放水平值均在接近定量限值和 0.06ng I-TEQ/m^3 之间，例外的情况是，其中一条参考焚烧线在采样周期平均值和长时期采样周期平均值上的排放水平值均为 0.06ng I-TEQ/m^3。在 3 种情况下，最大排放水平的值高于 0.1ng I-TEQ/m^3。所有采用固定吸附床的焚烧厂的排放水平值均低于 0.1ng I-TEQ/m^3，且仅一个焚烧厂存在排放水平值超过 0.06ng I-TEQ/m^3 的情况。

本书所参考焚烧厂的报告数据表明：所达到的排放水平与所采用的试剂的类型、焚烧厂的年限和规模间不存在明显的相关性。此处的大多数焚烧厂采用的是回转窑。

迄今为止，所述的 PCDD/F 排放数据仅涉及典型（短时期）采样时间为 6～8h 的周期性测量的排放水平值。然而，在典型的长度为 2～4 周的采样时段内，对 PCDD/F 排放浓度进行长时期采样监测的经验也在逐渐增加。

为了比较短时期和长时期采样所监测到的排放水平值的差异，附件 8.9 展示和分析了在比利时和法国的 142 条参考焚烧线（包括 25 条 HWI 焚烧线）的排放水平数据，这些数据是在同一时段内采用长时期和短时期的采样监测方式获得的。

通过采用与去除 PCDD/F 相同的技术可除去多氯联苯（PCB）和多环芳烃（PAH），这意味着针对 PCDD/F 有效的烟气净化系统也是能够处理 PCB 和 PAH 的。

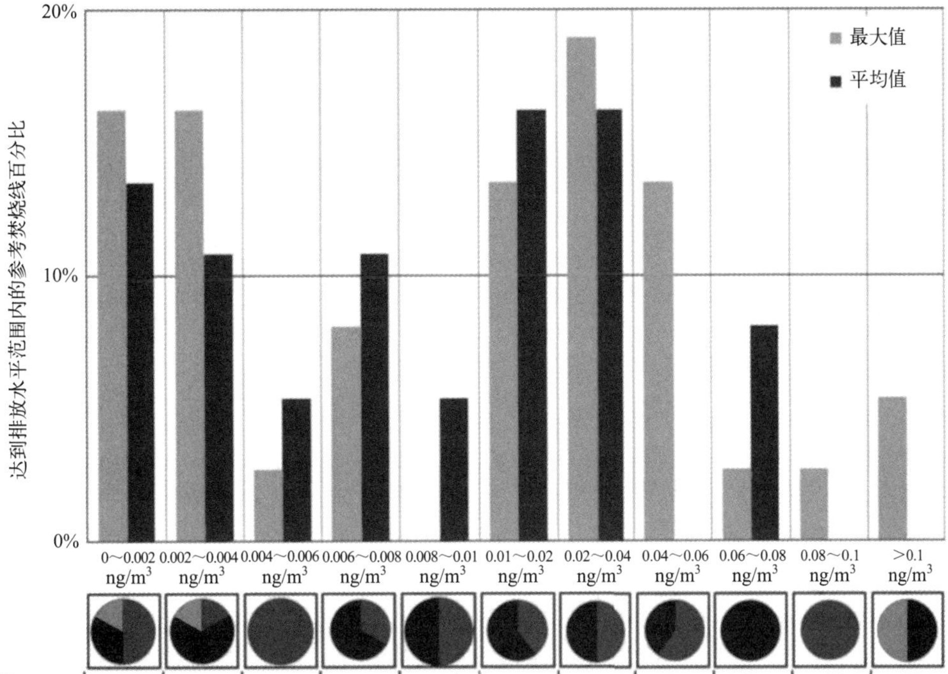

AB	50%	17%	100%	33%	50%	40%	50%	60%	0%	100%	0%
湿式	33%	67%	0%	67%	50%	60%	50%	40%	100%	0%	50%
干式	17%	17%	0%	0%	0%	0%	0%	0%	0%	0%	50%

注：浓度表示为ng I-TEQ/m^3。

图 3.61　以焚烧 HW 为主的参考焚烧线排至大气中 PCDD/F 的周期性监测情况[81]

以焚烧 HW 为主的焚烧厂所产生的二噁英类 PCB 排放水平数据主要是基于周期性方式进行检测的，其结果如图 8.143 所示。

在此处，6 条参考焚烧线给出了其所排放的二噁英类 PCB 的排放水平，其最大值为 0.18ng WHO-TEF/m^3。这是二噁英类 PCB 的排放水平值高于 PCDD/F 排放水平值的唯一情况（参见图 8.118）。

基于周期性方式所测量的 PAH 和 BaP 的排放数据详见附件 8.8，描述如下：

① 图 8.144 为主要焚烧 HW 的 9 条参考焚烧线的 PAH 排放量；

② 图 8.145 为主要焚烧 HW 的 13 条参考焚烧线的 BaP 排放量。

PAH 的排放水平值介于 0.003～21$\mu g/m^3$ 之间；BaP 的排放水平值大多低于 0.025$\mu g/m^3$，其中，3 条参考焚烧线的排放水平值在 0.2～0.3$\mu g/m^3$ 之间。

(9) 汞

绝大多数的焚烧厂均采用活性炭去除汞，其或者在固定床系统中，或者在夹流活性炭注入系统中进行。活性炭（例如溴化或硫浸渍）的消耗率和质量直接影响汞的排放水平值。其他不太常用的技术是，采用沸石去除汞或在酸性湿式洗涤器中捕获汞，其中：如果汞以氯化汞的形式存在，则洗涤器可作为汞的吸收池。在汞从烟气流内转移至洗涤液中后，可通过废水处理装置予以去除。

如果汞的存在形式是金属，则需要使用氧化剂，例如，溴化活性炭注入或锅炉加溴。某些 HW 焚烧工厂采用过氧化氢等试剂促进汞的氧化，从而显著增强其在湿式洗涤器中的捕获（详见除汞技术）能力[74]。

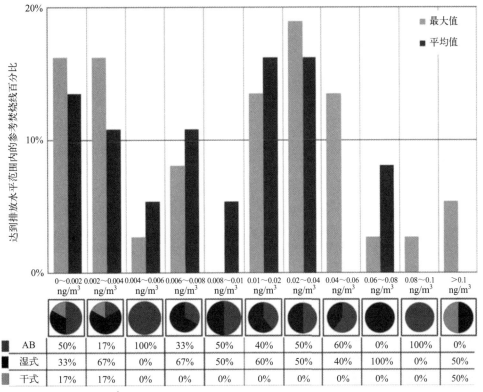

在某些条件下（例如，存在高汞输入率时），针对汞的去除能力可能会超出 FGC 系统的上限，进而会导致汞排放水平值的暂时升高。这可能反映的情况是，不同平均周期的参考焚烧线的排放水平出现了较大的变化。

烟气中的汞源于所焚烧废物中含有的汞。原料烟气中的含汞量与所焚烧废物的含汞量之间存在着直接的线性关系。对于配备湿式洗涤器和活性炭过滤器的某焚烧装置而言，能够计算得到的数据是：对于焚烧容量为 50000t/a 的焚烧装置，通过废物输入的汞总量为 1000kg/a。若考虑到通过烟气的年最大排放汞流量小于 1.25kg，这就意味着，汞的总去除效率需要达到 99.99%。

具有连续性或暂时性的高汞废物输入的焚烧装置能够采用某些运行技术，例如，将含硫试剂添加到湿式净化系统中或者注入高活性溴化或者注入硫浸渍的活性炭，进而能够增加汞的去除效率。因此，对含汞废物输入进行筛查和/或进行汞的连续性监测是非常重要的。

基于连续性或周期性方式所测量的汞排放数据在本章是以简化的形式给出的，如图 3.62～图 3.65 所示，详细情况参见附件 8.6 和附件 8.8，相应的半小时排放水平数据参见附件 8.7。

① 图 3.62 为以焚烧 HW 为主和以周期性方式监测 Hg 的 27 条参考焚烧线的排放水平，其相应的详细情况参见图 8.146；

② 图 3.63 为以焚烧 HW 为主和以连续性方式监测 Hg 的 11 条参考焚烧线的日排放和年排放水平，其相应的详细情况参见图 8.51；

③ 图 3.64 为以焚烧 HW 为主和以连续性方式监测 Hg 的 11 条参考焚烧线的半小时排放水平，其相应的详细情况参见图 8.104；

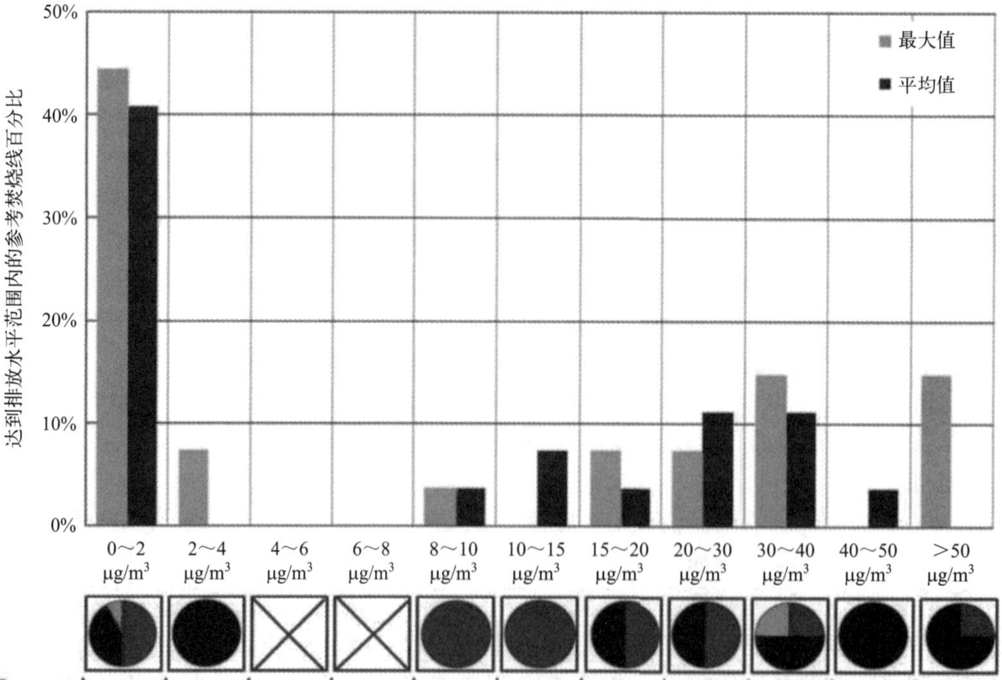

	0～2	2～4	4～6	6～8	8～10	10～15	15～20	20～30	30～40	40～50	>50
AB	50%	0%	—	—	100%	100%	50%	50%	25%	0%	25%
湿式	42%	100%	—	—	0%	0%	50%	50%	50%	100%	75%
干式	8%	0%	—	—	0%	0%	0%	0%	25%	0%	0%

图 3.62　以焚烧 HW 为主的参考焚烧线排至大气中汞的周期性监测情况[81]

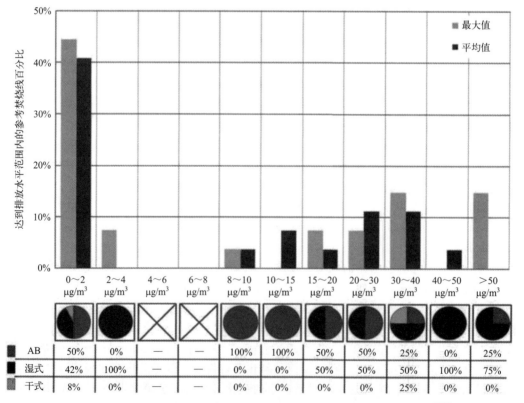

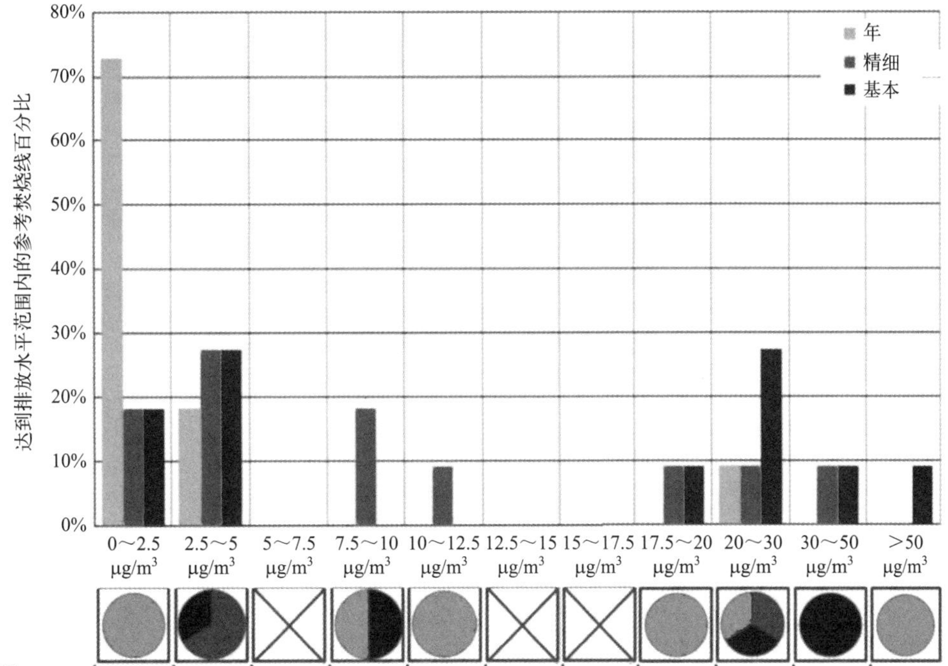

	0～2.5	2.5～5	5～7.5	7.5～10	10～12.5	12.5～15	15～17.5	17.5～20	20～30	30～50	>50
AB	0%	67%	—	0%	0%	—	—	0%	33%	0%	0%
湿式	0%	33%	—	50%	0%	—	—	0%	33%	100%	0%
干式	100%	0%	—	50%	100%	—	—	100%	33%	0%	100%

图 3.63　以焚烧 HW 为主的参考焚烧线排至大气中汞的连续性监测情况：日和年排放水平[81]

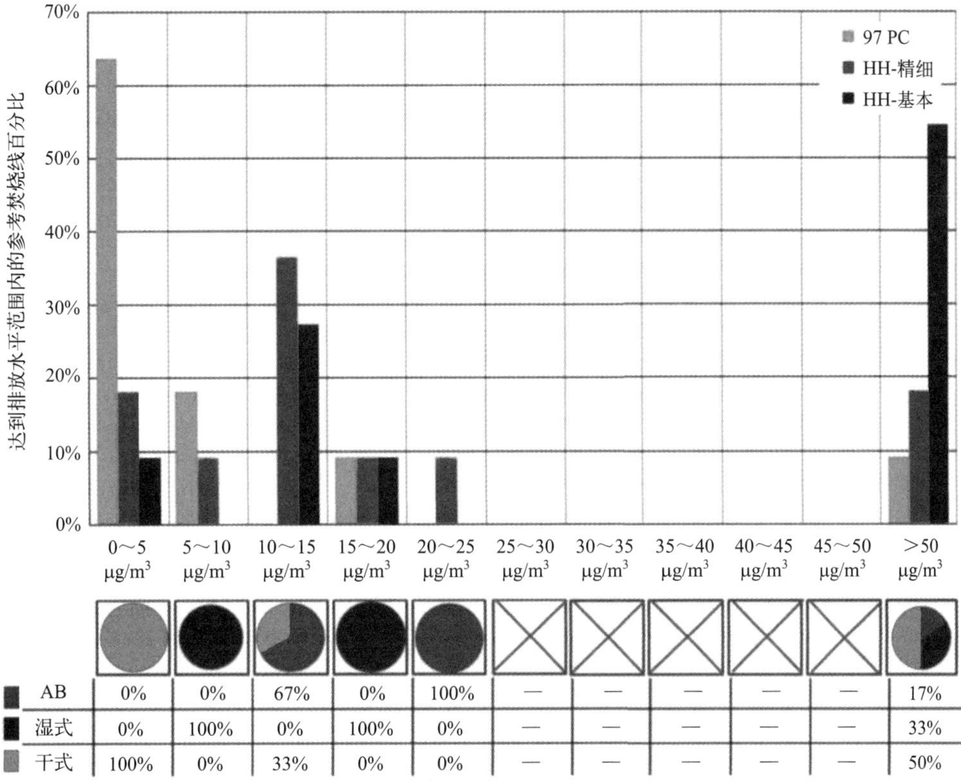

	0～5	5～10	10～15	15～20	20～25	25～30	30～35	35～40	40～45	45～50	>50
AB	0%	0%	67%	0%	100%	—	—	—	—	—	17%
湿式	0%	100%	0%	100%	0%	—	—	—	—	—	33%
干式	100%	0%	33%	0%	0%	—	—	—	—	—	50%

图 3.64　以焚烧 HW 为主的参考焚烧线排至大气中汞的连续性监测情况：半小时排放水平[81]

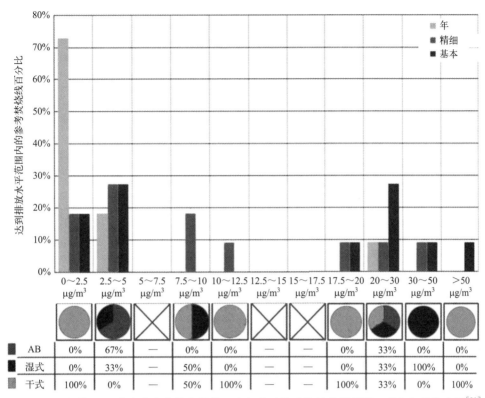

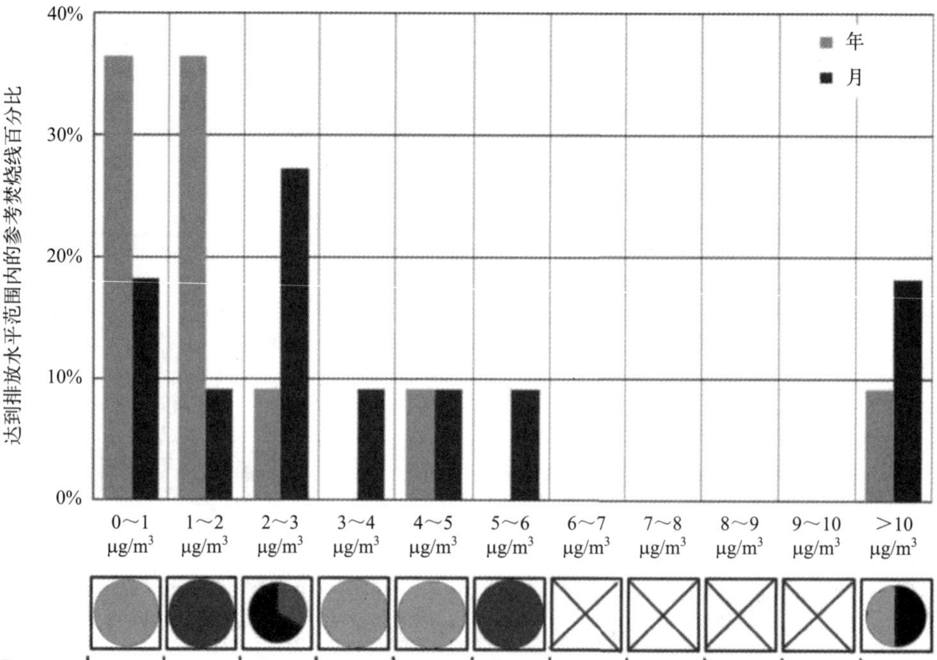

AB	0%	100%	33%	0%	0%	100%	—	—	—	—	0%
湿式	0%	0%	67%	0%	0%	0%	—	—	—	—	50%
干式	100%	0%	0%	100%	100%	0%	—	—	—	—	50%

图 3.65　以焚烧 HW 为主的参考焚烧线排至大气中汞的连续性监测情况：月排放水平[81]

④ 图 3.65 为以焚烧 HW 为主和以连续性方式监测 Hg 的 11 条参考焚烧线的月排放水平，其相应的详细情况参见图 8.105。

对于图中的横轴所标示的每个排放浓度范围，其下方的饼状图给出了在给定范围内达到排放水平的参考焚烧线的比例，其中，排放水平达到给定范围的参考焚烧线所配置的净化系统包括：采用固定吸附床、未采用固定吸附床和湿式洗涤器、未采用固定吸附床和干式 FGC 技术。

图 3.65 所示的月排放水平值是根据采用连续性方式监测的数据得到的，所给出的汞排放水平是采用长时期采样方法的典型平均周期性测量方式获得的。图中，月排放水平值几乎不受短时峰值的影响，此处仅展示基于“基本”数据滤波方式处理的排放水平值。

图 3.62～图 3.65 表明，除一个焚烧厂（FR110）外，其他参考焚烧线的排放水平值接近于量化限值，年平均排放水平值为 0.004mg/m^3，月平均排放水平值为 0.024mg/m^3，最大日平均排放水平值为 0.024mg/m^3（采用“精细”数据滤波方式处理）。在某些情况下，采用“基本”数据滤波方式处理所获得的最大日平均排放水平值可能会更高（高达 0.036mg/m^3），这可能不仅反映了高含汞废物输入的情景，也反映了存在 OTNOC 的情况。针对后者，日平均排放水平值通常仅包括少数若干个半小时的周期值，并且所测量的汞排放水平值也是较高的。

对于编号为 FR110 的焚烧厂的汞排放，基于“精细”和“基本”的数据滤波方式处理，其年平均排放水平值为 0.021mg/m^3，最大月平均排放水平值为 0.04mg/m^3，最大日平均排放水平值的范围为 0.032～0.38mg/m^3。

以周期性方式进行汞排放监测的焚烧厂，超过一半的排放水平在采样周期内的均值低于 0.003mg/m^3，其中：8 个焚烧厂所报告的排放水平值在 0.009～0.038mg/m^3 之间，4 个焚

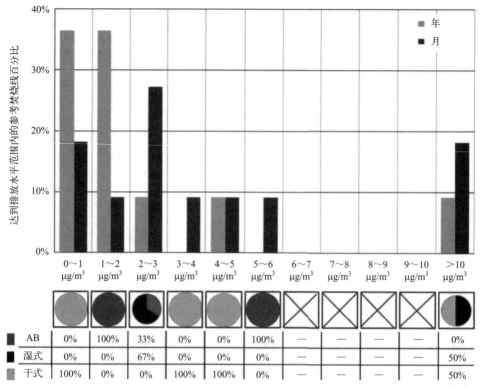

烧厂所报告的排放水平值在 0.054～0.095mg/m^3 之间。针对大多数具有最佳排放性能的焚烧厂而言，其采用固定吸附床和/或将过氧化氢注入湿式洗涤器中的方式进行汞的去除。针对一个采用过氧化氢（SE21R）的湿式洗涤器（SE21R）的焚烧厂，其所给出的最大排放水平值超过了 0.06mg/m^3，但已经确定的是，该排放水平值与废水处理厂所存在的故障相关，即故障导致含汞废水被重新注入冷却系统中。

本书所参考焚烧厂的报告数据表明：所达到的排放水平与所使用的活性炭量或焚烧厂的年限和规模不存在明显的相关性。此处大多数的焚烧厂采用的均是回转窑。

(10) 锑、砷、铬、钴、铜、铅、锰、镍和钒

用于去除粉尘的技术也可用于含尘金属的减排。基于周期性测量方式，以焚烧 HW 为主的 34 条参考焚烧线的 Sb+As+Cr+Co+Cu+Pb+Mn+Ni+V 排放数据的简化形式如图 3.66 所示，其详细情况参见附件 8.8 中的图 8.147。

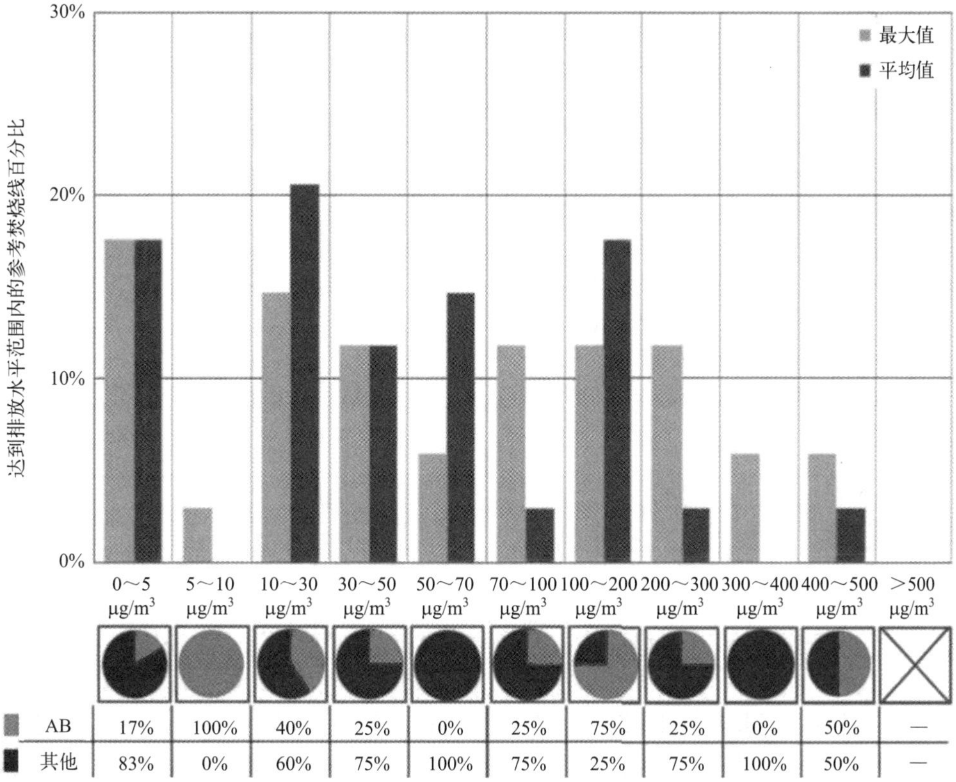

图 3.66　以焚烧 HW 为主的参考焚烧线排至大气中 Sb+As+Cr+Co+Cu+Pb+Mn+Ni+V 的周期性监测情况[81]

对于图中的横轴所标示的每个排放浓度范围，其下方的饼状图给出了在给定范围内达到排放水平的参考焚烧线的比例，结果表明：在达到给定范围内排放水平的参考焚烧线中均采用了袋式过滤器和其他技术（例如 ESP）。

由图 3.66 可知，排放水平值在接近定量上限值和 0.3mg/m^3 之间，例外的情况是，其中的 2 条参考焚烧线所报告的排放水平值为 0.48mg/m^3，这也是采样期间的平均排放水平值的最大值。

此处，所有报告的排放水平值高于 0.3mg/m^3 的焚烧厂的规模都较小，其中的 2 个还是焚烧源自化学工业的液体残余物的焚烧厂。

(11) 镉和铊

用于去除粉尘的技术也同样可用于含尘金属的减排。

基于周期性测量方式以焚烧 SS 为主的 32 条参考焚烧线的 Cd+Tl 排放数据的简化形式如图 3.67 所示，其详细情况参见附件 8.8 中的图 8.148。

对于图中的横轴所标示的每个排放浓度范围，其下方的饼状图给出了在给定范围内达到排放水平的参考焚烧线的比例，其中：在达到给定范围内排放水平的参考焚烧线中均采用了了袋式过滤器和其他技术（例如 ESP)。

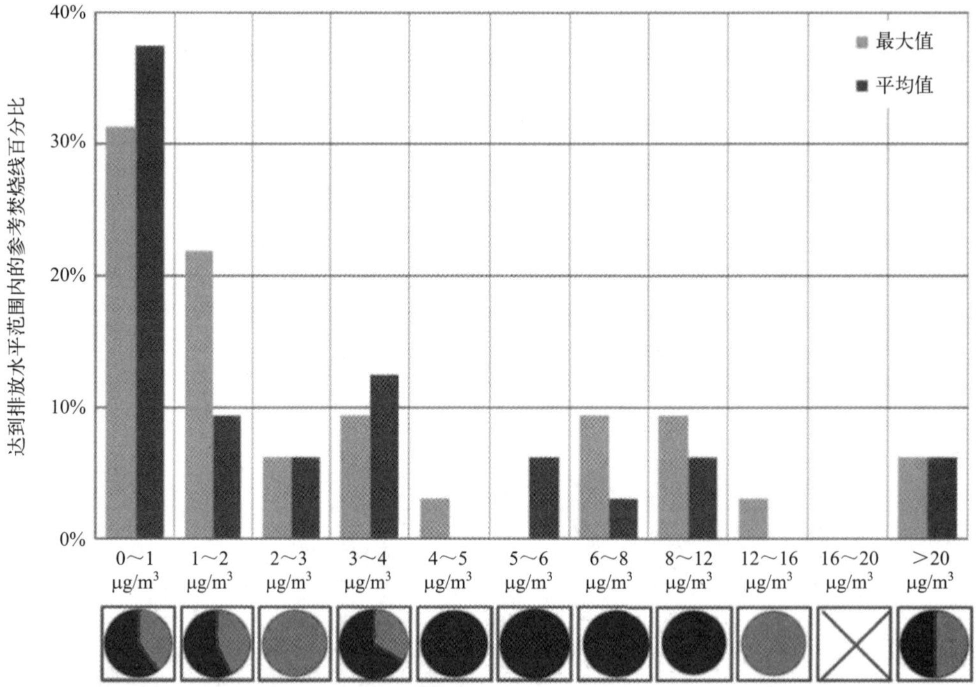

	0～1	1～2	2～3	3～4	4～5	5～6	6～8	8～12	12～16	16～20	>20
AB	40%	43%	100%	33%	0%	0%	0%	0%	100%	—	50%
湿式	60%	57%	0%	67%	100%	100%	100%	100%	0%	—	50%

图 3.67 以焚烧 HW 为主的参考焚烧线排至大气中 Cd+Tl 的周期性监测情况[81]

由图 3.67 可知，Cd+Tl 的排放水平值介于接近定量限度值和 0.021mg/m³ 之间，例外的情况是：编号为 FR107R 的参考焚烧线焚烧的是源自化学工业的液体残余物，其排放水平值为 2.83mg/m³，这也是采样期间均值的最大值。

3.2.2.4 医疗废物焚烧的大气排放

2016 年收集的数据包括 3 条主要焚烧临床废物的参考焚烧线，但仅有一条焚烧线提供了足够完整的连续性的监测数据。表 3.7 总结了源自临床废物焚烧厂的连续性监测数据。

该焚烧厂是采用 SCR 工艺减少 NO_X 排放的气化装置，其最大日平均排放水平值低于 100mg/m³。

该焚烧厂的 CO 年平均排放水平值为 10.5mg/m³，采用“精细”数据滤波方式处理的最大日平均排放水平值为 23mg/m³，采用“基本”数据滤波方式处理的最大日平均排放水平值为 46.5mg/m³。

表 3.7 以焚烧医疗废物为主的参考焚烧线的连续性监测排放情况[81]

参考线	技术	NO_X/(mg/m^3)			CO/(mg/m^3)			粉尘/(mg/m^3)		
		最大日平均排放水平值-基本	最大日平均排放水平值-精细	年平均排放水平值	最大日平均排放水平值-基本	最大日平均排放水平值-精细	年平均排放水平值	最大日平均排放水平值-基本	最大日平均排放水平值-精细	年平均排放水平值
NL04	BF,WS,DSI,SCR	91.7	91.7	63.9	46.5	23.0	10.5	0.14	0.14	0.09

注：1. NL04 是气化焚烧厂（工厂年限为“陈旧”，工厂规模为“小型”）。
2. 采用的技术：BF—袋式过滤器；WS—湿式洗涤器；DSI—干式吸收剂注入；SCR—选择性催化还原。

该焚烧厂的粉尘排放水平极低且较稳定，年平均排放水平值（0.09mg/m^3）和最大日平均排放水平值（0.14mg/m^3）之间的差异很小。该参考焚烧线采用了袋式过滤器。

表 3.8 和表 3.9 总结了参与 2016 年数据收集的以焚烧临床废物为主的 3 条参考焚烧线的周期性监测排放数据。

表 3.8 以焚烧医疗废物为主的参考焚烧线的周期监测排放情况（1/2）[81]

参考焚烧线	技术	采用试剂	Hg/(mg/m^3)		Cd+Tl/(mg/m^3)		金属总和/(mg/m^3)	
			最大值	平均值	最大值	平均值	最大值	平均值
NK14.1	BF、DSI	消石灰、活性炭	0.02	0.0003	0.004	0.001/0.2	0.202	0.160
NK14.2	BF、DSI	消石灰、活性炭	0.02	NI	0.004	NI	0.202	NI

注：同表 3.9 中的注释。

表 3.9 以焚烧医疗废物为主的参考焚烧线的周期监测排放情况（2/2）[81]

参考焚烧线	技术	采用试剂	HF/(mg/m^3)		PCDD/F/(ng I-TEQ/m^3)		PCBs/(ng WHO-TEF/m^3)		PAH/(μg/m^3)	
			最大值	平均值	最大值	平均值	最大值	平均值	最大值	平均值
NK14.1	BF、DSI	消石灰、活性炭	1.2	0.4	0.02	0.006	0.011	0.006	3.2	1.9
NK14.2	BF、DSI	消石灰、活性炭	1.2	NI	0.02	NI	0.011	NI	3.2	NI
NL04	BF、WS、DSI、SCR	NI	0	NI	0.01	NI	NI	NI	NI	NI

注：1. NI=未提供信息。
2. 未提供排放数据：NH_3 和 BaP。
3. UK14.1 和 UK14.2 是参考焚烧线，其中：炉型为“其他”，工厂年限为“陈旧/2006 年后，2006 年后改装为当前配置”，规模为“小型”。
4. NL04 是气化焚烧厂（工厂年限为“陈旧”，工厂规模为“小型”）。
5. 采用技术：BF—袋式过滤器；WS—湿式洗涤器；DSI—干式吸附剂注入；SCR—选择性催化还原。
6. 试剂使用：消石灰—高比表面积/高孔隙度水石酸钙。

3.3 排放至水体

3.3.1 烟气净化产生的废水量

文献［1］指出，焚烧过程仅会产生源自湿式 FGC 系统的大量废水。通常，采用其他类型的烟气净化系统（干式和半干式）通常不会产生任何废水。在某些情况下，源自湿式FGC系统的废水被蒸发；在其他情况下，废水被处理和再利用和/或排放。

表3.10列出了废物焚烧厂烟气净化所产生的洗涤水量的典型值。

表3.10 处理低含氯量废物的废物焚烧厂的FGC产生的洗涤水量的典型值[1]

焚烧厂类型和废物处理量	烟气净化类型	近似废水量/(m^3/t废物)
年处理量为250000t的城市废物焚烧厂	2级，采用石灰浆	0.15(设计值)
年处理量为250000t的城市废物焚烧厂	2级，采用氢氧化钠(在冷凝设备前)	0.3(操作值)
年处理量为60000t的危险废物焚烧厂	2级，采用石灰浆	0.15(年平均)
年处理量为30000t的危险废物焚烧厂	2级，采用氢氧化钠	0.2(年平均)

3.3.2 废物焚烧厂废水的其他潜在来源

文献[1]指出，废水除源自烟气净化系统外，还存在其他许多来源。

(1) 底灰收集、处理及储存

通常，源于飞灰处理所产生的废水可作为湿式飞灰处理器的供给水以进行再利用，因此不存在对外的废水排放。但是，此处最为重要的事宜是，要具有足够的废水储存（和处理）能力，目的是应对因降雨而造成的储存水量波动。通常而言，针对多余水量的处理方案包括：排放至可用的工艺废水处理系统内、排放至本地污水系统内和/或进行特殊处理。通常，这类废水在经过沉淀、过滤等处理后，若其质量适宜则可在FGC系统中进行再利用。

(2) 锅炉运行

通常，锅炉废水（源于锅炉给水和锅炉排水制备）可在焚烧炉内和FGC系统中进行再次利用，因此其是不需要进行对外排放的。但是，在仅装备有半湿式或湿式净化系统的情况下，当其排放的废水水质合适时才能够将所回收的废水供给至FGC系统中；否则，废水被排放至外部环境中（主要原因在于其含盐量高）。

(3) 生活废水

这类废水源于厕所、厨房和清洁，其通常是在排入污水系统后再由城市污水处理厂进行处理。如果无法将所排放的生活废水引排至当地的污水系统中，则可以采用化粪池进行处理。因为这类废水并不是针对废物焚烧而产生的，所以本书不再对其进行进一步的讨论。

(4) 清洁雨水

清洁雨水是由于雨水落在未受污染的屋顶、提供输送服务的道路和停车场等表面而产生的。通常情况下，这些“清洁”的雨水与焚烧过程的废水是要分开进行收集的，这些雨水可以直接排放至当地的地表水中或者通过渗水渠排出焚烧厂。针对源于道路或停车场的雨水，可能需要进行预处理。

(5) 污染雨水

污染雨水是由于雨水落在待焚烧废物的卸货区等受到污染的表面而产生的。通常，该类雨水与清洁雨水是需要分离开的，并可能需要在其使用或排放前进行相应的处理。

(6) 冷却水

到目前为止，在采用水冷凝器进行冷却的情况下，即采用汽轮机产生电能时，需要具有最大的冷却能力。根据焚烧厂的设计，需要处理的各种冷却水流包括：

① 源自连接到汽轮机的冷凝器的对流冷却水；

② 源自蒸发冷却水系统的排出水；

③ 源自其他需要冷却设备的水，例如废料槽、液压系统、汽提器等。

上述这些冷却水流并不是废物焚烧过程所特有的，它们已在 2001 年 12 月出版的《工业冷却系统最佳可行技术的应用参考文档》中进行了描述。

(7) 源自污泥部分预干燥的冷凝废水

这种类型的废水是特定于污泥焚烧而产生的，但是其并非在所有的情况下都存在，原因在于：在干燥过程中所产生的蒸汽有时会与焚烧炉内的烟气同时被蒸发掉，而不是被冷凝为废水。通常，该类废水的化学需氧量（COD）很高，其含有大量的氮（主要是 NH_3）以及最初即存在于处理后污泥中的其他污染物。高氮含量是处理此类废水的主要瓶颈，在这种情况下，可采用脱氮技术，但是，该操作存在产生污垢的风险，并会导致额外的能源需求等问题。在这种情况下的解决方案之一是，将此溶液循环至焚烧炉内。需要注意的是，这种情况只有在所回收的氨溶液（浓度约为 10%）可作为 SNCR 脱硝处理系统的进料时才能发生。

在编号为 NL05 的污水污泥焚烧厂，在预干燥污水污泥后的浓缩废水中发现了大量的挥发性脂肪酸（VFA）。在这种情况下，因为 VFA 会干扰氮的汽提，所以冷凝水需要在位于现场的废水处理厂中进行处理[7]。

表 3.11 列出了由上文所描述的部分来源所产生的废水数量。

表 3.11 源自废物焚烧厂的其他可能的废水来源及其近似数量[1]

废水	近似数量	产生方式
湿式洗涤后的烟囱冷凝液	• $20m^3/d$ • $6600m^3/a$	连续
湿式除灰/湿式排放的废水	• $5m^3/d$ • $1650m^3/a$	
离子交换器的可逆流动废水	• $1m^3/m$ • $120m^3/a$	不连续
锅炉废水	• $500m^3/a$	
储存容器的清洗废水	• $800m^3/a$	
其他清洁废水	• $300m^3/a$	
受污染的雨水	$200m^3/a$(德国)	
实验室的废水	$200m^3/a$	

注：数据是以每年 330 个工作日为基础进行计算的。

3.3.3 无工艺水排放的焚烧厂

在一些焚烧厂中，湿式洗涤所产生的废水在焚烧过程中采用喷雾干燥机进行蒸发处理，这种处理方式消除了工艺废水的排放现象。

在这种情况下，废水通常是在污水处理厂（WWTP）中进行预处理，然后被送入喷雾干燥器。污水处理厂的处理有助于防止某些物质的再循环和积累。此外，汞的再循环尤其是值得关注的。通常，通过添加特定试剂的方式从系统中去除汞。

盐（NaCl）可在上述处理过的废水中进行回收，之后其能够用于可能的工业用途，或在 FGC 残余物中进行收集[1]。

3.3.4 排放废水的焚烧厂

废物焚烧厂的烟气净化废水的处理与其他工业过程的废水处理并无本质的区别[1]。

城市废物焚烧厂的废水主要含有以下物质：

① 金属，包括水银；

② 无机盐（氯化物、硫酸盐等）；

③ 有机化合物（酚类、PCDD/F）。

表 3.12 列出了城市和危险废物焚烧厂的源自烟气净化系统的废水在进行处理前的典型污染水平。

表 3.12 废物焚烧厂湿式 FGC 废水在处理前所包含的典型污染物[1]

参数	城市废物焚烧厂			普通商业危险废物焚烧厂		
	最小值	最大值	平均值	最小值	最大值	平均值
pH 值	<1	NI	NA	无数据	无数据	NA
导电率/μS	NI	>20000	NI	NI	NI	22
COD/(mg/L)	140	390	260	NI	NI	NI
TOC/(mg/L)	47	105	73	NI	NI	NI
硫酸盐/(mg/L)	1200	20000	4547	615	4056	NI
氯化物/(mg/L)	85000	180000	115000	NI	NI	NI
氟化物/(mg/L)	6	170	25	7	48	NI
Hg/(μg/L)	1030	19025	6167	0.6	10	NI
Pb/(mg/L)	0.05	0.92	0.25	0.01	0.68	NI
Cu/(mg/L)	0.05	0.20	0.10	0.002	0.5	NI
Zn/(mg/L)	0.39	2.01	0.69	0.03	3.7	NI
Cr/(mg/L)	<0.05	0.73	0.17	0.1	0.5	NI
Ni/(mg/L)	0.05	0.54	0.24	0.04	0.5	NI
Cd/(mg/L)	<0.005	0.020	0.008	0.0009	0.5	NI
PCDD/F(ng/L)	NI	NI	NI	NI	NI	NI

注：NA—不适用；NI—没有可用信息。

本节描述由处理后的烟气废水流所产生的水体排放污染。

此处从所收集的数据中能够获得的信息要比大气排放污染的信息少，这一现象所反映出的事实是：大多数废物焚烧厂是不存在源自烟气净化系统的排放废水的。在后文的图表中，给出了 2014 年度 24 小时内所采集的流量比例，分别代表样本的最大浓度、平均浓度和最小浓度，同时给出了 2014 年的污染物排放量。

图中还给出了下列的背景资料：与所述污染物相关的正在应用的技术、普遍燃烧的废物、工厂的规模大小、工厂的新旧程度、报告中的排放水平值所对应的样本数量，以及废水是排放至水体中（直接排放）还是排放至后续废水处理厂内（间接排放）。

（1）总悬浮固体（TSS）

图 3.68 给出了 2014 年所测量的总悬浮固体（TSS）排放至水体中的情况。

针对每个焚烧厂的 TSS 排放水平以及与焚烧厂特性相关的信息，图中给出了已经在应用的面向悬浮固体减排的废水处理技术，主要包括：

① 过滤；

② 沉积；

③ 浮选；

④ 凝固；

⑤ 絮凝。

排放污水中含有的残余悬浮固体可能存在以下 3 个主要来源：

① 未通过滗析或过滤方式去除的沉淀组分中的残余部分。

② 当采用含 Fe(Ⅱ) 的地下水进行湿式烟气净化处理时，Fe(Ⅱ) 先被缓慢氧化为 Fe(Ⅲ)，随后 $Fe(OH)_3$ 的沉淀导致产生悬浮固体，其原因在于：$Fe(OH)_3$ 在废水处理工艺中的停留时间短于其完成反应所需要的时间。

③ 在其他情况下，悬浮物可能源自硫酸盐和碳酸盐与 Ca^{2+} 的沉淀反应，其出现在排放污水中或在排放前与流出物接触的其他水流中，特别是在停留时间短于反应完成所需要的时间的情况下。

排放水平值接近量化限值，2014 年所有测量值的平均值和最大值为 25mg/L 和 43mg/L。所报告的最大排放水平值较高的 12 家焚烧厂绝大多数均与间接排放方式有关，在这种情况下，下游废水处理厂被寄期望于能够减少 TSS 负荷。

所报告的数据并未表明，目前已达到的排放水平与焚烧厂的规模、焚烧废物的普遍类型或所采用的技术之间存在明显的相关性。然而，可以注意到的是：采用过滤装置的焚烧厂的排放水平值均较低（四家工厂的平均排放量低于 3mg/L）。

(2) 汞

图 3.69 给出了 2014 年所测量的汞排放至水体中的情况。

针对每个焚烧厂的汞排放水平以及与焚烧厂特性相关的信息，图中给出了为减少汞排放而采用的废水处理技术。这些技术与图 3.70～图 3.79 中所示的处理其他金属的技术是相同的，包括：

① 化学沉淀；

② 离子交换；

③ 吸附；

④ 过滤和砂过滤；

⑤ 沉积；

⑥ 絮凝；

⑦ 凝固。

排出物中的汞源于所焚烧废物中含有的汞。因此，焚烧厂的一种常见做法是，对所焚烧废物中的汞含量的输入设置门限值。

以采用湿式烟气洗涤装置的某危险废物焚烧厂为例，针对其 100000t/a 的处理能力能够通过计算得到的是：待焚烧废物所导致的汞输入总量为 2000kg/a。考虑到每年通过废水排放的汞流量要小于 4kg/a，要达到 99.8%以上的汞去除效率，需要采用基于三聚硫氰酸沉淀的方法和随后对沉淀物进行有效去除的处理。

汞的排放水平值一般接近于量化限值，平均值为 0.006mg/L，最大值为 0.027mg/L。在所收集的数据中，其中有 10 个焚烧厂给出了更高的汞排放水平值，这可能与 WWT 厂的非正常运行工况有关。在某些情况下，在报告能够表征该污染物浓度的数据时，各家焚烧厂所采用的单位是不一致的。

由图 3.69 可知，采用离子交换和/或吸附技术的焚烧厂的排放水平通常较低（大多低于平均值 0.001mg/L 和最大值 0.004mg/L）。一般而言，以焚烧危险废物为主的焚烧厂比焚烧其他类型废物的焚烧厂的排放水平值更高。

报告的数据并未表明所达到的排放水平与焚烧厂规模之间存在明确的关联性。

(3) 其他金属及类金属排放物

排出废水中的金属和类金属均源自焚烧废物中所包含的物质。用于减少金属排放的废水处理技术包括：金属作为氢氧化物的化学沉淀和/或作为金属硫化物组分的化学沉淀；絮凝添加剂可用于对沉淀处理过程进行优化；除采用混凝沉淀或化学沉淀方式外，一般还会采用过滤处理；为进一步降低金属和类金属的浓度，还会采用吸附和离子交换的处理方式。

如图 3.70 所示，总共存在 16 家焚烧厂给出了其排放至水体中的金属锑的数据，其中，近一半焚烧厂均是奥地利的焚烧厂。结果表明，排放水平值通常接近量化限值，2014 年所有测量值的平均值和最大值为 0.6mg/L 与 0.9mg/L。此外，也有 4 家焚烧厂所报告的排放水平值更高。

依据奥地利焚烧厂运营者的报道，近年来，废物焚烧厂所排出废水中的金属锑的浓度一直处于上升趋势。虽然原因尚未完全澄清，但已经识别出的潜在金属锑的来源包括：PET 生产的催化剂和汽车制动片中的锑含量以及在纺织品中作为防火抑制剂的锑化合物。

所报告的数据未显示已达到的排放水平与焚烧厂的规模或所应用的技术之间存在明显的相关性。但是，值得注意的是，焚烧危险废物的焚烧厂所报告的排放水平均较高（3 家焚烧厂所报告的最高排放水平在 0.9～20mg/L 之间）。

图 3.71 给出了 2014 年所测量的排放至水体中的砷排放量。

排放水平值通常接近量化限值，2014 年所有测量值的平均值和最大值为 0.01mg/L 与 0.1mg/L。其中，9 家焚烧厂所报告的排放水平值更高，这可能与 WWT 处理厂处于非正常的运行工况有关。在某些情况下，各家焚烧厂在报告数据时所采用的单位也是不一致的。

报告的数据表明，大型焚烧厂的排放量要低于中型或小型焚烧厂。但是，报告的数据并未表明，已达到的排放水平与所焚烧废物的主要类型或焚烧厂的规模之间存在明显的相关性。需要注意的是，通常采用吸附处理工艺的焚烧厂所报告的排放水平值较低。

图 3.72 给出了 2014 年测量的排放至水体中的镉排放量。

由图 3.72 可知，排放水平值通常接近量化限值，2014 年所有测量值的平均值和最大值为 0.025mg/L 和 0.05mg/L。总共存在 11 家焚烧厂给出了更高的最大排放水平值，这可能与 WWT 处理厂处于非正常的运行工况有关。此外，各家焚烧厂在报告数据时所采用的单位也是不一致的。

所报告的这些数据并未表明，已达到的排放水平与焚烧厂的规模、焚烧废物的主要类型或所采用的技术之间存在明显的相关性。

图 3.73 给出了 2014 年测量的排放至水体中的铬排放量。

由图 3.73 可知，排放水平值通常接近量化限值，2014 年所有测量值的平均值和最大值为 0.16mg/L 和与 0.3mg/L。其中，4 家焚烧厂报告了更高的最大排放水平值，这可能与 WWT 处理厂处于非正常的运行工况有关。在某些情况下，各家焚烧厂在报告数据时所采用的单位也是不一致的。

报告的数据并未表明，已达到的排放水平与焚烧厂的规模、所焚烧废物的主要类型或所采用的技术之间存在明显的相关性。

图 3.74 给出了 2014 年测量的排放至水体中的铜排放量。

由图 3.74 可知，排放水平值通常接近量化限值，2014 年所有测量值的平均值和最大值为 0.3mg/L 与 0.5mg/L。其中，7 家焚烧厂给出了更高的最大排放水平值，这可能与 WWT 处理厂处于非正常的运行工况有关。在某些情况下，各家焚烧厂在报告数据时所采用的单位也是不一致的。

由图3.74还可知，采用吸附处理和/或离子交换技术的焚烧厂的排放水平值通常在0.05mg/L以下。

报告的数据并未表明，已达到的排放水平与焚烧厂的规模或所焚烧废物的主要类型之间存在明显的相关性。

图3.75给出了2014年测量的排放至水体中的铅排放量。

由图3.75可知，排放水平值接近量化限值，2014年所有测量值的平均值和最大值为0.05mg/L与0.2mg/L。据报道，总共有10家焚烧厂给出了更高的最大排放水平值，这可能与WWT处理厂处于非正常的运行工况有关。在某些情况下，各家焚烧厂在报告数据时所采用的单位也是不一致的。

由图3.75还可知，采用吸附处理和离子交换技术的焚烧厂的排放水平值通常在0.05mg/L以下。

报告的数据并未表明，已达到的排放水平与焚烧厂的规模或所焚烧废物的主要类型之间存在明显的相关性。

图3.76给出了2014年测量的排放至水体的钼排放量。

由图3.76可知，只有3家焚烧厂给出了直接排放至水体中的钼排放数据，其范围在2014年所有测量值的最大值0.02～0.04mg/L之间。有一家焚烧厂给出了其向水体进行了钼的间接排放，最大值约为7mg/L。

所报告的数据并未表明，已达到的排放水平与焚烧厂的规模、应用的技术或所焚烧废物的主要类型之间存在明显的相关性。

图3.77给出了2014年测量到的排放至水体中的镍排放量。

由图3.77可知，排放水平值范围接近量化限值，2014年所有测量值的平均值和最大值为0.03mg/L和0.04mg/L。其中，6家焚烧厂给出了更高的最大排放量，这可能与WWT处理厂处于非正常的运行工况有关。在某些情况下，各家焚烧厂在报告数据时所采用的单位也是不一致的。

所报告的数据并未表明，已达到的排放水平与所采用的技术、焚烧厂的规模或所焚烧废物的主要类型之间存在明显的相关性。

图3.78给出了2014年测量到的排放至水体中的铊排放量。

由图3.78可知，排放水平值范围接近量化限值，2014年所有测量值的平均值和最大值为0.025mg/L与0.05mg/L。其中，5家焚烧厂给出了更高的最大排放量，这可能与WWT处理厂处于非正常的运行工况有关。

所报告的数据并未表明，已达到的排放水平与所采用的技术、焚烧厂的规模或所焚烧废物的主要类型之间存在明显的相关性。

图3.79给出了2014年测量到的排放至水体中的锌排放量。

由图3.79可知，排放水平值的范围接近量化限值，2014年所有测量值的平均值和最大值为0.54mg/L与1.5mg/L。其中，3家焚烧厂所给出的最大排放水平值更高，这可能与WWT处理厂处于非正常的运行工况有关。在某些情况下，各家焚烧厂在报告数据时所采用的单位也是不一致的。

由图3.79还可知，采用吸附处理和离子交换技术的焚烧厂的排放水平值通常在0.4mg/L以下。

报告的数据并未表明，已达到的排放水平与焚烧厂的规模或所焚烧废物的主要类型之间存在明显的相关性。

(4) 总有机碳 (TOC)

为减少TOC至水体中的排放水平，焚烧厂多采用主要技术（例如，通过焚烧过程优化减少有机碳的排放负荷）予以实现。此外，活性炭吸附和过滤技术也是能够用于降低TOC的特定技术。

图3.80给出了2014年测量的排放至水体的TOC排放量。

针对每个焚烧厂的TOC排放水平以及与焚烧厂特性相关的信息，图中给出了为减少TOC排放而采用的废水处理技术，其包括：

① 氧化；

② 吸附；

③ 过滤及砂过滤。

在直接排放的情况下，排放水平值介于2014年所有测量值的平均值1.4mg/L和12mg/L与最大排放水平值38mg/L之间。其中一家焚烧厂给出的364次测量的平均值为6.4mg/L，最大值为86mg/L。若干家与间接排放有关的焚烧厂给出的较高的TOC排放水平值高达1.3g/L。在这些情况下，下游的废水处理厂被寄期望于能够降低TOC负荷。

由图3.80可知，综合采用吸附和过滤处理技术的焚烧厂达到了约9mg/L的排放水平。

报告的数据并未表明，已达到的排放水平与焚烧厂的规模或所焚烧废物的主要类型间存在明显的相关性。

(5) 多氯二苯并二噁英和呋喃 (PCDD/F)

为降低排放至水体中的PCDD/F排放水平，采用了诸如焚烧过程优化和/或避免造成重新合成反应的工况等主要技术。除此之外，活性炭吸附工艺也被用于降低PCDD/F的排放水平。

图3.81给出了2014年测量的面向水体的PCDD/F排放情况。

针对每个焚烧厂的PCDD/F排放水平以及与焚烧厂特性相关的信息，图中给出了为减少PCDD/F排放而采用的废水处理技术，或者可能有助于减少PCDD/F排放的技术。这些技术包括：

① 氧化；

② 离子交换；

③ 吸附；

④ 过滤和砂过滤；

⑤ 沉淀；

⑥ 絮凝；

⑦ 凝固。

由图3.81可知，PCDD/F排放水平值的范围接近量化极限值，2014年所有测量的平均值和最大值为0.09ng/L和0.18ng/L，例外的情况是某个焚烧厂给出的最大值为0.35ng/L。

图3.81表明，采用微滤技术的焚烧厂可达到约0.009ng/L的排放水平值[1]。

报告的数据并未表明，所达到的排放水平与焚烧厂规模或所焚烧废物的主要类型之间存在明显相关性。

[1] 译者注：图3.81中未给出采用微滤技术的焚烧线。

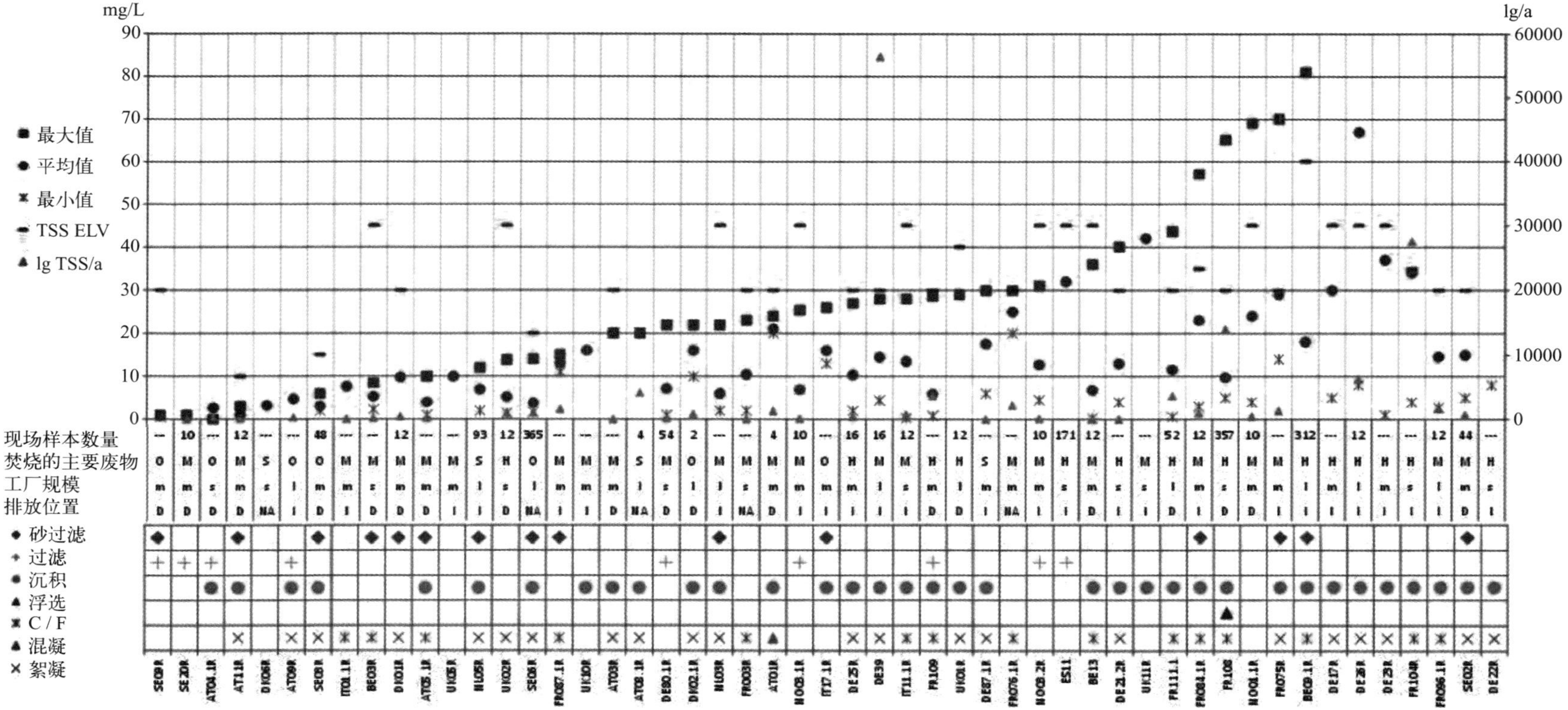

注：
现场样本数量为数据集中所包含的测量数量；NA—不可用。
焚烧的主要废物：M—城市固废；S—污水污泥；O—其他无害废物；C—医疗废物；H—危险废物。
工厂规模：s—小型；m—中型；l—大型。
排放位置：D—直接排放；I—间接排放；NA—不可用。
采用技术：C/F—混凝和絮凝。

图 3.68　水体的总悬浮固体排放量和采用的减排技术[81]

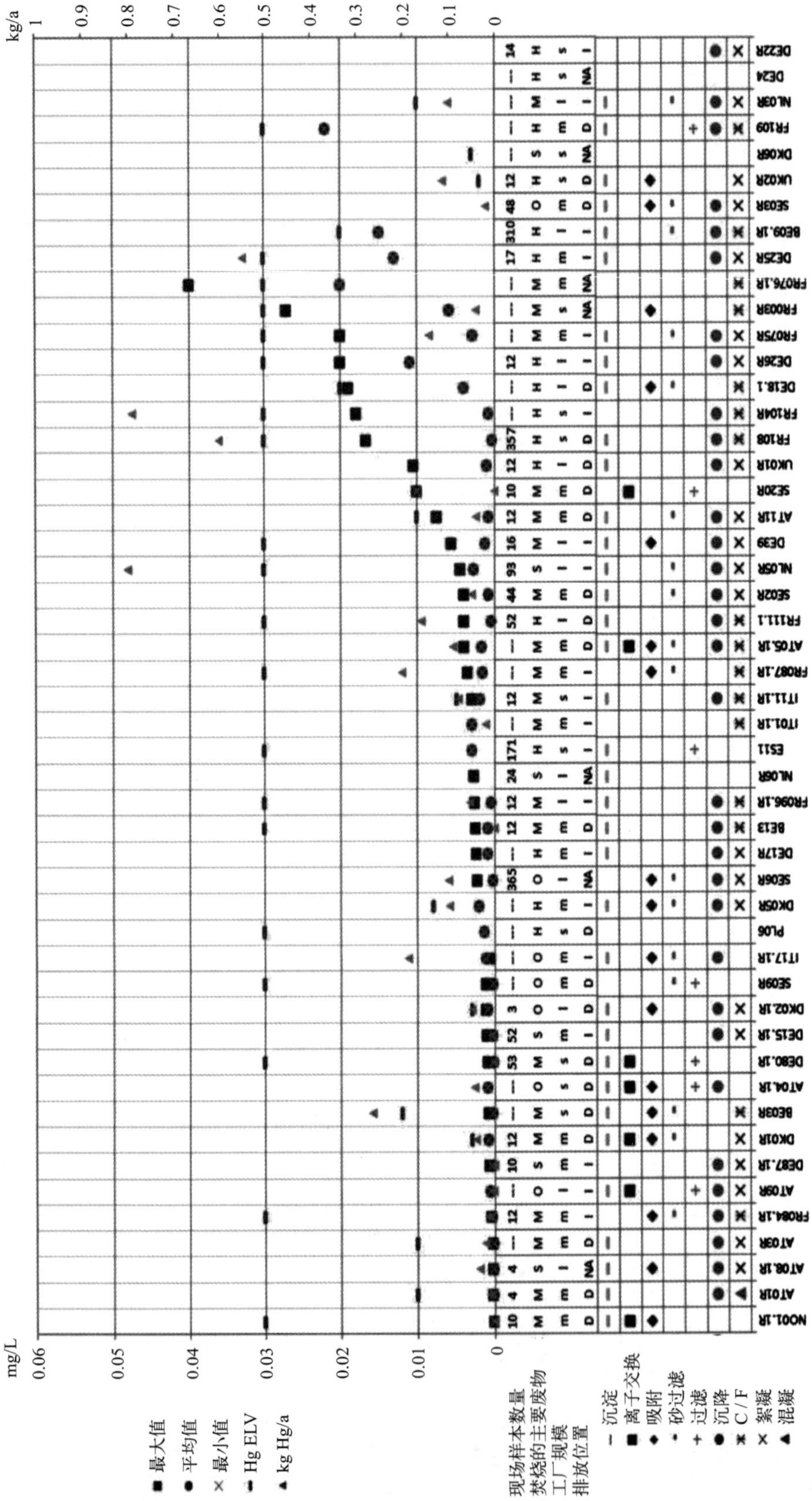

注：
现场样本数量为"数据集中所包含的测量数量"；---信息不可获取。
焚烧的主要废物：M—城市固废；S—污泥；O—其他无害废物；C—医疗废物；H—危险废物。
工厂规模：s—小型；m—中型；l—大型。
排放位置：D—直接排放；I—间接排放；NA—不可用。
采用技术：C/F—混凝和絮凝，沉淀为"化学沉淀"。

图 3.69 水体的汞排放量和采用的减排技术[81]

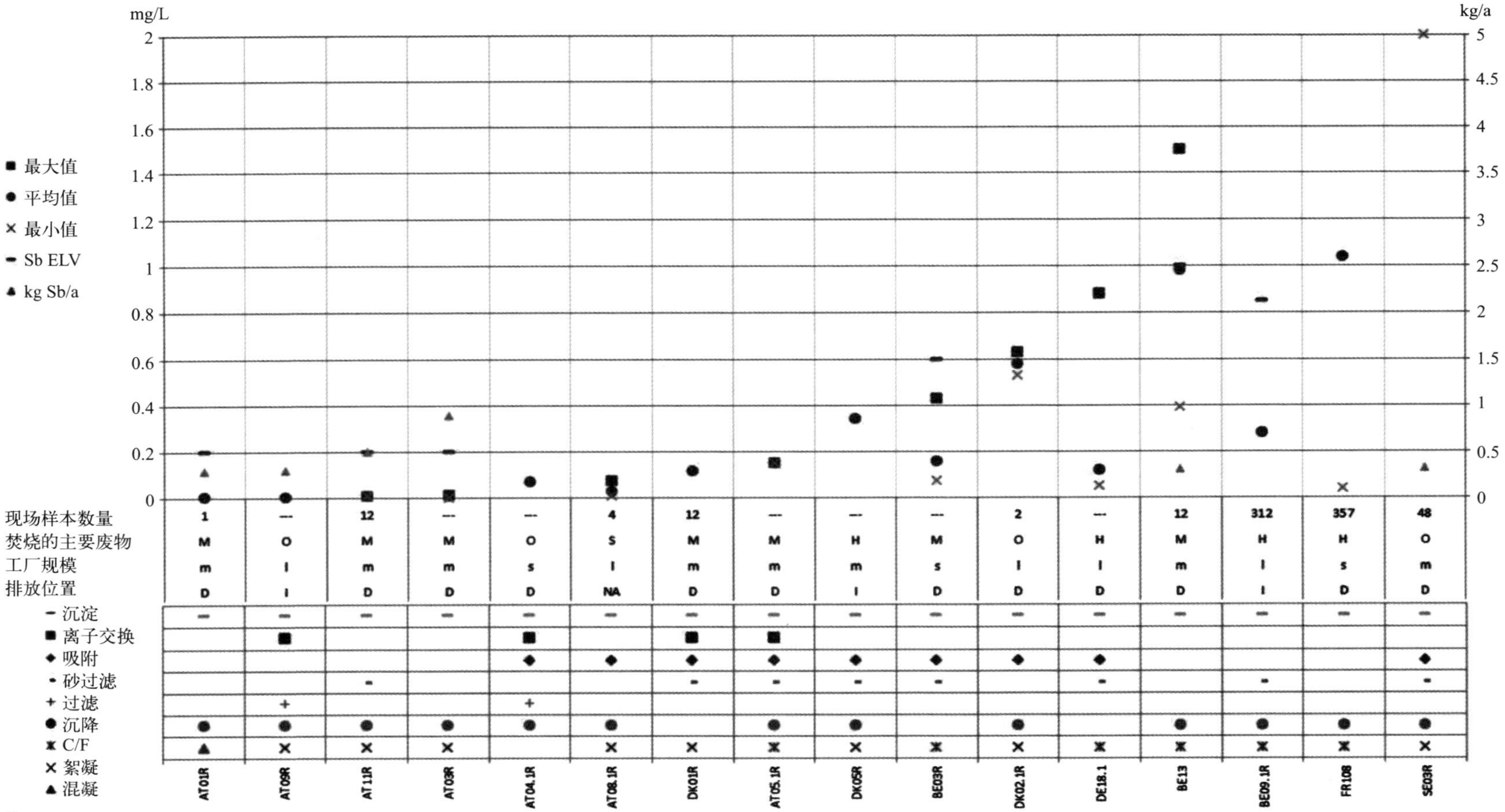

注：
现场样本数量为“数据集中所包含的测量数量”；--- 信息不可用。
焚烧的主要废物：M—城市固废；S—污泥；O—其他无害废物；C—医疗废物；H—危险废物。
工厂规模：s—小型；m—中型；l—大型。
排放位置：D—直接排放；I—间接排放；NA—不可用。
采用技术：C/F—混凝和絮凝，沉淀为“化学沉淀”。

图 3.70　水体的 Sb 排放量和采用的减排技术[81]

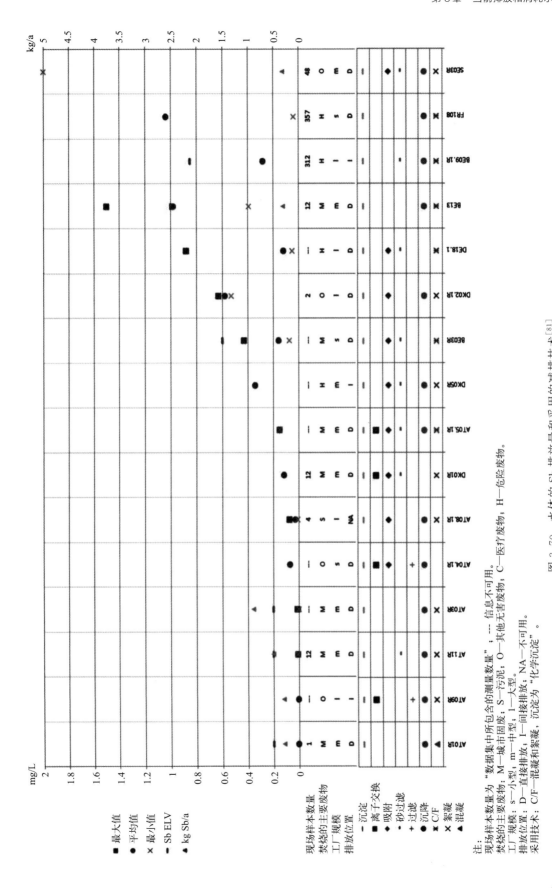

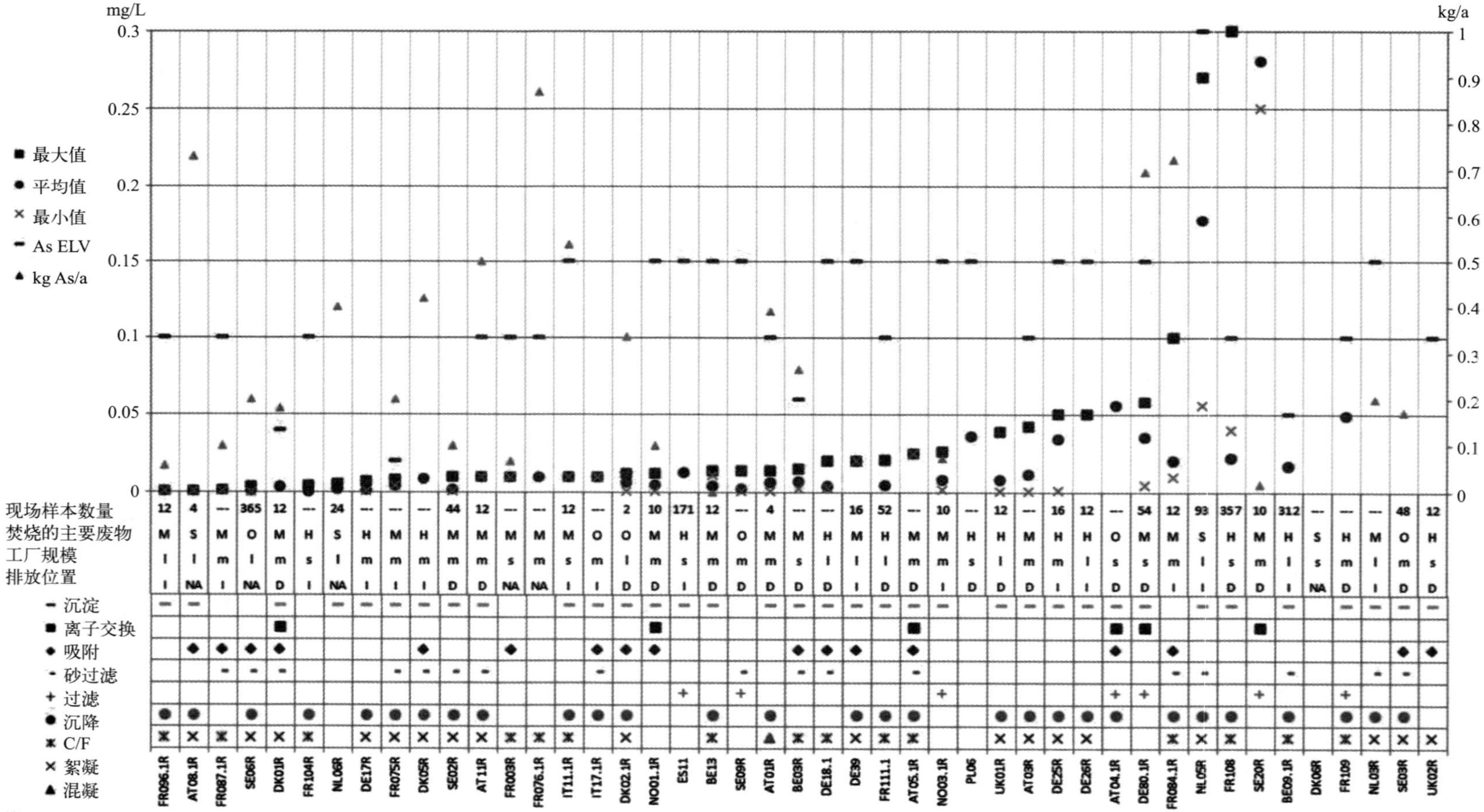

注：
现场样本数量为"数据集中所包含的测量数量"；--- 信息不可用。
焚烧的主要废物：M—城市固废；S—污泥；O—其他无害废物；C—医疗废物；H—危险废物。
工厂规模：s—小型；m—中型；l—大型。
排放位置：D—直接排放；I—间接排放；NA—不可用。
采用技术：C/F—混凝和絮凝；沉淀为"化学沉淀"。

图 3.71 水体的 As 排放量和采用的减排技术[81]

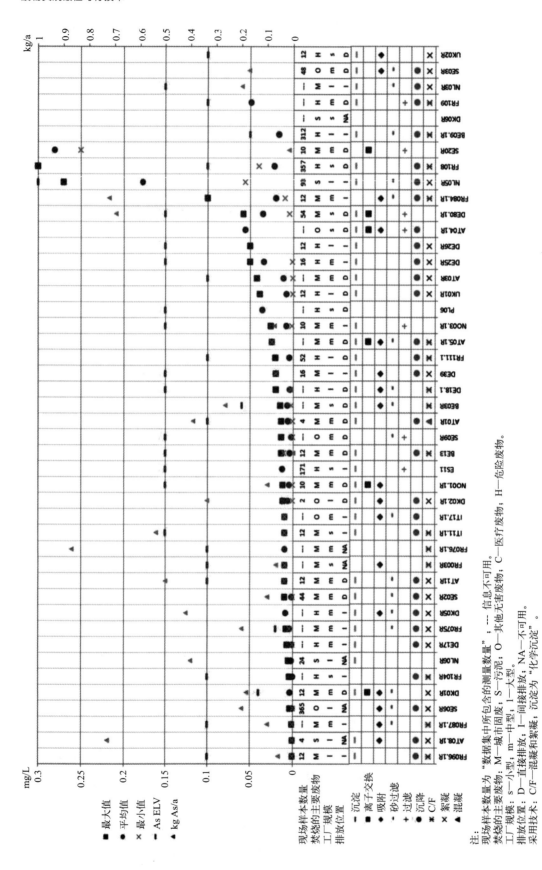

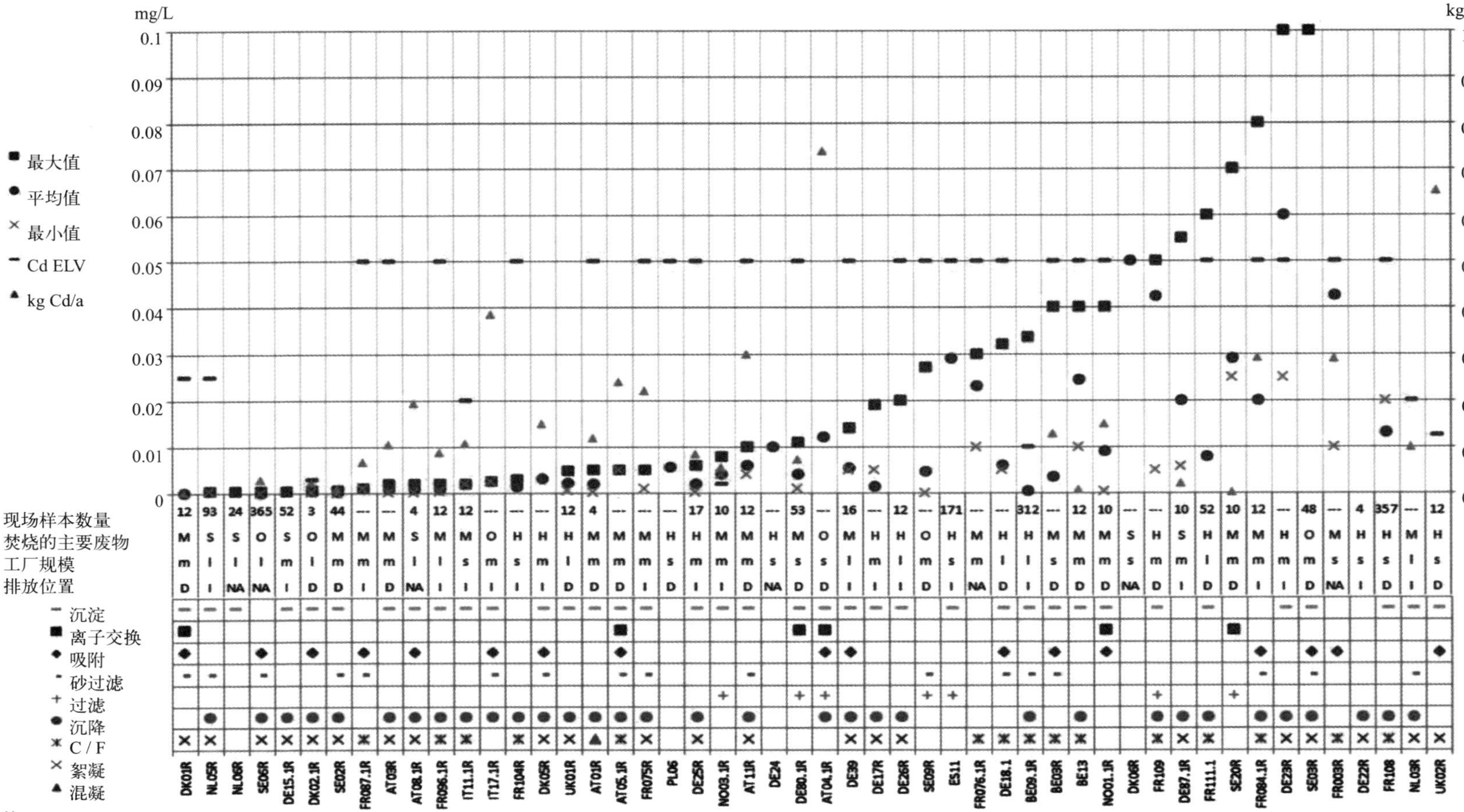

注：
现场样本数量为“数据集中包含的测量次数”；--- 信息不可用。
焚烧的主要废物：M—城市固废；S—污泥；O—其他无害废物；C—医疗废物；H—危险废物。
工厂规模：s—小型；m—中型；l—大型。
排放位置：D—直接排放；I—间接排放；NA—不可用。
采用技术：C/F—混凝和絮凝；沉淀为“化学沉淀”。

图 3.72　水体的 Cd 排放量和采用的减排技术[81]

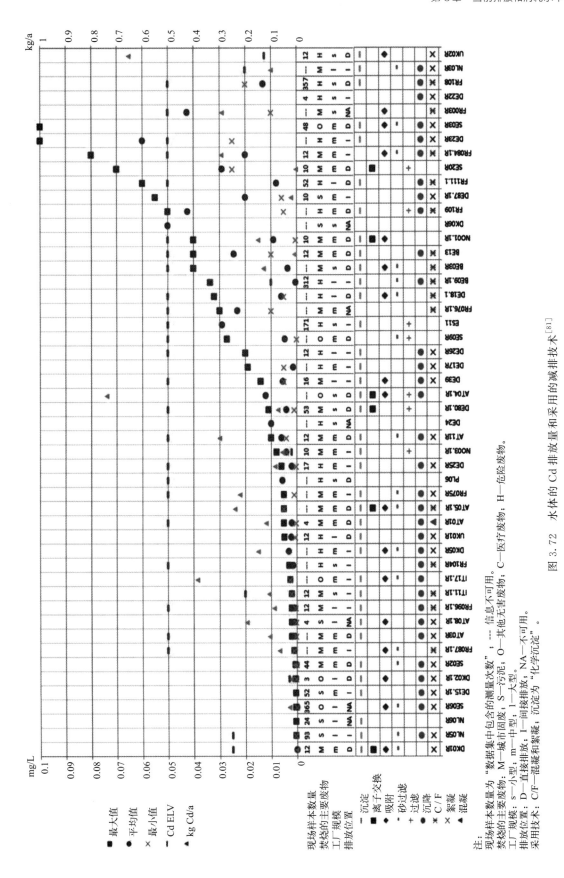

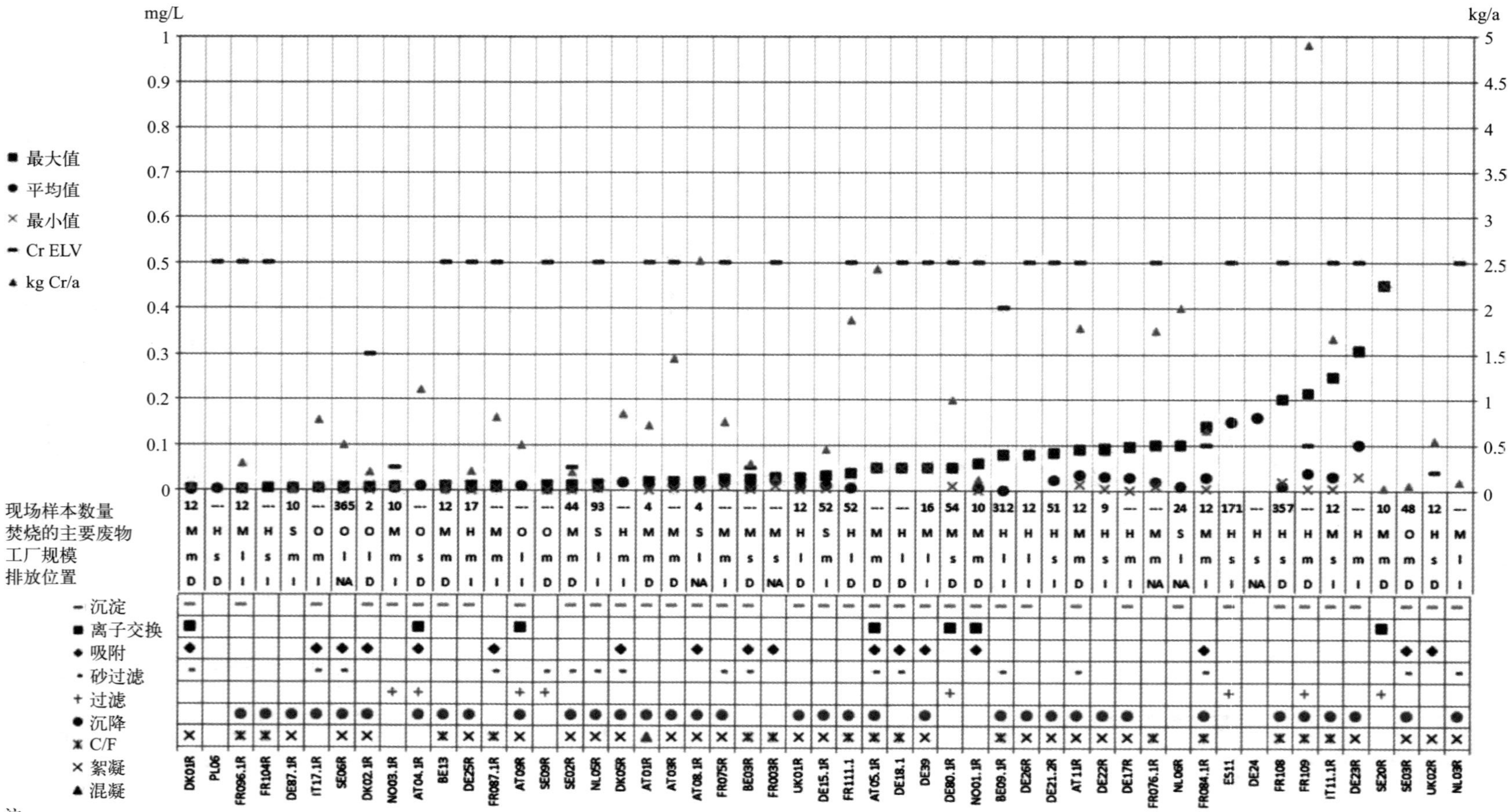

注：
现场样本数量为“数据集中所包含的测量数量”；--- 信息不可用。
焚烧的主要废物：M—城市固废；S—污泥；O—其他无害废物；C—医疗废物；H—危险废物。
工厂规模：s—小型；m—中型；l—大型。
排放位置：D—直接排放；I—间接排放；NA—不可用。
采用技术：C/F—混凝和絮凝，沉淀为“化学沉淀”。

图 3.73 水体的 Cr 排放量和采用的减排技术[81]

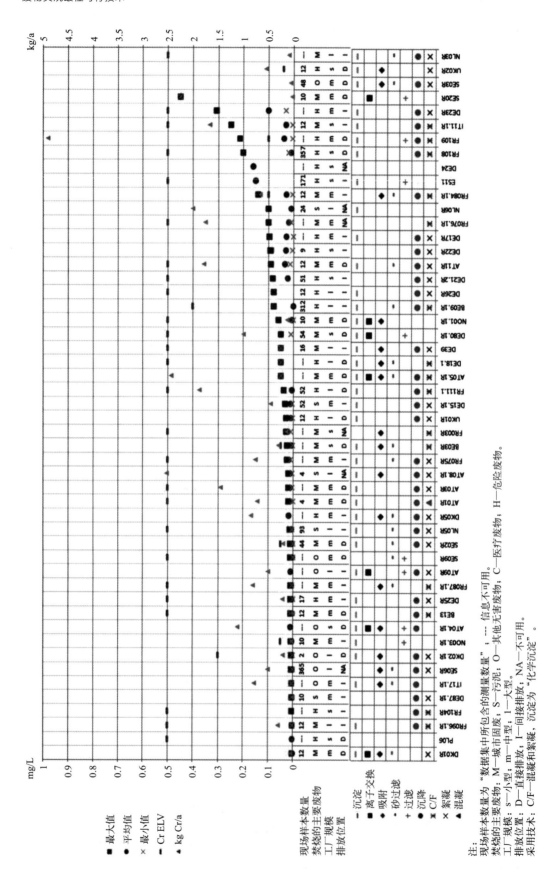

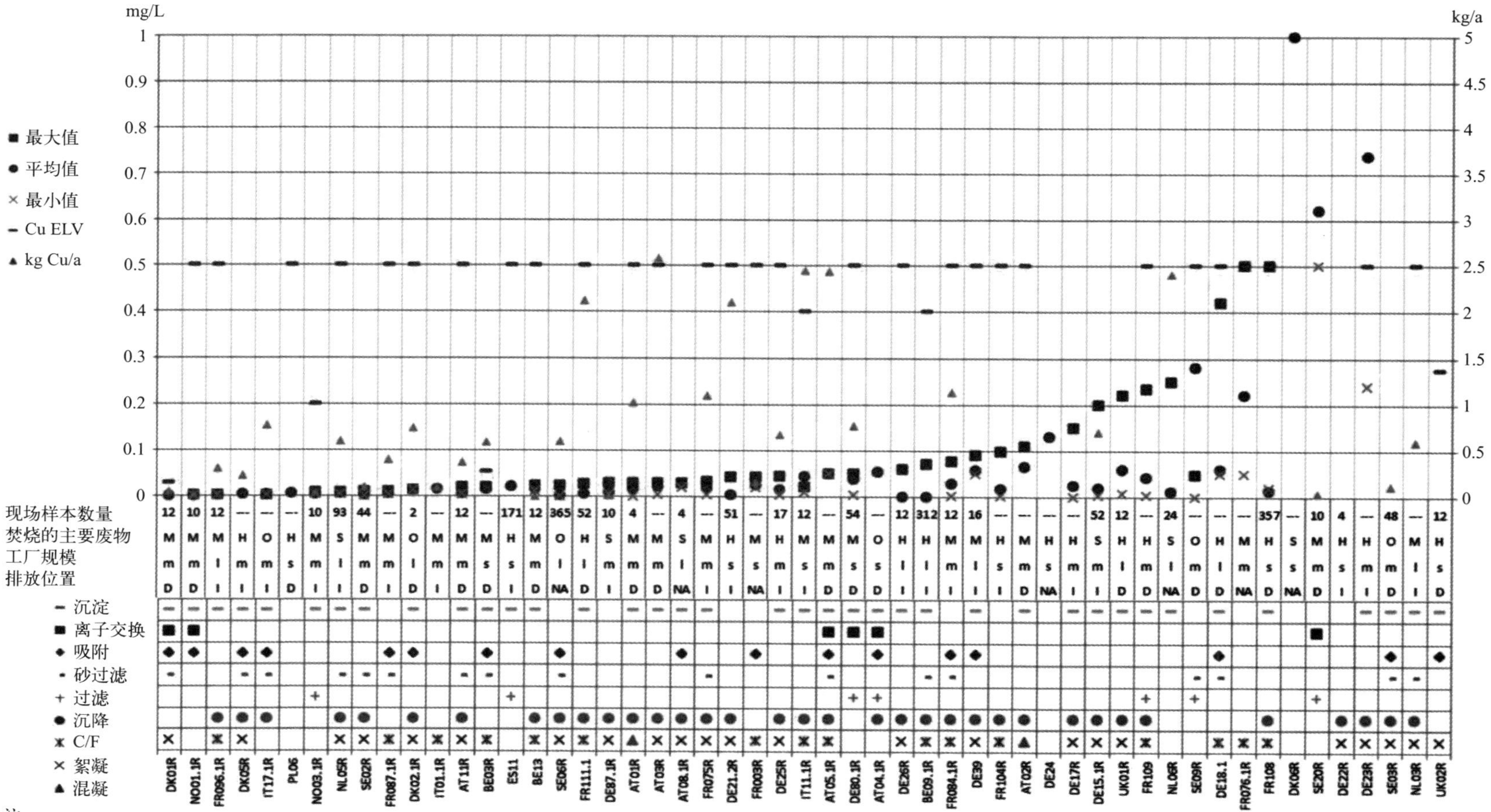

注：
现场样本数量为“数据集中所包含的测量数量”；--- 信息不可用。
焚烧的主要废物：M—城市固废；S—污泥；O—其他无害废物；C—医疗废物；H—危险废物。
工厂规模：s—小型；m—中型；l—大型。
排放位置：D—直接排放；I—间接排放；NA—不可用。
采用技术：C/F—混凝和絮凝；沉淀为“化学沉淀”。

图 3.74 水体的 Cu 排放量和采用的减排技术[81]

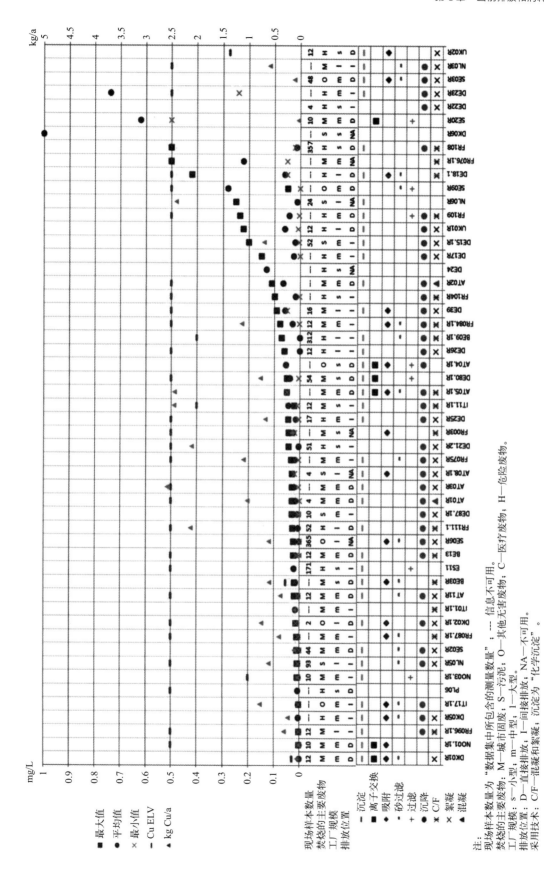

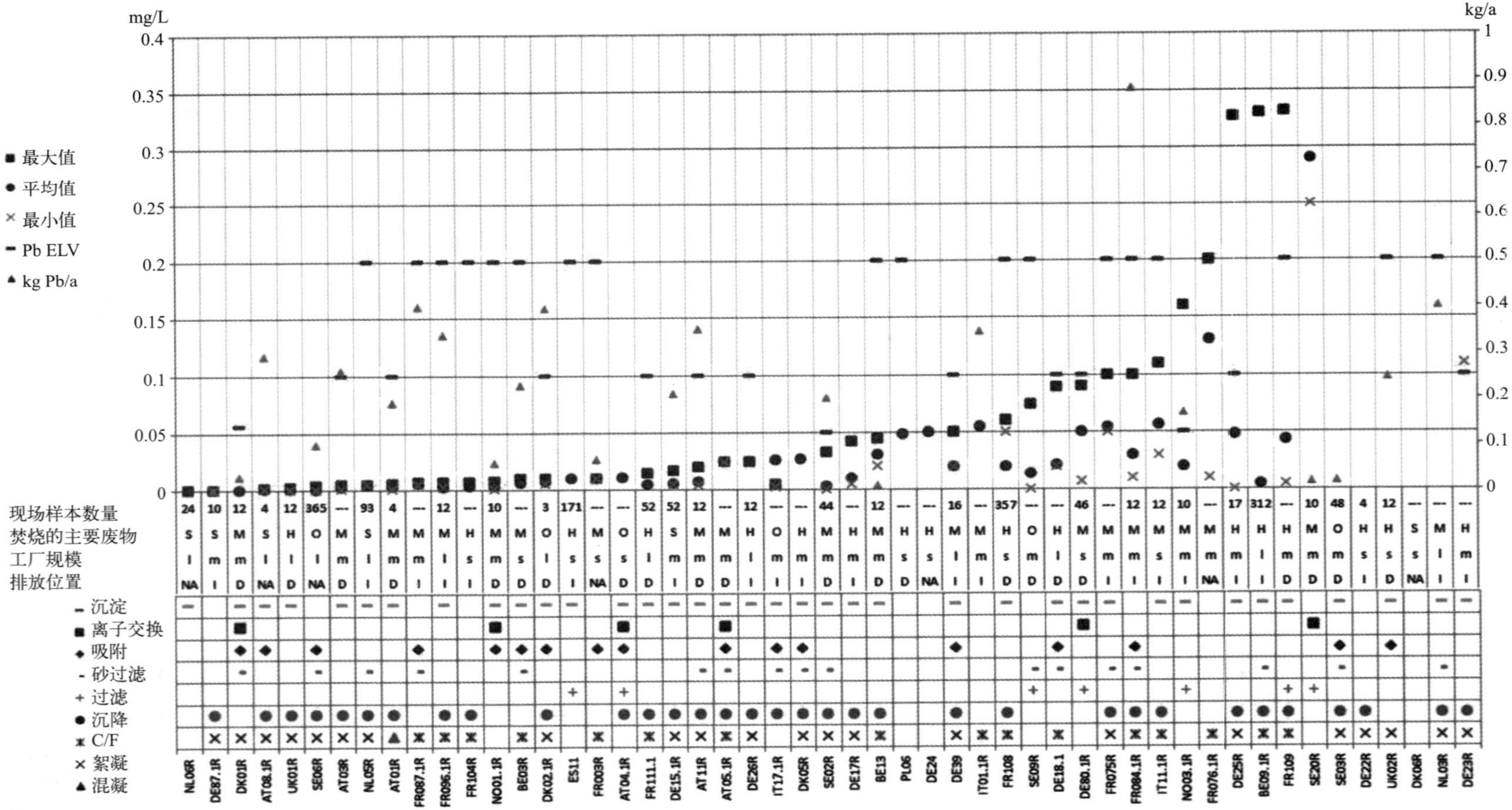

注：
现场样本数量为“数据集中所包含的测量数量”；--- 信息不可用。
焚烧的主要废物：M—城市固废；S—污水污泥；O—其他无害废物；C—医疗废物；H—危险废物。
工厂规模：s—小型；m—中型；l—大型。
排放位置：D—直接排放；I—间接排放；NA—不可用。
采用技术：C/F—混凝和絮凝；沉淀为“化学沉淀”。

图 3.75　水体的铅排放量和采用的减排技术[81]

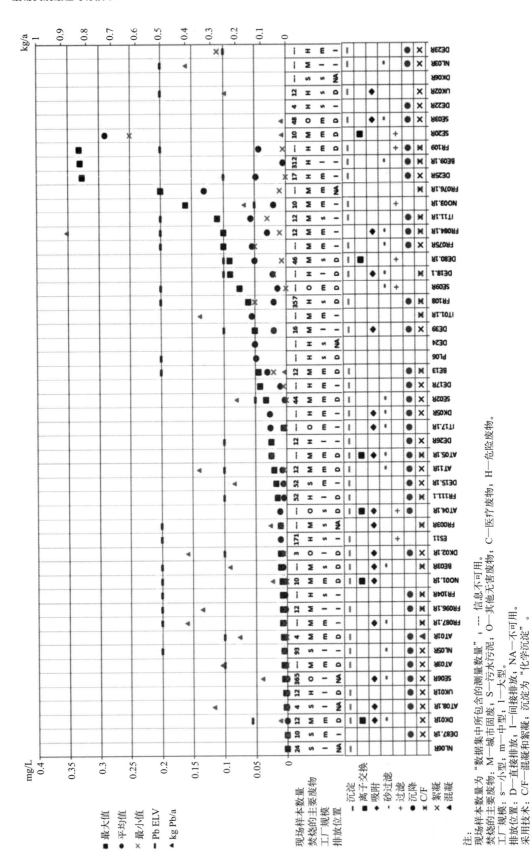

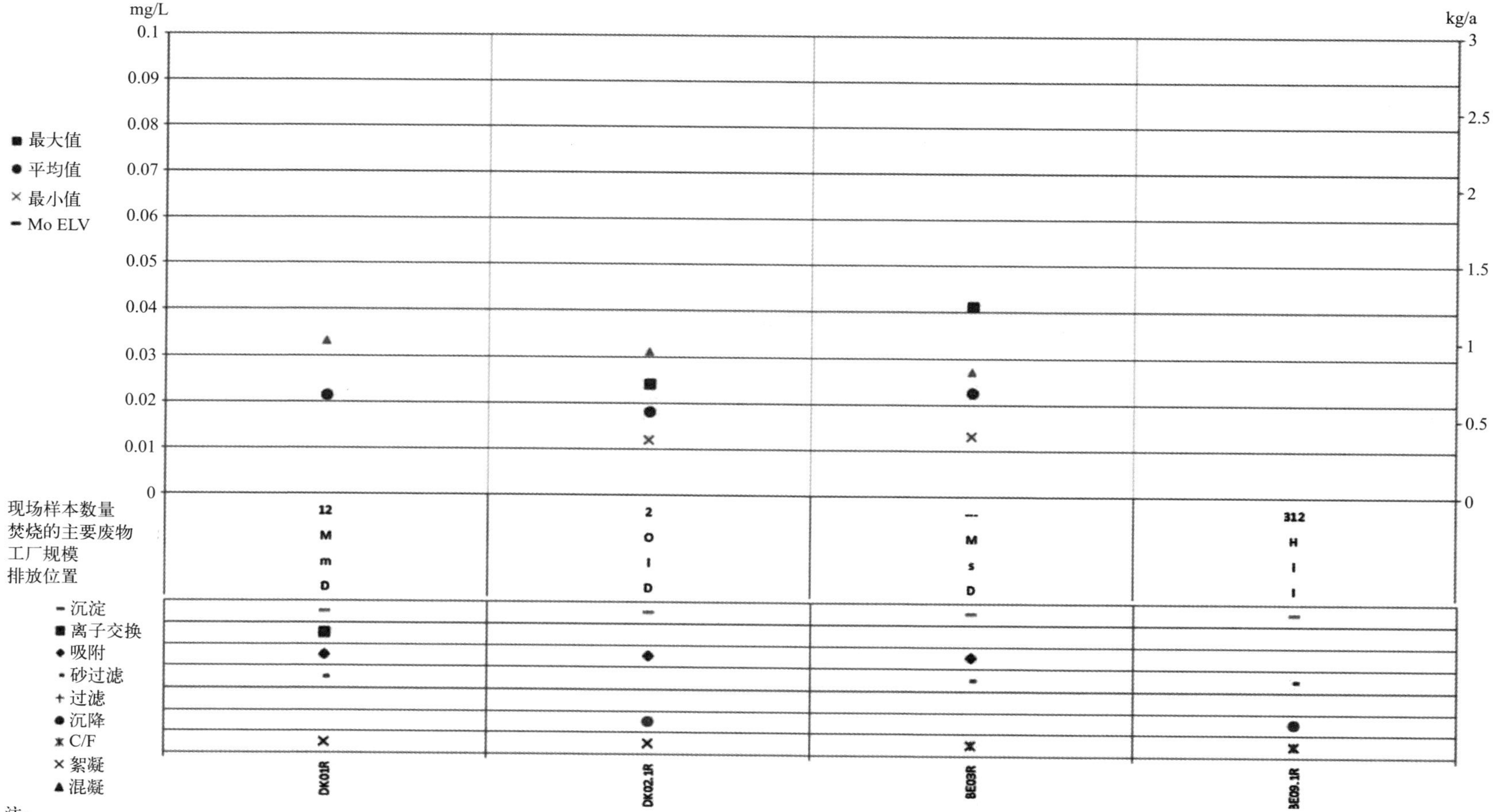

注：
现场样本数量为“数据集中所包含的测量数量”；--- 信息不可用。
焚烧的主要废物：M—城市固废；S—污水污泥；O—其他无害废物；C—医疗废物；H—危险废物。
工厂规模：s—小型；m—中型；l—大型。
排放位置：D—直接排放；I—间接排放；NA—不可用。
采用技术：C/F—混凝和絮凝；沉淀为“化学沉淀”。

图 3.76　水体的 Mo 排放量和采用的减排技术[81]

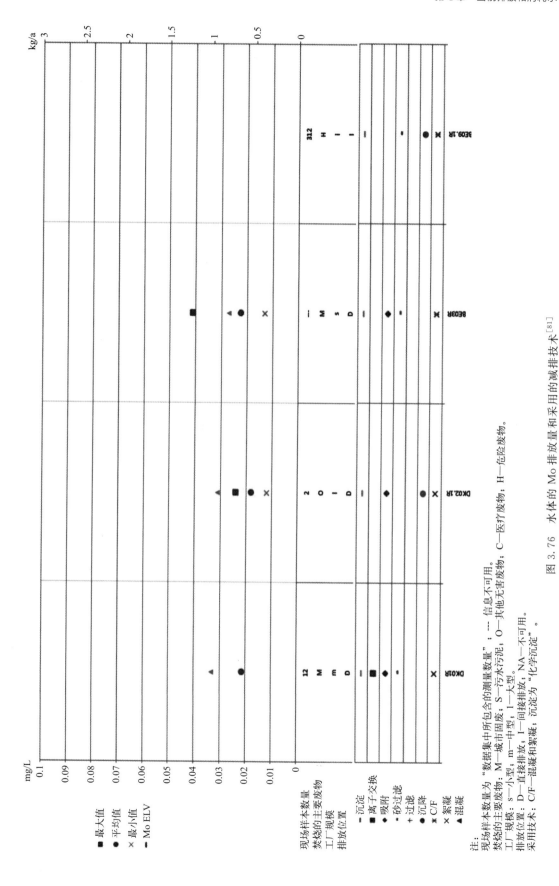

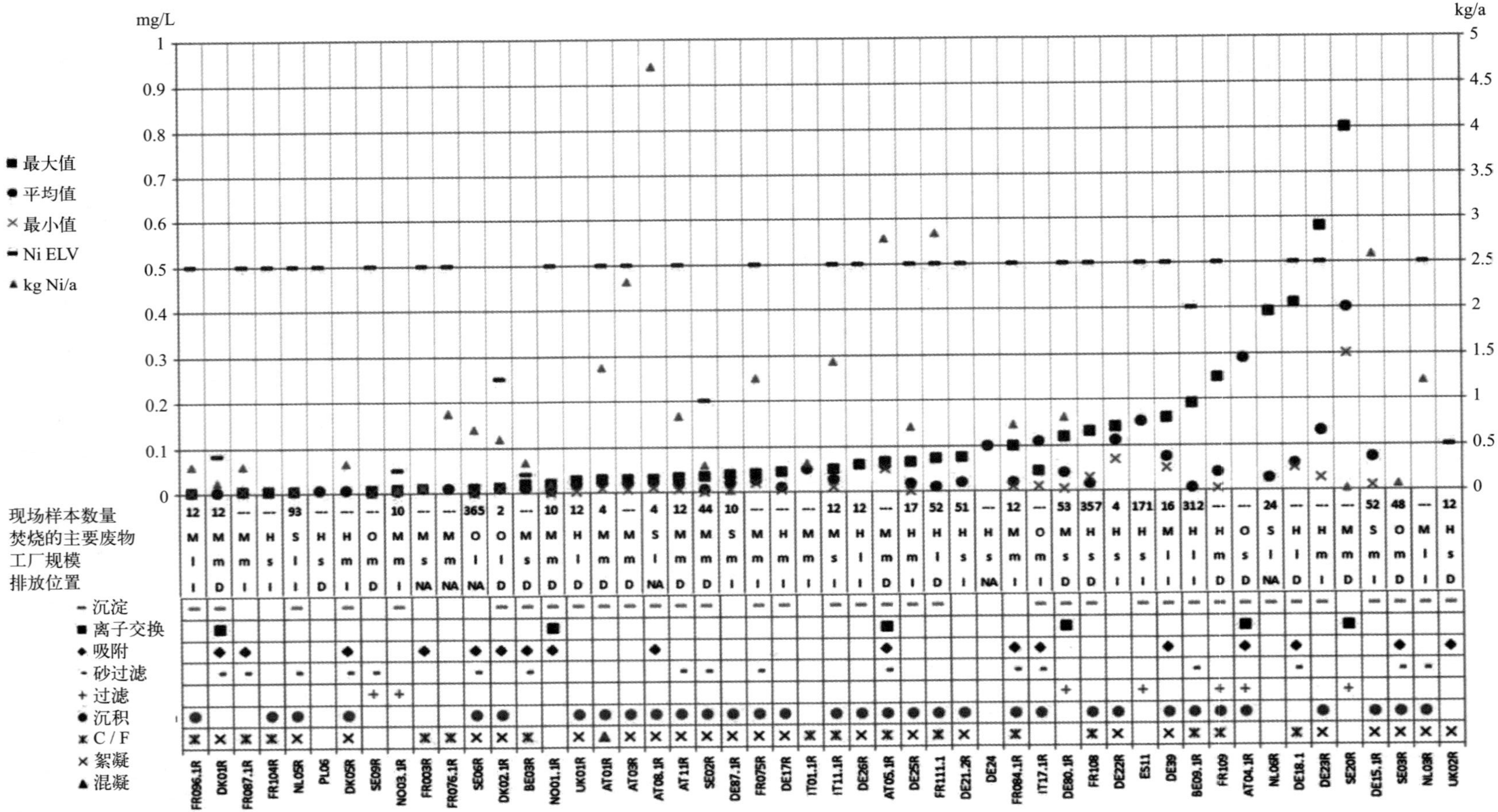

注：
现场样本数量为“数据集中所包含的测量数量”；--- 信息不可用。
焚烧的主要废物：M—城市固废；S—污水污泥；O—其他无害废物；C—医疗废物；H—危险废物。
工厂规模：s—小型；m—中型；l—大型。
排放位置：D—直接排放；I—间接排放；NA—不可用。
采用技术：C/F—混凝和絮凝；沉淀为“化学沉淀”。

图 3.77 水体的 Ni 排放量和采用的减排技术[81]

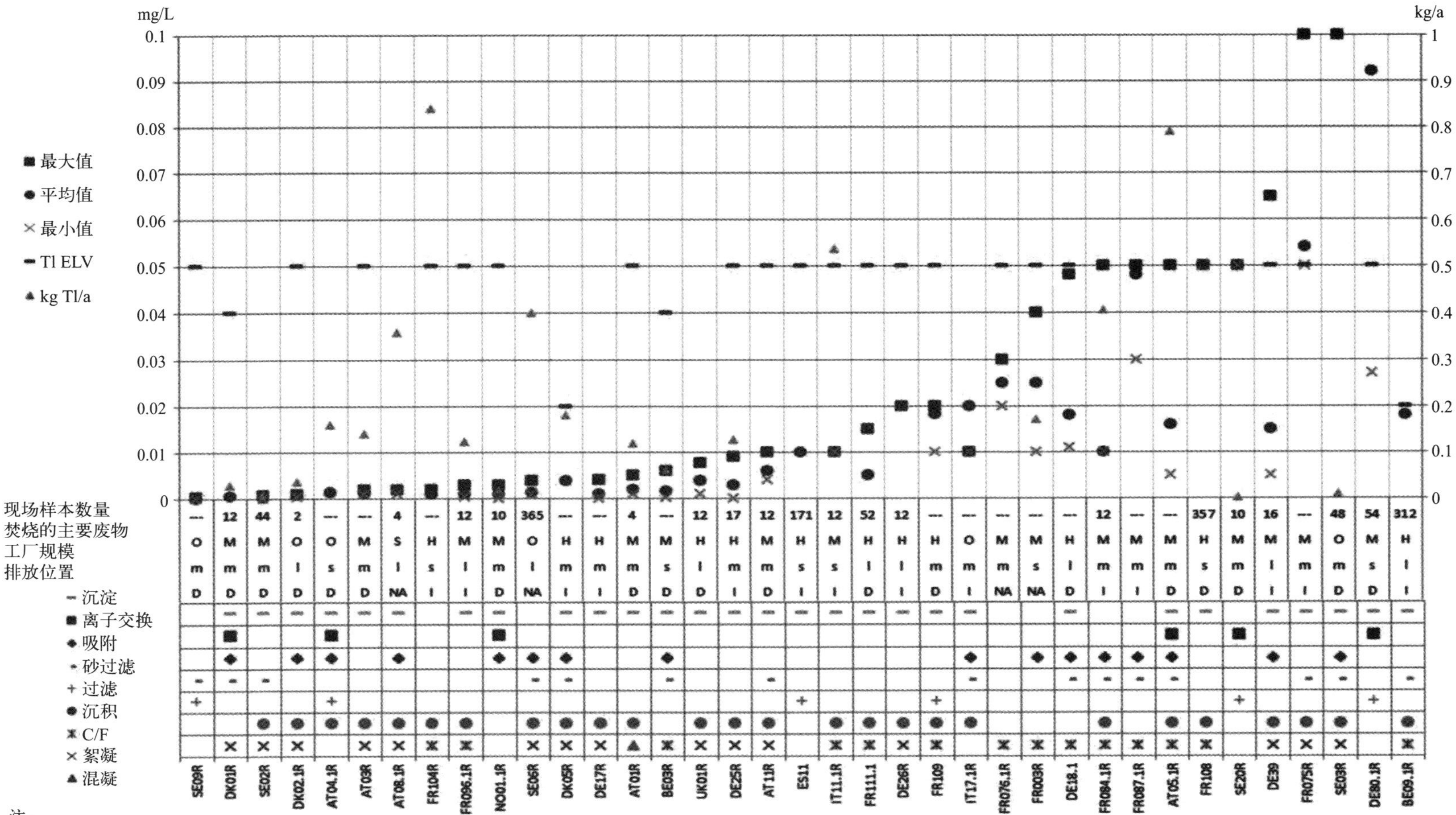

注：
现场样本数量为“数据集中所包含的测量数量”；--- 信息不可用。
焚烧的主要废物：M—城市固废；S—污水污泥；O—其他无害废物；C—医疗废物；H—危险废物。
工厂规模：s—小型；m—中型；l—大型。
排放位置：D—直接排放；I—间接排放；NA—不可用。
采用技术：C/F—混凝和絮凝；沉淀为“化学沉淀”。

图 3.78　水体的 Tl 排放量和采用的减排技术[81]

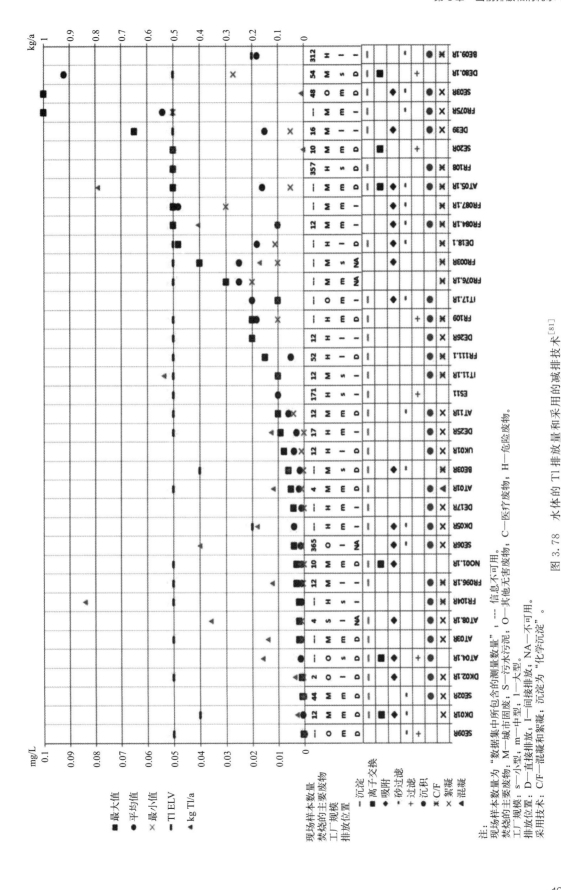

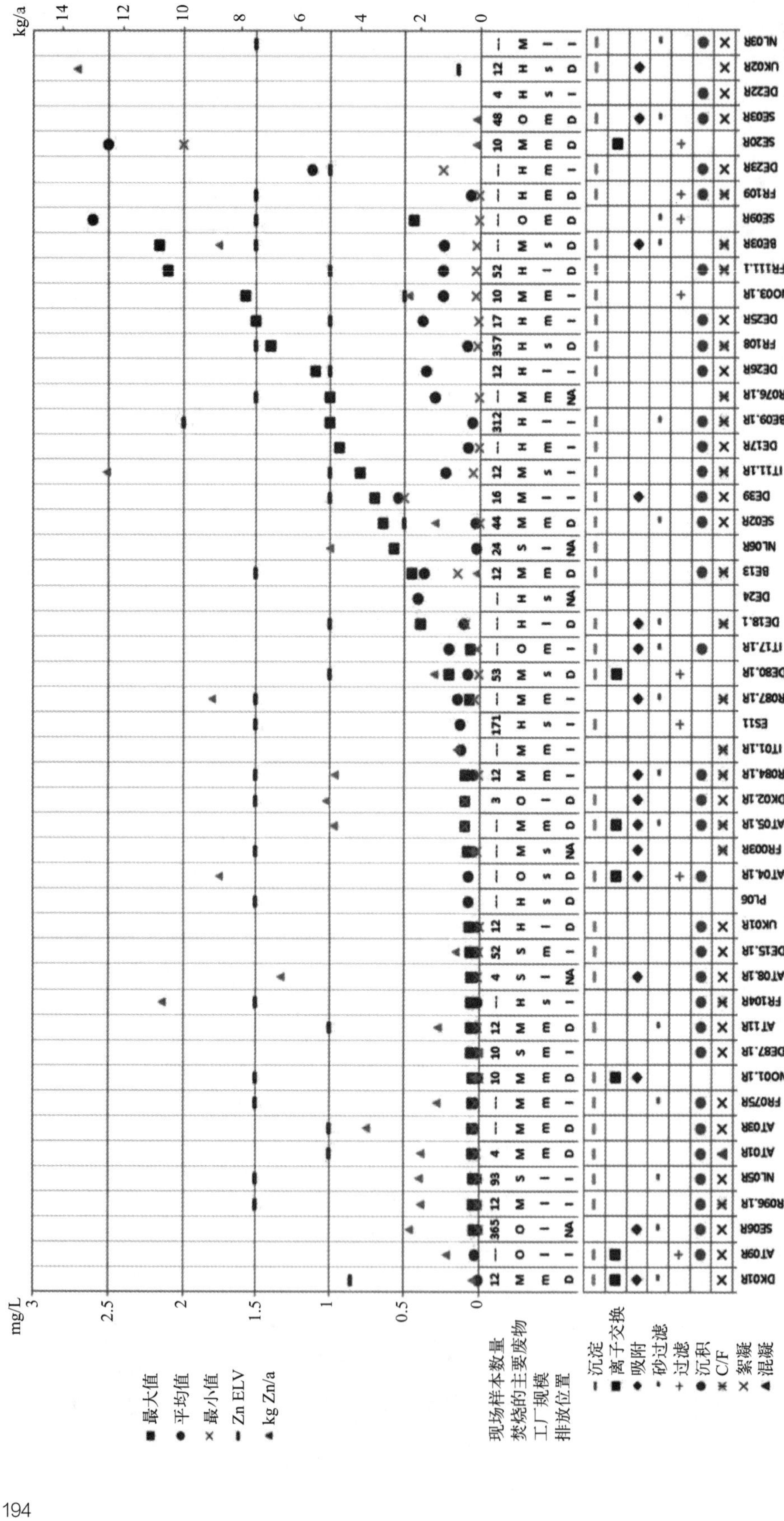

注：
现场样本数量为“数据集中所包含的测量数量”；--- 信息不可用。
焚烧的主要废物：M—城市固废；S—污水污泥；O—其他无害废物；C—医疗废物；H—危险废物。
工厂规模：s—小型；m—中型；l—大型。
排放位置：D—直接排放；I—间接排放；NA—不可用。
采用技术：C/F—混凝和絮凝；沉淀为“化学沉淀”。

图 3.79 水体的 Zn 排放量和采用的减排技术[81]

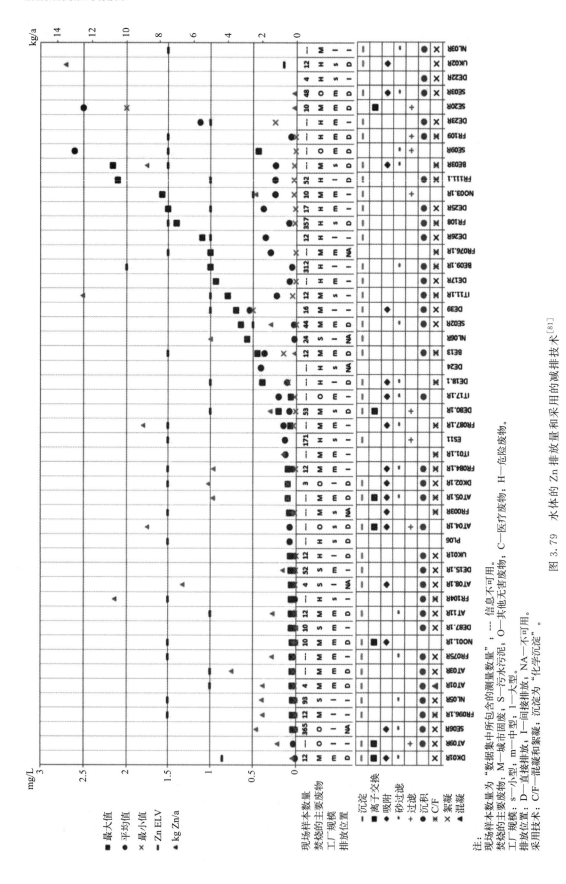

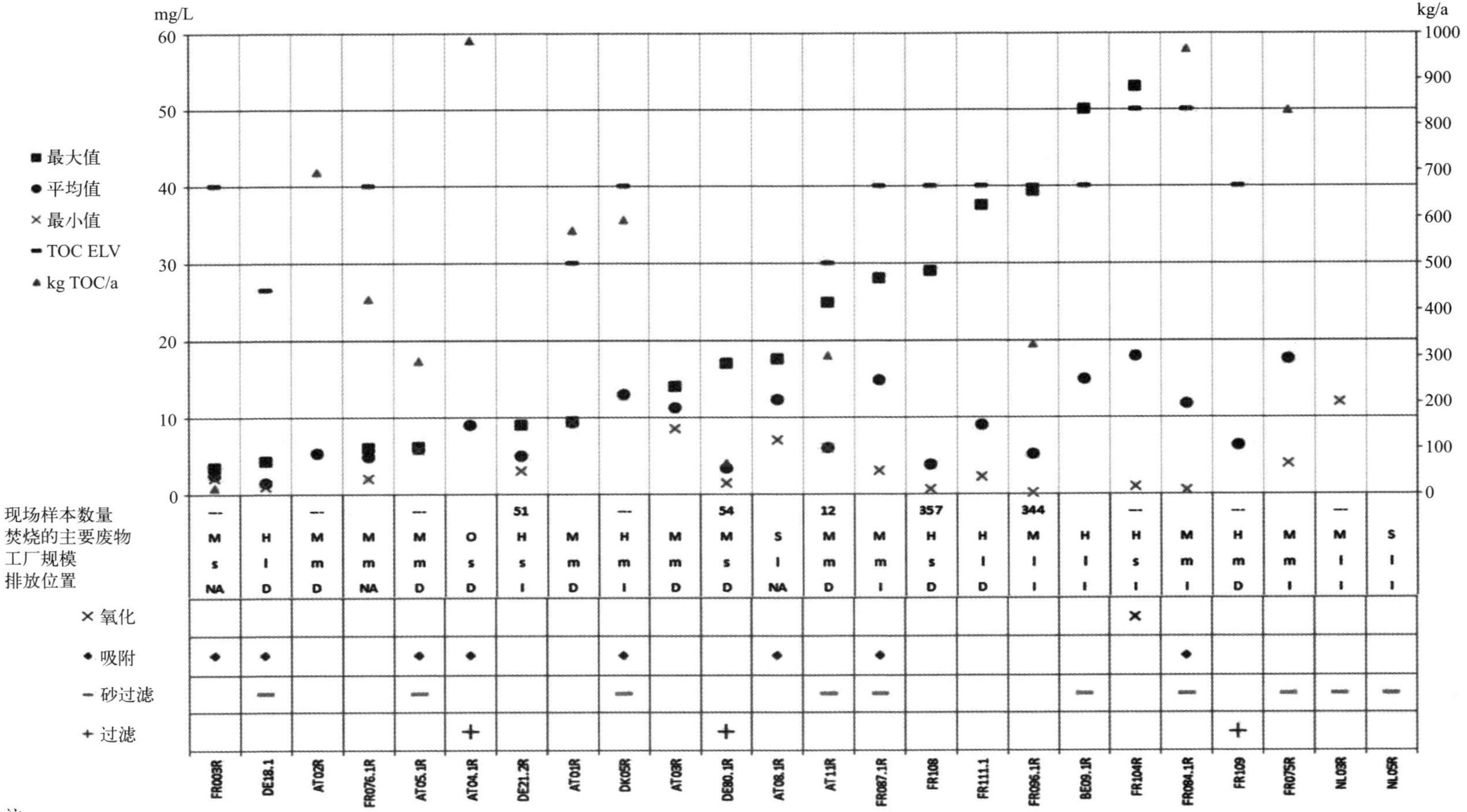

注：
现场样本数量为“数据集中所包含的测量数量”；--- 信息不可用。
焚烧的主要废物：M—城市固废；S—污水污泥；O—其他无害废物；C—医疗废物；H—危险废物。
工厂规模：s—小型；m—中型；l—大型。
排放位置：D—直接排放；I—间接排放；NA—不可用。
采用技术：C/F—混凝和絮凝；沉淀为“化学沉淀”。

图 3.80　水体的有机碳排放量和采用的减排技术[81]

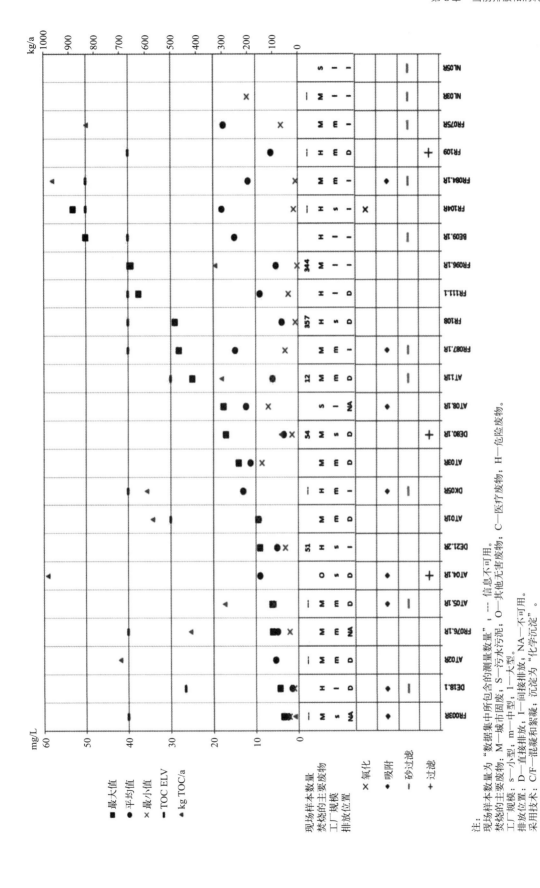

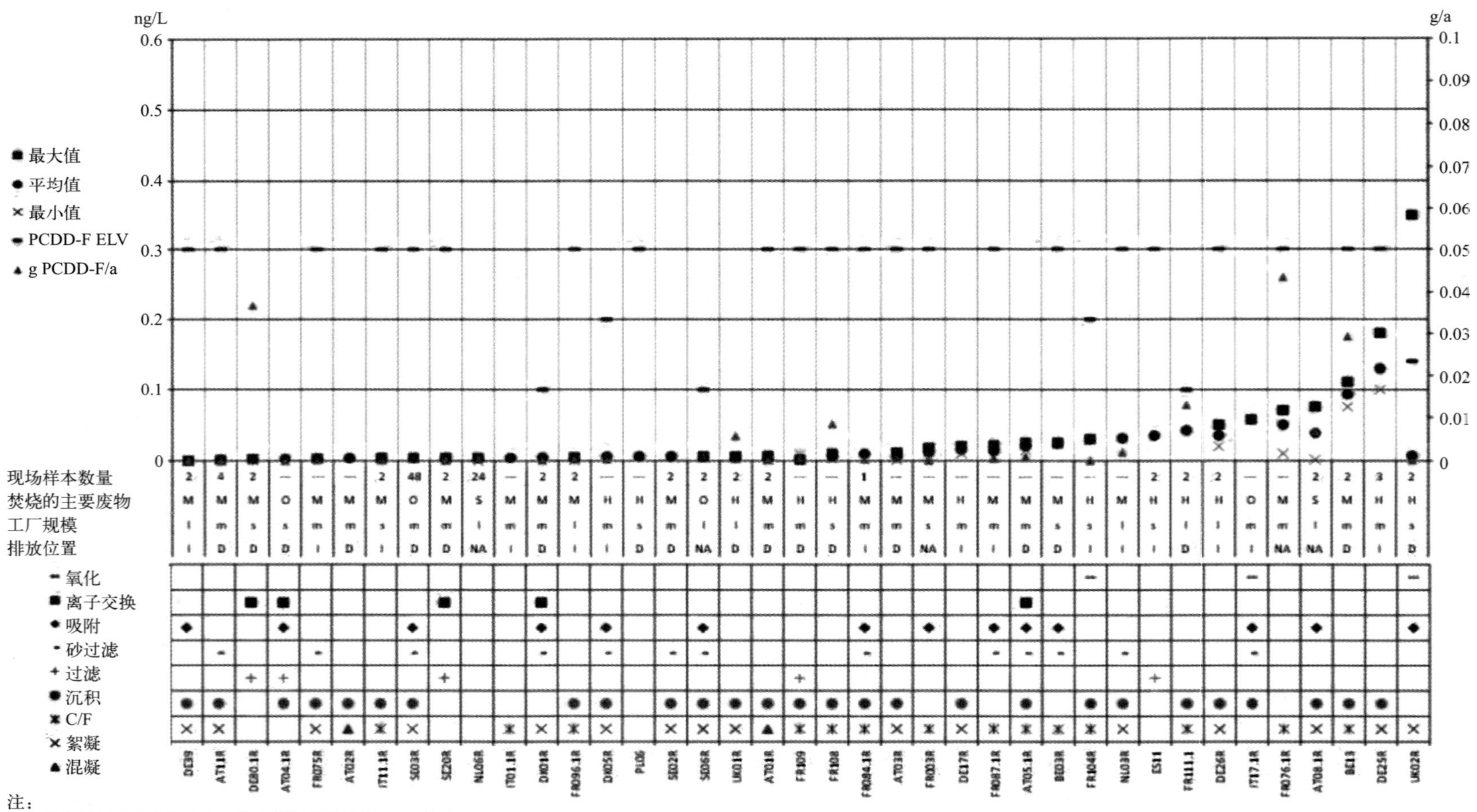

注：
现场样本数量为“数据集中所包含的测量数量”；--- 信息不可用。
焚烧的主要废物：M—城市固废；S—污水污泥；O—其他无害废物；C—医疗废物；H—危险废物。
工厂规模：s—小型；m—中型；1—大型。
排放位置：D—直接排放；I—间接排放；NA—不可用。
采用技术：C/F—混凝和絮凝；沉淀为“化学沉淀”。

图 3.81 水体的 PCDD/F 排放量和采用的减排技术[81]

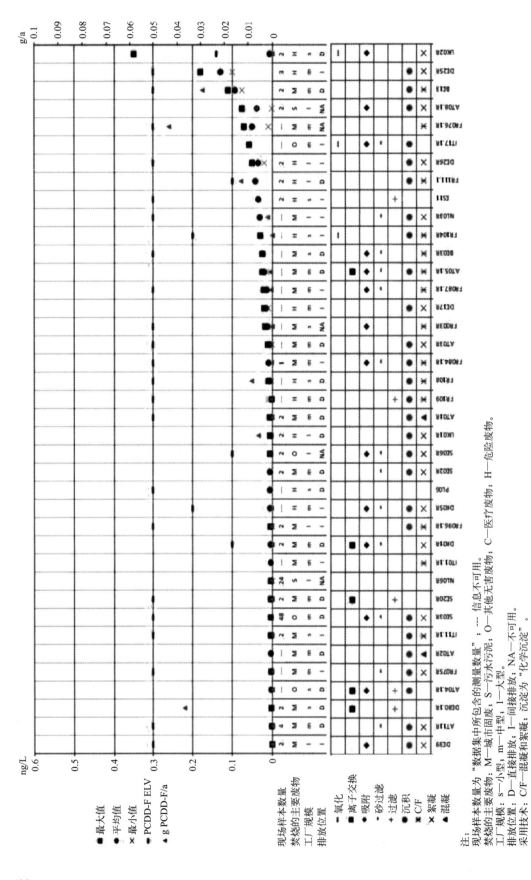

(6) 氯化物和硫酸盐含量

流出污水中氯化物的含量与进入焚烧炉的废物中的氯含量呈线性关系[4]。

大多数焚烧厂通过石膏的部分沉淀方式降低流出物中的硫酸盐含量，因此 SO_4^{2-} 的排放浓度在 1～2g/L 之间[122]。

3.4 固体残余物

3.4.1 固体残余物的质量流

表 3.13 总结了一些有关废物焚烧厂残余物的典型数据。

表 3.13 源于废物焚烧厂残余物数量的典型数据[81]

废物类型	特定数量(干)/(kg/t 废物)
底灰/炉渣	150～350
锅炉灰	20～40①
飞灰源自：	
湿式 FGC	15～40
半湿式 FGC	20～50
干式 FGC	15～60
源自废水处理的污泥	1～15

① 流化床焚烧炉会产生较多的锅炉灰。

MSWI 厂每处理一吨废物会产生 150～350kg 的底灰，该质量中包括了炉排的筛下残余物。筛下残余物的质量流量取决于炉排的类型及其运行时间。筛下残余物会增加底灰中未燃物质的数量，这有助于铜的浸出。在从底灰中进行有价值材料的回收时，通常会将黑色和有色金属材料（例如铝）分开[74]。

锅炉灰的产生量取决于锅炉的类型和最初焚烧炉中所释放出的粉尘量。针对流化床焚烧炉工艺，有关其锅炉灰产量的可用数据较为有限，但这种炉型具有排放更多的锅炉灰的显著趋势。

3.4.2 固体残余物的组成和可浸出性

燃烧试验表明，供给废物热值的增加和由此所导致的更高的床层温度，能够提升底灰的燃尽程度[38]。

图 3.82 和图 3.83 给出了 2014 年测量的废物焚烧底灰/炉渣中的 TOC 最大百分比数据，图 3.84 和图 3.85 给出了 2014 年测量的烧失量（LOI）的最大百分比数据。这些图中还给出了焚烧废物的主要类型、焚烧厂的规模、采用的焚烧炉类型，以及操作人员是否将废物残余物分类为炉渣、底灰或流化床燃烧灰等类别。

通过问卷收集所获得的信息表明，大多数流化床焚烧炉和以结渣模式运行的回转窑所给出的 TOC 含量值和 LOI 值均较低。

根据 EN 13137 标准进行 TOC 测定的同时，还可检测 TOC 中的元素碳，TOC 不会对废物填埋场造成任何的问题。虽然底灰中的 TOC 主要是由元素碳组成的，但在一定程度上也会发现有机化合物（例如，源自塑料的筛下残余物）。这些有机化合物的覆盖范围可从短链化合物到诸如多环芳烃或 PCDD/F 等低挥发性物。

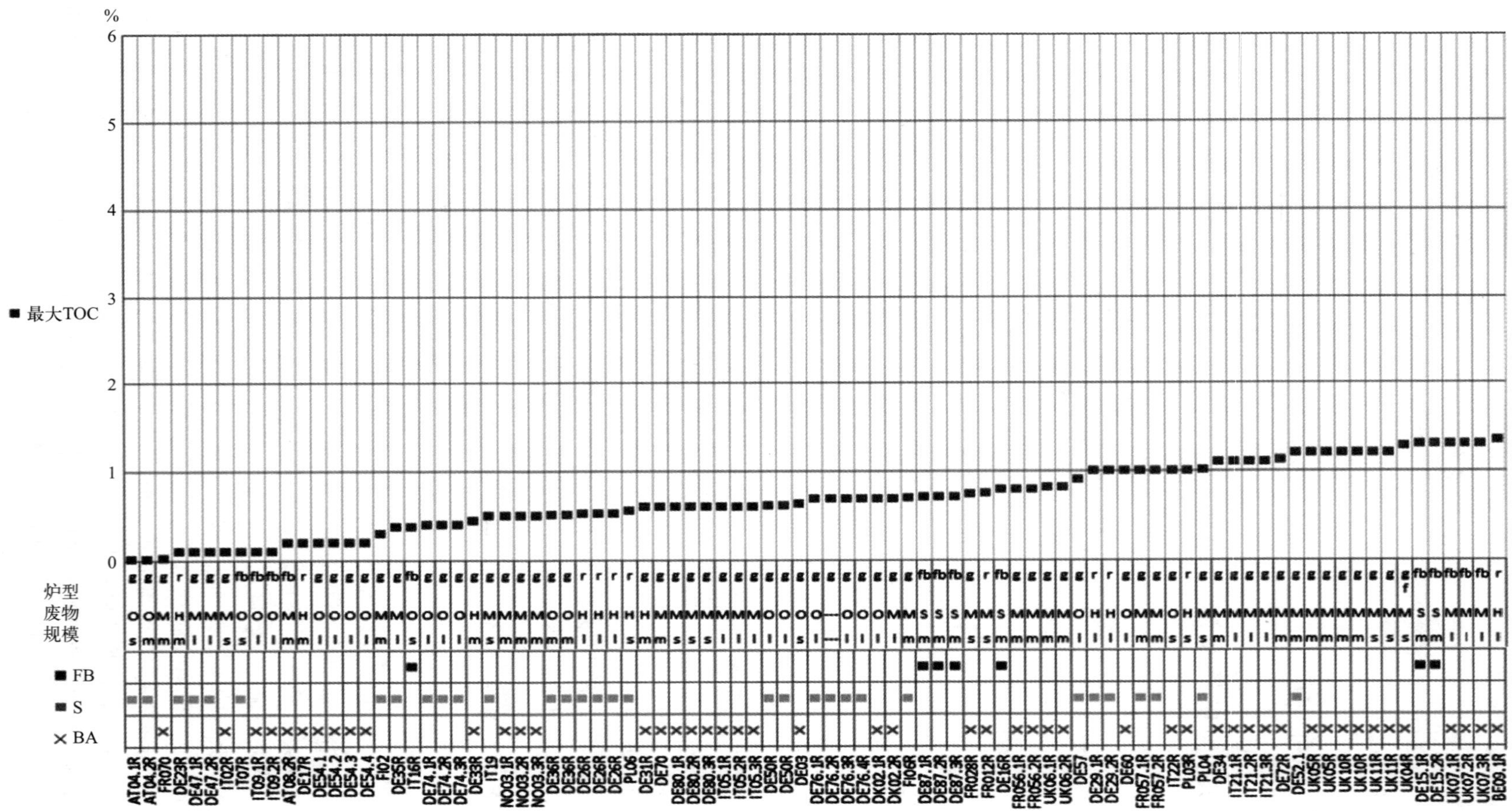

注：
炉型：g—炉排；r—回转窑；fb—流化床；f—其他类型的熔炉；gas—气化；o—其他。
主要焚烧废物：M—城市固体废物；S—污水污泥；O—其他无害废物；C—临床废物；H—危险废物。
规模：s—小型；m—中型；l—大型。
FB—流化床燃烧灰；S—炉渣；BA—底灰。

图 3.82 未经处理的焚烧炉渣和底灰中 TOC 的含量（1/2）[81]

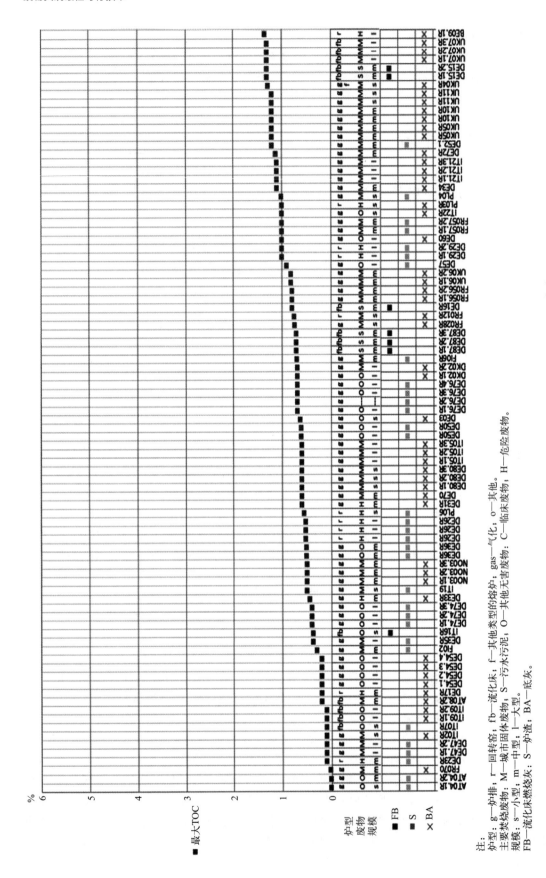

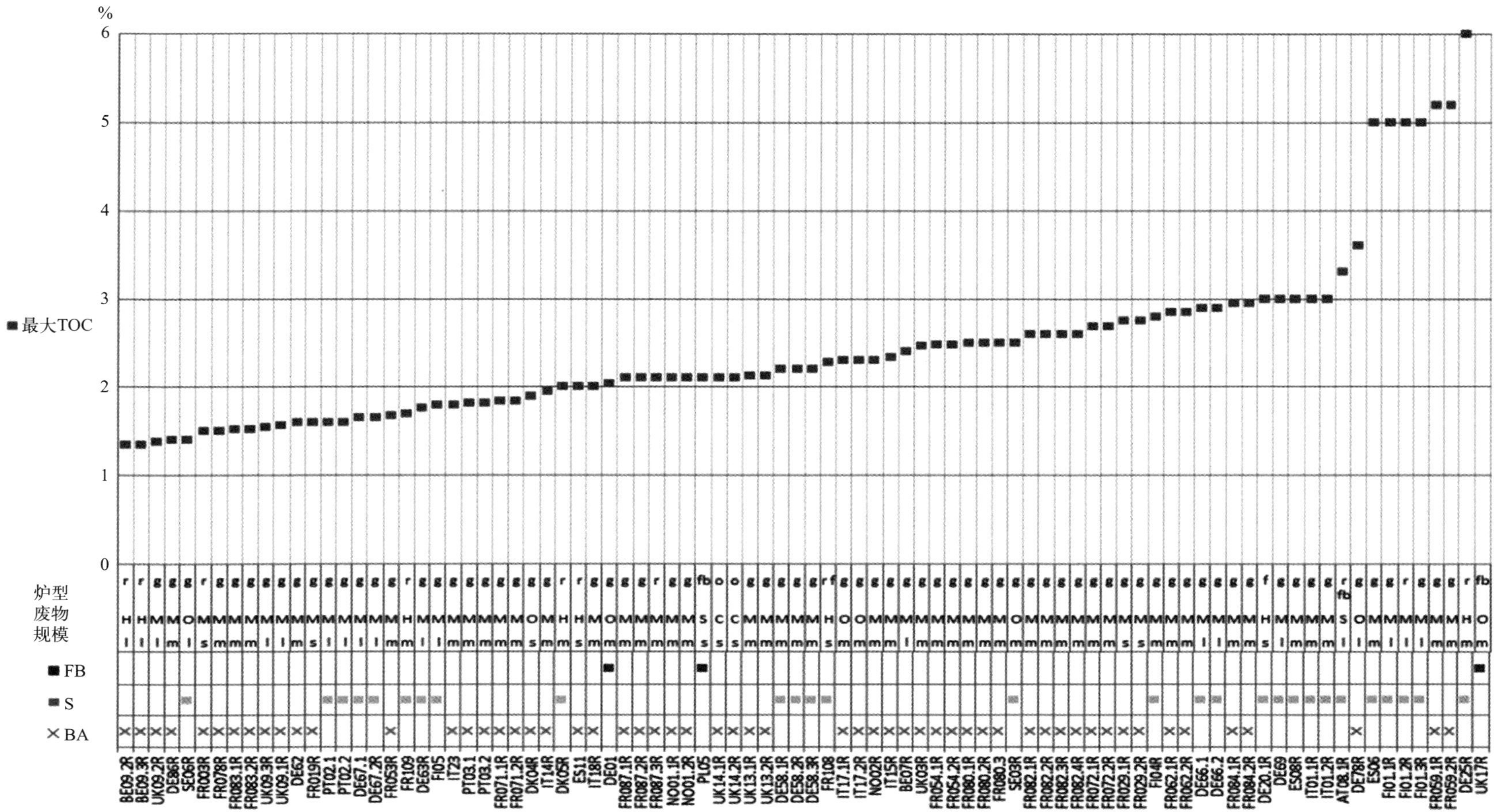

注：
炉型：g—炉排；r—回转窑；fb—流化床；f—其他类型的熔炉；gas—气化；o—其他。
主要焚烧废物：M—城市固体废物；S—污水污泥；O—其他无害废物；C—临床废物；H—危险废物。
规模：s—小型；m—中型；l—大型。
FB—流化床燃烧灰；S—炉渣；BA—底灰。

图 3.83　未经处理的焚烧炉渣和底灰中 TOC 的含量（2/2）[81]

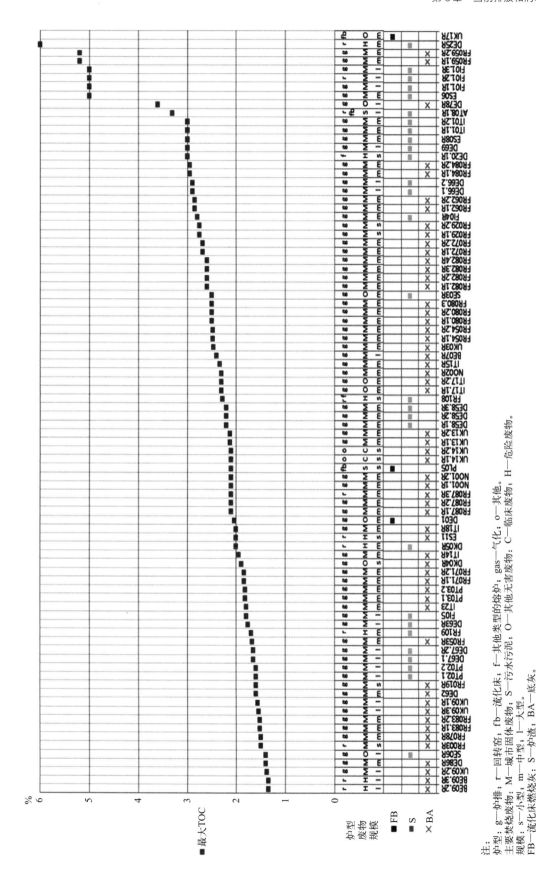

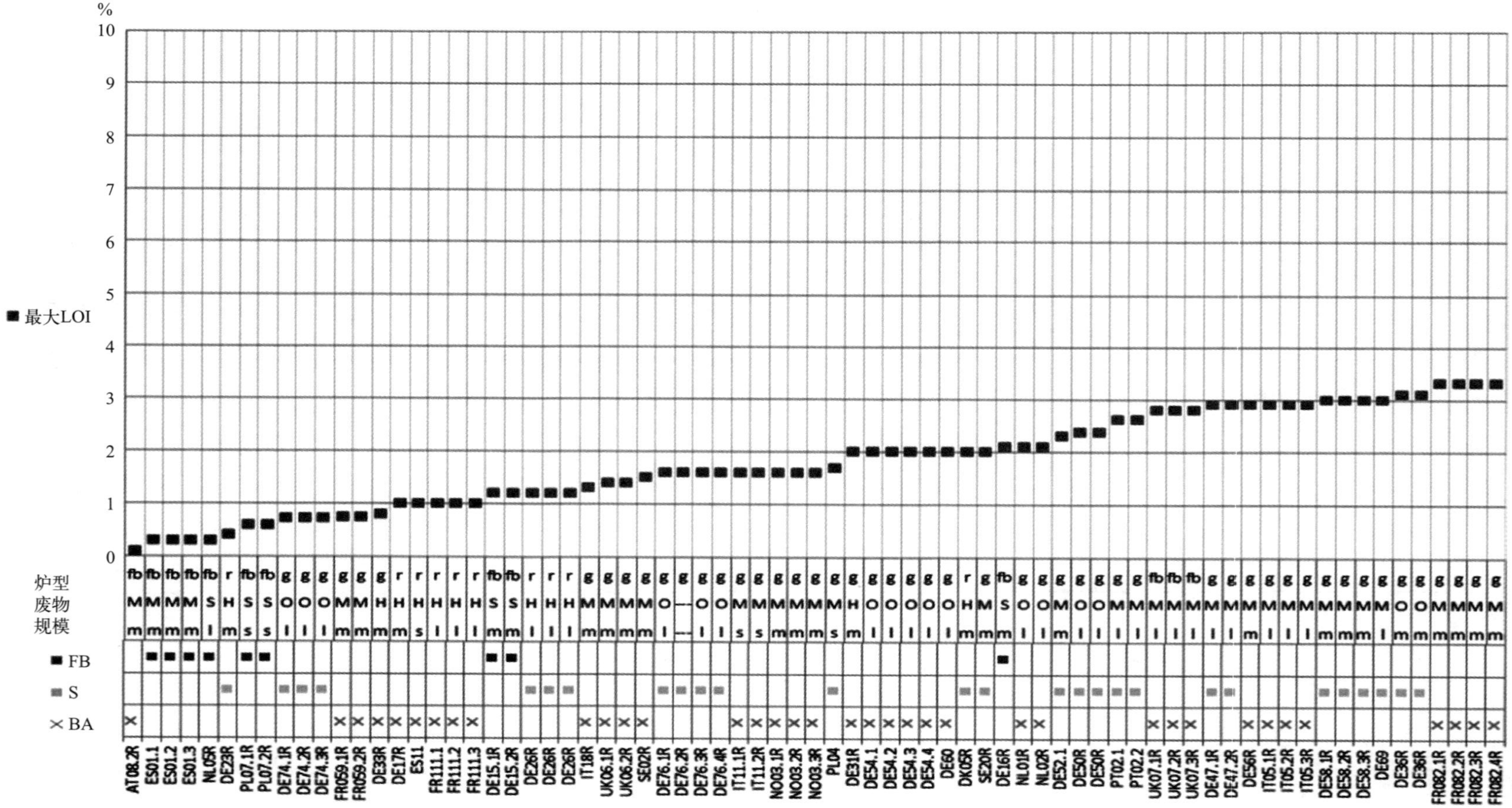

注：
炉型：g—炉排；r—回转窑；fb—流化床；f—其他类型的熔炉；gas—气化；o—其他。
主要焚烧废物：M—城市固体废物；S—污水污泥；O—其他无害废物：C—临床废物；H—危险废物。
规模：s—小型；m—中型；l—大型。
FB—流化床燃烧灰：S—炉渣；BA—底灰。

图 3.84　未经处理的焚烧炉渣和炉底灰的 LOI 值（1/2）[81]

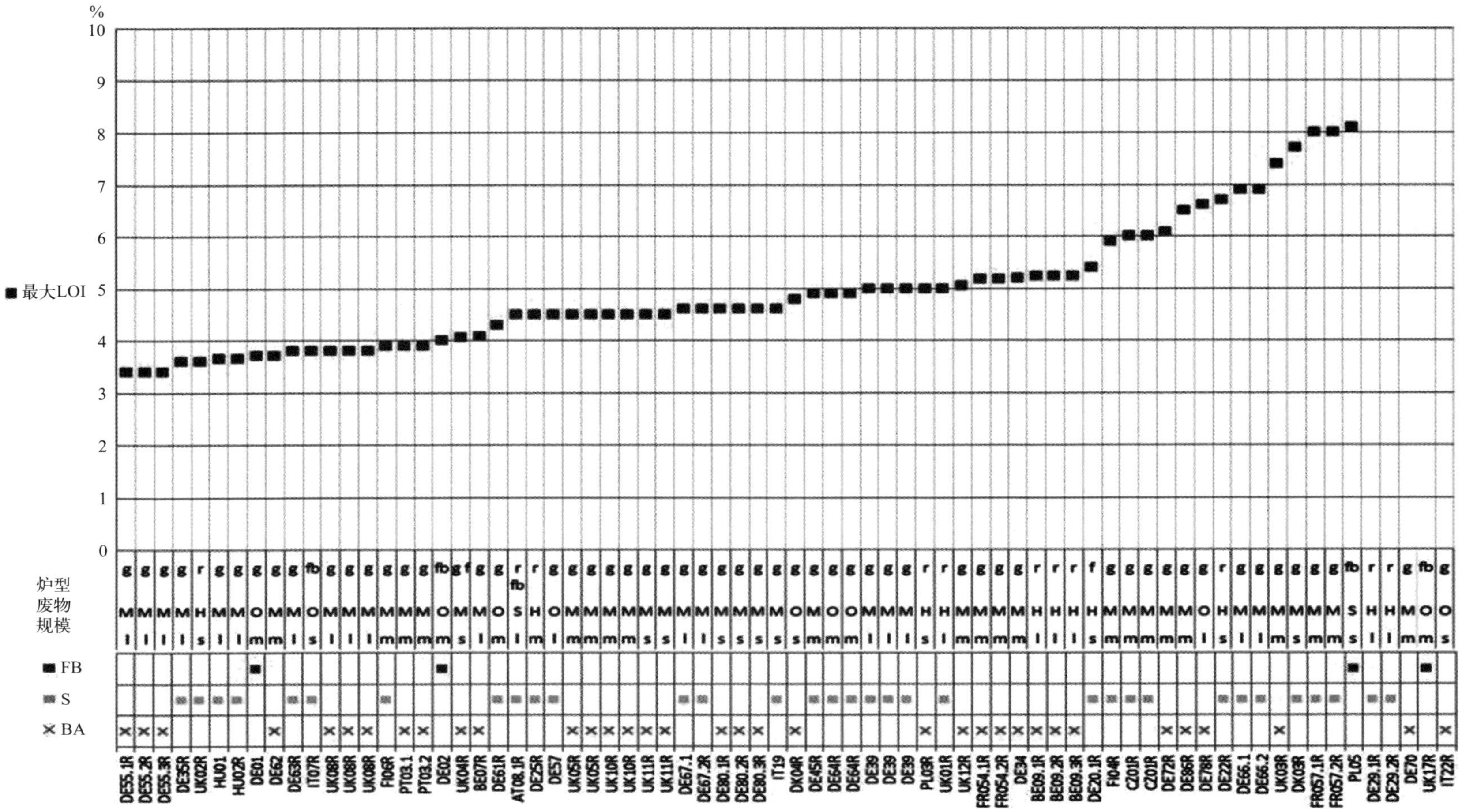

注：
炉型：g—炉排；r—回转窑；fb—流化床；f—其他类型的熔炉；gas—气化；o—其他。
主要焚烧废物：M—城市固体废物；S—污水污泥；O—其他无害废物；C—临床废物；H—危险废物。
规模：s—小型；m—中型；l—大型。
FB—流化床燃烧灰；S—炉渣；BA—底灰。

图 3.85　未经处理的焚烧炉渣和炉底灰的 LOI 值（2/2）[81]

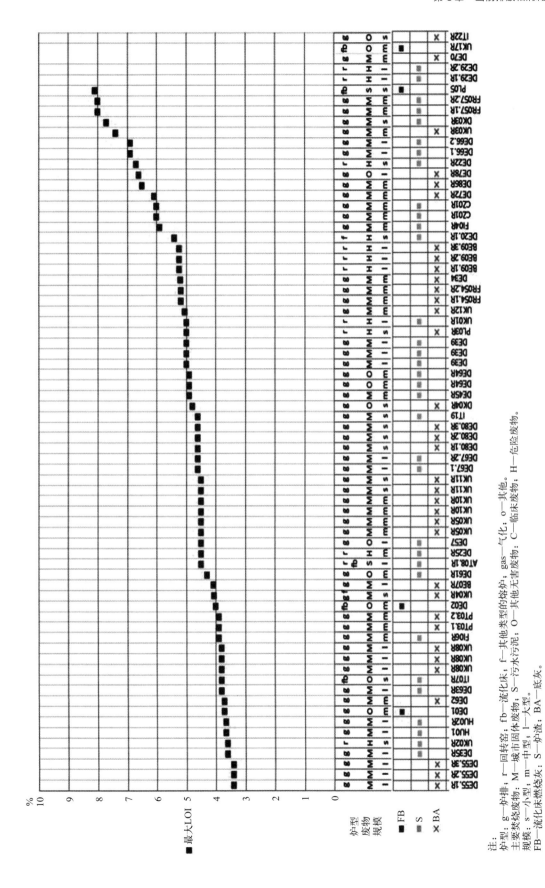

表 3.14、表 3.15 和表 3.16 分别给出了各种固体残余物中的有机化合物的浓度。在表 3.15 中，底灰/炉渣中的 PCDD/F 值偏高可能是由于填埋前锅炉灰与这些残余物进行混合而导致的。通常情况下，未与其他类型的焚烧残余物进行混合的底灰中的 PCDD/F 水平低于 10ng I-TEQ/kg[7]。

表 3.14 烟气净化系统固体残余物中的有机化合物浓度[81]

工厂代码	主要废物	炉型	FGC 系统	残余物描述	PAH /(mg/kg)	PCB /(mg/kg)	PCDD/F /(ng I-TEQ/kg)
AT08.1	S	r、fb	湿式	锅炉灰	NA	NA	186
AT08.2	M	fb	湿式	锅炉灰	NA	NA	0.14
DE26	H	r	湿式	锅炉灰	NA	NA	3.4～9.5
DE76	O	g	干式	锅炉灰	NA	NA	41
DK05	H	r	湿式	锅炉灰	NA	NA	17
FI01	M	g	湿式	锅炉灰	NA	<0.021	150～180
IT01	M	g	湿式	锅炉灰	NA	NA	22
IT13	O	g	干式	锅炉灰	0.68	0.011	285.1
IT14	M	g	干式	锅炉灰	<0.5	NA	63～190
IT15	M	g	干式	锅炉灰	<0.5	NA	0.11～0.17
IT16R	O	fb	湿式	锅炉灰	1.98～327	0.0093～0.01	1360～41400
IT17	O	g	湿式	锅炉灰	0.5	0.002～0.0024	0.35～0.4
IT18	M	g	干式	锅炉灰	<1	0.00003	1524
IT22	O	g	干式	锅炉灰	<0.5	NA	0.377
IT23	M	g	干式	锅炉灰	NA	0.01	1200
DE67	M	g	半湿	催化剂	NA	NA	231
UK08	M	g	干式	催化剂	NA	0.022～0.357	176.3～328.5
AT02	M	g	湿式	飞灰	NA	NA	440
DE25	H	r	湿式	飞灰	NA	NA	205
DE26	H	r	湿式	飞灰	NA	NA	50.1～63.4
DE29	H	r	湿式	飞灰	NA	NA	90
DE39	M	g	湿式	飞灰	NA	NA	1037
DE51	O	g	湿式	飞灰	NA	NA	114
DE56	M	g	干式	飞灰	NA	NA	151
DE74	O	g	湿式	飞灰	NA	NA	2500
DE76	O	g	干式	飞灰	NA	NA	224
DE80	M	g	湿式	飞灰	0.54	NA	427
DE86	M	g	湿式	飞灰	<0.05	NA	487
FI01	M	g	湿式	飞灰	NA	<0.021	250～700
IT02	M	g	干式	飞灰	0～0.2	0～0.1	0.0004～0.001
IT11	M	g	湿式	飞灰	<2	<5	0.12～0.04
UK09.1	M	g	半湿	飞灰	NA	NA	21.6～346

续表

工厂代码	主要废物	炉型	FGC 系统	残余物描述	PAH /(mg/kg)	PCB /(mg/kg)	PCDD/F /(ng I-TEQ/kg)
UK09.2	M	g	半湿	飞灰	NA	NA	21.9～57.4
UK09.3	M	g	半湿	飞灰	NA	NA	20.2～60.4
UK14	C	o	干式	飞灰	NA	13.8～51ng/kg	3671～7633

注：1. NA—信息不可用。
2. 废物焚烧的主要类型：M—MSW；O—ONHW；S—SS；H—HW；C—CW。
3. 炉型：g—炉排；fb—流化床；r—回转窑；o—其他。

表 3.15　底灰/炉渣中的有机化合物浓度[81]

工厂代码	主要废物	炉型	FGC 系统	PAH /(mg/kg)	PCB /(mg/kg)	PCDD/F /(ng I-TEQ/kg)
AT02	M	g	湿式	NA	<0.93	2.73
AT08.1	S	r,fb	湿式	0.52	<0.64	0.82
AT08.2	M	fb	湿式	NA	NA	21.1
DE15	S	fb	湿式	NA	<0.01	15～23
DE16	S	fb	湿式	<0.1	NA	57～55
DE23	H	r	湿式	0.2	<0.1	<5
DE25	H	r	湿式	NA	NA	79.3
DE29	H	r	湿式	<1	<0.1	0.01～46
DE30	H	r	湿式	0～60	NA	10～1000
DE31	H	g	半湿	6.2POPs	NA	<0.02
DE39	M	g	湿式	2.7～12.5	NA	NA
DE55	M	g	湿式	NA	NA	478.3
DE56	M	g	干式	NA	NA	0.6～9.3
DE69	M	g	干式	NA	>1	NA
DE74	O	g	湿式	NA	NA	10.7
DE80	M	g	湿式	NA	NA	13.8
DE86	M	g	湿式	0.74	NA	4.71
DK05	H	r	湿式	NA	NA	58
FI01	M	g	湿式	NA	<0.021	7.6～13
FR108	H	r,f	湿式	NA	3519	NA
IT01	M	g	湿式	NA	NA	1.1～54
IT02	M	g	干式	0.1	0.0000001	5.92～41.3
IT11	M	g	湿式	<2	<5	<0.02
IT13	O	g	干式	0.40	1.40	6.0
IT14	M	g	干式	<0.5	NA	1.1～8.6
IT15	M	g	干式	<0.5	NA	0.0014～0.003
IT16	O	fb	湿式	<0.5	<0.01	1.3～6.78

续表

工厂代码	主要废物	炉型	FGC 系统	PAH /(mg/kg)	PCB /(mg/kg)	PCDD/F /(ng I-TEQ/kg)
IT17	O	g	湿式	0.5～0.96	0.0096～0.028	0.0035～0.008
IT18	M	g	干式	<1	<1	1～4
IT22	O	g	干式	<5	NA	3.6
IT23	M	g	干式	NA	0.01	9.3
UK07.1	M	fb	干式	NA	0.000017	443
UK07.1	M	fb	干式	NA	0.0000001～0.00000086	1.1～6.6
UK07.2	M	fb	干式	NA	0.000011	340
UK07.3	M	fb	干式	NA	0.000016	494
UK08	M	g	干式	1.15～1.39	0.003～0.197	4.14～8.39
UK09.1	M	g	半湿	NA	NA	2.46～6.1
UK09.2	M	g	半湿	NA	NA	1.5～10.6
UK09.3	M	g	半湿	NA	NA	2.39～13.4
UK14	C	o	干式	NA	0.22～2.5ng/kg	13.7～53.9

注：1. NA—信息不可用。
2. 废物焚烧的主要类型：M—MSW；O—ONHW；S—SS；H—HW；C—CW。
3. 炉型：g—炉排；fb—流化床；r—回转窑；f—其他类型的熔炉；o—其他。

表 3.16 废水处理厂固体残余物的有机化合物浓度[81]

工厂代码	主要废物	炉型	描述	PAH /(mg/kg)	PCB /(mg/kg)	PCDD/F /(ng I-TEQ/kg)
DE30	H	r	石膏	0～0.6	低于 LOD	150～170
DE51	O	g	石膏	NA	NA	11.2
DE74	O	g	石膏	NA	NA	266550
DE86	M	g	石膏	0.82	NA	9.29
DE25	H	r	污泥	NA	NA	11971
DE39	M	g	污泥	NA	NA	592
DE80	M	g	污泥	NA	NA	14
FR108	H	r,f	污泥	NA	0.186	NA
IT02	M	g	污泥	0.1	0.000002	6.73E－5～4.16E－6
IT11	M	g	污泥	<1	<5	<0.02～0.1
IT17	O	g	污泥	0.5	0.0072～0.022	0.098～0.14

注：1. NA—信息不可用。
2. 废物焚烧的主要类型：M—MSW；O—ONHW；S—SS；H—HW；C—CW。
3. 炉型：g—炉排；fb—流化床；r—回转窑；f—其他类型的熔炉。

(1) MSW 焚烧底灰

MSW 焚烧底灰的主要成分包括矿物部分、废金属和非焚烧部分。其中，矿物部分主要包括硅酸盐、碱土和盐类。

元素在底灰中的相对分配比例主要取决于供给焚烧炉 MSW 的成分、所含元素的挥发性、所采用焚烧炉和炉排系统的类型以及燃烧系统的运行情况[4]。

废物焚烧质量和体积的减量化导致焚烧底灰中的非挥发性金属浓度比供给废物中原始所含有的这些物质的浓度更高。诸如砷、镉或汞等某些金属，在很大程度上是从燃料床中挥发出来的。显然，除主要的亲石性铜金属外，所有选定金属均会高度富集在过滤器粉尘中。

废料金属部分包括黑色金属（主要是废铁和不锈钢）和有色金属（主要是铝、黄铜和铜）（见表3.17）。

表3.17 原始底灰的主要成分[82]

类别	质量分数/%
矿物	85～90
非可焚烧物	<3
黑色金属废料	<5～10
有色金属废料	0.5～2

对于其他材料，评估与底灰相关风险时的重要参数，不仅是某些物质在本质上存在与否和其存在时的化学和物理形式，而且还是其固有的取决于材料使用环境性质的潜在释放能力[7]。表3.18给出了MSW焚烧底灰的化学成分。

表3.18 MSW焚烧底灰的化学成分（质量分数）[82] %

参数	底灰		
	最小值	平均值	最大值
SiO_2	42.91	49.2	64.84
$Fe_2O_3$①	9.74	12	13.71
CaO①	10.45	15.3	21.77
K_2O①	0.83	1.05	1.36
$TiO_2$①	0.65	1.03	1.33
MnO①	0.06	0.14	0.22
$Al_2O_3$①	6.58	8.5	10.79
$P_2O_5$①	0.55	0.91	1.49
MgO①	1.79	2.69	3.4
Na_2O①	1.86	4.3	5.81
CO_2	2.56	5.91	10.96
硫酸盐	2.5	15.3	28.3
氯化物	1.3	3.01	7
Cr	0.000174	0.000648	0.001035
Ni	0.000055	0.000215	0.000316
Cu	0.000935	0.002151	0.000640
Zn	0.0012	0.002383	0.004001
Pb	0.000497	0.001655	0.003245

① 这些值是基于X射线荧光分析计算得到的。

通常采用两种不同类型的底灰分析方法，其中：第一种方法，分析底灰部分的可用流动化合物［洗脱液分析（即渗滤液）］；第二种方法，分析底灰的全部化合物（固体分析）。选择采用哪种方法取决于矿物部分被使用的方式。但是，在评估材料回收的可能性时，采用洗脱液分析方法更为重要[75]，原因在于：几乎所有面向废弃物处理或利用的法规都是基于标准化的浸出试验制定的。

表 3.19 给出了 WI BREF 审查数据收集中给出的未处理底灰的浸出值。

表 3.19　未处理底灰的浸出特性[81]

化合物	最小浸出值/(mg/kg)	最大浸出值/(mg/kg)
SO_4^{2-}	200	10000
As	0.00045	28
Ba	0.05	38
Br^-	7.6	NA
Cd	0.002	6.7
Cl^-	5	10000
CN^-（游离）	0.01	NA
CN^-（全部）	0.048	NA
Co	0.1	0.2
Cr(总量)	0.004	1.24
Cu	0.005	20
F^-	0.2	1300
Hg	0.0002	0.1
Mo	0.01	3.3
Ni	0.005	0.3
Pb	0.005	21
Sb	0.005	1.2
Se	0.001	0.13
Sn	0.04	NA
V	0.01	0.2
Zn	0.01	6.7

注：比率 $L/S=10L/kg$。

铜、锌、锑、钼、氯化物和硫酸盐等被认为是 MSW 底灰中的重要物质。采用相关处理技术的目标是降低这些物质的可浸出性。

(2) 危险废物焚烧残余物

由于焚烧废物类型和成分的差异，危险废物焚烧的残余物不同于无害废物焚烧，其原因在于：危险废物具有更高的无机污染物（其中的某些可能不存在于无害废物中）浓度，这些物质被转移至残余物中。但是，可观测到的差异如下：

① 针对焚烧灰和炉渣而言，安放在储存桶中的危险废物的焚烧温度通常高于城市废物焚烧，这可能会导致形成不同的金属分区。

② 由于废物种类和含量的不同，底灰中包含物质的具体含量所受到的变化影响会比城市废物焚烧厂中的更多。这些变化能够在 2 种情况下获悉，包括：供给同一个焚烧厂的废物之间，以及不同的焚烧厂和技术之间。

③ 针对过滤粉尘/FGC 残余物而言，由于有害废物中的金属浓度通常较高，所产生的固体残余物也可能会含有相当高的金属浓度。

表 3.20 给出了某些危险废物焚烧厂为确保有效销毁废物中的危险成分而测量的参数的汇总情况，这些参数与废物的销毁效率有关。

表 3.20 废物焚烧厂确保能够有效销毁危险废物化合物所采用的方法和参数[81]

焚烧厂及炉型		在 2014 年焚烧废物的吨数	测量的与废物中危险化合物破坏相关的参数	方法	用于测量生成底灰/炉渣质量的其他参数和所采用的方法
DE15	fb	162500	焚烧后的 CO 排放量	激光法	未测量
DE18	r	105000	TOC	未报告	未测量
DE20	f	33700	水含量/干燥残余物，TOC，LOI	105℃，DIN EN 13137，DIN EN 15169	燃烧某些石墨材料。因为采用标准方法获得的炉渣中的“TOC”值包括无机碳，所以若 TOC 达到限制值则同时测量 TIC。差异在于“真实”TOC 的量
DE21	f	12696	焚烧炉末端温度，炉内含氧量，最小燃烧空气流量，火焰检测和空气排放 AMS 值	热电偶、红外线、流量计等	未测量
DE23	r	55223	无	无应用	洗脱液，采用 DIN 38404-C5 /DIN 10523 方法
DE25	r	56478	无	无应用	浸出测试
DE26	r	137966	焚烧后的 CO 排放	激光法	采用混合样品测量金属含量，每年 12 次
DE28	r	55006	灰分含量	未报告	未测量
DE29	r	117629	无	无应用	原始物质中可提取的亲脂性物质，方法是采用德国 LAGA 指南 KW/04（2009），结果为 0.044%（年平均，测量 21 次）
DE38	g	580746	无	无应用	浸出性测试
DE39	g	302749	As，Cd，Cr 总量，Cu，Hg，Ni，Pb，Zn，PAH	ISO 11885-E22，ISO 16772，ISO 18287	未测量
DE44	g	494815	未测量	无应用	由于具有临界值记载的 LAGA-规则，使得 LAGA 20＝Z2
DE52	g	187311	无	无应用	EOX，重金属，二噁英
DE55	g	385951	Ar，Pb，Cd，Cr，Cu，Ni，Hg，Zn，Cl，SO_4	DIN EN ISO 17294-2/DIN EN ISO 12846/DIN 38414-4/DIN EN ISO 10304-1/DIN ISO 18287	未测量

续表

焚烧厂及炉型		在2014年焚烧废物的吨数	测量的与废物中危险化合物破坏相关的参数	方法	用于测量生成底灰/炉渣质量的其他参数和所采用的方法
DE56	g	219329	无	无应用	采用DIN ISO 11464排序数量，采用DIN ISO 11465的干燥残余物，采用DIN 18128测量LOI，采用DIN 38414-S17测量EOX，采用DIN EN ISO 11885测量镉、砷、铅、铜、镍、铬和锌，采用DIN EN 1483测量汞，采用DIN ISO 13877测量PAH
DE60	g	36433	无	无应用	EOX(DIN 38414 s17)，PAH(DIN ISO 13877)
ES11	r	44516	以连续性/周期性方式监测排放控制	自动测量系统	每3个月：底灰金属含量。TOC和LOI
FI01	g、r	317095	无	无应用	TOC、PCDD/F、PCB、XRF
FR106	f	59051	无	无应用	Ni，Zn
FR108	r、f	32930	固有PCB含量	未报告	分析炉渣中的关键参数，TOC和LOI
FR110	r	126468	TOC	TOC仪表	每小时进行视觉检查。 在870℃下测试TOC，测量产生的CO。 采用具有内窥镜的回转窑出口视觉控制。 选择喷嘴位置(低热值/高热值)以避免或造成热屏障。 回转窑旋转速度的变化
FR111	r	196055	固体残余物中的LOI和金属	EN 12457-2	浸出性测试
NL05	fb	360100	无	无应用	磷
NO01	g	185980	未报告	未报告	未测量
NO02	g	141896	烟气测量	未报告	每年对已分类的底灰进行基本表征(已分类的金属)
PL03	r	28267	TOC	EN13137	LOI方法EN15169
PL05	fb	15673	无	无应用	国家法律附件1-3① 中规定的测量参数(废物填埋指令中允许废物填埋的标准和程序)
SE03	g	176489	金属、TOC等	新HW焚烧时进行测试，但不定期进行	未测量

续表

焚烧厂及炉型		在 2014 年焚烧废物的吨数	测量的与废物中危险化合物破坏相关的参数	方法	用于测量生成底灰/炉渣质量的其他参数和所采用的方法
SE21	g、r	153249	PCB，PAH	气相色谱法	矿渣和所有类型灰分的 X 射线荧光(XRF)扫描
UK02	r	37344	LOI	BS EN 15169—2007	未报告
UK08	g	261257	未测量	无应用	pH 值，碱度储备和金属

① 译者注：原文未指定国家法律附件的名称。

注：g—炉排；fb—流化床；r—回转窑；f—其他。

危险废物焚烧底灰的典型浸出值如表 3.21 所示。

表 3.21　危险废物焚烧厂焚烧底灰的典型浸出值[81]

成分	最小值/(mg/kg)	最大值/(mg/kg)
As	<0.01	16
Ba	<0.01	14.4
Cd	<0.01	2.1
Co	0.03	<0.1
Cr(总量)	<0.01	30
Cr(VI)	<0.01	10
Cu	<0.01	2.15
Hg	<0.002	1
Mn	0.008	0.68
Mo	0.01	21
Ni	<0.01	5
Pb	<0.01	13
Sb	<0.005	4
Se	<0.01	1
Tl	<0.001	<0.35
V	0.005	0.1
Zn	<0.02	3.2
氯	<1	4700
氟化物	<0.1	15
硫酸	2	3600
酚指数	<0.01	10
DOC	<1	130
TDS	<50	18000
TOC	0.09	55
BTEX	0	<0.15

续表

成分	最小值/(mg/kg)	最大值/(mg/kg)
PCB 7	<0.02	<0.05
矿物油	NA	<100
PAH	<0.05	6.2

注：比率 $L/S=10L/kg$。NA—信息不可用。

(3) 污水污泥焚烧残余物

污水污泥残余物的化学结构在很大程度上会受到天气的影响，特别是降雨量。在雨天的情况下，大量的黏土和细砂会进入污水系统，接着会通过沉砂室，然后在预沉淀池中进行沉淀，最后与一次污泥一起运输至污泥焚烧室。这导致的结果是，灰渣中的硅酸盐含量会大量增加，而其他成分的含量则会在降雨期间被稀释。

此外，集水区域的类型和所进行的处理对污泥的质量也具有很大的影响。针对与大量重工业企业有联系的区域而言，其可能会导致供给焚烧炉的污水污泥所包含的重金属浓度较高，这些物质也可能会随后积聚在底灰和飞灰中。针对几乎不存在工业的农村地区而言，其可能会产生污染较少的污泥，因此所对应的焚烧残余物的污染也是较低的。

另外一个影响污水污泥残余物的主要因素是，为净化废水而采用的处理方法（以及因此而采用的诸如矿物、聚合物等试剂）的固有性质[74]。

废物焚烧所产生的固体残余物中的磷含量和某些有害有机物质的信息如表 3.22 所示。

表 3.22 污水污泥焚烧固体残余物中的磷、多环芳烃、多氯联苯和 PCDD/F 的含量[81]

工厂代码	主要废物	炉型	FGC类型	残余物类型	P /(mg/kg)	PAH /(mg/kg)	PCB /(mg/kg)	PCDD/F /(ng I-TEQ/kg)
DE15	S	fb	Wet	底灰/炉渣	29200～38700	NA	<0.01	15～23
DE16	S	fb	Wet	底灰/炉渣	28000～46000	<0.1	无定义	57～55
DE26	H	r	Wet	锅炉灰	14800～35700	NA	NA	3.4～9.5
DE26	H	r	Wet	底灰/炉渣	2700～5500	NA	NA	NACH
DE26	H	r	Wet	飞灰	19000～29800	NA	NA	50.1～63.4
DE70	M	g	Dry	底灰/炉渣	70	NA	NA	NA
DE73	M	g	Semi	底灰/炉渣	<0.1～1.1	NA	NA	NA
DE73	M	g	Semi	飞灰	<0.1～0.66	NA	NA	NA
DE74	O	g	Wet	底灰/炉渣	2300	NA	NA	NA
DE74	O	g	Wet	飞灰	5700	NA	NA	NA
DE74	O	g	Wet	石膏	230	NA	NA	NA
DE87	S	fb	Wet	底灰/炉渣	90000	NA	NA	NA
NL05	S	fb	Wet	底灰/炉渣	113000	NA	NA	0
NL05	S	fb	Wet	飞灰	1500	NA	NA	3
NL06	S	fb	Wet	底灰/炉渣	87000	NA	NA	NA
SE06	M	g	Wet	锅炉灰	2870	NA	NA	NA

注：1. NA—信息不可用。

2. 焚烧废物的主要类型：M—MSW；O—ONHW；S—SS；H—HW。

3. 炉型：g—炉排；fb—流化床；r—回转窑。

(4) 其他废物类型的问题

医疗废物的问题包括：

① 焚烧需要彻底以确保消灭感染性病原体；

② 底灰中的皮下注入针头和其他尖锐材料可能会引起额外的处理风险。

(5) 流化床固体残余物质量

由于工艺、废物性质和燃烧温度的差异，流化床炉灰的质量与炉排焚烧炉灰的质量间存在着很大的差异。一般而言，较低（但较均匀）的操作温度、燃料性质和流化床工艺意味着以下事项：

① 更大比例的挥发性金属会残留在底灰中。因此，烟气残余物中的重金属浓度会降低；但是，底灰中的可溶部分有时会存在Cr(VI) 水平问题。

② 炉灰的玻璃化程度可能会降低。

③ 可能会改善废物的燃尽程度。

当生产的可回收燃料源自流化床锅炉时灰分的含量通常为1%～10%，而源自建筑和拆除废物时灰分的含量通常为1%～7%[33]。在旋转流化床焚化炉中，燃烧生活废物的灰分含量最高可达30%，燃烧RDF的灰分含量最高可达15%。

流化床焚烧所产生的固体残余物中的大部分都是飞灰。根据运行条件和已应用的流化床技术可知，飞灰在总灰渣中的占比可达90%以上。此外，底灰还同时与流化床料（例如砂、脱硫添加剂）进行混合。当废物或RDF在旋转流化床中进行燃烧时，底灰与飞灰的比例约为50∶50。

当源自建筑和拆除物的废物进行燃烧时，与木材的燃烧相比而言，两种炉灰中的重金属含量都会有小幅地增加。当所回收的燃料采用生活废物制成时，其重金属含量会有更大程度的增加，所增加的数量取决于所采用的生活废物类型。如果所有的生活废物均被焚烧，那么这种增加是很高的。如果采用源头分离模式，即只燃烧可燃的包装材料，则重金属的增加幅度会较小。由于采用工业废料所制成的回收燃料的变化范围很大，因此其所产生的灰分质量范围也较宽。流化床底灰的浸出值如表3.23所示。

表3.23 流化床底灰的浸出值[81] mg/kg

成分	工厂代码和主要焚烧废物								
	AT08.1	AT08.2	BE08	IT16	PL01	PL05	UK07	UK17	UK18
	S	M	O	O	S	S	M	O	O
As	<0.01	<0.01	0	0.001	1.72	0.042～6.09	<0.008	<0.02～0.142	<0.02～<0.03
Ba	22	2.1	1.6	0.307～0.784	1	0.307～0.428	1.52	1～10.2	1.49～2.84
Cd	0.019	0.02	0	0.005	0.13	<0.005	<0.001	<0.01	<0.003～<0.01
Co	<0.5	<0.5	0	NA	NA	NA	<0.006	<0.1	<0.1～<0.2
Cr(总量)	<0.3	<0.3	1.4	0.042～0.081	0.1	<0.030	2.26	0.028～01.69	0.2～0.69

续表

成分	工厂代码和主要焚烧废物								
	AT08.1	AT08.2	BE08	IT16	PL01	PL05	UK07	UK17	UK18
	S	M	O	O	S	S	M	O	O
Cr(VI)	<0.3	<0.3	0.6	NA	NA	NA	NA	0.37～0.6	NA
Cu	<0.5	<0.5	0.47	0.005～0.097	0.28	0.059～<0.040	0.13	<0.1～0.44	<0.1～<0.2
Hg	<0.001	<0.001	0	0.0005	0.005	<0.005～<0.005	<0.0001	<0.0002	<0.00002～<0.0003
Mn	<0.1	<0.1	0	NA	NA	NA	<0.04	<0.1	<0.1～<0.2
Mo	22.3	0.3	2.19	0.009～0.019	3.98	<0.040～11	0.4	0.028～0.12	0.32～0.85
Ni	<0.3	<0.3	0	0.005	0.25	<0.040	<0.01	<0.1	<0.1～<0.2
Pb	1.7	<0.3	71.9	0.005～0.011	0.31	<0.100	0.2	0.09～4.3	0.016～1.27
Sb	<0.3	0.4	0	0.024～0.157	0.099	<0.010～<0.50	<0.17	0.065～0.25	0.12～0.31
Se	<0.1	<0.1	0	0.001	3.69	0.015～21.4	<0.01	<0.02	<0.02～<0.03
Tl	<0.5	<0.5	0	NA	NA	NA	<0.01	0.024～0.87	<1～<2
V	0.15	0.2	0	NA	NA	NA	0.24	0.012～0.19	<0.1～<0.2
Zn	0.6	<0.1	0.4	0.05	1	<0.050	0.53	<0.1～27.3	<0.2～<0.2
氯	3240	909	1915	81～122	6568	<50～26900	1210	12～29.2	263～707
氟化物	19	3	5	NA	2251	<1.0～1269	<0.96	0.88～1.16	0.1～1.52
硫酸	1600	13000	10024	11232	60000	186～296350	1610	30.4～64	206～853
酚指数	1.1	<0.1	NA	NA	NA	NA	NA	<0.1	NA
DOC	NA	NA	NA	20	1366	28.9～36.2	NA	1.68～9	NA
TSD	NA	NA	NA	1620～4270	596352	1440～722220	3030	760～3468	5700～7500
TOC	302	25	36.9	NA	0.43	NA	NA	NA	5.2～10.6

续表

成分	工厂代码和主要焚烧废物								
	AT08.1	AT08.2	BE08	IT16	PL01	PL05	UK07	UK17	UK18
	S	M	O	O	S	S	M	O	O
BTEX	NA	NA	NA	NA	NA	NA	NA	NA	NA
PCB	NA	NA	NA	NA	NA	NA	0.0001	NA	NA
矿物油	1	<1	NA	NA	NA	NA	NA	NA	NA
PAH	NA	NA	NA	NA	NA	NA	<2.4	NA	NA
PCDD/F	NA	NA	NA	NA	NA	NA	0.00000198	NA	NA

注：1. 焚烧废物的主要类型：M—MSW；O—ONHW；S—SS。
2. *L*/*S* 比值=10L/kg。
3. NA—不可用。

3.4.3 焚烧底灰/炉渣处理

根据所收集的数据，欧洲所有焚烧厂都是通过采用铁磁分离技术处理焚烧底灰/炉渣的方式进行铁的回收，并且大多数焚烧厂采用涡流分离技术进行有色金属的回收。

表 3.24 给出了参与 2016 年数据收集的焚烧炉渣/底灰处理厂的主要特征。

表 3.24　焚烧底灰处理厂的特征[81]

焚烧厂	产能/(t/a)	生产力/(t/h)	在废物焚烧厂内	处理类型	采用工艺
AT.B-01	40000	90	否	Dry,Wet,Wash	M,F,E,Dw,SS
BE.B-01	100000	25	是	Dry	F,E,A,B,SS
BE.B-02	NA	75	是	Wet	M,F,E,S,Dw,SS
CZ.B-01	120000	50	是	Wet	M,F,E,
DE.B-01	180000	100	否	Dry	M,F,E,A,SS
DE.B-02	400000	90	NA	Wet,Dry,Wash	M,F,E,A,Dw,SS
DE.B-03	300000	120	否	Wet	M,F,E,SS
DE.B-04	600000	130	否	Dry	M,F,E,I,N,O,A,SS
DE.B-05	340000	120	否	Dry	M,F,E,A,SS
DE.B-06	216000	100	否	Dry	M,F,E,A,SS
DE.B-07	450000	120	否	Dry	M,F,E,A,SS
DE.B-08	250000	80	否	Dry	M,F,E,I,A,SS
DE.B-09	70000	37	是	Dry	M,F,E,SS
DE.B-10	90000	100	是	Dry,Wash	M,F,E,
DE.B-11	90000	100	是	Dry,Wash	M,F,E,A
DE.B-12	79000	55	是	Dry	F,E,A,SS
DE.B-13	140000	100	是	Wet	M,F,E,I,A,B,SS

续表

焚烧厂	产能/(t/a)	生产力/(t/h)	在废物焚烧厂内	处理类型	采用工艺
DE. B-14	NA	NA	是	Dry	M,F,E,B,SS
DK. B-01	125000	100	否	Wet	M,F,E,I,A,SS
DK. B-02	750000	120	否	Wet	M,F,E,I,A,SS
DK. B-03	180000	90	否	Wet	M,F,E,A,SS
ES. B-01	200000	120	是	Dry,Wash	M,F,E,A,SS
FR. B-01	5500	1.2	是	Dry	F,E,SS
FR. B-02	12000	3	是	Dry	F,E,SS
FR. B-03	90000	NA	是	Dry	F,E,A,SS
FR. B-04	87000	100	是	Dry	M,F,E,SS
FR. B-05	54250	80	是	Dry	F,E,A,SS
FR. B-06	200000	100	否	Dry	M,F,E,A,SS
FR. B-07	120000	92	否	Dry	M,F,E,A,SS
FR. B-08	100000	40	否	Dry	M,F,E,SS
FR. B-09	7000	0.84	是	Dry	F,SS
FR. B-10	20000	35	否	Dry	F,E,SS
IT. B-01	250000	110	否	Dry	M,F,E,A,SS
IT. B-02	620000	160	否	Wet,Dry,Wash	M,F,E,I,A,S,Dw,Dd,SS
NL. B-01	180000	100	是	Dry	F,E,A,B,SS
NL. B-02	320000	130	否	Dry	F,E,A,B,SS
NL. B-03	700000	200	否	Dry	M,F,E,A,B,SS
PT. B-01	200000	60	否	Dry	M,F,E,A,SS
PT. B-02	NA	NA	是	Dry	F
SE. B-01	87000	1000	是	Dry	F,E,SS
SE. B-02	129905	40	否	Dry	F,E,A,SS
SE. B-03	100000	100	否	Dry	M,F,E,I,SS
UK. B-01	200000	120	否	Dry	F,E,A,B,SS

注：NA—不可用；Dry—干式处理系统；Wash—底灰洗涤；Wet—湿式处理系统；A—风筛/空气分离；B—弹道分离；Dd—干密度分离；Dw—湿密度分离；E—涡流分离；F—铁磁分离；I—感应全金属分离；M—人工分拣；N—近红外分离；O—NIS 以外的光学分离；S—沉浮分离；SS—筛选/筛分。

3.4.3.1 质量流

从焚烧底灰/炉渣中回收的黑色金属和有色金属的数量取决于焚烧废物的成分和从IBA中提取这一成分时所采用的工艺。表 3.25 和表 3.26 给出了 2014 年的参与 2016 年数据收集的底灰处理厂中所处理的底灰/炉渣数量，以及所回收的黑色金属与有色金属的百分比。

表 3.25　2014 年采用欧洲废物编码 19 01 12 处理炉渣/底灰的焚烧厂：处理的数量以及回收的黑色金属和有色金属百分比[81]

焚烧厂	处理数量/t	黑色金属/%	有色金属/%
AT. B-01	32546	1.15	1.85
BE. B-01	88655	NA	NA
BE. B-02	87813	8	3
CZ. B-01R	59145	6	0.3
DE. B-01	157600	5.77	1.46
DE. B-02	276000	NA	NA
DE. B-03	140180	10	1
DE. B-04	522874	4～8	0.20～1
DE. B-05	244931	7.66	2.613
DE. B-06	141000	4.8	3.34
DE. B-07	304000	NA	NA
DE. B-08	46500	NA	NA
DE. B-09	61172	8	0.8
DE. B-10	56476	11.47	1.45
DE. B-11	NA	9	2.9
DE. B-12	79000	5.06	0.68
DE. B-13	104015	6.2①	1.06①
DE. B-14	64262	9.3	0.8
DK. B-01	116161	6	1.2
DK. B-02	750000	NA	NA
DK. B-03	11000	3.6①	1.1①
ES. B-01R	114376	8.3	0.53
FR. B-01	11432	NA	NA
FR. B-02	11216	NA	NA
FR. B-03	96186	NA	NA
FR. B-04	68838	NA	NA
FR. B-05	45717	NA	NA
FR. B-06	127203	1.1	1.9
FR. B-07	104469	NA	NA
FR. B-08	80000	NA	NA
FR. B-09	5837	NA	NA
FR. B-10	4810	NA	NA
IT. B-01	132217	8	2

续表

焚烧厂	处理数量/t	黑色金属/%	有色金属/%
IT. B-02	301288	10	1.5
NL. B-01	205131	6.5	2.3
NL. B-02	240559	6.2	3
NL. B-03	616072	4.59	1.86
PT. B-01	112506	NA	NA
PT. B-02	18179	2.46	NA
SE. B-01	87000	4.44	1.89
SE. B-02	129905	4.4①	1.74①
SE. B-03	99275	5.4	1.5
UK. B-01	171196	7	2.3

① 基于计算的估计值。

注：1. NA—不适用。

2. 从处理废物中分离出的黑色金属和有色金属的百分比为净值，未考虑杂质。

表 3.26 2014 年采用欧洲废物编码 19 01 11 处理炉渣/底灰的焚烧厂：处理的数量以及回收的黑色金属和有色金属百分比[81]

焚烧厂	处理的数量/t	黑色金属/%	有色金属/%
DE. B-03	73025	10	1
IT. B-01	39592.81	8	2
IT. B-02	30779	10	1.5

注：从处理废物中分离出的黑色金属和有色金属的百分比是净值，未考虑杂质。

表 3.27 给出了处理结果和处理后底灰/炉渣的使用目的地的汇总情况。其中大部分底灰/炉渣被回收并再利用于道路建设或土方工程，或者被送往废物填埋场。

表 3.27 2014 年欧洲焚烧底灰处理厂的输入与产出[81]

焚烧厂	废物		R/D	颗粒尺寸/mm	使用目的地						
	输入/t	产出/t			RC	L	OS	U	RP	AF	OR
AT. B-01	32546	31566	D	0～50	否	是	否	否	否	否	否
BE. B-01	88655	80711	R	0～20	是	否	否	否	否	否	是
BE. B-02	87813	71580	R/D	<0.67；0.67～2；2～6；6～50	是	是	是	否	否	否	否
CZ. B-01R	59145	59145	R	0～16；16～42；>42	否	是	否	否	否	否	否
DE. B-01	157600	130000	R	0～45	是	是	是	否	否	否	否

续表

焚烧厂	废物		R/D	颗粒尺寸/mm	使用目的地						
	输入/t	产出/t			RC	L	OS	U	RP	AF	OR
DE. B-02	276000	243500	R/D	0～0.25；0.25～45	否	是	是	否	否	否	否
DE. B-03	140180 73025	189540	R	0～80	否	是	否	是	否	否	否
DE. B-04	522874	411546	R/D	0～55	是	是	否	否	否	否	否
DE. B-05	244931	206822	R	0～32	否	是	否	否	否	否	否
DE. B-06	141000	128116	R	0～32	是	是	是	否	否	否	否
DE. B-07	304000	280000	R	0～32	是	否	否	否	否	否	否
DE. B-08	46500	41300	R	0～2；2～8；8～40	是	是	是	否	否	否	是
DE. B-09	61172	55745	R	0～32	否	是	否	是	否	否	否
DE. B-10	56476	47294	R	0～32	是	否	是	否	否	否	否
DE. B-11	NA	79412	R	0～32	是	否	是	否	否	否	否
DE. B-12	79000	64300	R/D	NA	否	是	否	否	否	否	否
DE. B-13	104015	108855	R/D	NA	否	是	否	否	否	否	否
DE. B-14	64262	57814	R/D	0～32；<32	否	是	否	否	否	否	是
DK. B-01	116161	104540	R	0～50	是	否	否	否	否	否	否
DK. B-02	750000	675000	R	0～50	是	否	否	否	否	否	否
DK. B-03	11000	30000	R	0～50	是	否	否	否	否	否	否
ES. B-01R	114376	127998	R	0～10；10～20；0～20	是	是	是	否	是	否	是
FR. B-01	11432	11432	R	0～30	是	否	否	否	是	否	是
FR. B-02	11216	14339	R	NA	是	否	否	否	否	否	否
FR. B-03	96186	64969	R	0～31	是	否	否	是	否	否	否
FR. B-04	68838	68258	R/D	0～30	是	是	否	否	否	否	否
FR. B-05	45717	36021	R	NA	是	否	否	否	否	否	否
FR. B-06	127203	110545	NA	0～20	是	否	否	否	否	否	否
FR. B-07	104469	98243	R	0～20	是	是	否	否	否	否	否

续表

焚烧厂	废物		R/D	颗粒尺寸/mm	使用目的地						
	输入/t	产出/t			RC	L	OS	U	RP	AF	OR
FR. B-08	80000	65000	R	0～31	是	否	否	否	否	否	否
FR. B-09	5837	4161	R	0～45	是	是	否	否	否	否	否
FR. B-10	4810	3900	NA	NA	是	否	否	否	否	否	否
IT. B-01	132217 39592.81	158900	NA	0～2； 2～4； 0～4； 4～10	否	否	是	否	是	否	否
IT. B-02	30128830779	290000	R	0～6； 0～20	是	是	否	否	否	否	是
NL. B-01	205131	184151	R	0～22	是	否	否	否	否	否	否
NL. B-02	240559	150029	R	0～40	是	否	否	否	否	否	否
NL. B-03	616072	568631	R	0～11；0～32	是	否	否	否	是	否	否
PT. B-01	112506	50353	R	0～31	是	否	否	否	①	①	是
PT. B-02	18179	NA	NA	NA	NA	NA	NA	NA	NA	NA	NA
SE. B-01	87000	87000	NA	0～4； 4～60； >60	是	否	否	否	否	否	否
SE. B-02	129905	121000	NA	0～50	是	否	否	否	否	否	否
SE. B-03	99275	77534	R/D	0～60； >60	是	是	否	否	否	否	否
UK. B-01	171196	125806.1	R	0～40	是	否	否	否	否	否	否

① 译者注：原文未提供任何选项。

注：1. NA—不适用。

2. R—恢复；D—处置。

3. RC—道路建设或土方工程；L—填埋；OS—其他结构；U—地下；RP—产品回收率；AF—农业或化肥回收；OR—其他回收。

表 3.28 给出了处理后底灰质量的汇总结果，其可与表 3.19 中焚烧厂原始底灰的浸出值进行比较。

表 3.28 处理后底灰的浸出值[81]　　mg/kg

成分	均值	最小值	最大值
氯化物	1930	100	5800
硫酸盐	2118	50	6410
铅	1	0.01	11
铜	5	0.05	80
镍	0.17	0.01	1
砷	0.4	0.01	2

续表

成分	均值	最小值	最大值
钼	0.6	0.01	5
锑	0.2	0.01	1
镉	0.01	0.003	0.05
锌	1	0.005	9
钒	0.1	0.03	0.2
总铬	0.23	0.01	2
化学需氧量	158	1	670

注：1. 比率 L/S=10L/kg。

2. 报告值是根据以下焚烧厂所提供的信息计算得到的：AT. B-01、BE. B-02、DE. B-05、DE. B-12、DE. B-14、ES. B-01R、FR. B-01、FR. B-02、FR. B-03、FR. B-04、FR. B-05、FR. B-06、FR. B-08、FR. B-09、FR. B-10、IT. B-02、NL. B-01、NL. B-02、NL. B-03、PT. B-01、SE. B-03。

3.4.3.2 排放至大气

焚烧底灰/炉渣处理厂排放至大气中的物质有可能是包括金属颗粒的粉尘。粉尘和金属的排放主要源自炉渣/灰烬的处理、粉碎和空气分离过程。表 3.29 给出了一些欧盟焚烧厂采用了减少大气排放技术和减少排放源技术后所达到的粉尘排放水平。

表 3.29　处理焚烧底灰所产生的排放至大气中的粉尘（周期性测量）

工厂	排放通道	技术	流量/(m^3/h)			粉尘/(mg/m^3)		
			最大	平均	最小	最大	平均	最小
CZ B-01	粉碎机； 滤网； 传送带； 储仓吸入	B	98120	68540	54040	0.7	0.3	0.2
DE B-05	空气分离	B	30000	25750	21500	0.9	0.5	0.1
DE. B-10	传送带； 储仓吸入	NR	NR	NR	NR	3.8	2.3	0.9
IT. B-01	粉碎机； 滤网； 传送带	C,B	NR	52000	NR	1.9	1.8	1.7
IT. B-02	粉碎机； 滤网； 传送带； 储仓吸入	C,B	200000	180000	160000	0.2	0.2	0.2

注：NR—未登记；B—袋式过滤器；C—旋风除尘器。

3.4.3.3 排放至水体

废水主要源自焚烧厂的湿式工艺和洗涤工艺。工艺废水含有盐类和金属以及悬浮固体和诸如 PCDD/F 等有机物质等。

通过 2016 年所收集的数据，表 3.30 汇总了针对水体的排放水平，该表同时给出了所采用的处理技术和工艺类型。

表 3.30 采用的技术和排放点处理焚烧炉渣和底灰时至水体中的排放的报告[81]

工厂		CZ. B-01R	DE. B-03	DE. B-07	DE. B-08	FR. B-03	FR. B-06	FR. B-07	FR. B-08	FR. B-09	IT. B-01	IT. B-02	NL. B-03	PT. B-01①	UK. B-01
底灰处理厂和 WIP 是否为同一个工厂？		是	否	否	否	是	否	否	否	是	否	否	否	否	否
WWT 与装置在相同位置否？		否	是	是	否	是	是	否	是	否	是	是	是	是	否
处理类型		Wet	Wet	Dry	Dry	Dry	Dry	Dry	Dry	Dry	Dry	Wet/Dry/Wash	Dry	Dry	Dry
技术		Sed/Neut/CP	Sed	Sed/OS	Sed/	OS/Fil	Sed/Fil	Fil	Sed/Neut/CP/OS/Fil	OS	Sed/Neut/CP	Sed/Neut/CP/OS/Fil	Sed/CP/Fil	Sed/Neut/Fil	—
流量/(m^3/h)	最大	NA	NA	NA	NA	NA	NA	NA	40	NA	NA	7.7	50	25.7	NA
	平均	2.1	7	NA	0.16	NA	NA	NA	10	NA	15	7.5	35	1.4	NA
	最小	NA	NA	NA	NA	NA	NA	NA	NA	NA	NA	7.2	19	0	NA
导电性/(μS/cm)	最大	848	42000	8900	NA	NA	NA	660	NA	NA	7120	8280	NA	16	848
	平均	707	21	930	8	500	1	915	NA	NA	368.55	NA	NA	4	707
	最小	622	8600	NA	NA	NA	NA	77.1	NA	NA	NA	465	NA	8600	NA
硫酸盐/(mg/L)	最大	NA	1300	NA	NA	NA	NA	NA	NA	NA	370	348	790	600	664
	平均	NA	782	NA	NA	NA	NA	NA	NA	NA	289	155	380	600	647
	最小	NA	39	NA	NA	NA	NA	NA	NA	NA	NA	20	260	600	630
铵/(mg/L)	最大	29.3	2.6	NA	NA	NA	NA	NA	NA	NA	8.4	7	40	33.2	0.18
	平均	14.68	1.21	NA	0.16	NA	NA	NA	NA	NA	4.9	1.7	13	18	0.13
	最小	6.95	0.22	NA	NA	NA	NA	NA	NA	NA	NA	0.1	6	6.2	0.0095
铅/(mg/L)	最大	0.015	0.48	NA	NA	NA	0.01	0.004	1	0.005	<0.02	0.01	0.012	<0.50	0.016
	平均	0.015	0.13	0.01	0.0048	NA	0.01	0.003	0.07	0.005	<0.02	0.01	0.011	<0.50	0.022
	最小	0.015	0.01	NA	NA	NA	0.01	0.002	0.01	0.005	NA	0.01	0.01	<0.50	0.006

续表

工厂		CZ. B-01R	DE. B-03	DE. B-07	DE. B-08	FR. B-03	FR. B-06	FR. B-07	FR. B-08	FR. B-09	IT. B-01	IT. B-02	NL. B-03	PT. B-01①	UK. B-01
总悬浮固体/(mg/L)	最大	104	2	NA	NA	8	NA	5	600	6.5	<10	22	64	140	NA
	平均	50.5	0.85	0.1	NA	7.5	NA	3.7	400	4.75	<10	11	24	140	65.2
	最小	28	0.2	NA	NA	6	NA	2.4	10	3	NA	10	4	140	NA
TOC/(mg/L)	最大	NA	NA	NA	NA	NA	NA	NA	NA	9.6	NA	NA	NA	NA	NA
	平均	NA	NA	NA	NA	NA	NA	NA	NA	9.5	NA	NA	NA	NA	NA
	最小	NA	NA	NA	NA	NA	NA	NA	NA	9.4	NA	NA	NA	NA	NA
PCDD/F/(ng I-TEQ/L)	最大	NA	NA	NA	NA	NA	NA	NA	NA	0.03	NA	NA	NA	NA	NA
	平均	NA	NA	NA	NA	NA	NA	NA	NA	0.0235	NA	NA	NA	NA	NA
	最小	NA	NA	NA	NA	NA	NA	NA	NA	0.017	NA	NA	NA	NA	NA
氯化物/(mg/L)	最大	50	10300	NA	NA	NA	NA	NA	NA	220	850	1937	3900	5350	1770
	平均	40.5	6130	NA	138	NA	NA	NA	NA	165	NA	702	2800	3604	1640
	最小	36	1400	NA	NA	NA	NA	NA	NA	110	757	63	1800	2430	1511
铜/(mg/L)	最大	NA	0.43	NA	NA	NA	NA	NA	NA	NA	NA	NA	0.045	NA	NA
	平均	NA	0.22	NA	NA	NA	NA	NA	NA	NA	NA	NA	0.022	NA	NA
	最小	NA	0.04	NA	NA	NA	NA	NA	NA	NA	NA	NA	0.011	NA	NA
接收水体		人工水体（例如水库）	人工水体（例如水库）	NA	河流/小溪	NA	河流/小溪	人工水体（例如水库）	人工水体（例如水库）	河流/小溪	河流/小溪	湖泊	NA	NA(1)	人工水体（例如水库）

① PT. B-01 的废水成分是指源自底灰处理厂的废水在其进入工厂内的废水预处理工艺之前的成分。在设施内进行废水预处理（先进行生物处理再进行物理化学处理），废水排入城市排水系统后进入城市废水处理。

注：Wash—底灰洗涤；Sed—沉淀；Neut—中和；CP—化学沉淀；OS—油分离；Fil—过滤；NA—无法使用；

3.4.3.4 能耗

电能形式的能量输入直接取决于焚烧厂的容量、工艺类型和所用技术。因此，每个示例都十分特殊，只能在有限的范围内进行比较。

表 3.31 给出了装机功率以及能源和水的消耗。没有关于用于运行单个焚烧过程的功率（电能和燃料消耗）的详细监测/计量过程的数据。

表 3.31 焚烧底灰处理厂 2014 年的能源和水量使用情况的报告

工厂	处理能力/(t/a)	装机功率/kV·A	能源和水的消耗					雨水再利用/m^3
			电能/kW·h	液体燃料/L	天然气/kW·h	蒸汽/kW·h	水/m^3	
AT. B-01	40000	200	NA	30587	0	0	848	0
BE. B-01	100000	174	295630	0	0	0	NA	NA
BE. B-02	87813①	439	NA	0	0	0	11415	14050
DE. B-01	180000	350	205000	110000	NA	NA	1400	NA
DE. B-02	400000	1200	989000	0	0	0	18500	0
DE. B-03	300000	175	371000	82900	0	0	5896	2495
DE. B-04	600000	1254.1	1985861	0	0	0	0	47000
DE. B-05	340000	640	638216	267132	0	0	0	13500
DE. B-06	216000	NA	438000	60000	NA	NA	NA	NA
DE. B-07	450000	630	300000	0	0	0	0	0
DE. B-08	250000	400	420000	40000	0	0	1200	0
DE. B-09	70000	NA	368000	NA	0	175000	0	0
DE. B-10	90000	432	1110000	24000	0	0	0	0
DE. B-11	90000	200	1500000	20000	0	0	0	0
DE. B-12	79000	NA	343900	0	0	0	0	0
DE. B-13	140000	800	117023	0	0	0	323	9270
DE. B-14	64262①	270	NA	0	0	0	300	300
DK. B-01	125000	NA	80000	NA	0	0	0	NA
DK. B-03	180000	280	10000	5000	0	0	0	4000
ES. B-01	200000	470	238996	5855	0	0	1484.4	0
FR. B-01	5500	32	278400	19100	0	0	0	0
FR. B-03	90000	204	221830	62068	0	0	380	900
FR. B-04	87000	260	125000	42992	0	0	46	0
FR. B-05	54250	200	100000	36000	0	0	261	NA
FR. B-06	200000	412	660000	52000	0	0		0
FR. B-07	120000	630	210360	62540	0	0	91	0
FR. B-09	7000	7.5	52616.25	8000	0	0	0	0
FR. B-10	20000	62	NA	7810	0	0	NA	0
IT. B-01	250000	1000	1217063	630	45283	0	21083	0

续表

工厂	处理能力/(t/a)	装机功率/kV·A	能源和水的消耗					雨水再利用/m^3
			电能/kW·h	液体燃料/L	天然气/kW·h	蒸汽/kW·h	水/m^3	
IT. B-02	620000	700	1680000	0	0	0	3000	3000
NL. B-01	180000	800	800000	0	0	0	0	0
NL. B-02	320000	NA	650000	0	0	0	0	0
NL. B-03	700000	1070	1115877	157440	0	0	20	0
PT. B-01	200000	100	94866	67877	NA	NA	NA	24304
SE. B-01	87000	NA	80000	0	0	0	100	0
SE. B-02	129905①	NA	NA	0	0	0	5000	0
UK. B-01	200000	500	212138	NA	NA	NA	40206	NA

① 容量数据不适用，指 2014 年处理数量的值。

注：NA—不适用。

3.5　能耗与产物

焚烧过程中的能量输入可能包括：

① 废物（主要输入）；

② 辅助燃料（通常数量非常有限，在焚烧诸如未干燥污水污泥等类似低 LHV 值的废物时需要采用辅助燃料）；

③ 输入的电能（若需要）。

焚烧过程的产物和输出主要包括：

① 热能（例如蒸汽或热水）；

② 电能。

热解和气化过程可能会将所供给废物的一些能量值与其所产出的物质同时输出，这些物质是诸如合成气、煤焦、油等产物。在许多情况下，这些产物直接或者随后作为燃料进行燃烧，以便利用其具有的能量价值；若需要，在进行预处理之后，这些产物也可作为原料以便利用其化学价值。

欧洲大多数的焚烧厂能够生产和输出电能、热能，或两者兼而有之。

能源输出的组合方式取决于许多因素。通常，焚烧厂所在地对蒸汽或热能的需求会推动能源输出的供应方式。此外，所生产能源在供应时的相对价格和销售合同的期限，通常被认为是决定能源输出方式的关键因素。反过来，能源输出方式又是进行与工艺设计有关的技术决策时的重要驱动因素。表 3.32 描述了其中的某些因素。

表 3.32　影响能源回收选择的因素[122]

因素	影响
为供给或可靠需求而支付的高电价	• 鼓励投资发电 • 为获得更高蒸汽压力和更多电能输出而需要采购锅炉隔热板 • 可供应的热能将会减少 • 焚烧厂可能需要输入电能以确保自身的产出量最大化

续表

因素	影响
输入焚烧厂的电能价格高于自身所生产的电能价格	• 鼓励采用自产电能运行焚烧过程 • 纯热能生产的焚烧厂可能需要决定转移部分能源以满足其自身的电能需求
更高的供热价格和需求的高可靠性	• 对分布式供热网络的投资变得更加可行 • 由于能够提供更多的回收能源而使得焚烧厂的整体效率可能会有所提高
更冷的气候	• 每年可供热的月份变多
更热的气候	• 热供暖需求不太可靠 • 可能需增加供热选项，以便驱动空调冷却器、供给海水的热脱盐厂等
基本负荷能源供应合同	• 提高销售合同的可靠性，鼓励投资能够利用可用能源（热能和电能）的技术
禁止排放湿式洗涤器的处理废水	• 因需要提供蒸发能量，用于输出的可用热能减少
需要进行炉灰的玻璃化	• 更高的焚烧厂能源需求导致自身能源消耗增加和输出能源减少
需要更高的焚烧温度	• 可能需要额外燃料以获得所需的焚烧温度

3.5.1 废物焚烧厂能效计算

能效是指废物中所含的输入化学能（通常表示为LHV）与所产生的有用能量（电能和热能）之间的关系，其中后者是指回收的能量而不是耗散的能量（通过烟气、冷却系统、辐射等）。在相关情况下，其他的能量输入（例如辅助燃料、电能或蒸汽能量）也是要考虑在内的。通常，废物焚烧厂的能效采用百分比进行表示。能效的作用是对不同技术单元和系统的性能进行比较。为实现比较的目的，确保采用一致的方式对能效进行计算是非常重要的。因此，在计算能效时，要求考虑以下因素：

（1）系统/计算的边界需要明确定义

明确地定义平衡是建立任何质量、物质或能量平衡的基本要求。创建参考实体的目的是对评估范围进行定义（例如，一台锅炉、一条包括烟气净化系统和涡轮发电机组的废物焚烧线、整个废物焚烧厂）。

为便于比较，有必要考虑待焚烧废物的类型而不仅是被运送至焚烧厂的废物。如果供给的废物需要进行大量的预处理（例如破碎、切碎、干燥），那么这可能会导致大量的额外能源需求。

（2）需要考虑全部能量输入

某些焚烧厂需要采用额外燃料以维持其工艺所要求的燃烧温度，进而使得该设施所回收的能量会部分源于废物，部分源于额外所采用的辅助燃料。

（3）对自身能量消耗和内部能量流需要采用一致的方式进行核算

在某些情况下，从废物中所回收的电能和/或热能随后即被应用于该焚烧厂的运行。考虑到该种情况，这会导致焚烧过程出口能源的净减少和入口能源的等量减少。

（4）明确全部假设并始终遵守

当在考虑产生不同量级的具有众多能量流的焚烧厂间的相对效率时，简单地增加电能输出和热能输出会造成困难。采用等值因素是考虑这些能量流的相对价值的一种可能方法。

基于内部可比较的不同案例的识别，本书采用了一种不同方法，这些案例包括：①主要以销毁废物为目的的焚烧厂，例如，专门焚烧危险废物（不包括危险木材废物）和污水污泥的焚烧厂；②主要面向采用凝汽式汽轮机发电的焚烧厂；③主要面向产生热能/蒸汽的焚烧厂，其可能与背压式汽轮机相结合后使用；④混合焚烧厂，即焚烧厂的不同部分可能面向不同的定位。若干个案例的详细示例见附件 8.2。

此外，相关的时间维度是需要唯一固定的，或者作为短期状态（例如在性能测试时段，通常持续约 8h），或者在某个时间段之内（例如年平均值）。本节所介绍的能效数据，在原则上是来自焚烧厂首次调试时或在重大变化后为检查其实际性能而进行的性能测试。然而，性能测试数据并非在所有情况下都是可用的，这表现在：虽然性能测试通常是针对焚烧炉/锅炉和汽轮发电机组进行的，但对于区域供热热交换器或者蒸汽或热水直接输出系统而言，情况并非如此。此处，供应商最初提供的和/或更新的运行数据被用作替代值。

能源效率可在废物焚烧厂的全厂层级进行评估，其系统边界如图 3.86 所示；或者，在

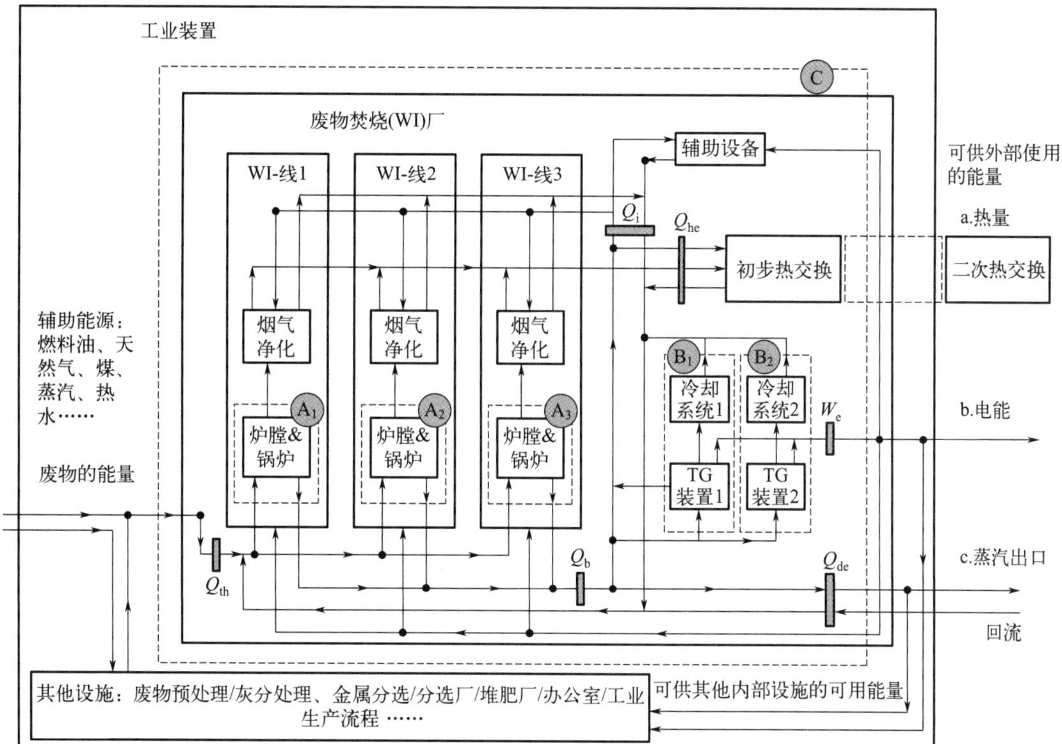

注：
A_1～A_3—锅炉回收的能量，源于锅炉性能测试期间。
B1、B2—涡轮发电机组产生的能量。涡轮发电机性能试验。
C—废物焚烧厂提供的可用总能量，包括用于废物焚烧厂自身消耗的能量以及用于废物焚烧厂外部(设施内部和/或外部)的能量。

图 3.86　用于能效计算的系统边界[81]

废物焚烧厂不同部分所回收的能量不能适当相加的情况下，对废物焚烧厂的部分层级进行评估。这种情况的详细示例如附件8.2所示。

图3.86给出了代表能效概念的能量平衡边界，该概念在本书中通常用于确定能效，此处的能效是指总能效而不是净能效。这意味着，根据废物焚烧厂所提供的所有能源确定能源效率，包括：焚烧厂自身内部（例如运行烟气净化系统）使用的能源；更为宽泛的设施（例如，运行可能坐落于现场的废物预处理厂）所使用的能源；以及可供输出的能源。

在图3.86中，能量流采用如下所示的颜色编码予以描述：

① 紫色表示输入焚烧炉的能量，包括废物和辅助燃料；

② 灰色表示包含在锅炉出口烟气中的能量；

③ 黑色表示包含在热回收锅炉所产生的蒸汽和/或热水中的能量以及在烟气净化系统（例如，当采用烟气冷凝时）中所回收的能量；

④ 橙色表示蒸汽/热水系统的回流；

⑤ 蓝色表示在焚烧厂或更宽泛的设施内使用的由涡轮发电机组所产生的电能，或输出的电能。

⑥ 红色虚线（C）代表着总能效的计算边界，其用于确定参与2016年WI BREF汇总数据收集的焚烧厂的能效。在这种情况下，图3.86确定了以下各项：

① W_e 是产生的电能，单位为MW；

② Q_{he} 是供给一次侧热交换器的热能，单位为MW；

③ Q_{de} 是直接输出的热功率（作为蒸汽或热水）减去回流的热功率，单位为MW；

④ Q_b 是锅炉产生的热能，单位为MW；

⑤ Q_i 是用于内部使用（例如，用于烟气再加热）的热能（例如蒸汽或热水），单位为MW；

⑥ Q_{th} 是热处理装置（例如焚烧炉）的热输入，包括连续使用的废物和辅助燃料（例如，不包括启炉情况），单位为MW，表示较低的热值。

针对主要焚烧除污水污泥和危险木材废物以外的无害废物的焚烧厂，其所实现的能效水平在以下章节中进行了描述。

3.5.2.1节给出了采用冷凝式汽轮机发电的焚烧厂（或其部分）的总电能效率（η_e），其可表示为：

$$\eta_e = \frac{W_e}{Q_{th}}(Q_b/(Q_b - Q_i))$$

3.5.2.2节给出了焚烧厂的总能源效率（热能和电能的总和 η_h），其中，这些焚烧厂（或部分）仅产生热能，或者采用背压式汽轮机产生电能和采用汽轮机出口蒸汽进行加热。总能源效率 η_h 可表示为：

$$\eta_h = \frac{W_e + Q_{he} + Q_{de} + Q_i}{Q_{th}}$$

3.5.2 废物能量回收数据

热回收锅炉所产生的蒸汽参数（温度和压力）受到以下因素限制[1]：

① 由于废物中包含氯等某些物质，在热转化区（锅炉、节油器等）可能会产生高温腐蚀；

② 锅炉积灰——温度范围为600～800℃时，由于存在某些熔融物质而导致锅炉灰存在黏稠现象。

因此，焚烧厂的蒸汽参数（和因此所对应的电效率）值是有限的。只有在采取特殊措施对腐蚀进行限制的情况下，达到90bar的蒸汽压力和535℃的温度才被认为是目前阶段（2014年）的最大值。

对于源于MSW的电能生产而言，典型的过热蒸汽条件为：压力为40～70bar和温度为400～450℃。在较大型的焚烧厂中，经常会观测到上述范围的较高上限值。较低的蒸汽参数，通常是在压力为30bar和温度为350℃的范围内，其适用于危险废物发电，原因在于：较高蒸汽参数下的酸性烟气会导致腐蚀风险增加（导致运行困难和成本增加）。

在焚烧厂仅供应热能或蒸汽的情况下，操作人员倾向于采用较低的锅炉压力和温度以避免额外的投资和维护需求，以及避免与采用较高蒸汽参数相关的更为复杂的运行工况。在优先考虑焚烧厂供热的情况下，采用高压和高温蒸汽参数是不合理的。对于供热而言，蒸汽通常是以较低的值产生，即压力为25～30bar和温度为250～350℃。

欧洲的大多数废物焚烧炉，尤其是在运行大型焚烧厂的情况下，均需要对废物进行能量回收。通常，未进行热能利用的焚烧厂与其非常特殊的设计有关，例如，某些需要在高于1100℃的温度下焚烧卤化危险废物的焚烧厂，其所产生的飞灰的黏性可能会对热回收锅炉的运行构成额外的挑战。在这种情况下，可通过采用烟气急冷工艺而避免PCDD/F再形成的风险；一些热能仍然可从热急冷水和/或气-气热交换器中进行回收，以便能够在急冷之前对后燃烧室出口热烟气的部分能量进行回收。

参与2016年数据收集的焚烧厂蒸汽参数（汽轮机入口处的压力和温度）以图的形式在本节中进行展示。同时，还给出了焚烧厂的规模和年限，以及它们是仅产出热能（H）、仅产出电能（E）还是两者均要产出（C）。对于2006年后首次投入运行的焚烧厂，年限被定义为“最近”；对于2000～2006年间首次投入运行的焚烧厂，年限被定义为“中间”；对于2000年前首次投入运行的焚烧厂，年限被定义为“陈旧”。对于焚烧能力低于100000t/a的焚烧厂（对主要焚烧危险废物的焚烧厂而言，其焚烧能力是在48000～80000t/a之间的），其规模定义为“小型”；对于焚烧能力在100000～250000t/a之间的焚烧厂（对于主要焚烧危险废物的焚烧厂而言，其焚烧能力是在48000～80000t/a之间的），其规模定义为“中型”；对于焚烧能力高于250000t/a的焚烧厂（对主要焚烧危险废物的焚烧厂而言，其能力是超过80000t/a的），规模定义为“大型”。

图3.87～图3.90给出了主要焚烧城市固体废物、其他无害废物和危险木材废物的焚烧厂所产生的蒸汽温度和压力，以及这些焚烧厂所达到的总电能效率或总能源效率。

在这些图中，左边的纵轴表示的是总电能效率或总能源效率，右边的两个不同的纵轴分别表示所产生的蒸汽温度（红色）和压力（绿色）。

在这些图中，焚烧厂是根据总电能效率或总能源效率的高低进行排序的（从左到右为从低到高）。依据这些图所能确认的事实是：通常在运行时，进行发电或热电联产的焚烧厂比纯供热的焚烧厂具有更高的蒸汽参数值。

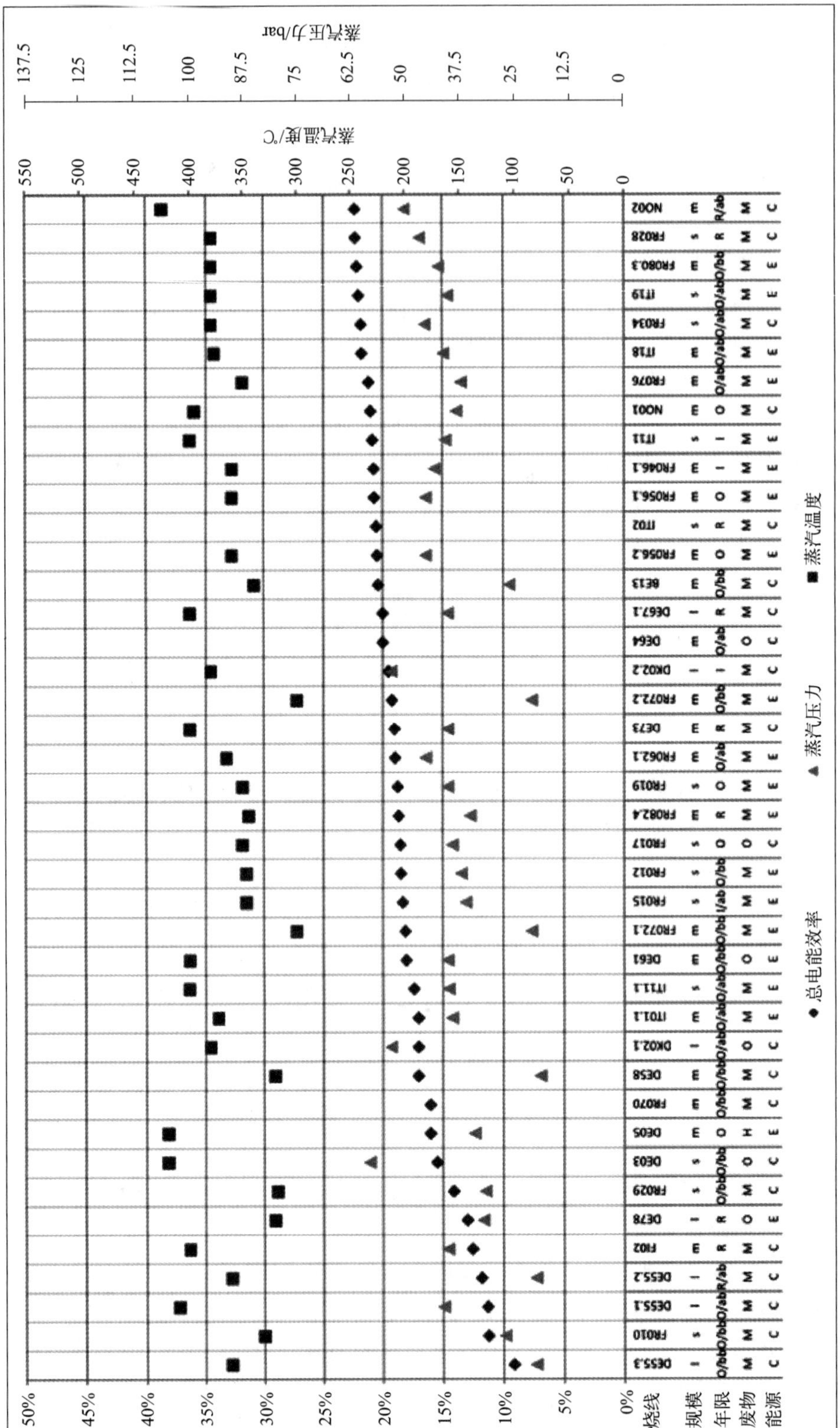

注：
焚烧厂规模：s—小型；m—中型；l—大型。
焚烧厂年限：O—老旧；I—中间；R—最近/[改造年份；bb—WI BREF(2006年)之前；ab—WI BREF(2006年)之后]。
主要焚烧废物：M—城市固体废物；O—其他无害废物；H—危险木材废物。
产生能源：E—电能；H—热能；C—热电联产。

图 3.87 主要焚烧城市固体废物、其他无害废物和危险木材废物的焚烧厂的总电能效率（1/3）[81]

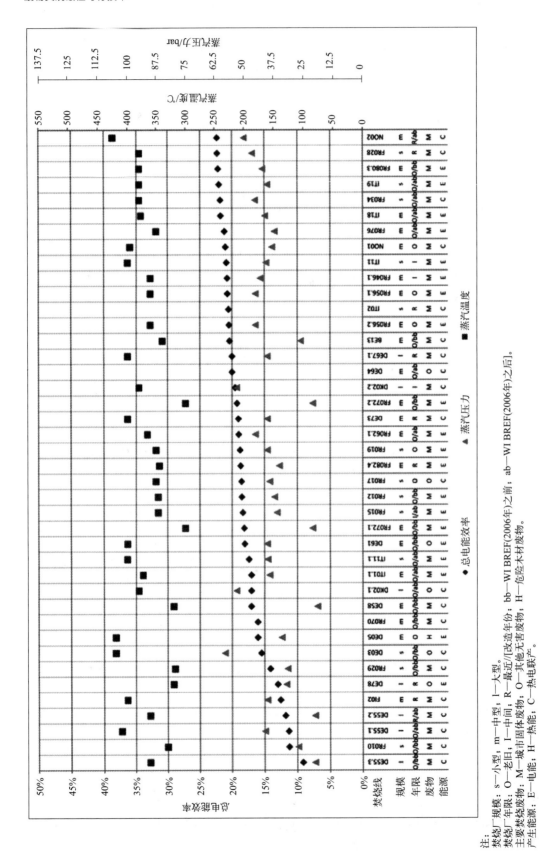

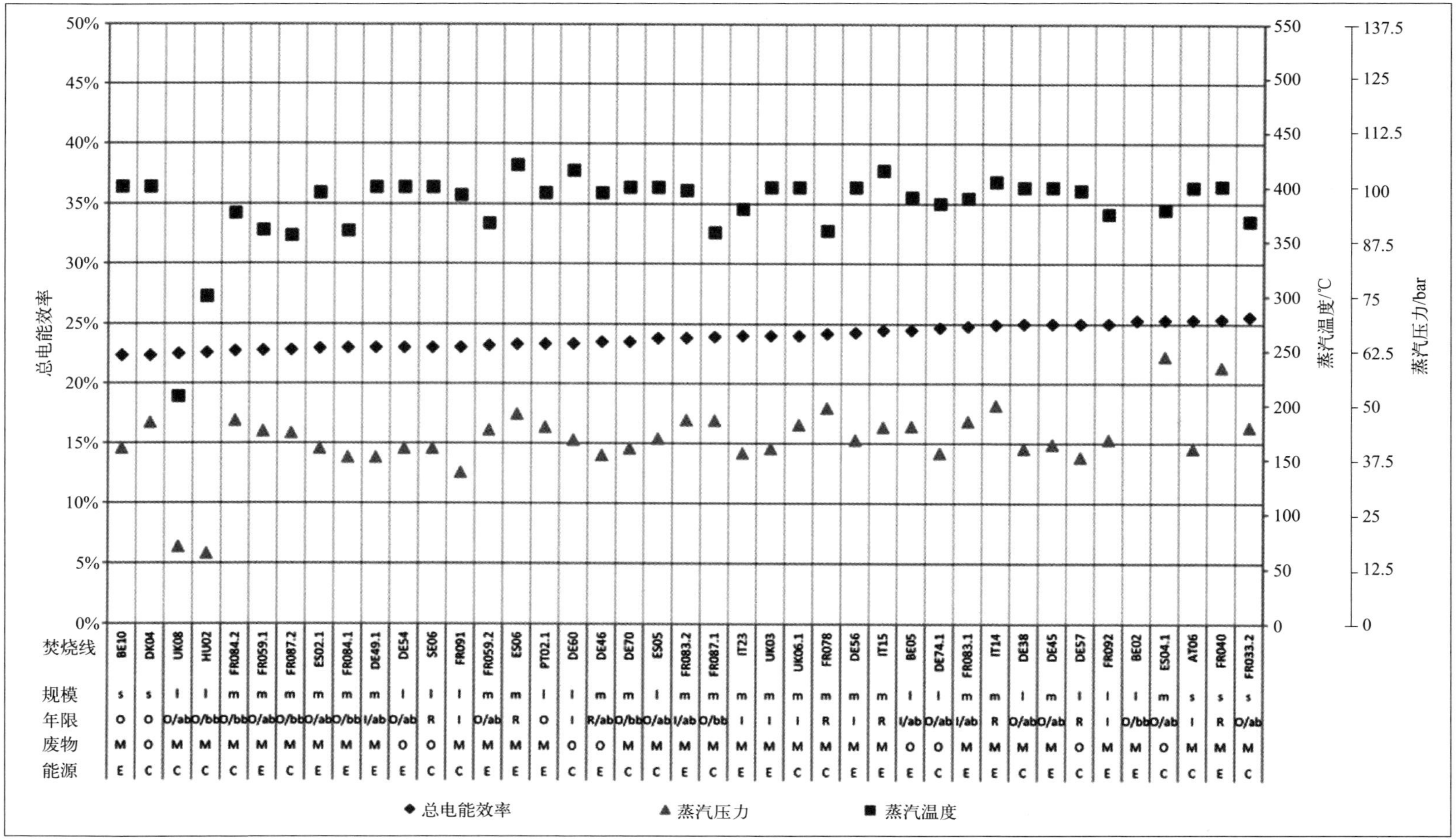

注：
焚烧厂规模：s—小型；m—中型；l—大型。
焚烧厂年限：O—老旧；I—中间；R—最近//[改造年份；bb—WI BREF(2006年)之前；ab—WI BREF(2006年)之后]。
主要焚烧废物：M—城市固体废物；O—其他无害废物；H—危险木材废物。
产生能源：E—电能；H—热能；C—热电联产。

图 3.88　主要焚烧城市固体废物、其他无害废物和危险木材废物的焚烧厂的总电能效率（2/3）[81]

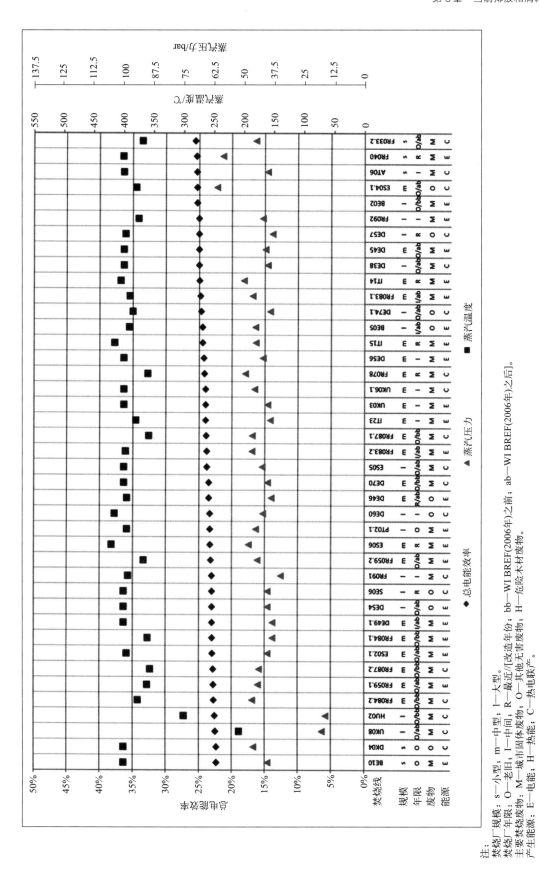

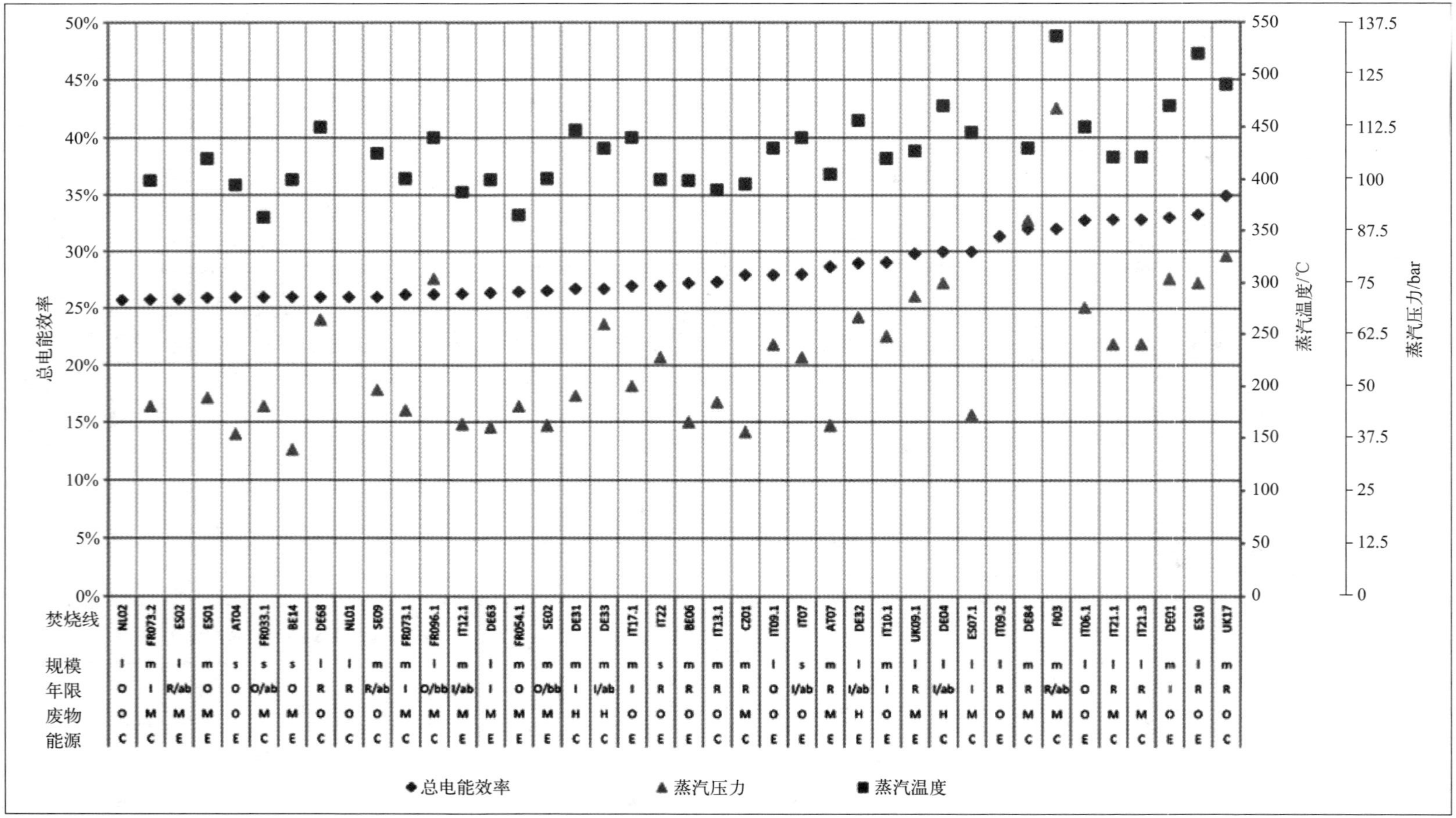

注：
焚烧厂规模：s—小型；m—中型；l—大型。
焚烧厂年限：O—老旧；I—中间；R—最近//[改造年份；bb—WI BREF(2006年)之前；ab—WI BREF(2006年)之后]。
主要焚烧废物：M—城市固体废物；O—其他无害废物；H—危险木材废物。
产生能源：E—电能；H—热能；C—热电联产。

图 3.89 主要焚烧城市固体废物、其他无害废物和危险木材废物的焚烧厂的总电能效率（3/3）[81]

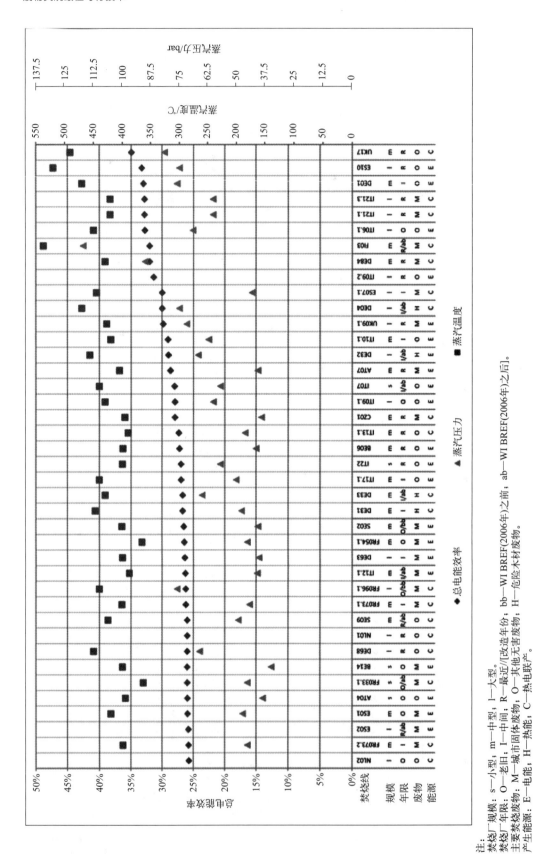

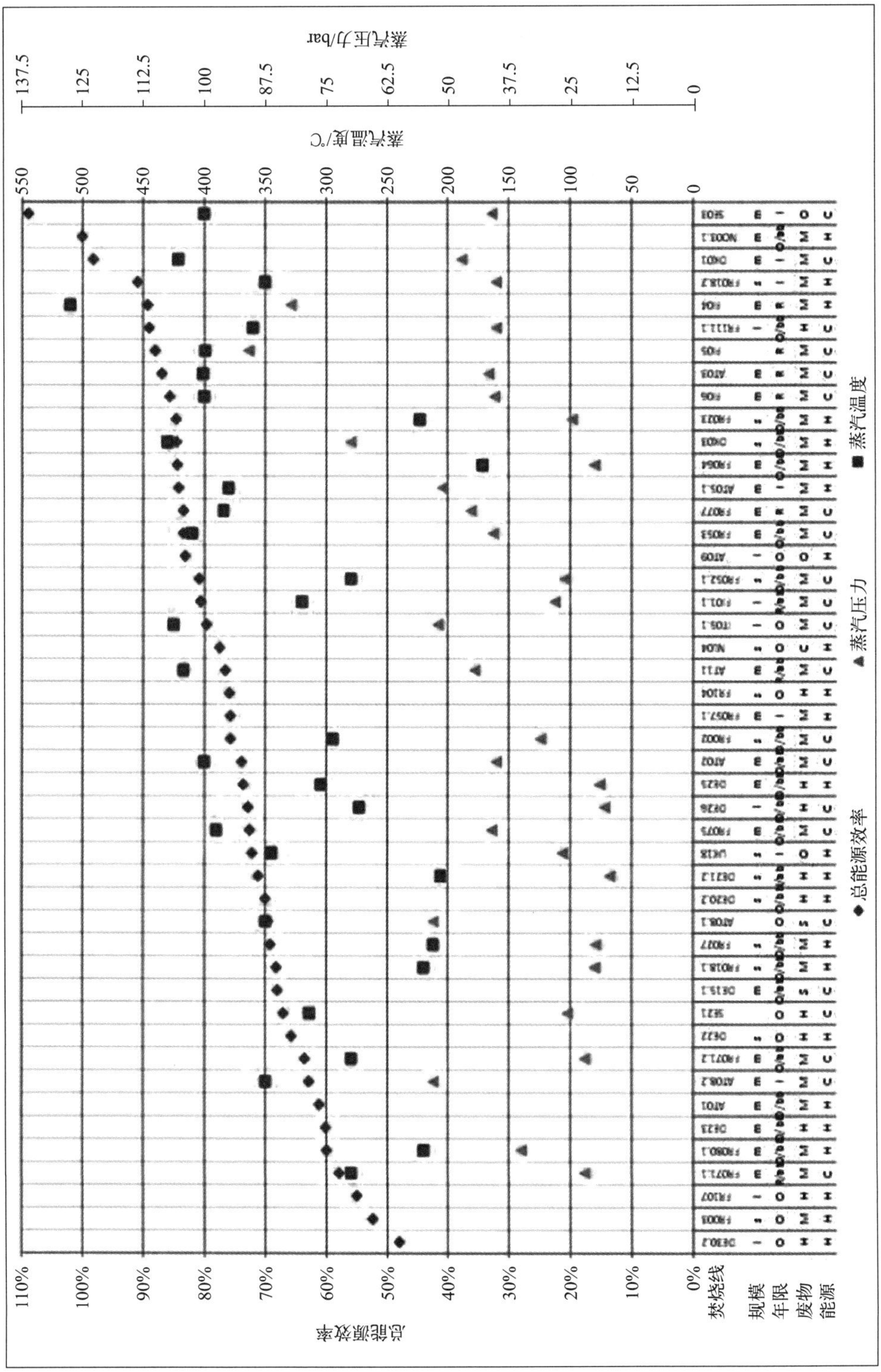

注：
焚烧厂规模：s—小型；m—中型；l—大型。
焚烧厂年限：O—老旧；I—中间；R—最近/[改造年份；bb—WI BREF(2006年)之前；ab—WI BREF(2006年)之后。
主要焚烧废物：M—城市固体废物；O—其他无害废物；H—危险木材废物。
产生能源：E—电能；H—热能；C—热电联产。

图 3.90　废物焚烧厂的总能源效率[81]

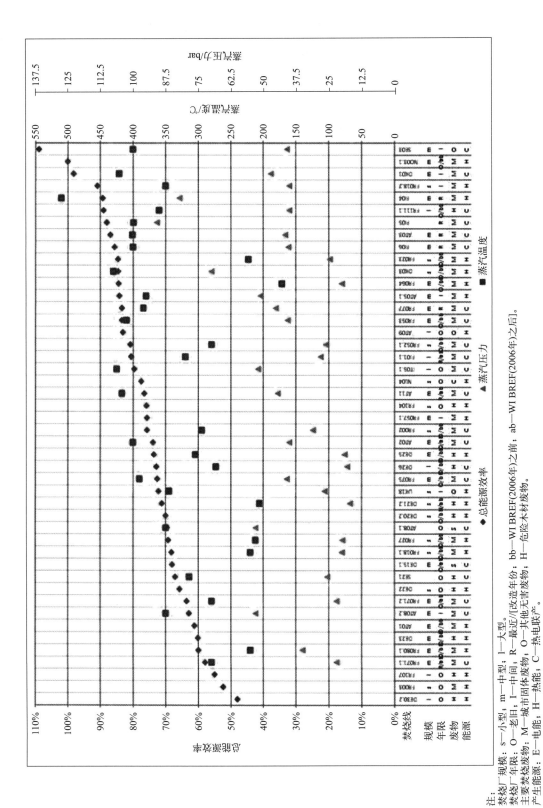

表 3.33 给出了主要焚烧危险废物（不包括危险木材废物）的焚烧厂的汽轮机入口或锅炉出口处的蒸汽温度和压力。此外，这些焚烧厂均采用回转窑处理废物。

表 3.33　主要焚烧危险废物的焚烧厂的蒸汽参数[81]

工厂	规模	蒸汽压力/bar	蒸汽温度/℃	能源产生
AT08	l	53	350	CHP
DE18	l	27	270	电能
DE26	l	44	325	CHP
DE29	l	26	280	电能
ES11	s	41	350	电能
FR111	l	40	360	CHP
HU01	l	16	304	CHP
PL03	s	20	270	电能
SE21	l	41	400	CHP

注：l—大型；s—小型。

表 3.34 给出了主要焚烧污水污泥的焚烧厂的汽轮机入口或锅炉出口处的蒸汽温度和压力。表中所有的焚烧厂均采用流化床焚烧炉。

表 3.34　主要焚烧污水污泥的焚烧厂的蒸汽参数[81]

工厂	规模	蒸汽压力/bar	蒸汽温度/℃	能源产生
AT08	l	53	350	CHP
NL06	l	10	180	CHP
PL01	m	49	400	CHP
UK15	s	42	400	电能

注：l—大型；m—中型；s—小型。

以下部分给出了参与 2016 年数据收集的焚烧厂所实现的能效水平（电能和/或热能）。在实际焚烧厂设计中和性能测试期间已满负荷运行的焚烧厂中，此处给出的能效水平是指焚烧厂的总能量输出与供给热处理装置的包括废物和其他燃料的能量输入（表现为较低的热值）之间的比率。

3.5.2.1　电能回收数据

在城市废物焚烧厂，一吨城市废物可产生的电能取决于焚烧厂的规模、蒸汽参数和蒸汽利用程度，但主要取决于废物的热值[1]。

通常，输出能源的可用量取决于产生量和焚烧厂的自我消耗程度——针对不同的焚烧厂自身而言，具有很大的差异性。通常，FGC 系统的电能消耗量很大，并且会随着所采用系统的类型（以及所需达到的排放水平）的不同而变化。在某些情况下，运行该焚烧厂所需的能源是由外部供给的，而该焚烧厂所产生的全部能源都用于输出。与一般的电网价格相比，当地的用电供需平衡通常反映了当地的电力生产价格。

图 3.87～图 3.89 给出了参与 2016 年 WI BREF 审查数据收集的废物焚烧厂的总电能效率。在这些图中，可同时显示效率、蒸汽参数以及焚烧厂的年限和规模。若焚烧厂是仅产生电能或热能与电能，则其标记分别为 E 或 C。

图 3.87～图 3.89 给出了主要焚烧城市固体废物、其他无害废物和危险木材废物的焚烧厂的总电能效率。这些图还包括 5 个专门焚烧危险木材废物的焚烧厂，其更类似于将废物转化能源的工厂而不是危险废物的焚烧厂［例如，所采用的工艺（这些焚烧厂都基于炉排炉）和其对能量回收的关注程度］。一般来说，较小的焚烧厂所获得的电能效率比中型和大型的焚烧厂更低。这些图还给出了电能效率和蒸汽参数之间的相关性，表明：大多数总电能效率低于 25％的焚烧厂是在低于 400℃的温度和低于 40bar 的压力下运行的，所有总电能效率高于 30％的焚烧厂是在高于 420℃的温度和高于 60bar 的压力下运行的。这些图未表明，所达到的总电能效率和焚烧年限间存在明确的相关性。

表 3.35 给出了主要焚烧危险废物（不包括危险木材废物）的焚烧厂的总电能效率。

表 3.35　主要焚烧危险废物的焚烧厂的总电能效率[81]

焚烧厂	年限	规模	产物	效率/％
DE18	O	大型	电能	14
ES11	O	小型	电能	15
DK05	I/ab	中型	CHP	32

注：O—陈旧；I—中间；ab—2006 年之后改造。

表 3.36 给出了主要焚烧污水污泥的焚烧厂的总电能效率。

表 3.36　主要焚烧污水污泥的焚烧厂的总电能效率[81]

工厂	厂龄	规模	产物	效率/％
NL06	O/ab	大型	电能	12
DE16	O/ab	中型	电能	20.5

注：O—陈旧；I—中间；ab—2006 年之后改造。

3.5.2.2　能源（热或热电）回收数据

文献［1］指出，如果能够在基本负荷的工况下进行能源供应，焚烧厂的能源总利用率（电能＋热能）可提高至废物供给能源的 90％左右（热值采用 LHV 表示）。采用烟气冷凝工艺时，则可获得更高的总利用率值[81]。

本节给出了参与 2016 年 WI BREF 审查数据收集的废物焚烧厂的总能量（热能或热能和电能）效率，以及蒸汽参数、焚烧厂的年限和规模；如果焚烧厂仅产出热能或分别产出热能和电能，它们就会被标记为 H 或 C。

图 3.90 给出了焚烧全部类型废物的焚烧厂的总能源效率，其未表明总能源效率与焚烧厂的年限、规模或产生的蒸汽温度和压力参数之间存在明确的相关性。需要注意的是，AT08.1 具有由 2 条危险废物焚烧线和 3 条污水污泥焚烧线组成的组合能量回收系统。其中，数字 84％所代表的是 SS 焚烧线的效率。

3.5.2.3　锅炉效率数据

针对主要焚烧危险废物或污水污泥的焚烧厂而言，由于其规模（通常，特别是对危险废物焚烧炉而言，其规模要比废物变能源的焚烧厂要小）、位置（通常更靠近废物的产生地，其可能更远离所回收能源潜在用户的所在地）和设计（更倾向服务于废物销毁，而不是服务于开发利用废物所包含的能量）等方面的原因，其在回收能源使用的优化方面可能面临着挑战。

出于上述这些原因，对于用于危险废物和污水污泥处理的焚烧厂而言，是将废物所含能量转化为蒸汽或热水的效率（或锅炉效率）作为更为广泛地确定能效性能的比较参数的。

通常，燃烧非废物燃料的焚烧厂的锅炉效率可采用标准的 BS EN 12952-15—2003《水管锅炉和辅助装置　验收试验》中所描述的方法进行确定。这个标准的初衷是，作为直燃蒸汽锅炉和热水发生器热性能（验收）测试的基础。设计此类测试的目的是证明：已经能够满足效率和输出或确定其他参数。为克服与废物焚烧相关的一些具体挑战，德国 Fachverband Anlagenbau（FDBR）制定了一项准则，其用于确定难以（或不可能）确定燃料净热值的废物焚烧过程的锅炉效率。根据这一准则，锅炉效率是有用热能输出和总供应热能之间的比率。有用的热能输出是指，传递给蒸汽发生器中水介质的总热能[123]。

考虑到参与 2016 年用于 WI BREF 审查的数据中所收集的焚烧厂设计数据，对本节中所给出的锅炉效率进行了估算。

图 3.91 给出了参与 2016 年数据收集的危险废物焚烧线的锅炉效率，以及该焚烧线的年限、规模和炉型，还有烟气所达到的最高温度。在该图中，仅产生电能、仅供热能或热电联产的焚烧线分别标记了 E、H 或 C。该图未表明，锅炉效率与焚烧厂的年限或规模之间存在明确的相关性。但是，该图表明，针对较高温度下的废物焚烧线而言，通常其锅炉效率会限制在低于 70%的范围内。

图 3.92 给出了参与 2016 年数据收集的污水污泥焚烧线的锅炉效率，以及该焚烧线的年限、规模、炉型和污泥的含水量。在该图中，仅产生电能、仅供热能或热电联产的焚烧线分别标记了 E、H 或 C。该图未表明，锅炉效率与焚烧厂的年限或规模之间存在明确的相关性。但是，该图表明，焚烧含水量较低的污水污泥的焚烧线通常可获得更高的锅炉效率。

3.5.3 工艺能耗数据

焚烧过程本身的运行是需要能量的，例如，泵和风扇均需要电能。根据焚烧厂建设的不同，其对能量的需求存在着很大的差异性[1]。具体而言，采用以下方式还会增加工艺的能耗需求[64]：

① 机械预处理系统（例如，粉碎机）、泵送装置或其他废物制备；

② 燃烧空气预热；

③ 烟气再加热（例如，用于气体处理装置或烟羽抑制）；

④ 废水蒸发装置的运行；

⑤ 具有高压降的烟气处理系统（例如，过滤系统），其需要采用更大功率的强制通风扇；

⑥ 废物的热值降低——因为这可能导致需要添加额外的燃料以维持最低的燃烧要求；

⑦ 污泥处理，例如，对其进行干燥。

在某些情况下，这些需求可通过与热焚烧烟气进行热交换的方式得到部分或全部的满足。

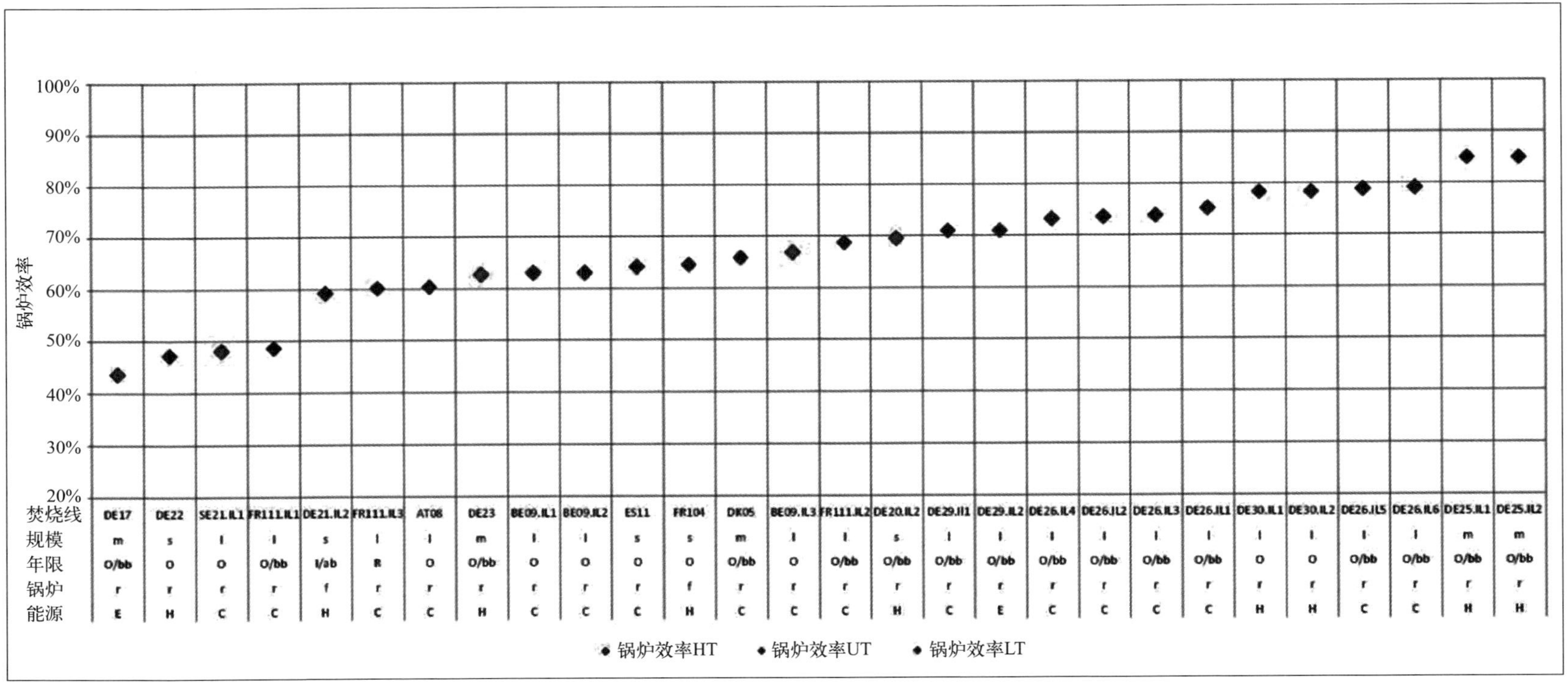

注：
焚烧厂年限：O—老旧；I—中间；R—最近//[改造年份；bb—WI BREF(2006年)之前；ab—WI BREF(2006年)之后]。
炉型：r—回转窑；fb—流化床；f—其他类型的熔炉。
产生能源：E—电能；H—热能；C—热电联产。
焚烧厂规模：s—小型；m—中型；l—大型。
锅炉效率HT：与高焚烧温度(平均值高于1050℃)相关。
锅炉效率UT：与未定义的焚烧温度有关(未报告炉膛温度)。
锅炉效率LT：与低焚烧温度相关(平均值低于1050℃)。

图 3.91　主要焚烧危险废物的焚烧厂的锅炉效率[81]

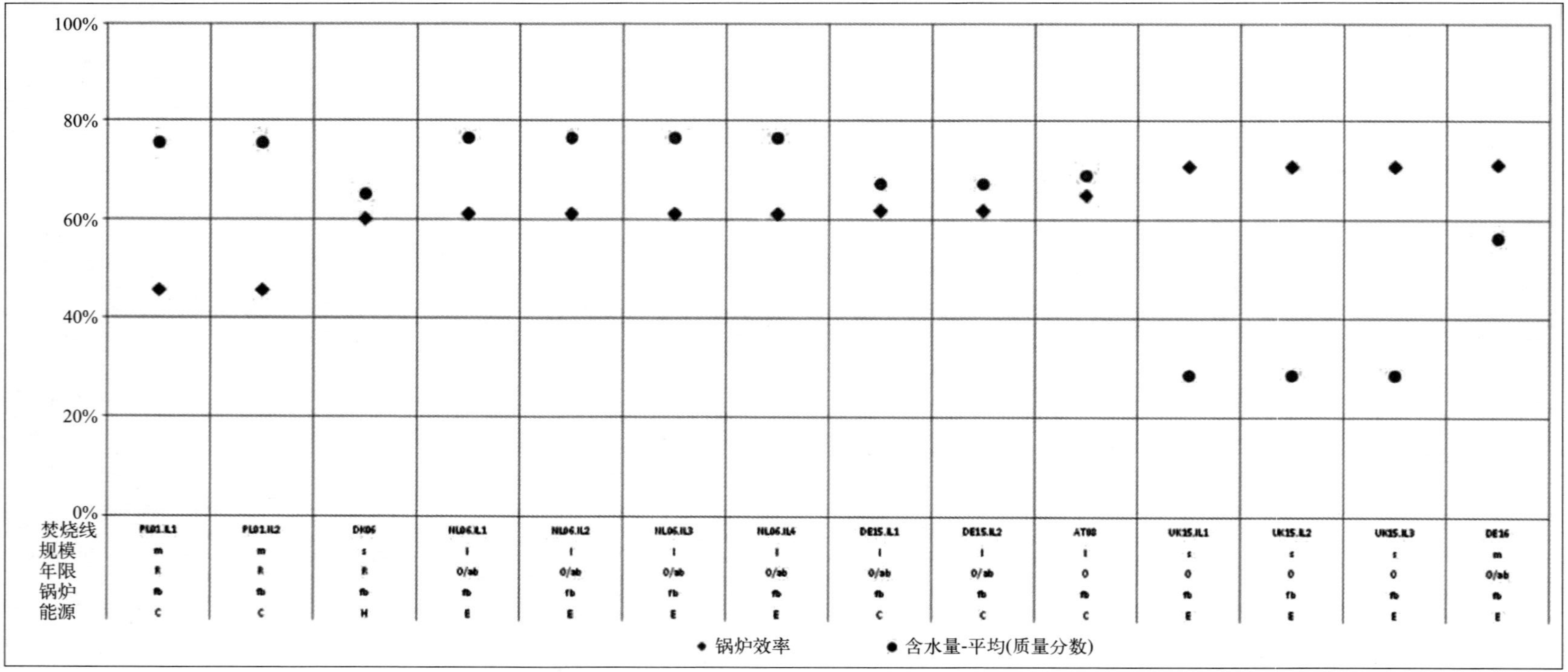

注：
焚烧厂年限：O—老旧；I—中间；R—最近//[改造年份；bb—WI BREF(2006年)之前；ab—WI BREF(2006年)之后]。
炉型：fb—流化床；
产生能源：E—电能；H—热能；C—热电联产。
焚烧厂规模：s—小型；m—中型；l—大型。

图 3.92　主要焚烧污水污泥的焚烧厂的锅炉效率[81]

与具有集成系统的现代焚烧厂相比，具有改进烟气净化系统的陈旧焚烧厂可能会消耗更多的电能。对于工业危险废物焚烧厂而言，电能消耗可达到132～476kW・h/t废物[1]。

表3.37给出了参与2016年数据收集工作的废物焚烧厂的具体能源需求，其列出了整个焚烧厂的电能需求和热能需求，以每吨处理废物所需要能源的方式进行表示。

表3.37 每吨处理废物的电能和热能需求数据[81]

能源需求类型	焚烧的废物	最小值	平均值	最大值
电能/($MW\cdot h_e$/t废物)	MSW&ONHW	0.045	0.107	0.264
	SS	0.033	0.154	0.276
	CW	0.211	0.228	0.244
	HW	0.073	0.202	0.360
热能/($MW\cdot h_h$/t废物)	MSW&ONHW	0.010	0.505	0.700
	SS	0.121	0.265	0.675
	CW	NI	NI	NI
	HW	0.056	0.373	0.674

注：NI—无信息。

焚烧厂的能耗会因废物热值的不同而发生变化。这在很大程度上是由于高LHV废物会导致烟气量增加——其相应地需要更加强大的FGC处理能力。这在由于待焚烧废物的高含水量而导致低LHV的情况是不同的，在这种情况下，会增加焚烧烟气的产生量。

3.6 噪声

表3.38描述了废物焚烧厂产生的噪声来源和水平以及所采用的减噪措施。

表3.38 废物焚烧厂的噪声来源[1]

与噪声/主要辐射源相关的区域	减噪措施	噪声L_{WA}/dB(A)
废物运送，即卡车等发出的噪声	将倾卸废物的大厅四面封闭	104～109
废物粉碎	在卸载大厅进行粉碎	95～99
废物仓	采用加气混凝土、密封门等措施对建筑物进行隔音处理	79～81
锅炉房	采用多壳结构或气体混凝土进行封闭，采用连接着降噪器的通风通道、密封门	78～91
机器制造	采用低噪声阀门、隔音管、建筑隔音材料等	82～85
烟气净化： • 静电除尘器 • 洗涤 • 吸入气流 • 烟囱 • 总烟气净化系统	隔音、设备封闭，例如，带有梯形波纹的薄板、吸入气流时采用软式容器、烟囱降噪器	 82～85 82～85 82～84 84～85 89～95
残余物处理： • 底灰排放 • 装载 • 从焚烧厂运出 • 总废物管理残余物	封闭，在料仓中装载	 71～72 73～78(白天) 92～96(白天) 92～96(白天)，71～72(晚上)

续表

与噪声/主要辐射源相关的区域	减噪措施	噪声 L_{WA}/dB(A)
空气冷却器	吸入侧和压力侧的降噪器(更多信息参见 ICS BREF 文档)	90～97
能源转换设施	在特别建造的隔音建筑内采用低噪声设计	71～80
焚烧厂的总 L_{WA} 白天 夜晚		 105～110 93～99

注：白天/晚上表示焚烧厂的运行通常是在白天或晚上进行。

通过上文所描述的降噪措施，根据当地条件为特定项目所设定的噪声排放限值可在安全的前提下在白天和夜间得到满足。

在施工阶段也会产生噪声，其可能导致邻近的住宅区处于相当大的噪声中，这主要取决于焚烧厂所在位置。此外，以下 3 个主要施工阶段与噪声源具有同等的相关度：

① 基础挖掘；

② 铺设地基（包括打桩）；

③ 搭设建筑物的外层。

可通过采用适当的措施降低噪声，例如，限制工作时间，特别是在夜间采用低噪声的建筑机械和基于临时结构的隔音措施。在一些欧盟成员国，存在这方面的相关法律规定[1,2,64]。

3.7 其他资源的利用

本节描述了焚烧过程中消耗的一些物质并给出了可用数据。

3.7.1 水消耗

废物焚烧厂的主要用水消耗是在烟气净化工艺中，其中：干式系统消耗的水最少，湿式系统消耗的水最多，半湿式系统的水消耗量则是介于两者之间。

MSWI 的典型废水排放率约为每吨处理废物 250kg（在进行湿式洗涤的情况下）。

湿式系统能够将处理过的废水作为洗涤用水以实现再循环，进而大大降低水的消耗量。这在一定程度上是可行的，原因在于：盐会累积在循环水中。依据预期使用的水质要求，经过处理的废水也可能会存在其他的用途（例如，底灰冷却）。

采用冷却冷凝洗涤器提供了另外一种方法，其能够移除烟气流中的水分，并可将处理后的水再循环至洗涤器中。在此处，盐的累积仍然是一个开放性的问题。

未进行能量回收的锅炉工艺可能会导致更高的水消耗量，这是因为该工艺所要求的烟气冷却是采用注水方式实现的。在这种情况下，每吨废物的耗水量高达 3.5t。针对具有快速急冷系统的焚烧厂（例如，已在英国运行的 HWI 装置）而言，每焚烧一吨废物可能会消耗高达 20t 的水。

通常，HWI 的 FGC 系统用水量为每吨废物 1～6m^3。对于污水污泥焚烧厂而言，每吨废物的耗水量约为 15.5m^3。但是，在采用部分预干燥污泥和流化床焚烧炉的专用污水污泥焚烧厂中，污泥中约 50%的含水量会在焚烧炉中被蒸发掉；通过在湿式洗涤器后采用冷却工艺，是可能从烟气中进行部分水回收的，其可用于满足洗涤器的用水需求（NL05）[74,7]。

3.7.2 其他消耗品与燃料

在烟气净化过程中，可根据化学计量反应计算得到如表 3.39 所示的消耗（和残余产品）率[1]。

表 3.39　烟气净化过程中用于吸收污染物的各种试剂的化学计量（反应物以 100%浓度和纯度进行表示）[1,74]

kg

污染物		$Ca(OH)_2$	残余产物	
HCl	1	1.014	$CaCl_2$	1.521
HF	1	1.850	CaF_2	1.950
SO_2	1	1.156	$CaSO_4$	2.125
污染物		NaOH	残余产物	
HCl	1	1.097	NaCl	1.600
HF	1	2.000	NaF	2.100
SO_2	1	1.249	Na_2SO_4	2.217
污染物		$NaHCO_3$	残余产物	
HCl	1	2.301	NaCl	1.600
HF	1	4.200	NaF	2.100
SO_2	1	2.625	Na_2SO_4	2.217
污染物		氨	残余产物	
NO	1	0.370	不适用	
NO_2	1	0.739		
污染物		尿素	残余产物	
NO	1	0.652	不适用	
NO_2	1	1.304		

注：1. 为得到精确的试剂比率，有必要考虑初始排放水平和目标排放水平。
2. 反应物可采用不同的浓度进行供给，因此这可能会改变总的混合试剂消耗率。

3.7.2.1 中和剂

文献［1］指出，可以采用氢氧化钠、熟石灰、石灰乳或碳酸氢钠对烟气中的酸进行中和，其消耗量取决于废物的具体结构（和相应的原料烟气含量）以及所采用的技术设备（接触、混合等）。

根据烟气的净化类型和其他因素，每吨废物会消耗 2～22kg 的熟石灰。针对 NaOH，每吨废物会消耗 7.5～33kg 的熟石灰[74,81]。

3.7.2.2 NO_X 去除剂

从烟气中去除 NO_X 的典型试剂是氨、氨水（25% NH_3）和尿素溶液。特别地，针对尿素溶液而言，其主要组成取决于生产商，并通常还需要其他成分进行补充。

若上游的 NO_X 浓度已知，这将有助于获得良好控制过程[74]。

这些材料必须要以针对性的方式进行采用，并需要得到很好的控制以防止导致过量的氨或过量氨的直接泄漏。

针对氨水而言，其消耗率通常是每吨废物 2～2.5kg。在相关文献中，该值的范围是每吨废物 0.5～5kg。

3.7.2.3 燃油和天然气

轻质燃油（柴油）、重质燃油（每吨废物 1～4L）和天然气（在奥地利工厂，每吨废物 4.5～20m^3）能够用于过程加热和辅助燃烧器的运行[4,81]。

在某些焚烧厂中，废溶剂（典型热值大于 25MJ/kg）也是能够用作辅助燃料的。

通常，高热值废物（例如油和溶剂，典型的是那些热值大于 15MJ/kg 的废物）可作为回转窑危险废物焚烧厂的辅助燃料。

如果烟气是在单独的工艺步骤（例如 SCR）中被重新进行加热，则主要采用天然气作为燃料。

3.7.2.4 商业危险废物焚烧厂调查数据

在表 3.40 中，给出了在所调查的商业危险废物设施中以千克为单位的每吨焚烧废物中所需要添加剂的最小和最大含量[41]。

表 3.40 商业危险废物焚烧过程所采用的添加剂含量[41]

添加剂	含量/(kg/t 废物)		
	最小值	最大值	平均值
$CaO+Ca(OH)_2$(100%)，同 CaO	1.33	97	28.6
NaOH(50%)	0.40	41.67	15.5
$CaCO_3$	11.9	23.76	17.4
HCl(33%)	0.14	10	1.5
TMT-15 或其他硫化物处理剂	0.0085	0.98	0.23
Na_2S	0.008	0.83	0.44
$Na_2S_2O_3$	0.08	4.2	1.7
$FeCl_3$	0.049	0.50	0.27
$FeClSO_4$	0.15	0.96	0.55
氯化铁、氯化铝	1.75	1.75	1.75
PE	0.01	1.30	0.3
活性炭	0.3	19.31	3.7
尿素(45%)	3.1	3.1	3.1
NH_4OH	0.50	3.33	2.1
$CaCl_2$	2.36	2.36	2.36

注：此表仅给出了一些参考值，其可能不能代表特定的焚烧厂或技术。

第4章

确定最佳可行技术需考虑的技术

本章描述了被认为有潜力实现的本书所涵盖范围内的针对焚烧过程的高水平环境保护技术（或其组合技术）和相关监控技术。所描述的技术将包括所采用的技术以及焚烧厂设计、建造、维护、运行和拆除的方式。

本章涵盖环境管理系统以及过程集成和终端技术。此外，还描述了包括废物最小化和回收程序的废物预防和管理系统，以及通过废物的利用和再利用优化以减少原材料、用水和能源消耗的技术。本章所描述的技术还包括事故和事件环境后果的预防或限制技术，以及现场补救技术。本章还包括非正常运行工况（例如，启炉和停炉操作、泄漏、故障、瞬间停止和操作最终停止）下的污染排放防止或减少技术。

指令附件三列出了用于确定最佳可行技术（BAT）的一些标准，本章所给出的信息将解决这些问题。表 4.1 所给出的标准结构用于尽可能地概述每种技术的信息，以便能够将技术和评估与指令中 BAT 的定义进行比较。

本章不一定能够提供可应用于本行业的详尽技术清单。可能存在或可能开发出的其他技术，需要在确定具体个别焚烧厂的 BAT 时予以考虑。

表 4.1　本章所包括的技术信息

本章的标题
描述
技术说明
实现的环境效益
环境绩效和运行数据
跨介质影响
与可应用性相关的技术考虑
经济效益
应用的驱动力
工厂举例
参考文献

4.1 提升环境绩效的组织技术

4.1.1 环境管理系统（EMS）

（1）描述

说明符合环境目标的正式系统。

（2）技术说明

指令将“技术”（根据“最佳可行技术”中的定义）定义为“所采用的技术以及装置的设计、建造、维护、运行和拆除方式”。

从这个视角而言，环境管理系统（EMS）是使得焚烧厂的运营者能够以系统的和可演示的方式解决环境问题的一种技术。当EMS成为焚烧厂的整体管理和运行的固有部分时，其是最为有效和高效的。

EMS将运行人员的注意力聚焦在焚烧厂的环境绩效上；特别是，通过对正常和非正常运行工况采用明确的操作流程，并规定相关的责任边界。

所有的有效的EMS都包含着持续改进的概念，这意味着环境管理是一个持续的过程，而不是一个最终结束的项目。虽然存在着各种各样的流程设计，但大多数EMS都是基于计划-执行-检查-行动的循环（这在其他公司的管理环境中也是广泛使用的）进行的。循环过程是一个迭代的动态模型，即一个循环的完成是进入下一个循环的开始（见图4.1）。

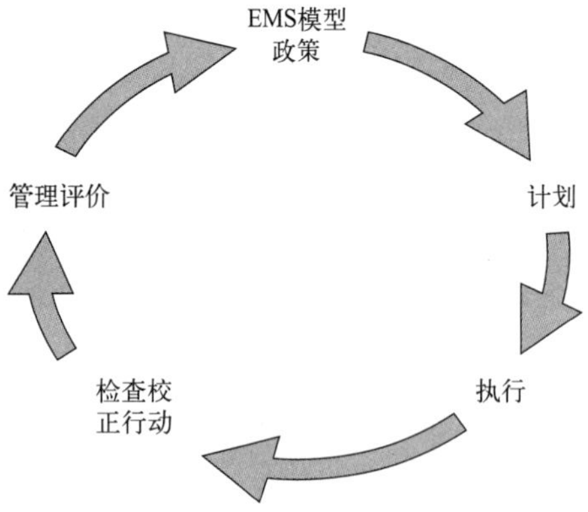

图4.1 EMS模型的持续改进

EMS可采取标准化或非标准化“定制”系统的形式。实施和遵守国际公认的标准化系统，例如，EN ISO 14001—2015，可获得EMS的高可信度，特别是在经历适当的外部验证时。由于是在通过环境声明和确保遵守适用的环境法规的前提下与公众进行交互的，欧洲联盟生态管理和审计计划（EMAS）依据第1221/2009号条例（EC）为EMS提供了额外的可信度。但是，在原则上，非标准化系统也可以是同样有效的，其前提是该系统的设计和实施是得当的。

虽然，在原则上，标准化系统（EN ISO 14001—2015或EMAS）和非标准化系统都适用于组织的管理，但本书却采取了一种不包括组织管理全部活动的更为狭义的方法，例如，关于焚烧的产品和服务未被包括在EMS内，其原因在于该指令仅规范装置。

EMS可包含以下特征：

① 为实施有效的EMS，其包括高级管理在内的管理承诺、领导和问责制。

② 分析包括：确定组织的背景、识别利益方的需求和期望、识别与环境（或人类健康）可能风险相关的装置特征以及与环境相关的适用法律的要求。

③ 制定包括持续改善焚烧厂的环境绩效在内的环境政策。

④ 确立与重要环境方面相关的目标和绩效指标，包括确保遵守适用的法律要求。

⑤ 规划和实施必要的流程和行动（包括必要的纠正和预防行动）以实现环境目标和避免环境风险。

⑥ 确定与环境方面和目标有关的结构、角色和责任，并提供所需的经费和人力资源。

⑦ 确保其工作可能会影响装置环境绩效的员工具备必要的能力和意识（例如，通过提供信息和培训以达到此目的）。

⑧ 内部和外部沟通。

⑨ 促进员工能够参与良好的环境管理实践。

⑩ 建立和维护管理手册和书面流程，以控制具有重大环境影响的活动以及相关记录。

⑪ 有效的运行计划和过程控制。

⑫ 适当的实施维修计划。

⑬ 应急准备和响应协议，包括预防和/或减轻紧急情况的不利（环境）影响。

⑭ 在（重新）设计（新）装置或其一部分时，考虑其对全寿命周期的环境影响，包括建造、维护、运行和拆除。

⑮ 监测和测量方案的实施；如有必要，可在《IED 装置大气和水体排放监测参考报告》中获取相关信息。

⑯ 周期性的应用行业基准。

⑰ 进行周期性的独立（尽可能）内部审核和周期性的独立外部审核，目的是，评估环境绩效和确定 EMS 是否符合计划的安排与得到适当的实施及维护。

⑱ 评价不合格 EMS 的原因，针对不合格的 EMS 实施纠正措施，评审纠正措施的有效性，确定类似的不合格的 EMS 是否会存在或者可能会发生。

⑲ 由高级管理层周期性地审查 EMS 及其持续的适宜性、充分性和有效性。

⑳ 关注并考虑清洁技术的发展。

特别是对于焚烧厂和 IBA 处理厂而言，以下特征也可纳入 EMS 之中：

① 对于焚烧厂，EMS 包括废物流管理。

② 对于底灰处理厂，EMS 包括输出产物质量管理。

③ 对于残余物管理计划，EMS 包括旨在实现以下目标的措施：

a. 最小化残余物的产生；

b. 优化残余物的再利用、再生、再循环和/或能量回收；

c. 确保残余物的正确处置。

④ 对于焚烧厂，包括 OTNOC 管理计划。

⑤ 对于焚烧厂，事故管理计划确定了对焚烧厂造成的危害和相关风险，并给出了应对这些风险的措施，考虑了存在或可能存在的污染物清单以及若这些污染物逃逸可能会对环境造成的影响。例如，可采用示例 FMEA（故障模式和影响分析）和/或 FMECA（故障模式、影响和关键度分析）的模式进行制定。

事故管理计划包括火灾预防的建立和实施、检测和控制计划，其作为基于风险的计划，包括自动火灾探测和报警系统以及手动和/或自动火灾干预和控制系统的使用。火灾预防、检测和控制计划尤其与以下方面相关：

a. 废物储存和预处理区；

b. 焚烧炉装载区；

c. 电气控制系统；

d. 布袋过滤器；

e. 固定吸附床。

事故管理计划，特别是在接收危险废物的设施中，还包括人员的培训计划，其涉及：

a. 防爆和防火；

b. 灭火；

c. 化学风险知识（标签、致癌物质、毒性、腐蚀、火灾）。

⑥ 对于底灰处理厂，包括扩散粉尘的排放管理。

⑦ 预期和/或已证实的具有敏感受体的臭气管理计划，包括：

a. 依据 EN 标准（例如，根据 EN 13725 动态嗅觉测定法确定臭气浓度）进行臭气监测的协议；可通过对臭气暴露的测量/估计（例如，根据 EN 16841-1 或 EN 16841-2）或对臭气影响的估计予以补充；

b. 应对已发生的臭气事件的响应协议，例如投诉；

c. 设计臭气预防和减排方案以识别臭气来源、描述臭气来源，并实施相应的预防和/或减排措施。

⑧ 预期和/或已经证实存在敏感受体的噪声管理计划，包括：

a. 进行噪声监测的协议；

b. 针对已发生噪声事件的响应协议，例如投诉；

c. 设计降噪计划，识别噪声源、测量/估计暴露的噪声、描述噪声源特性以及实施相应的预防和/或降噪措施。

(3) 实现的环境效益

EMS 能够促进和支持焚烧厂的环境绩效的持续改进。若焚烧厂已具有良好的整体环境绩效，EMS 可帮助操作人员保持焚烧厂具有高绩效水平。

(4) 环境绩效和运行数据

未提供信息。

(5) 跨介质影响

无报告。在 EMS 范围内，对初始环境影响和改进范围的系统分析为评估所有环境介质的最佳解决方案奠定了基础。

(6) 与可应用性相关的技术考虑

通常，上述所描述的组件可应用于本书范围内的所有焚烧厂。EMS 的详细程度和正式化程度通常与焚烧厂的性质、规模和复杂性以及其可能产生的环境影响范围有关（这是由所处理废物的类型和数量决定的）。

(7) 经济效益

很难准确地确定引入和维护良好的 EMS 所需要的成本消耗和经济效益。采用 EMS 系统也是具有经济效益的，并且在各个行业之间的差异也很大。与系统验证相关的外部成本可依据国际认证讨论会发布的指南进行估算[84]。

(8) 应用的驱动力

进行 EMS 应用的驱动力包括：

① 能够改善环境绩效；

② 能够提升对公司环境方面的洞察，其可用于满足客户、监管机构、银行、保险公司或其他利益相关方（例如，在焚烧厂附近生活或工作的人）的环境要求；

③ 能够改善决策基础；

④ 能够提升员工的动力（例如，经理可确信环境影响是可控的，员工能够感觉到他们

是在为一家对环境负责的公司工作)；

⑤ 利用降低运营成本和提高产品质量的额外机会对公司形象进行改善；

⑥ 能够降低负债、保险和违规的成本。

(9) 工厂举例

在整个欧盟范围内，EMS 已被应用于多家焚烧厂。

(10) 参考文献

[85]，[86]，[87]，[88]，[89]。

4.1.2 确保废物焚烧厂的持续运行

(1) 描述

建立和实施运行流程（例如，供应链的组织、连续式而非批量式的运行、预防性的维修）以尽可能地限制停炉和启炉次数。

(2) 技术说明

针对排放而言，在焚烧厂常规运行期间要比启炉和停炉期间更容易控制。因此，减少必需的启炉和停炉次数是一种可降低焚烧厂总体排放和消耗的运行策略。由于废物的收集/输送制度和废物的季节性产生波动，焚烧厂也会因缺乏废物供给而导致停炉。为了应对这种波动，通常会采用在部分负荷下运行焚烧厂的策略以避免停炉情况。针对现代燃烧室而言，即使运行在部分负荷的工况下，通常也不会存在问题[74]。

有助于焚烧厂达到持续性生产的因素包括：

① 工艺设计上的吞吐率与废物的实际接收速率相似；

② 废物储存（在可能的情况下）能够涵盖持续性生产中的缓慢期；

③ 组织供应链以防止出现持续性生产中的缓慢期；

④ 采用额外燃料补充废物供给；

⑤ 采用在线净化技术。

因此，对焚烧厂进行规模调整和适时维修，对最大限度地提高焚烧厂的连续运行时间是非常重要的。

良好的维修对于避免停炉/限制停炉次数很重要。可为焚烧厂设计在线运维程序，进而最大限度地提高焚烧厂的可运行性。

(3) 实现的环境效益

确保废物焚烧厂的持续运行能够避免部分与启炉和停炉运行工况相关的排放。计划并减少停炉次数会降低任何焚烧厂的年排放水平。

(4) 环境绩效和运行数据

预测和控制供给焚烧厂的废物流量对确保焚烧厂的稳定运行非常重要。

(5) 跨介质影响

由于汽轮机的效率较低，较低负荷下的连续运行可能会降低能源效率值。

(6) 与可应用性相关的技术考虑

该技术是普遍应用的。

(7) 经济效益

避免停炉能够通过以下方式降低焚烧装置的成本：

① 允许连续的废物吞吐，进而提高焚烧装置的利用率；

② 由于运行过程中的热应力较低，进而减少了焚烧炉的维修；

③ 避免非必要的大规模处理工艺的投资成本。

如果焚烧厂的容量大于所接收的废物量，并且决定采用其他废物或燃料以补充吞吐量，那么可能存在与购买这些燃料/废物相关的成本。

(8) 应用的驱动力

主要的驱动力是运行，焚烧厂的持续运行能够提高能源效率。

(9) 工厂举例

一般而言，所有废物焚烧厂均是连续运行的。

(10) 参考文献

[28]，[64]。

4.2 提升环境绩效的运行技术

4.2.1 供给废物的质量控制

本节涵盖了有助于操作人员描述待处理输入废物的技术。WT BREF 中概述了用于确保输入废物符合焚烧厂特性的通用技术，其可作为参考以获得通用性的指导建议。

4.2.1.1 构建焚烧厂输入限制和识别关键风险

(1) 描述

考虑焚烧厂的特点，依据废物的热值、湿度、灰分含量、物理状态、粒度等，识别能够接受的废物类型。

(2) 技术说明

每个焚烧厂对能够供给至其自身焚烧炉的废物特性均有所限制。基于焚烧过程废物输入限制的知识就可能会得到废物输入规范，其重点在于最大和期望的焚烧系统输入速率值。进一步，就有可能识别出关键风险，以及为防止或减少这些限制之外的运行所需要的流程控制。

设定这些边界的因素包括：

① 废物进料机械的设计和接收废物的物理适应性；

② 焚烧炉的废物流速率和热处理量额定值；

③ 要求的环境绩效（即要求的以百分比表示的污染物减排率）；

④ 烟气净化技术去除单污染物的能力（例如，对烟气流速、污染物负荷的限制）。

可识别的关键风险示例为：

① 高汞废物输入，其导致原料烟气汞浓度高；

② 高碘或溴废物输入，其导致原料烟气碘或溴浓度高；

③ 高可变性的水分含量或 CV，其导致燃烧的不规则性；

④ 超过 FGC 能力的高氯负荷；

⑤ 超过 FGC 能力的高硫负荷；

⑥ 烟气化学性质的快速变化，其影响 FGC 功能；

⑦ 物理上尺寸较大的物品堵塞进料系统，其导致常规运行的中断；

⑧ 当供给某些类型的废物时，锅炉组件的过度结渣/结垢。例如，已报道的高锌浓度的

废物（被污染的木材废物）导致锅炉第 1 通道的异常结渣。

一旦理论风险和实际风险（即在运行中的焚烧厂所发生的风险）已经确定，操作人员就可通过制定针对性的控制策略以降低这些风险。例如，如果经验表明可能会超过 HCl 的排放限值，操作员可决定尝试：控制氯源、控制供给燃烧阶段的废物中的氯的峰值浓度和/或改进酸性气体 FGC 系统的设计与实际操作。

(3) 实现的环境效益

该技术有助于确保焚烧炉平稳运行以及减少对反应过程和应急过程进行干预的需求。

(4) 环境绩效和运行数据

过程输入限制的定义能够应用于所有类型的废物焚烧厂，特别是那些从不同来源接收废物和具有广泛或难以控制的废物规格的焚烧厂（例如，商业危险废物厂）。

现有焚烧厂具有的优势是，能够从先前焚烧厂的全寿命运行期间所遇到的情况中获得经验和知识。新建焚烧厂能够从类似已有焚烧厂的运行经验中进行学习，根据其具体的运行经验调整和开发适应于其自身的运行流程。

针对具有大量储存和预处理设施的焚烧厂而言，其最初设计是能够接受超出其正常燃烧器规格的废物的，之后会对废物进行处理以满足燃烧器要求。

虽然商用 HWI 通常用于处理各种危险废物，但对包括 MSWI 在内的许多其他焚烧厂而言，却并非如此。但是，某些在性质类似于 MSW 的其他类型废物也在 MSWI 厂进行处理，例如，商业废物、一些医疗废物和污水污泥等。焚烧厂可能需要一些适当的设备以方便地处理那些性质不同于主要接收废物类型的其他废物。这通常包括提供充足的用于其他废物接收、储存和处理的系统。如果废物存在明显不同，则可能还需要进行更为广泛的调整，例如炉型、FGC、废水处理系统、特定安全措施和实验室/测试设备[64]。

(5) 跨介质影响

焚烧过程废物输入限制的实施会导致超出既定规格的废物被清除，这些被清除的废物之后被转移并采用其他废物处理方案进行处理。因此，跨介质影响的类型和程度取决于替代处理方案的类型和性能。

(6) 与可应用性相关的技术考虑

该技术是具有普遍的可应用性。

(7) 经济效益

排除某些废物来源/类型可能会导致焚烧厂的收入减少。此外，可能需要特定投资以引进用于识别和管理此类废物的技术，例如，进行分析和预处理。

(8) 应用的驱动力

具有焚烧过程废物输入限制的良好知识是需要的，这有利于评估和选择用于控制废物输入和整个焚烧工艺性能的流程。

(9) 工厂举例

在危险废物焚烧厂进行废物输入限制是一种较为广泛的做法。该技术还被应用于许多欧洲 MSWI 厂以识别并排除不需要的废物类型。

(10) 参考文献

[55]，[64]。

4.2.1.2 通过与废物供应商沟通提升供给废物的质量控制

(1) 描述

供给废物的质量保证。

(2) 技术说明

废物通常是从各种各样的来源中收集得到的，但焚烧厂的操作人员却仅具有有限的控制能力。操作人员已经识别出了特定的废物、废物的物性或特性，并且这可能或者确实是导致出现运行问题的单一来源，那么，将操作人员所关注的信息传达给产生和供应这些废物的人员，显然会有助于确保提升废物管理全链条的质量。一个例子是单独收集含汞的废物，例如，电池或牙科汞合金，进而降低 MSW 物流中的汞含量。

所采用的技术类型及其应用程度取决于风险程度以及所遇到的焚烧厂运行困难的频率和本质。一般而言，废物类型、成分和来源的可变性越大，在废物供给控制方面所需要付出的努力也就越多。

(3) 实现的环境效益

避免接收不适合的废物或者控制那些难以处理或需要特别小心进行运输的废物，可减少焚烧厂的运行困难，进而避免产生额外的排放。

(4) 环境绩效和运行数据

这种技术最常用于那些从不同来源接收废物的焚烧厂，以及具有广泛或难以控制的输入废物规格的焚烧厂（例如，商业化危险废物焚烧厂）。

被设计为只能接收范围狭窄、定义明确的废物的焚烧工艺可能需要特别小心，以便能够确保关键物质能够得到有效控制。已有焚烧厂具有从其之前已经遇到的真实情况中进行学习的优势。例如：

① 在 SELCHP（英国伦敦东南部）的 MSWI 厂，已经识别出了干扰焚烧运行的石膏（硫酸钙）来源；

② 在 Caen（法国），开展了一项成功地减少 MSW 中汞含量的宣传活动。

(5) 跨介质影响

一些废物可能需要从焚烧炉转移至采用其他废物处理方案的场所。

(6) 与可应用性相关的技术考虑

该技术是普遍应用的。

(7) 经济效益

避免焚烧厂的运行困难可能会带来成本节省。

(8) 应用的驱动力

对废物输入进行控制的流程能够降低焚烧运行和相关排放的风险。

(9) 工厂举例

尤其是在危险废物焚烧厂，这是一种广泛采用的做法。

(10) 参考文献

[64]。

4.2.1.3 焚烧炉现场废物供料质量控制

(1) 描述

在焚烧现场对废物的供给质量进行控制。

(2) 技术说明

辅助控制废物的供给质量和进而将燃烧过程稳定在设计参数范围内，需要对供给至燃烧器的废物提出系列的质量要求。对废物的质量要求能够从对焚烧工艺运行限制的理解中获得，例如：

① 焚烧炉的热处理能力；

② 对供给废物的物理要求（颗粒尺寸）；

③ 为焚烧过程（例如，采用 LHV、蒸汽产量、O_2 含量）采用的控制；

④ 烟气处理系统的容量和获得的最大原料烟气输入浓度/速率；

⑤ 需要满足的排放限值；

⑥ 底灰质量要求。

废物能够进行储存、混合或融合（这被某些国家的立法所限制）处理，以确保送入燃烧室的最终废物在所要求的质量要求集合内。

通常，需要制定特殊程序进行关键物质/物性的管理，这些程序和以下所述的在废物中的浓度和分布变化有关：

① 汞、碱金属和重金属；

② 碘和溴；

③ 氯和硫；

④ 热值/水分含量的变化；

⑤ 关键有机污染物，例如 PCB；

⑥ 废物的物理一致性，例如污水污泥；

⑦ 不同种类废物的可混合性。

CEN/TC 292 和 CEN/TC 343 的结果可能与对废物中的上述这些物质/物性进行采样有关（例如，“EN 14899—2005：废物特征-废物材料采样-采样计划编制和应用框架”或“EN 15002—2015：废物特征-实验室样品测试部分的制备”）。

(3) 实现的环境效益

通过以下方式能够减少烟气排放：

① 平稳的运行工艺；

② 有效的燃烧；

③ 改进的能量回收；

④ 更均匀的原料烟气浓度，从而能够改善烟气净化设备的运行；

⑤ 通过减少粉尘释放，减少锅炉中的结垢。

(4) 环境绩效和运行数据

所有废物焚烧厂均有其自身的一套关键工艺输入限制，需要采用适当的接收限制和可能的预处理方式以确保不超过这些限制。

在遇到成分高度变化的废物时（例如商业 HWI），尤其需要进行上述处理。特别是在具有较小生产能力的焚烧厂中，因为这些焚烧厂具有比较大的焚烧厂更差的运行“缓冲”能力。

这种技术在危险废物焚烧炉中得到了主要的应用和收益，在某些国家（例如，奥地利），这种技术被应用于每个废物焚烧厂[64]。

(5) 跨介质影响

废物的制备和储存会导致逸散性的排放，这种排放自身就是需要管理的。

(6) 与可应用性相关的技术考虑

该技术是普遍可应用的。采样操作是不适用于临床废物的，原因在于其存在感染风险。

(7) 经济效益

未提供信息。

(8) 应用的驱动力

驱动力是辅助确保待焚烧的原料能够适合所采用的焚烧工艺，从而允许将焚烧厂的排放和消耗控制在所要求的数值范围内。

(9) 工厂举例

这项技术尤其适用于 EU-28 危险废物焚烧厂。

(10) 参考文献

[25]，[64]。

4.2.1.4 供给废物的检查、采样和测试

(1) 描述

进行供给废物的检查、采样和测试。

(2) 技术说明

这项技术涉及采用适合的制度以评估供给至焚烧厂的废物。选择这些所执行的评估是为了确保达到以下目的：

① 所接收的废物是否在适合焚烧厂处理的范围之内；

② 废物是否需要特殊的加工/储存/处理/移出技术以进行场外转移；

③ 废物是否与供应商所给出的描述相一致（满足合同、运行或法律等规范）。

此处所采用的技术的变化范围涵盖了从简单的视觉评估到全面的化学分析。所采用的检查、采样和测试流程的范围依赖于所供给废物带来的风险，其中，这些风险与以下各个方面有关：

① 废物的性质和组成；

② 废物的异质性；

③ 针对废物的已知困难（某种类型或来自某种来源的废物所存在的困难）；

④ 相关焚烧厂的特定敏感性（例如，已知的会导致运行困难的某些物质）；

⑤ 废物来源是否已知；

⑥ 废物是否具有质量控制规范；

⑦ 以前是否处理过废物，是否具有处理经验。

主要具体技术如表 4.2 所示。

表 4.2 用于检查和采样各种废物类型的技术[1,2,41,64,7]

废物类型	应用的主要技术	评价
混合城市废物和其他非危险废物	• 在废物仓内进行视觉检查 • 交付废物的周期性采样和关键物性/物质(例如,热值、卤素和金属/准金属含量)的分析 • 对城市固体废物,通过以单独的废物卸载方式对交付废物进行抽查 • 称重交付废物 • 放射性检测	源自工业和商业的废物负载可能具有更高的风险,需要予以更多的关注

续表

废物类型	应用的主要技术	评价
预处理的城市废物和 RDF	• 视觉检查 • 关键性质/物质的周期性采样和分析(例如热值、卤素、POP 和金属/准金属的含量)	无
除医疗废物以外的危险废物	• 尽可能地在技术上进行视觉检查 • 进行申报列表与交付废物数据的控制和比较 • 对全部分散油轮和拖车的采样/分析 • 基于风险的包装废物检查[例如储物桶、中型散装容器(IBC)或较小包装] • 包装废物负载的拆包和检查 • 燃烧参数的评估 • 液体废物储存前的混合试验 • 料仓中废物闪点的控制 • 确保元素组成的废物供给筛选	广泛而有效的程序对该焚烧行业尤为重要。接收单一废物流的焚烧厂可采用简化的程序
污水污泥	• 交付废物的称重(若污水污泥通过管道进行交付则需要测量其流量) • 尽可能在技术上进行视觉检查 • 关键物性/物质(例如热值、水和汞含量)的周期性采样和分析 • 在泵送运输、脱水和干燥阶段之前,对硬质材料进行检查,例如石头/金属/木材/塑料 • 适应污泥变化的过程控制	这些技术的适用性依赖于污水污泥的种类,例如原始污泥、消化污泥、氧化污泥
医疗废物	• 进行申报列表上交付废物数据的控制和比较 • 放射性筛查 • 交付废物称重 • 包装完整性的视觉检查	该类废物因存在感染风险而导致不宜采样。需要废物产生者进行控制

(3) 实现的环境效益

对不适合的废物、物质或性质进行基于先进技术的识别，进而减少运行困难和避免产生额外的排放。

(4) 环境绩效和运行数据

依据所处理废物的类型，对焚烧厂的不同废物进行的测试示例如表 4.2 所示。

最为广泛的采样和分析制度主要是用于：废物成分和来源变化最大的区域（例如，商业危险废物厂），存在诸如特定废物类型或者来源难以追溯等已知困难的场景。

(5) 跨介质影响

不存在明显的跨介质影响。

(6) 与可应用性相关的技术考虑

该技术是普遍可应用的。采样不适用于临床废物，其原因在于存在感染风险。

(7) 经济效益

在焚烧厂应用这些技术时，其成本会随着所采用流程的范围和复杂性的增加而迅速增加。

用于采样、分析、储存和额外处理的时间成本可能会占危险废物焚烧厂运营成本的很大的一部分，特别是在具有最宽泛的范围内的采样和分析制度的焚烧厂内进行时。

(8) 应用的驱动力

能够实现更好的过程控制和焚烧厂保护。

(9) 工厂举例

在整个 EU-28 范围内均广泛应用。

(10) 参考文献

文献［40］和现场访问期间的讨论[64]。

4.2.1.5 放射性物质探测器

(1) 描述

对废物中存在的放射性物质采用探测器进行检测。

(2) 技术说明

废物中包含的放射源或物质会导致焚烧厂出现运行和安全问题。某些废物会存在更高等级的风险，特别是那些源自放射性材料有关活动的废物。因此，虽然某些医疗和工业废物中可能经常或偶尔含有特定的放射源或污染物，但是将此类废物与城市废物包含在一起和进行控制的，混合废物收集时所存在的困难可能会导致其他废物也存在放射性。

通常，放射性物质可采用诸如位于焚烧厂入口的特定探测器进行检测。对污染风险较高的废物负载需要执行检测。此类检测是专门在基于最大可接受废物负载污染水平值的情况下进行的。这种最大污染水平源于对所处理的同位素归宿与对其进行接收的特定过程的了解，以及对允许排放至土地、大气和水体的污染水平设定限制值的考虑。

塑料闪烁探测器是焚烧厂采用的一类探测器，其测量源自 γ 射线放射性核素的光子，并在较小程度上测量源自 β 射线发射器的光子。放射性核素会在临床废物、实验室废物和技术增强后的天然放射性物质中进行周期性的检测。同样重要的是，控制措施需要到位，以防止出现放射性废物与常规性废物的混合（有时这样做是为了避免与放射性废物相关的高处理成本）。

(3) 实现的环境效益

益处是能够防止焚烧厂污染和放射性物质的释放。焚烧厂的污染会导致其处于长时间和高成本的停炉阶段，原因在于需要较长的时间用于净化这些污染。

(4) 环境绩效和运行数据

某些焚烧厂报告了采用对放射性材料进行闸门控制的良好经验，之后焚烧厂也认识到：所接收的 MSW 可能会偶尔含有放射性材料[64]。

这种技术已被从各种各样的废物供应商处接收异质废物的焚烧厂所应用。当废物的来源和可变性是在广为人知的范围内并且能够受到控制时，或者当所接收的放射性材料的风险被判断为较低时，上述技术则应用得较少。

(5) 跨介质影响

主要关心的是如何管理被识别为放射性的废物——因为对其进行运输和处理都是被禁止的。在这种情况下，提前制定计划和程序以管理任何已确定的放射性废物是有利的。

(6) 与可应用性相关的技术考虑

该技术是普遍可应用的。

(7) 经济效益

在 2006 年，安装探测器的投资成本为 25000～50000EUR[122]。

(8) 应用的驱动力

低水平放射性污染容许阈值的降低鼓励了该技术的采用。根据法律要求，这些阈值可能在会员国之间存在差异[64]。

在某些会员国，例如法国，有关 MSWI 的条例要求强制性安装放射性材料的探测器

(少数焚烧厂例外)。

(9) 工厂举例

危险废物和某些城市废物焚烧厂。

(10) 参考文献

[40],[64]。

4.2.2 废物储存

在文献 EFS BREF 中,概述了用于物质储存的基本原则,其对本书中的废物储存也是能够应用的,因此,能够通过参考 EFS BREF 而获得技术方面的一般指导。同时,在废物储存中所应用的一般技术也在文献 WT BREF 中有所描述。本节主要集中讨论的是与废物焚烧厂相关的具体技术,而不是关于通用的废物储存原则。

4.2.2.1 密封表面,控制排水和预防风雨

(1) 描述

废物的储存区域内衬了密封表面和安装了隔离排水系统。

(2) 技术说明

将废物储存在具有密封和抗污染表面且能够进行可控排水的区域,能够防止相关物质直接从废物中释放出或者从废物中浸出。针对不透水表面的完整性而言,要对其进行周期性的验证。此处所采用的技术会因废物的类型、废物的组成,以及与废物中相关物质释放的脆弱性或风险性而存在着差异性。一般而言,可应用表 4.3 所示的储存技术。

表 4.3　针对各种废物类型所应用的储存技术示例[64]

废物类型	储存技术
所有废物类型	• 面向储仓内部的异味材料,采用受控的空气系统排出储仓内的空气并将其作为燃烧空气(参见 4.2.2.3 节) • 能够控制指定装载/卸载区域的排水 • 对潜在污染区域(储存/装载/运输)和排水区域进行清晰标记(例如,彩色编码) • 根据废物的类型和风险限制储存时间 • 采用具有足够存储容量的储仓 • 依据废物和特定位置的风险因素,对某些废物进行打包或密封以便进行临时性的储存是可能实施的策略 • 采用防火措施,例如,在料仓和炉膛之间设置耐火墙
城市固体废物和其他非危险废物	• 对地面物料区域或水平储存区域进行密封 • 废物储存区域采用具有盖和墙的建筑物 • 对某些具有低污染潜力的散装废物可在无特殊措施的情况下进行储存
固体形式的预处理后的 MSW 和 RDF	• 采用封闭式料斗 • 对地面物料区域或水平储存区域进行密封 • 废物的储存区域采用具有盖和墙的建筑物 • 依据废物的性质,具有包装或集装箱的废物负荷可能适合在外部进行储存,而不需要特殊的储存措施
散装液体废物和污泥	• 采用抗攻击的散装罐 • 在筑堤区域放置法兰盘和阀门 • 对挥发性物质,采用从储罐空间至焚烧炉的管道进行输送 • 采用具有防爆装置的管道等物件 • 针对污水污泥,采用储罐或料仓

续表

废物类型	储存技术
桶装液体废物和污泥	• 采用带盖储存的方式 • 具有捆绑和耐腐蚀的表面
有害废物	• 依据风险评估的等级进行隔离储存 • 特别要注意存放时间的长短 • 自动装载和卸载设备 • 具有表面和容器的清洁设施
临床/生物危险废物	• 隔离储存 • 生物危险废物冷藏或冷冻储存 • 特别注意要降低储存次数 • 采用自动装载和卸载设备 • 对不可再利用的废物容器进行焚烧 • 具有可再利用废物容器进行消毒的设施 • 如果储存周期超过一定时间，例如 48h，需进行冷冻储存

(3) 实现的环境效益

① 通过安全密封以降低排放风险。

② 防止雨水渗透储存的废物（雨水会降低 LHV 和增加燃烧难度）。

③ 防止废物因风而被吹散。

④ 减少废物渗沥液产生（以及随后的管理要求）。

⑤ 减少污染物移动。

⑥ 减少容器的劣化（腐蚀和暴晒）程度。

⑦ 减少密封容器发生与温度相关的膨胀和收缩。

⑧ 减少和管理异味的排放。

⑨ 管理挥发物的排放。

(4) 环境绩效和运行数据

所有焚烧厂都能够采用进行所接收废物类型评估和为其提供适当（即减少污染的扩散以及储存与处理中的排放风险）安全储存的通用原则。

实施程度和所采用的精确方法取决于所接收的废物，相关事项已在上文的技术说明部分进行了概述。一般而言，液体废物和危险废物是最需要进行关注的。

(5) 跨介质影响

能源消耗增加。

(6) 与可应用性相关的技术考虑

该技术是普遍可应用的。

(7) 经济效益

未提供信息。

(8) 应用的驱动力

① 防止和减少扩散排放。

② 优化焚烧过程。

③ 满足环境和健康法规要求。

(9) 工厂举例

广泛应用于整个欧洲。

(10) 参考文献

[64]。

4.2.2.2 废物储存容量充足

(1) 描述

此处需要考虑的技术是避免废物积聚措施的组合，例如：

- 考虑到诸如火灾风险等废物特性，建立具有最大废物储存能力的储仓；
- 对最大储存能力而言，需要对废物储存量进行周期性监测；
- 为储存期间未进行混合的废物确定最长的停留时间。

(2) 技术说明

存储时间可通过以下方式予以缩短：

① 防止储存的废物量过大；

② 通过与废物供应商等各方的沟通，控制和管理废物的交付（在有可能的情况下）。

(3) 实现的环境效益

① 防止废物存放容器变质（风化、老化、腐蚀）。

② 防止有机废物发生腐败（否则可能会导致异味释放、处理和加工困难、火灾和爆炸风险）。

③ 降低标签脱落的风险。

(4) 环境绩效和运行数据

一般来说，MSW 需要在封闭建筑物中储存 4～10 天，其中，收集/交付模式对废物的储存期而言具有很强的影响。由于期望焚烧厂处于连续的运行状态，因此储存容量和最长储存时间通常是由无废物可输送至焚烧厂的最长允许时间段决定的。特别是在节假日期间，可能会导致若干天无废物交付至焚烧厂中[64]。

城市废物在料仓中进行发酵的有限时间可能会对废物的均匀性产生积极的影响。新鲜废物在其交付后就立即供给焚烧炉的方式，可能会导致焚烧过程产生波动[74]。

当各种来源和类型的废物被接收，并添至焚烧炉中以满足特定的废物进料清单（例如，危险废物焚烧厂）时，针对特定物质采用较长的储存时间可能是有益的，在某些情况下甚至会储存几个月。因此，当具有足够的可用的兼容性废物物料时，这就存在允许将难以处理的废物缓慢供给至焚烧系统的时间。当这些特定物质的储存方式能够很好地管理这些物质和容器老化风险时，这种做法就是可接受的。

(5) 跨介质影响

无报告。

(6) 与可应用性相关的技术考虑

该技术是普遍可应用的。

(7) 经济效益

未提供信息。

(8) 应用的驱动力

能够稳定焚烧厂的运行。

(9) 工厂举例

广泛应用于整个欧洲。

(10) 参考文献

[122]。

4.2.2.3 从储存区域抽取空气以控制臭气、粉尘和扩散的排放

(1) 描述

需要考虑的技术包括：

① 从废物储存区抽取空气，并将其用作一次风和二次风；

② 当焚烧炉不可用时，需要限制废物的储存量；

③ 当焚烧炉不可用时，采用替代技术处理源自储存区的管道排放物。

(2) 技术说明

供应焚烧炉的燃烧空气（一次风或二次风）可从废物（或化学品）的储存区域进行抽取。通过封闭废物储存区域和限制废物储存区域入口的尺寸，整个废物储存区域的压力能够保持在稍微低于大气压的情况下。这种模式能够降低储存区域释放臭气的风险，并确保具有臭味的物质是在焚烧炉中被破坏而不是被释放。

根据所抽取储存区域空气的性质，也可能需要对原料储存区域进行通风操作和将所抽取的燃烧空气输送至燃烧室或烟气净化设备。

此处所采用的主要技术如表 4.4 所示。

表 4.4 减少大气中逸散性排放、臭味释放和 GHG 排放的主要技术[2,1,40,7]

技术	应用
在封闭建筑物中的固体废物处抽取燃烧空气	• 城市废物 • 大体积固体和糊状危险废物 • RDF • 污水污泥 • 临床废物 • 其他异味的废物
连接管道槽通风口至燃烧空气进料口	• 有异味和挥发性的危险废物，例如溶剂废物 • 有异味的污泥，例如污水污泥 • 其他有异味或挥发性的废物

(3) 实现的环境效益

减少扩散性排放（例如，臭气、粉尘、CH_4）。

(4) 环境绩效和运行数据

废物焚烧过程对典型燃烧空气量的要求是处理为 3000～10000m^3/t 废物，具体量值取决于废物的 LHV 值。

如果废物储存区的进气口（例如，门口）较小（相对于总横截面积而言），则通过这些进气口的空气入口速度将会更高，进而通过这些路径实现扩散排放的风险会更低。

从危险废物（特别是易燃/挥发性物质）储存区域抽取燃烧空气时需要谨慎，要避免出现爆炸风险。

当储存区域发生火灾时，空气通道必须能够自动关闭，以防止火灾从储存区域蔓延至焚烧厂的其他建筑物内。

这种技术适用于存在异味物质或储存区存在释放其他物质风险的地方。

采用该技术能够使得储存挥发性溶剂的焚烧厂显著减少 VOC 排放水平。

(5) 跨介质影响

当焚烧炉未运行时，可能需要替代的废物储存区域空气加工和处理措施（例如，根据废

物类型对异味、VOC 或其他物质进行处理)。即使对于通常至少存在一条焚烧线在任何特定时间均会运行的具有多条焚烧线的焚烧厂而言，也可采用替代的储存区域空气加工和处理模式，原因在于：废物焚烧厂的所有焚烧线都可能会同时停止运行（例如，在发生事故的情况下，一条焚烧线在维护，另外一条焚烧线同时发生故障，在废物已经交付完毕时维护才结束)[74]。

(6) 与可应用性相关的技术考虑

当焚烧炉不可用时，限制废物数量措施的可应用性可能会在计划外的停炉期间受到制约。在存在爆炸风险的情况下，最好将从储存区域所抽取的空气送至独立的减排系统，而不是将其用作焚烧炉的燃烧空气。

(7) 经济效益

对已有焚烧厂进行改造需要增加额外的管道费用。当焚烧炉不可用时，周期性地提供备用系统会增加该焚烧系统的成本。

(8) 应用的驱动力

① 对包括臭气在内的扩散性排放进行控制。

② 对接近敏感臭气的操作人员进行防护。

(9) 工厂举例

该技术已在整个欧洲的废物焚烧厂中广泛使用。在德国，多达 60 家的 MSWI 厂长期采用这一措施。

(10) 参考文献

[2]，[1]，[40]，[43]，[7]。

4.2.2.4 为安全处理分离废物类型

(1) 描述

根据废物的化学和物理特性，对其进行分开存放，以便能够更容易和更环保地进行储存和处理。

(2) 技术说明

废物接收程序和储存方式取决于废物的化学和物理特性，因此进行适当的废物评估是选择储存和供给操作模式的一个基本要素。

该技术与 4.2.1.4 节中所概述的供给废物的检查、采样和测试密切相关。

所应用的分离技术因焚烧厂所接收废物的类型、焚烧厂处理这些废物的能力，以及特定替代性处理或焚烧预处理的可用性而存在着差异。在某些情况下，特别是对于某些危险废物的会产生反应的混合物而言，当其在生产现场进行包装时需要隔离，以便这些混合物能够安全地进行包装、运输、卸载、储存和加工处理。在这些情况下，在焚烧装置处对其进行分离，是与保持这些材料间的相互隔离有关的，从而避免了危险混合物的产生[64]。

此处所采用的主要技术如表 4.5 所示。

表 4.5 应用于各种废物类型的一些分离技术[2,1,40,64]

废物类型	分离技术
混合城市废物	• 除非接收到各种不同的废物物流，否则不会采用常规分离技术 • 需要预处理的大件物品可进行分离 • 具有废弃废物的紧急隔离区域 • 对于流化床焚烧炉而言，可能需要去除金属以便进行粉碎和防止堵塞

续表

废物类型	分离技术
预处理的城市废物和RDF	• 非常规分离 • 具有废弃废物的紧急隔离区域
危险废物	• 隔离在化学上并不相容的材料需要较为宽泛的各种程序；示例包括，来自磷化物的水、来自异氰酸酯的水、来自碱金属的水、来自酸的氰化物、来自氧化剂的易燃物质 • 保持已预分离包装的交付废物之间的隔离
污水污泥	• 在交付焚烧厂之前，废物通常需要进行良好的混合 • 某些工业物流可单独进行交付，并且需要分开以进行有效混合
医疗废物	• 废物的水分含量和CV可能因来源不同而具有很大的差异性 • 废物被分开在不同的容器中，以便允许进行适当的储存和可控的废物供给

(3) 实现的环境效益

通过以下方式分离不相容的废物以降低排放风险：

- 降低事故风险（指可能导致环境和/或健康与安全相关物质的释放）；
- 允许物质的平衡供给，从而避免系统过载和故障以及防止焚烧厂停炉。

(4) 环境绩效和运行数据

在法国，法规要求存放干净医疗废物的容器与存放脏医疗废物的容器是在分离的房间中进行存放的。

(5) 跨介质影响

未识别到。

(6) 与可应用性相关的技术考虑

该技术是普遍可应用的。

(7) 经济效益

未提供信息。

(8) 应用的驱动力

该技术的实施是为了控制不相容材料混合后可能产生的危险，通过确保供给焚烧炉的废物在焚烧装置所设计接收的范围内，进而实现对焚烧炉的保护。

(9) 工厂举例

未提供信息。

(10) 参考文献

[64]。

4.2.2.5 火灾探测和控制系统的使用

(1) 描述

此处需要考虑的技术是：

- 采用自动火灾探测和报警系统；
- 采用手动和/或自动火灾干预和控制系统。

(2) 技术说明

自动火灾探测和报警系统同时用于废物储存区域、袋式和固定床焦炭过滤器、电气和控制室以及其他已识别的风险区域。

对储存在桶罐内中的废物表面的温度进行连续自动测量，相应的温度变化可用于触发声音报警系统。

通过操作人员的辅助视觉控制方式可以是一种有效的火灾探测措施[74]。

自动火灾干预和控制系统在某些情况下是能够予以应用的。虽然最常见的情况是在储存易燃液体废物的区域，但是这在其他危险区域也是可以应用的。

泡沫和二氧化碳控制系统已经用于易燃液体的储存区域。通常，泡沫喷嘴用于 MSW 焚烧厂的废物存储仓。此外，该区域还应用了具有监视器的喷水系统、可选择采用水或泡沫的水枪以及干粉系统。氮气覆盖技术可用于固定床焦炭过滤器、袋式过滤器、油罐区，或者用于危险废物的预处理和回转窑负荷设施[74]。

还存在其他类型的安全装置，例如：

① 废物供给料斗上方的喷嘴区域；

② 隔离变压器的防火墙和变压器下方的保持装置；

③ 气体分配模块上方的气体检测区域。

当采用氨时，需要对氨的储存采用特定的安全措施，即氨的检测设备和用于吸收氨释放物的喷水装置[74]。

基于氮气覆盖的防火模式需要采用有效的操作程序和抑制层，进而避免操作人员接触，原因在于：在封闭区域之外或内部均存在发生人员窒息的可能性。

(3) 实现的环境效益

减少火灾和爆炸等意外所释放的风险。

(4) 环境绩效和运行数据

需要采取遏制措施以防止受到污染的消防用水/化学品产生不受控制的排放。

(5) 跨介质影响

会消耗具有覆盖功能的氮气。

(6) 与可应用性相关的技术考虑

该技术是普遍可应用的。

(7) 经济效益

若采用氮气，则对应的成本包括安装和维护费用。该技术能够防止因火灾造成的损坏，进而可以节省大量的资金。此外，安装消防安全措施可降低保险费用。

(8) 应用的驱动力

焚烧厂的安全要求和相关安全法规的要求。

(9) 工厂举例

欧洲的许多焚烧厂均已采用该技术。

(10) 参考文献

[40]，[64]，[74]。

4.2.3 供给废物预处理、废物传输和装载

4.2.3.1 废物的预处理、融合和混合

(1) 描述

此处需要考虑的技术是：

① 供给 MSW 的混合；

② 异质废物的预处理；

③ 固体危险废物的供给均衡控制系统。

(2) 技术说明

用于进行废物预处理和混合的技术范围是相当广泛的，其可能包括：

① 进行液体或固体危险废物的混合，以便满足焚烧厂的废物输入要求；

② 进行包装废物和大体积可燃废物的切碎、粉碎和剪切；

③ 采用抓斗或其他机器在料仓中进行废物的混合。

废物的混合可能有助于改善废物的供给和燃烧行为。在焚烧之前，将危险废物与其他废物或产品进行混合是为了稳定废物供给和稳定焚烧工况，进而增加燃尽率，提升残余物的安全处置和提高可回收废物部分的质量[90]。此处，对危险废物进行混合处理会存在风险，可依据配方对不同的废物类型进行混合[74]。

在任何情况下，焚烧前的废物混合处理均不应该导致危险废物组分产生稀释，原因在于：依据废物焚烧炉对危险废物组分的限制值规定，危险组分的最初浓度是不可接受的[90]。

在固体异质废物（例如，城市废物和包装的危险废物）装载到进料机构之前，其通常能够在料仓内进行的一定程度的废物混合处理中受益。

在料仓中，混合处理包括了采用料仓区域自身所安装的起重机进行混合的方式。起重机操作员能够识别潜在的存在问题的废物负载（例如，包装的废物、无法混合或可能导致装载/进料问题的离散物品），并能够确保这些负载被移除、切碎或直接与其他废物进行混合（视情况而定）。通常，该技术应用于市政焚烧厂和其他焚烧炉。在这些焚烧炉中，成批废物被交付后在共同的料仓中进行预焚烧前的储存。起重机的容量必须要设计为：能够允许以适合的速度进行混合和装载。通常的情况是，料仓内是存在2台起重机的，其中每台均足以应对所有焚烧线的废物混合和供给。

当其他废物与MSW一起焚烧时，可能需要进行特殊的预处理。医疗废物可采用特殊的包装进行交付，而污水污泥若不是以相对较小的比例进行交付，其可能需要进行初步的部分或全部干燥，并且通常也需要特定的进料系统，例如，在进料斗中、进料槽中、直接通过焚烧炉侧壁或者在给料器的上方进行进料[74]。

固体危险废物的进料均衡器是由两个能够破碎和供给固体废物的螺旋输送机和一个用于接收各种废物的供给料斗组成的。固体散装废物采用抓斗起重机通过水平给料门的方式进行给料。通常，给料门是处于关闭状态的，进而防止焚烧烟气泄漏至环境大气中。

在给料斗的底部存在两个液压操作的给料螺杆，其能够通过防火门将废物连续送至给料槽中。防火门能够防止回火在给料斗中引发火灾。

给料斗装备有用于测量料斗填充上限和下限的液位测量装置。上限位置提供了停止向料斗给料的信号，而下限位置信号会减慢螺杆的运行操作，因此，在料斗的缓冲区中会经常留下一些废物以作为螺杆和料斗之间的屏障。

因此，给料斗能够作为缓冲区，目的是防止：

① 氮气泄漏到焚烧炉中；

② 回火导致给料斗着火。

回转窑的转筒可通过回转窑的前壁进行给料，从而不需要给料斗。

(3) 实现的环境效益

使得废物更加均匀能够改善废物的可燃度，进而减少和稳定源自焚烧炉的排放，并使得在锅炉中产生更加稳定的蒸汽/热水。通常，尽管供给废物的更大的同质性能够提升焚烧运行过程的“平稳性”，但适合于给定废物类型的处理程度却依赖于废物的性质和废物接收装置的设计（即废物的异质程度是否会导致装置中的特殊问题或挑战，采用额外的预处理是否会提供足够的益处并超过所造成的跨介质影响和成本增加）。

均匀的废物进料会导致更为均匀的原料烟气成分，这能够允许烟气净化过程获得更好的优化。

（4）环境绩效和运行数据

在设计此类系统和程序时，需要考虑进行废物混合和破碎操作的安全性。对置于桶中的易燃、有毒、有异味和有传染性的废物而言，尤其如此。用于预处理设备的氮气覆盖和气闸等措施能够有效地降低相关风险。机械分选和混合设备的火灾和爆炸是一个重大的风险源。但是，在料仓中对 MSW 进行混合通常不会造成任何特殊风险[74]。

在德国 Cologne RMVA 焚烧厂，废物以不同的组成部分的形式进行接收，并准备进行专门焚烧。对有价值的材料（主要是金属）进行适当的粉碎与移除，采用输送机对单独的废物部分进行融合。上述这些处理行为能够产生标准化的均质燃料。

（5）跨介质影响

根据废物的性质、所采用的技术和所需要的供料质量，预处理设备运行过程中的能耗和异味、噪声和粉尘排放会存在很大的差异性。

（6）与可应用性相关的技术考虑

该技术是普遍可用的。

（7）经济效益

根据废物的性质、采用的技术和所需要的供料质量，此处的成本差异会很大。对混合废物进行分离的成本可能会很高。

若已经具有高效的废物交付前的分离方案，那么在焚烧场地再与某些简单的预处理过程进行耦合处理则意味着，在焚烧装置中进行的仅是废物的储存和混合处理。

预处理的显著益处是最有可能在新建焚烧厂实现的，原因在于其能够为废物的后处理进行整个焚烧装置的设计。

对现有的已经专门构建相关设施以允许灵活宽泛的给料以及已能够获得良好的性能水平的焚烧厂而言，进行废物简单预处理的益处仍然是显而易见的。但是，采用有效的需要在焚烧装置前对废物的收集和预处理链进行大规模改造的预处理技术，可能会涉及针对基础设施和物流的非常重要的投资。这种决定可能会超出单一装置的范围，需要全面考虑接收废物区域的全流程废物管理链。

（8）应用的驱动力

增加待焚烧废物的均匀性能够使得焚烧过程的稳定性更佳，并能够改善燃烧条件和获得更好的过程优化。因此，焚烧装置的排放水平可能会降低或得到更为严格的控制。

在确定需要执行何种程度的废物预处理时，与焚烧厂本地制定废物策略的相关部门进行联系是非常重要的。

（9）工厂举例

欧洲所有的 MSWI 厂都是在料仓中进行 MSW 的混合的。许多焚烧厂都配备了剪切机、碎纸机或破碎机等处理大件物品的机械设备，例如 Toulon 焚烧厂（FR）。

在欧洲，污水污泥在加入城市废物之前所进行的干燥处理是在一些工厂内进行的，例如，在 Nice-Ariane 厂（FR）；该处理可在无添加剂的情况下进行，在给料槽中与 MSW 同时作为焚烧炉的供给废物，例如，在 Thiverval（FR）和 Thumaide（BE）厂；也可采用单独供料至焚烧炉中的方式，例如，在摩纳哥和 Bordeaux Cenon（FR）的厂中[74]。

Riihimki 的 Ekokem、Kumla 的 Sakab 和鹿特丹的 A. V. R. -Chemie 等焚烧厂均采用了供料均衡系统。

(10) 参考文献

[40], [64], [90], [20]。

4.2.3.2 液体和气体废物的直接给料

(1) 描述

液体和气体废物直接供给至焚烧炉中。

(2) 技术说明

为防止扩散排放和进行待焚烧废物的安全处理，液体、糊状和气体废物可通过若干条直接给料管线直接供给至焚烧炉。在 2002 年，针对全部回转窑废物焚烧厂而言，约 8.5%是通过直接注入管线处理液体废物的方式[122]。每台回转窑均具有若干条直接给料管道。

一般而言，通过连接废物容器与进料焚烧线和采用氮气加压容器的方式都能够完成直接给料的操作，或者在黏度足够低的情况下通过采用泵排空容器的方式完成给料。采用这种方式，液体废物直接被供给至焚烧处理线。根据液体废物的热值大小，将其供料至回转窑的前部或后燃烧室。在完成处理后，可采用氮气、燃料、废油或蒸汽对给料管道进行吹扫。

是否采用多用途和/或专用的给料注入管道，在很大程度上取决于待焚烧的物质。

(3) 实现的环境效益

能够防止扩散排放的原因在于：废物是由完全封闭的系统进行供料的。

(4) 环境绩效和运行数据

根据液体废物的特性，给料管道需要具有合适的材料/衬里，而高黏度的液体废料则需要进行加热处理。

进料速度的容量范围依赖于焚烧的工艺因素（例如，热容量和 FGC 容量），其范围可在 50～1500kg/h 之内进行变化。

注入供料的工具可通过专用喷枪或多燃料燃烧器进行。

(5) 跨介质影响

需要采用氮气和蒸汽。

(6) 与可应用性相关的技术考虑

该技术是普遍可应用的。

(7) 经济效益

专用焚烧线的平均投资价格为 100000～200000EUR。

(8) 应用的驱动力

需要对有毒的、有异味的、反应性的和腐蚀性的液体和气体废物进行安全的供料。

(9) 工厂举例

Indaver、Antwerp plant (BE)、HIM、Biebesheim 厂 (DE) 和 GSB、Ebenhausen 厂 (DE)。

(10) 参考文献

[64]。

4.3 热处理技术

焚烧厂采用的热处理工艺因其所燃烧废物的物理化学特性不同而存在差异性。

表 4.6 给出了针对主要的已应用的热处理技术的比较，以及影响这些技术的应用性和运行适合性的因素。重要的是要注意到：虽然表 4.6 中所列技术在本行业均已应用，但它们的应用程度却是各不相同的，而且成功应用这些技术时所面对的废物性质也是各不相同的。

表 4.6　燃烧与热处理技术的比较和影响它们应用性与运行适合性的因素[24,2,10,8,1,64]

处理	主要废物特征和适合性	每条焚烧线的吞吐能力	运行/环境信息		底灰质量	烟气的体积量	成本信息
			优点	缺点/使用限制			
移动炉排-风冷	• 低至中等级的废物热值（LHV5～16.5GJ/t） • 城市和其他异质固体废物 • 能接受一定比例的污水污泥和/或医疗废物与城市废物 • 应用于大多数的现代 MSW 焚烧装置	1～50t/h(多为 5～30t/h)。大多数工业应用均不低于 2.5t/h 或 3t/h	• 在大规模焚烧厂被广泛验证 • 鲁棒-低维护成本 • 具有悠久的运行历史 • 无须特殊预处理即能焚烧异质废物	通常不适合于粉末、液体或通过炉排熔化的废物材料	TOC 0.5%～3%	烟气量为 4000～7000m^3/t 输入废物，具体值取决于 LHV，通常为 5200m^3/t	高处理能力降低了每吨废物的特定成本
移动炉排-液冷	与风冷炉排相同，除了以下的热值范围：LHV 10～20GJ/t	1～50t/h(多为 5～30t/h)。大多数工业应用均不低于 2.5t/h 或 3t/h	与风冷炉排相同，但同时具有以下优点： • 可处理高热值废物 • 可能实现更好的燃烧控制	与风冷炉排相同，但同时具有以下缺点： • 炉排损害泄漏的风险 • 更高的复杂性	TOC 0.5%～3%	烟气量为 4000～7000m^3/t 输入废物，具体值取决于 LHV，通常为 5200m^3/t	投资成本略高于风冷模式
炉排＋回转窑	与其他炉排相同，除了以下 2 点： • 能够接受非常异质的废物，还能实现有效的焚烧 • 未广泛使用	1～10t/h	• 可能会改善底灰的燃尽性	• 吞吐能力低于仅采用炉排的焚烧厂 • 回转窑需要维护	TOC 0.5%～3%	烟气量为 4000～7000m^3/t 输入废物，具体值取决于 LHV，通常为 5200m^3/t	具有更高的资本和收入成本
具有炉灰/废物运输装置的静态炉排	• 城市废物需要进行选择或切碎处理 • 相比于移动炉排而言，炉灰等问题较少	通常低于 1t/h	• 更低的维护成本，因为无移动部件	• 仅用于选择/预处理后的废物 • 吞吐能力较低 • 某些静态炉排需要辅助燃料	针对准备后的废物而言小于 3%	烟气量略低于采用分级燃烧的其他炉排系统（若采用辅助燃料，烟气量会更高）	与小尺寸移动炉排存在竞争（＜100kt/a）

续表

处理	主要废物特征和适合性	每条焚烧线的吞吐能力	运行/环境信息		底灰质量	烟气的体积量	成本信息
			优点	缺点/使用限制			
回转窑	• 能够接受液体和糊状物以及气体废物 • 与炉排炉相比，对固体给料的限制更多（原因在于耐火材料的损坏） • 通常应用于处理危险废物	<16t/h	• 经过充分验证 • 处理废物范围广泛 • 良好的燃烧特性，即使是 HW 效果也很好	吞吐能力低于炉排炉	TOC<3%	烟气量为 6000～10000m^3/t 输入废物	由于处理容量减少，其特定成本更高
回转窑（冷却水套）	与回转窑相同，但还具有以下特征：由于具有更高的温度耐受性，可处理具有更高 CV 值的废物	<10t/h	• 非常好验证 • 可采用更高的燃烧温度（如果需要） • 比无冷却功能的回转窑更加耐用	吞吐能力低于炉排炉	低浸出率的玻璃化炉渣	烟气量为 6000～10000m^3/t 输入废物	由于处理容量减少，其特定成本更高
流化床-鼓泡	• CV 范围宽（5～25MJ/kg） • 仅适用于精细均匀的废物。限制采用原始 MSW • 通常应用于与污泥协同焚烧的 RDF、碎 MSW、污泥、家禽粪便等	高达 25t/h	• 良好的混合 • 良好浸出质量的飞灰	• 需要小心运行以避免堵塞硫化床 • 较高的飞灰量	TOC <1%	烟气量相对而言低于炉排炉	FGC 成本可能更低，需要废物预处理的成本
流化床-旋转	• 适用 CV 范围宽（7～18MJ/kg） • 粗碎 MSW 需要进行处理 • 可与污泥进行协同焚烧	3～22t/h	• 良好的混合/高湍流 • 适用 LHV 的范围宽泛 • 高度燃尽，干燥底灰	• 需要粉碎 MSW • 产生的飞灰数量高于炉排炉	TOC<3%，通常为 0.5%～1%	烟气量为 4000～6000m^3/t 输入废物	需要废物预处理的成本

续表

处理	主要废物特征和适合性	每条焚烧线的吞吐能力	运行/环境信息		底灰质量	烟气的体积量	成本信息
			优点	缺点/使用限制			
流化床-循环	• CV范围宽（6～25MJ/kg） • 仅适用于精细均匀的废物。限制采用原始MSW • 通常应用于污泥与RDF、煤、木材废料的协同焚烧	高达70t/h	• 良好的混合 • 通过床料中的热交换可较为容易实现高达500℃的高蒸汽参数 • 比BFB更好的燃料灵活性 • 良好浸出质量的飞灰	• 保留床料需要旋风分离器 • 产生更高的飞灰数量	TOC＜1％	烟气量相对低于炉排炉	FGC处理成本可能更低，需要废物预处理的成本
静态炉	危险液体和气体废物	高达10t/h	• 达到高温是可能的（高达1100℃） • 具有液体和气体废物的良好燃尽率	仅适用于液体和气体废物	无	烟气量取决于热值，高至10000m^3/h	无
振荡炉	• MSW • 异质废物	1～10t/h	• 鲁棒-低维护性 • 历史悠久 • 低NO_X水平 • 底灰具有低LOI值	• 具有比炉排炉更高的热损失 • LHV在15G/t以下	TOC 0.5％～3％	无	类似于其他技术
脉冲炉	• 仅适用于高CV值的废物（LHV＞20GJ/t） • 主要用于临床废物处理	＜7t/h	可处理液体和粉末废物	对床层的搅拌可能较低	取决于废物类型	无	由于处理容量减少，其特定成本更高
阶梯式炉和静态炉	• 仅适应于更高CV值的废物（LHV＞20GJ/t） • 主要应用于临床废物处理	无	可处理液体和粉末废物	对床层的搅拌可能较低	取决于废物类型	无	由于处理容量减少，其特定成本更高
抛煤机燃烧器	• 适用于RDF和其他颗粒进料 • 家禽粪便 • 木材废物	无	• 简单的炉排结构 • 对颗粒尺寸的敏感度低于FB	• 仅适用于定义明确的单物流废物	无	无	无

续表

处理	主要废物特征和适合性	每条焚烧线的吞吐能力	运行/环境信息		底灰质量	烟气的体积量	成本信息
			优点	缺点/使用限制			
气化-固定床	• 混合塑料废物 • 其他类似的具有一致性的废物流 • 在应用/验证方面,气化炉不如焚烧炉广泛	高达 20t/h	• 低浸出性残余物 • 如果增加吹氧工艺,燃尽率良好 • 产生的合成气可用 • 能够减少可回收金属的氧化	• 废物进料范围有限 • 存在不完全燃烧 • 需要高技能的水平操作 • 原料烟气中存在焦油 • 未被广泛验证	• 低浸出底灰 • 良好的氧气燃尽率	烟气量低于直接燃烧	运行/维护成本高
气化-气流床	• 混合塑料废物 • 其他类似的具有一致性的废物流 • 不适合未经处理的 MSW • 在应用/验证方面,气化炉不如焚烧炉广泛	高达 10t/h	• 低浸出性炉渣 • 能够减少可回收金属的氧化	• 废物进料范围有限 • 存在不完全燃烧 • 需要高技能的水平操作 • 未被广泛证实	低浸出炉渣	烟气量低于直接燃烧	运行/维护成本高,预处理成本高
气化-流化床	• 混合塑料废物 • 破碎的 MSW • 碎纸机残余物 • 污泥 • 富含金属的废物 • 其他类似的具有一致性的废物流 • 在应用/验证方面,气化炉不如焚烧炉广泛	5～20t/h	• 可采用较低的反应器温度,例如,进行 Al 的回收 • 需进行主要的不可燃物的分离 • 能够有效地与灰分融化相结合 • 能够减少可回收金属的氧化	• 处理的废物尺寸有限(＜30cm) • 原料烟气中含有焦油 • 更高 UHV 的原料烟气 • 未被广泛验证	• 如果与灰分融化相结合,燃烧室灰会被玻璃化 • 无熔灰室:无可用信息	烟气量低于直接燃烧	低于其他气化炉
热解-短筒炉		约 5t/h					
热解-中型滚筒炉	• 预处理后的 MSW • 高金属惰性物流 • 碎纸机残余物/塑料 • 在应用/验证方面,热解炉不如焚烧炉广泛	5～10t/h	• 金属未被氧化 • 针对金属/惰性气体而言,无燃烧能量 • 在反应器内进行酸中和是可能的 • 产生的合成气可用	• 有限的废物 • 过程控制和工程运行极其重要 • 需要高技能的水平操作 • 没有被广泛地验证 • 生成的合成气需要市场	• 取决于过程温度 • 产生的残余物需要进一步处理,有时需要燃烧	烟气量非常低,原因在于气体燃烧需要的过量空气少	预处理、运营和投资成本较高

4.3.1 采用流体建模

(1) 描述

流体建模的使用。

(2) 技术说明

物理和/或计算模型可用于研究焚烧厂的设计特征对焚烧效果的影响。此处的研究包括炉膛和锅炉内的气体速度和温度等各种参数，还可通过研究 FGC 系统的烟气流以便提升焚烧厂的处理效率，例如 SCR 装置。

计算流体动力学（CFD）是用于预测气体流动建模工具集的示例之一。采用这种技术能够辅助选择优化的气体流动设计方案，从而能够达到更为有效的燃烧工况，并避免在某些温度区间的较长的烟气停留时间，原因在于：较长的停留时间会增加 PCDD/F 的形成风险。通过将该技术用于 FGC 系统的设计，能够提高 FGC 系统的性能，例如，通过确保烟气在 SCR 催化剂网格上的均匀流动等方式。

在以下几个方面，新建的和已有的焚烧厂均成功地采用了流体建模技术：

① 炉膛和锅炉几何形状的优化；

② 二次风和/或烟气再循环空气的位置（如果采用）的优化；

③ 用于 SNCR 装置 NO_X 还原的试剂注入位置的优化；

④ 通过 SCR 装置的烟气流的优化。

(3) 实现的环境效益

优化的焚烧炉设计能够提高燃烧性能，从而防止 CO、TOC、PCDD/F 和/或 NO_X（即与燃烧相关的物质）的形成。上述设计针对焚烧废物中所含有的其他污染物不产生影响[64]。

通过采用 CFD 建模，能够减少由于过高的局部烟气速度所造成的结垢，进而增加焚烧厂的可用性，并能够随着时间的推移进一步提高对能量的回收效率。

该技术的另外一个益处是，提高减排设备的性能。

(4) 环境绩效和运行数据

改善沿着锅炉的烟气流分布，有助于减少导致腐蚀的侵蚀和结垢现象。所能够采用的技术如下：

① 在新建废物焚烧项目中，可进行优化的设计；

② 在存在燃烧和锅炉设计问题的已有焚烧厂中，允许操作人员进行研究和优先考虑进行优化的可能性；

③ 在已有焚烧厂中进行焚烧炉/锅炉的改造；

④ 在新建和已有焚烧厂中，优化二次风/再循环烟气注入焚烧炉的位置；

⑤ 在安装或采用 SCR/SNCR 工艺的焚烧厂中，对 SCR/SNCR 工艺自身进行优化。

(5) 跨介质影响

无报告。

(6) 与可应用性相关的技术考虑

通常，这项技术应用于新建的焚烧厂。针对已有焚烧厂而言，仅应用在主要焚烧装备的升级设计期间。

(7) 经济效益

在 2006 年，用于采用计算机进行焚烧装置优化研究的费用为 10000～30000EUR，这取决于研究的范围和所需要建模的运行次数。

投资和运行成本的节约可能来源于以下因素：

① 备选减排系统技术方案的选择；

② 采用较小/不太复杂的减排系统；

③ 通过减排系统降低的消耗。

如果选择减排系统的关键设计问题是存在重金属或卤素，例如，在危险废物工厂，则上文所述的费用节约则不太可能实现。这是因为，在这些情况下，FGC 系统设计的驱动力通常是难处理物质而不是与燃烧相关物质的装载。

需要重大成本可能与对已有焚烧厂的焚烧炉或锅炉设计进行改造是相关联的。

(8) 应用的驱动力

通过燃烧室设计的优化以降低原料烟气中的污染物浓度，并且尽可能地减少污染排放和能源消耗。

(9) 工厂举例

该技术已被用于：

• 在 UK 的应用阶段，用于展示拟建焚烧厂的有效燃烧设计；

• 用于优化挪威小型城市废物焚烧厂的燃烧阶段的设计；

• 在丹麦，在许可和修改许可时，在 2017 年和 2016 年采用 CFD 的最新例子是，位于 Copenhagen 的 Amager 资源中心焚烧炉和 Hilleroed 的 Norfors 焚烧炉；

• 用于比利时的一些新建和已有城市废物焚烧厂；

• 用于法国的焚烧厂包括：Saint-Ouen（1989 年）、Nancy（1995 年）、Toulouse 和 St. Germain 厂。

(10) 参考文献

[15]，[16]，[17]，[64]。

4.3.2 设计增加辅助燃烧区的湍流

(1) 描述

进行辅助燃烧区的设计以增加烟气湍流。

(2) 技术说明

另请参见本书 4.3.4 节（一次风/二次风的供给与分配优化）和 4.3.6 节（采用再循环烟气代替部分二次风）中的相关技术。

该技术涉及在主燃烧区之后的区域中增加湍流并混合燃烧气体的设计特征，但是在主要热回收区域之前或起始处的气体温度通常仍会超过 850℃。在此处所考虑的区域之后，燃烧气体可能向前通过主要热回收区域（交换器），此时需要稳定且均匀的气体速度和流量，以便防止可能导致热交换问题和污染物产生的气体逆流和循环问题。

在某些情况下，辅助燃烧区的特殊构造能够增加该区域中的湍流。设计示例包括：

① 涡流室；

② 挡板（需要冷却）；

③ 燃烧室内的多个通道和转弯；

④ 切向的二次风输入；

⑤ 二次风注入系统（喷嘴）的位置和姿态。

目前，利用额外的物理特性以增加燃烧气体的混合是主要用于危险废物焚烧的技术。

(3) 实现的环境效益

益处包括改善燃烧，使得与燃烧参数相关的原料烟气浓度降低。

这种技术能够减少所需的二次风量，从而减少总烟气量和 NO_X 的产生。有效的湍流还将改善燃烧气体的燃尽率，降低 VOC 和 CO 水平。

(4) 环境绩效和运行数据

未提供信息。

(5) 跨介质影响

未识别。

(6) 与可应用性相关的技术考虑

该技术是普遍可用的。

(7) 经济效益

未提供信息。

(8) 应用的驱动力

未提供信息。

(9) 工厂举例

危险废物-UK Cleanaway。

(10) 参考文献

[40]，[64]。

4.3.3 选择与采用合适的燃烧控制系统和参数

(1) 描述

先进燃烧控制系统的采用。

(2) 技术说明

文献 [2] 指出，进行变化成分废物的焚烧需要一种能够适应过程工况存在巨大变化的工艺。当不利的过程工况出现时，需要对运行控制进行干预。

为了能够控制焚烧过程，需要具备详细的过程信息，因此，必须要设计先进的控制系统（“核心理念”）并且其必须能够对焚烧过程进行干预。所采用的先进控制系统的细节会因焚烧厂的不同而存在差异性。下文给出了能够采用的过程信息、控制原理系统和过程干预机制的相关概述。

过程信息可能会包括[74]：

① 不同位置的炉排温度；

② 炉排上的废物层厚度（视觉控制）；

③ 炉排上的压降；

④ 不同位置的炉膛和烟气温度；

⑤ 用光学或红外测量系统确定的炉排表面温度分布；

⑥ CO、O_2、CO_2 和/或 H_2O 的测量值（在不同位置）；

⑦ 蒸汽产量的数据（例如，温度、压力）；

⑧ 炉壁上的开口，供操作人员或摄像机进行视觉观察；

⑨ 炉膛内火焰的长度和位置；

⑩ 燃烧相关物质的排放数据（未减弱的排放水平）。

需要对燃烧空气的分布和数量进行连续的自适应调整以使其符合炉膛各个区域精确燃烧

反应的要求，进而改善焚烧过程。红外摄像机是用于创建燃烧废物床层热图像技术的其中一个示例，也可采用超声和视觉摄像机。炉排上的温度分布在屏幕上显示为基于彩色区域进行分级的等温场。

在随后的焚烧炉性能控制中，在确定各个炉排区域的特征温度后，其将作为焚烧炉的输入变量参数传递给焚烧炉的性能控制器。图 4.2 和图 4.3 分别给出了焚烧炉控制系统的组成及其参数的示例图。采用模糊逻辑，某些变量（例如，温度、CO、O_2 含量）和一系列规则能够被确定，进而保持焚烧过程是在这些设定值之内。此外，可控制烟气再循环量和三次空气量的添加。

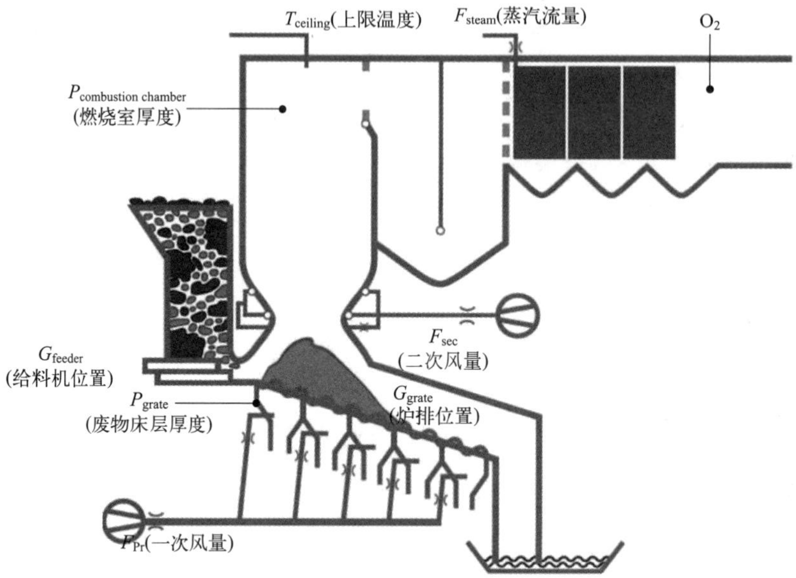

图 4.2　焚烧控制系统的组件示例图[7]

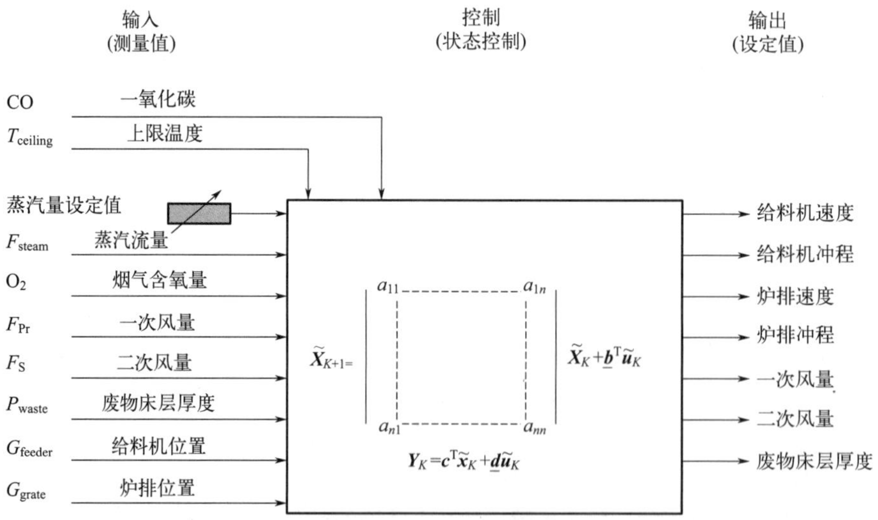

图 4.3　焚烧炉控制系统的输入、控制和输出参数示例图[7]

通过计算机控制的图像处理算法，由 IR 红外摄像机所提供的视频图像可转换成电信号，其在焚烧炉控制系统中与诸如烟气含氧量和蒸汽流量等参数进行耦合。焚烧室的给料可通过记录炉排前部的废物床层的平均温度和评估锅炉出口的 O_2 值进行控制。借助摄像头控制的前 3 个炉排区的燃烧床层的温度记录，可根据需求（风量和分布）添加一次风量，进而有助于主要燃烧区域燃烧过程的平衡。在炉排的点火区，空气需求量是作为燃烧床层表面温度的函数进行控制的，并且可达到更为恒定的温度分布。调整后续炉排区域的空气量和燃烧表面的温度能够实现稳定的燃烧和高效的底灰燃尽。

控制原理可采用经典的控制系统，其可能已被包含在过程控制计算机之中。此外，模糊控制系统也是可以应用的。

控制干预包括以下调整项[74]：

① 废物计量系统；

② 炉排各部分运动的频率和速度；

③ 一次风量和分布；

④ 一次风温度（若存在预热设施）；

⑤ 炉内二次风量和分布（若存在再循环烟气则包括其烟气量和分布）；

⑥ 一次风与二次风的比率。

(3) 实现的环境效益

采用先进控制系统可使得焚烧过程在时间（即提高稳定性）和空间（即更加均匀）上的波动性更小，从而能够提高整体燃烧性能，降低至所有介质中的污染排放水平。

改进后的过程控制具有以下特定优势[74]：

① 更好的底灰质量（原因在于充足的一次风的分配和对炉排上燃烧过程的更好定位）；

② 更少的飞灰产生（原因在于一次风量的变化较小）；

③ 更好的飞灰质量（更少的未燃尽材料是因为焚烧炉内更加稳定的过程工况）；

④ 更少的 CO 和 VOC 形成（原因在于焚烧炉内更加稳定的过程工况，即不存在“冷”点）；

⑤ 更少的 NO_X 形成（原因在于焚烧炉内具有更稳定的过程工况，即不存在“热点”）；

⑥ 更低的二噁英（及其前驱物）形成风险，原因在于焚烧炉内的过程工况更稳定；

⑦ 更好的容量利用（原因是变化所导致的热容量损失减少）；

⑧ 更高的能效（因为燃烧空气的平均量减少）；

⑨ 更好的锅炉运行状态（因为温度更加稳定，温度“峰值”更少，使得腐蚀和堵塞飞灰沉积的风险更小）；

⑩ 更好的烟气处理系统运行状态（因为烟气的量和成分更加稳定）；

⑪ 更高的破坏潜力以及更有效的废物燃烧。

上述所列出的优点还使得焚烧装置需要的维护更少，进而使得焚烧厂的可用性更好。

(4) 环境绩效和运行数据

在所进行的项目中，焚烧试验是在氧气调节的一次/二次风以及添加氮气的二次风的情况下进行的。富氧燃烧空气采用的情况在 4.3.7 节中进行了更为详细的讨论。此次试验所记录到的结果是：原料烟气中的粉尘、CO 和总 VOC 浓度降低，特别是在含氧的一次风中（所供给的富氧燃烧空气中的 O_2 含量的体积百分比在 25％～28％之间）。此外，由于在二次风中添加了氮气，使得烟气中的 NO_X 含量降低。

这项研究的结果促使了进行结合以下工艺步骤的系统的开发：

① 通过红外摄像头和模糊逻辑的结合实现全自动焚烧控制；

② 通过二次风系统将烟气再循环至焚烧炉内；

③ 主要燃烧区域内一次风的加氧处理。

在另外一个采用供料炉排的已有焚烧厂中所引入的措施包括：

① 进行燃烧空气的分级添加；

② 通过料层高度控制废物的恒定供给；

③ 通过不同炉排区域的光学传感器（所谓的燃烧传感器）监测燃烧；

④ 进行烟气的再循环。

与焚烧厂的常规运行模式相比，采用先进控制技术的焚烧厂所产生的与燃烧相关的污染物减少。

焚烧厂能够采用热电偶测量炉排温度。受限于诸如存在高粉尘、金属熔化风险等恶劣的运行工况，实现烟气温度的有效测量更难。由于运行工况（粉尘、酸等）的原因，炉膛出口烟气的测量也不易实施，特别是难以测量 CO 和 CO_2 的含量。出于对焚烧过程进行控制的目的，需要采用快速的测量手段。此外，准确地测量 H_2O 的含量也是非常困难的[64]。

表 4.7 给出了采用正常运行的焚烧控制、基于 IR 红外摄像机的焚烧控制、基于添加氧气的焚烧控制的测试结果。

表 4.7 测试焚烧厂在正常运行、IR 红外摄像机和 O_2 调节控制模式的原料烟气测量值[1]

烟气成分(原料烟气)	正常运行	IR 红外摄像机＋模糊逻辑	O_2 调节
氧含量(体积分数)/%	9.1～9.3	8.9～9.3	6.2～10.9
一氧化碳/(mg/m³)	12～32	9～26	20～27
粉尘/(g/m³)	0.7～1.7	0.6～1.0	0.5～1.0
总碳量/(mg/m³)	1.1～2.4	0.9～1.0	1.0～1.2
二噁英/呋喃/(ng I-TEQ/m³)	1.5～2.7	1.0～1.3	2.0～3.5

注：据报道，PCDD/F 随氧气的增加而增加的现象并不是理论上预期的结果。

当供给焚烧炉的废物在性质上具有高度异质性时，即成分可变时，或者其质量难以预测或保证时，采用上述技术是特别有益的。

为实现稳定的焚烧运行，废物进料系统的操作人员对废物储存和装载区域拥有清楚的视角也是很重要的。这可通过将控制室安装在燃烧器装载区的视野中，以及通过采用视频监视器或者其他成像系统等方式予以实现[64]。

(5) 跨介质影响

未识别。

(6) 与可应用性相关的技术考虑

该技术是普遍可应用的。

通常，红外摄像机的采用是适用于炉排焚烧炉的。该技术仅可应用于所设计的炉膛（尤其是喉部）能够使得摄像机观测到炉排相关区域的情况的焚烧厂。此外，一般而言，此应用仅限于具有若干条炉排焚烧线（例如，大于 10t/h）的大型焚烧装置中[74]。

(7) 经济效益

先进燃烧控制所具有的优点还会使得对焚烧装置的维护更少，并因此而使得焚烧厂的可用性更好。

据报道，在 2004 年，一台 IR 红外摄像机（未安装的作为独立装置时的价格的，即未集成在焚烧厂的控制回路中）的费用数量级约为 50000EUR。然而，也有报道称，一家供应商的报价为每条焚烧线 300000EUR（但是，还不清楚的是，这是否与结合了 IR 红外摄像机和 O_2 控制等因素的整个先进控制系统有关）[74]。

有关富氧燃烧空气经济性的问题在 4.3.7 节进行讨论。

(8) 应用的驱动力

燃烧性能的改善会导致环境绩效的全面提升。

(9) 工厂举例

先进控制系统已在整个欧洲范围内广泛采用［例如，Coburg（DE）、Ingolstadt（DE）、Fribourg（CH）、Brescia（IT）、Arnoldstein（AT）］。参见 4.3.7 节，了解采用有关富氧燃烧空气的示例。

(10) 参考文献

［1］，［2］，［64］。

4.3.4 一次风/二次风的供给与分配优化

(1) 描述

对一次风和二次风的流量和分布进行优化，以便将其供给至燃烧废物所必需的适当区域。

(2) 技术说明

一次风供给至废物床层或其正上方以提供燃烧所必需的氧气。一次风也有助于废物的干燥和气化以及某些燃烧设备的冷却。

二次风注入至烟气流中以完成烟气中可燃物质的氧化。

所供给的一次风的类型是直接与焚烧技术相关的。

在炉排系统中，一次风通过炉排进入废物床层，其目的如下所示：

① 将必要的燃烧空气供给至发生反应（干燥、气化、挥发）的炉排的不同区域，并确保在废物床层内的均匀和充分分布，进而提升底灰的燃尽率。

② 冷却炉排以防止结渣和腐蚀。水冷炉排的冷却通常是通过单独的水循环系统实现的，因此，此种情况下的炉排冷却与一次风的影响无关[74]。

在 MSW 炉排中，一次风量主要是由氧气的需求量（一个可调整的值）决定的，而不是由炉排的冷却需求量所决定的[74]。

将供给的一次风量（采用单独风箱，若适合则可采用多个或分散的供给风机）分散至炉排焚烧炉内的多个不同的区域，进而能够实现每个区域供给燃烧空气的单独控制。这使得，发生在炉排炉上的每个焚烧过程（干燥、热解、气化、挥发、灰化）均可通过供给至其自身的优化燃烧空气量而实现优化。

如果一次风在燃烧室内的停留时间不够长，则供给至炉排焚烧最后（灰化）阶段的燃烧空气不足，进而将会导致较差的炉灰燃尽率。

在回转窑中，一次风通常会被引至废物床层的上方进行供给。

在流化床焚烧系统中，一次风会直接供给至流化床物料中，同时其也用于流化床自身。此时，一次风是从燃烧室底部通过喷嘴吹入床层的。

如果燃烧空气采用从废物储存区域进行抽取的方式获取，那么这将有助于降低废物储存区域产生异味的风险。

通过二次风的流量、温度、注入点数量和位置的优化能够控制烟气的湍流度、温度和停留时间。由于热烟气的混合需要足够的混合能量，因此二次风会以相对较高的速度吹入焚烧炉中。

二次风注入点的位置、方向和数量等能够采用计算机流体建模的方式优化获得。

最高可达1300～1400℃的二次风喷嘴的头部温度可能会对NO_X的产生造成显著影响。采用特殊的喷嘴和烟气再循环代替部分氮气，能够降低会产生高浓度NO_X的喷嘴温度和氮气供给量。

一次风和二次风的平衡将取决于废物的特性以及采用了哪种燃烧技术。这种平衡的优化有利于焚烧过程的运行和污染减排。一般而言，较高热值的废物能够允许较低的一次风比率。

(3) 实现的环境效益

① NO_X、粉尘、TVOC和CO排放量的减少。

② 飞灰的减少。

③ 底灰燃尽的改善。

④ 对采用非废物燃料支持废物燃烧需求的减少[74]。

(4) 环境绩效和运行数据

二次风的使用量取决于废物的LHV[74]。

对于炉排技术，二次风量通常占燃烧总风量的20%～40%，其余为一次风量。

如果二次风量过低，由于CO/CO_2的排放水平会在氧化和还原工况之间进行波动，因此后燃烧室和锅炉水冷壁存在被迅速腐蚀的危险。

(5) 跨介质影响

未报道。

(6) 与可应用性相关的技术考虑

这项技术是普遍可应用的。

(7) 经济效益

如果初始设计正确并且为一次风和二次风的控制提供了系统和设备，通常是不需要增加额外设备的，因此也不会产生额外的费用。如果需要对已有焚烧厂进行干预，这可能需要增加额外的风扇和管道以控制和分配燃烧空气的供应量。

减少NO_X的产生量也能够降低焚烧厂的运行成本，改善与后续二级技术（SNCR或SCR）相关的可实现的NO_X减排水平。通过二次风的优化可能会减少烟气的体积量，并因此能够相应地减小FGC系统的规模[64]。

(8) 应用的驱动力

稳定的焚烧条件，改善的底灰燃尽。

(9) 工厂举例

全部的焚烧厂均采用该技术。

通过改善达到一次风/二次风供给与分配优化这方面的焚烧厂是Toulon（FR法国）的1号焚烧线和2号焚烧线（2×12t/h），其同时对风扇和注入喷嘴进行了更换。

(10) 参考文献

[2]，[64]。

4.3.5 预热一次风和二次风

(1) 描述

采用换热器对一次风和二次风进行预热，这主要是在焚烧低热值废物时所采用的处理方式。进行一次风预热的益处在于烘干热值较低的废物，进行二次风预热的益处在于通过将炉膛氧化区域的温度保持在设计水平以确保稳定的焚烧工况。

(2) 技术说明

加热供给至焚烧炉的一次风是通过干燥待焚烧废物进而改善燃烧过程的一种方式。在燃烧低热值/高水分废物时，这一点尤为重要，原因在于这类废物需要进行额外的干燥[2,64]。

通常，需要确保烟气燃尽区域的温度足够高和分布均匀。在废物热值低的情况下，对供给至焚烧炉的二次风进行加热能够提高燃烧效率和辅助燃烧过程。

炉排型城市废物焚烧厂的燃烧空气预热通常是采用低压蒸汽的方式实现的，而不是采用烟气热交换方式（原因在于风管复杂和存在腐蚀问题）予以实现。

鼓泡流化床焚烧过程的燃烧空气预热通常是采用烟气热交换的方式进行的，但有时也会采用蒸汽或辅助燃料的方式[64]。

基于回转窑的焚烧过程一般不进行燃烧空气的预热。

在某些焚烧装置中，用于预热燃烧空气的热能是从耐火材料的冷却空气中获得的。

由空气供给的热能不会损失的原因在于其随后会在锅炉中予以回收[74]。

(3) 实现的环境效益

更加稳定的燃烧导致对大气的污染排放较低。

存在将低价值的蒸汽/能源升级为质量更好的蒸汽的可能。

(4) 环境绩效和运行数据

在燃烧低热值废物时，采用一次风和可能的二次风的加热方式是特别有益的，其原因在于：对于一次风而言，其能够支持废物的干燥和点火；对于二次风而言，其有助于保持气体燃尽区域的温度。

通过与冷却焚烧炉内耐火材料的空气进行混合的方式，能够将一次风加热到 150℃[74]。

(5) 跨介质影响

如果用于预热的热能是源自焚烧过程自身的，那么跨介质影响会是最小的。如果采用了外部的燃料源，则外部能源的消耗和相应的额外排放（例如，NO_X 和颗类物的排放）是一个跨介质的影响因素。

(6) 与可应用性相关的技术考虑

燃烧高热值废物的焚烧厂需要的是对供给燃烧空气的冷却效果，其不是对燃烧空气进行的预热效果，因此其不会受益于该技术。

(7) 经济效益

针对新建焚烧厂而言，在其系统设计上增加了换热器和蒸汽/冷凝回路的成本。这些额外成本的影响程度取决于焚烧厂的规模大小。

换热设备的基本建设费用能够与预热所需要的配套燃料的节省费用相互抵销。

(8) 应用的驱动力

提高燃烧性能，特别是针对低热值废物。

(9) 工厂举例

应用于欧洲各地的焚烧厂。

(10) 参考文献

[2]，[64]。

4.3.6 采用再循环烟气代替部分二次风

(1) 描述

烟气再循环是为了优化燃烧室内的湍流度，同时保持优化的燃烧空气与废物比率。

(2) 技术说明

添加二次风（除了氧化可燃烟气中的化合物外）的目的之一是改善烟气的混合性和均匀性。但是，二次风的使用量过多会导致烟气量的增加，这会降低焚烧厂的能源效率和需要更大规模的烟气处理装置，进而使得焚烧厂的成本更高。

通过将部分二次风替换为再循环烟气的技术措施，减少了烟气抽取位置下游和烟气排放位置的烟气体积。此外，供给至焚烧炉中的新鲜氮气（源于空气）的减少也可能有助于减少 NO_X 的排放水平。

通常，再循环烟气的抽取位置是在 FGC 系统之后，目的是减少原料烟气所引起的腐蚀和其他相关的运行问题。这会涉及一些能源的损失，因此 FGC 系统必须要基于更大的烟气流量进行设计。

但是，若烟气是从 FGC 系统的上游进行再循环的，那么 FGC 系统的规模就可以减小[64]。在此种情况下，需要对 FGC 系统进行设置以处理污染物浓度增加了很多的烟气，并且也存在较高的侵蚀、腐蚀和污垢风险[74]。

关于二次风优化的内容，请同时参阅 4.3.4 节。

(3) 实现的环境效益

① 能源效率的提高（据报道，CHP 焚烧厂的能源效率提高了约 0.75%）。

② 减少 10%～30%的 NO_X 产量（如果原料烟气中的 NO_X 含量较高）。

③ 减少用于控制 NO_X 排放的试剂消耗。

(4) 环境绩效和运行数据

在高过量空气比率下，焚烧过程中约 50%的所需的二次风量可采用再循环烟气予以替代。当再循环气体为原料烟气时，能够使得燃烧空气和烟气的总量减少 10%～15%。如果能够以同样的方式清洗减少的烟气量中的浓缩污染物（也同时还导致排放负荷减少），则烟气处理系统的负荷可以按比例地进行减少，并且焚烧厂的热效率可以提高 1%～3%。

据报道，再循环管道会出现腐蚀的现象。另据报道，这可通过减少法兰接头和在烟气冷凝与腐蚀可快速发生的冷点采用有效的管道绝缘方式予以防止。由于烟气中的氧气含量较低，锅炉也可能发生腐蚀。

文献［21］指出，如果锅炉较热的部分被特殊的包层所覆盖，则腐蚀风险就会降低。但是，当安装这种包层时，即使无烟气再循环，锅炉出口处的多余 O_2 浓度也可以降低。显然，这降低了采用烟气再循环技术的益处。

在某些安装了再循环烟气系统的德国 MSWI 厂，会存在由于操作的原因而导致再循环系统被停炉或停止运行的现象。在大多数情况下，减少烟气流量的技术并未考虑到 FGC 系统的规模大小。此外，许多焚烧厂会在烟气再循环关闭的状态下调整 FGC 装置，以便能够覆盖所有可能的运行工况[74]。

(5) 跨介质影响

依据精确的炉膛设计方案，在采用高替换率的循环烟气替代二次风的情况下，氧气的有效减少可能会导致一氧化碳（和其他不完全燃烧产物）排放水平的升高。因此，必须要小心地运行焚烧过程以确保替代率达到最佳水平。

在回转窑内，可能会存在负的冷却作用。在某些情况下，特别是对于热值较低的废物而言，需要额外的燃料以维持回转窑的温度。

(6) 与可应用性相关的技术考虑

该技术已被应用于新建的废物焚烧厂。某些已有的焚烧厂已经改进了这种技术，其需要额外的空间进行相关管道的安装。

该技术对 HWI 的适用性是有限的。针对回转窑危险废物焚烧厂，其较高的 O_2 含量的需求限制了烟气再循环技术的可应用性[74]。

(7) 经济效益

这项技术涉及对新建焚烧厂的额外投资和对已有焚烧厂进行改造的显著成本[74]。

(8) 应用的驱动力

采用主要技术减少 NO_X 的排放。

(9) 工厂举例

应用于欧洲的一些新建焚烧厂和已有焚烧厂。

(10) 参考文献

[2]，[21]，[64]。

4.3.7　采用富氧燃烧空气

(1) 描述

采用富氧燃烧空气，或采用技术上的纯氧作为燃烧空气。

(2) 技术说明

奥地利的 Arnoldstein 城市废物焚烧炉采用富氧燃烧空气运行焚烧过程，其目的是，在基于炉排的废物焚烧炉的废物床层中实现炉灰的综合烧结。富氧燃烧会产生更高的床层温度，该温度会熔化或烧结 50%～80%的底灰。未熔化的底灰部分能够防止炉排的堵塞。红外摄像机用于监测和控制废物床层的温度，其是通过调节燃烧火焰下部的空气加热和富氧程度实现的。采用反向炉排的原因是能够保持一层未熔化的炉灰，进而能够在高温下保护炉排。未完全烧结的部分通过筛选和洗涤工艺进行分离，然后再循环至燃烧过程。此外，75%的飞灰（锅炉灰和一级灰分——非源于酸性气体清洗的 FGC 残余物）可再循环至燃烧阶段，所排出的颗粒炉灰的高床层温度和采用的湿式机械处理方式确保了飞灰再循环技术不会污染颗粒产物[91]。

富氧燃烧空气还用于燃烧一些气化与热解焚烧厂所产生的气体，这通常是为了提高燃烧温度以熔化焚烧炉灰而设计的系统的一部分。在这种情况下，最初的热解或气化反应器通常在物理上是独立于位于其后的燃烧室装置的。富含燃料的合成气会通过燃烧区进行燃烧，以使得在该区域内达到理想的燃烧工况，其中的富氧燃烧空气是以受控的速率注入的。依据氧气添加速率和烟气质量的不同，燃烧室的温度通常在 850～1500℃之间，在某些特定的情况下会采用高达 2000℃（或更高）的温度。通常，在温度超过 1250℃时，烟气中所夹带的飞灰会被熔化。

氧气富集也被应用于通常用来破坏特定（通常是危险的）废物流的小型焚烧厂中。在这些较小的焚烧厂（例如拖车安装工厂）中，该过程可在密封反应器中以批次模式运行，所对应的压力（8bar）和温度（例如，在 2000～8000℃范围内）较高。

(3) 实现的环境效益

奥地利的 Arnoldstein 城市废物焚烧厂采用了富氧燃烧空气，以便达到以下目的：

① 产生完全烧结、燃尽良好、低浸出的残余物；

② 降低整个焚烧厂的二噁英排放水平（<5μg I-TEQ/t 输入废物）；

③ 减小烟气体积；

④ 减小飞灰体积。

快速和高效的燃烧会导致非常低和可控的CO及其他燃烧相关产物的排放水平。

(4) 环境绩效和运行数据

只要存在足够的氮气被取代，采用氧气替代燃烧空气中的氮的措施就能够降低热力型 NO_X 的生成潜力；在反应区域内，部分烟气压力的升高会引起火焰温度的升高，从而使得 NO_X 的生成量增加。因此，需要注意的是，要确保氮的补充不会导致 NO_X 总体排放水平的增加。

与基于燃烧空气供给的燃烧技术相比而言，采用富氧燃烧空气技术所产生的废气量会减少。但是，在温度超过1500℃时，烟气的热膨胀使得这一益处的效果可能会降低。较小烟气体积下所产生的较高浓度的污染物可采用较小规模的FGC设备进行处理。然而，这种适应需要对已有焚烧厂的烟气处理系统进行特定的改进。较小的FGC设备可在一定程度上降低原料的消耗（例如，在SCR/SNCR工艺中，用于 NO_X 还原的 NH_3）。然而，对于供给废物所包含的诸如 Cl_2 等污染物而言，在FGC系统中产生的污染物数量和原材料消耗量与废物给料速率成正比，增加烟气中污染物的浓度对原材料消耗量的影响不大。据报道，采用这种技术也能够减小锅炉的尺寸[74]。

据报道，采用超过1500～2000℃的温度进行焚烧时，在减排方面所能获得的额外好处是有限的[64]。

位于奥地利Arnoldstein的城市废物焚烧厂，从2004年开始成功地采用富氧燃烧空气方式运行焚烧厂，其中：处理能力约为94000t/a，平均含氧量为26%，炉排上的温度为1100～1200℃，通过烟气再循环技术降低了燃烧室温度。

Arnoldstein焚烧炉所产生的烧结完全、燃尽良好、低浸出的残余物如表4.8所示。

表4.8 采用富氧燃烧空气（O_2 含量为25%～27%）时的残余物质量[91]

项目	源于非富氧焚烧炉的未处理底灰	源于富氧焚烧炉的未处理底灰	源于富氧焚烧炉的湿式机械处理底灰
着火损失/%	2	1	0.1
铅浸出/(mg/L)	0.2	0.05	0.01
PCDD/F含量/(ng TEQ/kg)	15	8	0.3

在较高炉温（1000℃以上）时，焚烧炉和耐火材料的维护频率通常会大幅度地增加。采用较高的炉膛温度会造成很大的材料选择和使用困难。为了将烟气温度降低到适合FGC系统的水平，需要进行高强度的气体冷却。焚烧系统需要确保能够将熔融的飞灰清除（例如，涡旋烟气流动），目的是防止其与下游的换热器进行接触而造成堵塞/侵蚀。

此外，会存在额外的源自氧气的生产、储存和使用相关的安全风险。

(5) 跨介质影响

① 生产纯氧或富氧燃烧空气的能源消耗会增加。

② 降低耐火材料的阻力和增加锅炉的腐蚀。

③ 将金属从烧结底灰中分离以便进行后续的回收，这需要进行额外的破碎处理。

(6) 与可应用性相关的技术考虑

该技术可能不能应用于已有的焚烧厂，原因在于：其需要对燃烧室、换热区和FGC系统的规模进行重大的设计修改。在低氧气添加量的情况下，设计变化可能会更有限，但所获得的相应潜在好处也是更有限的。

该技术可应用于具有以下情况的已有焚烧厂：

① 与燃烧有关的排放水平高或难以控制；

② 燃烧空气的供应量已经很高。

该技术也可应用于诸如 PCB 等高度耐燃材料的焚烧，原因在于：采用该技术后具有更高的燃烧效率。

由于生产氧气所带来的额外成本和跨介质影响，以及处理熔融飞灰等额外的焚烧过程运行所具有的挑战，使得富氧燃烧技术未能得到广泛应用。

(7) 经济效益

生产纯氧是昂贵的。富氧燃烧空气虽然较便宜，但与普通燃烧空气比较而言，也会增加额外的成本。如果焚烧炉位于一个已经拥有氧气的工业场所，则焚烧成本可能会降低。用于在现场制氧的寄生电能负载非常重要，其根据焚烧厂的规模、温度和对氧气纯度要求的不同而存在差异性，但通常会在 0.5～2MW。

在 Arnoldstein 城市废物焚烧厂，富氧燃烧导致投资成本增加了 10％。该增加的投资成本与废物处理量增加 25％（在烟气体积相等的情况下）和残余物处置成本可能减少 25％（视本地法规而定）相比较而言，能够从作为骨料替代品出售的颗粒灰渣中获得收入。

烟气体积的减小能够减小所需烟气处理装置的规模并降低成本。

(8) 应用的驱动力

据报道，该技术可用于处理某些处置费用昂贵的危险废物。

据报道，该技术已在燃烧性能存在困难的已有焚烧厂中进行了改造。

其他驱动力是，由于具有低浸出性而降低的烧结渣处置成本，以及出售烧结颗粒灰渣作为骨料替代品而可能带来的收入。

(9) 工厂举例

位于 Arnoldstein（AT）的城市废物焚烧厂 AT06R，从 2004 年开始已成功地采用富氧燃烧空气技术。

在日本，富氧燃烧已应用于城市和工业废物的气化和热解过程，其已作为用于熔化焚烧炉炉灰的设计系统的一部分（例如，在东京川口市朝日清洁中心）。

焚烧 HW 的第一个全面的装置目前在 SEABO［博洛尼亚市（IT）］运行。迄今为止，该焚烧厂已处理的材料包括：硬化油漆、卤化溶剂、油墨、炼油厂污泥、塑料包装、受污染的抹布、含油 PCB、杀虫剂和过期药品等。

在德国的 DE19R 焚烧厂采用了富氧燃烧空气技术，这是在 AGV Trostberg 的化学生产基地内运行的用于焚烧危险液体和气体废物的焚烧炉。

(10) 参考文献

［18］，［2］，［64］，［91］。

4.3.8 更高温度焚烧（结渣）

(1) 描述

废物在高于 1100℃的温度下进行焚烧，以便达到对废物的高破坏效率和产生玻璃化的底灰的目的。

(2) 技术说明

在欧洲，这项技术最常用于处理危险废物的回转窑。在某种程度上，在高温下的运行原理可应用于其他类型的焚烧炉。例如，在接收非危险废物的流化床下游，有时会采用较高的温度（参见 2.3.4.4 节）。

焚烧温度升至1100～1400℃的时间约为几秒钟，原因在于：所有的高热值废物均是通过回转窑的炉壁前侧导引至炉内的。这意味着，烟气的温度将会保持在1050℃以上直至通过辅助燃烧区的出口。然后，烟气会进入废热锅炉。最后，烟气流会经过烟气净化系统。

铁、玻璃、铝和其他无机固体材料会在回转窑中形成熔融的底灰混合物。液化的灰分随后会缓慢地流向回转窑的出口，落入位于辅助燃烧区下方的底灰冷却仓中，进而底灰在水中迅速发生凝固，此时所得到的底灰是细小颗粒化和玻璃化的，并且具有低浸出率的特征。由于造粒效应的存在，此处所产生的底灰总体积是小于常规焚烧技术的。

(3) 实现的环境效益

① 有机物质已被完全焚烧。通常，焚烧后底灰中有机物的含量小于1%。

② 烟气中烃类和CO的含量较低。

③ 具有更大的PCB破坏性。

(4) 环境绩效和运行数据

更高的焚烧温度需要采用更高质量的耐火衬里。此外，运行过程也需要一个固定的炉渣层。其他的附加说明包括以下若干事项：

① 燃烧空气可能需要预热；

② 锅炉膜壁需要采用耐火材料进行保护，以防止高温造成损坏；

③ 高温腐蚀也可能是需要关注的问题；

④ 熔渣/飞灰可能会在炉膛和热交换区域导致相关的运行问题。

低残留烃和CO的生成情况依赖于烟气的混合（紊流）程度、停留时间和温度组合。此外，均匀的废物供给也是具有重要影响的因素。因此，仅依靠高温焚烧并不能保证较高水平的烟气燃尽（即低CO和VOCs）。此外，在较高温度下，烟气速度越高，所对应的停留时间也越短。因此，若要达到焚烧厂所需的性能水平，对所有关键参数进行优化是重要的。

(5) 跨介质影响

① 由于温度较高而导致 NO_X 的形成增加。

② 非废物燃料的消耗会增加，即仅是依靠焚烧废物自身所提供的能源不足以达到较高的焚烧温度。

③ 烟气中的金属含量会增加[40]。

(6) 与可应用性相关的技术考虑

该技术主要应用于采用回转窑焚烧较高热值（总体平均热值通常在15MJ/kg以上）的危险废物的情况，例如，包含各种溶剂和废油的废物。

(7) 经济效益

额外费用的产生也需要考虑以下因素[74]：

① 需要采用水冷窑以避免高昂的焚烧炉维护费用；

② 需要采用支撑燃料以维持窑内高温；

③ 需要对炉膛进行保温改造；

④ 需要处理烟气中增加的金属数量，原因在于：焚烧厂的蒸汽张力在更高温度的情况下会有所增加。

在某些情况下，因与耐火材料维修相关的费用较高，已经放弃采用较高的焚烧炉温度。

依据所采用的浸出试验或其他焚烧厂所在地采用的相关标准，高温焚烧所产生的底灰可归类为无害物质。这可能会降低处理成本，原因在于：底灰可能会被运输到非危险废物填埋场（在某些条件下）或者甚至出售以用于道路建设。如果将底灰用于建筑，可能需要对其所包含的重金属总含量进行测定，其影响程度可通过与通常用于该目的的其他材料的比较结果而予以判断[74]。

(8) 应用的驱动力

该技术已经在焚烧厂实现，存在以下要求：

① 需要达到极高销毁效率的附加保证措施；

② 需要玻璃化的底灰。

(9) 工厂举例

Ekokem（FI）和 Kommunikemi（DK）。

(10) 参考文献

[20]，[64]。

4.3.9　增加废物的燃尽程度

(1) 描述

可采用以下技术增加废物的燃尽程度：

① 针对炉内废物进行转动和搅动；

② 采用回转窑；

③ 采用流化床；

④ 在焚烧炉燃尽区具有足够长的废物停留时间；

⑤ 采用能够反射辐射热的焚烧炉设计；

⑥ 进行一次风分布和供给的优化；

⑦ 添加其他废物/燃料以支持有效燃烧；

⑧ 针对大块废料进行破碎。

(2) 技术说明

供给至焚烧炉内的废物需要进行充分混合，并需要具有足够的时间以进行反应，进而确保达到有效的燃尽，从而生成具有低有机碳含量的残余物。此外，充足和分布均匀的一次风的供给会辅助废物的燃尽过程而不会导致过度的冷却效应。

上述技术使得废物在燃烧室中暴露于高温的时间更长，较高的床层温度与废物的物理搅拌模式相结合，能够确保所产生的灰分中的有机物含量较低。

采用这些技术可能会导致灰分中有机碳的含量低于 1%。

采用任何技术所能达到的燃尽程度均取决于所焚烧废物的特性。废物的物理特性也会对基于不同设计方案的燃烧器的实用性具有关键影响，例如，混合的城市废物不经过预处理工序就不能在流化床中进行燃烧。

将焚烧过程保持在焚烧厂的生产能力范围内还能够确保废物可以被适当地燃烧，使得其所产生的具有使用可能性的残余物拥有良好的质量。

在通常情况下，当废物被精细地分割和进行均质化（例如，通过混合）的处理后，再对其进行焚烧可达到更好的燃尽效果。因此，对高度非均质的废物进行预处理是能够改善燃尽效果的。

(3) 实现的环境效益

① 有效的废物破坏。

② 为可能存在的利用提升了固体残余物的特性。

③ 增加了能源回收。

提高燃尽率将会降低残余碳含量并进而降低TOC。TOC还与炉灰中金属的流动性有关。例如，铜会以有机铜络合物的形式浸出。因此，提高燃尽率也能够减少铜的浸出。

(4) 环境绩效和运行数据

炉渣和底灰中的TOC含量（质量分数）范围为1%～3%。在测量着火损失的废物焚烧厂中，达到的LOI水平（质量分数）为1%～5%。

(5) 跨介质影响

对焚烧炉内废料的过度物理搅动会导致大量未燃烧物料被携带进入辅助燃烧区。这可能会导致额外的灰尘和其他污染物负荷传输至焚烧工艺下游的污染减排工艺。此外，过度搅拌还会导致产生更多的筛下物，即未燃烧物料会通过炉排掉入炉渣内[74]。

据报道，随着燃烧温度的升高和燃料床层温度的升高，底灰中CaO的生成会增加，从而增加底灰的pH值。通常，新底灰的pH值会超过12[38]。

pH值的增加也可能会增加诸如铅和锌等两性金属的溶解度，这些金属在底灰中会大量存在。pH值的增加也可能是临界的；特别是，由于铅的两性特点，其可在pH值为11～12的环境中溶解后浸出。在焚烧阶段结束后，通过老化效应能够使得底灰的pH值降低。

(6) 与可应用性相关的技术考虑

这项技术是普遍可应用的。

(7) 经济效益

新建焚烧厂项目能够考虑确保有效的燃尽效率而不需要大量的额外成本。

对已有焚烧厂的燃烧室进行重大改造是比较昂贵的。因此，只有在计划进行焚烧厂的完全改装时，才有可能对其进行改造。

(8) 应用的驱动力

① 环境法规的要求。

② 提升对废物的破坏程度。

③ 提升对焚烧残余物进行使用的可能性。

④ 提取废物中的全部能源价值。

(9) 工厂举例

已经应用在整个欧洲。

(10) 参考文献

[4]，[38]，[64]。

4.3.10 减少炉排筛下物

(1) 描述

通过以尽可能减少炉篦之间空隙的方式设计炉排，能够减少炉排筛下物。

(2) 技术说明

在炉排型焚烧炉中，某些仅是部分燃烧的废物可能会从炉排中掉落，这些废物被称为“筛下物”。这需要特别注意炉排的设计，特别是要减小炉排的篦条间的间距，进而能够减少筛下物。这些筛下物的数量和质量取决于：炉排设计、活动部件与炉壁之间的接口处以及保持它们之间紧密连接的机械装置[74]。

可以采用自动输送系统对这些筛下物进行收集，其处理方式包括：储存冷却后再次供给至燃料仓（要避免火灾风险）内，或者送至底灰除灰器中。

(3) 实现的环境效益

① 提升废物燃尽。

② 改善炉灰质量。

(4) 环境绩效和运行数据

在重新将筛下物供给至废物流之前需要进行储存，这对预防火灾是非常重要的，通过加水的方式可以达到彻底冷却的目的。

对筛下物进行周期性的观测是必要的，其目的是避免炉排下方的筛下物收集区发生堵塞，避免操作人员和其他人员的安全风险[74]。

熔融的筛下物，诸如 PE 和 PET 等常见塑料（存在于 MSWI）的燃烧液滴会显著地增加炉灰中的总含碳量，会增加底灰的 COD 值和显著地浸出铜金属。上述这些参数均能够通过该技术得到改进[64]。

(5) 跨介质影响

当筛下物与废物进行接触时，会存在发生火灾的危险。

(6) 与可应用性相关的技术考虑

这项技术是普遍可应用的。

(7) 经济效益

采用该技术提高炉灰燃尽质量后可降低处置成本，若不采用这种技术则当前的燃尽炉灰不能满足再利用/处置的要求[74]。

对已有焚烧厂进行改造可能需要大量的投资成本和额外的运行（加工）成本[74]。

(8) 应用的驱动力

① 改进的和彻底的废物破坏。

② 提升的底灰质量。

(9) 工厂举例

Indaver(GF) 厂和 Beverly(BE) 厂。

(10) 参考文献

[64]。

4.3.11 在焚烧炉内采用低烟气速度和在锅炉内对流段前设置空通道

(1) 描述

需要考虑的技术是：

① 炉内采用低烟气速度；

② 在焚烧炉与换热管束间设置空通道。

(2) 技术说明

废物焚烧炉的炉膛通常会设计得足够大以便提供较低的烟气速度和较长的烟气停留时间。根据“三 T 燃烧”原理（足够长的时间、足够高的湍流度和足够高的温度），上述设计能够允许燃烧气体被完全燃尽，并通过以下措施防止锅炉管束产生污垢：

① 降低烟气中的飞灰含量；

② 在与换热管束进行接触前，允许降低烟气的温度。

还可通过在主炉区和换热管束之间设置空通道（例如，烟气路径中的无障碍水壁）的方式减少换热器污垢，允许降低烟气的温度和降低飞灰的黏性。通过将对流过热器前的温度控制为低于 650℃以减少炉灰对锅炉管的黏附，进而防止腐蚀[2,64]。

(3) 实现的环境效益

益处包括在燃烧阶段减少有机物的排放。

通过减少锅炉管上的沉积物改善锅炉的热交换，进而能够提高能源的回收。

(4) 环境绩效和运行数据

锅炉管沉积物的减少能够改善工艺的可用性和进行更好的热交换。

(5) 跨介质影响

还未识别到确定性的具体影响，但可能需要注意的是：确保二次风供给或用于支持烟气混合的其他机制，对于较大规模的焚烧炉是适用的。

(6) 与可应用性相关的技术考虑

这项技术主要应用于新建焚烧厂和正在对已有焚烧炉和锅炉进行大量改造的焚烧厂。

(7) 经济效益

更大的焚烧炉所需要的建造成本会更高。

(8) 应用的驱动力

① 减少炉膛腐蚀。

② 减少飞灰产量。

③ 减少维护。

④ 延长锅炉寿命。

(9) 工厂举例

通常应用于欧洲的 MSWI 厂。

(10) 参考文献

[2]，[64]。

4.3.12 确定废物热值和将其作为燃烧控制参数

(1) 描述

确定废物的 LHV 是为了能够在线进行焚烧过程的优化，其可通过分析工艺参数的方式获得，例如，通过分析诸如蒸汽生产比率等过程参数得到 LHV 值，通过测量烟气中 CO_2、CO 和 H_2O 的浓度再通过质量平衡得到 LHV 值。

(2) 技术说明

对于某些类型的废物（例如，未经处理的 MSW 和某些危险废物）而言，其特性波动较为明显，这意味着这些废物的质量和体积均是不太可靠的控制参数。通过在线确定 LHV，能够帮助优化过程工况和改善供给此类异质废物时的燃烧状态。

这种技术的发展是基于以下所示的方式予以实现的：

① 对过程性能参数的回顾性分析（不是一种预测的方法）。

② 通过质量平衡计算：基于烟气中 CO_2、O_2 和 H_2O 的浓度（例如，不是基于下游测量的预测方法）和废物供给（平均值，即采用“起重机”称量）或其他较小的估计的热量流动。

③ 使用微波设备评估供给槽内废物的水分含量。

④ 通过模糊逻辑将废物颜色和尺寸与焚烧厂的输出信号进行关联。

(3) 实现的环境效益

改进的燃烧控制能够减少燃烧阶段的排放。

(4) 环境绩效和运行数据

该技术可用作诊断工具或者（采用在线方法）用于过程控制。采用废物的热值知识能够进行燃烧空气供给量和其他控制燃烧效率的关键参数的优化。对于非均质废物，废物的质量和体积供给率可作为附加的控制参数。

废物特性的控制可能是废物交付合同的一部分。

(5) 跨介质影响

未有报道。

(6) 与可应用性相关的技术考虑

这项技术是普遍可应用的。

(7) 经济效益

未提供信息。

(8) 应用的驱动力

该技术的实施是为了提高焚烧厂的燃烧和能源回收性能。

(9) 工厂举例

荷兰和德国的城市固体废物焚烧厂采用了在线监测和辅助系统。

(10) 参考文献

[23]，[64]，[124]，[125]。

4.4 增加能源回收的技术

4.4.1 优化整体能源效率和能源回收

(1) 描述

① 焚烧装置能源效率和能源回收的优化。

② 与大型热能/蒸汽用户签订长期的基本负荷热能/蒸汽供应合同，使得对能源回收的需求更为固定，因此能够使用更大比例的所焚烧废物的能源价值。

③ 确定新建焚烧厂位置以便能够最大限度地利用锅炉所产生的热能和/或蒸汽，这需要通过采用下列方式的任意组合予以实现：

a. 采用热产生电能或供应蒸汽（即 CHP）；

b. 供应用于区域供热管网的热能或蒸汽；

c. 供应各种主要是工业用途的过程蒸汽（参见 4.3.18 节中的示例[1]）。

(2) 技术说明

焚烧厂的优化效率包括减少能源损失和限制过程消耗。因此，增加能源产量并不仅仅等同于提高能源转换效率，还必须要考虑焚烧过程自身所需要的能源和进行能源开发的可能性。

最优的焚烧厂能源效率技术在一定程度上是依赖于特定地点和运行因素的。在确定最佳能源效率时，需考虑的因素示例如下[74]：

a. 位置。需要提供能源的用户/分配网络具有存在性。

b. 能源回收需求。这是关于热能的特殊问题，但通常是与电能相关较少的问题。

c. 需求的变化。例如，夏季/冬季的热能需求会有所不同。将输出蒸汽作为基本负荷的焚烧厂能够实现更高的年供应量，因此与那些存在可变化的输出选项的焚烧厂相比而言，能

---

[1] 译者注：本书无 4.3.18 节。

够输出更多的回收热能，在蒸汽的需求较低的时候需要对某些热能进行冷却。

d. 气候。一般而言，热能在寒冷气候中会更具有价值（尽管采用热能驱动制冷的装置可为存在制冷/空调需求的焚烧厂提供该选项）。

e. 所生产热能和电能的当地市场价格。低的热能价格将导致焚烧厂转向生产电能，反之亦然。

f. 废物成分。较高浓度的腐蚀性物质（例如，氯化物）会导致腐蚀风险增加，因此若要维持焚烧过程的可用性就应该限制蒸汽参数（因此就会限制生产电能的可能性）。废物成分会依据季节不同而发生变化，这包括季节和假日所导致的某些区域人口构成的变化。

g. 废物的可变性。废物成分的快速而宽泛的波动会引起污垢和腐蚀问题，这会限制蒸汽压力并进一步限制电能的产生。在焚烧厂的生命周期中，废物成分的变化有利于采用具有宽大范围而不是精细范围的优化设计。

文献［28］指出，能源回收技术的优化要求是焚烧装置的设计要能够满足能源用户的需求。与供热能或同时供能热和电能的焚烧厂相比，仅供电能的焚烧厂的设计将会有所不同。

① 仅生产热能。

焚烧厂的回收能源以热水或蒸汽的形式进行供给（在不同的压力下）。可能存在的消费用户是：

a. 区域供暖（DH）和制冷（很不常见）网络；

b. 工业企业，例如化工厂、发电厂、海水淡化厂。

这些用户在大多情况下所需要的是蒸汽，除DH外，其能源形式可采用蒸汽或热水。若未存在连接到DH网络的有效蒸汽用户，则热水可被作为能源的输送形式。

热水经常是处于过热状态的，典型温度是200℃，目的是促进换热器内的传热行为。

当DH网络采用蒸汽时，锅炉出口的蒸汽参数（压力和温度）需要高于DH网络所要求的最高水平值。在焚烧厂仅是处于提供热能的情况下时，蒸汽压力通常需要比DH网络的需求压力高2bar或3bar，同时蒸汽过热2bar或30℃。

② 仅生产电能。

如下两个因素有助于增加TG（涡轮发电机）输出的电能数量：

a. 蒸汽高焓值，即具有高压力和高温度；

b. 汽轮机出口低焓值，这是由蒸汽的低冷凝温度导致的。

后者的温度取决于冷源（空气或水）的温度以及冷源与汽轮机出口温度之间的差异。

除了电能，通过采用汽轮机后的换热器还能够产生热水[74]。

③ 热电联产。

在夏季，诸如DH网络等用户对热能的需求较低时，采用CHP方式能够减少能源损失。通过在热循环中适当地定位散热孔，即采用低压蒸汽进行热能供应，以便为电能生产留下较高的压力，这使得进行高效发电成为可能。

对于CHP的情况，当热能需求较高时，汽轮机低压部分出口的压力保持恒定。压力只依赖于DH冷端回水（或其他回水）的温度，热能需求的变化可通过蓄能器罐或空气冷却器进行平衡[64]。

当热能需求不高时，汽轮机的低压段需要非常地灵活，原因在于：汽轮机内部的蒸汽流量会依据热能需求的不同而进行变化。例如[74]：

a. 从最大值：（全部产生电能，无热能需求）当100%的蒸汽流量传递至汽轮机的低压段时；

b. 到最小值：（最大热能需求）当仅需要最小的蒸汽流量用于保护汽轮机时。

在 CHP 的情况下，定位汽轮机排气❶所采用的方式是：该排气处的饱和温度和 DH 网络的起始端温度之间的差大约是 10℃。供应 DH 网络的排气通常是需要进行控制的，这意味着压力是保持不变的。

(3) 实现的环境效益

采用增加废物能源价值的回收和能源的有效供应/利用以便取代废物焚烧过程对外部电能的需求的方式，既节省了资源又避免了外部能源生产电能时所造成的污染排放和资源消耗。采用热电联产模式最有可能实现废物能源价值效益的最大化，原因在于：这种方式允许实现“放射本能（Exergy）”最大化。具体而言，CHP 模式允许采用较高的压力蒸汽产生电能，而剩余的蒸汽能源（较低的压力）仍然能够对外供应和用作热能。在不可能采用 CHP 模式的个别情况下，其他方案可能会提供最优选项[64]。

(4) 环境绩效和运行数据

文献［81］指出，通常 MSW 焚烧厂的每吨 MSW 可产生 0.4～0.8MW·h 的电能，具体值依赖于蒸汽量，其是废物 LHV 值、焚烧厂规模、蒸汽参数及蒸汽利用效率的函数。

对于电能和热能的联产方式而言，每吨废物能够额外提供 1.25～1.8MW·h（满负荷小时）的热能，具体值依赖于废物的 LHV 值，但这是以减少电能产生量为代价的。在这种情况下，与现场相关的热能供应机会非常重要。所依赖的系列因素包括：

① 地理位置；

② 正常（区域）热能利用周期（例如，在德国为 1300～1500h/a；在丹麦，大规模的 DH 网络使得全年均需要提供热能生产，其需求量达到 4000～8760h/a。此外，可通过供应冷却水或供应用于工业用途的蒸汽/热能的方式延长热能的使用期限）。

关于热能，针对在适合工况下以基本负荷运行的焚烧厂而言，在锅炉之后所提供的能源（例如，热水或蒸汽）可增加至锅炉总输入能源（不包括内部消耗需求）的 90%左右。在高转换效率和基本负载需求可用（即为创造这种情况而做出的特别安排）的情况下，采用专门预备的高热值废物（超过 20MJ/kg）是可能达到每吨废物能够回收 4～5.5MW·h 热能的[45]。通常，低热值废物无法达到这样高的热能产出水平，例如，未经处理的 LHV 值通常在 8～12MJ/kg 之间的 MSW。

(5) 跨介质影响

能源回收不应该妨碍废物的安全和有效销毁。例如，高蒸汽条件可能会影响焚烧厂的可用性。虽然更高的能源效率会导致更高的投资和维护成本，但也可能会导致更低的焚烧厂可用性[74]。

必须要特别注意的是：在进行运行温度范围为 450～200℃的锅炉设计时，要能够确保二噁英的再生成量是最小的，例如，要防止粉尘在这些温度范围内滞留（参见 4.4.14 节）。

某些污染控制和通用技术具有较高的能源需求。一些重要的能源需求技术示例包括：

① 袋式过滤器：其能够减少粉尘（及其他）排放，采用多个串联过滤器的方式会进一步地增加能源需求。

② SCR：其能够减少 NO_X 和气态 PCDD/F 的排放，但是作为焚烧厂的末端 FGC 系统，SCR 需要消耗能源以用于烟气的加热。

③ HCl 或 NaCl 再生：需要采用能源进行废水的外部蒸发。

---

❶ 在背压涡轮机（无低压段）的情况下，蒸汽压力和温度是指涡轮机出口处的。

④ 烟羽再热：需要采用能源以降低烟羽能见度。

⑤ 炉灰熔融：需要采用能源以提升炉灰的质量。

废物焚烧厂自身对能源的需求是：在热能输出的2%～5%（对于炉排焚烧或回转窑焚烧厂）和4%～10%（对于流化床焚烧厂）范围内[74]。

(6) 与可应用性相关的技术考虑

焚烧厂能够达到的能源效率范围在很大程度上依赖于被焚烧废物（即MSW、HW和SS等）的化学和物理性质及其热能含量。一般而言，如果废物中含有浓度较低和/或数量变化较小的可能会增强锅炉腐蚀性的变浓度的物质，则能够实现较高的电能效率。由于高温腐蚀已成为高蒸汽参数焚烧厂存在的日益严重的问题，这使得对高参数焚烧厂的可用性需求可能变为限制因素。

文献［29］表明，通常，当所回收的能源被用作热能时，焚烧厂所提供的部分热能实际上并未被使用。在某些情况下，由供热系统所产生的损失可能会很大，原因在于，对能源的需求并非始终处于满负荷的状态。典型的回收热能会达到最大化的情景如下所示：

① 当能源消费者是一个需要全部焚烧过程所回收的能源的工业过程时；

② 废物可储存然后在需要热能时进行燃烧（这避免了燃料能源的浪费）；

③ 区域供热网络的需求大于废物焚烧厂所提供的能源。

最后一种情况在城市或其他广泛采用区域供热网络的地区最为常见。

如果出现合适的热能分配和区域供热网络不可用的情况，这将成为限制实现高水平热能回收的机会和理由，从而会限制该过程输出所有可用能源的能力，进而使得回收效率难以达到最高水平。

因此，选择焚烧厂的建设地址和其所在的欧洲（气候）区（例如，较冷的气候有利于进行热能输出），对于确定可用的能源输出口和可达到的效率方面是至关重要的。

因此，对提高新废物焚烧厂整体能源回收率所面临的机会而言，在选择新建焚烧厂的位置时，这个机会是最大的。与正在运行中的焚烧厂所进行的技术选择相比，将焚烧厂选址在使其能够经济地连接到合适的能源分配网络的决策，通常而言，对焚烧厂的整体能源回收具有更大的影响。

降低焚烧装置的能源需求可能会涉及：针对所采用FGC系统的类型和范围所做出的决策。对这类决策采取平衡方法才是恰当的，即考虑减少焚烧装置的能源需求和哪些污染物应减排的程度的总体愿景。

(7) 经济效益

供应电能和热能的支付价格对增加为获得这些能源输出所做投资的经济性具有重大影响。在某些情况下，政府所支付的补贴为进行电能生产提供了具有吸引力的价格。在其他情况下，对热能的更高需求可能会导致相对于比生产电能更为有利的价格。在这种情况下，从这些来源所获得的收入可使得进行增加能源产量的资本投资更为有利。

对于仅供应电能的焚烧厂而言，提高电能效率能够从额外的产生电能/出售电能中获得更高的收入，但也会涉及更高的投资成本和通常更高的维护成本。因此，电能（售出）的价格将在解决方案的选择中起到关键作用[74]。

针对CHP焚烧厂而言，以热能形式输出的能源越多，提高发电效率所带来的效益就会越小[74]。

(8) 应用的驱动力

提高能源效率的主要动力是有利的经济条件，而这些反过来又会受到如下因素的影响：

a. 气候；

b. 位置；

c. 热能和电能的价格。

能够获得源自能源销售的更高收入，特别是在允许了以下情况时：

a. 电能出口效率将提高到 20%～30%（例如，将 0.6～2.9MW·h/t 的未处理混合 MSW 提高至 0.9MW·h/t）。较高的收入水平是通过采用废物预处理系统（注意，预处理阶段通常是需要能源的，从整个系统的角度出发，甚至可能导致焚烧阶段所提高的效率为负值）获得的，方式包括：为硫化床燃烧提供 RDF，以及增加的蒸汽参数值要在压力 40bar 和温度 400℃以上。

b. 对热能或蒸汽供给网络进行投资以提高利用可用能源的能力，在全年均存在热能需求的情况下，可使得效率达到 80%～90%（例如，将大于 2.3MW·h/t 未经处理的混合 MSW 提高到 2.9MW·h/t）。

c. 从低温热源获取可用热能技术的投资，有可能是不具有经济性的，例如，冷凝洗涤器和热泵（参见 4.4.11 节和 4.4.12 节）。

在优化能源回收、降低技术风险和降低成本等方面，进行热能的供给是有利的，也是可能的。但是，这仍然依赖于焚烧厂的当地情况，而且在很大程度上取决于电能和热能的销售价格。如果（大部分）热能不能被有效利用，那么 CHP 可能就是正确的解决方案。如果没有热能可以出售，那么良好的实际情况就是采用可用的能源生产电能。

① 仅生产热能。

客户需求是关键驱动力。因此，焚烧厂的位置是非常重要的。

一个重要的因素是接收焚烧厂输出热能的合同期限。通常，工业客户不能承诺长达一年或两年以上的合同。这不适用于焚烧厂，因为在焚烧厂开工前，一个项目可能需要几年的时间才能完成；此外，焚烧厂的融资和运营通常是长期的（15～25 年）。

最为有利的情况是：所有回收的能源均能够以出售热能的方式进行使用。这种情况可能出现于工业客户或者 DH 网络处于较冷气候的情况下，或者在基本负荷需求高于焚烧厂所输出能源数量❶的非常大的 DH 网络中。

如果所有的可回收热能都不能被出售，那么目标就是尝试采用剩余的能源进行电能生产。该决定取决于剩余能源数量和资本投资以及从电能出售中所获得的收入成本。

② 仅生产电能。

如果不存在热能的需求客户，那么唯一的选择就是产生电能。可通过采用增加蒸汽参数的方式增加电能的输出（参见 4.4.5 节）。

通常，蒸汽参数的选择（高或低）是在具有经济性的基础上进行的。技术风险也是其中的一个因素，原因在于：当采用更高的蒸汽参数时（例如，混合城市废物的蒸汽参数高于压力 40bar 和温度 400℃），其相应的技术风险也会增加；如果对焚烧厂的管理和维护不当，其就可能会失去可用性。

③ 热电联产。

一般而言，CHP 提供了一种解决方案，即在只能出售部分热能情况下提高整体能源输

---

❶ 某些声称实现 100%热能回收的焚烧厂的事实是，先向另外一家公司提供蒸汽，然后再将其转化为电能，例如：比利时的 Brussels、法国的 Metz 和加拿大的 Vancouver。在德国有 8 家仅是出售热能的焚烧厂中，所有出售每吨废物焚烧所供应的大量热能都是直接向发电站提供热能，而且通常只是作为工艺蒸汽。

出。如果所需热能的温度较低，则 CHP 方案是特别有效的。

(9) 工厂举例

城市废物焚烧厂的示例：

① Avfallskraftvärmeverket Renova、哥德堡（SE06）和 Umeå Energi AB、Umea（SE02），基于最大限度向本地网络提供热能的视角进行高水平的内部能源集成。

② Kymijärvi Ⅱ、Lahti（FI03）和 Rüdersdorf（DE84），高蒸汽参数和电能输出。

③ Indaver、Beveren（BE07），直接向邻近行业供给工艺蒸汽。

④ UVE（unité de valorisation énergétique des déchets）和 Metz（FR57），从附近工业企业接收除盐水，转化为蒸汽后将其作为输出返回该工业过程，具体输出形式是采用热能还是采用电能是根据工业需求确定的。

为区域供暖提供热水的 MSWI 厂的示例：Rungis（FR64）、La Rochelle（FR23）、Laanila WtE Plant、Oulu（FI04）、Vantaan Jätevoimala、Vantaa（FI05）、Westenergy Oy Ab、Mustasaari（FI06）、MVA Pfaffenau、Vienna（AT03）。

为区域供暖提供蒸汽的焚烧厂示例：Biomasseheizkraftwerk Zolling GmbH、Zolling（DE04）、Allington 焚烧炉、Maidstone（UK07）、废物转化能源厂 HVC Dordrecht（NL03）。

为工业提供蒸汽的焚烧厂示例：Nantes-West（FR）。

仅产生电能的焚烧厂示例：伦敦（英国 09.1）、MVA Zistersdorf，Zistersdorf（AT07）。

为发电装置提供蒸汽的 MSWI 厂示例：Brussels（BE）、德国的几座焚烧厂；Vancouver（加拿大）。

危险废物焚烧厂的示例：

① BASF Ludwigshafen、Ludwigshafen（DE26）、SAV Biebesheim、Biebesheim（DE29）和 SEDIBEX、Sandouville（FR111），产生电能和提供热能；

② Fos/MER（FR104），其所产生的蒸汽全部用于所在地的化工厂；

③ 德国化工工业（19 个焚烧厂，产能大于 500000t/a）现场采用蒸汽用于其他过程、电能（4 个焚烧厂）和额外的区域供热；

④ AGV，Trostberg（DE19），通过加热热油进一步用于化学生产的方式实现能源回收；

⑤ SAV，Hamburg（DE30），蒸汽不在内部采用，完全输出至邻近的区域加热设施。

位于 Łódź（PL07）的污泥焚烧厂采用从烟气中回收的全部热能加热流化空气，并在焚烧前（无能源出口）产生用于干燥污泥的蒸汽。

医疗废物焚烧厂 ZAVIN C. V.、Dordrecht（NL04）为附近的 MSW 厂 HVC Dordrecht（NL03）提供蒸汽[74,81]。

(10) 参考文献

[29]，[28]，[30]，[5]，[64]。

4.4.2 减小烟气体积

(1) 描述

通过减少烟气流量的方式减小其体积。

(2) 技术说明

文献［28］指出，烟气损失相当于随着烟气离开焚烧厂的热能（此处的热能通常考虑的是锅炉之后的）损失，具体的实际损失量取决于烟气流量及其温度（焓）。

减少烟气损失的一种可能途径是降低烟气的流量。为了实现上述目的，存在如下几种可能的选择：

① 减少过剩空气，例如，改善一次风和/或二次风的分布；

② 进行烟气再循环，即采用烟气代替部分二次风。

(3) 实现的环境效益

降低烟气净化系统的能耗。

(4) 环境绩效和运行数据

对于城市废物焚烧厂而言，通过烟气所造成的能源损失范围的典型值占废物供给能源的13％～16％，但如果烟气冷却至饱和点则该范围可减少到 5％～8％；通过采用低温省煤器和/或烟气冷凝器，则额外的高达 20％的废物供给能源是能够被回收的。针对流化床锅炉而言，其烟气损失为 8％～9％。

(5) 跨介质影响

通过减少过量燃烧空气和烟气再循环的方式降低烟气流量会增加锅炉的腐蚀风险。如果烟气浓度降低得太多，则可能会危及燃烧空气是否会燃尽和在烟气中是否会存在剩余的未完全燃烧的产物。

(6) 与可应用性相关的技术考虑

这项技术是普遍可应用的。烟气流量能够被减少的程度受到以下因素的限制：实现废物完全燃尽的需要，以及采用诸如烟气再循环技术时存在腐蚀的风险。

(7) 经济效益

未提供信息。

(8) 应用的驱动力

降低焚烧全流程的能耗和增加能源的开发[74]。

(9) 工厂举例

欧洲的许多焚烧厂。

(10) 参考文献

［28］，［64］。

4.4.3 降低全流程能耗

(1) 描述

① 采用综合方法，以优化全流程焚烧装置的能源消耗为目标，而不是以优化每个单独的过程单元为目标[74]。

② 将高温装备置于低温的或具有高温降区间的装备的上游。

③ 采用换热器以减少能源输入。

④ 采用废物焚烧厂所生产的未予以使用或供应的能源替代外部输入能源。

⑤ 采用变频模式控制旋转机械设备。

⑥ 采用再生制动系统。

(2) 技术说明

为使得焚烧厂处于运行状态，焚烧过程自身是需要消耗能源的，这些能源可从所焚烧废物所蕴含的能源中获得。焚烧厂所需能源的数量依赖于其所燃烧废物的类型和该焚烧厂的设计方案。

减少焚烧装置的能源需求需要在确保有效焚烧、处理废物和控制排放（特别是至大气中的排放）间获得均衡。

显著的工艺能源消耗的常用来源包括：

① 废物预处理（破碎机等）；

② 废物输送/装载设备（例如，泵/起重机和抓斗/螺旋给料机）；

③ 用于燃烧支持和启炉/停炉的燃料（最为常见的是低 CV 废物）；

④ 用于克服压降和燃烧空气供给的引风机和强制风机；

⑤ 风冷冷凝器；

⑥ 对湿式烟气处理系统处理后的烟气进行加热（湿式烟气处理系统比半湿式和干式净化系统具有更佳的冷却烟气的效果）；

⑦ 在特定的空气污染控制装置（例如，袋式过滤器和 SCR 工艺）前进行烟气的再次加热；

⑧ 为降低烟羽能见度在烟气的最终排放前对其进行再次加热；

⑨ 其他设备的电能需求。

在许多情况下，特别是在 FGC 技术经过阶段性的改变之后，对排放水平的要求更低，相应地，FGC 系统所消耗的能源也就越多。因此，重要的一点是：在设法降低排放水平时，必须要考虑到所增加的能源消费造成的跨介质影响。

以下技术降低了工艺需求：

① 采用一种综合的方法，目标是优化全流程焚烧装置的能源消耗，而不是优化每个单独的过程装备的能耗[74]。

② 将高温装备置于较低温度的或具有高温降区间的装备的上游。

③ 采用换热器以减少能源输入，例如 SCR 工艺。

④ 采用废物焚烧厂所生产的未予以使用或供应的能源替代外部输入能源。

⑤ 对诸如风扇和泵等能够以可变速率运行的装备组件，采用频率控制这些旋转机械设备，以使得其通常是在低负荷下有效地运行。这会显著降低它们的平均能源消耗，原因在于：压力变化是通过改变速度而不是阀门开度的方式实现的。

⑥ 在废料起重机上采用再生制动系统。

再生制动系统在起重机的下降和减速过程中会产生能源，可将其反馈至能源供应网络。这种能源也可用于驱动起重机的其他运动。再生网络的制动无须再采用制动电阻[92]。

(3) 实现的环境效益

减少焚烧过程的能源需求可减少对外部能源生产的需求和/或允许输出更多数量的能源。回收的额外能源是可供使用的。

(4) 环境绩效和运行数据

文献［28］指出，对于城市焚烧厂而言，根据废物的 LHV 值，典型的耗电量在 60～190kW・h/t 之间。

据报道，MSWI 厂焚烧废物的平均自耗电量为 75kW・h/t，该焚烧厂所采用的相关配置为：废物的 LHV 为 9200kJ/kg，该厂仅用于产生电能（不产生热能），采用半湿式 FGC 系统和 SNCR 工艺进行脱 NO_X，未采用烟羽消除装置。在此类 MSWI 厂中，在未进行废物预处理、烟气再热或为降低烟羽能见度而进行再次加热的情况下，主要的电能消耗降低水平大致如下：

① 引风机：30%。

② 强制风机：20%。

③ 给水泵及其他水泵：20%。

④ 风冷冷凝器：10%。

⑤ 其他：20%。

文献［74］指出，具有较大处理能力的焚烧厂可实现一定规模的经济效益，从而降低处理单位废物的能耗。

再生网络制动系统能够用于加工废物和焚烧残余物，其能够减少的能源消耗高达 30%，并且消除了需要进行维护的电阻。该系统能够稳定起重机的电能供应，防止出现供电网络干扰，并且能够过滤起重机到供电网络之间的谐波失真现象。当供给电压小于 500V 时，提升机、小车横移和桥架的运行速度均会较高。例如，如果供电电压为 380V，该技术可使得起重机的速度提高 30%[92]。

（5）跨介质影响

通过 FGC 装备的设计和运行降低能源消耗会使得至大气中的排放水平增加。

（6）与可应用性相关的技术考虑

此技术会消耗额外的能源，并且大部分的额外能源是被烟气处理技术所使用的。如果不能通过采用其他能够保证相同的或更好的环境绩效技术达到平衡，那么通过撤掉这些烟气处理部分以达到减少过程能耗的目的就是不合适的。

针对新建焚烧装置而言，其所对应的优化选项是最多的。此时，存在从各种总体设计方案中进行检查和选择的可能。目标就是，要获得能够平衡排放水平和能源消耗的解决方案。

针对已有焚烧装置而言，其对应的优化选择可能是很有限的，原因在于：进行完全的重新设计需要相关的费用（和额外的技术风险）。通常，经过改造达到更佳环保性能的焚烧厂必须要安装尾部烟气净化设备，因此其会导致更高的能源消耗量。

（7）经济效益

通过减少对外部过程能源的需求可达到节省运行成本的目的。如果所节省的能源可用于输出，那么这相应地也能够带来额外的收入。

在某些情况下，对已有焚烧装置进行重大的重新设计所需要的投资成本可能会比改装后的焚烧装置所能够实现的效益要高。

安装再生网络制动系统的成本依赖于起重机的尺寸[92]。

（8）应用的驱动力

能源销售所带来的额外收入，或因减少能源使用而降低运行成本。

（9）工厂举例

未提供信息。

（10）参考文献

［28］，［31］，［64］，［92］。

4.4.4　选择汽轮机

（1）描述

此处需要考虑的技术包括：

① 背压式汽轮机；

② 凝汽式汽轮机；

③ 抽汽凝汽式汽轮机；

④ 双抽凝汽式汽轮机。

(2) 技术说明

当能够向用户提供大量且可能恒定的热能时，可采用背压式汽轮机。背压水平值依赖于所需供给热能的温度水平值。通常，背压式汽轮机的排气压力是高于大气压力的（例如，4bar 的绝对压力）[74]。

当具有很小的可能性或不太可能向用户提供热能时，或者所提供的蒸汽压力过高（对于背压式汽轮机）和所回收的能源需要被转换为电能时，则需要采用凝汽式汽轮机。相应地，发电效率会受到冷却系统的影响（另参见 4.4.6 节）。凝汽式汽轮机的排气压力是处于真空状态的（例如，0.2bar 的绝对压力依赖于涡轮负荷和环境温度）[74]。

抽汽凝汽式汽轮机是指在中压下为特定目的而大量进行抽汽的凝汽式汽轮机，其几乎总是具有一些用于工艺过程的抽汽装置。当可向用户提供大量不同数量的热能或蒸汽时，可采用抽汽凝汽式汽轮机进行处理。所需的（低压）蒸汽量从汽轮机中抽取，剩余的蒸汽则进行冷凝处理。

针对双抽凝汽式汽轮机而言，通过采用部分输入蒸汽对第二级蒸汽进行过热处理的方式对两级之间的蒸汽进行加热，从而在低冷凝温度的情况下达到较高的能源产出量，同时不对汽轮机造成损坏[74]。

(3) 实现的环境效益

汽轮机的类型选择对电能的生产和能源的输出具有影响。蒸汽排放是能够优化能源利用的。化石燃料的节约能够减少污染物和温室气体的排放，这是通过减少采用外部电站的额外电能的方式获得的。

(4) 环境绩效和运行数据

MSWI 厂的汽轮机容量通常不是很大，典型值是 10MW_e（范围为 1～74MW_e）。排气口的数量通常被限制为 3 或 4 个（这与发电厂不同，后者的汽轮机具有更多的排气口）。

汽轮机的低压部分需要以最小的蒸汽流量对其叶片进行冷却，进而避免产生振动和防止凝结。

如果在某些运行工况下剩余的蒸汽流量太小，也可采用两个汽轮机（一个高压，一个低压）替代一个同时具有高压部分和低压部分的汽轮发电机。这种选择是根据当地焚烧厂的具体情况而确定的，并且最佳选择也可能会随着时间而发生变化[74]。

为提高凝汽式汽轮机的电能输出，焚烧过程的某些设备（例如，除氧器、空气加热器、吹灰器）所需的蒸汽通常是在汽轮机的高压部分膨胀后从汽轮机中进行抽取的。这是通过放汽（也称为“抽汽”或“开孔”）操作予以实现的。通常，这些放汽被认为是“不受控的”，原因在于，放汽压力依赖于汽轮机的负荷（当蒸汽流量被减少 50%时，放汽处的压力可被减半）。定位放气口位置的方式为：无论汽轮机的负荷是多少，放汽压力都要足够高以便能够满足焚烧过程的需求。

(5) 跨介质影响

汽轮机端部的低冷凝温度可能会引起其叶片失效，这种失效是由于蒸汽中的高水分含量而导致的腐蚀和水击磨损，因此水分含量一般被限制在 10%左右[74]。

(6) 与可应用性相关的技术考虑

选择汽轮机必须要与选择蒸汽循环的其他特性同时进行，并且要更多地依赖于现有的基础设施和/或能源市场而不是焚烧工艺[64]。

(7) 经济效益

据报道，双抽凝汽式汽轮机需要在蒸汽系统中安装额外的连接。因此，对于废物焚烧厂中典型的相对较小的汽轮机而言，与安装额外的连接而增加的电能输出相比，在经济上的付出是相对昂贵的。

(8) 应用的驱动力

未提供信息。

(9) 工厂举例

① DE54。通过对凝汽式汽轮机的蒸汽分接能够获得各种用途的能源和全部能源的优化。在 400℃的温度和 40bar 的压力下，蒸汽被输送至汽轮机。在大约 300℃的温度和 16bar 的压力下，分接蒸汽为本地和远程蒸汽所采用。在大约 200℃的温度和 4.8bar 的压力下，分接蒸汽主要用于本地消耗，这会具有最佳的能源效果。

蒸汽可用于本地系统和建筑物中的空气和水预热以及用于烟气净化。远程蒸汽主要用于支持生产过程，但也用作远程的加热源[64]。

② Rennes 焚烧厂（FR）-改造。该厂 2 条焚烧线的处理能力均为 5t/h，焚烧废物产生的是绝对压力为 26bar 和饱和温度为 228℃的蒸汽，用于 DH 网络供热。在 1995 年，增加了第 3 条处理能力为 8t/h 的焚烧线，在相同的压力下生产温度为 380℃（过热 150℃）的蒸汽。

一套容量为 9.5MV·A 的 TG 装置接收源自 3 条焚烧线的中间过热混合蒸汽。但是，TG 装置能够在这 3 条焚烧线中任何一条停炉的情况下运行，这意味着：当 2 条生产能力为 5t/h 的焚烧线停炉时，其仍然可以采用 150℃的过热蒸汽进行运行；当生产能力为 8t/h 的焚烧线停炉时，其可采用饱和蒸汽进行运行。需要注意的是，汽轮机仅能采用饱和蒸汽进行运行。

③ Paris 三家焚烧厂（FR）。这些焚烧厂的废物焚烧总量为 1800000t/a，其向 Paris 的区域供热网络供给的蒸汽量为 4000000t/a（290000MW·h/a），相当于该市总需求量的 45%。这些焚烧厂会还产生 290000MW·h/a 的电能，其中的 10000MW·h/a 的电能供给至国家电网。

根据 DH 需求，蒸汽的输送压力由阀门调节在 12～21bar 之间，其在不需要换热器的情况下直接输送至 DH 网络中。蒸汽的不同部分以凝结水的形式返回。此外，脱矿质处理厂也能够产生三分之二的蒸汽流量。

与所产生的蒸汽量相比而言，DH 的需求量较大。事实上，这 3 个焚烧厂均供给至相同的 DH 网络，属于相同的业主并且由同一家公司进行运营，这导致了只能对焚烧设备进行特定的选择[74]。

(10) 参考文献

[64]。

4.4.5　增加蒸汽参数和应用特殊材料减少锅炉腐蚀

(1) 描述

需要考虑的技术有：

① 覆层；

② 复合锅炉管；

③ 陶瓷耐火材料。

(2) 技术说明

较高的蒸汽参数能够增加汽轮机效率和使得燃烧每吨废物能够产生更高的电能产量。但是，由于废物燃烧时所产生的烟气具有腐蚀性，这使得焚烧炉并不能采用与某些初级发电设备相同的温度和压力，例如，100～300bar 和 620℃。举例说明，煤电厂的蒸汽的正常最高温度为 540℃。

在以下两项之间是存在区别的[64]：

① 蒸汽压力，其是用于确定水冷壁中（可通过覆层保护）和换热管束中的温度的（饱和压力）；

② 蒸汽温度（过热蒸汽），其是用于确定过热器中的温度的。

一般而言，除非采取特殊措施用于避免腐蚀所造成的影响（这会导致焚烧装置的可用性降低和运行成本的增加），MSWI 通常会被限制在压力为 40～45bar 和温度为 380～400℃的蒸汽参数下。进行上述参数的取值，需在以下各项之间进行均衡：

① 采用特别措施的费用，例如，采用特殊材料以减少腐蚀；

② 因焚烧装置失去可用性，需要增加维修时所产生的费用；

③ 生产任何额外电能的成本。

为了减少腐蚀的影响，镍/铬（主要成分）合金覆层或其他特殊材料能够保护暴露的换热器表面遭受烟气腐蚀。通常，覆层始于耐火材料之后，其覆盖着锅炉第一通道和第二通道的起始段，但其也可能进一步向前延伸至第三通道，甚至是延伸至第四通道中的最终过热器管束，这取决于焚烧厂较高的特定保护需求。耐火材料墙也可采用风冷（轻微超压）方式以减少对耐火材料下方换热管道的腐蚀。瓷砖也可用于保护锅炉管。

在采用过热器和/或用瓷砖或特殊合金保护热交换表面之前，可通过将烟气温度降低到 650℃以下的方式减少对膜壁和过热器的高温腐蚀。

在炉壁的陶瓷表面采用特殊合金的主要优点是能够更好地向锅炉传递热能，从而使得在烟气传输至第一个对流管束之前具有较低的烟气温度。

另外一种替代覆层的方法是安装由内管和外管组成的复合锅炉管，其采用金属结合在一起，并且采用的是不同的合金组合。自 20 世纪 70 年代以来，废物焚烧锅炉开始安装复合锅炉管[64]。

(3) 实现的环境效益

① 更高的焚烧装置可用性意味着减少了与启炉和停炉相关的更高污染排放量。

② 焚烧炉耐火衬里的高热容量有助于降低具有多变化 LHV 值的废物可能产生的温度波动，从而促进更加稳定的焚烧和减少燃烧阶段的排放水平。

③ 通过增加蒸汽压力和/或温度使得燃烧每吨废物能够获得更高的电能输出。在这种更高的能源效率的情况下，降低了化石燃料（节省资源）的外部消耗（例如，发电厂）和相关的二氧化碳排放[74]。

(4) 环境绩效和运行数据

较高的蒸汽参数会增加焚烧过程运行的技术风险，相应地，所需要的评估和维护技术水平也会较高。

(5) 跨介质影响

增加蒸汽参数而不应用特殊防腐措施，会增加锅炉腐蚀风险和相关的维护成本以及损失焚烧装置的可用性。

(6) 与可应用性相关的技术考虑

增加蒸汽参数可应用于全部进行电能回收的焚烧炉或热能产出占比低的 CHP 焚烧炉，其目的是增加电能输出。

该技术对具有可靠的蒸汽或热能供给模式选择的焚烧过程的适用性是有限的，原因在于：在这种情况下不需要增加电能输出和承担相关的额外技术风险和投资成本。

在采用增加蒸汽参数和/或焚烧高腐蚀性废物时，需要应用覆层和其他特殊材料以减少腐蚀。

供给废物 LHV 升高的已有焚烧厂可能会在采用特殊材料和覆层的过程中获得益处，原因在于：这种情况能够降低维护成本和改善电能输出。

(7) 经济效益

用于防止腐蚀的覆层成本可与降低的维护成本、销售电能的收入和改善的焚烧装置可用性等所获得的收益相互抵销。

据报道，覆层成本约为 3000EUR/m^2。

收入所增加的幅度依赖于所获得的能源价格。

(8) 应用的驱动力

更高的电价会激励焚烧企业采用该技术，因为其将会以更快的速度回收所需的投资。

(9) 工厂举例

高蒸汽参数焚烧厂：

① Odense（DK）：50bar，520℃，具有覆层。

② AVR Amsterdam、AVR Botlek、AVR AVIRA 和 AVI Wijster（均为 NL）。

③ AVE-RVLLenzing（AT）：循环流化床焚烧炉，能够接收包括含有大约 60%的塑料的各种废物组分，在压力为 78bar 和温度为 500℃的参数下生产蒸汽。

④ Riikinvoima（FI）：循环流化床焚烧炉，接收机械预处理后的 MSW，在压力为 80bar 和温度为 500℃下生产蒸汽。

⑤ Ivry（FR）：75bar，475℃。

⑥ Mataró（ES）：60bar，380℃。

⑦ Lasse Sivert Est Anjou（FR）：60bar，400℃。

改进提升的焚烧厂：

Rennes（FR）：26bar，228℃（饱和状态）；添加了第 3 条焚烧线，锅炉的额定压力和温度为 26bar 和 380℃；2 条焚烧线的联合蒸汽被送到 TG 装置。

应用特殊材料的焚烧厂[74]：

① 改进焚烧厂：Toulon、Thiverval（FR）、Mataró（ES）、Stoke on Trent（UK）。

② 新建焚烧厂：Lasse Est Anjou（FR）。

(10) 参考文献

[32]，[28]，[2]，[3]，[64]。

4.4.6 降低冷凝器压力（即改善真空度）

(1) 描述

此处需要考虑的技术包括：

① 空冷；

② 蒸发水冷却；

③ 通过对流方式进行水冷。

(2) 技术说明

蒸汽在离开汽轮机低压段后，在冷凝器中进行冷凝，其所包含的热能进入冷却液中。源于蒸汽的冷凝水会进行再循环以用作锅炉给水[74]。

通常，冷源越冷，焓降越高，所产生的电能也越高。受限于气候条件的原因，在较冷的气候中更容易达到这种低压。这也是为什么欧盟北方国家焚烧厂比南方国家焚烧厂的热能效率更高的原因之一[64]。在任何情况下，汽轮机的最后阶段都必须要针对相应的（低）真空工况进行设计，进而避免水击现象所造成的磨损。由于该原因，蒸汽中的最大含水量通常会被限制在10%左右。

最低温度是通过采用空气或水作为冷却介质对蒸汽进行冷凝后获得的，这些温度对应于低于大气压力（即真空）的压力。

在瑞典或丹麦所发生的现象是，一个大型DH网络全年都采用MSWI厂满负荷运行所生产的能源，冷源是指由DH网络返回的有时温度很低（例如，40℃或60℃，参见4.4.11节中的表4.9）的冷水（另参见《大型燃烧厂最佳可行技术参考文件》3.2.3.2节）。

通常，一旦蒸汽穿过“莫里尔”图中的饱和线，其会开始变“湿”，相应地，水分所占百分比会随着蒸汽在汽轮机中的膨胀而逐渐增加。为了避免涡轮的末端被损坏（被水滴侵蚀），必须要对湿度进行限制（通常在10%左右）[74]。

(3) 实现的环境效益

通过改善真空可以增加电能的产生量。

(4) 环境绩效和运行数据

电能输出的增益会随着冷凝器压力的降低而变得更大，因此这种技术对凝汽式汽轮机而言是更加有利的[64]。

基于ACC（风冷冷凝器）和温度为10℃的空气，依据冷凝器表面的差异，通常可在冷凝器中获得85～100mbar的绝对压力。当环境的空气温度为20℃时，在相同ACC内的压力为120～200mbar的绝对压力。这种设计是在合理的热交换面和低的冷凝压力之间进行的折中[74]。

以温度为10℃的河水作为介质的水力冷凝器（直流冷却冷凝器，开环模式）的绝对压力将在40～80mbar的范围之内，其原因在于，与水介质进行热交换更容易。

对于常压冷却塔❶，水的温度与空气的温度及其湿度（湿球温度）有关。如果湿球温度为10℃，冷凝器压力将达到绝对压力60mbar左右。通过塔顶设计可减少（但不能避免）塔顶上方的蒸汽烟羽，进而导致冷凝器的压力轻微增加。由于存在水分蒸发和直接接触，采用这种类型的冷却器可能会存在感染军团菌的风险。这种常压冷区主要应用于冷却需求较小的场景（例如，汽轮机辅助设备）[74]。

理论上，如果常压冷却塔的真空度从100mbar提高到40mbar，电能将会从24.1%增加到25.8%（+7%）[64]。

(5) 跨介质影响

在开环冷凝系统中，即直接冷却水力冷凝器中，假设水温升高10℃，则所需的水流量约为180m^3/(MW·h)。

---

❶ 冷却塔或制冷塔。蒸汽冷凝器的冷却流体是水介质。此处，水介质是处于封闭的循环之中，其在冷却塔中通过与周围空气的接触实现自身的冷却。在该塔中，部分的水介质被蒸发，进而会在塔上部产生水蒸气。

在具有冷却塔的闭环系统中，耗水量（蒸发水）约为 $2.5m^3/(MW \cdot h)$ 或 $3m^3/(MW \cdot h)$。

通常，开环和闭环系统都可能需要添加化学品或其他技术，进而减少热交换系统中产生的可能需要进行水处理的污垢。对于开环系统而言，其排放污垢的影响要比闭环系统大很多。

低冷凝器压力会导致蒸汽湿度增加，而蒸汽湿度会增加汽轮机的磨损程度[74]。

由于空气冷凝器会产生噪声，因此对其进行详细设计（例如，屏蔽、变频器噪声水平）是很重要的。

进行冷凝器表面的净化处理对提升其运行效率也是非常重要的，其应该在较低的温度下进行[74]。

(6) 与可应用性相关的技术考虑

当生产电能在焚烧厂具有较低优先级的情况下（例如，提供热能是可能的），汽轮机的出口压力可高于大气压力。在这种情况下，运行的汽轮机被称为以背压方式运行，并且（剩余）蒸汽在冷凝器中进行冷凝。

特别地，在干旱地区，风冷冷凝器经常是唯一的可应用的类型[74]。

开环式水力冷凝器仅适用于具有充足水供应的区域，即能够承受后续水排放所存在的加热效应。

(7) 经济效益

在电能价格较高的地方，采用更高的减压技术将是最为经济的。

对于 ACC，更高的压降要求冷凝设备具有更大的表面积和性能更好的风扇电机，这显然会增加成本。

(8) 应用的驱动力

电能的价格是一个关键驱动因素。

另外一个驱动力是：当环境温度较高时，采用 TG 设备更容易实现同步[74]。

(9) 工厂举例

大多数欧洲焚烧厂都安装了 ACC 设备。

巴黎附近的 Issy 和 Ivry 焚烧厂、Bellegarde 焚烧厂（FR）以及 Southampton 焚烧厂（英国）均采用了开环水力冷凝器。

Strasbourg 和 Rouen 焚烧厂（FR）均采用具有冷却塔的闭环水力冷凝器。

(10) 参考文献

[28]，[64]。

4.4.7　优化锅炉设计

(1) 描述

进行优化锅炉设计的目的是达到以下事项：

① 保持锅炉出口的烟气温度尽可能低；

② 避免污染；

③ 保证整个锅炉内的烟气流速低且均匀；

④ 实现良好的热交换。

(2) 技术说明

焚烧过程回收的热能是由烟气转移至蒸汽（或热水）的能源。通常，锅炉出口处烟气中的剩余能源会被损失掉（除非在更远的下游采用热交换系统）。因此，为最大限度地进行能源回收，降低锅炉出口处的烟气温度通常是较为有利的。

锅炉污垢对能源回收存在着2个影响。第1个影响是，锅炉污垢降低了换热系数，从而导致热能回收的降低。第2个影响，也是最为重要的，即锅炉污垢会导致换热管束的阻塞进而导致焚烧厂停炉。锅炉污垢的另外一个不良影响是，增加了对沉积层下方的腐蚀风险。通常，为限制锅炉污垢，锅炉多被设计为：每年最多采用人工手动方式清洗一次（见4.4.14节）。

运行良好的锅炉必须要具有足够的热交换面，而且还需要具有设计良好的几何形状，进而达到限制污垢的目的。上述需求能够在立式、卧式或立式-卧式组合锅炉等设计概念中得到实现（参见2.4.4.2节）。

文献［28］和［74］所报告的具有良好设计实践的示例如下所示：

① 在锅炉整个直径（空间）内，烟气速度必须要低（以避免侵蚀）和均匀（以避免高速区域和避免停滞，这两种行为均可能会导致污垢）。

② 为了保持较低的烟气速度，锅炉内的通道必须具有宽横截面，其几何形状必须要符合空气动力学。

③ 锅炉内的第1个通道不应该包含换热器，其应该具有足够的尺寸（特别是高度）以允许烟气温度能够低于650～700℃。但是，烟气可通过水冷壁（基于对流原理运行）进行冷却（事实上，除了省煤器外，这些管壁包裹着整个锅炉。在蒸汽锅炉中，管壁通常是汽化器的一部分）。辐射换热器也可放置在温度较高的开环通道中。

④ 第一批管束不能安装在飞灰仍然很黏稠的位置，即温度太高的位置。

⑤ 管束之间的间隙必须要足够宽，进而避免管束之间出现“堆积”（由污垢造成）现象。

⑥ 为防止出现热点、烟气冷却效率低下等问题，需要对膜壁和对流交换器内的水蒸气循环模式进行优化。

⑦ 为避免烟气形成偏好路径而导致温度分层和换热无效，需要设计卧式锅炉。

⑧ 为便于在现场进行锅炉清洗，需要提供适当的设备。

⑨ 为了能够根据管壁温度优化换热表面和防止腐蚀发生，需要优化对流交换器的布置（逆流、共流等）。

(3) 实现的环境效益

更高的焚烧厂可用性和更好的热交换能够增加焚烧厂进行整体能源回收的可能性。

减少结垢的锅炉设计还能够缩短灰尘在可能增加二噁英形成风险的温度区域内的滞留时间。

(4) 环境绩效和运行数据

未提供信息。

(5) 跨介质影响

未报道。

(6) 与可应用性相关的技术考虑

该技术适用于所有具有回收能源锅炉的焚烧厂的设计阶段，特别是那些希望提高运行寿命和效率的焚烧厂[74]。

(7) 经济效益

通过减少维护和增加能源销售而节省的运行成本可能会具有非常短的投资回报期，之后即可证明在新焚烧装置中采用上述这些技术是合理的。

针对拟要进行替换锅炉方案或锅炉效率较低的已存在焚烧厂（通常，城市焚烧厂的传热效率会低于 75%）而言，在设计新系统时也需要考虑这些因素。

(8) 应用的驱动力

减少维护、增加能源回收和可能的能源销售收入均是执行该项技术的驱动力。

(9) 工厂举例

广泛应用于整个欧洲。

(10) 参考文献

[28]，[2]，[64]。

4.4.8　采用集成化焚烧炉-锅炉

(1) 描述

焚烧炉-锅炉集成化技术的采用。

(2) 技术说明

在具有耐火材料内衬的管道中输送高温气体的过程可能会很复杂，即其可能会产生黏性沉积物和有时也会存在熔融沉积物。为了避免上述这种情况，有时会通过增加过量空气的体积量的方式降低气体温度，但这可能会导致效率的损失。

在集成化焚烧炉-锅炉中，锅炉直接覆盖在焚烧炉表面上，即不存在中间管道。因此，锅炉管能够冷却焚烧炉的侧面。锅炉管是由耐火材料进行保护和冷却的（相互受益）。合适的锅炉管和耐火材料的设计允许实现很好的炉膛冷却控制。对焚烧炉进行有效冷却是必要的，其也有利于避免焚烧炉内的堵塞，特别是在焚烧具有较高 LHV 的废物的情况下。

(3) 实现的环境效益

通过减少焚烧炉出口辐射所造成的热损失，该技术能够提高热能回收（以补充外部滞后所造成的影响）。

(4) 环境绩效和运行数据

这种技术避免了焚烧炉内的堵塞和需要停炉后采用人工方式进行清洗。

(5) 跨介质影响

未报道。

(6) 与可应用性相关的技术考虑

一般应用于炉排炉，不可应用于旋转和振荡回转窑。

(7) 经济效益

对于小容量焚烧炉（即 1t/h 或 2t/h）以上的焚烧厂而言，集成化焚烧炉-锅炉通常会比采用单独的锅炉更为经济。

(8) 应用的驱动力

采用这种技术是当代设计师的常规做法。

(9) 工厂举例

大多数焚烧厂均采用集成化焚烧炉-锅炉（旋转和振荡回转窑除外）技术。

(10) 参考文献

[28]，[64]。

4.4.9 采用屏式过热器

(1) 描述

屏式过热器技术的采用。

(2) 技术说明

屏式过热器是以平行方式安装的折叠管平板，这些平板相互之间的间隙较宽并且与烟气流向平行，如图 4-4 所示。过热器的进口采用不锈钢外壳进行保护，利用特殊水泥固定到位。

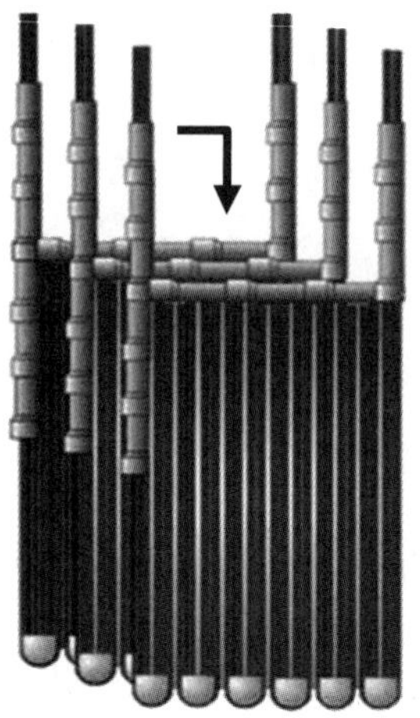

图 4.4 屏式过热器示意图

热交换是通过辐射而不是通过对流方式进行的。正是因为采用这种方式，这些过热器可安装在比管束更热的位置（在焚烧城市废物时，可安装在高达 800℃ 的烟气中），所产生的污垢有限，降低了对管道的侵蚀和腐蚀。

在这些屏式过热器上，当污垢沉积物的厚度达到约 2cm 时，该厚度即可稳定下来，并不会造成堵塞。因此，该技术能够在很大程度上减少需要人工清洗处理和进行相关停炉操作的时间。

由于采用辐射交换，蒸汽温度可在一年的运行期间内保持恒定，明显地延迟了由侵蚀和腐蚀所造成的破坏。

(3) 实现的环境效益

这种技术能够增加能源回收。屏式过热器允许产生具有良好可用性和稳定性的高过热蒸汽温度。

(4) 环境绩效和运行数据

未提供信息。

(5) 跨介质影响

未报道。

(6) 与可应用性相关的技术考虑

该技术可安装在具有 2 个或 3 个开环通道的锅炉上。

(7) 经济效益

当安装在烟气温度较高的区域（第二通道或第三通道）时，这种技术比采用用于最后一级过热器（较热的过热器）的管束更为经济。

(8) 应用的驱动力

该技术的驱动力是具有在高过热蒸汽温度下的长运行周期。

(9) 工厂举例

① Toulon 3、Thiverval 3、Lons le sunier、Cergy Saint-Ouen l'Aumône、Rennes 3、Monthyon、Chaumont、Nice 4、Belfort、Villefranche sur Saône、Toulouse-Mirail 1 和 2、Lasse (Saumur)(FR)。

② Thumaide (BE)。

③ London SELCHP、Stoke-on-Trent、Dudley、Wolverhampton、Chineham、Marchwood (UK)。

④ Mataro (ES)。

⑤ Maia、Loures 和 Santa Cruz (Madeira) (PT)。

⑥ Piacenza (IT)。

⑦ Moscow（俄罗斯）。

（10）参考文献

［28］，［64］。

4.4.10　采用低温烟气换热器

（1）描述

此处需考虑的技术包括：

① 采用由耐腐蚀材料制成的换热器；

② 设计循环以避免产生导致腐蚀的工况。

（2）技术说明

文献［2］指出，锅炉具有额外的热交换能力，其能够提高在其他位置采用这些热能的可能性，从而有助于提高能源效率。锅炉末端的烟气温度能够降低的幅度依赖于以下因素：

① 事实上，在低于 180℃的温度水平的情况下，会增加省煤器最后管束和酸性气体洗涤管上游的腐蚀风险（随着各种酸的露点的逐渐接近）；

② 后续烟气净化设备的运行是否需要利用烟气中的热能；

③ 在低温下所回收的额外热能是否具有益处。

对于 MSW 烟气（和其他含有这些物质的烟气）而言，腐蚀风险并不源自 HCl，但是源自 SO_X。通常，最先受到腐蚀的是钢铁。露点［烟气中的酸性物质（如硫酸蒸气等）开始凝结时的温度］依赖于酸性气体的浓度和烟气的水分含量。在净化烟气中，露点温度可在 100℃左右；而在原料烟气中，其温度为 130℃或更高。

针对腐蚀风险而言，需要考虑的关键温度并不是烟气温度，而是换热器（冷却）金属管的（较低的）表面温度（必须要低于烟气温度）[74]。

采用特殊材料所制成的换热器（例如，搪瓷）能够减少低温腐蚀问题。在 AVI Amsterdam 厂存在这样的一个例子：换热器安装在喷雾吸收器系统和与其相关的 ESP 设备之后。采用这种方式的另外一个益处是，降低了相关的洗涤温度，提高了洗涤系统的效率。

可采用这种方式的循环设计，进而避免产生腐蚀工况。例如，在瑞典，最为常见的是在主锅炉或 ESP 装备之后安装单独的废热锅炉，其通常是由单独的热水回路和连接到区域供热网络的换热器进行冷却。相应地，出口烟气温度一般为 130～140℃。为避免腐蚀，进水温度不宜低于 115～120℃。在这些温度水平下，可以采用普通碳钢管作为材料，也不会出现腐蚀问题[64]。

（3）实现的环境效益

该技术所回收的热能（温度水平为 120℃）可用于加热目的和/或进行内部锅炉给水的预热等。

（4）环境绩效和运行数据

文献［28］指出，降低锅炉出口的烟气温度会受到酸露点的限制。酸露点在许多 FGC 系统中均是非常重要的限制。此外，烟气净化系统的运行可能需要存在一定的工作温度或温度差异，具体如以下示例[74]：

① 在半湿式 FGC 工艺中，进口的最低温度是由“注水降低了烟气温度”这一事实所决定的。典型情况，温度为 190℃或 200℃，甚至也可能会更高。

② 干式 FGC 工艺通常可接受的温度范围为 130～300℃。对于干燥的碳酸氢钠，其所需要的最低温度是 170℃，以便获得快速膨胀的碳酸氢钠的表面积，随后便是更加有效的碳酸

氢钠反应（即所谓的爆米花或硅藻土效应）。试剂的消耗量随温度变化而发生变化。

③ 湿式 FGC 系统不存在理论上的最低入口温度——洗涤器入口的烟气温度越低，相应地，洗涤器的耗水量也越低。但是，换热器通常是在入口温度不低于 90～100℃ 的情况下运行的，以便能够获得完全饱和的烟气。

（5）跨介质影响

若烟囱出口处的烟气温度较低，则会导致出现如下事项：

① 高度可见的冷凝烟羽（例如，采用冷凝洗涤器所产生的冷凝烟羽会少，原因在于其会降低烟气中的水分含量）；

② 减少了烟羽浮力，因此烟羽会分散；

③ 腐蚀烟囱（其内衬玻璃纤维或类似材料）。

对于要求烟气温度高于某一特定运行温度的烟气净化系统（例如，袋式过滤器、SCR）而言，任何被清除的热能都需要在随后的工艺中被重新补充。这种再加热很可能会导致主要燃料或外部电能的额外消耗。

（6）与可应用性相关的技术考虑

新建焚烧厂具有更大的机会采用（在设计中）低温烟气换热器技术，进而减少通过烟气所造成的热能损失。针对存在用于提供相对较低温度的热能出口（在较冷的气候中最为常见）的焚烧厂，其最好能够利用从烟气中所排出的额外热能。当这种热能不能提供给外部用户或不能在焚烧厂内部予以采用时，这种低层级的热能也能够更好地在烟气中使用以辅助烟气的扩散等。

通常，对锅炉出口温度的优化是可应用的。虽然该温度能够降低的程度与对温度的要求和下游的 FGC 设备相关，但是在任何情况下均需要考虑烟气的酸露点，进而避免对省煤器最后管束造成腐蚀。

锅炉设计出口温度的改变必须要考虑后续烟气的净化操作要求。从能源效率的观点而言，去除的热能必须随后要从另外的能量来源进行重新添加，但这种方式的结果可能会适得其反，原因在于，热能交换过程中会存在额外损失。

在锅炉后降低烟气温度的方式，仅是应用于以下情况：

① 所抽取的热能可用于某些用途（供给外部或内部使用）；

② 后续的烟气净化系统不会受到不利的影响，这与袋式过滤器、SCR 工艺或其他需要特定运行温度或工况的其他系统相关。

该技术对安装空间的要求可能会限制在已有焚烧厂中进行实施。

（7）经济效益

当所回收的额外热能的价值/价格很高时，这项技术最有可能在经济上具有可行性。

（8）应用的驱动力

对外供给所回收的额外热能。

（9）工厂举例

① AVI Amsterdam（NL）。

② Brescia（IT）。

③ 瑞典和丹麦的许多焚烧厂。

④ Sheffield（UK）。

⑤ Rennes、Nice 和 Saint-Ouen（FR）。

⑥ Monaco。

（10）参考文献

[2]，[64]。

4.4.11 采用烟气冷凝洗涤器

（1）描述

在焚烧厂采用烟气冷凝洗涤器。

（2）技术说明

该技术的描述参见 2.4.4.5 节。

在烟气冷凝洗涤器中，烟气通过与循环冷却水/工艺水直接发生接触而进行冷却。通过中间换热器，冷却水通常也与区域供热网络进行接触。如果区域供热回流温度足够低，烟气中的水蒸气将会达到其露点。在露点时，蒸汽将会冷凝，潜热将会被转移至中间冷却循环回路中。区域供热水通过烟气冷凝所回收能量进行加热。热泵还可用于进一步地提高能源回收率。

烟气冷凝洗涤器还能够降低诸如盐酸等水溶性污染物的浓度。如果在洗涤水中加入 NaOH，还可进一步降低 SO_2 和 HF 的浓度。

从烟气中进行水分的去除会减少烟气的体积。如果烟气风机位于烟气冷凝器的下游，用于烟气风机的能源需求也会减少。

（3）实现的环境效益

采用冷凝洗涤器可从烟气中抽取额外能源以用于可能的使用或供给。

额外回收能源的数量依赖于区域供热系统的回水温度。表 4.9 给出了在 Scandinavian 废物焚烧厂的典型工况下，额外的能源效率与冷却介质（区域供热）返回温度之间的关系。请注意，废物（以及烟气）中的水分含量具有重要的影响。在表 4.9 中，额外的能源效率以所焚烧废物的能源含量（例如，LHV）的百分比进行表示。

表 4.9 额外的能源效率与冷却介质（区域供热）返回温度间的关系[5]

区域供热返回温度/℃	额外的能源效率
40	14%
50	7%
60	0%

针对烟气的干燥效应能够降低烟羽的能见度。当重新采用能源对烟羽进行加热时，达到烟羽能见度期望降低值所需要的能源需求将会较低。

采用该技术后，排放至大气中的氨（例如，从 SNCR）也会减少。洗涤器的水溶液能够捕获氨，进一步，通过在水处理厂采用氨汽提塔能够实现氨的再生，之后将再生氨用作减排 NO_X 的试剂。

凝结水可用于提供洗涤器所需要的大部分给水，进而降低用水消耗量。

（4）环境绩效和运行数据

这种技术最可能应用于以下情况：

① 区域供热能够给出可靠的低温回水（这是必要的，并且通常仅在寒冷气候中才是可用的）；

② 烟羽可见度是受关注的；

③ 为回收额外能源所支付的价格证明了进行额外的资本投资是合理的；

④ 正在寻求额外的烟气净化技术，特别是针对酸性气体的净化技术。

由于该技术是在烟气清洗阶段之后进行应用的，因此，原则上该技术可应用于任何类型的废物焚烧厂。

该技术应用在 FGC 系统的末端或其附近，因此其可应用于新建和已有的焚烧厂。

在 Stockholm（SE）的 Högdalen 焚烧厂，该系统与 3 台传统的炉排燃烧蒸汽锅炉和 1 台循环流化床锅炉共同运行。来自传统炉排燃烧锅炉的烟气，需要在喷丸清理余热锅炉中冷却至约 140℃。源自区域供热的回水用作冷却介质。

FGC 系统的运行起始于每个锅炉的干式净化系统，在该系统中注入干燥的熟石灰，并在反应器中与烟气进行混合。酸性杂质与熟石灰反应后形成固体盐，这些固体盐与飞灰和过量熟石灰同时在织物过滤器中进行滤除。流化床锅炉的反应器是略有不同的，原因在于：织物过滤器中的再循环粉尘在与新鲜的熟石灰混合并被注入烟气之前进行了轻微的加湿处理。

第 2 净化阶段包括湿式洗涤器，其用于进行烟气的饱和与移除剩余的酸性气体，特别是氯化氢（HCl）和二氧化硫（SO_2）。离开湿式洗涤器饱和气体的温度约为 60℃，在其被吸入管式冷凝器后，采用 40～50℃温度下的区域供热网络回水进行冷却。尽管 CFB 锅炉具有其自身的系统，但 3 个炉排的锅炉采用的是同一个湿式洗涤系统。

如果回水温度为 40℃（此值为该焚烧厂的正常情况，但与大多数欧洲气候相比，该值是非常低的），则 14%的额外能源在冷凝器中进行回收。另外，如果回水温度为 50℃，则只能回收约 7%的额外能源。在极端情况下，当回水温度高达 60℃时，不会进行额外热能的回收。

在 Högdalen（斯德哥尔摩）的焚烧厂，在引风机和烟囱之前对烟气进行再加热，这需要消耗一些低压蒸汽如图 4.5 所示。这也可在未进行再加热的情况下予以运行，但需要具有湿式风扇和烟囱。

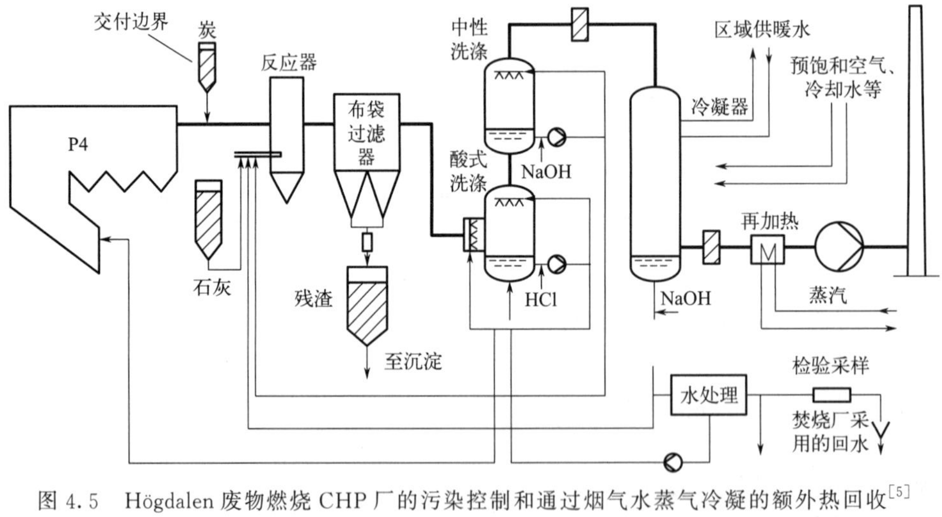

图 4.5 Högdalen 废物燃烧 CHP 厂的污染控制和通过烟气水蒸气冷凝的额外热回收[5]

(5) 跨介质影响

烟气的低温会导致冷凝。因此，除非采用内衬或双管系统，否则烟囱会被腐蚀。

冷凝水中含有污染物（在烟气中去除），故其在排放之前需要在水处理设施中进行处理。如果采用了上游湿式洗涤系统，则冷凝洗涤器出水可在相同设备中进行处理。

烟囱排放的低温会降低烟羽的热浮力，从而降低了烟羽的扩散度。这可通过采用更高和/或直径更小的烟囱的方式予以克服。

(6) 与可应用性相关的技术考虑

以下情况不应用该技术：

① 不存在回收额外能源的用户；

② 冷源（DH 网络冷端水回流）比较不可靠（即具有较温暖的气候）。

焚烧厂的规模：据了解，该技术已应用于处理能力为 37000t/a(DK)、175000t/a(SE) 和 400000t/a(SE) 的城市焚烧厂。

(7) 经济效益

冷凝阶段的全部额外投资约为 3000000EUR，能够为处理能力为 400000t/a 的 MSWI CHP 焚烧厂的 4 台锅炉提供服务。

(8) 应用的驱动力[74]

① 销售额外的热能。

② 在干旱地区节水。

(9) 工厂举例

在瑞典存在若干个示例（参见 2.4.4.5 节中的示例❶）。较温暖的气候中采用这种技术的可能性较小，原因在于冷端 DH 网络回水的可用性降低。

(10) 参考文献

[5]，[64]。

4.4.12　采用热泵增加热回收

(1) 描述

热泵的使用技术。

(2) 技术说明

该技术在 2.4.4.6 节中进行了描述，其中描述了 3 种主要类型的热泵。

总而言之，热泵提供了联合各种相对较低温度热能和冷却源的一种方式，目的是提高流体温度。例如，这允许冷凝洗涤器的运行（参见 4.4.11 节）和向用户供给额外的热能。

(3) 实现的环境效益

这种技术可通过采用冷凝洗涤器回收额外的能源。

据报道，当联合采用吸收式热泵与冷凝洗涤器时，能源回收量增加了 23%[35]。

以瑞典北部的 Umea 焚烧厂（175kt 废物/a）为例，可估计的能源平衡如下所示：

① 功率平衡，包括冷凝、压缩机热泵：

a. 热功率输入：65MW_{th}（大约）。

b. 发电机输出电能：15.1MW_e。

c. 内部消耗电能：5.4MW_e。

d. 净输出电能：9.7MW_e。

e. 包括冷凝＋热泵的热水产生：54MW_h。

f. 用于再加热的自消耗：0.5MW_h。

g. 区域供暖热水：53.5MW_h。

h. 总功率和热能出售：63MW。

---

❶ 译者注：因原文 2.4.4.5 节并无示例，译者确认为 2.4.4.6 节所给出的示例。

② 无FG冷凝和热泵时，功率平衡估算为：

a. 热功率输入：65MW（大约）。

b. 电能输出，净量：13MW。

c. 区域供热热水，净量：39MW。

d. 总功率和热能出售：52MW。

(4) 环境绩效和运行数据

详细信息参见2.4.4.6节。

该技术最适合应用于以下情况[74]：

a. 区域供热网络提供可靠的低温回水；

b. 区域供热网络采用了大部分可用热能；

c. 为回收额外能源所支付的价格证明了额外资本投资的合理性；

d. 采用湿式洗涤模式；

e. 烟羽能见度是被关注的问题。

废物类型：由于该技术是在烟气净化阶段之后予以应用的，因此在原则上该技术可应用于任何的废物类型。

工厂规模：据了解，该技术已应用于生产能力为175000t/a和400000t/a的城市焚烧厂。

改进型：该技术应用在FGC系统的尾部或其附近，因此其可应用于新建和已有的工艺过程。

(5) 跨介质影响

热泵自身需要消耗能源以进行运转。

对于压缩驱动模式的热泵，其输出热能与压缩机功率的比值（热功率比）约为5[5]。

(6) 与可应用性相关的技术考虑

如果未有用户采用所回收的额外能源，这项技术是缺少可应用性的。

(7) 经济效益

以在瑞典的MSWI厂所安装的热泵为例[35]，投资成本在1988年的报价为4500000EUR，在2002年为5500000EUR（容量为12MW），相比之下，在1998和2002年间的额外收入为24500000EUR。

在Umea焚烧厂，对凝结阶段、电动马达驱动压缩机热泵和更大规模水处理厂的额外投资成本估计为4000000EUR，热能和电能销售收益的简单回报期约为2.4年（未考虑投资所增加的维护和消耗品）。

(8) 应用的驱动力

额外的热能销售和收入是驱动因素。

(9) 工厂举例

在瑞典的几个例子——参见2.4.4.6节。

(10) 参考文献

[5]，[64]。

4.4.13 具有外部电厂水/蒸汽循环时的特殊配置

(1) 描述

采用外部燃烧电厂以增加蒸汽参数。

(2) 技术说明

文献 [2] 指出，由于烟气固有的腐蚀本性，城市废物焚烧发电的效率受到锅炉管束材料可接受的最高温度和相关的最高蒸汽温度的限制（参见 4.4.5 节）。

避免锅炉管束材料温度升高的一种选择是，蒸汽过热处理时采用含氯较少或不含氯的清洁烟气。如果废物焚烧厂能够结合具有足够容量的另外一个焚烧厂，则前文所述是可能实现的[94]。

(3) 实现的环境效益

提高能源效率。

(4) 环境绩效和运行数据

采用这些类型的配置时，焚烧过程没有必要采用高蒸汽温度，因此避免了锅炉腐蚀和可用性的困难。但是，有时为了能够从集成技术中进一步地受益，焚烧过程的压力也可能会增加。在这种情况下，蒸发器内的更高蒸汽温度可能会导致额外的维护成本。例如，在压力为 40bar 时饱和温度为 250℃，在压力为 100bar 时饱和温度为 311℃，两者之间相差为 61℃。需要注意的是，当锅炉管壁与烟气接触时，腐蚀会随锅炉管壁外部温度的增加而呈指数级的增长。

例如：Oulun Laanila（芬兰）城市废物焚烧厂。

Oulun（芬兰）的 Laanila 城市废物焚烧厂是由废物焚烧厂所形成系统中的一部分，一个容量为 6MW_{th} 的外部过热器采用源自附近化工厂的贫煤气将蒸汽温度从 420℃ 提高到 515℃，另外的 3 个锅炉主要燃烧泥炭和油。该焚烧厂系统包括 2 个总发电量为 25MW_e 的汽轮机组，其所产生的蒸汽用于驱动汽轮机。为此目的，蒸汽流通过公共蒸汽管道以 8.3MPa 的压力和 515℃的温度被输送至汽轮机。在上述过程中，100MW_{th} 的热能被供给至焚烧厂所在地的区域供热网络。

为进一步利用烟气所包含的热能，过热器最终所排出的烟气被引至锅炉的炉膛区域。

表 4.10 给出了安装外部过热器前后所获得效率的理论比较。

表 4.10　具有外部过热器的 Laanila 焚烧厂可获得的电能效率比较[94]

项目	单位	无 ESH	有 ESH
蒸汽压力	MPa	6.2①	8.4
蒸汽温度	℃	420	515
热容量 DE	MW_{th}	48.0	48.0
热容量 ESH	MW_{th}	0	4.7
电能输出	MW_e	13.3	15.8
效率范围	%	27.2	29.3
ESH 的电气效率范围	%	0.0	53.2

① 蒸汽压力由末级汽轮机的蒸汽水分进行定义；在温度为 420℃时，不能达到 8.4MPa 的蒸汽压力。

注：DE—直接出口；ESH—外部过热器。

这种技术主要应用于能源回收的焦点是生产电能的情况，其不太适合于直接向用户提供蒸汽或热能的焚烧厂。

(5) 跨介质影响

外部过热器增加了化石燃料的使用。

(6) 与可应用性相关的技术考虑

这项技术通常应用于新建焚烧厂。

(7) 经济效益

该技术仅适合应用于允许协同运行和具有适当商业协议的建厂位置。

高电价鼓励采用能够提高发电效率的技术。在这种情况下，这会增加焚烧炉提供给邻近发电厂的蒸汽/热能的相对价值。

通常，外部过热器应用于新建的焚烧厂。对已有的焚烧厂进行改造，在经济上可能不具有可持续性[94]。

(8) 应用的驱动力

将能源供应与外部用户进行结合的方式增加了采用由废物产生能源的选择方案。

(9) 工厂举例

ES08、FI04、NL06。

(10) 参考文献

[28]，[2]，[64]，[74]，[94]。

4.4.14 有效地清洗对流管束

(1) 描述

此处需要考虑的技术包括：在线清洗技术、离线清洗技术以及高温（650℃以上）烟气与对流换热管束防接触技术。

(2) 技术说明

文献［2］指出，清洗锅炉管和其他热交换表面能够获得更好的热交换效果。这也可降低锅炉中二噁英的形成风险。

清洗能够以在线（在锅炉运行期间）和离线（在锅炉停炉和维护期间）的模式进行。锅炉和换热器设计的尺寸（例如，管间距）会影响清洗情况。

在线清洗技术包括如下选项：

① 机械振动。

② 蒸汽注入吹灰。

③ 高压或者低压喷水（主要喷至锅炉空通道壁）。

④ 超声波/次声波清洗。

⑤ 抛丸清洗或机械颗粒冲刷。

⑥ 爆炸清洗。该技术采用由氧气/乙烷气体混合物或诸如硝化甘油爆炸产生的压力波，并使得热交换值在清洗后恢复到接近重新建立的焚烧厂标称值的水平[95]。

⑦ 采用移动喷枪进行高压空气的注入（从 10bar 到 12bar）。

离线技术包括[74]：

① 周期性的人力清洗（通常，在 MSWI 厂为每年一次）；

② 化学清洗。

除了上述技术，还存在能够对防止高温（超过 650℃）烟气（当飞灰更黏时，其更有可能黏附在所接触管束的表面）与对流换热管束发生接触的措施，这主要通过以下方式实现：

① 包括仅有水壁的空通道；

② 采用较大的焚烧炉尺寸，因此在管束前具有较低的烟气速度。

在焚烧过程运行中，当过热器入口的烟气温度升高和在计划停炉前进行维修时，采用的是爆炸清洗技术。通过在进行清洗前大幅减少可抽取出的沉积物，可减少停炉时间并因此提高整个焚烧装置的年可用性[95]。

(3) 实现的环境效益

改进的热交换能够增加能源回收。

通过有效的清洗可降低 PCDD/F 的再形成风险，原因在于：减少了灰尘（和其他可促进 PCDD/F 形成的材料）在 450～250℃之间的温度下存在的时间——在该温度下，PCDD/F 的再形成反应速率是最高的。

通过自产蒸汽注入吹灰技术，大部分能源均会被锅炉自身所回收（80%～90%）[74]。

(4) 环境绩效和运行数据

这些技术允许连续的在线管道清洗（通常，每 8h 轮班运行一次），其通常减少了用于维护锅炉进行清洗操作的停炉时间[74]。

通常，当污垢导致的烟道温度升高 20～50℃时，即能源效率降低 1.5%～3%时，需要以人工的方式对锅炉进行清洗。

锅炉结构/管道可能会发生潜在的机械损坏，特别是在采用爆炸清洗和机械敲击技术的情况下。虽然这取决于锅炉的初始状态，但爆炸清理通常能够清除 80%以上的累积沉积物，并能够使焚烧厂恢复到接近标称值的运行工况[95]。

因堵塞所引起的管道腐蚀会导致焚烧厂能源效率的降低，最终需要对管道进行更换。

(5) 跨介质影响

此技术涉及吹灰剂的消耗，例如高压水、低压水、蒸汽（仅部分）。

噪声可能是与某些技术相关的问题，例如爆炸清洗和机械敲击。

(6) 与可应用性相关的技术考虑

这项技术是普遍可应用的。

(7) 经济效益

未提供信息。

(8) 应用的驱动力

该技术的驱动力是提升可用性和热回收性能，减少腐蚀、排放和能源消耗[74]。

(9) 工厂举例

包括所有的废物转换为能源的工厂[74]。

荷兰和丹麦的某些焚烧厂中具有特定的清洗系统，例如，AVI ARN Beuningen（采用气体进行爆炸清洗）、AVI Amsterdam 和 AVI Wijster（采用硝化甘油进行爆炸清洗）[74]。

(10) 参考文献

[2]，[1]，[64]，[95]。

4.5 烟气净化和大气排放预防技术

4.5.1 选择烟气净化系统时的考虑因素

4.5.1.1 一般因素

文献 [54，74] 指出，选择烟气净化（FGC）系统时，需要考虑以下（非详尽的）列表中的一般因素：

① 废物类型及其组成和变化；

② 燃烧过程的类型及其规模；

③ 烟气流量和温度；
④ 烟气含量，包括其成分波动的幅度和速率；
⑤ 目标排放限值；
⑥ 废水排放限制；
⑦ 烟羽可见性要求；
⑧ 场地和空间的可用性；
⑨ 累积/回收的出口残余物的可用性和成本；
⑩ 与任何已有工艺部分（已有焚烧厂）的兼容性；
⑪ 水和其他试剂的可用性和成本；
⑫ 能源供应的可能性（例如，由冷凝洗涤器提供热能）；
⑬ 输出能源补贴的可用性；
⑭ 供给废物的可接受处置费（市场和政治因素均包含在内）；
⑮ 通过主要方法减少的排放；
⑯ 噪声；
⑰ 尽可能地布置不同的烟气净化装置，降低锅炉至烟囱的烟气温度。

4.5.1.2 能源优化

某些烟气处理技术能够显著增加焚烧过程的总体能源需求。有必要考虑通过应用较低ELV所带来的额外能源需求。可提出以下主要观点：

① 减少粉尘排放，包括减少通常需要额外过滤和增加能源消耗的锅炉灰（与粉尘共同过滤的金属）的排放。

② 将 NO_X 的排放量降至 $100mg/m^3$ 以下最常用的方法是采用SCR技术——由于催化剂对污垢和酸侵蚀的敏感性，SCR工艺通常用于废物焚烧中的低粉尘系统，其位于FGC系统净化气体的末端。因此，进行烟气的再加热通常需要一些额外的能源。未经处理的烟气中 SO_X 的含量很低，这种现状允许在不重新加热烟气的情况下采用SCR技术（参见2.5.5.2节）。针对额外的烟气净化（达到极低的排放水平）所需要的能源而言，其会减少焚烧炉产生的可供输出的能源数量，或者等价于消耗外部的供给能源。高粉尘SCR技术虽然不是很常见，但在某些废物焚烧厂也会采用。

③ 锅炉出口温度对FGC的能源需求具有显著的影响——如果低于酸露点，则还需要额外的能源输入以用于加热烟气。

④ 一般而言，进行FGC部件安装时，通常要求具有最高运行温度的部件运行于具有较低温度的部件之前，从而使得FGC的总体能源需求较低（但这并非能在所有情况下都予以实现。例如，SCR工艺通常需要清洁烟气，因此只能放置在低温烟气清洁阶段之后，尽管实施高粉尘SCR工艺可避免采用能源重新进行烟气的再加热，但该方案的实施具有一定的挑战性）[64,74]。

4.5.1.3 整体优化和“全系统”方法

除了考虑焚烧厂的能源方面之外，将FGC系统作为整体装置予以考虑也是有益处的。这与污染物的去除特别相关，原因在于，这些单元装置间经常会相互作用。针对某些污染物进行主要减排，对其他污染物也是具有额外影响的。依据在净化顺序中的位置差异，往往会得到不同的净化效率值[74]。

多功能净化设备是较为常见的，其包括如下类型：

① 如果袋式过滤器（BF）安装在试剂注入位置的下游，那么除具有除尘效果外，其还能够作为补充反应器。BF 内织物材料所造成的压降以及由于烟气流速较低和停留时间较长等因素，使得烟气能够分布在含有沉淀剂的黏饼上。因此，BF 是能够有助于处理酸性气体，诸如汞和镉等气态金属，诸如 PAH、PCB、二噁英和呋喃等 POP（持久性有机污染物）的。

② 除了酸性气体处理外，湿式洗涤器还能够帮助捕获一些粉尘，如果 pH 值足够低或者采用洗涤器试剂，其还能够捕获金属汞。

③ 如果焚烧厂的设计（规模）具有相应性，所采用 SCR 工艺的脱 NO_X 技术对污染物二噁英也具有额外的破坏作用。

④ 能够吸附二噁英的活性炭和褐煤焦炭对金属汞和其他物质也具有清除效果[64][54]。

4.5.1.4 新建或已有焚烧装置的技术选择

针对新建和已有焚烧装置而言，FGC 系统部件之间的整体优化和接口（以及焚烧工艺的其余部分）都是非常重要的。在已有焚烧装置中，可供选择的选项数量相对新建焚烧装置而言，受到了更为严格的限制。关于焚烧工艺间兼容性的信息，参见单独描述 FGC 技术的章节。

4.5.2 粉尘排放减排技术

通常，针对所有的废物焚烧厂而言，应用烟气除尘系统被认为是必需的。

此处考虑除尘阶段的位置是在其他后续 FGC 阶段之前（即进行上游除尘或预除尘）或者在其他 FGC 系统之后（即进行下游除尘）。上游除尘是与湿式工艺结合使用的，目的是保护洗涤器。通常，下游除尘对于干式和半湿式工艺是必要的，目的是同时捕获由酸性气体和碱性试剂反应所产生的粉尘和盐类。在某些情况下会采用双重除尘，这种情况下的下游除尘器有时被称为抛光除尘器[7]。

4.5.2.1 在其他烟气处理前的预除尘阶段

（1）描述

本节描述的是处于锅炉预除尘之后的除尘阶段[74]，通常是在其他后续 FGC 阶段之前。

（2）技术说明

废物焚烧采用如下所示的预除尘系统：

① 旋风器和多旋风器（为有效捕获细粉尘组分，通常与其他 FGC 组件联合使用）；

② 静电除尘器（ESP）；

③ 袋式过滤器（BF）。

在 2.5.3 节已描述了各种技术。

由于预除尘区域的烟气温度不同，一般不采用湿式 ESP 进行预除尘[64]。通常，这些设备用于烟气清除后的抛光处理[74]。

（3）实现的环境效益

益处包括通过减少后期 FGC 过程的微粒负荷进而降低烟气排放。

对 FGC 残余物进行飞灰分离，可达到以下目的：

① 降低 FGC 残余物的产生数量；

② 进行飞灰的分离处理，以为后续可能存在的循环使用服务。

预除尘能够降低后续 FGC 系统的粉尘负荷。这些后续设备在生产能力上可能会降低，相应地，其堵塞的风险也会降低，因此下游单元可设计为较小规模，其成本在一定程度上也会有所降低。

如果被分离后的残余物随后又被重新混合，那么进行烟气组分单独收集的操作将不会具有任何的环境效益。因此，这就需要考虑粉尘减排所涉及的下游设备，进而评估实际的环境效益[64]。

ESP 和旋风除尘器自身可能无法达到需要的粉尘排放水平。但是，当与其他技术联合使用时，它们可用作预除尘器，进而有助于达到最低的排放水平。

(4) 环境绩效和运行数据

文献［2］指出，旋风除尘器的收集效率作为粉尘负荷、烟气流量、粉尘粒径和粉尘密度的函数，会随着这些因素的增加而直接增加。由于飞灰的颗粒细小与密度低、粉尘负荷和烟气流量变化大等因素，旋风除尘器的除尘效率是有限的。正常情况下，粉尘浓度是不低于 200～300mg/m^3 的。基于相同去除原理的多旋风除尘器虽然可达到较低的粉尘浓度值，但也很难达到 100～150mg/m^3 以下。

文献［2］指出，ESP 能够获得比单（多）旋风除尘器更低的粉尘浓度值。依据烟气处理系统（预除尘或下游除尘）的设计方案、现场位置以及放置数量，ESP 处理后的粉尘排放浓度值通常可达到 15～25mg/m^3。随着采用更多的现场 ESP 数量（2 个或 3 个）和 ESP 接触表面的增加（和随之增加的成本和空间要求），低于 5mg/m^3 的排放浓度值是能够实现的。

通常，袋式过滤器是非常有效的除尘器。此外，在采用袋式过滤器的净化系统中，通常也会注入试剂（尽管并不总是这种情况）以便在布袋表面构建预涂层，进而防止腐蚀和辅助提高过滤效果（特别是针对深度过滤处理系统）[74]。最为常用的试剂是熟石灰和活性炭。活性炭能够减弱传递至后续烟气净化阶段的二噁英浓度和汞负荷。采用湿式系统有助于减弱洗涤塔物料中的二噁英记忆效应。

需要关注的是：需要降低料斗和炉渣的灰分排放水平（特别是对在锅炉后直接安装袋式过滤器的工艺）以防止发生火灾危险。

文献［2］指出，旋风除尘器的设计相对简单，其并不存在运动部件（除了用于从底部移除飞灰的运输系统），因此能够以相对较低的成本获得较高的可用性。但是，烟气流的压降会相对较高，导致对烟气风机的功率需求增加，进而增加额外的能耗。

文献［2］指出，为使得 ESP 能够正常运行，将烟气流均匀地分布在其整个表面是很重要的。虽然 ESP 上的烟气压降使得能耗降低，但是某些预除尘设备（例如，ESP、过滤器等）的运行需要消耗电能[74]。

与采用预除尘系统相关的运行数据如表 4.11 所示。

表 4.11　与采用预除尘系统相关的运行数据

准则	影响准则的因素描述	评估等级(高/中/低)	评论
复杂性	• 需要额外处理单元 • 关键操作因素	中	额外的处理单元增加了复杂性，但可简化后续操作
灵活性	具有在系列输入条件下操作的技术能力	高	每个系统都可用于变化的烟气流和成分
技能需求	具有显著的额外培训或人员配备要求	高/中	最需要关注的是袋式过滤器，最不需要关注的是旋风除尘器，ESP 的关注程度位于两者之间
其他需求	袋式过滤器需要添加用于防腐蚀和防火的试剂		

表 4.12 给出了除尘技术间的比较（分别在除尘阶段前和后采用）。

表 4.12　除尘系统间的比较[2]

除尘技术	典型的粉尘排放浓度	优势	缺点
旋风除尘器和多旋风除尘器	旋风除尘器：200～300mg/m³ 多旋风除尘器：100～150mg/m³	• 鲁棒性强，相对简单和可靠 • 应用于废物焚烧	• 只用于预除尘 • 能耗较高
干式 ESP	<5～25mg/m³	• 相对较低的电能需求 • 能在烟气温度为 150～350℃ 的范围内采用 • 广泛应用于废物焚烧	• 如果在 450～200℃ 温度范围内采用，则存在 PCDD/F 形成风险
湿式 ESP	<5～20mg/m³	• 能够达到低排放浓度 • 有时应用于废物焚烧	• 很少的废物焚烧经验 • 主要应用于后除尘 • 产生工艺废水 • 增加烟羽可见度
袋式过滤器	<5mg/m³	• 广泛应用于废物焚烧 • 残余物层可作为附加过滤器和吸附反应器	• 能耗相对较高（与 ESP 相比） • 对水凝结和腐蚀敏感

(5) 跨介质影响

表 4.13 对不同预除尘技术的能源需求进行了评估。

表 4.13　与采用各种预除尘器相关的能源需求[74]

预除尘技术	单位	能源需求	评论
旋风除尘器	kW·h/t 输入废物	低	对去除粒径小于 5m 的颗粒的效率较低
多旋风除尘器		低	常见的技术
干式 ESP		较高（静电加载）	
袋式过滤器		采用压降和高压脉冲注入清洗时能耗最高	常见的技术

与此技术相关的最重要的跨介质影响是：

① 因压力损失会造成能耗，采用袋式过滤器要比采用其他系统能耗高；

② ESP 运行会消耗电能；

③ 烟气 PCDD/F 浓度在烟气停留 ESP 期间可能会增加，特别是当温度在 200～450℃之间时。

(6) 与可应用性相关的技术考虑

预除尘需要额外的安装工艺单元的空间，这针对已有焚烧厂而言也可能是限制因素。

(7) 经济效益

这项技术的关键方面是：

① 增加资本和投资成本——用于购置额外的工艺单元；

② 能源成本增加，特别是针对袋式过滤器；

③ 在存在飞灰分离输出的情况下，可能会降低处理成本；

④ 可能会增加处理额外残余物流的成本（无论是回收或处置）。

总容量为200000t/a的具有2条焚烧线的MSWI厂的投资成本估计为[12]：

① ESP（3段）：2200000EUR；

② ESP（2段）：1600000EUR；

③ 袋式过滤器：2200000EUR（不清楚该报价是否包括上游的烟气冷却器）。

由于与采用压力降和药剂注入技术相关的较高能源消耗，用于预除尘的袋式过滤器的单元设备运行成本可能较高。但是，袋式过滤器对灰尘和其他污染物具有更强的去除能力（特别是在与试剂注入工艺共同采用时），这能够降低FGC系统后续部件的成本。

(8) 应用的驱动力

① FGC废渣和飞灰可分别进行分离处理/回收。

② 下游可采用更小容量的FGC设备（减少粉尘负荷）。

③ 提升下游FGC系统的运行。

④ 首选在湿式洗涤前去除PCDD/F，以降低记忆效应。

(9) 工厂举例

广泛应用于许多焚烧厂。

(10) 参考文献

[2]，[55]，[64]。

4.5.2.2 下游除尘

(1) 描述

这种技术与下文所列出的任一情况有关：

① 与干式和半湿式工艺有关的除尘，目的是在除尘的同时捕获由于酸性气体和碱性试剂发生反应而产生的盐类。

② 在烟气最终释放到大气之前用于额外的烟气抛光系统，最终减少其他FGC部件之后的粉尘排放。

(2) 技术说明

在干式或半湿式FGC系统的下游所采用的主要系统是袋式过滤器。

用于烟气抛光的主要系统是[74]：

① 袋式过滤器；

② 湿式ESP；

③ 电动文丘里洗涤器；

④ agglo-过滤模块；

⑤ 电离湿式洗涤塔。

具体技术已在2.5.3节中进行了描述。

在处理酸性气体等其他系统之后，增加最终的湿式烟气处理系统也可被认为是在对烟气进行抛光处理。这种湿式烟气处理系统的增加通常是为了专门控制HCl和SO_2的排放，PCDD/F和汞也可分别通过采用碳浸渍聚合物（塑料）材料和加入过氧化氢的方式予以去除。这些附加技术将在4.5.5.7和4.5.6.5节进行描述[64,7]。

抛光设备也被用于去除液滴（特别是细小的液滴），其通常用于防止在诸如SCR工艺等下游设备中产生污垢[74]。

(3) 实现的环境效益

除进一步减少粉尘排放外，该技术还可用于减少以下物质排放至大气中：

① 金属——原因在于它们的排放浓度通常与除尘效率有关；

② 汞和 PCDD/F——其中碳（通常与碱性试剂一起）是作为吸收剂添加至袋式过滤器中的；

③ 酸性气体——添加碱性试剂以保护袋式过滤器。

在已经应用上游技术将烟气浓度降低至较低排放水平的情况下，这些额外减排的益处可能会很小。

此外，采用 2 种不同的系统从烟气中去除固体，可将飞灰从 FGC 残余物中进行分离（酸性气体中和盐）处理。这样，可在存在合适出口的位置对烟气中的一个或其他成分进行回收。

(4) 环境绩效和运行数据

通常，采用上下游除尘可达到与本技术相似的粉尘排放水平。

在这种双重除尘的情况下，除其他 FGC 组件已经实现的排放之外，进一步降低的大气排放水平如表 4.14 所示。

表 4.14　与采用 BF 烟气系统相关的排放水平[81]

物质	实现排放范围			
	半小时均值/(mg/m^3)	日平均值/(mg/m^3)	年平均值/(mg/m^3)	特定的排放/(g/t 输入废物)
粉尘	＜15	＜1～5	＜0.4	＜2.5

注：最终所达到的准确排放水平依赖于最终除尘阶段入口的水平（其本身依赖于在早期阶段所应用的性能）和所采用的最终除尘阶段的效率。此处所给出的数字提供了通常添加抛光阶段排放水平的指南。

袋式过滤器的精心维护对确保其能够有效运行进而确保低排放水平是非常重要的。监测通过过滤袋的压降的方式对过滤器中的滤饼进行维护，该压降也可用于检测过滤袋是否损坏（例如，不可逆的污染）。粉尘排放通常可被控制在非常低的水平，针对过滤袋替换只需更仔细地观察压降和采用更为严格的准则（即：在采取维护措施之前，允许进行选择的自由度较低）。针对过滤介质的分析结果也可用于评估所需要的试剂剂量率，并评估其状况和剩余寿命。

与采用烟气抛光相关的运行数据如表 4.15 所示。

表 4.15　与采用烟气抛光相关的运行数据

标准	影响准则的因素描述	评估结果(高/中/低)	评论
复杂性	• 需要额外工艺单元 • 关键运行因素	高	额外的工艺单元增加了复杂性
灵活性	具有在系列输入条件下操作的技术能力	中	作为一种尾部技术，该工艺将不容易受到这种变化的影响
技能需求	具有显著的额外培训或人员配备要求	高	袋式过滤器需要进行精细的维护

(5) 跨介质影响

表 4.16 给出了与双重除尘技术有关的跨介质影响。

表 4.16 与采用额外烟气抛光技术相关的跨介质影响[74]

标准	评论
能源需求	因整个工艺单元的压降而需要增加能源
试剂消耗	采用更多试剂
水的消耗	湿式 ESP 设备导致产生水的排放，后者可在焚烧工艺中进行循环
残余物-类型	在抛光过滤器中去除的飞灰和/或其他物质，通常会成为额外的固体废物流
残余物-数量	依据输入负载和所应用的上游 FGC 技术而发生变化，但通常会较低
烟羽可见度	在非干式系统中，会增加烟羽可见度

这种技术中，最为显著的跨介质影响是，因袋式过滤器的压降而导致的能源消耗。

特别是，在以串行（甚至是单独的）方式采用 2 个袋式过滤器的情况下，改善污染物控制的潜在效益需要进行对比的是：克服由第 2 个袋式过滤器所引起的额外压降需要的明显更高的风扇功率。因此，这会具有更高的电能消耗。

(6) 与可应用性相关的技术考虑

采用烟气抛光（双重除尘）需要额外的工艺单元设备的安装空间，这针对已有焚烧厂是可能存在的限制因素。

(7) 经济效益

双重除尘技术的主要成本是：

① 因额外的工艺单元而增加的投资成本；

② 增加的运行成本——主要是由于压降所造成的能源需求，为袋式过滤器（若采用）的反向脉冲提供压缩空气的成本和额外的维护成本。

(8) 应用的驱动力

当采用干式或半湿式 FGC 系统时，采用下游除尘通常是必要的。对于双除尘的特殊情况，采用此技术的驱动力可能包括：

① 遵守要求额外减少粉尘、金属、二噁英和/或酸性气体排放的法规/当地许可条件；

② 后续 SCR 工艺需要有效除尘；

③ 回收去除酸性气体所产生的盐类的可能性；

④ 在采用双袋过滤器的情况下，对 2 个袋式过滤器之间的额外热能进行回收，可在较低、最优温度（约 140℃）下运行第 2 个过滤器以进行活性炭的注入。

(9) 工厂举例

下游除尘已应用于所有安装了干式或半湿式 FGC 系统的焚烧厂，德国、奥地利、法国和荷兰的焚烧厂均有采用双除尘技术的示例。

(10) 参考文献

[3]，[2]，[64]，

4.5.3 酸性气体减排技术

以下 4.5.3.1～4.5.3.9 节主要介绍：

① 进行酸性气体减排的主要技术的性能描述和评估——包括应用于各种情况的考虑；

② 与酸性气体去除有关的其他一些技术和流程选项的描述和评估。

4.5.3.1　湿式洗涤系统

(1) 描述

该技术在 2.5.4 节中已进行了描述。

(2) 技术说明

湿式洗涤器通常至少具有 2 个有效阶段：第一阶段是在低 pH 值时，主要用于去除 HCl 和 HF 以及金属；第二阶段是在 pH 值为 6～8 时，在加入石灰乳、石灰石悬浮液或氢氧化钠后，主要是用于去除 SO_2。洗涤器有时可被描述为 3 个阶段或更多的阶段——-额外的阶段通常是针对特定用途的第 1 个低 pH 值阶段的细分。

(3) 实现的环境效益

在全部具有最低过量化学计量因子的 FGC 系统中，湿式 FGC 系统具有最高的去除效率（针对可溶性酸性气体而言）[74]。

虽然基于单级过滤的 FGC 系统（例如，半湿式、干式）能够共同合并和收集残余物，但湿式系统却通常不会出现这种情况。湿式系统可将 HCl、HF 和 SO_2 与粉尘进行分开处理，后者通常在处理前予以去除。也就是说，湿式系统确实提供了针对以下物质的额外减排：

① 粉尘：当洗涤器容量足够大，能够防止堵塞（通常在湿式洗涤器之前采用预除尘阶段，以便减少粉尘负荷并防止运行出现问题）时，最多可减排 50%的灰尘输入[74]。

② PCDD/F：如果采用碳浸渍的包装材料，通过典型的洗涤系统可达到典型的 70%的减排效果。但是，在 MSWI 和危险废物焚烧厂中，填充了足够体积的碳浸渍材料的多级洗涤系统能够保证排放水平远低于 0.1ng I-TEQ/m^3。为达到类似的目的，活性炭或者焦炭可添加至洗涤器中，其具有类似的去除效率。在缺失碳添加剂的情况下，PCDD/F 的去除率可忽略不计[74,7]。

③ Hg^{2+}：如果采用低 pH（约 1）值的一级洗涤器并且废物中的 HCl 浓度为该阶段的酸化提供了条件，那么汞会以 $HgCl_2$ 的形式被去除；元素汞的浓度一般不会受到影响[64]。

④ 其他污染物：当原料烟气中存在诸如溴和碘等水溶性污染物时，它们可能在洗涤器中在低温下被冷凝，并以这种方式进入洗涤器废水中。

(4) 环境绩效和运行数据

安装湿式洗涤器的焚烧厂通常可达到的大气排放水平如表 4.17 所示。

表 4.17　与采用湿式洗涤器相关的排放水平[81]

排放物质	实现的排放范围				评论
	年最大值		年平均/(mg/m^3)	具体排放量/(g/t 输入废物)	
	半小时平均值/(mg/m^3)	日平均/(mg/m^3)			
HCl	2～10	<2～4	<2	<12	非常稳定的出口浓度
HF	<1	<1	<0.5	<3	非常稳定的出口浓度
SO_2	10～50	5～30	<10	<60	需要反应阶段和吸收剂(石灰乳、石灰石悬浮液或氢氧化钠)

与采用湿式 FGC 相关的运行数据如表 4.18 所示。

表 4.18 与采用湿式 FGC 相关的运行数据

准则	影响准则的因素描述	评价结果(高/中/低)	评论
复杂性	• 需要额外的工艺单元 • 关键运行因素存在影响	高	工艺单元的数量要多于其他系统
灵活性	具有在系列输入条件下操作的技术能力	高	非常鲁棒——在入口浓度波动的情况下，所有系统能够实现 HCl/HF 减排的最高能力
技能需求	具有显著的额外培训或人员配备要求	高	相关的污水处理厂需要高技能的投入

主要的运行问题如下所述。

在湿式洗涤器中，PCDD/F 的积聚是一个开放性问题，特别是在焚烧厂的维护和启炉阶段，此时需要采取特定的措施予以应对。

污水处理需要具有高度熟练的操作水准以达到低排放水平。

为能够有效运行，湿式洗涤器需要采用诸如 ESP 或者 BF 等设备除尘后的烟气[64]。

湿式洗涤使得 HCl 在入口的浓度变化方面具有了灵活性，HF 和 SO_2 也具有了各自的高缓冲容量。有时需要对金属汞进行额外处理，例如：在基本洗涤器中注入复合助洗剂，在酸性洗涤器中注入活性炭，在气相中注入氧化剂或用吸附剂进行消除[64]。

(5) 跨介质影响

跨介质的影响如表 4.19 所示。

表 4.19 与采用湿式洗涤器 FGC 相关的跨介质影响[1,2,12,81]

准则	单位	取值范围	评论
能源需求	kW・h/t 输入废物	19	泵的采用增加了电能的消耗。在需要避免废水排放的场景中，进行废水蒸发处理需要额外的能量供给
试剂消耗	kg/t 输入废物	依赖于所采用试剂： NaOH：3～5 CaO：2～4 $Ca(OH)_2$：2～4 $CaCO_3$：6～9	在全部系统中具有最低的试剂消耗量
试剂化学计量(比率)		1.0～1.2	在全部系统中具有最低的试剂化学计量
残余物-类型			污水处理后会产生污泥；在某些情况下，能够回收 HCl 或石膏
残余物-数量	kg(湿)/t 输入废物 kg(干)/t 输入废物	10～15 3～5	在全部系统中具有最低的残余物数量，但此处不包括单独去除的飞灰，其量约为 16kg/t 输入废物
水量消耗	L/t 输入废物	100～500	在全部系统中具有最高的水量消耗，但能够通过处理、再循环/冷凝、在洗涤器入口前低温化等方式予以降低
废水生产	L/t 输入废物	0～500	在排放或重复利用前需要进行处理

续表

准则	单位	取值范围	评论
烟羽可见性	＋/o /－①	＋	烟羽的气体含水量高，但可通过再热/冷凝处理方式予以降低

① 译者注：＋/o/－表示增加/无影响/降低。

注：本表中的数据的目的是，为焚烧工艺提供典型的运行范围。所产生的残余物和废水的准确数量取决于诸如原料烟气体浓度（与废物有关）、流速、试剂浓度等许多因素。

该技术与其他选项相比而言，最为显著的跨介质影响如下所示：

① 最低的试剂消耗率；

② 最低的固体残余物产量；

③ 更高的水量消耗；

④ 所产生的污水需要进行管理；

⑤ 烟羽的可见性增加；

⑥ 存在于洗涤塑料组件上的 PCDD/F 累积（记忆效应）需要解决；

⑦ 如果输入温度太高，则可能会破坏湿式洗涤器中所采用的材料[74]。

(6) 与可应用性相关的技术考虑

只要存在足够的水量供给，这种技术通常是可应用的。

由于出口温度较低（约 70℃），诸如袋式过滤器和 SCR 等后续 FGC 系统中的烟气可能需要重新加热。

(7) 经济效益

这项技术的估计投资成本如表 4.20 所示。

表 4.20　湿式 FGC 系统所选部件的投资成本估算[12,74]

FGC 组件	估算的投资成本/$\times 10^6$ EUR	评论
两级湿式洗涤器	5	包括废水处理
三级湿式洗涤器	7	包括废水处理
外部洗涤器废水蒸发装置	1.5～2	
内部废水蒸发喷雾吸收器	1.5	

注：此处的估算成本与具有 200kt/a 总生产能力的 2 条 MSWI 焚烧线相关。

与其他技术相比，该技术的关键成本方面如下：

① 与其他系统相比而言，具有更高的资本投资成本，主要原因在于其所需要的污水处理厂和过程单元数量较多，这可能是此技术进行推广应用的一个限制因素，特别是针对场地较小的非危险废物焚烧厂而言尤其如此；

② 特定残余物的产量较低，使得与残余物处置相关的运行成本可能较低[74]；

③ 系统的复杂性增加，使得劳动力成本更高。

(8) 应用的驱动力

① 能够实现特别低和稳定的酸性气体排放水平。

② 降低废气处理残余物的处置费用。

③ 具有回收 HCl、盐和石膏的可能性。

④ 存在特别难以预测/控制的输入废物组成。

⑤ 输入废物中可能含有较高和可变负荷的酸性气体前驱物或金属（例如，离子汞）[74]。

(9) 工厂举例

在全欧洲，湿式烟气洗涤工艺广泛应用于各种类型的废物。

(10) 参考文献

[1]，[2]，[12]，[64]。

4.5.3.2 半湿式洗涤系统

(1) 描述

该技术在2.5.4节中已描述。

(2) 技术说明

图4.6给出了典型半湿式FGC系统，其中，左边和右边分别为反应器和下游除尘器。

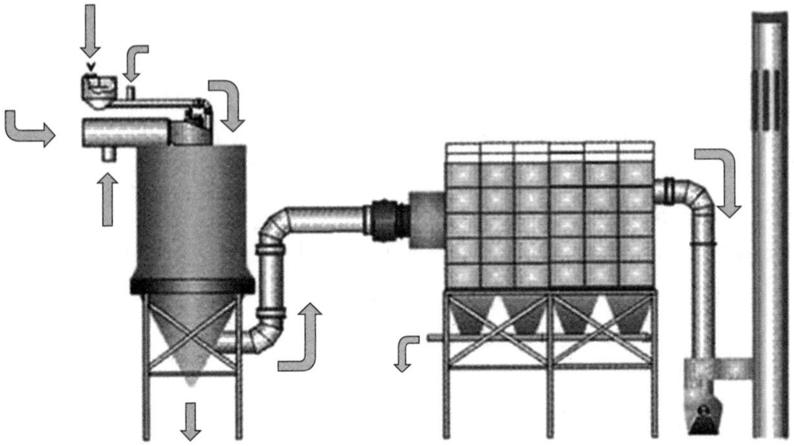

图4.6 半湿式FGC系统的典型设计

(3) 实现的环境效益

半湿式洗涤器不会排放污水，原因在于其用水量通常低于湿式洗涤器，并且其所含有的水分会随着烟气而蒸发掉。如果水的质量适合，其他废水（例如，雨水）也可被供给至FGC系统中予以使用[74]。

半湿式FGC系统具有很高的去除效率（针对可溶性酸性气体而言）。可通过调整试剂的加药率和系统的设计点降低该系统的排放水平，但这通常是以试剂消耗量和残留率的增加为代价的。

联合使用半湿式系统与织物过滤器可去除添加试剂及其相关的反应产物。除碱性试剂外，还可通过添加相应的试剂吸附其他的烟气成分（例如，用于吸附汞和PCDD/F的活性炭）。

该技术最为常用的情景是，将其作为单级的反应器/过滤器用于实现污染物的综合减排，具体如下所示：

① 酸性气体：采用碱性试剂去除。

② 粉尘：采用织物过滤器过滤。

③ PCDD/F：注入活性炭和碱性试剂进行吸附。

④ Hg：注入活性炭和碱性试剂进行吸附。

(4) 环境绩效和运行数据

装配半湿式洗涤器的焚烧厂通常达到的大气排放水平如表4.21所示。

表 4.21　与采用半湿式洗涤器相关的排放水平[81]

污染物质	达到的排放水平				评论
	年最大值		年平均值/(mg/m³)	排放量/(g/t 输入废物)	
	半小时平均值/(mg/m³)	日平均值/(mg/m³)			
HCl	12～25	2～8	<6	<33	排放峰值可通过上游 HCl 分析仪进行处理。半湿式工艺可在相同的洗涤器中同时捕获 SO_2、HCl 和 HF
HF	<2	<1	<0.5	<3	
SO_2	30～70	<40	<25	<140	

与采用半湿式 FGC 相关的运行数据如表 4.22 所示。

表 4.22　与采用半湿式 FGC 相关的运行数据

准则	影响准则的因素描述	评价值(高/中/低)或数据	评论
复杂性	• 需要额外的工艺单元 • 关键运行因素存在影响	中	• 工艺单元的数量少于湿式系统但多于干式系统 • 入口温度需要控制 • 预除尘能够简化半干式系统的运行
灵活性	具有在系列输入条件下操作的技术能力	中	• 在大多数工况下可实现低排放水平 • 进口负荷的快速变化可能会造成运行问题
技能需求	• 具有显著的额外培训或人员配备要求	中	• 不存在污水处理要求 • 优化试剂剂量时需要谨慎

大多数半湿式系统仅包括试剂混合单元（试剂＋水）、喷雾塔和袋式过滤器各 1 个，因此其复杂性要低于湿式 FGC 系统。

需要对试剂的处理和定量进行良好的管理，以便能够确保实现运行过程的高效和优化，特别是在处理诸如商业 HWI 等异质废物类型的场景下。

上游 HCl 监测（参见 4.5.3.9 节）改进了针对这些系统的试剂定量的优化，并允许在未采用高试剂剂量率的情况下对 HCl、HF 和 SO_2 的峰值负荷进行管理。

某些装置可通过溶解 CaO 的方式在现场 FGC 系统中产生 $Ca(OH)_2$。进行有效的石灰制备对实现良好运行至关重要，因为其能够控制注入装置中污垢的产生风险。注入器的安装位置和设计必须要服务于容易维修和/或进行清洗更换的目标[74]。

为处理布袋损坏和后续泄漏的问题，对布袋过滤器需要进行密切的监控和管理。通常，差压监测器用于表征过滤袋损坏和监视运行过程。

温度的要求也是至关重要的。需要注意避免袋式过滤器中出现露点腐蚀——通常采用的是高于 130～140℃的进气温度。当温度低于 130℃时，由于形成的 $CaCl_2$ 具有吸湿性，袋式过滤器可能会出现问题。通常，试剂需要在特定的温度下使用以便达到最优的反应条件。

据报道，当半湿式 FGC 系统与具有非常强酸性污染的原料烟气同时使用时，可能会出现运行问题，因为这会导致过滤器堵塞风险的增加。

在半干式系统中采用的反应器和袋式过滤器的运行复杂性可通过采用一定程度的预除尘工艺进一步地降低，例如，采用单级 ESP，或采用非黏性过滤袋材料（另参见 2.5.3.5 节）。

这能够避免以下问题：

a. 粘住某些金属锌（以及熔化温度较低的类似盐类）；

b. 在反应器表面因吸湿盐而形成黏性层[64]。

(5) 跨介质影响

跨介质影响的识别情况如表 4.23 所示。

表 4.23 与采用半湿式酸性气体处理相关的跨介质影响[3,12,64,74,81]

准则	单位	所得值范围	评论
能源需求	kW·h/t 输入废物	6～13	因袋式过滤器的压降而增加了对能源的需求
试剂消耗	kg/t 输入废物	7～10(生石灰)	在已应用的系统方案中，此技术的试剂消耗处于中等范围
试剂化学计量(比率)		1.4～2.5	再循环/低污染负荷废物采用此技术后达到了最低值
残余物-数量	kg/t 输入废物	25～50	结合 FGC 与飞灰
水量消耗	L/t 输入废物	＜300	当 FGC 入口温度低时，残余物数量最低；否则，需要采用必要的冷却水
烟羽可见性	+/o/-	0	在已经应用的系统中，水量的消耗处于中等范围

注：本表中的数据的目的是，为焚烧工艺提供典型的运行范围。所产生的残余物和废水的准确数量取决于诸如原料烟气气体浓度（与废物有关）、流速、试剂浓度等许多因素。

对于这种技术，最为显著的跨介质影响是比湿式系统具有更高的残余物产量。

如果在此系统之前采用了 ESP 设备，则对飞灰进行单独收集是可能实现的。这将会增加飞灰和 FGC 残余物的分离程度，在针对这些残余物存在着分离处理/回收选项的情况下，这将是有益处的。

半湿式 FGC 系统通常被用作单级多反应器。通常，这样的系统与更为复杂的多级 FGC 系统相比而言，其对能源的需求较低。

(6) 与可应用性相关的技术考虑

这项技术是普遍可应用的。

受限于对出口温度（120～170℃）的要求，为确保诸如 SCR 等后续 FGC 系统的有效运行，可能需要对烟气进行重新加热处理。

(7) 经济效益

该技术的投资成本信息如表 4.24 所示。

表 4.24 典型半湿式 FGC 系统的选定组件的投资成本估算[12]

FGC 组件	估算的投资成本/$\times10^6$EUR
织物过滤器	2
喷雾干燥器	1～1.5

注：估算成本与具有 200kt/a 总处理能力的 2 条焚烧线 MSWI 厂是相关的。

该技术的关键运行因素是：

① 投资成本相对于湿式 FGC 系统而言较低，特别是针对具有较小容量的系统而言[2]；所产生残余物的数量越多，其对应的处置成本可能会越高（相比湿式系统而言）；

② 由于具有较低复杂性而降低了人工成本（与湿式系统相比而言），特别是因为该技术避免了污水处理厂运行所需的成本；

③ 由于具有较高的化学计量比，其增加了碱性试剂的成本。

(8) 应用的驱动力

① 具有处理中等和中等可变入口烟气负荷的能力。

② 不生产废水。

③ 具有比湿式洗涤器更低的投资成本。

④ 具有比湿式洗涤器更低的用水量。

⑤ 具有比湿式系统更低的烟羽能见度[64]。

(9) 工厂举例

广泛用于欧洲，例如，英国、德国、法国和丹麦。

(10) 参考文献

[1]，[2]，[3]，[12]，[26]，[54]，[64]。

4.5.3.3 干式 FGC 系统

(1) 描述

该技术已在 2.5.4 节进行了描述。

(2) 技术说明

石灰（例如，熟石灰、高比表面积石灰）和碳酸氢钠经常用作碱性试剂。通过添加活性炭提供吸附汞和 PCDD/F 的方式，进而减少其排放水平。

细磨的碳酸氢钠注入高温气体（160℃以上）后会被转化为高孔隙度的碳酸氢钠，因此，其能够对酸性气体进行有效吸收[59,7]。

(3) 实现的环境效益

采用这种技术，在不增加试剂剂量率和随之产生的残余物的情况下，通常是不太可能达到与其他 FGC 系统相同的非常低的排放水平的。对试剂的回收虽然可在一定程度上减少这些跨介质影响，但也会导致与试剂加药系统相关的运行困难。

(4) 环境绩效和运行数据

在过去的十年中，技术的发展使得干式系统的性能得到了显著的改善。

配置干式 FGC 工艺的焚烧厂通常可达到的大气排放水平如表 4.25、表 4.26 所示。

表 4.25　采用熟石灰的干式 FGC 工艺的排放水平[81]

污染物质	获得的排放范围			
	每年最大值		年平均值/(mg/m³)	具体排放量/(g/t 输入废物)
	半小时平均值/(mg/m³)	日平均值/(mg/m³)		
Cl	10～30	5～8	<6	<33
HF	<0.6	<0.3	<0.2	<1.2
SO_2	20～70	10～40	<15	<85

表 4.26 采用碳酸氢钠的干式 FGC 工艺的排放水平[81]

污染物质	获得的排放范围			
	每年最大值		年平均值 /(mg/m^3)	具体排放量 /(g/t 输入废物)
	半小时平均值 /(mg/m^3)	日平均值 /(mg/m^3)		
HCl	6～30	<2～8	<6	<33
HF	<1.2	<1	<0.5	<3
SO_2	30～50	5～25	<15	<85

与采用干式 FGC 工艺相关的运行数据如表 4.27 所示。

表 4.27 与采用干式 FGC 工艺相关的运行数据[59]

准则	影响准则的因素描述	评价值(高/中/低)	评论
复杂性	• 需要额外的工艺单元 • 关键运行因素存在影响	低	由少量组件构成的简单工艺
灵活性	具有在系列输入条件下操作的技术能力	中/低	宽泛的运行温度范围
技能需求	具有显著的额外培训或人员配备要求	中 /低	• 简易系统 • 袋式过滤器需要进行有效管理

干试剂的处理需要采用诸如装载筒仓通气孔等方式以防止粉尘排放。

某些装置可通过溶解 CaO 的方式在现场 FGC 系统中产生 $Ca(OH)_2$。进行有效的石灰制备对实现焚烧工艺的良好运行至关重要，因为其可以控制在注入装置中产生污垢的风险。注入器的安装位置和设计必须要服务于容易维修和/或进行清洗更换的目标[74,7]。

据报道，采用超过 210℃的运行温度时，可能会导致注入的碳试剂对 PCDD/F 和汞的吸附性能变得恶化[7]。

(5) 跨介质影响

跨介质影响的识别结果如表 4.28 所示。

表 4.28 与采用干式 FGC 工艺相关的跨介质影响[64]

准则	单位	所获得值的范围	评论
能源需求	kW·h/t 输入废料		对能源的需求主要源自袋式过滤器的压降。较高的运行温度能够节省因 FGC 再加热所产生的费用
试剂消耗	kg/t 输入废料	10～20(CaO) 6～12($NaHCO_3$)	在所应用的系统方案中，此技术的试剂消耗处于中等范围
试剂化学计量(比率)		1.05～1.2($NaHCO_3$) 1.5～2.5($Ca(OH)_2$)	在过去的十年中，该技术的优化已经允许碳酸氢钠的过量值减少到了 5%～20%。 通过再循环实现了较低的熟石灰比例
残余物	kg/t 输入废料	7～25	源于 1t 固体废物的残余物(不包括锅炉灰)
烟羽可见性	+/o/−	—	在全部系统中，此技术的烟羽可见性最低

注：现场运行值将根据本地废物类型等的变化而具有差异性。

这种技术最为显著的跨介质影响是产生的固体残余物。在其他所有参数相同的情况下，此技术的固体残余物产量通常是大于湿式系统的。通过残余物再循环工艺可使得残余物的剩余部分有所减少。

碳酸氢钠的固体残留比熟石灰的固体残留更容易溶解，其量也会显著降低。如果将重碳酸盐系统的残余物从飞灰中进行分离，则可在化学工业中对其进行处理和回收（在法国和意大利已成为既定惯例）[74,7]。

(6) 与可应用性相关的技术考虑

这项技术是普遍可应用的。

(7) 经济效益

投资成本和系统设计考虑以下事项：

① 与半湿式系统相比，具有更低的投资成本；

② 较高的可能操作温度使得不需要再采用烟气再加热工艺，例如，针对 SCR 工艺；

③ 试剂浆液的处理/混合装置不需要采用干式系统。

相对于其他技术，对应的运行成本需要考虑以下事项：

① 与湿式 FGC 系统相比，会增加试剂消耗率；

② 与其他 FGC 系统相比，会增加残余物处理成本；

③ 因为不产生污水，会节省相应的处理/处置费用。

(8) 应用的驱动力

这种系统的简单性是采用该技术的主要原因。

与其他 FGC 系统相比，此技术的能耗更低。此外，由于干式 FGC 系统不会导致温度下降，其允许更低的锅炉出口温度，这也使得该系统从能源回收的角度也具有吸引力。

对水量供应和烟气出口的限制，使得采用干式 FGC 系统更为有利。当禁止对外排水时，更偏好于采用干式（或半干式）FGC 系统。

在必须避免烟羽可见的场所中，干式系统具有更进一步的优势。

(9) 工厂举例

这项技术在整个欧洲已经广泛采用。超过 240 家的焚烧厂在 10 个以上的欧洲国家以及日本和美国正在运行该技术。

在法国和德国存在一些采用干式系统的商业危险废物焚烧厂示例。

(10) 参考文献

[59]，[2]，[64]。

4.5.3.4　在其他 FGC 技术之后添加湿式洗涤作为烟气抛光系统

(1) 描述

可以考虑的是，添加最终湿式烟气处理系统或者烟气冷凝系统，作为处理酸性气体等其他系统之后的抛光处理。通常，这种添加是为了控制 HCl 和 SO_2 的高排放水平或不稳定排放[74]。

(2) 技术说明

典型烟气抛光处理是在填充床湿式洗涤器中进行的。抛光位置中的湿式洗涤的常见特征是，HCl、SO_2、HF 和汞均可在某个共同阶段进行去除而不是在 2 个独立的阶段予以去除。通常，加入 NaOH 可提高 SO_2 和 HF 的去除率。工艺水可被注入炉膛或上游干式烟气清洗系统中，进而实现无废水运行。通过冷凝的能源回收可集成至系统中，增加蒸汽加热器或气-气换热器对烟气进行再加热能够避免湿烟羽现象的产生，此时，不再需要供应额外的能源。

(3) 实现的环境效益

能够增加将酸性气体（HCl、HF、SO_2）排放降低到湿式洗涤系统可达到的较低排放水平范围的可靠性（参见 4.5.3.1 节）。

由于抛光洗涤器的高效率和低化学计量因子，上游干燥系统中的吸附剂消耗量和相关残余物的产生量也许是可以减少的。

(4) 环境绩效和运行数据

参见 4.5.3.1 小节。

(5) 跨介质影响

参见 4.5.3.1 小节。

(6) 与可应用性相关的技术考虑

参见 4.5.3.1 节。

(7) 经济效益

包括循环泵在内，用于处理 100000m^3/h 烟气流的洗涤器系统的典型投资成本为 2000000EUR。再热器或玻璃纤维增强塑料烟囱可能还需要额外投资约 100000EUR。

据报道，针对电能（典型的额外风机压降为 1200Pa）和循环泵而言，其所需的运营成本为 10～15EUR/h。NaOH 的成本取决于设计。

同时请参见 4.5.3.1 节。

(8) 应用的驱动力

采用湿式 FGC 系统的一般驱动力参见 4.5.3.1 节。

在酸性气体排放量高或不稳定的情况下，增加抛光阶段的可能驱动力是法规要求改善与污染物峰值浓度有关的烟气净化技术。因此，该技术最适用于的是那些含有氯且浓度会变化的废物或其他会形成酸的组分（例如，包括危险废物或者包括工业废物的 MSW）。

此外，增加抛光阶段的驱动力还包括节省上游干式烟气净化系统的试剂成本。

(9) 工厂举例

许多焚烧厂位于 Scandinavia 和 WTE ACCAM Busto Arsizio（IT）(IT01）、Usine de Fort-DeFrance（FR）(FR46）和 Halluin（FR）(FR92）。

(10) 参考文献

[64]，[97]。

4.5.3.5 FGC 系统的 FGC 残余物再循环

(1) 描述

通常，采用干式、半湿式和类似（但非湿式）FGC 系统的袋式过滤器所收集的残余物（另参见 4.5.3.2 节、4.5.3.3 节和 4.5.3.8 节）中含有相当大比例的未反应烟气处理试剂，以及从烟气流中去除的飞灰和其他污染物。在 FGC 系统内，一定比例的累积残余物可重新激活和再循环。

(2) 技术说明

由于需要进行烟气再循环，这使得 FGC 系统的规模通常会有所增加，进而适应额外增加的再循环相关物料的体积。

该技术在具有较高的化学计量过剩量的情况下尤其是有益的，但对于效率更高的直流处理系统而言，这并不是很相关，原因在于：在直流处理系统中，由于没有再循环，故几乎不存在未进行反应的试剂残余物。通过对 FGC 残余物的分析，可以确定反应和未反应试剂间的比例。

在重复采用 FGC 工艺之前，未反应试剂的再活化可通过以下方式进行：

① 增加水量和提高残余物再循环率；

② 添加低压蒸汽和中等残余物再循环率；

③ 熟化未反应试剂和飞灰，其之后再进入 FGC 系统进行循环。

(3) 实现的环境效益

结合水/低压蒸汽的添加或熟化进行 FGC 系统内部试剂的再循环，具有以下优点：

① 减少试剂的消耗（与干式和半湿式系统相比）；

② 减少固体残余物的产量（未反应试剂含量减少）；

③ 改进对酸性气体峰值的控制（循环会导致更高的试剂缓冲）。

据报道，这些技术能够处理与大多数废物类型相关的供给烟气浓度，包括可能出现的可变的诸如在焚烧商业危险废物时所供给的烟气浓度。

(4) 环境绩效和运行数据

与采用残余物再循环相关的运行数据如表 4.29 所示。

表 4.29　与采用残余物再循环相关的运行数据[57,64]

准则	影响准则的因素描述	评估值(高/中/低)	评论
复杂性	• 需要额外的工艺单元 • 关键运行因素存在影响	中	• 几乎不需要额外的设备 • 需要注意确保试剂的有效循环和湿度控制
灵活性	具有在系列输入条件下操作的技术能力	高/中	• 循环试剂的缓冲容量大，灵活性增加 • 在烟气供给变化方面的灵活性不如湿式系统，但明显比不具有再循环处理模式的干式系统要灵活
技能要求	具有显著的额外培训或人员配备要求	中/低	系统简单

试剂注入和残余物排放的速率需要进行优化，进而防止吸附剂负载和最终污染物质吸附达到饱和（例如，吸附在活性炭上的汞和 PCDD/F）。

需要对湿度水平进行监测和控制，进而保持对酸性气体的吸附效率。对上游 HCl 和 SO_2 进行监测，以便优化碱性试剂/水/低压蒸汽剂量的使用率。

FGC 系统某些部分的体积必须要设计得更大，以便能够接收额外的再循环材料。

在上述这些工艺中，结合袋式过滤器和试剂添加所达到的大气减排和排放水平情况如表 4.30 所示。

表 4.30　与采用中间系统相关的大气减排和排放水平[57,64,74]

污染物质	减排效率范围/%	所达到的排放范围				评价
		每年最大值		年平均值/(mg/m^3)	具体排放量/(g/t 输入废物)	
		半小时平均值/(mg/m^3)	日平均值/(mg/m^3)			
HCl	>99	<10	<6	2.9	10～30	因循环率高而具有稳定性

续表

污染物质	减排效率范围/%	所达到的排放范围				评价
		每年最大值		年平均值/(mg/m^3)	具体排放量/(g/t 输入废物)	
		半小时平均值/(mg/m^3)	日平均值/(mg/m^3)			
HF	>99.5	<2	<1	<0.5	1~5	因循环率高而具有稳定性
SO_2	>99	<50	<5	<1	5~50	因循环率高而具有稳定性

(5) 跨介质影响

这种再循环技术能够减少所产生的固体残余物数量，该值低于未采用再循环技术时的残余物产生量。

依据再循环时所采用技术的不同，所报告试剂的化学计量比率值在 1.5～2.5 之间。通常，采用低压蒸汽时的化学计量过量值要低于采用加水或熟化方式时的相应值。

水/低压蒸汽的消耗依赖于供给 FGC 系统入口烟气的温度。

由于仅需要采用少量的水/低压蒸汽进行调节，这使得烟羽的可见性非常低。

据报道，在某些情况下，汞的排放会增加。因此，需要考虑汞的输入率和进行足够高的汞去除量处理以控制其排放水平。

(6) 与可应用性相关的技术考虑

除湿式系统外，该技术通常能够与 FGC 系统结合应用。

FGC 残余物的再循环需要采用规模更大的袋式过滤器和额外的空间，以便容纳相应的再循环/再激活/熟化设备。

(7) 经济效益

据报道，采用该技术的投资成本会略低于湿式和半湿式 FGC 系统，原因在于：工艺组件数量减少和占地面积更小，但会略高于未进行再循环处理的干式 FGC 系统。

与未进行再循环处理的干式 FGC 系统相比，由于其具有更低的试剂消耗（与干式系统相比，其化学计量比提高）和残余物处理成本，该技术降低了操作成本。

(8) 应用的驱动力

① 减少试剂消耗量。

② 降低残余物产量。

③ 空间需求有限。

④ 工艺复杂性有限。

(9) 工厂举例

应用于法国、英国、意大利、瑞典、挪威、德国、丹麦和西班牙的已有的焚烧 MSW、RDF 和木材废物的焚烧厂。

(10) 参考文献

[57]，[64]，[7]。

4.5.3.6 直接添加碱性试剂至废物中（直接脱硫）

(1) 描述

这项技术已在 2.5.4.4 节中进行了描述，通常只应用于流化床焚烧炉。

碱性试剂在焚烧炉内与酸性气体进行反应以减少原料烟气中的酸性负荷，随后进入烟气净化阶段。

(2) 技术说明

高温下在焚烧炉内对 SO_2 的吸附要比对 HCl 更为有效，因此，该技术主要应用于诸如污泥焚烧等 SO_2 含量相对较高的工艺[74]。

(3) 实现的环境效益

该技术的益处包括：减少原料烟气负荷，减少与下游 FGC 系统相关的排放水平值和试剂消耗量。

(4) 环境绩效和运行数据

这种技术的主要优点在于能够减少锅炉内产生的腐蚀问题。由于化学计量比率值相对较高，该技术不能改善 FGC 系统的整体性能[64]。

(5) 跨介质影响

针对该技术而言，最为重要的跨介质影响如下所示：

① 在焚烧炉内，存在试剂的消耗（但会减少下游工艺的相应消耗）；

② 影响底灰质量，原因在于，盐和过量试剂会与底灰相互混合；

③ 改变的烟气成分（SO_2 对 HCl 的比率）会影响下游 FGC 系统的性能，进而改变 PCDD/F 的排放曲线并可能会导致 FGC 系统产生腐蚀问题。

熟石灰的添加不仅会影响底灰质量，还会影响飞灰的成分和电阻率（也就是说，随着 FGC 系统中残余物的增加，会产生更多的 Ca、更多的含硫化合物和更高的污染稀释物）[64]。

(6) 与可应用性相关的技术考虑

该技术一般应用于流化床系统。

(7) 经济效益

需要考虑对比烟气处理的减少费用与早期阶段添加试剂所需要的费用。

提供注入焚烧炉/废物中的试剂需要额外的投资成本。

(8) 应用的驱动力

该技术是为了改造已有的焚烧厂而实施的技术。因此，在提升 FGC 系统的酸性气体净化容纳能力方面仅具有有限的可能性。

(9) 工厂举例

SOGAMA，Cerceda（西班牙）(ES07.1/ES07.2)；Area Impianti Bergamo（意大利）(IT07)；SNB，Moerdijk(荷兰)(NL06)。

(10) 参考文献

[1]，[64]。

4.5.3.7　锅炉注入碱性试剂 (高温注入)

(1) 描述

在锅炉的后燃烧区域，直接将专用试剂注入高温锅炉，进而实现酸性气体的部分减排。此处，熟石灰和白云石被用作试剂。

(2) 技术说明

在该技术中，熟石灰试剂被注入焚烧炉中，与酸性气体在最优温度 800～1200℃下进行直接反应，其能够减少传递到后续烟气净化阶段的原料烟气中的酸性负荷。由于高温时的吸

附对于去除 SO_X 和 HF 非常有效，与在袋式过滤器阶段在较低温度下实现相同的去除率相比而言，此处所消耗的试剂会显著减少。该技术还能够将污染物的峰值变得更为平滑，从而进一步减少在下游烟气净化装置中所消耗的试剂量。

(3) 实现的环境效益

该技术的益处是减少原料烟气的负荷和酸性气体的峰值，以及减少下游烟气净化装置的排放水平值和试剂消耗量。

(4) 环境绩效和运行数据

据报道，在每吨废物中注入 3～8kg 熟石灰的情况下，SO_2、SO_3 和 HF 可减排 80%～96%，HCl 可减排 25%～30%（在锅炉出口处）。

(5) 跨介质影响

据报道，在联合锅炉和下游烟气净化系统的情况下，由于试剂的使用总量减少，因此预计不会产生跨介质影响。

(6) 与可应用性相关的技术考虑

该技术一般应用于炉排和回转窑焚烧厂。

(7) 经济效益

据报道，采用该技术的投资成本在 100000～300000EUR 之间。

包括输送系统维护成本和能源成本以及锅炉注入试剂成本在内的全部运行成本，为每吨废物 0.4～2.20EUR。

在下游注入 $NaHCO_3$ 吸附剂的情况下，可避免的运行成本为每吨废物 0.72～2.04EUR。

(8) 应用的驱动力

① 允许增加废物中酸性污染物的输入负荷。

② 减少锅炉的维修停机时间。

③ 降低产生酸性气体的排放峰值。

④ 通过增加额外的步骤提高 FGC 系统的可靠性。

⑤ 作为改造技术，能够对已有 FGC 装置进行简单升级，能够在保持试剂剂量率适中的情况下提高酸性污染物的去除率。

(9) 工厂举例

ACSM S. p. A.，Como（IT）(IT02)；AMSA S. p. A. Milano（IT）；REA Dalmine（IT）(IT10.1/IT10.2)；Silea S. p. A，Valmadrera（IT）(IT11)；Tecnoborgo S. p. A.，Piacenza（IT）(IT12)；Ambiente 2000 Trezzo Adda（IT）；Brianza Energia Ambiente-Desio（IT）(IT03)；AEM Gestioni；Trezzo Adda（IT）；ACCAM S. p. A.，Busto Arsizio（IT）(IT01)；Ecomombardia 4 Filago（IT）；Schwandorf MWI（DE）；Heringen RDF 厂（DE）(DE50)。

(10) 参考文献

[99]。

4.5.3.8 组合半湿式吸收器与干式注入系统

(1) 描述

该技术能够组合半湿式（通常标记为 SDA）和干式吸附剂注入（DSI）工艺，其也被称为四分之三干式系统。

(2) 技术说明

该技术包括在半湿式反应器的上游或者下游注入干式试剂（DSI）。

DSI 的试剂可以是熟石灰、高比表面积熟石灰、高孔隙率熟石灰或者熟石灰与含碳或矿物材料的混合物。

该技术运行的基本原理是：保持反应器中的石灰乳以最佳设计速率恒定注入以便能够捕获大部分的污染物负荷，同时，DSI 通过直接的调节控制方式去除包括峰值在内的残余酸性气体负荷。

(3) 实现的环境效益

① 与典型的半湿式工艺相比，该技术减少了排放至大气中的总污染负荷。

② 与仅采用半湿式工艺达到相同的去除率相比，减少了残余物产生量的原因在于，其提升了化学计量比。

(4) 环境绩效和运行数据

据报道，SO_2 的去除效率大于 98%，HCl 的去除效率大于 99%。

该技术所报道的优点如下所示：

① 石灰乳制备的持续运行；

② DSI 对峰值污染物负荷的快速准确响应；

③ 用于维护目的的设备的冗余性；

④ 与单独的半湿式工艺相比，总试剂的消耗量减少（在相同的酸性气体去除率下）。

(5) 跨介质影响

据报道，在相同的污染物去除率下，由于该技术所使用的试剂量与单独使用 SDA 相比而言在总体上有所减少，所以预计不会产生跨介质影响。

(6) 与可应用性相关的技术考虑

该技术应用于采用 SDA 作为 FGC 工艺的新建焚烧厂和已有焚烧厂。

(7) 经济效益

单个 DSI 系统的投资成本为 100000～200000EUR。

包括输送系统维护成本和能源成本以及 DSI 的试剂成本（每吨废物消耗 1kg 熟石灰）在内，其总运行成本为每吨废物 0.17～0.29EUR。按照基于每吨废物的石灰消耗量从每吨 10kg 减少到 7.5kg 的范围进行计算，SDA 装置能够通过减少试剂消耗量而降低的运行成本为每吨废物 0.33～0.38EUR。

(8) 应用的驱动力

① 作为一种改造，配备 SDA 的焚烧厂可进一步降低其排放水平。

② 能够允许增加废物中的酸性污染物输入负荷。

③ 能够节省运行成本。

(9) 工厂举例

Intradel Uvelia-Herstal（BE）（BE04）；SNVE，Rouen（FR）；BSR，Berlin（DE）；IPALLE，Thumaide（BE）；Vattenfall IKW，Ruedersdorf（DE）（DE84）；SWB MHKW，Bremen（DE）（DE39）；SERTRID Usine de Bourgogne（FR）；IBW，Virginal（BE）；Amagerforbraending，Copenhagen（DK）；Slagelse Forbrændings Anlæg，Slagelse（DK）（DK03）。

(10) 参考文献

[100]。

4.5.3.9 基于酸性气体监测的 FGC 工艺优化

(1) 描述

基于具有快速响应能力的 HCl、SO_2，可能还包括 HF，通过对干式和半湿式 FGC 系统的上游和/或下游进行监测，能够使得对 FGC 系统的运行进行调整成为可能，从而能够进行面向运行过程排放设定值的碱性试剂优化。

(2) 技术说明

该技术通常作为额外的用于控制峰值浓度的方法，同时，在袋式过滤器上所累积的试剂层也能够为试剂量的波动提供重要的缓冲作用。

该技术与湿式洗涤器无关，原因在于：洗涤的介质为水，湿式洗涤器的供水受蒸发和排放速率的控制，而不是由原 HCl 浓度进行控制[64]。

对于确保全部 FGC 系统具有足够的试剂以控制 SO_2 和/或 HF 从而减少峰值排放而言，仅防止 HCl 的超排并不总是充分条件[7]。

(3) 实现的环境效益

这种技术的益处是：

① 原料烟气负荷的峰值可预估，因此不会导致大气排放的增加；

② 中和剂的消耗量可通过匹配需求而减少；

③ 减少了残余物中未使用的试剂量。

在焚烧炉供给废物质量控制有限的情况下，该技术具有最高的环境效益；在进行废物均质化处理并在通过选择、混合或预处理等操作得到良好质量控制的情况下，其环境效益较低。

较小的焚烧厂可能会受益最多，原因在于：不良的废物供给可能会对较小的焚烧系统产生较大的影响。

(4) 环境绩效和运行数据

该技术需要较短的监视响应时间以便能够及时地将控制信号传递给试剂加药设备，从而能够提供有效的响应。

当监视设备位于 FGC 系统上游时，由于环境极端恶劣，监视设备的抗腐蚀能力显得非常重要。此外，结垢也是其中的一个问题。

FGC 系统吸收能力的变化可通过以下方法予以实现：

① 采用变速泵或变速计量螺杆以改变流速；

② 改变半湿式系统中的试剂浓度——混合罐的体积要足够小，以便确保具有足够的浓度变化率；

③ 在采用多种试剂或多 FGC 阶段的情况下，调整 FGC 系统中的试剂比例。

(5) 跨介质影响

未有报道。

(6) 与可应用性相关的技术考虑

这项技术是普遍可应用的。

(7) 经济效益

未提供信息。

(8) 应用的驱动力

① 作为针对已有焚烧厂的改造技术而言，其可以避免超过短期的排放限值。

② 在新建焚烧厂的设计中，该技术可在优化试剂消耗量的同时确保达到短期排放要求。

(9) 工厂举例

适用于欧盟各地的焚烧炉，例如，Vitre（FR）（FR002）；Cergy，Saint-Ouen L'Aumône（FR)(FR075）；MHKW Bremerhaven，Breme（DE)(DE39）；MKVA Krefeld（DE）（DE55.2R）；UTE-TEM，Mataró（ES）（ES04）；Allington 焚烧化炉（UK）（UK07）；Lincoln（英国）（UK12）。

(10) 参考文献

[17]，[64]。

4.5.4 氮氧化物减排技术

一般而言，主要技术对于减少燃烧阶段 NO_X 的形成是非常重要的。4.1 节和 4.3 节描述了较为通用的方法，其主要与废物的管理和制备有关，特别是所应用的热处理技术。在 BREF 中的此部分，所涉及的用于减排 NO_X 的技术包括：有关更多 NO_X 特定主要技术的应用参见 4.5.4.1 节和 4.5.4.2 节；辅助（减排）技术参见 4.5.4.3 节、4.5.4.4 节和 4.5.4.5 节。通常的应用是结合主要技术和辅助技术进行 NO_X 的减排。

4.5.4.1 用于液体废物的低 NO_X 燃烧器

(1) 描述

该技术是基于降低峰值火焰温度的原理进行减排的。这些燃烧器被设计为实现延迟，但却要改善燃烧和增加热能传递（增加火焰的发射率）。空气/燃料的混合能够降低氧气的可用性和降低火焰的峰值温度，阻止在燃料中包含的氮被转化为 NO_X，进而在防止热力型 NO_X 形成的同时保持较高的燃烧效率[110]。

(2) 技术说明

LCP BREF 中给出了用于传统燃料的低 NO_X 燃烧器的描述（注：这些技术描述可能需要针对废物类型的不同而进行特定的修改）。

(3) 实现的环境效益

减少大气中的 NO_X 排放。

(4) 环境绩效和运行数据

低 NO_X 燃烧器成功应用于废物处理的例子相对而言较少。特别需要注意的要求是，要具有足够的燃烧效率（与针对废物而言）。该技术仅能够应用于特定的液体废物流，其也可能适合于某些液体危险废物。

(5) 跨介质影响

采用低 NO_X 燃烧器可能会增加排放不完全燃烧产物（CO 和有机物质）的风险。

(6) 与可应用性相关的技术考虑

仅应用于液体废物的焚烧。

(7) 经济效益

在焚烧厂建设期间，安装低 NO_X 燃烧器有助于减少 NO_X 的产生，同时几乎不会增加投资成本。但是，将这种燃烧器改装到已有的焚烧厂，其对应的成本可能会更高[64]。

(8) 应用的驱动力

减少 NO_X 的排放。

(9) 工厂举例

Drehrohrofenanlage Schkopau (DE)(DE22); Reststoffverwertungsanlage, Stade (DE)(DE23); Sonderabfallverbrennungsanlage, Brunsbüttel (DE)(DE28); Vantaan Jätevoimala, Vantaa (FI)(FI05); CIE, Creteil (FR)(FR087.3); Four d' incinération John Zink, Chalampé (FR)(FR106); WIP Sarpi Dabrowa Gornicza, Dąbrowa Górnicza (PL)(PL03); Veolia 高温焚烧厂, Ellesmere Port (UK)(UK01)。

(10) 参考文献

[110]。

4.5.4.2 采用再循环烟气替代二次风

详见 4.3.6 节。

4.5.4.3 选择性非催化还原 (SNCR)

(1) 描述

请参阅 2.5.5.2 节的描述。

(2) 技术说明

文献 [2] 指出，在 SNCR 工艺中，氨 (NH_3) 或尿素 [$CO(NH_2)_2$] 被喷入焚烧炉内以用于减少 NO_X 的排放。NH_3 与 NO_X 的反应在温度为 850～950℃之间时是最有效的，当采用尿素时，所对应的有效温度高达 1050℃。如果温度过高，竞争性的氧化反应就会产生并不需要的 NO_X。若温度过低，或 NH_3 与 NO_X 反应的停留时间不足，则 NO_X 的减排效率就会降低，同时残余氨的排放水平也会增加。由于化学反应的缘故，总会发生一些氨泄漏现象。额外的氨泄漏可能是由于过量的或非优化的试剂注入量而引起的[74]。

在先进的 SNCR 工艺设计中，反应温度的优化是通过计算机对布设在锅炉不同层级的多个喷枪注入系统的控制而实现的。温度曲线通过声学或 IR 高温计进行测量，并根据所测量烟气温度将锅炉分为多个部分，进而对这些不同的部分分配单独的喷枪或喷枪组。这种策略能够确保的是：即使在快速变化和不对称的温度曲线下，试剂也始终会保持在锅炉中的最有效位置进行注入，进而通过优化的试剂消耗量和最小化的氨泄漏量降低 NO_X 的排放水平[106,108]。

(3) 实现的环境效益

采用该技术的益处是，能够以比 SCR 工艺较低的成本减少 NO_X 的排放水平。

(4) 环境绩效和运行数据

安装了 SNCR 工艺的焚烧厂通常实现的减排和大气排放水平如表 4.31 所示。

表 4.31 与采用 SNCR 相关的排放水平[1,2,12,60,81]

排放物质	达到的排放范围				评价
	年最大值		年平均值/(mg/m^3)	具体排放/(g/t 输入废物)	
	半小时平均值/(mg/m^3)	每日平均值/(mg/m^3)			
NO_X	155～300	80～180	70～180	390～1000	随剂量率、废物和燃烧器类型的不同而发生变化

续表

排放物质	达到的排放范围				评价
	年最大值		年平均值/(mg/m³)	具体排放/(g/t 输入废物)	
	半小时平均值/(mg/m³)	每日平均值/(mg/m³)			
NH_3	5～60	3～15	1～6	6～33	采用湿式洗涤器时，具有最低的排放水平

针对 SNCR 工艺的 N_2O 排放而言，其主要源于工艺中所采用的尿素（导致 N_2O 的排放量比采用氨作为试剂进行减排时的情况要高 2～2.5 倍）而不是氨作为试剂。因此，为了减少 N_2O 的生成，重要的一点是，进行优化反应物选择（氨或尿素）和控制工艺条件（尤其是控制气体混合、温度和氨泄漏）[64]。

与采用 SNCR 工艺相关的运行数据如表 4.32 所示。

表 4.32　与采用 SNCR 工艺相关的运行数据[64]

准则	影响准则的因素描述	评估结果(高/中/低)	评价
复杂性	• 需要额外的工艺单元 • 关键运行因素存在影响	中	• 需要试剂注入设备，但不需要单独的反应器(与 SCR 工艺相比) • 进行温度和试剂注入的优化很重要
灵活性	具有在系列输入条件下操作的技术能力	中	• 在入口浓度范围内能够很好地减少 NO_X • 温度临界
技能要求	具有显著的额外培训或人员配备要求	中	需要注意进行注入速率的控制和优化

影响环境绩效的主要因素如下：

① 反应物与废气的混合程度；

② 温度；

③ 在适当温度窗口的停留时间。

通常，增加试剂的剂量率会减少 NO_X 的排放量。但是，这也会增加氨泄漏和 N_2O 排放（尤其是在采用尿素作为试剂的情况下）。因此，在采用尿素作为试剂时，若要确保较低的氨泄漏，则会为工艺优化带来额外的挑战。

如果采用湿式洗涤器，上述的氨泄漏会被吸收。此外，也可采用氨汽提塔将其从废水流中去除，但这会增加运行的复杂性以及提高资本和运营成本[74]。随后的再生氨，可以用作 SNCR 工艺的供给原料［另请参阅有关污水排放的跨介质影响下条目下的相关评论（如有）］。

通常，N_2O 的浓度会随着 NO_X 浓度的降低而增加。在不利的运行工况下，N_2O 的浓度可达到超过 $50mg/m^3$ 的排放水平值，而在有利的运行工况下，其排放浓度水平值会低于 $10mg/m^3$。因此，为了减少 N_2O 的形成，对过程工况的优化和控制是非常重要的。

NH_3 的注入量依赖于原料烟气中的 NO_X 浓度以及所要求的 NO_X 减排量。通过采用注入水溶液的方式，NH_3 会被引至烟气中。据报道，在某些特定的情况下，高湿度污水污泥的焚烧会导致原料烟气中的 NH_3 浓度显著增加，进而无须再进行 NH_3 的注入。最为常用的溶液是（浓缩或稀释）苛性氨（NH_4OH）或尿素［$CO(NH_2)_2$］。采用尿素对于相对较小的焚烧装置而言是有效的，原因在于：尿素能够以固体（袋装）的方式进行储存，进而避免了与氨储存有关的运行要求和安全要求。对于较大的焚烧装置而言，采用氨水通常是更为有效的策略。

在最佳温度下进行试剂和烟气中 NO_X 的有效混合是实现较高的 NO_X 脱除效率的关键。为达到最佳温度和对温度波动进行补偿，需要在焚烧炉的不同高度处安装若干组的试剂注入喷嘴。通常，这些喷嘴位于锅炉的第一通道内。

从原理上而言，SNCR 可应用于温度窗口范围为 850～1050℃的运行工况下。在大多数的废物焚烧厂中，这个温度窗口位于焚烧炉的上部。

在稳定的运行工况下（相同的氨分布和 NO_X 浓度），SNCR 工艺具有最佳的表现性能。当运行工况不够稳定时，可能会发生氨泄漏（即过量的氨排放）、NO_X 处理不当或生成 N_2O。

（5）跨介质影响

表 4.33 列出了已经识别的与 SNCR 工艺相关的消耗水平。

表 4.33　与采用 SNCR 工艺相关的消耗水平[60]

准则	单位	实现值的范围	评论
能源需求	kW·h/t 输入废物	45～50 热能	炉内注入的冷却效应导致能源需求
试剂消耗	kg/t 输入废物	1～4	氨、尿素或氨水
试剂化学计量(比率)		2～3	

对于这种技术，最重要的跨介质影响是：

① 能耗（低于 SCR 工艺）；

② 如果 SNCR 工艺未得到很好的控制，可能会产生 N_2O（导致全球变暖的高潜力温室气体）和氨泄漏；

③ 试剂消耗（高于 SCR 工艺）；

④ 氨泄漏会污染残余物和废水；

⑤ 存在回收氨的可能。

在基于熟石灰的半干式、中间式和干式 FGC 工艺中，泄漏的 NH_3 会被去除 HCl 时所形成的 $CaCl_2$ 吸收。如果该残余物随后被置于水中，则会再次地释放出 NH_3。显然，这会对下游的残余物处理或水泥稳定性产生影响。

湿式系统可能需要配备氨汽提塔以符合焚烧厂所在地的废水排放标准，或者确保工艺废水能够充分地沉淀诸如镉和镍等重金属。添加该工艺增加了焚烧厂运行的复杂性和成本。

（6）与可应用性相关的技术考虑

这项技术是普遍可应用的。

在基于下游的湿式洗涤器保持较低的氨泄漏水平的同时，可采用较高的试剂剂量率（进而导致较低的 NO_X 排放水平）。在这种情况下，可能需要采用氨汽提塔降低污水中的 NH_3 含量，并在 SNCR 工艺中重新地再利用汽提后的 NH_3。

通常，该技术的最大减排效率约为 75%。因此，在需要达到更高的减排效率的情况下，采用 SNCR 工艺并不是常见的选择；典型地，这可能与低于 $100mg/m^3$（日平均值）的 NO_X 排放水平要求相一致。为实现 75%以上的减排率，需要采用更高的试剂剂量率，其意味着：实现小于 10mg/m^3 的氨泄漏可能需要在下游采用诸如湿式洗涤工艺等额外的措施，之后也可能需要采用能够控制污水中氨排放水平的技术，例如汽提技术[74]。

(7) 经济效益

该技术的关键方面如下：

① 投资成本明显低于 SCR 工艺；

② 即使添加氨汽提塔，该技术的投资成本仍会低于 SCR 工艺的 10%～30%；

③ 试剂消耗成本与 SCR 工艺相比较高；

④ 运行成本低于 SCR 工艺，主要是因为降低了对烟气再热的能源需求。

针对处理能力为 200000t/a 的 MSWI 两条焚烧线而言，其 SNCR 工艺的投资成本估计为 1000000EUR。相比而言，SCR 工艺的投资成本约为 4000000EUR[12]。

(8) 应用的驱动力

① 需要符合 NO_X 排放的法规要求。

② 与 SCR 工艺相比而言，具有成本优势。

③ 与 SCR 工艺相比而言，需要的安装空间少。

如果允许排放富含氨的废水，则将该技术与湿式 FGC 系统组合使用将具有更好的经济性，原因在于其不需要氨汽提塔。该技术不能应用于其他不产生废水的 FGC 系统。

(9) 工厂举例

广泛应用于整个欧洲。

Laanila WtE Plant-Oulu（FI）（FI4-1）、Westenergy Oy Ab-Mustasaari（FI）（FI6-1）和 Gärstadverket-Linköping（SE）（SE3）是采用具有声学或 IR 温度剖面测量系统的高级 SNCR 工艺的示例焚烧厂。

(10) 参考文献

[1]，[2]，[3]，[12]，[60]，[64]。

4.5.4.4 选择性催化还原（SCR）

(1) 描述

该技术已在 2.5.5 节中进行了描述。

(2) 技术说明

最常见的SCR工艺反应是：

$$4NO+4NH_3+O_2 = 4N_2+6H_2O$$
$$NO+NO_2+2NH_3 = 2N_2+3H_2O$$
$$2NO_2+4NH_3+O_2 = 3N_2+6H_2O$$
$$6NO_2+8NH_3 = 7N_2+12H_2O$$

在废物焚烧中，SCR 工艺通常应用在除尘和酸性气体净化系统之后（采用这种技术处理高粉尘/脏烟气的示例很少见）。在这种情况下，烟气通常需要在较早的 FGC 阶段（湿式系统的 FGC 出口温度通常为 70℃，大多数袋式过滤器的出口温度为 120～180℃）后重新加热以达到 SCR 工艺的运行温度（见下文）。直接在热除尘系统之后安装 SCR 工艺的方式虽然并不常见，但在欧洲各地的某些焚烧厂却采用了这种方式，其能够避免需要沿着整个 FGC 系统的运行流程重新对烟气进行加热的缺点[74]。

据报道，SCR 工艺的工作温度范围为 150～320℃[64]。但是，系统在 180～240℃ 的范围内运行是最为常见的现象。通常，最低的工作温度要求 SCR 工艺的入口烟气更加的清洁。

烟气中的 SO_2 浓度可能是临界值，并可能导致在现场发生催化剂中毒现象。通常，催化剂材料是由添加活性物质（V_2O_5 和 WO_3）的载体（TiO_2）组成的。

(3) 实现的环境效益

通常，应用 SCR 工艺能够达到比其他技术更高的 NO_X 排放水平，主要缺点是需要较高的资金成本和需要消耗能源（通常是天然气、轻油或高压蒸汽），其中所消耗的能源主要用于将烟气再加热至催化剂的反应温度。在该温度范围的较低端有效地运行系统和采用具有热交换的工艺，能够减少对额外能源的需求。

(4) 环境绩效和运行数据

通常，配备了 SCR 工艺的焚烧厂实现的减排和大气排放水平如表 4.34 所示。

表 4.34 与采用 SCR 工艺相关的排放水平[81]

排放物质	达到的排放范围			
	每年最大值		年平均值/(mg/m³)	具体排放/(g/t 输入废物)
	半小时平均值/(mg/m³)	每日平均值/(mg/m³)		
NO_X	50～200	40～150	40～120	220～660
NH_3	3～30	3～10	<3	<17

此外，如果进行专门的设计（采用额外的催化剂层和更高的运行温度），SCR 工艺也是能够催化破坏污染物 PCDD/F 的（参见 4.5.5.3 节）。相应的破坏效率为 98%～99.9%，所对应的 PCDD/F 排放范围为 0.05～0.002ngTEQ/m^3。

与采用 SCR 工艺相关的运行数据如表 4.35 所示。

表 4.35 与采用 SCR 工艺相关的运行数据

准则	影响准则的因素描述	评估结果(高/中/低)或数据	注释
复杂性	• 需要额外的工艺单元 • 关键运行因素存在影响	高	
灵活性	具有在系列输入条件下操作的技术能力	高	普遍实现了高减排率。 对 SO_2、SO_3 和 P 入口浓度敏感。 具有对 NO_X 和 PCDD/F 减排的多功能
技能要求	具有显著的额外培训或人员配备要求	高/中	

催化剂温度对化学反应（相对速度）具有重要的影响。催化还原的最佳温度范围取决于所采用的催化剂类型，其通常在 180～240℃之间[7]。

通常，运行时的较低催化剂温度会导致较慢的反应速率（与 NO_2 速率相比，较低温度对 NO 减排速率的影响要相对缓慢更多）和可能的氨泄漏。反之，较高的温度会导致催化剂的寿命缩短，还可能会导致发生 NH_3 的氧化与产生额外的 NO_X[2]。

通常，运行在较低温度下的 SCR 工艺对污染物 PCDD/F 的破坏效果较差，并可能需要添加额外的催化剂层。通常，温度较低的系统是需要更加清洁的入口烟气的——特别是具有较低 SO_2 值的烟气[64]。

低工作温度下的 SCR 工艺需要安装自动净化装置（例如，吹灰器）。

为了去除氨盐，需要周期性地进行再生处理。低温系统的再生频率可高达每 1000 小时一次。在这种频率下，这可能会成为系统运行的关键，原因在于：如果烟气未能进行再循环（参见 4.3.6 节），则可能会导致 NH_3 和 SO_2 的排放水平达到峰值。在催化剂入口处，保持低水平的 SO_X 浓度能够大幅度地降低再生频率[74,7]。

该技术所能实现的环境效益可能依赖于其在整个 FGC 系统中的位置。当 SCR 工艺位于洗涤器之前时，NO_X 的减排效率可能会降低，并导致 NO_X 的排放水平值会高于表 4.26 所给出的值[74]。

文献［2，74］指出，确定所要采用催化剂类型的准则如下：

① 烟气温度；

② NO_X 减排要求；

③ 允许的氨泄漏程度；

④ 允许的二氧化硫氧化程度；

⑤ 污染物浓度；

⑥ 催化剂寿命；

⑦ 额外的对气态 PCDD/F 的销毁要求；

⑧ 烟气中的粉尘浓度。

以下几种降解类型限制了催化剂的使用寿命：

① 中毒：催化剂的活性部位被强黏结化合物阻断。

② 沉积：催化剂的孔隙被小颗粒或凝结盐堵塞，例如，硫酸氢铵（NH_4HSO_4）——这可以通过减少入口处 SO_X 的方式予以减少，并可能通过重新加热的方式实现部分催化剂的可逆。

③ 烧结：在过高的温度下，催化剂的微观结构被破坏。

④ 侵蚀：由固体和颗粒物所导致的物理损害。

据报道，典型的催化剂使用寿命为 3～5 年，但是，在某些情况下，其可具有更长的寿命，甚至超过 10 年。

导致盐沉积的处于洗涤系统出口处的液滴被认为是增加催化剂降解速率的关键因素。

注释：催化剂寿命是指在不超过协定的最大 NH_3 泄漏量的情况下，催化剂不能再提供所要求的 NO_X 减排水平所需的小时数。

(5) 跨介质影响

对于这种技术，最为显著的跨介质影响是对用于烟气加热的能量的需求。这可通过采用催化剂的低运行温度达到能量消耗的最小化。但是，在这种情况下，催化剂再生（通常在现场）需要额外的能量，通过升华沉积的盐能够达到再生的目的[74]。

通常，再加热的能量需求（和成本）可通过采用换热器的方式，进而大幅度地降低能量需求量，即换热器采用源自 SCR 工艺废气的热能对 SCR 工艺入口烟气进行加热。因此，能量损失以及由此产生的额外需求被减少到仅有热交换和辐射损失。在需要介质热水的场所，可通过安装额外的换热器回收 SCR 工艺出口能量的方式进行供给，这样便达到了进一步节省成本的目的。这种系统已在瑞典 Malmö SYSAV 应用[64]。

图 4.7、图 4.8 给出了 SCR 工艺在非湿式（即干式或半干式）FGC 系统和湿式 FGC 系统下游的应用情况，并给出了温度分布。由图可知，在这种情况下，第 2 个系统（湿式 FGC）包括了额外的热交换步骤。这样的设置虽然降低了对额外输入能量的需求，但会导致

所排放的最终烟气更冷。较冷的烟气最终由烟囱排放，此处可能需要采取特别的措施以防止发生烟囱腐蚀；此外，此处还可能会增加烟羽的能见度。

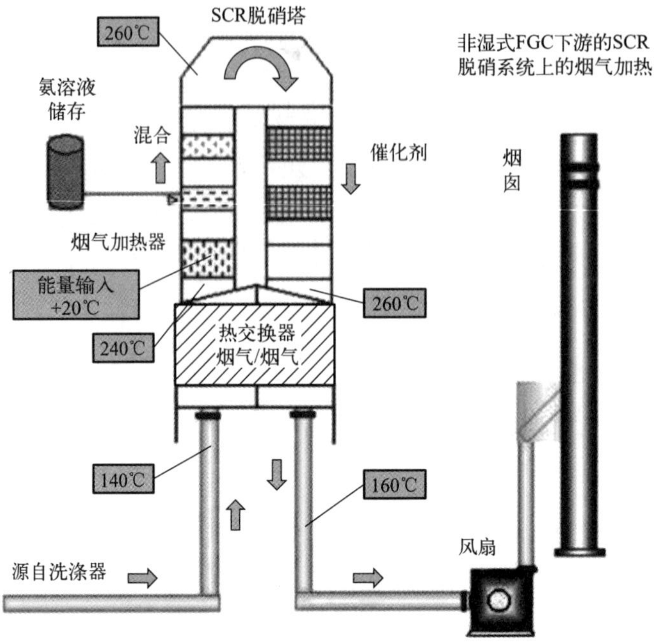

图 4.7　非湿式 FGC 系统下游的 SCR 工艺图（给出了典型的热交换和温度分布）

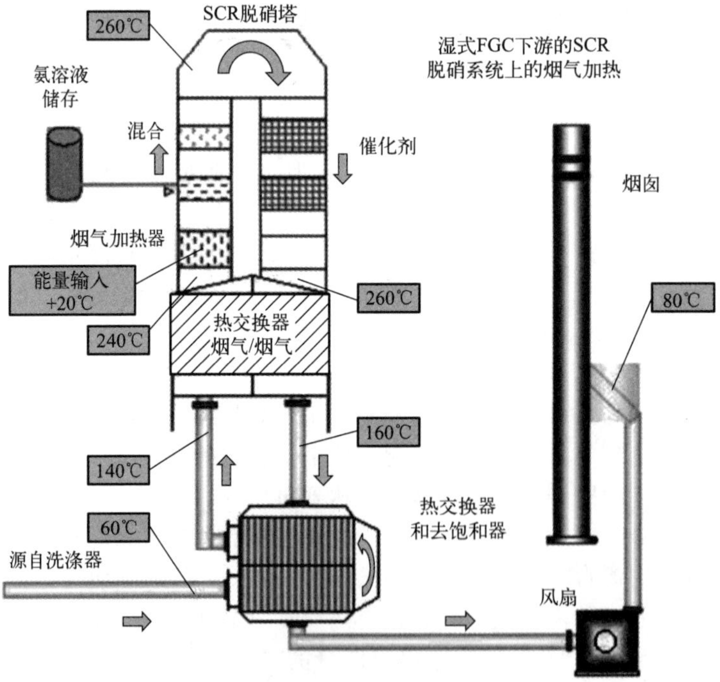

图 4.8　湿式 FGC 系统下游的 SCR 工艺图（给出了额外的热交换和温度分布）

在相同的 NO_X 减排水平下，SCR 工艺的试剂（通常是氨溶液）的消耗率低于 SNCR 工艺，原因在于，未反应氨（氨泄漏）的排放水平较低。

表 4.36 列出了已经识别的跨介质影响。

表 4.36　与采用 SCR 工艺相关的跨介质影响[1,2,13,60,74,81]

准则	单位	取值范围	评论
能源需求	kW·h/t 输入废物	高温 SCR 工艺的需求为热能消耗 65～100，低温 SCR 工艺的需求为电能消耗 10～15，最低热能消耗为 3～5	热能消耗与再加热有关，电能消耗与穿过催化剂所需要的额外压降有关
试剂消耗	kg/t 输入废物	1～3	25%氨溶液
试剂化学计量(比率)		1～1.1	具体数值与输入污染物浓度有关
残余物-类型			在残余物类型发生变化时，需要更换催化剂
残余物-数量	kg/t 输入废物	0.01	
水量消耗	L/t 输入废物		不显著
烟羽可见度影响	+/o/−	—	由于采用 SCR 工艺进行了烟气的再加热，使得烟羽可见度降低

注：此表中的数据旨在提供焚烧过程的典型运行范围。所产生残余物和流出物的精确数量取决于原料烟气浓度（与废物相关）、流速、试剂浓度等许多因素。

(6) 与可应用性相关的技术考虑

在具有足够可用空间（这可能是已有焚烧厂的限制因素）的情况下，该技术通常是可应用的。

通常，SCR 工艺装置安装在焚烧厂的尾端位置，其原因在于：烟气通常需要进行预先除尘，还可能需要去除 SO_2/SO_3，有时还需要去除 HCl。为了满足 SCR 工艺所需的最低入口温度，还可能需要对烟气进行再加热。

(7) 经济效益

两条生产能力为 200000t/a 的 MSWI 厂的 SCR 工艺的投资成本估计为 4000000EUR，相比之下，SNCR 工艺的投资成本约为 1000000EUR[12]。

另外一项脱硝研究报告给出的结果是，生产能力为 100000t/a 的焚烧厂的 SCR 工艺的投资成本在 7500000～9500000EUR 之间[74]。

通常，SNCR 工艺的运行成本比 SCR 工艺要低 25%～40%（这依赖于 SNCR 工艺的试剂、SCR 工艺的温度、预热等）[13,74]。

对具有更高烟气流量和更大经济规模的大型焚烧厂而言，其更有能力支持 SCR 工艺所需要的额外成本。

高压蒸汽能够用于 SCR 工艺的再加热，这会产生与输出能源（作为热能或转化为电能）价格成正比的经济影响。

(8) 应用的驱动力

① NO_X 的排放浓度低于 $100mg/m^3$。

② 在设定 NO_X 排放的税费时，使得该技术在经济上更有利。

③ 可获得用于烟气再热的高压蒸汽（当所产生的能源收入较低时，这会降低系统的运行成本）。

(9) 工厂举例

SCR工艺广泛应用于焚烧行业。在德国、奥地利、荷兰、比利时、法国、日本和其他地方都有这样的示例。

在参与2016年数据收集的焚烧设施中所运行的约350条焚烧线中，约有150条焚烧线采用的是SCR工艺，这些焚烧线包括无害焚烧厂以及商业与工业危险废物焚烧厂。

(10) 参考文献

[1]，[2]，[13]，[60]，[61]，[64]。

4.5.4.5 催化过滤袋SCR

(1) 描述

该技术已在2.5.8.3节中进行了描述。脱硝催化过滤器是安装在袋式过滤器中用于减排粉尘的过滤袋，但其同时也具有执行SCR工艺功能的催化剂层。

(2) 技术说明

该技术可作为泄漏催化剂与SNCR工艺结合使用，可在袋式过滤器之前增加NH_3的注入步骤。

(3) 实现的环境效益

对于已配备袋式过滤器却未配备SCR工艺的废物焚烧厂而言，采用脱硝催化袋替换过滤袋的方式，能够以较低的投资成本将NO_X的排放降低到相当于SCR工艺特性的排放水平，并且相比较而言，该技术对已有焚烧厂配置的改动是最小的。据报道，NO_X的排放水平是在50～75mg/m^{3}的范围内。

(4) 环境绩效和运行数据

已经报道的采用该技术改造的焚烧厂的排放水平如表4.37所示。

表4.37 与采用催化过滤袋SCR工艺相关的排放水平

项目	改造前	具有催化过滤袋
NO_X(日平均值,11% O_2)	135～200mg/m^3	50～120mg/m^3
NH_3(日平均值,11% O_2)	11～10mg/m^3	1～5mg/m^3

基于PTFE过滤袋的工作温度范围是190～210℃，基于玻璃纤维过滤袋的工作温度最高可达260℃。

与SNCR工艺相比，采用该技术后的相关运行后果可能包括：

① 为进一步地减排NO_X，增加了氨水或尿素溶液的消耗量；

② 为确保SO_2的排放水平低于技术所要求的5mg/m^3（类似于其他焚烧厂的尾端SCR工艺），碱性试剂的消耗量还会潜在增加。

(5) 跨介质影响

未报道存在重大的跨介质影响。

与SNCR工艺相比而言，NH_3泄漏减少。

穿过过滤器的压降能耗与传统的袋式过滤器相似。

(6) 与可应用性相关的技术考虑

该技术应用于新建焚烧厂和配备袋式过滤器的已有焚烧厂，无论这些焚烧厂是否预先配备SNCR工艺均可应用。

(7) 经济效益

据报道，在已有焚烧线上安装该技术的总投资成本包括：273000EUR 用于焚烧厂改造，416000EUR 用于特殊过滤袋。

(8) 应用的驱动力

① 将 NO_X 排放水平控制在 $100mg/m^3$ 以下，同时保持低水平的 NH_3 泄漏。

② 用于配备 SCR 工艺的空间不足。

③ 与传统 SCR 工艺相比而言，投资成本降低。

(9) 工厂举例

Padua 的 Acegas（IT）(IT18)，自 2011 年 9 月起开始运行；CEDLM Limoges（FR）(FR052)，自 2014 年 1 月开始运行；Villefranche（法国），自 2013 年 9 月开始运行。

(10) 参考文献

[102]。

4.5.5 包括 PCDD/F 在内的有机化合物减排技术❶

4.5.5.1 预防或减少包括 PCDD/F 在内的有机化合物形成的主要技术❶

具有良好控制的燃烧过程和防止前驱物形成是防止在废物焚烧炉中形成 PCDD/F 的关键。本节以下部分介绍了可应用的能够改善燃烧的相关方面的技术，这些技术通常用于提高焚烧性能，也包括降低 PCDD/F 产生的风险。

(1) 改善环境绩效的运行技术

废物焚烧前的控制和制备技术能够改善燃烧特性和获取废物知识，从而允许更好地进行燃烧的控制，进而降低 PCDD/F 形成的风险。

(2) 热处理

良好控制的燃烧有助于销毁废物中可能已经存在的 PCDD/F 及其前驱物，并防止前驱物的形成。

(3) 提高能量回收的技术

在焚烧装置的能量回收区，从 PCDD/F 的角度而言，最为重要的问题是如何防止其重新形成。在可能增加 PCDD/F 形成风险的温度范围中，前驱物质的存在和详细的工艺设计尤为重要。增加能量回收的技术描述包括了与 PCDD/F 相关方面的考虑。

4.5.5.2 防止 FGC 系统中 PCDD/F 的重新形成

(1) 描述

减少含粉尘烟气在 450～200℃温度区间内的停留时间，能够降低形成 PCDD/F 和类似化合物的风险。

(2) 技术说明

如果在此温度范围内采用粉尘去除工艺，那么飞灰在此范围内的停留时间会延长，从而会增加 PCDD/F 形成的风险。针对高粉尘区域的除尘设备（通常是静电除尘器和一些袋式过滤器）而言，在 200℃以上的温度下运行时会增加 PCDD/F 形成的风险。因此，粉尘去除阶段入口处的温度应控制在 200℃以下，其可通过以下方式予以实现[74]：

---

❶ 译者注：原文在 4.5.5 节和 4.5.5.1 节中并未涉及有关 PCB 排放的内容，译者移除了标题中的 PCB。

① 对锅炉进行额外冷却（运行温度范围为450～200℃的锅炉自身的设计应该能够限制粉尘的停留时间，进而避免只是简单地将PCDD/F的减排问题转移至上游工艺中予以解决）；

② 为后续的粉尘净化阶段增加喷淋塔，以便将锅炉的出口温度降至200℃以下；

③ 对烟气进行急冷处理，使其从燃烧温度降至大约70℃——这是对不存在锅炉冷却处理工艺的焚烧厂所进行的操作，并且通常仅在由于待焚烧废物自身性质（例如，具有高PCB输入）导致二噁英的形成风险增加的情况下进行；就急冷至70℃的工艺处理模式而言，其在化学工业中运行的危险废物焚烧厂中是很常见的操作；

④ 通过实施气-气（洗涤器入口气体-洗涤器出口气体）方式的热交换以控制温度。

在焚烧炉冷启炉期间发生的从头合成反应，也可能会潜在地导致较高的PCDD/F排放水平。这可通过在启炉时避免采用袋式过滤器上游的旁路的方式实现污染排放的最小化。在启炉前对袋式过滤器进行预热，或者在启炉时对烟气进行预热，都是防止袋式过滤器发生低温堵塞的技术。

(3) 实现的环境效益

采用该技术后，能够降低焚烧过程中产生PCDD/F的风险，因此使得随后的排放水平降低。如果固体废物和烟气都进行了有效地破坏二噁英产生的后续处理（例如，采用处理烟气的SCR工艺，再加上对飞灰进行热处理），则采用该技术可获得的益处会有所减少。

(4) 环境绩效和运行数据

据报道，某些危险废物焚烧厂所采用的冷却系统能够消除PCDD/F的形成[46]。

在采用热回收锅炉时，要避免在温度为450～200℃的范围内进行粉尘去除处理。在进行去除/破坏二噁英工艺处理之前，可知原料烟气中PCDD/F的浓度范围为1～30ng TEQ/m^3。当在温度为450～200℃的范围内进行除尘处理时，下游烟气中所包含PCDD/F的浓度范围是10～100ng TEQ/m^3。

(5) 跨介质影响

针对具有高温粉尘去除工艺的已有焚烧厂，可能会利用粉尘去除系统保持烟气中的热能，从而使得热能能够在随后的阶段中用于其他目的，例如，通过热交换技术将热能转移至后续的烟气处理系统中。如果烟气被冷却至200℃以下，这可能需要向烟气中输入额外的热能以维持下游系统所需要的温度分布。通过以下方式减少热损失是可能的：在粉尘去除阶段之前使用被移除的热量，利用热交换系统进行再加热。

通常，全急冷系统会导致进行能量回收的机会受到限制（在采用全急冷处理的情况下通常不会采用锅炉）。该系统还会产生湿度非常高的会增加可见度和冷凝度的烟羽，这需要采用较大的水注入速率以便为热烟气提供足够的冷却作用。上述处理所产生的废水在一定程度上能够进行再循环，但通常需要进行对外排放和污水处理。再循环水可能需要进行冷却，进而防止热量从烟囱中损失和维持FGC系统的运行。

(6) 与可应用性相关的技术考虑

该技术通常应用于新建焚烧厂。

改造已有焚烧厂时，需要对烟气处理过程进行详细的重新评估，尤其需要注意的是，要考虑热能的分配和使用。

(7) 经济效益

针对新建焚烧厂而言，不存在显著的成本影响。

对一些已有焚烧厂而言，可能需要非常大的资本投资用于更换锅炉和烟气处理系统。此类设备的更换可能会需要 100000～20000000EUR 的投资。

运行成本的降低可从以下各个方面得到[74]：

① 对锅炉所回收的额外能量（热能）进行销售；

② 采用吸附剂降低了 PCDD/F 的污染，进而降低了固体残余物的处理成本；

③ 降低二噁英含量可能会对下游的 FGC 系统具有积极的影响，即较低的活性炭注入率和/或较小的催化剂体积。

(8) 应用的驱动力

① 对焚烧过程而言可能会产生的 PCDD/F 排放浓度的关注。

② 对需要处置的 FGC 系统吸附剂中的 PCDD/F 排放浓度的关注。

③ 具有 PCDD/F 形成高风险的废物类型。

(9) 工厂举例

急冷系统已在欧洲的焚烧厂得到广泛采用，例如，比利时、德国、法国、荷兰、挪威、瑞典和英国。具有低出口温度的锅炉和对锅炉后的气体进行冷却处理已在欧洲广泛采用。

(10) 参考文献

[46]，[64]，[74]。

4.5.5.3　采用 SCR 工艺销毁 PCDD/F

(1) 描述

通过 SCR 工艺催化剂的催化氧化机理对 PCDD/F 进行破坏。

(2) 技术说明

虽然 SCR 工艺是主要用于减少 NO_X 排放的工艺（参见 2.5.5.2 节和 4.5.4.1 节的描述），但若其规模足够大，则也可通过催化氧化机理对气相 PCDD/F 进行破坏。典型情况是，需要 2～3 个 SCR 催化剂层对 NO_X 和 PCDD/F 进行联合减排。

需要注意的是，废物焚烧中的大部分经由气体传播的 PCDD/F 都附着于粉尘上，其余的则为气相 PCDD/F。因此，粉尘去除技术将会移除具有灰尘的 PCDD/F，相对而言，SCR 工艺（和其他催化方法）只能够破坏气相 PCDD/F 中的较小的一部分。通常，结合粉尘去除和催化氧化机理破坏的处理技术可使得 PCDD/F 排放至大气的总水平达到最低。

(3) 实现的环境效益

通常，经由 FGC 系统抛光后的残余物会被运离焚烧现场，这会导致焚烧装置所有介质中的二噁英浓度整体降低。从其他 FGC 残余物中进行二噁英残余物的单独收集（例如，采用碳），如果在允许的情况下能够在焚烧装置中进行重新燃烧，那么将 SCR 工艺作为额外的销毁方法时，其所能够获得的二噁英总产量所对应的减排量就不会特别显著。

NO_X 与 PCDD/F 能够同时采用 SCR 工艺进行处理，能够获得非常低的 NO_X 排放水平（参见 4.5.4.1 节）。

在少数情况下，SCR 工艺是应用在其他 FGC 组件之前的，此时必须需要注意的是：非气相（含灰尘上的）PCDD/F 在 SCR 工艺中可能不会被去除，因此可能需要在后续的粉尘去除阶段继续对其进行减排处理。

(4) 环境绩效和运营数据

4.5.4.1 节给出了相关的运行数据。

采用该技术时，对气相 PCDD/F 的破坏效率为 98%～99.9%，达到的 PCDD/F 排放（结合其他 FGC 技术）浓度的范围通常在 0.005～0.05ng TEQ/m^3 之间。

通常，SCR工艺是用于预除尘阶段之后的。显然，在预除尘阶段所去除的粉尘中会携带着这些粉尘所吸附的PCDD/F（这可能会是大部分）。这使得，无论后续工艺是否采用SCR工艺，源于预除尘阶段的残余物均会受到同等程度的PCDD/F污染。因此，只有在进一步地应用下游粉尘抛光处理工艺的情况下，FGC残余物中的PCDD/F污染才能实现减排。

正常情况下，由于大部分PCDD/F与粉尘都是相关的，因此为了实现PCDD/F的整体减排，采用粉尘去除技术和SCR工艺通常是很重要的。采取这种措施的目的是，确保那些不会在SCR装置中破坏但却已与粉尘相结合的PCDD/F从烟气中去除。

虽然单催化剂层可能会对NO_X的减排具有巨大影响，但却需要更大规模的催化剂层尺寸以确保实现有效的PCDD/F销毁。通常，所采用的催化剂层数越多，对减排PCDD/F的效果也就越大。

(5) 跨介质影响

跨介质影响在4.5.4.1节中已进行了详细说明。

最为重要的跨介质影响如下：

① 能量消耗，用于再加热烟气以达到SCR工艺所需要的反应温度；

② 作为销毁技术，不会将PCDD/F转移至固体残余物中（如某些吸附工艺所为）。

一般而言，破坏PCDD/F比将其转移至另外一种介质内的方式更为可取。但是，与进行PCDD/F的破坏而非吸附PCDD/F相关的收益大小，是依赖于PCDD/F残余物在后续下游管理中需要避免的风险的。

(6) 与可应用性相关的技术考虑

该技术的可应用性在4.5.4.1节中进行了评估。

(7) 经济效益

该技术的成本参见4.5.4.1节。

(8) 实施的动力

在需要结合SCR工艺提供高效率的NO_X减排和额外的PCDD/F减排的情况下，实施该技术是有利的。

(9) 工厂举例

SCR工艺已经广泛应用于焚烧行业，在奥地利、比利时、德国、法国、荷兰、日本和其他地方均有这样的示例。

SCR工艺也应用于商业危险废物焚烧厂，特别是在德国的ES11和PL03厂。

(10) 参考文献

[1]，[2]，[3]，[13]，[27]，[61]，[64]。

4.5.5.4 采用催化过滤袋销毁PCDD/F

(1) 描述

该技术已在2.5.8.3节中进行了描述。

(2) 技术说明

参见2.5.8.3节。

(3) 实现的环境效益

据MSWI厂的报道，催化过滤袋对进入其内的PCDD/F具有超过99%的破坏效率。针对低于0.02ng TEQ/m^3的PCDD/F排放浓度而言，其来源是PCDD/F入口浓度为1.9ng/m^3的烟气[27]。

过滤器还可用于清除粉尘。在此处所给出的示例中，MSWI厂采用ESP设备进行预除尘处理，再加上过滤器所进行的处理，粉尘排放水平的范围是0.2～0.6mg/m^3。此外，采用这些过滤器，也能够减排NO_X[64]。

据报道，通过破坏而不是吸附（活性炭）机理，源于焚烧装置的二噁英（排放至全部介质中）的总释放量降低了。在上述污染物降低了至大气中的排放水平的同时，袋式过滤器料斗内的粉尘样品的粉尘平均浓度也从3659ng I-TEQ/kg（采用活性炭时）降至283ng I-TEQ/kg（采用催化过滤袋时）。

(4) 环境绩效和运行数据

采用该技术运行时的事项与采用其他袋式过滤器的相关事项是相类似的。发生催化反应所必需的温度范围为180～260℃[27,74]。

在MSWI厂（不进行上游酸性气体的去除，但会采用预除尘ESP系统），对入口和出口PCDD/F浓度进行的21个月的测试结果如表4.38所示。

表4.38 运行21个月的催化过滤袋对PCDD/F的破坏效率数据[27]

运营月数	0.25	1.5	3	4.8	8	13	18	21
入口浓度PCDD/F /(ng TEQ/m^3)	3.4	7	11	10.5	11.9	11.8	8.1	5.9
出口浓度PCDD/F /(ng TEQ/m^3)	0.01	0.0035	0.005	0.004	0.01	0.011	0.002	0.023
破坏效率	99.7%	99.9%	99.9%	99.9%	99.9%	99.9%	99.9%	99.6%

催化介质不能进行汞的减排处理，因此需要采用额外的技术，例如，注入活性炭或类似技术。

(5) 跨介质影响

与催化过滤袋技术相关的最为显著的跨介质影响是因压降而需要的能量消耗，但是，这与任何类型的袋式过滤器都是相似的。

催化过滤袋通常是用作其他过滤袋的替代品，其可能会通过活性炭注入而已经吸附了二噁英。在被替换的系统中，注入的活性炭也同时用作吸收金属汞的主要方式；除非采用除汞的替代技术，否则这种基于活性炭的汞去除方式可能会导致大气中的汞排放水平增加。

(6) 与可应用性相关的技术考虑

该技术通常应用于新建焚烧厂和装有袋式过滤器的已有焚烧厂。

(7) 经济效益

据报道，对于具有2条焚烧线、每条焚烧线的处理能力为27500t/a的MSWI厂而言，采用催化过滤袋的额外成本是，每吨处理废物需要2～3EUR[27]。

这种技术的主要成本方面如下所示[74]：

① 与非催化过滤袋相比，催化过滤袋的投资成会增加；

② 投资成本低于SCR工艺，但破坏效率相似；

③ 需要为金属汞的去除提供额外的处理方式。

(8) 应用的驱动力

① 将PCDD/F排放量减少到远低于0.1ng TEQ/m^3的水平。

② 缺少安装SCR工艺的空间。

(9) 工厂举例

在比利时和法国的多个焚烧装置中应用。

(10) 参考文献

[27]，[64]。

4.5.5.5 通过注入活性炭或其他吸附剂吸附 PCDD/F

(1) 描述

此技术已在 2.5.8.1 节中进行了描述。

(2) 技术说明

简言之，活性炭被注入烟气流中与烟气进行混合。活性炭可采用单独注入方式或者采用与诸如（通常）熟石灰或碳酸氢钠等碱性试剂结合的注入方式。所注入的碱性试剂、相关的反应产物和碳吸附剂会在除尘器中被收集，通常采用的是袋式过滤器。针对 PCDD/F 的吸附行为发生在烟气流中和采用屏障式过滤器（例如，过滤袋）时所形成的试剂层上。

所吸附的 PCDD/F 与其他固体废物共同从袋式过滤器、ESP 设备或其他下游所采用的除尘设备中排出。

据报道，矿物吸附剂（例如，沸石、黏土矿物混合物、页硅酸盐和白云石）也可用于吸附 PCDD/F，其使用温度会高达 260℃而且不会出现在袋滤室中发生火灾的风险。据报道，还有焚烧厂采用褐煤焦炭作为吸附剂[64,74]。

文献［74］已经报道了对活性焦炭表面的 PCDD/F 的催化破坏作用。

(3) 实现的环境效益

该技术的益处是降低了 PCDD/F 的排放。金属汞也同时会被吸附（参见第 4.5.6.2 节）。

(4) 环境绩效和运行数据

据报道，针对 MSWI 厂而言，典型的活性炭消耗率为 0.5～3kg/t 废物。在采用更高的活性炭注入率时，可能会进一步降低 PCDD/F 的排放水平[64]。

通常，在活性炭的注入剂量速率处于 0.5～2kg/t 之间时，可达到的 PCDD/F 排放水平会低于 0.06ng I-TEQ/m^3。

通常，不同类型的活性炭具有不同的吸附效率。

(5) 跨介质影响

4.5.2 节描述了采用袋式过滤器或与采用此技术相关的其他除尘系统的跨介质影响。

该技术会产生含有吸附污染物的固体残余物。

(6) 与可应用性相关的技术考虑

该技术是普遍可应用的，其中最为常用的方式是结合袋式过滤器进行使用。

(7) 经济效益

据报道，褐煤焦炭比活性炭更具有经济性[64]。另据报道，采用褐煤焦炭时，其通常的消耗量要高于活性炭（高达两倍）[74]。

(8) 应用的驱动力

该技术的驱动力是需要遵守有关 PCDD/F 排放水平的法规要求。

(9) 工厂举例

在许多国家已经广泛应用该技术。

(10) 参考文献

[64]。

4.5.5.6　PCDD/F 的固定床吸附

(1) 描述

此技术已在 2.5.8.6 节中进行了描述。

(2) 技术说明

该技术采用湿式和干式固定焦炭/煤床。在湿式系统中，包括以水为介质的逆流洗涤处理设备。

(3) 实现的环境效益

该技术的益处是能够以较高效率减少排放至大气中的 PCDD/F 和汞。在床层吸附能力足够高的情况下，该技术也能够有效地防止上述污染物排放峰值的出现。

(4) 环境绩效和运行数据

在完成吸附后，会排放 PCDD/F 浓度低于 0.03ng I-TEQ/m^3 的净化气体。

干式固定焦炭床的入口温度通常为 80～150℃，湿式固定床的入口温度为 60～70℃。如果该处理工艺的后续工艺是 SCR 工艺，则湿式系统所需要的再热能源会因此而更大。

对于干式系统而言，需要特别注意的是，要确保烟气能够均匀分布以便降低发生火灾的风险。需要密切地监测和控制整个炉床的温度，目的也是降低火灾风险，例如，在全部过滤器主体上布置若干个 CO 测量以监视热点[74]。此外，可能还需要采用惰性气体。

相对而言，湿式固定床具有显著的较低的火灾风险，其既不需要灭火也不需要采用惰性气体覆盖。通过添加部分再循环水供给模式，提供了一种能够去除导致床堵塞的积聚粉尘的方法。

此外，还需要对床饱和率进行评估，以便确定所需的试剂补充率[74]。

由于该技术所采用的设备不存在活动部件，进而确保了其具有高可靠性。

表 4.39 给出了与采用固定床吸附相关的运行影响的汇总评估。

表 4.39　与采用固定床吸附静态焦炭过滤器相关的运行数据

准则	影响准则的因素说明	评价结果(高/中/低)	评论
复杂性	• 需要额外的工艺单元 • 关键运行因素存在影响	中	因存在火灾风险而需要谨慎控制(干式系统)
灵活性	具有在系列输入条件下操作的技术能力	高	具有非常高的吸附能力
技能要求	具有显著的额外培训或人员配备要求	高/中	鲁棒性好,但需要注意火灾风险(干式系统),以及是否进行重新燃烧

(5) 跨介质影响

表 4.40 列出了已经识别的跨介质影响。

表 4.40　与采用固定床吸附静态过滤器相关的跨介质影响[12]

准则	单位	取值范围	评论
能源需求	kW·h/t 输入废物	30～35	通过过滤器产生的压降需要能源
试剂消耗	kg/t 输入废物	1	焦炭
残余物	kg/t 输入废物	0～1	如果焦炭可在焚烧炉中进行燃烧,则残余物为零

续表

准则	单位	取值范围	评论
烟羽可见度	+/0/−	+/0	湿式系统会增加烟羽的可见度

对于该技术而言，最为显著的跨介质影响是克服过滤器压降所需要的能源。

对于1条处理能力为50000t/a的回转窑HWI焚烧线，需要同时安装固定床过滤器和采用新550kW ID风机取代旧355kW风机（固定床的压差ΔP介于25mbar和40mbar之间）[64]。

根据全部FGC生产线的设计，干式固定床可能会增加发生火灾的风险[74]。

当达到饱和时，使用后的活性炭通常是被作有毒残余物进行填埋的。如果允许，活性炭可在焚烧炉中进行重新燃烧以破坏其所吸附的污染物PCDD/F。由于碳吸附装置会同时吸附汞和PCDD/F，因此若要对使用过的活性炭进行再次燃烧，这需要仔细考虑金属汞的再循环效应。除非提供诸如低pH值湿式酸洗涤等对出口金属汞进行处理的其他技术，否则重新燃烧的实际做法将会导致在焚烧过程中出现金属汞的累积。

采用湿式固定焦炭床，在年处理能力约11000t废物的危险废物焚烧厂中，报告了如下所示的跨介质影响数据[64]：

① 褐煤焦炭使用量为0.5kg/t输入废物；

② 在焚烧装置中燃烧使用过的褐煤焦炭——在这种情况下，通过采用低pH值的湿式酸洗涤系统能够防止金属汞的积累；

③ 采用水对褐煤焦炭床进行周期性冲洗，所产生的酸性废水需要输送至现场的物理化学处理过程；

④ 湿式系统会增加烟气的湿度和烟羽的可见度。

(6) 与可应用性相关的技术考虑

该技术通常应用于新建焚烧厂。

针对已有焚烧厂进行改造，需要提供用于额外工艺单元安装的可用空间。

特别地，在已安装了袋式过滤器的焚烧厂，由烟气净化系统所引起的累积压降可能是应用该技术的限制因素。

(7) 经济效益

在2002年，对于生产能力100000t/a的MSWI厂，用于固定床焦炭过滤器的投资成本估计为1200000EUR[12]。

单台固定床湿式过滤器（空）（生产能力为50000t/a的焚烧线）的投资成本约为100EUR（设备和土建工程）。采用褐煤焦炭的成本比采用活性炭要低3～4倍。褐煤焦炭的消耗量较低，因此，可在计划停炉期间对其进行再次填充。

(8) 应用的驱动力

该技术的应用驱动力是需要遵守的有关限制污染物PCDD/F和汞排放的法规，特别是在焚烧高度异质和危险废物的情况下，原因在于：非正常的燃烧条件使得PCDD/F的排放浓度可能会很高。

(9) 工厂举例

奥地利、比利时、德国和荷兰的危险废物焚烧炉。

奥地利和德国的城市废物焚烧炉。

(10) 参考文献

[1]，[3]，[12]，[64]。

4.5.5.7　在湿式洗涤器中采用碳浸渍材料吸附 PCDD/F

(1) 描述

在洗涤器塔填料中添加含有嵌入碳吸附剂的塑料以实现对 PCDD/F 的吸附。

(2) 技术说明

该技术已在 2.5.8.5 节中进行了描述。

(3) 实现的环境效益

PCDD/F 被强吸附在吸附剂材料中的碳颗粒上，因此减少了其排放浓度，并防止了 PCDD/F 的记忆效应的释放[74]。在启炉时，PCDD/F 的释放也可能会减少。采用本技术的益处可概括如下：

① 防止湿式洗涤器中的记忆效应以及相关的穿透和解吸释放风险；

② 减少后续 FGC 运行中 PCDD/F 的负荷（尤其是在设备启动期间）；

③ 如果将用过的试剂在焚烧炉内进行重新燃烧，二噁英的质量平衡将会总体减少，原因在于：在焚烧炉中破坏 PCDD/F（其通过对金属汞吸收步骤的分离而被促进）而不是将其转移到固体残余物中。

(4) 环境绩效和运行数据

在入口浓度为 1～5ng TEQ/m^3 时，湿式洗涤器对气相 PCDD/F 的去除效率为 99%～99.8%。表 4.41 总结了额外的其他运行方面的数据。

表 4.41　与湿式洗涤器中采用碳浸渍材料相关运行方面的数据

准则	影响准则的因素说明	评价值(高/中/低)	注释
复杂性	• 需要额外的工艺单元 • 关键运行因素存在影响	低/中	需要调整现有技术(湿式洗涤)
灵活性	• 具有在系列输入条件下操作的技术能力	中	
技能要求	具有显著的额外培训或人员配备要求	低	无显著的额外要求

当该技术与静电除尘器相结合作为用于减排 PCDD/F 的主要技术时，其需要应用更为广泛的塔填料装置予以支撑[74]。

(5) 跨介质影响

在某些情况下，使用过的填充料会作为有毒残余物进行填埋。在某些情况下，其会在焚烧炉中进行重新燃烧（尽管当地法规有时并不允许重新燃烧）[74]。

(6) 与可应用性相关的技术考虑

该技术通常应用于配备湿式洗涤器的焚烧厂。在填料塔式洗涤器中，实施该技术是很简单的。该技术已经在干式和半湿式（饱和气体）系统中得到了应用验证[109]。

(7) 经济效益

对于生产能力为 5～20t/h 的焚烧厂而言，在具有 2 个湿式洗涤器阶段的塔填料初始装置上的投资成本为 30000～150000EUR。

更换材料的成本估计为每吨焚烧废物 0.1～0.2EUR。除了额外的压降外，预计不会再产生额外的能源消耗[74]。

(8) 应用的驱动力

① 减少湿式洗涤器中的二噁英积聚和启炉时的 PCDD/F 排放水平，尤其是在无后续的 FGC 阶段用于控制由湿式洗涤器解吸的 PCDD/F 的情况下。

② 作为后续二噁英减排系统之前的预二噁英过滤器，用于降低主二噁英减排系统的 PCDD/F 负荷。

(9) 工厂举例

该技术已在全球约 120 个城市和危险废物焚烧厂实施，其中大部分是在欧洲。

(10) 参考文献

[58]，[64]。

4.5.5.8 在湿式洗涤器中采用碳浆

(1) 描述

在湿式洗涤器中采用活性炭浆液的好处在于，既能够降低烟气流中的二噁英排放，又能够防止二噁英在洗涤器材料中进行积聚（“记忆效应”）。

(2) 技术说明

在接近中性 pH 值的环境下，将浓度变化范围在几克每升至 50g/L 之间的活性炭添加至处理系统中，在采用滗析器排出液体的同时保留活性炭。

由于活性炭具有活性位点，PCDD/F 分子被转移到洗涤器所喷洒的液体中，二噁英随后被吸附在活性炭上并在其上发生催化反应。

(3) 实现的环境效益

该技术除了能够减排 PCDD/F 之外，其所采用的活性炭还能够吸附汞。

系统中已清洗的活性炭不会被 PCDD/F 污染。

由于活性炭将 SO_2 转化为硫酸，因此该工艺也是去除 SO_2 的抛光步骤。

据报道，排放至废水中的 PCDD/F 浓度低于 0.1ng TEQ/L[74]。

(4) 环境绩效和运行数据

烟囱中 PCDD/F 的排放量低于 0.06ng TEQ/m^3。

城市废物焚烧的汞排放量通常远低于 50μg/m^3。

必须采用 NaOH 控制所采用的活性炭浆液设备中的 pH 值。

(5) 跨介质影响

需要采用碳。

(6) 与可应用性相关的技术考虑

可应用于基于烧碱运行的湿式洗涤器中，将 pH 值控制在接近中性水平。

(7) 经济效益

如果用于抛光或用于处理记忆效应，该技术的成本则仅限于试剂成本。只需对洗涤系统进行微小改进即可采用该技术。

为有效去除 PCDD/F，该技术可能需要配备特定的填料塔洗涤器，用于确保烟气和洗涤水之间的有效接触[74]。

(8) 应用的驱动力

该技术应用的驱动力是需要遵守有关 PCDD/F 排放限制的法规。

(9) 工厂举例

据报道，大约有 100 家废物焚烧厂采用了该技术。

（10）参考文献

［64］。

4.5.6 汞减排技术

4.5.6.1 低 pH 值湿式洗涤和添加剂注入

（1）描述

湿式洗涤技术已在 2.5.4 节中进行了描述。

（2）技术说明

文献［63］指出，采用湿式洗涤器去除酸性气体会导致洗涤器的 pH 值降低。大多数的湿式洗涤器至少包括 2 个阶段，其中：第 1 个阶段主要去除 HCl、HF 和一些 SO_2；第 2 个阶段用于去除 SO_2，并将 pH 值维持在 6～8。

可通过在洗涤液中采用诸如硫化合物、活性炭和/或氧化剂等添加剂提高系统的除汞能力，其方式为：汞结合形成稳定的不溶性物质 HgS，或者将其吸附至活性炭上。

实现添加剂注入自动控制的方式是通过监测汞排放的电信号或者采用位于原料烟气中的汞浓度专用监测器，进而提供有效的汞峰值控制能力。采用原料烟气监测器的方式具备以最短时间延迟进行峰值检测的额外优势，原因在于：一旦汞到达烟囱处，将不再具备 FGC 设备所提供的排放缓冲能力，这可能会导致某些组件受到污染。

（3）实现的环境效益

减少了至大气中的汞排放，主要手段是，将汞转换至水相，并在随后的废水处理阶段将其捕获。

（4）环境绩效和运行数据

如果湿式洗涤器的第 1 个阶段的 pH 值保持在 1 以下，则对诸如 $HgCl_2$ 等离子汞的去除效率会超过 95%。通常，在废物燃烧后，$HgCl_2$ 是汞的主要化合物存在形式。但是，汞的去除率仅为 0%～10%，其主要是由于洗涤器在运行温度为 60～70℃ 时发生冷凝导致的结果。

采用以下方法可将金属汞的吸附率提升至最高 20%～30%：

① 向洗涤液中加入硫化物。

② 在洗涤液中加入活性炭。

③ 向洗涤液中加入氧化剂，如过氧化氢。该技术会将汞转化为离子形式的 $HgCl_2$ 以促进沉淀，该技术的效果是最为显著的。请参见 4.5.6.5 节。

全部汞的去除效率（金属和离子形式）约为 85%。

据报道，通过添加含溴废物或将含溴化学品注入燃烧室，也能够实现高于 90% 的去除效率[74]。

焚烧废物中的汞浓度和氯化物含量，对于采用该技术最终所能达到的排放水平具有决定性的意义。汞的减排依赖于其在焚烧炉入口废物中的浓度。在任何情况下，可能都需要进一步地增加对汞的减排能力，可采用如下措施[74]：

① 在进行袋式过滤前进行碳注入；

② 采用静态焦炭床过滤器。

参见 4.5.6.2 节和 4.5.6.7 节。

MSW 中的汞输入的变化范围可能会非常大，因此，这也会导致焚烧厂的汞排放水平出现显著的变化。在奥地利城市废物焚烧厂，测量的汞的变化值介于 0.6mg/kg 和 4mg/kg 之间。这种变化在其他废物类型中可能会更大，例如某些危险废物。

采用湿式酸洗涤器进行汞排放的减排时，在以下情况下，可能会足够达到环保法规所要求的排放水平值：

① pH 值能够很好地被控制在 1 以下；

② 具有足够高的氯化物浓度，能够使得粗烟气中的汞含量几乎完全都是离子形态（因此，能够使得汞以氯化物的形式予以去除）。

将添加剂被添加至低 pH 值洗涤器时，在汞输入水平通常较低、但偶尔会出现峰值的诸如在焚烧城市废物的情况下，添加剂用量被保持在较低水平（例如，0.5～2L/h），在汞输入水平突破峰值时其用量会增加（例如，高达 10～20L/h）。在使用添加剂时，所报告的典型汞的减排效率是在 90%到 99%以上的范围之内，且允许排放出口汞浓度的短期平均值低于 30$\mu g/m^3$[111]。

(5) 跨介质影响

4.5.3.1 节给出了采用湿式洗涤器的跨介质影响。

此外，还应该考虑所添加的任何种类试剂的消耗量。

(6) 与可应用性相关的技术考虑

在安装湿式洗涤器的情况下，该技术通常与其他技术相结合，作为控制向大气中进行汞排放的预处理步骤，或者单独应用于废物中输入汞浓度足够低（例如，低于 4mg/kg）的焚烧厂中。有关湿式洗涤系统的可应用性，请参见 4.5.3.1 节。

(7) 经济效益

未提供信息。

(8) 应用的驱动力

减少汞的排放水平。

(9) 工厂举例

一些焚烧厂采用添加剂强化的湿式洗涤器，例如，DE29 是采用硫化物的焚烧厂示例。

(10) 参考文献

[1]，[2]，[3]，[12]，[55]，[63]，[64]，[111]。

4.5.6.2 注入活性炭吸附汞

(1) 描述

该技术涉及在袋式过滤器（另请参阅 4.5.5.5 节，袋式过滤器已在 2.5.3.5 节中进行了描述）或其他除尘装置的上游注入活性炭。金属汞在烟气流中被吸附在采用诸如袋式过滤器等屏障式过滤器的地方以及被保留在过滤袋表面的试剂上。

(2) 技术说明

活性炭可被作为吸附剂用于捕获汞。处于典型烟气温度时，未经处理的活性炭对元素汞的吸附率远低于氧化汞。因此，氧化元素汞的技术可用于增强总汞的去除率。溴化活性炭能够将元素汞氧化成离子的形式，之后会被活性炭吸附。通过烟气中包含的硫增强后的化学吸附剂或者浸渍在某些类型的掺硫活性炭中的方式，离子汞被去除[74,7]。

该技术的进一步发展是，当出现汞的峰值时，通过单独注入高效率活性炭（例如，采用25%硫磺浸渍的活性炭）和连续监测原料烟气中的汞的方式实现控制。据报道，该系统是非常有效的，原因在于：结合了有效的汞减排技术和因吸收剂使用量减少而降低的运行成本。

(3) 实现的环境效益

该技术的益处是通过活性炭吸附减少了至大气中的汞排放。此外，活性炭还会吸附二噁英（参见 4.5.5.5 节）。袋式过滤器还提供了去除灰尘和金属的方法，这已在 2.5.3.5 节中进行了描述。正常情况下，碱性试剂被加入活性炭中，这也允许该技术能够作为多功能设备在相同的工艺阶段中对酸性气体进行减排[74]。

(4) 环境绩效和运行数据

在运行方面，该技术类似于采用袋式过滤器的相关情况（参见 4.5.2.2 节）。

有效的袋式过滤器和试剂注入系统维护对于获得汞的低排放水平是非常关键的。

汞被吸附（通常去除效率约为 95%）后能够使得排放至大气中的浓度低于 $30\mu g/m^3$[74]。

据报道，通过在上游连续监测原料烟气中的汞的方式对采用单独注入硫浸渍活性炭的量进行控制，可使得汞的排放范围在 $3\sim5\mu g/m^3$（年平均值）之间[112]。

一些在湿式酸洗涤器（pH<1）中去除汞以便降低汞入口浓度的系统中，最终汞的排放水平值低于 $1\mu g/m^3$。

不同类型的活性炭具有不同的吸附能力。提高除汞效果的另外一种可能性是，采用掺杂吸附剂（例如，硫或溴）[74]。

在某危险废物焚烧厂所进行的实验中，采用了各种类型的活性炭，在特定汞排放水平下所对应的不同活性炭的每小时消耗率如下所示[64]：

① 椰壳焦炭：8～9kg/h。

② 泥炭焦炭：5.5～6kg/h。

③ 褐煤：8～8.5kg/h。

④ 泥煤：4～4.5kg/h。

碳的消耗率与之前所提到的降低 PCDD/F 排放水平时的数量相类似，原因在于：吸附剂通常是同时用于去除汞和 PCDD/F 的。针对 MSWI 厂，典型的碳消耗率为 0.5～3kg/t。据报道，针对危险废物，碳的消耗水平为 0.3～20kg/t[41]。试剂的吸附能力、汞的入口浓度和所需达到的排放水平决定着焚烧厂所需的试剂加药率。

采用活性炭作为吸附剂时，所具有的火灾风险是很大的。吸附剂可与其他试剂进行混合，以便降低发生火灾的风险；在某些情况下，可混合 90%的熟石灰和 10%的碳。如果存在额外的工艺阶段用于去除酸性气体（例如，湿式洗涤器），那么活性炭占混合物的比例通常会更高。

(5) 跨介质影响

跨介质的影响类似于其他采用袋式过滤器的情况（参见 4.5.2.2 节）。袋式过滤器的能耗是造成跨介质影响的一个重要方面。

此外，对于该技术而言，最为显著的跨介质影响是会产生被去除污染物（汞）污染的残余物。

在固体试剂需要在焚烧炉中进行重新燃烧（用于销毁 PCDD/F）的情况下，重要事项如下：

① 该焚烧装置具有用于排放汞的出口，其目的是用于防止内部污染物积聚（以及最终突破峰值而释放）；

② 替代的排放汞的出口能够以足够快的速度去除污染物；

③ 在采用湿式洗涤器的情况下，汞可先进入废水流中，然后再采用处理技术将其沉淀

为固体残余物。

(6) 与可应用性相关的技术考虑

袋式过滤器的可应用性评估参见 4.5.2.2 节。

活性炭注入通常能够应用于新建和已有焚烧厂。

(7) 经济效益

在已经采用试剂注入和袋式过滤器的焚烧工艺中，该技术的额外投资成本是最低的。另参见 4.5.5.5 节。

额外的运行成本源于以下事项：

① 试剂消耗；

② 残余物处置。

年处理能力为 65000t 的危险废物焚烧厂的运行成本（碳成本）约为 125000EUR/a。

据报道，通过采用在原料烟气中以连续方式监测汞以便控制硫浸渍碳单独注入的技术，由于能够减少对整体吸附剂的消耗，因此可节省运行成本。

(8) 应用的驱动力

汞排放至大气中的成本效益降低。

(9) 工厂举例

该技术在整个欧洲广泛采用。

德国的几家焚烧厂正在采用通过连续监测汞以控制硫浸渍碳单独注入的技术，包括自 2012 年以来的 Hahn 城市废物焚烧厂和 Rugenberger Damm（汉堡）城市废物焚烧厂(DE46)。

(10) 参考文献

[1]，[2]，[3]，[12]，[55]，[63]，[41]，[64]，[112]，[126]。

4.5.6.3 采用烟气冷凝器进行烟气抛光

(1) 描述

该技术在 2.4.4.5 节和 4.4.11 节中主要从能量回收的视角进行了描述。

(2) 技术说明

采用此类系统，除了具有进行能量回收的潜在益处之外，采用冷凝洗涤器的冷凝效应还能够冷凝得到一些污染物。这可能会减少排放至大气中的污染物，但仅在洗涤器在诸如 40℃ 等特别低的温度下运行时才具有显著的效果。

(3) 实现的环境效益

烟气污染物的冷凝能够额外减少排放至大气中的污染物。

当与下游烟气的加热工艺同时采用时，对烟气中水的冷凝处理能够在很大程度上降低烟羽的可见度和减少洗涤器的用水消耗。

(4) 环境绩效和运行数据

对于汞排放而言，仅采用此技术不能保证达到低于 $50\mu g/m^3$ 的排放水平。因此，该技术仅被视为额外的抛光阶段。

洗涤器流出物的温度对于某些污染物而言是至关重要的，例如，要能够确保汞被冷凝和不会通过洗涤器释放至大气中。因此，供给足够冷的冷却介质是至关重要的。为了有效去除汞，可能需要洗涤器的出口温度低于 40℃（据报道，在某些情况下，会需要更低的温度）。

据报道，采用气体冷却器（即不注入液体）将烟气冷却至低至 5℃ 的处理技术，并未能够获得足够好的针对汞的减排结果（DE17）。

低温烟气会导致出现冷凝，因此，除非烟囱具有防腐内衬，否则其会被腐蚀。

（5）跨介质影响

当冷凝水中含有污染物时，需要在排放前在水处理设施中对其进行处理。在应用上游湿式洗涤系统的情况下，冷凝洗涤器的流出物是能够在相同的设施中进行处理的。

通常，该技术仅应用于具有已准备好且可用的冷却源的情况下，例如，特别冷（40℃）的区域供暖回水，这通常仅在较冷的气候中才会遇到。在其他情况下（未报道），该技术的应用将会导致面向所需冷却能源的高成本消耗。

烟囱排放烟气的低温会降低烟羽的热浮力，从而降低烟羽的扩散程度。这可通过采用更高的烟囱或更小直径的烟囱的方式予以克服。

（6）与可应用性相关的技术考虑

该技术主要应用于能量回收技术，并且在焚烧装置中已经加入了额外的污染物去除步骤（例如，碳吸收、低 pH 值湿式洗涤）。

该技术通常不会单独应用为进行污染控制的手段，但可与其他系统相结合而作为有效的抛光阶段。

表 4.42 详细地给出了与采用冷凝洗涤器有关的具体方面。

表 4.42 冷凝洗涤器除汞应用性评估

准则	评价/评论
废物类型	由于该技术是在烟气净化阶段之后应用的，因此在原理上该技术可应用于任何类型的废物
工厂规模范围	该技术已应用于年处理能力在 175000～400000t 之间的 MSWI 厂
新建/已有焚烧厂	该技术通常应用于 FGC 系统的末端或其附近，因此可应用于新建和已有的焚烧厂
内部工艺兼容性	不存在具体问题
关键位置因素	仅适用于不需要能源冷却额外洗涤器的情况下，也就是说，在较冷的北方气候中，较冷的区域供热回水提供了所需能量

（7）经济效益

冷凝洗涤器的总额外投资额粗略估计为 3000000EUR[5]。

（8）应用的驱动力

额外的热能销售是采用该技术的主要驱动力。额外的污染物去除是采用该技术的次要益处。

（9）工厂举例

瑞典的城市废物焚烧厂的几个示例和荷兰的 1 个 SSI 厂（NL06）。

（10）参考文献

[5]，[64]。

4.5.6.4 注入亚氯酸盐控制元素汞

（1）描述

该技术添加亚氯酸盐作为氧化剂，进而在湿式洗涤器的入口处将元素汞转化为水溶性的氧化汞。

（2）技术说明

通过注入强氧化剂的方式将元素汞转化为氧化汞，进而使得能够在湿式洗涤器中对其进行洗涤处理。为避免强氧化剂因与其他化合物（例如，二氧化硫）发生反应而被耗尽，将该试剂引入第一个酸性洗涤器的喷嘴之前。通常，洗涤器的 pH 值被保持在 0.5～2 之间。

当所喷出的液体与含有氯化氢的酸性烟雾进行接触时，亚氯酸盐会被转化为二氧化氯，后者是实际的活性物质。应该注意的是，与诸如次氯酸盐（漂白剂）等其他氧化剂不同的是，亚氯酸盐或二氧化氯缺乏将氯原子引入芳环内的能力，因此其并不能改变二噁英的平衡。

(3) 实现的环境效益

采用该技术的益处包括减少汞的排放水平。

次要的益处是，采用氧化剂有利于通过将 NO 氧化成更易溶解的 NO_2，进而将其从洗涤器中去除。这会导致排放至大气中的 NO_X 减少。

(4) 环境绩效和运行数据

未提供信息。

(5) 跨介质影响

由于采用氧化剂有利于在湿式洗涤器中将 NO 氧化成更容易溶解的物质（NO_2），因此这会导致与废水的高氮含量相关的问题[74]。

(6) 与可应用性相关的技术考虑

该技术仅能够应用于原料烟气中氯化氢浓度至少为 $400mg/m^3$ 的情况。

该技术仅适用于湿式洗涤系统。

(7) 经济效益

试剂的成本是该技术的限制因素。

(8) 应用的驱动力

未提供信息。

(9) 工厂举例

Bottrop 和 Ludwigshafen 废物焚烧厂（DE）。

(10) 参考文献

[64]。

4.5.6.5 向湿式洗涤器添加过氧化氢

(1) 描述

湿式洗涤系统的主要目的是分离烟气中的 Hg、HCl 和 SO_2。在此过程中，通过加入过氧化氢作为氧化剂，SO_2 被氧化成 H_2SO_4 并被洗涤器吸收，同时大部分的元素汞被氧化成水溶性的 Hg^{2+}。

(2) 技术说明

第一步是在袋式过滤器的下游进行急冷（注入碳——这将吸收大部分的汞）。在急冷过程中，烟气被冷却至饱和。在急冷后，烟气与含有过氧化氢和添加剂的洗涤液相接触。洗涤器中的流体与烟气进行反应，酸性废水被转移后用于进行汞的中和与沉淀。

(3) 实现的环境效益

该技术的益处是，烟气中所有类型汞的浓度都会进一步地降低。

湿式洗涤器还能够减少 HCl、HF 和 SO_2 的浓度。

(4) 环境绩效和运行数据

该技术的运行问题与前文所描述的其他湿式洗涤器相类似（见表 4.18）。

通常，汞的峰值去除效率约为99.9%。在长时间的具有高入口汞浓度期间，洗涤器液体和净化气体中的汞浓度将会逐渐增加。汞的平均去除效率取决于所采用工艺的级数和液体的排放率。在排放率较低的装置中，平均去除效率通常在90%～95%的范围之内。

由于该技术具有非常高的缓冲能力，因此，原则上无论入口汞的浓度是高还是低，都可以始终如一地获得浓度低于10μg/m^3的汞排放水平。

将该技术与上游活性炭工艺进行串联后，除汞效率通常约为99.5%。

该技术作为SO_2、HCl和HF等污染物的抛光处理阶段而言，也是非常有效的。

通过将废水循环至FGC系统中，是可能实现无废水运行的。

(5) 跨介质影响

针对危险废物而言，试剂H_2O_2（质量分数为35%）的消耗率为4～5kg/t。由于H_2O_2不仅会与汞进行反应，还会与所有其他的可氧化的化合物（例如，铁或重金属）发生反应，因此其消耗量会增加[74]。

洗涤液中所吸收的汞在废水处理阶段进行沉淀，并会产生少量需要进行处理的稳定含汞污泥。

该技术的能耗会因设计参数的不同而存在差异性。湿式洗涤器的压降预计在1200～2400Pa之间，这主要取决于工艺设计并且与是否添加H_2O_2不相关。

(6) 与可应用性相关的技术考虑

该方法可应用于采用湿式洗涤的所有类型的废物焚烧炉。如果洗涤器安装在具有碳注入的袋式过滤器的下游，则会获得最佳的效果。

(7) 经济效益

该技术的投资成本的变化范围很大，从非常低的成本（例如，如果适合的洗涤器阶段已经构成该技术设计的一部分）到高达约3000000EUR（例如，如果需要采用全新的洗涤系统，这是基于100000m^3/h的烟气流量进行设计的）。

该技术的运行成本包括化学品成本，以及在需要额外洗涤器阶段时补偿额外压降所消耗的电能成本。在处理能力为130000m^3/h的焚烧厂中，运行成本的估计值的范围为20～35EUR/h。

(8) 应用的驱动力

该技术可应用于新建和已有的需要达到以下目的的焚烧厂：

① 获得低Hg、HCl和SO_2浓度的排放水平；

② 减少高汞浓度峰值。

(9) 工厂举例

位于Kumla (SE)(SE21) 的Sakab Ekoke焚烧厂采用MercOx系统作为抛光洗涤器。

(10) 参考文献

[64]，[113]，[128]，[129]。

4.5.6.6 锅炉加溴

(1) 描述

将溴化物注入焚烧炉或添加至废物中以便在烟气通过锅炉期间强化对汞的氧化作用，从而促进将不溶性的元素气态汞转化为水溶性和可吸附的$HgBr_2$。因此，在诸如湿式洗涤器或干式活性炭注入系统的下游控制设备中，加强了汞的去除能力。

(2) 技术说明

当检测到汞的浓度峰值时，在燃烧过程中将诸如$CaBr_2$等溴化物的水溶液添加至废物中或注入焚烧炉中。在高温下，溴化物被氧化成二分子溴（Br_2）或原子溴自由基和水解溴，从而能够氧化烟气中的汞。已经表明，溴化物盐在汞的氧化方面比氯化物盐更加有效，原因在于：虽然通过将 SO_2 转化为 SO_3 能够清除氯，但同样的反应对溴的焓值是不利的。这导致用于足够的完全氧化汞的溴的量要少得多，尤其是与采用氯时所需要的卤素试剂的量相比。

(3) 实现的环境效益

该技术的益处是能够减少大气中的汞排放，并能够有效控制废物中偶尔出现的与高输入汞浓度相关的汞排放峰值。

(4) 环境绩效和运行数据

该技术提升了在下游实施时对汞的去除效率，在与多级湿式洗涤器结合采用时，整体减排效率可达到 90%以上和最高达 99.8%。据报道，干式活性炭注入系统也可实现大于 99.5%的减排效率。

要达到对烟气中所含的汞进行完全氧化的目的，需要溴与汞的质量比大于 300。

为了控制偶尔出现的汞输入峰值，诸如 $CaBr_2$（质量分数为 52%）等溴化物的体积流量可设置在 15～75L/h $CaBr_2$（质量分数为 52%）之间，其具体取值依赖于焚烧厂的规模和汞峰值的幅度。可根据在烟气中所测量的汞含量对溴化物的注入率进行自动调整。

(5) 跨介质影响

溴化物水溶液的消耗是存在跨介质影响的。

在该过程中，采用溴可能会导致形成多溴二噁英和/或多卤二噁英和呋喃。

溴还会对袋式过滤器造成损坏。

该技术仅对检测到的汞峰值发生响应，而不是作为通用的减汞技术始终进行溴化物的注入，这使得跨介质影响的程度受到了限制。

(6) 与可应用性相关的技术考虑

该技术不应用于氧含量水平接近于零的焚烧厂，例如，热解焚烧厂或低压气化焚烧厂，但也可应用于下游的部分装置（例如，用于 O_2 含量充足的后燃烧室）。

该技术与燃烧高氯含量废物无关。

(7) 经济效益

据报道，该技术的投资成本很低，从 10000EUR 到 250000EUR 不等。具体成本大小依赖于焚烧装置的当地标准，同时成本中还涵盖了足够的溴化物溶液储罐、计量泵和注入枪。

运行成本主要与作为氧化剂的溴化物的消耗量有关，并依赖于废物中的总汞含量水平，因此运行成本是可变的。据报道，运行成本在低于 20000EUR/a 和 120000EUR/a 之间。

对于运行 2 个危险废物焚烧炉和 1 个用于污水污泥燃烧的多炉回转窑的现场，其所报道的消耗量在 13 年期间为每年 25～125m^3 的溴化物溶液。

(8) 应用的驱动力

① 遵守排放法规。

② 抑制汞的峰值。

③ 与采用其他氧化剂相比，能够潜在地节约成本。

(9) 工厂举例

自 2002 年以来，该技术已在德国的 4 个回转窑焚烧炉中用于燃烧 Currenta GmbH & Co OHG 的危险废物；自 2004 年以来，在 Emschergenossenschaft-Bottrop 的 Lippeverband 的 2 个固定式流化床焚烧炉中用于焚烧公共污水污泥；自 2008 年以来，在 Karlsruhe 的

Karlsruhe-Neureuth WWTP 厂的另外 2 个固定流化床焚烧炉中用于焚烧公共污水污泥。

最近，该技术还在法国 SARPI-VEOLIA 的 3 个燃烧危险废物的回转窑焚烧厂中进行了应用，这些焚烧炉配备了 3 种不同的烟气净化系统，即：基于活性炭和熟石灰的干式 FGC 系统、在第一级具有附加尾端洗涤器的类似的半干式 FGC 系统、多级湿式 FGC 系统。

(10) 参考文献

[115]，[127]。

4.5.6.7　固定床吸附汞

4.5.5.6 节描述了该技术的采用情况及其对汞减排、跨介质影响和其他问题的益处。

汞被吸附后排放至大气中的典型排放量低于 $20\mu g/m^3$。

4.5.6.8　固定吸附聚合物催化剂 (SPC) 系统

(1) 描述

采用吸附聚合物催化剂（SPC）的固定吸附剂系统可捕获元素汞和氧化汞并去除 SO_2，其可用于湿式洗涤器中，也可作为独立装置采用。

(2) 技术说明

具有低相对压降的开放式通道模块安装在除尘器的下游，其能够连续地去除烟气中的汞。汞被化学吸附到结构中，进而形成了不会解吸或沥滤的稳定物质。

这些开放式通道模块在使用数年后，一旦其内装载了满负荷的化学吸附汞后就会被更换。与典型的碳注入系统相比，由于该技术无吸附剂或化学物质注入烟气流中，从而具有很少的固体废物。SO_2 也通过被氧化成硫酸（通常在湿式洗涤器中进行处理）后，进而作为一种有益物而被去除。

开放式通道模块可安装在已有的湿式洗涤器出口的除雾器上方。作为一种独立的排气尾管方案，其通常装在烟囱前，或者安装在湿式洗涤器的出口，或者直接安装在湿式洗涤器或湿式 ESP 的后面。

(3) 实现的环境效益

① 减少大气中的汞排放，从而避免对工艺粉尘或工艺废水的污染。

② 减少固体废物的产生（每运行几年更换一次模块)。

③ 低能量损失，原因在于低压降消除了对额外 ID 风扇的需求。

④ 作为协同收益点，减少了至大气中的 SO_2 排放水平。

(4) 环境绩效和运行数据

该技术采用模块化的设计模式进行实施，每个模块在烟气中会去除大约相同比例的汞，这主要依赖于烟气的速度。整体去除率是由以串行方式堆叠的模块数量决定的。据报道，对于 4m/s 的烟道速度，60cm 高的烟道能够去除 40%～50%的汞，这意味着 180cm 高的烟道可去除 80%～90%的汞。

因此，该技术提供了烟气中进口汞含量的固定去除百分比，但其并不具有显著的运行灵活性或缓冲能力。因此，在汞负荷及其变化性相对较低的焚烧厂（例如，污水污泥焚烧炉）中，该技术作为唯一的汞排放控制技术能够满足排放要求，但在商业危险废物焚烧炉中，这却是达不到排放要求的。

据报道，该技术的最高工作温度为 80℃。必要时，可在上游工艺中采用蒸发冷却器等冷却装置。尽管该技术能够承受中等颗粒尺寸的负载，但在诸如 ESP 之后的负载是仍然需要进行预除尘处理的。开放式通道模块能够在使用中进行清洗，可以采用水冲洗掉其表面上的工艺粉尘。

该技术不涉及任何移动部件，也不需要进行化学物质或吸附剂的注入。该技术只需要采用工艺用水进行最低限度的清洗。

在美国 Northeast Ohio Regional Sewer District 和 Metropolitan Sewer District of Greater Cincinnati 运行的 6 条污水污泥焚烧线中，汞排放水平的减少范围为 60%～97%，这导致其排放浓度在 1～9g/m^3（转化为 11%的 O_2）之间。据报道，在该同一地点的 SO_2 减排水平的范围在 78%～98%之间。据报道，相应的压降为 0.25～0.5kPa。

(5) 跨介质影响

该技术的主要跨介质影响是，使用若干年后会产生含汞的废聚合物催化剂。考虑到一个 20kg 的模块在需要更换之前可能会捕获大约 1kg 的汞，因此其所产生的废物量是远低于活性炭注入系统的。

(6) 与可应用性相关的技术考虑

该技术通常应用于新建焚烧厂。

对已有焚烧厂的适应性可能会受到额外的处理单元对空间要求的限制，在仅配备了干式 FGC 技术的焚烧厂中，会受到额外的烟气冷却要求的限制。

(7) 经济效益

据报道，采用该技术的投资成本具有高度的场地特定性，但通常明显低于基于固定床的吸附技术。在美国已经安装了湿式洗涤器的 2 座污水污泥焚烧炉的示例中，所报道的投资成本在 225000～450000USD 之间，其包括了建造用于容纳模块的单独容器的成本，该技术装置位于洗涤器之后（在顶部或在下游）。据报道，该技术的运行成本通常很低。

(8) 应用的驱动力

该技术在减少汞排放的同时能够限制跨介质影响。

(9) 工厂举例

在美国，已有 16 个污水污泥焚烧厂采用 Gore 汞控制系统技术。

(10) 参考文献

[119]，[120]。

4.5.7 采用碘和溴减排专用试剂[❶]

(1) 描述

该技术已在 2.5.4.1 节中简要描述。

特殊试剂，例如硫代硫酸钠或亚硫酸氢钠，可根据需要添加到现有湿式洗涤系统中以处理特定批次的废物（当有关废物含量的知识至关重要时），或者日常添加到湿式洗涤系统的附加阶段（当试剂的消耗量可能更高时）。

(2) 技术说明

在卤素洗涤器中，通过与碱性 $Na_2S_2O_3$ 溶液的反应，任何游离卤素均被还原为卤素氢化物。然后，与剩余的 SO_2 一起，通过溶解方式去除烟气中的卤化氢。

此处所讨论的卤素是主要来自阻燃剂和医疗废物的溴和碘。由于氟和氯是更强的氧化剂，两者都会完全被还原为氢化物。

还可通过在焚烧炉中注入含硫废物或 SO_2 的方式，减少排放至大气中的碘和溴[64]。

❶ 译者注：原文 4.5.7 节仅有 4.5.7.1 一个小节，译者将 4.5.7.1 节作为 4.5.7 节，移除了原 4.5.7 节标题。

(3) 实现的环境效益

在某些情况下，当具有相当浓度的溴或碘（分别）通过 FGC 系统时，可看到黄色/棕色或紫色烟气。这可通过针对性或周期性添加 $Na_2S_2O_3$ 的方式予以避免。

(4) 环境绩效和运行数据

由于在洗涤水中存在着若干种干扰氧化还原过程的混合反应，因此无法通过在线的氧化还原测量方式实现对工艺的控制。因此，专用试剂的添加量是由原料烟气中的 SO_2 浓度进行控制的。如果废物中含有足够的硫，则不需要额外地减少卤素——这反映了对高硫废物进行计量燃烧或对上述 SO_2 进行注入的替代选择。

(5) 跨介质影响

$Na_2S_2O_3$ 的消耗量主要依赖于废物中的硫含量，其添加量主要是根据原料烟气中的 SO_2 浓度进行控制的。如果废物中含有足够的硫，则不需要额外地减少卤素。

去除的污染物被转移到流出物中，因此可能需要进行后续的污水处理。

如果添加 SO_2 或更高硫含量的废物，这将需要更改后续 FGC 阶段的运行设置，进而允许改变标准的废物化学处理过程。此外，硫/氯平衡的变化也会影响 PCDD/F 的再形成率。

(6) 与可应用性相关的技术考虑

这种技术通常应用于任何配备了湿式洗涤器的焚烧厂。

该技术主要与 HWI 或其他焚烧装置相关，这些焚烧厂所焚烧废物中的碘和溴的浓度变化很大和/或难以进行预测/控制，例如，源自实验室的废物或化学/药物的废物。一般而言，这些都是 HW 焚烧装置。

(7) 经济效益

平均而言，3 条焚烧线每年所消耗的 $Na_2S_2O_3$ 量约为 50t。以 0.5EUR/t 的价格计算，运行洗涤泵等第 3 级洗涤器的总成本（不包括电能）为每条焚烧线 25000EUR/a。

有针对性地添加试剂的费用可能会较低，但这可能需要额外的资源用于控制和管理供给废物。

在已有的湿式洗涤系统中，添加试剂的成本主要限于试剂成本，因此该技术的成本大大低于添加单独的洗涤阶段所需的成本。

SO_2 的注入成本是气体成本。添加高硫废物将依赖于此类废物是否具有可用性。

在丹麦的危险废物焚烧厂，增加了第 3 级洗涤器的成本约为 600000EUR（2000 年）。

(8) 应用的驱动力

① 对碘和溴的排放控制的要求。

② 存在焚烧废物中碘和溴的浓度变化很大和/或难以预测/控制的情况。

(9) 工厂举例

许多欧洲的危险废物焚烧厂均采用靶向剂量。在丹麦的危险废物焚烧厂配备了额外的洗涤器处理阶段。

(10) 参考文献

[25]，[64]。

4.6 废水处理与控制

关于应用于废水处理系统的选项和运行方面的一般原则，已在化学部门（CWW）的常见废水和废气处理/管理系统的 BREF 中进行了概述。因此，本书的这一部分仅涉及已确定的对废物焚烧行业而言是重要的或特定的相关问题。

优化的焚烧工艺是有效控制水体污染排放的重要条件。由于具有污染和/或毒性特征的有机化合物的存在形式的增加，不完全的焚烧会对烟气和飞灰的成分产生负面的影响。这些烟气和飞灰反过来又会影响洗涤器中流出物的污染物含量。

4.1 节和 4.3 节概述了减少烟气污染物含量（从而降低转移至洗涤器流出废水中的潜在风险）方面需要考虑的技术。

4.6.1　无废水烟气净化技术的应用

(1) 描述

此处需要考虑的技术如下：

① 采用干吸收剂注入或采用半湿吸收剂；

② 先采用湿式洗涤器，接着再进行洗涤器废水的蒸发；

③ 回收源自湿式烟气净化系统的废水。

(2) 技术说明

无废水的烟气净化可通过以下工艺实现：

① 采用干式和半湿式工艺：这些工艺不会产生废水。

② 采用蒸发湿式工艺：虽然湿式 FGC 会产生废水，但是在一定的条件下，这些废水可循环进入焚烧过程并被蒸发。

这些工艺已在 4.5.3 节中进行了描述。

(3) 实现的环境效益

① 不排放废水。

② 能够避免与废水处理相关的资源消耗。

③ 通过蒸发进行盐分回收。

(4) 环境绩效和运行数据

通常，干式和半干式 FGC 系统不会产生废水。源自其他现场工艺的其他废水或雨水可在半湿式或湿式系统中进行回收。

湿式工艺中所产生的废水不会在处理后进行排放，而是在在线或特定蒸发装置中进行回收或蒸发。通常，湿式工艺所产生的废水量为 $0.2m^3/t$。湿式洗涤器所流出废水会被中和（例如，采用熟石灰或石灰乳）。此外，还会注入络合剂以处理废水中含有的重金属化合物。之后，将这些处理过的废水喷入蒸发冷却塔，采用锅炉出口烟气所包含的能量对其进行蒸发处理。

此外，流出废水的蒸发处理可能会导致在蒸发冷却塔产生结垢[74]。

(5) 跨介质影响

① 能源消耗增加。若采用源自其他废物的热能供应，蒸发单元的能量消耗可能不会很高。

② 残余物产量增加。

(6) 与可应用性相关的技术考虑

该技术是普遍可应用的。

(7) 经济效益

如果污水排放对周边环境而言是可接受的，那么采用减少污水排放系统的动力就会减少。存在的可能的例子包括海洋环境，其能够吸收经过后处理的含盐废水。

单独蒸发设备的能源成本可能会很高。

在固体废物处理成本较高的情况下，由于减少了固体废物的产生量，采用具有（或不具有排放可能性的）蒸发功能的湿式烟气处理工艺可能会存在益处。

对在单独蒸发系统中产生的回收盐，进行对外出售将能够避免需要支付的相关处置费用。在某些情况下，杂质会使得情况变得更为复杂[74]。

(8) 应用的驱动力

缺乏可用的废物排水出口是一个关键的驱动因素。

(9) 工厂举例

蒸发已在德国的许多焚烧装置中进行，并产生许多不排放废水的湿式 FGC 装置[74]。

零排放产物 FGC（即非湿式 FGC）系统已在整个欧洲范围内广泛采用。

FR56 厂（湿式工艺＋废水蒸发冷凝）和 FR33 厂（半湿式＋湿式工艺）[74]。

(10) 参考文献

[2]，[64]，[74]。

4.6.2 干式底灰加工技术

(1) 描述

干、热的底灰从炉排掉落至传输系统上并被周围空气冷却。在该过程中，未采用水，而是采用用于燃烧的冷却空气对能量进行回收。

(2) 技术说明

卸料器在无水的情况下运行，干式底灰由燃烧系统排出。闸板式底灰卸料器以无变化形式使用，但其具有空气分离器和除尘系统（例如，旋风分离器）。

燃烧室内的空气密封是通过在灰坑中堆积的底灰实现的。干燥的排出底灰被直接输送至空气分离器。较细部分和底灰粉尘以预先确定的方式进行提取分离。依据提取速度的不同，较细粉尘的粒径值被设置为≤1mm，粉尘粒径值被设置为≤5mm。

空气分离区域通过厂房进行封闭，并始终保持低于大气压的压力，从而防止非燃烧空气进入焚烧炉和灰尘进入锅炉。

卸料器的表面温度与湿式卸料器的表面温度的范围相同（40～60℃）。

典型地，采用空气分离和除尘的方式将以下 3 种物料流从以干式方式进行排放的底灰中予以分离：

① 粗粒（>1mm），富含可回收金属；

② 细粒（≤1mm），几乎不含金属；

③ 底灰粉尘（≤100μm）。

针对后面的 2 类粉尘而言，其会随着烟气流排出空气分离器和输送至除尘系统，这样能够确保粉尘从烟气流中分离出来。未燃烧的空气包含着最低限度的底部粉尘残余负荷，其被输送至助燃空气系统中或在其排放前进行进一步的除尘处理。

如图 4.9 所示为干式底灰排放系统的总体方案。

另请参阅 LCP BREF 文档。

(3) 实现的环境效益

① 减少水量消耗。

② 提高能源效率。

③ 提高金属回收率，原因在于：该技术与湿式排放底灰系统相比，金属更容易从干式

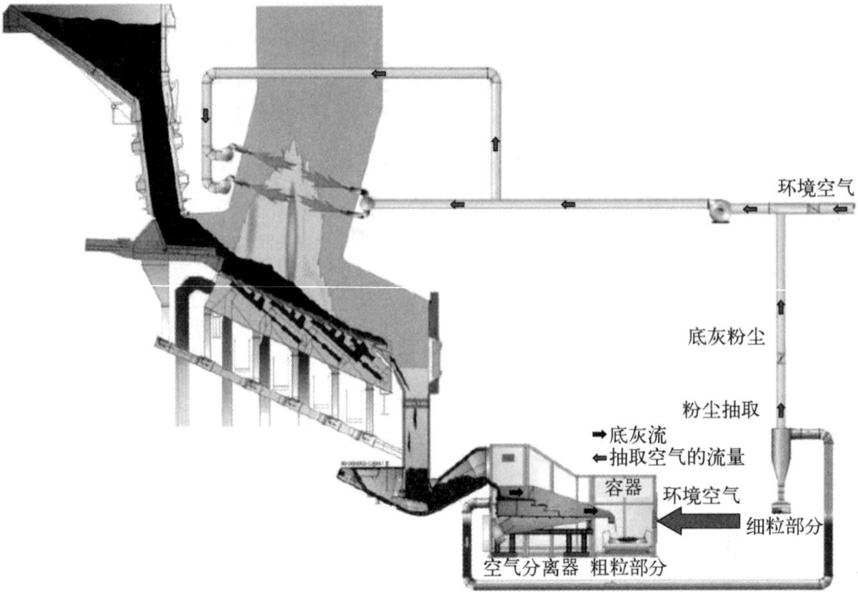

图 4.9 干式底灰排放系统方案[47]

排放底灰系统中进行分离。

(4) 环境绩效和运行数据

该技术未采用水。通过采用用于燃烧的冷却空气实现对有用能量的回收。所回收的热能主要依赖于以下运行参数：

① 底灰生产率；

② 底灰温度，包括从炉排中排放时（通常在350～500℃之间）和最终排放时（通常小于100℃）的温度。

如果有必要（例如，为保证消防安全）的话，在底部排灰器中，可能需要在任何时候都是充满水的状态。

(5) 跨介质影响

干式底灰的排放会产生大量的粉尘，需要采用适当的封闭和除尘设施。

(6) 与可应用性相关的技术考虑

该技术仅是应用于炉排焚烧炉。

可能存在防止对已有炉排炉进行改造的技术限制。

(7) 经济效益

干式底灰排放能够实现更为有效的金属分离，同时也能够提高回收金属的质量，从而实现金属回收价格和收益的增加。另外一个益处是，由于未采用水，底灰的重量减少了约20%，进而也降低了运输成本。

对于生产能力为100000t/a的焚烧厂，与增加的有色金属回收率相关的投资内部回报率的范围在15%～26%之间；对于生产能力为160000t/a的焚烧厂，其投资内部回报率在35%～50%之间[130]。

(8) 应用的驱动力

① 改善灰分质量。

② 增加源自焚烧炉底灰处理的有色金属回收率。

(9) 工厂举例

ACEA San Vittore del Lazio（IT）、GESPI Augusta（IT）、KEBAG AG Zuchwil（CH）、KVA Horgen（CH）、ERZ Zurich（CH）、KEZO Hinwil（CH）、SATOM Monthey（CH）。

(10) 参考文献

[130]，[131]。

4.6.3 采用锅炉排水技术

(1) 描述

此处需要考虑的技术如下：

① 将锅炉排水供给至半湿式或湿式洗涤器或急冷系统；

② 处理锅炉排水以便在焚烧过程自身中进行循环。

(2) 技术说明

锅炉水需要进行周期性的排放以便减少其所包含的溶解固体的含量。这种废水流可直接供给至洗涤器（半干式和湿式）或急冷器，而不是进行单独的处理/排放。

另外的一种选择是，对锅炉水进行处理并将其返回至锅炉。锅炉水在换热器中进行冷却，之后再与进入除氧器的冷却软化水在换热器中进行热交换（通过这种方式，废热被回收），进而达到允许对其进行进一步处理的水平。冷却后的水供给至缓冲罐内进行临时储存。温度低于40℃的水从水箱供给至活性炭过滤器内（以去除氨含量），然后送到离子交换塔（具有阴离子和阳离子树脂）进行处理以达到设定目标的硅含量。这样，锅炉水便已准备好被供给至除氧器和进行循环[96]。

(3) 实现的环境效益

该技术通过采用锅炉废水替换洗涤器供水的方式减少对水量的消耗。

(4) 环境绩效和运行数据

未提供关于将锅炉废水输送至洗涤器的信息。

检查流出污水的质量是否适合该焚烧过程是很重要的事项，尤其是，要防止因盐沉淀（例如，磷酸钙）所引起的结垢风险[74]。

在IT10焚烧厂，采用水箱接收锅炉水。当水箱充满时，开始进行处理。锅炉水流量的运行范围在0.7～2m^3/h之间。在该系统中，采用了功率为1.1kW的泵，压缩空气以20L/min的速率控制阀门的开度。离子交换床树脂再生所需的HCl和NaOH的使用量均为30L/月。

该技术所产生的残余物如下所示：

① 过滤器活性炭：50kg（每8年更换一次）。

② 石英：每8年50kg。

③ 阴离子和阳离子树脂：每8年100kg。

④ 再生时所产生的废水（每2周）：4m^3/月。

由锅炉连续排污所产生的污水将全部被回收。

活性炭过滤器入口处的水温必须要低于40℃。

采用该技术的设备具有非常长的使用寿命（每8年更换一次过滤器和树脂）。

在离子交换床的下游检查水的电导率和二氧化硅的浓度。

处理污水所需的能量由供应新水所需减少的能量进行补偿[96]。

(5) 跨介质影响

能源的使用量和原材料的消耗量略有增加。

(6) 与可应用性相关的技术考虑

将锅炉废水供给至洗涤器仅能应用于需要给水的烟气净化系统（即除非添加可调节供水功能，否则是不适用于干式系统的）。

针对锅炉废水的处理是普遍可应用的技术。

(7) 经济效益

未提供关于将锅炉废水供给至洗涤器的信息。

锅炉废水处理的投资成本约为40000EUR（2006年），包括维修在内的运行成本约为每年1600EUR。

采用该技术达到的费用节约如下[96]：

① 因需要进行废水处置而避免的成本，每年大约294000EUR；

② 因不需要抽取地下水而节省的能源成本，每年大约650EUR。

(8) 应用的驱动力

节省成本。

(9) 工厂举例

MHKW Bamberg（DE）、Rea Dalmine（IT）和欧洲的许多其他城市废物焚烧厂。

(10) 参考文献

[2]，[96]。

4.6.4 采用废水再循环替代废水排放技术

(1) 描述

由于焚烧过程自身提供了从废物流中进行污染物浓缩和去除的方法，因此可在适当的位置将低等或中等体积流量的废水供给至焚烧过程或烟气净化过程。该技术的正确实施不会对焚烧厂的运行或其环境绩效产生负面的影响。

这些已经付诸实践的做法可能包括[74]：

① 采用锅炉排水作为湿式洗涤器的供水（参见4.6.3节）；

② 采用污染程度低的实验室废水作为供给洗涤器的补充水；

③ 将露天底灰或其他储存区域的渗滤液送至湿式底灰排放器；

④ 采用收集的雨水作为洗涤介质；

⑤ 进行冷凝水的再循环；

⑥ 对源于电能生产的冷却水进行再利用；

⑦ 在锅炉水制备过程中注入渗透水以实现再循环。

(2) 实现的环境效益

如果设计和运行良好，此处所采用的系统能够使得废物焚烧炉达到以下目的：

① 将无机污染物浓缩到固体废物中（例如，FGC残余物或WWT残余物）；

② 减少水量消耗；

③ 消除或限制对排放污水的要求。

(3) 跨介质影响

有必要对流出污水进行处理以改善其质量，目的是对其进行再循环，这将会导致出现额外的能源和物料消耗（和成本），同时这些成本可能会高到足够抵销最终的再循环工艺所带来的益处。在很大程度上，这种评估依赖于当地环境的具体情况。

至关重要的一点是，在焚烧装置内进行的物料再循环是伴随着那些可能堆积的出口处的物料而进行的。某些污染物质（尤其是汞）的积累能够导致积聚和最终突破峰值，甚至释放。为了避免这种情况，需要对这些物质进行正确评估和提供用于这些物质暂存的汇聚槽。

特别地，这些技术往往会导致固体废物流中污染物浓度的增加。

(4) 运行数据

通过评估整体的流量和质量交换，是可能识别出将部分污染废物流进行再循环以用于焚烧装置内其他用途的机会的。此类评估有时被称为夹点评估或材料交换网络。在应用于污水系统时，此类工具提供了评估污水再循环可能性的方法，同时也考虑到了工艺单元本身对输入的质量要求和对减少系统排放的总体目标。

(5) 适用性

该技术是普遍可应用的。

(6) 经济效益

如果需要临时进行污水处理，该技术的成本会增加。

通过减少水量消耗和排放成本可实现成本节约。

(7) 应用的驱动力

① 缺乏可用的污水排放出口；

② 供水受到干燥气候的限制。

(8) 工厂举例

零排放的 MSWI 厂：Azalys，Ouarville[74]。

(9) 参考文献

[64]，[72]，[74]。

4.6.5 依赖于污染物含量的废水流分离和单独处理技术

(1) 描述

废水流（例如，地表径流水、冷却水、源自烟气处理和 IBA 处理的废水）需要基于其自身的污染物含量和所需处理技术的结合进行隔离处理。未受污染的废水流（例如，干净雨水和冷却水）需要与待处理的废水流隔离。

(2) 技术说明

该技术涉及对干净的雨水排水进行分离，目的是使其不会与潜在的或实际上已经受到污染的水流进行混合。

(3) 实现的环境效益

① 减少需要处理的废水量。

② 剩余的废水具有更高的废物浓度，因此可进行更为有效的处理。

(4) 环境绩效和运行数据

如果焚烧炉位于针对受污染的废水和雨水而言仅有一条下水道的社区，那么对未受污染的水流进行单独收集的益处是有限的，除非，这些水流在进行适当的处理后可直接排放到周边环境中[74]。

(5) 跨介质影响

未有报道。

(6) 与可应用性相关的技术考虑

该技术通常应用于新建焚烧厂。

它也应用于与集水系统配置相关的约束范围内的已有焚烧厂。

(7) 经济效益

该技术应用于已有焚烧厂的改造成本可能会很高，但其可有效地安装在新建焚烧厂中。

此外，通过减少现场所需的蓄水能力也可能会实现成本的节约。

(8) 应用的驱动力

在某些国家，不允许将未受污染的雨水与其他污水进行混合。

(9) 工厂举例

应用于整个欧洲。

(10) 参考文献

[64]，[74]。

4.6.6 应用物理化学处理源自湿式烟气净化系统和其他污染水流污水的技术

(1) 描述

通过添加化学沉淀剂的方式，将溶解的污染物转化为不溶的化合物。随后通过沉降、浮选或过滤处理等方式，实现沉淀物的分离。如果有必要，随后可进行微滤或超滤处理。用于进行金属沉淀的典型化学品是石灰、白云石、氢氧化钠、碳酸钠、硫化钠和有机硫化物。钙盐（石灰除外）能够用于沉淀硫酸盐或氟化物。

(2) 技术说明

在 2.6.3.1 节（一般物理化学处理）和 2.6.3.2 节（硫化物的使用）中，给出了针对该技术的描述。

通常，针对湿式洗涤器污水和焚烧厂收集废水而言，为其提供废水处理系统被认为是必不可少的措施[64,74]。

(3) 实现的环境效益

减少污水排放。

(4) 环境绩效和运行数据

通过应用硫化物增加湿式洗涤器污水中重金属沉淀的方式，能够将处理后污水中的汞含量降低 99.9%，使得排放至水体中的汞排放达到低于 0.003mg/L 的水平。此外，其他物质的排放水平也降低了。

但是，可能会发生沉淀物结壳和管道堵塞问题[74]。

(5) 跨介质影响

WWTP 厂的能源和原材料消耗。

(6) 与可应用性相关的技术考虑

该技术能够应用于全部采用具有湿式洗涤工艺的焚烧装置，其也可能应用于需要在排放之前进行此类技术处理的其他废水流[74]。

(7) 经济效益

该技术所采用的添加剂和试剂可能是昂贵的[74]。

(8) 应用的驱动力

环境法规的要求。

(9) 工厂举例

广泛应用于整个欧洲的湿式洗涤装置。

(10) 参考文献

[2]，[1]，[64]，[74]，[101]。

4.6.7 汽提含氨湿式洗涤器废水技术

(1) 描述

此处需要考虑的技术如下：

① 汽提：通过与蒸汽流进行接触实现从废水中去除氨，目的是将氨转化至气相。在下游处理中，氨被从汽提气体中予以去除，其有可能被重新使用。

② 反渗透：是一种膜过程，通过对由膜进行分隔的隔室之间施加压力差，使得水从浓度较高的溶液流向浓度较低的溶液。

(2) 技术说明

该技术已在2.6.3.4节中进行了描述。

采用氨试剂减排 NO_X 会导致氨泄漏的现象。当试剂剂量高或优化不佳时，采用SNCR工艺导致的氨泄漏水平通常会比SCR工艺更高。氨是极易溶于水的，其会在下游的湿式洗涤器污水中进行积聚。采用汽提或反渗透工艺，能够从湿式洗涤器污水中进行氨的去除。以这种方式所收集的氨，被输送返回至焚烧炉中，以便避免这种污染物从水体中转移至大气中，并使其能够作为 NO_X 的还原剂被重新使用[74]。

(3) 实现的环境效益

① 降低所排放的洗涤器污水中的氨浓度。

② 降低氨的消耗，对其进行再循环以便作为 NO_X 的还原剂。

(4) 环境绩效和运行数据

该技术应用于为减排 NO_X 而在湿式洗涤器下游注入氨/尿素试剂的WI装置。在正常运行条件下，汽提的减排效率约为99%[101]。

在锅炉下游氨泄漏水平较高的情况下，该技术特别有用，这往往发生在：

① 进行SNCR试剂注入/混合/温度的优化存在特殊的技术难点；

② 试剂注入水平相对较高（例如，需要高 NO_X 减排的场景）[74]。

对氨溶液的处理需要谨慎，要降低其暴露的风险。

(5) 跨介质影响

氨汽提的运行需要大量额外的能源消耗，并且存在结垢风险[74,101]。

(6) 与可应用性相关的技术考虑

该技术是普遍可应用的。

(7) 经济效益

当回收的氨再循环以作为SNCR试剂注入时，氨汽提塔的运行和投资成本可能会被试剂成本的降低部分抵销。

(8) 应用的驱动力

该技术的主要驱动力是对现场排放污水中氨含量的限制。

(9) 工厂举例

SE02、SE03。

(10) 参考文献

[55], [64], [74], [101]。

4.6.8 采用离子交换进行汞分离的技术

(1) 描述

从废水中去除离子污染物的技术，通过将污染物转移至离子交换树脂中的方式将其替换为无污染离子。污染物会被暂时保留，随后被释放至再生或反冲洗液中。

(2) 技术说明

通过汞离子交换器对源自湿式洗涤器第1酸性阶段废水中的粗酸和离子结合金属进行处理，其中，汞在树脂过滤器中被分离后采用石灰乳对酸进行中和。

(3) 实现的环境效益

高度可靠的汞减排。

(4) 环境绩效和运行数据

表4.43给出了焚烧非危险废物和采用离子交换减少汞排放的焚烧厂的环境绩效。

表4.43 采用离子交换工艺的焚烧厂至水体中的汞排放水平[81]

焚烧厂	技术	排放水平				
		最大值/(mg/L)	平均值/(mg/L)	最小值/(mg/L)	流量/(kg/a)	直接/间接
AT04	A,CPs,IE,Se,Fi,Fl	NA	0.001	NA	0.044	直接
AT05	A,CPh,CPs,IE,C,Se,Fi,Fl	0.004	0.00175	0.001	0.318	直接
AT09	A,CPs,IE,Se,Fi,Fl	NA	0.0006	NA	0.003	间接
DE44	IE	NE	NE	NE	NE	无排放
DE54	IE	NE	NE	NE	NE	无排放
DE58	A,CPh,CPs,IE,Se,Fi	NE	NE	NE	NE	无排放
DE80	CPh,IE,Fi	0.001	0.0002	0.0001	0.009	直接
DK01	A,CPs,IE,Fi,Fl	NA	0.00082	NA	0.04	直接
NO01	A,CPh,CPs,IE	0.0002	0.0001	0.00001	0.001	直接

注：NA—不可用；NE—无排放至水体；A—活性炭吸附；C—凝结；CPh—氢氧化物化学沉淀；CPs—硫化物化学沉淀；Fi—过滤；Fl—絮凝；IE—离子交换；RO—反渗透；Se—沉淀。

(5) 跨介质影响

树脂过滤器需要再生，这导致所减排的汞会发生转移。

(6) 与可应用性相关的技术考虑

该技术是普遍可应用的。

(7) 经济效益

据报道，该技术相对于替代品而言是昂贵的。

(8) 应用的驱动力

未提供信息。

(9) 工厂举例

AT04、AT05、AT09、DE44、DE54、DE58、DE80、DK01、NO01、SE20。

(10) 参考文献

[64]，[81]。

4.6.9 分离处理源于不同湿式洗涤阶段的废水的技术

(1) 描述

该技术涉及酸和碱湿式洗涤器废水流的分离和分离处理，目的是进行流出污水的改善优化和增加流出污水流组分回收的选项。

(2) 技术说明

该技术已在 2.6.3.5 节中进行了描述。

(3) 实现的环境效益

① 与联合处理方式相比，能够进一步减少至水体中的污染排放。

② 分离污水流的优化能够减少试剂消耗并允许进行靶向处理。

③ 石膏可从硫磺洗涤器中进行回收（参见 4.6.11 节），这能够减少废水中的硫排放和 WWTP 厂固体残余物中的硫含量。

④ HCl 可在第 1 级酸洗涤器中实现再生（参见 4.6.10 节）。

(4) 环境绩效和运行数据

由于 2 条 WWTP 厂同时处于运行状态，这存在着额外的复杂性。更加复杂的技术意味着更高的投资和运行成本，并且也需要更多的安装空间。

该技术需要一个用于回收材料的出口。由于存在杂质，这可能会很复杂[74]。例如，回收 HCl 可能会存在问题，原因在于 HF 可能会产生杂质。

(5) 跨介质影响

能源消耗。

(6) 与可应用性相关的技术考虑

该技术通常应用于新建焚烧厂，其也应用于与排水系统配置相关的约束范围内的已有焚烧厂。

(7) 经济效益

更换已有组合废水处理系统的成本可能会非常高。

当进行石膏和诸如 NaCl 或 CaCl 等盐类回收时，所减少的处理成本可能会部分抵销第 2 个 WWTP 厂的运行和投资成本[74]。

(8) 应用的驱动力

回收材料市场的存在可能会推动该系统的应用。

主要原因通常是，需要应用特别低的污水排放限制，这可能是为了保护敏感水体。

(9) 工厂举例

AT03、AT04、AT08、AT09、DE30、DE40、DE43、DE51、DE58、DE62、DE74、DE78、DK01、DK02。

(10) 参考文献

[64]。

4.6.10 回收湿式洗涤器污水中的盐酸的技术

(1) 描述

通过汽提技术从第 1 级洗涤器废水中进行盐酸的回收。

(2) 技术说明

有关此过程的说明，请参阅 2.6.3.8 节。

(3) 实现的环境效益

① HCl 的回收。

② 固体残余物的减排。

(4) 环境绩效和运行数据

这种技术最适合于焚烧大量含有氯化废物的焚烧厂[74]。

在 HCl 的回收中，采用浓度约为 10％的未经处理的酸，生产出浓度约为 30％的盐酸。德国 2 家焚烧厂的数据如表 4.44 所示。

表 4.44 每吨废物回收的 HCl（浓度约为 30％）的质量[64]

年份	每吨废物回收的 HCl 的质量/kg	
	DE47	DE48
2000	10	10
2001		12.5
2002	10.6	13

至关重要的是，所采用的系统和材料要能够避免/限制对回收系统造成腐蚀。

回收 HCl 能够将焚烧装置中所产生的固体盐残余物减少约 50％[73]。

据报道，由于存在所回收的 HCl 会受到 HF 污染的困难，采用该技术的一家焚烧厂已经停止继续使用该技术。

所回收的盐酸可在其他工艺中进行使用，例如，进行 pH 值控制。

(5) 跨介质影响

① 能量的需求。

② 回收过程中化学品的使用。

(6) 与可应用性相关的技术考虑

该技术是普遍可应用的。

(7) 经济效益

采用该技术时，需要进行大量的投资。因此，这种工艺仅应用于具有足够含氯烟气负荷的焚烧厂中。该技术的维护和运行成本也可能会很高，主要原因在于：被回收的材料具有高度的腐蚀性[74]。

虽然采用该技术进行产品生产的益处可能并不是非常的显著（也存在市场波动），但是降低了废物的处理成本。生态效率的分析表明，与其他工艺相比，采用该技术在某些情况下是具有经济性的。

(8) 应用的驱动力

① 原料回收。

② 节省用于进行中和反应的成本。

(9) 工厂举例

采用回转窑的危险废物焚烧炉（DE22、DE23），以及城市固体废物焚烧炉 DE30。

(10) 参考文献

[64]，[132]。

4.6.11　回收湿式洗涤器污水中的石膏的技术

（1）描述

通过湿式洗涤器进行钙基反应残余物的质量优化，使其可用作开采石膏的替代品。

（2）技术说明

该技术涉及对高 pH 值（6～8）废水的单独处理，需要在湿式洗涤器中进行二氧化硫的去除。该技术允许生产可供销售的石膏。

在基于多级湿式洗涤器的处理过程中，在较早阶段，烟气中的粉尘和 HCl 被去除。之后，将烟气传输至 SO_2 净化器，通过添加石灰乳或石灰石悬浮液，进而基于氧化过程将 SO_2 吸收为硫酸盐。

在水力旋流器中，所形成的石膏悬浮液被去除和增稠后被传输至容器中，之后在离心机中对其进行脱水处理，接着采用冷凝液清洁石膏以去除剩余的可溶性污染物。进一步，进行离心处理直至剩余湿度小于 10%（质量分数）。若需要，则继续进行处理，直至达到石膏销售可能所需的白度[74]。

（3）实现的环境效益

① 回收石膏。

② 通过从废水中去除硫酸盐降低其在排放废水中的含量。

③ 找到能够再利用出口产物的场所，这会减少对石膏的处置，其或者是对石膏自身或者是对其他残余物而言。

④ 减少固体残余物。

⑤ 当混合第 1 废水净化阶段的氢氧化物和污泥时，其脱水是非常困难的，而采用该技术的脱水效果可获得高达 70%的干物质[74]。

（4）环境绩效和运行数据

来自德国两个焚烧厂（DE47 和 DE48）的数据如表 4.45 所示。

表 4.45　每处理一吨废物所回收的石膏的质量[64]

年份	每吨废物所回收的石膏的质量/kg	
	DE47	DE48
2000	3.5	1.7
2001		3.9
2002	3.5	3.3

（5）跨介质影响

处理/回收装置的能源和材料消耗。

（6）与可应用性相关的技术考虑

该技术通常会在要求石膏质量相关的限制条件内予以应用。

（7）经济效益

该技术需要进行大量的投资。因此，该工艺仅应用于具有足够含硫烟气负载可用的情况下。

虽然产品的经济收益可能是有限的（归因于市场的波动），但是这减少了废物的处理成本。生态效率分析表明，与其他工艺相比，这些焚烧厂是具有经济性的[64]。

(8) 应用的驱动力

回收材料的输出产品具有可用性。

(9) 工厂举例

AT03、AT04、AT08、AT09、DE30、DE40、DE43、DE51、DE58、DE62、DE74、DE78、DK01、DK02。

(10) 参考文献

[1]，[64]。

4.6.12 结晶技术

(1) 描述

通过在诸如沙子或矿物等种子材料上进行结晶的方式从废水中去除离子污染物的技术，其应用于流化床工艺中。

(2) 技术说明

结晶设备主要包括：

① 底部进水和顶部出水的圆柱形反应器；

② 种子材料，即过滤砂粒或矿物颗粒，保持在流化床工况中；

③ 具有循环泵的循环系统。

循环系统的工作原理是将进入的废水流与具有较低阴离子或金属浓度的循环水流进行混合。因为是循环系统，所以反应器能够以更加灵活的方式运行，例如：

① 进水流量和成分的波动更容易被消除；

② 只需要简单地调整循环比即可处理浓度范围在 10～100000μL/L 内的各种废水（更高浓度的废水需要采用更大的循环比）；

③ 如果无废水进入反应器，颗粒的流态化也是能够维持的。

(3) 实现的环境效益

该技术能够减少废水排放中的金属和准金属、硫酸盐（SO_4^{2-}）和氟化物（F^-）。

(4) 环境绩效和运行数据

结晶技术已在丹麦的 3 个焚烧厂（Karanoveren，全规模焚烧厂，2006 年，在 2004 年时为全规模临时焚烧厂；Esbjerg，全规模焚烧厂，2010 年；RenoNord，全规模试点测试厂，2008 年）进行了测试，其目的是进一步地减少化学沉淀阶段后的金属浓度[103]。

待处理的污水通过反应器底部的喷嘴进入，同时化学品也在反应器的底部注入。在反应器内，颗粒状的产品通过待处理水和再循环水的上升流而保持流化态（见图 4.10）。铁或锰被吸附在颗粒表面，并与氧化剂同时转化为颗粒状的可用的建筑材料（FeOOH 或 MnO_2）。同时，可溶性金属从污水中去除，结合在 FeOOH 或 MnO_2 的表面层。上文所描述的工艺经过测试，能够达到去除阳离子 Al、Ba、Cd、Co、Cr(Ⅲ)、Cu、Hg、Ni、Pb、Ra 和 Zn 以及形成阴离子类金属 As、Cr(Ⅵ)、Mo 、Sb、Se(Ⅳ)、U 和 V 的目的。尤其是，针对那些形成阴离子的准金属而言，通常很难在通过常规沉淀方式去除的同时而不产生大量污泥[103]。

表 4.46 给出了在丹麦 Esbjerg 废物焚烧厂（位于 Jutland 的 L90 城市联盟）在测试期间（2013 年 4 月至 8 月）的运行结果，其目的是去除在化学沉淀阶段无法去除的 Mo 和 Sb。

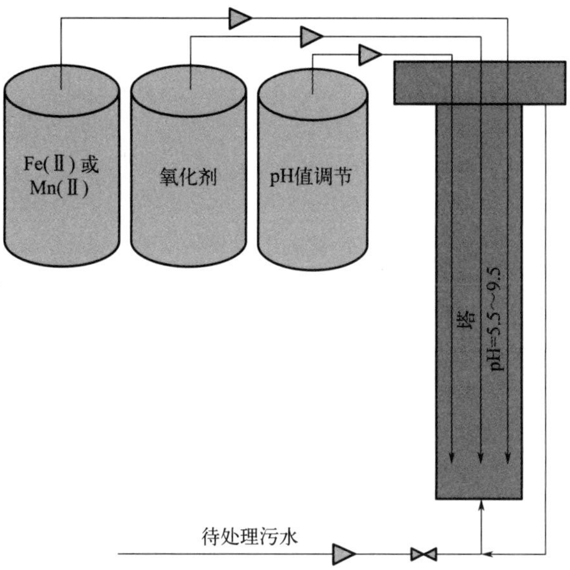

图 4.10　丹麦 3 个废物焚烧厂所应用的结晶流程图[103]

表 4.46　丹麦 Esbjerg 焚烧厂在进行 Mo 和 Sb 去除测试期间的结果[103]

采样日期	流量 /(m^3/h)	未处理污水		采用试剂		处理的废水			捕获率	
		Mo /(μg/L)	Sb /(μg/L)	$FeSO_4$ /(μg/L)	H_2O_2 /(μg/L)	pH 值	Mo /(μg/L)	Sb /(μg/L)	Mo /%	Sb /%
13/04/24	2.38	230.00	170.00	236	484	6.29	7.40	7.60	96.78	95.53
13/04/29	2.09	78.00	160.00	234	484	6.31	7.70	12.00	90.13	92.50
13/05/01	2.02	74.00	230.00	230	508	6.30	6.00	12.00	91.89	94.78
13/06/17	3.10	77.00	100.00	170	491	6.33	19.00	37.00	75.32	63.00
13/06/19	2.58	90.00	110.00	185	497	6.30	7.00	23.00	92.22	79.09
13/06/24	2.57	110.00	88.00	179	461	6.31	8.30	15.00	92.45	82.95
13/06/26	2.80	110.00	77.00	180	461	6.31	14.00	15.00	87.27	80.52
13/08/15	2.77	160.00	220.00	102	1185	6.46	25.00	16.00	84.38	92.73

结晶技术会产生砂类形式的固体残余物，其表面是由 FeOOH 或 MnO_2 和从污水中去除的金属组成。金属含量通常为干颗粒总重量的 1%～8%。当结晶设备运行时，颗粒会从反应器的底部流出，其量级大约为总流化床体积的五十分之一或者在处理能力为 $1m^3/h$ 时为 10～20L/周。这些颗粒是很容易被排出的。对这种固体残余物进行的检验表明，其可归类为非危险废物[103]。

(5) 跨介质影响

① 能源消耗。

② 残余物的加工和处置。

(6) 与可应用性相关的技术考虑

该技术是普遍可应用的。

(7) 经济效益

该技术的投资成本为 200000～2000000EUR，具体成本依赖于其规模/容量。运行成本依赖于所要去除的金属的浓度和类型，其成本为每立方米处理废水从 0.01EUR 到 2EUR[103]。

(8) 应用的驱动力

环境法规要求。

(9) 工厂举例

DE63、DE66、DK02、FR017。

(10) 参考文献

[85]，[103]。

4.7 固体残余物处理技术

回收和再利用固体残余物的选项取决于以下事项：

① 有机化合物的含量；

② 重金属的总含量；

③ 金属、盐和重金属的可浸出性；

④ 物理特性，例如颗类粒径和强度。

此外，有关采用固体残余物的市场因素、法规与政策、特定的当地环境问题等事项也会对残余物的回收程度产生很大的影响。为改善残余物的环境质量和回收或再利用程度，目前至少已针对部分特定的残余物物流做出了相当大的努力。无论是在焚烧过程中还是在下游处理技术中都已经应用了相关的研究成果。在焚烧过程中采用的措施包括：改变焚烧参数以改善燃尽的程度或改变在各种残余物上的金属分布。相关的下游处理技术包括：老化、机械处理、洗涤、热处理和稳定化。有关各种技术的讨论详见下文。

在评估给定处理工艺的益处和阻碍时，必须考虑许多原则，具体如下：

① 采用该工艺是否会显著地提升质量?

② 该工艺是否会造成任何重大的健康、安全或环境影响?

③ 是否会存在二次残余物? 其最终流向哪里?

④ 存在高质量的最终产品吗?

⑤ 该产品存在长期市场吗?

⑥ 这个工艺的成本是多少?

如果法规要求将某些残余物运出后再进行处置，那么采用能够提高残余物质量和可回收性技术的动力就会相应地减弱[64]。

图 4.11 给出了针对底灰所进行的一些机械处理选项。所采用的选项组合依赖于废物供给材料的组成和处理后底灰的最终用途。

4.7.1 烟气净化残余物底灰的分离技术

(1) 描述

底灰与废物焚烧所产生的其他残余物进行分开的加工和处理。

(2) 技术说明

底灰的物理和化学性质意味着，其比 FGC 残余物更适合于进行有益处的使用。混合 FGC 残余物与底灰的操作将会限制后续如何进行底灰使用的选项，因此应该予以避免。

FGC 残余物比底灰具有更高的金属含量、金属浸出性和有机物含量。将 FGC 残余物与

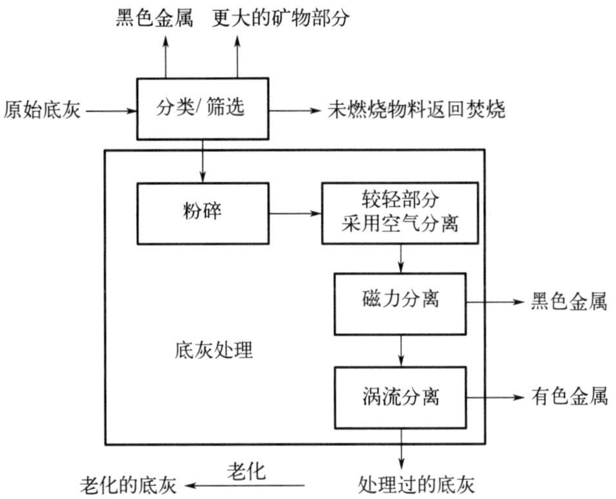

图 4.11　用于底灰处理的具有一些机械分离阶段的 IBA 处理工艺示例[82]

底灰混合会降低底灰的环境质量，因此应该予以避免。

FGC 残余物与底灰的分离能够有利于进一步地处理底灰（例如，通过在底灰提取器中进行干式处理或冲洗水溶性盐、重金属）以产生适合预期用途的材料。

底灰和 FGC 残余物的分离需要对这 2 种残余物物流进行单独的收集、储存和运输。这涉及专用的存储筒仓和容器，以及用于精细和多尘 FGC 残余物的特定处理系统。

底灰和 FGC 残余物的混合物流不能用于处理适合回收的材料，对于全部残余物物流而言，只能是进行填埋[74]，或者是进行诸如矿山回填等地下应用。

(3) 实现的环境效益

当底灰经过处理被回收以用作替代材料时，能够减少对诸如沙子和砾石等天然原材料的使用[74]。

(4) 环境绩效和运行数据

该技术需要单独的运输、储存和处理系统。

(5) 跨介质影响

未有报道。

(6) 与可应用性相关的技术考虑

这种技术是普遍可应用的。

(7) 经济效益

在存在底灰销售市场的场所，应用该技术可获得成本上的降低。

底灰通常占废物输入干重的 20%～30%，相应的 FCG 残余物占比为 2%～3%。混合上述这两种物流意味着将所有的这些材料运输至废物填埋场进行处置，而将其分开却能够允许重复使用大部分的底灰（金属和矿物部分），进而能够提供额外的收入流和降低废物的填埋成本。

(8) 应用的驱动力

① 增加底灰回收的可能性并可能会降低成本。

② 环境法规的要求。

(9) 工厂举例

这是在整个欧洲范围内的焚烧厂所广泛采用的实践做法。

(10) 参考文献

[64]。

4.7.2 底灰筛选/筛分与破碎技术

(1) 描述

该技术所涉及的机械处理操作是为后续的材料使用所进行的准备工作，例如，在建筑中作为基础材料，或者在道路建设中作为填充材料。

(2) 技术说明

进行底灰机械处理操作的目的在于，为道路和土方工程的施工准备建筑材料，要求这些材料具有令人满意的岩土特性和不会对道路工程造成损坏。可应用的处理操作事项如下：

① 人工分选；

② 通过筛选/筛分进行粒度分离；

③ 通过破碎减小粒径；

④ 通过空气分离对低密度未燃残余物进行去除。

在进行任何后续的处理之前，需要通过手动分类从底灰中去除其中的较大部分（例如，有色金属、不锈钢和未燃烧物品）。

通常，人工分选需要操作工人站立在缓慢移动的放置着待分拣材料的传送带旁边，基于手动方式进行处理[82]。

通常，会遇到以下几种类型的筛网：

① 旋转（或滚筒）筛网；

② 平面筛网（振动或不振动）；

③ 格栅筛网；

④ 星形筛网：筛选是通过在每个轴上安装星形臂的系列滚筒上的移动实现的。

典型的用于制备底灰骨料的初级筛网的筛孔直径为 40mm，其可用于生产粒径为 0～40mm 的骨料。

一半的焚烧装置均配备了用于破碎大块废物的破碎机，其通常安装于第 1 筛网之后。采用破碎机的益处在于：

① 减少了沉重废物的数量；

② 增加了粗碎材料在构成骨料材料中的比例；

③ 提高了岩土工程质量。

空气分离是通过吹气或吸气操作实现的，在本质上是利用废物在密度、颗粒尺寸和颗粒形状方面的差异实现混合材料的分选。上述这些特性也会经常重叠，这也意味着必须要以具有足够清晰的分离特性参数的方式进行原料制备。此外，为了进行有效分离，还需要废物粒径的范围较窄。采用空气分离也有助于提高矿物部分在全部废物中所占的比例[82]。

(3) 实现的环境效益

安装机械处理工艺的主要环境效益是能够减少废物的体积，因此，在准备物料并将其用于回收和后续使用的情况下，所获得的总体回收率会更高。

(4) 环境绩效和运行数据

未提供信息。

(5) 跨介质影响

① 能源消耗。

② 噪声和粉尘排放。

(6) 与可应用性相关的技术考虑

该技术是普遍可应用的，其前提是存在面向已处理底灰的需求市场。

(7) 经济效益

安装用于破碎沉重废物系统的成本效益取决于该系统所处理废物的数量和所避免的处置成本。

(8) 应用的驱动力

该技术得以实施的原因是经济性和法规要求。

(9) 工厂举例

见表 3.24。

(10) 参考文献

[133]，[64]。

4.7.3　底灰中金属的分离技术

(1) 描述

黑色金属和有色金属的去除方式分别为磁力分离和涡流分离。

有时也采用全金属感应分离方式。

(2) 技术说明

黑色金属和有色金属均能够从底灰中提取得到。

黑色金属分离是基于磁铁实现的。将底灰散布在移动皮带或振动输送机上，其所包含的磁性颗粒会被悬浮的磁铁吸住，进而达到分离黑色金属的目的。在原始底灰运离提取器后，可以采用这种黑色金属分离处理方式。通常，有效的黑色金属分离需要减小粒径和筛选等多步的处理。

有色金属分离是基于涡流分离器进行的。快速旋转线圈会在有色金属颗粒中感应得到磁场，进而使得这些金属颗粒能够从底灰物流中弹射而出。该处理技术的要求是，底灰物料在移动带上具有良好的散布。通常，该技术对 4～30mm 的颗粒尺寸是有效的；对于特殊应用，颗粒尺寸的范围可扩展到小于 1mm。通常，有色金属分离是在黑色金属的偏析、颗粒尺寸减小和筛选处理后才进行的操作。

通常，全金属分离器是通过金属颗粒在检测线圈的交变磁场中所感应出扰动而实现金属检测的。随后，金属颗粒被放置于检测线圈附近的一个或多个空气弹射器中进行分离。更多的有关详细信息，请参阅废物处理 BREF 文档。

针对黑色金属和有色金属中的较大碎片，可在进一步处理之前，通过手动分选的方式予以去除。

(3) 实现的环境效益

金属分离是允许回收各种灰分化合物的必要步骤。通常，在分离杂质（例如，灰尘）之后，黑色金属部分可作为电弧炉的废钢进行回收。根据金属类型，有色金属可通过进一步的分离以进行外部处理，然后便可被融化以进行再利用。在进行金属分离后，所得到的底灰具有较低的金属含量，其更适合于在处理后用于生产具有惰性的二次建筑材料。

(4) 环境绩效和运行数据

回收金属的数量依赖于焚烧炉所供给废物的组成。对于黑色金属而言，达到大约 80% 的回收率（回收的金属质量/输入的金属质量）是可能的[134]。

对于有色金属而言，在进行尺寸减小和筛选处理后，采用涡流分离可获得 50%的回收率（回收质量/输入质量），具体所达到的实际值依赖于所回收的金属和焚烧炉的运行工况。诸如铅和锌等有色金属，是存在于锅炉灰和烟气净化残余物中的。铝、铜、铬和镍等有色金属会优先存留于底灰中，这些金属在燃烧过程中所产生的氧化产物（例如，从 Al 到 Al_2O_3）会妨碍涡流分离器的分离效果。通常，分离得到的有色金属包含以下成分：60%的铝、25%的其他金属（其他金属主要包括铜、黄铜、锌和不锈钢[39]）、15%的残余物。

在待回收的底灰中，可能会包含全部的金属成分。从底灰浸出的视角而言，存在最大问题的金属是铜、钼、锌和六价铬。

(5) 跨介质影响

能源消耗会增加。

(6) 与可应用性相关的技术考虑

黑色金属磁选处理是普遍可应用的技术。

有色金属分离的可用性可能会受到安装空间缺少或生产能力低的限制。该技术可在位于焚烧装置场外的专用底灰处理装置内实施。

该技术的可应用性与供给至焚烧炉所焚烧废物的金属含量密切相关。反过来，这在很大程度上会受到废物在供给至焚烧炉之前所采用的收集方式和预处理技术的影响。例如，针对广泛和良好地执行城市废物分离计划的地区，大量金属可能会从焚烧炉的供给废物中去除，进而使得从底灰中进行金属回收的经济性较低。对 MSW 进行预处理得到 RDF 再进行焚烧处理，也将会产生类似的效果。

在一些危险废物处理厂，会在燃烧之前采用磁铁去除被粉碎的储存桶。

(7) 经济

金属碎片可出售给废品经销商，相应的价格取决于这些所回收的金属材料的纯度（黑色金属）和成分（有色金属）。

通常，黑色金属废料的市场价格在 0.01～0.05EUR/kg 之间。

有色金属废料需要进行进一步的加工，进而得到金属碎屑。有色金属废料的价格依赖于其所含杂质数量（即所需要加工量）和成分（即最终产品价格）。铜和铝的含量与二次铜和铝的市场价格是决定经济效益的主要决定因素。来自 MSW 底灰处理工艺的有色金属碎片的价格范围是 0.10～1.00EUR/kg[39,7]。

(8) 应用的驱动力

该技术应用的驱动力和经济性有关，如下所示：

① 生产各种金属所获得的收入。

② 进行金属分离处理后的底灰具有较低的金属含量，其更适合于经过处理后生产合适的惰性二次建筑材料。例如，当底灰在道路工程中进行再利用时，残留的有色金属会由于膨胀机制而造成对道路的损坏。

(9) 工厂举例

在大多数的欧洲焚烧厂中，针对黑色金属的分离处理，在现场或者在焚烧装置外的底灰处理厂进行[74]。

有色金属的分离处理已在荷兰、德国、法国和比利时的各种底灰处理厂进行。

(10) 参考文献

[39]，[4]，[64]，[74]。

4.7.4 基于老化的底灰处理技术

(1) 描述

在完成金属的分离处理后，源自非危险废物焚烧的底灰被储存在露天中或特定建筑物中，进而减少金属的残余反应性和浸出性。此时的底灰料堆需要进行喷湿和周期性的翻动处理，以便于盐分浸出和碳酸饱和。源自空气的 CO_2 和源自潮湿、雨水或喷淋的水，是底灰料堆中的主要反应物。

(2) 技术说明

碳酸饱和（CO_2 与碱性底灰中的氢氧化物间的反应）是实现底灰老化的关键反应之一。因此，底灰老化的目的是降低其残余反应性和改善其技术性能。进行老化处理后，底灰的浸出量会减少，尤其是 Cu、Cr、Pb、Zn 等金属的浸出量[89]。

通常，底灰储存是在混凝土或其他不透水的场地上进行的。如果需要，可采用喷水器或软管系统润湿料堆以防止粉尘的形成和排放；在底灰完全湿润的情况下，还有利于盐分和碳酸盐的浸出。如果所获得的渗滤液的质量合适，收集后的沥滤水和排放水可送至废水处理厂或用于湿化料堆。

在专用设备中，底灰料堆可能需要进行经常性的翻转处理，进而确保老化过程（因潮湿而从空气中吸收 CO_2、消耗过剩的水、进行氧化等）的同质性和减少每批底灰的停留时间。

在实践中，处理过的底灰在用作建筑材料之前，或在某些情况下在被填埋之前，通常采用（或规定）的老化周期为 6～20 周[74]。老化过程所必需的时间依赖于料堆规模、环境温度、初始水分含量和雨水渗透等因素。

在某些情况下，底灰老化的全过程是在封闭建筑物内进行的，显然这种方式有助于控制粉尘、异味、噪声（源自机械和车辆）和渗滤液。在其他情况下，该过程的全部或部分操作是在户外进行的；通常，这种方式允许利用更多的空间以便轻松地处理底灰，并且能够为底灰熟化提供更佳的空气循环[64]，也可能会避免老化过程中由于底灰与铝结合而释放出具有爆炸性的氢。文献［74］指出，底灰中的铝会与 $Ca(OH)_2$ 和水发生反应进而生成氢氧化铝和氢气，该反应会导致底灰物料的体积增大和膨胀；如果在施工过程中采用了未进行老化的和新鲜的底灰，会造成施工技术问题。

(3) 实现的环境效益

采用底灰替代原材料会增加资源效率。

(4) 环境绩效和运行数据

老化处理对浸出的影响可分为以下几点[4]：

① 由于从空气中吸收 CO_2 导致 pH 值或生物活性降低；

② 由于残留有机物的生物降解或氢的释放，建立了缺氧还原条件；

③ 由于水合作用而发生颗粒黏合和矿物相的其他变化。

上述影响均会降低金属的可浸出性并使得底灰更加稳定，进而导致底灰更适合于进行回收或处置（填埋）[74]。

源自德国的一家大型废物焚烧厂的测试程序的数据，给出了通过 12 周的老化处理对底灰 pH 值的影响结果，以及通过 DEV S4 方法所获得的测试结果。图 4.12(a) 表明，DEV S4 测试的新鲜底灰的 pH 值通常超过 12，在老化过程中下降了大约 2 个单位。

如图 4.12(b) 所示，这种 pH 值变化对钼的浸出特性而言是没有影响的，其中，钼主要是以钼酸盐的形式存在的。铜和锌的浸出稳定性在老化处理后的底灰材料中得到了适度的提高，铅的浸出稳定性却降低了几乎 2 个数量级。

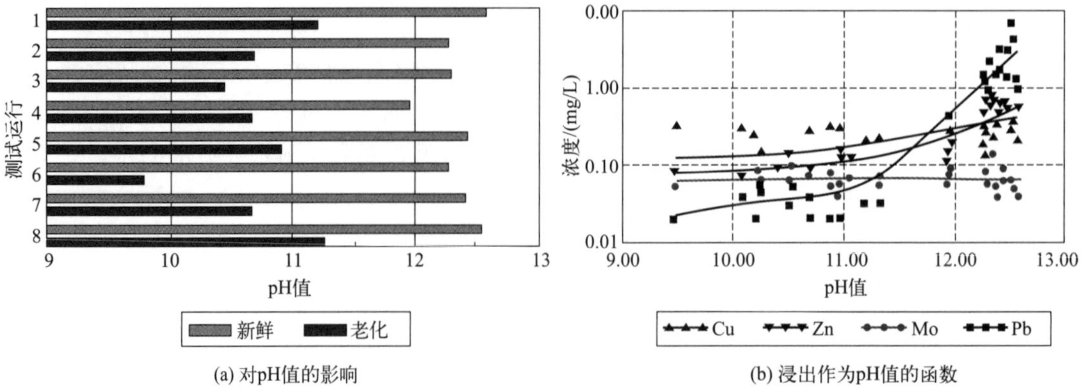

图 4.12 老化对所选金属浸出性的影响[38]

法国矿业局对 400t 底灰料堆的老化处理（以及其对浸出的影响）进行了为期 18 个月的研究，并得出了与德国针对这项研究相类似的结论[64]。

如果对不含黑色金属的底灰采用较长的老化时间（例如，大于 20 周），且期间不进行翻转处理，则老化处理后的底灰会越来越固化[74]。

（5）跨介质影响

① 雨水或洒水至底灰料堆而产生的径流水可能会含有盐分或金属，其需要进行处理。这些水用作再循环水或在焚烧炉中作为工艺用水。

② 可能需要进行异味和粉尘的控制。

③ 在某些地方，车辆和机械噪声可能是一个问题。

④ 位于室内的底灰老化设施可能需要配备防爆装置[74]。

（6）与可应用性相关的技术考虑

该技术是普遍可应用的。

（7）经济效益

与其他处理装置相比，进行老化处理的成本较低[74]。

通过回收能够节省处置成本[74]。

（8）应用的驱动力

法规提供了将回收底灰作为二次原料或用于填埋的浸出限值[74]。

（9）工厂举例

荷兰、德国、法国和比利时的各种底灰处理厂。

（10）参考文献

[38]，[4]，[64]。

4.7.5 基于干式处理系统的底灰处理技术

（1）描述

干式底灰的处理工艺组合了金属分离、减小尺寸和筛选技术，并能够与处理后底灰的老化技术相结合。干式底灰的处理产品是具有可控粒度（例如，0～4mm、0～10mm、4～10mm）的干骨料，其可作为二级建筑材料予以使用。

(2) 技术说明

该工艺过程包括以下阶段[74]：

① 粗粒粉碎；

② 筛分；

③ 黑色金属分离；

④ 有色金属分离；

⑤ 老化。

(3) 实现的环境效益

该技术能够生产用作二次建筑材料的干骨料和用于回收利用的可出售废金属碎片，从而减少运出进行处置的残余物数量。

(4) 环境绩效和运行数据

焚烧装置的后处理底灰的质量数据如表 4.47、表 4.48 所示，其所用的工艺步骤如下：

① 生底灰在干燥状态保持储存 4～6 周；

② 颗粒尺寸大于 150mm 的底灰的初步筛分；

③ 从颗粒尺寸小于 150mm 的底灰中去除黑色金属；

④ 进一步地进行分级筛分（＜22mm、22～32mm、＞32mm）；

⑤ 底灰中粒径小于 22mm 的作为砂石的替代品进行销售；

⑥ 底灰中粒径大于 32mm 的碎片先送至手工选取处和分离器中以便去除不可焚烧部分和含铁碎片，然后再进行粉碎和再循环；

⑦ 对底灰中粒径为 22～32mm 的部分，进行轻质底灰的空气分离和黑色金属的去除处理；

⑧ 对分离出的金属部分，在其完全地从炉渣中分离并再次通过该工艺之前，进行筛分、清洗和储存。

表 4.47　底灰处理设施示例所报告的底灰输出浓度数据[64]

成分	底灰输出浓度/(mg/kg)
As	150
Cd	10
Cr	600
Cu	600
Pb	1000
Ni	600
Zn	1
Hg	0.01

表 4.48　底灰处理设施示例所报告的底灰输出废水数据[64]

成分	底灰输出废水数据/(μg/L)
As	
Cd	5
Cr	200
Cu	300

续表

成分	底灰输出废水数据/(μg/L)
Pb	50
Ni	40
Zn	300
Hg	1

IBA 处理工艺的另外一个示例如下（在丹麦焚烧厂运行）所示：

① 通过 IBA 筛选会产生依据尺寸而分为两部分的底灰：大于和小于 50mm；

② 采用磁铁进行黑色金属的去除；

③ 采用涡流分离器进行有色金属的去除；

④ 对尺寸大于 50mm 的底灰残余物进行手工分选和粉碎；

⑤ 将可燃材料作为供给原料返回至焚烧炉中。

该焚烧厂的处理能力为每小时 80t 底灰（相当于处理能力为每小时焚烧 350t 废物）。该处理厂采用柴油作为能源，其中处理每吨底灰的柴油消耗量为 0.3L（相当于焚烧每吨废物消耗 0.05L）。该处理厂回收了底灰中所存在的金属总量的 90%，占处理后底灰总量的 8%[104]。

(5) 跨介质影响

灰尘和噪声排放。

(6) 与可应用性相关的技术考虑

该技术是普遍可应用的。

(7) 经济效益

为了能够在经济上具有可行性，采用该技术的焚烧厂需要具有确保运行的最小生产能力。对于小型废物焚烧厂而言，可采用外部（集中式）的底灰处理厂进行底灰处理。

采用该技术的主要益处是能够避免处理成本；除此之外，底灰处理工艺运行的经济性依赖于其所生产的产品的市场价格。通常，处理过的底灰是以零成本进行出售和运输的，收益是由有色金属和黑色金属的质量所决定的。诸如铜、铝等有色金属，是具有最高市场价值的底灰处理产品。所生产的有色金属的数量和纯度是影响底灰处理装置整体经济性的重要因素。

瑞典 MSWI 厂采用不同干式灰分处理阶段和老化技术的数据：

① 填埋灰分的税费约为 40EUR/t。

② 在处理过程早期阶段所分离出的石块和砾石的商业价值约为 6EUR/t。

③ 处理后的底灰残余物作为建筑材料的商业价值约为 2.5EUR/t。

(8) 应用的驱动力

将回收的残余物产品作为二次原料的法规。

(9) 工厂举例

在丹麦、荷兰、德国、比利时和法国的多个场所。

(10) 参考文献

[4]，[39]，[64]，[104]。

4.7.6 基于湿式处理系统的底灰处理技术

(1) 描述

采用湿式底灰处理系统时，允许生产具有金属和阴离子（例如，盐）浸出性显著降低的回收材料。焚烧底灰要依次进行粉碎、筛分、洗涤和金属分离处理，这些处理的主要特点是0～2mm 粒径部分的底灰的湿式分离。

(2) 技术说明

进行湿式底灰处理的目的是去除金属，在本质上是为了减少底灰的金属含量和金属浸出性。在底灰中，其他值得关注的成分是可溶性盐，主要是碱金属和碱土金属的氯化物与硫酸盐。通过对灰分的洗涤处理，可减少约 50%的氯化物含量。

通常，湿式处理系统包括某个干燥步骤，该干燥步骤包括：处理废物焚烧所产生的底灰以去除大粒径的黑色金属，采取干燥粉碎底灰的方法达到湿式工艺所需要的粒径尺寸。

在经过第 1 步处理之后，采用旋转滚筒或激振器装备对 IBA 进行洗涤并用水将底灰分离为不同的部分。通常，主要由未燃烧物料、塑料和纸张所形成底灰的分离后的轻质部分，会返回至焚烧炉内继续进行燃烧。

进行底灰中粒状部分的处理以便去除黑色金属和有色金属，剩余的洗涤后的矿物部分可予以回收。

底灰的精细部分含有大部分污染物，需要进行处置。

底灰的湿式处理工艺如图 4.13 所示。

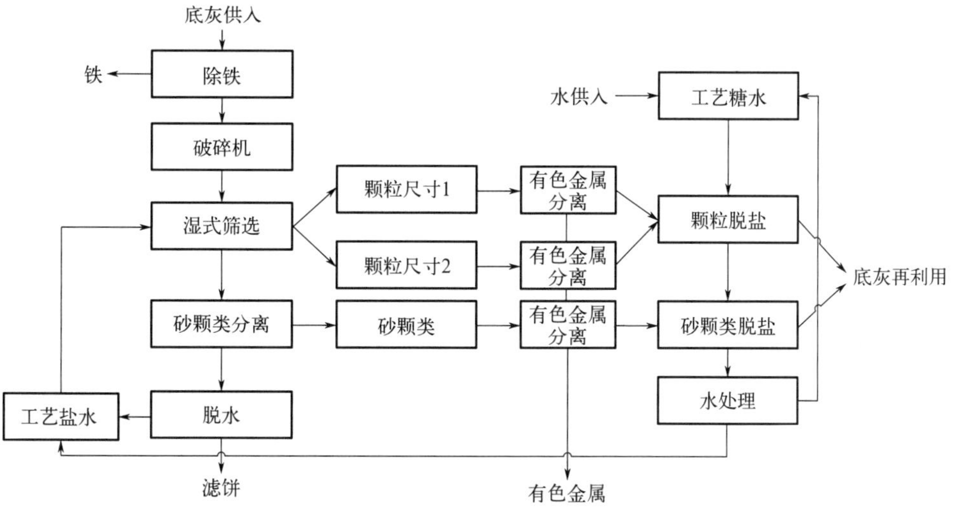

图 4.13　底灰湿式处理系统的流程图[105]

(3) 实现的环境效益

该技术所生产的材料适合使用，能够减少待处置残余物的数量。

(4) 环境绩效和运行数据

不同产品的相对产量主要取决于输入废物的成分。在表 4.49 中，给出了某处于工作状态处理装置的运行数据。

表 4.49　湿式底灰处理各产出产品的相对率[39]

残余物类型	质量比(输出量/底灰输入量)/%
处置残余物(0～2mm)	47
再利用产品(2～60mm)	34
黑色金属	12

续表

残余物类型	质量比(输出量/底灰输入量)/%
有色金属	2
返回至焚烧炉的未燃烧成分	5

在表 4.50 中，示例中给出了采用该技术进行底灰处理后所产出颗粒的浸出结果。

表 4.50 示例中产出颗粒的浸出结果[64,74]

成分	浸出值/(mg/kg)	
	2～6mm 颗粒物	6～50mm 颗粒物
As	0～0.1	<0.05
Cd	0～0.025	<0.01
Cr	0.005～0.053	<0.053
Cu	0.19～0.85	0.24～0.55
Pb	0.04～0.12	<0.10
Ni	0.0007～0.005	<0.057
Zn	0.61～1.27	<0.016

注：1. 数据来源于塔浸出试验 NEN7343。
2. 比例 $L/S=10$（累积量）。

对于采用以下处理技术的装置，底灰处理后的质量数据如表 4.51 和表 4.52 所示：

① 在炉膛出口处的底灰排放器中，对底灰进行水洗（水会降低底灰中的盐含量）；

② 通过筛分和手动分离去除铁质和大颗粒；

③ 为进行 CO_2 反应（老化），储存时间要超过 1 天；

④ 进一步筛分、破碎、分离（例如，对粒径大于 32mm 的部分底灰进行单独的研磨）；

⑤ 去除黑色金属和有色金属；

⑥ 在完成轻质（例如，塑料）部分的空气分离后，对粒径大于 10mm 的底灰部分进行再循环；

⑦ 对产品的储存期要达到 3 个月。

表 4.51 某底灰处理设施示例中的底灰输出浓度[64]

成分	输出底灰浓度/(mg/kg)	
	范围	平均值
As	25～187	74
Cd	1.1～16.7	3.7
Cr	84～726	172
Cu	1676～29781	6826
Pb	404～4063	1222
Ni	61～661	165
Zn	788～14356	2970
Hg	0.01～0.37	0.7

表 4.52　某底灰处理设施示例中的底灰洗脱液数据[64]

成分	输出底灰洗脱液数据/(μg/L)	
	范围	平均值
As	<6.0～16.1	5.3
Cd	<0.5～2.5	0.8
Cr	1～113	15.2
Cu	14～262	60.7
Pb	8～59	11.4
Ni	<4.0～11.6	2.9
Zn	<5.0～230	19.4
Hg	<0.2～<0.2	<0.2

荷兰的一家处理厂采用了以下湿式处理工艺：

① 首先，采用磁铁以干式方式去除大型的黑色金属物体，接着采用 IBA 筛选处理去除大块，然后将大块破碎至粒径小于 20mm，最后再采用磁铁去除小块的黑色金属物件。

② 以水为介质，采用旋转滚筒筛设备将底灰分离成不同的部分，分离后的主要部分是 IBA 砂粒（0～4mm）和 IBA 颗粒（4～20mm）。

③ 将 IBA 砂粒部分泵入水力旋流器，进而分离得到细粒部分（<0.063mm）。在按重量进行分离后，下一处理步骤是依据密度进行灰分的分离。在上升水塔中对砂粒进行处理，进而分离得到细砂粒部分和有机部分，将细砂粒与水力旋流器进行分离后所获得的细砂粒收集在同一容器中。进而，将 IBA 砂粒在筛网上进行脱水处理，再通过涡流分离器设备去除有色金属。在脱水螺杆中，进行冷却以便去除最终附着在其上的盐水和细小颗粒。在冷却塔内，注入具有一定固液比、流量至少为 $1m^3/t$ 的淡水，用于去除所有残余污染物。然后，采用脱水筛设备对 IBA 砂粒进行脱水处理，之后进行储存以准备后续使用或与 IBA 颗粒进行结合。

④ IBA 颗粒部分在洗矿槽中进行处理，通过洗涤处理以去除有机部分和所有黏附在矿物部分表面的细小成分。对细小颗粒和有机部分与经过 IBA 砂粒处理的细粒部分进行共同收集。对 IBA 颗粒进行脱水处理，以使得其与盐水进行分离，之后再通过涡流分离器设备去除有色金属。接着，在脱水筛中，采用具有一定固液比、流量至少为 $1m^3/t$ 的淡水，用于去除 IBA 颗粒上所附着的盐和细粉。然后，采用脱水筛对 IBA 砂粒进行脱水，之后进行储存以备后续使用或与 IBA 颗粒进行结合。

⑤ 细小颗粒部分（0～0.063mm）（IBA 污泥）是由有机物和非常细的矿物颗粒组成的，其通常会含有较高浓度的污染物。该细小颗粒部分需要采用絮凝剂进行处理，通过采用预浓缩器与水流的方式进行分离。污泥在带式压滤机或箱式压滤机中进行脱水后，被运输至废物填埋场进行填埋处理。

另外一个在奥地利焚烧厂的湿式工艺的示例如下：

初始步骤是筛选 IBA 和/或 FBA 以去除诸如管道和电缆等较大（粒径尺寸大于 55mm）和较长的物件，采用顶部的传输带磁铁从两部分（粒径尺寸大于 55mm 和小于 55mm）的底灰中去除大型的黑色金属物体。对粒径尺寸小于 55mm 的部分底灰而言，另外一种选择是在随后的湿式处理阶段中提高金属的回收率。

在湿式处理工艺中，采用激振器将粒径尺寸小于55mm的IBA/FBA分成如下所示的4个不同密度的部分：

① 漂浮材料部分（纸、塑料和轻质矿物）：这一部分经过脱水处理后，或者作为原料输送返回至焚烧炉中进行再次焚烧，或者运输至填埋场进行填埋处理。

② 较重部分（密度>4kg/dm^3的金属和矿物质）：该部分是由不同金属（铜、黄铜、不锈钢、锌、锡、贵金属）和矿物所组成的混合物，在经过洗涤和浓缩处理后，会被运输至铜冶炼厂。

③ 较轻部分（密度<4kg/dm^3的金属和矿物质）：该部分是由矿物质（粉尘、砂石和混凝土）、铝和量较少的其他金属所组成的混合物。首先，将该部分底灰供给至鼓形磁铁设备中以分离黑色金属；然后，经涡流分离器设备去除诸如铝和不锈钢等有色金属，所产生的铝精矿可运输至铝冶炼厂或废料处理厂。当处理后的剩余的矿物部分能够符合相关产品标准和法律法规时，可将这些部分用作道路建设中的建筑材料，或者作为混凝土骨料进行填埋处理。

④ 污泥：针对激振器所排出的污泥，需要采用离心机进行脱水处理后，再与矿物部分的底灰进行混合，将该混合物进行脱水处理后，存在进一步用作道路建设材料的可能性。

(5) 跨介质影响

湿式处理会产生待处置的细粒（0～2mm）产品，还会产生额外的废水。如果废水的质量符合工艺要求，其可作为工艺用水传输返回至焚烧炉内[74]。

(6) 与可应用性相关的技术考虑

该技术是普遍可应用的。

当环境的温度低于5℃时，除非采取防止结冰的预防措施，否则该技术的可应用性会受到限制[107]。

(7) 经济效益

为了使得该技术在经济上具有的可行性，需要底灰处理厂具有一定的最小处理能力。对于小型废物焚烧厂而言，通常采用外部（集中式）的底灰处理方式。底灰处理操作的经济性依赖于其所生产的具有经济性的那部分产品的市场价格。通常，处理过的底灰通常是以零成本进行出售的，其所取得收益的主要来源取决于其所生产的有色金属和黑色金属部分的质量。铜、铝等有色金属是具有最高市场价值的产品，其数量和纯度是影响此底灰处理技术设备整体经济性的重要因素。

针对底灰处理能力为40t/d的位于奥地利的某处理厂而言，其经济效益如下：

① 投资成本为2000000EUR，相当于处理每吨底灰的成本为5～10EUR；

② 运营成本为每吨底灰5～10EUR；

③ 总成本为每吨底灰10～20EUR。

(8) 应用的驱动力

关于将残余物作为二次原料进行回收的相关法规。

(9) 工厂举例

AT. B-01、BE. B-02、HVCGroep、Dordrecht MWI线5（NL）。

(10) 参考文献

[38]，[39]，[4]，[64]，[105]，[107]。

4.7.7　减少焚烧炉渣与底灰处理至大气中排放的技术

（1）描述

此处需要考虑的技术包括：

① 加湿料堆的技术和扩散粉尘排放的主要来源控制技术；

② 限制排放高度的技术；

③ 保护料堆免受季风侵袭的技术；

④ 在封闭库房内运行的技术；

⑤ 对粉碎机、筛网、输送带、风筛、空气分离器等设备进行密封的技术；

⑥ 保持此类设备在亚大气压之下运行的技术；

⑦ 采用袋式过滤器处理抽取废气的技术。

（2）技术说明

在底灰处理厂中，排放至大气中的污染物主要是源自底灰加工、粉碎、筛分和空气分离处理的粉尘和金属。

采用将底灰含水量保持在 20%左右的技术能够减少粉尘的扩散性排放，其涉及：如何保持最佳的水分含量，其一方面会允许进行有效的金属和矿物材料回收，另一方面能够保持较低的粉尘释放量。

喷雾系统可安装在扩散性粉尘排放的主要来源处，其通过对装卸点或料堆本身进行适当的加湿处理，能够减少料堆的扩散性粉尘排放水平。

通过匹配排放高度与底灰堆的不同高度（例如，通过高度可调节的传送带）以及通过诸如筛网、围墙或垂直绿化物等覆盖物或者挡风板对散装存储区域和料堆进行保护，也能够达到粉尘释放水平最小化的目的。

为了避免向环境中释放具有扩散性的排放物，还可以采取在封闭装置中进行底灰储存和处理的方式。

通过采用在负压下运行的封闭设备，能够防止粉尘排放至大气中。可将所抽出的废气供给至袋式过滤器中。为了减少袋式过滤器的粉尘负荷，在某些情况下，会采用旋风分离器作为第一除尘步骤。

（3）实现的环境效益

① 减少扩散性排放。

② 减少粉尘排放。

（4）环境绩效和运行数据

表 3.29 给出了某些 EU 焚烧厂的粉尘排放水平，其采用了减少大气排放和排放源的技术。

（5）跨介质影响

该技术会增加水和能源的消耗量。

（6）与可应用性相关的技术考虑

在负压下运行并过滤所抽取空气的技术仅能应用于干式排放底灰和其他低水分底灰。

所描述的其他技术是普遍可应用的。

（7）经济效益

未提供资料。

(8) 应用的驱动力

环境和卫生法规要求。

(9) 工厂举例

CZ B-01、DE B-05、DE. B-10、DE. B-11、IT. B-01、IT. B-02。

(10) 参考文献

[81]，[126]。

4.7.8 废水处理技术

废水主要源自湿式工艺、洗涤工艺、储存区域以及被储存在室外的炉渣和底灰所污染的雨水。

工艺废水中包含着盐和金属，以及悬浮固体和诸如 PCDD/F 等有机物质。

处理源自 IBA 废水的处理厂需要考虑的技术如下：

① 油分离；

② 中和；

③ 沉降；

④ 化学沉淀；

⑤ 过滤。

这些技术在 CWW BREF 文档的 3.3.2.3 节中进行了描述。

表 3.30 给出了 2016 年收集数据所报告的至水体中的排放水平。

4.8 噪声

在噪声排放方面，废物焚烧厂与其他工业过程和发电厂是相当的。通常，城市废物焚烧厂安装在完全封闭的建筑物中，其包括废物的接收和卸载、机械预处理、烟气处理和残余物处理等工艺。通常，位于封闭建筑物外的仅有的处理技术是底灰的冷却设施和长期储存装置。底灰处理可在密闭建筑物内进行，或者在室外进行。

最为重要的外部噪声源如下所示[74]：

① 运输废物、化学品和残余物的卡车产生的噪声；

② 储存仓中的起重机操作引起的噪声；

③ 废物的机械预处理过程产生的噪声；

④ 排气扇，在焚烧过程中抽取烟气并导致在烟囱出口处产生的噪声；

⑤ 与冷却系统相关的噪声（蒸发冷却，特别是空气冷却）；

⑥ 与底灰运输和处理有关的噪声；

⑦ 源自汽轮发电机组的噪声。

通常，其他焚烧厂的活动不会产生明显的外部噪声，但这些活动对焚烧装置所产生的总体外部噪声却是有贡献的。

表 3.38 给出了噪声的主要来源、所产生的噪声水平和一些具体的减噪技术。

通常，进行噪声保护的程度和所采取的措施会特定于被噪声所影响的位置和风险程度。

第5章

废物焚烧的最佳可行技术结论[1]

(1) 范围

本最佳可行技术结论涉及《工业排放指令（2010/75/EU 号）》附件Ⅰ中所列的以下活动：

附件Ⅰ的 5.2 废物焚烧厂的废物处置或回收：

① 处理能力超过 3t/h 的非危险废物；

② 处理能力超过 10t/h 的危险废物。

附件Ⅰ的 5.3 废物协同焚烧厂的废物处置或回收：

① 处理能力超过 3t/h 的非危险废物；

② 处理能力超过 10t/h 的危险废物。

废物焚烧厂的主要目的并不是进行材料产品的生产，其至少要满足下列条件之一：

① 只有除了《工业排放指令（2010/75/EU 号）》第 3（31）（b）条所定义废物之外的废物被燃烧；

② 超过 40%的热能释放源自危险废物；

③ 燃烧混合的城市废物。

附件Ⅰ的 5.4(a) 具有处理能力超过 50t/d 的非危险废物处置，其中涉及处理废物焚烧产生的炉渣和/或底灰。

附件Ⅰ的 5.4(b) 具有处理能力超过 75t/d 的非危险废物回收或回收和处置的混合，其中涉及处理废物焚烧产生的炉渣和/或底灰。

附件Ⅰ的 5.1 具有处理能力超过 10t/d 的危险废物处理或回收，其中涉及包括处理废物焚烧产生的炉渣和/或底灰。

这些 BAT 结论不涉及以下方面：

① 废物焚烧前的预处理。这可能包含在废物处理（WT）的 BAT 结论中。

② 源于烟气净化（FGC）的焚烧飞灰和其他残余物的处理。这可能包含在废物处理（WT）的 BAT 结论中。

③ 纯气态废物的焚烧或协同焚烧，不包括废物热处理所产生的废物。

④《工业排放指令（2010/75/EU）》第 42（2）条所涵盖的焚烧厂内的废物处理。

[1] 本章中的部分表格未进行编号，即是作为正文采用的。为符合中文习惯，译者将这些表格编号为 BAT 表××。

可能与这些 BAT 结论涵盖的活动相关的其他 BAT 结论和参考文件如下：

① 废物处理（WT）；

② 经济学和跨介质影响（ECM）；

③ 储存排放（EFS）；

④ 能源效率（ENE）；

⑤ 工业冷却系统（ICS）；

⑥ 源于 IED 装置的大气和水排放监测（ROM）；

⑦ 大型燃烧装置（LCP）；

⑧ 化工行业常见的废水和废气处理/管理系统（CWW）。

(2) 定义

针对本书的这些 BAT 结论而言，以下通用定义是适用的。

BAT 表 1　与 BAT 结论相关的通用定义

术语	定义
一般术语	
锅炉效率	锅炉出口(例如,蒸汽、热水)所产生的能量与废物和辅助燃料供给焚烧炉的能量(作为较低的热值)之间的比率
底灰处理装置	装置对源自废物焚烧的炉渣和/或底灰进行处理,目的是对有价值部分进行分离和回收,并允许对剩余部分进行有益的利用。 这不包括在焚烧装置内所进行的粗金属单独分离处理
医疗废物	保健机构(例如,医院)产生的传染性或其他危险废物
管道排放	通过任何类型的引道、管道、烟囱、漏斗和烟道等物件,将污染物排放至周边的环境中
连续性测量	采用永久的安装在现场的自动测量系统所进行的测量
扩散性排放	非通过管道的方式对环境所产生的排放(例如,灰尘、挥发性化合物、异味),其可能是由"区域"源(例如,油罐车)或"点"源(例如,管法兰)所造成的
已有焚烧厂	非新建的焚烧厂
飞灰	源于燃烧室或在烟气流中所形成的颗粒,其以烟气为载体进行传输
危险废物	危险废物在《工业排放指令(2008/98/EC)》的第 3(2)条中定义
废物焚烧	在焚烧厂中单独或与燃料结合而进行的废物燃烧
焚烧厂	《工业排放指令(2010/75/EU)》第 3(40)条所定义的废物焚烧厂或《工业排放指令(2010/75/EU)》第 3(41)条所定义的废物协同焚烧厂,均被包含在此处的 BAT 结论的范围之内
主要焚烧厂升级	焚烧厂在设计或技术上的重大改变,工艺和/或减排技术与相关设备的重大调整或更换
城市固体废物	源自家庭的固体废物(混合或单独收集)以及源自其他来源的但在性质和成分上与家庭废物相类似的固体废物
新建焚烧厂	在这些 BAT 结论公布后,首次获得批准的焚烧厂或者依据这些 BAT 公布的结论而进行完全更新的焚烧厂
其他非危险废物	既不是城市固体废物也不是污水污泥的非危险废物
焚烧厂的一部分	从确定焚烧厂总电能效率或总能源效率的目的视角而言,焚烧厂的一部分可指如下示例: • 处于隔离的焚烧线及其蒸汽系统; • 蒸汽系统的一部分,其连接到一个或多个锅炉,直至凝汽式汽轮机; • 用于不同目的的同一蒸汽系统的其余部分,例如,蒸汽直接输出

续表

术语	定义
	一般术语
周期性测量	采用手动或自动方法进行指定时间间隔的测量
残余物	由焚烧厂或底灰处理厂产生的任何液体或固体废物
敏感受体区域	需要特别保护的地区，例如： • 居民区； • 正在进行人类活动的区域（例如，邻近的工作场所、学校、日托中心、娱乐区、医院或疗养院）
污水污泥	在家庭、城市或工业废水的储存、作业和处理过程中所产生的残余污泥。对本书的这些 BAT 结论的目的而言，构成危险废物的残余污泥未包含在内
炉渣和/或底灰	废物焚烧后从炉膛中清除的固体残余物
有效的半小时均值	当自动测量系统未进行维修或未处于故障时，半小时平均值被认为是有效的
	污染物和参数
As	砷及其化合物的总和，以 As 表示
Cd	镉及其化合物的总和，以 Cd 表示
Cd+Tl	镉、铊及其化合物的总和，以 Cd+Tl 表示
CO	一氧化碳
Cr	铬及其化合物的总和，以 Cr 表示
Cu	铜及其化合物的总和，以 Cu 表示
类二噁英 PCB	根据世界卫生组织（WHO）的相关材料，PCB 显示其具有与 2，3，7，8-取代 PCDD/PCDF 相似的毒性
粉尘	（空气中）所有颗粒物
HCl	氯化氢
HF	氟化氢
Hg	汞及其化合物的总和，以 Hg 表示
烧失量	在指定条件下，加热样品而导致的质量变化
N_2O	一氧化二氮
NH_3	氨
NH_4-N	铵态氮，以 N 表示，包括游离氨（NH_3）和铵（NH_4^+）
Ni	镍及其化合物的总和，以 Ni 表示
NO_X	一氧化氮（NO）和二氧化氮（NO_2）的总和，以 NO_X 表示
Pb	铅及其化合物的总和，以 Pb 表示
PBDD/F	多溴二苯并-*p*-二噁英/呋喃
PCB	多氯联苯
PCDD/F	多氯二苯并-*p*-二噁英/呋喃
POP	在欧洲议会和理事会《第（EC）850/2004 号条例》及其修正案的附件Ⅳ中所列出的持久性有机污染物
Sb	锑及其化合物的总和，以 Sb 表示
Sb+As+Pb+Cr+Co+Cu+Mn+Ni+V	锑、砷、铅、铬、钴、铜、锰、镍、钒及其化合物的总和，以 Sb+As+Pb+Cr+Co+Cu+Mn+Ni+V 表示

续表

术语	定义
污染物和参数	
SO_2	二氧化硫
硫酸盐(SO_4^{2-})	溶解硫酸盐,以 SO_4^{2-} 表示
TOC	总有机碳,以C表示(在水中);包括所有有机化合物
TOC含量(在固体残余物中)	总有机碳含量。通过燃烧转化为二氧化碳和通过酸处理不会释放为二氧化碳的总碳量
TSS	总悬浮固体。通过玻璃纤维过滤器过滤和重量法测量的所有(水中)悬浮固体的质量浓度
Tl	铊及其化合物的总和,以Tl表示
TVOC	总挥发性有机碳,以C表示(空气中)
Zn	锌及其化合物的总和,以Zn表示

(3) 缩写

针对这些BAT结论而言,以下首字母缩写适用。

BAT表2 与BAT结论相关的缩写

缩写	定义
EMS	环境管理系统
FDBR	设施建设专业协会(源自该组织的先前名称:锅炉、容器和管道建设专业协会)
FGC	烟气净化
OTNOC	非正常运行条件
SCR	选择性催化还原
SNCR	选择性非催化还原
I-TEQ	依据北大西洋公约组织(NATO)规定的国际毒性当量
WHO-TEQ	根据世界卫生组织(WHO)规定的毒性当量

(4) 一般注意事项

本书这些BAT结论所列出和描述的技术既不是强制性的也不是进行了全部穷举的,还可以采用其他至少同等水平的环境保护技术。

除非另有说明,否则这些BAT结论具有普遍的可应用性。

① 与最佳可行技术(BAT-AEL)相关的至大气中的排放水平 在此处的这些BAT结论中,与最佳可行技术(BAT-AEL)相关的至大气中的排放水平是指浓度,其表示为,在以下标准条件下每单位体积烟气或抽取空气中所排放物质的质量表示:温度为273.15K、压力为101.3kPa的干燥气体,浓度以 mg/m^3、$\mu g/m^3$、$ngI\text{-}TEQ/m^3$ 或 $ng\ WHO\text{-}TEQ/m^3$ 表示。

本书中用于表示BAT-AEL的参考氧含量如下所示。

BAT表3 用于表示BAT-AEL的参考氧含量

工艺阶段	参考氧气含量(O_R)
废物焚烧	干物质体积分数为11%
底灰处理	无氧水平修正

在参考氧含量下，排放浓度的计算公式为：

$$E_R=\frac{21-O_R}{21-O_M}\times E_M$$

式中　E_R——在参考氧含量 O_R 下的排放浓度；

O_R——以体积分数表示的参考氧含量水平，%；

E_M——测量的排放浓度；

O_M——以体积分数表示的测量氧含量水平，%。

对于平均周期，应用以下定义。

BAT 表 4　平均周期的定义

测量类型	平均周期	定义
连续性	半小时均值	30min 周期内的平均值
	日平均值	基于有效的半小时周期平均值计算一天内的平均值
周期性	采样周期平均值	每次至少 30min 的连续方式测量 3 次的平均值①
	长时段采样周期	2～4 周采样周期内的值

① 对于因采样或分析限制，采用 30min 采样/测量和/或连续 3 次测量的平均值的方式并不合适的任何参数而言，则可以采用更为适合的方式。对于 PCDD/F 和类二噁英 PCB，在短周期采样的情况下，采用的是 6～8h 的采样周期。

当废物与非废物燃料协同焚烧时，这些 BAT 结论中所给出的面向大气排放的 BAT-AEL 也适用于所产生的全部烟气量。

② 与最佳可行技术（BAT-AEL）相关的至水体中的排放水平　在本书的这些 BAT 结论中，所给出的与最佳可行技术（BAT-AEL）相关的至水体中的排放水平是指浓度（即：每单位体积废水中排放物质的质量），其以 mg/L 或 ng I-TEQ/L 进行表示。

对于源自 FGC 的废水，BAT-AEL 指的是点采样值（仅适用于 TSS）或者日平均值，后者即为与 24h 流量成比例的复合样本。在能够表明具有足够的流动稳定性的前提条件下，可采用时间比例复合样本。

对于底灰处理所产生的废水，BAT-AEL 是指以下两种情况之一：

a. 在连续性排放的情况下，日平均值，即 24h 流量比例复合样本；

b. 在批量性排放的情况下，排放持续时段内的平均值作为流量比例复合样品，或者，在排出物是适当混合且均匀的前提下，在排放前采集点样本。

③ 与最佳可行技术（BAT-AEELs）相关的能源效率水平　除用于焚烧除污水污泥和危险木材废物以外，本书这些 BAT 结论中所给出的非危险废物的 BAT-AEELs 表示如下：

a. 采用冷凝涡轮发电情况下的焚烧厂或部分焚烧厂的总电效率；

b. 焚烧厂或部分焚烧厂的总能源效率（包括仅生产热能和采用背压式汽轮机产生电能，并采用汽轮机蒸汽产生热能）。

具体说明如下。

BAT 表 5　能源效率水平的具体说明

总电效率	$\eta_e=\frac{W_e}{Q_{th}}\times\frac{Q_b}{Q_b-Q_i}$
总能源效率	$\eta_h=\frac{W_e+Q_{he}+Q_{de}+Q_i}{Q_{th}}$

其中：

a. W_e：产生的电能，单位为 MW；

b. Q_{he}：提供给初级侧热交换器的热能，单位为 MW；

c. Q_{de}：直接输出的热能（例如，蒸汽或热水）减去回流的热能，单位为 MW；

d. Q_b：锅炉产生的热能，单位为 MW；

e. Q_i：内部使用（例如，用于烟气的再加热）的热能（例如，蒸汽或热水），单位为 MW；

f. Q_{th}：以较低热值供给热处理装置（例如，焚烧炉）的热输入，其包括连续采用的废物和辅助燃料（不包括启炉期间），以 MW_{th} 表示。

本书的这些 BAT 结论中，除了危险木材废物以外，关于焚烧污水污泥和焚烧危险废物的 BAT-AEELs 是以锅炉效率进行表示的。相应地，BAT-AEELs 以百分比进行表示。与 BAT-AEELs 相关的监测，参见文档 BAT 2。

5.1　最佳可行技术结论

5.1.1　环境管理系统

BAT 1. 为了提高整体的环境绩效，BAT 是制定和实施包含以下全部特征的环境管理系统（EMS）：

① 管理层（包括高级管理层）对有效实施 EMS 的承诺、领导和责任；

② 进行系列问题的分析，具体包括：确定组织背景，识别利益相关方的需求和期望，识别与环境（或人类健康）可能风险相关的焚烧厂特征以及与环境相关的适用法律要求；

③ 制定包括持续性改进焚烧厂环境绩效的政策；

④ 建立与重要环境因素相关的目标和绩效指标，包括确保遵守适用的法律要求；

⑤ 规划和实施必要的程序和举措（包括必要的纠正和预防措施）以实现环境目标和避免环境风险；

⑥ 确定与环境因素目标相关的结构、作用和责任，并提供所需的财政和人力资源；

⑦ 当员工的工作可能会影响焚烧厂的环境绩效时，要确保其具备必要的能力和意识（例如，通过提供信息和培训）；

⑧ 内部和外部沟通；

⑨ 促进员工参与良好的环境管理实践；

⑩ 建立和维护管理手册和书面规程，以便能够控制对环境具有重大影响的活动，并要做好相关记录；

⑪ 有效的运行计划和过程控制；

⑫ 实施适当的运维计划；

⑬ 应急准备和应急预案，包括预防和/或减轻紧急情况所造成的不利（环境）影响；

⑭ 在（重新）设计（新）焚烧厂或其中的一部分时，考虑其在整个生命周期对环境产生的影响，包括建造、运维、运行和拆除；

⑮ 实施监视和测量计划，如有必要，可在《监测IED装置的大气和水体排放参考报告》中获取相关信息；

⑯ 周期性地对照应用行业基准；

⑰ 周期性地进行（尽可能）独立的内部审计和独立的外部审计以评估环境绩效和确定EMS是否符合计划安排，是否得到适当的实施和维护；

⑱ 评估不合格的原因，针对不合格情况采取纠正措施，审查纠正措施的有效性，并确定是否存在类似不合格情况或是否可能发生类似的不合格情况；

⑲ 由高级管理层周期性审查环境管理系统及其持续的适宜性、充分性和有效性；

⑳ 遵循并考虑更为清洁技术的发展。

特别是针对焚烧厂和相关的底灰处理厂，BAT还在EMS中包含以下特征：

① 对于焚烧厂而言，为废物流管理（参见BAT 9）。

② 对于底灰处理厂而言，为产品质量管理（参见BAT 10）。

③ 对于残余物管理计划而言，包括以下措施，目的是：

a. 最小化残余物的产生；

b. 优化残余物的再利用、再生、回收和/或源于残余物的能量回收；

c. 确保残余物的妥善处置。

④ 对于焚烧厂而言，为OTNOC管理计划（参见BAT 18）。

⑤ 对于焚烧厂而言，为事故管理计划（参见5.2.4）。

⑥ 对于底灰处理厂而言，为扩散性粉尘的排放管理（参见BAT 23）。

⑦ 对于异味管理计划而言，为预期和/或证实对敏感受体的异味干扰（参见5.2.4）。

⑧ 对噪声管理计划（另参见BAT 37）而言，为预期和/或已证实对敏感受体的噪声干扰（参见5.2.4）。

注：《第（EC）1221/2009号条例》建立了欧盟生态管理和审计计划（EMAS），这是与本BAT相一致的EMS示例。

针对适用性而言，EMS的详细程度和正规化程度通常与焚烧厂的性质、规模和复杂性以及其可能产生的环境影响范围有关（也取决于所处理的废物类型和数量）。

5.1.2 监测

BAT 2. BAT是确定整个焚烧厂或焚烧厂所有相关部分的总电能效率、总能源效率或锅炉效率。

对于新建焚烧厂或在对已有焚烧厂进行的每次可能会显著影响其能源效率的改造的情况下，通过在满负荷运行时进行性能测试以确定其总电能效率、总能源效率或锅炉效率。

在已有焚烧厂未进行性能测试或由于技术原因不能进行满负荷性能测试的情况下，可根据性能测试条件下的设计值确定总电能效率、总能源效率或锅炉效率。

对于性能测试，不存在用于确定焚烧厂锅炉效率的EN标准。对基于炉排的焚烧厂而言，可采用FDBR指南RL7。

BAT 3. BAT是监视排放至大气和水体中的相关关键工艺参数，其包括如下：

BAT 表 6 排放至大气和水体中的相关关键工艺参数

物流/位置	参数	监视
废物焚烧产生的烟气	流量、氧含量、温度、压力、水蒸气含量	连续性测量
燃烧室	温度	
湿式 FGC 的废水	流量、pH 值、温度	
底灰处理厂的废水	流量、pH 值、电导率	

BAT 4. BAT 是监测排放至大气中的污染物，其监测频率至少如下文中所示并要符合 EN 标准。如果 EN 标准不可用，BAT 将采用能够确保提供具有同等科学质量数据的 ISO、本国或其他国际标准。

BAT 表 7 排放至大气中的物质/参数及其监测频率

物质/参数	工艺	标准[1]	最低监测频率[2]	与监视相关的 BAT
NO_X	废物焚烧	通用 EN 标准	连续	BAT 29
NH_3	采用 SNCR 和/或 SCR 时的废物焚烧	通用 EN 标准	连续	BAT 29
N_2O	• 流化床焚烧炉中的废物焚烧 • 采用尿素为试剂运行 SNCR 时的废物焚烧	EN 21258[3]	每年一次	BAT 29
CO	废物焚烧	通用 EN 标准	连续	BAT 29
SO_2	废物焚烧	通用 EN 标准	连续	BAT 27
HCl	废物焚烧	通用 EN 标准	连续	BAT 27
HF	废物焚烧	通用 EN 标准	连续[4]	BAT 27
粉尘	底灰处理	EN 13284-1	每年一次	BAT 26
粉尘	废物焚烧	通用 EN 标准和 EN 13284-2	连续	BAT 25
除汞外的金属和类金属(As,Cd,Co,Cr,Cu,Mn,Ni,Pb,Sb,Tl,V)	废物焚烧	EN 14385	每六个月一次	BAT 25
Hg	废物焚烧	通用 EN 标准和 EN 14884	连续[5]	BAT 31
TVOC	废物焚烧	通用 EN 标准	连续	BAT 30
PBDD/F	废物焚烧[6]	无可用的 EN 标准	每六个月一次	BAT 30
PCDD/F	废物焚烧	EN 1948-1，EN 1948-2，EN 1948-3	短期采样，每六个月一次	BAT 30
PCDD/F	废物焚烧	无有关长期采样的 EN 标准，EN 1948-2，EN 1948-3	长期采样，每月一次[7]	BAT 30

续表

物质/参数	工艺	标准①	最低监测频率②	与监视相关的BAT
类二噁英PCB	废物焚烧	EN 1948-1，EN 1948-2，EN 1948-4	短期采样，每六个月一次⑧	BAT 30
		无有关长期采样的EN标准，EN 1948-2，EN 1948-3	长期采样，每月一次⑦⑧	BAT 30
苯并[a]芘	废物焚烧	无可用的EN标准	每年一次	BAT 30

① 用于连续方式测量的通用EN标准是EN 15267-1、EN 15267-2、EN 15267-3和EN 14181。用于周期性测量的EN标准如表中或表注中所列。

② 对于周期性监测，监测频率不适用于焚烧厂运行的唯一目的是进行排放测量的情况。

③ 如果是应用于N_2O的连续性监测，则适用以连续方式测量的通用EN标准。

④ 如果证明HCl的排放水平是足够稳定的，可用最低频率为每六个月一次的周期性测量取代连续性测量。不存在可用于HF的周期性测量的EN标准。

⑤ 对于经证实含汞量低且稳定的废物焚烧厂（例如，成分受控的单种类废物流）而言，可采用长周期采样替代连续性监测（不存在关于Hg的长期采样的EN标准，也不存在关于最低频率为每六个月一次的周期性测量的标准）。在后一种情况下，相关的标准是EN 13211。

⑥ 监测仅应用于焚烧含溴阻燃剂废物或依据BAT表22中的d项连续注入溴的焚烧厂。

⑦ 如果经证明排放水平是足够稳定的，则该监测不适用。

⑧ 如果经证明类二噁英PCB的排放量低于0.01ng WHO-TEQ/Nm^3，则该监测不适用。

BAT 5. BAT是适当监测在非正常运行工况（OTNOC）期间焚烧厂经管道至大气中的污染排放。

监测可通过直接排放测量（例如，对连续性监测的污染物）方式或通过监测替代参数的方式进行，后者在经证明与直接排放测量方式具有同等或更加科学质量的情况下采用。在启炉和停炉期间未进行与废物焚烧时相同的排放测量，包括对PCDD/F的排放测量，而是根据所计划的启炉/停炉运行而开展测量的，例如，每3年进行一次排放量的估计。

BAT 6. BAT是监测FGC和/或底灰处理至水体中的污染排放，其监测频率至少如下文所示并要符合EN标准。如果EN标准不可用，BAT将采用能够确保提供具有同等科学质量数据的ISO、本国或其他国际标准。

BAT表8 FGC和/或底灰处理排放至水体中的物质/参数及其监测频率

物质/参数	工艺	标准	最低监测频率	与监视相关的BAT
总有机碳量(TOC)	FGC	EN 1484	每月一次	BAT 34
	底灰处理		每月一次①	
总悬浮固体量(TSS)	FGC	EN 872	每天一次	
	底灰处理		每月一次②	
As	FGC	具有各种可用EN标准（例如，EN ISO 11885、EN ISO 15586或EN ISO 17294-2）	每月一次	
Cd	FGC			
Cr	FGC			
Cu	FGC			
Mo	FGC			
Ni	FGC			

续表

物质/参数	工艺	标准	最低监测频率	与监视相关的 BAT
Pb	FGC	具有各种可用 EN 标准（例如，EN ISO 11885、EN ISO 15586 或 EN ISO 17294-2）	每月一次	BAT 34
	底灰处理		每月一次①	
Sb	FGC		每月一次	
Tl	FGC			
Zn	FGC			
Hg	FGC	具有各种可用 EN 标准（例如，EN ISO 12846 或 EN ISO 17852）		
铵-氮（NH_4-N）	底灰处理	具有各种可用 EN 标准（例如，EN ISO 11732、EN ISO 14911）	每月一次①	
氯化物（Cl^-）	底灰处理	提供各种 EN 标准（例如，EN ISO 10304-1、EN ISO 15682）		
硫酸盐（SO_4^{2-}）	底灰处理	EN ISO 10304-1		
PCDD/F	FGC	无可用 EN 标准	每月一次①	
	底灰处理		每六个月一次①	

① 如果证明排放量是足够稳定的，则监测频率可至少为每六个月一次。

② 经每日 24h 流量比例复合采样测量方式可由每日点采样测量方式取代。

BAT 7. BAT 是监测焚烧厂炉渣和底灰中未燃烧物质的含量，其监测频率至少如下文所示并要符合 EN 标准。

BAT 表 9　炉渣和底灰中相关参数及其监测频率

参数	标准	最低监测频率	与监视相关的 BAT
烧失量①	EN 14899 和 EN 15169 或 EN 15935	每三个月一次	BAT 14
总有机碳量①②	EN 14899 和 EN 13137 或 EN 15936		

① 监测烧失量或总有机碳量。

② 元素碳（例如，根据 DIN 19539 确定）可从测量结果中去除。

BAT 8. 在焚烧含有 POP 的危险废物时，在焚烧厂投入使用后和在焚烧厂采取了可能对输出流中的 POP 含量产生重大影响的每次改变之后，BAT 是确定输出流（例如，炉渣和底灰、烟气、废水）中的 POP 含量。

具体的描述为，输出流中的 POP 含量是通过直接测量或间接方法（例如，飞灰、干式 FGC 残余物、FGC 废水和相关废水处理污泥中的累积 POP 含量，可通过监测 FGC 系统前后烟气中的 POP 含量确定）或根据具有代表性的焚烧厂的研究确定的。

从适用性的视角而言，该 BAT 仅应用于以下类型的焚烧厂：

① 焚烧危险废物，其在被焚烧前含有的 POP 含量超过《第（EC）850/2004 号条例》及其修订版附件Ⅳ所界定的浓度限值；

② 不符合《联合国环境署技术准则 UNEP/CHW.13/6/Add.1/Rev.1》第 4 章 G.2 节（g）项的程序说明规格。

5.1.3 一般环境绩效和燃烧性能

BAT 9. 为通过废物流管理（参见 BAT 1）改善焚烧厂的总体环境绩效，BAT 是采用以下所有 a～c 项所述的技术，并按照相关度采用 d～f 项所述技术。

BAT 表 10 通过废物流管理改善总体环境绩效的相关技术

技术		描述
a	确定可焚烧的废物类型	根据焚烧厂的特点，确定可焚烧的废物类型，例如，物理状态、化学特性、危险特性，以及可接受的热值范围、湿度、灰尘含量和粒径
b	建立和实施废物的定性和预验收程序	这些程序的目的是，在特定废物运抵焚烧厂之前，确保废物处理作业在技术（和法规）上具有适用性。这些程序包括收集有关废物进料信息的程序，也包括为获得有关废物成分的足够知识而进行的废物采样和特征描述。废物预验收程序是基于风险进行考虑的，例如，需要考虑诸如废物的危险性质，废物在过程安全、职业安全和环境影响等方面所具有的风险，还要考虑之前废物持有者所提供的信息
c	建立和实施废物的验收程序	验收程序的目的是确认在预验收阶段确定的废物特性。这些程序定义了在焚烧厂交付废物时需要核查的要素以及废物接受和拒绝的标准，其包括废物的采样、检查和分析。废物验收程序是基于风险进行考虑的，例如需要考虑诸如废物的危险性质，废物在过程安全、职业安全和环境影响等方面具有的风险，还要考虑之前废物持有者所提供的信息
d	建立并实施废物的跟踪系统和清单	废物跟踪系统和库存的目的是，跟踪焚烧厂中废物的位置和数量。该系统保存了在废物预验收程序期间的所有信息[例如，到达焚烧厂的日期和废物的唯一参考号、关于之前（各）废物持有者的资料、预验收和验收分析结果、现场储存废物的性质和数量，包括所有已查明的存在危险]，以及验收、储存、处理和/或场外运输等信息。废物跟踪系统是基于风险进行考虑的，例如，需要考虑诸如废物的危险性质和废物在过程安全、职业安全和环境影响等方面具有的风险，还要考虑之前废物持有者所提供的信息。废物跟踪系统包括对储存在废物仓或污泥储存罐以外的场所（例如，容器、桶、捆扎包装或其他形式的包装中）的废物的明确标签，目的是能够随时对其予以识别
e	废物隔离	对废物进行隔离是依赖于其性质的，目的是能够更容易和更环保地进行储存和焚烧。废物隔离依赖于不同废物间的物理分离和识别废物储存时间与地点的程序
f	在混合或调和危险废物之前核查废物间的兼容性	通过系列核查措施和测试确保废物间的兼容性，目的是：在混合或调和废物时，检测任何不需要的和/或具有潜在危险的化学反应（例如，聚合、气体逸出、放热反应、分解）。兼容性测试是基于风险进行考虑的，例如，需要考虑诸如废物的危险性质和废物在过程安全、职业安全和环境影响等方面具有的风险，还要考虑之前废物持有者所提供的信息

BAT 10. 为提高底灰处理厂的整体环境绩效，BAT 是在 EMS 中（参见 BAT 1）包含产品质量管理功能。

在 EMS 中包含产品质量管理功能，目的是确保经底灰处理后的产品符合预期，并在可用的情况下采用已有 EN 标准。这也有利于监测和优化底灰处理的性能。

BAT 11. 为改善焚烧厂的总体环境绩效，BAT 是作为废物接受程序的一部分（参见 BAT 表 10 中的 c 项）对废物的交付进行监测，其依赖于供给废物具有的风险，其包括以下要素。

BAT 表 11　废物类型及其交付监测事项

废物类型	废物交付监测
城市固体废物及其他非危险废物	• 放射性检测 • 交付废物测重 • 视觉检查 • 交付废物周期性采样和关键性质/物质(例如,热值、卤素和金属/类金属的含量)分析。对于城市固体废物而言,这涉及分开卸载
污水污泥	• 交付废物测重(例如,如果污水污泥是通过管道方式进行交付的,则测量其流量) • 在技术上尽可能进行视觉检测 • 周期性采样和关键特性/物质(例如,热值、水含量、灰分和汞)分析
除医疗废物之外的危险废物	• 放射性检测 • 交付废物测重 • 在技术上尽可能进行视觉检测 • 控制和比较个别具有产生者申报信息的废物的交付 • 采样对象: ○ 所有散装槽罐车和拖车 ○ 包装废物[例如,桶装、中型散装容器(IBC)或更小包装] • 分析事项: ○ 燃烧参数(包括热值和闪点) ○ 废物兼容性,在储存前检测进行废物混合或调和处理可能会发生的危险反应(BAT 表 10 中的 f 项) ○ 关键物质,包括 POP、卤素和硫、金属/类金属
医疗废物	• 放射性检测 • 交付废物测重 • 包装完整性的视觉检测

BAT 12. 为降低与废物接收、处理和储存相关的环境风险，BAT 是采用以下两种技术。

BAT 表 12　降低与废物接收、处理和储存相关的环境风险的技术

技术		描述
a	具有足够排水基础设施的防渗表面	根据废物在土壤或水体污染方面所造成的风险,废物接收、处理和储存区域的表面必须不能渗透有关的液体,并需要配备适当的排水基础设施(参见 BAT 32)。应尽可能地在技术上周期性核查该表面的完整性
b	具有足够的废物储存能力的储仓	采取措施避免产生废物的堆积,例如: • 考虑到废物的特性(例如,火灾风险)和设施的处理能力,明确规定设施的最大废物储存容量且所储存的废物不允许超过该容量; • 要周期性监测所储存的废物数量,以不超过设施所允许的最大储存容量为限; • 对于在储存期间未进行混合的废物(例如,医疗废物、包装废物),要明确规定其最长储存时间

BAT 13. 为降低与储存和处理医疗废物相关的环境风险，BAT 结合采用以下技术。

BAT 表 13　降低与储存和处理医疗废物相关的环境风险的技术

技术		描述
a	自动或半自动废物处理	依据进行废物处理操作所带来的风险,采用自动或手动系统将医疗废物从卡车上卸载到储存区。医疗废物从储存区通过自动进料系统供给至焚烧炉内

续表

技术		描述
b	焚烧不可再利用的密封容器（若曾被使用）	医疗废物在密封且坚固的可燃容器中进行传输，其在整个储存和处理过程中不会被打开。如果将针头和锐器置于其中，则应防止容器被刺穿
c	可重新再利用容器的清洁和消毒（若曾被利用）	可重复利用的废物容器需要在指定的清洁区进行净化，并在专门设计的消毒设施中进行消毒处理。净化操作所产生的任何剩余物都需要被焚烧

BAT 14. 为改善废物焚烧的总体环境绩效，减少炉渣和底灰中未燃烧物质的含量，减少废物焚烧至大气中的排放，BAT 是采用下列技术的适当组合。

BAT 表 14 减少炉渣和底灰中未燃烧物质的含量和减少废物焚烧至大气中的排放的技术

技术		描述	应用性
a	废物搅拌与混合	焚烧前的废物混合和搅拌，包括以下操作： • 采用料斗起重机混合； • 采用进料均衡系统； • 搅拌相容液体和糊状废物。 在某些情况下，固体废物在混合前会被粉碎	不可应用于因安全考虑或因废物特性（例如，传染性医疗废物、有异味的废物或具有易挥发性物质的废物）而需要直接供给焚烧炉的情况。 不可应用于不同类型废物之间可能发生不良反应的情况（参见 BAT 表 10 中的 f 项）。
b	先进的控制系统	参见 5.2.1 节	具有普遍的可应用性
c	焚烧过程的优化	参见 5.2.1 节	设计优化不可应用于已有焚烧炉

焚烧废物产生的炉渣和底灰中未燃物的 BAT 的相关环境绩效如表 5.1 所示。

表 5.1 焚烧废物产生的炉渣和底灰中未燃物的 BAT 的相关环境绩效

参数	单位	BAT-AEPL
炉渣和底灰中的 TOC 含量①（干式，质量分数）	%	1～3②
炉渣和底灰的烧失量①	%	1～3②

① 或者适用 TOC 含量的 BAT-AEPL 或者适用烧失量的 BAT-AEPL。

② 当采用流化床焚烧炉或以造渣方式运行回转窑时，可达到 BAT-AEPL 范围的下限。

相关的监测在 BAT 7 中。

BAT 15. 为了改善焚烧厂的总体环境绩效和减少至大气中的排放，在必要和实际可行的情况下，BAT 是根据废物的特性和控制情况（参见 BAT 11）制定和实施调整焚烧厂预先设置的程序，例如，通过先进控制系统（参见 5.2.1 的说明）。

BAT 16. 为了改善焚烧厂的总体环境绩效和减少至大气中的排放，BAT 是建立和实施运行程序（例如，供应链的组织，进行连续的而不是批次的运行方式）以尽可能地限制停炉和启炉操作。

BAT 17. 为减少焚烧厂至大气和水体中的相关污染排放，BAT 是确保 FGC 系统和废水处理厂的设计合理（例如，考虑最大流速和污染物浓度），并在其设计范围内运行和维护以确保最优可用性。

BAT 18. 为减少 OTNOC 的发生频率，并减少 OTNOC 期间焚烧厂至大气和水体中的污染排放，BAT 是制定和实施基于风险的 OTNOC 管理计划，将其作为环境管理系统的一部分（参见 BAT 1），其包括下列所有要素：

① 识别潜在 OTNOC［例如，对保护环境至关重要的设备（“关键设备”）的故障］工况和其产生的根本原因与导致的潜在后果，并在后续的周期性评估中周期性审查和更新已识别的 OTNOC 清单；

② 关键设备的适当设计（例如，袋式除尘器分隔和烟气加热、在启炉和停炉期间避免袋式除尘器的旁路等技术）；

③ 关键设备制定和实施的预防性维护计划（参见 BAT 1）；

④ 在 OTNOC 和相关情况下监测和记录排放量（见 BAT 5）；

⑤ 周期性评估 OTNOC 期间所发生的排放（例如，事件的发生频率、持续时间、排放污染物的数量）并在必要时采取纠正措施。

5.1.4 能源效率

BAT 19. 为提高焚烧厂的资源效率，BAT 是采用余热回收锅炉。

具体描述为，烟气中所含的能量在能够产生热水和/或蒸汽的热回收锅炉中进行回收，这些热水和/或蒸汽能够输出、内部使用和/或产生电能。

从可应用性的视角而言，对于专门焚烧危险废物的焚烧厂而言，其可应用性可能会受到以下因素的限制：

① 飞灰的黏性；

② 烟气的腐蚀性。

BAT 20. 为提高焚烧厂的能源效率，BAT 是采用下列技术的适当组合。

BAT 表 15　提高焚烧厂能源效率的技术

技术		描述	可应用性
a	污水污泥的干燥	在机械脱水后，污水污泥在被供给至焚烧炉之前需要进一步地进行干燥，例如，采用低等级的热能。 污泥的干燥程度依赖于焚烧炉供给系统	应用于具有低等级热能可用性受到相关限制的范围内
b	烟气流量的减少	烟气流量的减少可通过以下方式： • 改善一次风、二次风的分配； • 烟气的再循环（参见 5.2.2 节）。 采用较小的烟气流量能够减少焚烧厂的能源需求（例如，用于引风机的电能）	对于已有焚烧厂而言，烟气再循环的可应用性可能会受到技术的限制（例如，烟气中的污染物负荷、焚烧工况）
c	热能损失的最小化	通过以下方式最小化热能损失： • 采用集成式焚烧炉-锅炉，允许从焚烧炉侧回收热能； • 焚烧炉和锅炉的热绝缘措施； • 烟气再循环（参见 5.2.2 节）； • 从炉渣和底灰的冷却处理中回收热能（参见 BAT 20 中的 i 项）	集成式焚烧炉-锅炉不适用于回转窑或专用于高温焚烧危险废物的其他焚烧炉
d	锅炉设计的优化	通过优化改善锅炉中的热能传递，例如： • 烟气流速和分布； • 水/蒸汽循环； • 对流束管； • 采用在线和离线锅炉净化系统最大程度地减少对流管束的结垢程度	应用于新建焚烧厂和进行重大整改的已有焚烧厂

续表

技术		描述	可应用性
e	低温烟气换热器	特殊的耐腐蚀换热器，用于在锅炉出口、ESP 设备之后或者干式吸附剂注入系统之后的烟气中以回收额外的能量	应用于 FGC 系统运行温度曲线的限制范围内。 在已有焚烧厂的情况下，可应用性可能会因空间不足而受到限制
f	高蒸汽工况	蒸汽工况（温度和压力）越高，蒸汽循环所允许的电能转换效率也越高。 在高蒸汽工况下（例如，在压力为 45bar 和温度为 400℃以上）需要采用特殊的合金钢或耐火包层以保护暴露在最高温度下的锅炉部分	应用于新建焚烧厂和进行重大整改的已有焚烧厂，这些焚烧厂主要是面向电能的生产。 可应用性可能会受到以下因素的限制： • 飞灰黏性； • 烟气腐蚀性
g	热电联产	热电联产时的热能（主要源自离开汽轮机的蒸汽）用于生产热水/蒸汽，之后将其用于工业过程/活动或区域供热/冷却网络	应用于具有当地热能和电能需求和/或供热网络可用相关限制条件的范围内
h	烟气冷凝器	热交换器或具有热交换装置的洗涤器，其中冷凝烟气中的水蒸气在足够低的温度下会将潜热转移至水中（例如，区域供热网络的回流）。 烟气冷凝器还通过减少至大气中的排放（例如，灰尘和酸性气体）提供共同效益。 采用热泵能够增加从烟气冷凝中回收的能量	应用于与低温热能需求相关的限制范围内，例如，能够提供具有足够低回水温度的区域供热网络的可用性
i	干底灰处理	干燥、热的底灰由炉排掉落至运输系统上，并被周围空气冷却。通过采用用于燃烧的冷却空气进行能量回收	仅是应用于炉排炉。 可能存在某些技术限制，造成无法对已有焚烧炉进行改造

废物焚烧的 BAT 相关能效水平（BAT-AEEL）如表 5.2 所示。

表 5.2　废物焚烧的 BAT 相关能效水平（BAT-AEEL）

焚烧厂	BAT-AEEL/%			
	城市固体废物、其他非危险废物和危险木材废物		除危险木材废物以外的危险废物①	污水污泥
	总电能效率②③	总能源效率④	锅炉效率	
新建焚烧厂	25～35	72～91⑤	60～80	60～70⑥
已有焚烧厂	20～35			

① BAT-AEEL 仅应用于热能回收锅炉可应用的情况。

② 总电能效率的 BAT-AEELs 仅应用于采用冷凝式汽轮机产生电能的焚烧厂或焚烧厂的一部分。

③ 当采用 BAT 20 中的 f 项时，能够实现 BAT-AEEL 范围的高限。

④ 面向总能源效率的 BAT-AEELs，其仅应用于以下场景：仅产生热能的情况，或者采用背压汽轮机产生电能并利用离开汽轮机的蒸汽进行加热的情况。

⑤ 在采用烟气冷凝器的情况下，可实现总能源效率超过 BAT-AEEL 范围的极限（甚至高于 100%）。

⑥ 对于污水污泥的焚烧，锅炉效率在很大程度上取决于供给焚烧炉的污水污泥的含水量。

相关的监控参见 BAT 2。

5.1.5 大气排放

5.1.5.1 扩散性排放

BAT 21. 为防止或减少焚烧厂的扩散性排放，包括异味排放，BAT 是：

① 将异味和/或易挥发性物质的固体和散装糊状废物储存在受控负压下的封闭建筑物中，并将在此建筑物内抽取的空气作为燃烧空气用于焚烧，或在有爆炸风险的情况下将其输送至另一个适当的减排系统；

② 在适当的受控压力下将液体废物储存在储罐中，并将储罐出口连接至燃烧空气供给处或其他合适的减排系统；

③ 在无焚烧能力可用的情况下，控制完全停炉期间存在的异味风险，例如：

a. 将排出或抽取的空气传输至替代的减排系统，例如，湿式洗涤器、固定吸附床；

b. 最小化所储存的废物量，例如，废物交付的中断、减少或转移，将上述管理行为作为废物流管理的一部分（参见 BAT 9）；

c. 将废物储存在适当的密封包中。

BAT 22. 为防止在焚烧厂处理有异味和/或易挥发性物质的气体和液体废物时所产生的挥发性化合物的扩散性排放，BAT 是通过直接供给的方式将其输入焚烧炉。

具体描述为，对于在散装废物容器（例如，槽罐车）中输送的气体废物和液体废物，直接供料是通过将废物容器连接到炉膛进料管线中的方式进行的。容器通过氮气压力实现管线的去空处理，或者如果黏度足够低，则通过泵将液体排空。

对于在适合焚烧的废物容器（例如，储存桶）中输送的气态和液态废物，采用通过将容器直接置于焚烧炉膛中的方式进行直接进料。

从应用性的视角而言，可能不适用于污水污泥的焚烧，这取决于其含水量和是否需要预干燥或与其他废物进行混合。

BAT 23. 为防止或减少在炉渣和底灰处理过程中至大气中的扩散性粉尘排放，BAT 是将以下扩散性粉尘排放管理特点列入环境管理体系（参见 BAT 1）中：

① 最相关扩散性粉尘排放源的确定（例如，采用 EN 15445）；

② 适当行动和技术的制定和实施，以防止或减少特定时间范围内的扩散性排放。

BAT 24. 为防止或减少炉渣和底灰处理过程中至大气中的扩散性粉尘排放，BAT 是适当地组合采用以下技术。

BAT 表 16　防止或减少炉渣和底灰处理过程中至大气中的扩散性粉尘排放的技术

	技术	描述	可应用性
a	封闭和覆盖设备	封闭/封装可能会造成散发粉尘的操作（例如，研磨、筛选）和/或覆盖输送机和升降机。 也可通过将所有设备安装在封闭建筑物中的方式予以实现	移动处理设备可能不适用于在封闭建筑内进行安装
b	限制卸料高度	自动将卸料高度与不同高度的废物堆相匹配，如果可能的话，以自动化的方式予以实现（例如，采用能够调整高度的传送带）	具有普遍的可应用性
c	保护料堆免受盛行风的影响	采用诸如遮蔽物、围墙或垂直绿化植物等遮盖物或防风屏障保护散装存储区域或库存料堆，并根据盛行风的风向对库存料堆进行正确摆放	具有普遍的可应用性

续表

技术		描述	可应用性
d	采用喷水	在扩散性粉尘排放的主要来源处安装喷水系统。对粉尘颗粒的湿化有助于其进行聚集和沉降。 通过确保对装货点和卸货点或者库存料堆本身进行适当的加湿，能够减少库存料堆处的扩散性粉尘排放	具有普遍的可应用性
e	优化水分含量	将炉渣/底灰的水分含量优化到进行金属和矿物材料有效回收时所需要的水平，同时最小化粉尘的排放	具有普遍的可应用性
f	在负压下操作	在负压下，对封闭设备或建筑物中的炉渣和底灰进行处理(参见本表技术 a)，以便基于减排技术(参见 BAT 26)将所抽取的空气采用经管道排放的方式进行处理	仅应用于干式排放和其他低水分的底灰

5.1.5.2　管道排放

(1) 粉尘、金属和类金属的排放

BAT 25. 为降低废物焚烧所产生的粉尘、金属和类金属至大气中的管道排放水平，BAT 是采用以下所列出的一种技术或组合多种技术。

BAT 表 17　降低废物焚烧所产生的粉尘、金属和类金属至大气中的管道排放水平的技术

技术		描述	可应用性
a	袋式除尘器	参见 5.2.2 节	普遍应用于新建焚烧厂。 应用于与 FGC 系统运行温度曲线相关的约束范围内的已有焚烧厂
b	静电除尘器	参见 5.2.2 节	具有普遍的可应用性
c	干式吸附剂注入	参见 5.2.2 节。 与粉尘排放的减少无关。 通过采用注入活性炭或其他试剂结合干式吸附剂注入系统或者用于减少酸性气体排放的半湿式吸附器等方式实现金属吸附	具有普遍的可应用性
d	湿式洗涤器	参见 5.2.2 节。 湿式洗涤器并不是被用于去除主要的粉尘负荷，而是安装在其他减排技术之后以进一步降低烟气中粉尘、金属和类金属等污染物的浓度	在诸如干旱地区等可用水量低的区域可能存在应用性的限制
e	固定或移动床吸附	参见 5.2.2 节。 该系统主要用于吸附汞、其他金属与类金属以及有机化合物，也包括 PCDD/F，但也可作为有效的粉尘抛光过滤器	应用性可能会受到与 FGC 系统配置相关的总压降的限制。在已有焚烧厂的情况下，其可应用性可能会受到空间不足的限制

焚烧废物排放至大气中的灰尘、金属和类金属的 BAT 相关排放水平（BAT-AEL）如表 5.3 所示。

表 5.3　焚烧废物排放至大气中的灰尘、金属和类金属的 BAT 相关排放水平（BAT-AEL）

参数	BAT-AEL/(mg/m^3)	平均周期
粉尘	<2～5①	日平均值
Cd+Tl	0.005～0.02	采样周期平均值
Sb+As+Pb+Cr+Co+Cu+Mn+Ni+V	0.01～0.3	采样周期平均值

① 对于专门用于焚烧危险废物且不应用袋式过滤器的已有焚烧厂而言，BAT-AEL 范围的上限为 $7mg/m^3$。

相关监测参见BAT 4。

BAT 26. 为降低采用空气抽取方式进行炉渣和底灰的封闭处理（参见BAT表16中的f项）而产生的至大气中的管道粉尘排放水平，BAT是采用袋式过滤器处理所抽取的空气（参见5.2.2节）。相关排放水平如表5.4所示。

表5.4 采用空气抽取方式进行炉渣和底灰的封闭处理（参见BAT表16中的f项）所产生的至大气中的管道粉尘的BAT相关排放水平（BAT-AEL）

参数	BAT-AEL/(mg/m^3)	平均周期
粉尘	2～5	采样周期平均值

相关监测参见BAT 4。

(2) HCl、HF和SO_2的排放

BAT 27. 为降低废物焚烧过程排放至大气中的HCl、HF和SO_2的管道排放水平，BAT是采用如下一种技术或组合采用以下多种技术。

BAT表18 减少废物焚烧排放至大气中的HCl、HF和SO_2的管道排放水平的技术

技术		描述	可应用性
a	湿式洗涤器	参见5.2.2节	在诸如干旱地区等可用水量低的场所，可能会存在应用性限制
b	半湿式吸收器	参见5.2.2节	具有普遍的可应用性
c	干式吸附剂注入	参见5.2.2节	具有普遍的可应用性
d	脱硫	参见5.2.2节。 用于其他技术上游的酸性气体排放的部分减排	仅应用于流化床焚烧炉
e	锅炉吸附剂注入	参见5.2.2节。 用于其他技术上游的酸性气体排放的部分减排	具有普遍的可应用性

BAT 28. 为降低废物焚烧过程排放至大气中的HCl、HF和SO_2的管道排放水平峰值，同时限制试剂消耗以及干式吸附剂注入和半湿式吸附器产生的残余物数量，BAT是采用以下技术a或结合使用以下两种技术。

BAT表19 降低废物焚烧排放至大气中的HCl、HF和SO_2的管道排放水平和限制试剂消耗以及干式吸附剂注入和半湿式吸附器产生的残余物数量的技术

技术		描述	可应用性
a	优化自动化的试剂剂量	在FGC系统的上游和/或下游采用连续性的HCl和/或SO_2测量(和/或可证明对实现此目的更为有用的其他参数)以优化自动化的试剂剂量	具有普遍的可应用性
b	试剂循环	将一部分收集的FGC固体进行再循环以减少残余物中的未反应试剂量。 该技术与采用基于高化学计量过量值运行的FGC技术特别相关	普遍可应用于新建焚烧厂。 应用于袋式除尘器规模在限制范围内的已有焚烧厂

废物焚烧产生的 HCl、HF 和 SO_2 经管道排放至大气中的 BAT 相关排放水平（BAT-AEL）如表 5.5 所示。

表 5.5　废物焚烧产生的 HCl、HF 和 SO_2 经管道排放至大气中的 BAT 相关排放水平（BAT-AEL）

参数	BAT-AEL/(mg/m³)		平均周期
	新建焚烧厂	已有焚烧厂	
HCl	<2～6①	<2～8①	日平均值
HF	<1	<1	日平均值或采样周期平均值
SO_2	5～30	5～40	日平均值

① 采用湿式洗涤器时，可达到 BAT-AEL 范围的下限；该范围的上限可能与采用干式吸附剂相关。

相关监测参见 BAT 4。

(3) NO_X、N_2O、CO 和 NH_3 的排放

BAT 29. 为减少排放至大气中的 NO_X，同时限制废物焚烧过程产生的 CO 和 N_2O 以及采用 SNCR 和/或 SCR 技术产生的 NH_3，BAT 是采用下列技术的适当组合。

BAT 表 20　减少排放至大气中的 NO_X 和限制废物焚烧过程产生的 CO 和 N_2O 以及采用 SNCR 和/或 SCR 技术产生的 NH_3 的技术

技术		描述	适用性
a	焚烧过程优化	参见 5.2.1 节	具有普遍的可应用性
b	烟气再循环	参见 5.2.2 节	对于已有焚烧厂，由于技术限制（例如，烟气中的污染物负荷、焚烧工况），应用性可能会受到限制
c	选择性非催化还原(SNCR)	参见 5.2.2 节	具有普遍的可应用性
d	选择性催化还原(SCR)	参见 5.2.2 节	对已有焚烧厂，应用性可能会因缺少空间而受到限制
e	催化过滤袋	参见 5.2.2 节	仅应用于具有袋式除尘器的焚烧厂
f	SNCR/SCR 设计和运行的优化	在炉膛或管道的横截面上进行试剂与 NO_X 比率值，或者试剂滴大小和试剂注入时的温度值窗口的优化	仅应用于 SNCR 和/或 SCR 减排 NO_X 的情况
g	湿式洗涤器	参见第 5.2.2 节。 在采用湿式洗涤器减排酸性气体的情况下，尤其是在采用 SNCR 时，未反应的氨被洗涤液所吸收，汽提后即被回收为 SNCR 或 SCR 的试剂	在诸如干旱地区等可用水量低的区域，可能存在应用性的限制

废物焚烧过程经管道排放至大气中的 NO_X 和 CO、采用 SNCR 和/或 SCR 排放至大气中的 NH_3 与 BAT 相关的排放水平（BAT-AEL）如表 5.6 所示。

表 5.6　废物焚烧过程经管道排放至大气中的 NO_X 和 CO、采用 SNCR 和/或 SCR 排放至大气中的 NH_3 与 BAT 相关的排放水平（BAT-AEL）

参数	BAT-AEL/(mg/m^3)		平均周期
	新建焚烧厂	已有焚烧厂	
NO_X	50～120①	50～150①②	日平均值
CO	10～50	10～50	
NH_3	2～10①	2～10①③	

① 采用 SCR 时，可实现的 BAT-AEL 范围的下限。焚烧高含氮量废物（例如，在有机氮化合物的生产过程中所产生的残余物）时，可能无法达到 BAT-AEL 范围的下限。

② BAT-AEL 范围的上限是 $180g/m^3$，此时 SCR 是不可应用的。

③ 对于配备 SNCR 但未配备湿式减排技术的已有焚烧厂，BAT-AEL 范围的上限是 $15mg/m^3$。

相关监测参见 BAT 4。

（4）有机化合物排放

BAT 30. 为减少废物焚烧过程产生的诸如 PCDD/F 和 PCB 等有机化合物至大气中的管道排放，BAT 是采用下列 a～d 技术中的一种或组合采用 e～i 技术。

BAT 表 21　减少废物焚烧过程产生的诸如 PCDD/F 和 PCB 等有机化合物至大气中的管道排放的技术

	技术	描述	应用性
a	焚烧过程优化	参见 5.2.1 节。 优化焚烧参数，促进废物中存在的诸如 PCDD/F 和 PCB 等有机化合物的氧化，并防止这些污染物及其前驱体的（重新）形成	具有普遍的可应用
b	废物进料控制	了解和控制供给至焚烧炉废物的燃烧特性，以确保最佳和尽可能均匀和稳定的焚烧工况	不可应用于医疗废物或城市固体废物
c	在线和离线锅炉清洗	进行锅炉管束的有效清洁以减少锅炉中粉尘的停留时间和沉积，从而减少锅炉中 PCDD/F 的形成。 结合采用在线和离线的锅炉清洗技术	具有普遍的可应用性
d	快速冷却烟气	在除尘前，将烟气从 400℃ 以上的温度快速冷却到 250℃ 以下，以防止 PCDD/F 的重新合成反应。 这是通过适当地设计锅炉和/或采用冷却系统实现的。后一种方式限制了可从烟气中回收的能量的数量，特别是在焚烧高卤素含量危险废物的情况下	具有普遍的可应用性
e	干式吸附剂注入	参见 5.2.2 节 通过注入活性炭或其他试剂与袋式除尘器相结合进行污染物吸附，在滤饼中产生反应层，所产生的固体被清除	具有普遍的可应用性
f	固定床或移动床吸附	参见 5.2.2 节	可应用性可能会受到与 FGC 系统相关的总压降的限制。在已有焚烧厂中，应用性可能会因空间不足而受到限制

续表

技术		描述	应用性
g	SCR	参见 5.2.2 节。 在 SCR 用于 NO_X 减排的情况下，SCR 工艺中足够的催化剂表面还能够减少部分 PCDD/F 和 PCB 的排放。 该技术通常与技术 e、f 或 i 结合使用	在已有焚烧厂中，应用性可能会因空间不足而受到限制
h	催化过滤袋	参见 5.2.2 节	仅应用于装有袋式过滤器的焚烧厂
i	湿式洗涤器中的碳吸附剂	添加到湿式洗涤器中的碳吸附剂能够吸附 PCDD/F 和 PCB，或者在洗涤液中进行吸附，或者以浸渍填料的形式进行吸附。 该技术通常用于去除 PCDD/F，也用于防止和/或减少洗涤器中所积累 PCDD/F 的重新排放（所谓的记忆效应），特别是在停炉和启炉期间	仅应用于安装湿式洗涤器的焚烧厂

废物焚烧中 TVOC、PCDD/F 和类二噁英 PCB 经管道排放至大气中的 BAT 相关排放水平（BAT-AEL）如表 5.7 所示。

表 5.7　废物焚烧中 TVOC、PCDD/F 和类二噁英 PCB 经管道排放至大气中的 BAT 相关排放水平（BAT-AEL）

参数	单位	BAT-AEL		平均周期
		新建焚烧厂	已有焚烧厂	
TVOC	mg/m^3	<3～10	<3～10	日平均值
PCDD/F①	ng I-TEQ/m^3	<0.01～0.04	<0.01～0.06	采样周期平均值②
		<0.01～0.06	<0.01～0.08	长期采样周期
PCDD/F+类二噁英 PCB①	ng WHO-TEQ/m^3	<0.01～0.06	<0.01～0.08	采样周期平均值②
		<0.01～0.08	<0.01～0.1	长期采样周期

① 应用了或者用于 PCDD/F 的 BAT-AEL 或者用于 PCDD/F+类二噁英 PCB 的 BAT-AEL。
② 如果经证明排放水平足够稳定，则 BAT-AEL 不予以应用。

相关监测参见 BAT 4。

（5）汞排放

BAT 31. 为减少废物焚烧中经管道排放至大气中的汞（包括汞排放峰值），BAT 是采用以下一种技术或组合采用以下多种技术。

BAT 表 22　减少废物焚烧中经管道排放至大气中的汞（包括汞排放峰值）的技术

技术		描述	可应用性
a	采用湿式洗涤器（低 pH 值）	参见 5.2.2 节 湿式洗涤器在 pH 值大约为 1 的情况下运行。 该技术的汞去除率能够通过向洗涤液中添加试剂和/或吸附剂的方式予以提高，例如： • 采用诸如过氧化氢等氧化剂将元素汞转化为水溶性氧化物的形式； • 采用硫化合物与汞形成稳定的络合物或盐； • 采用碳吸附剂吸附汞，包括元素汞。 当用于汞捕获的设计具有足够高的缓冲能力时，该技术能够有效地防止汞排放峰值的出现	在诸如干旱地区等可用水量低的区域，可能会存在可应用性的限制

续表

技术		描述	可应用性
b	干式吸附剂注入	参见5.2.2节。 通过注入活性炭或其他试剂与袋式除尘器相结合的方式进行吸附，在滤饼中形成反应层，产生的固体被去除	具有普遍的可应用性
c	特殊高活性炭注入	注入掺有硫或其他试剂的高活性炭以增强与汞的反应性。 通常，仅在检测到汞峰值时才会注入这种特殊的活性炭。为此，该技术可与原料烟气中汞的连续性监测技术相结合使用	可能不可用于专门焚烧污水污泥的焚烧厂
d	锅炉溴添加剂	添加到废物中或注入焚烧炉中的溴化物在高温下会被转化为元素溴，进而汞元素被氧化为水溶性和高吸附性的 $HgBr_2$。 该技术与下游的减排技术（例如，湿式洗涤器或活性炭注入系统）结合后使用。 通常，溴化物的注入并不是连续性的，这仅在检测到汞的峰值的情况下才进行。为此，该技术可与原料烟气中汞的连续性监测技术相结合使用	具有普遍的可应用性
e	固定床或移动床吸附	参见5.2.2节 当设计具有足够高的缓冲能力时，该技术能够有效地防止汞排放峰值的出现	可应用性可能会受到与FGC系统相关的总压降的限制。在已有焚烧厂中，应用性可能会因空间不足而受到限制

废物焚烧中汞经管道排放至大气中的BAT相关排放水平（BAT-AEL）如表5.8所示。

表5.8 废物焚烧中汞经管道排放至大气中的BAT相关排放水平（BAT-AEL）

参数	BAT-AEL/($\mu g/m^3$)①		平均周期
	新建焚烧厂	已有焚烧厂	
Hg	<5～20②	<5～20②	日平均值或采样周期平均值
	1～10	1～10	长期采样周期

① 应用或者用于日平均值或采样周期平均值的BAT-AEL，或者长期采样期间的BAT-AEL。用于长期采样的BAT-AEL可应用于焚烧汞含量低且稳定的废物（例如，成分受控的单一废物流）的情况。

② 在以下情况下可实现BAT-AEL范围的下限：

a. 焚烧经证明汞含量低且稳定的废物（例如，成分受控的单一废物流）。

b. 在焚烧非危险废物时，采用特定技术防止或减少汞峰值排放的发生。

BAT-AEL范围的上限可能与采用干式吸附剂相关。

作为指标，汞排放的半小时平均值通常为：

① 对于已有焚烧厂，其值<15～40$\mu g/m^3$；

② 对于新建焚烧厂，其值<15～35$\mu g/m^3$。

相关监测参见BAT 4。

5.1.6 水体排放

BAT 32. 为防止未受污染的水体受到污染，需减少至水体中的污染排放并提高资源效率，BAT是依据废水流的特性进行分离并分别进行处理。

具体描述为，废水流［例如，地表径流水，冷却水，烟气处理和底灰处理废水，从废物的接收、处理和储存区域所收集的排水（参见 BAT 表 12 中的 a 项）]被分隔后并依据其特性和所需处理技术的组合进行单独处理。未受污染的水流与需要处理的废水流进行分隔。当从洗涤器的废水中回收盐酸和/或石膏时，湿式洗涤系统在不同的阶段（酸性和碱性）所产生的废水需要被分开处理。

面向应用性的视角，针对新建焚烧厂而言具有普遍的可应用性，也可应用于与集水系统配置相关限制范围内的已有焚烧厂。

BAT 33. 为了减少用水消耗并防止或减少焚烧厂所产生的废水，BAT 是采用以下一种技术或组合采用多种技术。

BAT 表 23　减少用水消耗并防止或减少焚烧厂所产生的废水的技术

技术		描述	可应用性
a	无废水 FGC 技术	采用不产生废水的 FGC 技术(例如,干式吸附剂注入或半湿式吸收器,参见 5.2.2 节)	可能不能应用于卤素含量高的危险废物的焚烧
b	从 FGC 注入废水	源自 FGC 的废水被注入 FGC 系统的较热部分	仅应用于城市固体废物的焚烧
c	水再利用/再循环	残余水流被再利用或再循环。 再利用/再循环的程度受到废水去向工艺的质量要求的限制	具有普遍的可应用性
d	干底灰处理	干热的底灰从炉排掉落至运输系统上,被周围的空气冷却。该过程中未采用水进行冷却	仅应用于炉排炉。 可能存在某些技术限制会阻止对已有焚烧厂进行改造

BAT 34. 为减少 FGC 和/或炉渣与底灰的储存和处理至水体中的污染排放，BAT 是采用下列技术的适当组合，并尽可能地在最接近源头处采用辅助技术以避免造成稀释。

BAT 表 24　减少 FGC 和/或炉渣与底灰的储存和处理至水体中的污染排放的技术

技术		典型污染物目标
主要技术		
a	焚烧过程(参见 BAT 14)和/或 FGC 系统(例如,SNCR/SCR,参见 BAT 表 20 中的 f 项)的优化	有机化合物,包括 PCDD/F、氨/铵
辅助技术[①]		
预处理和初步处理		
b	均衡化	所有污染物
c	中和化	酸、碱
d	物理分离,例如,筛网、滤网、砂水分离器、初级沉淀池	固体、悬浮固体
物理化学处理		
e	活性炭吸附	包括诸如 PCDD/F 等有机化合物、汞
f	沉淀	溶解的金属/类金属、硫酸盐
g	氧化	硫化物、亚硫酸盐、有机化合物
h	离子交换	溶解的金属/类金属
i	剥离	可净化的污染物(例如,氨/铵)

续表

技术		典型污染物目标
j	反渗透	氨/铵、金属/类金属、硫酸盐、氯化物、有机化合物
最终固体去除		
k	混凝絮凝	悬浮固体、颗粒结合的金属/类金属
l	沉降	
m	过滤	
n	浮选	

① 这些技术的描述参见 5.2.3 节。

直接排放至接收水体中的 BAT-AEL 如表 5.9 所示。

表 5.9　直接排放至接收水体中的 BAT-AEL

参数		工艺	单位	BAT-AEL①
总悬浮固体(TSS)		FGC 底灰处理	mg/L	10～30
总有机碳(TOC)		FGC 底灰处理		15～40
金属和类金属	As	FGC		0.01～0.05
	Cd	FGC		0.005～0.03
	Cr	FGC		0.01～0.1
	Cu	FGC		0.03～0.15
	Hg	FGC		0.001～0.01
	Ni	FGC		0.03～0.15
	Pb	FGC 底灰处理		0.02～0.06
	Sb	FGC		0.02～0.9
	Tl	FGC		0.005～0.03
	Zn	FGC		0.01～0.5
铵-氮(NH_4-N)		底灰处理		10～30
硫酸盐(SO_4^{2-})		底灰处理		400～1000
PCDD/F		FGC	ng I-TEQ/L	001～0.05

① 平均周期在一般注意事项中进行了定义。

相关监测参见 BAT 6。

间接排放至接收水体中的 BAT-AEL 如表 5.10 所示。

表 5.10　间接排放至接收水体的 BAT-AEL

参数		工艺	单位	BAT-AEL①②
金属和类金属	As	FGC	mg/L	0.01～0.05
	Cd	FGC		0.005～0.03
	Cr	FGC		0.01～0.1

续表

参数		工艺	单位	BAT-AEL①②
金属和类金属	Cu	FGC	mg/L	0.03～0.15
	Hg	FGC		0.001～0.01
	Ni	FGC		0.03～0.15
	Pb	FGC 底灰处理		0.02～0.06
	Sb	FGC		0.02～0.9
	Tl	FGC		0.005～0.03
	Zn	FGC		0.01～0.5
PCDD/F		FGC	ng I-TEQ/L	001～0.05

① 平均周期在一般注意事项中进行了定义。

② 如果下游的废水处理装置具有适当的设计和配备以便用于减少有关的污染物，则 BAT-AEL 可能是不可应用的，前提是这不会导致更高排放水平的环境污染。

相关监测参见 BAT 6。

5.1.7　材料效率

BAT 35. 为提高资源效率，BAT 是将底灰与 FGC 残余物分开进行作业和处理。

BAT 36. 为提高处理炉渣和底灰的资源效率，BAT 是利用炉渣和底灰的危险特性进行风险评估，基于评估结果采用以下技术的适当组合。

BAT 表 25　利用炉渣和底灰的危险特性进行风险评估的技术

技术		描述	可应用性
a	筛选和筛分	在进一步处理底灰之前，采用摇摆筛、振动筛和旋转筛，依据底灰颗粒度对其进行初步分类	具有普遍的可应用性
b	粉碎	此为机械处理操作，其目的是准备金属回收或后续将这些材料在诸如道路和土方工程建设中予以使用	具有普遍的可应用性
c	气动分离	气动分离的目的是通过吹掉轻质碎片的方式，对混合在底灰中的轻质、未燃烧的部分进行分类。 采用振动台将底灰送至溜槽，底灰随气流落下，将未燃的诸如木材、纸张或塑料等轻质材料吹至清除带中或容器中，以便它们能够被返回至焚烧炉中	具有普遍的可应用性
d	黑色金属和有色金属的回收	采用不同的技术，包括： • 黑色金属的磁选； • 有色金属涡流的分离； • 全金属的分离感应检测	具有普遍的可应用性

续表

技术		描述	可应用性
e	老化	老化是通过吸收大气中的 CO_2（碳酸化）、排出多余水分和进行氧化反应等方式稳定底灰中的矿物部分。 进行金属回收后的底灰会在露天或有盖的建筑物中储存数周，通常其是在不透水的地板上进行储存，以便于对与其相关的排水和径流水进行收集和处理。 可通过润湿库存料堆的方式优化底灰中的水分含量，从而有利于盐的浸出和底灰的碳酸化过程。底灰润湿也有助于防止粉尘的对外排放	具有普遍的可应用性
f	清洗	底灰清洗能够生产具有最小化可溶性物质（例如，盐）浸出的可回收材料	具有普遍的可应用性

5.1.8 噪声

BAT 37. 为防止或在不可行的情况下减少噪声的排放，BAT 是采用下列中一种技术或者组合采用多种技术。

BAT 表 26　防止或在不可行的情况下减少噪声排放的技术

技术		描述	可应用性
a	选择设备和建筑物的适当位置	可通过增加噪声源和接收者之间的距离和通过将建筑物作为噪声屏障的方式降低噪声水平	在已有焚烧厂的情况下，进行设备搬迁可能会因空间不足或成本过高而受到限制
b	运行措施	包括： • 改善设备的检验和维护； • 若可能，关闭封闭区域的门和窗； • 由有经验的运行人员操作设备； • 若可能，避免在夜间进行高噪声的活动； • 维护时采用噪声控制措施	具有普遍的可应用性
c	低噪声设备	这包括低噪声压缩机、泵和风扇	一般应用于更换现有设备或安装新设备的情况
d	噪声衰减	通过在噪声源和接收者之间设置障碍物的方式减少噪声传播。 适合的障碍物包括防护墙、堤防和建筑物	在已有焚烧厂的情况下，设置障碍物可能会因空间的不足而受到限制
e	噪声控制设备/基础设施	包括： • 降噪器； • 设备隔音； • 噪声设备放置于封闭区域； • 建筑物隔音	在已有焚烧厂的情况下，此应用可能会因空间不足而受到限制

5.2 技术说明

5.2.1 通用技术

BAT 表 27　通用技术

技术	描述
先进的控制系统	采用基于计算机的自动系统，控制燃烧效率并支撑预防和/或减少排放。这也包括对运行参数和排放水平所进行的高性能监测
焚烧过程的优化	进行废物的进料率和成分、焚烧炉的温度、一次风和二次风的流速及其注入点的优化，其目的是在实现有机化合物有效氧化的同时减少 NO_X 的产生。 焚烧炉设计和运行（例如，烟气温度和湍流度、烟气和废物停留时间、氧气含量、废物搅拌）的优化

5.2.2 减少大气污染物排放的技术

BAT 表 28　减少大气污染物排放的技术

技术	描述
袋式除尘器	袋式或织物除尘器是由多孔编织物或毡制织物构成的，烟气穿过这些织物后，其所含有的颗粒被去除。采用袋式除尘器需要选择适合烟气特性和最高运行温度的织物
锅炉吸附剂注入	在高温下，向锅炉后燃烧区内注入镁基或钙基的吸收剂，以实现部分酸性气体的减排，此技术能够有效地去除 SO_X 和 HF，并能够在降低排放峰值方面提供额外的益处
催化过滤袋	针对过滤袋而言，或者采用催化剂浸渍，或者在生产过滤介质纤维时将催化剂直接与有机材料进行混合。此类过滤器可用于减少 PCDD/F 排放，在与 NH_3 源相结合后，也可用于减少 NO_X 的排放
直接脱硫	在流化床焚烧炉的床层中加入镁基或钙基的吸收剂
干式吸附剂注入	在烟气流中，吸附剂以干粉的形式被注入和分散。被注入的碱性吸附剂（例如，碳酸氢钠、熟石灰）与酸性气体（HCl、HF 和 SO_X）进行反应。注入或协同注入的活性炭特别适用于吸附 PCDD/F 和汞。通常，所产生的固体采用袋式过滤器予以去除。过剩的活性剂可在进行熟化或蒸汽重新活化处理后进行再循环（参见 BAT 表 19 中的 b 项），进而减少其消耗量
静电除尘器	静电除尘器（ESP）的运行原理是在电场的影响下使得粒子带电和分离，该设备能够在多种工况下运行。通常，除尘效率取决于电场数量、停留时间（电场大小）和上游的粉尘颗粒去除装置。通常，ESP 包括 2～5 个电场。根据从电极收集灰尘技术的差异，ESP 可分为干式或湿式。通常，湿式 ESP 用于抛光阶段，目的是去除湿式洗涤后残留的粉尘和液滴
固定床或移动床吸附	烟气通过固定床或移动床过滤器的吸附剂（例如，活性焦炭、活性褐煤或者碳浸渍聚合物）对污染物进行吸附
烟气再循环	将部分烟气再循环至焚烧炉内替代部分新鲜的辅助燃烧空气的技术，具有降温和限制用于氮氧化物的 O_2 含量的双重作用，进而限制 NO_X 的产生。烟气再循环意味着，源自焚烧炉的烟气被供给至火焰中以降低氧气的含量，从而降低火焰的温度。 该技术还能够减少烟气能量的损失。在 FGC 之前抽取再循环烟气时，也能够通过减少供给至 FGC 系统的气流和所需 FGC 系统的规模实现能源节约

续表

技术	描述
选择性催化还原(SCR)	在催化剂的作用下,采用氨或尿素进行氮氧化物的选择性还原。在催化床中,该技术通过与氨反应将 NO_X 还原为氮气,其针对高粉尘型和尾端型烟气的最佳运行温度通常为 200～450℃和 170～250℃。通常,氨是以水溶液的形式注入的,氨的来源也可是无水氨或尿素溶液。可应用数层催化剂、采用更大的催化剂表面、安装一层或多层等方式实现更高水平的 NO_X 减排。"管内"或"泄漏"SCR 系统通过结合 SNCR 系统与下游 SCR 系统,能够减少 SNCR 系统的氨泄漏
选择性非催化还原(SNCR)	在高温和无催化剂的情况下,采用氨或尿素能够将氮氧化物选择性还原为氮,实现该最佳反应的运行温度窗口保持在 800～1000℃之间。 通过在线(快速反应)声学或红外测温系统的支持,SNCR 工艺的性能可通过控制多个喷枪的试剂注入方式予以提高,以确保试剂始终注入最佳温度区域内
半湿式吸收器	也称为半干式吸收器。将碱性水溶液或悬浮液(例如,石灰乳)添加至烟气流中以捕获酸性气体。该技术中的水分不会蒸发,所生成的反应产物是干燥的。生成的固体可再循环以减少试剂的消耗量(参见 BAT 表 19 中的 b 项)。 该技术包括系列的不同设计,涵盖了在过滤器入口处注入水(提供快速的烟气冷却)的工艺和试剂"闪干"的工艺
湿式洗涤器	通常,采用水或水溶液/悬浮液之类的液体通过吸附方式从烟气中捕获污染物,特别是酸性气体和其他可溶性化合物与固体。 为吸附汞和/或 PCDD/F,可将碳吸附剂(作为浆液或作为碳浸渍塑料填料)添加至湿式洗涤器中。 采用不同类型的洗涤器设计,例如,注入洗涤器、旋转洗涤器、文丘里洗涤器、喷雾洗涤器和填料塔洗涤器

5.2.3 减少水体污染物排放的技术

BAT 表 29 减少水体污染物排放的技术

技术	描述
活性炭吸附	通过将废水中的可溶性物质(溶质)转移至固体和高度多孔颗粒(吸附剂)表面的方式去除这些物质。活性炭通常用于吸附有机化合物和汞
沉淀	通过添加沉淀剂将溶解的污染物转化为不溶的化合物,所形成的固体沉淀物随后通过沉降、浮选或过滤等方式进行分离。用于金属沉淀的典型化学品是石灰、白云石、氢氧化钠、碳酸钠、硫化钠和有机硫化物。钙盐(石灰除外)则用于沉淀硫酸盐或氟化物
凝聚和絮凝	凝聚和絮凝用于从废水中分离悬浮固体,其通常是以操作步骤连续的模式运行的。凝聚是添加与悬浮固体电荷相斥的混凝剂(例如,氯化铁),絮凝是添加聚合物而导致微絮体颗粒碰撞后结合为更大的絮凝物,所形成的絮凝物随后再通过沉降、气浮或过滤等方式进行分离
均衡化	通过采用储罐或其他管理技术平衡流量和污染物负荷
过滤	通过将废水穿过多孔介质的方式对固体进行分离,其包括诸如砂滤、微滤和超滤等不同类型的技术
浮选	通过将固体或液体微粒附着在细小的气泡(通常是空气)上的方式实现其在废水中的分离。具有浮力的颗粒会积聚在表面,随后采用撇渣器进行收集
离子交换	通过离子交换树脂,将存留在废水中的离子污染物采用更具有接受度的离子进行替换。污染物在暂时保留后被释放至再生液或反洗液中

续表

技术	描述
中和作用	通过添加化学品，将废水的 pH 值调至中性值(大约为 7)。通常，氢氧化钠($NaOH$)或氢氧化钙[$Ca(OH)_2$]用于提高 pH 值，而硫酸(H_2SO_4)、盐酸(HCl)或二氧化碳(CO_2)用于降低 pH 值。在中和过程中，部分污染物可能会发生沉淀
氧化作用	通过化学氧化剂，能够将污染物转化为危害较小和/或更容易消除的类似化合物。在采用湿式洗涤器产生废水的情况下，可以利用空气将亚硫酸盐(SO_3^{2-})氧化为硫酸盐(SO_4^{2-})
反渗透	一种膜分离工艺，通过施加的由膜分隔的隔室之间的压力差，使得水能够从浓度较高的溶液流向浓度较低的溶液
沉降	通过重力沉降，实现悬浮固体的分离
汽提	通过与高流量气流的接触，将废水中可净化污染物(例如，氨)去除，并将其转移至气相态。污染物随后被回收(例如，通过冷凝)以供进一步地使用或处置。去除效率能够通过升高温度或降低压力的方式予以提高

5.2.4　管理技术

BAT 表 30　管理技术

技术	描述
异味管理计划	异味管理计划是 EMS(参见 BAT 1)的一部分，其包括： • 根据 EN 标准进行异味监测的计划(例如，根据 EN 13725 的动态嗅觉测定法确定异味浓度)，还可通过对异味暴露的测量/估计(例如，根据 EN 16841-1 或 EN 16841-2)或异味影响的估计等方式进行辅助； • 处理已查明的异味事件的方案，例如投诉； • 异味预防和消减计划的目的是：识别来源、表征异味源的影响、实施预防和/或消减措施
噪声管理计划	噪声管理计划是 EMS(参见 BAT 1)的一部分，其包括： • 噪声监测计划； • 处理已查明的噪声事件的方案，例如投诉； • 噪声消减计划的目的是：识别噪声源、测量/估计噪声暴露情况、表征噪声源的影响、实施预防和/或消减措施
事故管理计划	事故管理计划是 EMS(参见 BAT 1)的一部分，识别装置所造成的危害和相关风险，并确定应对这些风险的措施。该计划考虑了存在或可能存在的污染物清单，以及如果这些污染物逸出可能会产生的环境后果。该计划可采用诸如 FMEA(故障模式和影响分析)和/或 FMECA(故障模式、影响和严重程度分析)等方式予以制定。 事故管理计划是进行火灾预防、检测和控制计划的制定和实施，这些基于风险考量的计划包括采用自动火灾检测和警报系统、手动和/或自动火灾干预和控制系统。特别注意的是，火灾的预防、检测和控制计划尤其关系到： • 废物储存和预处理区； • 焚烧炉装载区； • 电气控制系统； • 袋式除尘器； • 固定吸附床。 特别是在接收危险废物的情况下，事故管理计划包括以下从若干方面制定的人员培训计划： • 爆炸和火灾预防； • 灭火器使用； • 化学风险知识(标签、致癌物质、毒性、腐蚀、火灾)

第6章

新兴技术

《工业排放指令（2010/75/EU号）》第3（14）条将“新兴技术”定义为“用于工业活动的新技术，若进行商业开发，该技术能够提供：更高的常规环境保护水平，或者至少与现有最佳可行技术相同的环境保护水平和更高的成本节约水平”。本章包含可能在不久的将来会出现和可能应用于废物焚烧行业的技术。

6.1 汽轮机蒸汽的再加热技术

（1）描述

将第1次通过汽轮机后的蒸汽进行再加热以便能够提高新蒸汽的蒸汽参数，进而增加电能的产生量。

（2）技术说明

文献［2］指出，提高发电效率的一个选项是，在蒸汽第1次通过汽轮机后对其进行再加热。对于这种应用，蒸汽温度通常会被限制在430℃以下，但蒸汽压力会有所增加。图6.1给出了该技术的简化流程图。

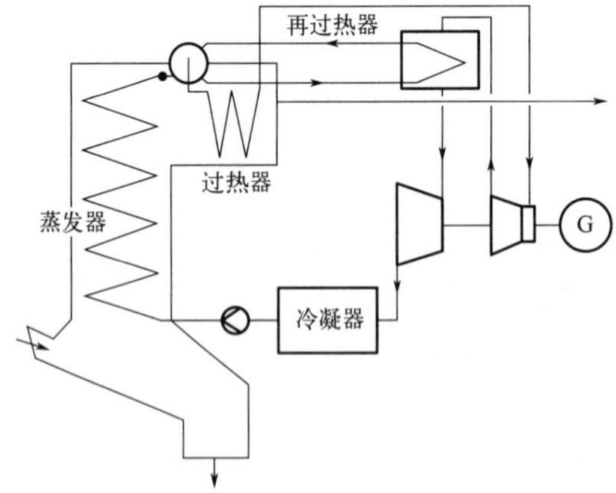

图6.1　蒸汽再加热示例[2]

第1次通过汽轮机的高压段所产生的蒸汽会被再次进行过热处理，随后其被用于汽轮机的中低压段。

通常，蒸汽在高压汽轮机中膨胀后，其具有较低的压力（通常是进入时压力的10%～20%），在锅炉中与烟气一起重新加热至相同的温度。根据简化图（见图6.1）可知，蒸汽采用锅炉水或饱和蒸汽进行加热。

(3) 取得的环境效益

通常，电能效率的增加范围大约在2%～3%之间。据报道，最近的研究成果表明，电能效率的增加可高达4.7%[151]。

(4) 环境绩效和运行数据

该技术已在大型发电厂得到了充分验证，并且其存在的技术风险是有限的。然而，由于经济因素，该技术在废物焚烧行业的应用示例却是屈指可数的。

在荷兰，一家大型的焚烧厂自2007年起开始采用该技术。该焚烧厂拥有2条焚烧线，对应的处理能力分别为每年$90MW_{th}$和269000t，其向单台普通汽轮机提供蒸汽，所实现的年平均净电能效率约30.7%[151]。

(5) 跨介质影响

无报道。

(6) 与应用性相关的技术考虑

无信息提供。

(7) 经济效益

该技术的应用可能会受到在经济方面的可行性的影响，这主要取决于额外的投资成本和电价。

据报道，在已有的荷兰焚烧厂，实现蒸汽再加热模式的额外投资成本非常高。显然，能否获得补贴对投资决策起着至关重要的作用。

(8) 应用的驱动力

增加电能效率。

(9) 工厂举例

位于荷兰的一座处理能力为538000t/a的废物焚烧厂[151]。

(10) 参考文献

[2]，[151]，[152]。

6.2 用于减少焚烧厂烟气中多卤代芳烃和多环芳烃(PAH)的油洗涤器技术

(1) 描述

油在湿式洗涤器中被用作洗涤液，用于吸收有机化合物。

(2) 技术说明

二噁英和呋喃在水中的溶解度非常低，因此它们不能在湿式洗涤器中达到有效去除的目标。通常，之前采用的技术所进行的任何PCDD/F去除仅是去除了吸附在湿式洗涤器去除灰尘上的该污染物而已。在最好的情况下，分子量较高的6～8种该污染物从气相缩合至相对较冷的洗涤液中会存在一些损耗。但是，二噁英和呋喃（以及许多其他有机物种）更具亲脂性。因此，高沸点的部分不饱和油或这种油的油水乳液能够作为较为合适的洗涤介质。

(3) 取得的环境效益

减少排放至大气中的有机化合物。

(4) 环境绩效和运行数据

油/乳剂和所吸附的二噁英与呋喃的浓度一旦达到 0.1mg/kg 的限值，就会立即进行交换和处置。该技术需要确定油/乳剂的供应量，以便每年进行 3～4 次的交换，这有助于防止油脂的过度老化。受污染后的液体会在焚烧炉中进行燃烧处理。为达到上述要求，需要将油泵入废油车（具有安全装置的移动罐车）中，然后直接将这些油供给至焚烧厂的燃烧器中。

该工艺包括一个作为第三级清洁阶段的逆流洗涤塔，其具有封闭的油路（见图 6.2）。

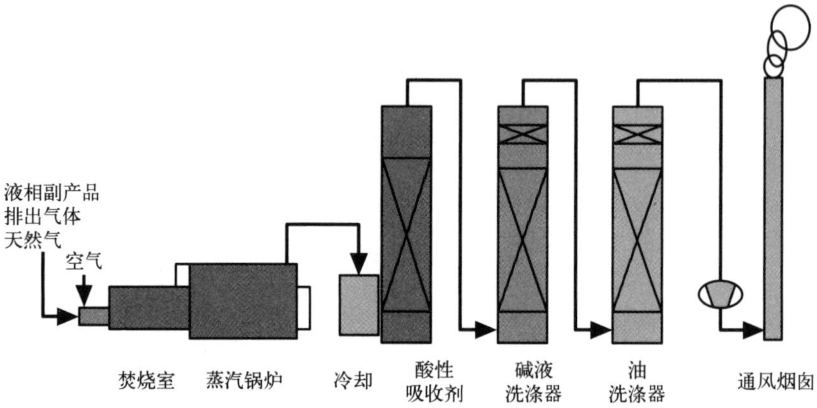

图 6.2 用于二噁英沉积的下游具有油洗涤器的废物焚烧厂示意图[1]

为了最大限度地减少载油设备组件的数量，该技术采用了集油槽作为洗涤介质的储存池。循环流量是根据填料截面确定的。油/乳液由热交换器加热至高于烟气温度 15～20℃，进而防止水分在蒸汽饱和气体中发生冷凝。

(5) 跨介质影响

无信息提供。

(6) 与应用性相关的技术考虑

具有普遍的可应用性。

(7) 经济效益

无信息提供。

(8) 应用的驱动力

减少有机化合物的排放。

(9) 工厂举例

无信息提供。

(10) 参考文献

[1]。

6.3 无焰加压富氧燃烧技术

(1) 描述

温度为 1250～1500℃时，在氧气、二氧化碳和水蒸气的加压环境中，通过无焰燃烧方式进行废物的焚烧。

(2) 技术说明

氧化反应器内的运行条件（停留时间大于2.5s，温度为1250～1500℃，绝对压力为4～15bar）使得所供给的有机化合物能够被完全燃烧（几乎不产生诸如PAH、PCDD/F和PCB等有害的有机副产品）。高燃烧温度会将不可燃材料熔化，进而形成玻璃化的炉渣。这种高温反应也代表了一种从热力学和动力学视角而言的抑制二氧化硫转化为三氧化硫的工况。

在稳态工况下，离开反应器的烟气温度在1250～1500℃之间，其中：一部分烟气会被再循环至反应器中，以便对燃烧温度进行控制；另外一部分烟气则会通过冷却器与源自反应器的热烟气进行混合，进而获得具有兼容性的锅炉入口温度（600～750℃）。

炉渣沿着反应器的底部流动，通过加热管道离开以避免发生凝固。通过这种方式，这种熔化材料会掉落至水急冷器中，并在其中以玻璃体的形式进行凝固，后再被粉碎为粒径为0.1～3mm的颗粒。

经过处理的烟气能够减少粉尘和酸的数量。由于该技术采用的是纯氧而不是空气，因此会使得烟气的流量较小。

可将含水和污泥废物的液体和固体废物供给至反应器中。

在执行热回收时，会产生高压和高温（高达600℃和240Pa）下的蒸汽，采用对整体热平衡的贡献率约为10%～15%的烟气水蒸气对其进行冷凝处理。总体而言，该焚烧厂的热效率能够高达95%～99%（输入废物能量以LHV计算）。

(3) 取得的环境效益

减少大气排放和产生惰性炉渣。

(4) 环境绩效和运行数据

先采用两级湿式洗涤器对烟气进行净化，然后再采用冷凝洗涤器对烟气潜热进行回收。冷凝水也能够在此过程中进行回收。石灰石用于洗涤器的第2阶段。表6.1给出了在处理3种不同废物（含有害物质的土壤和地下水修复废物-EWC19.13.01、城市废物-EWC19.12.12、含有害物质的有机废物-EWC16.03.05）时，采用该工艺所产生的大气排放示例。

表6.1　面向3种不同类型的废物采用无焰加压富氧燃烧工艺的大气排放[93]

参数	单位	排放值		
		19.13.01	19.12.12	16.03.05
粉尘	mg/m^3	0.8	9.6	4.6
Hg	mg/m^3	0.001	0.003	
Sb+As+Pb+Cr+Co+Cu+Mn+Ni+V	mg/m^3	0.08	0.1	0.07
Cd+Tl	mg/m^3	<0.001	<0.001	0.00001
PCDD/F	ng I-TEQ/m^3	0.001	0.001	<0.0008
类二噁英PCB	ng WHO-TEQ/m^3	0.0001	0.0001	0.00006
PAH	mg/m^3	<10	<10	<25
HCl	mg/m^3	0.9	NA	<0.008
NO_X	mg/m^3	141	180	21.5
SO_X	mg/m^3	<7	1.1	<5
HF	mg/m^3	0.2	NA	0.55

注：NA—不适用。

表 6.2 给出了基于无焰加压富氧燃烧工艺所产生的炉渣进行浸出试验的结果，该炉渣来源于处理工艺相同的 3 种不同的废物。

表 6.2　面向 3 种不同类型的废物采用无焰加压富氧燃烧工艺所产生炉渣的浸出试验[93]

参数	单位	排放值		
		19.13.01	19.12.12	16.03.05
pH(终值)		NA	3.32	NA
总溶解固体	mg/L	25	36	<100
溶解有机碳(DOC)	mg/L	<0.125	0.615	<10
氯化物	mg/L	<0.004	0.357	0.003
氟化物	mg/L	0.001	<0.0105	0.01
硫酸盐	mg/L	0.047	0.283	0.04
锑	mg/L	0.000144	0.00123	0.002
砷	mg/L	0.000187	0.000392	<0.01
钡	mg/L	<0.0012	0.00307	<0.001
镉	mg/L	0.000087	<0.000072	<0.001
铬	mg/L	0.00498	0.017	0.02
汞	mg/L	<0.000044	<0.000054	0.005
钼	mg/L	0.00187	0.00305	0.04
镍	mg/L	0.00181	0.00319	<0.003
铅	mg/L	0.000235	0.00604	0.05
铜	mg/L	0.00306	0.0206	<0.05
硒	mg/L	0.000158	<0.000324	NA
锌	mg/L	<0.004	0.0144	NA
苯酚指数	mg/L	<0.0497	<0.0493	NA

注：NA—不适用。

每吨废物的寄生电能消耗范围为 50～110kW·h（相当于所回收的总发电量的 10%～20%）。

(5) 跨介质影响

无报道。

(6) 与应用性相关的技术考虑

具有普遍的可应用性。

(7) 经济效益

投资成本：25000000～30000000EUR。

运营成本：每年 5500000EUR（以某容量为 15MW_{th} 的焚烧厂为例，其城市固体废物的额定处理能力为 80000t/a，对应的运营成本为 68.75EUR/t。

考虑到处理每吨废物所产生的污泥和废水的总和为 0.26m^3 这一参考值，是可能计算得到采用该技术后所节省的费用的。考虑到每年处理 80000t 的输入废物，则废水和污泥的通常处置成本估计为每年 145.60000EUR。

基于固定废物处理量（每年 80000t）和每吨废物 70EUR 的处理成本，能够估计的可能节省的费用如下所示：

① 废水：每年 410000EUR。

② 容量为 $15MW_{th}$ 焚烧厂的废水产量为 1300t/a，相当于每吨处理废物为 $0.016m^3$。因此，每年的废水处理成本为 91000EUR，预计每年可节省 410000EUR。

③ 污泥：每年 790000EUR。

④ 容量为 $15MW_{th}$ 的焚烧厂的污泥产量为 2600t/a，相当于每吨处理废物为 $0.032m^3$。因此，每年的污泥处理成本为 182000EUR，预计每年可节省 790000EUR。

⑤ 不需要冷却水的消耗费用。与传统焚化炉相比，该过程不采用冷却水。

⑥ 净能源产量：每年 2.2～3.5EUR。净能源产量为每年 31000MW·h，相当于每吨废物处理量为 0.39MW。

(8) 应用的驱动力

无信息提供。

(9) 工厂举例

Isotherm Gioia del Colle（IT）。

(10) 参考文献

［93］。

6.4　从污水污泥焚烧灰中回收磷的技术

(1) 描述

回收面向城市污水污泥处理的流化床焚烧灰中所包含的磷（和其他资源）。

(2) 技术说明

文献［150］指出，新近开发和试验了用于回收城市污水污泥单独焚烧灰中的磷的不同技术。这些工艺还可以允许同时回收该焚烧灰中所包含的其他额外资源。

工艺类型可分为湿式化学工艺和热工艺。在撰写本书时，虽然热工艺仍处于试验阶段，但某些湿式化学工艺正在逐渐走向商业化。

① 湿式化学工艺。通过采用酸化处理，焚烧灰中的磷含量几乎完全被溶解了。在这一工艺中，不可避免地伴随着焚烧灰中所含金属被部分溶解的现象，其对应的种类和数量取决于原材料（富铁或富铝）的成分以及所添加酸（H_2SO_4 或 HCl）的类型和数量。

某些工艺是能够有效地分离和去除有毒无机污染物（例如铅、镉、汞等）的，目的是提高富磷回收产品的质量。此外，还可进行特别针对铝和铁的分离处理，原因在于这些元素会降低回收产品的质量和对植物生长所具有的可用性。阳离子可通过不同的方法从酸性浸出液中予以去除，这些方法包括顺序沉淀、液-液萃取和离子交换。

依据具体工艺的差异性，磷能够采用磷酸的形式进行回收，或者直接将其作为诸如磷酸二钙（DCP）等矿物磷肥料进行回收。

对某些工艺而言，其依赖于采用部分富含磷的焚烧灰直接替代磨碎的磷矿（高达总磷含量的 10%～20%），这主要用于化肥工业的酸化工艺[147]。

② 热工艺。该工艺是通过高温处理的方式直接从焚烧灰中回收养分。目前所开发的工艺包括：通过竖炉中的高温还原熔炼过程，磷被转化为冶金渣[148]；或者，在感应加热竖炉中通过气相反应，磷被还原为元素磷[149]。一般原理是，通过气相反应将 Zn、Pb、Cd、Hg 等挥发性重金属从产物中分离，并在烟尘中进一步富集后以液态合金的形式进行分离，进而得到高沸点的 Fe、Cu、Ni、Cr 等重金属。

(3) 取得的环境效益

效益包括减少废物的处置量、回收可销售的磷产品、生产可循环至废水处理厂的沉淀化学品、将重金属分离为化学上稳定的硫化物，进而实现对焚烧灰的无害化处理。

(4) 环境绩效和运行数据

据报道，湿式化学工艺中磷的回收率在60%～98%之间，热工艺中磷的回收率在80%～98%之间。

(5) 跨介质影响

无信息提供。

(6) 与应用性相关的技术考虑

无信息提供。

(7) 经济效益

无信息提供。

(8) 应用的驱动力

提高资源效率。

(9) 工厂举例

湿式化学工艺已在瑞典、德国和荷兰的试点焚烧厂进行了测试。热工艺已在欧洲和日本进行了试点测试。

(10) 参考文献

[138]，[140]，[141]，[142]，[143]，[145]，[146]，[147]，[148]，[149]。

第7章

结束语和对未来工作的建议

(1) 审查过程的时间安排

表 7.1 总结了审查过程中关键的里程碑事件。

表 7.1 WI BREF 审核过程的关键里程碑事件

关键里程碑事件	日期
重新激活 TWG	2014 年 5 月 12 日
征集初始场所	2014 年 6 月 20 日
启动会议	2015 年 1 月 19 日到 2015 年 1 月 22 日
草拟问卷	2015 年 4 月到 2015 年 12 月
信息和数据收集	2015 年 3 月到 2016 年 4 月
修订后 WI BREF 的初稿 1	2017 年 5 月
初稿 1 意见征询期结束(收到 2901 条)	2017 年 9 月 8 日
TWG 最终会议	2018 年 4 月 23 日到 2018 年 4 月 27 日

在 BREF 审查过程中，在 2016 年和 2017 年共访问了奥地利、法国、德国和瑞典的 13 家废物焚烧厂和 4 家焚烧底灰处理厂。

此外，还组织了两项活动以改善信息交流：

① 在 2016 年 11 月举行网络研讨会，讨论通过问卷收集的数据（见下文）；

② 在 TWG 最后会议之前，于 2017 年 12 月举行非正式 TWG 会议，对 WI BREF 审查的某些关键方面交换意见。

(2) 信息来源和信息鸿沟

审查过程的主要信息来源是：

① 科技文献；

② 废物焚烧和焚烧底灰处理厂经营者所填写的 300 余份问卷；

③ 源自 TWG 成员提供的其他信息；

④ 针对修订的 BREF 初稿 1 提出的约 2900 条意见；

⑤ 源自实地考察的收集信息；

⑥ 上述研讨会和网络研讨会的成果；

⑦ 3 个专题分组所提供的资料（见下文）。

在启动会议期间，决定创建 3 个专题 TWG 小组，目的是支持下述事项针对 WI BREF 的审查：

① 数据收集和问卷编制；

② 能源；

③ 残余物。

总体上，BATIS 中已经发布了 400 多份文件，其中大部分已在修改的 WI BREF 中进行了引用。

对排放至大气中的粉尘、HCl、HF、CO、TVOC、SO_2、包括汞在内的金属和类金属物质、NH_3 以及 PCDD/F 和类二噁英 PCB，TWG 强调了在审查废物焚烧 BREF 时存在的潜在困难。将排放限值设定在 BAT-AEL 范围的下限以评估其是否符合要求，是因为：随着排放水平的降低，相对测量的不确定性（即以测量值百分比所表示的不确定度）可能会增加。

在此背景下，TWG 认可了 CEN 正在进行的工作，即审查和更新与废物焚烧 BAT 结论实施相关的测量标准。

(3) 信息交流达成的共识程度

在 2018 年 4 月的最后 TWG 会议上，与会人员对大部分 BAT 结论达成了高度的共识。但是也存在 16 个意见分歧（总共 35 项 BAT 结论中的 9 项），它们满足《第 2012/119/EU 号委员会执行决定》的 4.6.2.3.2 节的规定条件。表 7.2 对其进行了总结。

表 7.2　分歧意见的表述列表

序号	BAT 结论/表编号	意见分歧	分歧意见提出者	替代的建议水平(若有)
1	一般注意事项	从公式中删除因子($Q_b/(Q_b-Q_i)$)以表示总电效率	AT,EEB	无
2	BAT 4	添加脚注⑤,混合的城市废物不能被视为是经证明汞含量低且稳定的废物	EEB	无
3	BAT 4	将 PCDD/F 和 PCDD/F＋类二噁英 PCB 的长时期采样设置为仅作为周期性测量中所采用短时期采样的可选替代方案	DE	无
4	BAT 4	删除脚注⑦,其允许排除 PCDD/F 或二噁英 PCB 的长期采样	BE	无
5	BAT 11	将 POP 添加到城市固体废物和其他非危险废物交付时需要周期性监测的物质的示例中	SE,EEB	无
6	为考虑测量的不确定性更改以下 BAT-AEL：		CEWEP,ESWET,Euroheat&Power,FEAD	
	BAT 25 表 5.3	粉尘		$10mg/m^3$
	BAT27,BAT28 表 5.5	新建焚烧厂的 SO_2 已有焚烧厂的 SO_2		$30mg/m^3$ $30\sim40mg/m^3$

续表

序号	BAT 结论/表编号	意见分歧	分歧意见提出者	替代的建议水平(若有)
6	BAT 29 表 5.6	NH_3 CO	CEWEP,ESWET, Euroheat&Power, FEAD	30mg/m^3 50mg/m^3
	BAT 30 表 5.7	TVOC		10mg/m^3
	BAT 31 表 5.8	Hg(表示为日平均值和采样周期平均值)		50μg/m^3
7	BAT 25 表 5.3	将脚注①更改为:对于已有焚烧厂,在升级/重建已有过滤器之前,BAT-AEL 范围的上限为 7mg/m^3	AT	无
8	BAT 29	技术 d(SNCR)的应用性:不可应用于处理能力低于 6t/h 的危险废物焚烧厂,该厂的辅助燃烧区温度在 1000℃以上且配备了至少从 1000℃至 75℃/80℃的直接急冷工艺	HWE,Eurits, FEAD	无
		技术 e(SCR)的应用性:不可应用于处理能力低于 6t/h 的危险废物焚烧炉,该厂的气体温度为 75℃/80℃且配备了直接急冷后进行水饱和的工艺	HWE,Eurits, FEAD	无
9	BAT 29 表 5.6	降低 NO_X BAT-AEL 范围的上限	BE,NL, SE,EEB	已有焚烧厂: 110mg/m^3(SE) 已有焚烧厂: 100mg/m^3(NL,EEB) 新建焚烧厂: 100mg/m^3 (BE,NL,SE,EEB)
		删除脚注②	NL,SE,EEB	无
		脚注②更改为:在 SCR 不可应用的情况下,在脱硝系统升级/重建完成之前,BAT-AEL 范围的上限为 180mg/m^3	AT	无
10	BAT 29 表 5.6	降低大气中 NH_3 排放的 BAT-AEL 范围的上限	AT,EEB	5mg/m^3
11	BAT 30 表 5.7	降低大气中 TVOC 排放的 BAT-AEL 范围的下限	EEB	<2mg/m^3
12	BAT 30 表 5.7	降低采用长时期采样方式测量的 PCDD/F 排放至大气中的 BAT-AEL 范围的上限	AT,BE,EEB	新建焚烧厂: 0.04ng I-TEQ/m^3 已有焚烧厂: 0.06ng I-TEQ/m^3

续表

序号	BAT 结论/表编号	意见分歧	分歧意见提出者	替代的建议水平(若有)
12	BAT 30 表 5.7	降低采用长时期采样方式测量的 PCDD/F+类二噁英 PCB 排放至大气中的 BAT-AEL 范围的上限	AT，BE	新建焚烧厂： 0.06ng I-TEQ/m^3 已有焚烧厂： 0.08ng I-TEQ/m^3
		删除脚注②。	BE	无
13	BAT 31 表 5.8	为大气中汞的排放量设定以年平均值表示的 BAT-AEL	EEB	无
		删除半小时指标排放水平，为大气中的汞排放设定以半小时平均值表示的 BAT-AEL	EEB	无
14	BAT 34 表 5.9 和表 5.10	增加镍的 BAT-AEL 范围的上限	CEWEP，ESWET，FEAD，Eurits，HWE 和 Cefic	0.5mg/L
15	BAT 34 表 5.9 和表 5.10	降低排放至水体中的 Cd、Hg、Ni 和 Sb 的 BAT-AEL 范围的上限	EEB	Cd：0.01mg/L
				Hg：0.003mg/L
				Ni：0.1mg/L
			AT	Sb：0.2mg/L
16	BAT 35	将 BAT 声明修改为：BAT 是分别处理底灰、飞灰和其他 FGC 残余物	EEB	无

(4) 讨论会成员的协商和随后 BAT 结论的正式采用程序

根据指令第 13（3）条，讨论会成员对在 2019 年 2 月 27 日会议上所提出的废物焚烧最佳可行技术（BAT）参考文档给出了如下意见：

① 讨论会通过了委员会所提出的废物焚烧最佳可行技术（BAT）参考文档。

② 讨论会认可 2019 年 2 月 27 日会议的研讨结论，同意讨论会的意见附件 A 建议的对大型燃烧厂最佳可行技术（BAT）参考文档所进行的修改，指出其应该包括在最终文件中。

③ 讨论会重申了讨论会意见附件 B 中的审查，认为这些意见代表了讨论会中某些成员的观点，但讨论会内部并未将其纳入最终文件达成共识。

随后，委员会在编写委员会实施决定草案时考虑了 IED 第 13 条讨论会的意见，其确认了废物焚烧最佳可行技术（BAT）结论。IED 第 75 条委员会在 2019 年 6 月 17 日的会议上对该委员会的执行决定草案给出了肯定的意见。

随后，2019 年 11 月 12 日委员会实施的决定（EU）019/7987 为废物焚烧建立了最佳可行技术（BAT）结论，其发表在欧盟官方杂志上（OJ L 312，2019 年 12 月 3 日，第 55 页）。

(5) 对未来工作的建议

信息交流确认了下次 WI BREF 审查期间应该予以解决的系列问题。下次审查包括以下建议：

① 与下次 WI BREF 审查范围相关的：收集在 EU-28 运行的气化、等离子和热解焚烧厂的信息；

② 与废物焚烧厂焚烧危险废物或污水污泥所达到的锅炉效率相关的：收集依赖于下列情况的有关锅炉效率及其变化的信息，例如：辅助燃料的采用情况；或污水污泥焚烧过程中

污泥预处理的类型和程度；

③ 与 PCDD/F 排放监测方法相关的：收集基于短时期和长时期采样测量的 PCDD/F 排放信息。

④ 为进行后续处理而混合不同的焚烧残余物相关的：收集有关焚烧底灰和锅炉灰的成分、混合不同残余物对所生成材料危险性的可能后果（不仅是考虑稀释效应）和总体材料回收率的信息。

(6) 未来研发工作的建议主题

通过委员会的研究和技术发展计划，委员会正在启动和支持系列净化技术、新兴废水处理和回收技术以及管理战略的项目。这些项目有可能为未来的 BREF 审查做出有益的贡献。因此，请读者将与本书范围相关的任何研究结果告知欧洲 IPPC 局（另请参见本书前言的第五部分）。

第8章

附件

8.1 大气排放监测系统的成本

(1) PCDD/F 和 PCBs 的监测

PCDD/F 和 PCBs 的长时期采样的成本数据（源自 Indaver）如下所示：

投资：110000～140000EUR。

系统测试：4900EUR（估计）。

分析（每年 26 个样本）：20000EUR/a。

由供应商提供的维护（预防性）：2500EUR/a。

(2) 汞的监测

汞的连续性测量的成本数据（估计）：

投资：每台仪器的安装成本约为 100000EUR。

年度维护费用（AMS）：每条焚烧线 20000EUR。

相比于连续性测量，汞的长时期采样系统的投资成本要低得多，估计约为 AMS 的 10%～20%。两种方法的估计运行成本是大致相同的[80]。

8.2 能源效率计算示例

本附件中包括了许多的示例，用于说明：如何根据 3.5.1 节、3.5.2.1 节，3.5.2.2 节和第 5 章提出的总电能效率和总能源效率的概念，计算废物焚烧厂或其部分装置的能源效率。这些示例主要涉及 2016 年收集的数据中的部分焚烧厂，其主要焚烧除污水污泥以外的非危险废物或危险木材废物。

以下小节包括用于推导 3.5.1 节和第 5 章中所介绍的公式中采用的各种信息的实际示例。在最后的 8.2.3 节，给出了一个在更为复杂的情况下的示例，其可能适合于采用总电能效率和同一焚烧厂不同部分的总能源效率表示能源效率。

8.2.1 总电能效率

案例 1. a：焚烧厂仅产生电能。

UK03 焚烧厂仅有一条焚烧线，其将锅炉中产生的所有蒸汽均输送至冷凝汽轮机。此外，焚烧厂自身并不消耗蒸汽。

相关的能源效率公式（另参见 3.5.1 节）为：

$$\eta_e = \frac{W_e}{Q_{th}}(Q_b/(Q_b - Q_i))$$

焚烧厂性能测试的汇总信息如表 8.1 所示（斜体数据仅供参考，并不是计算所必需的）。

表 8.1 源自仅生产电能的焚烧厂的性能测试汇总信息

参数	数值	相关项
废物输入/(t/h)	18.36	
废物输入/(kg/s)	5.1	
废物 NCV/(MJ/kg)	8.59	
总能量输入/MW	43.8	Q_{th}
蒸汽产生		
温度/℃	407.4	
压力/bar(a)	41.1	
量级/(kg/s)	14.2	
输出比焓/(kJ/kg)	3229.97	
给水比焓/(kJ/kg)	591.63	
汽轮发电机:冷凝式汽轮机		
量级/(kg/s)	14.2	
冷却液的参考温度/℃	10	
修正后的发电机功率/MW_e	10.66	W_e
总电能效率/%	24.33	

由于不存在内部蒸汽的消耗，因此认为所有产生的蒸汽都被送至凝汽式汽轮机，即 $Q_i = 0$。

综上所述，总电能效率公式中的相关项为：

$$W_e = 10.55MW_e$$

$$Q_{th} = 43.8MW$$

$$\eta_e = 24.33\%$$

案例 1.b：以产生电能为导向的 CHP 焚烧厂。

焚烧厂 FR33 具有 2 条处理能力相同的焚烧线，其将蒸汽输送至压力为 4bar 的冷凝式汽轮机，后者将蒸汽输送至热交换器以进行区域供热。

但是，可关闭该排气通道和使得蒸汽能够在汽轮机中完全膨胀。因此，能源效率是在排气关闭的满负荷情况下进行计算的。

此外，部分蒸汽会在焚烧厂内部使用；其量值等于锅炉产生蒸汽与输入汽轮机蒸汽之间的差值。

相关的能源效率公式（另参见 3.5.1 节）为：

$$\eta_e = \frac{W_e}{Q_{th}}(Q_b/(Q_b - Q_i))$$

焚烧厂的性能测试的汇总信息如表 8.2 所示（斜体数据仅供参考，并不是计算所必需的）。

表 8.2　以生产电能为导向的 CHP 焚烧厂的性能测试汇总信息

参数	锅炉 1	锅炉 2	总量	相关项
废物输入/(t/h)	5.51	5.51	11.02	
废物输入/(kg/s)	1.53	1.53	3.06	
废物 NCV/(MJ/kg)	9.21	9.21		
总能量输入/MW	14.07	14.07	28.14	Q_{th}
蒸汽产生				
温度/℃	362.7	368.5		
压力/Pa(a)	45	44.9		
总量/(kg/s)	4.69	4.67	9.36	
比焓/(kJ/kg)	3113.8	3128.6		
汽轮发电机:冷凝式汽轮机				
输入蒸汽量/(kg/s)			9.17	
发电机功率/MW_e			5.97	W_e
用于区域供热的热交换器:由于性能测试期间关闭了排气口,因此在计算中未予以采用				
压力/Pa(a)			4	
标称功率/MW_{th}			9	
总电能效率/%			21.65	

在性能测试期间，部分高压蒸汽（0.19kg/s）直接从锅炉中抽取以供焚烧厂内部使用（吹灰器），其与项 Q_i 相关。

根据以上信息，总电能效率公式中的相关项取值为：

$$W_e = 5.97\text{MW}_e$$

$$Q_{th} = 28.14\text{MW}$$

$$Q_b = 9.36\Delta h$$

$$Q_i = (9.36 - 9.17)\Delta h$$

$$\eta_e = 21.65\%$$

式中，Q_i 表示焚烧产生的蒸汽量与输入汽轮机的蒸汽量之间的差值再乘以蒸汽和给水之间的焓差值（Δh）；Δh 的计算不是必要的，原因在于该项在计算中进行了简化。

8.2.2　总能源效率

案例 2.a：仅产生热能的焚烧厂。

下面的 FR18 焚烧厂拥有 2 条处理能力不同的焚烧线。由于 2 台锅炉投入运行和进行测试的时间不同，废物的 NCV 值也是不同的。它们还产生具有不同压力下的蒸汽，原因在于其中的一台锅炉未来计划连接至蒸汽轮机。焚烧厂所产生的蒸汽完全用于输出（而不是输送至 DH 网络）。该焚烧厂自身未消耗热能（Q_i）。

相关的能源效率公式（另参见 3.5.1 节）为：

$$\eta_h = \frac{W_e + Q_{he} + Q_{de} + Q_i}{Q_{th}}$$

焚烧厂性能测试的汇总信息如表 8.3 所示（斜体数据仅供参考，并不是计算所必需的）。

表 8.3 仅生产热能的焚烧厂的性能测试汇总信息

参数	锅炉 1	锅炉 2	总量	相关项
废物输入/(t/h)	3.2	4	7.2	
废物输入/(kg/s)	0.89	1.11	2.00	
废物 NCV/(MJ/kg)	8.17	9.18		
总能量输入/MW	7.27	10.18	17.45	Q_{th}
蒸汽产生				
温度/℃	220	350		
压力/Pa(a)	20	40		
总量/(kg/s)	1.94	3.47	5.42	
比焓/(kJ/kg)	2798.4	2800.9		
汽轮发电机:无				
蒸汽/热水直接出口				
标称功率(直接输出点的标称热功率输出容量减去返回流的标称热功率)/MW_{th}			13.2	Q_{de}
总能源效率/%			75.6	

综上所述，总能源效率公式中的相关项取值为：

$$W_e=0(\text{无汽轮机})$$

$$Q_{de}=13.2MW_{th}$$

$$Q_{he}=0(\text{无用于 DH 的热交换器})$$

$$Q_i=0(\text{无内部热能使用报告})$$

$$Q_{th}=17.45MW$$

$$\eta_e=75.6\%$$

案例 2.b：以生产热能为导向的 CHP 焚烧厂。

焚烧厂 FR53 拥有 2 条产能相同的焚烧线，其将蒸汽输送至背压式汽轮机，然后将压力为 1.7bar 的蒸汽输送至热交换器进行区域供热。

相关的能源效率公式（另参见 3.5.1 节）为：

$$\eta_h=\frac{W_e+Q_{he}+Q_{de}+Q_i}{Q_{th}}$$

焚烧厂性能测试的汇总信息如表 8.4 所示（斜体数据仅供参考，并不是计算所必需的）。

表 8.4 以生产热能为导向的 CHP 焚烧厂的性能测试汇总信息

参数	锅炉 1	锅炉 2	总量	相关项
废物输入/(t/h)	7.5	7.5	15	
废物输入/(kg/s)	2.08	2.08	4.16	
废物 NCV/(MJ/kg)	8.36	8.36		
总能量输入/MW			34.85	Q_{th}

续表

参数	锅炉1	锅炉2	总量	相关项
蒸汽产生				
温度/℃			410	
压力/bar(a)			40.6	
总量/(kg/s)	5.67	5.67	11.34	
比焓/(kJ/kg)			3236.94	
汽轮发电机：背压式汽轮机				
总量/(kg/s)			10.56	
发电机功率/MW_e			5.8	W_e
热交换器				
压力/bar(a)			1.7	
额定功率/MW_{he}			26.2	Q_{he}
总能源效率/%：			91.82	

综上所述，总能源效率公式中的相关项取值为：

$$W_e = 5.8\text{MW}$$

$$Q_{de} = 0\text{（无直接输出点）}$$

$$Q_{he} = 26.2\text{MW}_{he}$$

$$Q_i = 0\text{（无内部热能消耗）}$$

$$Q_{th} = 34.85\text{MW}$$

$$\eta_e = 91.82\%$$

8.2.3 中间案例：联合确定总电能效率和总能源效率

案例3：将焚烧厂虚拟分为两部分，一部分仅产生电能，另一部分产生热能和电能。

本节描述了由Viridor在Runcorn（英国）运营的由废物转换能源的设施。该焚烧厂由2条焚烧线（和锅炉）组成，其中，输送至冷凝式汽轮机的蒸汽分为高压（HP）和低压（LP）部分；但因其设计的较低的蒸汽处理能力，所以并不能膨胀全部LP汽轮机中的蒸汽，剩余的压力约15bar的部分蒸汽需输出至附近的其他工业过程中。

由于该焚烧厂的效率不能完全地通过总电能效率或总能源效率公式进行计算，因此制定的解决方案为：将蒸汽流量分成如下2部分，进而分别计算焚烧厂在这2个部分的能源效率。

① 焚烧厂的第1部分对应于随后输出至其他工业的蒸汽量。这部分蒸汽仅通过高压汽轮机，从而在入口压力和蒸汽出口压力之间会产生能量。HP汽轮机被视为虚拟背压（BP）涡轮机，其所产生的能量被添加至用于焚烧厂该部分总能源效率公式中输出的蒸汽功率中。

② 经焚烧厂的第2部分对应于可通过汽轮机的2个部分的蒸汽量，其会受限于LP汽轮机中可膨胀的蒸汽处理能力。该焚烧厂这部分的效率是通过总电能效率公式确定的。

图8.1给出了上述这种分离的示意图，对应的焚烧厂性能测试的汇总信息如表8.5所示。

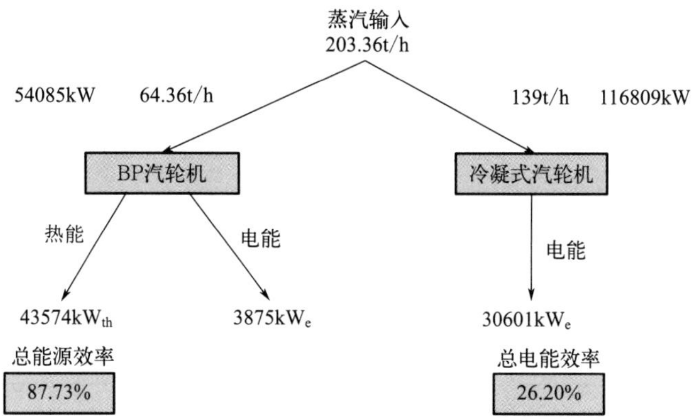

图 8.1 分为两部分的废物焚烧厂蒸汽系统的分离示意图

表 8.5 具有混合配置焚烧厂的性能测试汇总信息

参数		锅炉 1	锅炉 2	总量
A	废物输入/(t/h)	24.72	25.18	49.90
B	废物输入/(kg/s)	6.87	6.99	13.86
C	废物 NCV/(MJ/kg)	12.33	12.33	
D	总能量输入/MW	84.652	86.242	130.894
E	产生蒸汽/(t/h)	100.41	102.95	203.36
F	温度/℃	399.99	400.06	
G	压力/bar(a)	53.1	53.2	
H	焓值/(kJ/kg)	3190.9	3191.0	
I	水输入焓值/(kJ/kg)	454.8	455.2	
汽轮机:冷凝式汽轮机				
J	总电能量/MW			33.745
K	总电能输出(校正后)/MW			34.476
输出蒸汽				
L	总量/(kg/s)			64.36
M	温度/℃			236.5
N	压力/bar(a)			14.863
O	焓值/(kJ/kg)			2892.1

根据上述这些参数，表 8.6 和表 8.7 给出了废物焚烧厂各部分的总能源效率和总电能效率的计算结果[144]。

表 8.6 描述为虚拟热能导向的 CHP 焚烧厂的部分总能源效率汇总计算

虚拟热能导向的 CHP 焚烧厂				
参数		值	确定为	相关项
P	工业用户蒸汽流量/(t/h)	64.36	=性能测试	
Q	总能源输入/MW	54.085	$=DP/E$	Q_{th}
R	热能输出/MW$_{th}$	43.574	$=P(O-I)/3.6$	Q_{de}

续表

虚拟热能导向的 CHP 焚烧厂				
参数		值	确定为	相关项
S	HP 涡轮后的焓值	2956.7	性能测试	
T	电能产生量/MW_e	4.189	$=P(H-S)$	W_e

$$\eta_h=\frac{W_e+Q_{he}+Q_{de}+Q_i}{Q_{th}}=88.31\%, Q_i=0, Q_{he}=0$$

表 8.7　描述为仅产生电能的虚拟焚烧厂的部分总电能效率汇总计算

虚拟的仅电能导向焚烧厂				
参数		值	确定为	相关项
U	流向汽轮机的蒸汽流量/(t/h)	139	$=E-P$	
V	总能源输入/MW	116.809	$=DU/E$	Q_{th}
W	冷凝器压力/bar	0.072	性能测试	
Y	电能输出/MW	30.287	$=K-T$	W_e

$$\eta_h=\frac{W_e}{Q_{th}}\times\frac{Q_b}{Q_b-Q_i}=25.93\%, Q_i=0$$

8.3　用于 FGC 系统选择的多准则评估示例

基于具有年废物处理能力为 200000t 的某焚烧实际项目，表 8.8、表 8.9 给出了如何评估和选择 FGC 系统的示例。

表 8.8　FGC 系统选择的多准则评估示例

准则			
工艺	半湿式	干式双重过滤	干式简单过滤
1. 自然资源保护与效率			
a. 原材料			
水/(m^3/t_w)	0.2	—	—
试剂/(m^3/t_w)			
类型	石灰	碳酸氢钠	碳酸氢钠
数量	18	26	26
类型 2(氨)/(kg/t_w)	5	5	5
类型 3(活性炭)/(kg/t_w)	0.6	0.6	0.6
能源消耗/(kg/t_w)			
辅助燃料	—	—	—
电能	25	30	20

续表

准则			
工艺	半湿式	干式双重过滤	干式简单过滤
b. 回收与再循环/(kg/t_w)			
能量回收			
金属回收/(kg/t_w)			
建材回收	—	可能的	—
盐类回收	—	可能的	—
2. 排放			
a. 低废物技术			
液体废物			
固体残余物			
FGC 残留量			
飞灰			
盐类	—	—	—
FGC/盐类残留量			
	54	—	45
b. 排放与影响/(kg/t_w)	—	25	—
大气排放	—	20	—
污染物	钙	钠	钠
噪声			
异味			
水体排放			
残余物排放			
3. 危险			
源自有害物质(化学品)的危险	少	无	无
源自排放物的危险			
源自意外的危险	极少	极少	极少
4. 经济			
费用和固定费用收益(投资与维护)/EUR	4.1	5.1	3.9
运行费用	19.9	19.7	20.6
总费用	24.0	24.8	24.5

表 8.9 用于比较 FGC 系统选项的多准则成本评估示例

200000t 废物/a								
工艺(试剂)			半湿式(石灰)		干式双重过滤(碳酸氢钠)		干式简单过滤(碳酸氢钠)	
Ⅰ. 可变成本								
试剂	单位/u	单价/(€/u)	量化/(u/t_w)	单价/(€/t_w)	量化/(u/t_w)	单价/(€/t_w)	量化/(u/t_w)	单价/(€/t_w)
石灰	kg	0.1	18	1.8				
碳酸氢钠	kg	0.2			26	5.2	26	5.2
氨	kg	0.15	5	0.8	5	0.8	5	0.8
活性炭	kg	1.5	0.6	0.9	0.6	0.9	0.6	0.9
公用工程								
水	m^3	0.5	0.2	0.1				
电	kW·h	0.04	25	1.0	30	1.2	20	0.8
1. 试剂与公用工程总量		€/t_w		4.6		8.1		7.7
残余物与废水:								
飞灰	kg	0.27						
FGC 残余物	kg	0.27			25	6.8		
盐类	kg	0.27			20	4.0		
			54	14.6			45	12.2
2. 残余物与废水总量		€/t_w		14.6		10.8		12.2
1+2 的和		€/t_w		19.2		18.9		19.9
3. 总劳动力		€/t_w		0.2		0.2		0.2
4. 日常维修总费用		€/t_w		0.5		0.6		0.5
Ⅱ. 固定费用								
5. 保养与更新费		€/t_w		1.3		1.6		1.2
6. 年金(投资本金+利息)①		€/t_w		2.8		3.5		2.7
总可变费用 1+2+3+4		€/t_w		19.9		19.7		20.6
总固定费用 5+6		€/t_w		4.1		5.1		3.9
全部费用		€/t_w		24		24.8		24.5

① 固定利率 6%——20 年间。

8.4 参与 2016 年数据收集的欧洲废物焚烧厂[81]

如表 8.10 所示。

表 8.10 参与 2016 年数据收集的欧洲废物焚烧厂

参考焚烧线	装置名称	城市	国家	主要活动	处理能力	主要焚烧废物类型	安装的烟气净化技术
AT01R	MVA Floetzersteig	Vienna	AT	5.2(a)	27.9t/h	M	SCR、BF、WS2s、DSI
AT02R	MVA Spittelau	Vienna	AT	5.2(a)	32t/h	M	SCR、BF、WS2s
AT03R	MVA Pfaffenau	Vienna	AT	5.2(a)	32t/h	M	SCR、ESPd、WS2s、Bed
AT04.1R	WAV Wels	Wels	AT	5.2(a)	8t/h	O	SCR、ESPd、WS2s、Bed
AT04.2R	WAV Wels	Wels	AT	5.2(a)	28.9t/h	O	Prim、SCR、ESPd、BF、WS2s、DSI
AT05.1R	MVA Duernrohr	Zwentendorf	AT	5.2(a)	150000t/a	M	Prim、SCR、BF、WS2s、DS_rcy、DSI
AT05.2R	MVA Duernrohr	Zwentendorf	AT	5.2(a)	150000t/a	M	Prim、SCR、BF、WS2s、DS_rcy、DSI
AT05.3R	MVA Duernrohr	Zwentendorf	AT	5.2(a)	225000t/a	M	Prim、SCR、BF、WS2s、DS_rcy、DSI
AT06R	TBA Arnoldstein	Arnoldstein	AT	5.2(a)	96000t/a	M	SCR、BF、Bed、sWS、Other
AT07R	MVA Zistersdorf	Zwentendorf	AT	5.2(a)	19.8t/h	M	SCR、BF、DS_rea
AT08.1R	Simmeringer Haide	Vienna	AT	5.2(a)	30t/h	S	SCR、ESPd、WS2s、Bed
AT08.2R	Simmeringer Haid	Vienna	AT	5.2(a)	16.2t/h	M	SCR、ESPd、WS2s、Bed
AT09R	RVL Lenzing	Lenzing	AT	5.2(a)	37t/h	O	SCR、BF、Cyc、WS2s、DSI
AT11R	RHKW Linz-Mitte	Linz	AT	5.2(a)	28t/h	M	SCR、BF、Cyc、WS2s、DSI
BE01R	BIONERGA VERBRANDING	HouthalenHelchte ren	BE	5.2(a)	6.1t/h	M	SCR、ESPd、Cyc、sWS、DS_rea、DSI
BE02R	Brussel-Energie	Brussels	BE	5.2(a)	75t/h	M	SCR、ESPd、ESPw、WS2s

续表

参考焚烧线	装置名称	城市	国家	主要活动	处理能力	主要焚烧废物类型	安装的烟气净化技术
BE03R	MOG	Harelbeke	BE	5.2(a)	8t/h	M	SCR、ESPd、BF、WS2s、DSI
BE04.1R	Intradel-Uvelia	Herstal	BE	5.2(a)	67.08MW	M	SCR、ESPd、BF、sWS、DSI
BE04.2R	Intradel-Uvelia	Herstal	BE	5.2(a)	67.08MW	M	SCR、ESPd、BF、sWS、DSI
BE05R	Ipalle	Beloeil	BE	5.2(a)	51.94t/h	O	SNCR、ESPd、BF、WS2s、sWS、DSI、Qch
BE06R	Biostoom Oostende nv	Ostend	BE	5.2(a)	31.25t/h	O	SNCR、BF、Qch
BE07R	Grate furnace Indaver	Beveren	BE	5.2(a)	50t/h	M	SNCR、BF、WS2s、DS_rea、DSI
BE08.1R	Sleco	Beveren	BE	5.2(a)	71t/h	O	SNCR、ESPd、BF、WS1s、DS_rcy、DSI
BE08.2R	Sleco	Beveren	BE	5.2(a)	71t/h	O	SNCR、ESPd、BF、WS1s、DS_rcy、DSI
BE08.3R	Sleco	Beveren	BE	5.2(a)	71t/h	O	SNCR、ESPd、BF、WS1s、DS_rcy、DSI
BE09.1R	Rotary Kiln Indaver	Antwerp	BE	5.2(a)	16.67t/h	H	SNCR、ESPd、WS2s、Bed
BE09.2R	Rotary Kiln Indaver	Antwerp	BE	5.2(a)	16.67t/h	H	SNCR、ESPd、WS2s、Bed
BE09.3R	Rotary Kiln Indaver	Antwerp	BE	5.2(a)	16.67t/h	H	SNCR、ESPd、WS2s、Bed
BE10R	ISVAG	Antwerp	BE	5.2(a)	8.5t/h	M	Prim、SNCR、ESPd、BF、WS1s、WS2s、sWS、Bed、Qch
BE12	MIROM	Roeselare	BE	5.2(a)	4t/h	M	SCR、ESPd、DSI
BE13	IVBO	Bruges	BE	5.2(a)	200000t/a	M	Prim、SCR、WS2s、DSI、Qch
BE14	IVM	Eeklo	BE	5.2(a)	95152t/a	M	SCR、ESPd、sWS、DS_rcy
CZ01.1R	Waste to Energy Plant SAKO Brno,a. s	Brno	CZ	5.2(a)	32	M	SNCR、sWS、DSI
CZ01.2R	Waste to Energy Plant SAKO Brno,a. s	Brno	CZ	5.2(a)	32	M	SNCR、sWS、DSI

续表

参考焚烧线	装置名称	城市	国家	主要活动	处理能力	主要焚烧废物类型	安装的烟气净化技术
DE01	Danpower Biomassekraftwerk	Delitzsch	DE	5.2(a)	163000t/a	O	SNCR、BF、Cyc
DE02	Altenstadt Heizkraftwerk	Altenstadt	DE	5.2(a)	104000t/a	O	Prim、BF、DSI
DE03	biotherm Hagenow GmbH	Hagenow	DE	5.2(a)	67765t/a	O	BF、Cyc
DE04	Biomasseheizkraftwerk Zolling GmbH	Zolling	DE	5.2(a)	210240t	H	SNCR、BF、Cyc、DS_rea
DE05	BHZ Zapfendorf	Zapfendorf	DE	5.2(a)	60000t/a	H	SCR、BF、DSI
DE15.1R	Sewage Sludge Incineration BASF SE	Ludwigshafen	DE	5.2(a)	200000t/a	S	ESPd、BF、WS3s、DSI
DE15.2R	Sewage Sludge Incineration BASF SE	Ludwigshafen	DE	5.2(a)	200000t/a	S	ESPd、BF、WS3s、DSI
DE16R	INNOVATHERM GmbH	Lünen	DE	5.2(a)	265000t/a	S	ESPd、BF、WS2s、DSI、Qch
DE17R	Currenta	Dormagen	DE	5.2(a)	65000t/a	H	Prim、SCR、ESPw、WS3s
DE18.1	GSB Ebenhausen	Baar-Ebenhausen bei Ingolstadt	DE	5.2(a)	105000t/a	H	SNCR、ESPd、BF、WS3s、DSI、Bed
DE18.2	GSB Ebenhausen	Baar-Ebenhausen bei Ingolstadt	DE	5.2(a)	105000t/a	H	SNCR、ESPd、BF、WS3s、DSI、Bed
DE19R	AGV	Trostberg	DE	5.2(a)	30t/d	H	SCR、WS2s、Qch
DE20.1R	Wacker Chemie AG,Burghausen	Burghausen	DE	4	$16000m^3/h$	H	SCR、ESPw、WS1s、WS2s、PC、Qch
DE20.2R	Wacker Chemie AG,Burghausen	Burghausen	DE	4	$26000m^3/h$	H	SCR、ESPw、WS1s、WS2s、PC、Qch
DE21.1R	Wacker Chemie AG,Nünchritz	Nünchritz	DE	4	37000t/a	H	ESPw、WS3s、Bed、Qch
DE21.2R	Wacker Chemie AG,Nünchritz	Nünchritz	DE	4	37000t/a	H	ESPw、Cyc、WS3s、Bed、Qch

续表

参考焚烧线	装置名称	城市	国家	主要活动	处理能力	主要焚烧废物类型	安装的烟气净化技术
DE22R	Drehrohrofenanlage Schkopau	Schkopau	DE	5.2(a)	124t/d	H	ESPw、WS1s、Bed、Qch
DE23R	Reststoffverwertungsanlage(RVA)	Stade	DE	5.2(b)	150t/d	H	Prim、ESPw、WS2s、Bed、Qch
DE24	Chemiepark Marl	Marl	DE	5.2(a)	17000t/a	H	SNCR、BF、WS2s、Bed
DE25R	TRV Thermische Rückstandsverwertung GmbH & Co KG	Wesseling	DE	5.2(b)	$41MW_{th}$	H	SCR、ESPd、WS2s、Bed
DE26.1R	BASF Ludwigshafen	Ludwigshafen	DE	5.2(b)	23t/h	H	SCR、ESPd、WS3s、Qch
DE26.2R	BASF Ludwigshafen	Ludwigshafen	DE	5.2(b)	23t/h	H	SCR、ESPd、WS3s、Qch
DE26.3R	BASF Ludwigshafen	Ludwigshafen	DE	5.2(b)	23t/h	H	SCR、ESPd、WS3s、Qch
DE27.1	InfraServ Höchst	Frankfurt	DE	5.2(a)	NI	NI	NI
DE27.2	InfraServ Höchst	Frankfurt	DE	5.2(a)	NI	NI	NI
DE28	Sonderabfallverbrenn ungsanlage Brunsbüttel	Brunsbüttel	DE	5.2(a)	55000t/a	H	SCR、ESPd、BF、WS3s、DSI、PC
DE29.1R	SAV Biebesheim	Brunsbüttel	DE	5.2(b)	35MW	H	SNCR、ESPd、BF、WS3s、DSI、PC、Qch
DE29.2R	SAV Biebesheim	Brunsbüttel	DE	5.2(b)	35MW	H	SNCR、ESPd、BF、WS3s、DSI、PC、Qch
DE30.1R	SAV Biebesheim	Hamburg	DE	5.2(b)	130000t/a	H	SCR、ESPd、WS2s、Bed、PC、Qch
DE30.2R	SAV Hamburg	Hamburg	DE	5.2(b)	69.4MW	H	SCR、ESPd、WS2s、Bed、PC、Qch
DE31R	BMHKW Flohr	Neuwied	DE	5.2(b)	$30.2MW_{th}$	H	Prim、SNCR、BF、Cyc、sWS
DE32R	BMK Biomassekraftwerk Lünen GmbH	Lünen	DE	5.2(b)	$68.4MW_{th}$	H	Prim、SNCR、BF、Cyc、sWS
DE33R	BMHKW Buchen	Buchen/Odenwald	DE	5.2(b)	$29.7MW_{th}$	H	Prim、SNCR、BF、Cyc、sWS

续表

参考焚烧线	装置名称	城市	国家	主要活动	处理能力	主要焚烧废物类型	安装的烟气净化技术
DE34	AVA	Augsburg	DE	5.2(a)	240000t/a	M	SCR、ESPd、WS2s、DSI
DE35R	MHKW	Berlin	DE	5.2(a)	88.2t/h	M	SCR、BF、DSI
DE36.1R	PD energy GmbH	Bitterfeld-Wolfen	DE	5.2(a)	134400t/a	O	SNCR、BF、DS_rcy
DE36.2R	PD energy GmbH	Bitterfeld-Wolfen	DE	5.2(a)	134400t/a	O	SNCR、BF、DS_rcy
DE37R	TREA Breisgau	Eschbach	DE	5.2(a)	22t/h	M	SCR、ESPd、WS2s、DSI、Bed
DE38	Müllheizkraftwerk Bremen	Bremen	DE	5.2(a)	580000t/a	M	SNCR、ESPd、BF、sWS、DS_rcy、DSI
DE39.1	MHKW Bremerhaven	Bremerhaven	DE	5.2(a)	401500t/a	M	SNCR、ESPd、BF、WS2s、DSI
DE39.2	MHKW Bremerhaven	Bremerhaven	DE	5.2(a)	401500t/a	M	SNCR、ESPd、BF、WS2s、DSI
DE39.3	MHKW Bremerhaven	Bremerhaven	DE	5.2(a)	401500t/a	M	SNCR、ESPd、BF、WS2s、DSI
DE40.1	Müllheizkraftwerk Burgkirchen	Burgkirchen	DE	5.2(a)	230000t/a	M	SCR、ESPd、BF、WS3s、DSI
DE40.2	Müllheizkraftwerk Burgkirchen	Burgkirchen	DE	5.2(a)	230000t/a	M	SCR、ESPd、BF、WS3s、DSI
DE41.1R	Müllheizkraftwerk Darmstadt	Darmstadt	DE	5.2(a)	217000t/a	M	SCR、ESPd、WS3s
DE41.2R	Müllheizkraftwerk Darmstadt	Darmstadt	DE	5.2(a)	217000t/a	M	SCR、ESPd、WS3s
DE41.3R	Müllheizkraftwerk Darmstadt	Darmstadt	DE	5.2(a)	217000t/a	M	SCR、ESPd、WS3s
DE42R	Müllverbrennungsanl age Düsseldorf	Düsseldorf	DE	5.2(a)	75t/h	M	SCR、ESPd、sWS、DSI、Bed
DE43R	Waste incineration plant Karnap	Essen	DE	5.2(a)	180237t/a	M	SCR、ESPd、WS1s、Bed
DE44R	MHKW-Frankfurt	Frankfurt	DE	5.2(a)	525600t/a	M	SNCR、BF、DSI
DE45R	Müllheizkraftwerk Göppingen	Göppingen	DE	5.2(a)	19.8t/h	M	SCR、BF、WS1s、WS2s、DSI、Qch

续表

参考焚烧线	装置名称	城市	国家	主要活动	处理能力	主要焚烧废物类型	安装的烟气净化技术
DE46R	EEW Energy from Waste Großräschen GmbH	Großräschen	DE	5.2(a)	28.6t/h	O	SNCR、BF、DSI
DE47.1R	MVB Müllverwertung Borsigstraße GmbH	Hamburg	DE	5.2(a)	320000t/a	M	SNCR、BF、WS3s、DSI
DE47.2R	MVB Müllverwertung Borsigstraße GmbH	Hamburg	DE	5.2(a)	320000t/a	M	SNCR、BF、WS3s、DSI
DE48.1	MVR Müllverwertung Rugenberger Damm GmbH & Co. KG	Hamburg	DE	5.2(a)	320000t/a	M	SNCR、BF、WS3s
DE48.2	MVR Müllverwertung Rugenberger Damm GmbH & Co. KG	Hamburg	DE	5.2(a)	320000t/a	M	SNCR、BF、WS3s
DE49.1R	NA	Hannover	DE	5.2(a)	28t/h	M	SNCR、BF、sWS、DSI
DE49.2R	NA	Hannover	DE	5.2(a)	28t/h	M	SNCR、BF、sWS、DSI
DE50.1R	ETN Heringen	Heringen/Werra	DE	5.2(a)	35t/h	O	SNCR、BF、sWS、DS_rea
DE50.2R	ETN Heringen	Heringen/Werra	DE	5.2(a)	35t/h	O	SNCR、BF、sWS、DS_rea
DE51R	Abfallentsorgungszentrum (AEZ) Asdonkshof	Kamp-Lintfort	DE	5.2(a)	260000t/a	O	SCR、ESPd、WS1s、WS2s、Bed、Qch
DE52.1	MHKW Kassel	Kassel	DE	5.2(a)	200000t/a	M	SCR、BF、DSI、Bed
DE52.2	MHKW Kassel	Kassel	DE	5.2(a)	200000t/a	M	SCR、BF、DSI、Bed
DE53.1	Müllverbrennung Kiel	Kiel	DE	5.2(a)	140000t/a	M	SCR、ESPd、WS2s、WS3s、Bed、Qch
DE53.2	Müllverbrennung Kiel	Kiel	DE	5.2(a)	140000t/a	M	SCR、ESPd、WS2s、WS3s、Bed、Qch
DE54.1	AVG Köln mbH	Cologne	DE	5.2(a)	780000t/a	O	SCR、BF、WS1s、WS2s、Bed

续表

参考焚烧线	装置名称	城市	国家	主要活动	处理能力	主要焚烧废物类型	安装的烟气净化技术
DE54.2	AVG Köln mbH	Cologne	DE	5.2(a)	780000t/a	O	SCR、BF、WS1s、WS2s、Bed
DE54.3	AVG Köln mbH	Cologne	DE	5.2(a)	780000t/a	O	SCR、BF、WS1s、WS2s、Bed
DE54.4	AVG Köln mbH	Cologne	DE	5.2(a)	780000t/a	O	SCR、BF、WS1s、WS2s、Bed
DE55.1R	MKVA Krefeld	Krefeld	DE	5.2(a)	80.29t/h	M	SNCR、BF、WS2s、WS3s、DSI、Qch
DE55.2R	MKVA Krefeld	Krefeld	DE	5.2(a)	80.29t/h	M	SNCR、BF、DSI
DE55.3R	MKVA Krefeld	Krefeld	DE	5.2(a)	80.29t/h	M	SCR、BF、WS2s、WS3s、DSI、Qch
DE56R	Waste incineration plant	Lauta	DE	5.2(a)	225000t/a	M	SCR、BF、DS_rcy、DSI、Bed、Qch
DE57	MVV TREA Leuna	Lauta	DE	5.2(a)	400000t/a	O	SNCR、BF、sWS、DS_rcy、DS_rea、DSI、Qch
DE58.1R	MHKW Leverkusen	Leverkusen	DE	5.2(a)	680t/d	M	SCR、ESPd、WS2s、Bed
DE58.2R	MHKW Leverkusen	Leverkusen	DE	5.2(a)	680t/d	M	SCR、ESPd、WS2s、Bed
DE58.3R	MHKW Leverkusen	Leverkusen	DE	5.2(a)	680t/d	M	SCR、ESPd、WS2s、Bed
DE59	MHKW Ludwigshafen	Ludwigshafen	DE	5.2(a)	200t	M	SCR、BF、DS_rcy、Qch
DE60	MHKW Mainz	Mainz	DE	5.2(a)	NI	O	SNCR、BF、WS2s、DSI
DE61R	Abfallheizkraftwerk Neunkirchen	Neunkirchen	DE	5.2(a)	17t/h	O	SCR、ESPd、ESPw、BF、WS3s、Bed
DE62	Müllverbrennungsanl age Nürnberg	Neunkirchen	DE	5.2(a)	$105MW_{th}$	M	SCR、ESPd、WS1s、DS_rea
DE63R	GMVA Gemeinschafts-MüllV erbrennungsanlage Niederrhein GmbH	Oberhausen	DE	5.2(a)	96t/h	M	SNCR、ESPd、BF、WS2s、DSI
DE64.1R	Müllheizkraftwerk Pirmasens	Pirmasens	DE	5.2(a)	24t/h	O	SNCR、ESPd、BF、WS3s
DE64.2R	Müllheizkraftwerk Pirmasens	Pirmasens	DE	5.2(a)	24t/h	O	SNCR、ESPd、BF、WS3s

续表

参考焚烧线	装置名称	城市	国家	主要活动	处理能力	主要焚烧废物类型	安装的烟气净化技术
DE65.1	Müllheizkraftwerk Pirmasens	Solingen	DE	5.2(a)	53123t/a	O	SNCR、ESPd、BF、sWS、DSI
DE65.2	Müllheizkraftwerk Pirmasens	Solingen	DE	5.2(a)	53123t/a	O	SNCR、ESPd、BF、sWS、DSI
DE66.1	EEW Energy from Waste Stapelfeld GmbH	Stapelfeld	DE	5.2(a)	350000t/a	M	SCR、ESPd、WS2s
DE66.2	EEW Energy from Waste Stapelfeld GmbH	Stapelfeld	DE	5.2(a)	350000t/a	M	SCR、ESPd、WS2s
DE67.1	REMONDIS Thermische Abfallverwertung GmbH	Staßfurt	DE	5.2(a)	380000t	M	SNCR、BF、sWS
DE67.2R	REMONDIS Thermische Abfallverwertung GmbH	Staßfurt	DE	5.2(a)	380000t	M	SNCR、BF、sWS
DE68R	EBS-Kraftwerk Witzenhausen-DSS Paper	Witzenhausen	DE	5.2(a)	326000t/a	O	SNCR、ESPd、BF、Cyc、DS_rcy、DSI、Qch
DE69	Abfallwirtschaftsgesel lschaft mbH Wuppertal	Wuppertal	DE	5.2(a)	406933t/a	M	SCR、ESPd、BF、DS_rcy、DS_rea、DSI、Bed、Qch
DE70	MHKW Würzburg	Würzburg	DE	5.2(a)	NI	M	SCR、BF、DS_rcy、DSI、Qch
DE71.1	Abfallverwertung Zorbau	Lützen	DE	5.2(a)	107.2MW_{th}	M	SNCR、BF、DS_rcy、DSI
DE71.2	Abfallverwertung Zorbau	Lützen	DE	5.2(a)	107.2MW_{th}	M	SNCR、BF、DS_rcy、DSI
DE72R	IHKW Andernach GmbH	Andernach	DE	5.2(a)	17.5t/h	M	SNCR、BF、DS_rcy
DE73R	EEW Stavenhagen GmbH & Co. KG	Stavenhagen	DE	5.2(a)	11.5t/h	M	Prim、SNCR、BF、sWS、DS_rcy
DE74.1R	MVA Bielefeld-Herford	Bielefeld	DE	5.2(a)	56.4t/h	O	SCR、ESPd、WS2s、DSI
DE74.2R	MVA Bielefeld-Herford	Bielefeld	DE	5.2(a)	56.4t/h	O	SCR、ESPd、WS2s、DSI

续表

参考焚烧线	装置名称	城市	国家	主要活动	处理能力	主要焚烧废物类型	安装的烟气净化技术
DE74.3R	MVA Bielefeld-Herford	Bielefeld	DE	5.2(a)	56.4t/h	O	SCR、ESPd、WS2s、DSI
DE76.1R	MVA Hameln	Hameln	DE	5.2(a)	50.2t/h	O	SNCR、SCR、ESPd、DS_rcy、Bed、Qch
DE76.2R	MVA Hameln	Hameln	DE	5.2(a)	50.2t/h	NI	SNCR、SCR、ESPd、DS_rcy、Bed
DE76.3R	MVA Hameln	Hameln	DE	5.2(a)	50.2t/h	O	SNCR、SCR、ESPd、DS_rcy、Bed、Qch
DE76.4R	MVA Hameln	Hameln	DE	5.2(a)	50.2t/h	O	SCR、BF、DS_rea
DE78R	Siedlungsmüllverbren nungsanlage (Linien 1bis 4)	Herten	DE	5.2(a)	600000t/a	O	SCR、ESPd、BF、WS2s、Bed
DE80.1R	Zweckverband MVA Ingolstadt Ersatzverbrennungslinie I	Ingolstadt	DE	5.2(a)	34t/h	M	Prim、SCR、BF、WS3s、DSI
DE80.2R	Zweckverband MVA Ingolstadt Ersatzverbrennungslinie I	Ingolstadt	DE	5.2(a)	34t/h	M	Prim、SCR、BF、WS3s、DSI
DE80.3R	Zweckverband MVA Ingolstadt Ersatzverbrennungslinie I	Ingolstadt	DE	5.2(a)	34t/h	M	Prim、SCR、ESPd、BF、WS3s、DSI
DE84R	NA	Rüdersdorf	DE	5.2(a)	36.8t/h	M	SNCR、BF、sWS、DSI、Bed
DE86R	4. BimSchV Anhang 1 unter 8.1 Müllverbrenungsanlage	Iserlohn	DE	5.2(a)	295000t/a	M	SCR、ESPd、BF、WS2s、DS_rea
DE87.1R	Klärwerk Ruhleben-Klärschlammverbrenn ungsanlage	Berlin	DE	5.2(a)	43t/h	S	ESPd、WS1s
DE87.2R	Klärwerk Ruhleben-Klärschlammverbrenn ungsanlage	Berlin	DE	5.2(a)	43t/h	S	ESPd、WS1s
DE87.3R	Klärwerk Ruhleben-Klärschlammverbrenn ungsanlage	Berlin	DE	5.2(a)	43t/h	S	ESPd、WS1s
DE89R	Restmüllheizkraftwerk Stuttgart Münster	Stuttgart	DE	5.2(a)	420000t/a	M	SCR、ESPd、WS3s、Qch

续表

参考焚烧线	装置名称	城市	国家	主要活动	处理能力	主要焚烧废物类型	安装的烟气净化技术
DK01R	I/S Reno-Nord WTE plant	Aalborg	DK	5.2(a)	161500t/a	M	SNCR、Cyc、WS3s
DK02.1R	Incineration of household and industrial waste	Glostrup	DK	5.2(a)	32t/h	O	SNCR、ESPd、BF、WS2s、DSI、Other
DK02.2R	Incineration of household and industrial waste	Glostrup	DK	5.2(a)	37.4t/h	M	SNCR、BF、WS2s、DSI
DK03R	Slagelse Forbrændings Anlæg	Slagelse	DK	5.2(a)	50000t/a	M	SNCR、BF、Cyc、DS_rcy、DSI
DK04R	I/S REFA	Nykøbing Falster	DK	5.2(a)	22000t/a	O	SNCR、BF、DS_rcy、DSI
DK05R	EKOKEM	Nyborg	DK	5.2(b)	64000t/a	H	SNCR、ESPd、BF、WS3s、DSI、Qch
DK06R	BIOFOS Lynetten	Copenhagen	DK	5.2(a)	18800t	S	SNCR、ESPd、BF、WS3s、DS_rcy、DS_rea、DSI、Qch
ES01.1	TIRMADRID	Madrid	ES	5.2(a)	300000t/a	M	SCR、BF、Cyc、sWS、DSI
ES01.2	TIRMADRID	Madrid	ES	5.2(a)	300000t/a	M	SCR、BF、Cyc、sWS、DSI
ES01.3	TIRMADRID	Madrid	ES	5.2(a)	300000t/a	M	SCR、BF、Cyc、sWS、DSI
ES02.1R	TIRME	Palma de	ES	5.2(a)	91.5t/h	M	SCR、BF、sWS、DS_rcy、DSI
ES02.2R	TIRME	Palma de	ES	5.2(a)	91.5t/h	M	SCR、BF、sWS、DS_rcy、DSI
ES02.3R	TIRME	Palma de	ES	5.2(a)	91.5t/h	M	SCR、BF、DS_rcy、DS_rea
ES02.4R	TIRME	Palma de	ES	5.2(a)	91.5t/h	M	SCR、BF、DS_rcy、DS_rea
ES03.1R	SIRUSA	Tarragona	ES	5.2(a)	9.6t/h	M	SNCR、BF、sWS、DS_rcy
ES03.2R	SIRUSA	Tarragona	ES	5.2(a)	9.6t/h	M	SNCR、BF、sWS、DS_rcy
ES04.1	UTE-TEM	Mataró	ES	5.2(a)	160000t	O	SCR、BF、sWS、DSI
ES04.2	UTE-TEM	Mataró	ES	5.2(a)	160000t	O	SCR、BF、sWS、DSI

续表

参考焚烧线	装置名称	城市	国家	主要活动	处理能力	主要焚烧废物类型	安装的烟气净化技术
ES05R	TERSA	Sant Adrià de Besòs(Barcelon a)	ES	5. 2(a)	45t/h	M	SNCR、ESPd、BF、sWS、DSI
ES06	TIRCANTABRIA,S. L. U.	Meruelo	ES	5. 2(a)	115351t/a	M	SNCR、BF、DS_rcy
ES07. 1	SOGAMA	Cerceda	ES	5. 2(a)	360000t/a	M	SNCR、BF、FSI、sWS、Bed
ES07. 2	SOGAMA	Cerceda	ES	5. 2(a)	360000t/a	M	SNCR、BF、FSI、sWS、Bed
ES08R	ZABALGARBI	Bilbao	ES	5. 2(a)	30t/h	M	SNCR、BF、sWS、Bed
ES10R	SAICA PVE	El Burgo de Ebro (Zaragoza)	ES	5. 2(a)	57t/h	O	Prim、SNCR、BF、Cyc、DSI
ES11	SARPI CONSTANTÍ S. L. U.	ConstantiTarragona-Tarragona	ES	5. 2(a)	8t/h	H	SCR、ESPd、WS3s、Qch
FI01. 1R	Ekokem Oyj	Riihimäki	FI	5. 2(a)	33t/h	M	Prim、SNCR、ESPd、BF、WS2s、DSI
FI01. 2R	Ekokem Oyj	Riihimäki	FI	5. 2(a)	33t/h	M	Prim、SNCR、ESPd、BF、WS2s、DSI
FI01. 3R	Ekokem Oyj	Riihimäki	FI	5. 2(a)	33t/h	M	Prim、SNCR、BF、DS_rea、DSI
FI02	Kotka Wte	Kotka	FI	5. 2(a)	102863t/a	M	Prim、SNCR、BF、sWS
FI03	Kymijärvi II	Lahti	FI	5. 2(a)	249056t/a	M	SCR、BF、DSI
FI04R	Laanila WtE Plant	Oulu	FI	5. 2(a)	150000t/a	M	SNCR、BF、WS1s、DS_rcy、DS_rea、Qch
FI05	Vantaan Jätevoimala	Vantaa	FI	5. 2(a)	$116MW_{th}$	M	SNCR、ESPd、BF、WS1s、DS_rea
FI06R	Westenergy Oy Ab	Mustasaari	FI	5. 2(a)	20t/h	M	SNCR、BF、DS_rea
FR002R	VITRE	Vitre	FR	5. 2(a)	4t/h	M	BF、DSI
FR003R	Meuse Energie	Tronville en Barrois	FR	5. 2(a)	4t/h	M	ESPd、BF、WS2s、DSI、PC

续表

参考焚烧线	装置名称	城市	国家	主要活动	处理能力	主要焚烧废物类型	安装的烟气净化技术
FR010R	Cluses	Marignier	FR	5.2(a)	5t/h	M	SNCR、ESPd、BF、DSI
FR012R	Egletons	Rosiers d'Egletons	FR	5.2(a)	5.3t/h	M	BF、DSI
FR015	Fourchambault	Fourchambault	FR	5.2(a)	6t/h	M	SCR、BF、DSI
FR017	UVE PLUZUNET	Pluzunet	FR	5.2(a)	7t/h	O	SCR、ESPd、WS2s
FR018.1R	SMECO	Pontmain	FR	5.2(a)	7t/h	M	SNCR、BF、DSI、Qch
FR018.2R	SMECO	Pontmain	FR	5.2(a)	7t/h	M	Prim、BF、DSI、Qch
FR019R	SET Mont Blanc(Passy)	Passy	FR	5.2(a)	7.5t/h	M	SNCR、BF、DSI、Qch
FR023R	La Rochelle	La Rochelle	FR	5.2(a)	8t/h	M	SNCR、BF、DSI
FR027R	BAYET	Bayet	FR	5.2(a)	9t/h	M	SCR、ESPd、BF、WS1s、sWS
FR028R	Montereau-Fault-Yonne	Montereau-Fault-Yonne	FR	5.2(a)	9t/h	M	SCR、BF、DSI
FR029.1R	HAGUENAU	Schweighouse sur Moder	FR	5.2(a)	10t/h	M	SNCR、BF、sWS、DSI
FR029.2R	HAGUENAU	Schweighouse sur Moder	FR	5.2(a)	10t/h	M	SNCR、BF、sWS、DSI
FR033.1R	ARCANTE	Blois	FR	5.2(a)	11t/h	M	SNCR、BF、WS3s、sWS、DSI
FR033.2R	ARCANTE	Blois	FR	5.2(a)	11t/h	M	SNCR、BF、WS3s、sWS、DSI
FR034R	VILLEJUST	Villejust	FR	5.2(a)	12.9t/h	M	SCR、BF、DSI
FR040R	ARQUES	Arques	FR	5.2(a)	12.5t/h	M	SCR、ESPd、BF、DSI
FR046.1R	Usine de Fort-De-France	Fort de France	FR	5.2(a)	14t/h	M	SNCR、BF、WS1s、WS2s、sWS、Other
FR046.2R	Usine de Fort-De-France	Fort de France	FR	5.2(a)	14t/h	M	SNCR、BF、WS1s、WS2s、sWS、Other

续表

参考焚烧线	装置名称	城市	国家	主要活动	处理能力	主要焚烧废物类型	安装的烟气净化技术
FR052.1R	Limoges	Limoges	FR	5.2(a)	15t/h	M	SNCR、BF、WS1s、DSI、Qch
FR052.2R	Limoges	Limoges	FR	5.2(a)	15t/h	M	SNCR、BF、WS1s、DSI、Qch
FR052.3R	Limoges	Limoges	FR	5.2(a)	15t/h	M	SNCR、BF、WS1s、DSI、Qch
FR053R	Ludres	Ludres	FR	5.2(a)	15t/h	M	SCR、ESPd、BF、DSI
FR054.1R	ORISANE	Mainvilliers	FR	5.2(a)	15t/h	M	SNCR、BF、sWS、DSI
FR054.2R	ORISANE	Mainvilliers	FR	5.2(a)	15t/h	M	SNCR、BF、sWS、DSI
FR056.1R	AZALYS	Carrieres sous Poissy	FR	5.2(a)	15t/h	M	SCR、ESPd、Cyc、WS2s、Qch
FR056.2R	AZALYS	Carrieres sous Poissy	FR	5.2(a)	15t/h	M	SCR、ESPd、Cyc、WS2s、Qch
FR057.1R	UVE(unité de valorisation énergétique des déchets)	Metz	FR	5.2(a)	8t/h	M	SNCR、BF、DSI
FR057.2R	UVE(unité de valorisation énergétique des déchets)	Metz	FR	5.2(a)	8t/h	M	SNCR、BF、DSI
FR059.1R	OCREAL	Lunel-Viel	FR	5.2(a)	16t/h	M	SCR、ESPd、BF、DSI
FR059.2R	OCREAL	Lunel-Viel	FR	5.2(a)	16t/h	M	SCR、ESPd、BF、DSI
FR062.1R	VALORYELE	Lunel-Viel	FR	5.2(a)	16t/h	M	SNCR、BF、WS3s、sWS、DSI、Qch
FR062.2R	VALORYELE	Lunel-Viel	FR	5.2(a)	16t/h	M	SNCR、BF、WS3s、sWS、DSI、Qch
FR064R	RUNGIS	Rungis	FR	5.2(a)	17t/h	M	SCR、ESPd、BF、DSI
FR070	ALCEA-Nantes	Nantes	FR	5.2(a)	19t/h	M	SCR、BF、DS_rea
FR071.1R	Carrières Sur Seine	Carrières Sur Seine	FR	5.2(a)	20t/h	M	SCR、BF、DSI
FR071.2R	Carrières Sur Seine	Carrières Sur Seine	FR	5.2(a)	20t/h	M	SCR、BF、DSI

续表

参考焚烧线	装置名称	城市	国家	主要活动	处理能力	主要焚烧废物类型	安装的烟气净化技术
FR072. 1R	Lagny	Saint Thibault des Vignes	FR	5. 2(a)	20t/h	M	SNCR、ESPd、BF、DSI
FR072. 2R	Lagny	Saint Thibault des Vignes	FR	5. 2(a)	20t/h	M	SNCR、ESPd、BF、DSI
FR073. 1R	ESIANE	Villers St Paul	FR	5. 2(a)	20t/h	M	SNCR、ESPd、BF、DSI
FR073. 2R	ESIANE	Villers St Paul	FR	5. 2(a)	20t/h	M	SNCR、ESPd、BF、DSI
FR075R	Cergy	Saint Ouen l'Aumone	FR	5. 2(a)	21t/h	M	SCR、BF、WS1s、WS2s
FR076. 1R	MULHOUSE	Sausheim	FR	5. 2(a)	21t/h	M	SCR、ESPd、ESPw、Cyc、WS2s
FR076. 2R	MULHOUSE	Sausheim	FR	5. 2(a)	21t/h	M	SCR、ESPd、ESPw、Cyc、WS2s
FR077R	SARCELLES	Sarcelles	FR	5. 2(a)	20t/h	M	SCR、BF、DSI
FR078R	Bourgoin-Jallieu	Bourgoin-Jallieu	FR	5. 2(a)	22t/h	M	SCR、BF、sWS
FR080. 1R	W-T-E Plant Thiverval-Grignon	Thiverval Grignon	FR	5. 2(a)	27. 8t/h	M	SNCR、ESPd、WS2s、DSI、Qch
FR080. 2R	W-T-E Plant Thiverval-Grignon	Thiverval Grignon	FR	5. 2(a)	27. 8t/h	M	SNCR、ESPd、WS2s、DSI 、Qch
FR080. 3	W-T-E Plant Thiverval-Grignon	Thiverval Grignon	FR	5. 2(a)	243000t/a	M	SNCR、BF、WS1s、WS2s、DSI、Qch
FR082. 1R	NOVALIE	Vedene	FR	5. 2(a)	26. 8t/h	M	SNCR、BF、sWS、DSI
FR082. 2R	NOVALIE	Vedene	FR	5. 2(a)	26. 8t/h	M	SNCR、BF、sWS、DSI
FR082. 3R	NOVALIE	Vedene	FR	5. 2(a)	26. 8t/h	M	SNCR、BF、sWS、DSI
FR082. 4R	NOVALIE	Vedene	FR	5. 2(a)	26. 8t/h	M	SNCR、BF、sWS、DSI
FR083. 1R	OREADE	Saint Jean de Folleville	FR	5. 2(a)	24t/h	M	SCR、ESPd、BF、DSI

续表

参考焚烧线	装置名称	城市	国家	主要活动	处理能力	主要焚烧废物类型	安装的烟气净化技术
FR083.2R	OREADE	Saint Jean de Folleville	FR	5.2(a)	24t/h	M	SCR、ESPd、BF、DSI
FR084.1R	ARGENTEUIL	Argenteuil	FR	5.2(a)	24t/h	M	SCR、ESPd、WS3s
FR084.2R	ARGENTEUIL	Argenteuil	FR	5.2(a)	24t/h	M	SCR、ESPd、WS3s
FR087.1R	CIE(CRETEIL)	Creteil	FR	5.2(a)	30t/h	M	SCR、ESPd、WS3s
FR087.2R	CIE(CRETEIL)	Creteil	FR	5.2(a)	30t/h	M	SCR、ESPd、WS3s
FR087.3R	CIE(CRETEIL)	Creteil	FR	5.2(a)	30t/h	M	SNCR、ESPd、BF、WS2s、PC、Other
FR091R	GRAND QUEVILLY	Grand Quevilly	FR	5.2(a)	43.5t/h	M	Prim、SCR、ESPd、BF、sWS
FR092R	HALLUIN	Halluin	FR	5.2(a)	43.5t/h	M	Prim、SCR、ESPd、BF、sWS
FR096.1R	IVRY	Paris	FR	5.2(a)	100t/h	M	SCR、ESPd、WS3s、Qch
FR096.2R	IVRY	Paris	FR	5.2(a)	100t/h	M	SCR、ESPd、WS3s、Qch
FR096.2R	Saint-Thibault des Vignes	Saint Thibault des Vignes	FR	5.2(a)	3.75t/h	S	SNCR、ESPd、BF、DS_rea、DSI
FR104R	incinerateur fos sur mer kem one	Fos/MER	FR	4.1(f)	400000t/a	H	WS3s、Qch
FR106R	Four d'incinération John Zink	Chalampé	FR	5.2(b)	325t/d	H	Prim、BF、WS3s、DSI、Qch
FR107R	Four John ZINK	Chalampé	FR	5.2(b)	744t/d	H	ESPd
FR108	TREDI Saint-Vulbas	Saint-Vulbas (F-01155 Lagnieu)	FR	5.2(b)	12000t/a	H	ESPw、WS1s、WS2s、WS3s、Bed、PC、Qch
FR109	Trédi Salaise	Salaise-sur-Sanne (F-38150)	FR	5.2(b)	74000t/a	H	SNCR、ESPd、Cyc、WS1s、WS2s、WS3s、DSI、PC
FR110	Sotrenor	Courrières	FR	5.2(a)	140000t/a	H	BF、DSI

续表

参考焚烧线	装置名称	城市	国家	主要活动	处理能力	主要焚烧废物类型	安装的烟气净化技术
FR111. 1	SEDIBEX	Sandouville	FR	5. 2(a)	33t/d	H	ESPd、WS2s
FR111. 2	SEDIBEX	Sandouville	FR	5. 2(a)	33t/d	H	ESPd、WS2s
FR111. 3	SEDIBEX	Sandouville	FR	5. 2(a)	33t/d	H	ESPd、WS2s
HU01	Dorogi hulladékégető	Dorog	HU	5. 2(b)	5t/d	H	BF、WS2s、DSI、Bed、PC
HU02R	FKF nonprfit Zrt.	Budapest	HU	5. 2(a)	60t/d	M	SNCR、BF、Cyc、sWS
IT01. 1R	WTE ACCAM BUSTO ARSIZIO	Busto Arsizio(VA)	IT	5. 2(a)	30. 5MW_{th}	M	SNCR、BF、WS1s、WS2s
IT01. 2R	WTE ACCAM BUSTO ARSIZIO	Busto Arsizio(VA)	IT	5. 2(a)	30. 5MW_{th}	M	SNCR、BF、WS1s、WS2s
IT02R	ACSM-AGAM. S. p. A.	Como	IT	5. 2(a)	39MW_{th}	M	Prim、SCR、ESPd、BF、FSI、DS_rea、DSI
IT03	Brianza Energia Ambiente SpA	Desio	IT	5. 2(a)	73370t/a	M	SNCR、ESPd、BF、Cyc、DS_rcy、DS_rea、PC
IT05. 1R	Termovalorizzatore Silla2	Desio	IT	5. 2(a)	24. 17t/h	M	SNCR、ESPd、BF、Cyc、DS_rcy、DS_rea、PC
IT05. 2R	Termovalorizzatore Silla2	Desio	IT	5. 2(a)	24. 17t/h	M	SNCR、ESPd、BF、Cyc、DS_rcy、DS_rea、PC
IT05. 3R	Termovalorizzatore Silla2	Desio	IT	5. 2(a)	24. 17t/h	M	SNCR、ESPd、BF、Cyc、DS_rcy、DS_rea、PC
IT06. 1R	Termoutilizzatore di Brescia	Brescia	IT	5. 2(a)	21. 8～43. 6t/h	O	Prim、SNCR、SCR、BF、DSI
IT06. 2R	Termoutilizzatore di Brescia	Brescia	IT	5. 2(a)	21. 8～43. 6t/h	O	Prim、SNCR、SCR、BF、DSI
IT06. 3R	Termoutilizzatore di Brescia	Brescia	IT	5. 2(a)	21. 8～43. 6t/h	O	Prim、SNCR、SCR、BF、DSI
IT07R	Area Impianti Bergamo	Bergamo	IT	5. 2(a)	10. 5t/h	O	SCR、BF、FSI、DS_rea
IT09. 1R	Lomellina Energia	Parona(PV)	IT	5. 2(a)	43. 4t/h	O	SNCR、BF、FSI、DS_rea
IT09. 2R	Lomellina Energia	Parona(PV)	IT	5. 2(a)	43. 4t/h	O	SNCR、BF、FSI、DSI

续表

参考焚烧线	装置名称	城市	国家	主要活动	处理能力	主要焚烧废物类型	安装的烟气净化技术
IT10. 1R	Rea Dalmine	Dalmine	IT	5. 2(a)	9. 2t/h	O	SCR、ESPd、BF、DS_rea、Bed、PC
IT10. 2R	Rea Dalmine	Dalmine	IT	5. 2(a)	9. 2t/h	O	SCR、ESPd、BF、DS_rea、Bed、PC
IT11. 1R	SILEA S. p. A.	Valmadrera	IT	5. 2(a)	15. 6t/h	M	SCR、BF、WS1s、DS_rea、PC
IT11. 2R	SILEA S. p. A.	Valmadrera	IT	5. 2(a)	15. 6t/h	M	SCR、BF、WS1s、WS2s、DS_rea、PC
IT12. 1R	Tecnoborgo	Piacenza	IT	5. 2(a)	15t/h	M	SNCR、SCR、ESPd、BF、DSI、Other
IT12. 2R	Tecnoborgo	Piacenza	IT	5. 2(a)	15t/h	M	SNCR、SCR、ESPd、BF、DSI、Other
IT13. 1	PAIP-Polo Ambientale Integrato Provinciale	Parma	IT	5. 2(a)	130000t/a	O	SNCR、SCR、BF、DSI
IT13. 2	PAIP-Polo Ambientale Integrato Provinciale	Parma	IT	5. 2(a)	130000t/a	O	SNCR、SCR、BF、DSI
IT14R	WTE MODENA	Modena	IT	5. 2(a)	27. 08t/h	M	SNCR、SCR、ESPd、BF、DS_rea、DSI
IT15R	wte rimini	Coriano(RN)	IT	5. 2(a)	20t/h	M	SNCR、SCR、BF、DS_rea、DSI
IT16R	WTE IRE Ravenna	Ravenna	IT	5. 2(a)	6t/h	O	SNCR、BF、Cyc、WS2s、DSI、PC、Qch
IT17. 1R	WTE FEA	Granarolo dell' Emilia, Bologna	IT	5. 2(a)	218500t/a	O	Prim、SCR、BF、WS2s、DS_rcy、DSI、Qch
IT17. 2R	WTE FEA	Granarolo dell'Emilia, Bologna	IT	5. 2(a)	218500t/a	O	Prim、SCR、BF、WS2s、DS_rcy、DSI、Qch
IT18R	WTE Padova S. Lazzaro	Padova	IT	5. 2(a)	600t/d	M	Prim、SNCR、SCR、BF、DSI
IT19	Waste to Energy San Zeno	Arezzo	IT	5. 3(b)	86000t/a	M	SNCR、PC、BF、DS_rea、Bed

续表

参考焚烧线	装置名称	城市	国家	主要活动	处理能力	主要焚烧废物类型	安装的烟气净化技术
IT21.1R	TRM-IMPIANTO TERMOVALORIZZ AZIONE DI TORINO	Turin	IT	5.2(a)	421000t/a	M	SCR、ESPd、BF、DS_rea
IT21.2R	TRM-IMPIANTO TERMOVALORIZZ AZIONE DI TORINO	Turin	IT	5.2(a)	421000t/a	M	SCR、ESPd、BF、DS_rea
IT21.3R	TRM-IMPIANTO TERMOVALORIZZ AZIONE DI TORINO	Turin	IT	5.2(a)	421000t/a	M	SCR、ESPd、BF、DS_rea
IT22R	wte isernia	Pozzilli(IS)	IT	5.2(a)	13.4t/h	O	SNCR、BF、DS_rea、DSI
IT23	WTE TRIESTE	Trieste	IT	5.2(a)	223000t/a	M	SNCR、BF、DS_rea、DSI、Qch
NL01R	EEW Energy from Waste Delfzijl BV	Farmsum	NL	5.2(a)	46.4t/h	O	SCR、BF、DS_rcy、DSI
NL02R	Twence Holding B. V.	Hengelo	NL	5.2(a)	99.6t/h	O	SCR、ESPd、BF、WS2s、DSI、Qch
NL03R	Waste to Energy Plant HVC Dordrecht	Dordrecht	NL	5.2(a)	38.3t/h	M	SCR、ESPd、ESPw、WS2s、Qch
NL04R	ZAVIN C. V.	Dordrecht	NL	5.2(a)	30t/d	C	SCR、BF、WS2s、DSI
NL05R	Sewage Sludge Incineration Plant HVC Dordrecht	Dordrecht	NL	5.2(b)	46t/h	S	Prim、SNCR、ESPd、BF、FSI、WS2s、DSI
NL06R	SNB	Moerdijk	NL	5.2(a)	56t/h	S	Prim、SNCR、ESPd、BF、FSI、WS2s、DSI
NO01.1R	BIR Avfallsenergi AS	Bergen	NO	5.2(a)	28.7t/h	M	SNCR、ESPd、BF、WS2s、DSI

续表

参考焚烧线	装置名称	城市	国家	主要活动	处理能力	主要焚烧废物类型	安装的烟气净化技术
NO01. 2R	BIR Avfallsenergi AS	Bergen	NO	5. 2(a)	28. 7t/h	M	SNCR、BF、WS3s、DS_rea
NO02R	Returkraft AS	Kristiansand S	NO	5. 2(a)	408t/d	M	SCR、BF、WS1s、DS_rcy、DS_rea、DSI、Qch
NO03. 1R	Heimdal Varmesentral	Trondheim	NO	5. 2(a)	6t/h	M	Prim、SNCR、ESPd、WS1s、WS2s、WS3s、DSI、Qch
NO03. 2R	Heimdal Varmesentral	Trondheim	NO	5. 2(a)	6t/h	M	Prim、SNCR、ESPd、WS1s、WS2s、WS3s、DSI、Qch
NO03. 3R	Heimdal Varmesentral	Trondheim	NO	5. 2(a)	18t/h	M	Prim、SNCR、ESPd、WS1s、WS2s、WS3s、DSI、Qch
PL01. 1R	Incineration plant of non-hazardous waste(STUOŚ)	Warsaw	PL	5. 2(a)	671t/d	S	Prim、BF、SNCR、SCR、Cyc、DSI
PL01. 2R	Incineration plant of non-hazardous waste(STUOŚ)	Warsaw	PL	5. 2(a)	671t/d	S	Prim、BF、SNCR、SCR、Cyc、DSI
PL02R	Incineration plant of non-hazardous waste(STUOŚ)	Kraków	PL	5. 2(a)	73124t/a	S	SNCR、ESPd、BF、Cyc、DS_rea
PL03R	WASTE INCINERATION PLANT SARPI DABROWA GORNICZA	Dabrowa Górnicza	PL	5. 2(b)	6. 25t/h	H	Prim、SNCR、SCR、ESPd、BF、FSI、WS1s、WS2s、DS_rcy、DSI、Bed、Qch
PL04	Incineration plant for waste other than hazardous and inert	Warsaw	PL	5. 2(a)	60000t/a	M	Prim、SNCR、BF、DS_rcy、DSI、Bed
PL05	Incineration plant for waste other than hazardous and inert	Nowiny, com. Sitkówka-Nowiny	PL	5. 2(a)	28780t/a	S	SNCR、BF、Cyc、DS_rcy

续表

参考焚烧线	装置名称	城市	国家	主要活动	处理能力	主要焚烧废物类型	安装的烟气净化技术
PL06	Instalacja odzysku chlorowodoru z odpadowych związków chloroorganicznych	Włocławek	PL	4.3	35280t/a	H	ESPd、ESPw、WS3s
PL07.1R	Instalacja Termicznego Przekształcania Osadów i Skratek(ITPOS)	Łódź	PL	6.11	84000t/a	S	SNCR、BF、DSI
PL07.2R	Instalacja Termicznego Przekształcania Osadów i Skratek(ITPOS)	Łódź	PL	6.11	84000t/a	S	SNCR、BF、DSI
PT01.1	Central de Tratamento de Resíduos Sólidos Urbanos	Loures-S. João Talha	PT	5.2(a)	84t/h	M	SNCR、BF、sWS
PT01.2	Central de Tratamento de Resíduos Sólidos Urbanos	Loures-S. João Talha	PT	5.2(a)	84t/h	M	SNCR、BF、sWS
PT01.3	Central de Tratamento de Resíduos Sólidos Urbanos	Loures-S. João Talha	PT	5.2(a)	84t/h	M	SNCR、BF、sWS
PT02.1	Lipor	Maia	PT	5.2(a)	380000t/a	M	SNCR、BF、sWS、DSI
PT02.2	Lipor	Maia	PT	5.2(a)	380000t/a	M	SNCR、BF、sWS、DSI
PT03.1	Estação de Tratamento de Resíduos Sólidos da Meia Serra	Santa Cruz	PT	5.2(a)	8t/h	M	SNCR、BF、sWS
PT03.2	Estação de Tratamento de Resíduos Sólidos da Meia Serra	Santa Cruz	PT	5.2(a)	8t/h	M	SNCR、BF、sWS
SE02R	Umeå Energi AB	Umeå	SE	5.2(a)	20t/h	M	Prim、SNCR、BF、WS2s、DSI、Other
SE03R	Gärstadverket	Linköping	SE	5.2(a)	26.4t/h	O	SNCR、BF、WS2s、DSI、Qch、Other

续表

参考焚烧线	装置名称	城市	国家	主要活动	处理能力	主要焚烧废物类型	安装的烟气净化技术
SE06R	Avfallskraftvärmeverket Renova	Gothenburg	SE	5.2(a)	73t/h	O	Prim、SCR、ESPd、ESPw、WS3s、Qch
SE09R	Filbornaverket	Helsingborg	SE	5.2(a)	25t/h	O	SNCR、BF、WS1s
SE15	NA	NA	SE	1.1	45MW	O	SNCR、BF、DSI
SE20R	Bristaverket	Märsta	SE	5.2(a)	36t/h	M	SNCR、BF、WS1s、WS2s、DSI、Qch
SE21R	Ekokem Sweden	Kumla	SE	5.2(b)	200000t/a	H	SNCR、BF、WS2s、DSI、Other
UK01R	Veolia High Temperature Incineration Plant	Ellesmere Port	UK	5.2(b)	277t/d	H	SNCR、BF、WS2s、Qch
UK02R	Tradebe Fawley Limited	Southampton	UK	5.2(a)	124t/d	H	ESPw、WS1s、Bed、Qch
UK03R	Kirklees Energy from Waste plant	Huddersfield	UK	5.2(a)	17t/h	M	SNCR、BF、WS1s
UK04R	Bolton Thermal Recovery Facility	Bolton	UK	5.2(a)	13t/h	M	SNCR、BF、DS_rcy
UK05.1R	Stoke EfW	Stoke-on-Trent	UK	5.2(a)	12t/h	M	SNCR、BF、WS1s、DSI
UK05.2R	Stoke EfW	Stoke-on-Trent	UK	5.2(a)	12t/h	M	SNCR、BF、WS1s、DSI
UK06.1R	Integra South East ERF Portsmouth	Portsmouth	UK	5.3(b)	12t/h	M	SNCR、BF、sWS
UK06.2R	Integra South East ERF Portsmouth	Portsmouth	UK	5.3(b)	12t/h	M	SNCR、BF、sWS
UK07.1R	ALLINGTON INCINERATOR	Allington,Maidstone	UK	5.2(a)	3t/h	M	Prim、SNCR、ESPd、BF、DS_rea
UK07.2R	ALLINGTON INCINERATOR	Allington,Maidstone	UK	5.2(a)	3t/h	M	Prim、SNCR、ESPd、BF、DS_rea
UK07.3R	ALLINGTON INCINERATOR	Allington,Maidstone	UK	5.2(a)	3t/h	M	Prim、SNCR、ESPd、BF、DS_rea

续表

参考焚烧线	装置名称	城市	国家	主要活动	处理能力	主要焚烧废物类型	安装的烟气净化技术
UK08.1R	CSWDC Ltd	Coventry	UK	5.2(a)	36t/h	M	SNCR、BF、DS_rcy
UK08.2R	CSWDC Ltd	Coventry	UK	5.2(a)	36t/h	M	SNCR、BF、DS_rcy
UK08.3R	CSWDC Ltd	Coventry	UK	5.2(a)	36t/h	M	SNCR、BF、DS_rcy
UK09.1R	NA	London	UK	5.2(a)	90t/h	M	SNCR、BF、sWS、DSI
UK09.2R	NA	London	UK	5.2(a)	90t/h	M	SNCR、BF、sWS、DSI
UK09.3R	NA	London	UK	5.2(a)	90t/h	M	SNCR、BF、sWS、DSI
UK10.1R	MES Environmental Ltd Wolverhampton	Wolverhampton	UK	5.2(a)	7t/h(每条线)	M	SNCR、BF、WS1s、DSI
UK10.2R	MES Environmental Ltd Wolverhampton	Wolverhampton	UK	5.2(a)	7t/h(每条线)	M	SNCR、BF、WS1s、DSI
UK11.1R	Dudley EfW	Dudley	UK	5.2(a)	6t/h	M	SNCR、BF、WS1s、DSI、Other
UK11.2R	Dudley EfW	Dudley	UK	5.2(a)	6t/h	M	SNCR、BF、WS1s、DSI、Other
UK12R	NA	Lincoln	UK	5.2(a)	19.2t/h	M	SNCR、BF、DS_rea、PC
UK13.1R	NA	Nottingham	UK	5.2(b)	11.3t/h	M	SNCR、BF、DSI
UK13.2R	NA	Nottingham	UK	5.2(b)	11.3t/h	M	SNCR、BF、DSI
UK14.1R	Knostrop Clinical Waste Incinerator	Leeds	UK	5.2(a)	2t/h	C	BF、DS_rea、DSI
UK14.2R	Knostrop Clinical Waste Incinerator	Leeds	UK	5.2(a)	2t/h	C	BF、DS_rea、DSI
UK15R	Thames Water Utilities Ltd	Barking, Essex	UK	5.2(a)	13.5t/h	S	Prim、ESPd、BF、WS2s、Other

续表

参考焚烧线	装置名称	城市	国家	主要活动	处理能力	主要焚烧废物类型	安装的烟气净化技术
UK17R	Blackburn Meadows Renewable Energy Plant	Sheffield	UK	5.2(a)	25t/h	O	SNCR、BF、DSI
UK18	Kemsley CHP Plant K2 Incinerator	Kemsley, Sittingbourne, Kent	UK	5.2(a)	29MW(热输入)	O	SNCR、BF、DSI

注：1. NI—未提供任何资料。

2. 主要活动：1.1—能量-燃烧；4—化学工业；4.1(f) —化学品-有机化学品的生产-卤代烃；4.3—化学品-磷、氮的生产-或钾基肥料；5.1(a) —废物-危险废物的处置或回收-生物处理；5.1(b) —废物-处置或危险废物的回收-物理化学处理；5.2(a) —废物-处置或废物（协同）焚烧厂中废物的回收-非危险废物；5.2(b) —废物处置或废物（协同）焚烧厂中废物的回收-危险废物；5.3(a) —废物-无害废物处置；5.3(b) —废物-回收或非危险废物的回收与处置的混合；6.11—其他-独立运行的废水处理。

3. 主要废物焚烧：M—城市固体废物；S—污水污泥；O—其他非危险废物；C—医疗废物；H—危险废物。

4. 处理能力：焚烧厂主要活动调查表所述的处理能力，其是针对参考焚烧线或整个焚烧厂进行报告的。2014 年废物焚烧量不一致或缺失的信息已经补充。

5. 减少大气排放的技术：Bed—吸附床；BF—袋式过滤器；Cyc—（多）旋风分离器；DS_rcy—干式洗涤再循环系统；DS_rea—干式洗涤器混合单元反应器；DSI—干式吸附剂注射；ESPd—干式静电除尘器；ESPw—湿式静电除尘器；FSI—炉内脱硫；PC—燃烧后捕集技术；Prim—主要技术；Qch—急冷系统；SCR—选择性催化还原；SNCR—选择性非催化还原；sWS—半湿式洗涤器；WS1s—湿式洗涤器（1 级）；WS2s—湿式洗涤器（2 级）；WS3s—湿式洗涤器（3 级）。

8.5 参与 2016 年数据收集的欧洲底灰处理厂[81]

如表 8.11 所示。

表 8.11 参与 2016 年数据收集的欧洲底灰处理厂

参考焚烧线	装置名称	城市	国家	主要活动（附件 I-D 2010/75/EU）	IBA 处理能力/(t/a)	分类类型	IBA 处理装置与 WI 厂是否在相同的装置内？
AT. B-01	NUA-Abfallwirtschaft Anlage Hohenruppersdorf	Hohenruppersdorf	AT	5.3(b)	NI	M、F、E、Dw、SS	否
BE. B-01	Ipalle	Beloeil	BE	5.2(a)	NI	F、E、A、B、SS	是
BE. B-02	Indaver Doel	Beveren	BE	5.2(a)	NI	M、F、E、S、Dw、SS	是
CZ. B-01R	WtE Plant-SAKO Brno, a. s.	Brno	CZ	5.2(a)	120000	M、F、E	是

续表

参考焚烧线	装置名称	城市	国家	主要活动（附件 I-D 2010/75/EU）	IBA 处理能力/(t/a)	分类类型	IBA 处理装置与 WI 厂是否在相同的装置内？
DE. B-01	Schlackenaufbereitungsa nlage Würzburg	Würzburg	DE	NA	NI	M、F、E、A、SS	否
DE. B-02	MDSUReesen	Burg OTReesen	DE	5. 3(a)	NI	M、F、E、A、Dw、SS	NI
DE. B-03	Slagtreatment Facility Kochendorf	BadFriedrichshallKochendorf	DE	5. 1(f)	300000	M、F、E、SS	否
DE. B-04	STORKUmweltdienste GmbH	Magdeburg	DE	5. 3(b)	600000	M、F、E、I、N、O、A、SS	否
DE. B-05	RAASandersdorf-Brehna	Sandersdorf-Brehna	DE	5. 3(b)	NI	M、F、E、A、SS	否
DE. B-06	Schlackenaufbereitungsa nlage Krefeld	Krefeld	DE	NA	NI	M、F、E、A、SS	否
DE. B-07	MAV Lünen GmbH，Buchenberg 70	Lünen	DE	5. 3(b)	NI	M、F、E、A、SS	否
DE. B-08	Heidemann Bremen	Bremen	DE	5. 3(b)	250000	M、F、E、I、A、SS	否
DE. B-09	AVA Augsburg GmbH	Augsburg	DE	5. 2(a)	70000	M、F、E、SS	是
DE. B-10	Müllverwertung Borsigstrasse GmbH	Hamburg	DE	5. 3(b)	90000	M、F、E	是
DE. B-11	Müllverwertung Rugenberger Damm GmbH & Co. KG	Hamburg	DE	5. 3(b)	90000	M、F、E、A	是
DE. B-12	AEZ Asdonkshof	Kamp-Lintfort	DE	5. 3(b)	79000	F、E、A、SS	是
DE. B-13	WVWWertstoffverwertung Wuppertal GmbH	Wuppertal	DE	5. 2(a)	140000	M、F、E、I、A、B、SS	是
DE. B-14	ZV MVA Ingolstadt	Ingolstadt	DE	5. 2(a)	NI	M、F、E、B、SS	是
DK. B-01	Bottom ash treatment plant	Copenhagen	DK	5. 3(b)	125000	M、F、E、I、A、SS	否
DK. B-02	Meldgaard Recycling A/S	NA	DK	5. 3(b)	750000	M、F、E、I、A、SS	否
DK. B-03	Jørgen Rasmussen Gruppen A/S Restproduktplads	Aalborg	DK	5. 3(b)	NI	M、F、E、A、SS	否
ES. B-01R	TIRME	Palma de	ES	5. 2(a)	200000	M、F、E、A、SS	是
FR. B-01	SMECO	PONTMAIN	FR	5. 3(b)	5500	F、E、SS	是
FR. B-02	SET Mont Blanc(Passy)	Passy	FR	5. 3(b)	12000	F、E、SS	是
FR. B-03	SCOREL	Lunel-Viel	FR	5. 3(b)	90 000	F、E、A、SS	是

续表

参考焚烧线	装置名称	城市	国家	主要活动（附件 I-D 2010/75/EU）	IBA 处理能力/（t/a）	分类类型	IBA 处理装置与 WI 厂是否在相同的装置内？
FR. B-04	NA	VEDENE	FR	5.3(b)	87000	M、F、E、SS	是
FR. B-05	ARGENTEUIL	Argenteuil	FR	5.2(a)	54250	F、E、A、SS	是
FR. B-06	Routière de l'Est Parisien(REP) IME Clayes-Souilly	Claye Souilly	FR	5.3(b)	200000	M、F、E、A、SS	否
FR. B-07	BEDEMAT	BEDENAC	FR	5.3(b)	120000	M、F、E、A、SS	否
FR. B-08	RECYDEM	LOURCHES	FR	5.3(b)	100000	M、F、E、SS	否
FR. B-09	PLANGUENOUAL	PLANGUENOUAL	FR	5.3(b)	7000	F、SS	是
FR. B-10	PAU	LESCAR	FR	5.3(b)	20000	F、E、SS	否
IT. B-01	Officina dell'Ambiente S. p. A.	Lomello(PV)	IT	5.3(b)	NI	M、F、E、A、SS	否
IT. B-02	RMBS. p. A.	Polpenazze del Garda(BS)	IT	5.3(b)	NI	M、F、E、I、A、S、Dw、Dd、SS	否
NL. B-01	Twence bv SOI	Hengelo	NL	5.3(b)	NI	F、E、A、B、SS	是
NL. B-02	waste to energy plant HVC Dordrecht	ArquesMarl	NL	5.3(b)	320000	F、E、A、B、SS	否
NL. B-03	Centrale Bodemas Opwerk Installatie(CBOI)	Sluiskil	NL	5.3(b)	700000	M、F、E、A、B、SS	否
PT. B-01	Instalação de Tratamento e Valorização de Escórias	Vila Franca deXira	PT	5.3(b)	200000	M、F、E、A、SS	否
PT. B-02	Estação de Tratamento de Resíduos Sólidos da Meia Serra	Santa Cruz	PT	NI	NI	F	是
SE. B-01	Gärstad waste treatment plant	Linköping	SE	5.3(b)	87000	F、E、SS	是
SE. B-02	Spillepeng Waste treatment site	Malmö	SE	5.3(b)	129905	F、E、A、SS	否
SE. B-03	Sävenäs waste incineration plant	Gothenburg	SE	5.3(b)	100000	M、F、E、I、SS	否
UK. B-01	Riverside Resource Recovery Limited	Tilbury	UK	5.3(b)	200000	F、E、A、B、SS	否

注：1. NI—未提供任何信息。

2. 主要活动：5.1.（f）—废物-处置或危险废物的回收-金属或金属化合物以外的无机材料的回收利用；5.2(a)—废物-处置或废物（协同）焚烧厂废物回收-无危险废物；5.3(a)—废物-非危险废物的处置；5.3(b)—废物-回收或非危险废物的回收，或回收和处置的混合。

3. 分类类型：A—风筛/空气/-空气分离；B—冲击分离；Dd—密度分离（干）；Dw—密度分离（湿）；E—涡流分离；F—铁磁分离；I—感应全金属分离；M—人工分拣；N—近红外分离；O—NIS 以外的光学分离；S—沉浮分离；SS—筛选/筛分。

8.6 在 2016 年数据采集中废物焚烧厂报告的连续监测排放达到的日均和年均排放水平：详细图

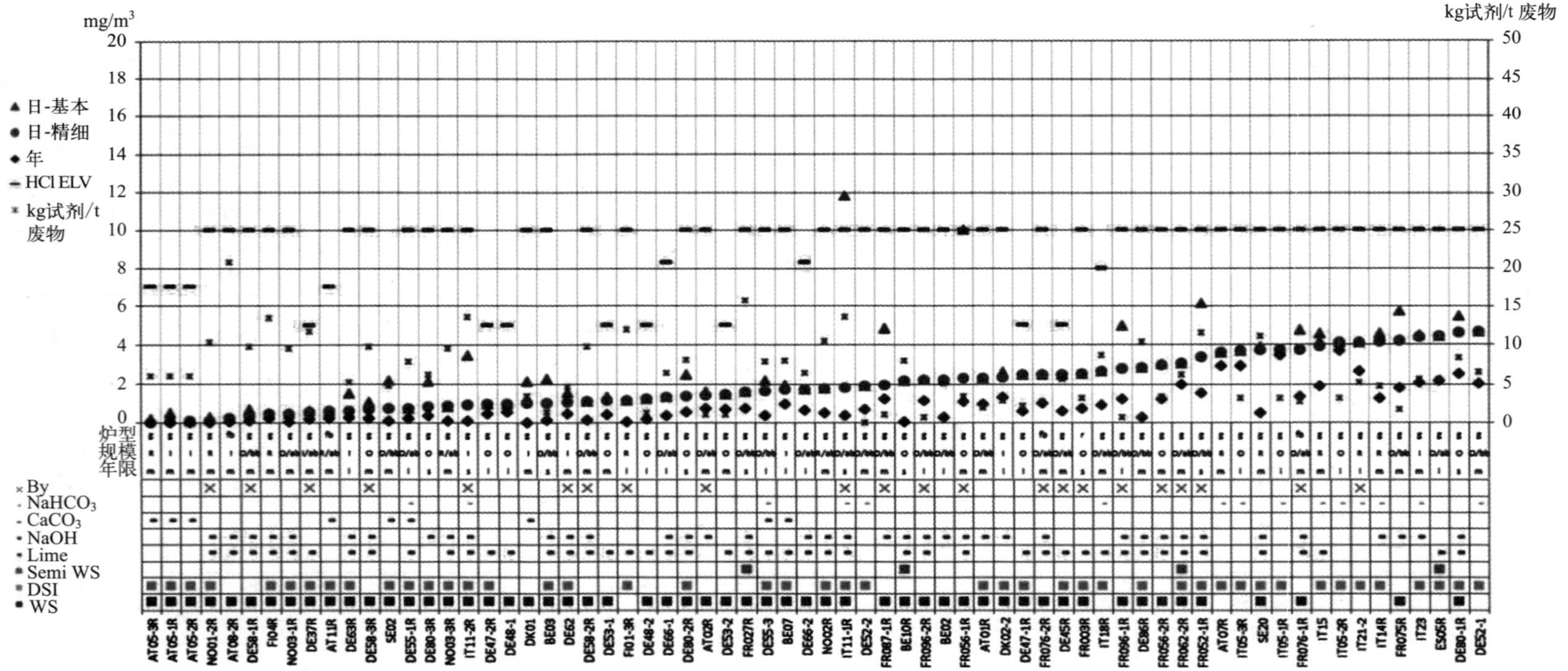

注：
炉型：g—炉排炉；r—回转窑；fb—流化床；f—除上述类型以外的炉型；gas—气化；o—其他。
年限：O—陈旧；I—中间；R—最近//[改造年份：bb—在WI BREF(2006年)之前；ab—在WI BREF(2006年)之后]。
焚烧厂规模：s—小；m—中等；l—大。
By—旁通。
所用试剂：$NaHCO_3$—碳酸氢钠；$CaCO_3$—石灰石；NaOH—氢氧化钠；Lime包括生石灰、熟石灰和高比表面积/孔隙度熟石灰。
安装技术：Semi WS—半湿式洗涤器；DSI—干式吸附剂注入；WS—湿式洗涤器。

图 8.2　主要焚烧 MSW 的参考焚烧线连续监测 HCl 排放至大气中的日平均及年平均排放水平（1/3）[81]

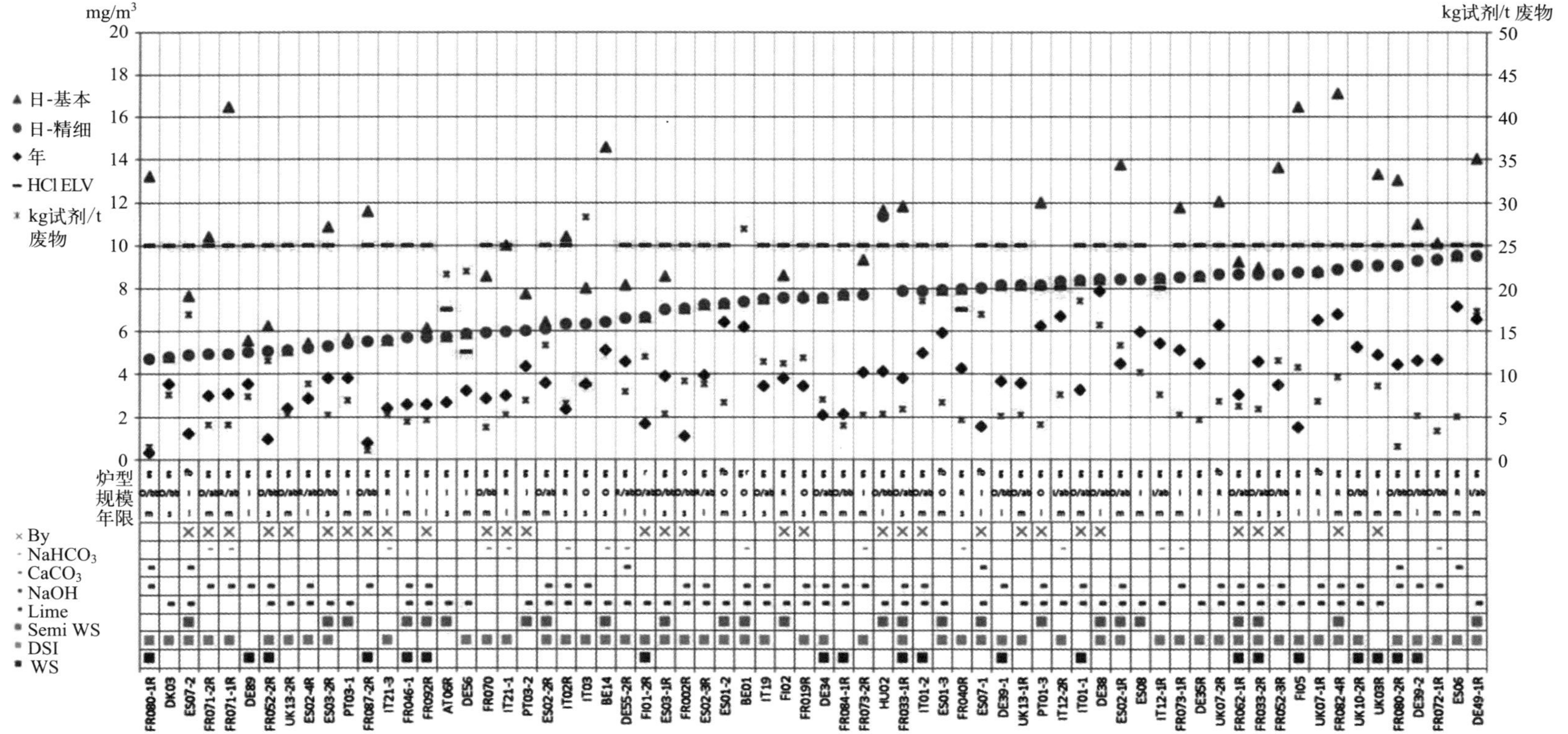

注：
炉型：g—炉排炉；r—回转窑；fb—流化床；f—除上述类型以外的炉型；gas—气化；o—其他。
年限：O—陈旧；I—中间；R—最近//[改造年份：bb—在WI BREF(2006年)之前；ab—在WI BREF(2006年)之后]。
焚烧厂规模：s—小；m—中等；l—大。
By—旁通。
所用试剂：$NaHCO_3$—碳酸氢钠；$CaCO_3$—石灰石；NaOH—氢氧化钠；Lime包括生石灰、熟石灰和高比表面积/孔隙度熟石灰。
安装技术：Semi WS—半湿式洗涤器；DSI—干式吸附剂注入；WS—湿式洗涤器。

图 8.3　主要焚烧 MSW 的参考焚烧线连续监测 HCl 排放至大气中的日平均及年平均排放水平（2/3）[81]

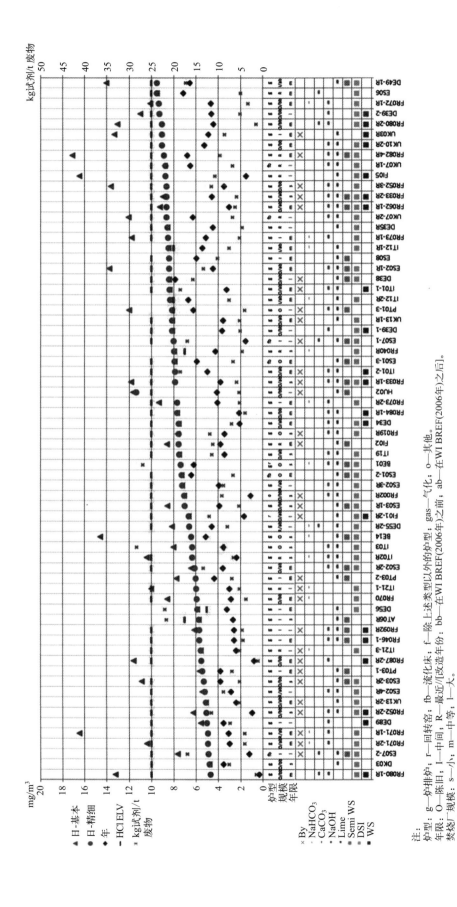

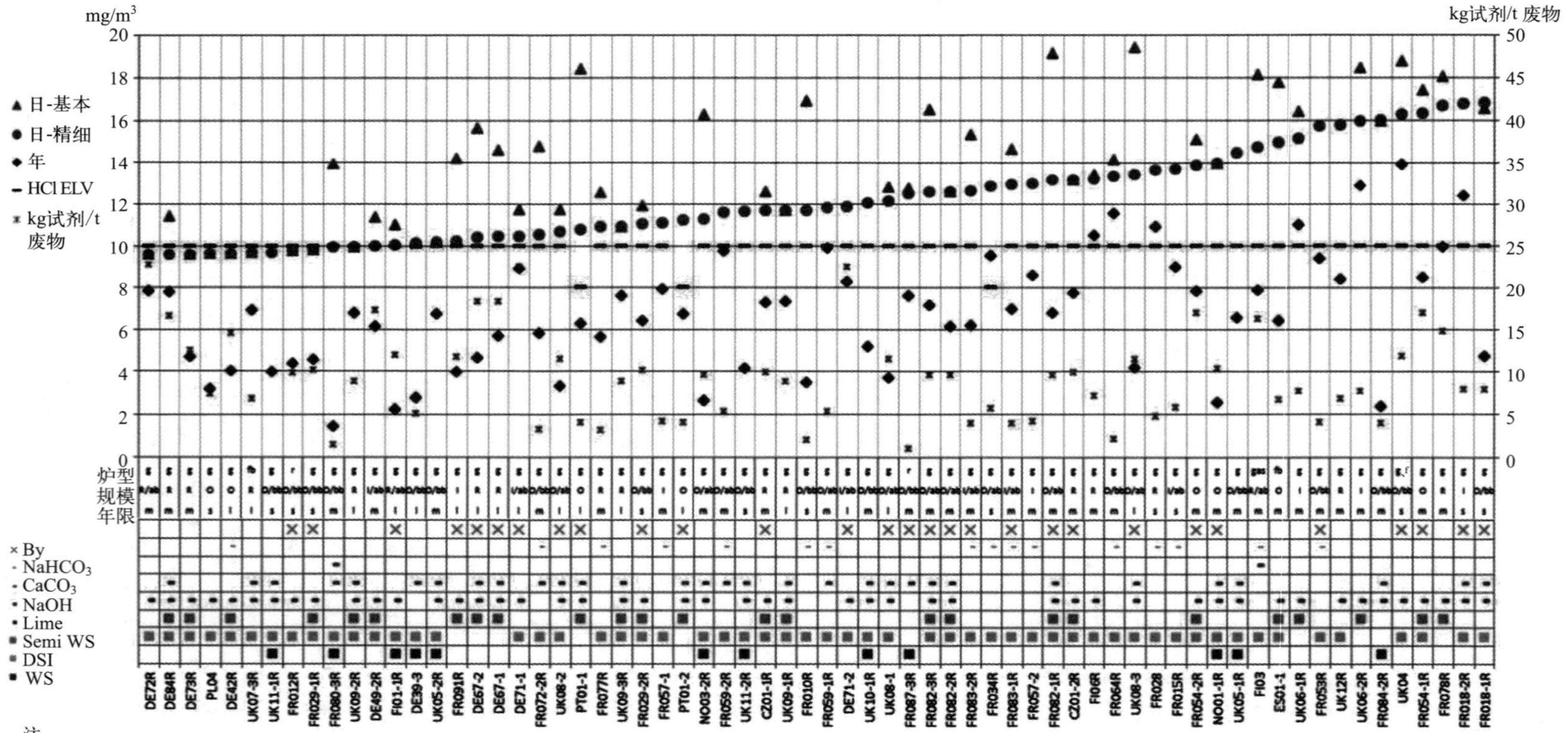

注：
炉型：g—炉排炉；r—回转窑；fb—流化床；f—除上述类型以外的炉型；gas—气化；o—其他。
年限：O—陈旧；I—中间；R—最近//[改造年份：bb—在WI BREF(2006年)之前；ab—在WI BREF(2006年)之后]。
焚烧厂规模：s—小；m—中等；l—大。
By—旁通。
所用试剂：$NaHCO_3$—碳酸氢钠；$CaCO_3$—石灰石；NaOH—氢氧化钠；Lime包括生石灰、熟石灰和高比表面积/孔隙度熟石灰。
安装技术：Semi WS—半湿式洗涤器；DSI—干式吸附剂注入；WS—湿式洗涤器。

图 8.4　主要焚烧 MSW 的参考焚烧线连续监测 HCl 排放至大气中的日平均及年平均排放水平（3/3）[81]

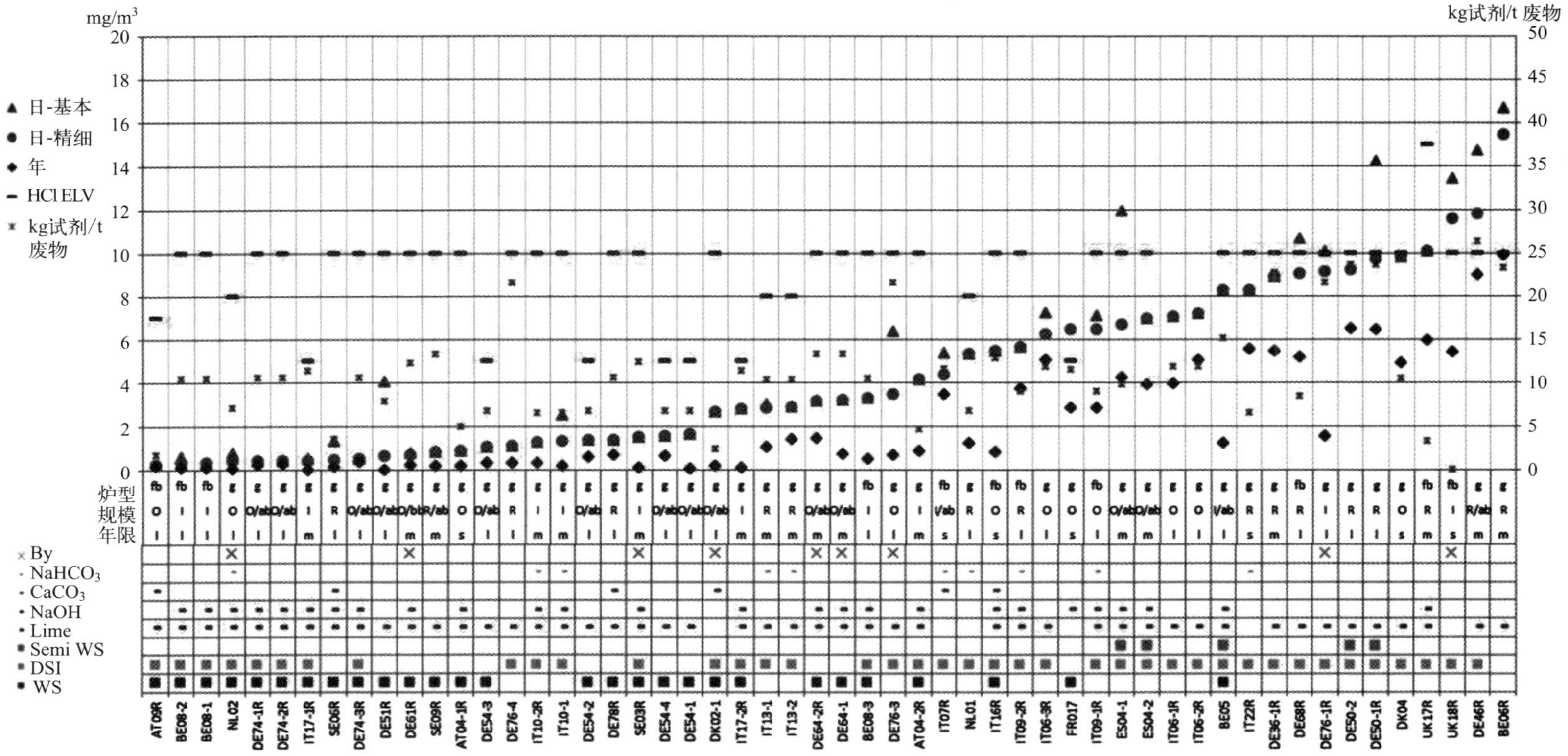

注：
炉型：g—炉排炉；r—回转窑；fb—流化床；f—除上述类型以外的炉型；gas—气化；o—其他。
年限：O—陈旧；I—中间；R—最近//[改造年份：bb—在WI BREF(2006年)之前；ab—在WI BREF(2006年)之后]。
焚烧厂规模：s—小；m—中等；l—大。
By—旁通。
所用试剂：$NaHCO_3$—碳酸氢钠；$CaCO_3$—石灰石；NaOH—氢氧化钠；Lime包括生石灰、熟石灰和高比表面积/孔隙度熟石灰。
安装技术：Semi WS—半湿式洗涤器；DSI—干式吸附剂注入；WS—湿式洗涤器。

图 8.5 主要焚烧 ONHW 的参考焚烧线连续监测 HCl 排放至大气中的日平均及年平均排放水平[81]

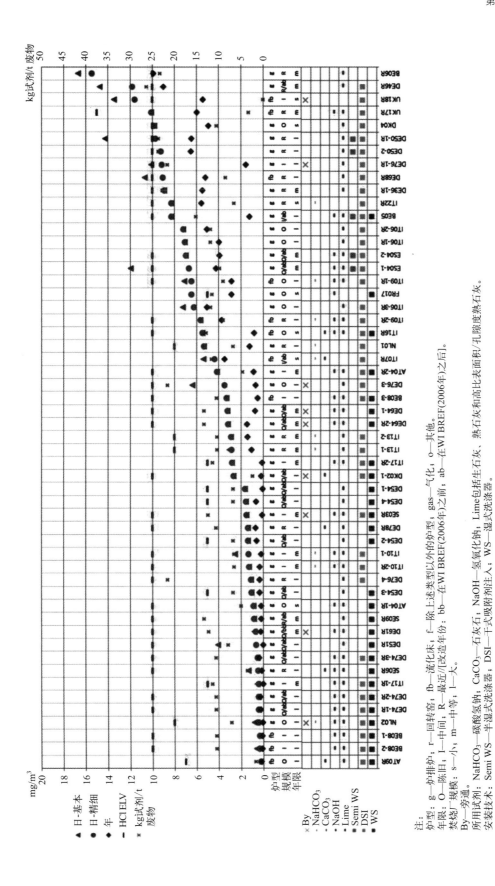

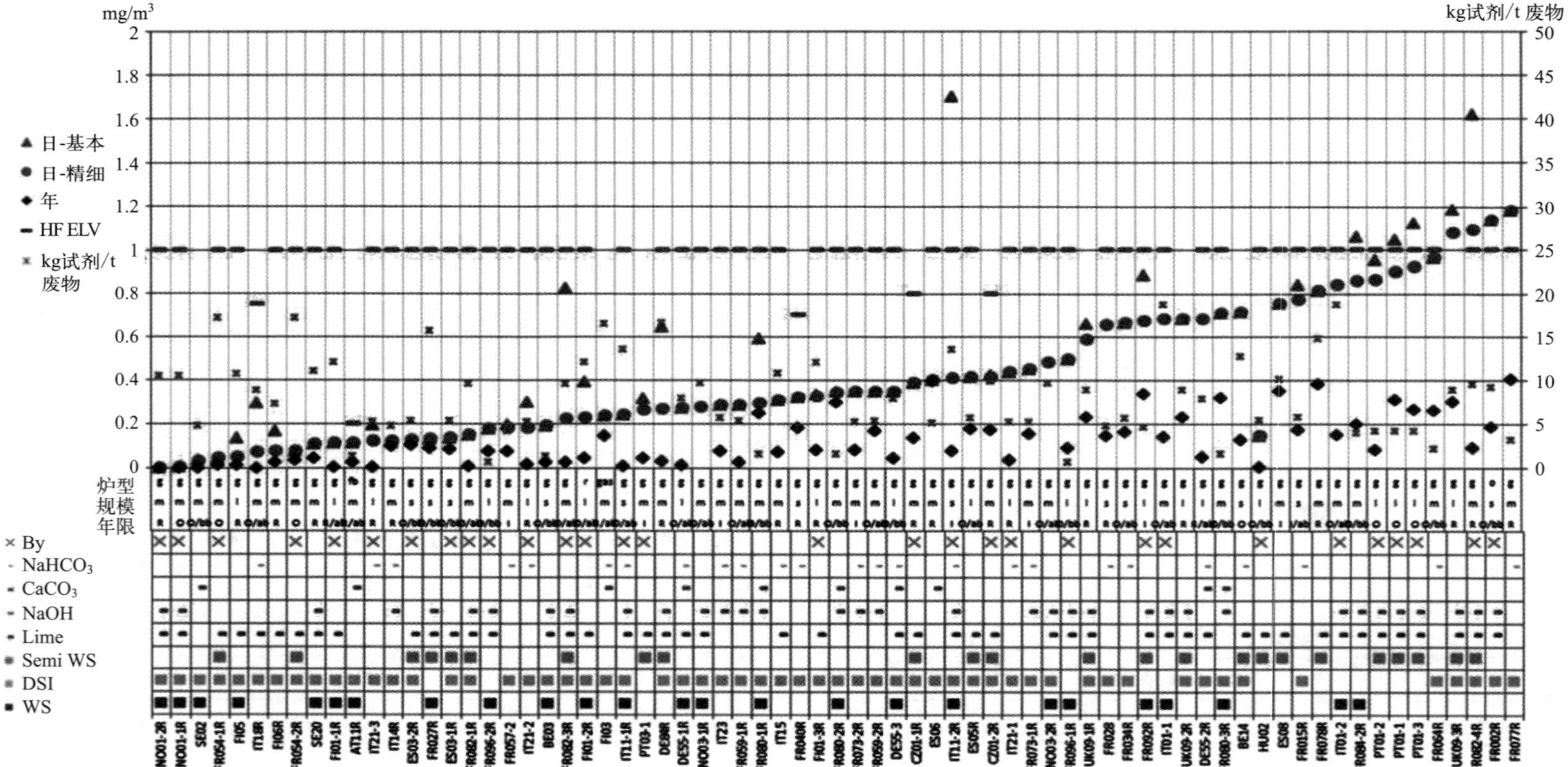

注：
炉型：g—炉排炉；r—回转窑；fb—流化床；f—除上述类型以外的炉型；gas—气化；o—其他。
年限：O—陈旧；I—中间；R—最近//[改造年份：bb—在WI BREF(2006年)之前；ab—在WI BREF(2006年)之后]。
焚烧厂规模：s—小；m—中等；l—大。
By—旁通。
所用试剂：$NaHCO_3$—碳酸氢钠；$CaCO_3$—石灰石；NaOH—氢氧化钠；Lime包括生石灰、熟石灰和高比表面积/孔隙度熟石灰。
安装技术：Semi WS—半湿式洗涤器；DSI—干式吸附剂注入；WS—湿式洗涤器。

图 8.6　主要焚烧 MSW 的参考焚烧线连续监测 HF 排放至大气中的日平均及年平均排放水平[81]

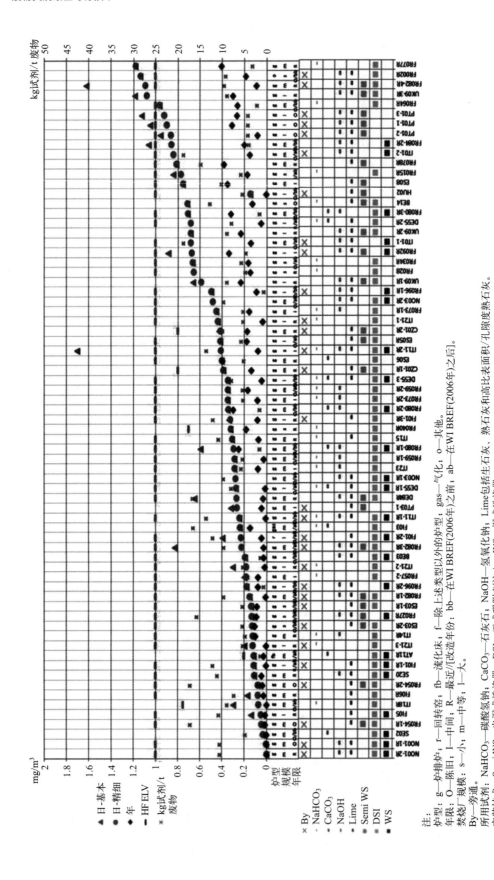

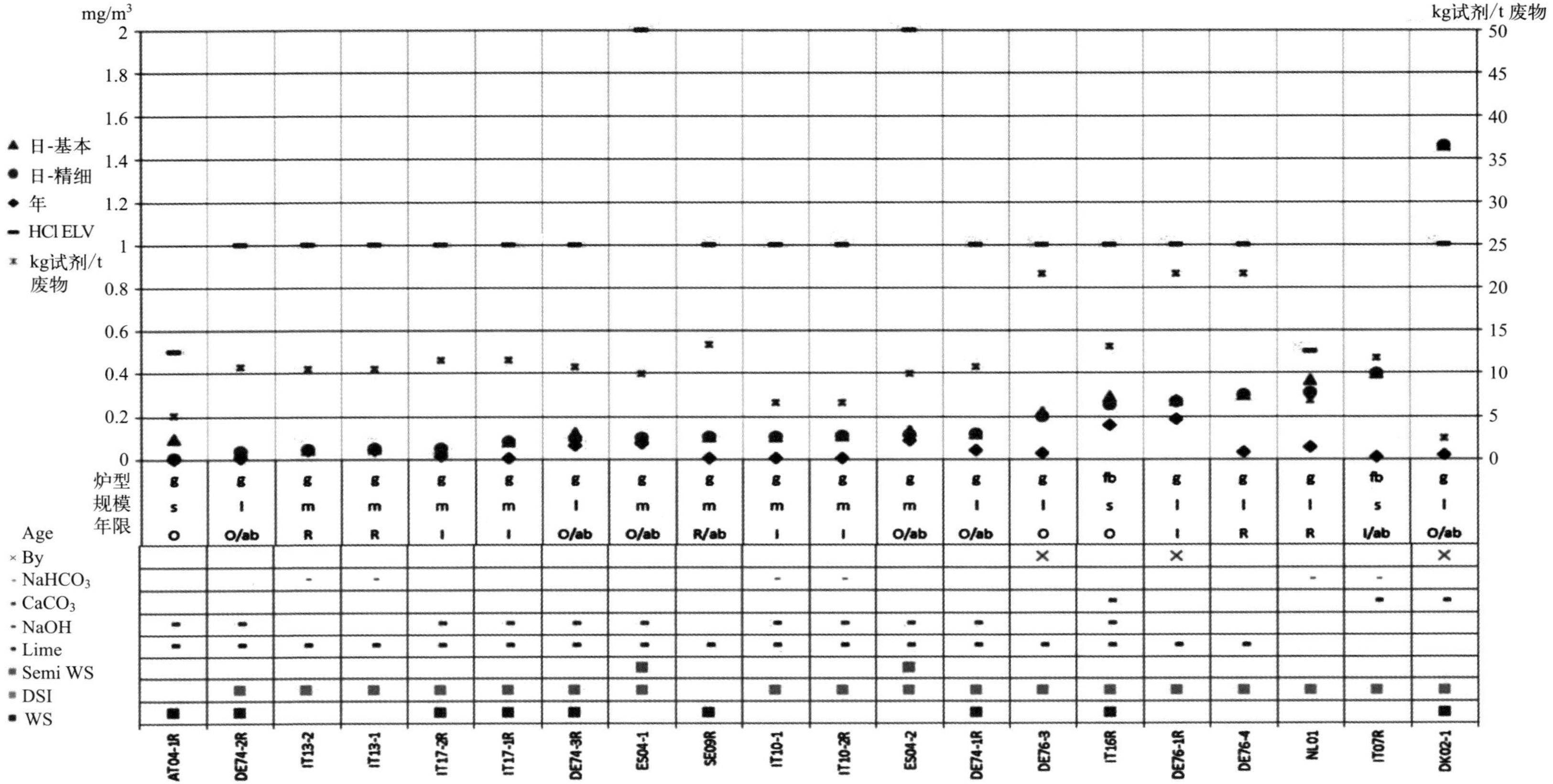

注：

炉型：g—炉排炉；r—回转窑；fb—流化床；f—除上述类型以外的炉型；gas—气化；o—其他。

年限：O—陈旧；I—中间；R—最近//[改造年份：bb—在WI BREF(2006年)之前；ab—在WI BREF(2006年)之后]。

焚烧厂规模：s—小；m—中等；l—大。

By—旁通。

所用试剂：$NaHCO_3$—碳酸氢钠；$CaCO_3$—石灰石；NaOH—氢氧化钠；Lime包括生石灰、熟石灰和高比表面积/孔隙度熟石灰。

安装技术：Semi WS—半湿式洗涤器；DSI—干式吸附剂注入；WS—湿式洗涤器。

图 8.7 主要焚烧 ONHW 的参考焚烧线连续监测 HCl 排放至大气中的日平均及年平均排放水平[81]

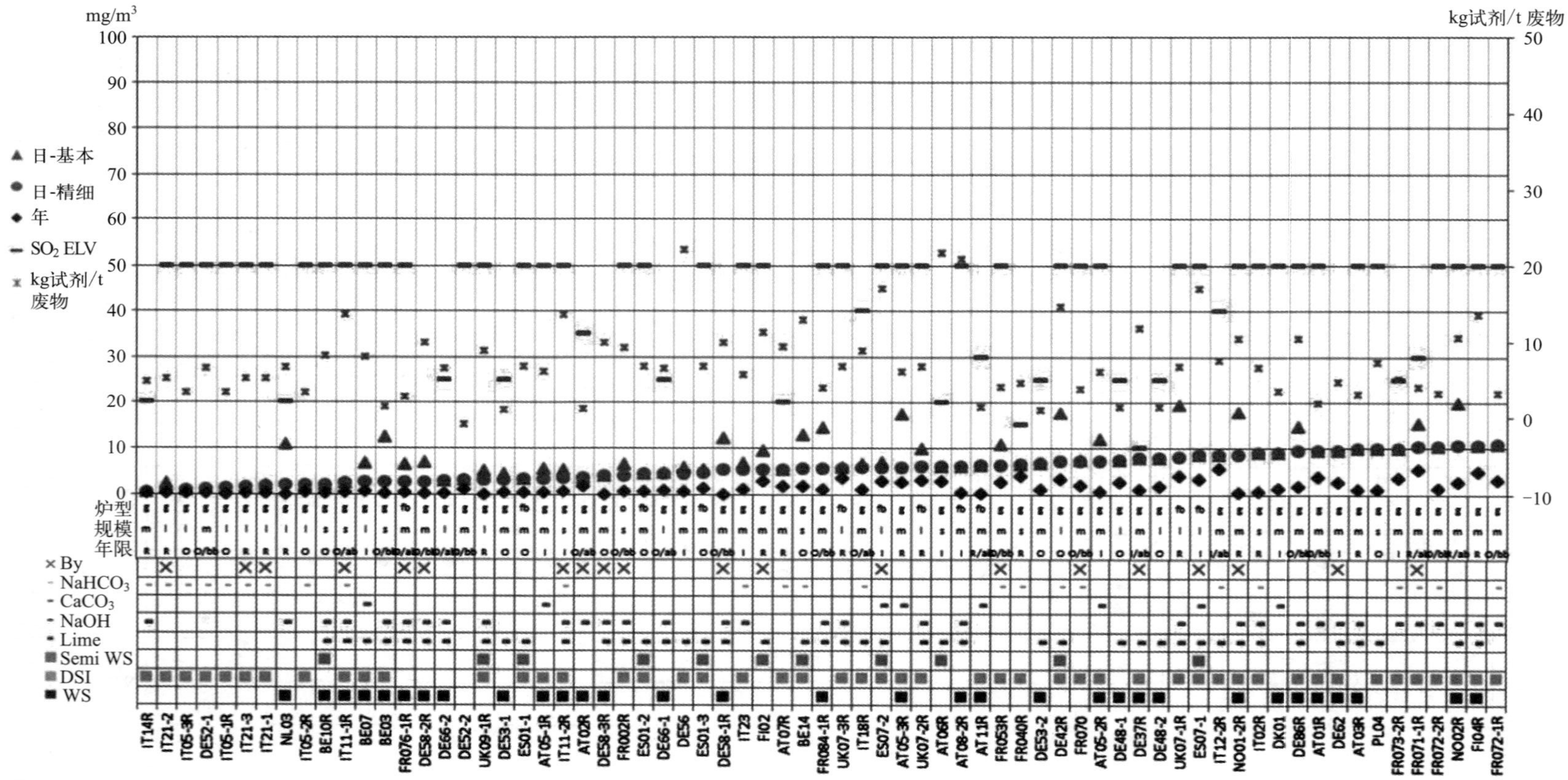

注：
炉型：g—炉排炉；r—回转窑；fb—流化床；f—除上述类型以外的炉型；gas—气化；o—其他。
年限：O—陈旧；I—中间；R—最近//[改造年份：bb—在WI BREF(2006年)之前；ab—在WI BREF(2006年)之后]。
焚烧厂规模：s—小；m—中等；l—大。
By—旁通。
所用试剂：$NaHCO_3$—碳酸氢钠；$CaCO_3$—石灰石；NaOH—氢氧化钠；Lime包括生石灰、熟石灰和高比表面积/孔隙度熟石灰。
安装技术：Semi WS—半湿式洗涤器；DSI—干式吸附剂注入；WS—湿式洗涤器。

图 8.8　主要焚烧 MSW 的参考焚烧线连续监测 SO_2 排放至大气中的日平均及年平均排放水平（1/3）[81]

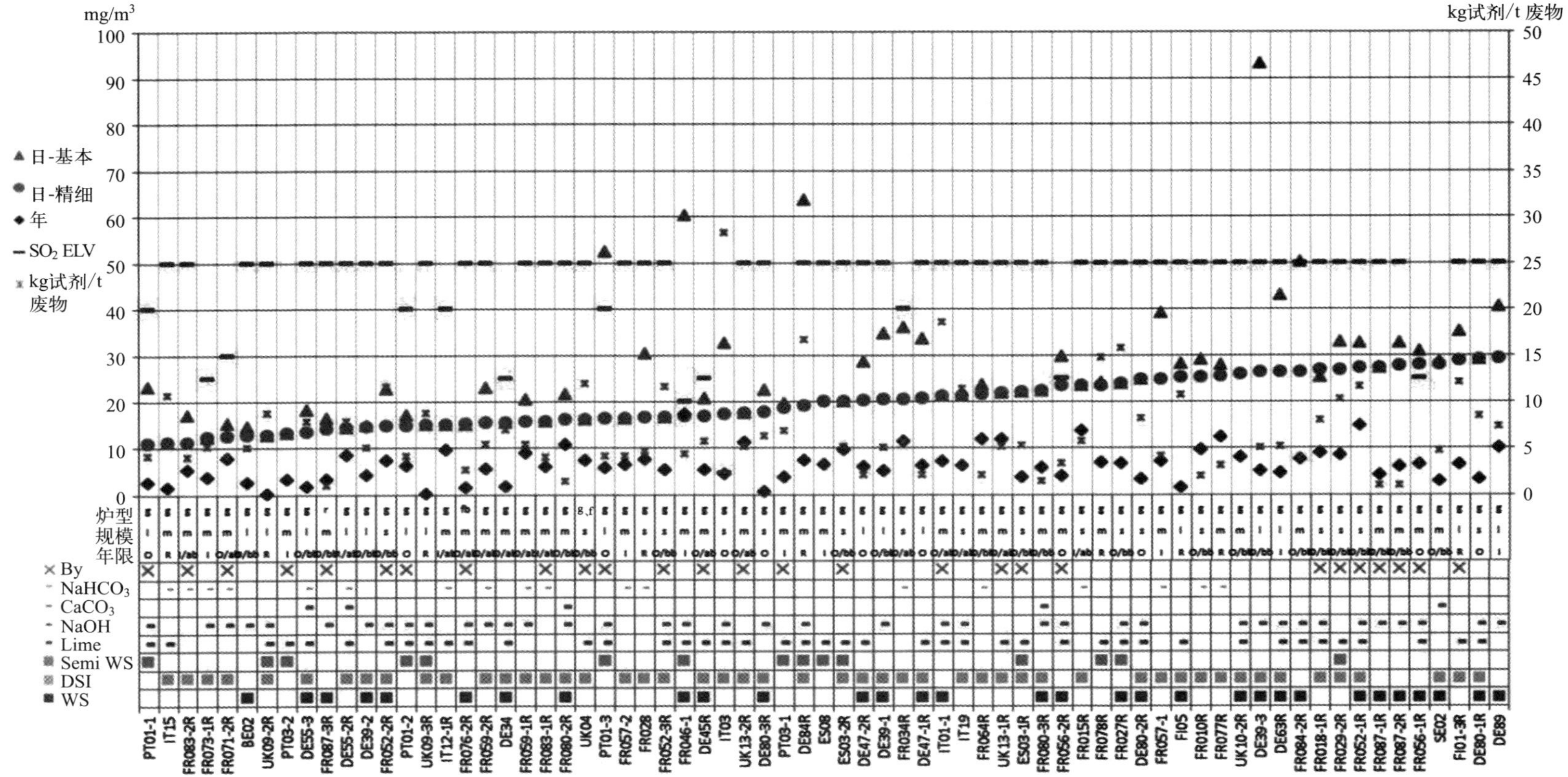

注：
炉型：g—炉排炉；r—回转窑；fb—流化床；f—除上述类型以外的炉型；gas—气化；o—其他。
年限：O—陈旧；I—中间；R—最近//[改造年份：bb—在WI BREF(2006年)之前；ab—在WI BREF(2006年)之后]。
焚烧厂规模：s—小；m—中等；l—大。
By—旁通。
所用试剂：$NaHCO_3$—碳酸氢钠；$CaCO_3$—石灰石；NaOH—氢氧化钠；Lime包括生石灰、熟石灰和高比表面积/孔隙度熟石灰。
安装技术：Semi WS—半湿式洗涤器；DSI—干式吸附剂注入；WS—湿式洗涤器。

图 8.9　主要焚烧 MSW 的参考焚烧线连续监测 SO_2 排放至大气中的日平均及年平均排放水平（2/3）[81]

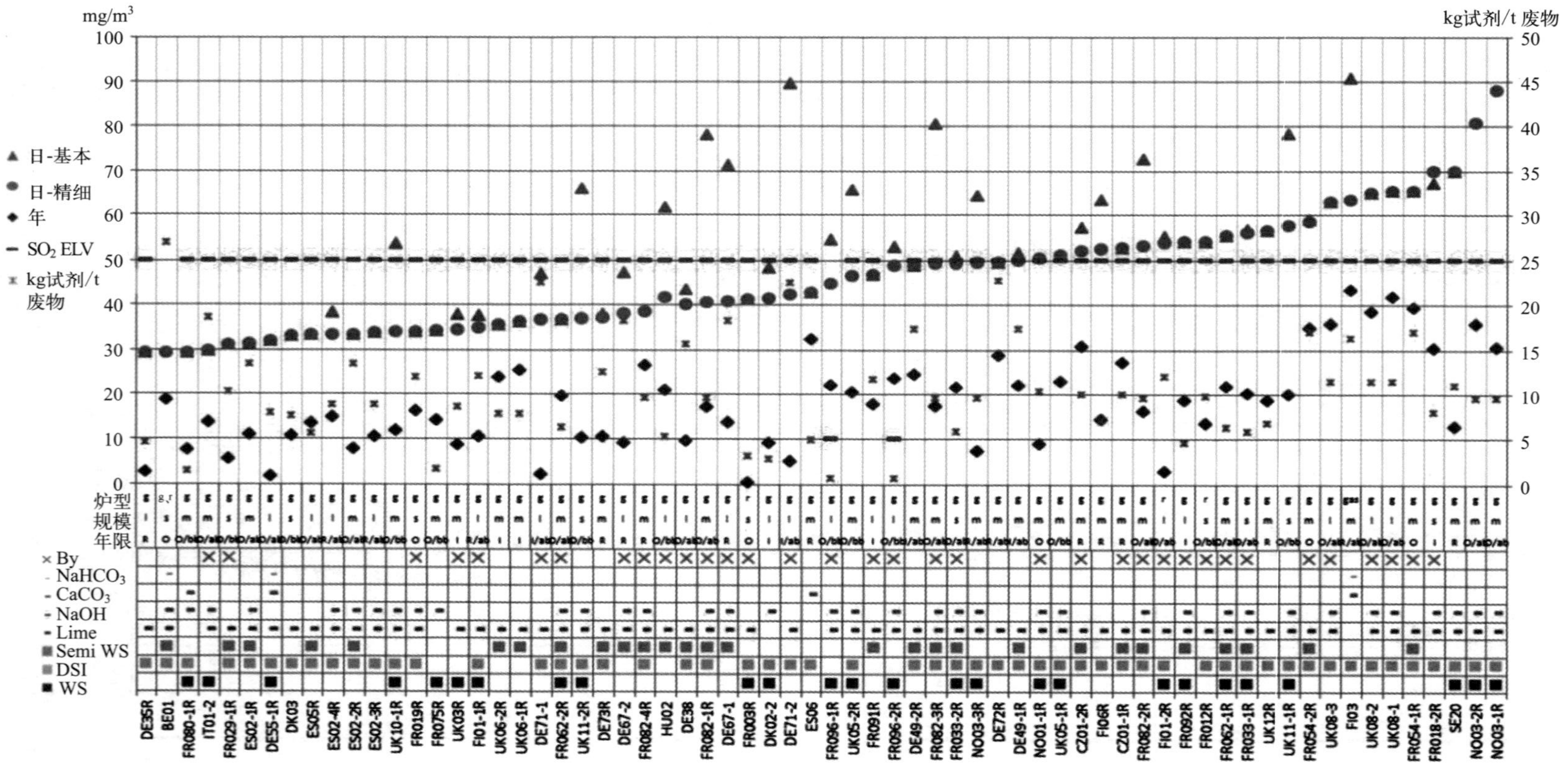

注：
炉型：g—炉排炉；r—回转窑；fb—流化床；f—除上述类型以外的炉型；gas—气化；o—其他。
年限：O—陈旧；I—中间；R—最近//[改造年份：bb—在WI BREF(2006年)之前；ab—在WI BREF(2006年)之后]。
焚烧厂规模：s—小；m—中等；l—大。
By—旁通。
所用试剂：$NaHCO_3$—碳酸氢钠；$CaCO_3$—石灰石；NaOH—氢氧化钠；Lime包括生石灰、熟石灰和高比表面积/孔隙度熟石灰。
安装技术：Semi WS—半湿式洗涤器；DSI—干式吸附剂注入；WS—湿式洗涤器。

图 8.10 主要焚烧 MSW 的参考焚烧线连续监测 SO_2 排放至大气中的日平均及年平均排放水平（3/3）[81]

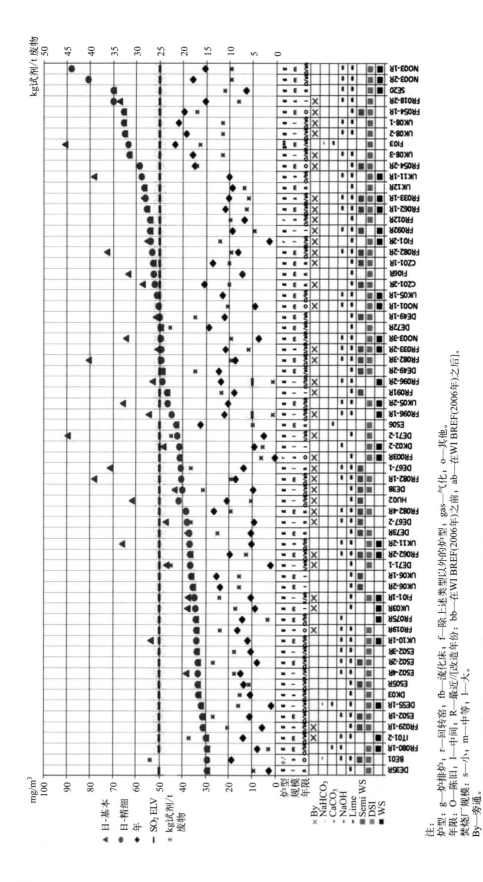

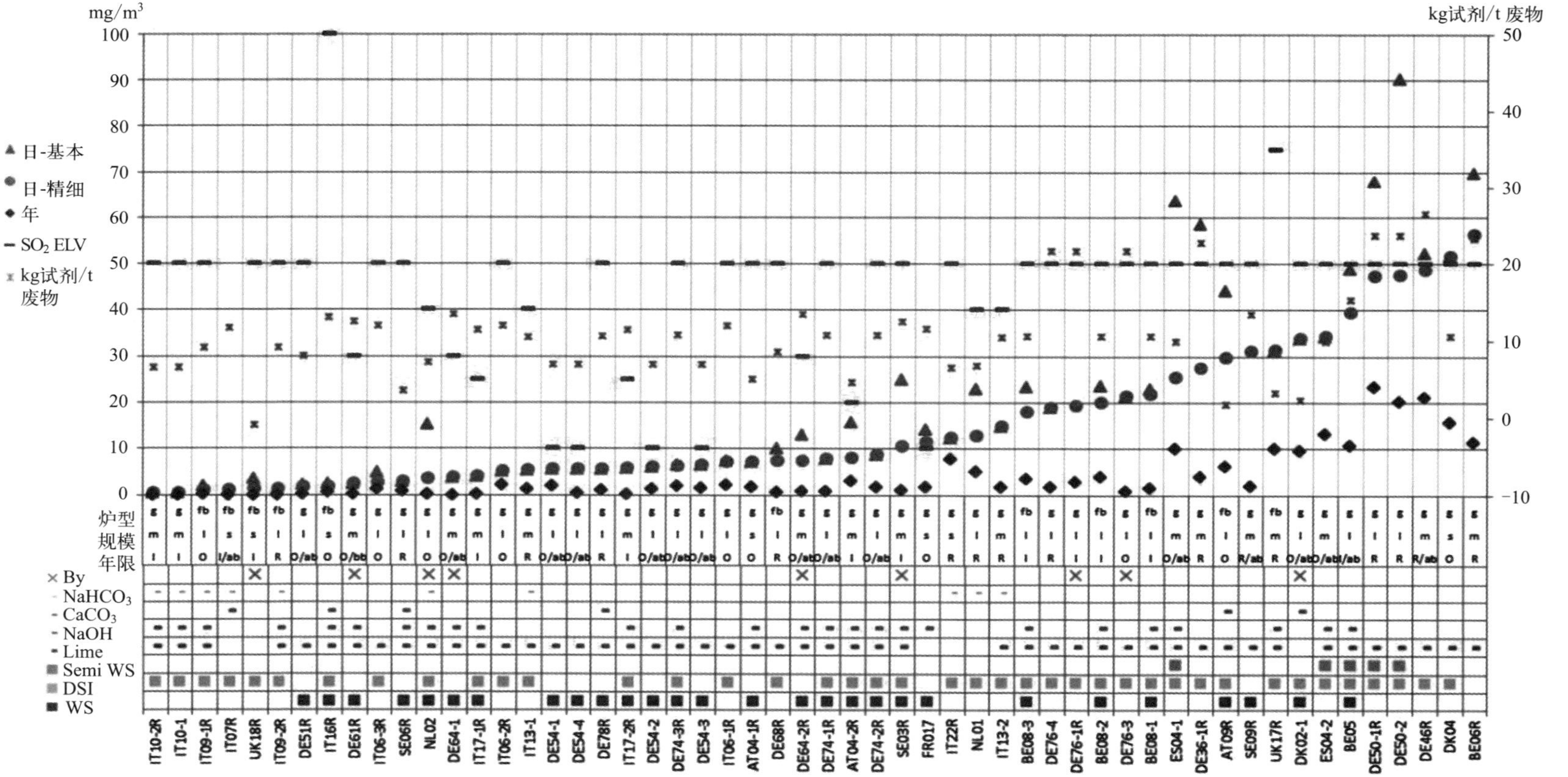

注：
炉型：g—炉排炉；r—回转窑；fb—流化床；f—除上述类型以外的炉型；gas—气化；o—其他。
年限：O—陈旧；I—中间；R—最近//[改造年份：bb—在WI BREF(2006年)之前；ab—在WI BREF(2006年)之后]。
焚烧厂规模：s—小；m—中等；l—大。
By—旁通。
所用试剂：$NaHCO_3$—碳酸氢钠；$CaCO_3$—石灰石；NaOH—氢氧化钠；Lime包括生石灰、熟石灰和高比表面积/孔隙度熟石灰。
安装技术：Semi WS—半湿式洗涤器；DSI—干式吸附剂注入；WS—湿式洗涤器。

图 8.11　主要焚烧 ONHW 的参考焚烧线连续监测 SO_2 排放至大气中的日平均及年平均排放水平[81]

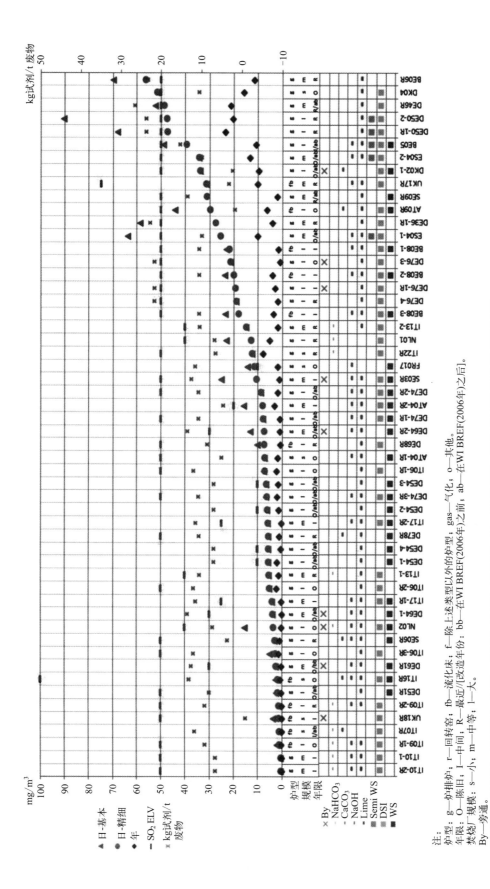

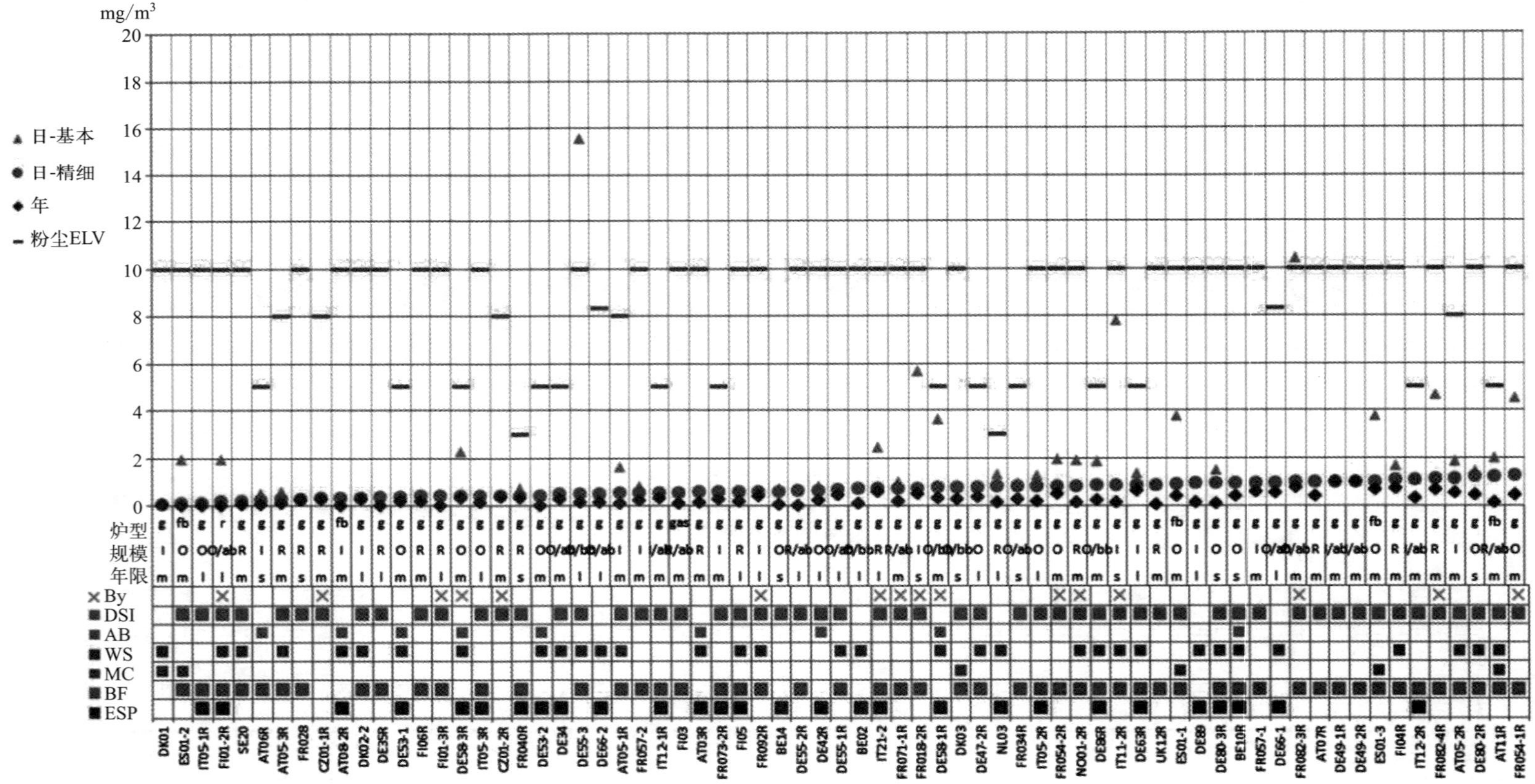

注：
炉型：g—炉排炉；r—回转窑；fb—流化床；f—除上述类型以外的炉型；gas—气化；o—其他。
年限：O—陈旧；I—中间；R—最近//[改造年份：bb—在WI BREF(2006年)之前；ab—在WI BREF(2006年)之后]。
焚烧厂规模：s—小；m—中等；l—大。
By—旁通。
安装技术：DSI—干式吸附剂注入；AB—吸附床；WS—湿式洗涤器；MC—多级旋风器；BF—布袋过滤器；ESP—静电除尘器。

图 8.12 主要焚烧 MSW 的参考焚烧线连续监测粉尘排放至大气中的日平均及年平均排放水平（1/3）[81]

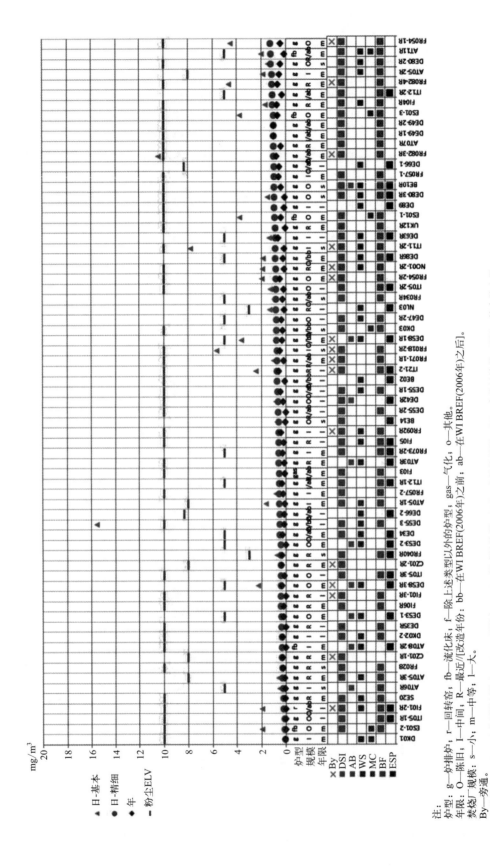

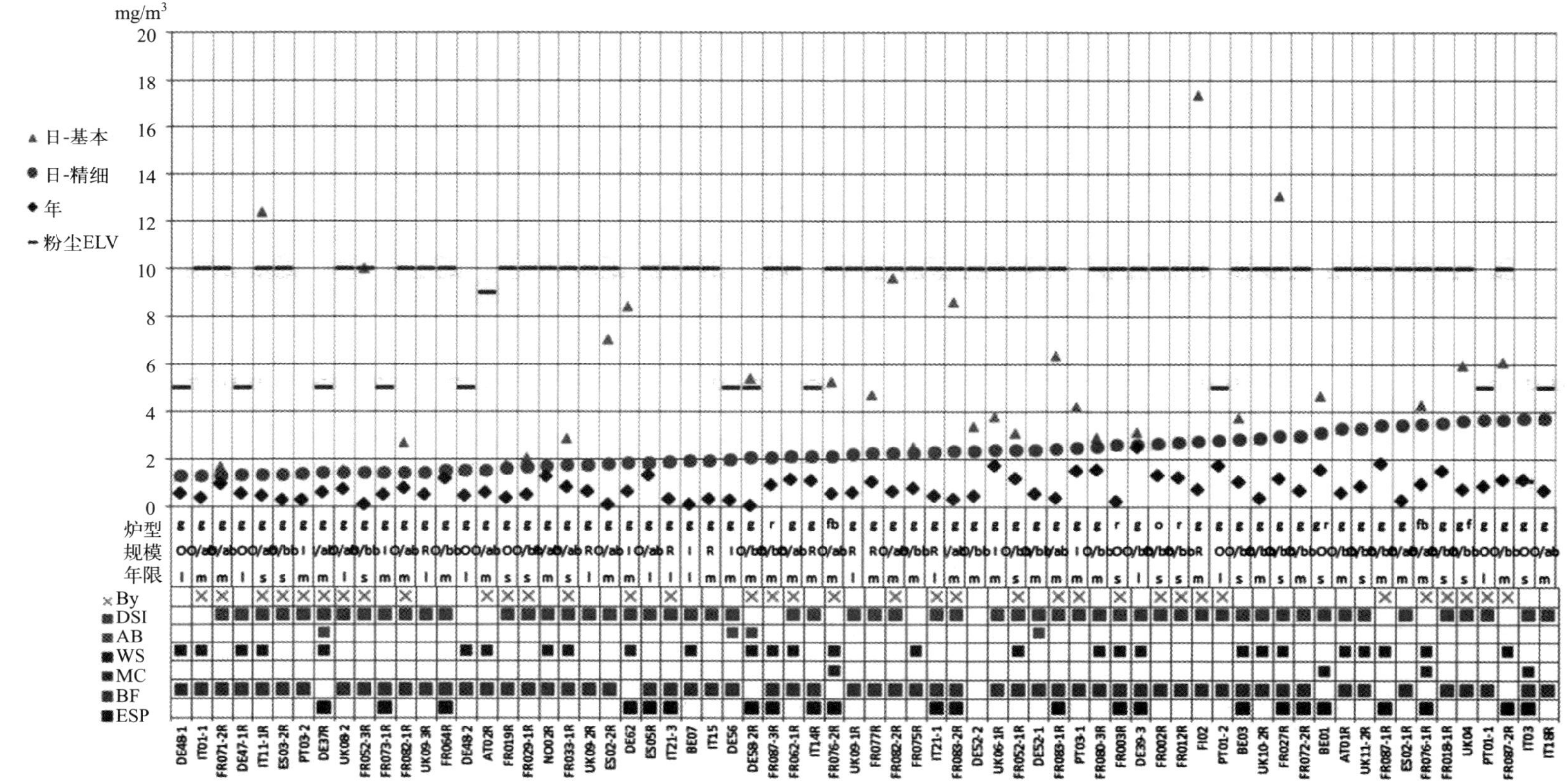

注：
炉型：g—炉排炉；r—回转窑；fb—流化床；f—除上述类型以外的炉型；gas—气化；o—其他。
年限：O—陈旧；I—中间；R—最近//[改造年份：bb—在WI BREF(2006年)之前；ab—在WI BREF(2006年)之后]。
焚烧厂规模：s—小；m—中等；l—大。
By—旁通。
安装技术：DSI—干式吸附剂注入；AB—吸附床；WS—湿式洗涤器；MC—多级旋风器；BF—布袋过滤器；ESP—静电除尘器。

图 8.13　主要焚烧 MSW 的参考焚烧线连续监测粉尘排放至大气中的日平均及年平均排放水平（2/3）[81]

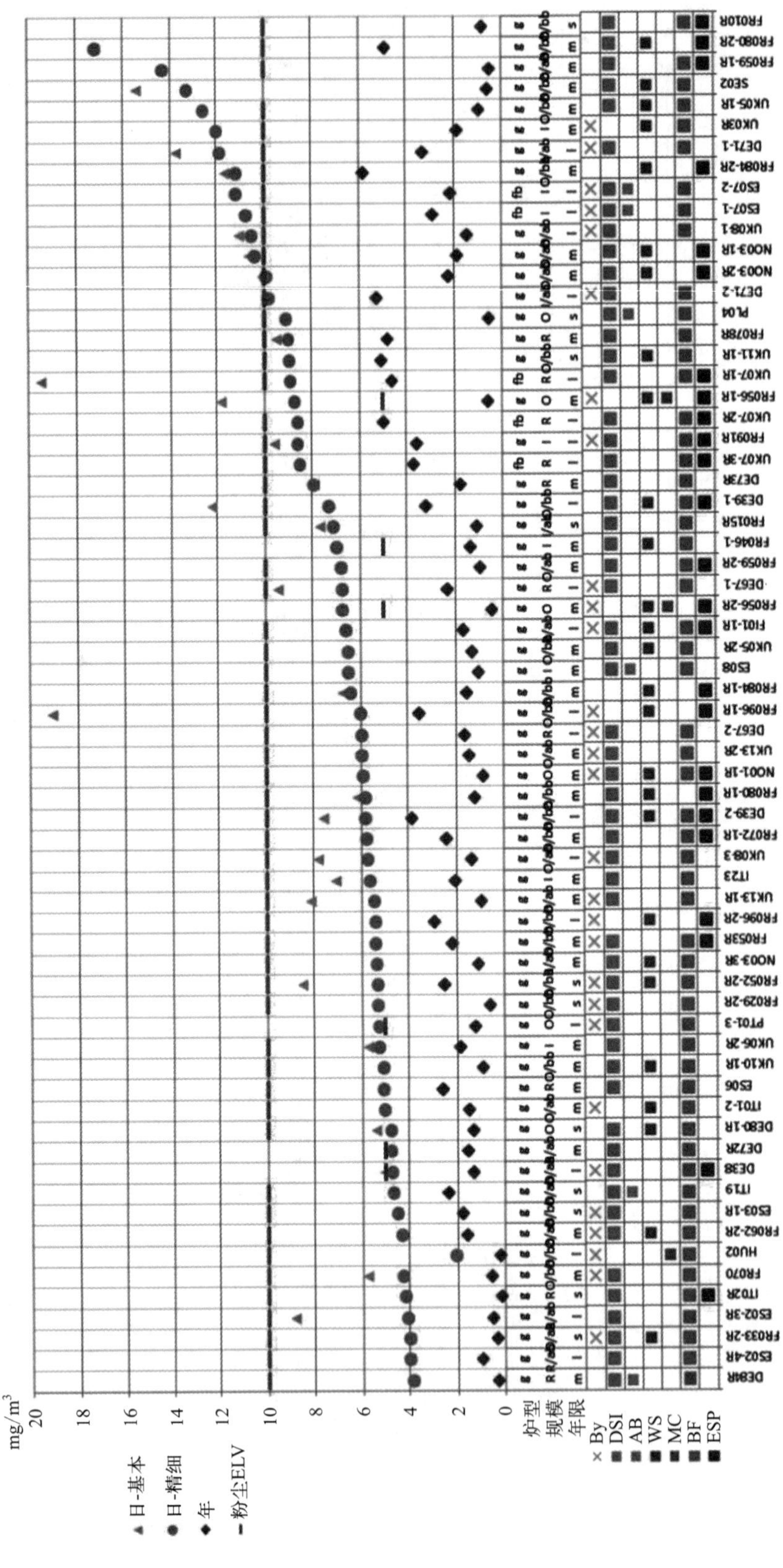

注：
炉型：g—炉排炉；r—回转窑；fb—流化床；f—除上述类型以外的炉型；gas—气化；o—其他。
年限：O—陈旧；I—中间；R—最近/[改造年份：bb—在WI BREF(2006年)之前；ab—在WI BREF(2006年)之后]。
焚烧厂规模：s—小；m—中等；l—大。
By—旁通。
安装技术：DSI—干式吸附剂注入；AB—吸附床；WS—湿式洗涤器；MC—多级旋风器；BF—布袋过滤器；ESP—静电除尘器。

图 8.14 主要焚烧 MSW 的参考焚烧线连续监测粉尘排放至大气中的日平均及年平均排放水平（3/3）[81]

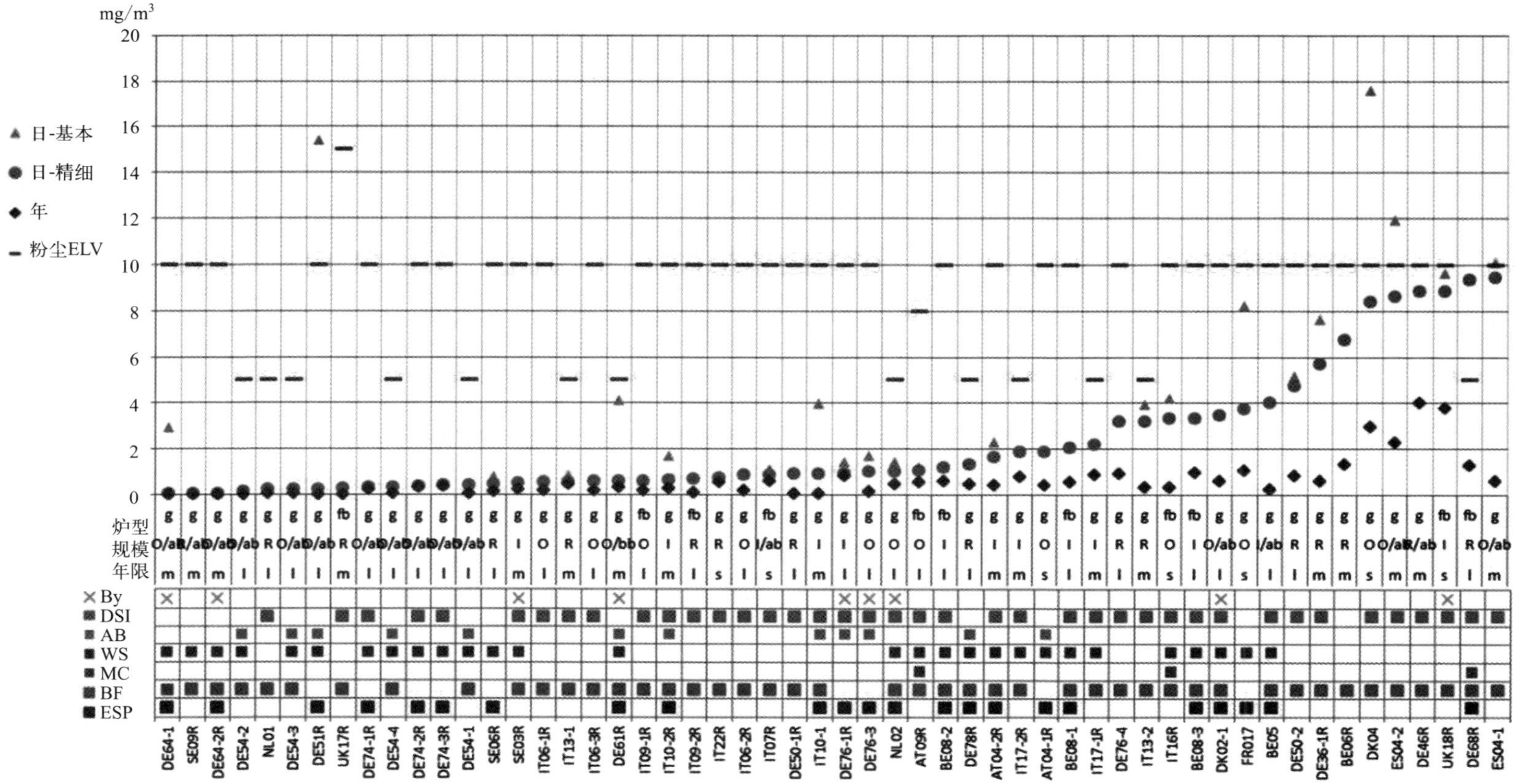

注：
炉型：g—炉排炉；r—回转窑；fb—流化床；f—除上述类型以外的炉型；gas—气化；o—其他。
年限：O—陈旧；I—中间；R—最近//[改造年份：bb—在WI BREF(2006年)之前；ab—在WI BREF(2006年)之后]。
焚烧厂规模：s—小；m—中等；l—大。
By—旁通。
安装技术：DSI—干式吸附剂注入；AB—吸附床；WS—湿式洗涤器；MC—多级旋风器；BF—布袋过滤器；ESP—静电除尘器。

图 8.15　主要焚烧 ONHW 的参考焚烧线连续监测粉尘排放至大气中的日平均及年平均排放水平[81]

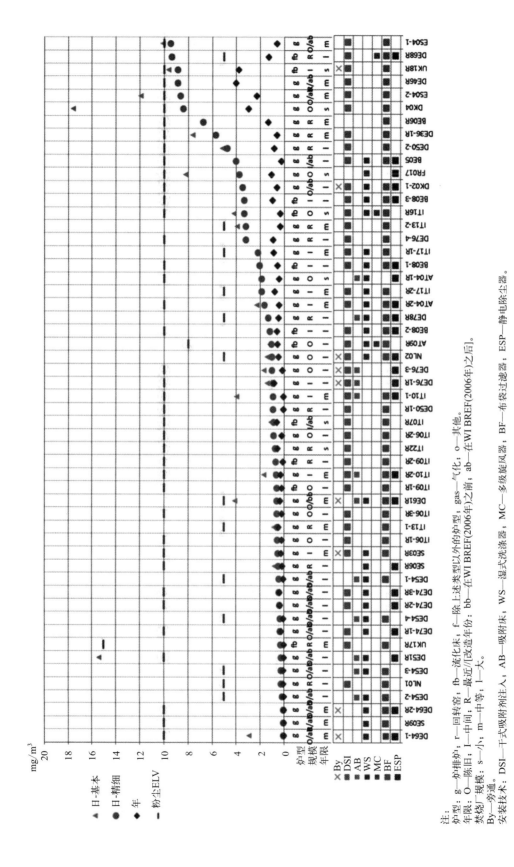

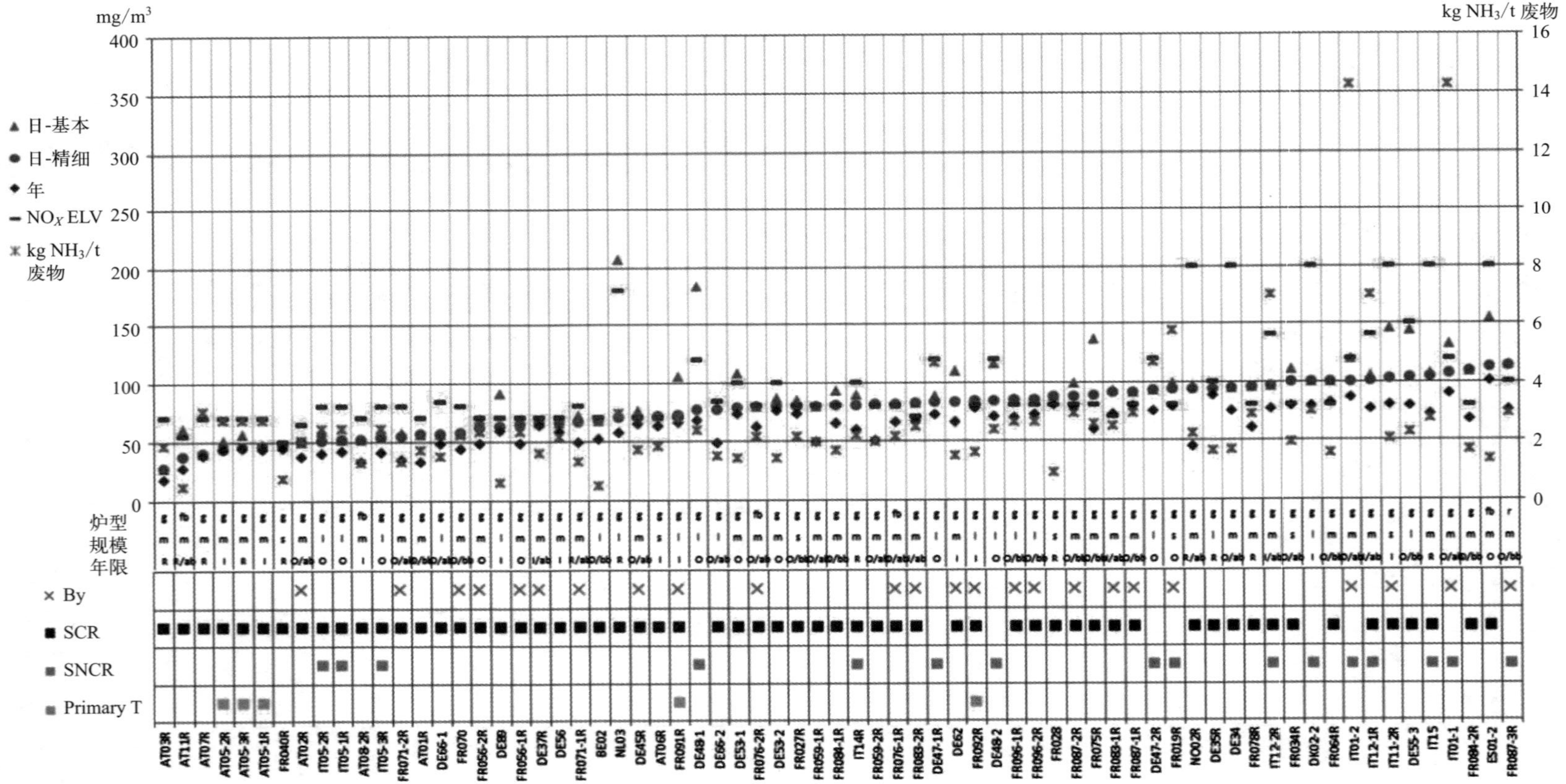

注：
炉型：g—炉排炉；r—回转窑；fb—流化床；f—除上述类型以外的炉型；gas—气化；o—其他。
年限：O—陈旧；I—中间；R—最近//[改造年份：bb—在WI BREF(2006年)之前；ab—在WI BREF(2006年)之后]。
焚烧厂规模：s—小；m—中等；l—大。
By—旁通。
安装技术：SCR—选择性催化还原；SNCR—选择性非催化还原；Primary T—主要技术。

图 8.16 主要焚烧 MSW 的参考焚烧线连续监测 NO_X 排放至大气中的日平均及年平均排放水平（1/3）[81]

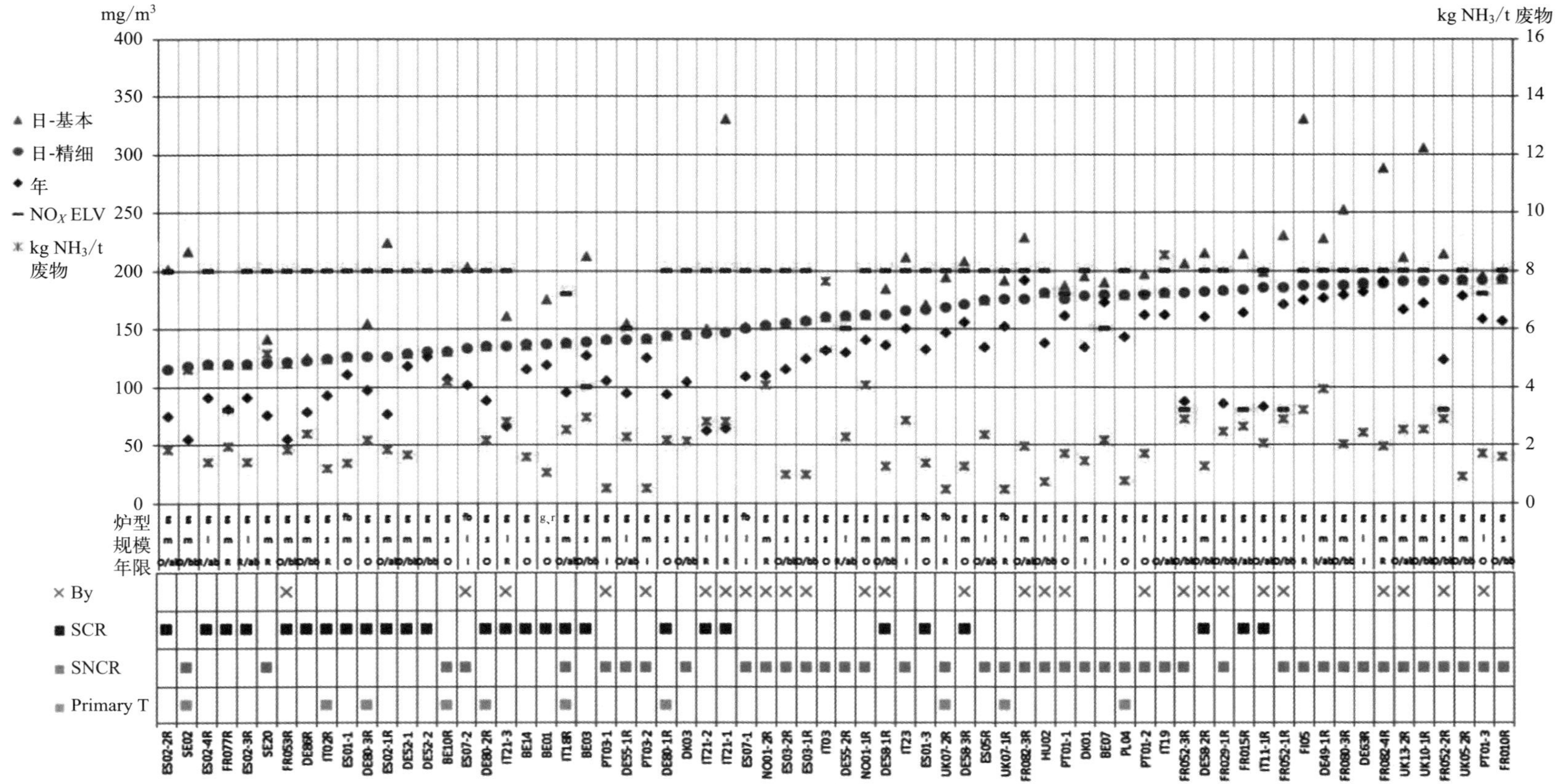

注：
炉型：g—炉排炉；r—回转窑；fb—流化床；f—除上述类型以外的炉型；gas—气化；o—其他。
年限：O—陈旧；I—中间；R—最近//[改造年份：bb—在WI BREF(2006年)之前；ab—在WI BREF(2006年)之后]。
焚烧厂规模：s—小；m—中等；l—大。
By—旁通。
安装技术：SCR—选择性催化还原；SNCR—选择性非催化还原；Primary T—主要技术。

图 8.17　主要焚烧 MSW 的参考焚烧线连续监测 NO_X 排放至大气中的日平均及年平均排放水平（2/3）[81]

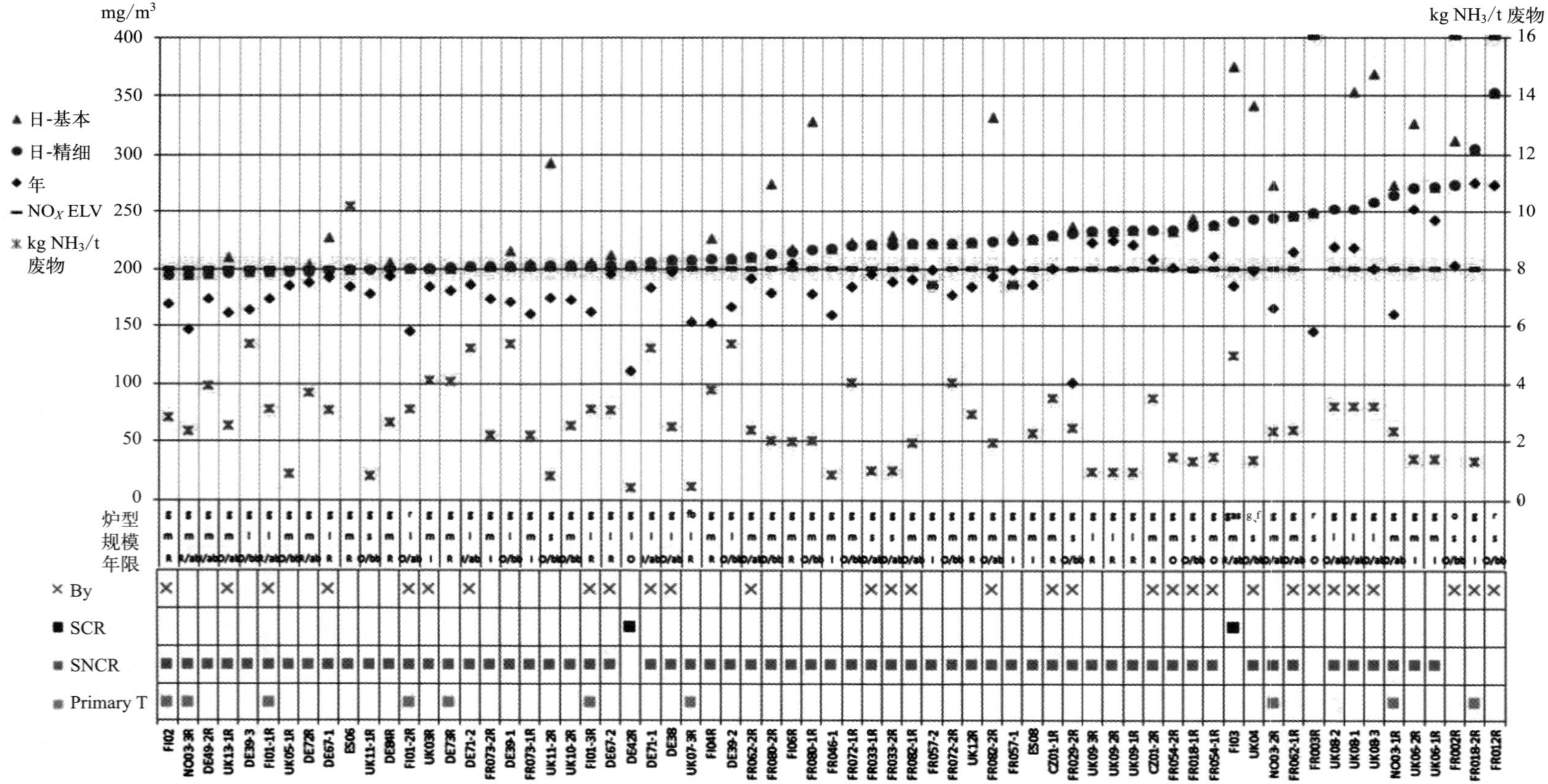

注：
炉型：g—炉排炉；r—回转窑；fb—流化床；f—除上述类型以外的炉型；gas—气化；o—其他。
年限：O—陈旧；I—中间；R—最近//[改造年份：bb—在WI BREF(2006年)之前；ab—在WI BREF(2006年)之后]。
焚烧厂规模：s—小；m—中等；l—大。
By—旁通。
安装技术：SCR—选择性催化还原；SNCR—选择性非催化还原；Primary T—主要技术。

图 8.18　主要焚烧 MSW 的参考焚烧线连续监测 NO_X 排放至大气中的日平均及年平均排放水平（3/3）[81]

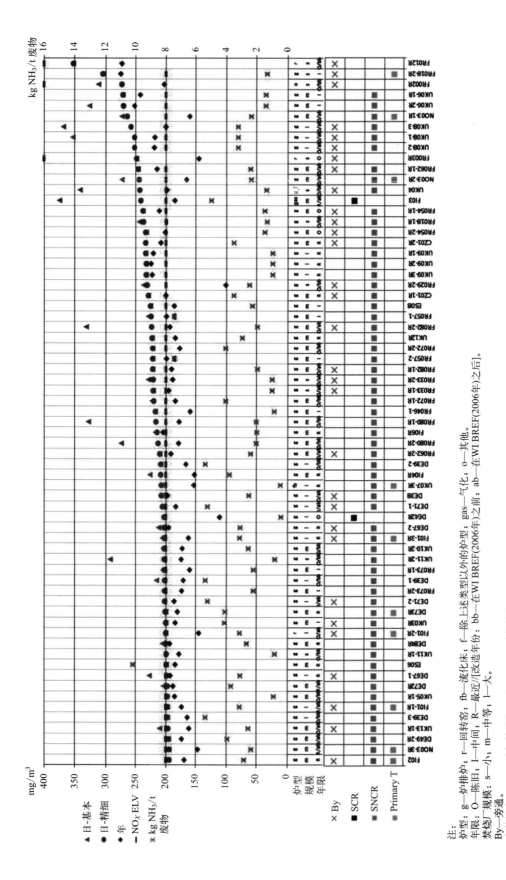

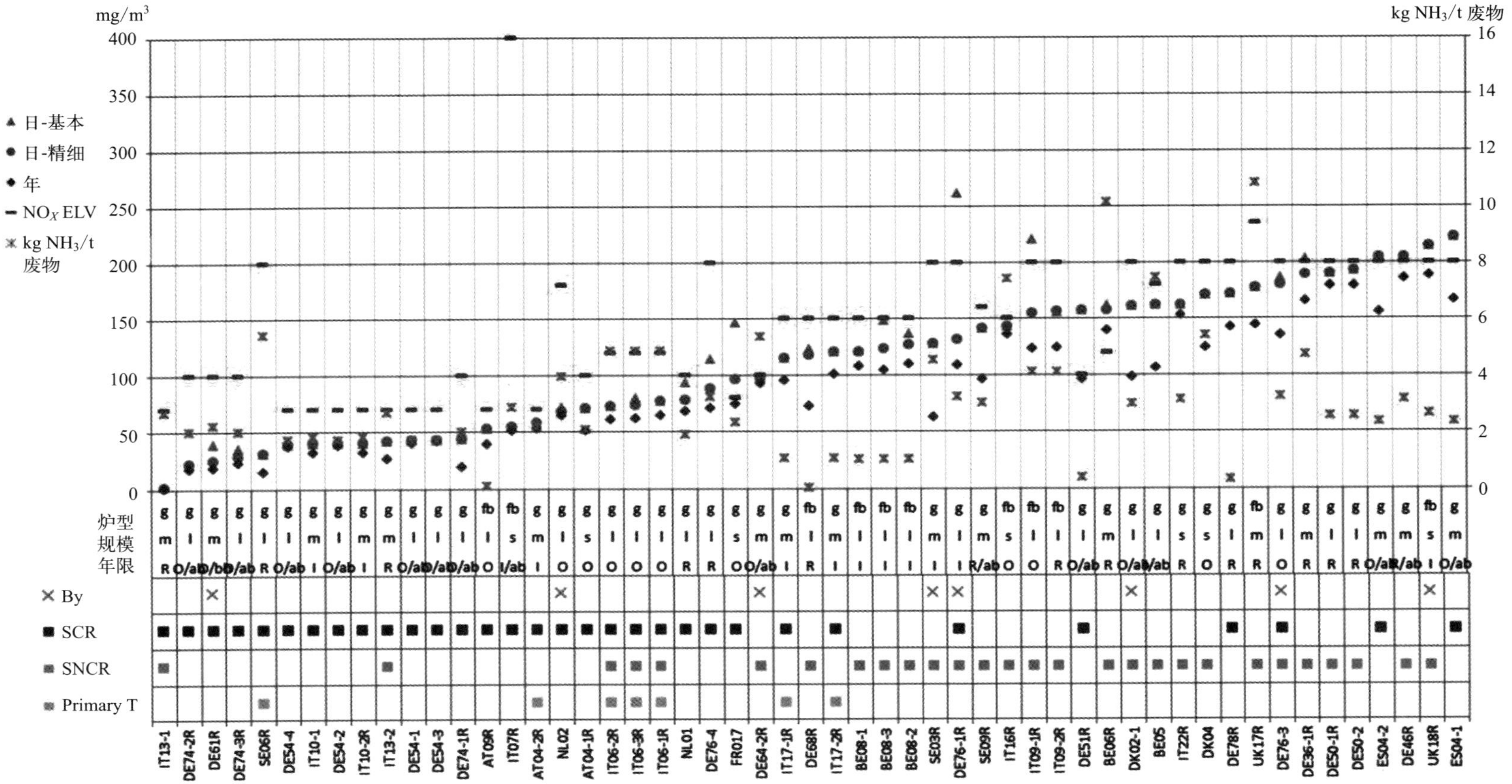

注：
炉型：g—炉排炉；r—回转窑；fb—流化床；f—除上述类型以外的炉型；gas—气化；o—其他。
年限：O—陈旧；I—中间；R—最近//[改造年份：bb—在WI BREF(2006年)之前；ab—在WI BREF(2006年)之后]。
焚烧厂规模：s—小；m—中等；l—大。
By—旁通。
安装技术：SCR—选择性催化还原；SNCR—选择性非催化还原；Primary T—主要技术。

图 8.19　主要焚烧 ONHW 的参考焚烧线连续监测 NO_X 排放至大气中的日平均及年平均排放水平[81]

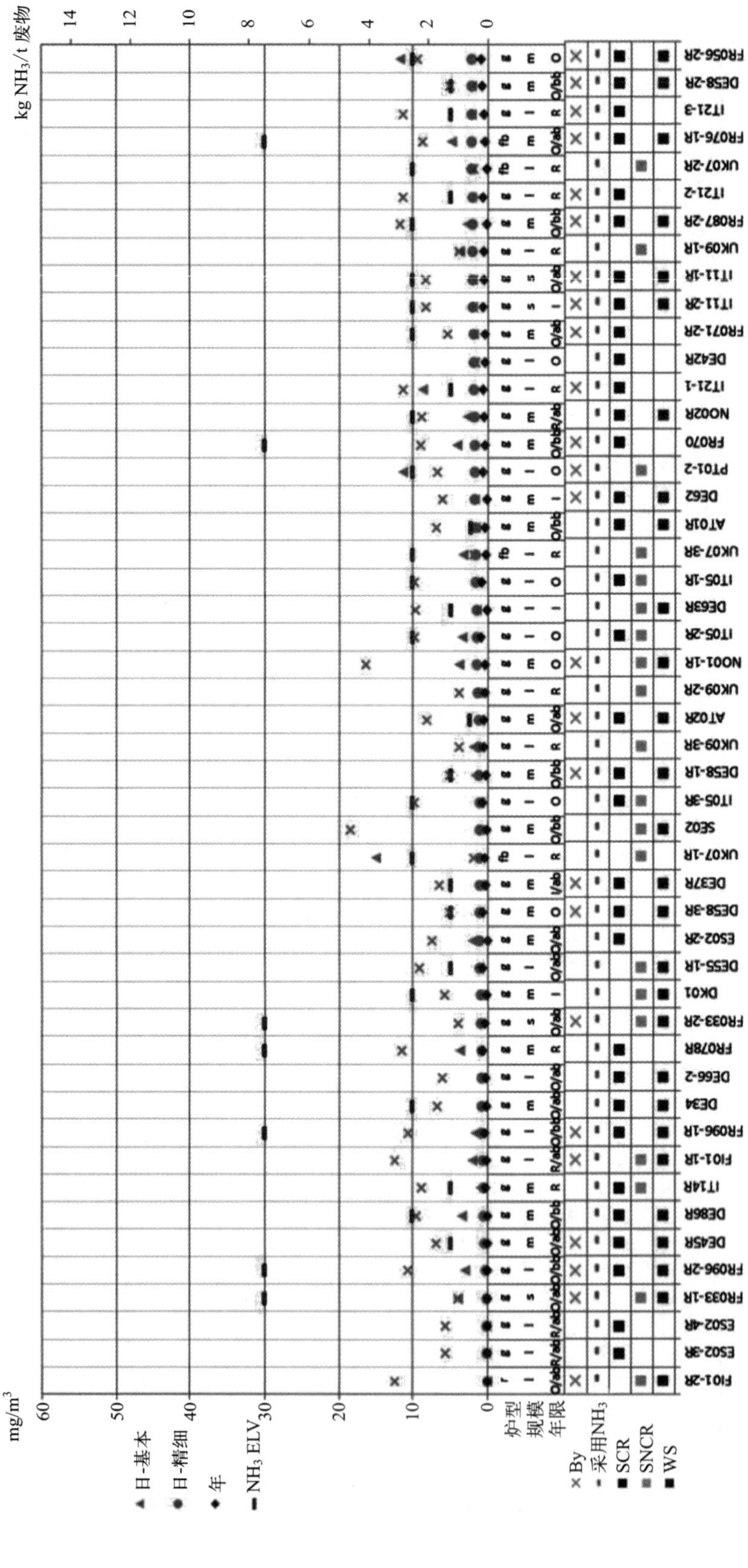

注：
炉型：g—炉排炉；r—回转窑；fb—流化床；f—除上述类型以外的炉型；gas—气化；o—其他。
焚烧厂年限：O—陈旧；I—中间；R—最近//[改造年份；bb—在WI BREF(2006年)之前；ab—在WI BREF(2006年)之后]。
焚烧厂规模：s—小；m—中等；l—大。
By—旁通。
采用试剂：NH_3—氨。
安装技术：SCR—选择性催化还原；SNCR—选择性非催化还原；WS—湿式洗涤器。

图 8.20　主要焚烧 MSW 的参考焚烧线连续监测 NH_3 排放至大气中的日平均及年平均排放水平（1/3）[81]

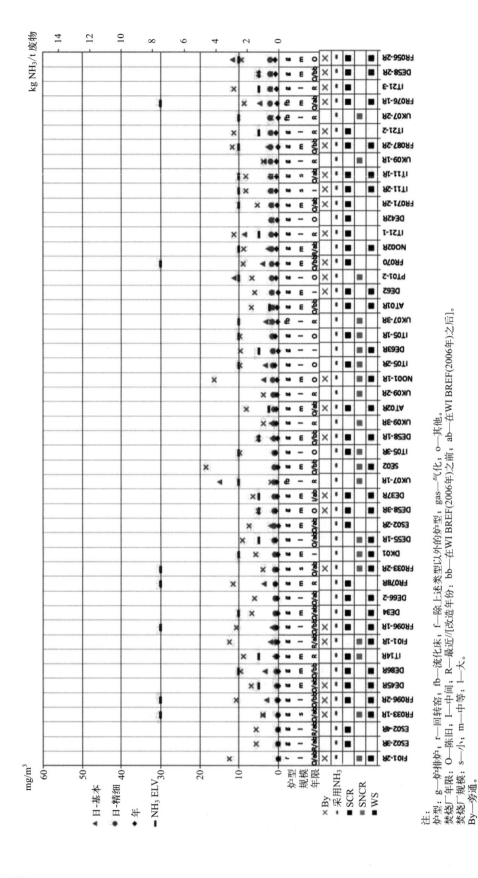

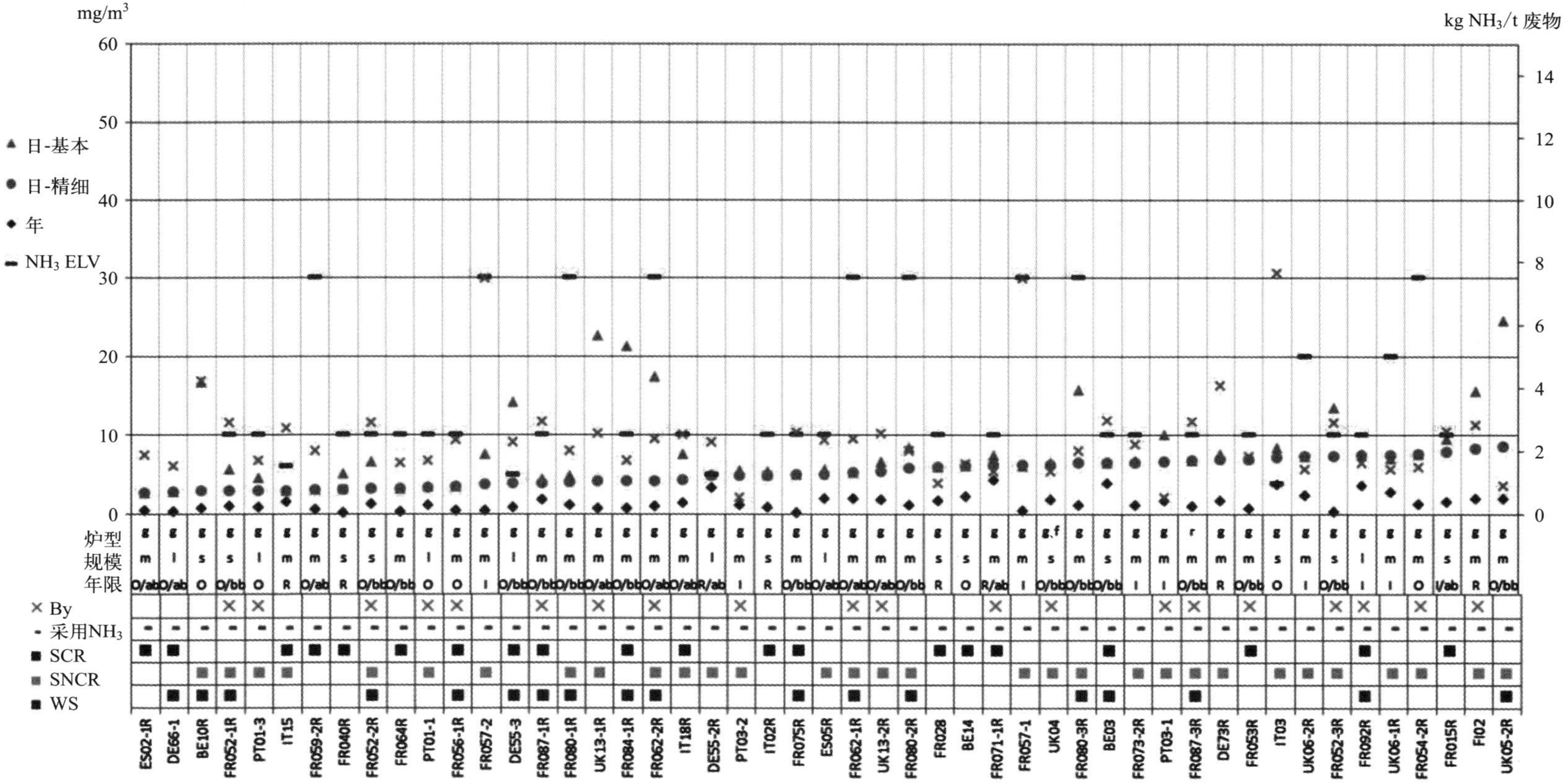

注：
炉型：g—炉排炉；r—回转窑；fb—流化床；f—除上述类型以外的炉型；gas—气化；o—其他。
焚烧厂年限：O—陈旧；I—中间；R—最近//[改造年份：bb—在WI BREF(2006年)之前；ab—在WI BREF(2006年)之后]。
焚烧厂规模：s—小；m—中等；l—大。
By—旁通。
采用试剂：NH_3—氨。
安装技术：SCR—选择性催化还原；SNCR—选择性非催化还原；WS—湿式洗涤器。

图 8.21　主要焚烧 MSW 的参考焚烧线连续监测 NH_3 排放至大气中的日平均及年平均排放水平（2/3）[81]

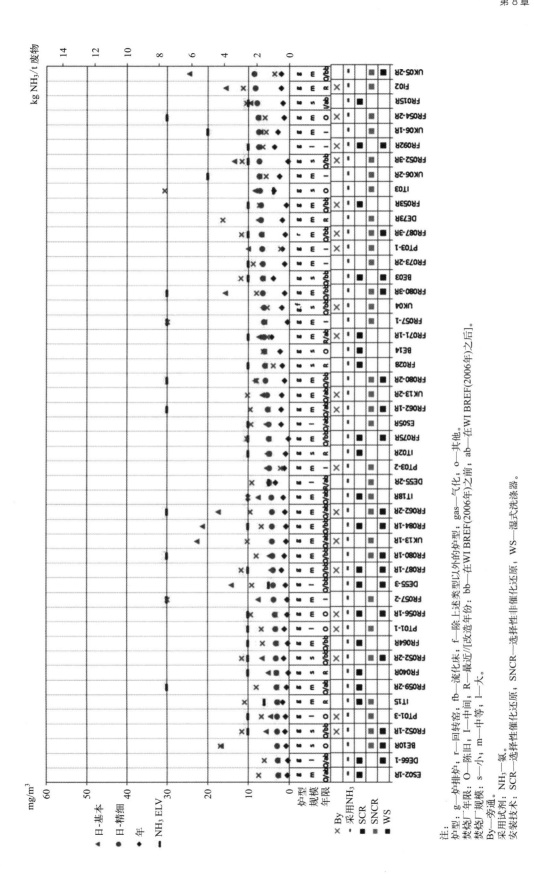

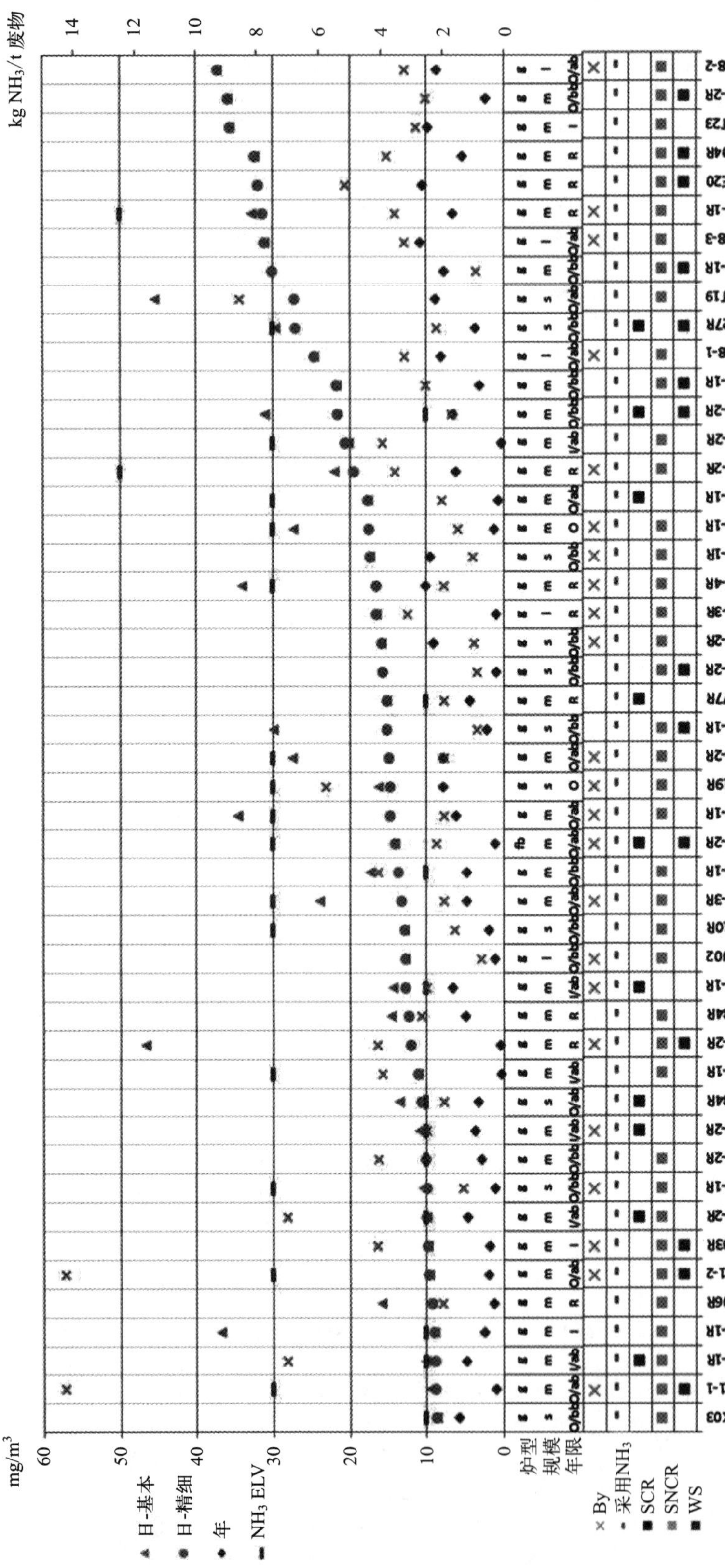

注：
炉型：g—炉排炉；r—回转窑；fb—流化床；f—除上述类型以外的炉型；gas—气化；o—其他。
焚烧厂年限：O—陈旧；I—中间；R—最近/[改造年份：bb—在WI BREF(2006年)之前；ab—在WI BREF(2006年)之后]。
焚烧厂规模：s—小；m—中等；l—大。
By—旁通。
采用试剂：NH_3—氨。
安装技术：SCR—选择性催化还原；SNCR—选择性非催化还原；WS—湿式洗涤器。

图 8.22 主要焚烧 MSW 的参考焚烧线连续监测 NH_3 排放至大气中的日平均及年平均排放水平（3/3）[81]

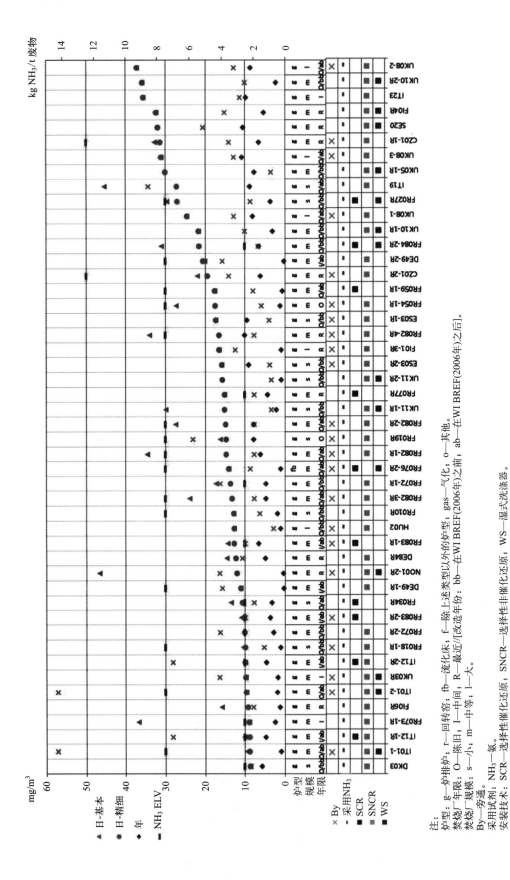

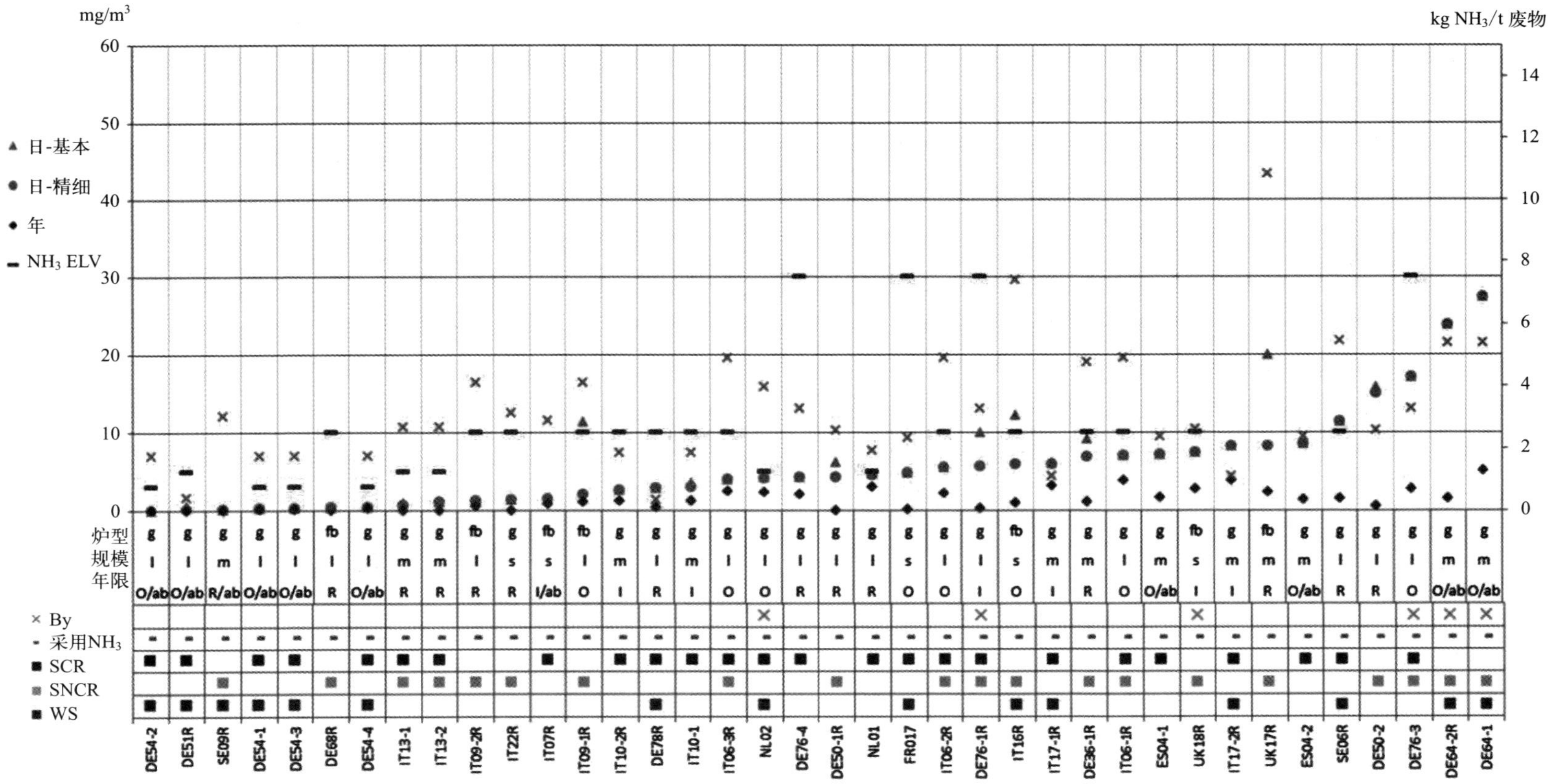

注：
炉型：g—炉排炉；r—回转窑；fb—流化床；f—除上述类型以外的炉型；gas—气化；o—其他。
焚烧厂年限：O—陈旧；I—中间；R—最近//[改造年份：bb—在WI BREF(2006年)之前；ab—在WI BREF(2006年)之后]。
焚烧厂规模：s—小；m—中等；l—大。
By—旁通。
采用试剂：NH_3—氨。
安装技术：SCR—选择性催化还原；SNCR—选择性非催化还原；WS—湿式洗涤器。

图 8.23　主要焚烧 ONHW 的参考焚烧线连续监测 NH_3 排放至大气中的日平均及年平均排放水平[81]

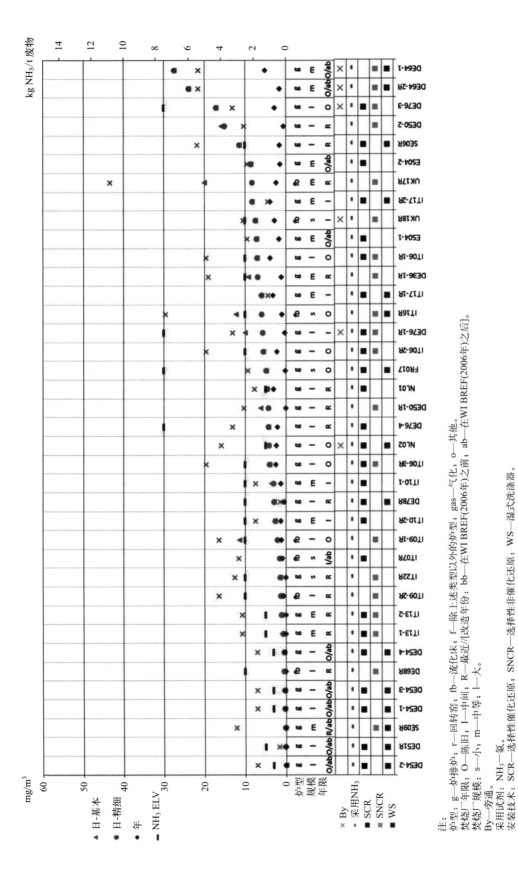

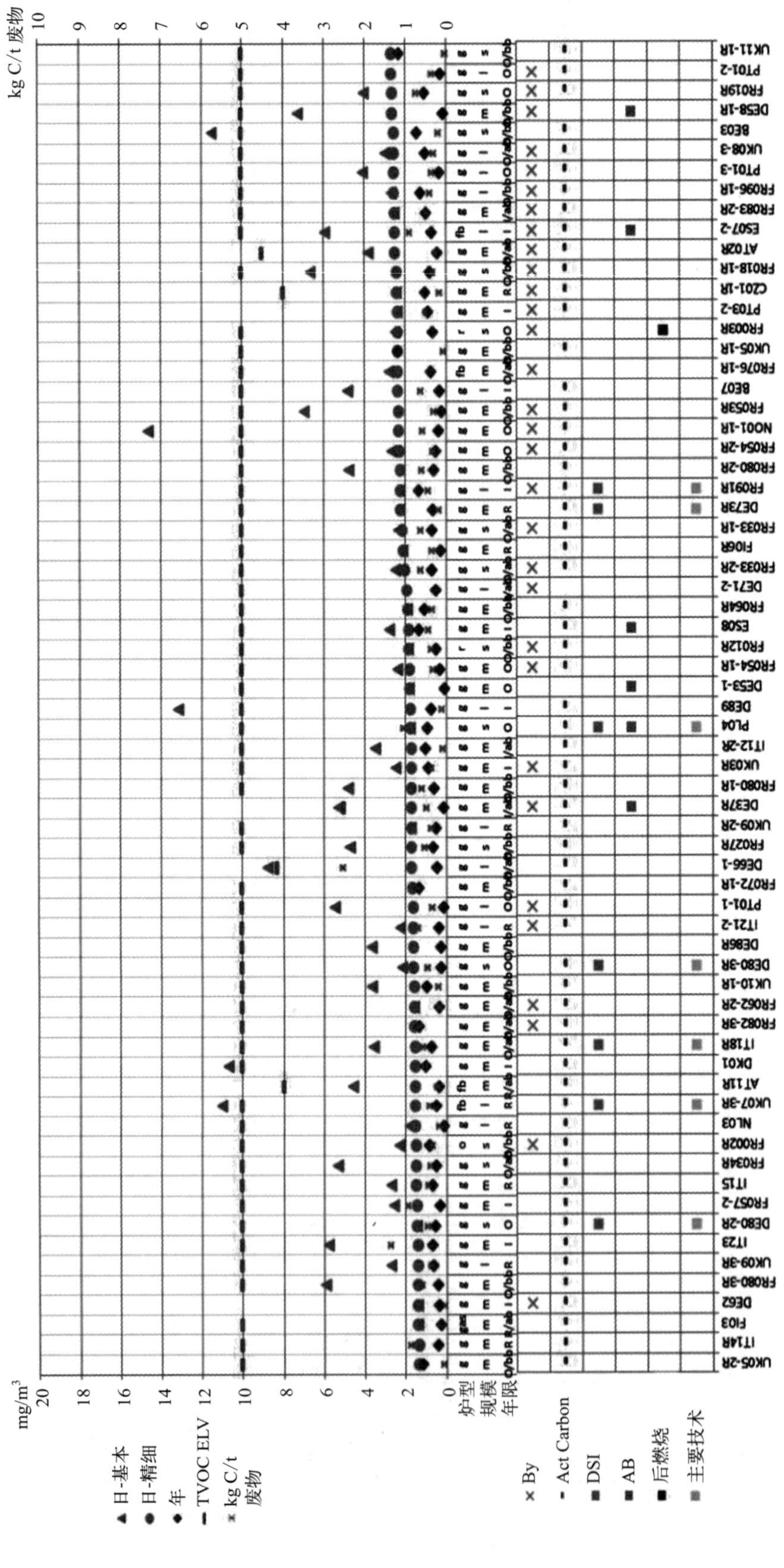

注：
炉型：g—炉排炉；r—回转窑；fb—流化床；f—除上述类型以外的炉型；gas—气化；o—其他。
焚烧厂年限：O—陈旧；I—中间；R—最近//[改造年份：bb—在WI BREF(2006年)之前；ab—在WI BREF(2006年)之后]。
焚烧厂规模：s—小；m—中等；l—大。
By—旁通。
采用试剂：Act Carbon—活性炭。
安装技术：DSI—干式吸附注入；AB—吸附床。

图 8.24 主要焚烧 MSW 的参考焚烧线连续监测 TVOC 排放至大气中的日平均及年平均排放水平（1/3）[81]

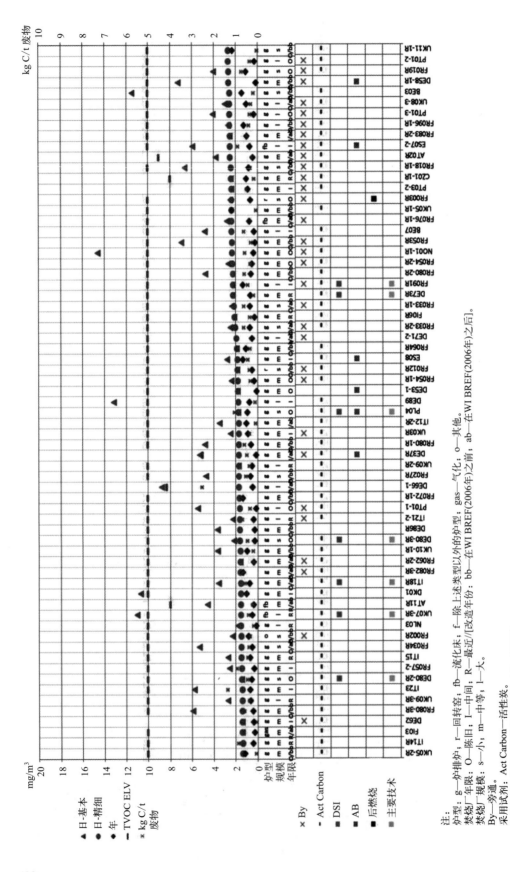

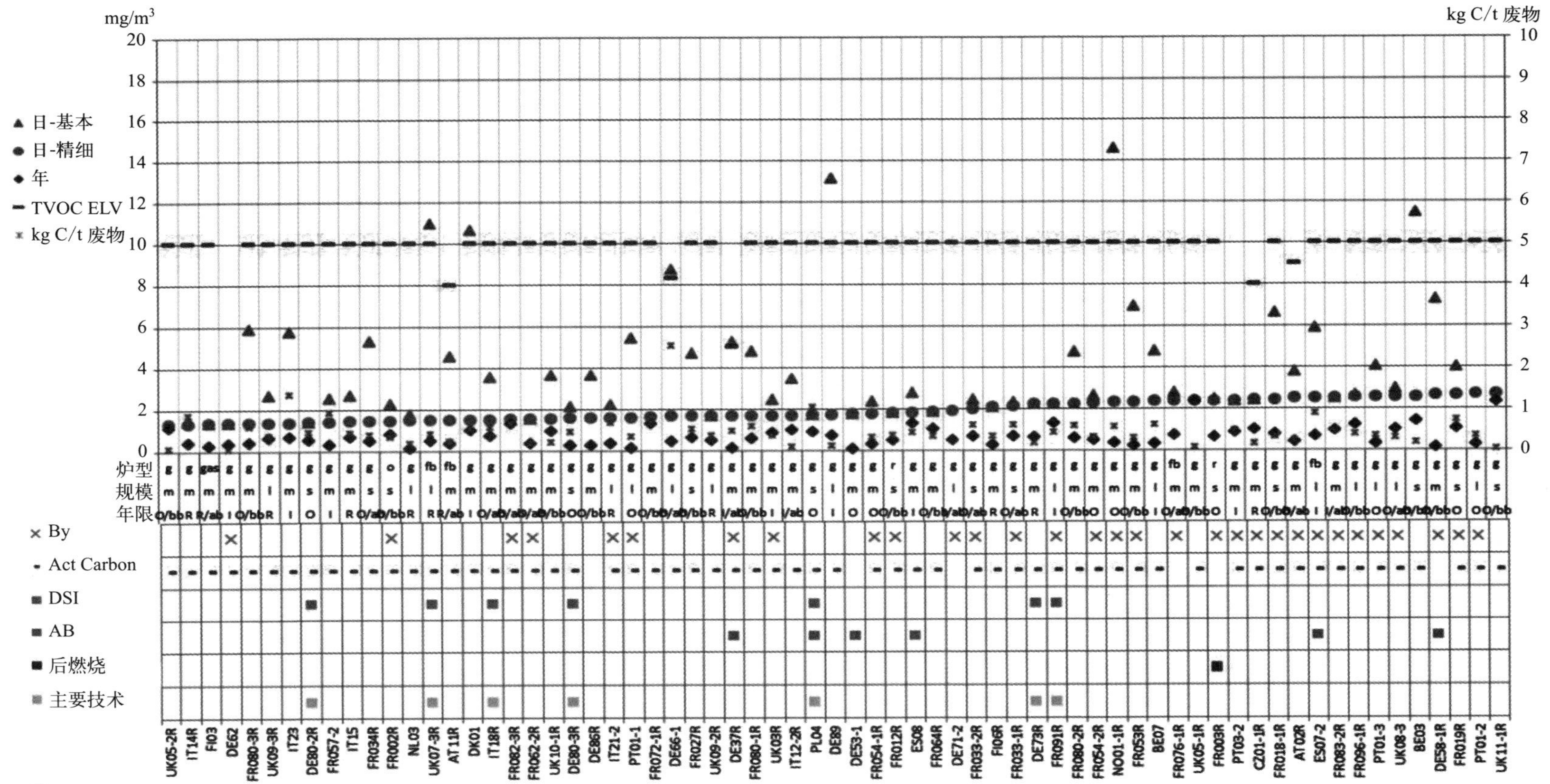

注：
炉型：g—炉排炉；r—回转窑；fb—流化床；f—除上述类型以外的炉型；gas—气化；o—其他。
焚烧厂年限：O一陈旧；I—中间；R—最近//[改造年份：bb—在WI BREF(2006年)之前；ab—在WI BREF(2006年)之后]。
焚烧厂规模：s—小；m—中等；l—大。
By—旁通。
采用试剂：Act Carbon—活性炭。
安装技术：DSI—干式吸附注入；AB—吸附床。

图 8.25　主要焚烧 MSW 的参考焚烧线连续监测 TVOC 排放至大气中的日平均及年平均排放水平（2/3）[81]

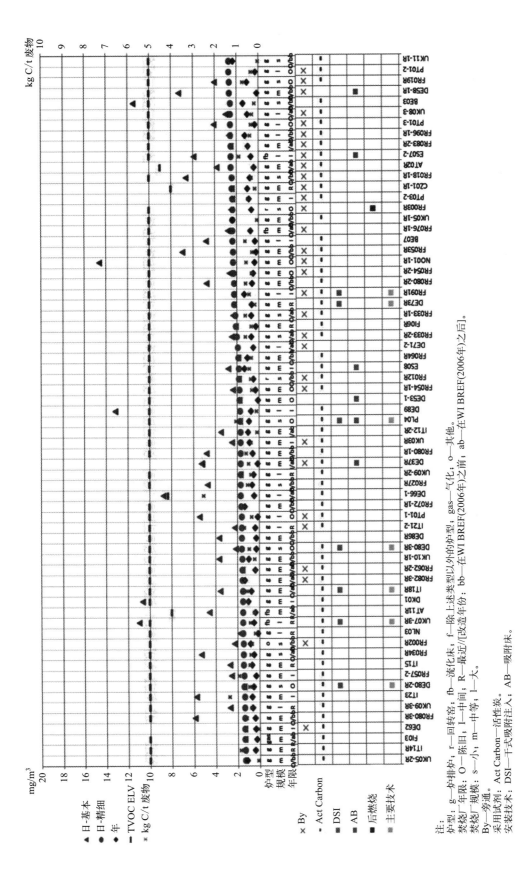

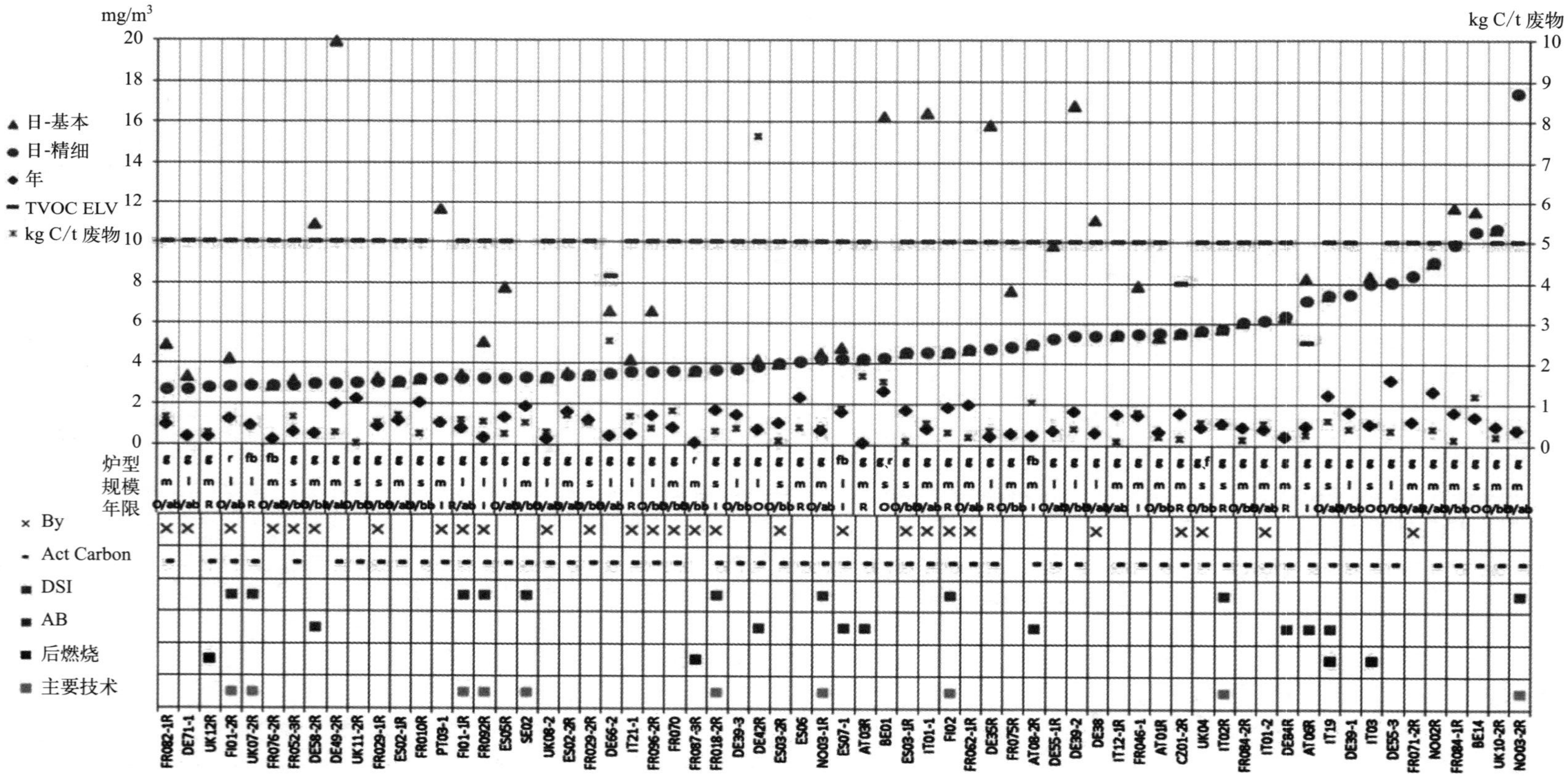

注：
炉型：g—炉排炉；r—回转窑；fb—流化床；f—除上述类型以外的炉型；gas—气化；o—其他。
焚烧厂年限：O—陈旧；I—中间；R—最近//[改造年份：bb—在WI BREF(2006年)之前；ab—在WI BREF(2006年)之后]。
焚烧厂规模：s—小；m—中等；l—大。
By—旁通。
采用试剂：Act Carbon—活性炭。
安装技术：DSI—干式吸附注入；AB—吸附床。

图 8.26 主要焚烧 MSW 的参考焚烧线连续监测 TVOC 排放至大气中的日平均及年平均排放水平（3/3）[81]

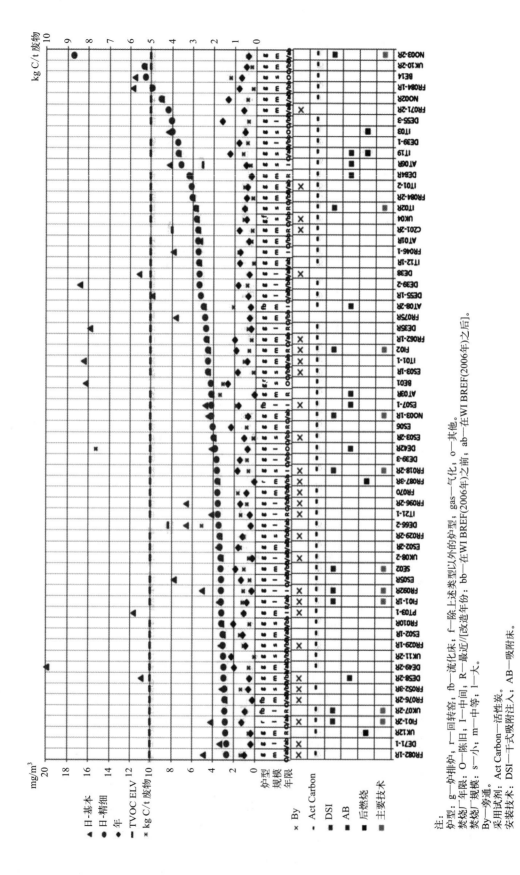

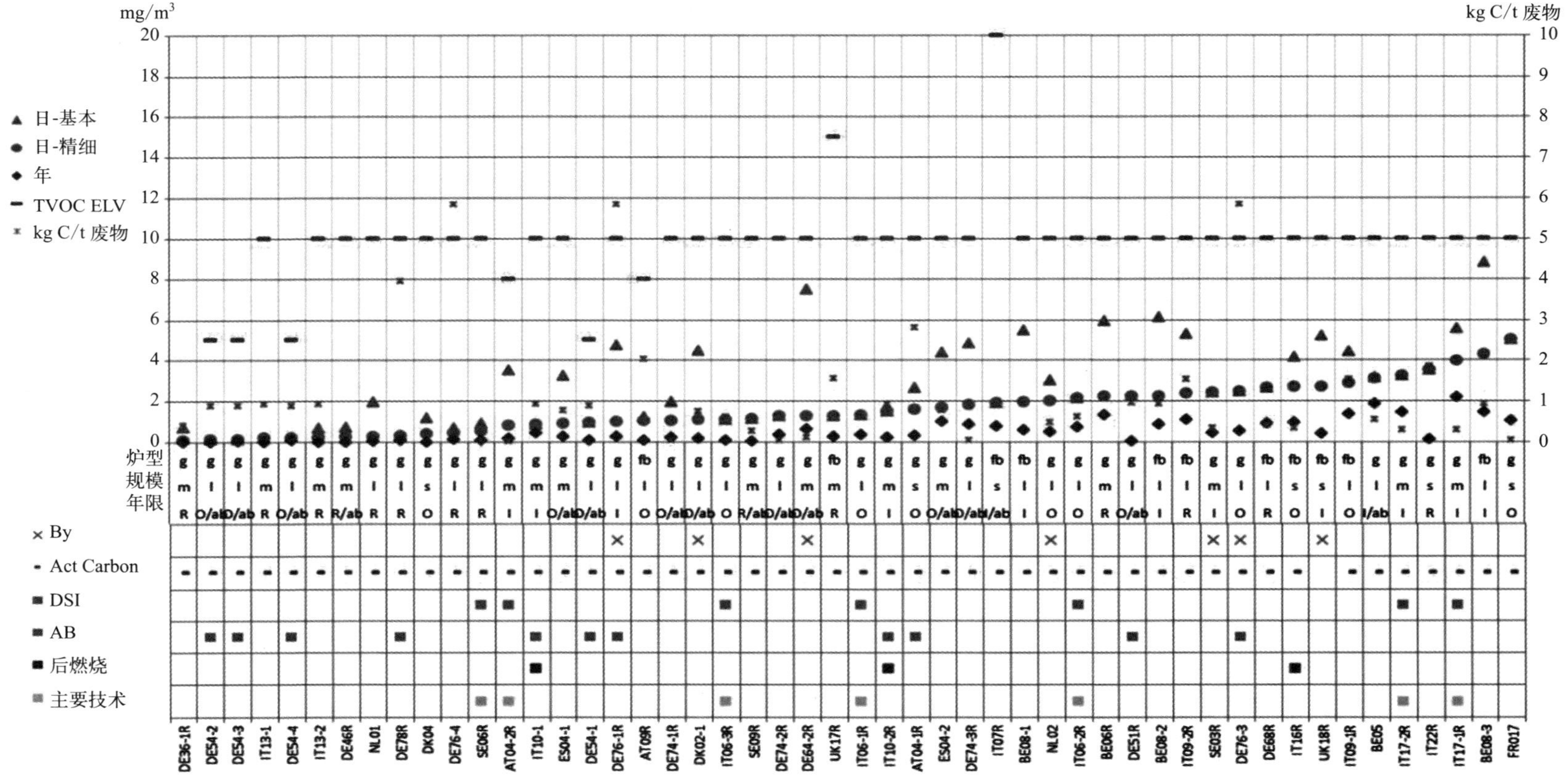

注：
炉型：g—炉排炉；r—回转窑；fb—流化床；f—除上述类型以外的炉型；gas—气化；o—其他。
焚烧厂年限：O—陈旧；I—中间；R—最近//[改造年份：bb—在WI BREF(2006年)之前；ab—在WI BREF(2006年)之后]。
焚烧厂规模：s—小；m—中等；l—大。
By—旁通。
采用试剂：Act Carbon—活性炭。
安装技术：DSI—干式吸附注入；AB—吸附床。

图 8.27 主要焚烧 ONHW 的参考焚烧线连续监测 TVOC 排放至大气中的日平均及年平均排放水平[81]

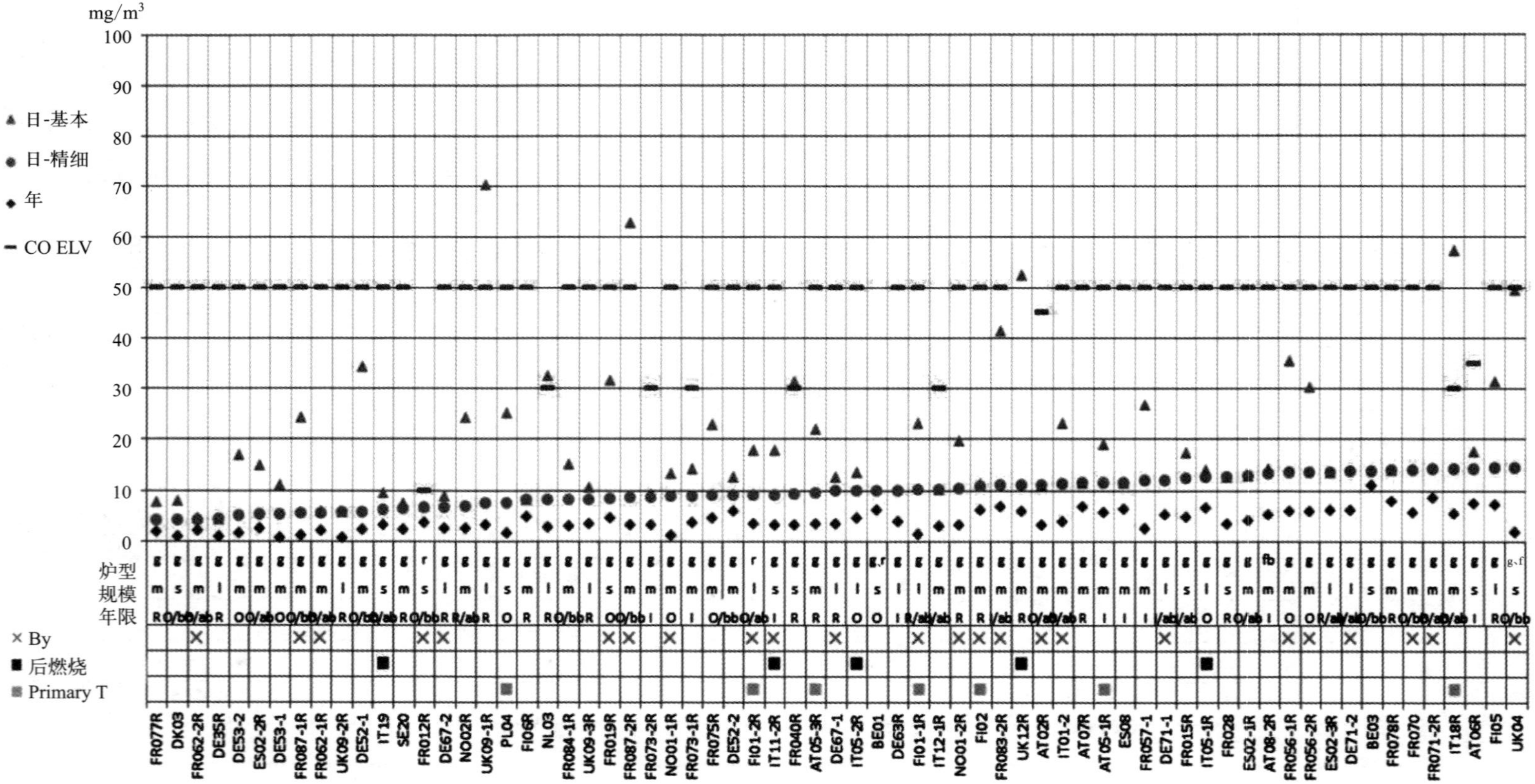

注：
炉型：g—炉排炉；r—回转窑；fb—流化床；f—除上述类型以外的炉型；gas—气化；o—其他。
焚烧厂年限：O—陈旧；I—中间；R—最近//[改造年份：bb—在WI BREF(2006年)之前；ab—在WI BREF(2006年)之后]。
焚烧厂规模：s—小；m—中等；l—大。
By—旁通。
安装技术：Primary T—主要技术。

图 8.28　主要焚烧 MSW 的参考焚烧线连续监测 CO 排放至大气中的日平均及年平均排放水平（1/3）[81]

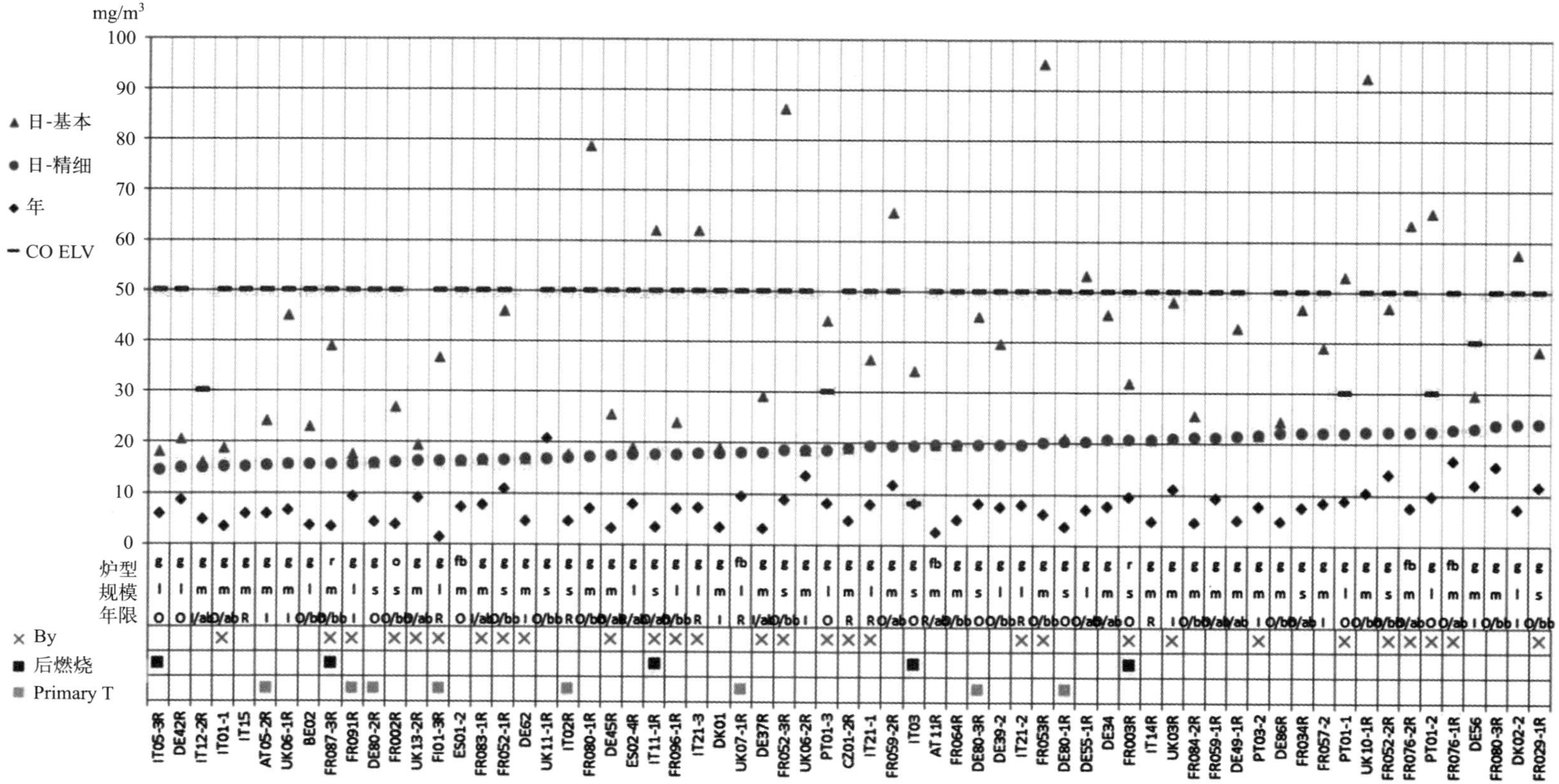

注：
炉型：g—炉排炉；r—回转窑；fb—流化床；f—除上述类型以外的炉型；gas—气化；o—其他。
焚烧厂年限：O—陈旧；I—中间；R—最近//[改造年份：bb—在WI BREF(2006年)之前；ab—在WI BREF(2006年)之后]。
焚烧厂规模：s—小；m—中等；l—大。
By—旁通。
安装技术：Primary T—主要技术。

图 8.29 主要焚烧 MSW 的参考焚烧线连续监测 CO 排放至大气中的日平均及年平均排放水平（2/3）[81]

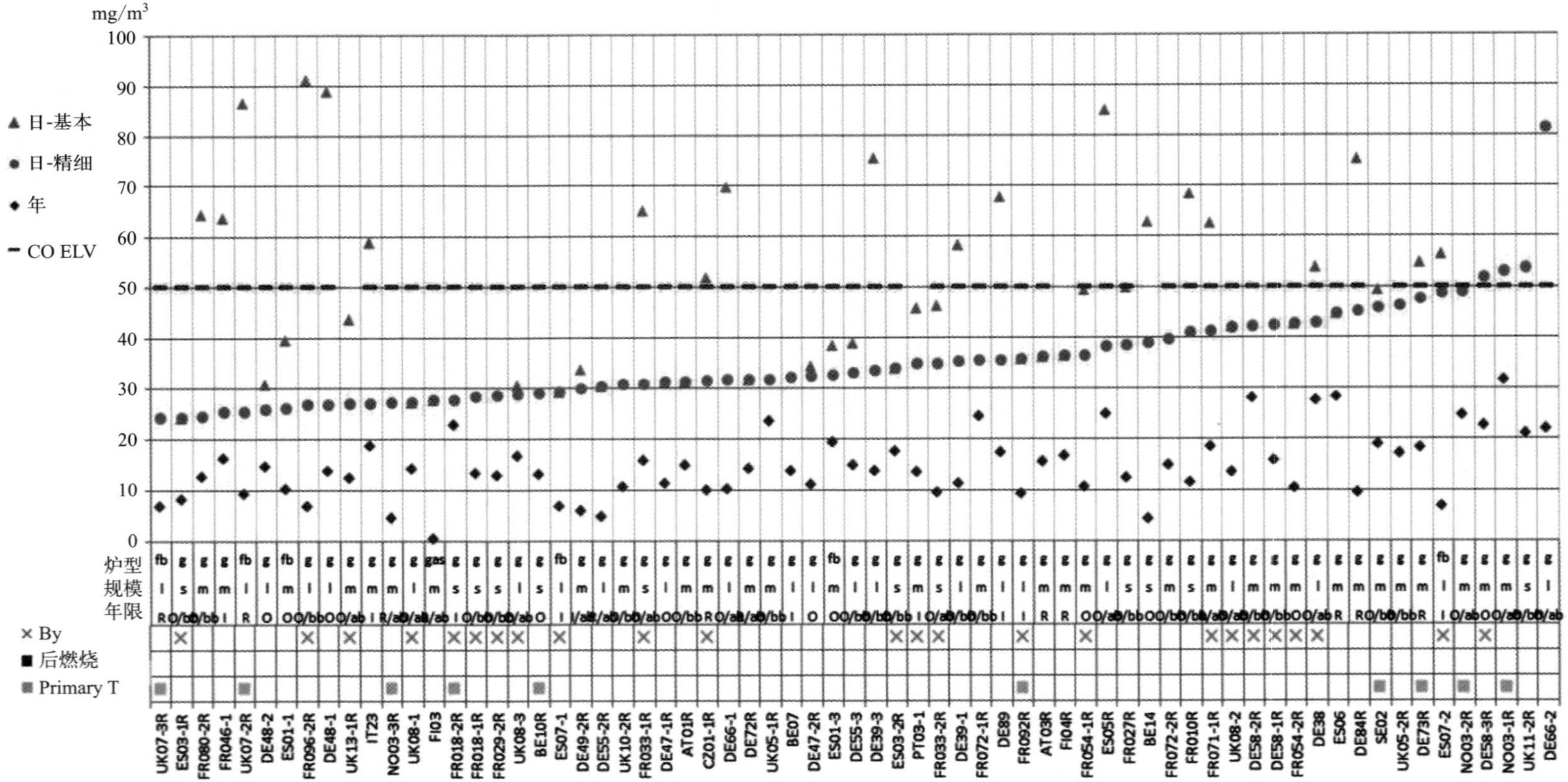

注：
炉型：g—炉排炉；r—回转窑；fb—流化床；f—除上述类型以外的炉型；gas—气化；o—其他。
焚烧厂年限：O—陈旧；I—中间；R—最近//[改造年份：bb—在WI BREF(2006年)之前；ab—在WI BREF(2006年)之后]。
焚烧厂规模：s—小；m—中等；l—大。
By—旁通。
安装技术：Primary T—主要技术。

图 8.30　主要焚烧 MSW 的参考焚烧线连续监测 CO 排放至大气中的日平均及年平均排放水平（3/3）[81]

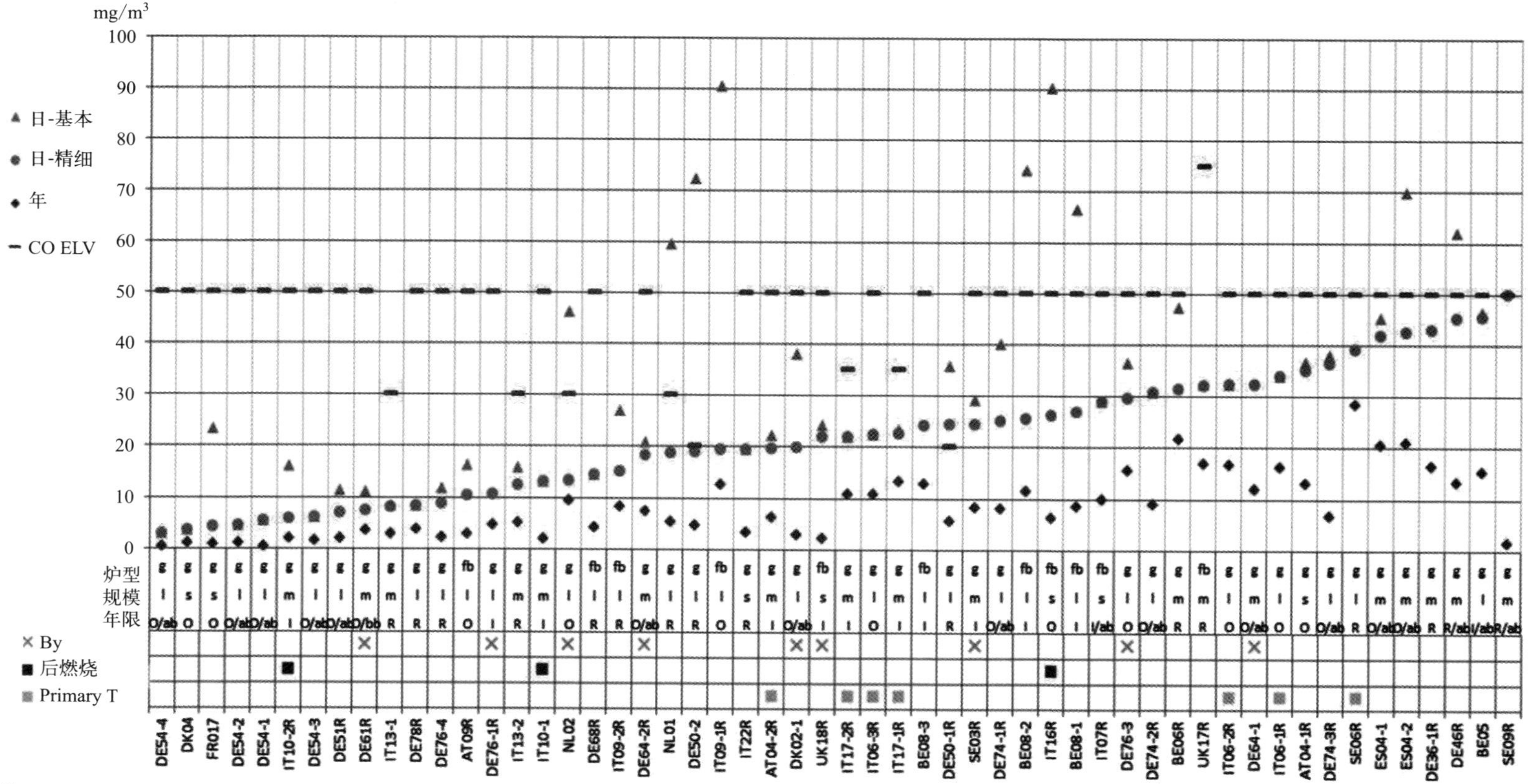

注：
炉型：g—炉排炉；r—回转窑；fb—流化床；f—除上述类型以外的炉型；gas—气化；o—其他。
焚烧厂年限：O—陈旧；I—中间；R—最近//[改造年份：bb—在WI BREF(2006年)之前；ab—在WI BREF(2006年)之后]。
焚烧厂规模：s—小；m—中等；l—大。
By—旁通。
安装技术：Primary T—主要技术。

图 8.31 主要焚烧 ONHW 的参考焚烧线连续监测 CO 排放至大气中的日平均及年平均排放水平[81]

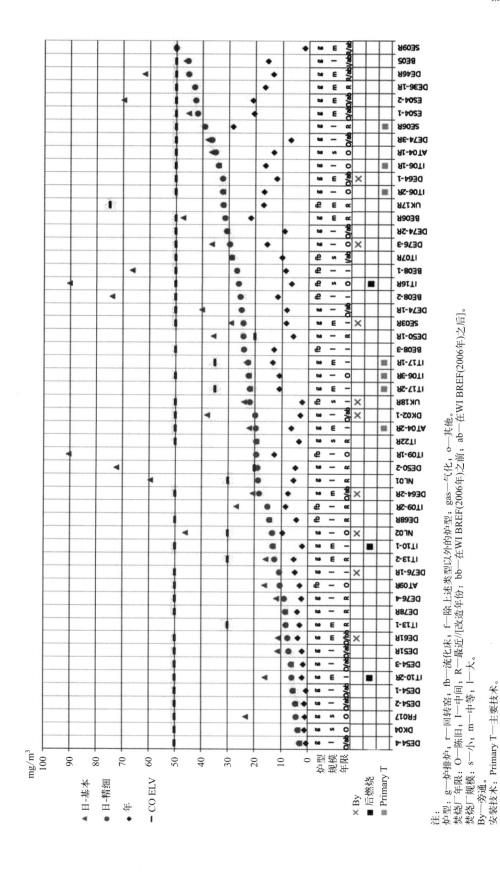

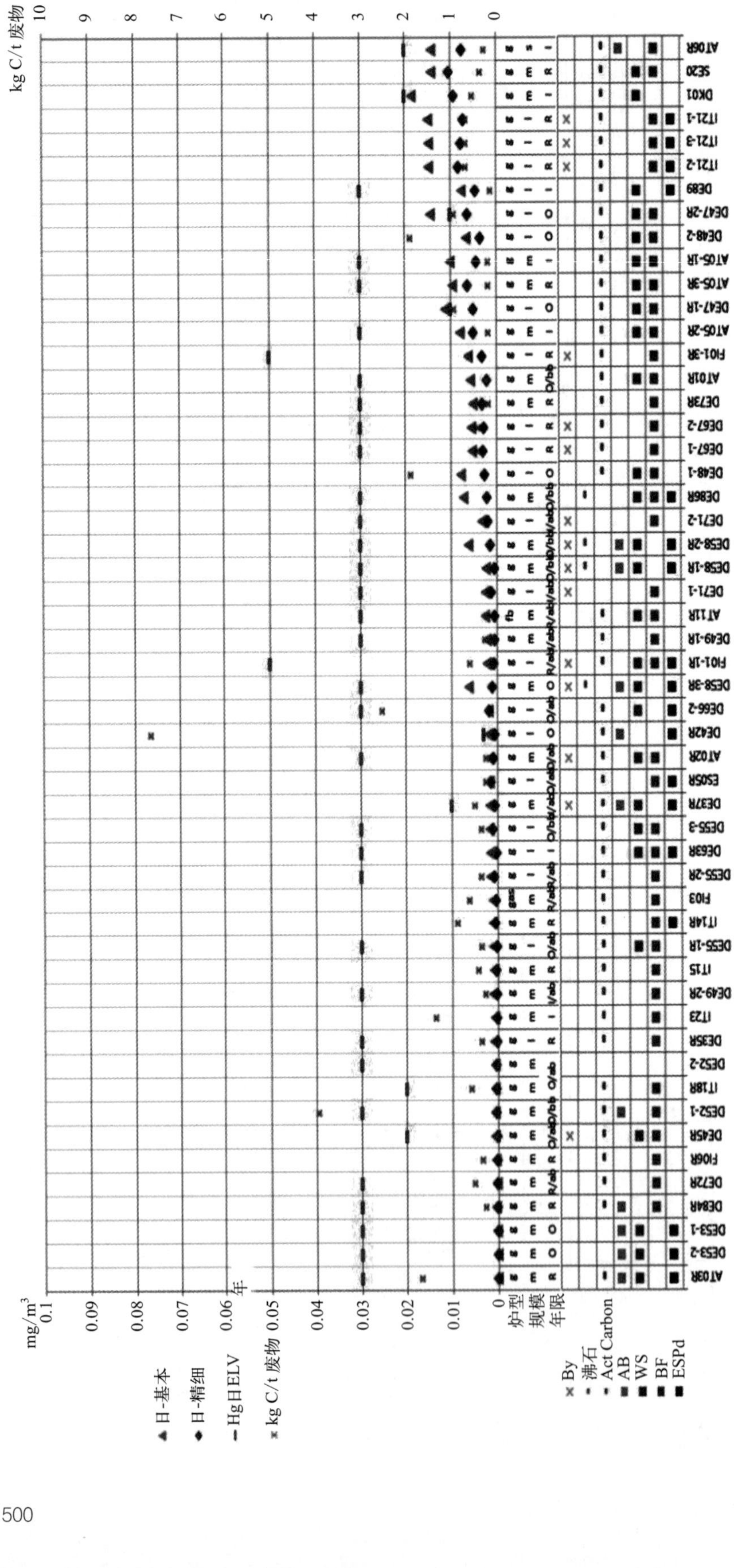

注：
炉型：g—炉排炉；r—回转窑；fb—流化床；f—除上述类型以外的炉型；gas—气化；o—其他。
焚烧厂年限：O—陈旧；I—中间；R—最近/[改造年份：bb—在WI BREF(2006年)之前；ab—在WI BREF(2006年)之后]。
焚烧厂规模：s—小；m—中等；l—大。
By—旁通。
采用的试剂：Act Carbon—活性炭。
安装的技术：AB—吸附床；WS—湿式洗涤器；BF—袋式过滤器；ESPd—干式静电除尘器。

图 8.32 主要焚烧 MSW 的参考焚烧线连续监测 Hg 排放至大气中的日平均及年平均排放水平[81]

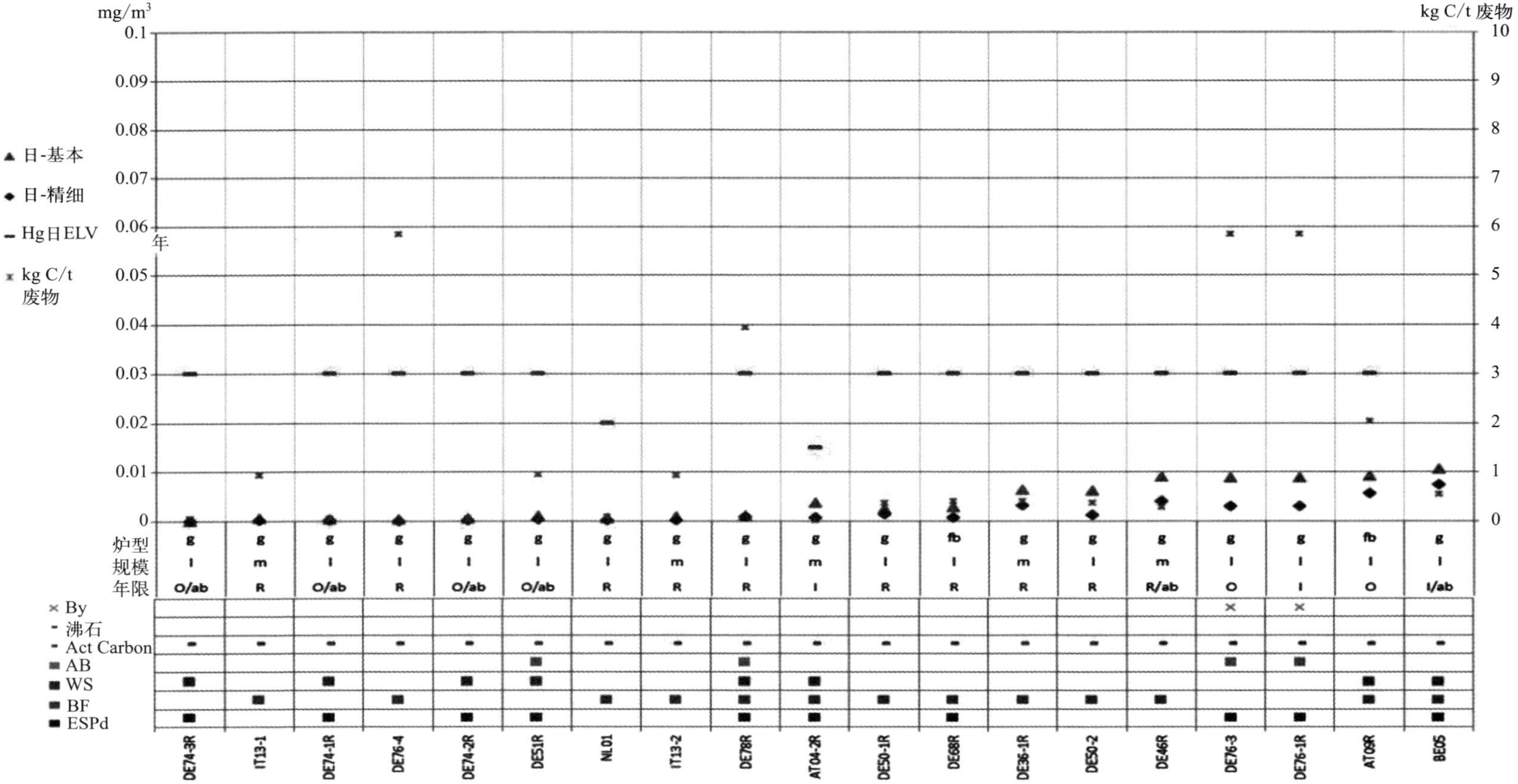

注：
炉型：g—炉排炉；r—回转窑；fb—流化床；f—除上述类型以外的炉型；gas—气化；o—其他。
焚烧厂年限：O—陈旧；I—中间；R—最近//[改造年份：bb—在WI BREF(2006年)之前；ab—在WI BREF(2006年)之后]。
焚烧厂规模：s—小；m—中等；l—大。
By—旁通。
采用的试剂：Act Carbon—活性炭。
安装的技术：AB—吸附床；WS—湿式洗涤器；BF—袋式过滤器；ESPd—干式静电尘器。

图 8.33 主要焚烧 ONHW 的参考焚烧线连续监测 Hg 排放至大气中的日平均及年平均排放水平[81]

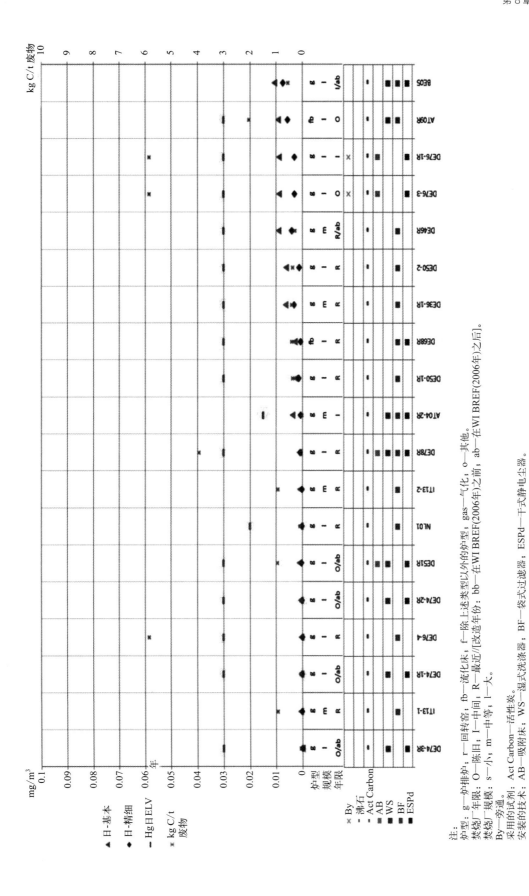

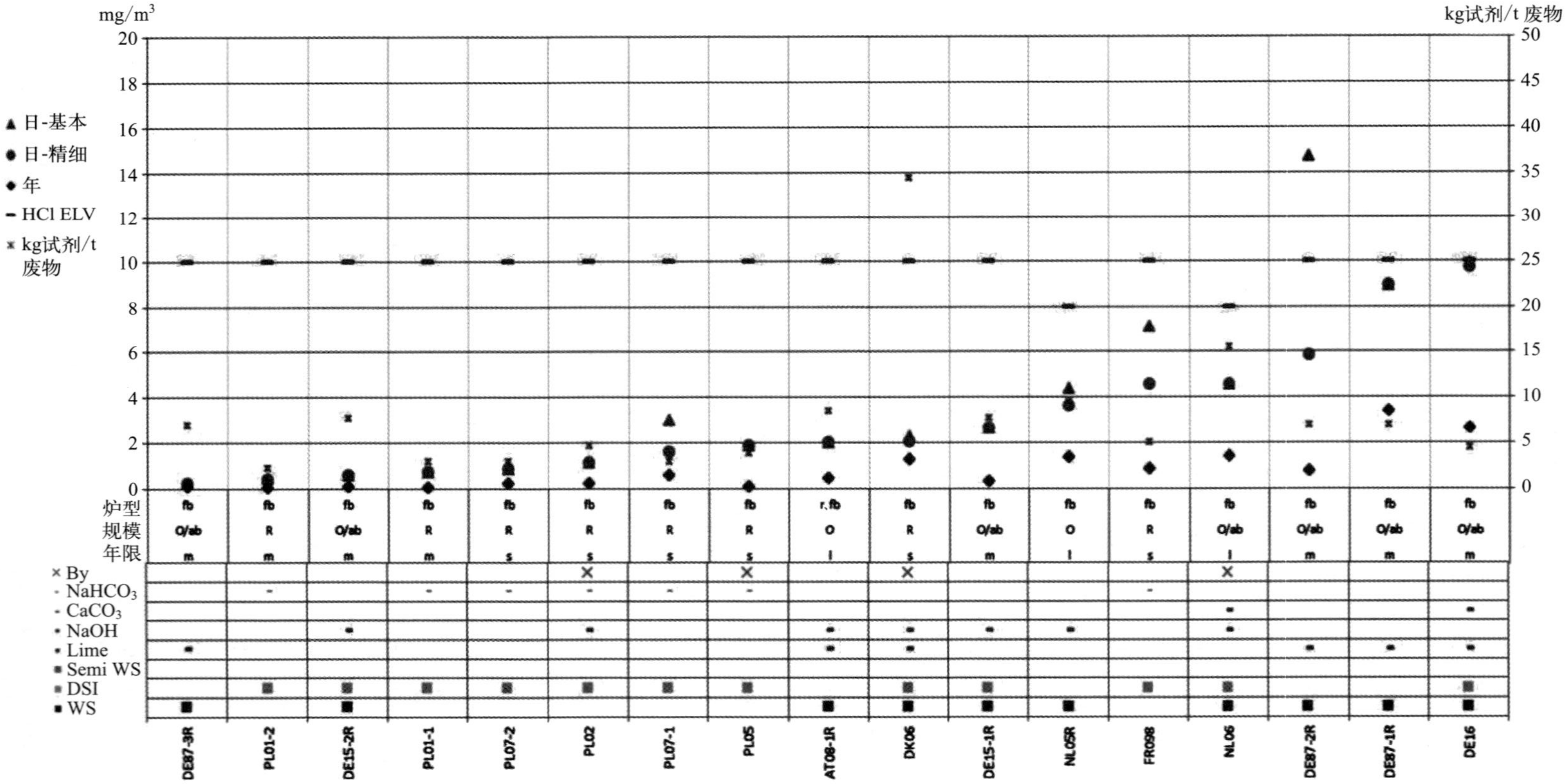

注：
炉型：g—炉排炉；r—回转窑；fb—流化床；f—除上述类型以外的炉型；gas—气化；o—其他。
焚烧厂年限：O—陈旧；I—中间；R—最近//[改造年份：bb—在WI BREF(2006年)之前；ab—在WI BREF(2006年)之后]。
焚烧厂规模：s—小；m—中等；l—大。
By—旁通。
所用试剂：$NaHCO_3$—碳酸氢钠；$CaCO_3$—石灰石；NaOH—氢氧化钠；Lime包括生石灰、熟石灰和高比表面积/孔隙度熟石灰。
安装技术：Semi WS—半湿式洗涤器；DSI—干式吸附剂注入；WS—湿式洗涤器。

图 8.34 主要焚烧 SS 的参考焚烧线连续监测 HCl 排放至大气中的日平均及年平均排放水平[81]

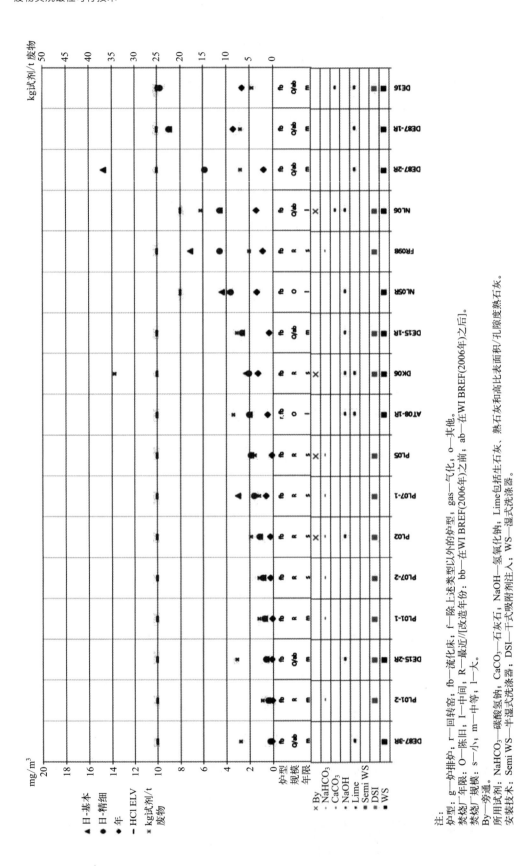

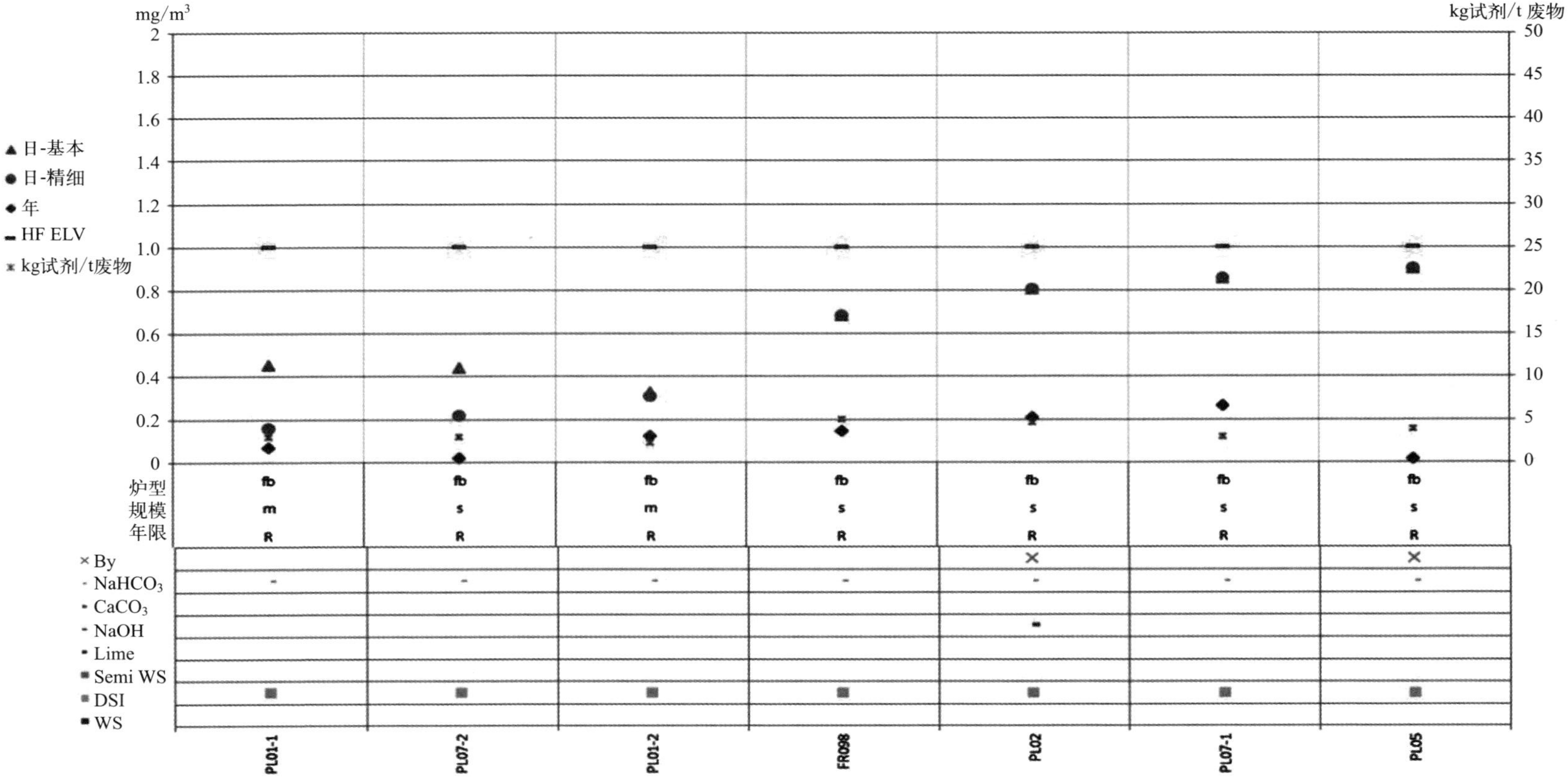

注：
炉型：g—炉排炉；r—回转窑；fb—流化床；f—除上述类型以外的炉型；gas—气化；o—其他。
焚烧厂年限：O—陈旧；I—中间；R—最近//[改造年份：bb—在WI BREF(2006年)之前；ab—在WI BREF(2006年)之后]。
焚烧厂规模：s—小；m—中等；l—大。
By—旁通。
所用试剂：$NaHCO_3$—碳酸氢钠；$CaCO_3$—石灰石；NaOH—氢氧化钠；Lime包括生石灰、熟石灰和高比表面积/孔隙度熟石灰。
安装技术：Semi WS—半湿式洗涤器；DSI—干式吸附剂注入；WS—湿式洗涤器。

图 8.35 主要焚烧 SS 的参考焚烧线连续监测 HF 排放至大气中的日平均及年平均排放水平[81]

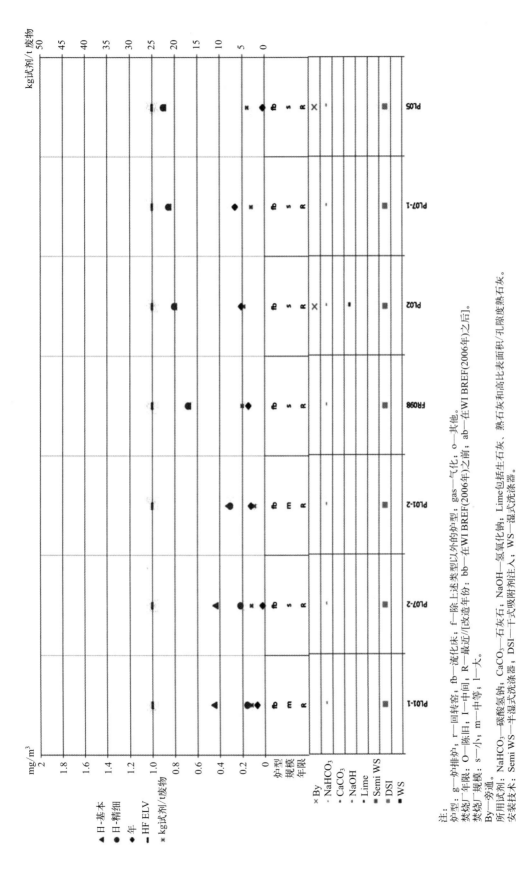

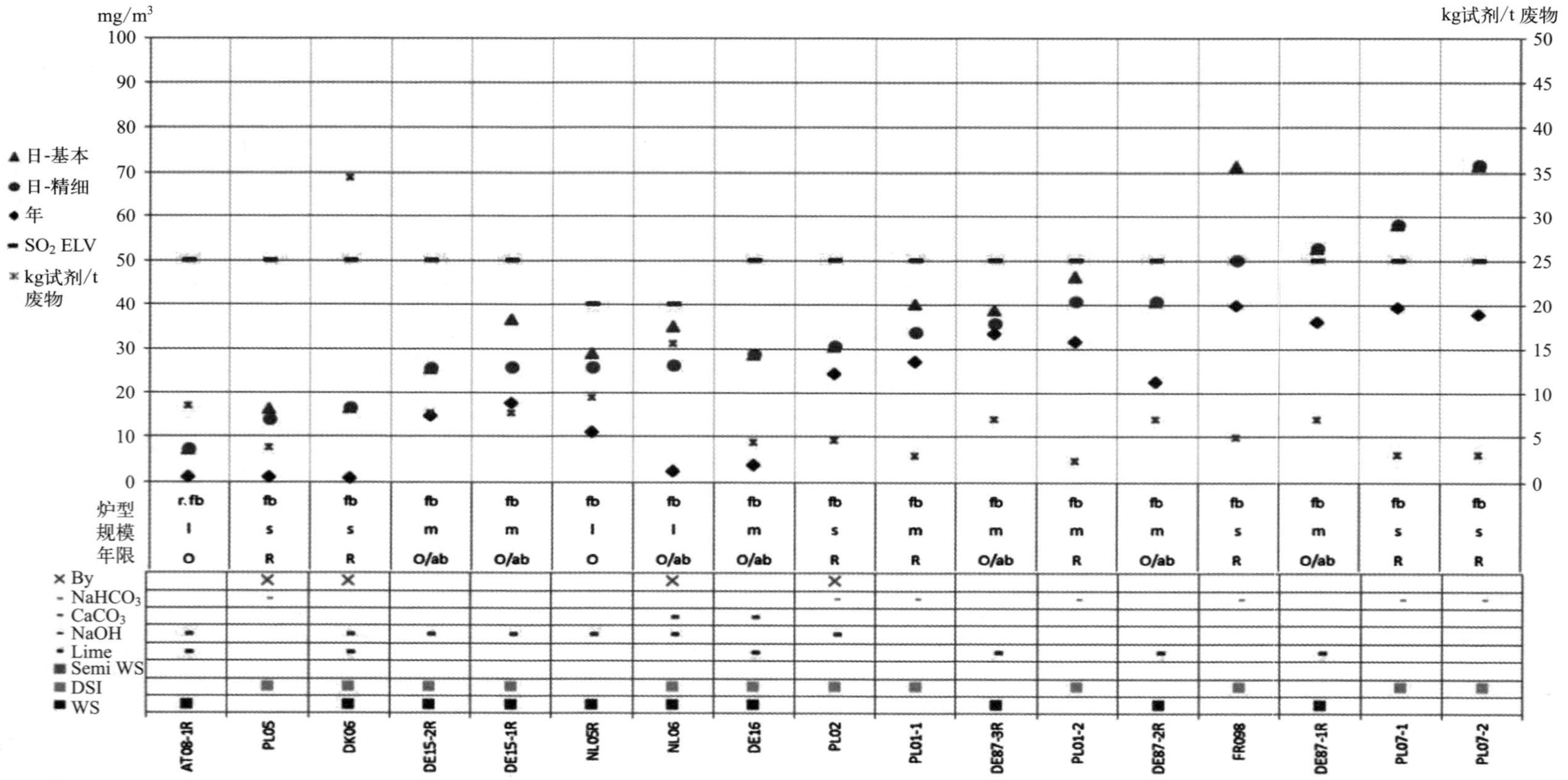

注：
炉型：g—炉排炉；r—回转窑；fb—流化床；f—除上述类型以外的炉型；gas—气化；o—其他。
焚烧厂年限：O—陈旧；I—中间；R—最近//[改造年份：bb—在WI BREF(2006年)之前；ab—在WI BREF(2006年)之后]。
焚烧厂规模：s—小；m—中等；l—大。
By—旁通。
所用试剂：$NaHCO_3$—碳酸氢钠；$CaCO_3$—石灰石；NaOH—氢氧化钠；Lime包括生石灰、熟石灰和高比表面积/孔隙度熟石灰。
安装技术：Semi WS—半湿式洗涤器；DSI—干式吸附剂注入；WS—湿式洗涤器。

图 8.36 主要焚烧 SS 的参考焚烧线连续监测 SO_2 排放至大气中的日平均及年平均排放水平[81]

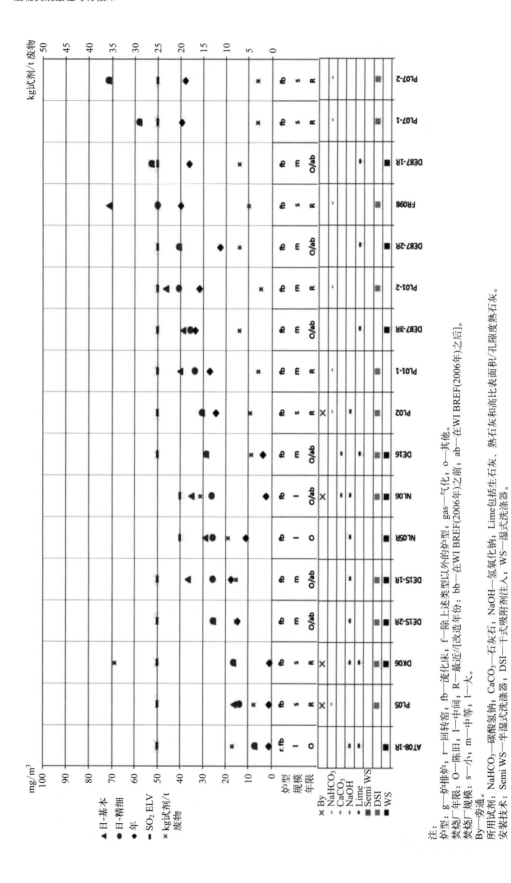

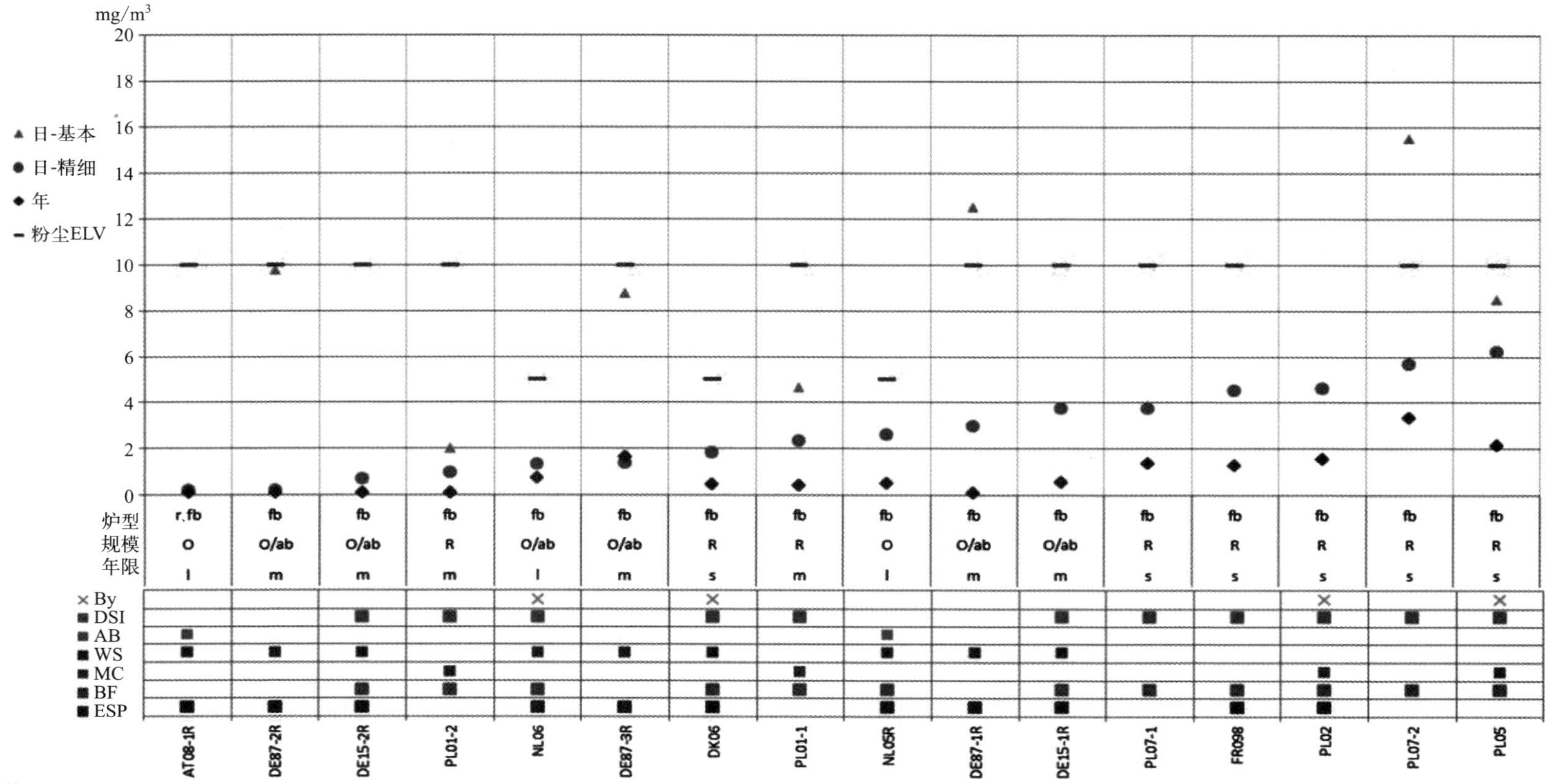

注：
炉型：g—炉排炉；r—回转窑；fb—流化床；f—除上述类型以外的炉型；gas—气化；o—其他。
焚烧厂年限：O—陈旧；I—中间；R—最近//[改造年份：bb—在WI BREF(2006年)之前；ab—在WI BREF(2006年)之后]。
焚烧厂规模：s—小；m—中等；l—大。
By—旁通。
安装的技术：DSI—干式吸附剂注入；AB—吸附床；WS—湿式洗涤器；MC—多旋风器；BF—袋式过滤器；ESP—静电除尘器。

图 8.37　主要焚烧 SS 的参考焚烧线连续监测粉尘排放至大气中的日平均及年平均排放水平[81]

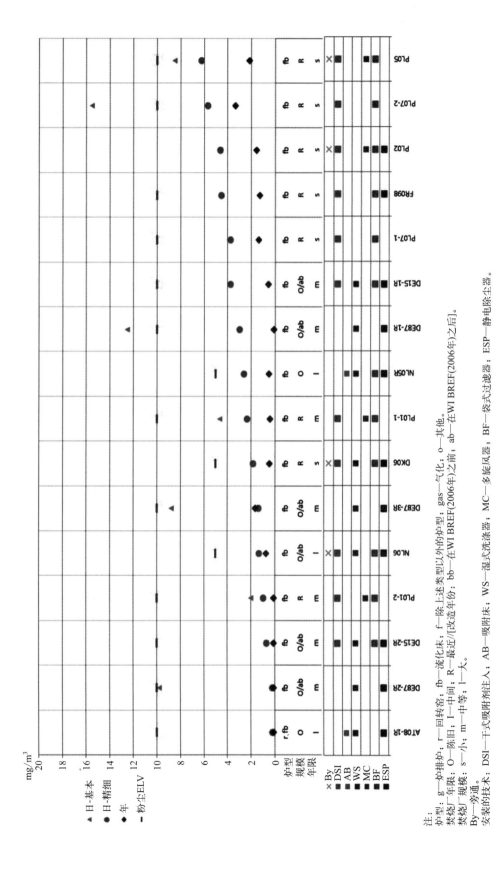

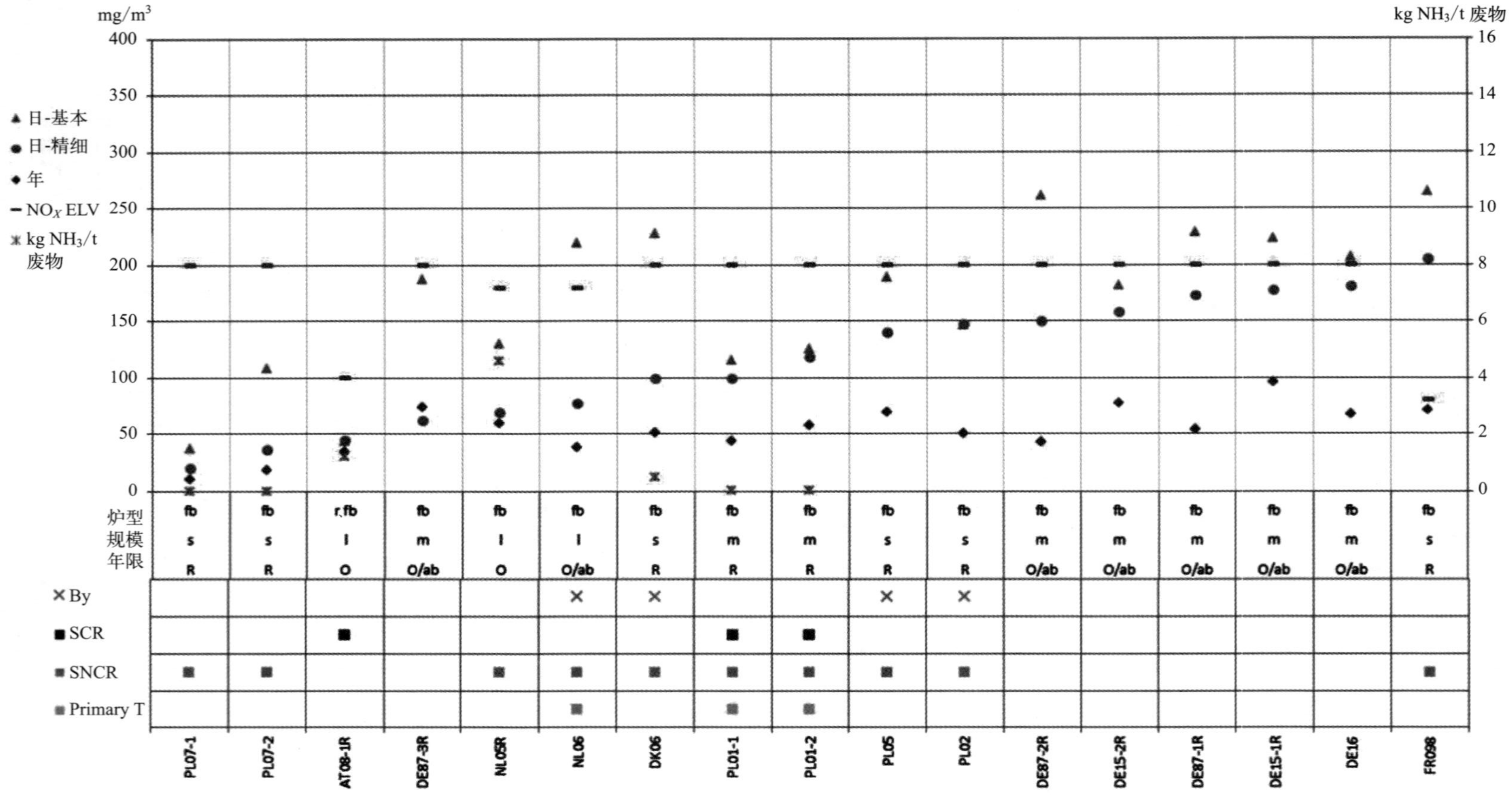

注：
炉型：g—炉排炉；r—回转窑；fb—流化床；f—除上述类型以外的炉型；gas—气化；o—其他。
焚烧厂年限：O—陈旧；I—中间；R—最近//[改造年份：bb—在WI BREF(2006年)之前；ab—在WI BREF(2006年)之后]。
焚烧厂规模：s—小；m—中等；l—大。
By—旁通。
安装技术：SCR—选择性催化还原；DSI—选择性非催化还原；Primary T—主要技术。

图 8.38 主要焚烧 SS 的参考焚烧线连续监测 NO_X 排放至大气中的日平均及年平均排放水平[81]

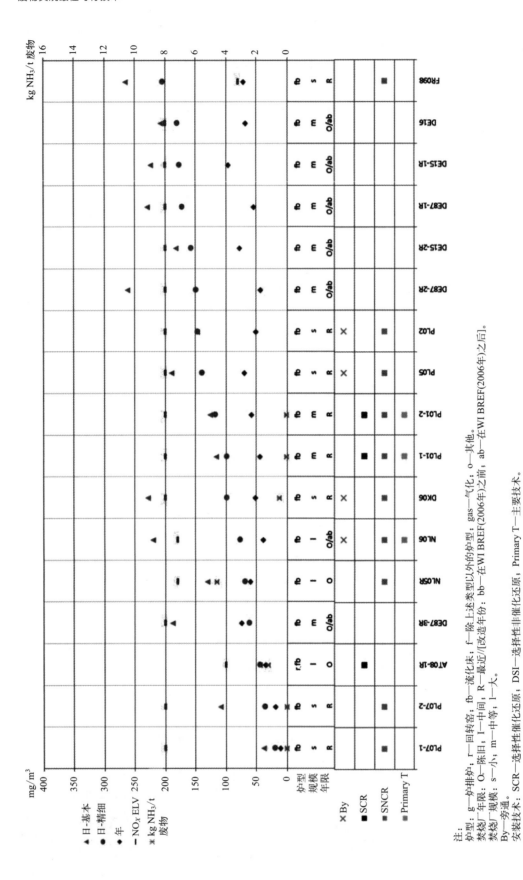

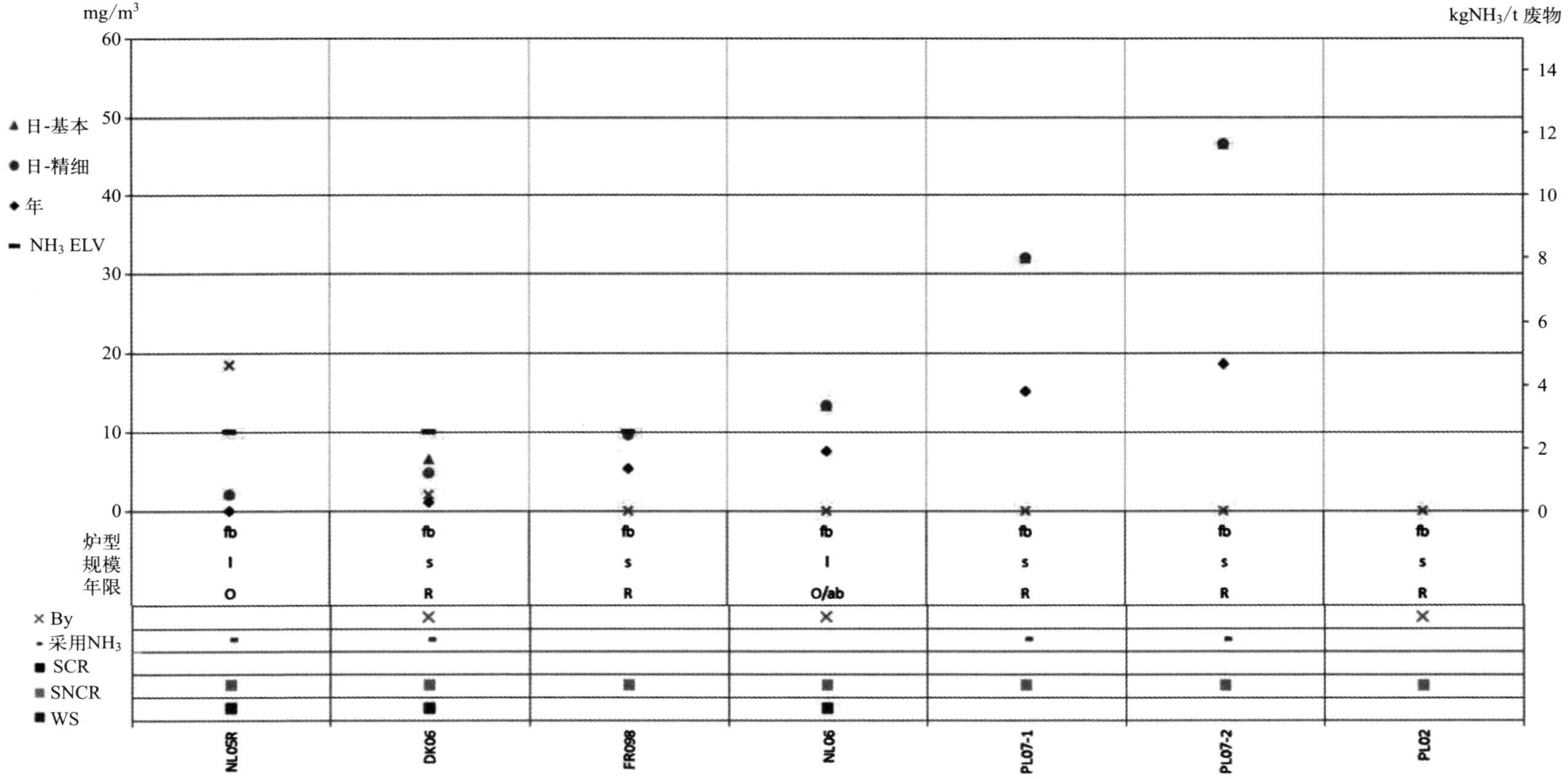

注：
炉型：g—炉排炉；r—回转窑；fb—流化床；f—除上述类型以外的炉型；gas—气化；o—其他。
焚烧厂年限：O—陈旧；I—中间；R—最近//[改造年份：bb—在WI BREF(2006年)之前；ab—在WI BREF(2006年)之后]。
焚烧厂规模：s—小；m—中等；l—大。
By—旁通。
采用试剂：NH_3—氨。
安装技术：SCR—选择性催化还原；DSI—选择性非催化还原；WS—湿式洗涤器。

图 8.39　主要焚烧 SS 的参考焚烧线连续监测 NH_3 排放至大气中的日平均及年平均排放水平[81]

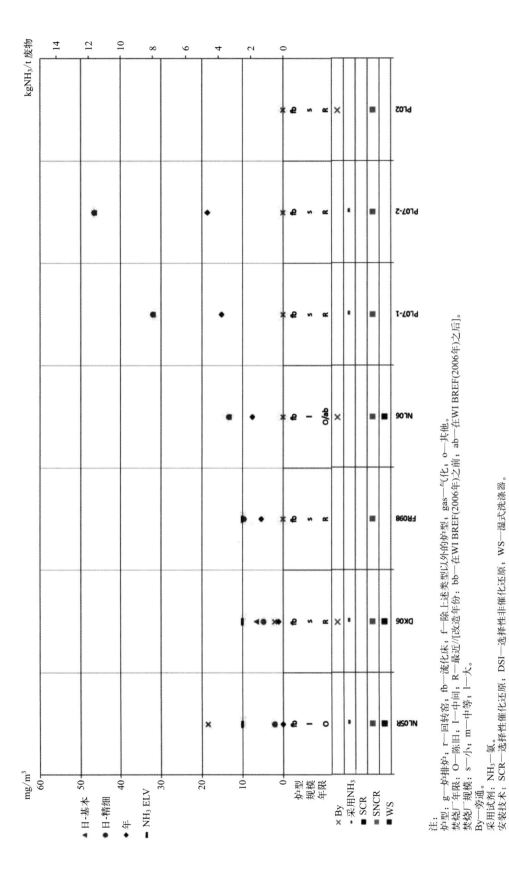

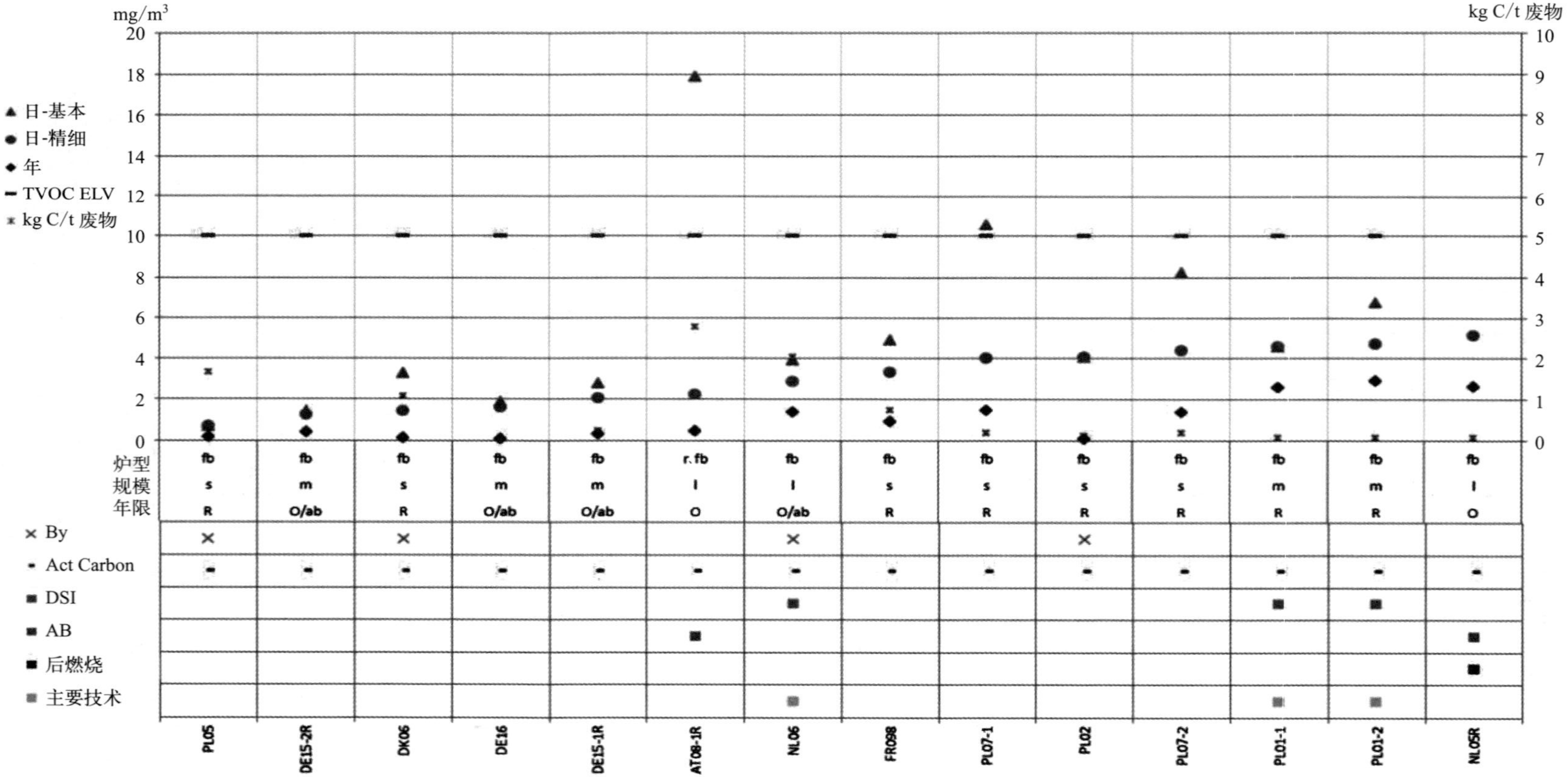

注：
炉型：g—炉排炉；r—回转窑；fb—流化床；f—除上述类型以外的炉型；gas—气化；o—其他。
焚烧厂年限：O—陈旧；I—中间；R—最近//[改造年份：bb—在WI BREF(2006年)之前；ab—在WI BREF(2006年)之后]。
焚烧厂规模：s—小；m—中等；l—大。
By—旁通。
采用试剂：Act Carbon—活性炭。
安装技术：DSI—干吸附剂注入；AB—吸附床。

图 8.40　主要焚烧 SS 的参考焚烧线连续监测 TVOC 排放至大气中的日平均及年平均排放水平[81]

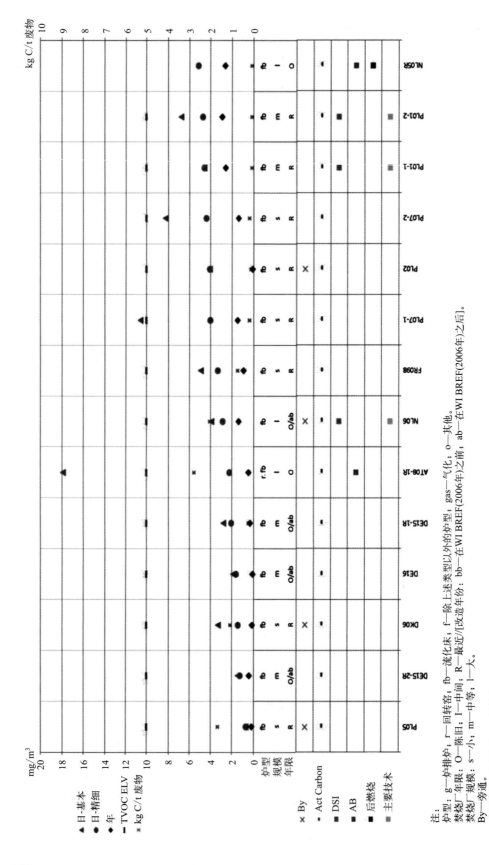

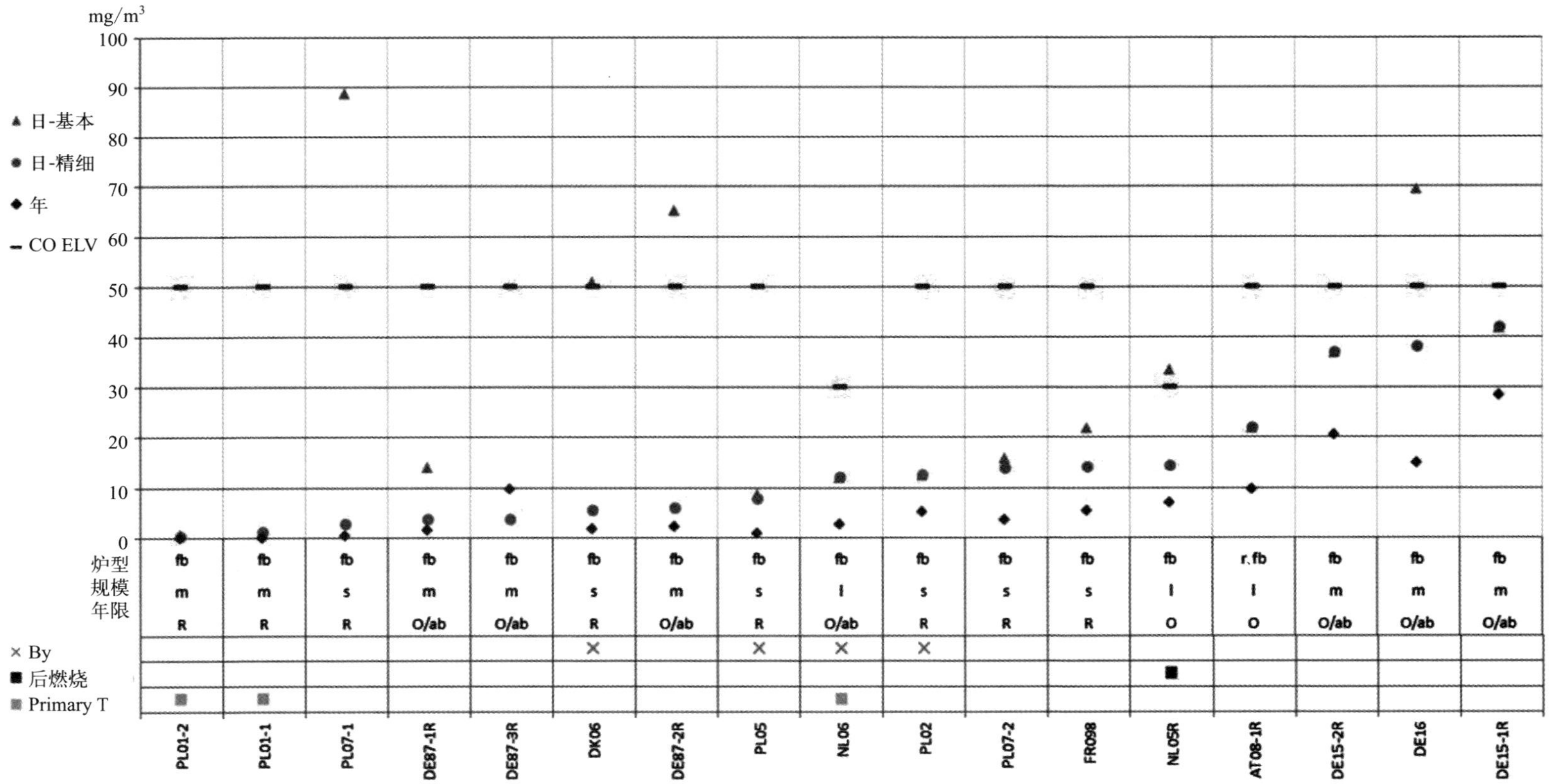

注：
炉型：g—炉排炉；r—回转窑；fb—流化床；f—除上述类型以外的炉型；gas—气化；o—其他。
焚烧厂年限：O—陈旧；I—中间；R—最近//[改造年份：bb—在WI BREF(2006年)之前；ab—在WI BREF(2006年)之后]。
焚烧厂规模：s—小；m—中等；l—大。
By—旁通。
安装技术：Primary T—主要技术。

图 8.41　主要焚烧 SS 的参考焚烧线连续监测 CO 排放至大气中的日平均及年平均排放水平[81]

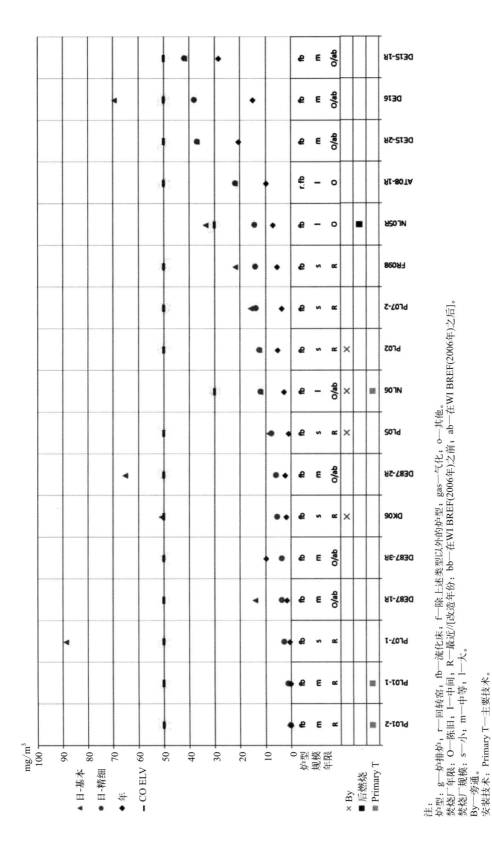

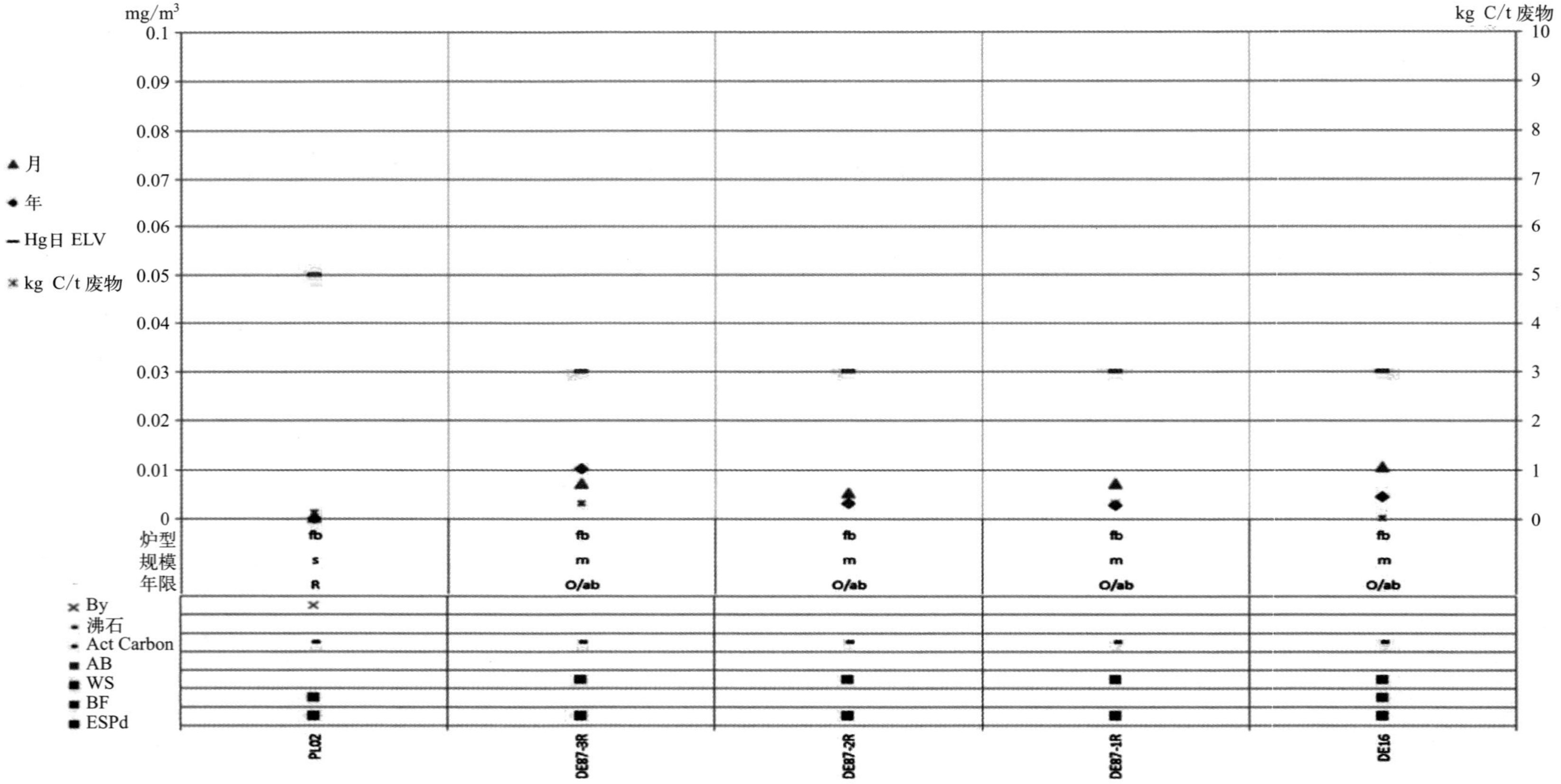

注：
炉型：g—炉排炉；r—回转窑；fb—流化床；f—除上述类型以外的炉型；gas—气化；o—其他。
焚烧厂年限：O—陈旧；I—中间；R—最近//[改造年份：bb—在WI BREF(2006年)之前；ab—在WI BREF(2006年)之后]。
焚烧厂规模：s—小；m—中等；l—大。
By—旁通。
采用试剂：Act Carbon—活性炭。
安装技术：AB—吸附床；WS—湿式洗涤器；BF—袋式过滤器；ESPd—干式静电除尘器。

图 8.42　主要焚烧 SS 的参考焚烧线连续监测 Hg 排放至大气中的日平均及年平均排放水平[81]

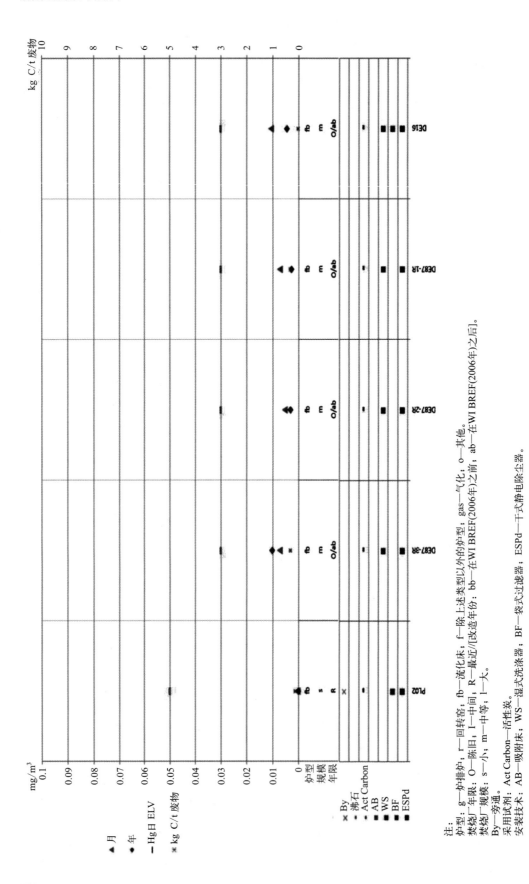

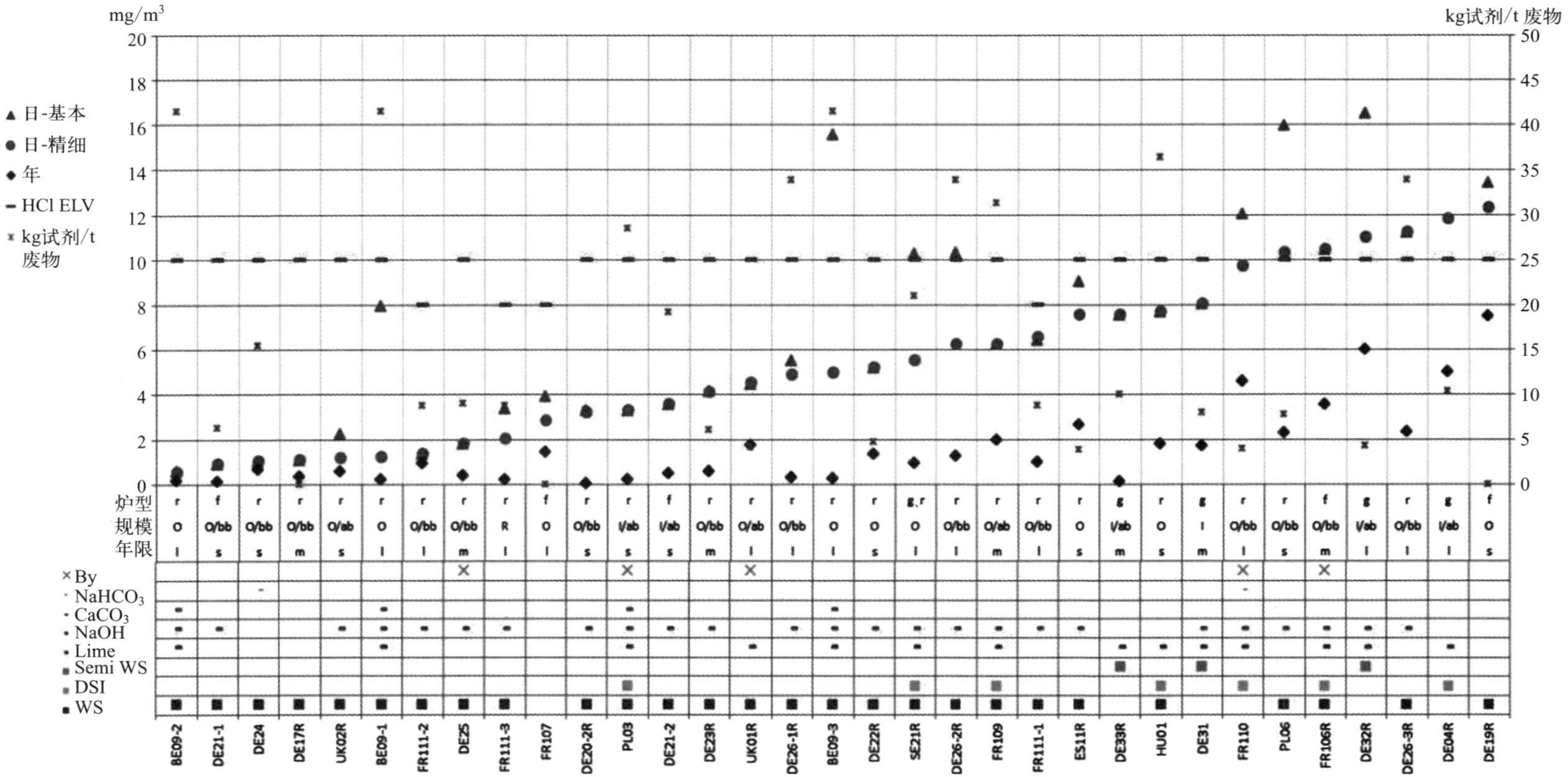

注：
炉型：g—炉排炉；r—回转窑；fb—流化床；f—除上述类型以外的炉型；gas—气化；o—其他。
焚烧厂年限：O—陈旧；I—中间；R—最近//[改造年份：bb—在WI BREF(2006年)之前；ab—在WI BREF(2006年)之后]。
焚烧厂规模：s—小；m—中等；l—大。
By—旁通。
所用试剂：$NaHCO_3$—碳酸氢钠；$CaCO_3$—石灰石；NaOH—氢氧化钠；Lime包括生石灰、熟石灰和高比表面积/孔隙度熟石灰。
安装技术：Semi WS—半湿式洗涤器；DSI—干式吸附剂注入；WS—湿式洗涤器。

图 8.43 主要焚烧 HW 的参考焚烧线连续监测 HCl 排放至大气中的日平均及年平均排放水平[81]

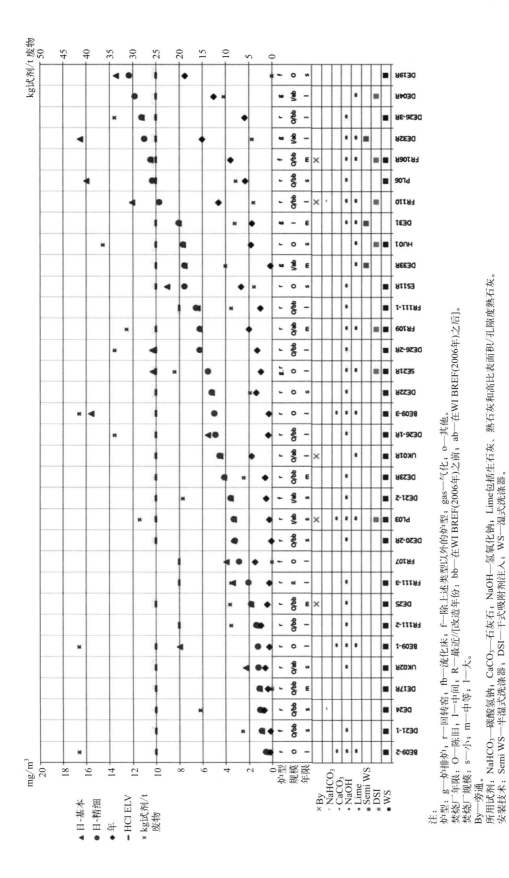

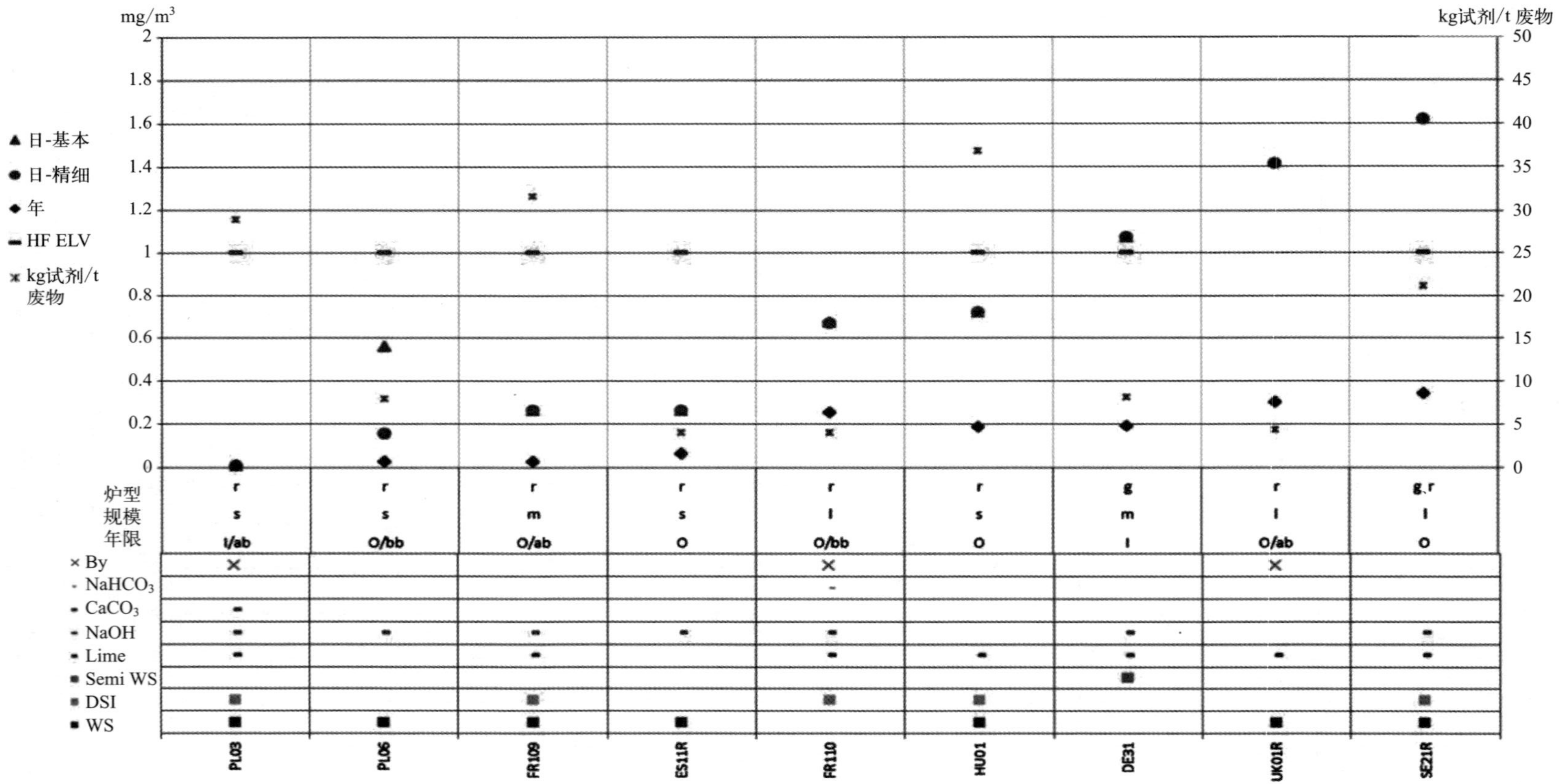

注：
炉型：g—炉排炉；r—回转窑；fb—流化床；f—除上述类型以外的炉型；gas—气化；o—其他。
焚烧厂年限：O—陈旧；I—中间；R—最近//[改造年份：bb—在WI BREF(2006年)之前；ab—在WI BREF(2006年)之后]。
焚烧厂规模：s—小；m—中等；l—大。
By—旁通。
所用试剂：$NaHCO_3$—碳酸氢钠；$CaCO_3$—石灰石；NaOH—氢氧化钠；Lime包括生石灰、熟石灰和高比表面积/孔隙度熟石灰。
安装技术：Semi WS—半湿式洗涤器；DSI—干式吸附剂注入；WS—湿式洗涤器。

图 8.44　主要焚烧 HW 的参考焚烧线连续监测 HF 排放至大气中的日平均及年平均排放水平[81]

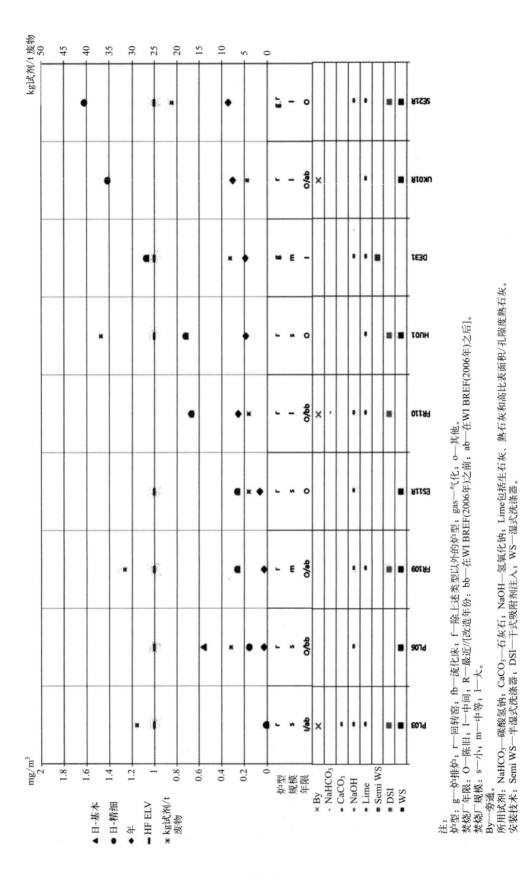

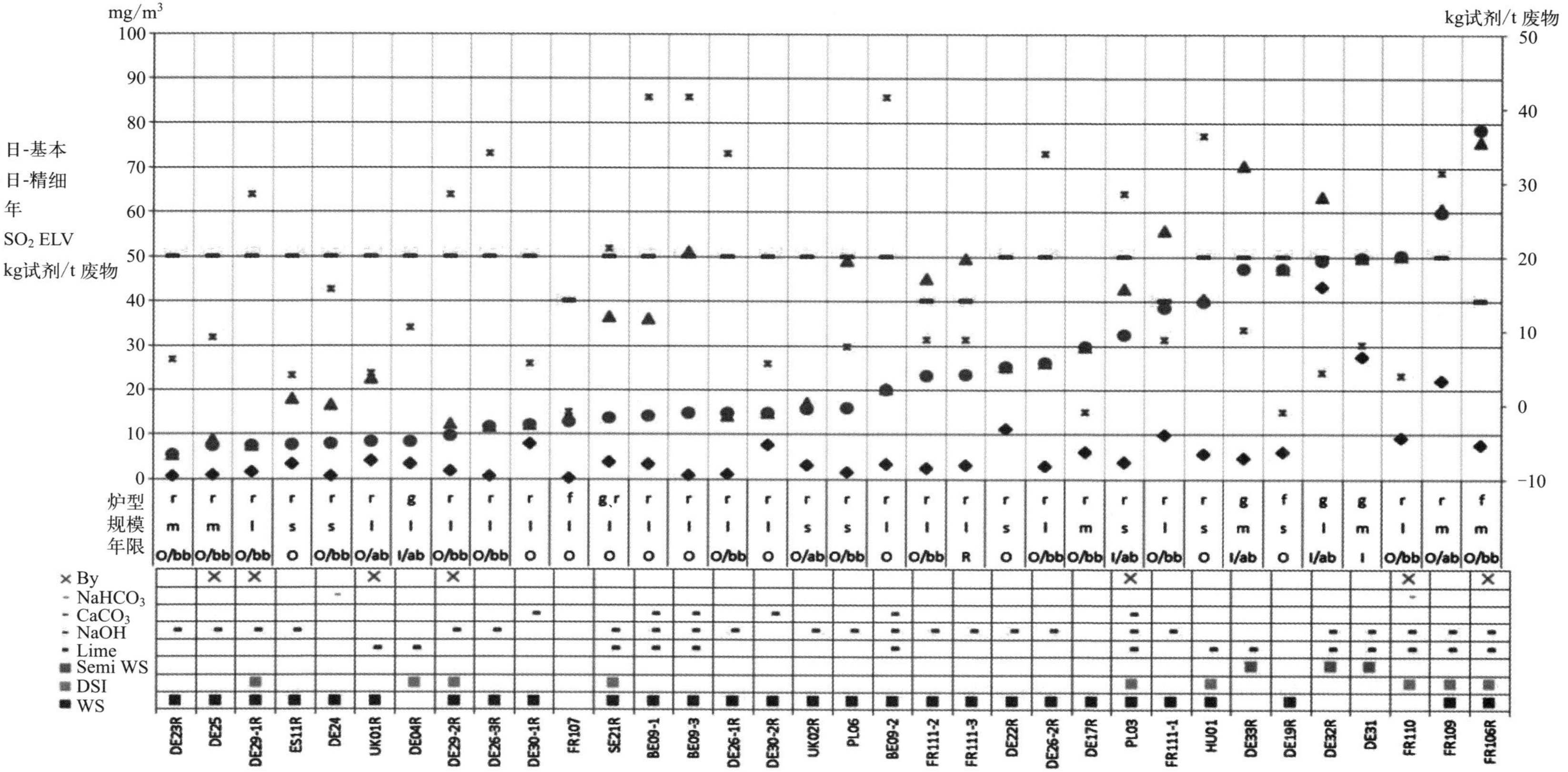

注：

炉型：g—炉排炉；r—回转窑；fb—流化床；f—除上述类型以外的炉型；gas—气化；o—其他。

焚烧厂年限：O—陈旧；I—中间；R—最近//[改造年份：bb—在WI BREF(2006年)之前；ab—在WI BREF(2006年)之后]。

焚烧厂规模：s—小；m—中等；l—大。

By—旁通。

所用试剂：$NaHCO_3$—碳酸氢钠；$CaCO_3$—石灰石；NaOH—氢氧化钠；Lime包括生石灰、熟石灰和高比表面积/孔隙度熟石灰。

安装技术：Semi WS—半湿式洗涤器；DSI—干式吸附剂注入；WS—湿式洗涤器。

图 8.45 主要焚烧 HW 的参考焚烧线连续监测 SO_2 排放至大气中的日平均及年平均排放水平[81]

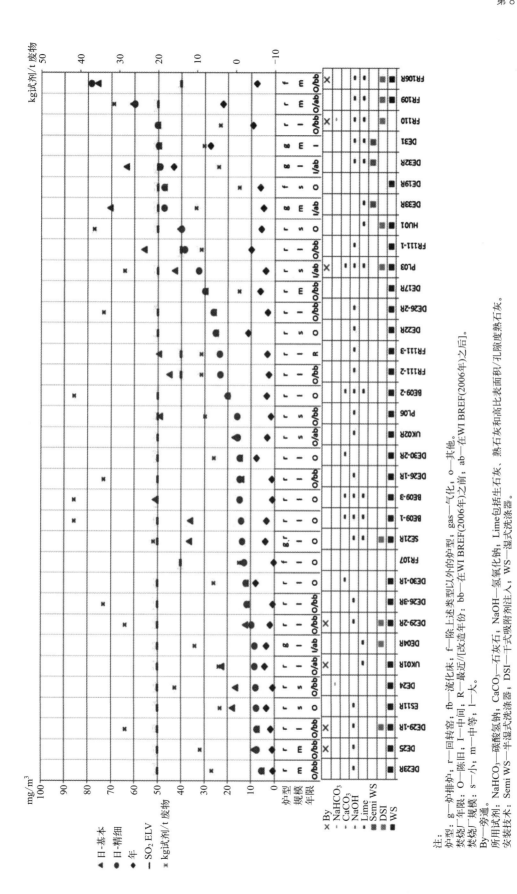

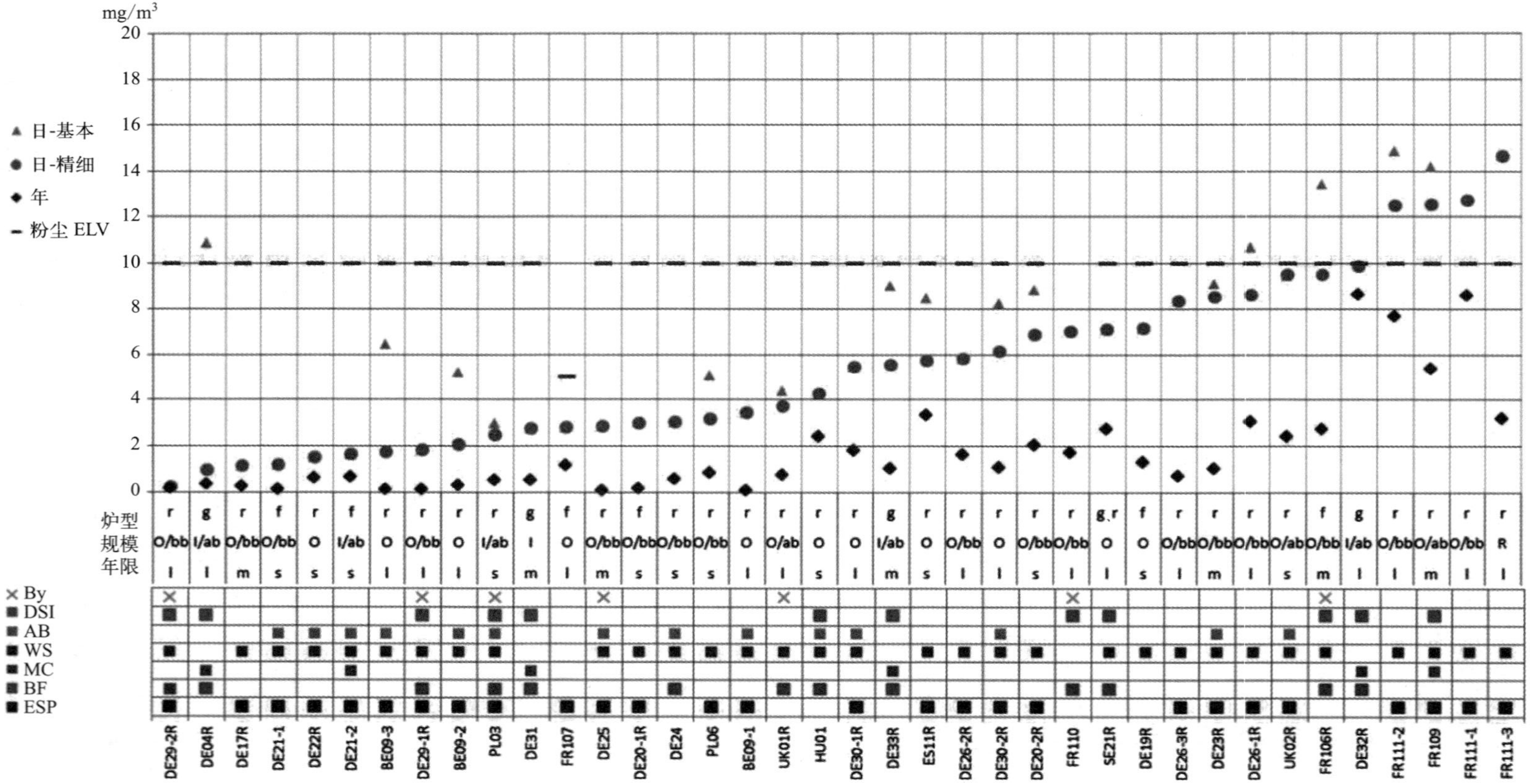

注：
炉型：g—炉排炉；r—回转窑；fb—流化床；f—除上述类型以外的炉型；gas—气化；o—其他。
焚烧厂年限：O—陈旧；I—中间；R—最近//[改造年份：bb—在WI BREF(2006年)之前；ab—在WI BREF(2006年)之后]。
焚烧厂规模：s—小；m—中等；l—大。
By—旁通。
安装技术：DSI—干吸附剂注入；AB—吸附床；WS—湿式洗涤器；MC—多旋风器；BF—袋式过滤器；ESP—静电除尘器。

图 8.46 主要焚烧 HW 的参考焚烧线连续监测粉尘排放至大气中的日平均及年平均排放水平[81]

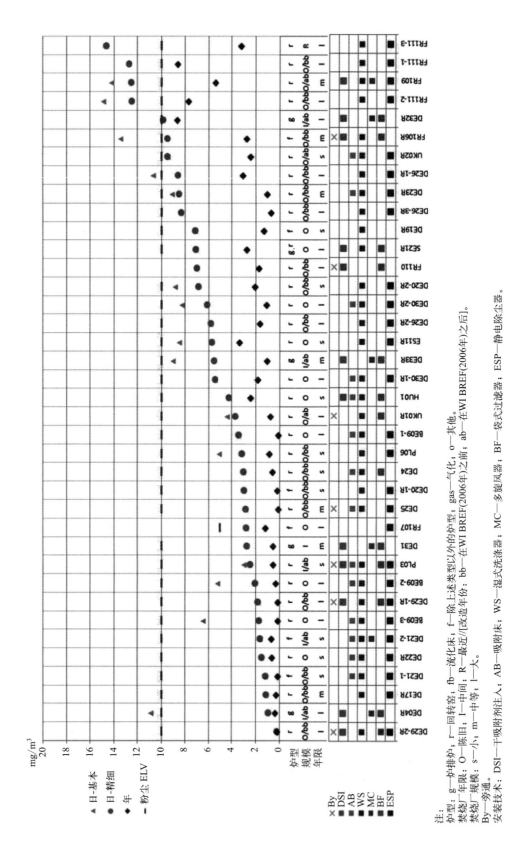

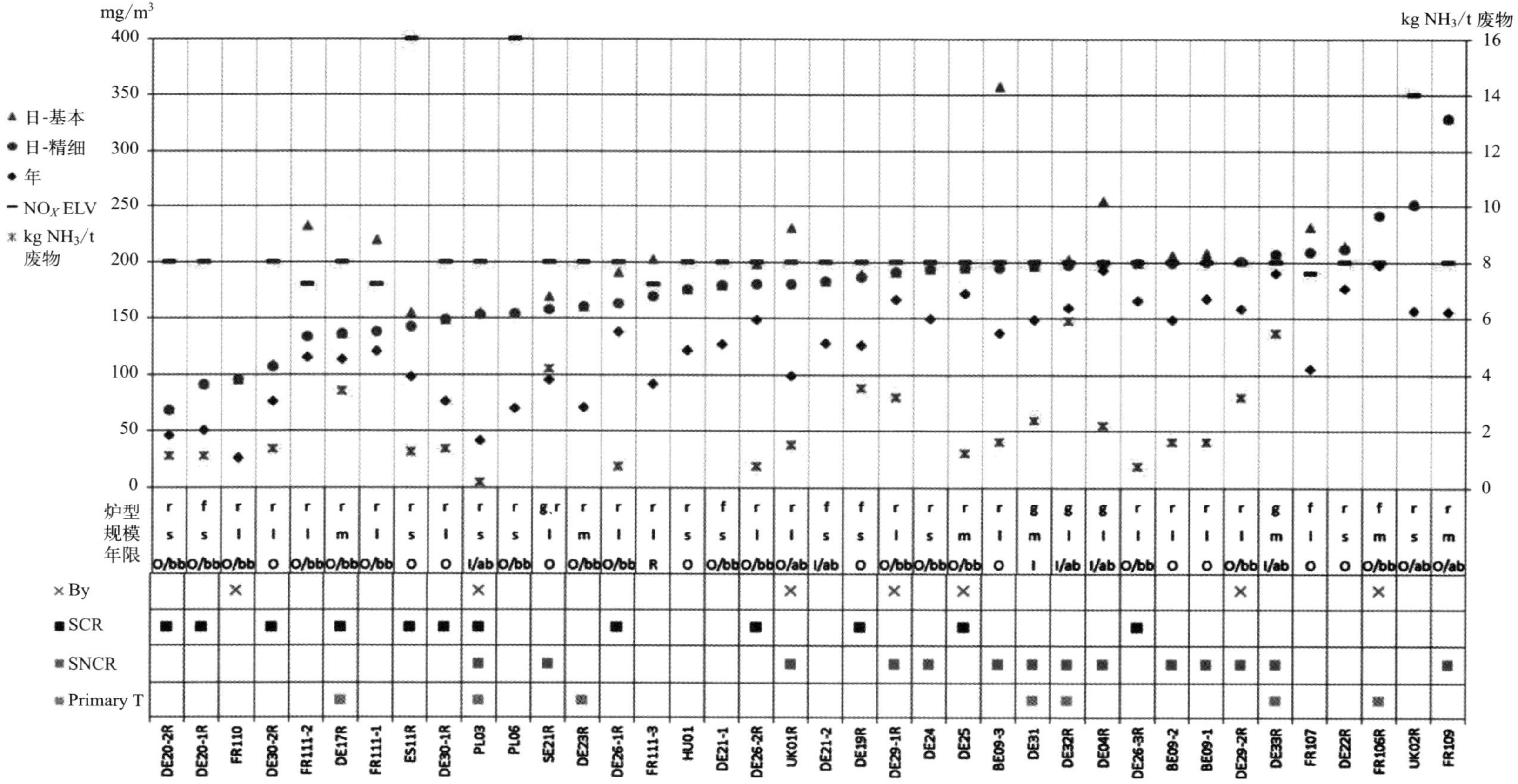

注：
炉型：g—炉排炉；r—回转窑；fb—流化床；f—除上述类型以外的炉型；gas—气化；o—其他。
焚烧厂年限：O—陈旧；I—中间；R—最近//[改造年份：bb—在WI BREF(2006年)之前；ab—在WI BREF(2006年)之后]。
焚烧厂规模：s—小；m—中等；l—大。
By—旁通。
安装技术：SCR—选择性催化还原；SNCR—选择性非催化还原；Primary T—主要技术。

图 8.47 主要焚烧 HW 的参考焚烧线连续监测 NO_X 排放至大气中的日平均及年平均排放水平[81]

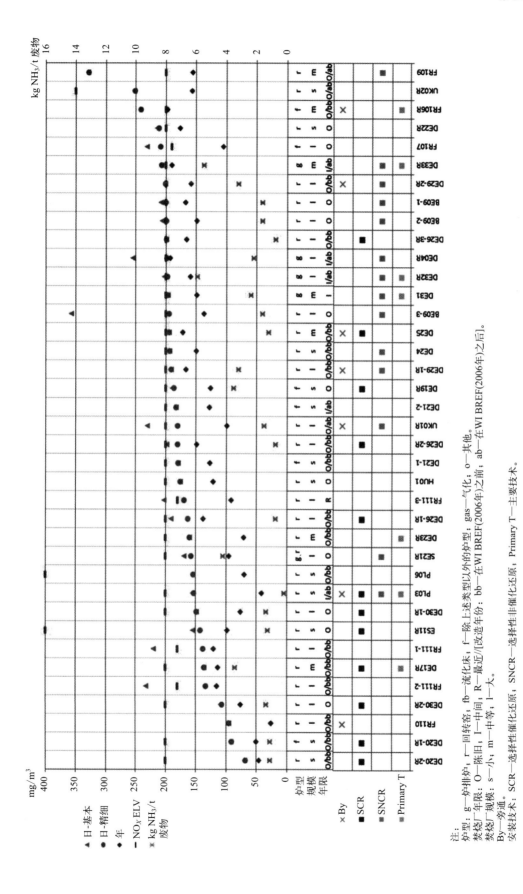

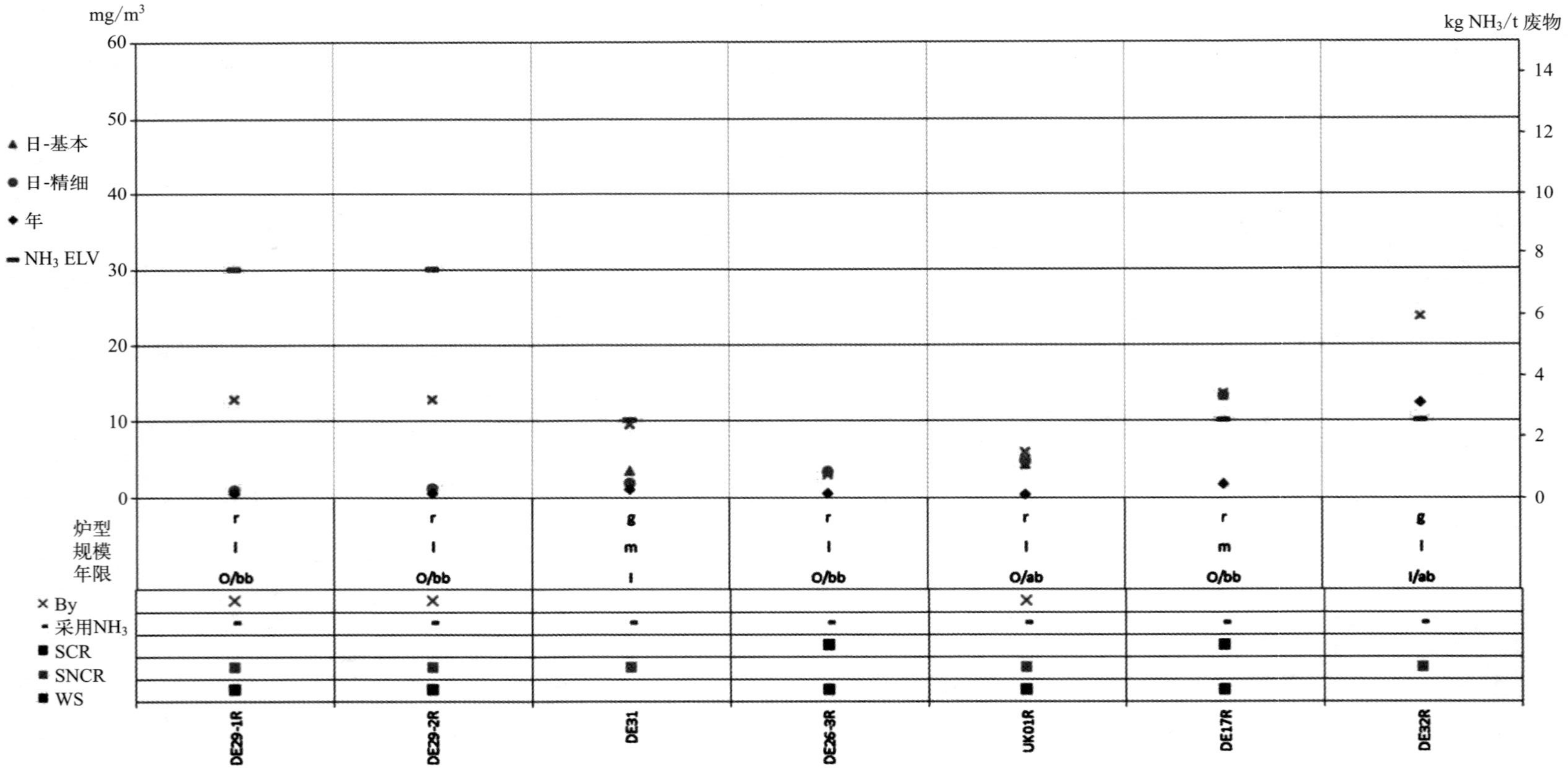

注：
炉型：g—炉排炉；r—回转窑；fb—流化床；f—除上述类型以外的炉型；gas—气化；o—其他。
焚烧厂年限：O—陈旧；I—中间；R—最近//[改造年份：bb—在WI BREF(2006年)之前；ab—在WI BREF(2006年)之后]。
焚烧厂规模：s—小；m—中等；l—大。
By—旁通。
采用试剂：NH_3—氨。
安装技术：SCR—选择性催化还原；SNCR—选择性非催化还原；WS—湿式洗涤器。

图 8.48 主要焚烧 HW 的参考焚烧线连续监测 NH_3 排放至大气中的日平均及年平均排放水平[81]

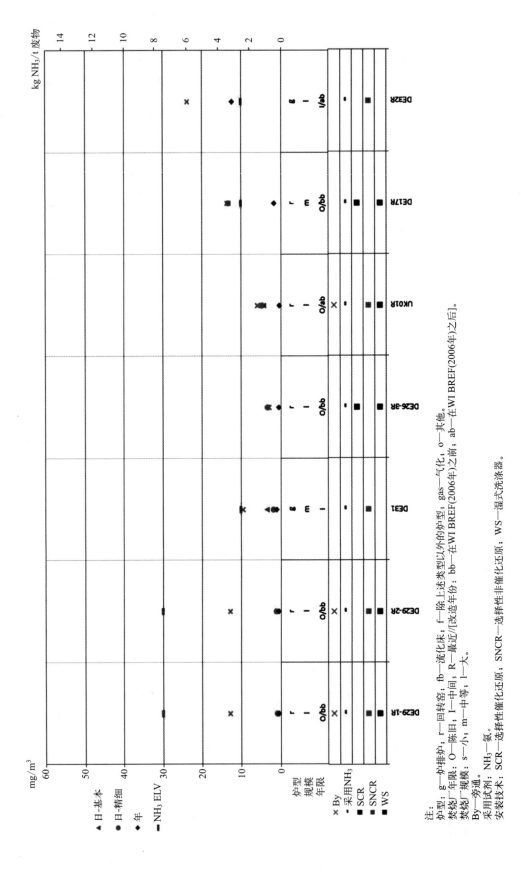

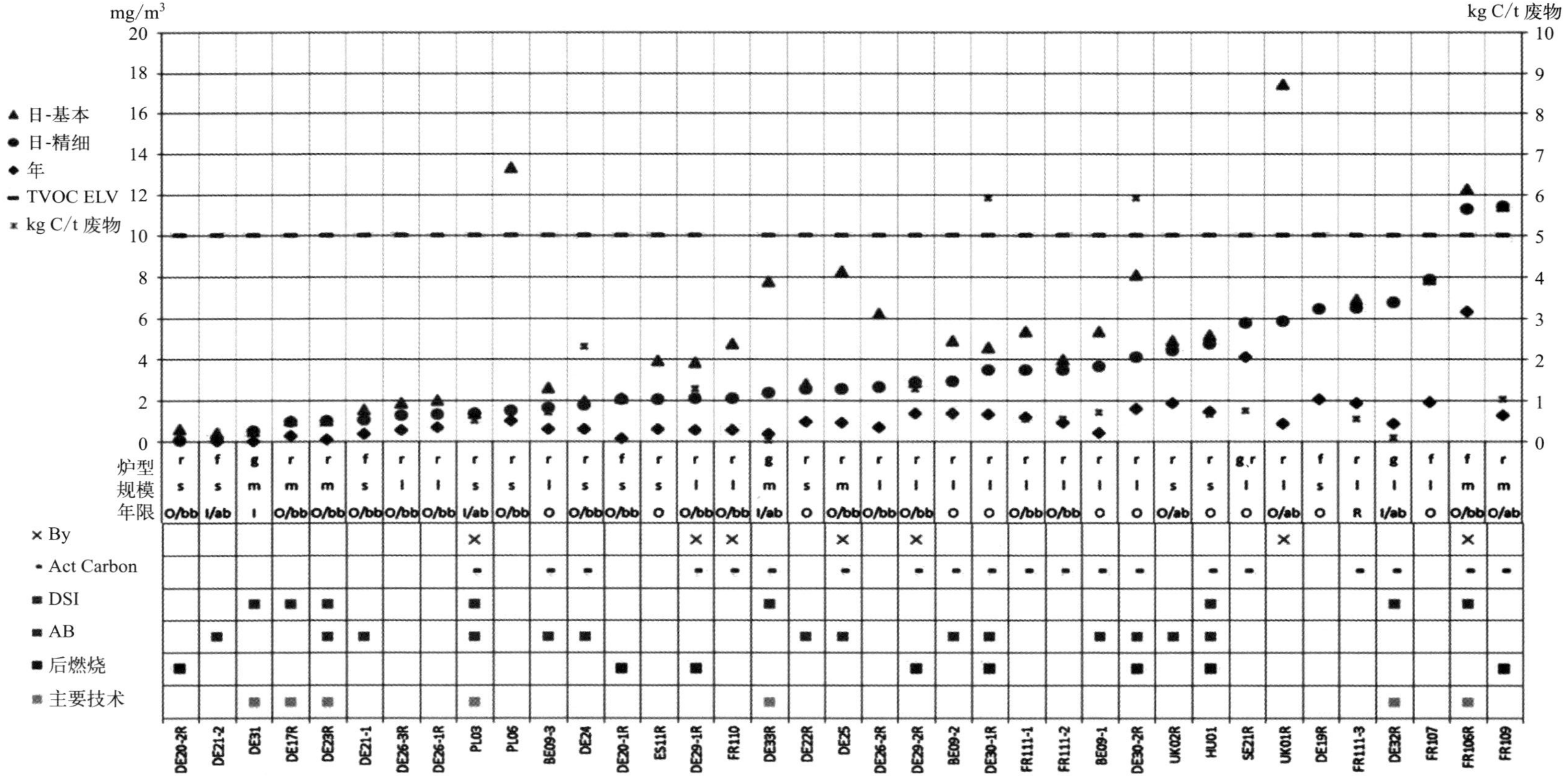

注：
炉型：g—炉排炉；r—回转窑；fb—流化床；f—除上述类型以外的炉型；gas—气化；o—其他。
焚烧厂年限：O—陈旧；I—中间；R—最近//[改造年份：bb—在WI BREF(2006年)之前；ab—在WI BREF(2006年)之后]。
焚烧厂规模：s—小；m—中等；l—大。
By—旁通。
采用试剂：Act Carbon—活性炭。
安装技术：DSI—干吸附剂注入；AB—吸附床。

图 8.49 主要焚烧 HW 的参考焚烧线连续监测 TVOC 排放至大气中的日平均及年平均排放水平[81]

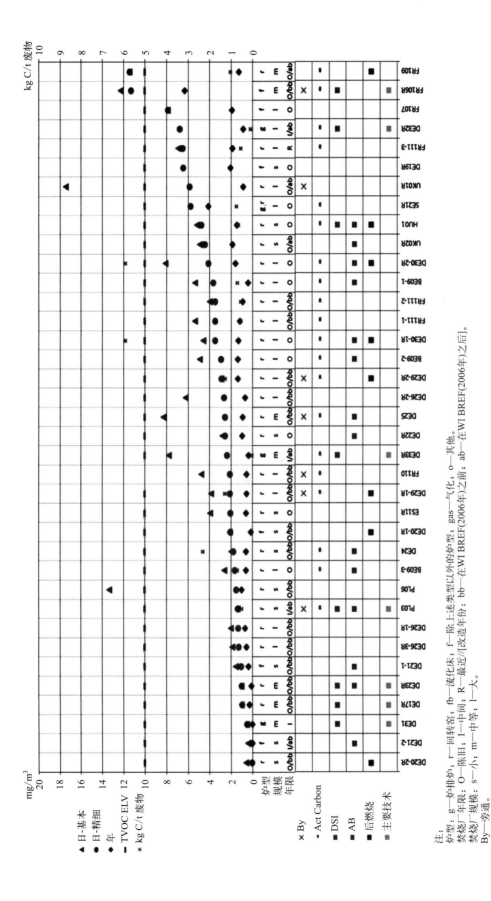

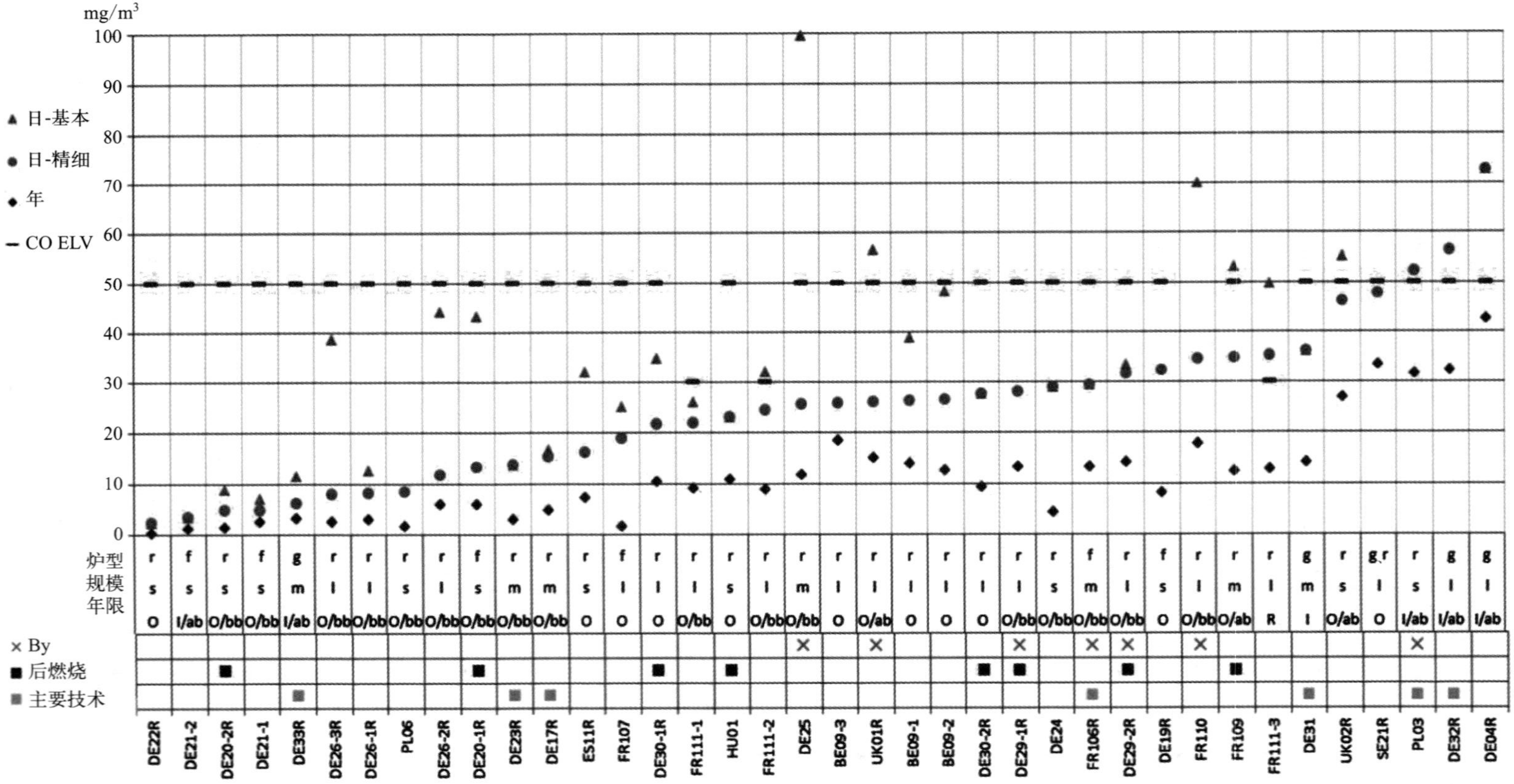

注：
炉型：g—炉排炉；r—回转窑；fb—流化床；f—除上述类型以外的炉型；gas—气化；o—其他。
焚烧厂年限：O—陈旧；I—中间；R—最近//[改造年份：bb—在WI BREF(2006年)之前；ab—在WI BREF(2006年)之后]。
焚烧厂规模：s—小；m—中等；l—大。
By—旁通。

图 8.50　主要焚烧 HW 的参考焚烧线连续监测 CO 排放至大气中的日平均及年平均排放水平[81]

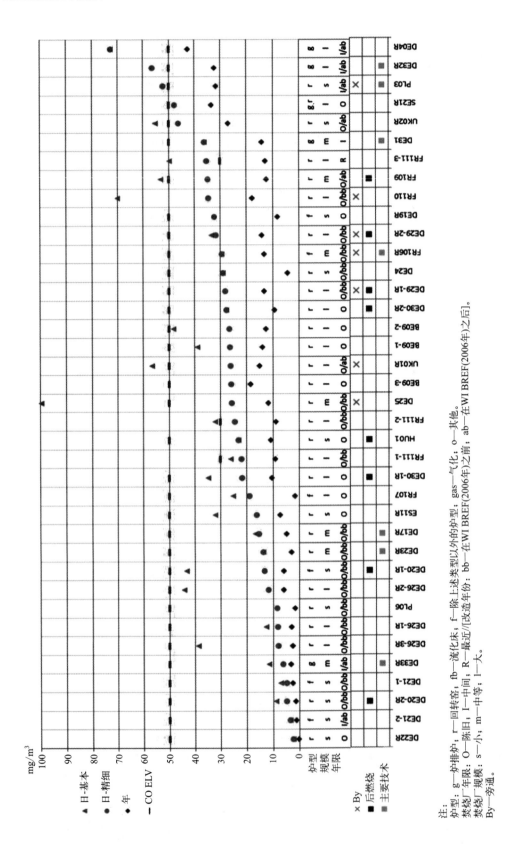

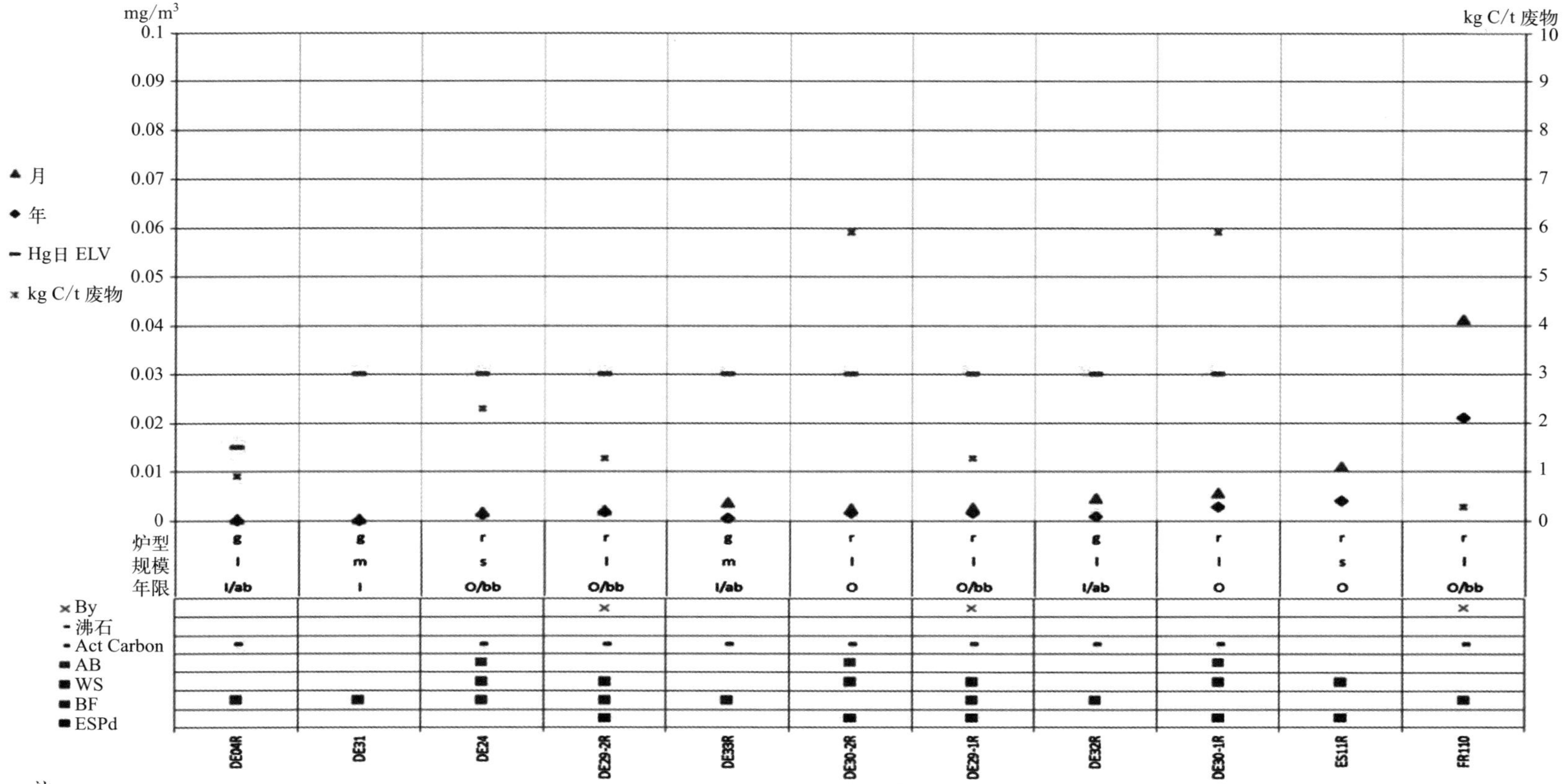

注：
炉型：g—炉排炉；r—回转窑；fb—流化床；f—除上述类型以外的炉型；gas—气化；o—其他。
焚烧厂年限：O—陈旧；I—中间；R—最近//[改造年份：bb—在WI BREF(2006年)之前；ab—在WI BREF(2006年)之后]。
焚烧厂规模：s—小；m—中等；l—大。
By—旁通。
采用试剂：Act Carbon—活性炭。
安装技术：AB—吸附床；WS—湿式洗涤器；BF—袋式过滤器；ESPd—干式静电除尘器。

图 8.51 主要焚烧 HW 的参考焚烧线连续监测 Hg 排放至大气中的日平均及年平均排放水平[81]

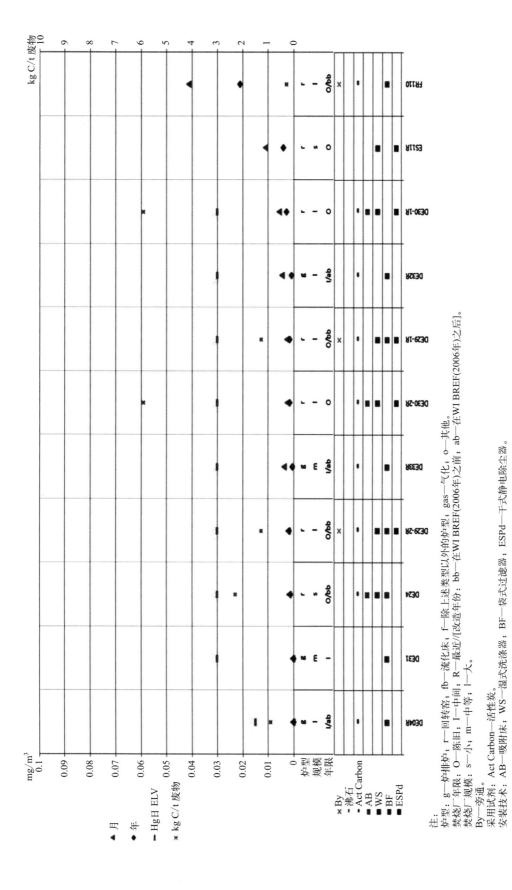

8.7 在2016年数据采集中废物焚烧厂报告的连续监测排放达到的半小时排放量和月平均排放水平：详细图

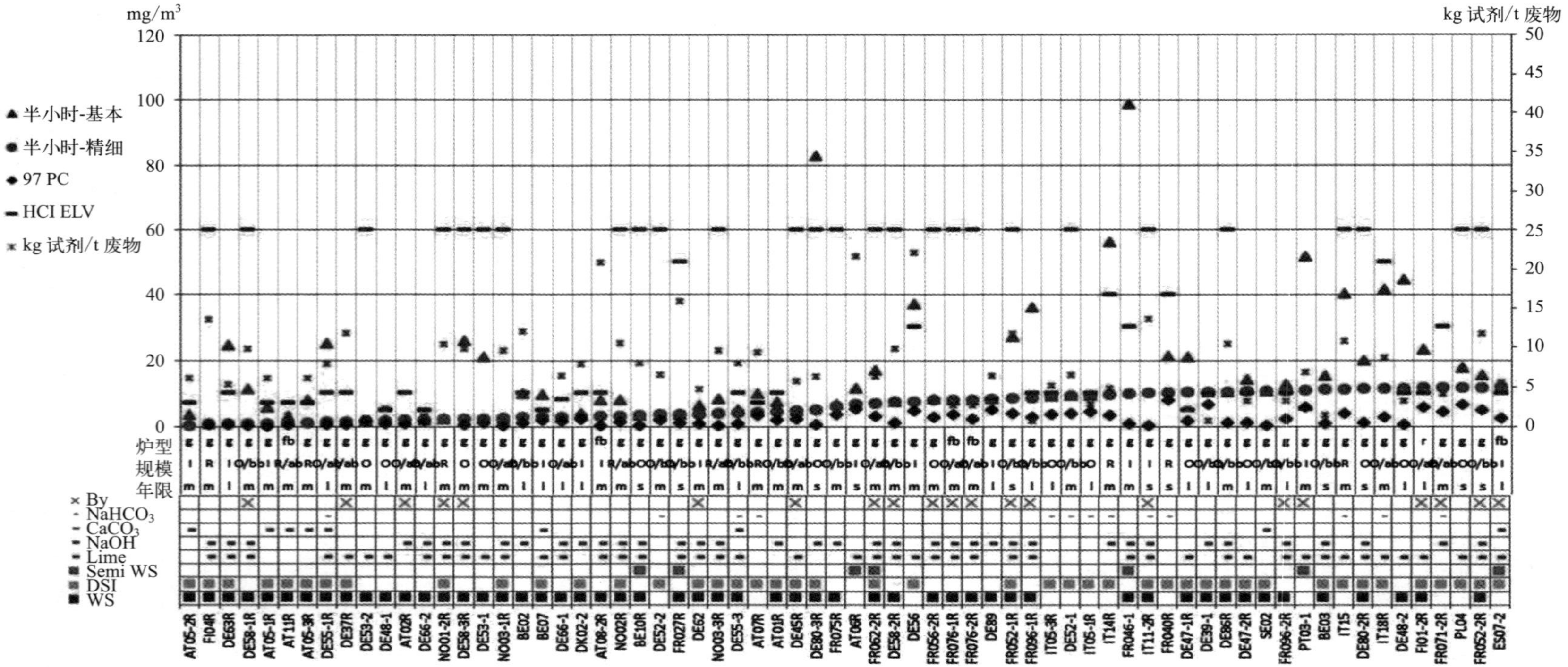

注：

炉型：g—炉排炉；r—回转窑；fb—硫化床；f—除上述类型以外的焚烧炉；gas—气化炉；o—其他。

焚烧年限：O—陈旧；I—中等；R—最近//[改造年份：bb—在WI BREF(2006年)之前；ab—在WI BREF(2006年)之后]。

工厂规模：s—小；m—中等；l—大。

By—支路。

所用试剂：$NaHCO_3$—碳酸氢钠；$CaCO_3$—石灰石；NaOH—氢氧化钠；Lime包括生石灰、熟石灰和高比表面积/孔隙度熟石灰。

安装技术：Semi WS—半湿式洗涤器；DSI—干吸附剂注入；WS—湿式洗涤器。

图 8.52 主要焚烧 MSW 的参考焚烧线连续监测 HCl 排放至大气中的半小时平均排放水平 (1/3)[81]

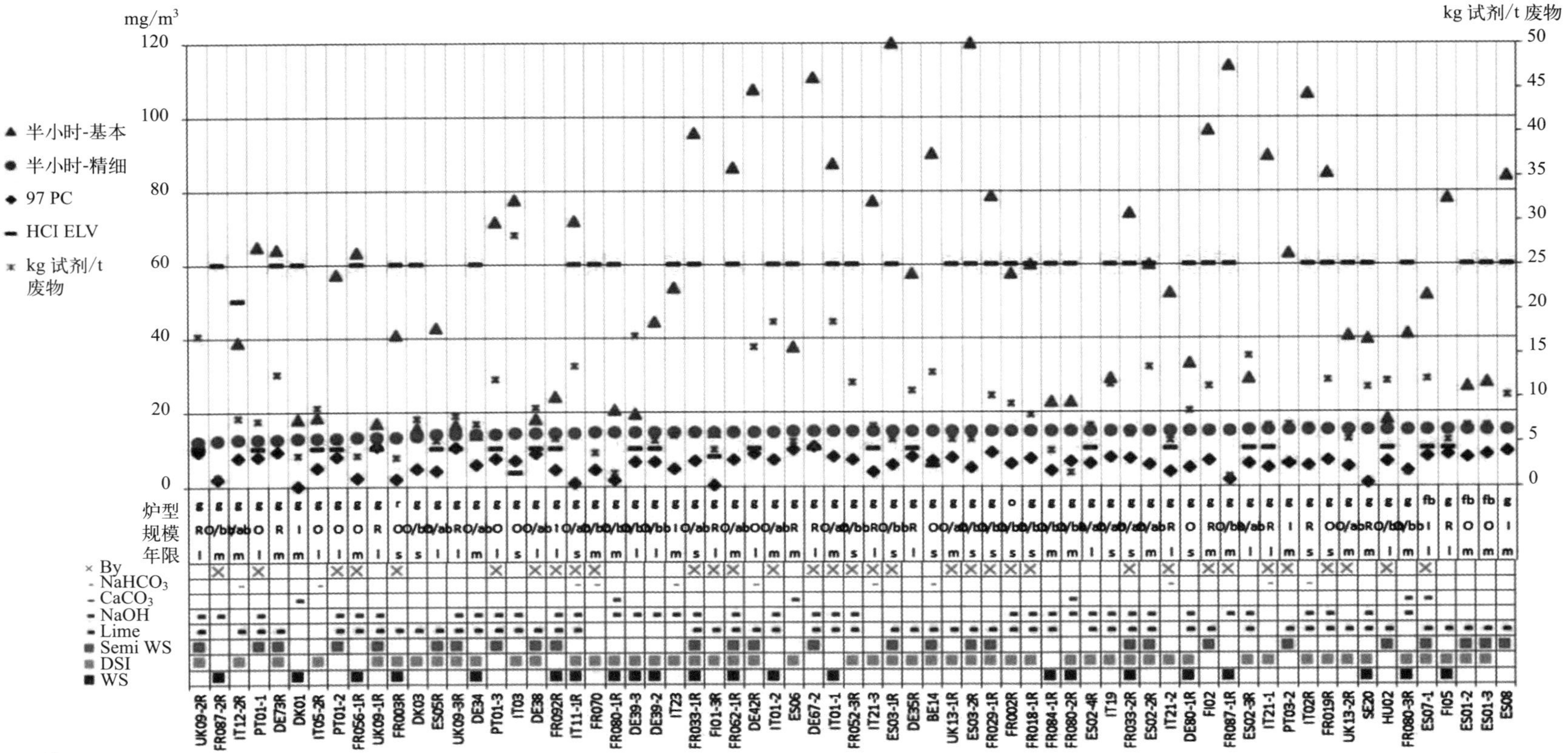

注：
炉型：g—炉排炉；r—回转窑；fb—硫化床；f—除上述类型以外的焚烧炉；gas—气化炉；o—其他。
焚烧年限：O—陈旧；I—中等；R—最近//[改造年份：bb—在WI BREF(2006年)之前；ab—在WI BREF(2006年)之后]。
工厂规模：s—小；m—中等；l—大。
By—支路。
所用试剂：$NaHCO_3$—碳酸氢钠；$CaCO_3$—石灰石；NaOH—氢氧化钠；Lime包括生石灰、熟石灰和高比表面积/孔隙度熟石灰。
安装技术：Semi WS—半湿式洗涤器；DSI—干吸附剂注入；WS—湿式洗涤器。

图 8.53　主要焚烧 MSW 的参考焚烧线连续监测 HCl 排放至大气中的半小时平均排放水平（2/3）[81]

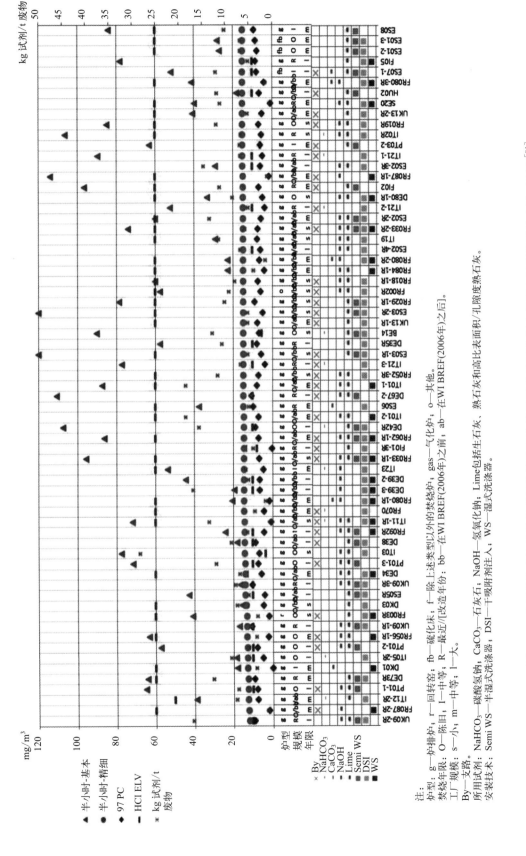

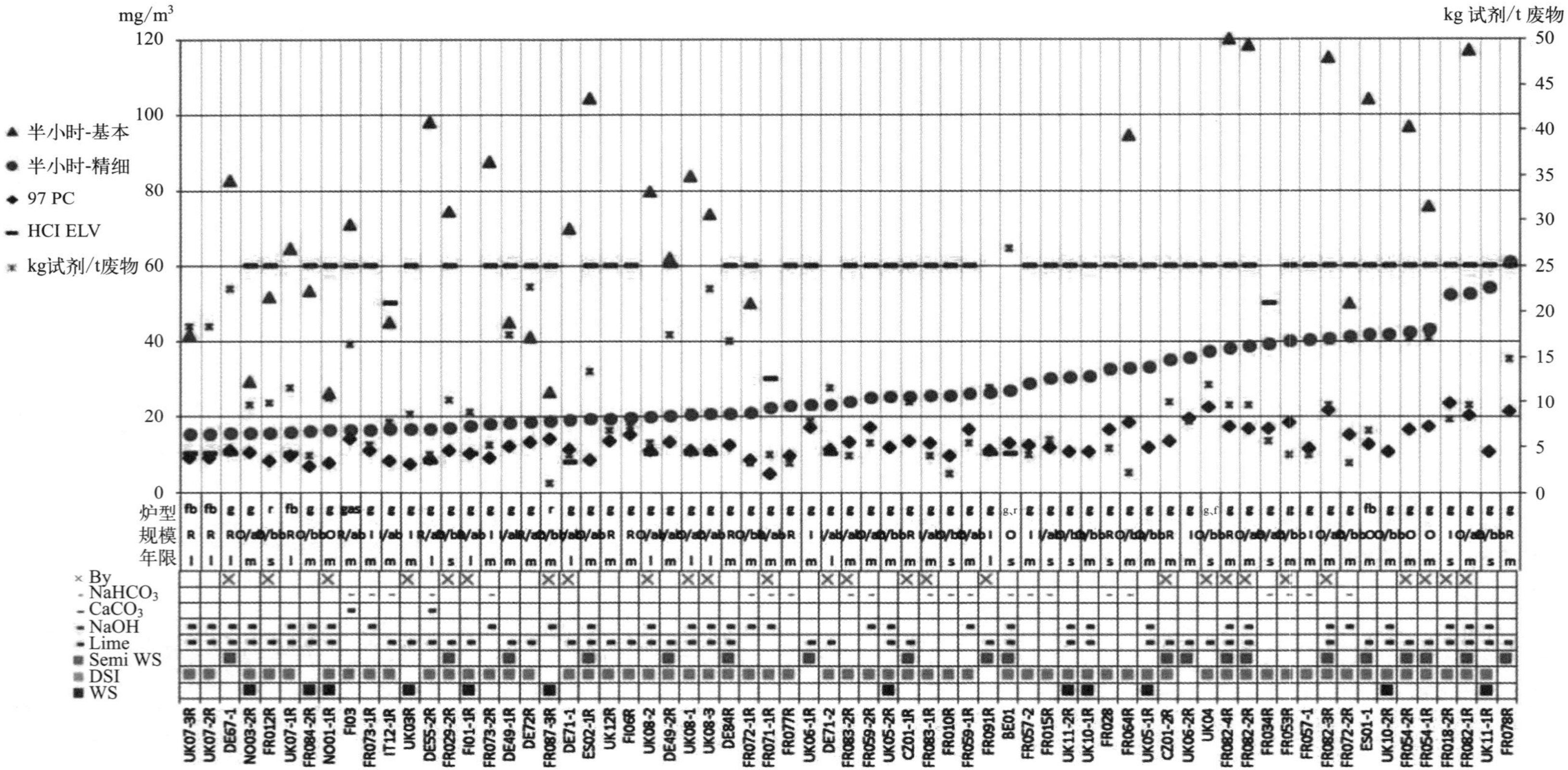

注：
炉型：g—炉排炉；r—回转窑；fb—硫化床；f—除上述类型以外的焚烧炉；gas—气化炉；o—其他。
焚烧年限：O—陈旧；I—中等；R—最近//[改造年份：bb—在WI BREF(2006年)之前；ab—在WI BREF(2006年)之后]。
工厂规模：s—小；m—中等；l—大。
By—支路。
所用试剂：$NaHCO_3$—碳酸氢钠；$CaCO_3$—石灰石；NaOH—氢氧化钠；Lime包括生石灰、熟石灰和高比表面积/孔隙度熟石灰。
安装技术：Semi WS—半湿式洗涤器；DSI—干吸附剂注入；WS—湿式洗涤器。

图 8.54　主要焚烧 MSW 的参考焚烧线连续监测 HCl 排放至大气中的半小时平均排放水平（3/3）[81]

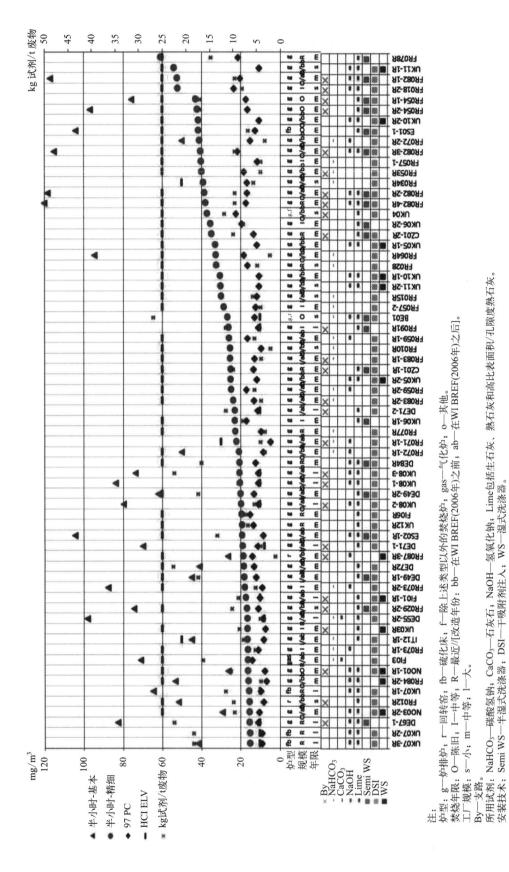

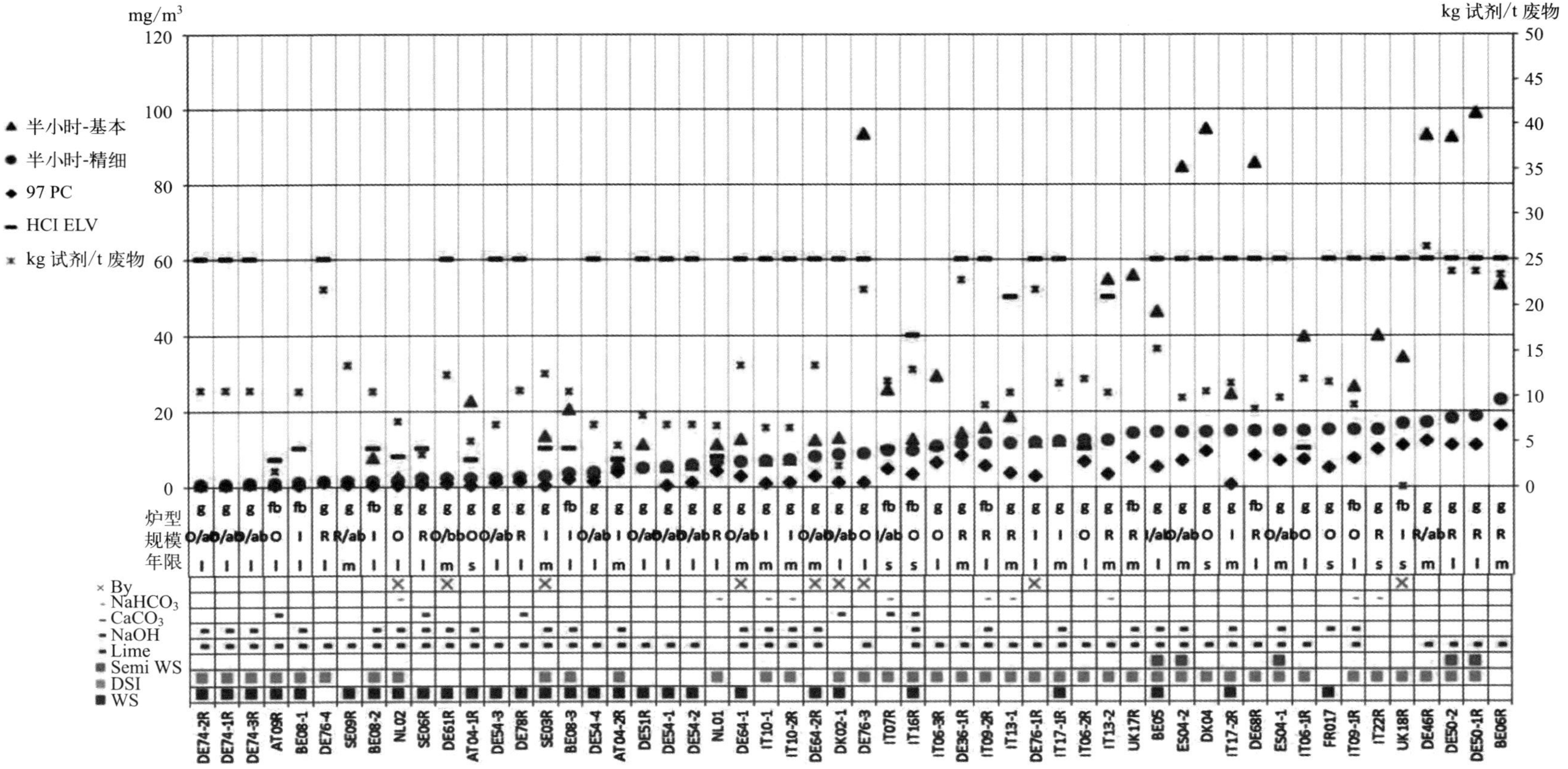

注：
炉型：g—炉排炉；r—回转窑；fb—硫化床；f—除上述类型以外的焚烧炉；gas—气化炉；o—其他。
焚烧年限：O—陈旧；I—中等；R—最近//[改造年份：bb—在WI BREF(2006年)之前；ab—在WI BREF(2006年)之后]。
工厂规模：s—小；m—中等；l—大。
By—支路。
所用试剂：$NaHCO_3$—碳酸氢钠；$CaCO_3$—石灰石；NaOH—氢氧化钠；Lime包括生石灰、熟石灰和高比表面积/孔隙度熟石灰。
安装技术：Semi WS—半湿式洗涤器；DSI—干吸附剂注入；WS—湿式洗涤器。

图 8.55 主要焚烧 ONHW 的参考焚烧线连续监测 HCl 排放至大气中的半小时平均排放水平[81]

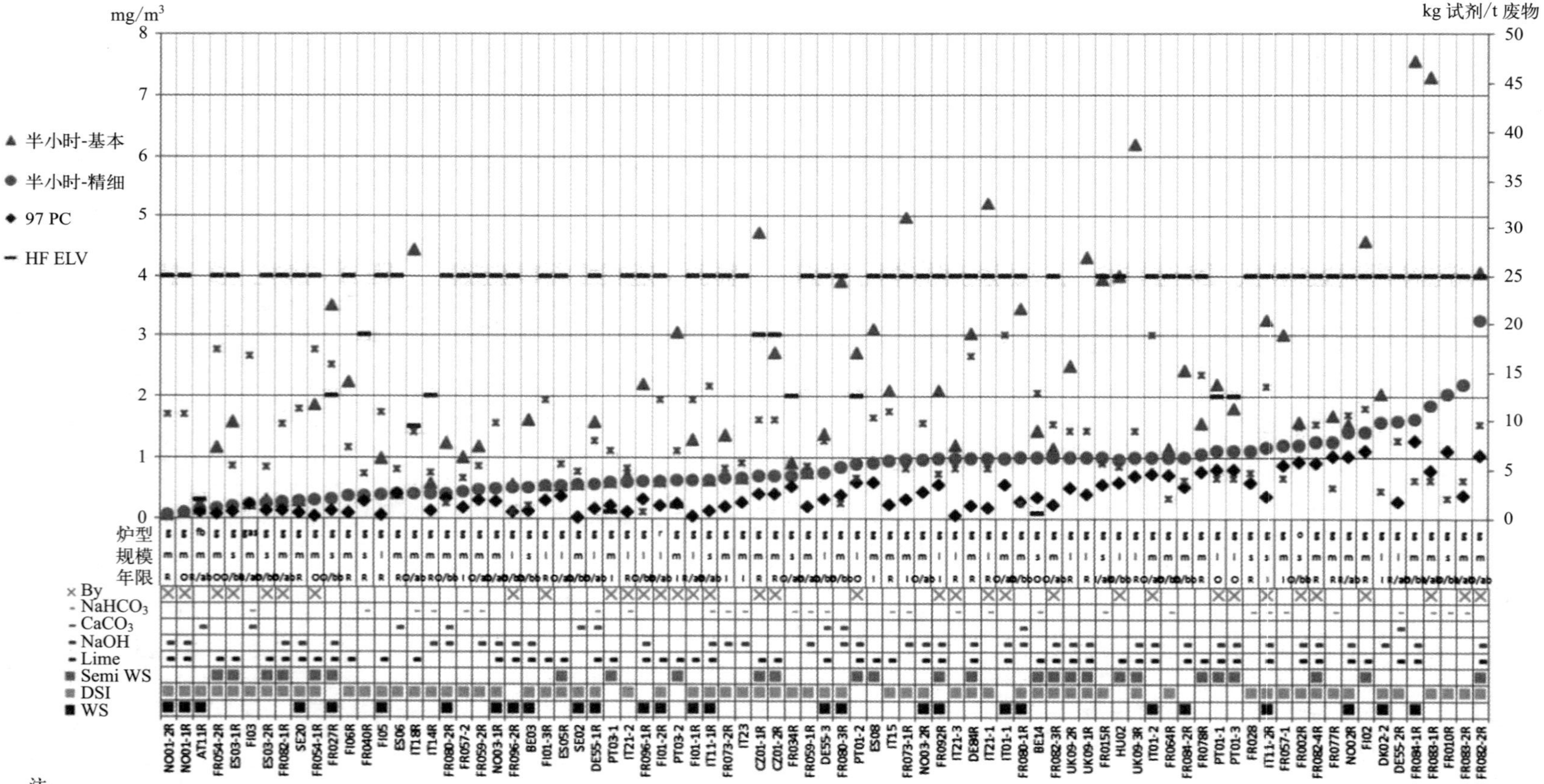

注：
炉型：g—炉排炉；r—回转窑；fb—硫化床；f—除上述类型以外的焚烧炉；gas—气化炉；o—其他。
焚烧年限：O—陈旧；I—中等；R—最近//[改造年份：bb—在WI BREF(2006年)之前；ab—在WI BREF(2006年)之后]。
工厂规模：s—小；m—中等；l—大。
By—支路。
所用试剂：$NaHCO_3$—碳酸氢钠；$CaCO_3$—石灰石；NaOH—氢氧化钠；Lime包括生石灰、熟石灰和高比表面积/孔隙度熟石灰。
安装技术：Semi WS—半湿式洗涤器；DSI—干吸附剂注入；WS—湿式洗涤器。

图 8.56 主要焚烧 MSW 的参考焚烧线连续监测 HF 排放至大气中的半小时平均排放水平[81]

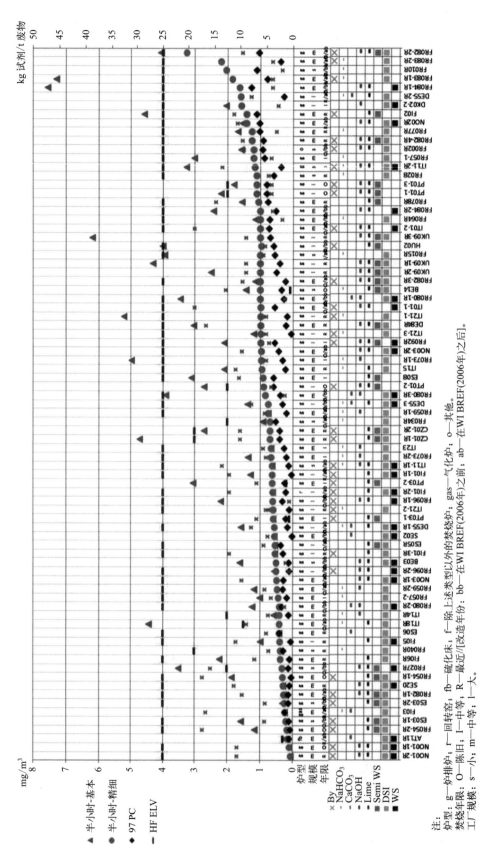

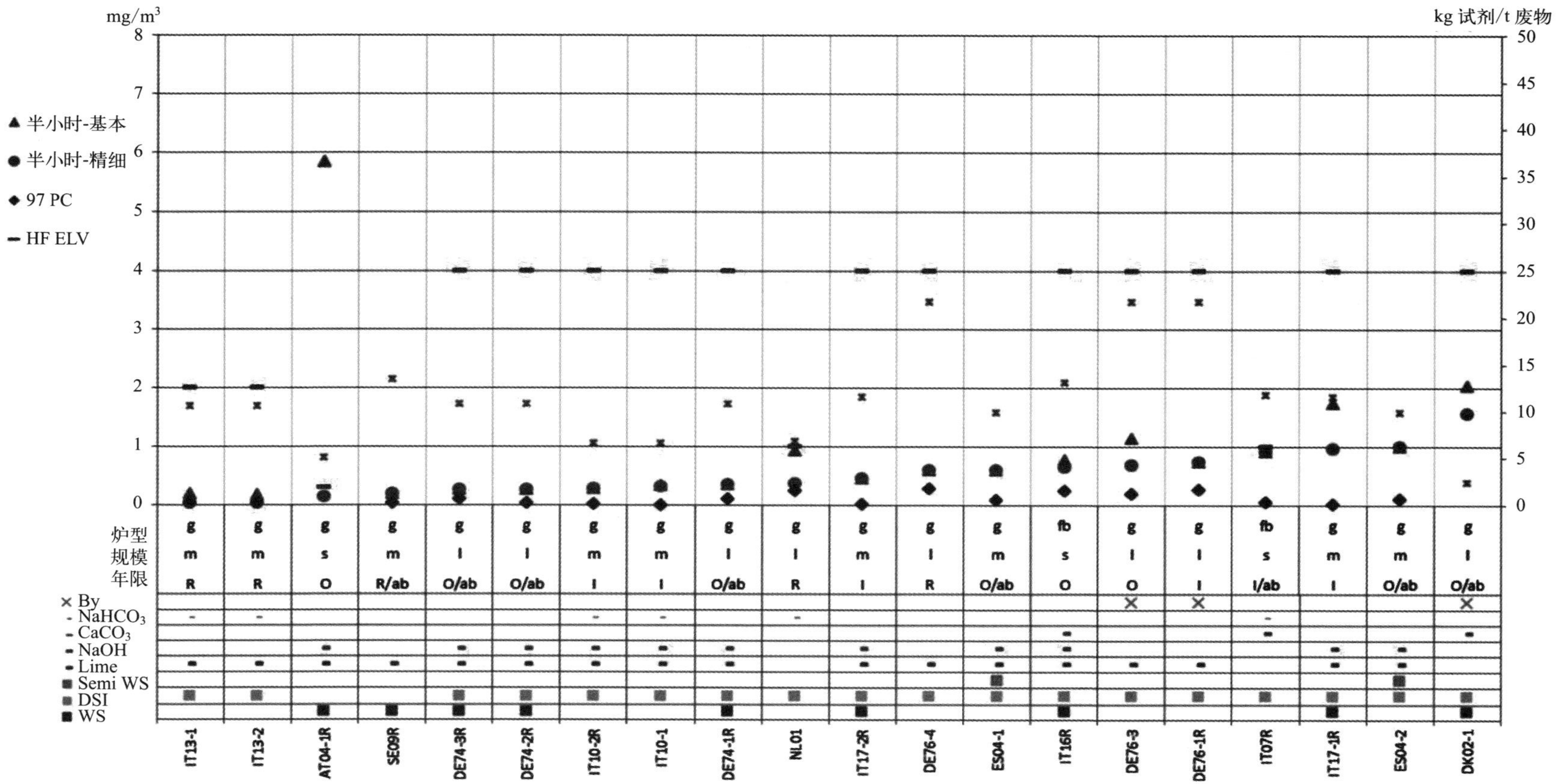

注：
炉型：g—炉排炉；r—回转窑；fb—硫化床；f—除上述类型以外的焚烧炉；gas—气化炉；o—其他。
焚烧年限：O—陈旧；I—中等；R—最近//[改造年份：bb—在WI BREF(2006年)之前；ab—在WI BREF(2006年)之后]。
工厂规模：s—小；m—中等；l—大。
By—支路。
所用试剂：$NaHCO_3$—碳酸氢钠；$CaCO_3$—石灰石；NaOH—氢氧化钠；Lime包括生石灰、熟石灰和高比表面积/孔隙度熟石灰。
安装技术：Semi WS—半湿式洗涤器；DSI—干吸附剂注入；WS—湿式洗涤器。

图 8.57 主要焚烧 ONHW 的参考焚烧线连续监测 HF 排放至大气中的半小时平均排放水平[81]

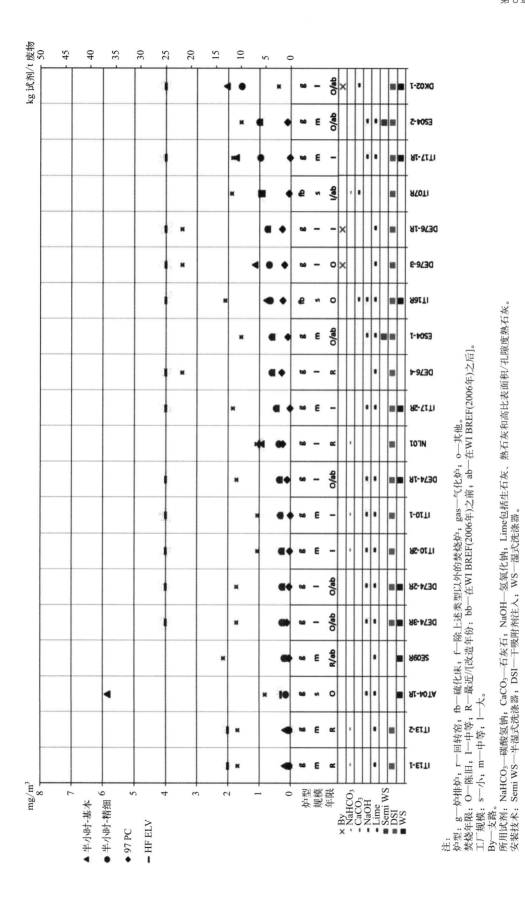

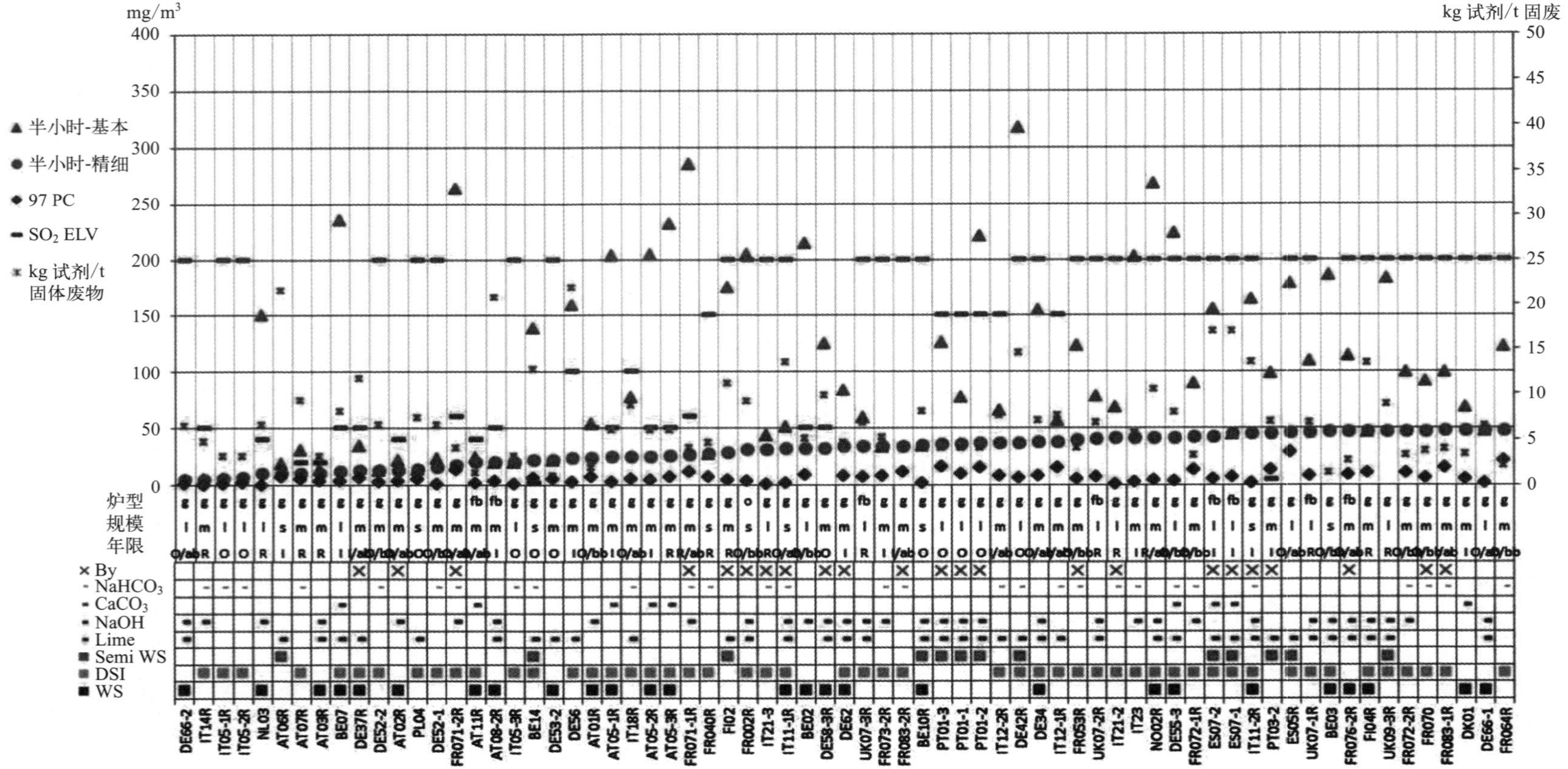

注：
炉型：g—炉排炉；r—回转窑；fb—硫化床；f—除上述类型以外的焚烧炉；gas—气化炉；o—其他。
焚烧年限：O—陈旧；I—中等；R—最近//[改造年份：bb—在WI BREF(2006年)之前；ab—在WI BREF(2006年)之后]。
工厂规模：s—小；m—中等；l—大。
By—支路。
所用试剂：$NaHCO_3$—碳酸氢钠；$CaCO_3$—石灰石；NaOH—氢氧化钠；Lime包括生石灰、熟石灰和高比表面积/孔隙度熟石灰。
安装技术：Semi WS—半湿式洗涤器；DSI—干吸附剂注入；WS—湿式洗涤器。

图 8.58 主要焚烧 MSW 的参考焚烧线连续监测 SO_2 排放至大气中的半小时平均排放水平（1/3）[81]

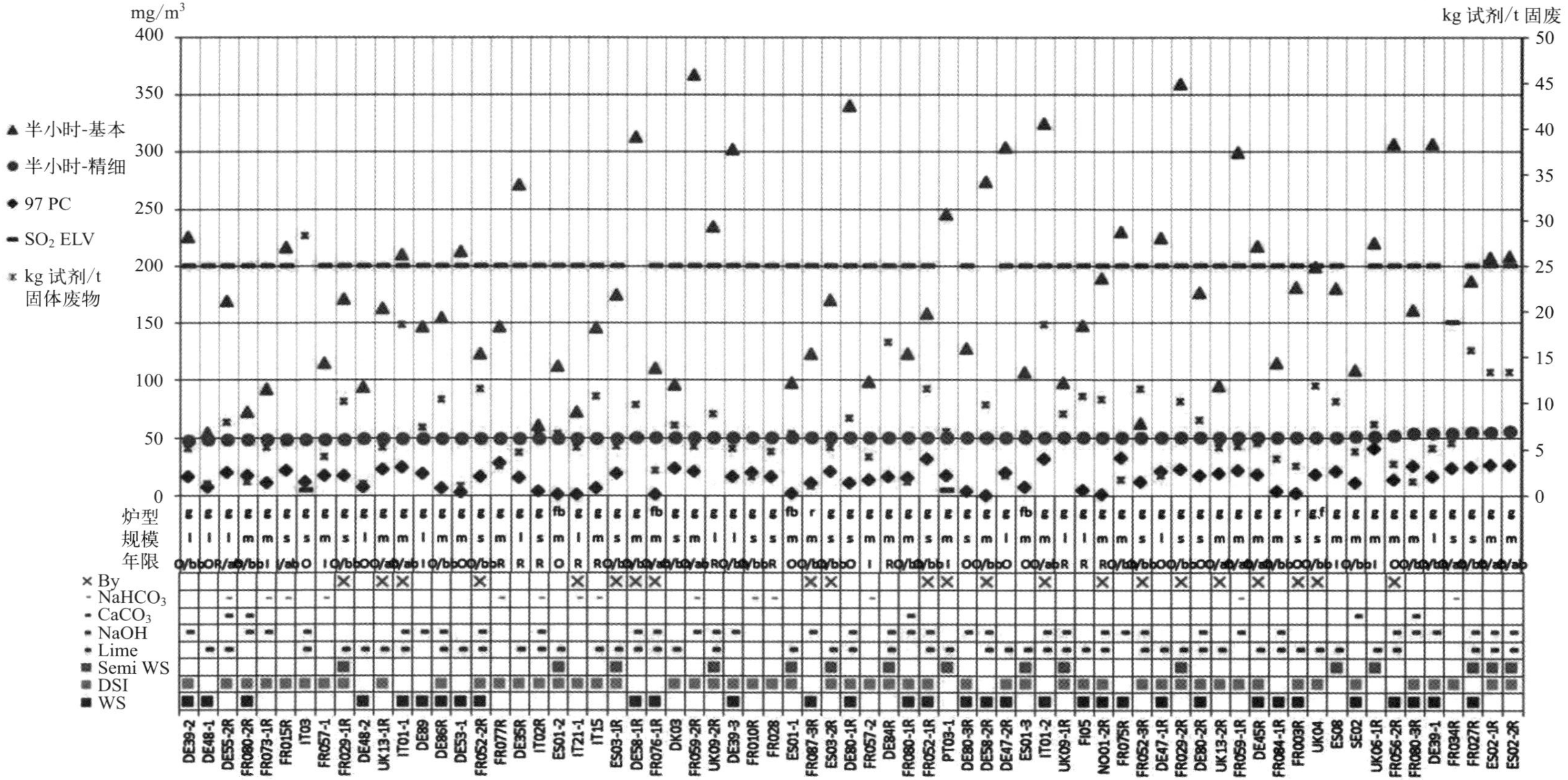

注：
炉型：g—炉排炉；r—回转窑；fb—硫化床；f—除上述类型以外的焚烧炉；gas—气化炉；o—其他。
焚烧年限：O—陈旧；I—中等；R—最近//[改造年份：bb—在WI BREF(2006年)之前；ab—在WI BREF(2006年)之后]。
工厂规模：s—小；m—中等；l—大。
By—支路。
所用试剂：$NaHCO_3$—碳酸氢钠；$CaCO_3$—石灰石；NaOH—氢氧化钠；Lime包括生石灰、熟石灰和高比表面积/孔隙度熟石灰。
安装技术：Semi WS—半湿式洗涤器；DSI—干吸附剂注入；WS—湿式洗涤器。

图 8.59　主要焚烧 MSW 的参考焚烧线连续监测 SO_2 排放至大气中的半小时平均排放水平（2/3）[81]

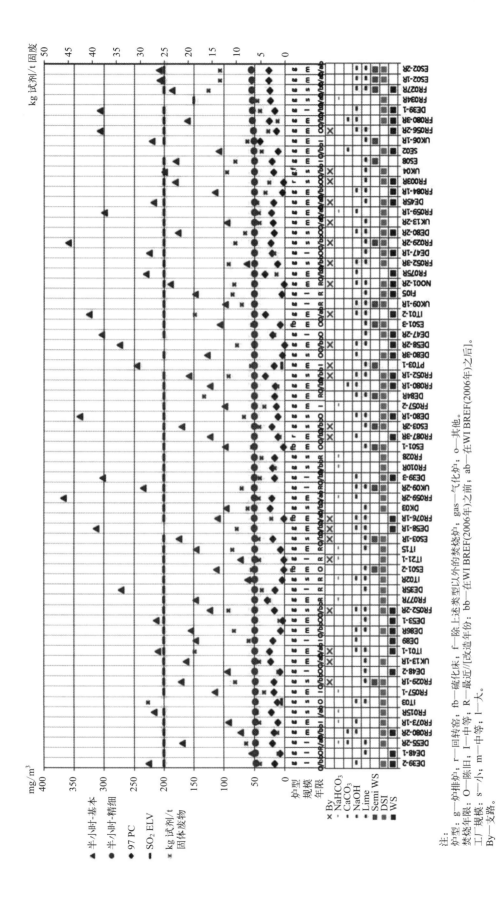

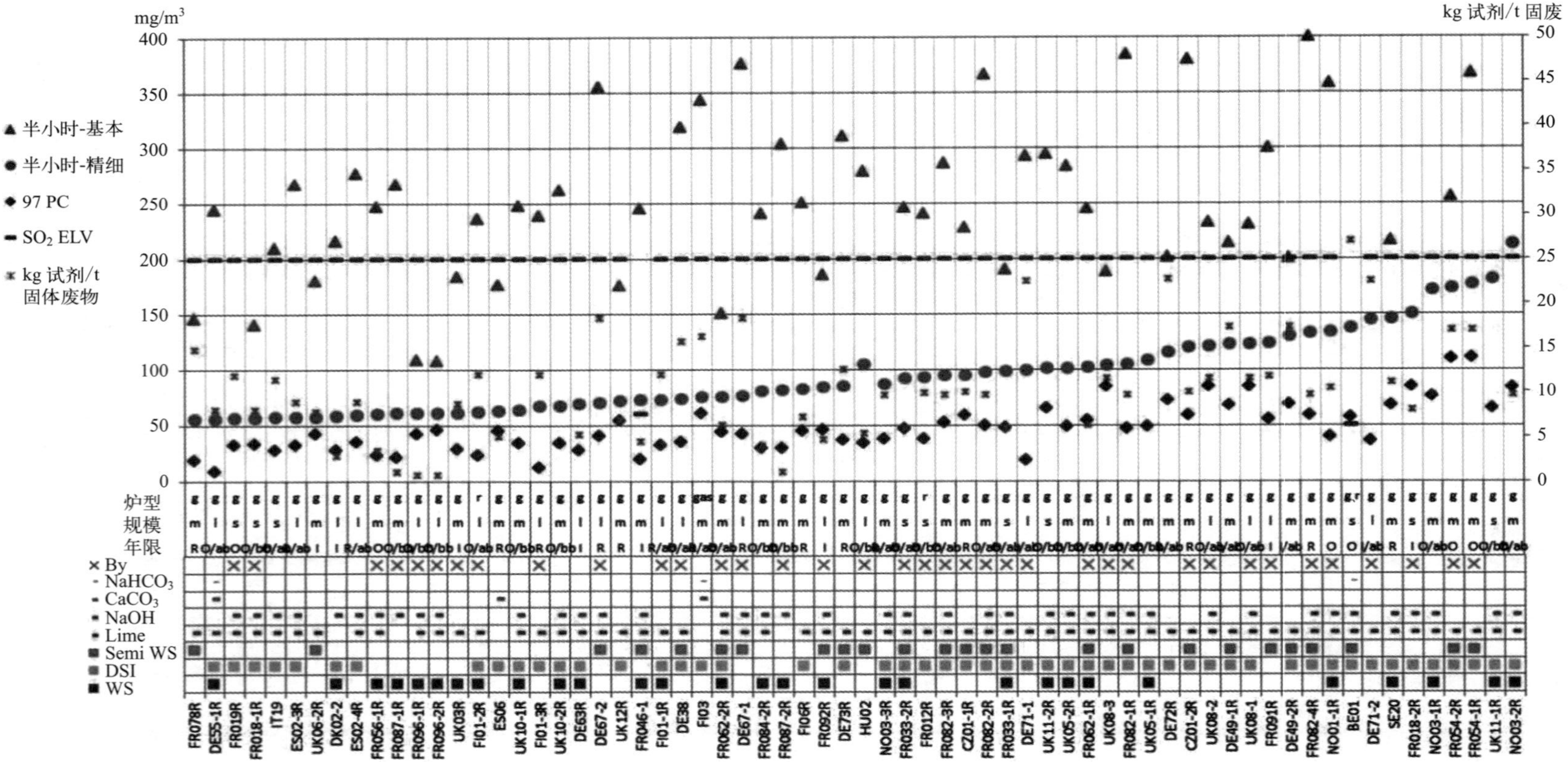

注：
炉型：g—炉排炉；r—回转窑；fb—硫化床；f—除上述类型以外的焚烧炉；gas—气化炉；o—其他。
焚烧年限：O—陈旧；I—中等；R—最近//[改造年份：bb—在WI BREF(2006年)之前；ab—在WI BREF(2006年)之后]。
工厂规模：s—小；m—中等；l—大。
By—支路。
所用试剂：$NaHCO_3$—碳酸氢钠；$CaCO_3$—石灰石；NaOH—氢氧化钠；Lime包括生石灰、熟石灰和高比表面积/孔隙度熟石灰。
安装技术：Semi WS—半湿式洗涤器；DSI—干吸附剂注入；WS—湿式洗涤器。

图 8.60　主要焚烧 MSW 的参考焚烧线连续监测 SO_2 排放至大气中的半小时平均排放水平（3/3）[81]

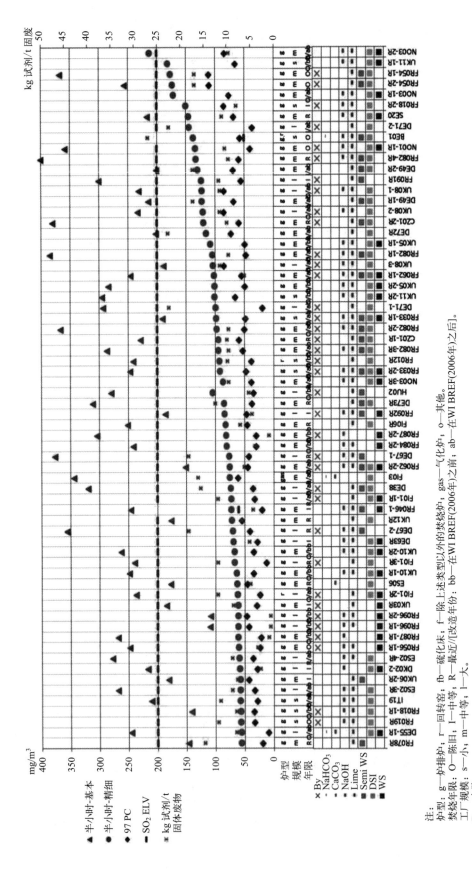

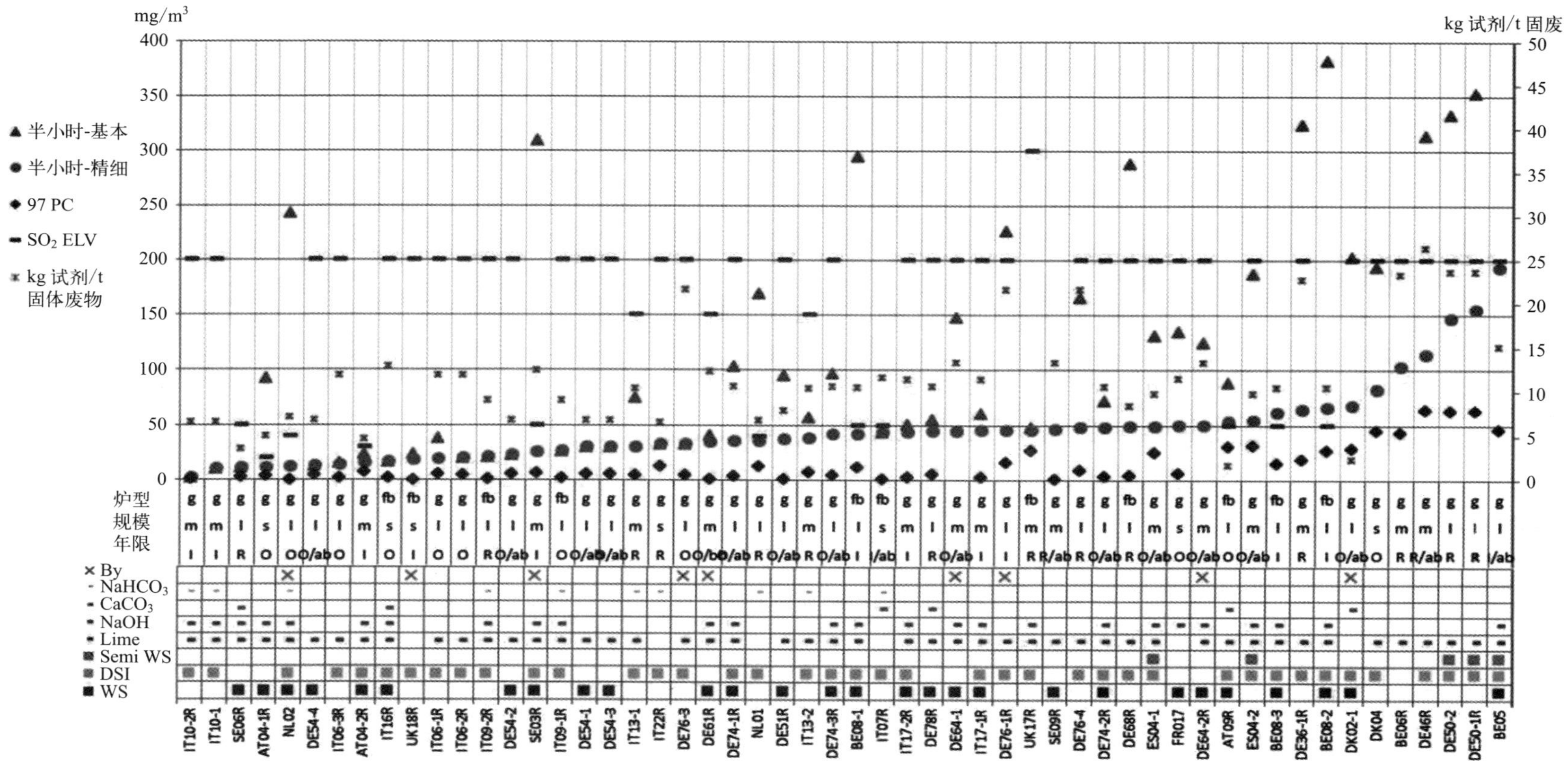

注：
炉型：g—炉排炉；r—回转窑；fb—硫化床；f—除上述类型以外的焚烧炉；gas—气化炉；o—其他。
焚烧年限：O—陈旧；I—中等；R—最近//[改造年份：bb—在WI BREF(2006年)之前；ab—在WI BREF(2006年)之后]。
工厂规模：s—小；m—中等；l—大。
By—支路。
所用试剂：$NaHCO_3$—碳酸氢钠；$CaCO_3$—石灰石；NaOH—氢氧化钠；Lime包括生石灰、熟石灰和高比表面积/孔隙度熟石灰。
安装技术：Semi WS—半湿式洗涤器；DSI—干吸附剂注入；WS—湿式洗涤器。

图 8.61 主要焚烧 ONHW 的参考焚烧线连续监测 SO_2 排放至大气中的半小时平均排放水平[81]

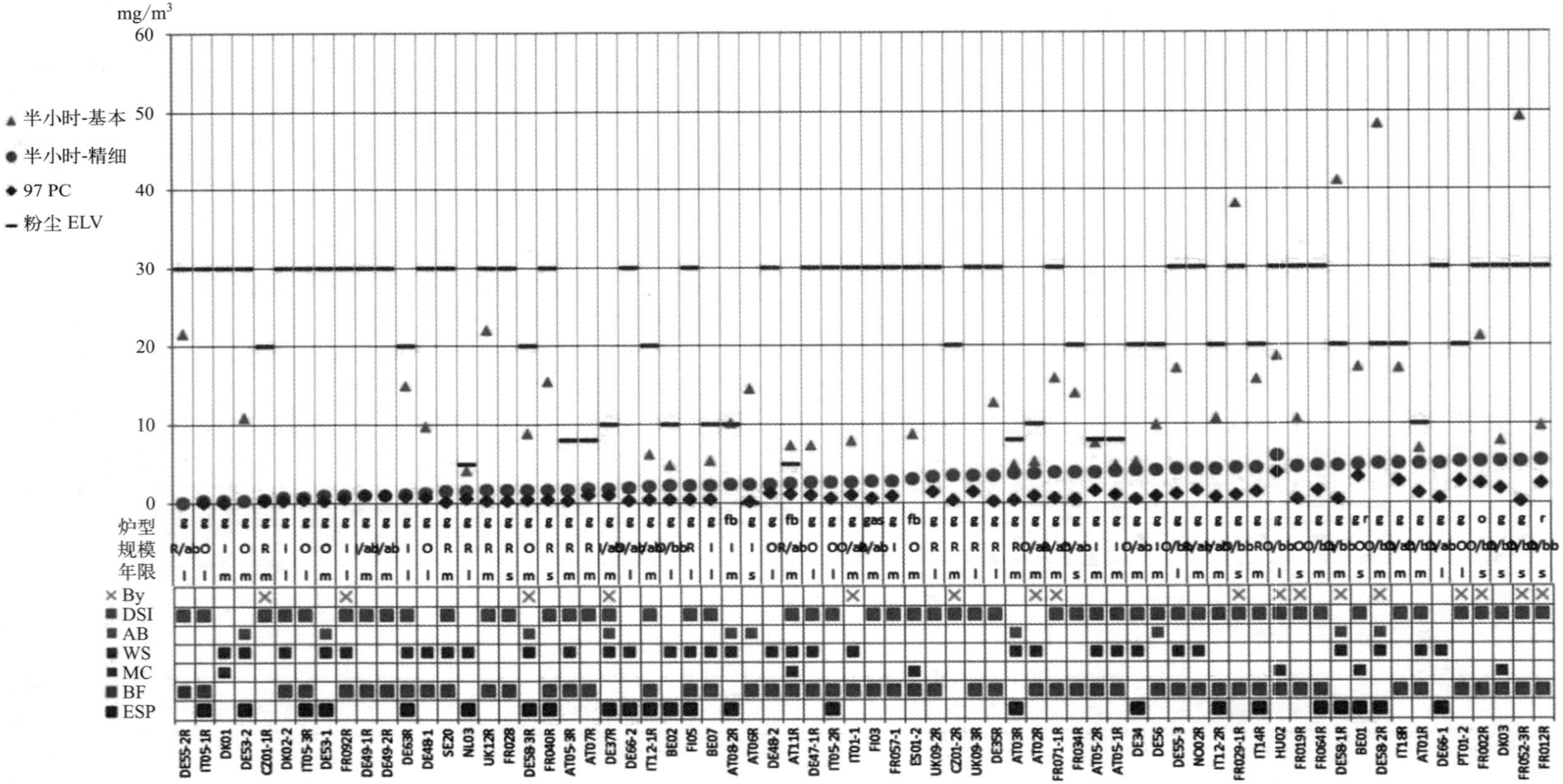

注：
炉型：g—炉排炉；r—回转窑；fb—硫化床；f—除上述类型以外的焚烧炉；gas—气化炉；o—其他。
工厂年限：O—陈旧；I—中等；R—最近//[改造年份：bb—在WI BREF(2006年)之前；ab—在WI BREF(2006年)之后]。
工厂规模：s—小；m—中等；l—大。
By—旁通。
安装技术：DSI—干吸附剂注入；AB—吸附床；WS—湿式洗涤器；MC—多旋风；BF—袋式过滤器；ESP—静电除尘器。

图 8.62 主要焚烧 MSW 的参考焚烧线连续监测粉尘排放至大气中的半小时平均排放水平（1/3）[81]

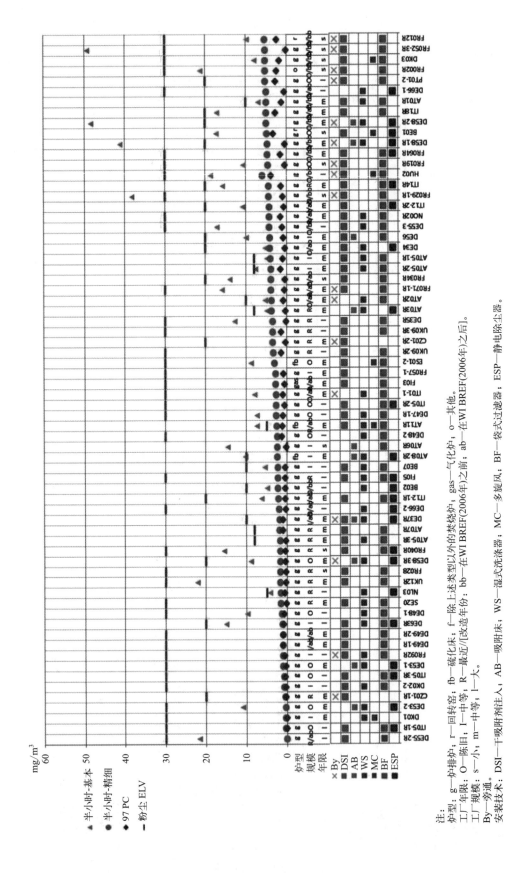

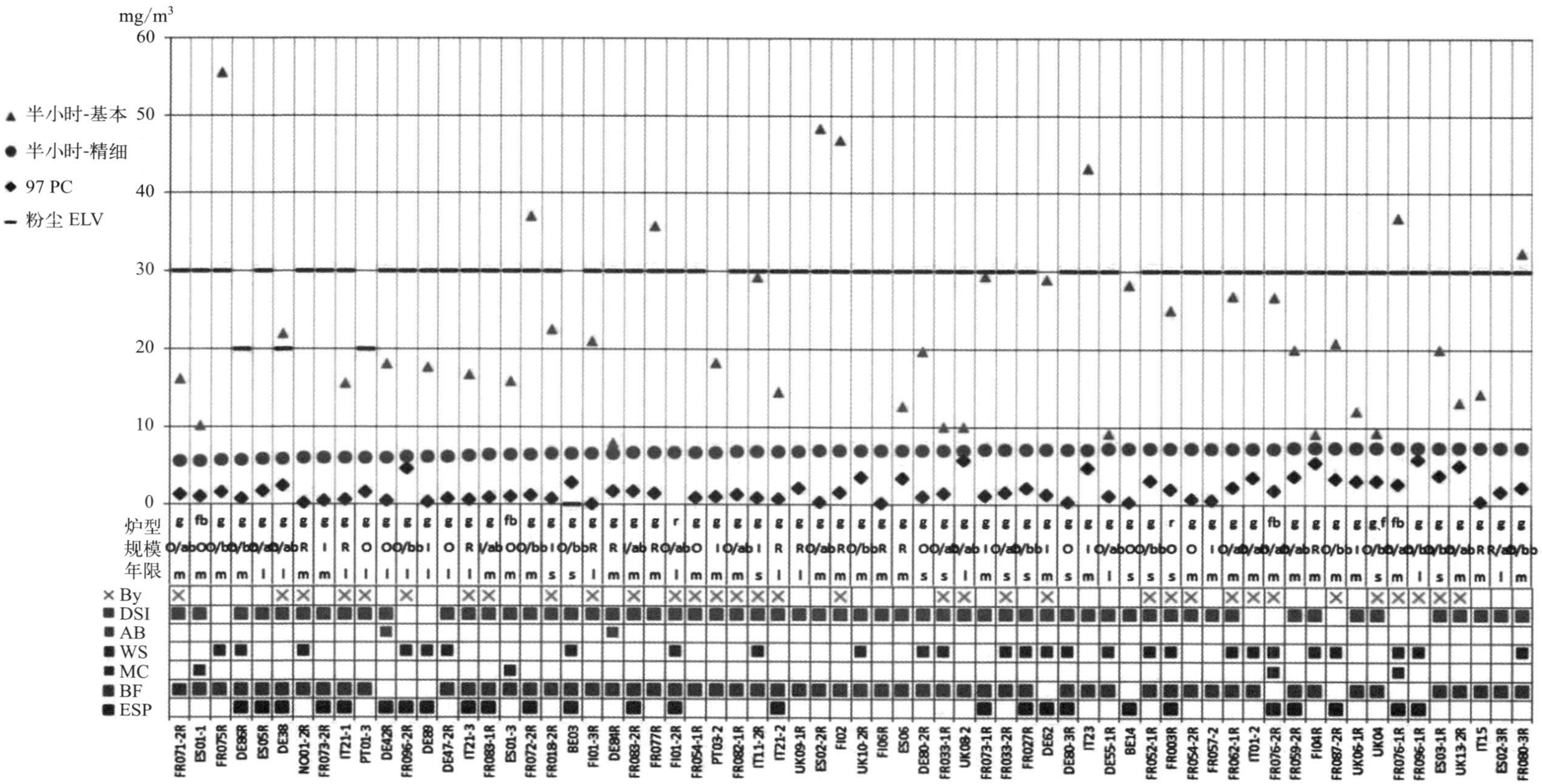

注:
炉型：g—炉排炉；r—回转窑；fb—硫化床；f—除上述类型以外的焚烧炉；gas—气化炉；o—其他。
工厂年限：O—陈旧；I—中等；R—最近//[改造年份：bb—在WI BREF(2006年)之前；ab—在WI BREF(2006年)之后]。
工厂规模：s—小；m—中等；l—大。
By—旁通。
安装技术：DSI—干吸附剂注入；AB—吸附床；WS—湿式洗涤器；MC—多旋风；BF—袋式过滤器；ESP—静电除尘器。

图 8.63 主要焚烧 MSW 的参考焚烧线连续监测粉尘排放至大气中的半小时平均排放水平 (2/3)[81]

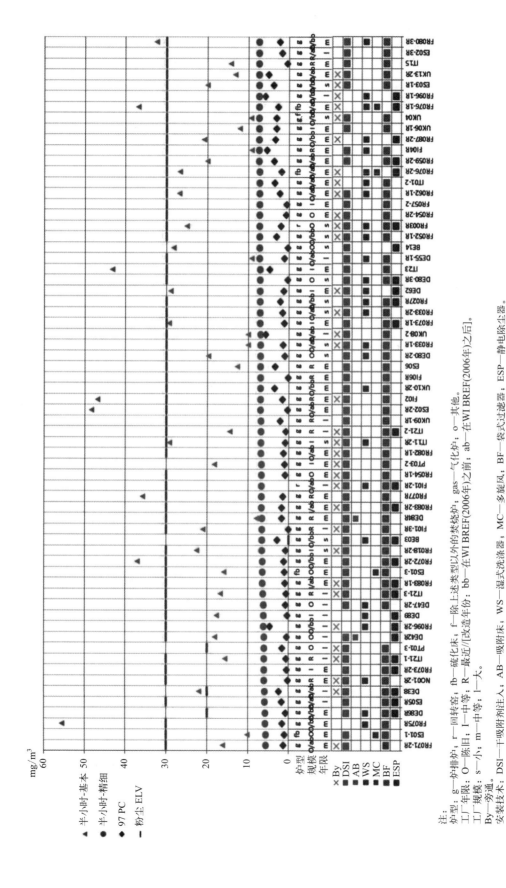

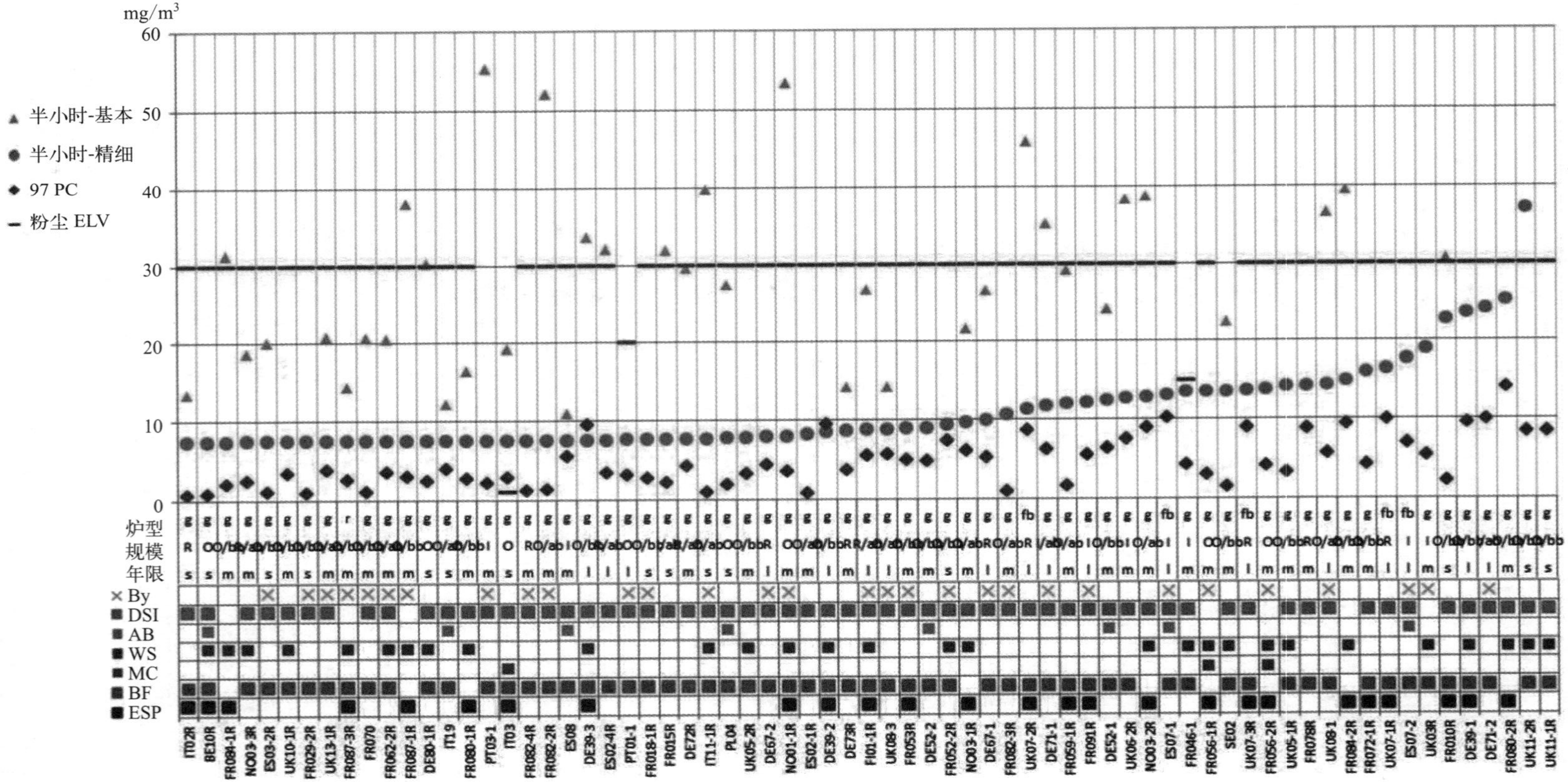

注：
炉型：g—炉排炉；r—回转窑；fb—硫化床；f—除上述类型以外的焚烧炉；gas—气化炉；o—其他。
工厂年限：O—陈旧；I—中等；R—最近//[改造年份：bb—在WI BREF(2006年)之前；ab—在WI BREF(2006年)之后]。
工厂规模：s—小；m—中等；l—大。
By—旁通。
安装技术：DSI—干吸附剂注入；AB—吸附床；WS—湿式洗涤器；MC—多旋风；BF—袋式过滤器；ESP—静电除尘器。

图 8.64 主要焚烧 MSW 的参考焚烧线连续监测粉尘排放至大气中的半小时平均排放水平（3/3）[81]

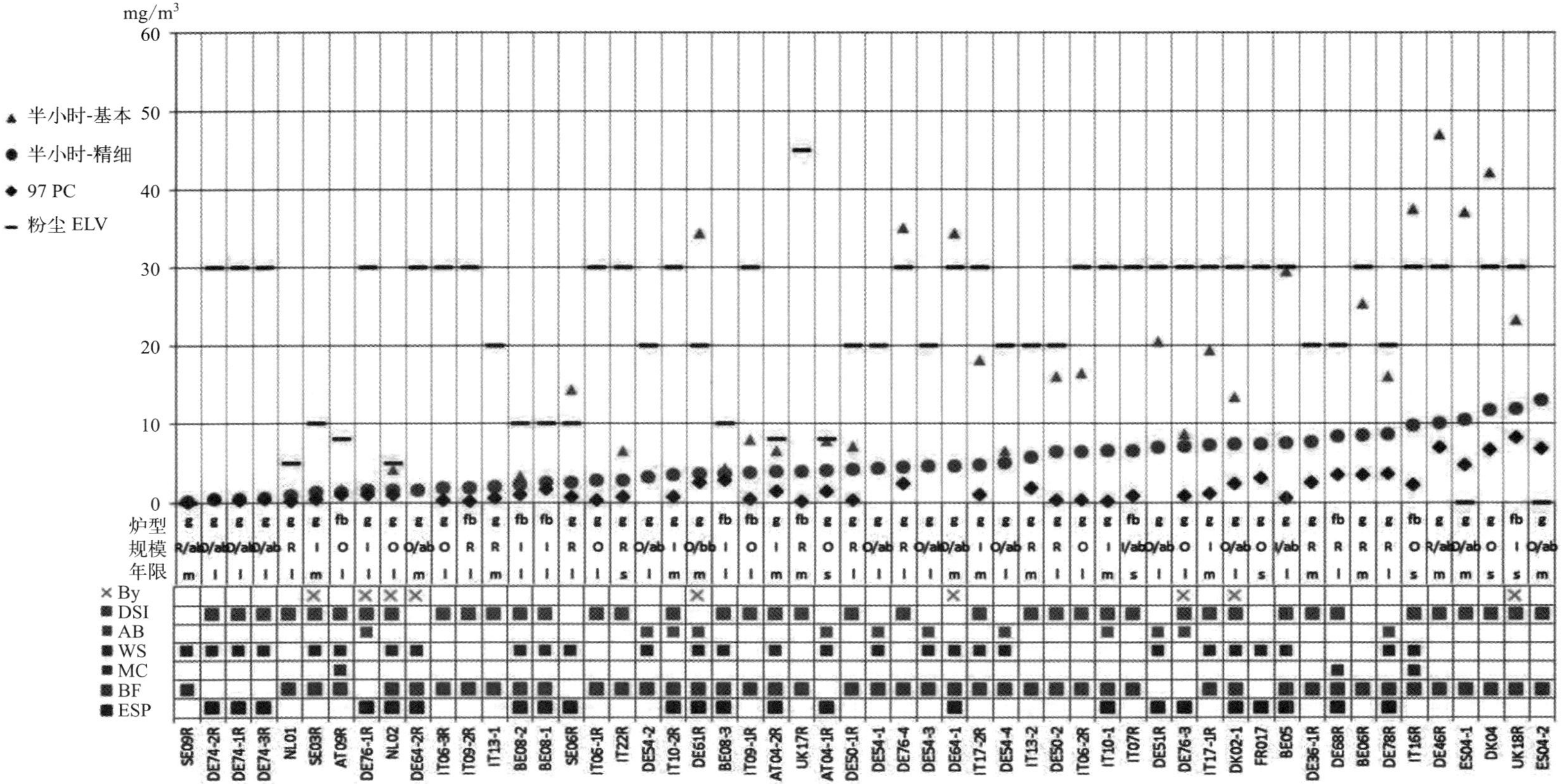

注：
炉型：g—炉排炉；r—回转窑；fb—硫化床；f—除上述类型以外的焚烧炉；gas—气化炉；o—其他。
工厂年限：O—陈旧；I—中等；R—最近//[改造年份：bb—在WI BREF(2006年)之前；ab—在WI BREF(2006年)之后]。
工厂规模：s—小；m—中等；l—大。
By—旁通。
安装技术：DSI—干吸附剂注入；AB—吸附床；WS—湿式洗涤器；MC—多旋风；BF—袋式过滤器；ESP—静电除尘器。

图 8.65　主要焚烧 ONHW 的参考焚烧线连续监测粉尘排放至大气中的半小时平均排放水平[81]

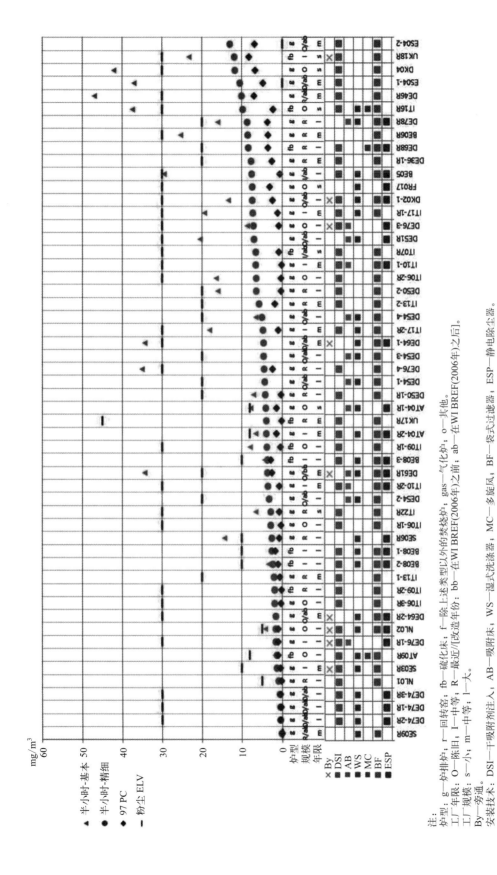

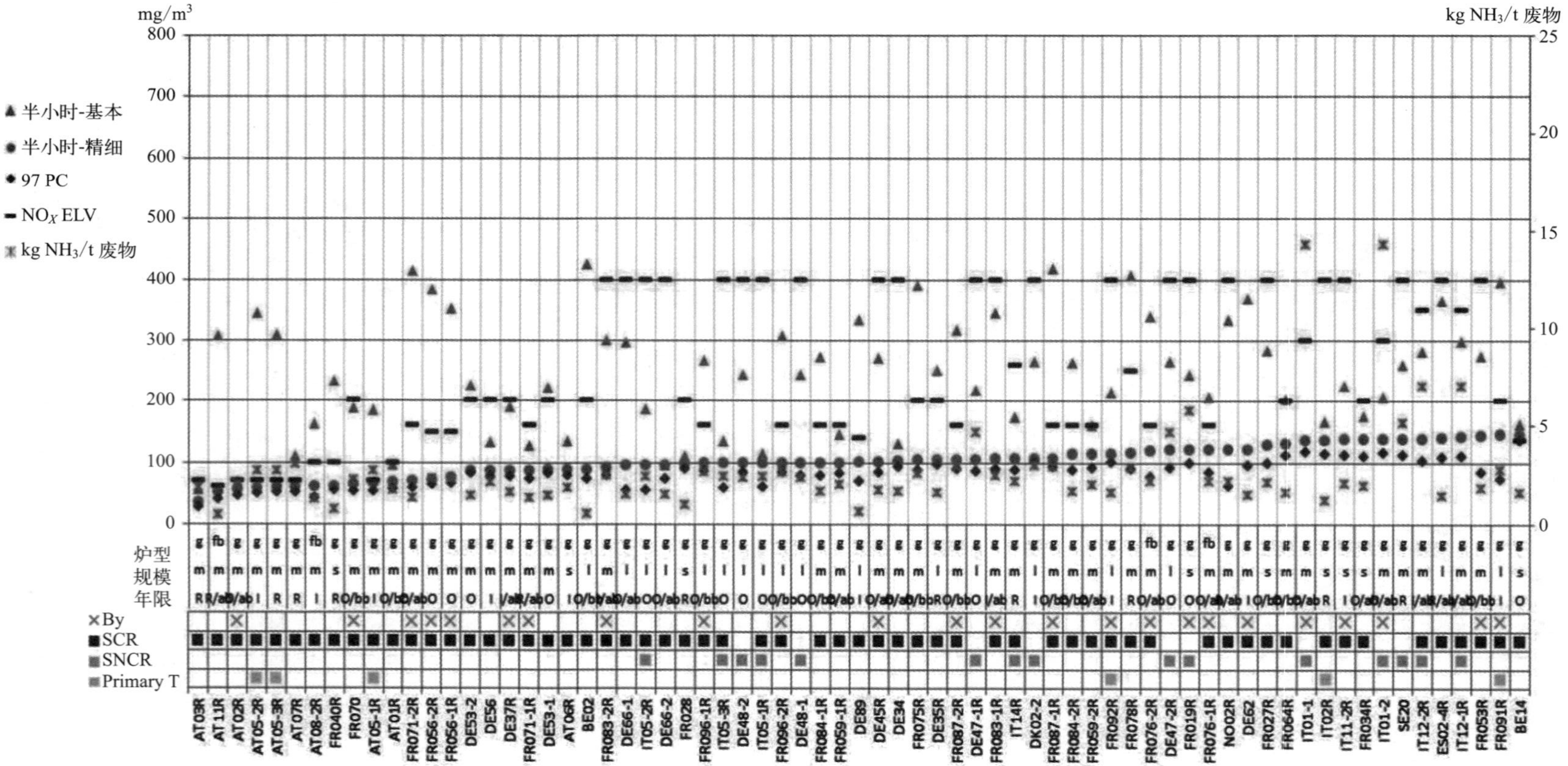

注：
炉型：g—炉排炉；r—回转窑；fb—硫化床；f—除上述类型以外的焚烧炉；gas—气化炉；o—其他。
工厂年限：O—陈旧；I—中等；R—最近//[改造年份：bb—在WI BREF(2006年)之前；ab—在WI BREF(2006年)之后]。
工厂规模：s—小；m—中等；l—大。
By—旁通。
安装技术：SCR—选择性催化还原；SNCR—选择性非催化还原；Primary T—主要技术。

图 8.66 主要焚烧 MSW 的参考焚烧线连续监测 NO_X 排放至大气中的半小时平均排放水平（1/3）[81]

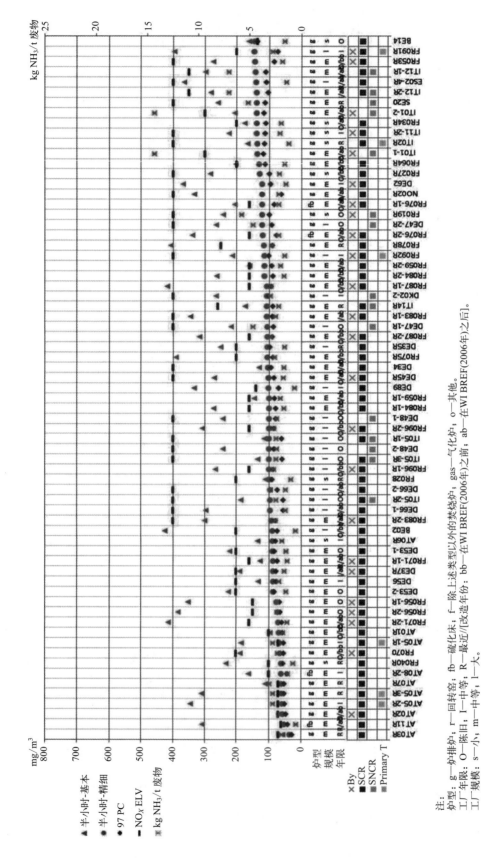

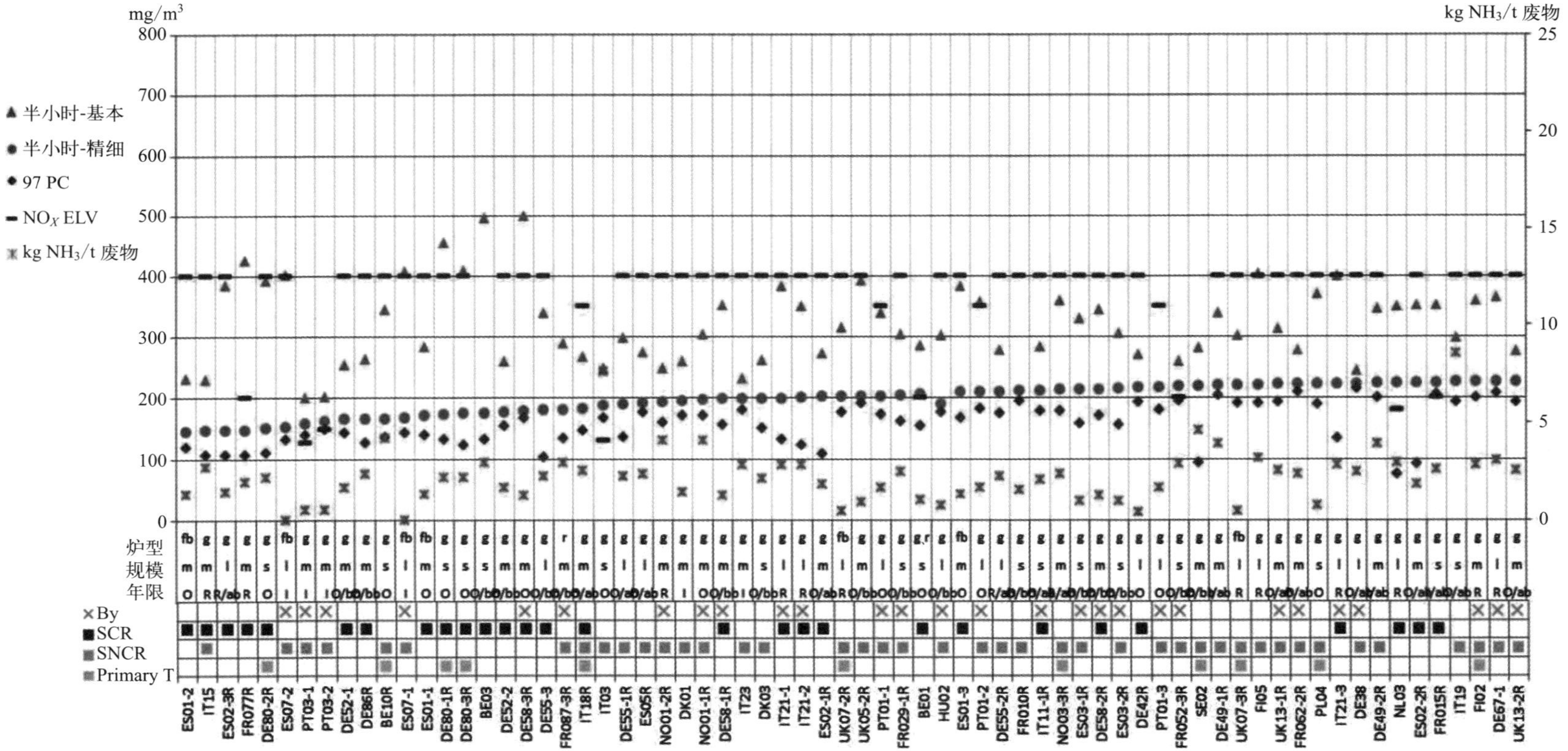

注：
炉型：g—炉排炉；r—回转窑；fb—硫化床；f—除上述类型以外的焚烧炉；gas—气化炉；o—其他。
工厂年限：O—陈旧；I—中等；R—最近//[改造年份：bb—在WI BREF(2006年)之前；ab—在WI BREF(2006年)之后]。
工厂规模：s—小；m—中等；l—大。
By—旁通。
安装技术：SCR—选择性催化还原；SNCR—选择性非催化还原；Primary T—主要技术。

图 8.67 主要焚烧 MSW 的参考焚烧线连续监测 NO_X 排放至大气中的半小时平均排放水平（2/3）[81]

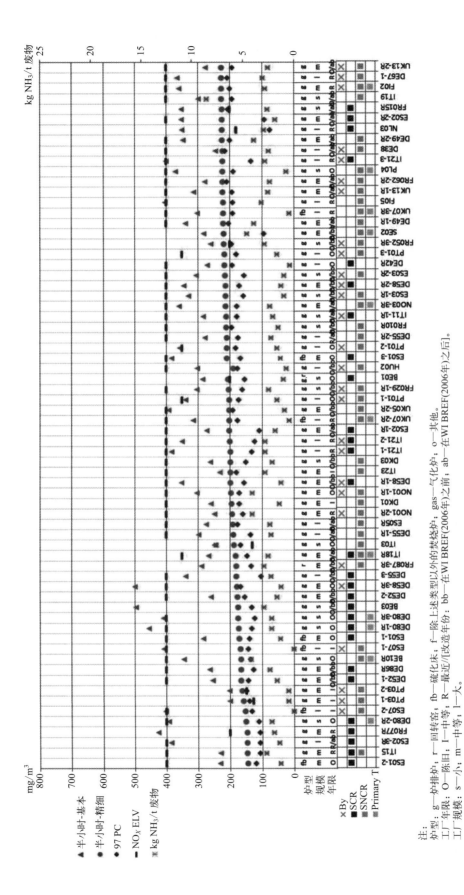

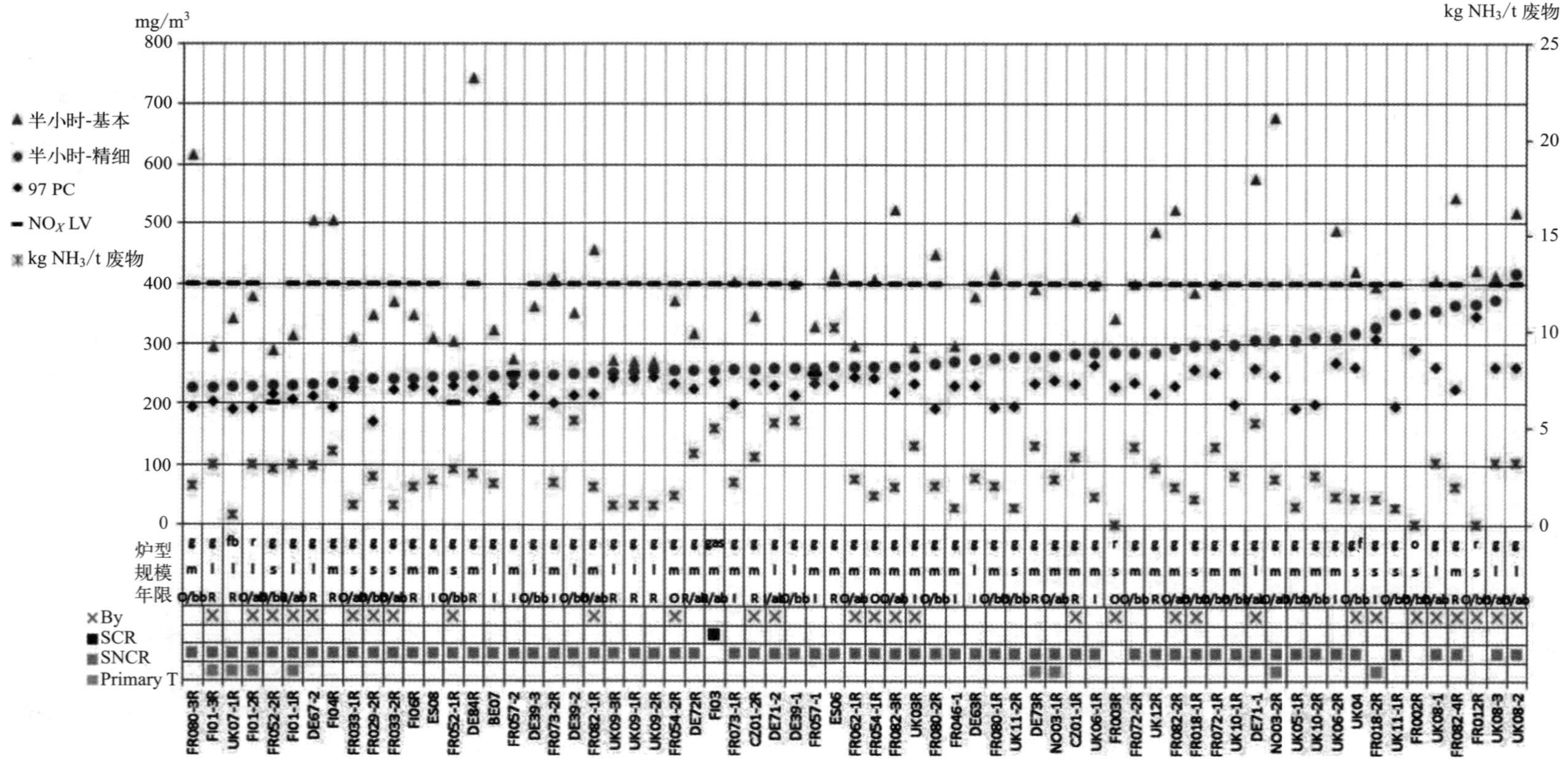

注：
炉型：g—炉排炉；r—回转窑；fb—硫化床；f—除上述类型以外的焚烧炉；gas—气化炉；o—其他。
工厂年限：O—陈旧；I—中等；R—最近//[改造年份：bb—在WI BREF(2006年)之前；ab—在WI BREF(2006年)之后]。
工厂规模：s—小；m—中等；l—大。
By—旁通。
安装技术：SCR—选择性催化还原；SNCR—选择性非催化还原；Primary T—主要技术。

图 8.68 主要焚烧 MSW 的参考焚烧线连续监测 NO_X 排放至大气中的半小时平均排放水平（3/3）[81]

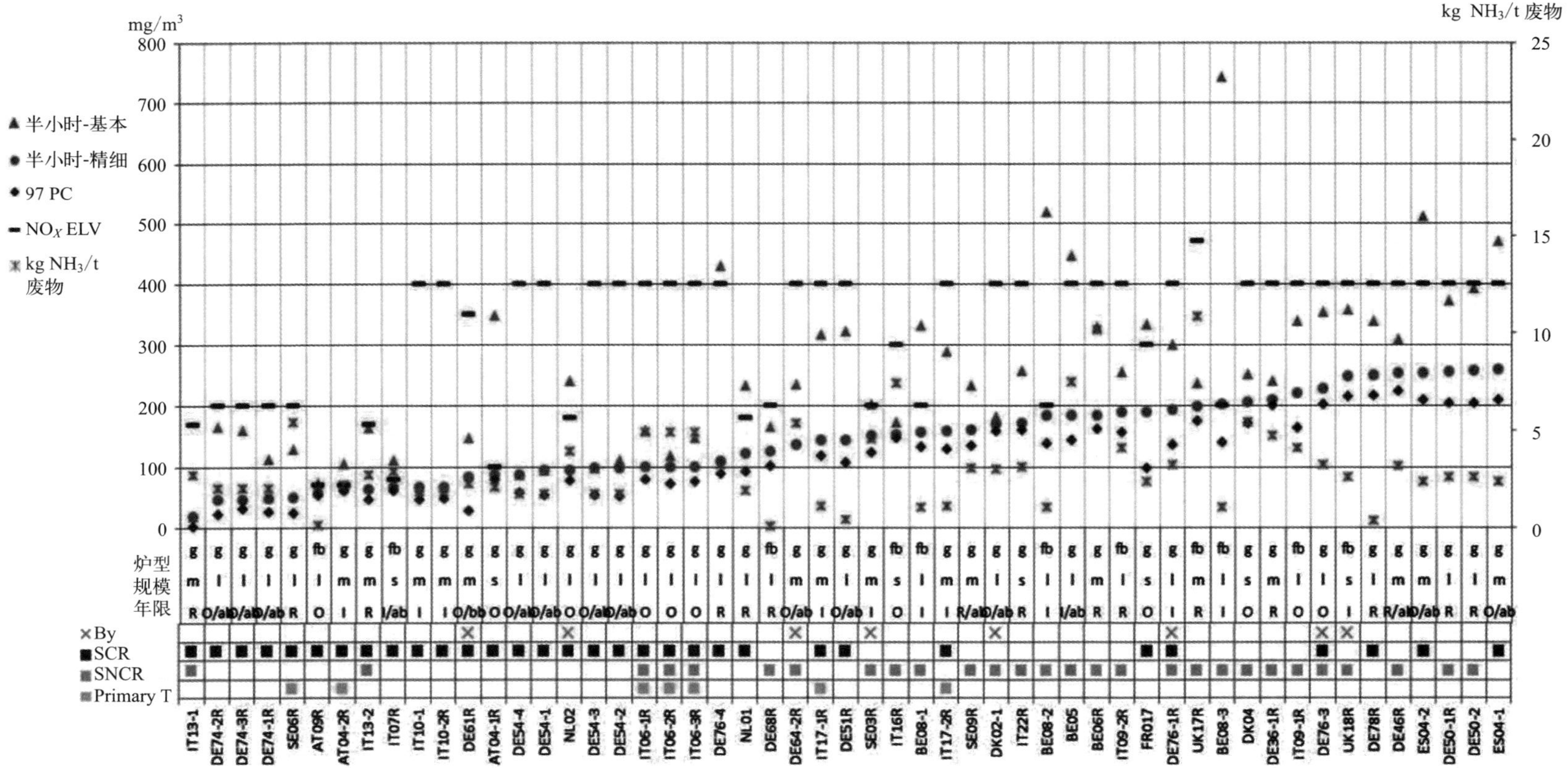

注：
炉型：g—炉排炉；r—回转窑；fb—硫化床；f—除上述类型以外的焚烧炉；gas—气化炉；o—其他。
工厂年限：O—陈旧；I—中等；R—最近//[改造年份：bb—在WI BREF(2006年)之前；ab—在WI BREF(2006年)之后]。
工厂规模：s—小；m—中等；l—大。
By—旁通。
安装技术：SCR—选择性催化还原；SNCR—选择性非催化还原；Primary T—主要技术。

图 8.69　主要焚烧 ONHW 的参考焚烧线连续监测 NO_X 排放至大气中的半小时平均排放水平[81]

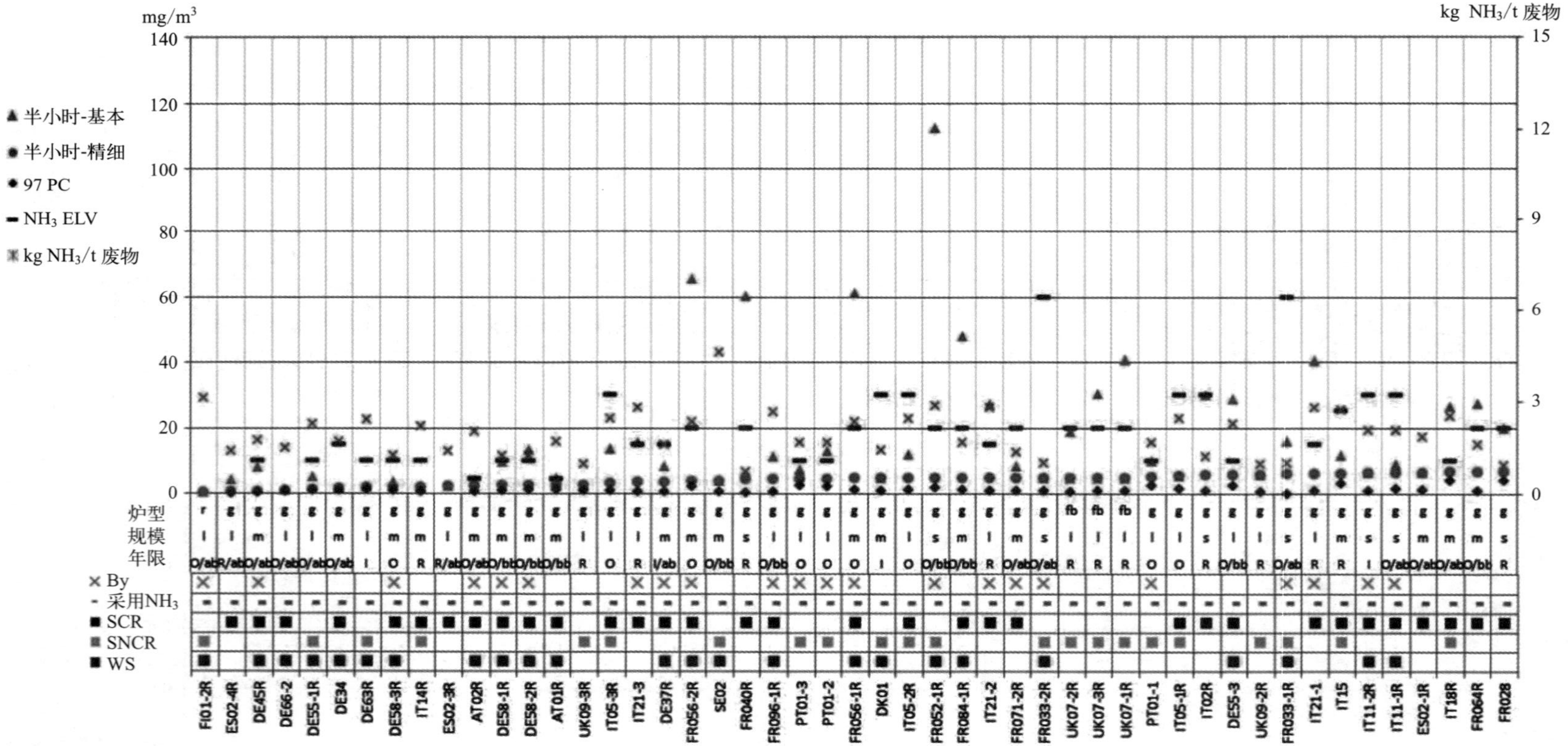

注：
炉型：g—炉排炉；r—回转窑；fb—硫化床；f—除上述类型以外的焚烧炉；gas—气化炉；o—其他。
工厂年限：O—陈旧；I—中等；R—最近//[改造年份：bb—在WI BREF(2006年)之前；ab—在WI BREF(2006年)之后]。
工厂规模：s—小；m—中等；l—大。
By—旁通。
采用试剂：NH_3—氨
安装技术：SCR—选择性催化还原；SNCR—选择性非催化还原；WS—湿式洗涤器。

图 8.70 主要焚烧 MSW 的参考焚烧线连续监测 NH_3 排放至大气中的半小时平均排放水平（1/3）[81]

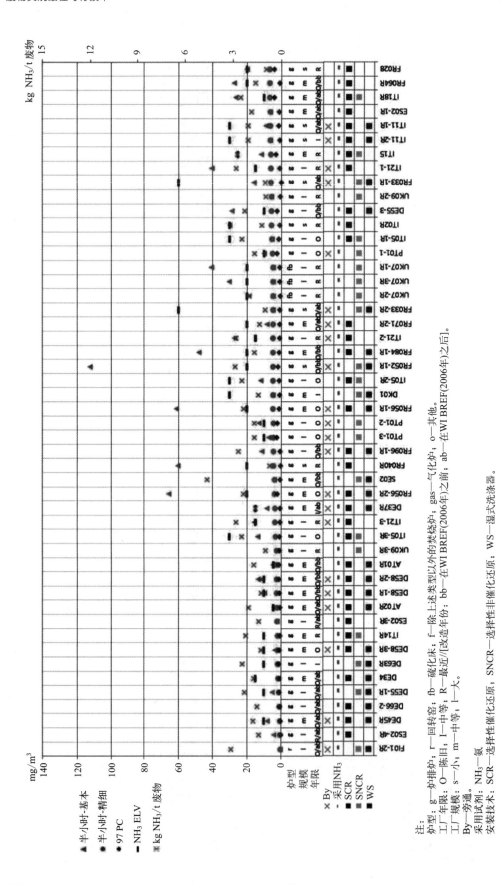

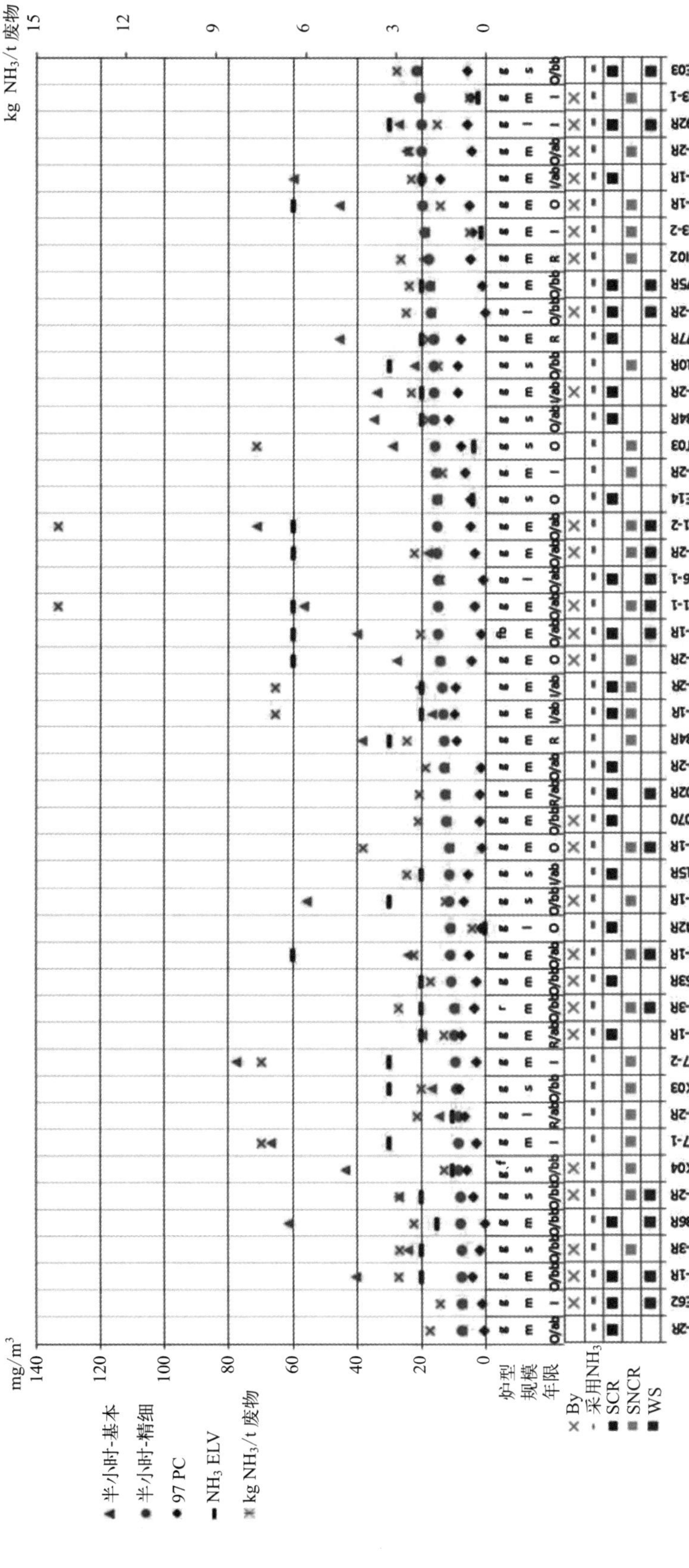

注：
炉型：g—炉排炉；r—回转窑；fb—硫化床；f—除上述类型以外的焚烧炉；gas—气化炉；o—其他。
工厂年限：O—陈旧；I—中等；R—最近/[改造年份：bb—在WI BREF(2006年)之前；ab—在WI BREF(2006年)之后]。
工厂规模：s—小；m—中等；l—大。
By—旁通。
采用试剂：NH_3—氨。
安装技术：SCR—选择性催化还原；SNCR—选择性非催化还原；WS—湿式洗涤器。

图 8.71 主要焚烧 MSW 的参考焚烧线连续监测 NH_3 排放至大气中的半小时平均排放水平（2/3）[81]

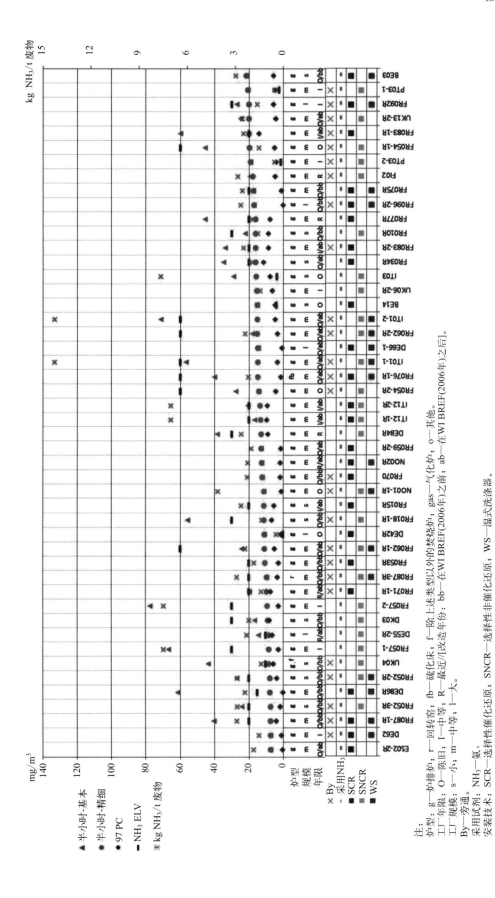

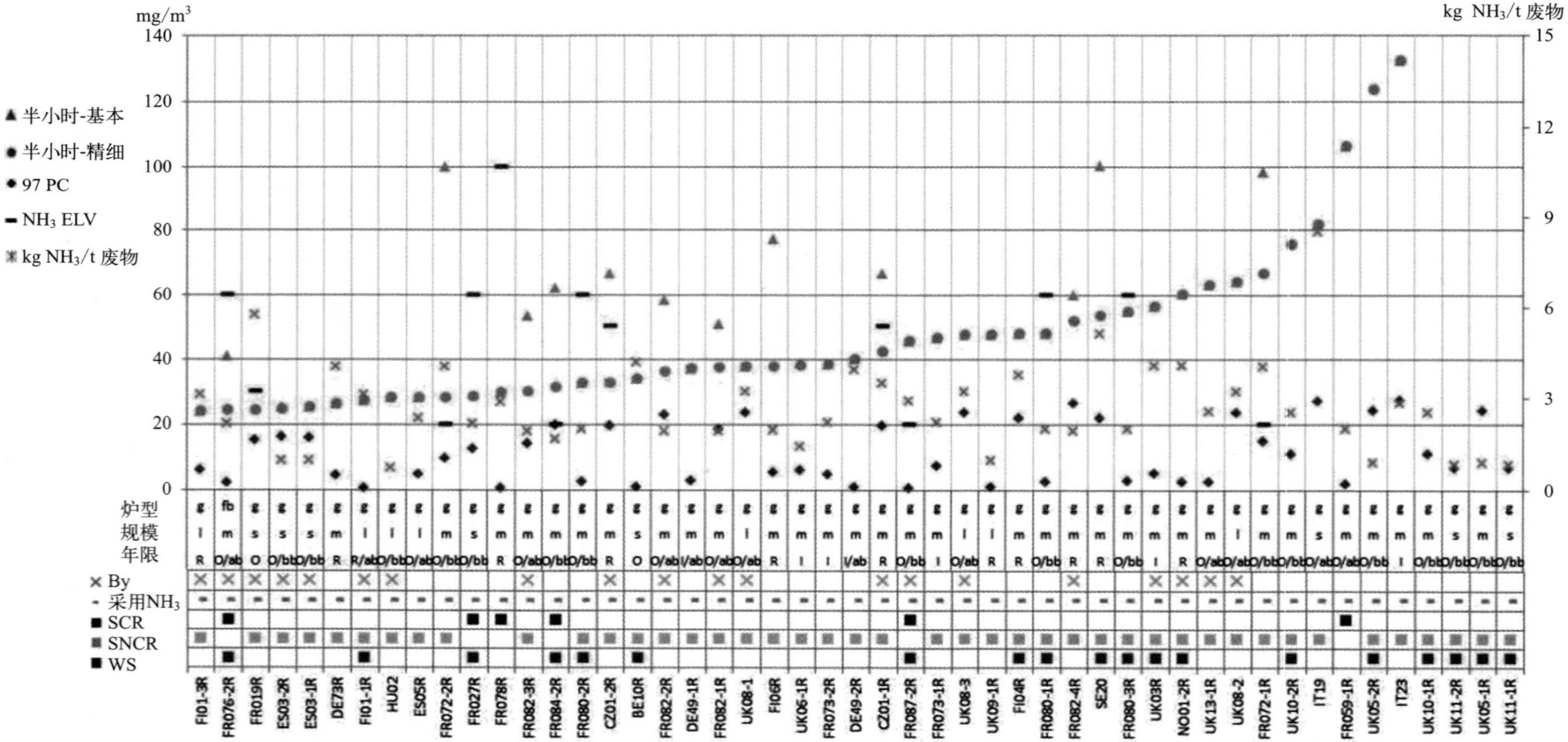

注：
炉型：g—炉排炉；r—回转窑；fb—硫化床；f—除上述类型以外的焚烧炉；gas—气化炉；o—其他。
工厂年限：O—陈旧；I—中等；R—最近//[改造年份：bb—在WI BREF(2006年)之前；ab—在WI BREF(2006年)之后]。
工厂规模：s—小；m—中等；l—大。
By—旁通。
采用试剂：NH_3—氨。
安装技术：SCR—选择性催化还原；SNCR—选择性非催化还原；WS—湿式洗涤器。

图 8.72 主要焚烧 MSW 的参考焚烧线连续监测 NH_3 排放至大气中的半小时平均排放水平（3/3）[81]

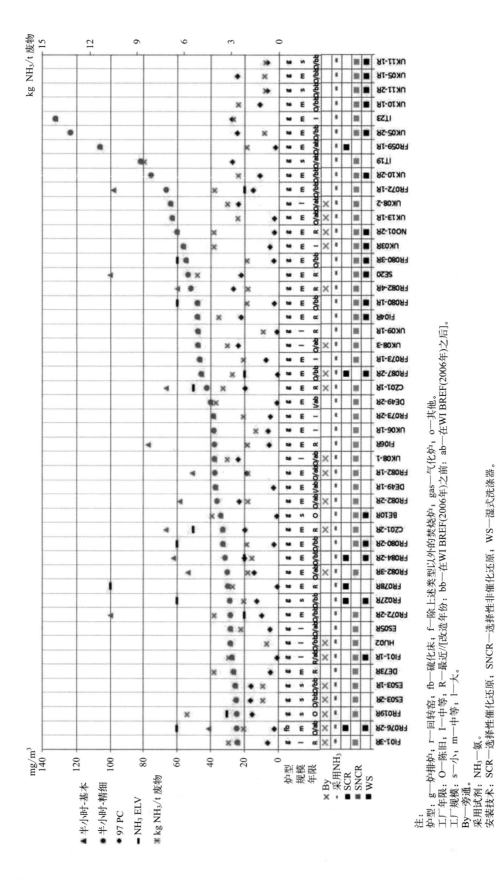

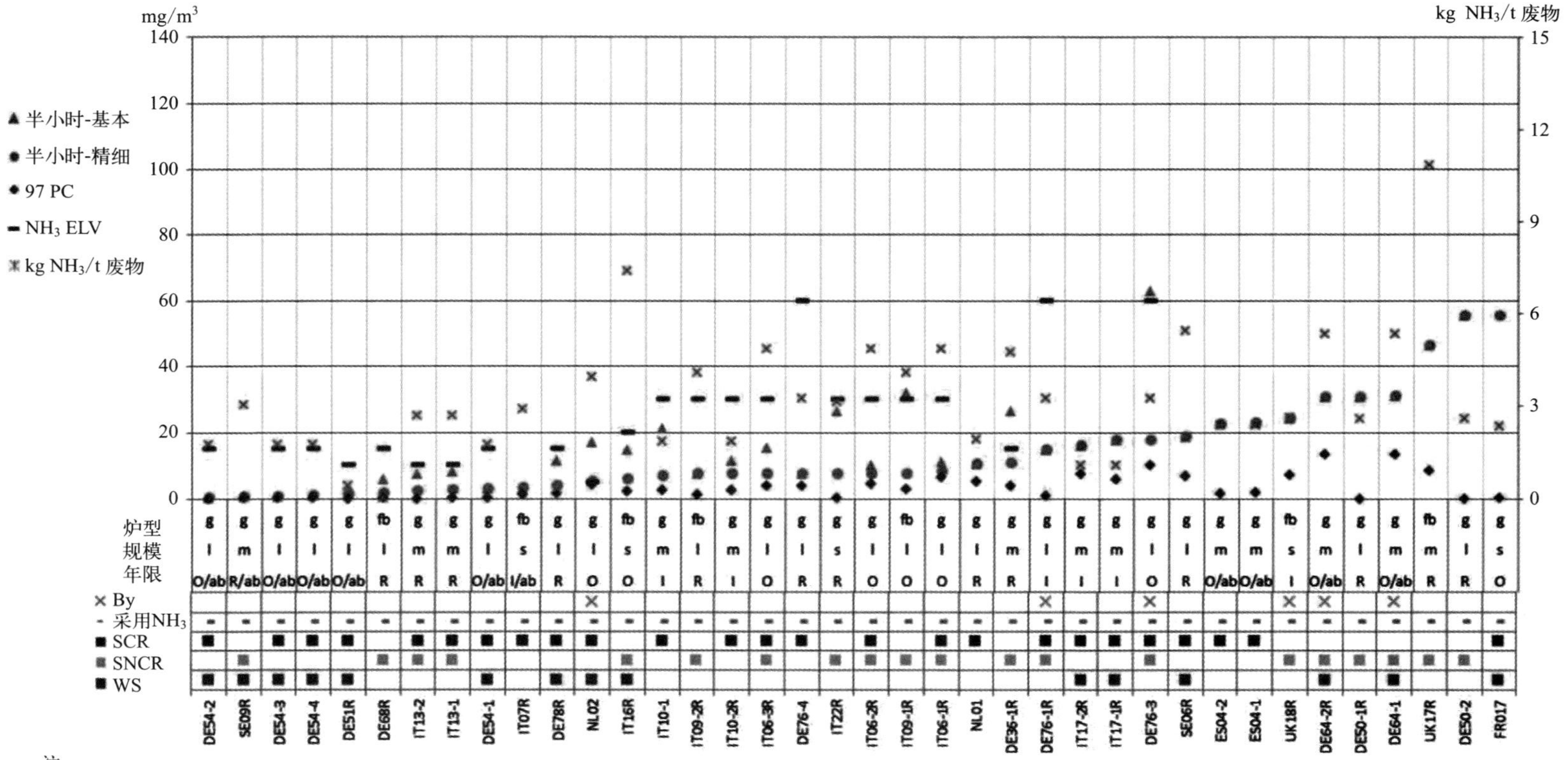

注：
炉型：g—炉排炉；r—回转窑；fb—硫化床；f—除上述类型以外的焚烧炉；gas—气化炉；o—其他。
工厂年限：O—陈旧；I—中等；R—最近//[改造年份：bb—在WI BREF(2006年)之前；ab—在WI BREF(2006年)之后]。
工厂规模：s—小；m—中等；l—大。
By—旁通。
采用试剂：NH_3—氨。
安装技术：SCR—选择性催化还原；SNCR—选择性非催化还原；WS—湿式洗涤器。

图 8.73　主要焚烧 ONHW 的参考焚烧线连续监测 NH_3 排放至大气中的半小时平均排放水平[81]

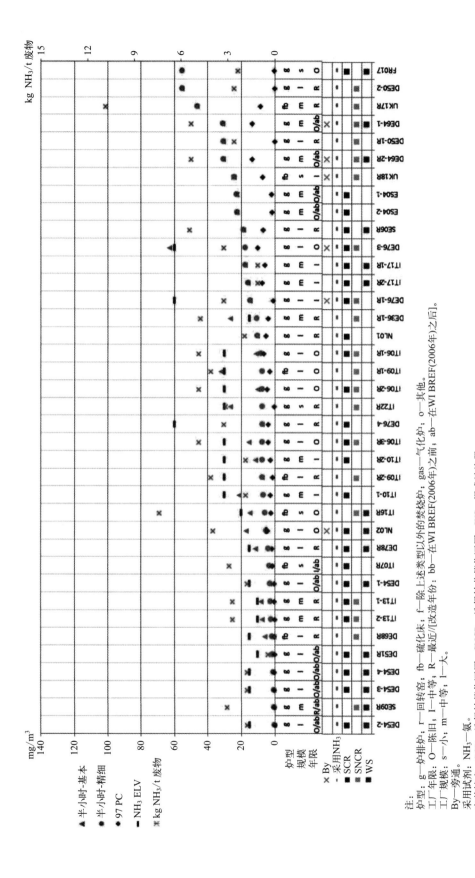

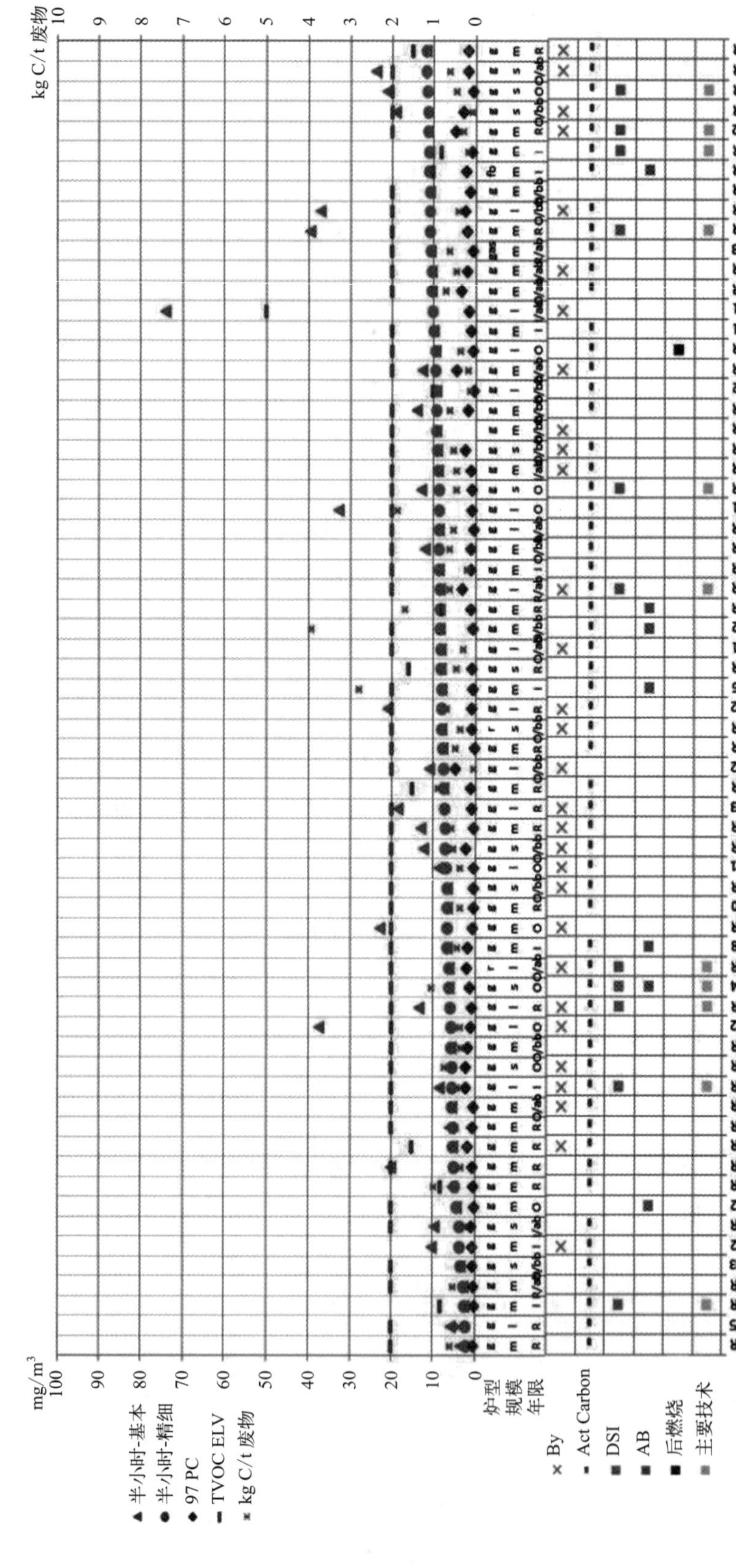

注：
炉型：g—炉排炉；r—回转窑；fb—硫化床；f—除上述类型以外的焚烧炉；gas—气化炉；o—其他。
工厂年限：O—陈旧；I—中等；R—最近/[改造年份：bb—在WI BREF(2006年)之前；ab—在WI BREF(2006年)之后]。
工厂规模：s—小；m—中等；l—大。
By—旁通。
采用试剂：Act Carbon—活性炭。
安装技术：DSI—干吸附剂注入，AB—吸附床。

图 8.74 主要焚烧 MSW 的参考焚烧线连续监测 TVOC 排放至大气中的半小时平均排放水平（1/3）[81]

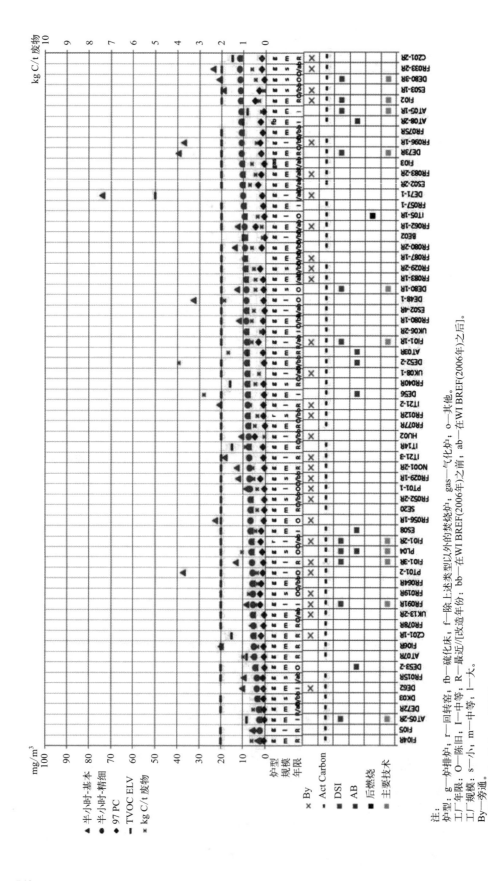

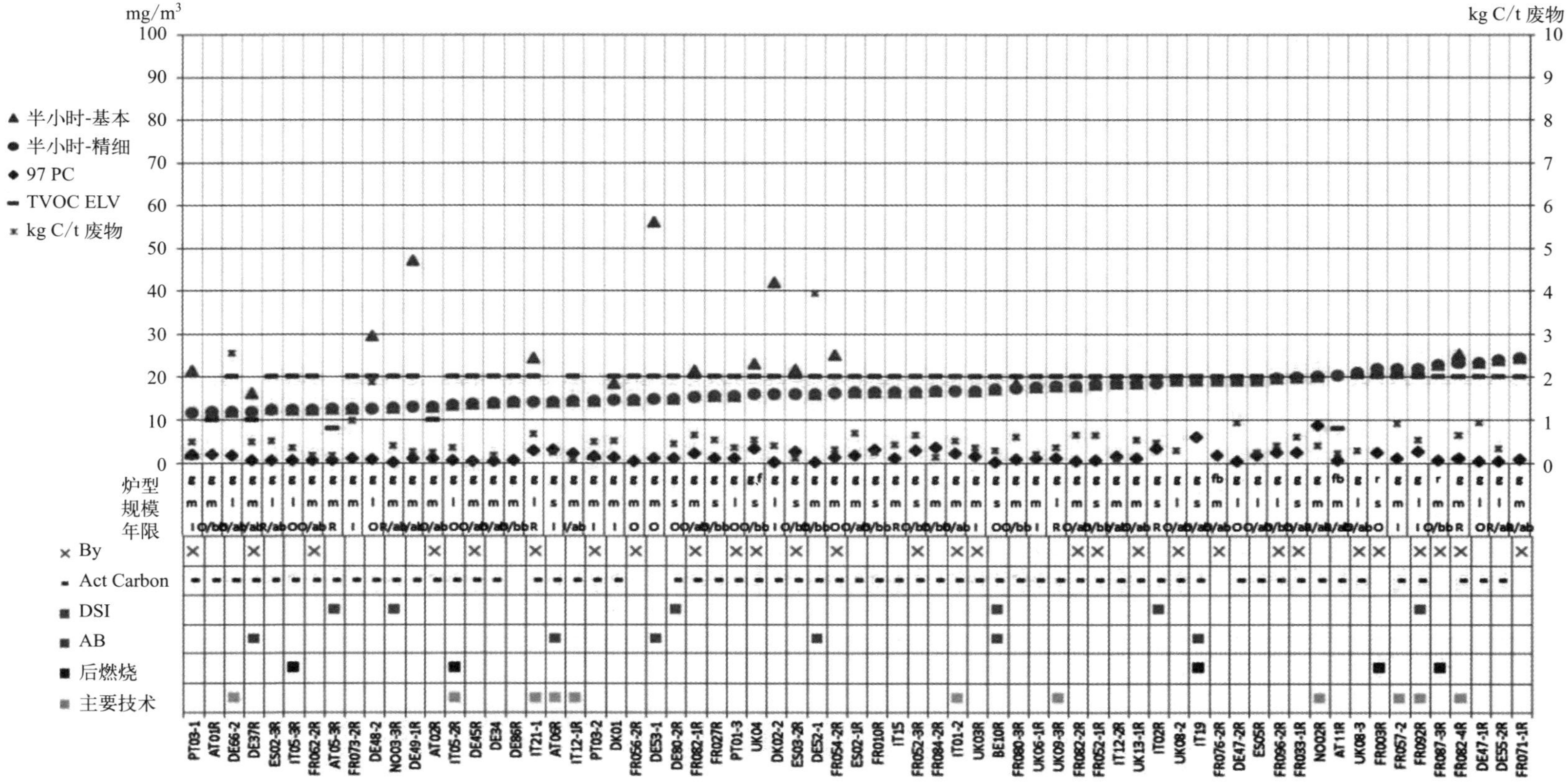

注：
炉型：g—炉排炉；r—回转窑；fb—硫化床；f—除上述类型以外的焚烧炉；gas—气化炉；o—其他。
工厂年限：O—陈旧；I—中等；R—最近//[改造年份：bb—在WI BREF(2006年)之前；ab—在WI BREF(2006年)之后]。
工厂规模：s—小；m—中等；l—大。
By—旁通。
采用试剂：Act Carbon—活性炭。
安装技术：DSI—干吸附剂注入；AB—吸附床。

图 8.75 主要焚烧 MSW 的参考焚烧线连续监测 TVOC 排放至大气中的半小时平均排放水平（2/3）[81]

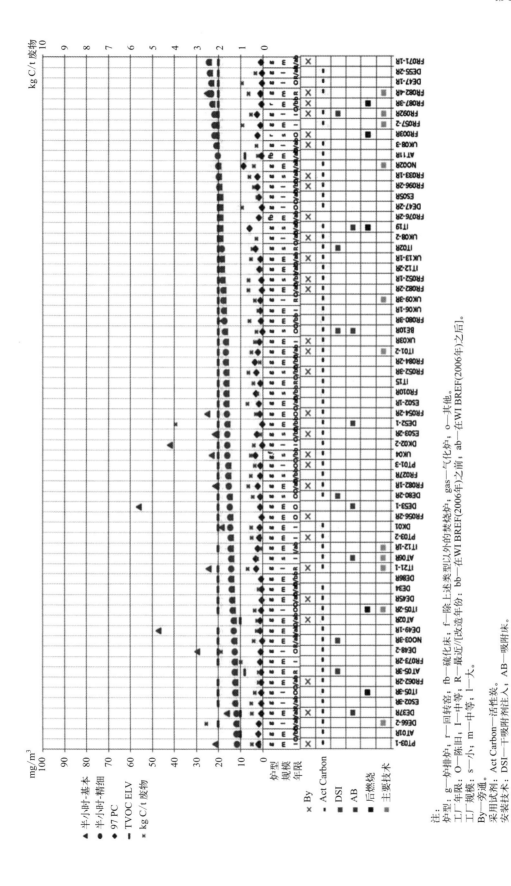

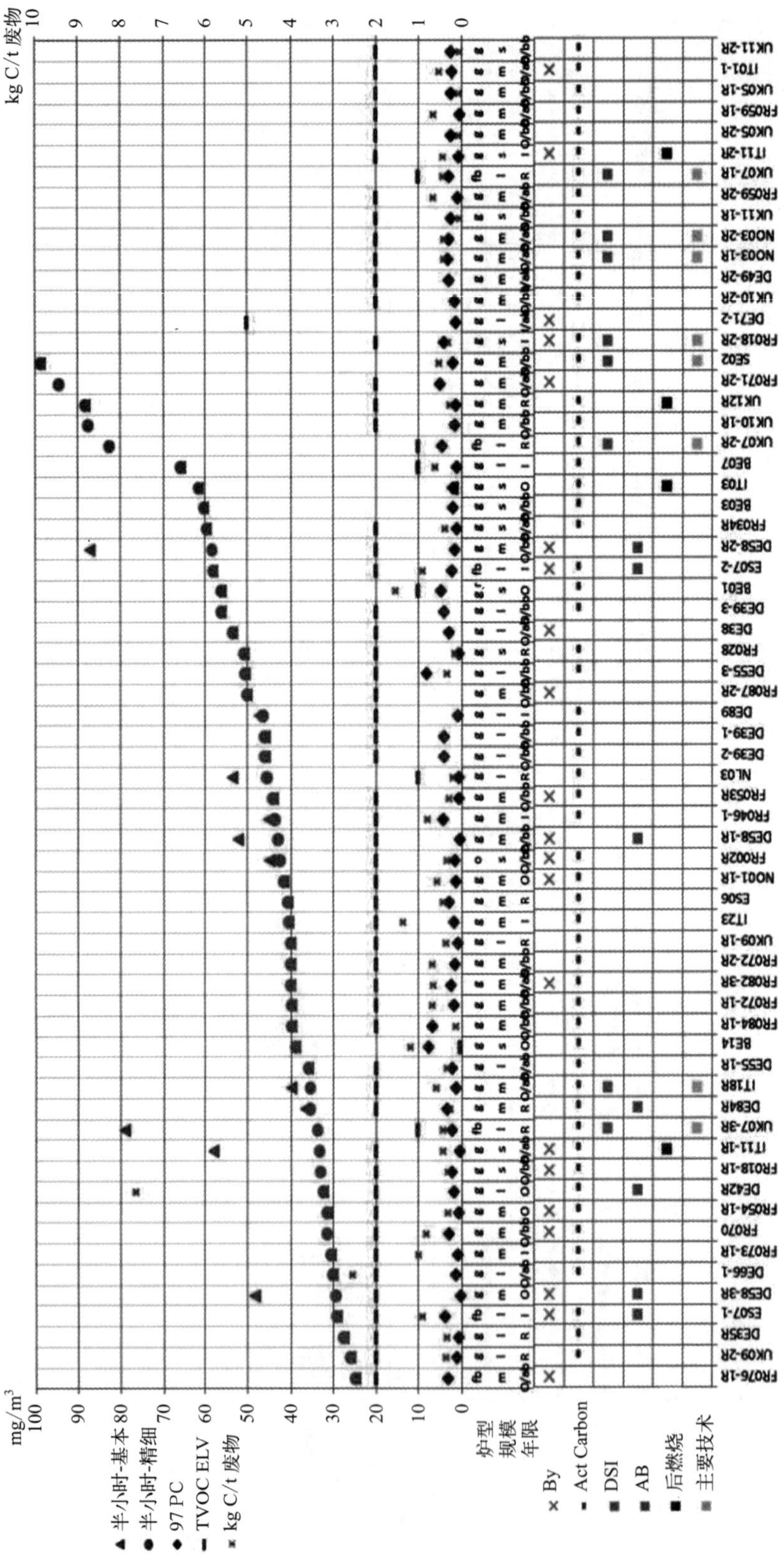

注：
炉型：g—炉排炉；r—回转窑；fb—硫化床；f—除上述类型以外的焚烧炉；gas—气化炉；o—其他。
工厂年限：O—陈旧；I—中等；R—最近/[改造年份：bb—在WI BREF(2006年)之前；ab—在WI BREF(2006年)之后]。
工厂规模：s—小；m—中等；l—大。
By—旁通。
采用试剂：Act Carbon—活性炭。
安装技术：DSI—干吸附剂注入；AB—吸附床。

图 8.76 主要焚烧 MSW 的参考焚烧线连续监测 TVOC 排放至大气中的半小时平均排放水平（3/3）[81]

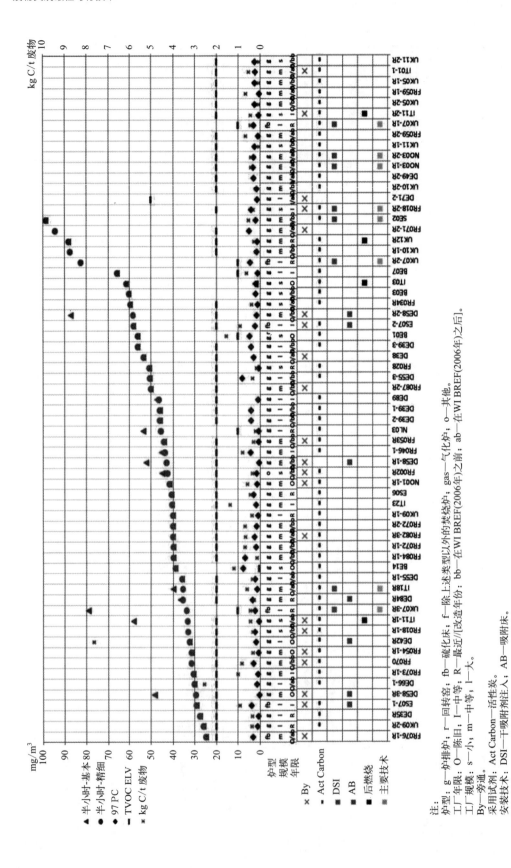

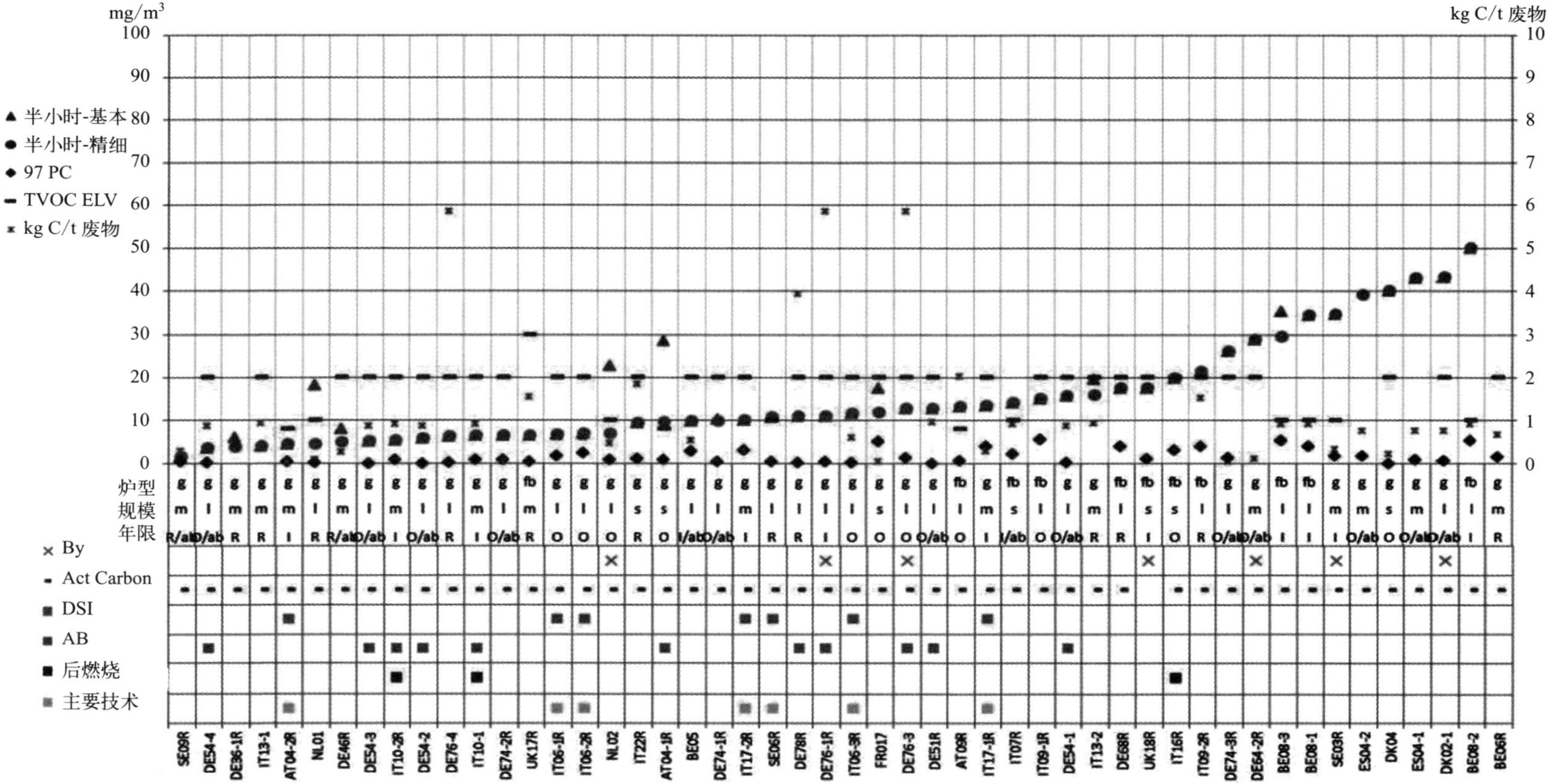

注：
炉型：g—炉排炉；r—回转窑；fb—硫化床；f—除上述类型以外的焚烧炉；gas—气化炉；o—其他。
工厂年限：O—陈旧；I—中等；R—最近//[改造年份：bb—在WI BREF(2006年)之前；ab—在WI BREF(2006年)之后]。
工厂规模：s—小；m—中等；l—大。
By—旁通。
采用试剂：Act Carbon—活性炭。
安装技术：DSI—干吸附剂注入；AB—吸附床。

图 8.77 主要焚烧 ONHW 的参考焚烧线连续监测 TVOC 排放至大气中的半小时平均排放水平[81]

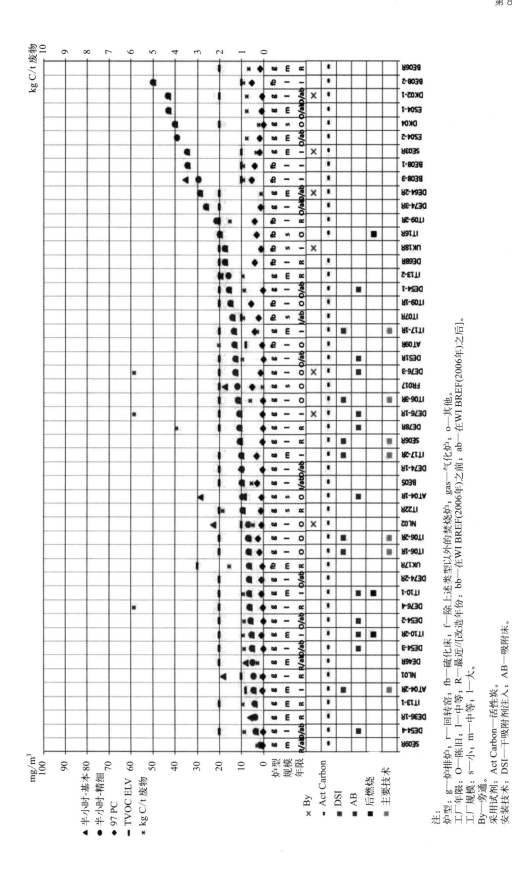

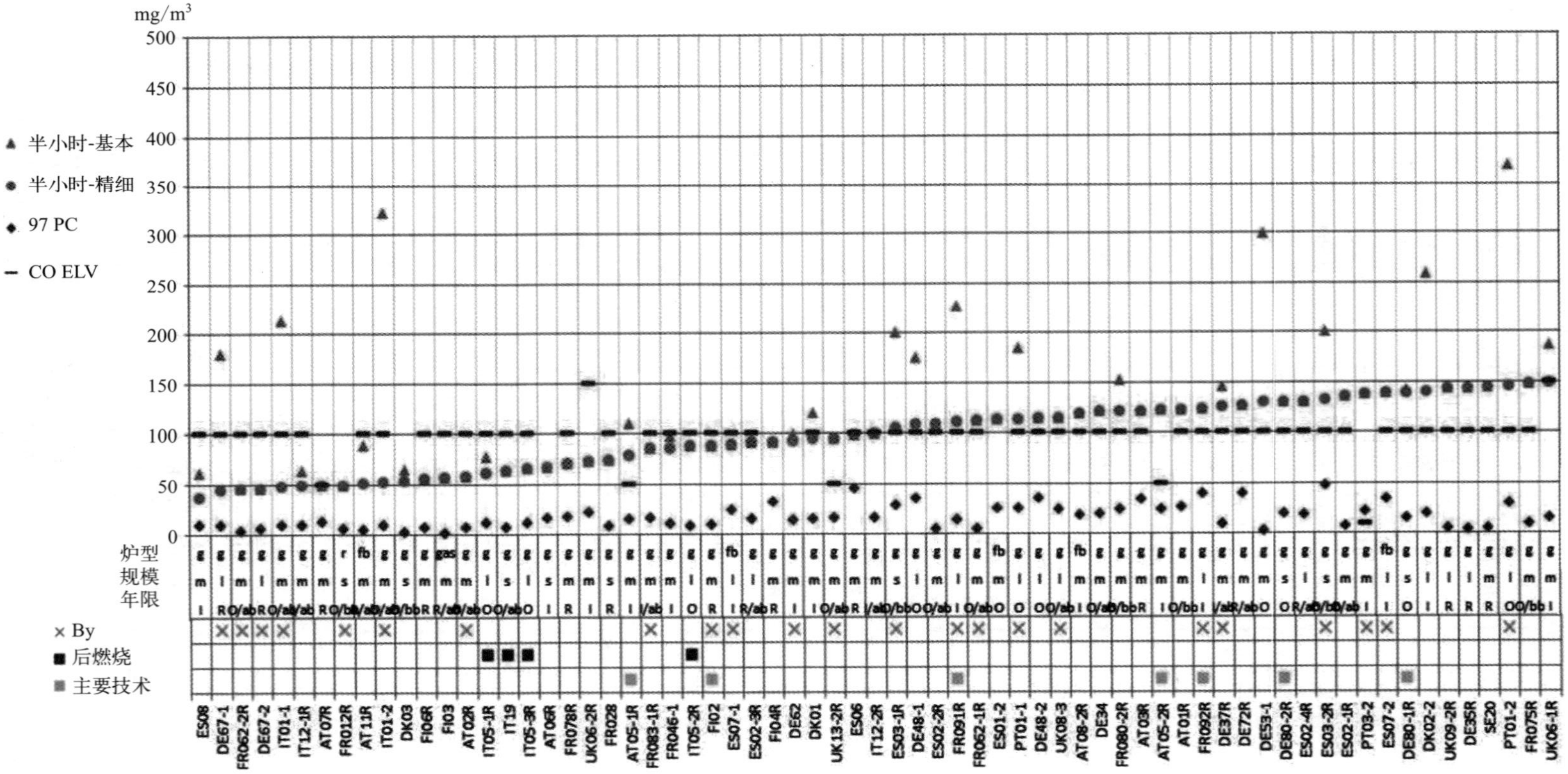

注：
炉型：g—炉排炉；r—回转窑；fb—硫化床；f—除上述类型以外的焚烧炉；gas—气化炉；o—其他。
工厂年限：O—陈旧；I—中等；R—最近//[改造年份：bb—在WI BREF(2006年)之前；ab—在WI BREF(2006年)之后]。
工厂规模：s—小；m—中等；l—大。
By—旁通。
安装技术：Primary T—主要技术。

图 8.78　主要焚烧 MSW 的参考焚烧线连续监测 CO 排放至大气中的半小时平均排放水平（1/3）[81]

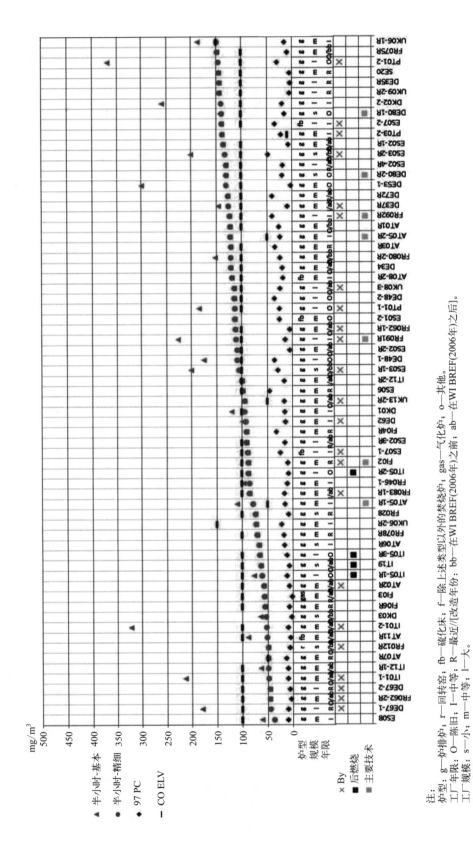

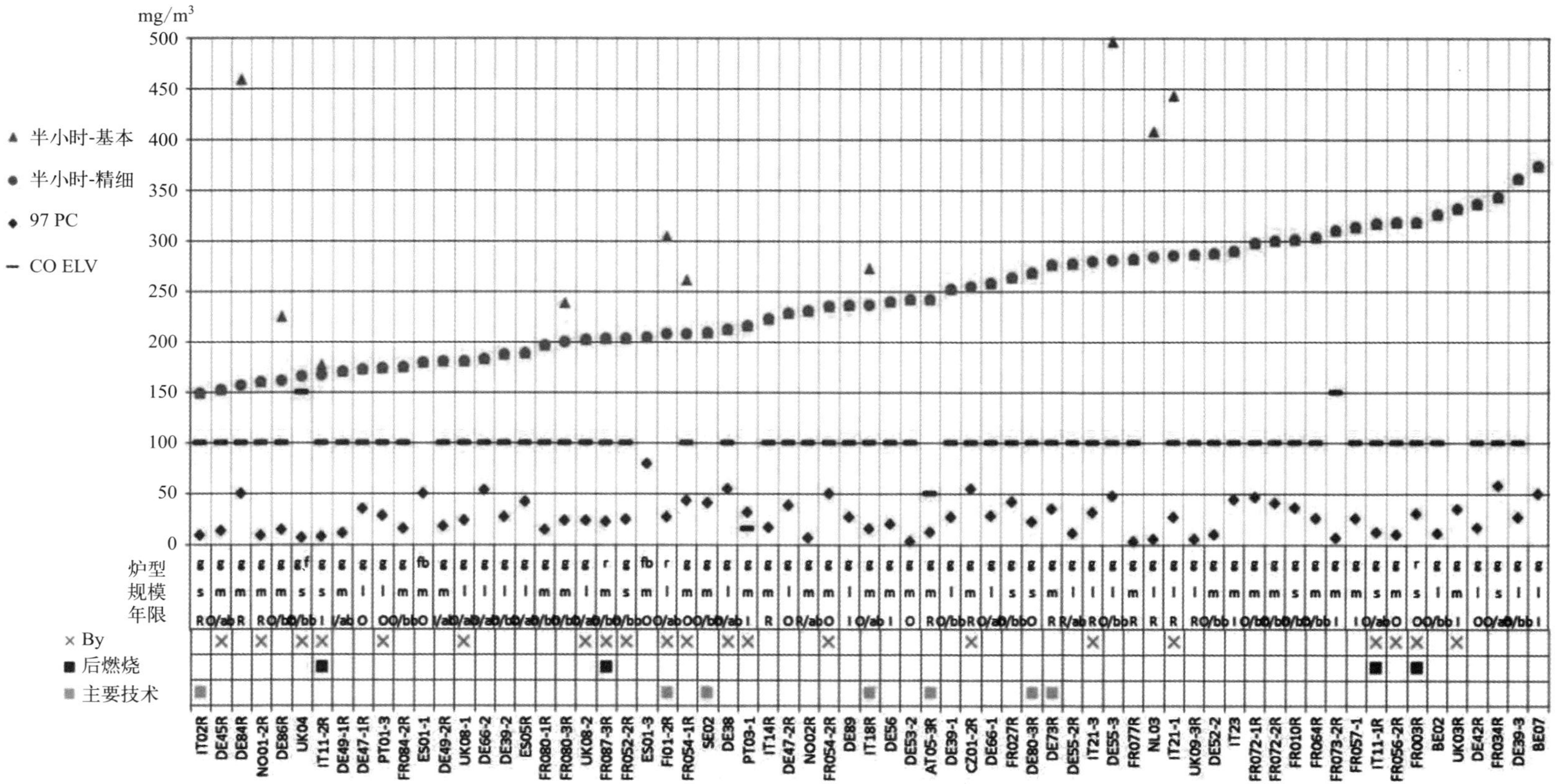

注：
炉型：g—炉排炉；r—回转窑；fb—硫化床；f—除上述类型以外的焚烧炉；gas—气化炉；o—其他。
工厂年限：O—陈旧；I—中等；R—最近//[改造年份：bb—在WI BREF(2006年)之前；ab—在WI BREF(2006年)之后]。
工厂规模：s—小；m—中等；l—大。
By—旁通。
安装技术：Primary T—主要技术。

图 8.79　主要焚烧 MSW 的参考焚烧线连续监测 CO 排放至大气中的半小时平均排放水平（2/3）[81]

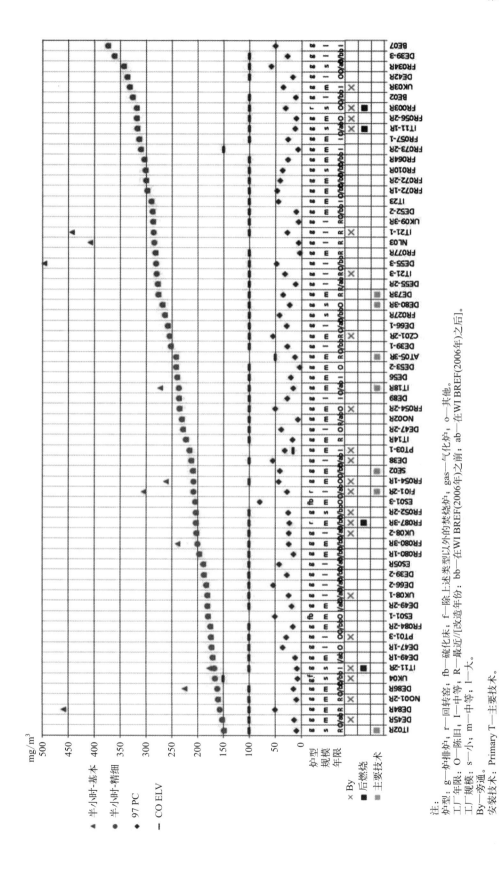

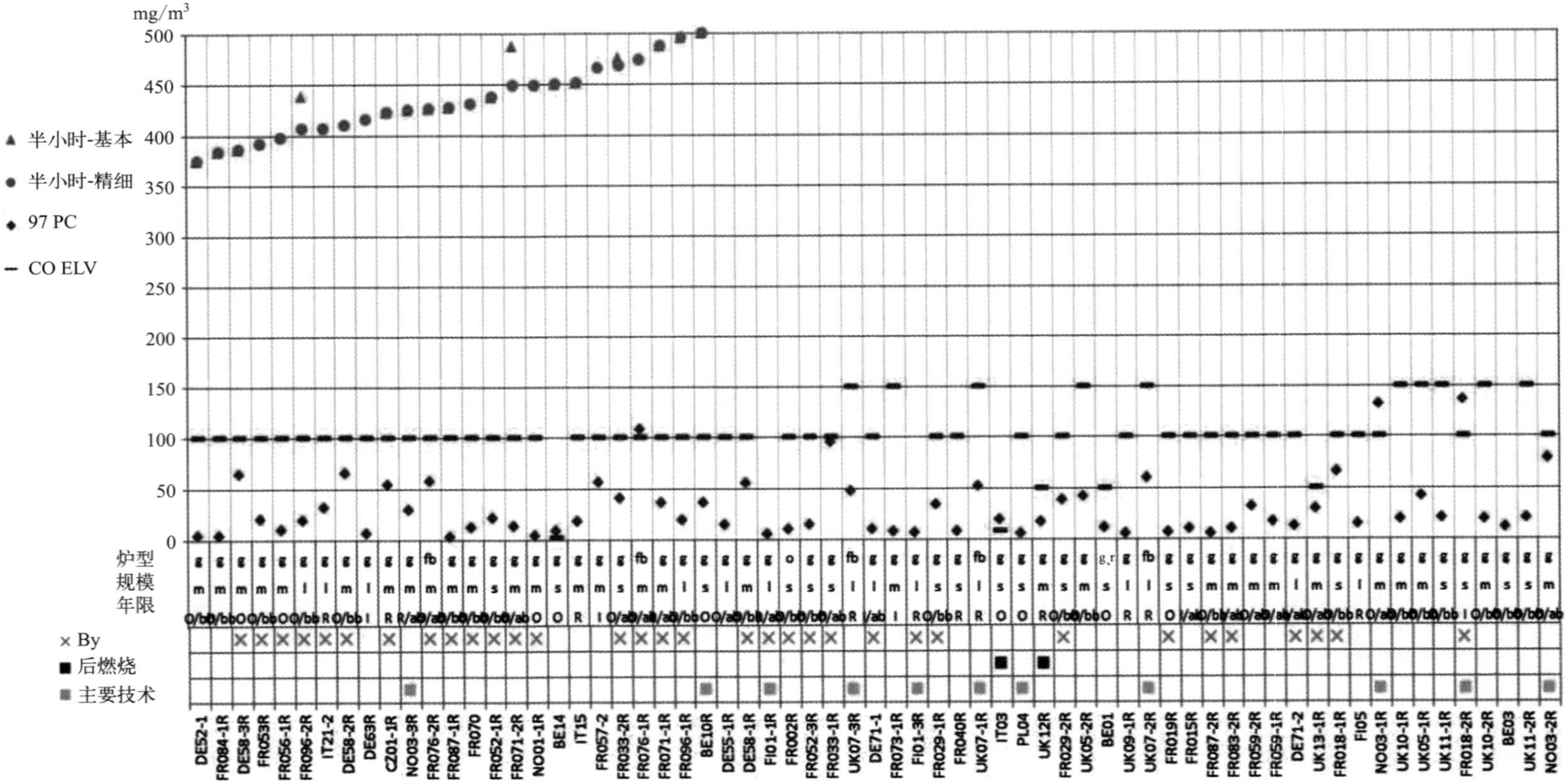

注：
炉型：g—炉排炉；r—回转窑；fb—硫化床；f—除上述类型以外的焚烧炉；gas—气化炉；o—其他。
工厂年限：O—陈旧；I—中等；R—最近//[改造年份：bb—在WI BREF(2006年)之前；ab—在WI BREF(2006年)之后]。
工厂规模：s—小；m—中等；l—大。
By—旁通。
安装技术：Primary T—主要技术。

图 8.80 主要焚烧 MSW 的参考焚烧线连续监测 CO 排放至大气中的半小时平均排放水平（3/3）[81]

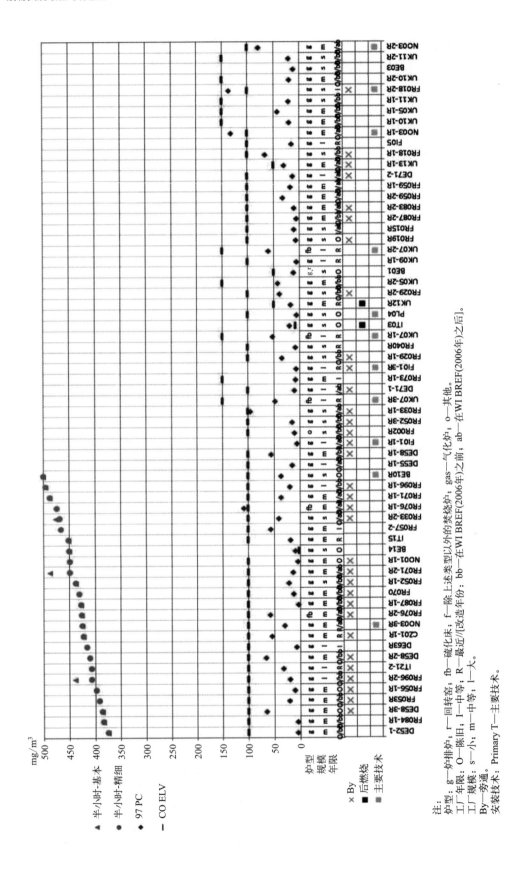

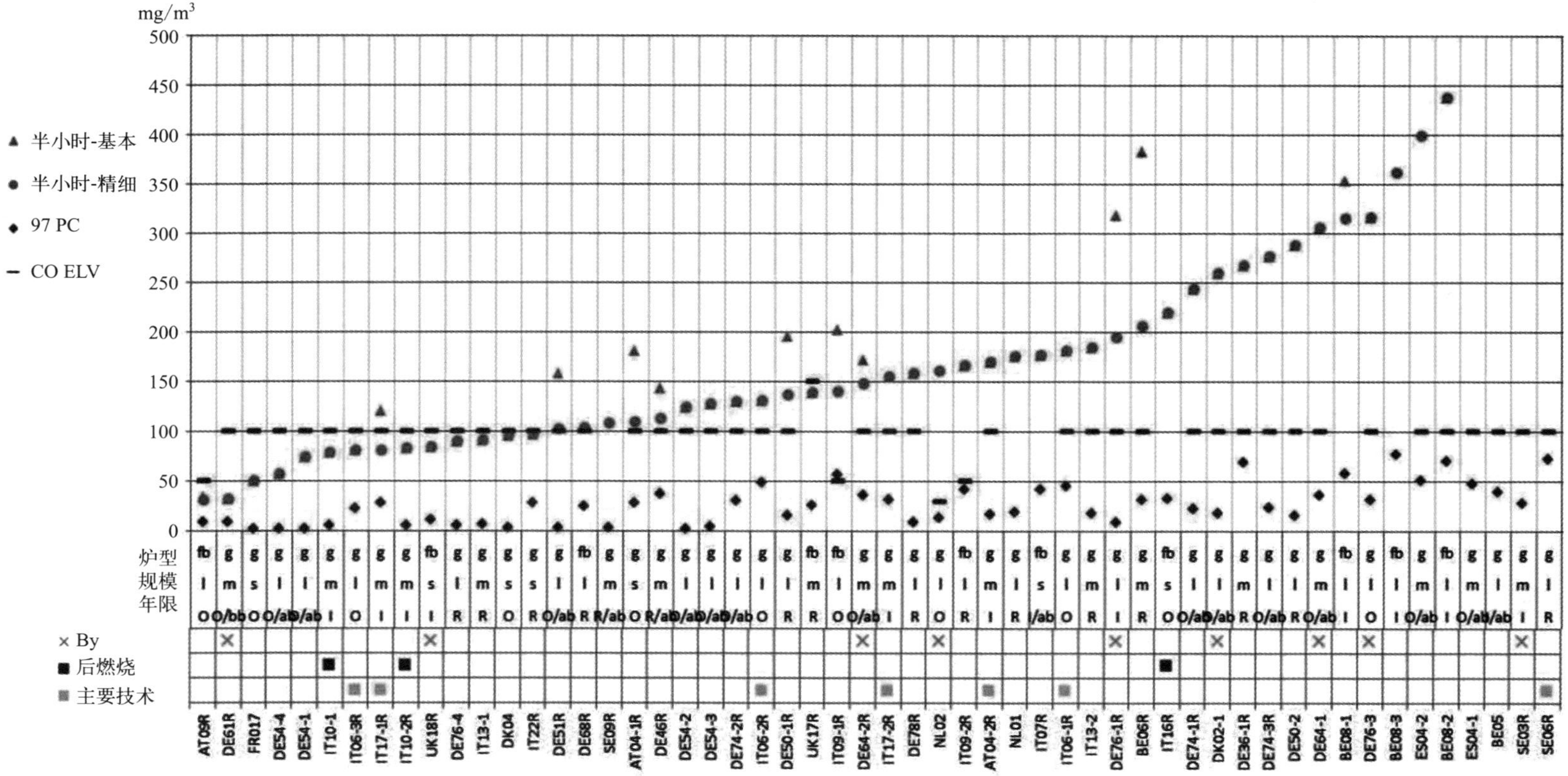

注：
炉型：g—炉排炉；r—回转窑；fb—硫化床；f—除上述类型以外的焚烧炉；gas—气化炉；o—其他。
工厂年限：O—陈旧；I—中等；R—最近//[改造年份：bb—在WI BREF(2006年)之前；ab—在WI BREF(2006年)之后]。
工厂规模：s—小；m—中等；l—大。
By—旁通。
安装技术：Primary T—主要技术。

图 8.81　主要焚烧 ONHW 的参考焚烧线连续监测 CO 排放至大气中的半小时平均排放水平[81]

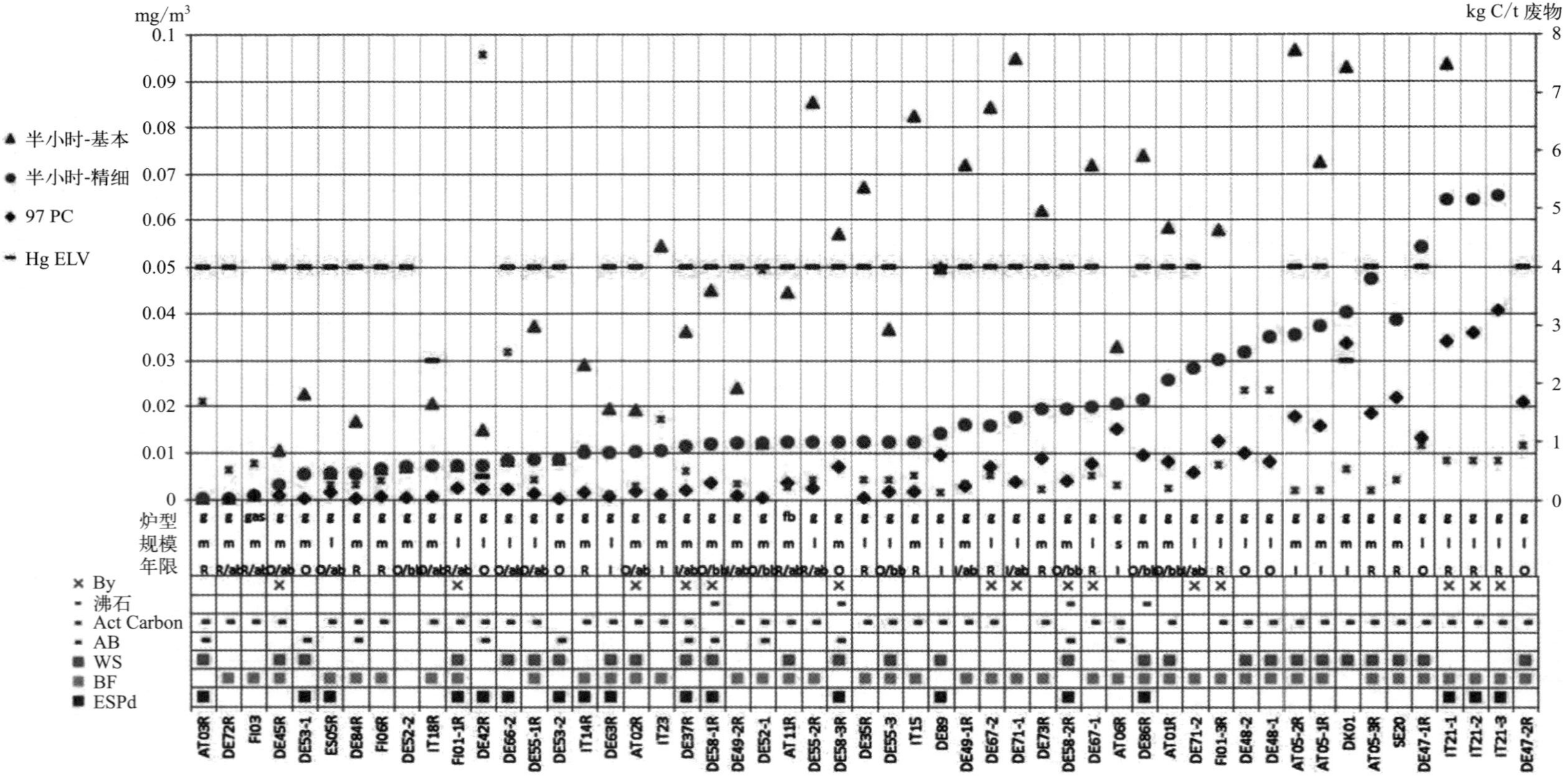

注：
炉型：g—炉排炉；r—回转窑；fb—硫化床；f—除上述类型以外的焚烧炉；gas—气化炉；o—其他。
工厂年限：O—陈旧；I—中等；R—最近//[改造年份：bb—在WI BREF(2006年)之前；ab—在WI BREF(2006年)之后]。
工厂规模：s—小；m—中等；l—大。
By—旁通。
采用试剂：Act Carbon—活性炭。
安装技术：AB—吸附床；WS—湿式洗涤剂；BF—袋式过滤器；ESPd—干式静电除尘器。

图 8.82　主要焚烧 MSW 的参考焚烧线连续监测 Hg 排放至大气中的半小时平均排放水平[81]

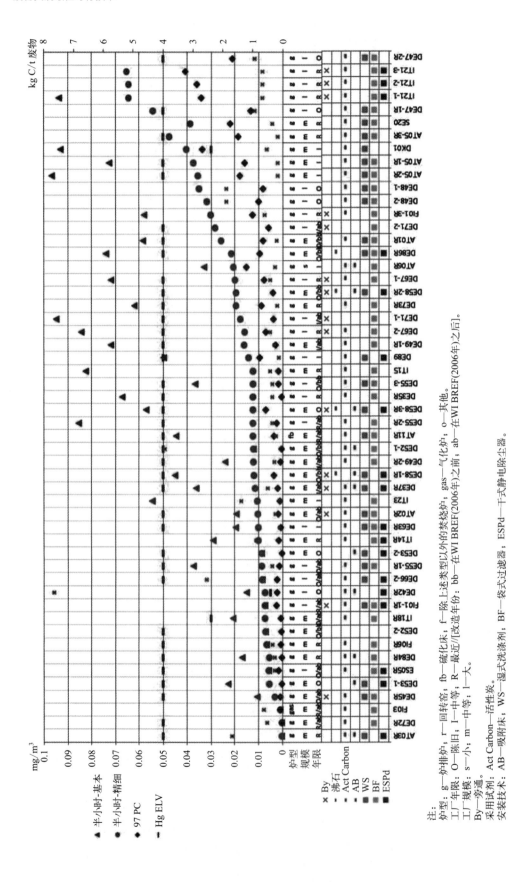

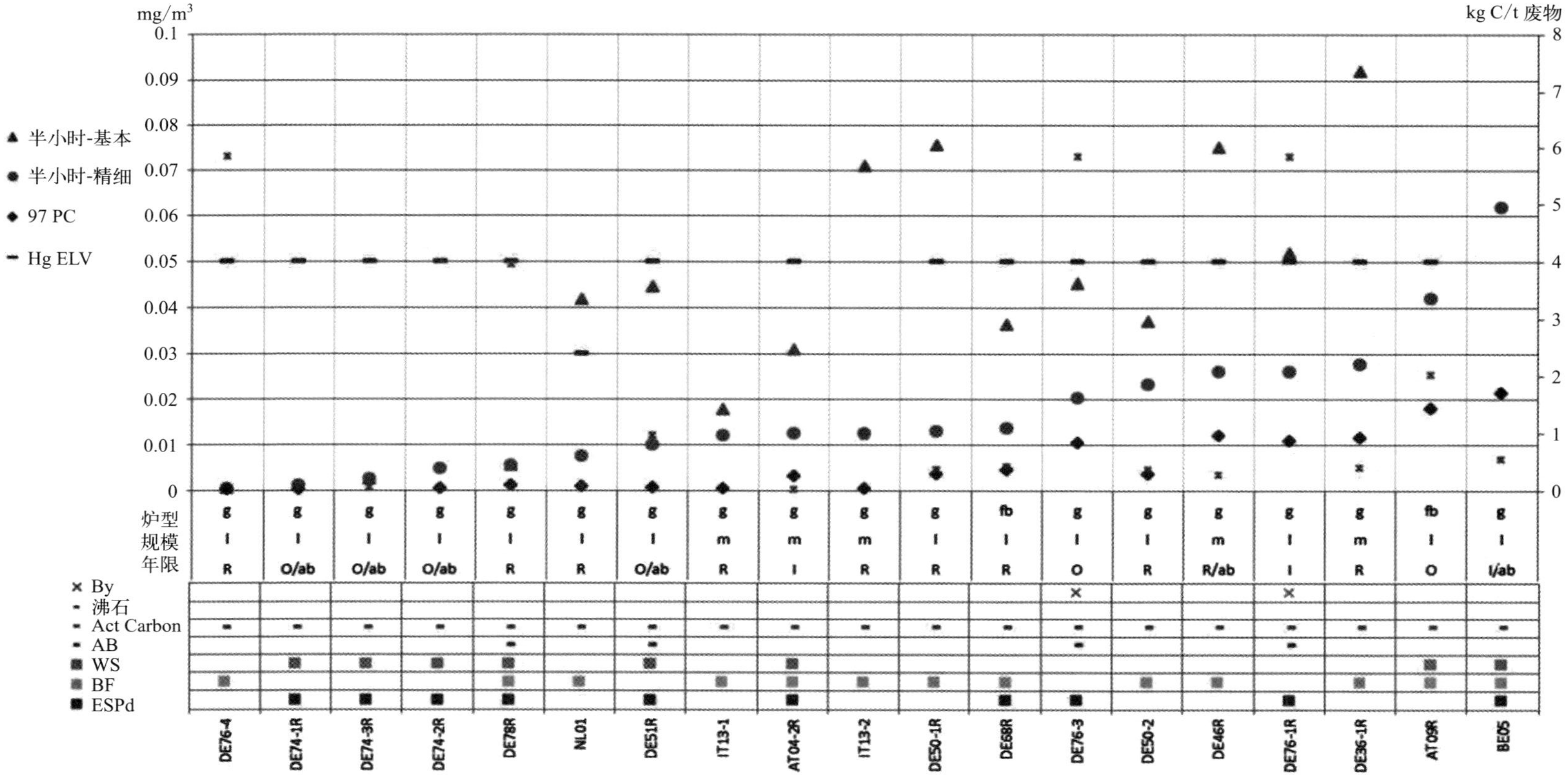

注：
炉型：g—炉排炉；r—回转窑；fb—硫化床；f—除上述类型以外的焚烧炉；gas—气化炉；o—其他。
工厂年限：O—陈旧；I—中等；R—最近//[改造年份：bb—在WI BREF(2006年)之前；ab—在WI BREF(2006年)之后]。
工厂规模：s—小；m—中等；l—大。
By—旁通。
采用试剂：Act Carbon—活性炭。
安装技术：AB—吸附床；WS—湿式洗涤剂；BF—袋式过滤器；ESPd—干式静电除尘器。

图 8.83 主要焚烧 ONHW 的参考焚烧线连续监测 Hg 排放至大气中的半小时平均排放水平[81]

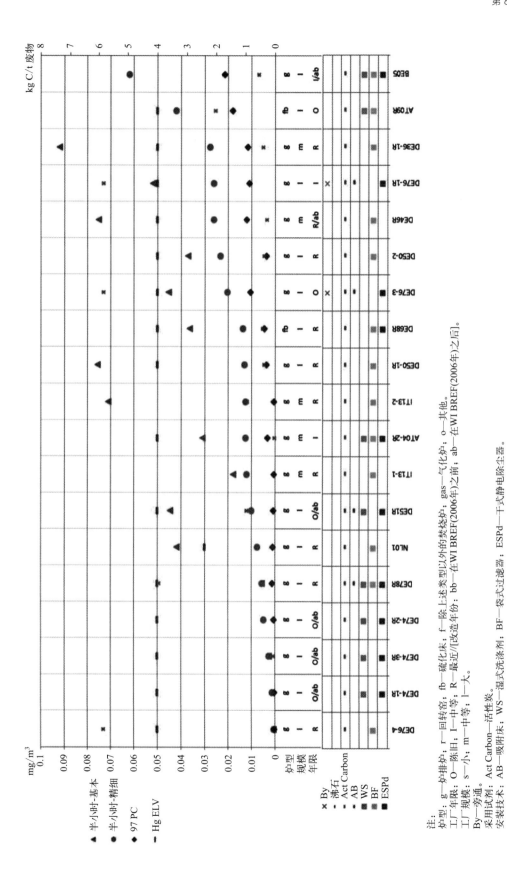

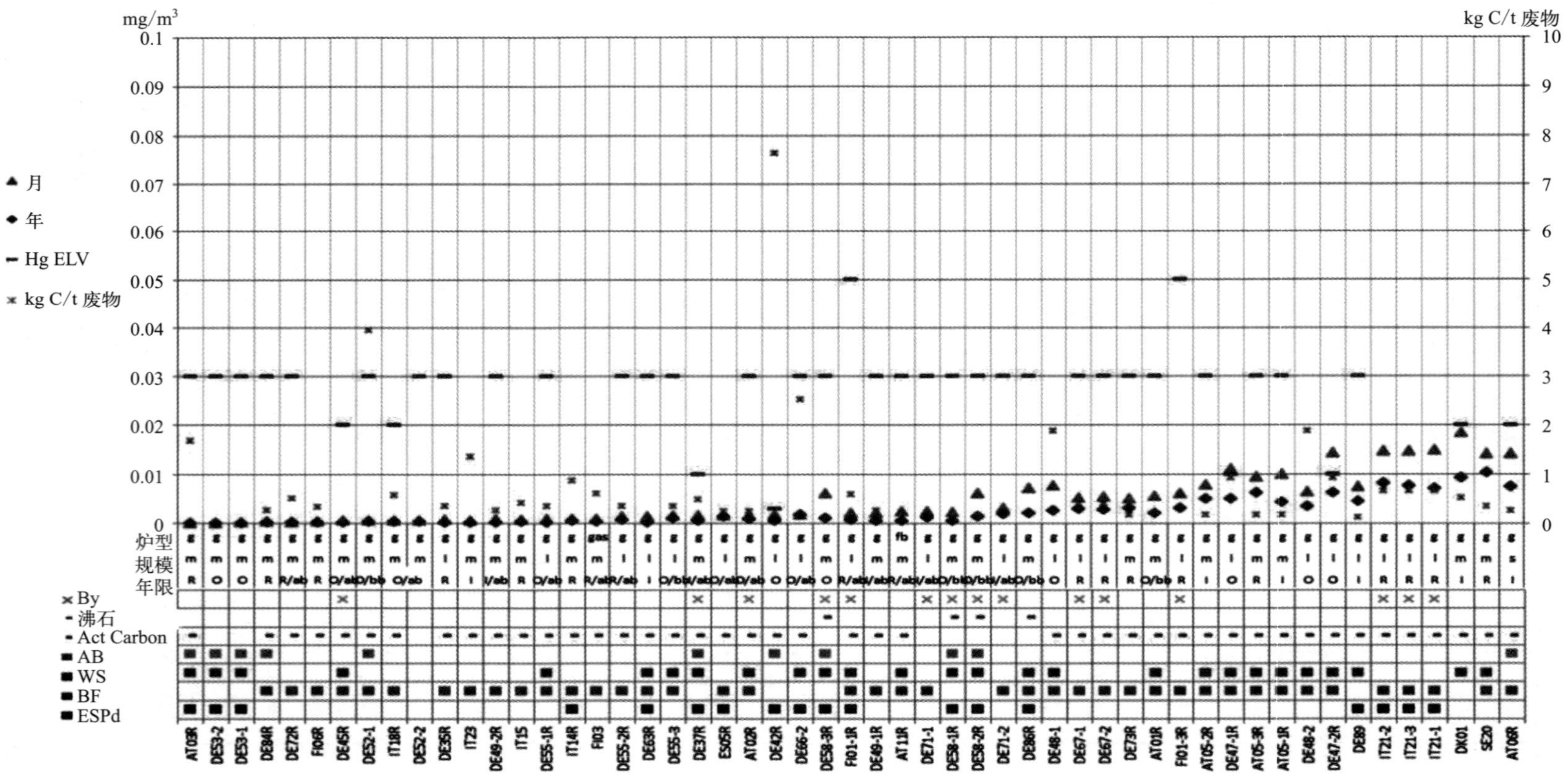

注：
炉型：g—炉排炉；r—回转窑；fb—硫化床；f—除上述类型以外的焚烧炉；gas—气化炉；o—其他。
工厂年限：O—陈旧；I—中等；R—最近//[改造年份：bb—在WI BREF(2006年)之前；ab—在WI BREF(2006年)之后]。
工厂规模：s—小；m—中等；l—大。
By—旁通。
采用试剂：Act Carbon—活性炭。
安装技术：AB—吸附床；WS—湿式洗涤剂；BF—袋式过滤器；ESPd—干式静电除尘器。

图 8.84　主要焚烧 MSW 的参考焚烧线连续监测 Hg 排放至大气中的月平均排放水平[81]

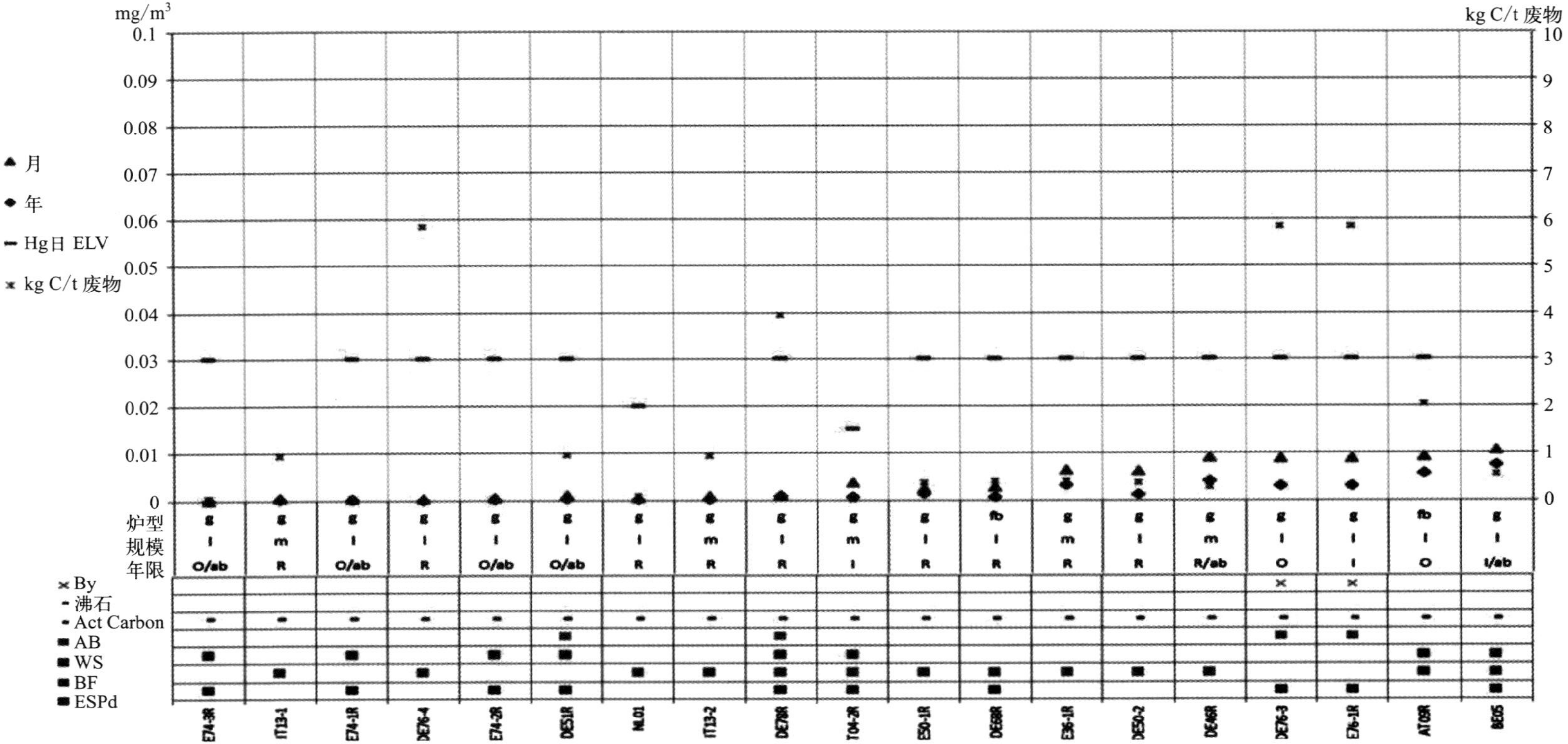

注：
炉型：g—炉排炉；r—回转窑；fb—硫化床；f—除上述类型以外的焚烧炉；gas—气化炉；o—其他。
工厂年限：O—陈旧；I—中等；R—最近//[改造年份：bb—在WI BREF(2006年)之前；ab—在WI BREF(2006年)之后]。
工厂规模：s—小；m—中等；l—大。
By—旁通。
采用试剂：Act Carbon—活性炭。
安装技术：AB—吸附床；WS—湿式洗涤剂；BF—袋式过滤器；ESPd—干式静电除尘器。

图 8.85 主要焚烧 ONHW 的参考焚烧线连续监测 Hg 排放至大气中的月平均排放水平[81]

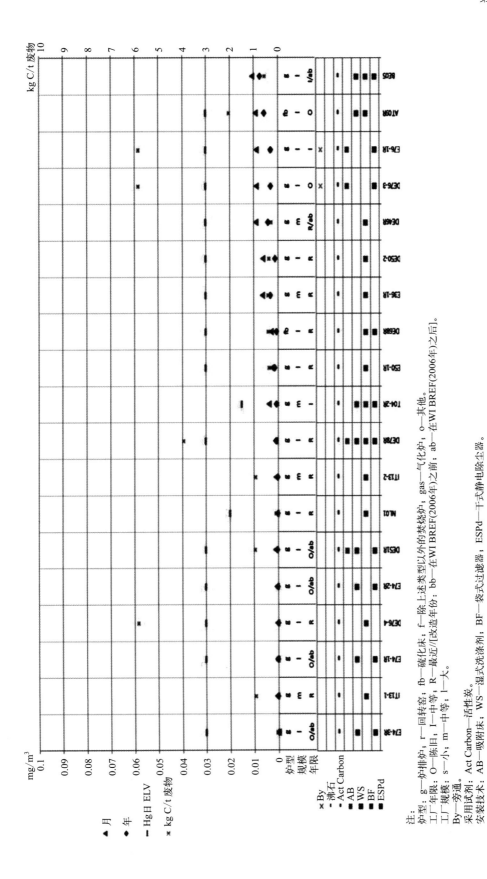

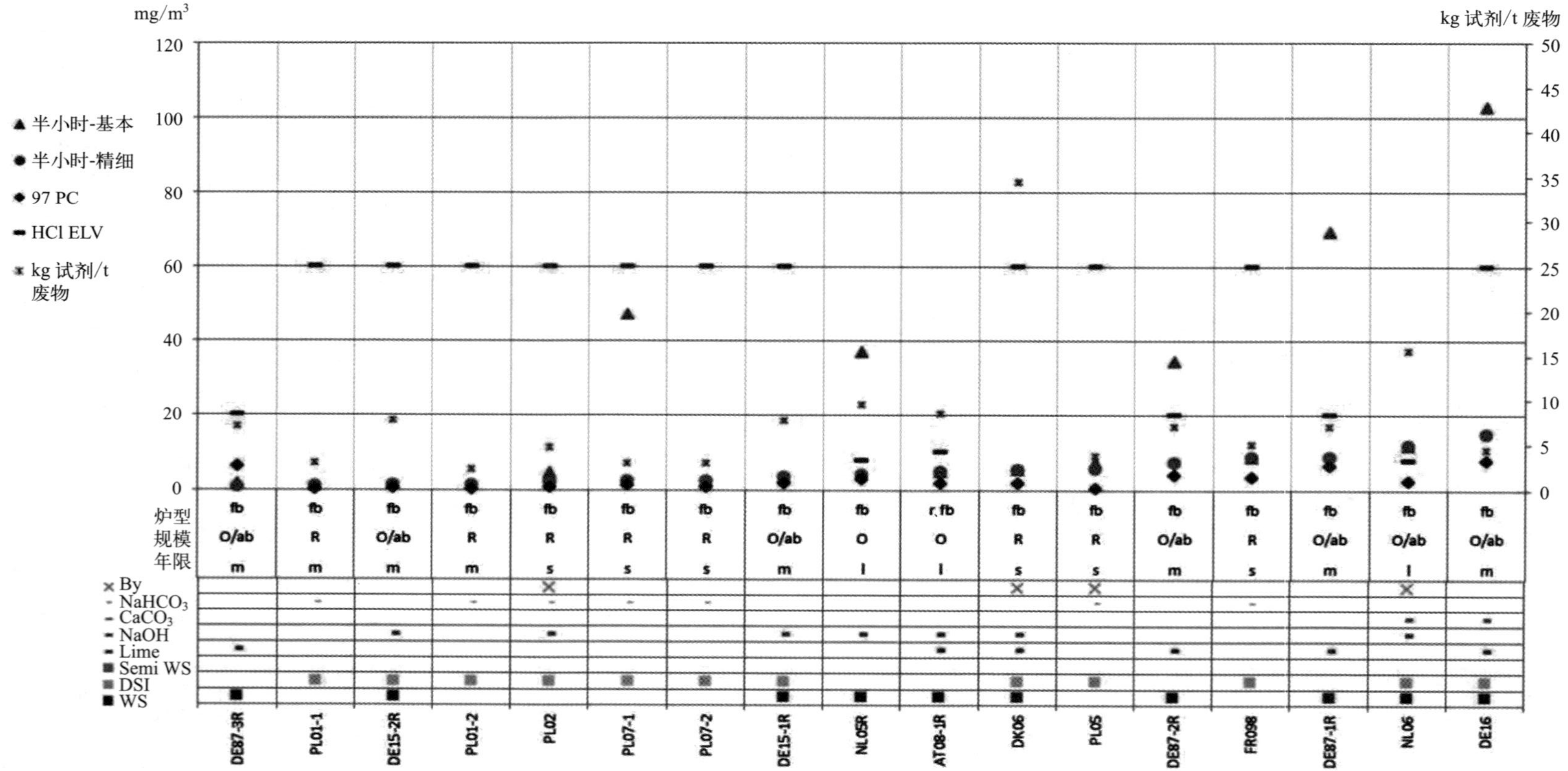

注：
炉型：g—炉排炉；r—回转窑；fb—硫化床；f—除上述类型以外的焚烧炉；gas—气化炉；o—其他。
工厂年限：O—陈旧；I—中等；R—最近//[改造年份：bb—在WI BREF(2006年)之前；ab—在WI BREF(2006年)之后]。
工厂规模：s—小；m—中等；l—大。
By—旁通。
采用试剂：$NaHCO_3$—碳酸氢钠；$CaCO_3$—石灰石；NaOH—氢氧化钠；Lime包括生石灰、熟石灰和高比表面积/孔隙度熟石灰。
安装技术：Semi WS—半湿式洗涤器；DSI—干吸附剂注入；WS—湿式洗涤器。

图 8.86　主要焚烧 SS 的参考焚烧线连续监测 HCl 排放至大气中的半小时平均排放水平[81]

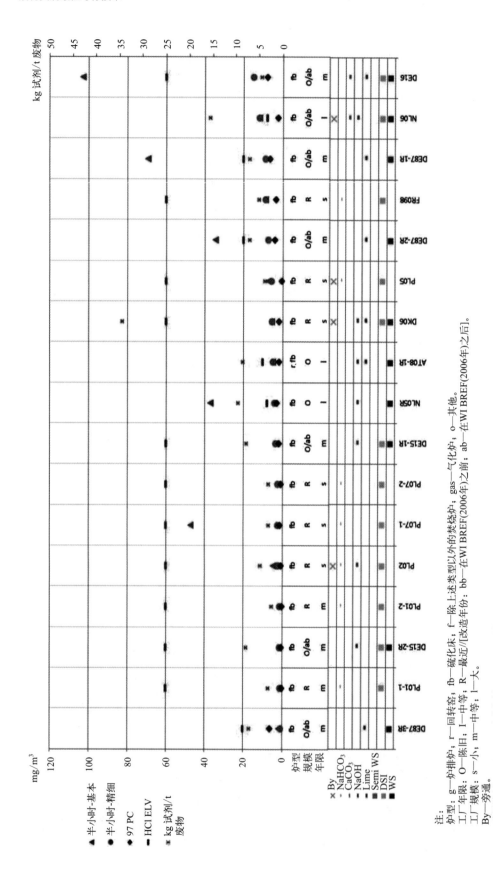

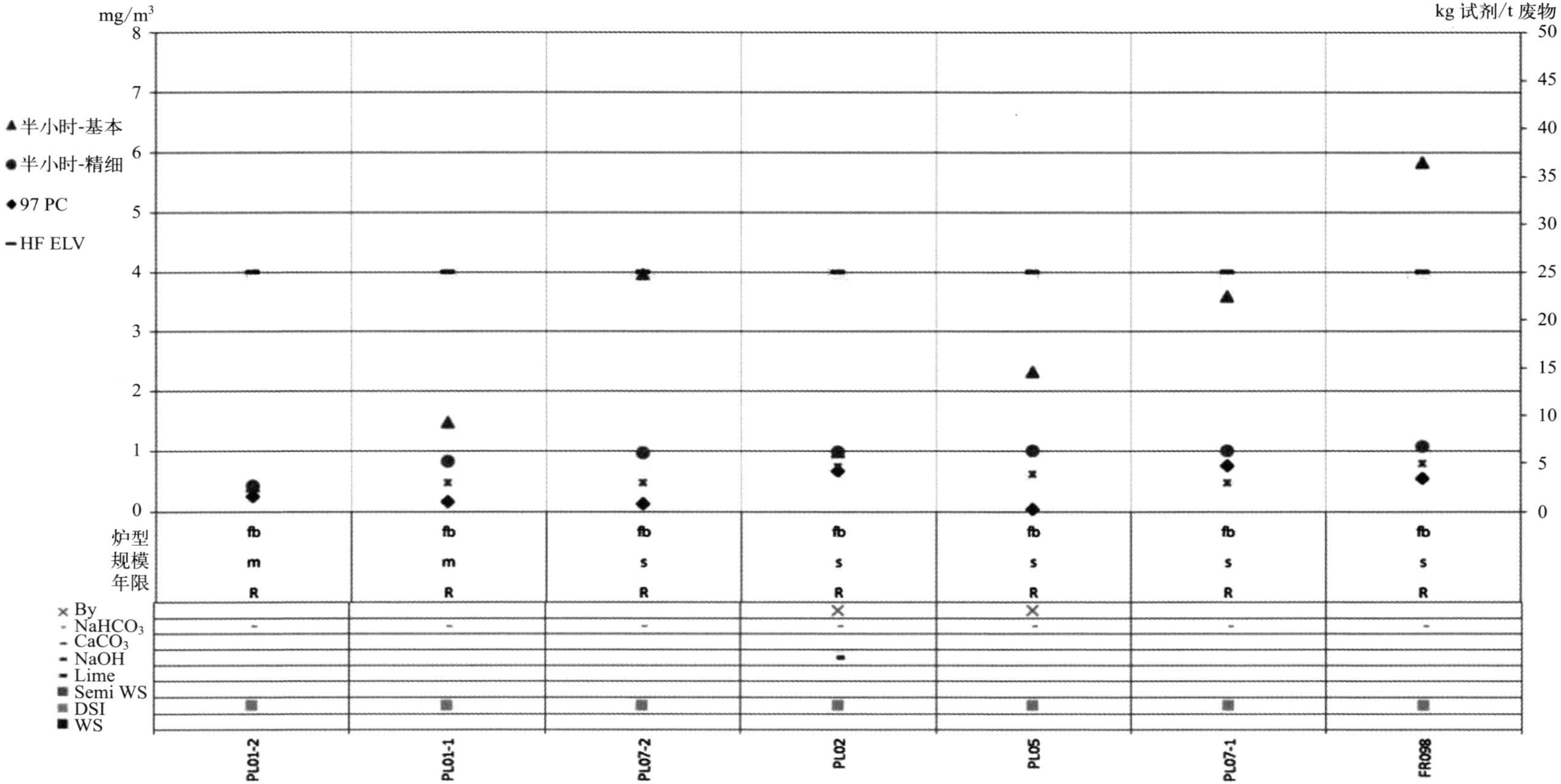

注：
炉型：g—炉排炉；r—回转窑；fb—硫化床；f—除上述类型以外的焚烧炉；gas—气化炉；o—其他。
工厂年限：O—陈旧；I—中等；R—最近//[改造年份：bb—在WI BREF(2006年)之前；ab—在WI BREF(2006年)之后]。
工厂规模：s—小；m—中等；l—大。
By—旁通。
采用试剂：$NaHCO_3$—碳酸氢钠；$CaCO_3$—石灰石；NaOH—氢氧化钠；Lime包括生石灰、熟石灰和高比表面积/孔隙度熟石灰。
安装技术：Semi WS—半湿式洗涤器；DSI—干吸附剂注入；WS—湿式洗涤器。

图 8.87　主要焚烧 SS 的参考焚烧线连续监测 HF 排放至大气中的半小时平均排放水平[81]

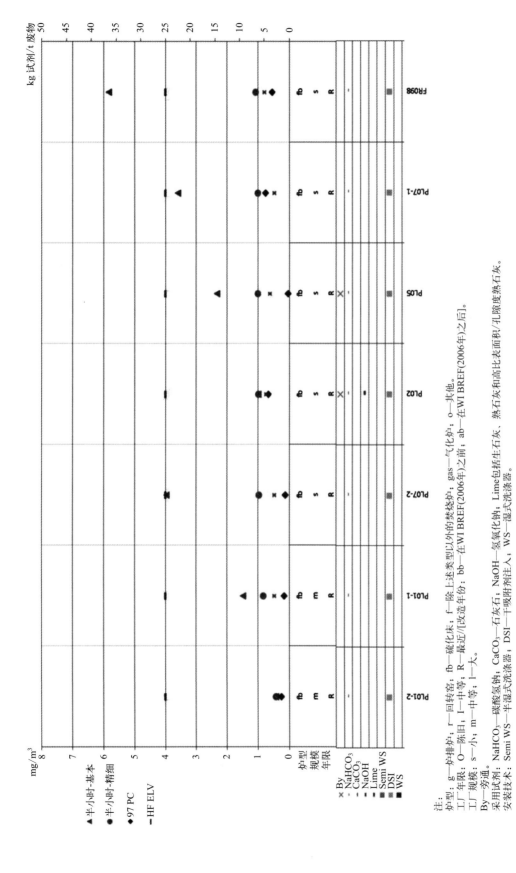

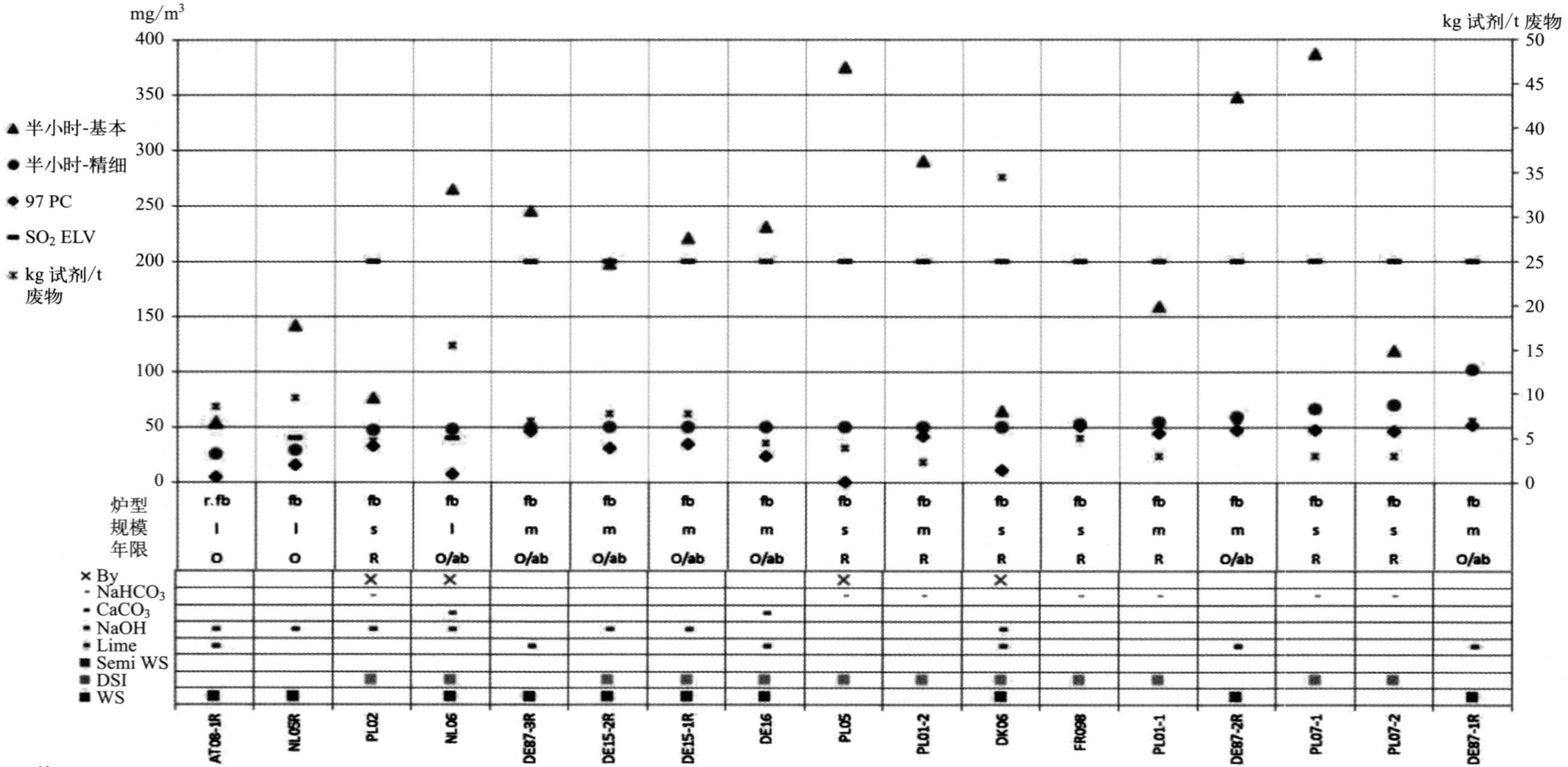

注：
炉型：g—炉排炉；r—回转窑；fb—硫化床；f—除上述类型以外的焚烧炉；gas—气化炉；o—其他。
工厂年限：O—陈旧；I—中等；R—最近//[改造年份：bb—在WI BREF(2006年)之前；ab—在WI BREF(2006年)之后]。
工厂规模：s—小；m—中等；l—大。
By—旁通。
采用试剂：$NaHCO_3$—碳酸氢钠；$CaCO_3$—石灰石；NaOH—氢氧化钠；Lime包括生石灰、熟石灰和高比表面积/孔隙度熟石灰。
安装技术：Semi WS—半湿式洗涤器；DSI—干吸附剂注入；WS—湿式洗涤器。

图 8.88 主要焚烧 SS 的参考焚烧线连续监测 SO_2 排放至大气中的半小时平均排放水平[81]

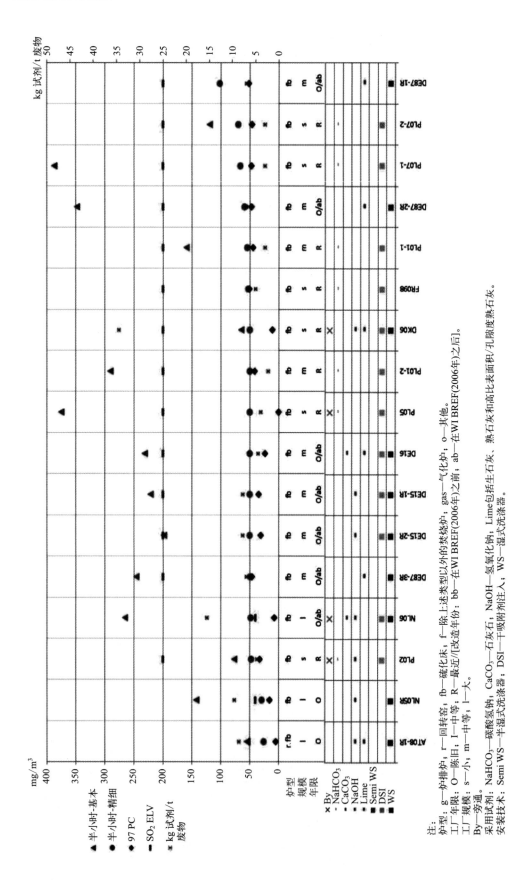

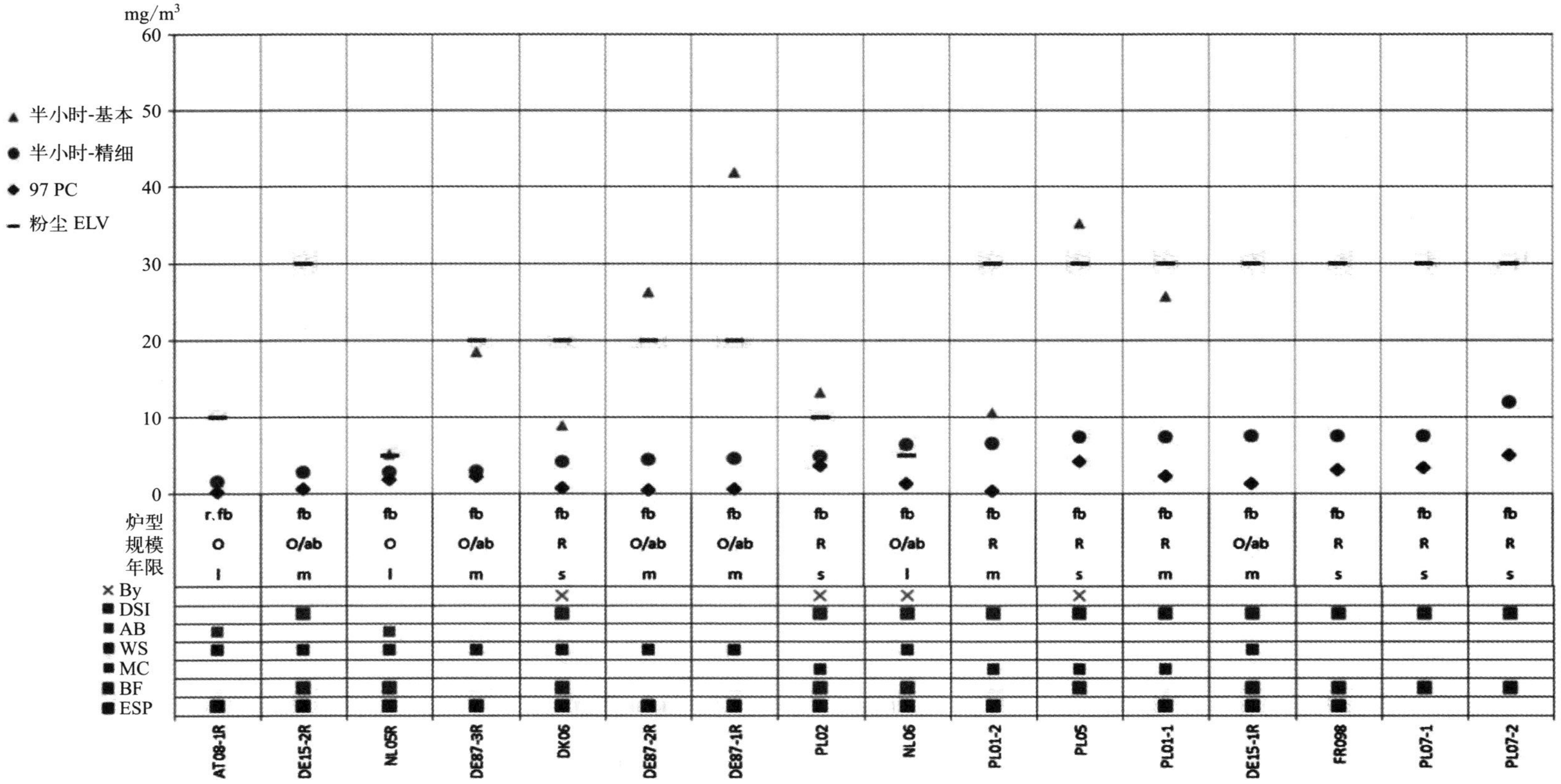

注：
炉型：g—炉排炉；r—回转窑；fb—硫化床；f—除上述类型以外的焚烧炉；gas—气化炉；o—其他。
工厂年限：O—陈旧；I—中等；R—最近//[改造年份：bb—在WI BREF(2006年)之前；ab—在WI BREF(2006年)之后]。
工厂规模：s—小；m—中等；l—大。
By—旁通。
安装技术：DSI—干吸附剂注入；AB—吸附床；WS—湿式洗涤器；MC—多旋风；BF—袋式过滤器；ESP—静电除尘器。

图 8.89 主要焚烧 SS 的参考焚烧线连续监测粉尘排放至大气中的半小时平均排放水平[81]

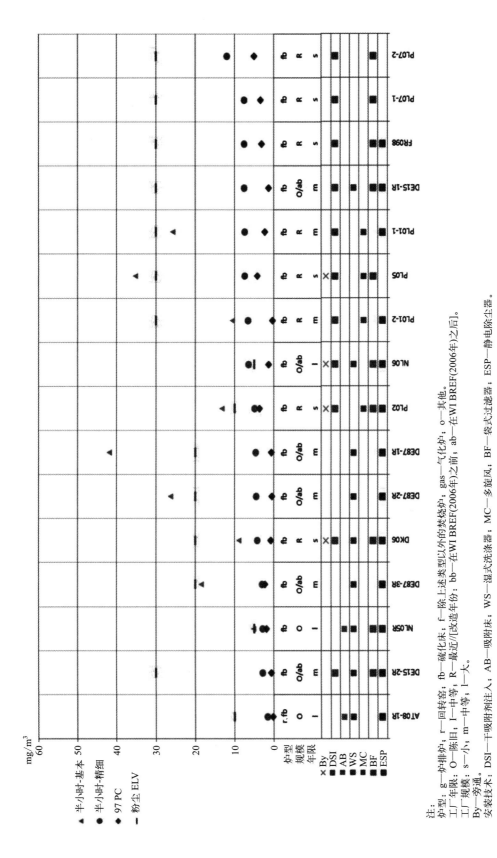

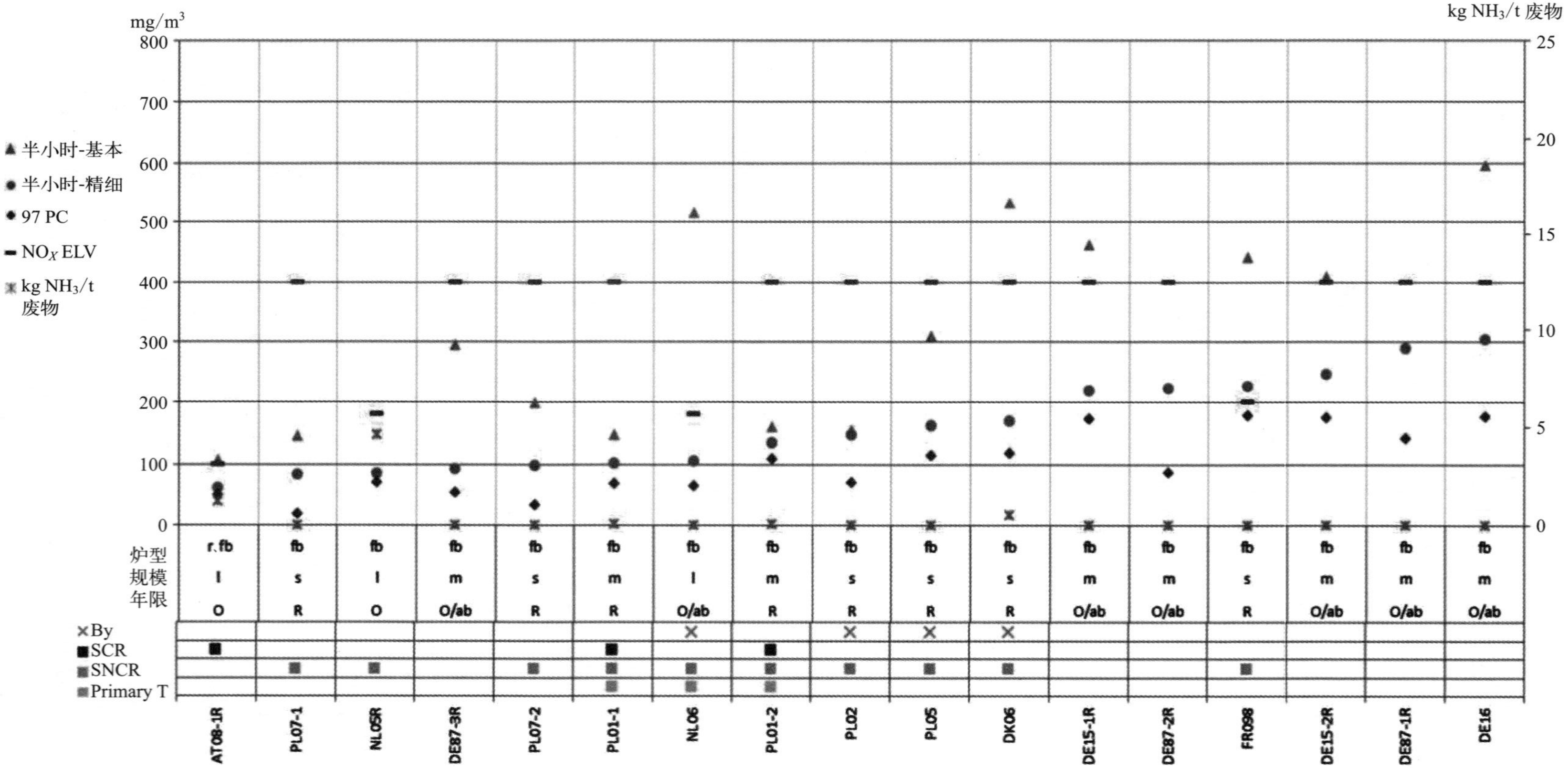

注：
炉型：g—炉排炉；r—回转窑；fb—硫化床；f—除上述类型以外的焚烧炉；gas—气化炉；o—其他。
工厂年限：O—陈旧；I—中等；R—最近//[改造年份：bb—在WI BREF(2006年)之前；ab—在WI BREF(2006年)之后]。
工厂规模：s—小；m—中等；l—大。
By—旁通。
安装技术：SCR—选择性催化还原；SNCR—选择性非催化还原；Primary T—主要技术。

图 8.90 主要焚烧 SS 的参考焚烧线连续监测 NO_X 排放至大气中的半小时平均排放水平[81]

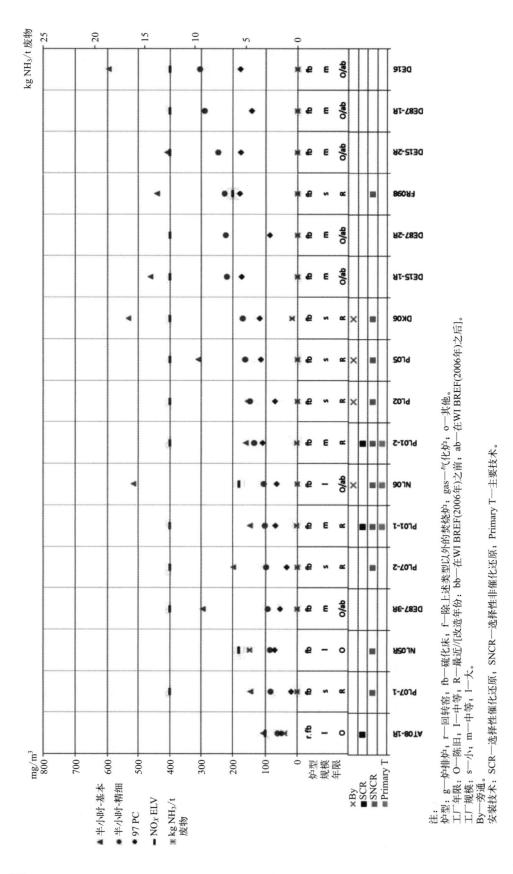

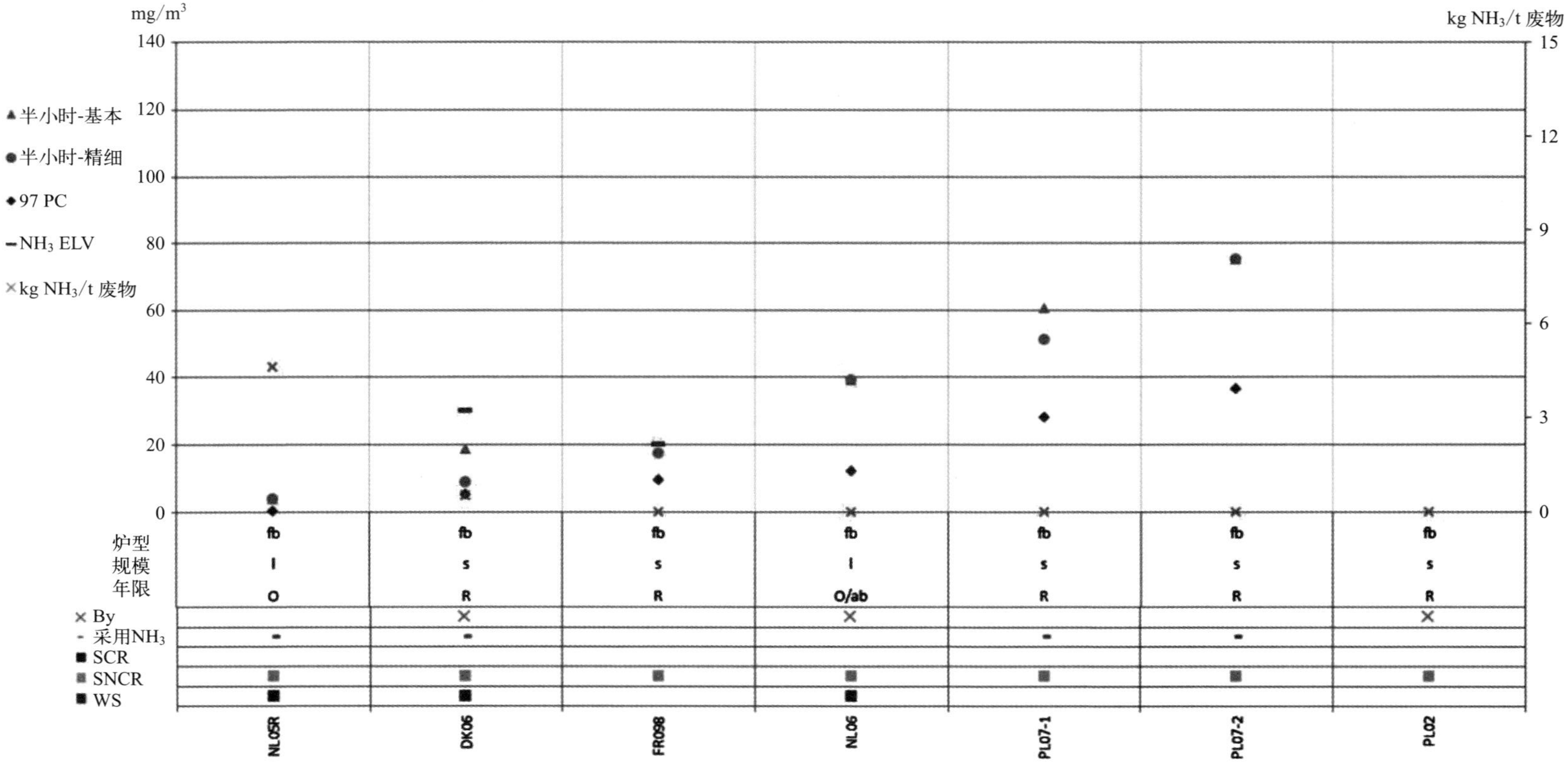

注：
炉型：g—炉排炉；r—回转窑；fb—硫化床；f—除上述类型以外的焚烧炉；gas—气化炉；o—其他。
工厂年限：O—陈旧；I—中等；R—最近//[改造年份：bb—在WI BREF(2006年)之前；ab—在WI BREF(2006年)之后]。
工厂规模：s—小；m—中等；l—大。
By—旁通。
采用试剂：NH_3—氨气。
安装技术：SCR—选择性催化还原；SNCR—选择性非催化还原；WS—湿式洗涤器。

图 8.91 主要焚烧 SS 的参考焚烧线连续监测 NH_3 排放至大气中的半小时平均排放水平[81]

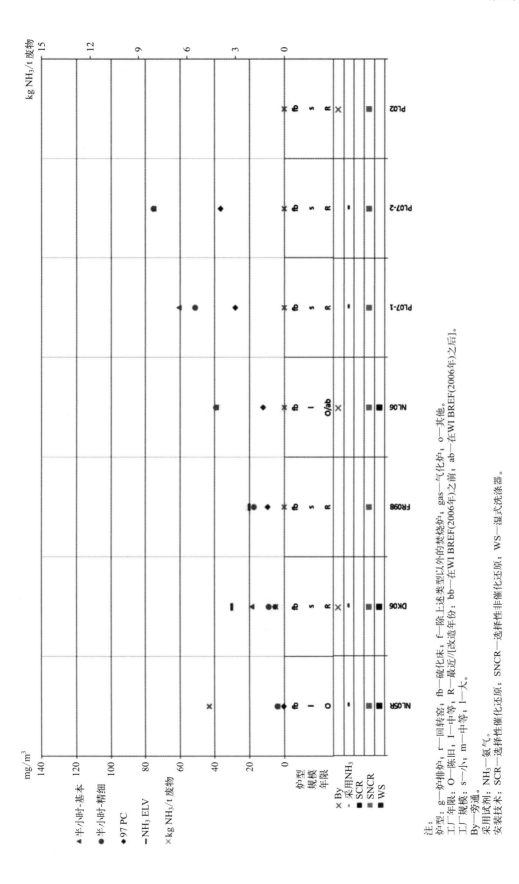

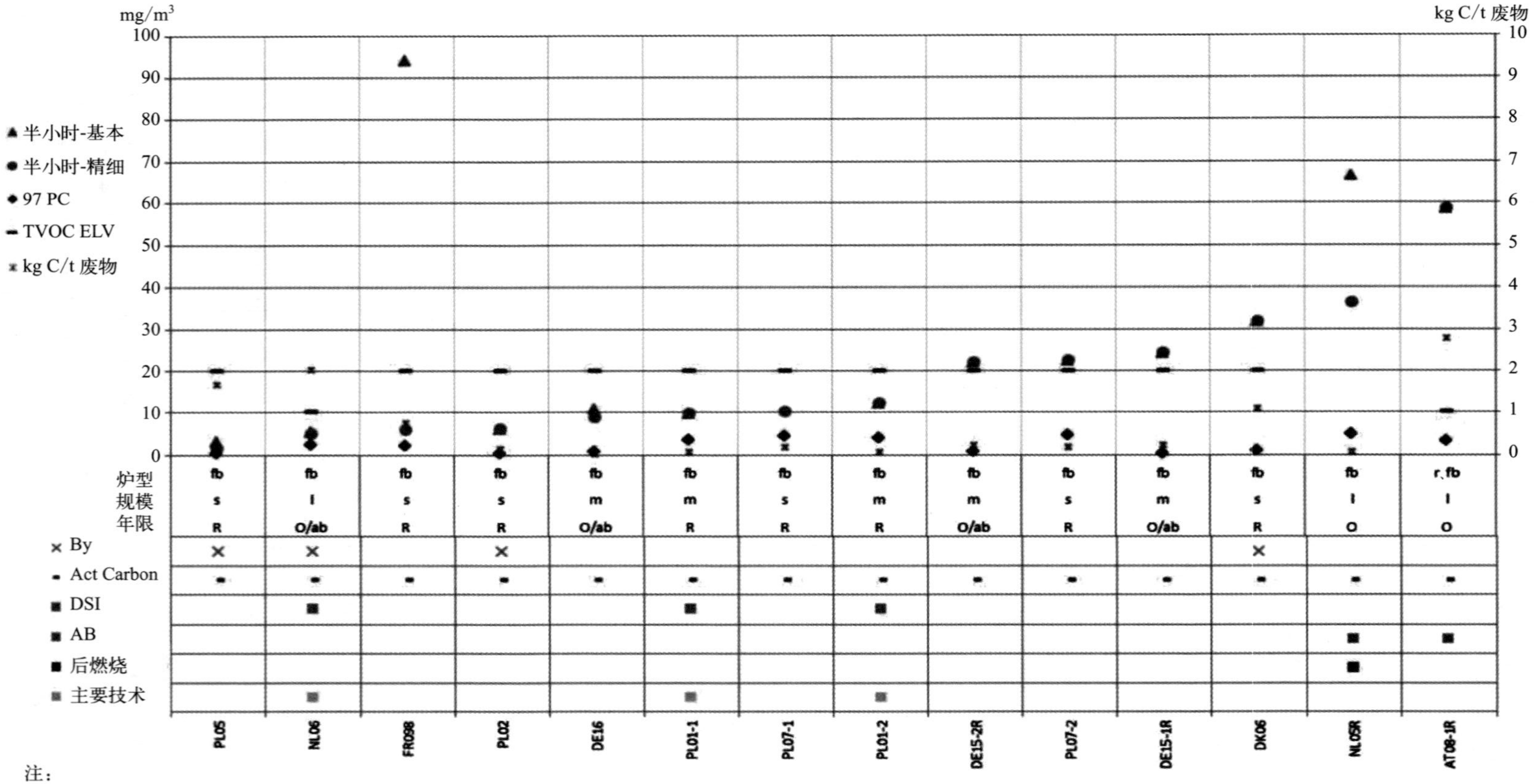

注：
炉型：g—炉排炉；r—回转窑；fb—硫化床；f—除上述类型以外的焚烧炉；gas—气化炉；o—其他。
工厂年限：O—陈旧；I—中等；R—最近//[改造年份：bb—在WI BREF(2006年)之前；ab—在WI BREF(2006年)之后]。
工厂规模：s—小；m—中等；l—大。
By—旁通。
采用试剂：Act Carbon—活性炭。
安装的技术：DSI—干吸附剂注入；AB—吸附床。

图 8.92 主要焚烧 SS 的参考焚烧线连续监测 TVOC 排放至大气中的半小时平均排放水平[81]

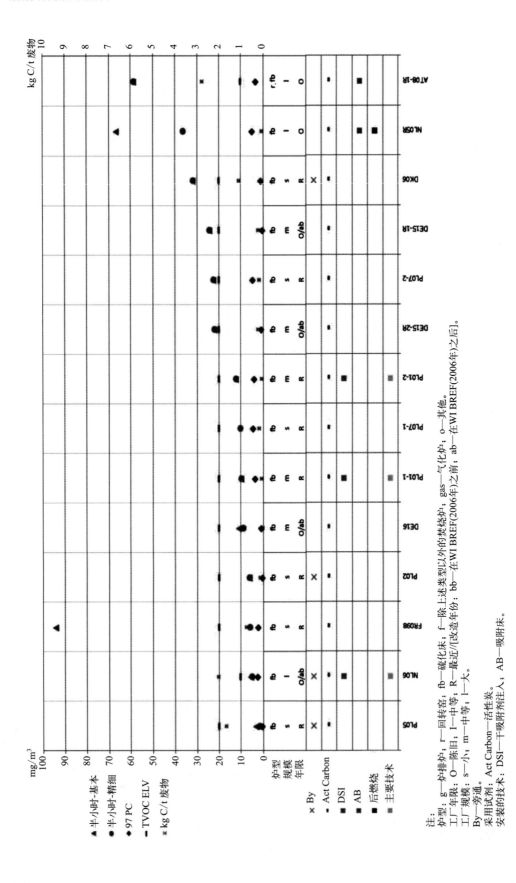

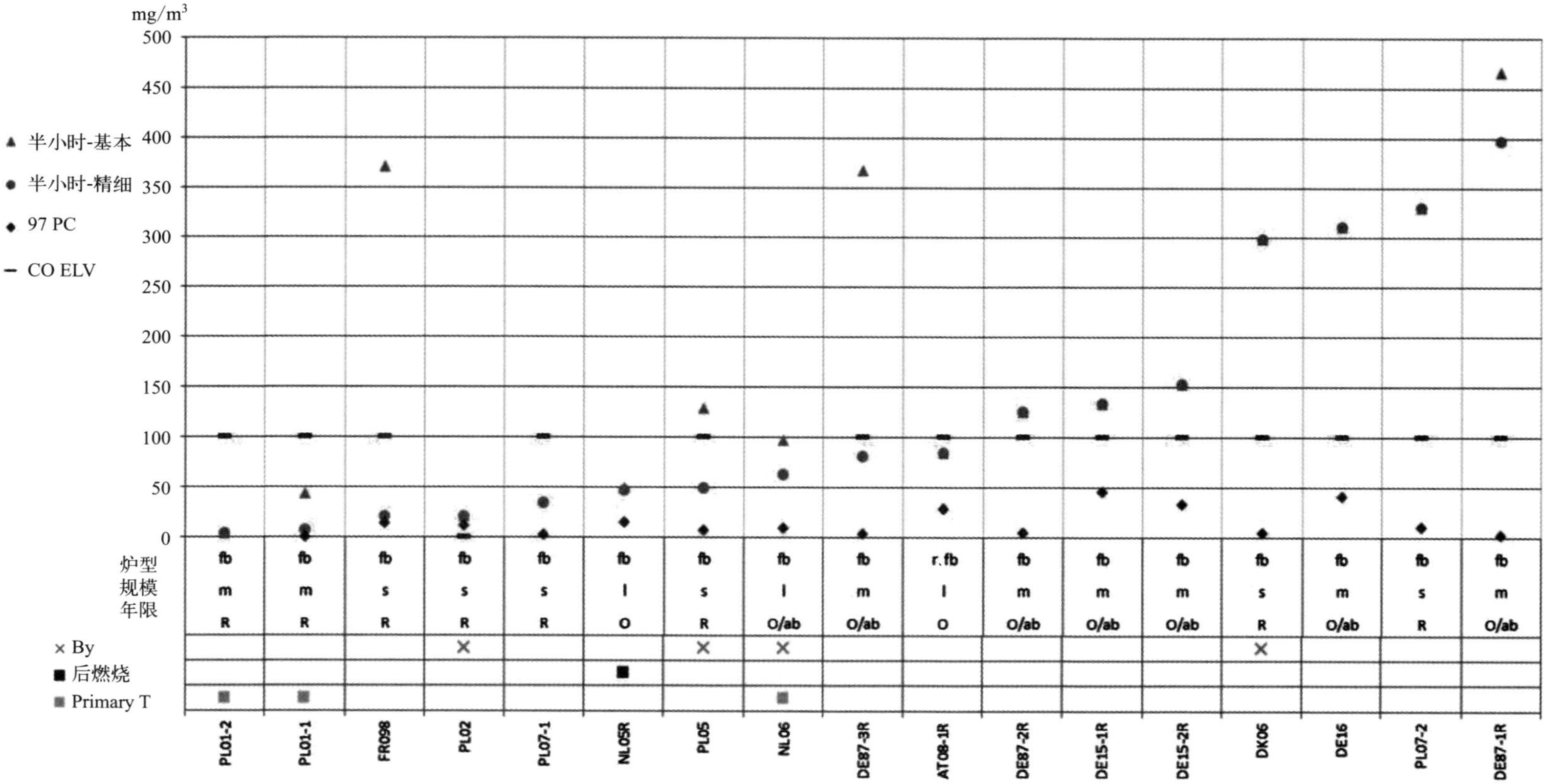

注：
炉型：g—炉排炉；r—回转窑；fb—硫化床；f—除上述类型以外的焚烧炉；gas—气化炉；o—其他。
工厂年限：O—陈旧；I—中等；R—最近//[改造年份：bb—在WI BREF(2006年)之前；ab—在WI BREF(2006年)之后]。
工厂规模：s—小；m—中等；l—大。
By—旁通。
安装技术：Primary T—主要技术。

图 8.93 主要焚烧 SS 的参考焚烧线连续监测 CO 排放至大气中的半小时平均排放水平[81]

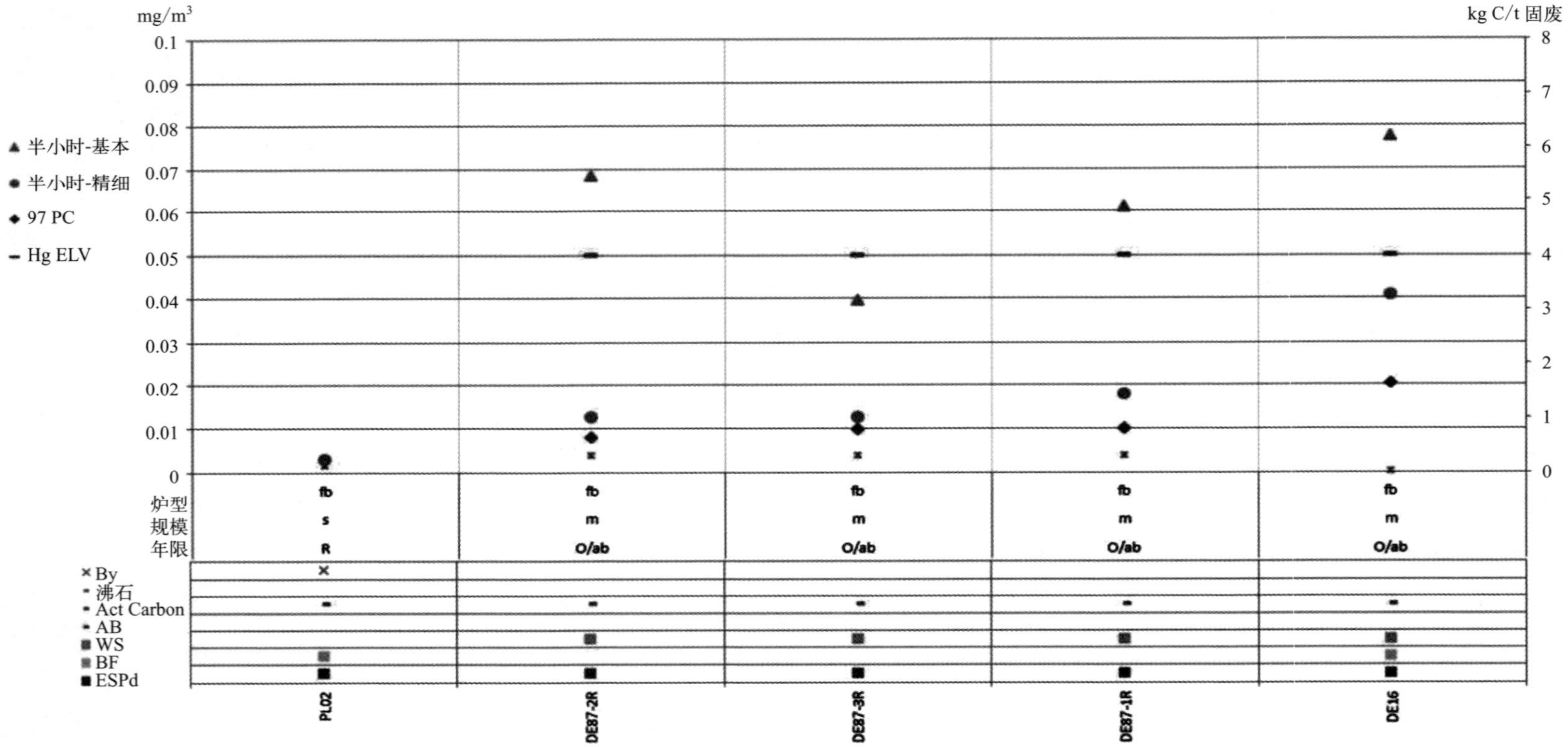

注：
炉型：g—炉排炉；r—回转窑；fb—硫化床；f—除上述类型以外的焚烧炉；gas—气化炉；o—其他。
工厂年限：O—陈旧；I—中等；R—最近//[改造年份：bb—在WI BREF(2006年)之前；ab—在WI BREF(2006年)之后]。
工厂规模：s—小；m—中等；l—大。
By—旁通。
采用试剂：Act Carbon—活性炭。
安装技术：AB—吸附床；WS—湿式洗涤剂；BF—袋式过滤器；ESPd—干式静电除尘器。

图 8.94　主要焚烧 SS 的参考焚烧线连续监测 Hg 排放至大气中的半小时平均排放水平[81]

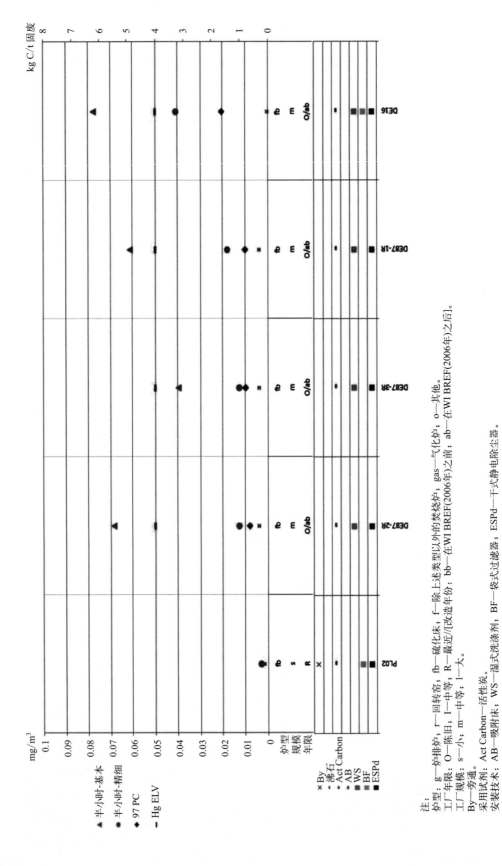

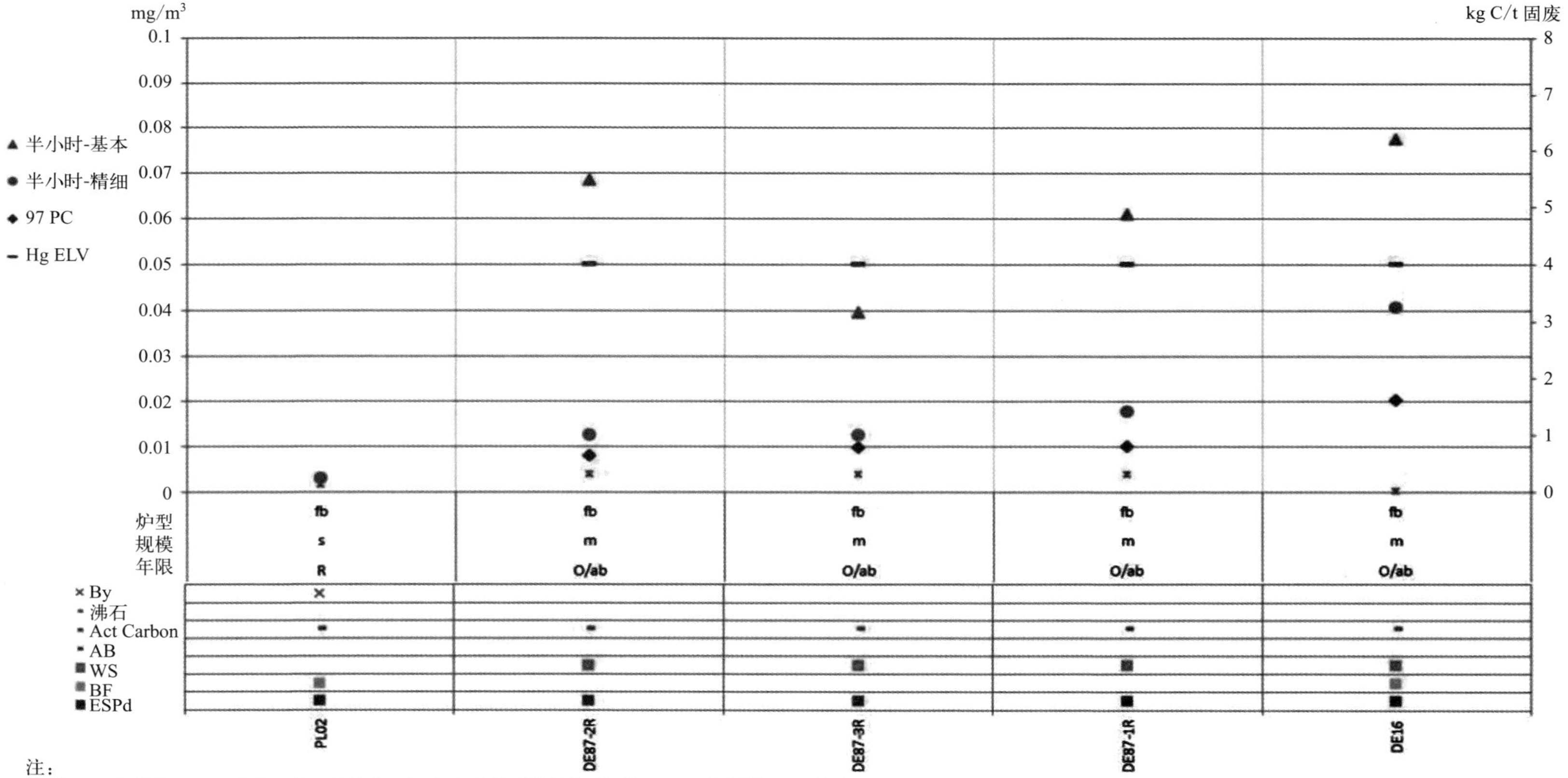

注：
炉型：g—炉排炉；r—回转窑；fb—硫化床；f—除上述类型以外的焚烧炉；gas—气化炉；o—其他。
工厂年限：O—陈旧；I—中等；R—最近//[改造年份：bb—在WI BREF(2006年)之前；ab—在WI BREF(2006年)之后]。
工厂规模：s—小；m—中等；l—大。
By—旁通。
采用试剂：Act Carbon—活性炭。
安装的技术：AB—吸附床；WS—湿式洗涤剂；BF—袋式过滤器；ESPd—干式静电除尘器。

图 8.95　主要焚烧 SS 的参考焚烧线连续监测 Hg 排放至大气中的月平均排放水平[81]

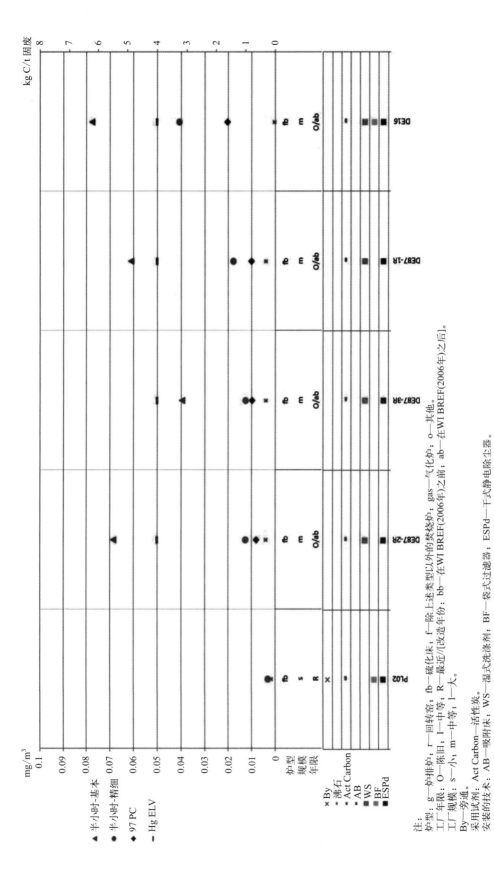

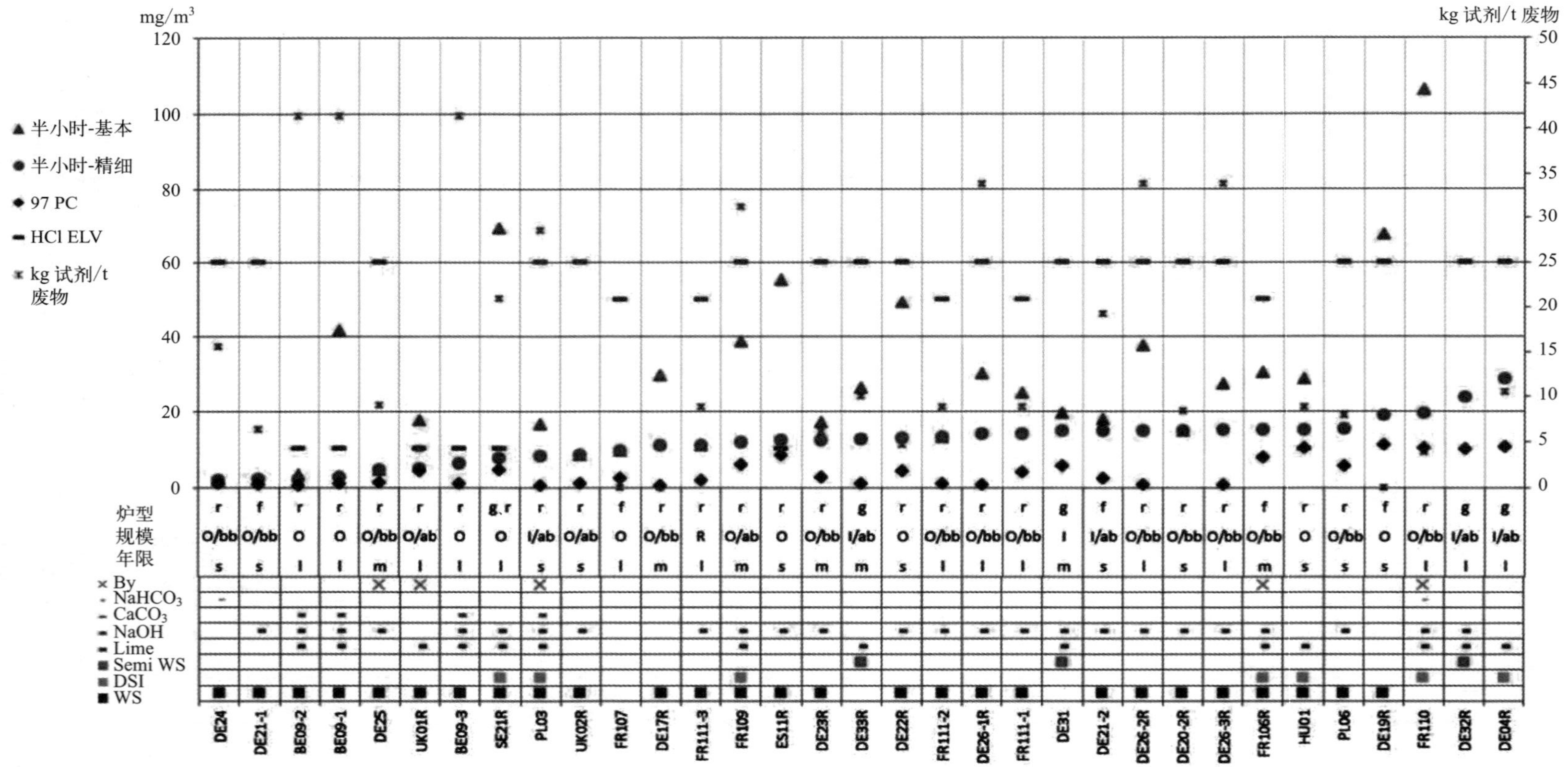

注：
炉型：g—炉排炉；r—回转窑；fb—硫化床；f—除上述类型以外的焚烧炉；gas—气化炉；o—其他。
工厂年限：O—陈旧；I—中等；R—最近//[改造年份：bb—在WI BREF(2006年)之前；ab—在WI BREF(2006年)之后]。
工厂规模：s—小；m—中等；l—大。
By—旁通。
采用试剂：$NaHCO_3$—碳酸氢钠；$CaCO_3$—石灰石；NaOH—氢氧化钠；Lime包括生石灰、熟石灰和高比表面积/孔隙度熟石灰。
安装技术：Semi WS—半湿式洗涤器；DSI—干吸附剂注入；WS—湿式洗涤器。

图 8.96　主要焚烧 HW 的参考焚烧线连续监测 HCl 排放至大气中的半小时平均排放水平[81]

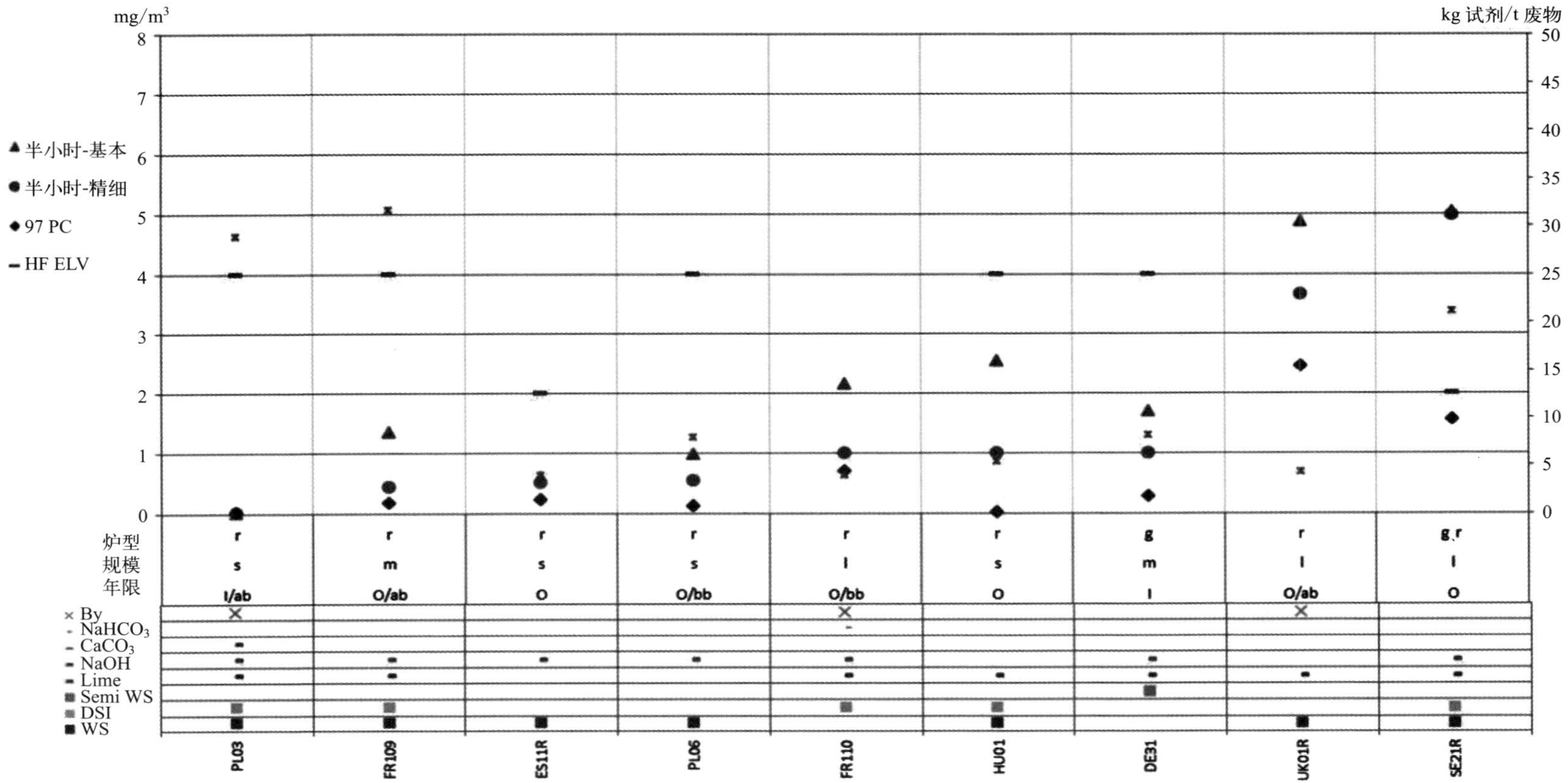

注：
炉型：g—炉排炉；r—回转窑；fb—硫化床；f—除上述类型以外的焚烧炉；gas—气化炉；o—其他。
工厂年限：O—陈旧；I—中等；R—最近//[改造年份：bb—在WI BREF(2006年)之前；ab—在WI BREF(2006年)之后]。
工厂规模：s—小；m—中等；l—大。
By—旁通。
采用试剂：$NaHCO_3$—碳酸氢钠；$CaCO_3$—石灰石；NaOH—氢氧化钠；Lime包括生石灰、熟石灰和高比表面积/孔隙度熟石灰。
安装的技术：Semi WS—半湿式洗涤器；DSI—干吸附剂注入；WS—湿式洗涤器。

图 8.97 主要焚烧 HW 的参考焚烧线连续监测 HF 排放至大气中的半小时平均排放水平[81]

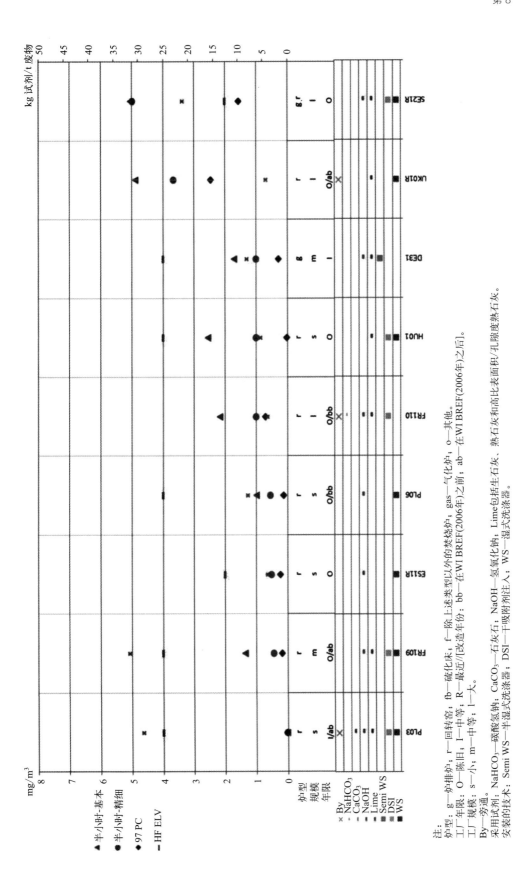

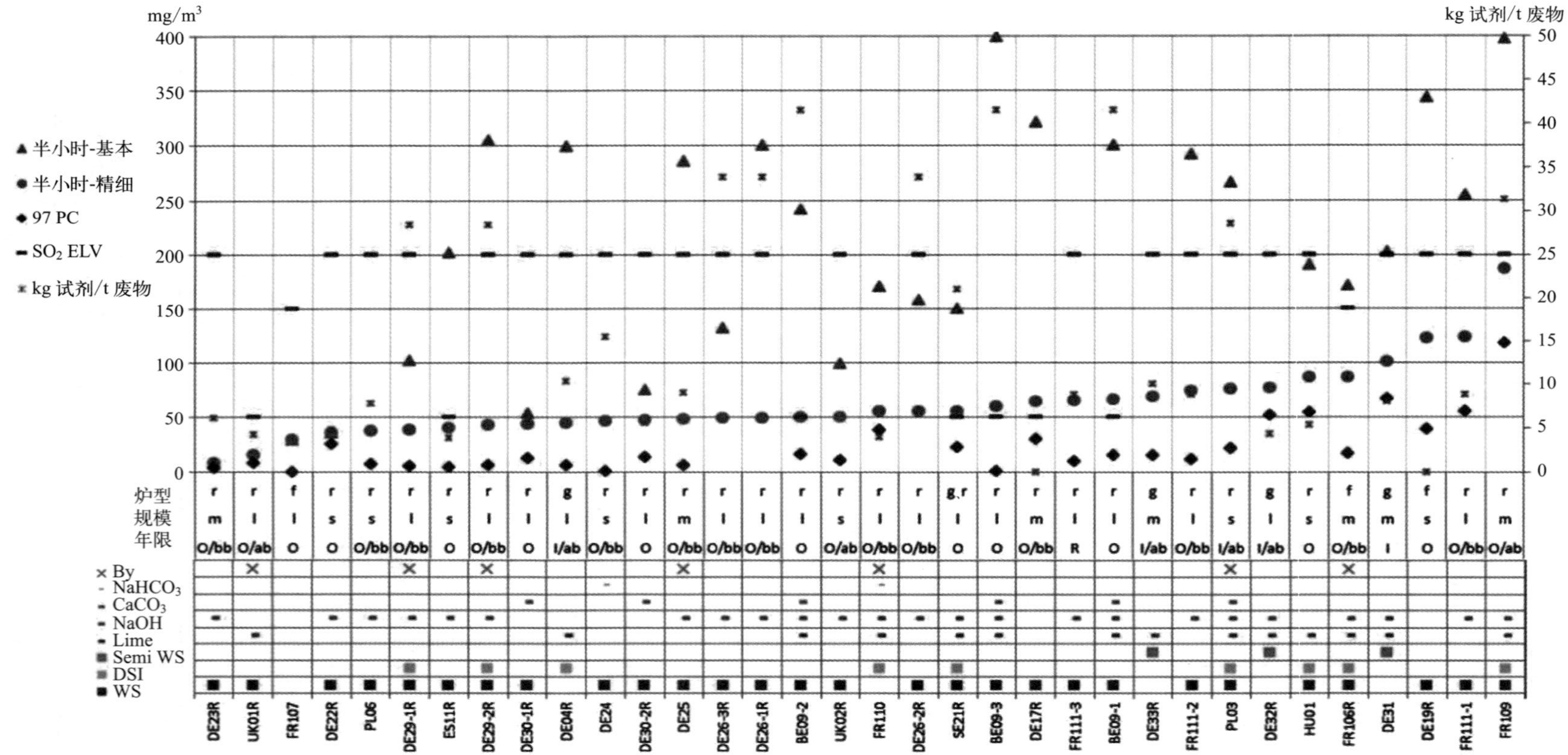

注：
炉型：g—炉排炉；r—回转窑；fb—硫化床；f—除上述类型以外的焚烧炉；gas—气化炉；o—其他。
工厂年限：O—陈旧；I—中等；R—最近//[改造年份：bb—在WI BREF(2006年)之前；ab—在WI BREF(2006年)之后]。
工厂规模：s—小；m—中等；l—大。
By—旁通。
采用试剂：$NaHCO_3$—碳酸氢钠；$CaCO_3$—石灰石；NaOH—氢氧化钠；Lime包括生石灰、熟石灰和高比表面积/孔隙度熟石灰。
安装的技术：Semi WS—半湿式洗涤器；DSI—干吸附剂注入；WS—湿式洗涤器。

图 8.98　主要焚烧 HW 的参考焚烧线连续监测 SO_2 排放至大气中的半小时平均排放水平[81]

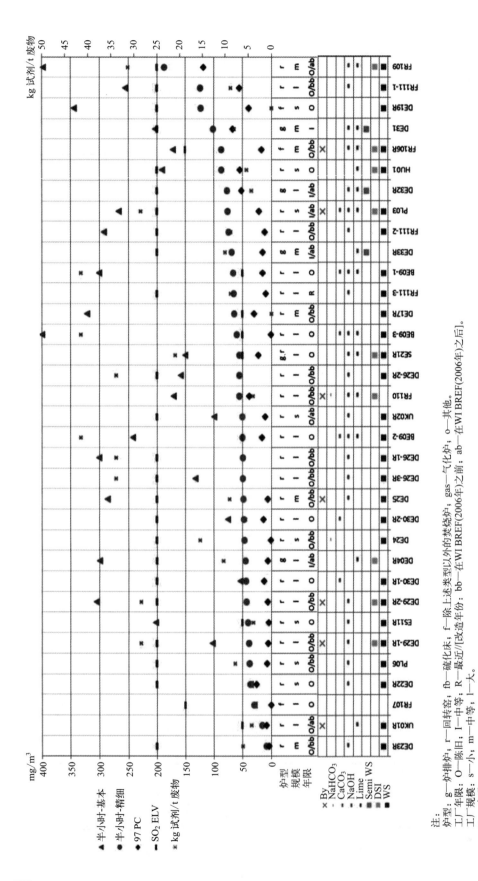

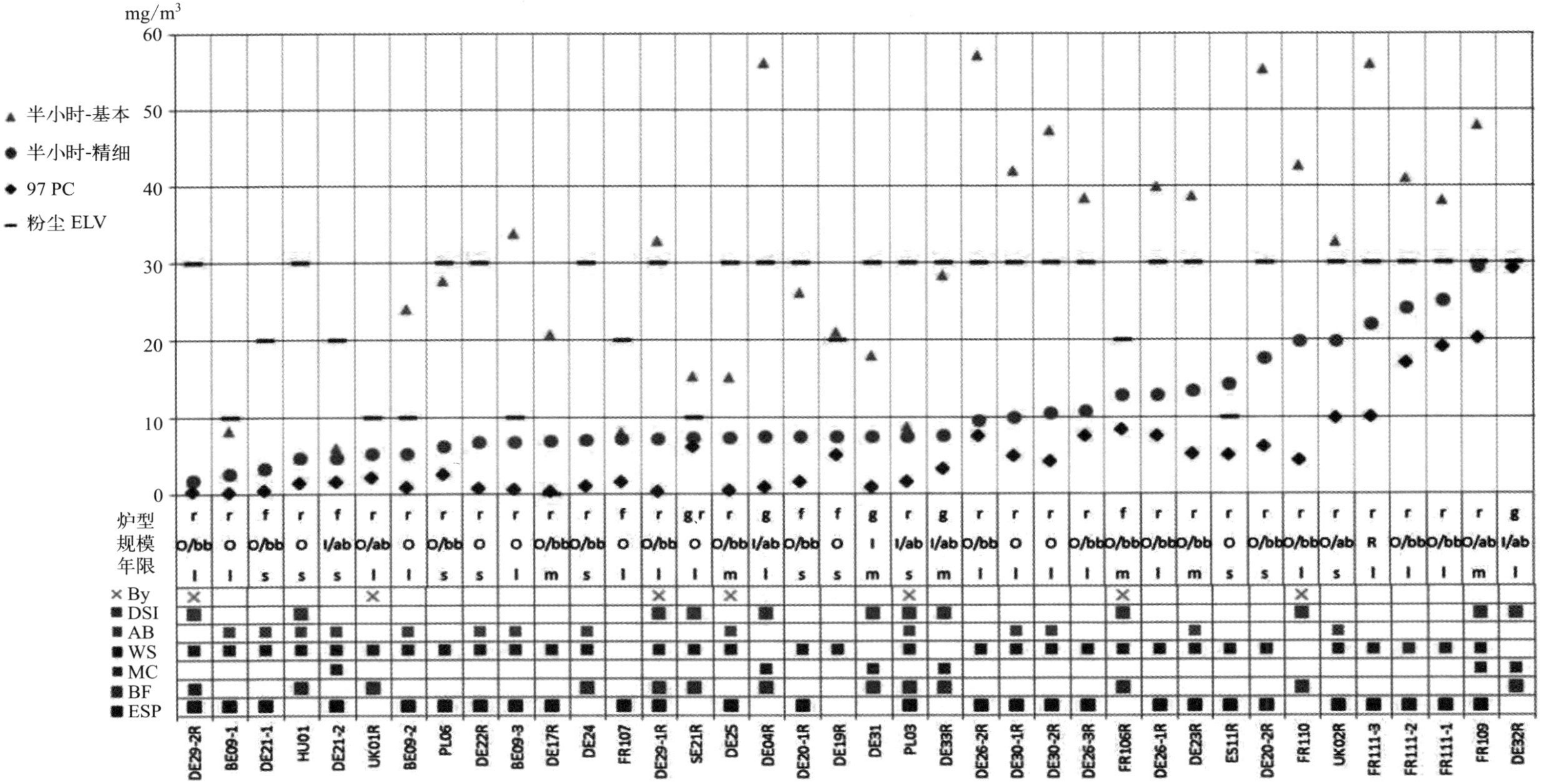

注：
炉型：g—炉排炉；r—回转窑；fb—硫化床；f—除上述类型以外的焚烧炉；gas—气化炉；o—其他。
工厂年限：O—陈旧；I—中等；R—最近//[改造年份：bb—在WI BREF(2006年)之前；ab—在WI BREF(2006年)之后]。
工厂规模：s—小；m—中等；l—大。
By—旁通。
安装技术：DSI—干吸附剂注入；AB—吸附床；WS—湿式洗涤器；MC—多旋风；BF—袋式过滤器；ESP—静电除尘器。

图 8.99 主要焚烧 HW 的参考焚烧线连续监测粉尘排放至大气中的半小时平均排放水平[81]

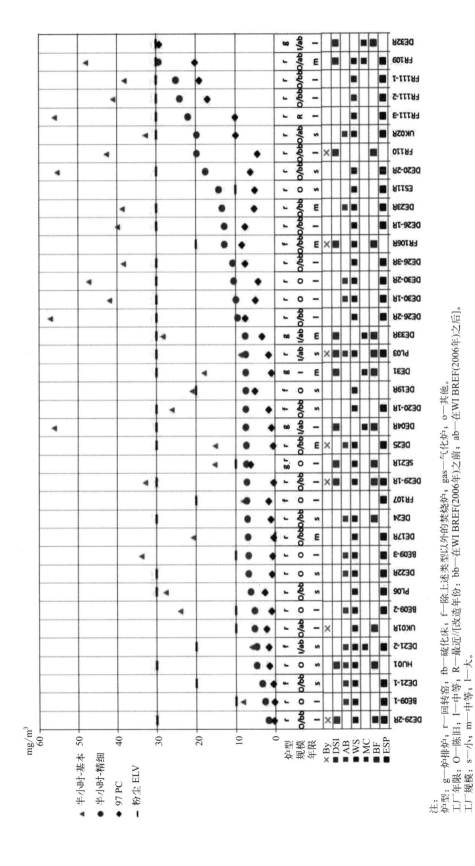

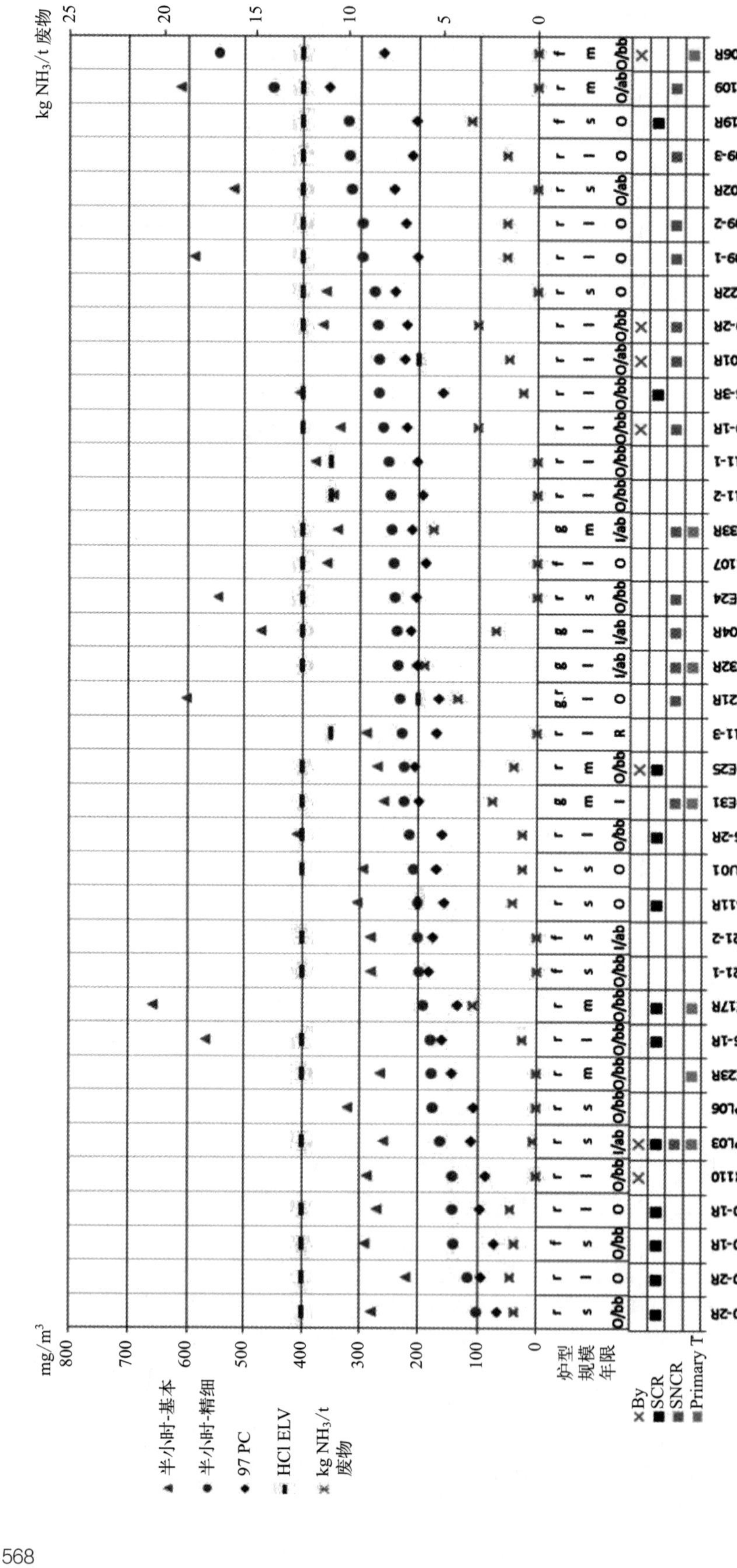

注：
炉型：g—炉排炉；r—回转窑；fb—硫化床；f—除上述类型以外的焚烧炉；gas—气化炉；o—其他。
工厂年限：O—陈旧；I—中等；R—最近/[改造年份：bb—在WI BREF(2006年)之前；ab—在WI BREF(2006年)之后]。
工厂规模：s—小；m—中等；l—大。
By—旁通。
安装技术：SCR—选择性催化还原；SNCR—选择性非催化还原；Primary T—主要技术。

图 8.100 主要焚烧 HW 的参考焚烧线连续监测 NO_X 排放至大气中的半小时平均排放水平[81]

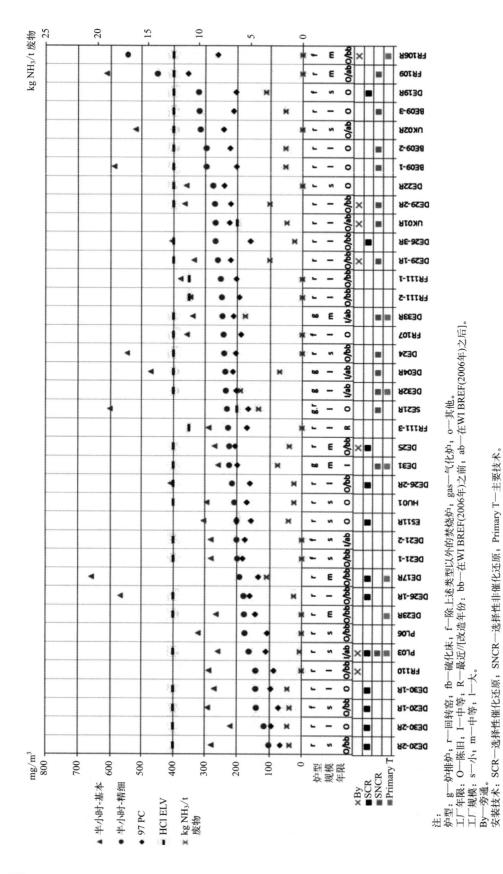

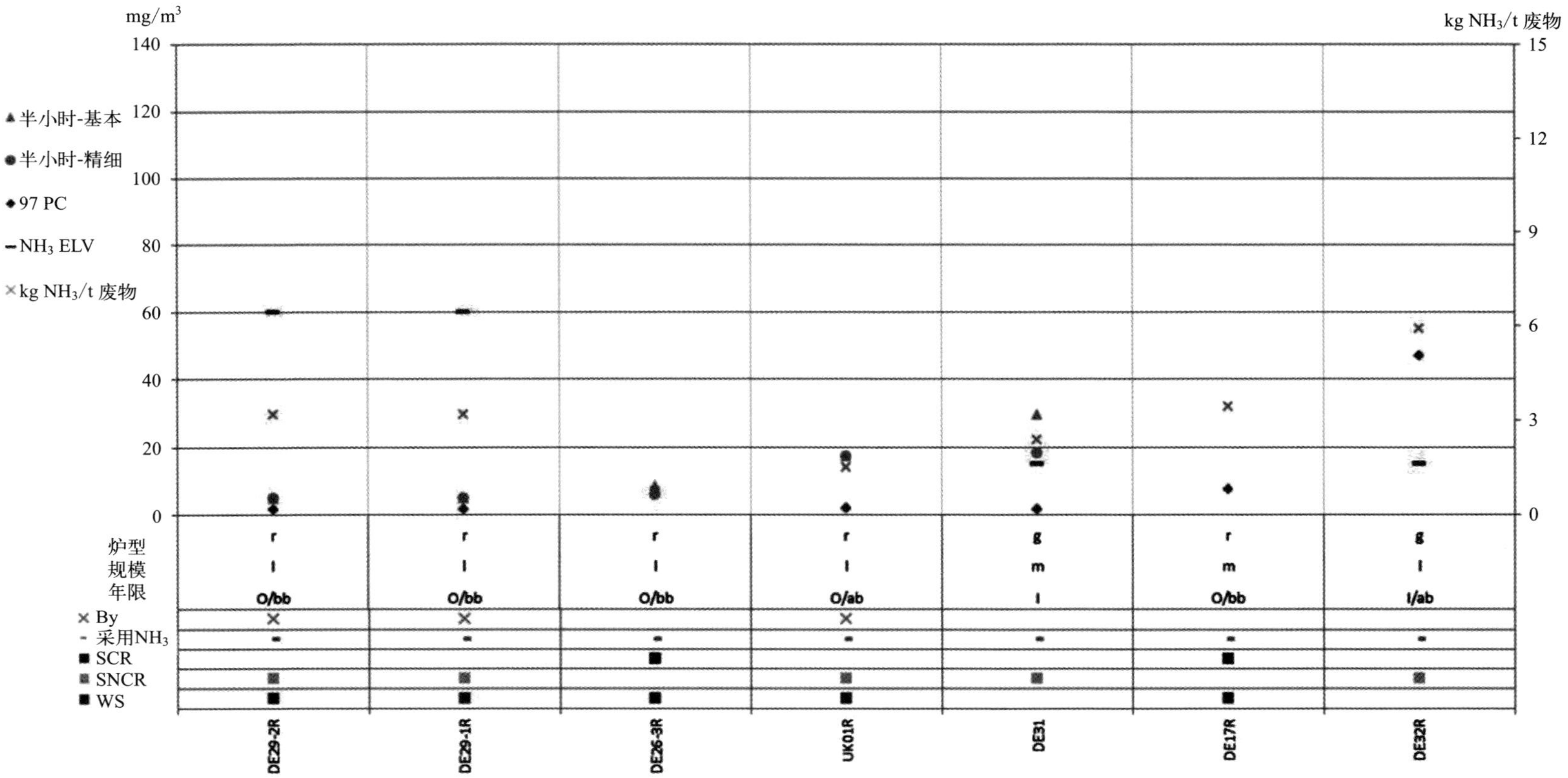

注：
炉型：g—炉排炉；r—回转窑；fb—硫化床；f—除上述类型以外的焚烧炉；gas—气化炉；o—其他。
工厂年限：O—陈旧；I—中等；R—最近//[改造年份：bb—在WI BREF(2006年)之前；ab—在WI BREF(2006年)之后]。
工厂规模：s—小；m—中等；l—大。
By—旁通。
采用试剂：NH_3—氨气。
安装技术：SCR—选择性催化还原；SNCR—选择性非催化还原；WS—湿式洗涤剂。

图 8.101　主要焚烧 HW 的参考焚烧线连续监测 NH_3 排放至大气中的半小时平均排放水平[81]

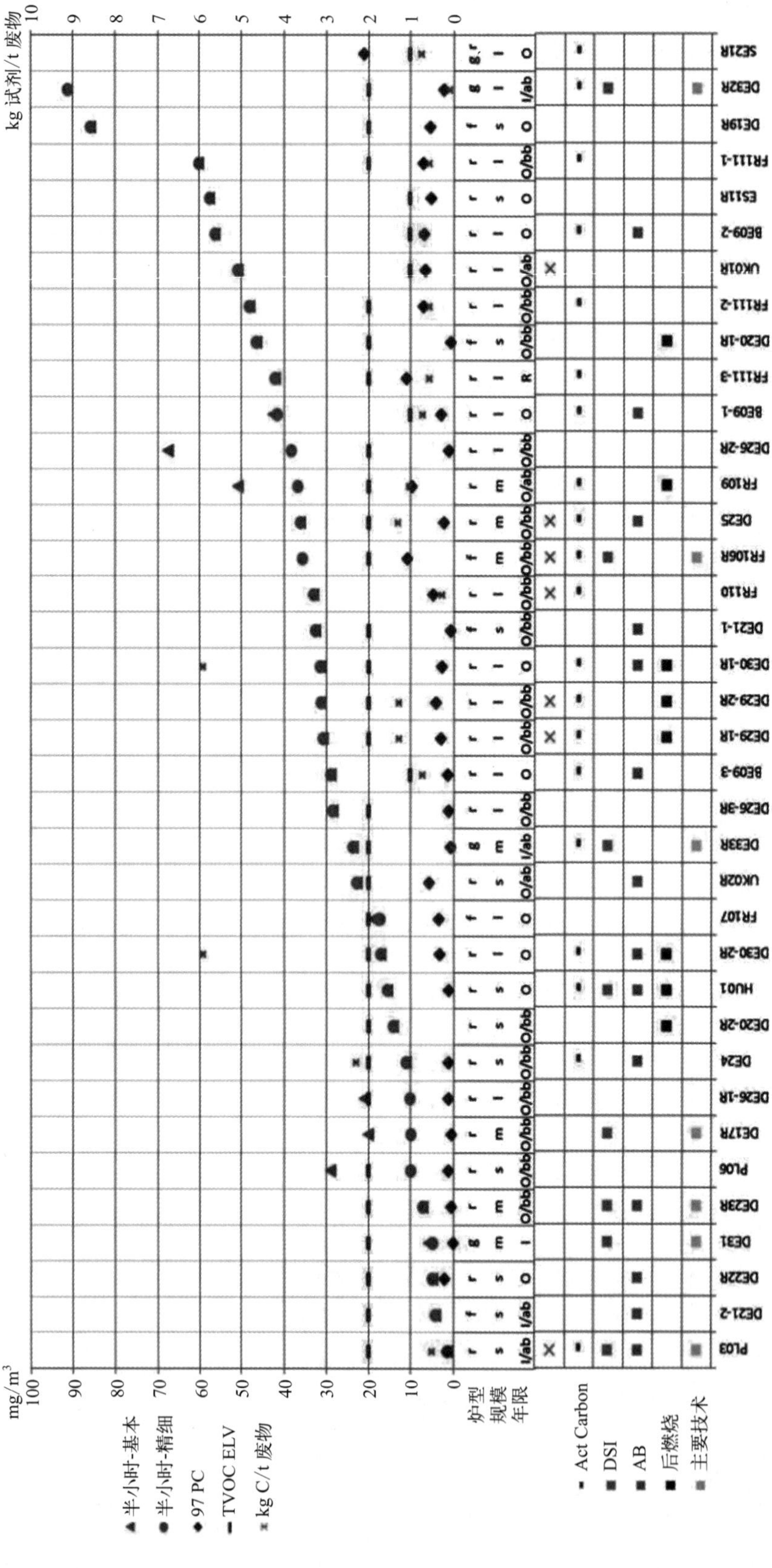

注：
炉型：g—炉排炉；r—回转窑；fb—硫化床；f—除上述类型以外的焚烧炉；gas—气化炉；o—其他。
工厂年限：O—陈旧；I—中等；R—最近/[改造年份：bb—在WI BREF(2006年)之前；ab—在WI BREF(2006年)之后]。
工厂规模：s—小；m—中等；l—大。
By—旁通。
采用试剂：Act Carbon—活性炭。
安装技术：DSI—干吸附剂注入；AB—吸附床。

图 8.102 主要焚烧 HW 的参考焚烧线连续监测 TVOC 排放至大气中的半小时平均排放水平[81]

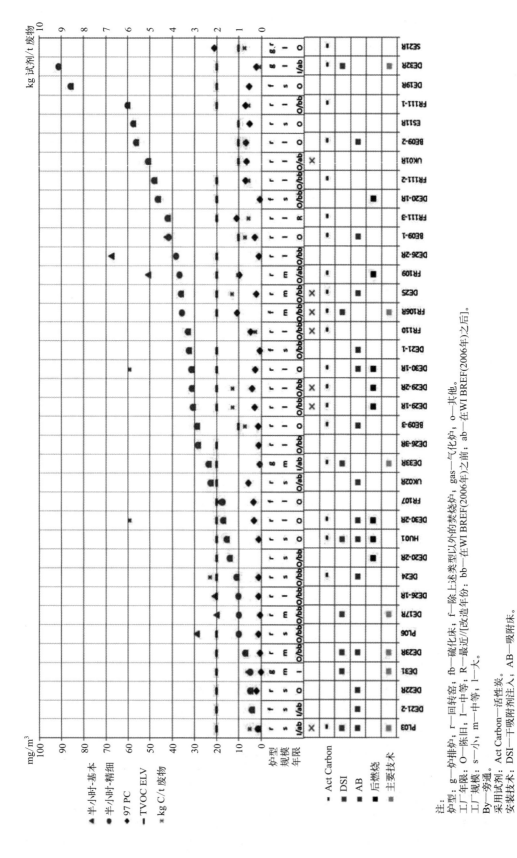

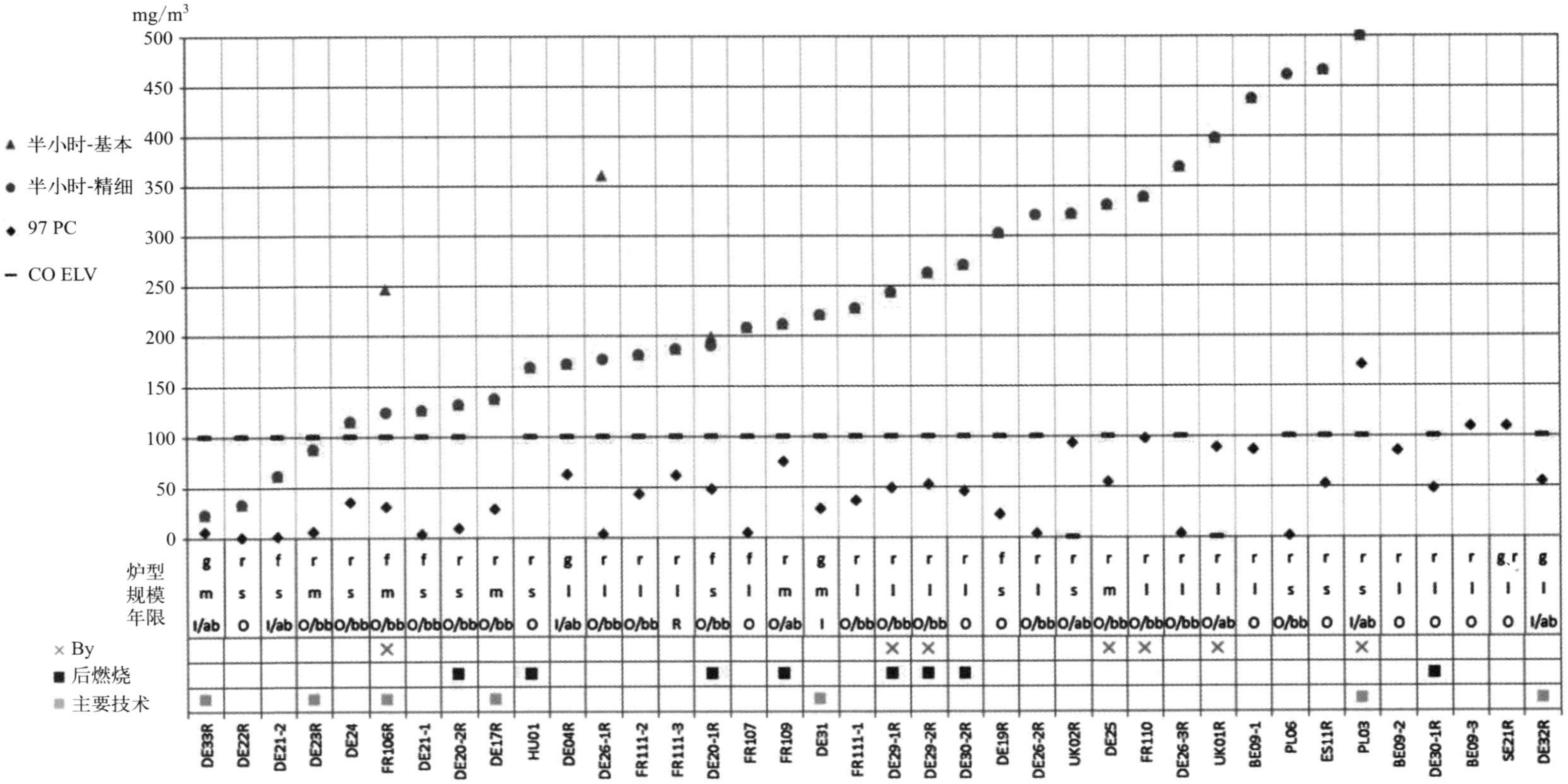

注：
炉型：g—炉排炉；r—回转窑；fb—硫化床；f—除上述类型以外的焚烧炉；gas—气化炉；o—其他。
工厂年限：O—陈旧；I—中等；R—最近//[改造年份：bb—在WI BREF(2006年)之前；ab—在WI BREF(2006年)之后]。
工厂规模：s—小；m—中等；l—大。
By—旁通。
安装技术：Primary T—主要技术。

图 8.103　主要焚烧 HW 的参考焚烧线连续监测 CO 排放至大气中的半小时平均排放水平[81]

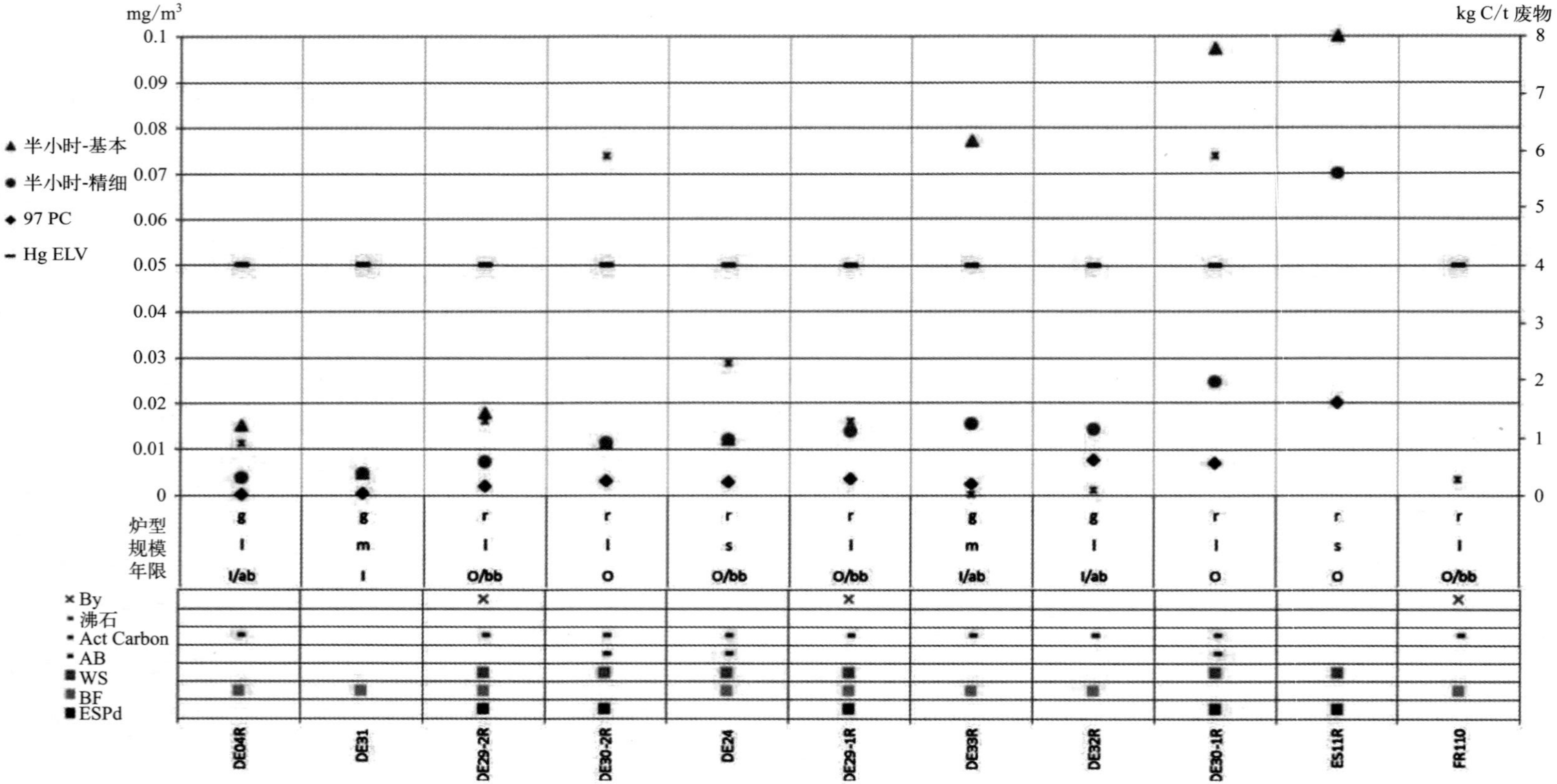

注：
炉型：g—炉排炉；r—回转窑；fb—硫化床；f—除上述类型以外的焚烧炉；gas—气化炉；o—其他。
工厂年限：O—陈旧；I—中等；R—最近//[改造年份：bb—在WI BREF(2006年)之前；ab—在WI BREF(2006年)之后]。
工厂规模：s—小；m—中等；l—大。
By—旁通。
采用试剂：Act Carbon—活性炭。
安装技术：AB—吸附床；WS—湿式洗涤剂；BF—袋式过滤器；ESPd—干式静电除尘器。

图 8.104　主要焚烧 HW 的参考焚烧线连续监测 Hg 排放至大气中的半小时平均排放水平[81]

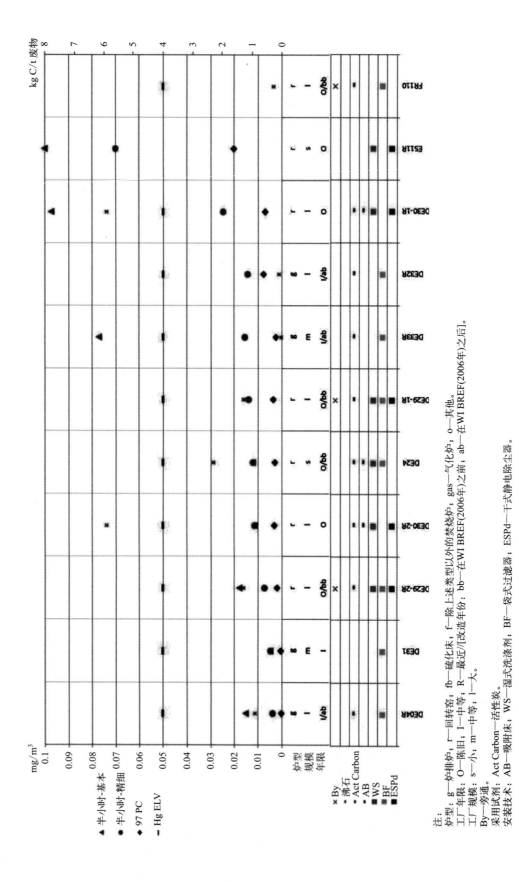

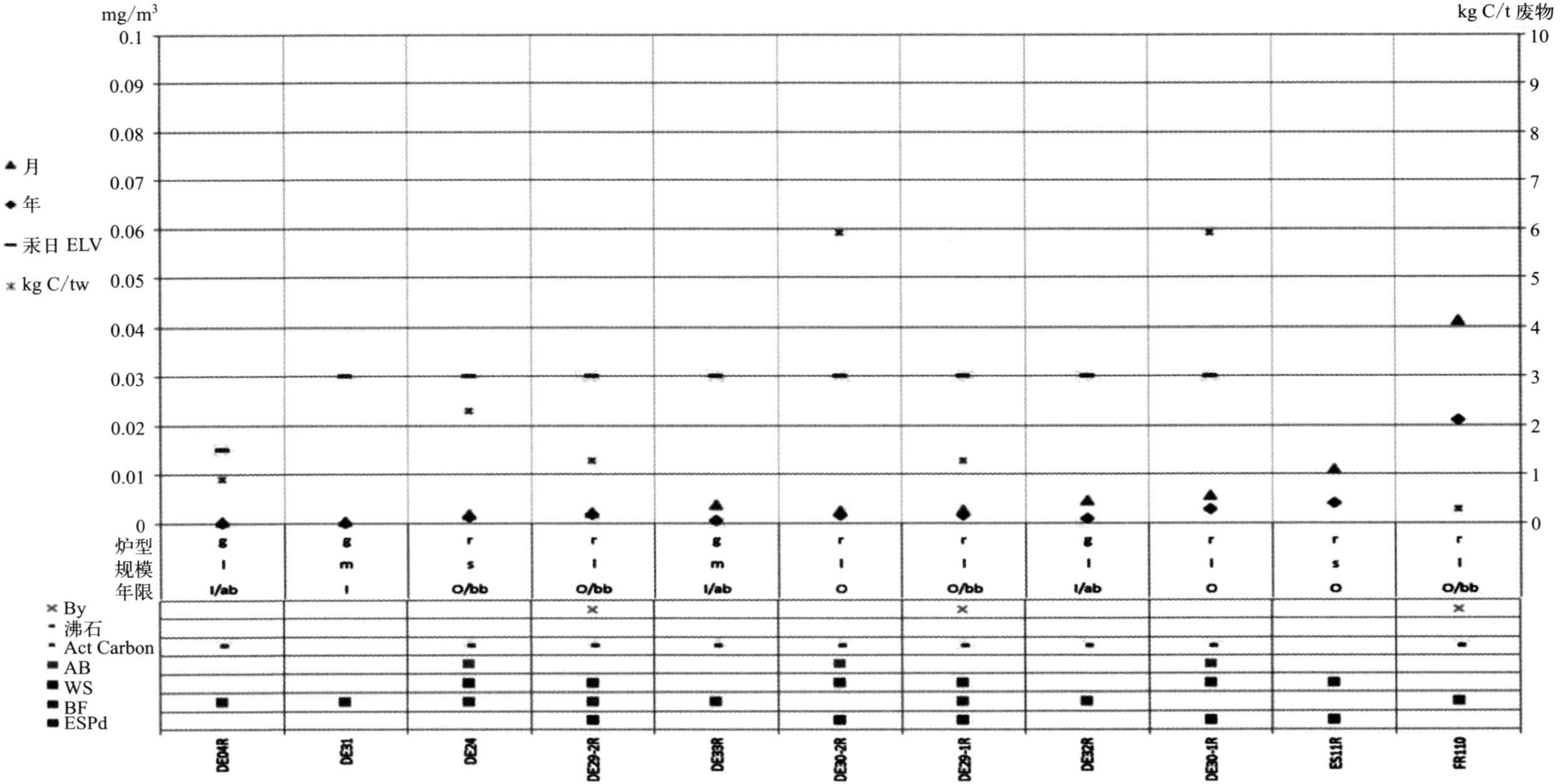

注：
炉型：g—炉排炉；r—回转窑；fb—硫化床；f—除上述类型以外的焚烧炉；gas—气化炉；o—其他。
工厂年限：O—陈旧；I—中等；R—最近//[改造年份：bb—在WI BREF(2006年)之前；ab—在WI BREF(2006年)之后]。
工厂规模：s—小；m—中等；l—大。
By—旁通。
采用试剂：Act Carbon—活性炭。
安装技术：AB—吸附床；WS—湿式洗涤剂；BF—袋式过滤器；ESPd—干式静电除尘器。

图 8.105　主要焚烧 HW 的参考焚烧线连续监测 Hg 排放至大气中的月平均排放水平[81]

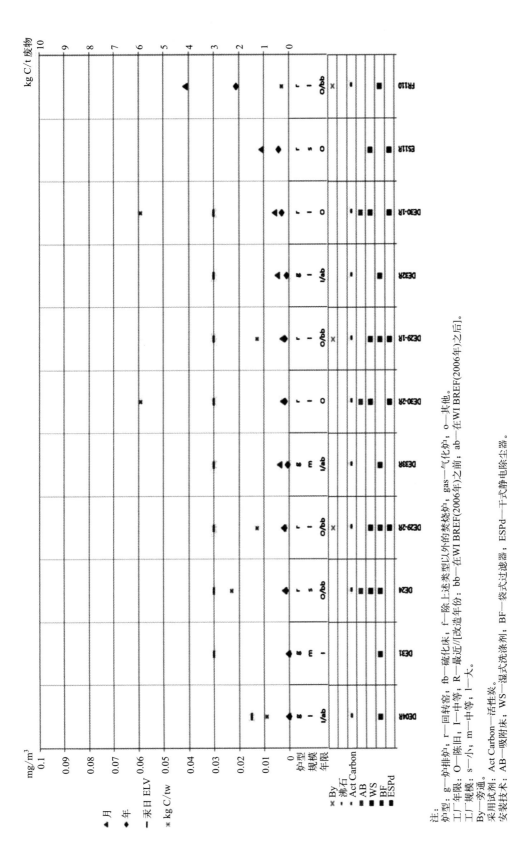

8.8 在2016年数据采集中废物焚烧厂报告的周期性监测排放水平数据：详细图

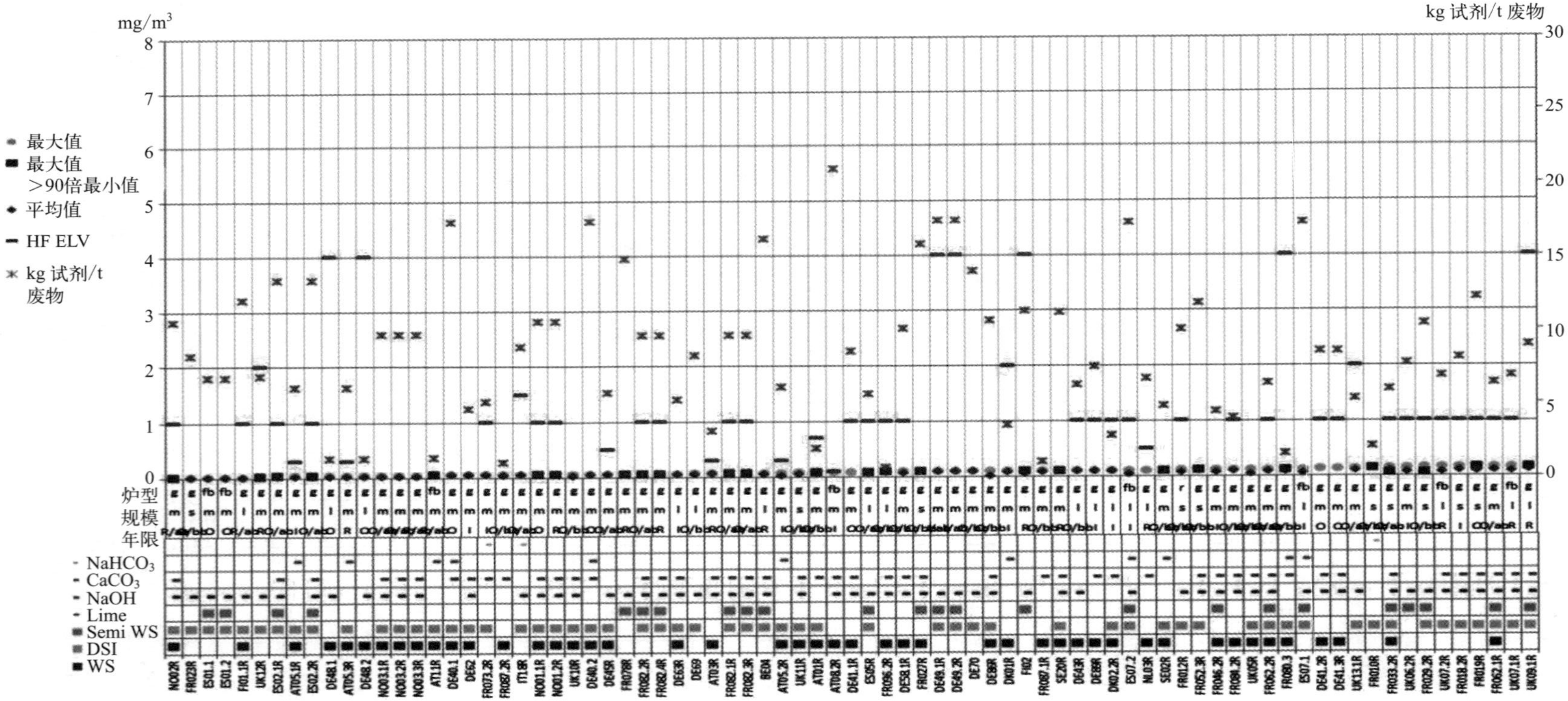

注：
炉型：g—炉排炉；r—回转窑；fb—流化床；f—除上述类型以外的炉型；gas—气化；o—其他。
年限：O—陈旧；I—中间；R—最近//[改造年份：bb—在WI BREF(2006年)之前；ab—在WI BREF(2006年)之后]。
焚烧厂规模：s—小；m—中等；l—大。
By—旁通。
所用试剂：$NaHCO_3$—碳酸氢钠；$CaCO_3$—石灰石；NaOH—氢氧化钠；Lime包括生石灰、熟石灰和高比表面积/孔隙度熟石灰。
安装技术：Semi WS—半湿式洗涤器；DSI—干式吸附剂注入；WS—湿式洗涤器。

图 8.106 主要焚烧 MSW 的参考焚烧线周期性监测 HF 排放至大气的排放水平（1/2）[81]

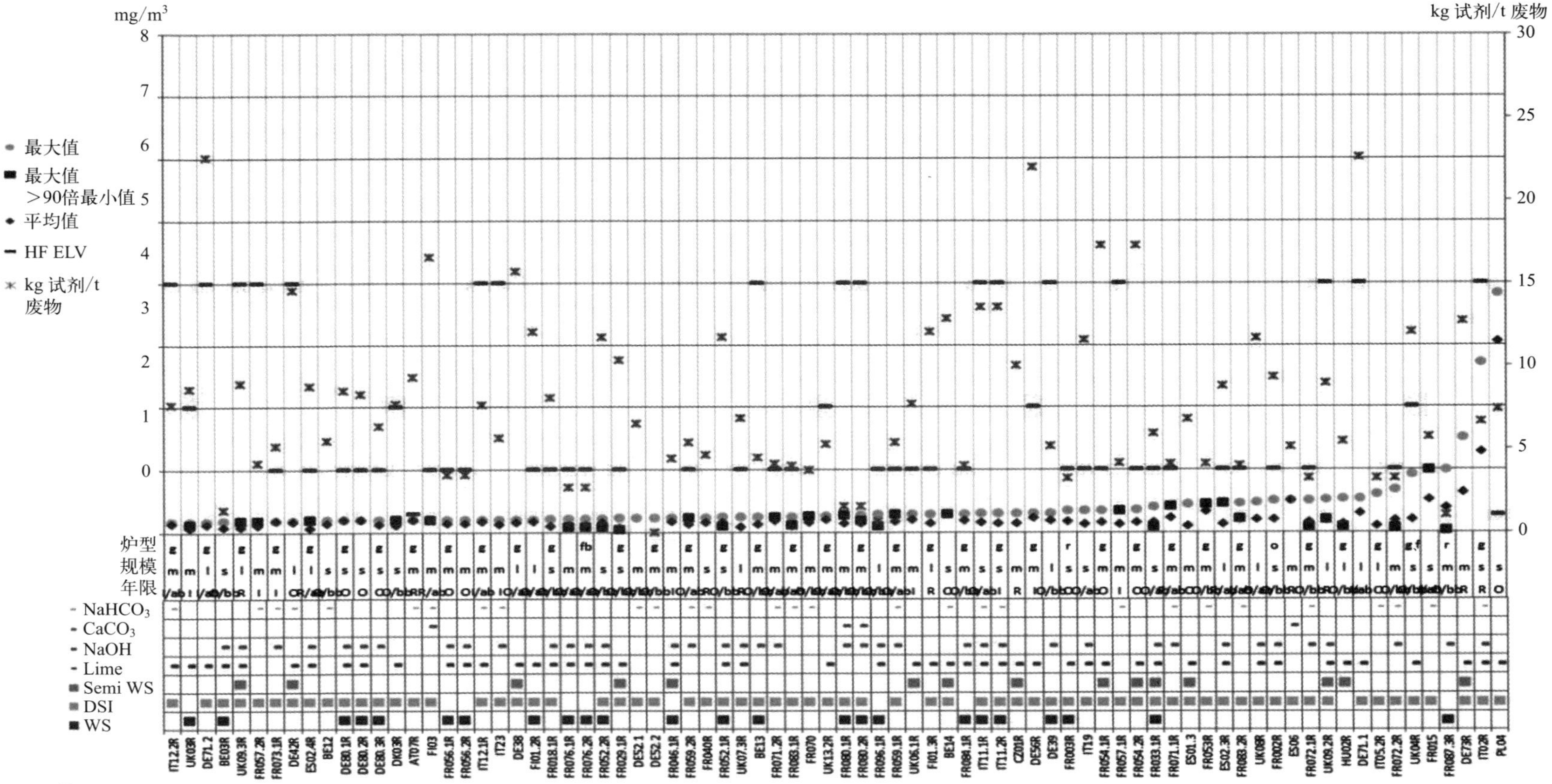

注：
炉型：g—炉排炉；r—回转窑；fb—流化床；f—除上述类型以外的炉型；gas—气化；o—其他。
年限：O—陈旧；I—中间；R—最近//[改造年份：bb—在WI BREF(2006年)之前；ab—在WI BREF(2006年)之后]。
焚烧厂规模：s—小；m—中等；l—大。
By—旁通。
所用试剂：$NaHCO_3$—碳酸氢钠；$CaCO_3$—石灰石；NaOH—氢氧化钠；Lime包括生石灰、熟石灰和高比表面积/孔隙度熟石灰。
安装技术：Semi WS—半湿式洗涤器；DSI—干式吸附剂注入；WS—湿式洗涤器。

图 8.107　主要焚烧 MSW 的参考焚烧线周期性监测 HF 排放至大气的排放水平（2/2）[81]

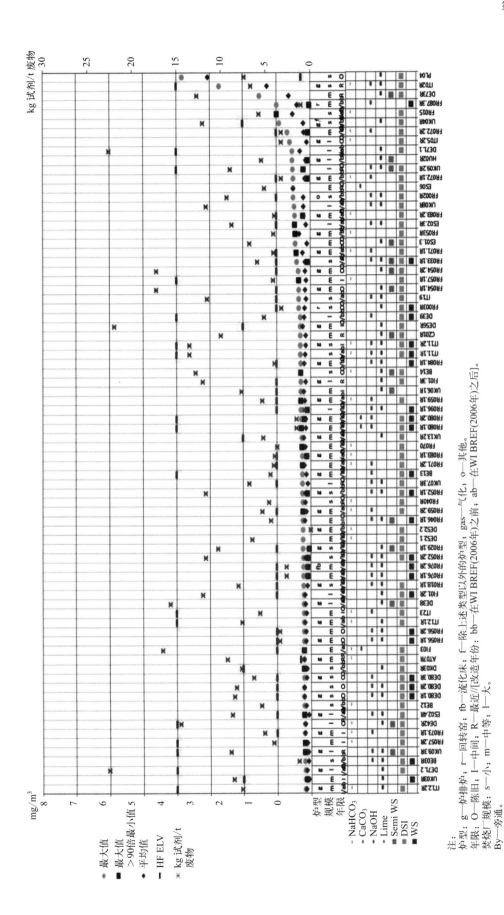

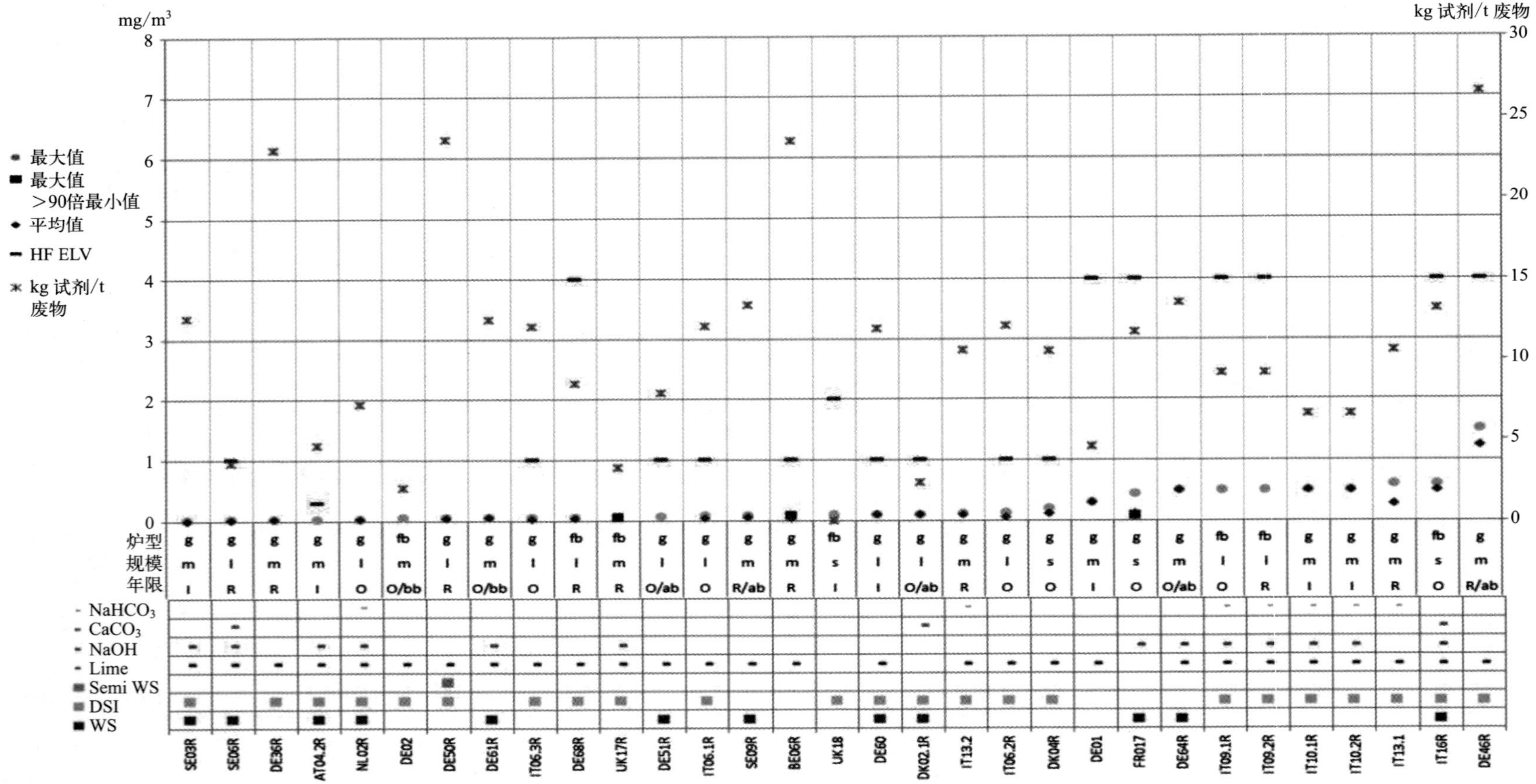

注：
炉型：g—炉排炉；r—回转窑；fb—流化床；f—除上述类型以外的炉型；gas—气化；o—其他。
年限：O—陈旧；I—中间；R—最近//[改造年份：bb—在WI BREF(2006年)之前；ab—在WI BREF(2006年)之后]。
焚烧厂规模：s—小；m—中等；l—大。
By—旁通。
所用试剂：$NaHCO_3$—碳酸氢钠；$CaCO_3$—石灰石；NaOH—氢氧化钠；Lime包括生石灰、熟石灰和高比表面积/孔隙度熟石灰。
安装技术：Semi WS—半湿式洗涤器；DSI—干式吸附剂注入；WS—湿式洗涤器。

图 8.108 主要焚烧 ONHW 的参考焚烧线周期性监测 HF 排放至大气的排放水平[81]

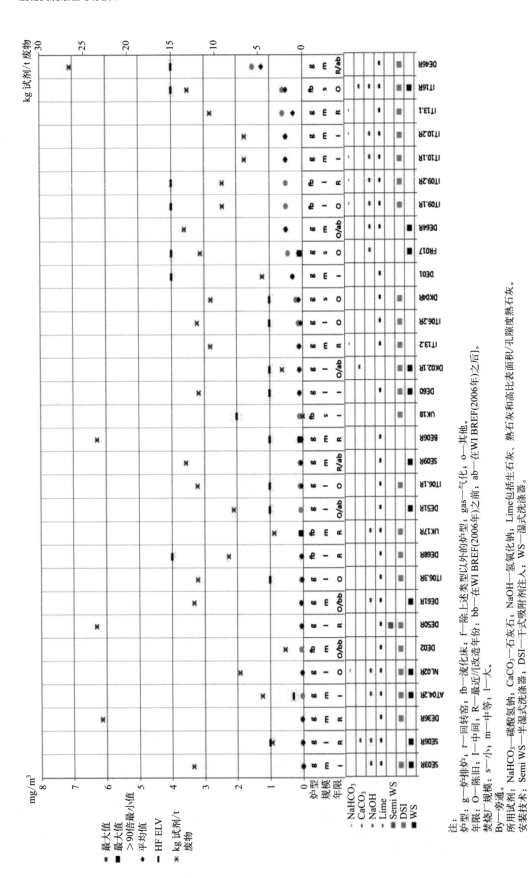

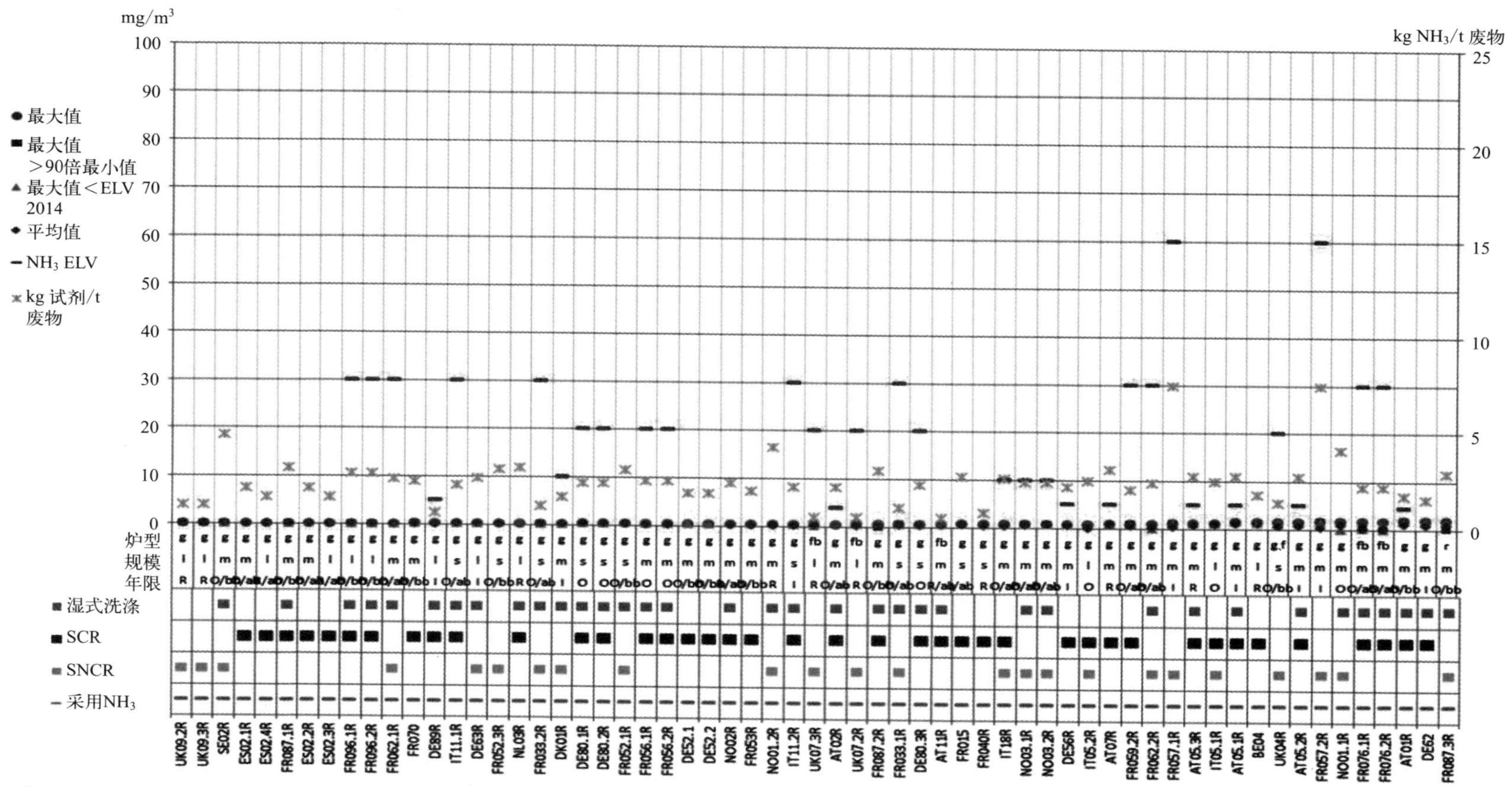

注：
炉型：g—炉排炉；r—回转窑；fb—流化床；f—除上述类型以外的炉型；gas—气化；o—其他。
年限：O—陈旧；I—中间；R—最近//[改造年份：bb—在WI BREF(2006年)之前；ab—在WI BREF(2006年)之后]。
焚烧厂规模：s—小；m—中等；l—大。
By—旁通。
安装技术：SCR—选择性催化还原；SNCR—选择性非催化还原。
采用试剂：NH_3—氨。

图 8.109 主要焚烧 MSW 的参考焚烧线周期性监测 NH_3 排放至大气的排放水平（1/2）[81]

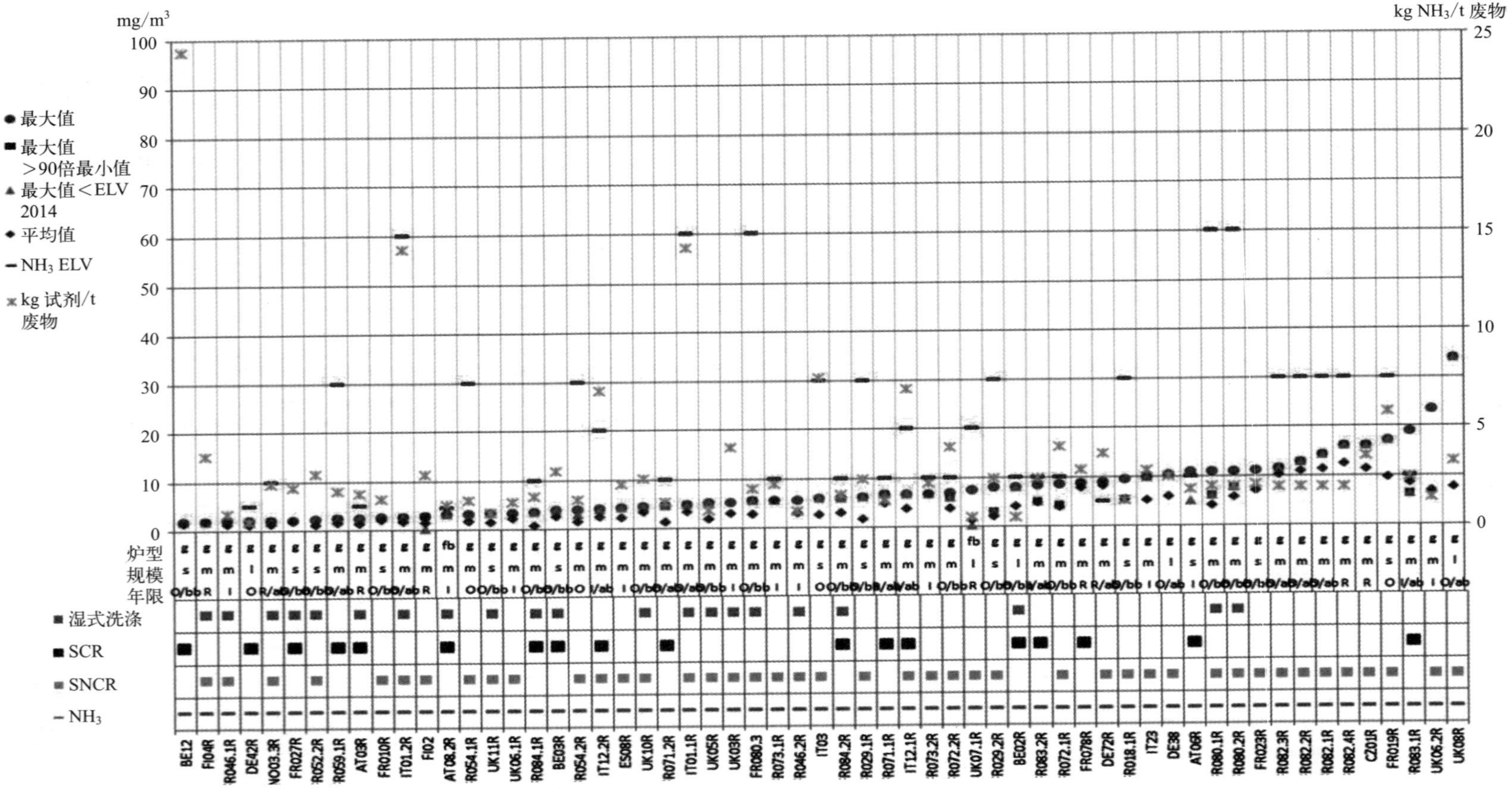

注：
炉型：g—炉排炉；r—回转窑；fb—流化床；f—除上述类型以外的炉型；gas—气化；o—其他。
年限：O—陈旧；I—中间；R—最近//[改造年份：bb—在WI BREF(2006年)之前；ab—在WI BREF(2006年)之后]。
焚烧厂规模：s—小；m—中等；l—大。
By—旁通。
安装技术：SCR—选择性催化还原；SNCR—选择性非催化还原。
采用试剂：NH_3—氨。

图 8.110　主要焚烧 MSW 的参考焚烧线周期性监测 NH_3 排放至大气的排放水平（2/2）[81]

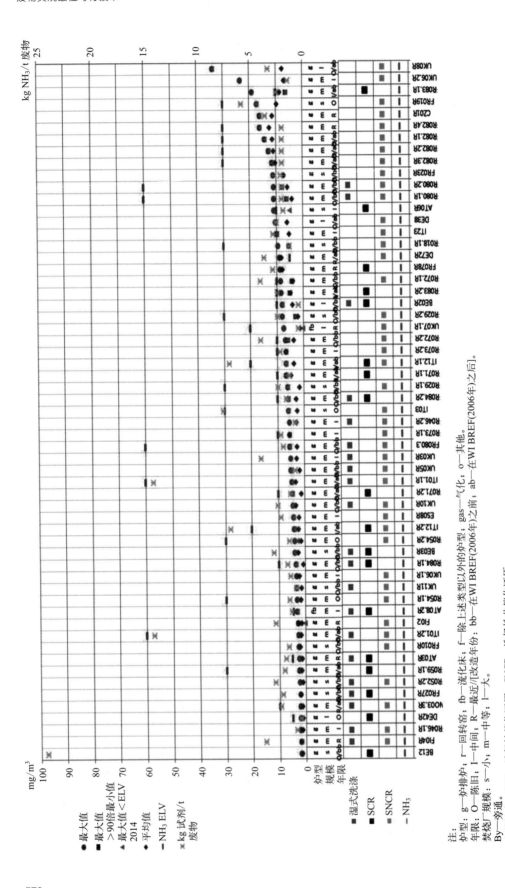

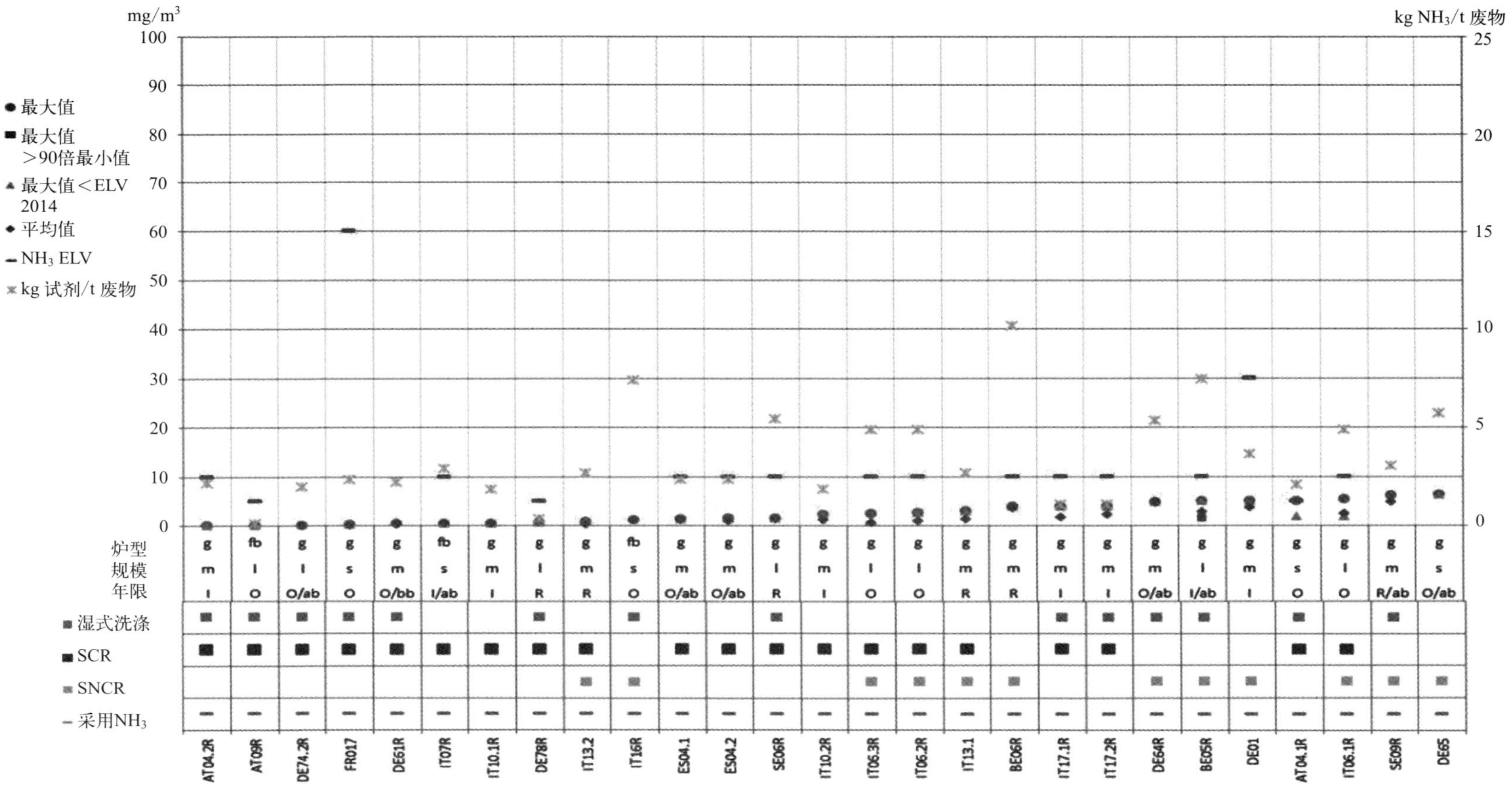

注：
炉型：g—炉排炉；r—回转窑；fb—流化床；f—除上述类型以外的炉型；gas—气化；o—其他。
年限：O—陈旧；I—中间；R—最近//[改造年份：bb—在WI BREF(2006年)之前；ab—在WI BREF(2006年)之后]。
焚烧厂规模：s—小；m—中等；l—大。
By—旁通。
安装技术：SCR—选择性催化还原；SNCR—选择性非催化还原。
采用试剂：NH_3—氨。

图 8.111 主要焚烧 ONHW 的参考焚烧线周期性监测 NH_3 排放至大气的排放水平[81]

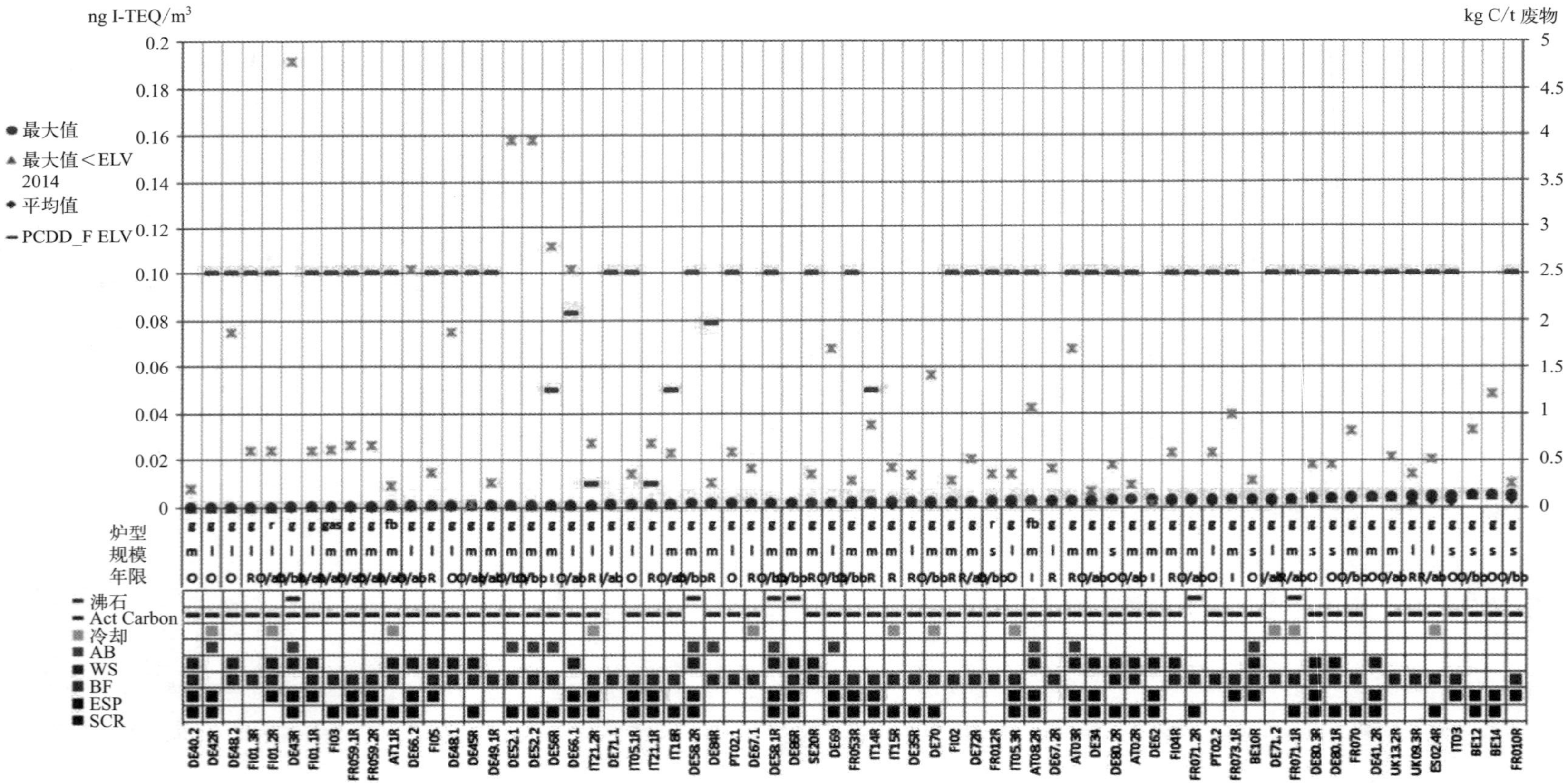

注：
炉型：g—炉排炉；r—回转窑；fb—流化床；f—除上述类型以外的炉型；gas—气化；o—其他。
年限：O—陈旧；I—中间；R—最近//[改造年份：bb—在WI BREF(2006年)之前；ab—在WI BREF(2006年)之后]。
焚烧厂规模：s—小；m—中等；l—大。
By—旁通。
采用试剂：Act Carbon—活性炭。
安装技术：AB—吸附床；WS—湿式洗涤器；BF—袋式过滤器；ESP—静电除尘器；SCR—选择性催化还原。

图 8.112 主要焚烧 MSW 的参考焚烧线周期性监测 PCDD/F 排放至大气的排放水平（1/3）[81]

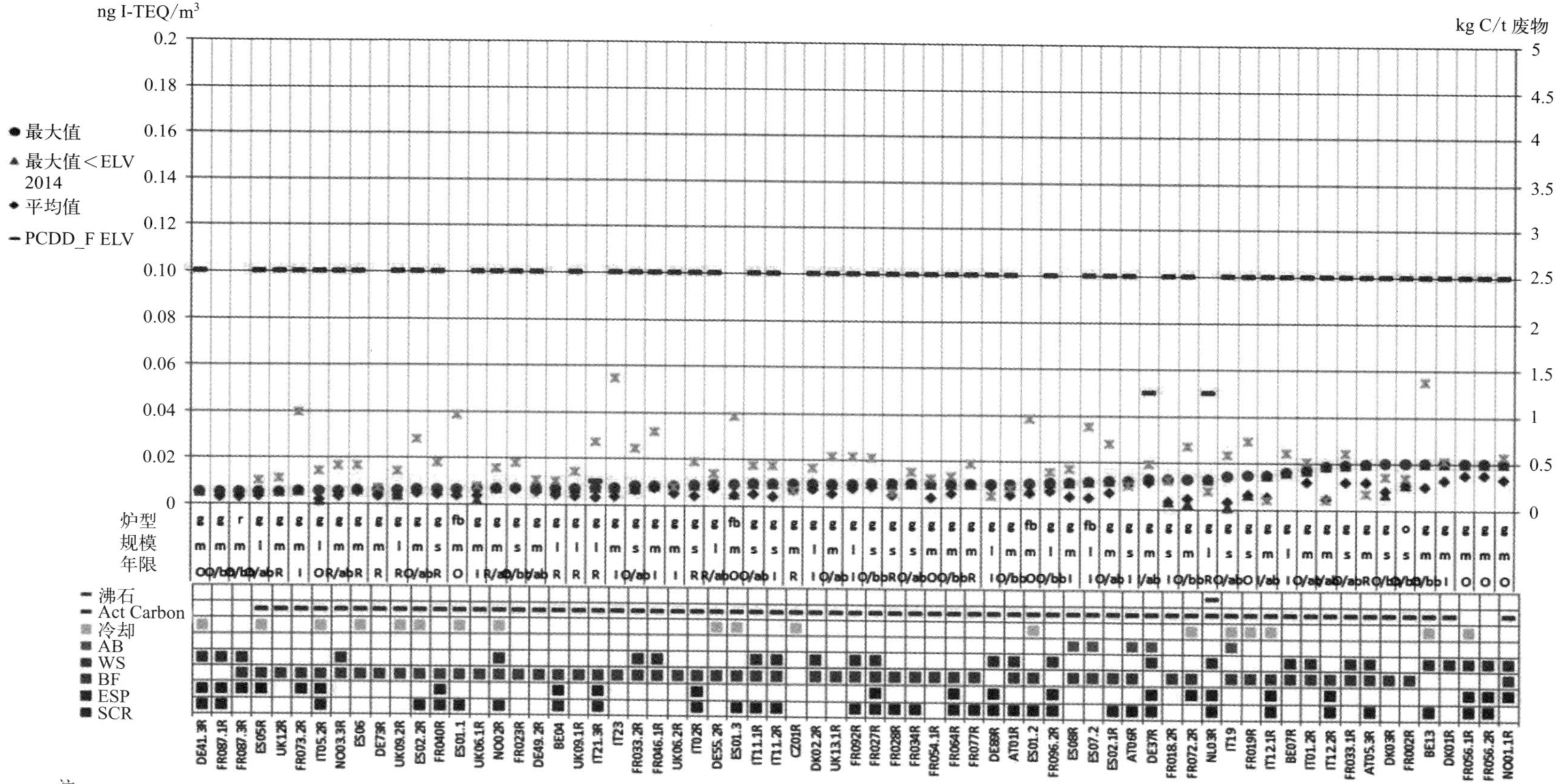

注：
炉型：g—炉排炉；r—回转窑；fb—流化床；f—除上述类型以外的炉型；gas—气化；o—其他。
年限：O—陈旧；I—中间；R—最近//[改造年份：bb—在WI BREF(2006年)之前；ab—在WI BREF(2006年)之后]。
焚烧厂规模：s—小；m—中等；l—大。
By—旁通。
采用试剂：Act Carbon—活性炭。
安装技术：AB—吸附床；WS—湿式洗涤器；BF—袋式过滤器；ESP—静电除尘器；SCR—选择性催化还原。

图 8.113　主要焚烧 MSW 的参考焚烧线周期性监测 PCDD/F 排放至大气的排放水平（2/3）[81]

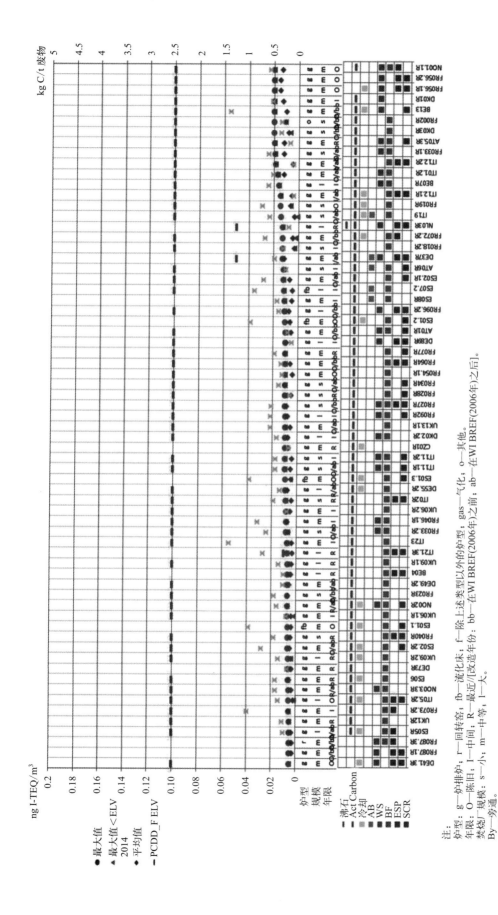

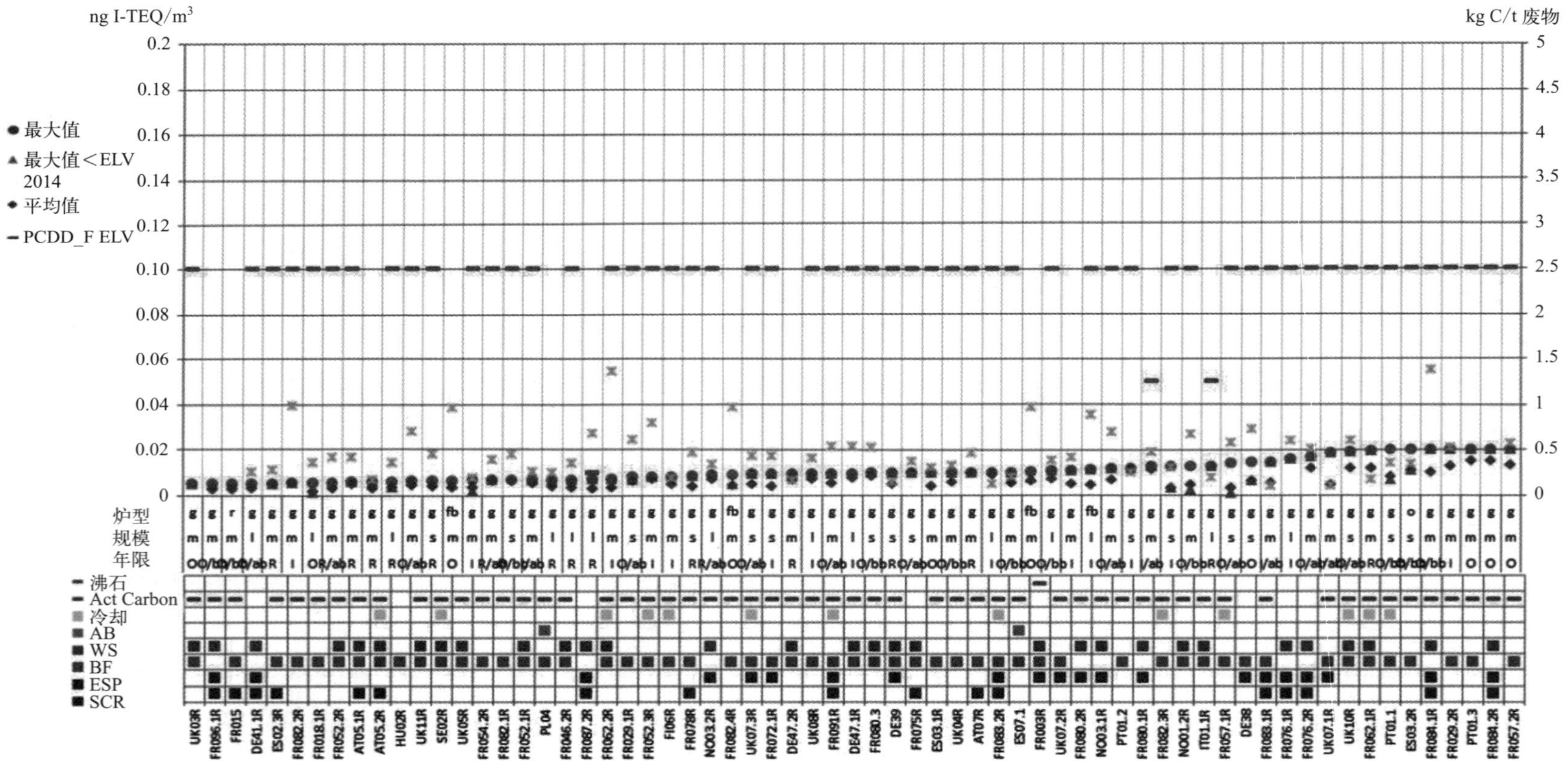

注：
炉型：g—炉排炉；r—回转窑；fb—流化床；f—除上述类型以外的炉型；gas—气化；o—其他。
年限：O—陈旧；I—中间；R—最近//[改造年份：bb—在WI BREF(2006年)之前；ab—在WI BREF(2006年)之后]。
焚烧厂规模：s—小；m—中等；l—大。
By—旁通。
采用试剂：Act Carbon—活性炭。
安装技术：AB—吸附床；WS—湿式洗涤器；BF—袋式过滤器；ESP—静电除尘器；SCR—选择性催化还原。

图 8.114　主要焚烧 MSW 的参考焚烧线周期性监测 PCDD/F 排放至大气的排放水平（3/3）[81]

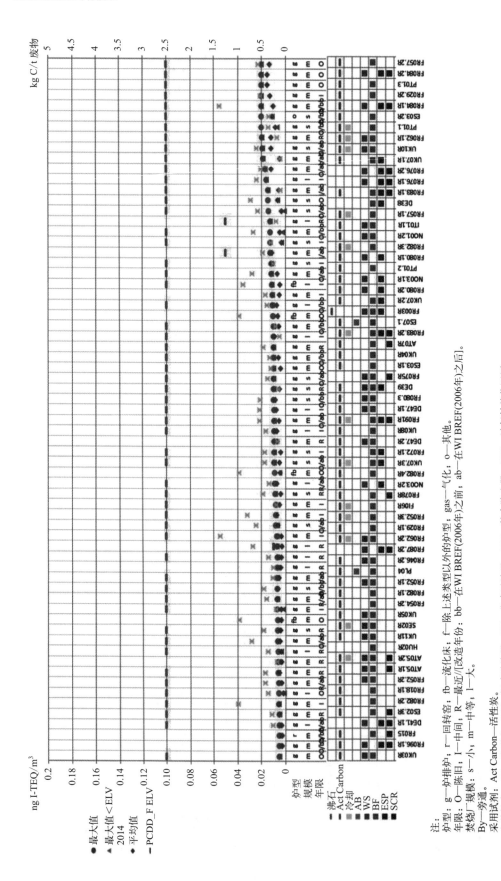

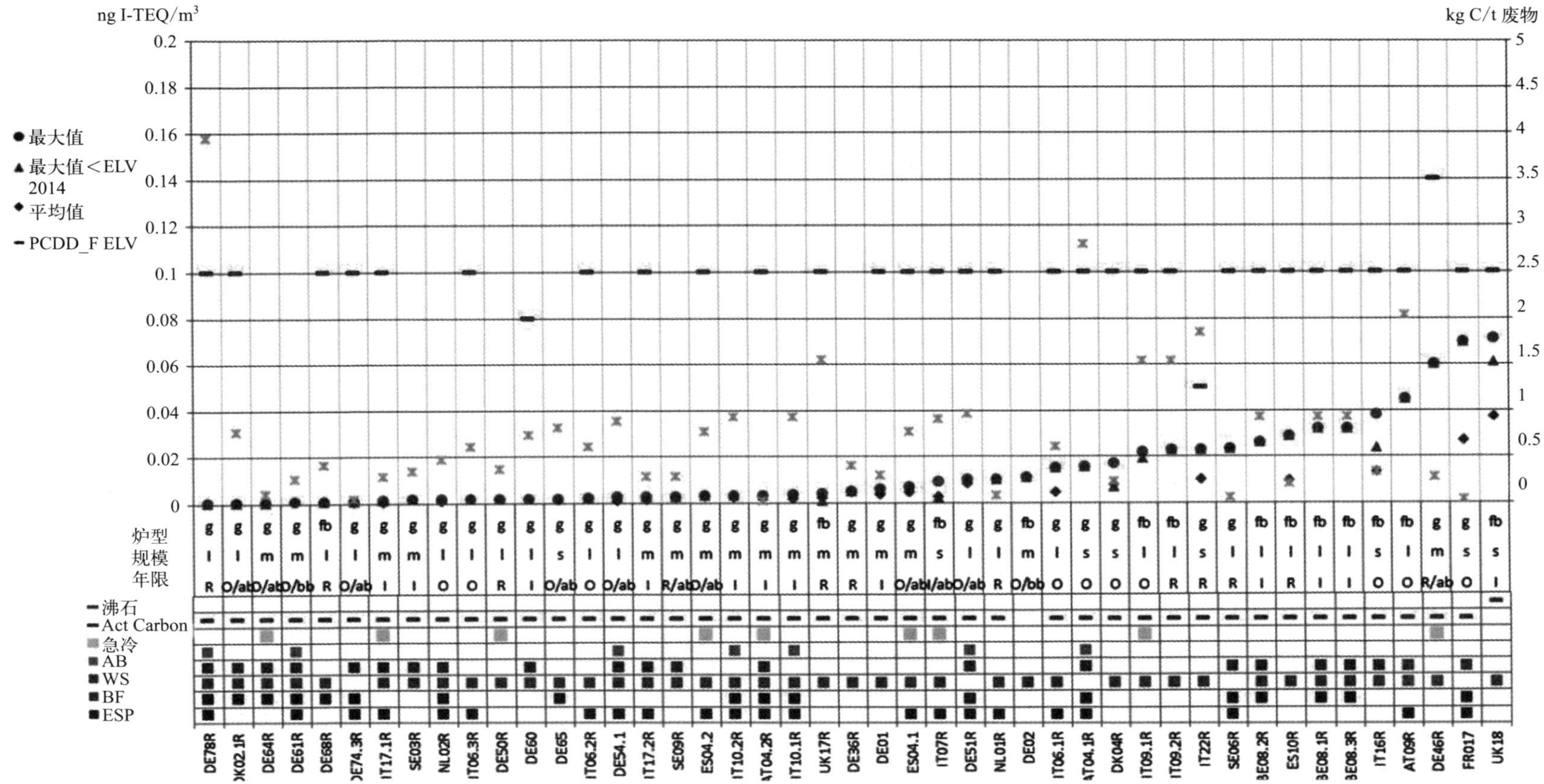

注：
炉型：g—炉排炉；r—回转窑；fb—流化床；f—除上述类型以外的炉型；gas—气化；o—其他。
年限：O—陈旧；I—中间；R—最近//[改造年份：bb—在WI BREF(2006年)之前；ab—在WI BREF(2006年)之后]。
焚烧厂规模：s—小；m—中等；l—大。
By—旁通。
采用试剂：Act Carbon—活性炭。
安装技术：AB—吸附床；WS—湿式洗涤器；BF—袋式过滤器；ESP—静电除尘器；SCR—选择性催化还原。

图 8.115 主要焚烧 ONHW 的参考焚烧线周期性监测 PCDD/F 排放至大气的排放水平[81]

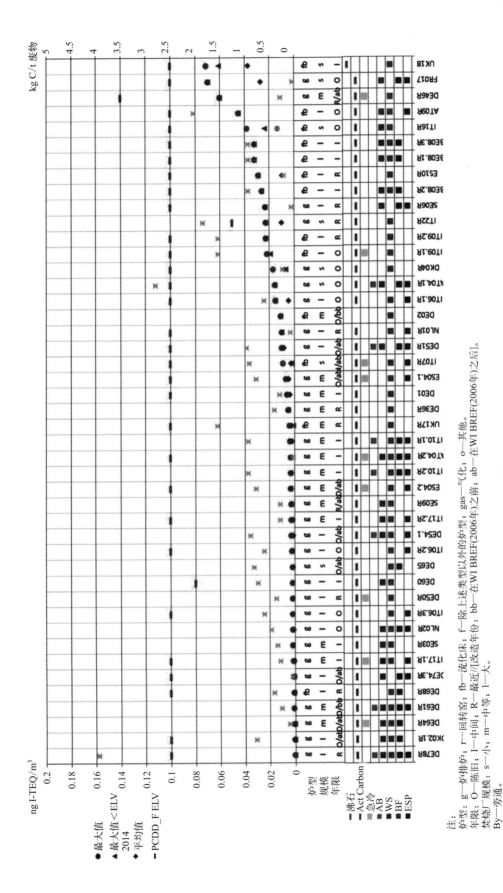

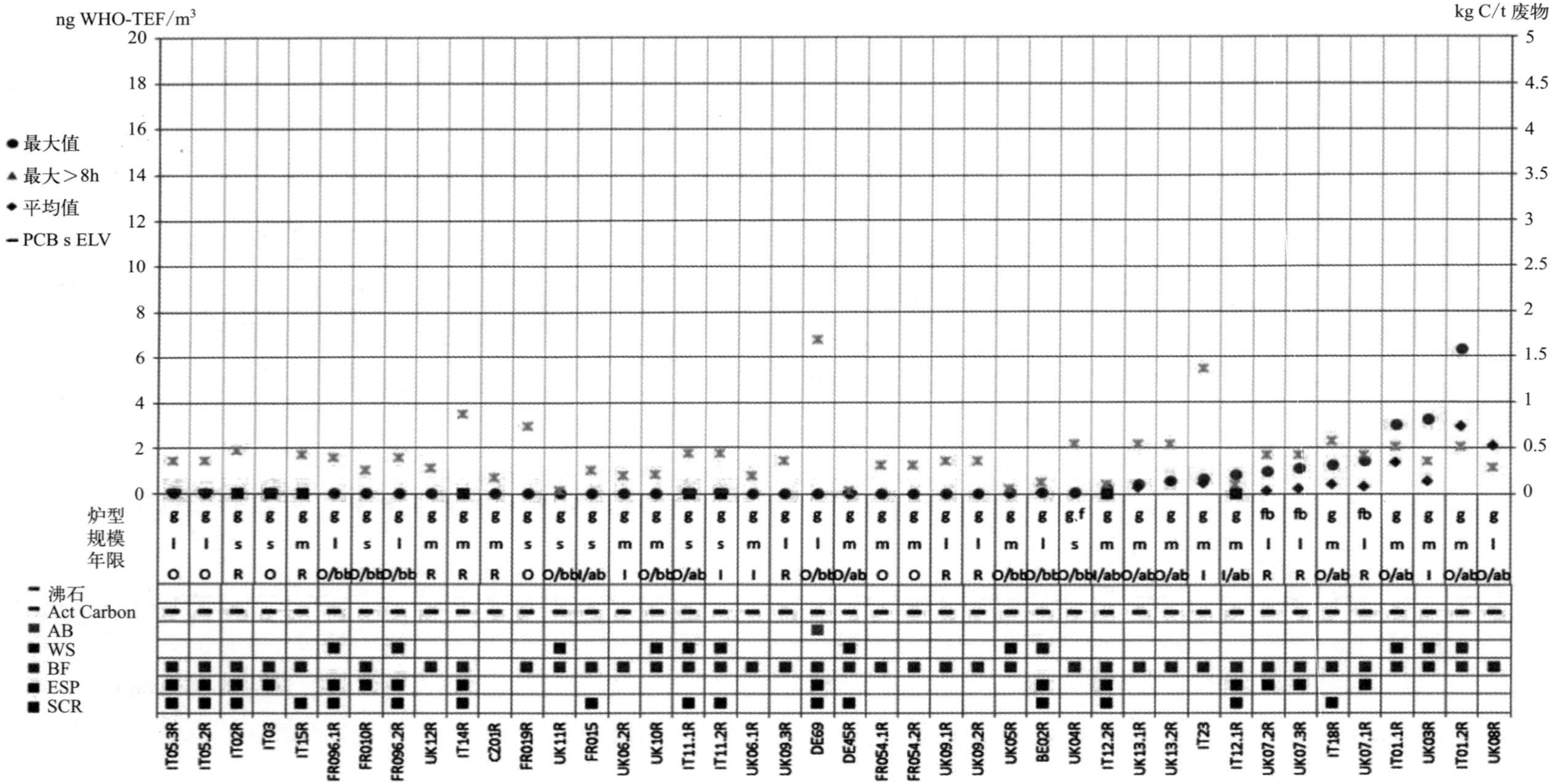

注：
炉型：g—炉排炉；r—回转窑；fb—流化床；f—除上述类型以外的炉型；gas—气化；o—其他。
年限：O—陈旧；I—中间；R—最近//[改造年份：bb—在WI BREF(2006年)之前；ab—在WI BREF(2006年)之后]。
焚烧厂规模：s—小；m—中等；l—大。
By—旁通。
采用试剂：Act Carbon—活性炭。
安装技术：AB—吸附床；WS—湿式洗涤器；BF—袋式过滤器；ESP—静电除尘器；SCR—选择性催化还原。

图 8.116　主要焚烧 MSW 的参考焚烧线周期性监测类二噁英 PCB 排放至大气中的排放水平[81]

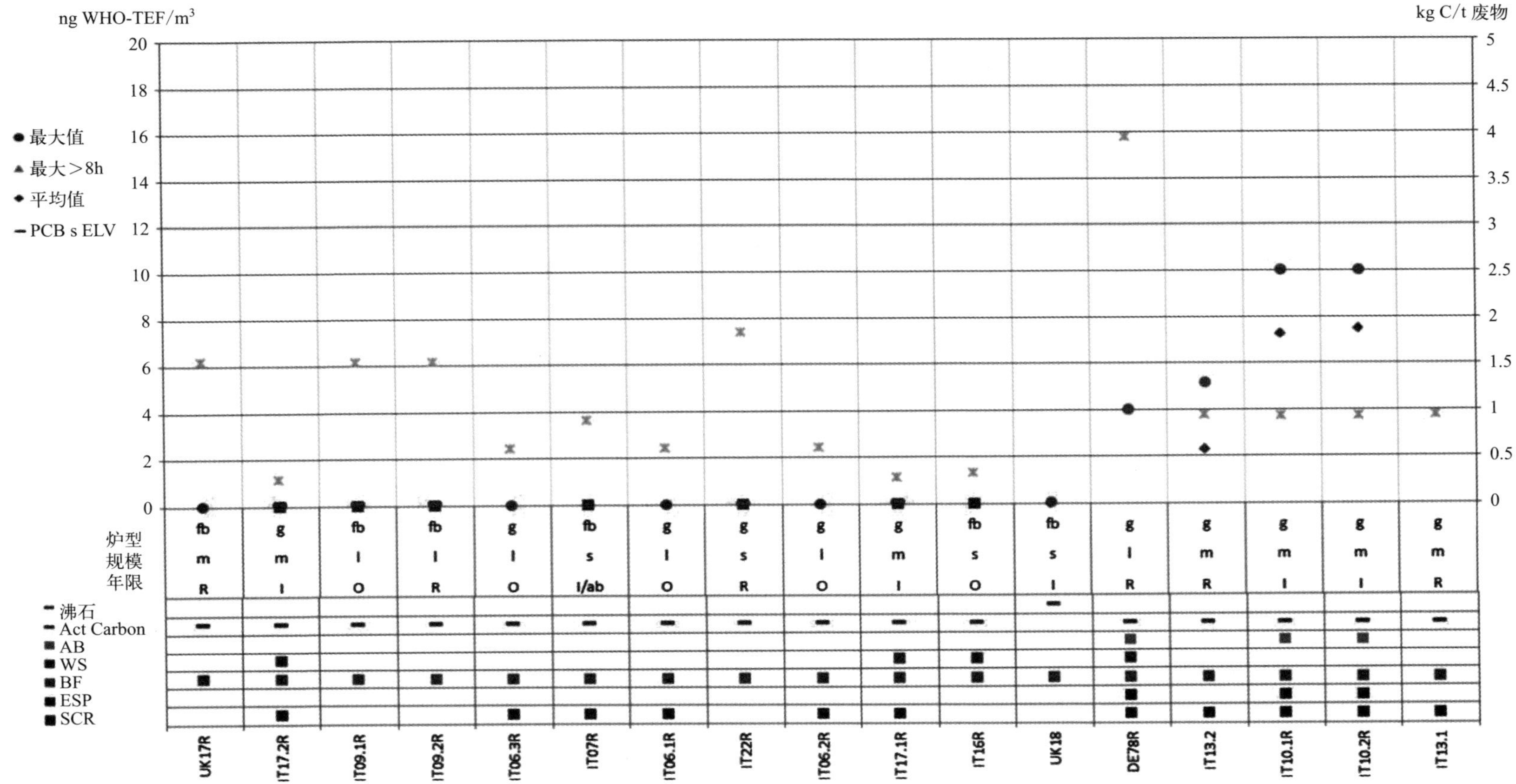

注：
炉型：g—炉排炉；r—回转窑；fb—流化床；f—除上述类型以外的炉型；gas—气化；o—其他。
年限：O—陈旧；I—中间；R—最近//[改造年份：bb—在WI BREF(2006年)之前；ab—在WI BREF(2006年)之后]。
焚烧厂规模：s—小；m—中等；l—大。
By—旁通。
采用试剂：Act Carbon—活性炭。
安装技术：AB—吸附床；WS—湿式洗涤器；BF—袋式过滤器；ESP—静电除尘器；SCR—选择性催化还原。

图 8.117　主要焚烧 ONHW 的参考焚烧线周期性监测类二噁英 PCB 排放至大气中的排放水平[81]

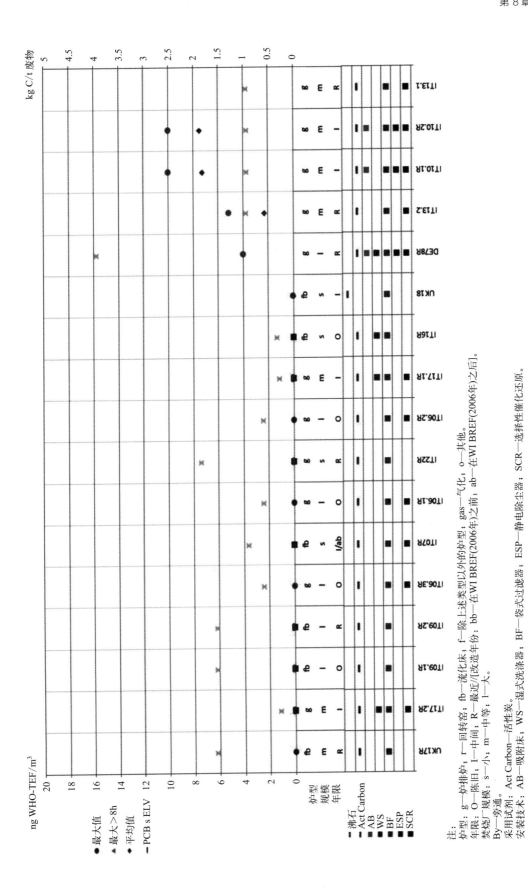

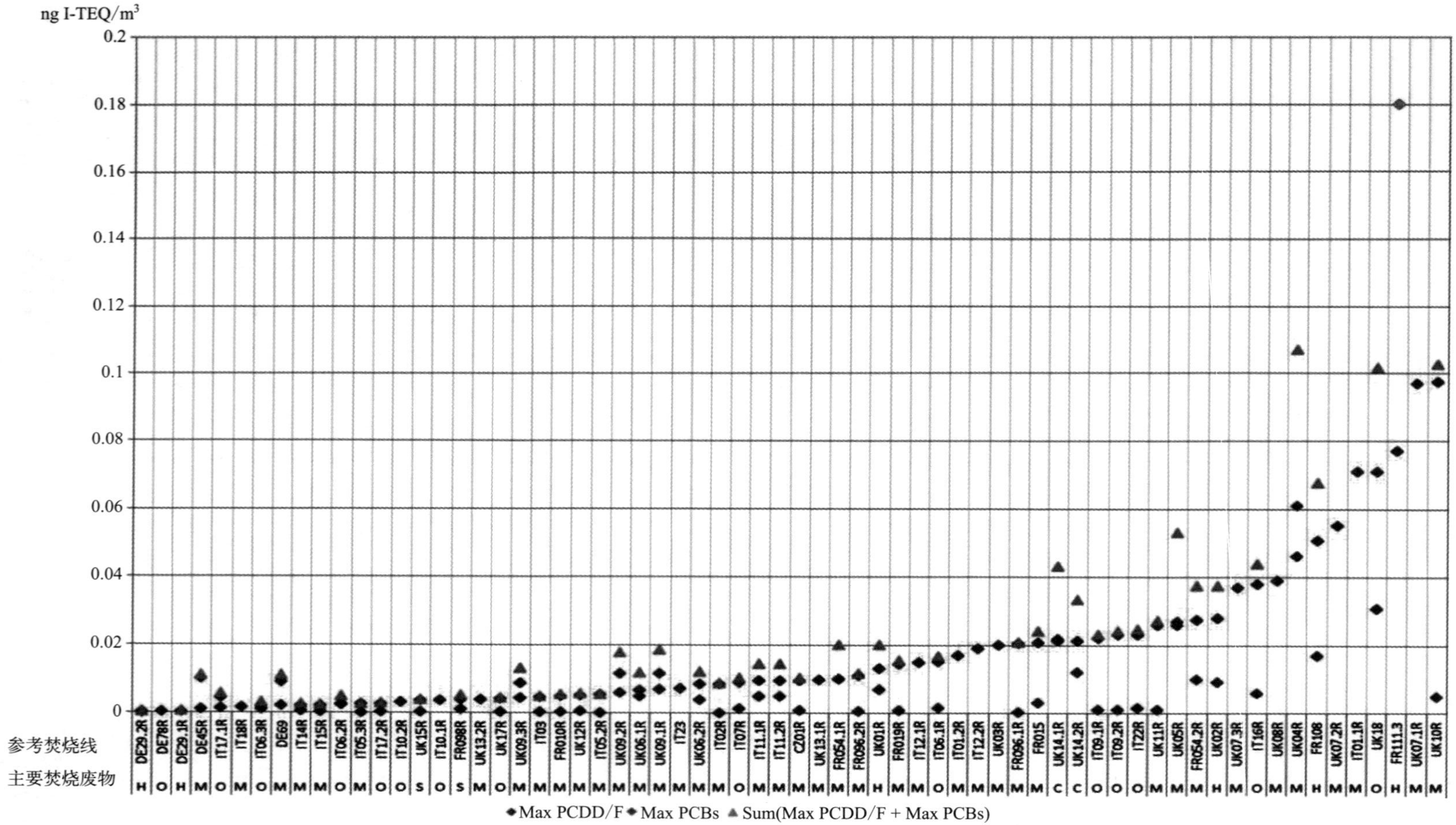

注：
主要焚烧废物：M—城市固体废物；S—污水污泥；O—其他非危险废物；C=医疗废物；H—危险废物。

图 8.118　在同一样品中测量的 PCDD/F 和类二噁英 PCB 排放至大气中的排放水平比较[81]

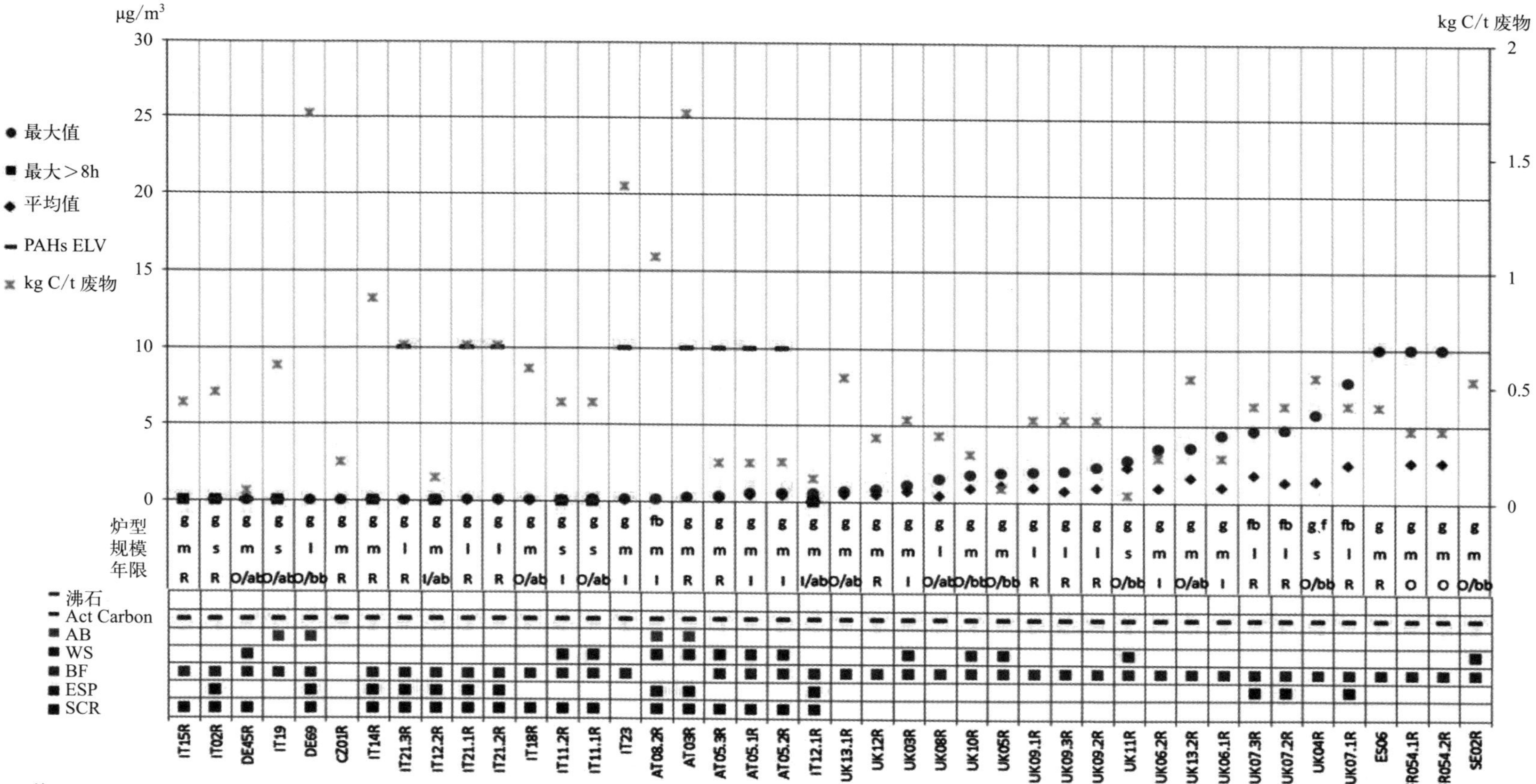

注：
炉型：g—炉排炉；r—回转窑；fb—流化床；f—除上述类型以外的炉型；gas—气化；o—其他。
年限：O—陈旧；I—中间；R—最近//[改造年份：bb—在WI BREF(2006年)之前；ab—在WI BREF(2006年)之后]。
焚烧厂规模：s—小；m—中等；l—大。
By—旁通。
采用试剂：Act Carbon—活性炭。
安装技术：AB—吸附床；WS—湿式洗涤器；BF—袋式过滤器；ESP—静电除尘器；SCR—选择性催化还原。

图 8.119　主要焚烧 MSW 的参考焚烧线周期性监测 PAH 排放至大气的排放水平[81]

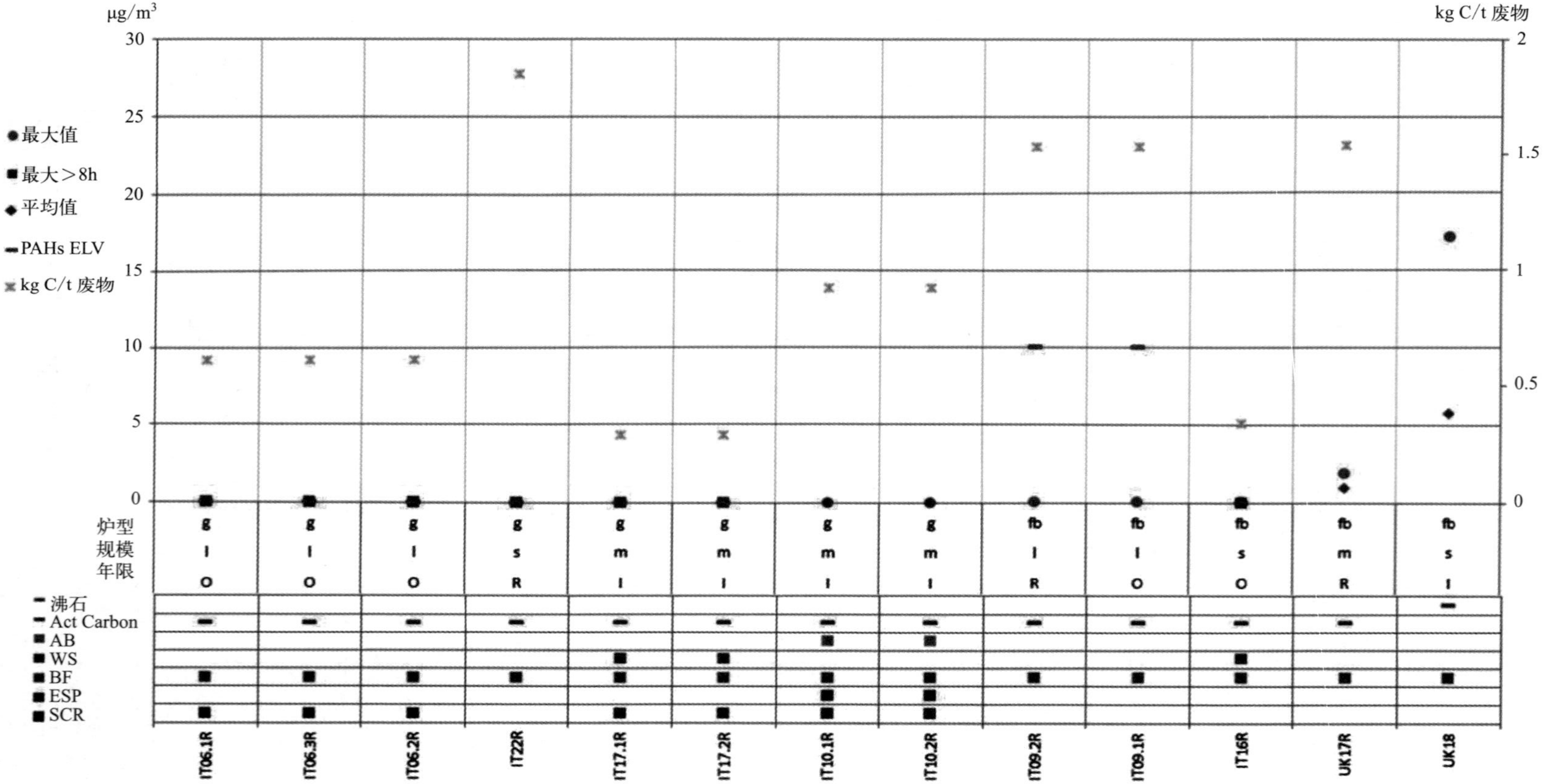

注：
炉型：g—炉排炉；r—回转窑；fb—流化床；f—除上述类型以外的炉型；gas—气化；o—其他。
年限：O—陈旧；I—中间；R—最近//[改造年份：bb—在WI BREF(2006年)之前；ab—在WI BREF(2006年)之后]。
焚烧厂规模：s—小；m—中等；l—大。
By—旁通。
采用试剂：Act Carbon—活性炭。
安装技术：AB—吸附床；WS—湿式洗涤器；BF—袋式过滤器；ESP—静电除尘器；SCR—选择性催化还原。

图 8.120　主要焚烧 ONHW 的参考焚烧线周期性监测 PAH 排放至大气的排放水平[81]

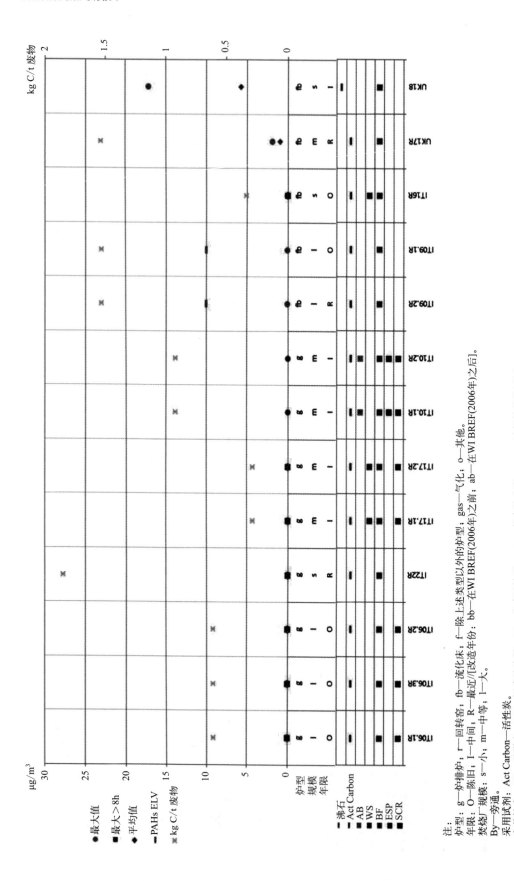

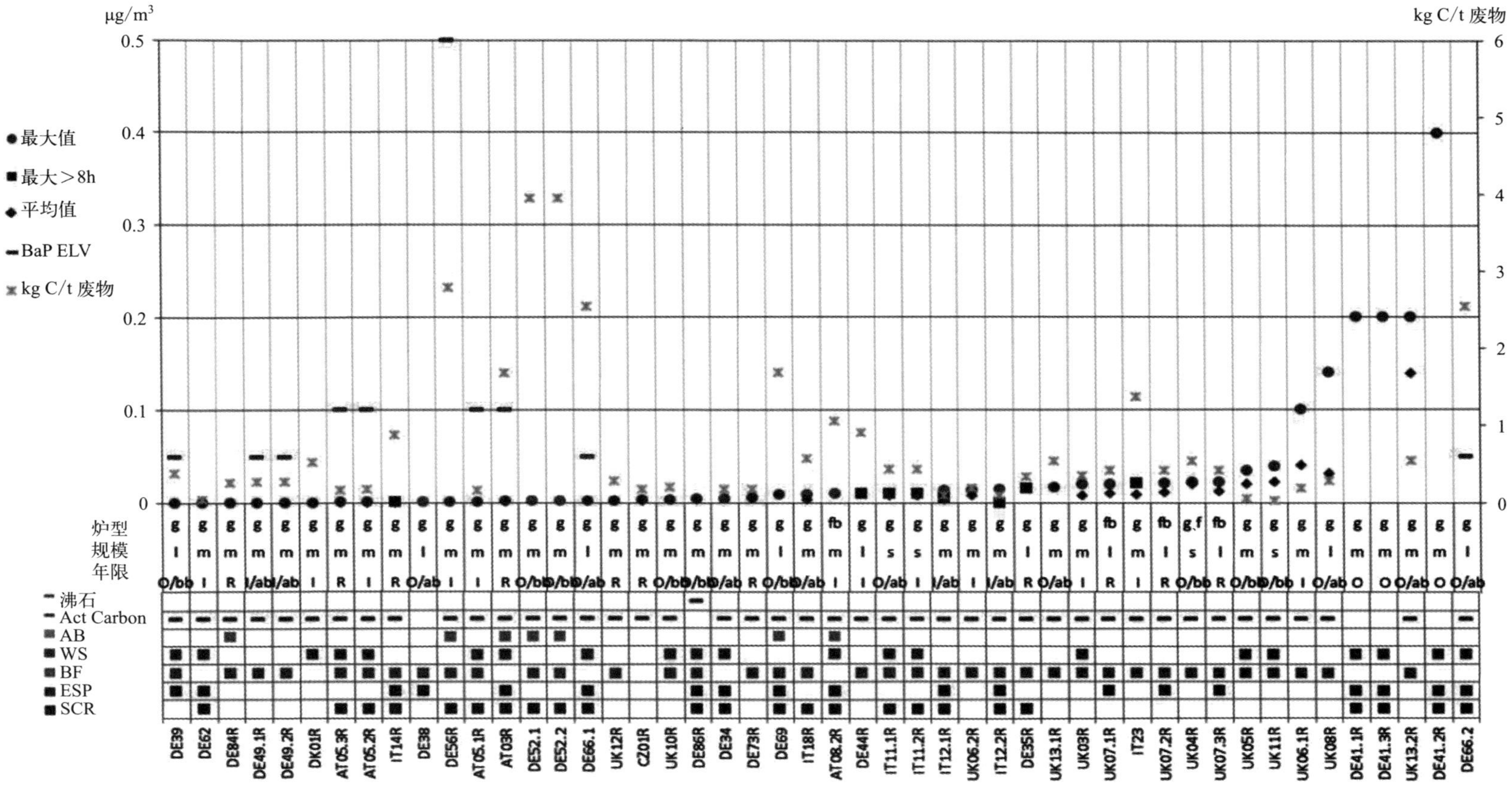

注：
炉型：g—炉排炉；r—回转窑；fb—流化床；f—除上述类型以外的炉型；gas—气化；o—其他。
年限：O—陈旧；I—中间；R—最近//[改造年份：bb—在WI BREF(2006年)之前；ab—在WI BREF(2006年)之后]。
焚烧厂规模：s—小；m—中等；l—大。
By—旁通。
采用试剂：Act Carbon—活性炭。
安装技术：AB—吸附床；WS—湿式洗涤器；BF—袋式过滤器；ESP—静电除尘器；SCR—选择性催化还原。

图 8.121 主要焚烧 MSW 的参考焚烧线周期性监测 BaP 排放至大气的排放水平[81]

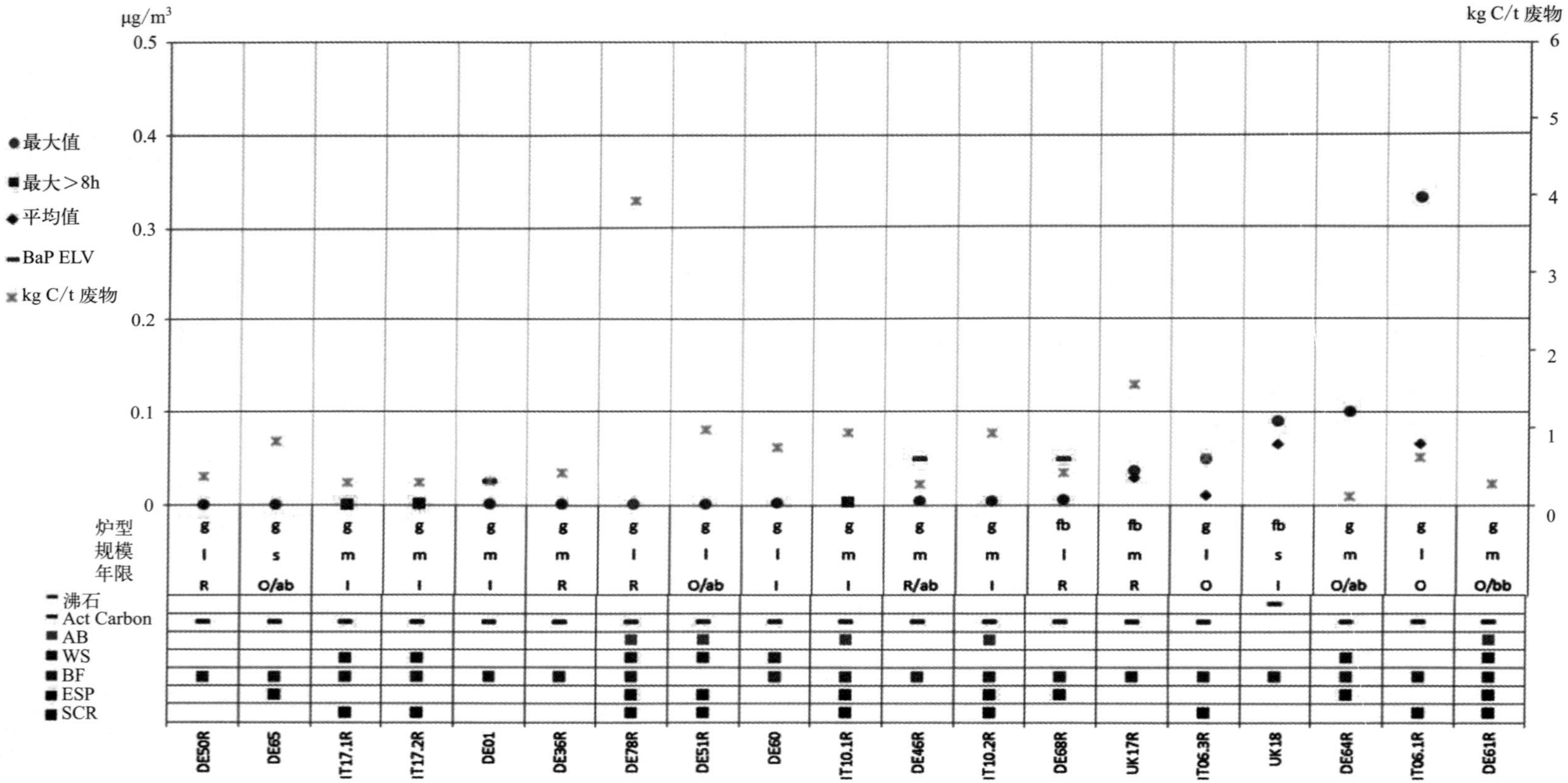

注：
炉型：g—炉排炉；r—回转窑；fb—流化床；f—除上述类型以外的炉型；gas—气化；o—其他。
年限：O—陈旧；I—中间；R—最近//[改造年份：bb—在WI BREF(2006年)之前；ab—在WI BREF(2006年)之后]。
焚烧厂规模：s—小；m—中等；l—大。
By—旁通。
采用试剂：Act Carbon—活性炭。
安装技术：AB—吸附床；WS—湿式洗涤器；BF—袋式过滤器；ESP—静电除尘器；SCR—选择性催化还原。

图 8.122　主要焚烧 ONHW 的参考焚烧线周期性监测 BaP 排放至大气的排放水平[81]

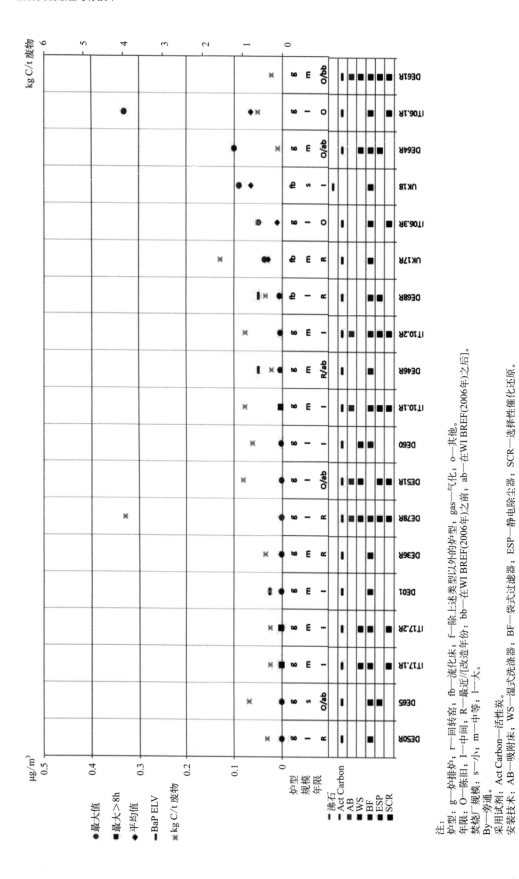

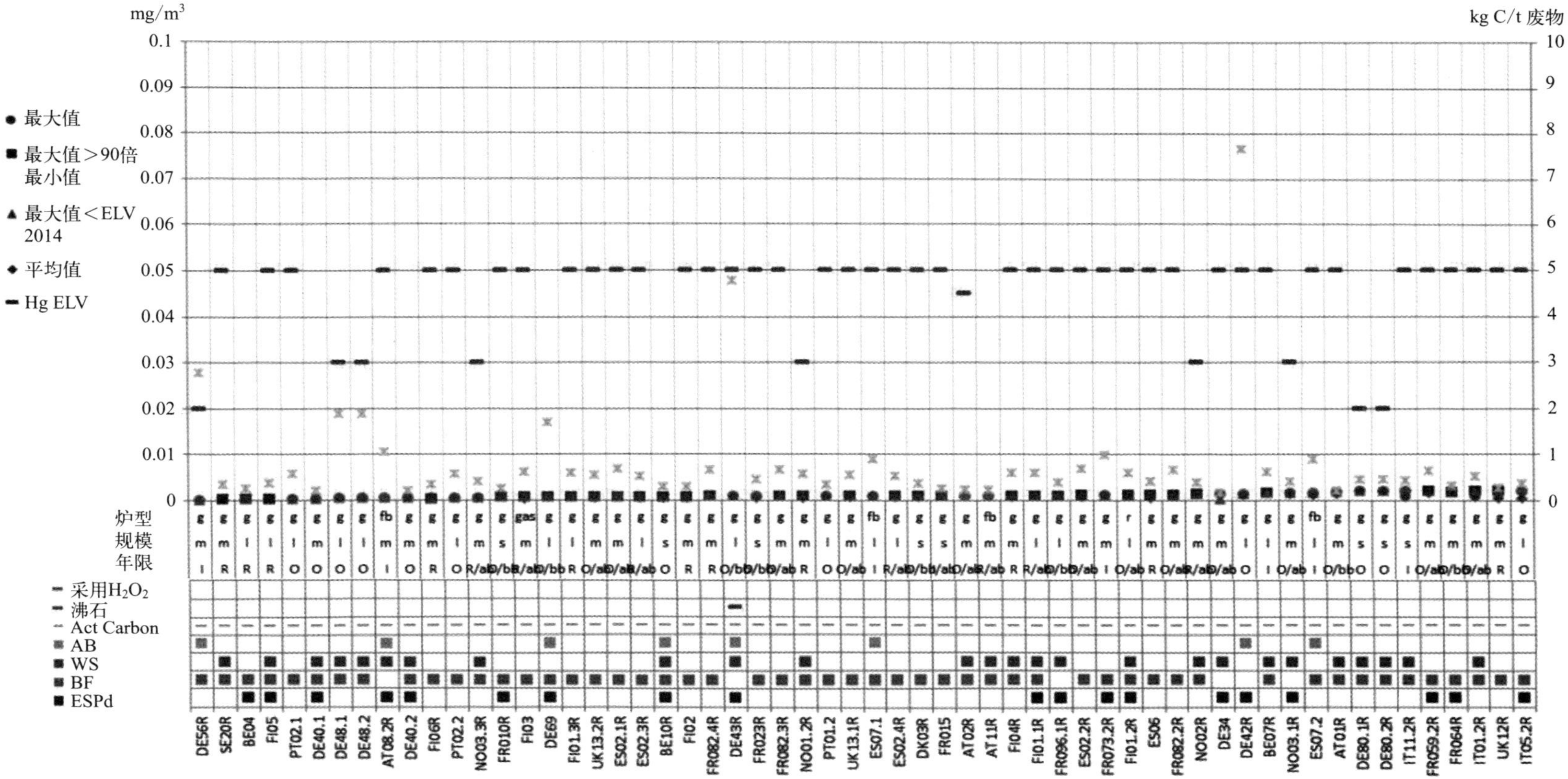

注：
炉型：g—炉排炉；r—回转窑；fb—流化床；f—除上述类型以外的炉型；gas—气化；o—其他。
年限：O—陈旧；I—中间；R—最近//[改造年份：bb—在WI BREF(2006年)之前；ab—在WI BREF(2006年)之后]。
焚烧厂规模：s—小；m—中等；l—大。
By—旁通。
采用试剂：H_2O_2—过氧化物；Act Carbon—活性炭。
安装技术：AB—吸附床；WS—湿式洗涤器；BF—袋式过滤器；ESPd—干式静电除尘器。

图 8.123 主要焚烧 MSW 的参考焚烧线周期性监测 Hg 排放至大气的排放水平（1/3）[81]

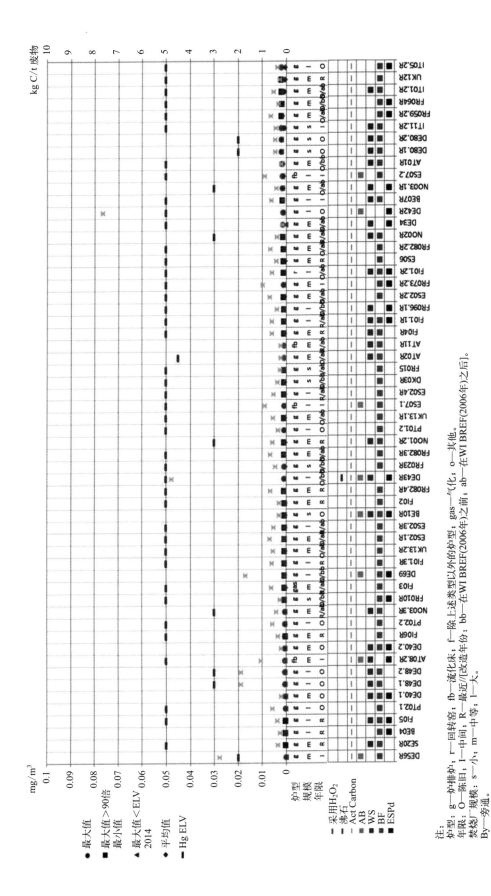

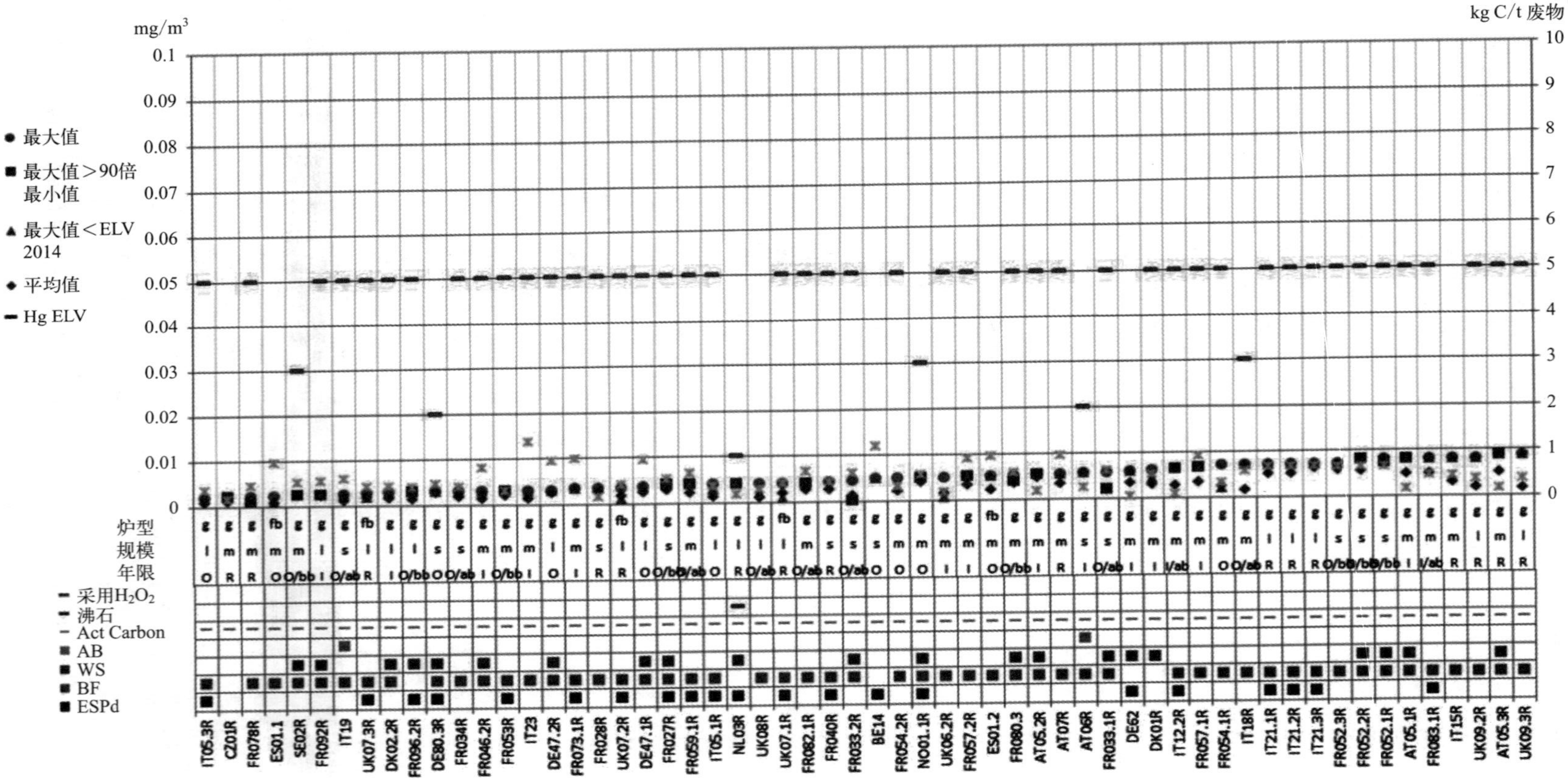

注：
炉型：g—炉排炉；r—回转窑；fb—流化床；f—除上述类型以外的炉型；gas—气化；o—其他。
年限：O—陈旧；I—中间；R—最近//[改造年份：bb—在WI BREF(2006年)之前；ab—在WI BREF(2006年)之后]。
焚烧厂规模：s—小；m—中等；l—大。
By—旁通。
采用试剂：H_2O_2—过氧化物；Act Carbon—活性炭。
安装的技术：AB—吸附床；WS—湿式洗涤器；BF—袋式过滤器；ESPd—干式静电除尘器。

图 8.124 主要焚烧 MSW 的参考焚烧线周期性监测 Hg 排放至大气的排放水平（2/3）[81]

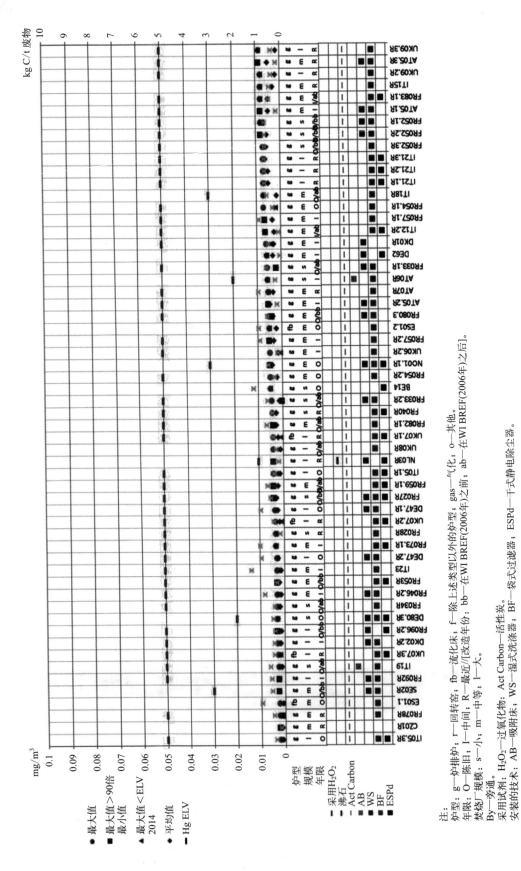

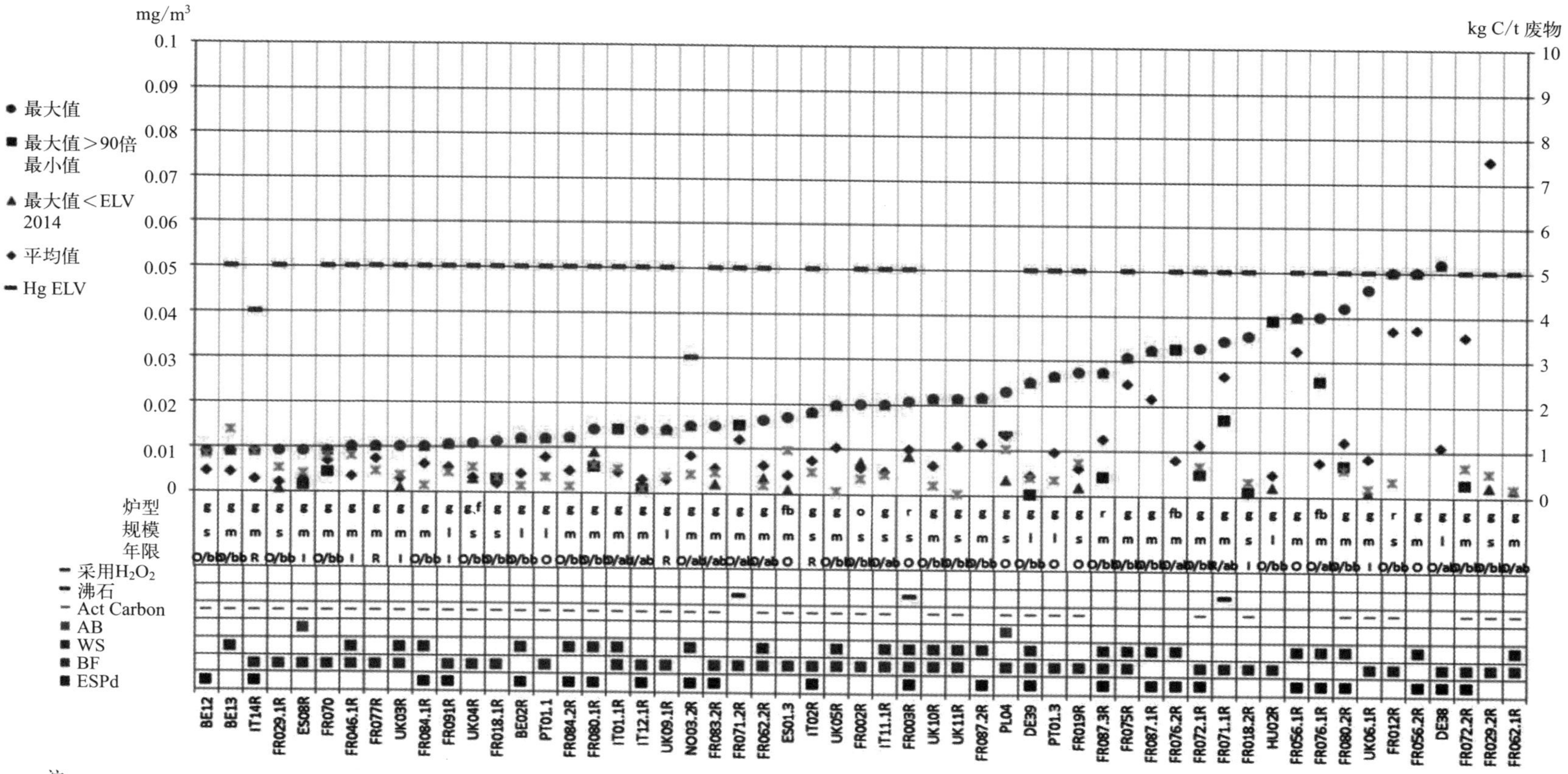

注：
炉型：g—炉排炉；r—回转窑；fb—流化床；f—除上述类型以外的炉型；gas—气化；o—其他。
年限：O—陈旧；I—中间；R—最近//[改造年份：bb—在WI BREF(2006年)之前；ab—在WI BREF(2006年)之后]。
焚烧厂规模：s—小；m—中等；l—大。
By—旁通。
采用试剂：H_2O_2—过氧化物；Act Carbon—活性炭。
安装的技术：AB—吸附床；WS—湿式洗涤器；BF—袋式过滤器；ESPd—干式静电除尘器。

图 8.125 主要焚烧 MSW 的参考焚烧线周期性监测 Hg 排放至大气的排放水平（3/3）[81]

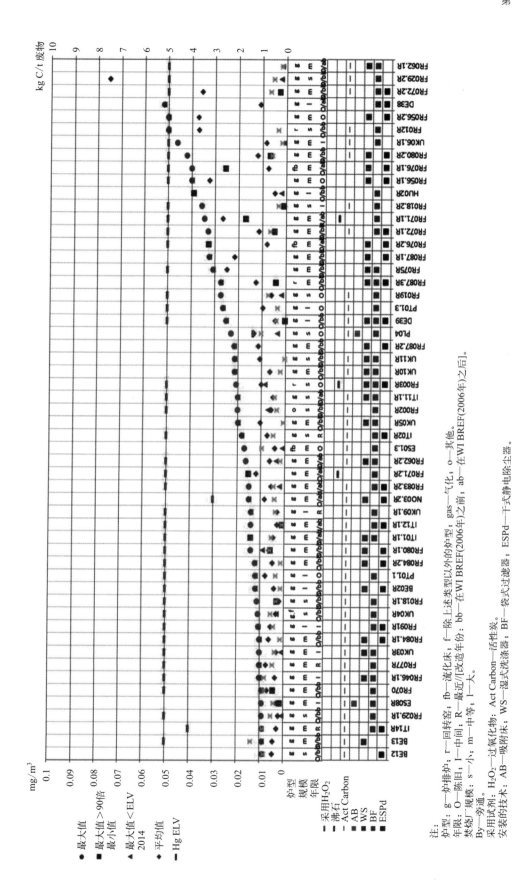

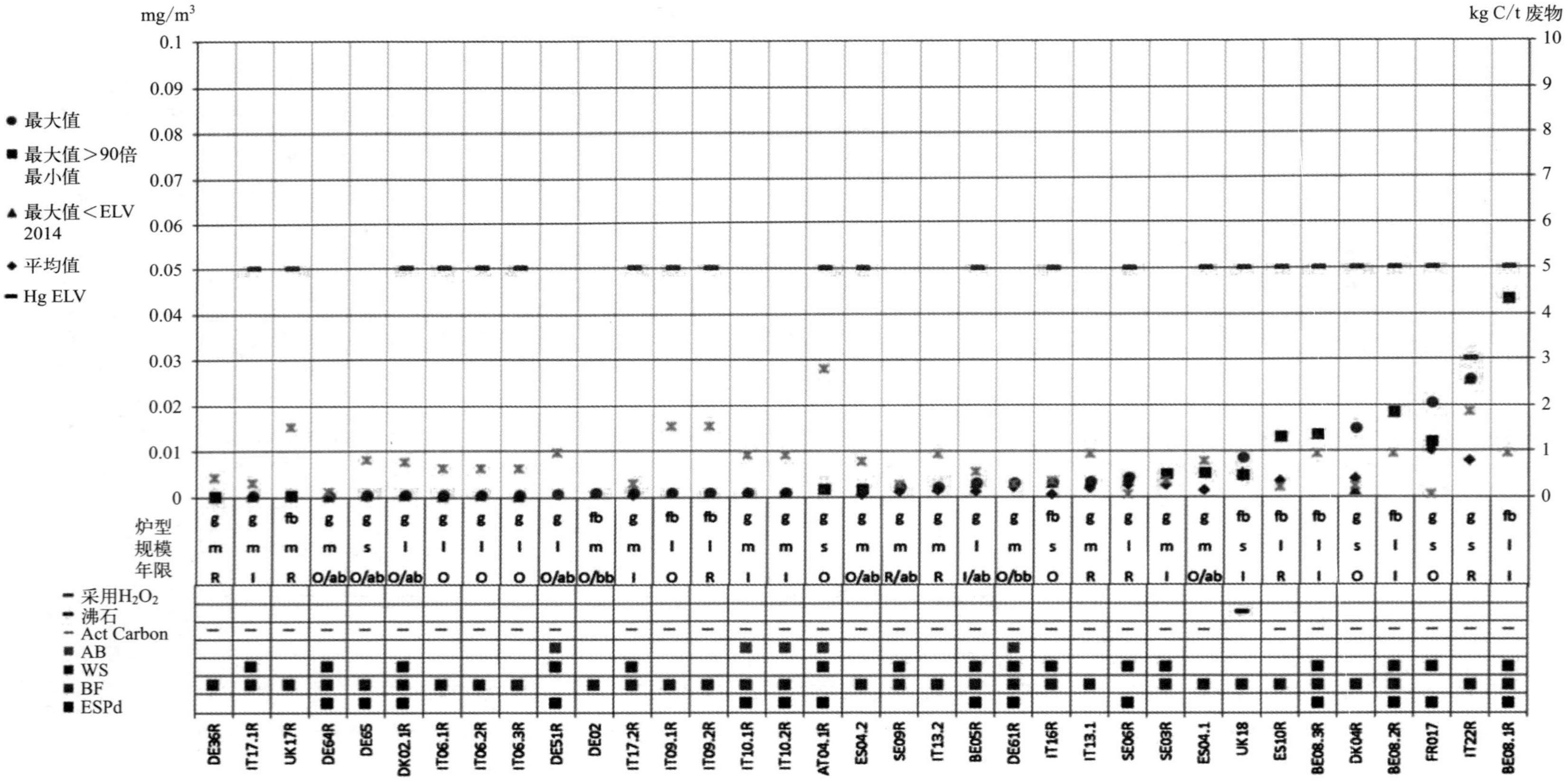

注：
炉型：g—炉排炉；r—回转窑；fb—流化床；f—除上述类型以外的炉型；gas—气化；o—其他。
年限：O—陈旧；I—中间；R—最近//[改造年份：bb—在WI BREF(2006年)之前；ab—在WI BREF(2006年)之后]。
焚烧厂规模：s—小；m—中等；l—大。
By—旁通。
采用试剂：H_2O_2—过氧化物；Act Carbon—活性炭。
安装的技术：AB—吸附床；WS—湿式洗涤器；BF—袋式过滤器；ESPd—干式静电除尘器。

图 8.126　主要焚烧 ONHW 的参考焚烧线周期性监测 Hg 排放至大气的排放水平[81]

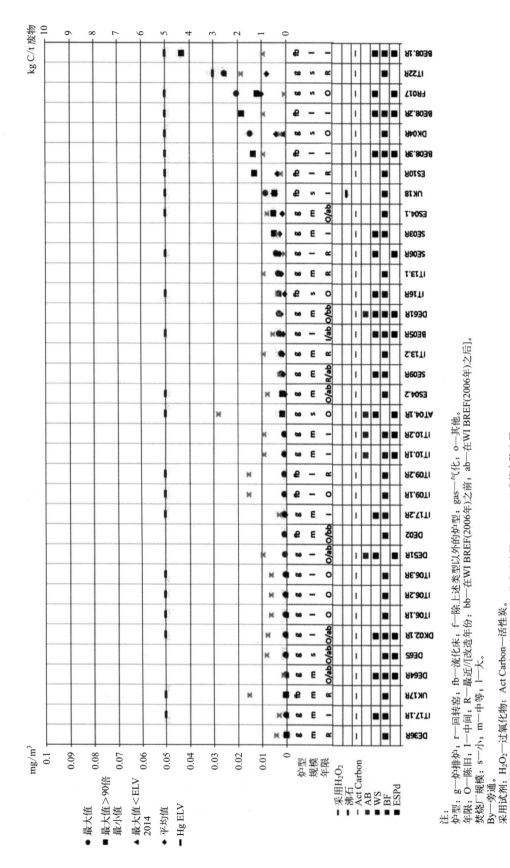

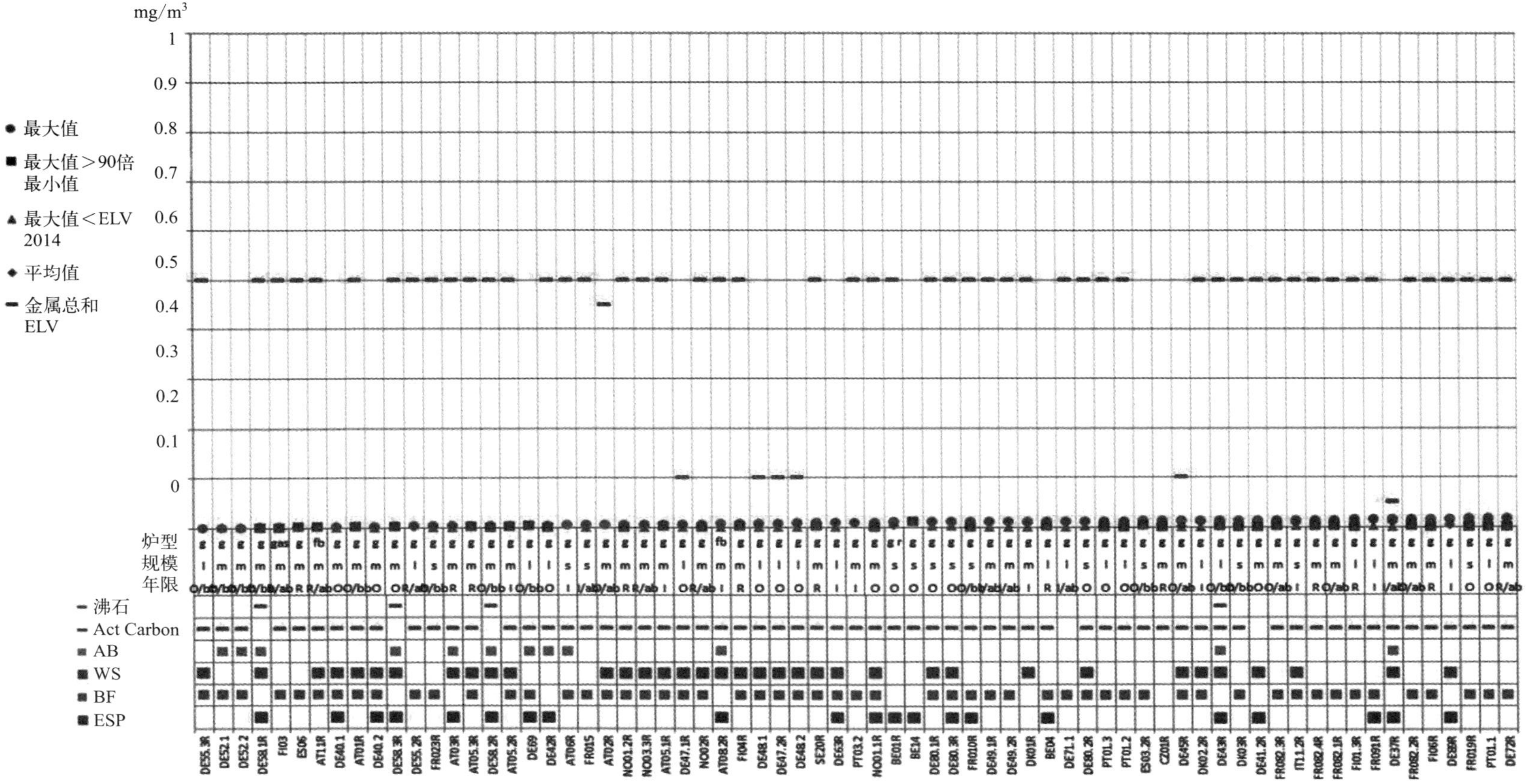

注：
炉型：g—炉排炉；r—回转窑；fb—流化床；f—除上述类型以外的炉型；gas—气化；o—其他。
年限：O—陈旧；I—中间；R—最近//[改造年份：bb—在WI BREF(2006年)之前；ab—在WI BREF(2006年)之后]。
焚烧厂规模：s—小；m—中等；l—大。
By—旁通。
采用试剂：Act Carbon—活性炭。
安装的技术：AB—吸附床；WS—湿式洗涤器；BF—袋式过滤器；ESPd—干式静电除尘器。

图 8.127 主要焚烧 MSW 的参考焚烧线周期性监测 Sb+As+Cr+Co+Cu+Pb+Mn+Ni+V 排放至大气的排放水平 (1/3)[81]

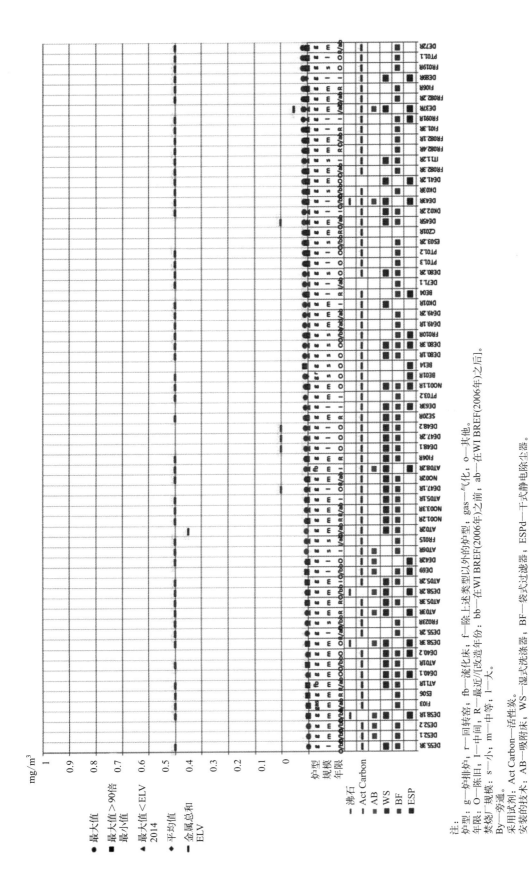

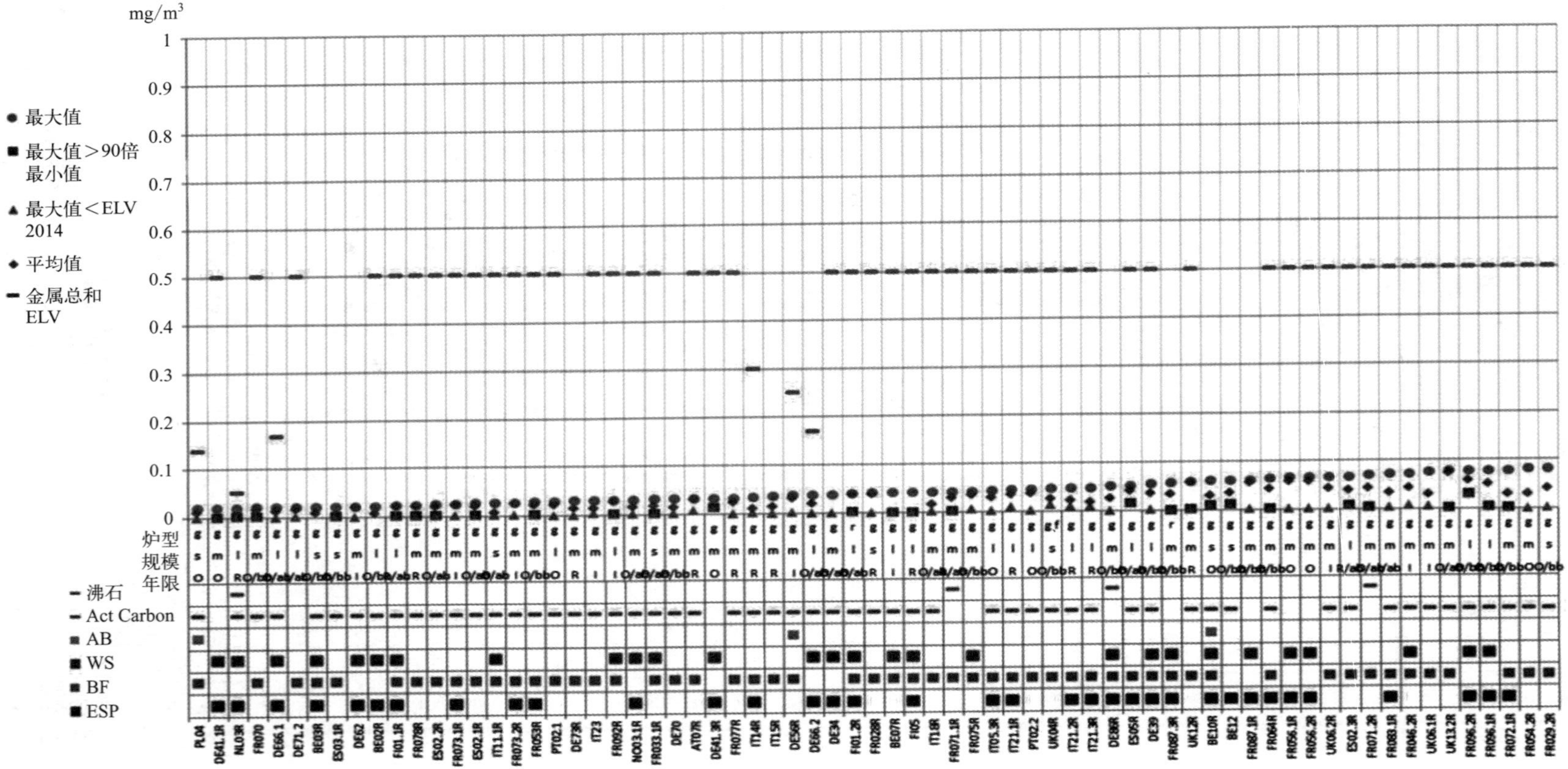

注：
炉型：g—炉排炉；r—回转窑；fb—流化床；f—除上述类型以外的炉型；gas—气化；o—其他。
年限：O—陈旧；I—中间；R—最近//[改造年份：bb—在WI BREF(2006年)之前；ab—在WI BREF(2006年)之后]。
焚烧厂规模：s—小；m—中等；l—大。
By—旁通。
采用试剂：Act Carbon—活性炭。
安装的技术：AB—吸附床；WS—湿式洗涤器；BF—袋式过滤器；ESPd—干式静电除尘器。

图 8.128　主要焚烧 MSW 的参考焚烧线周期性监测 Sb＋As＋Cr＋Co＋Cu＋Pb＋Mn＋Ni＋V 排放至大气的排放水平（2/3）[81]

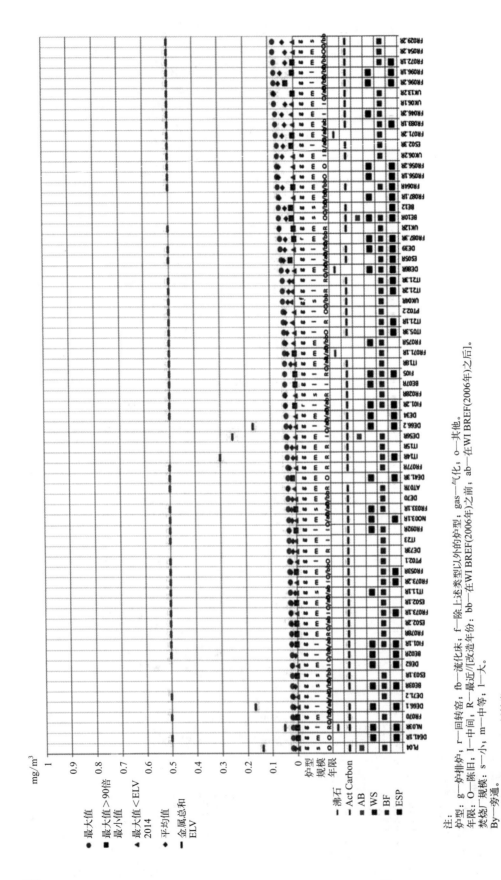

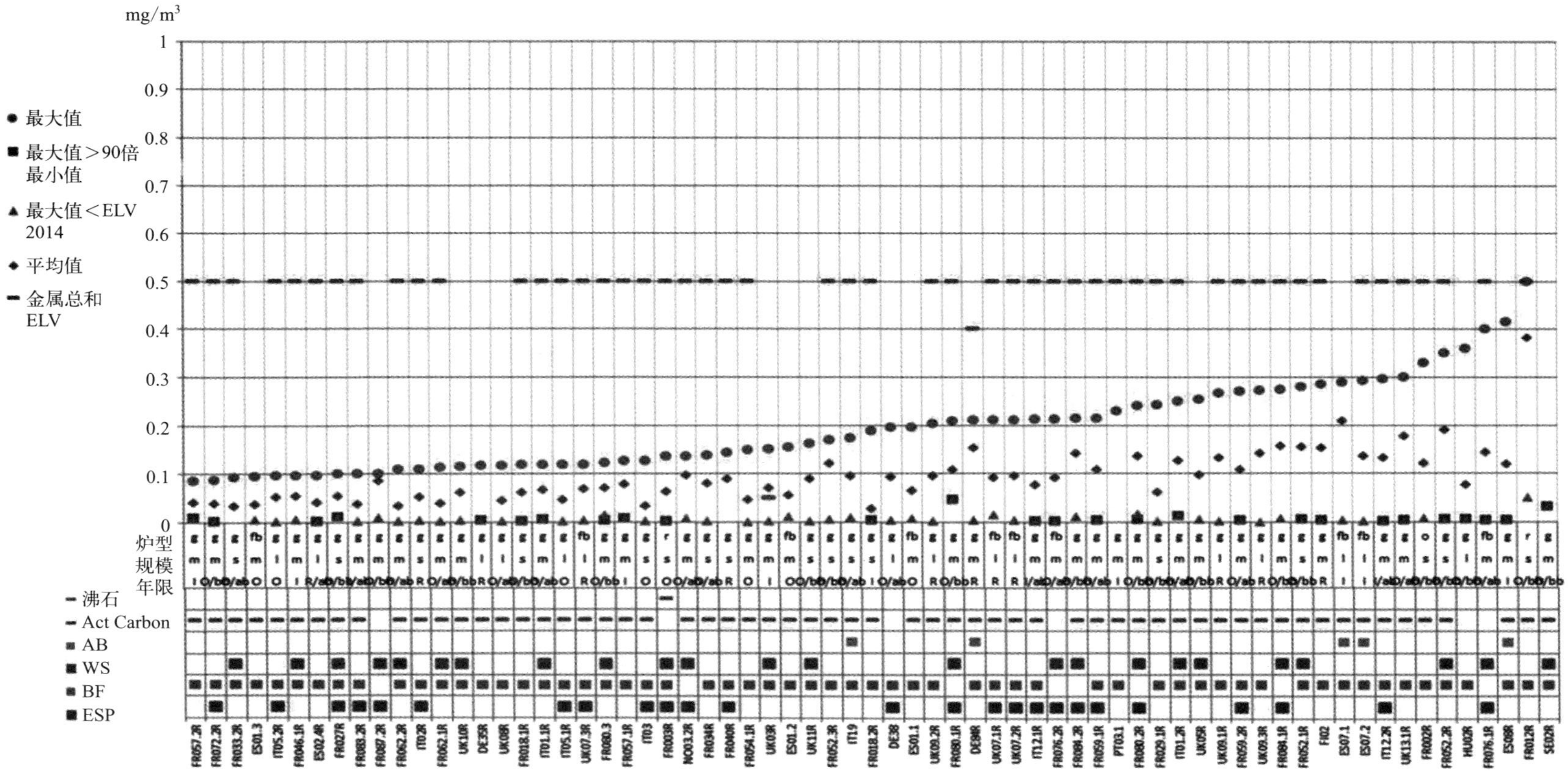

注：

炉型：g—炉排炉；r—回转窑；fb—流化床；f—除上述类型以外的炉型；gas—气化；o—其他。

年限：O—陈旧；I—中间；R—最近//[改造年份：bb—在WI BREF(2006年)之前；ab—在WI BREF(2006年)之后]。

焚烧厂规模：s—小；m—中等；l—大。

By—旁通。

采用试剂：Act Carbon—活性炭。

安装的技术：AB—吸附床；WS—湿式洗涤器；BF—袋式过滤器；ESPd—干式静电除尘器。

图 8.129　主要焚烧 MSW 的参考焚烧线周期性监测 Sb+As+Cr+Co+Cu+Pb+Mn+Ni+V 排放至大气的排放水平（3/3）[81]

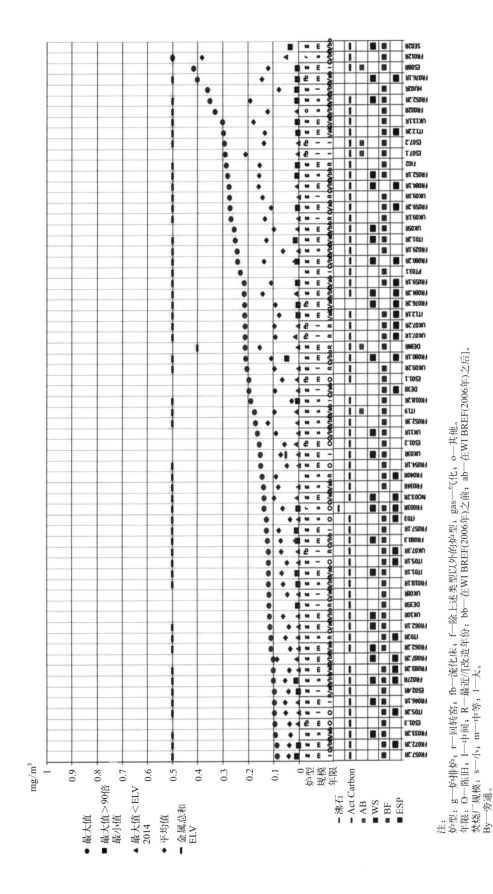

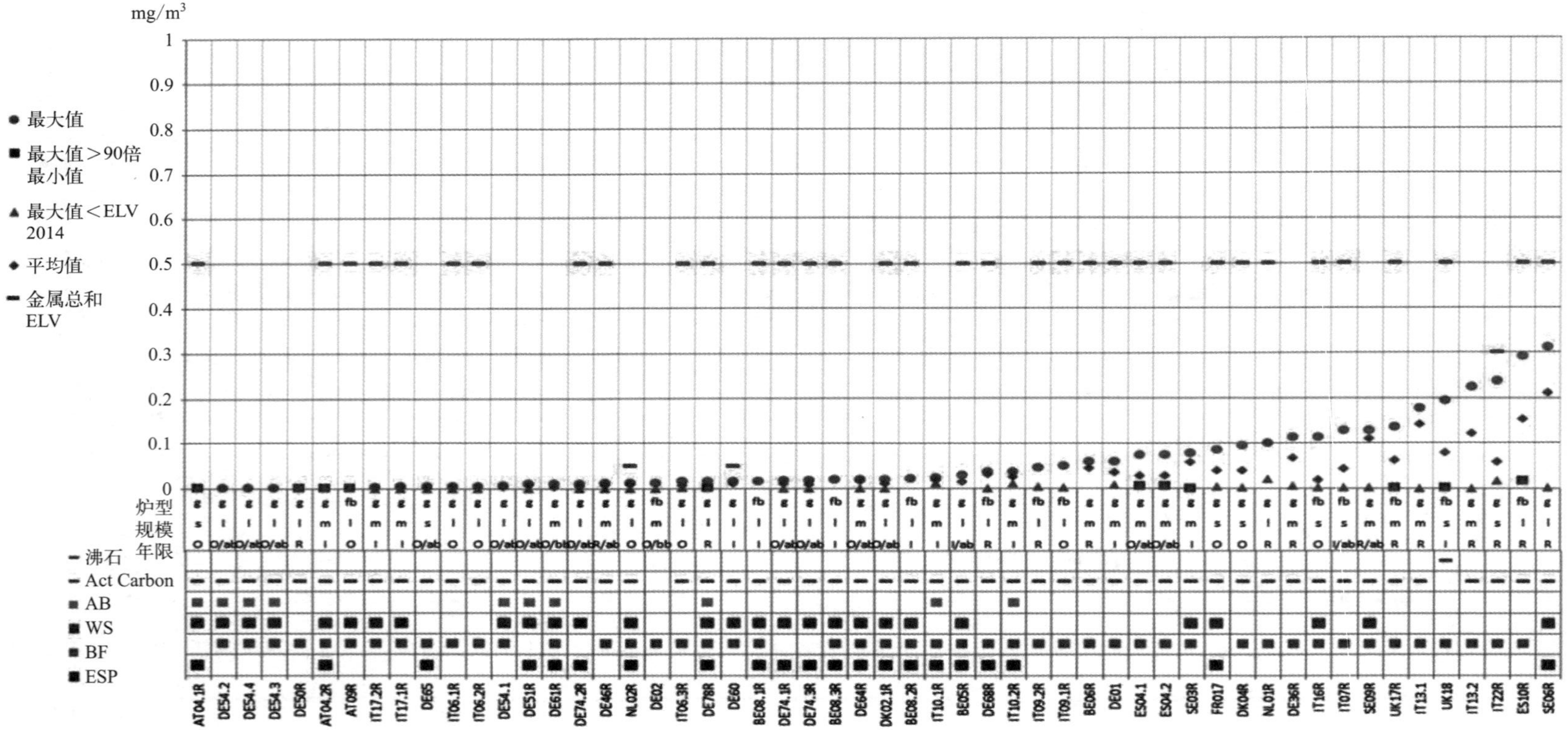

注：
炉型：g—炉排炉；r—回转窑；fb—流化床；f—除上述类型以外的炉型；gas—气化；o—其他。
年限：O—陈旧；I—中间；R—最近//[改造年份：bb—在WI BREF(2006年)之前；ab—在WI BREF(2006年)之后]。
焚烧厂规模：s—小；m—中等；l—大。
By—旁通。
采用试剂：Act Carbon—活性炭。
安装的技术：AB—吸附床；WS—湿式洗涤器；BF—袋式过滤器；ESPd—干式静电除尘器。

图 8.130　主要焚烧 ONHW 的参考焚烧线周期性监测 Sb＋As＋Cr＋Co＋Cu＋Pb＋Mn＋Ni＋V 排放至大气的排放水平[81]

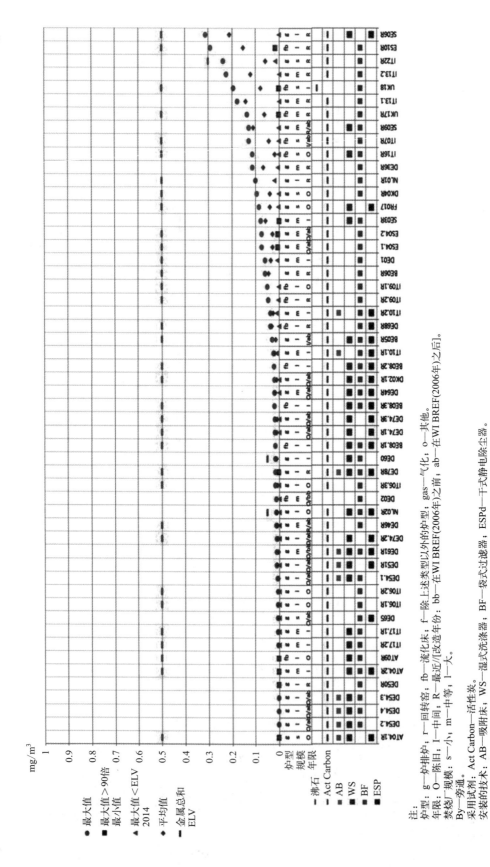

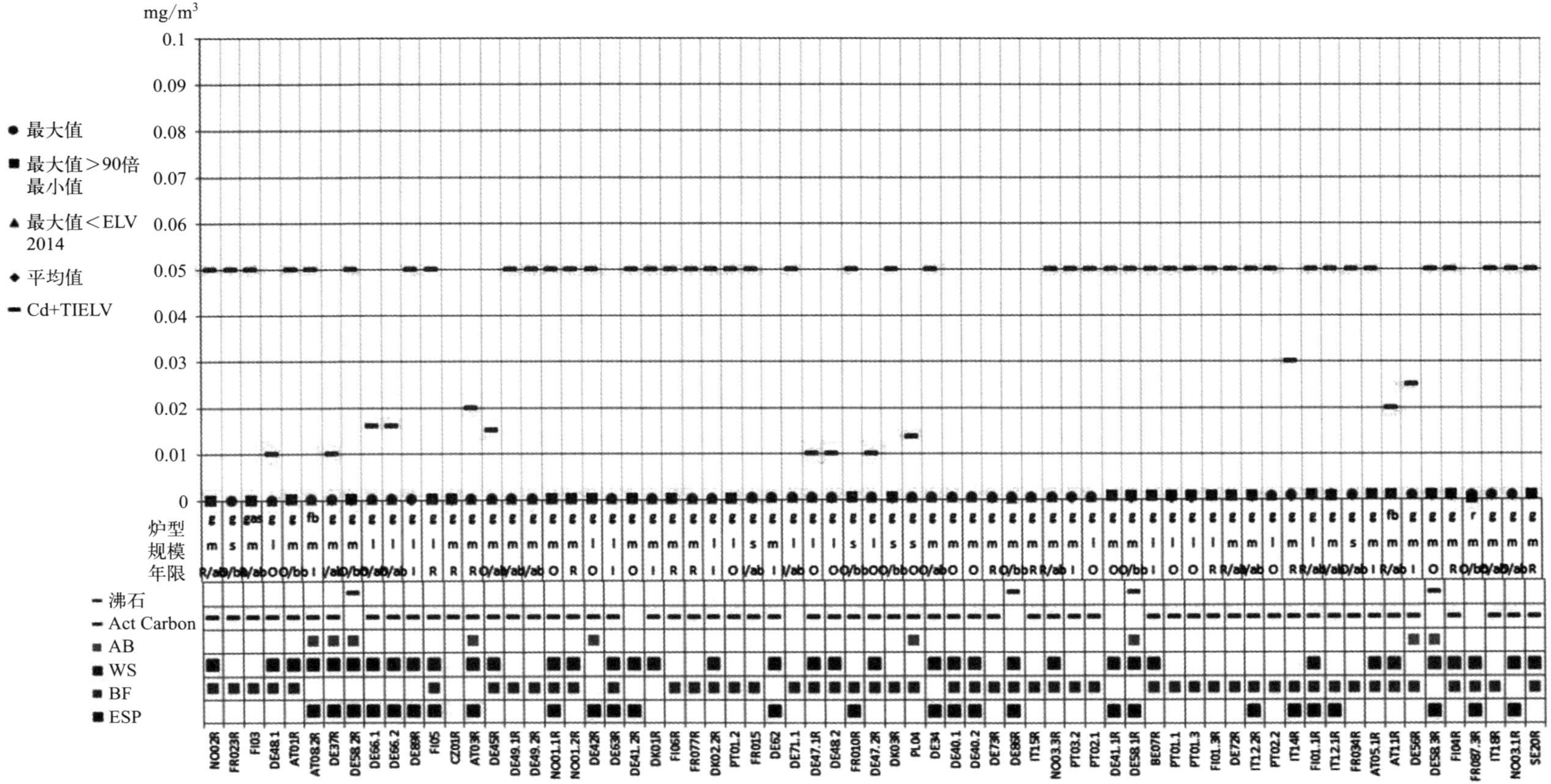

注：
炉型：g—炉排炉；r—回转窑；fb—流化床；f—除上述类型以外的炉型；gas—气化；o—其他。
年限：O—陈旧；I—中间；R—最近//[改造年份：bb—在WI BREF(2006年)之前；ab—在WI BREF(2006年)之后]。
焚烧厂规模：s—小；m—中等；l—大。
By—旁通。
采用试剂：Act Carbon—活性炭。
安装的技术：AB—吸附床；WS—湿式洗涤器；BF—袋式过滤器；ESPd—干式静电除尘器。

图 8.131　主要焚烧 MSW 的参考焚烧线周期性监测 Cd+Tl 排放至大气的排放水平（1/3）[81]

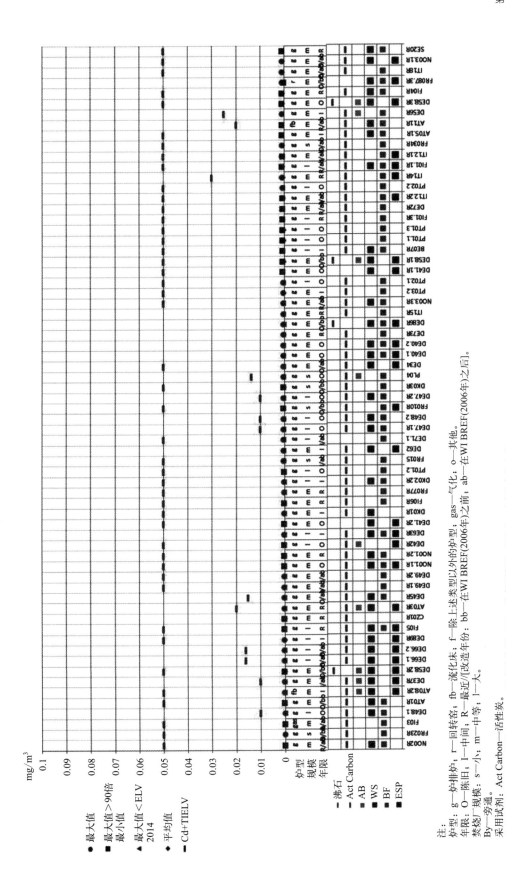

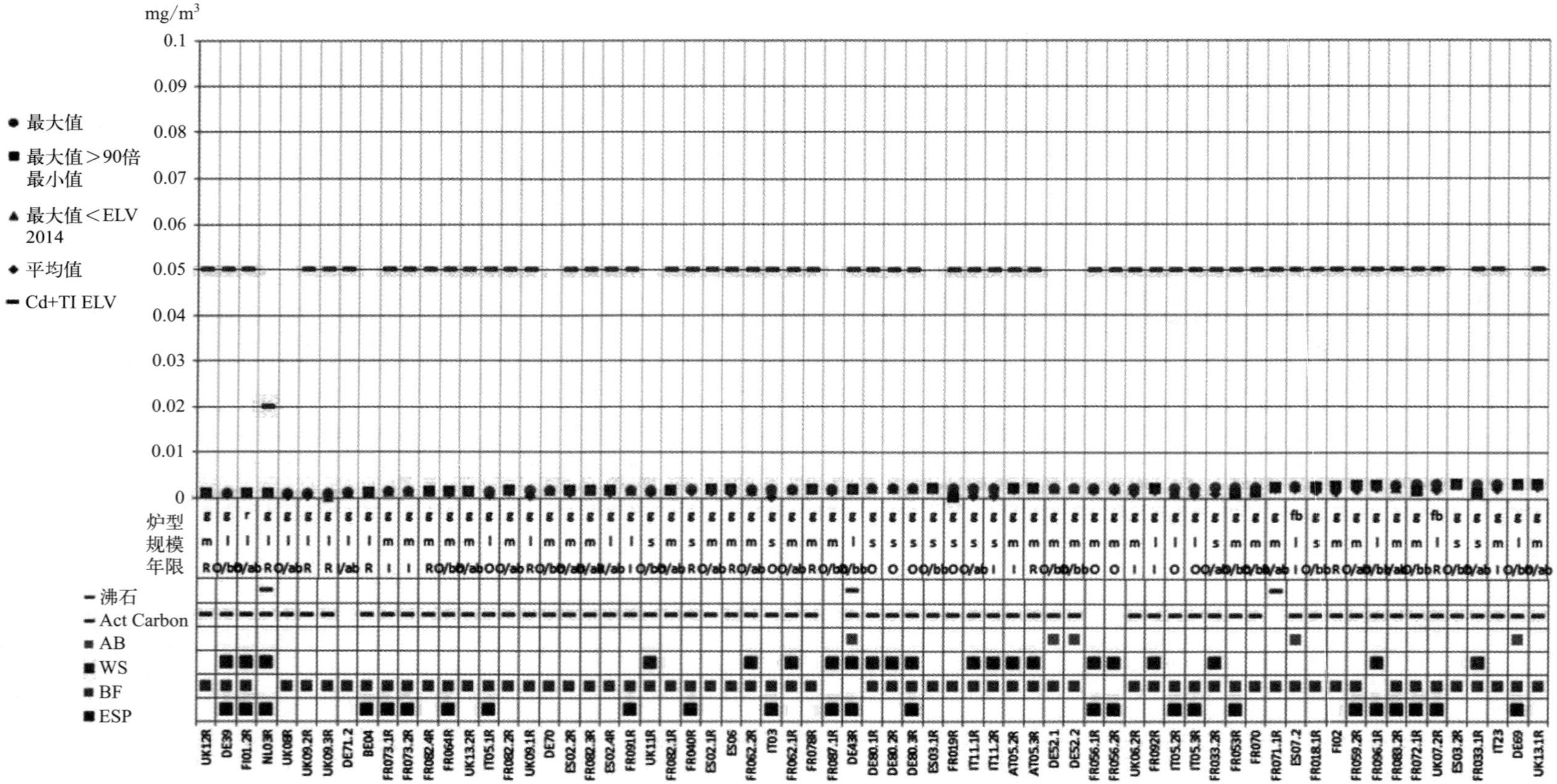

注：
炉型：g—炉排炉；r—回转窑；fb—流化床；f—除上述类型以外的炉型；gas—气化；o—其他。
年限：O—陈旧；I—中间；R—最近//[改造年份：bb—在WI BREF(2006年)之前；ab—在WI BREF(2006年)之后]。
焚烧厂规模：s—小；m—中等；l—大。
By—旁通。
采用试剂：Act Carbon—活性炭。
安装的技术：AB—吸附床；WS—湿式洗涤器；BF—袋式过滤器；ESPd—干式静电除尘器。

图 8.132　主要焚烧 MSW 的参考焚烧线周期性监测 Cd＋Tl 排放至大气的排放水平（2/3）[81]

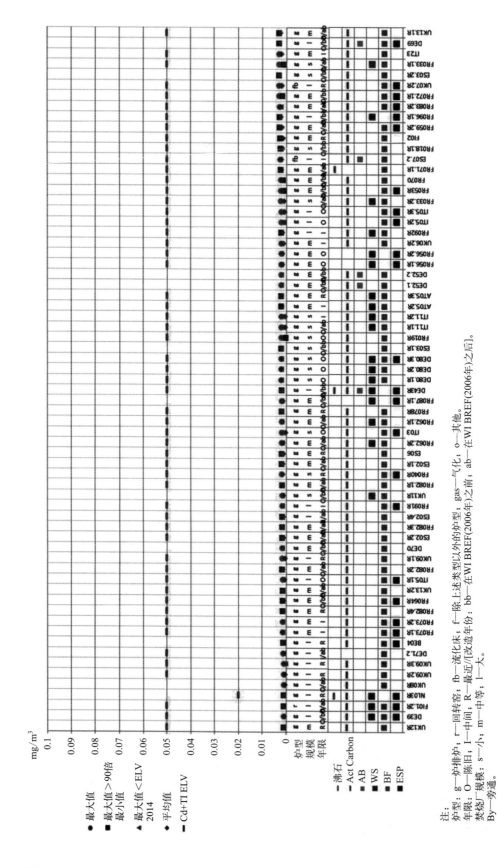

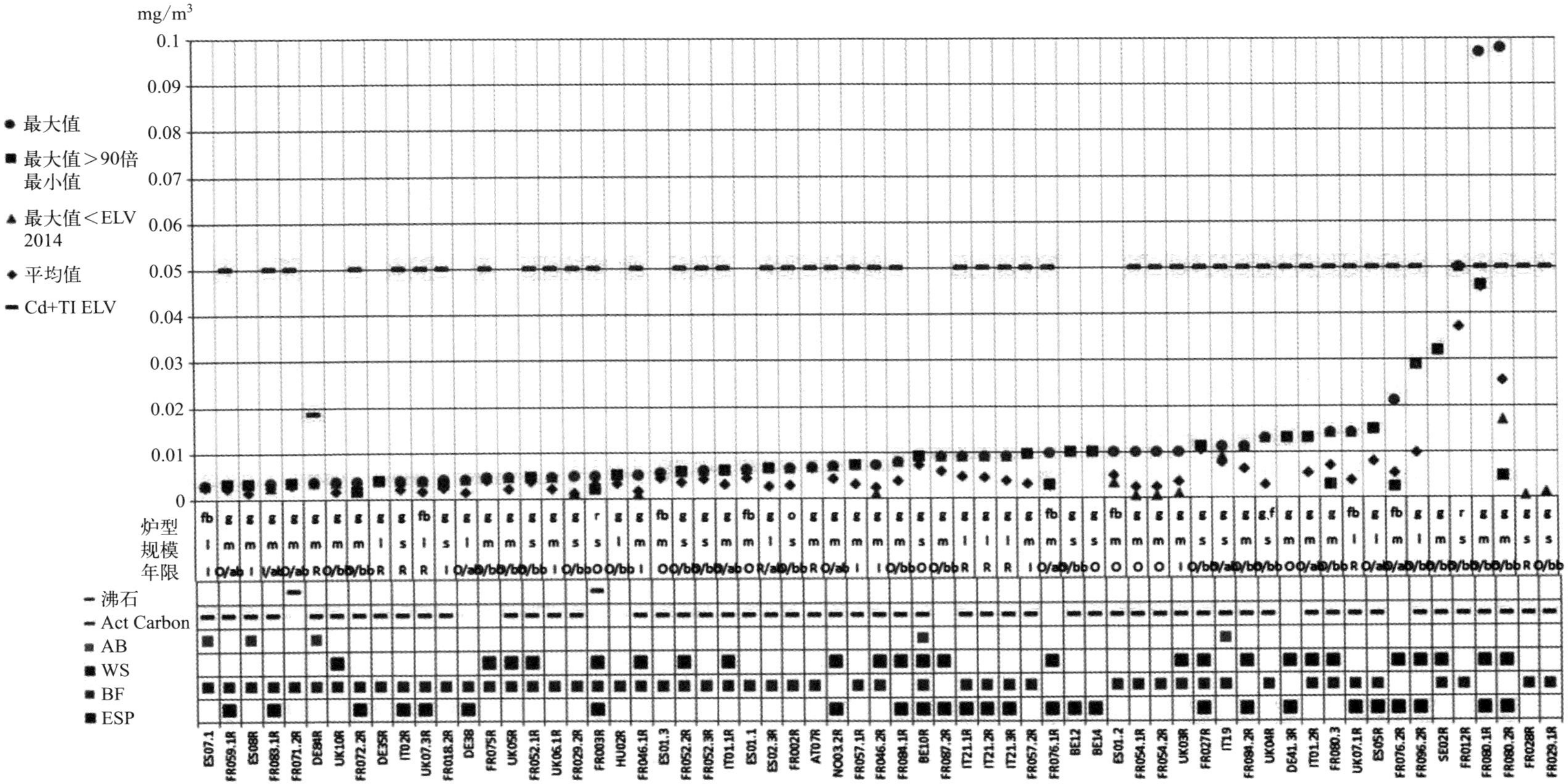

注：
炉型：g—炉排炉；r—回转窑；fb—流化床；f—除上述类型以外的炉型；gas—气化；o—其他。
年限：O—陈旧；I—中间；R—最近//[改造年份：bb—在WI BREF(2006年)之前；ab—在WI BREF(2006年)之后]。
焚烧厂规模：s—小；m—中等；l—大。
By—旁通。
采用试剂：Act Carbon—活性炭。
安装的技术：AB—吸附床；WS—湿式洗涤器；BF—袋式过滤器；ESPd—干式静电除尘器。

图 8.133 主要焚烧 MSW 的参考焚烧线周期性监测 Cd＋Tl 排放至大气的排放水平（3/3）[81]

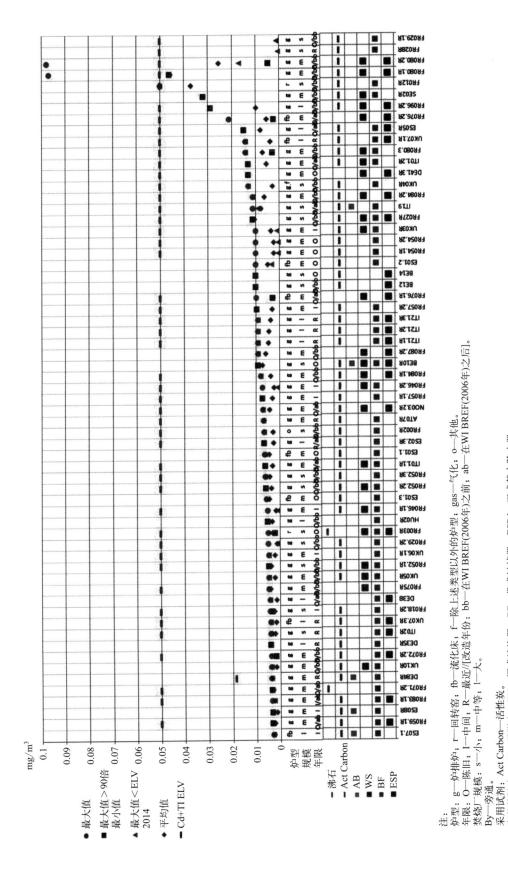

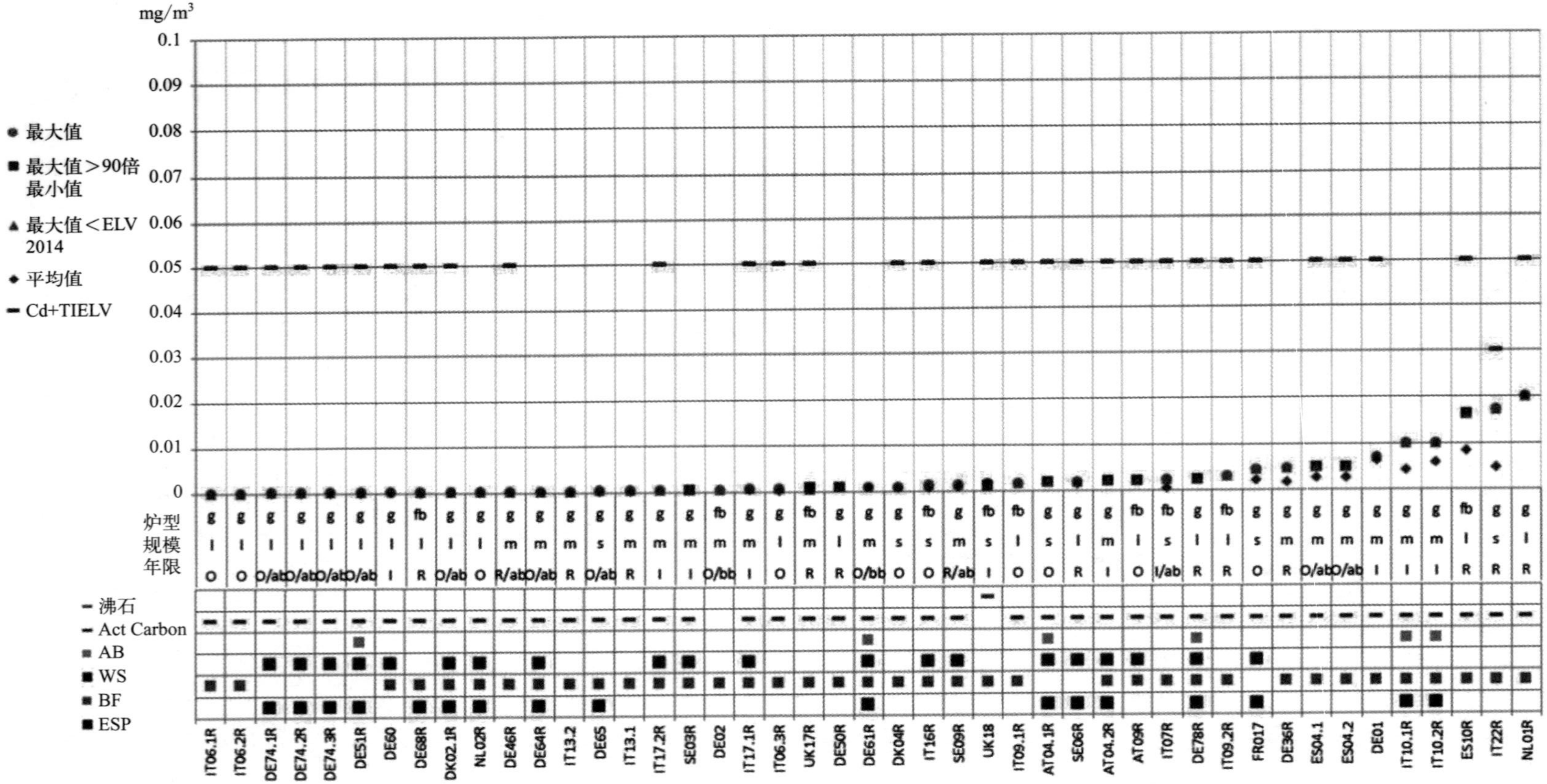

注：
炉型：g—炉排炉；r—回转窑；fb—流化床；f—除上述类型以外的炉型；gas—气化；o—其他。
年限：O—陈旧；I—中间；R—最近//[改造年份：bb—在WI BREF(2006年)之前；ab—在WI BREF(2006年)之后]。
焚烧厂规模：s—小；m—中等；l—大。
By—旁通。
采用试剂：Act Carbon—活性炭。
安装的技术：AB—吸附床；WS—湿式洗涤器；BF—袋式过滤器；ESPd—干式静电除尘器。

图 8.134　主要焚烧 ONHW 的参考焚烧线周期性监测 Cd＋Tl 排放至大气的排放水平[81]

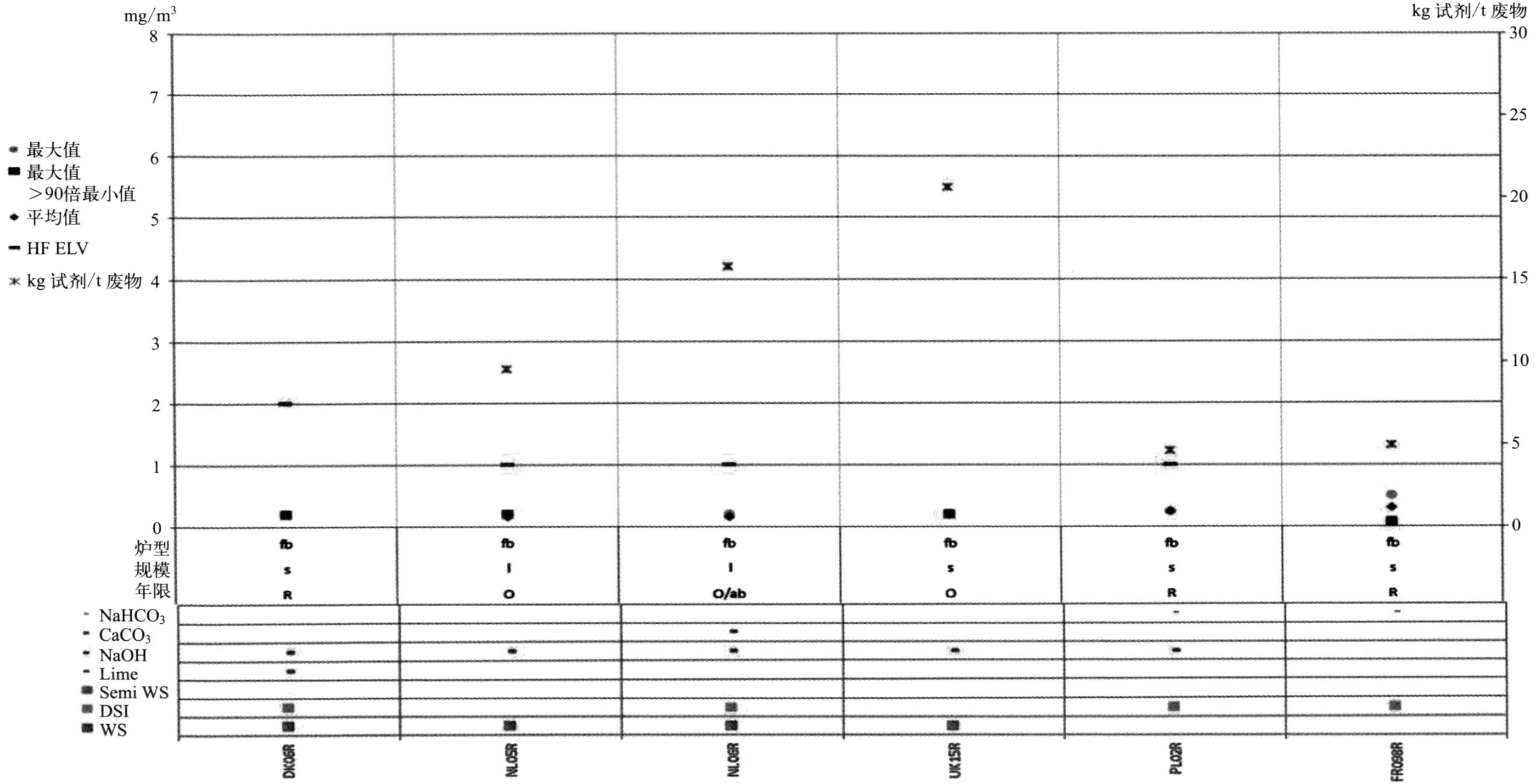

注：
炉型：g—炉排炉；r—回转窑；fb—流化床；f—除上述类型以外的炉型；gas—气化；o—其他。
年限：O—陈旧；I—中间；R—最近//[改造年份：bb—在WI BREF(2006年)之前；ab—在WI BREF(2006年)之后]。
焚烧厂规模：s—小；m—中等；l—大。
By—旁通。
所用试剂：$NaHCO_3$—碳酸氢钠；$CaCO_3$—石灰石；NaOH—氢氧化钠；Lime包括生石灰、熟石灰和高比表面积/孔隙度熟石灰。
安装技术：Semi WS—半湿式洗涤器；DSI—干式吸附剂注入；WS—湿式洗涤器。

图 8.135 主要焚烧 SS 的参考焚烧线周期性监测 HF 排放至大气的排放水平[81]

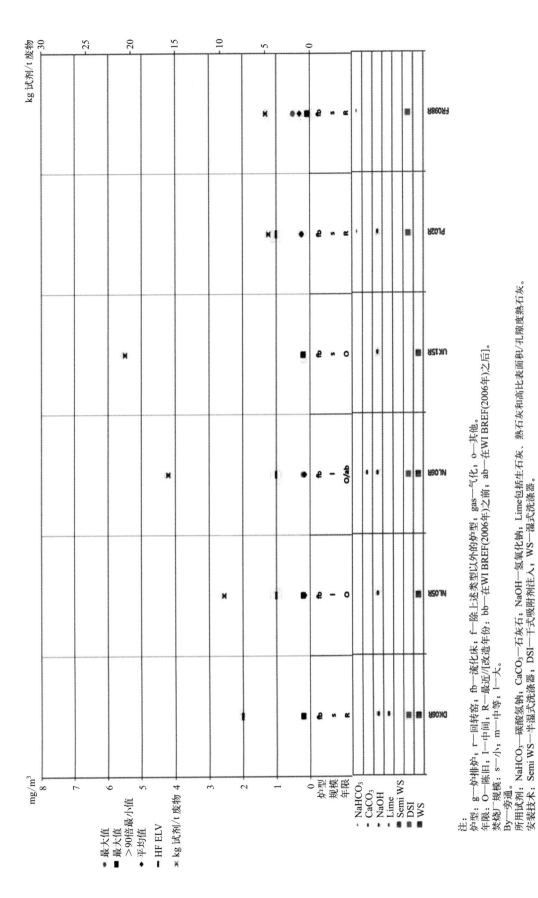

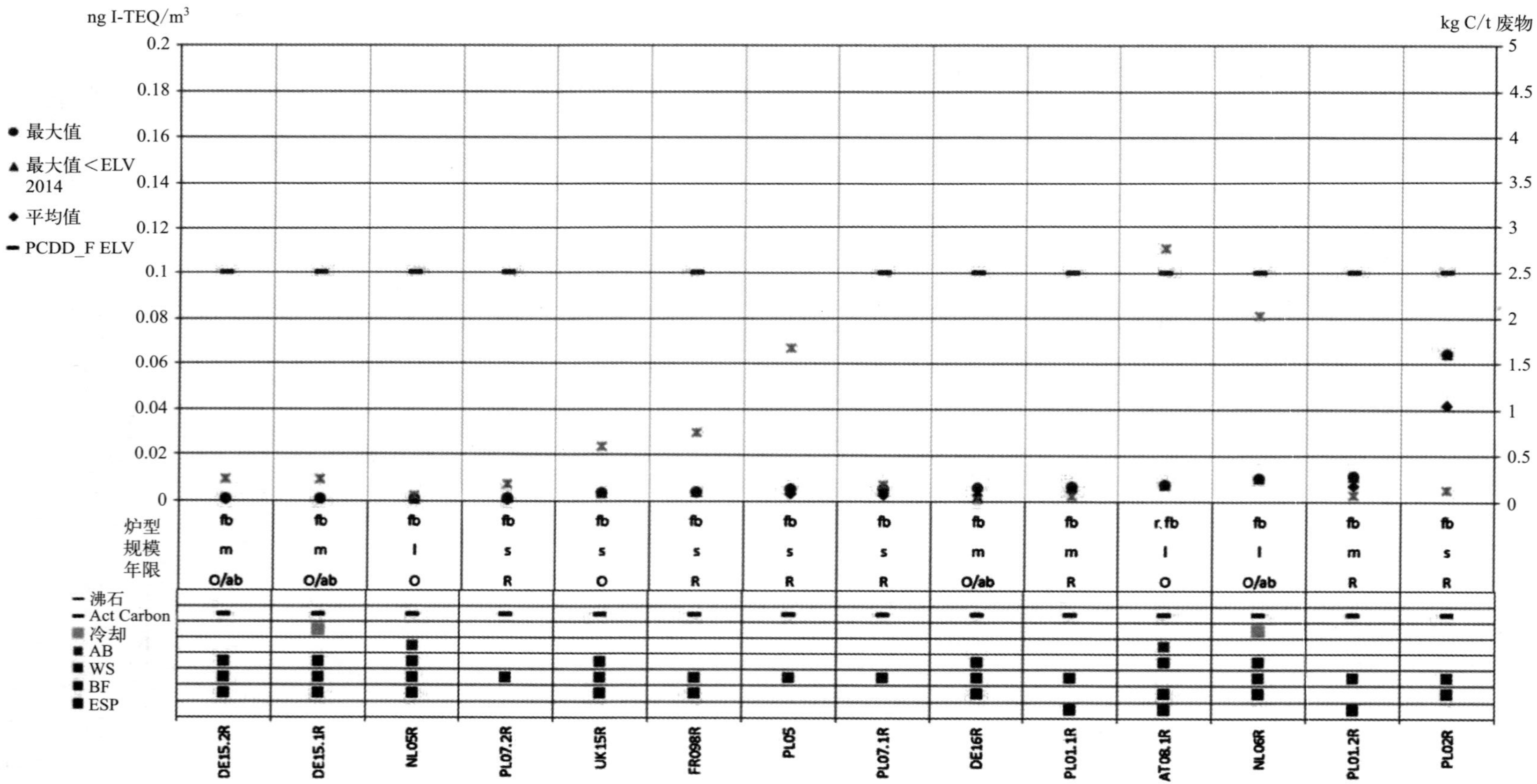

注：
炉型：g—炉排炉；r—回转窑；fb—流化床；f—除上述类型以外的炉型；gas—气化；o—其他。
年限：O—陈旧；I—中间；R—最近//[改造年份：bb—在WI BREF(2006年)之前；ab—在WI BREF(2006年)之后]。
焚烧厂规模：s—小；m—中等；l—大。
By—旁通。
采用试剂：Act Carbon—活性炭。
安装技术：AB—吸附床；WS—湿式洗涤器；BF—袋式过滤器；ESP—静电除尘器；SCR—选择性催化还原。

图 8.136 主要焚烧 SS 的参考焚烧线周期性监测 PCDD/F 排放至大气的排放水平[81]

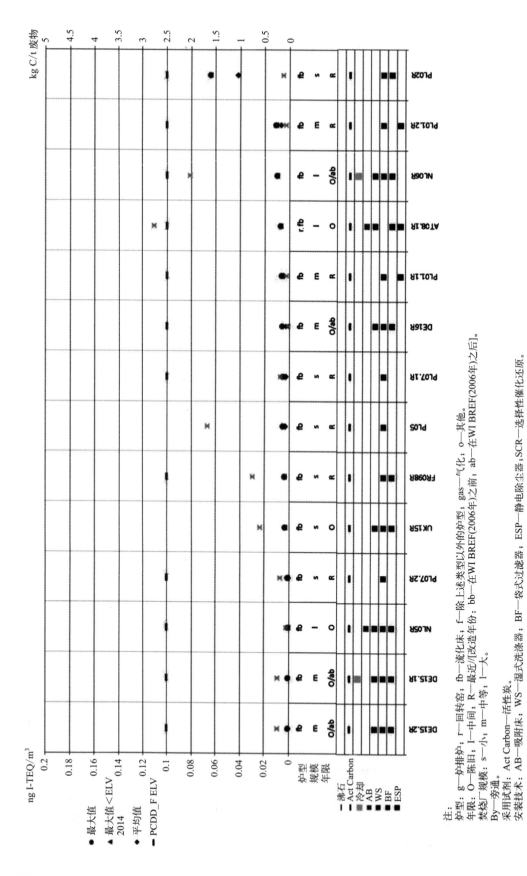

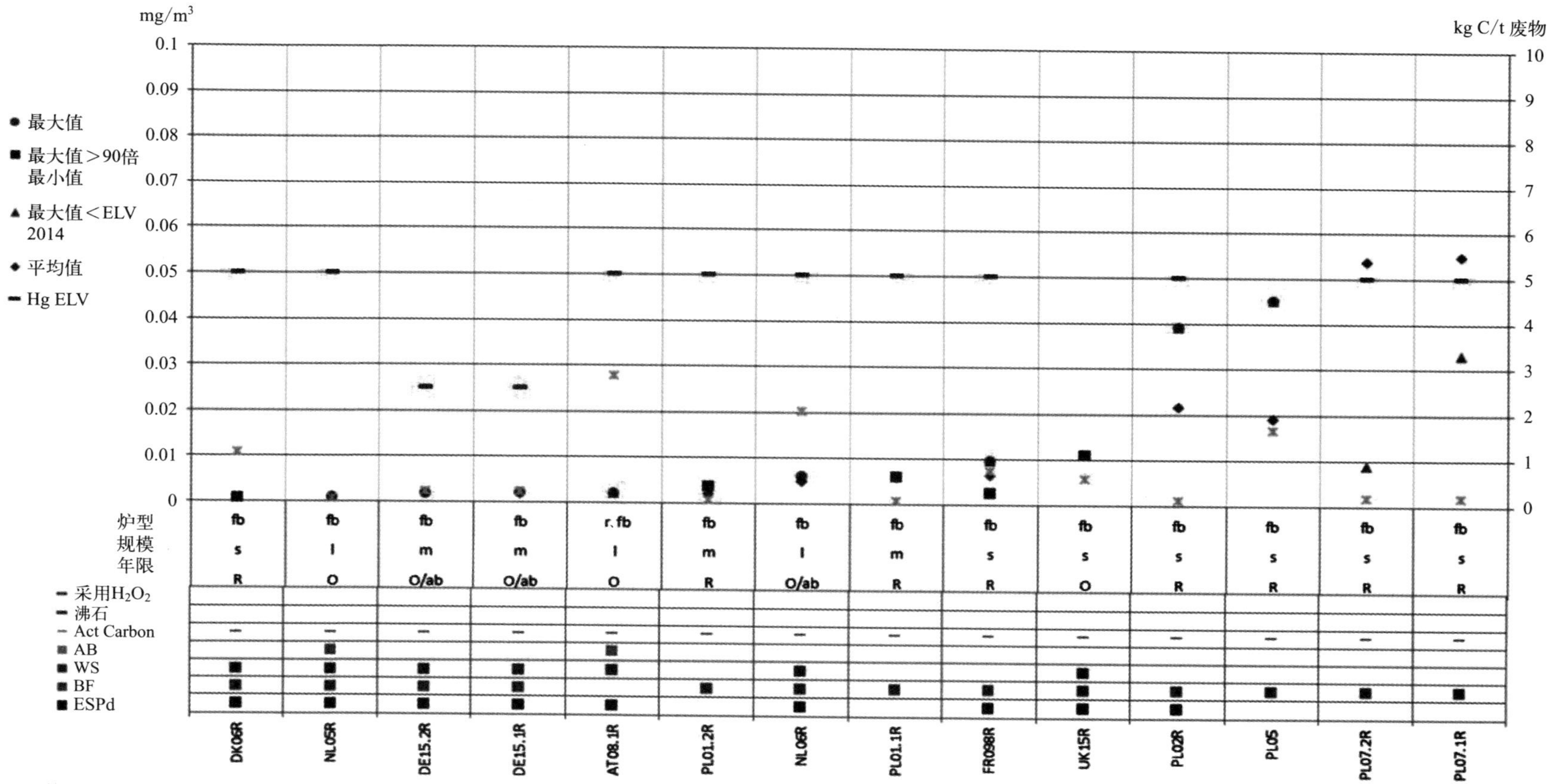

注：
炉型：g—炉排炉；r—回转窑；fb—流化床；f—除上述类型以外的炉型；gas—气化；o—其他。
年限：O—陈旧；I—中间；R—最近//[改造年份：bb—在WI BREF(2006年)之前；ab—在WI BREF(2006年)之后]。
焚烧厂规模：s—小；m—中等；l—大。
By—旁通。
采用试剂：H_2O_2—过氧化物；Act Carbon—活性炭。
安装的技术：AB—吸附床；WS—湿式洗涤器；BF—袋式过滤器；ESPd—干式静电除尘器。

图 8.137 主要焚烧 SS 的参考焚烧线周期性监测 Hg 排放至大气的排放水平[81]

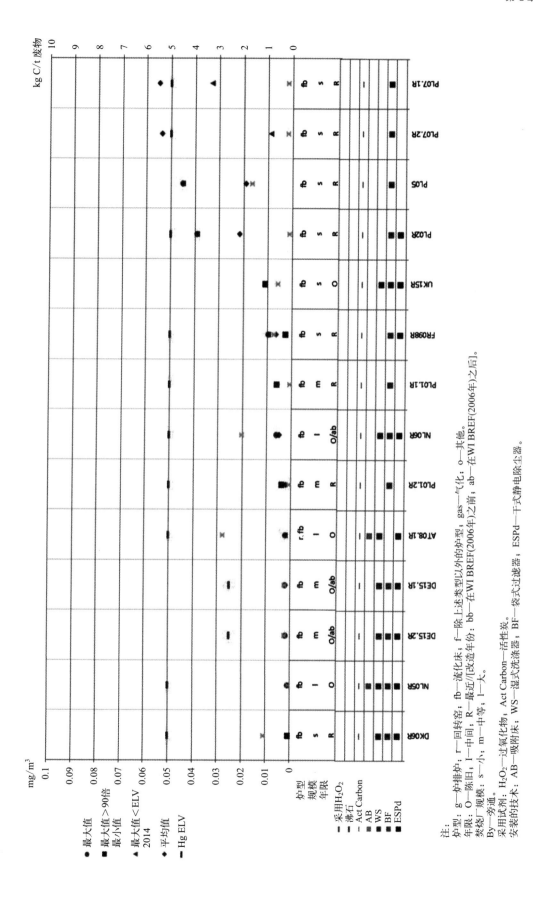

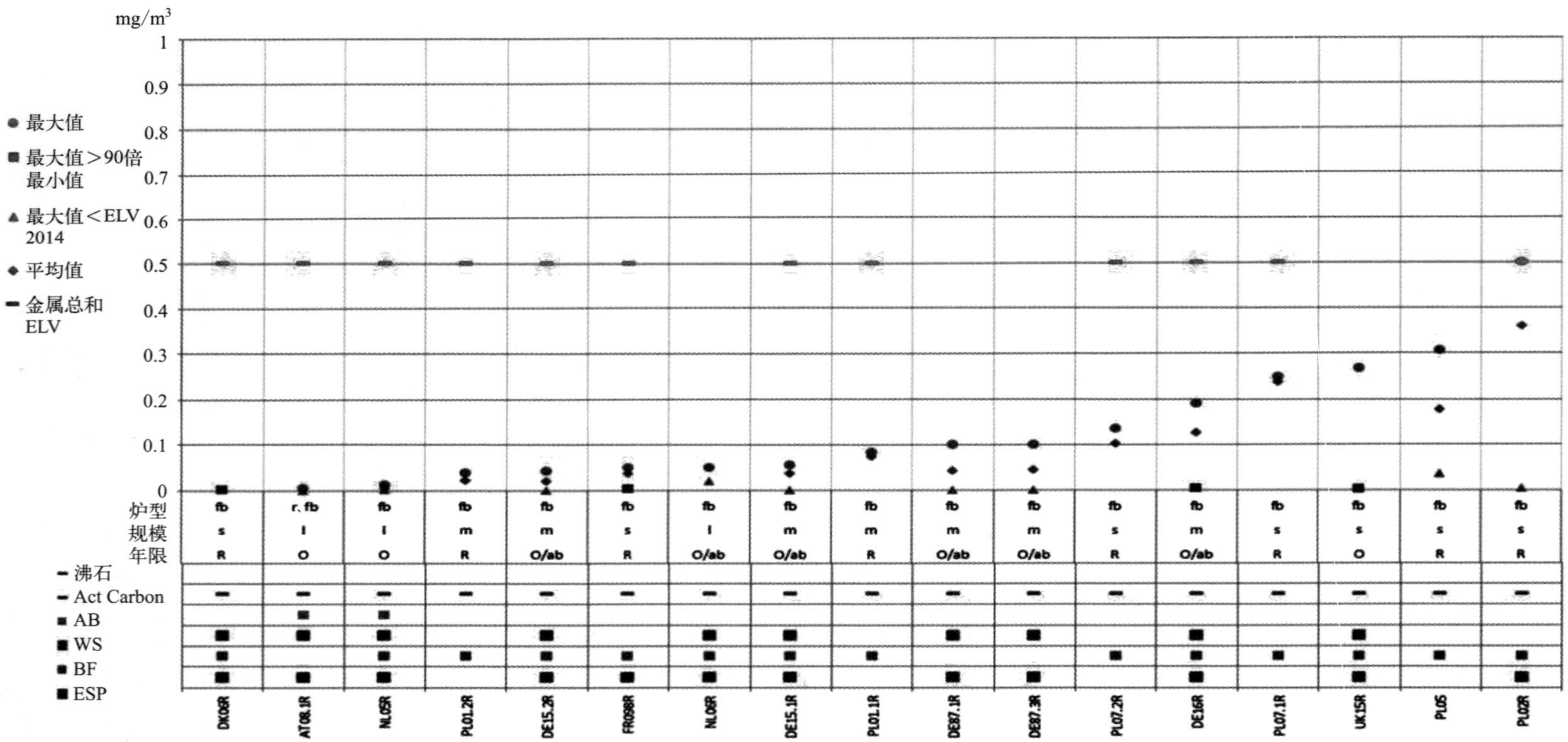

注：
炉型：g—炉排炉；r—回转窑；fb—流化床；f—除上述类型以外的炉型；gas—气化；o—其他。
年限：O—陈旧；I—中间；R—最近//[改造年份：bb—在WI BREF(2006年)之前；ab—在WI BREF(2006年)之后]。
焚烧厂规模：s—小；m—中等；l—大。
By—旁通。
采用试剂：Act Carbon—活性炭。
安装的技术：AB—吸附床；WS—湿式洗涤器；BF—袋式过滤器；ESPd—干式静电除尘器。

图 8.138 主要焚烧 SS 的参考焚烧线周期性监测 Sb＋As＋Cr＋Co＋Cu＋Pb＋Mn＋Ni＋V 排放至大气的排放水平[81]

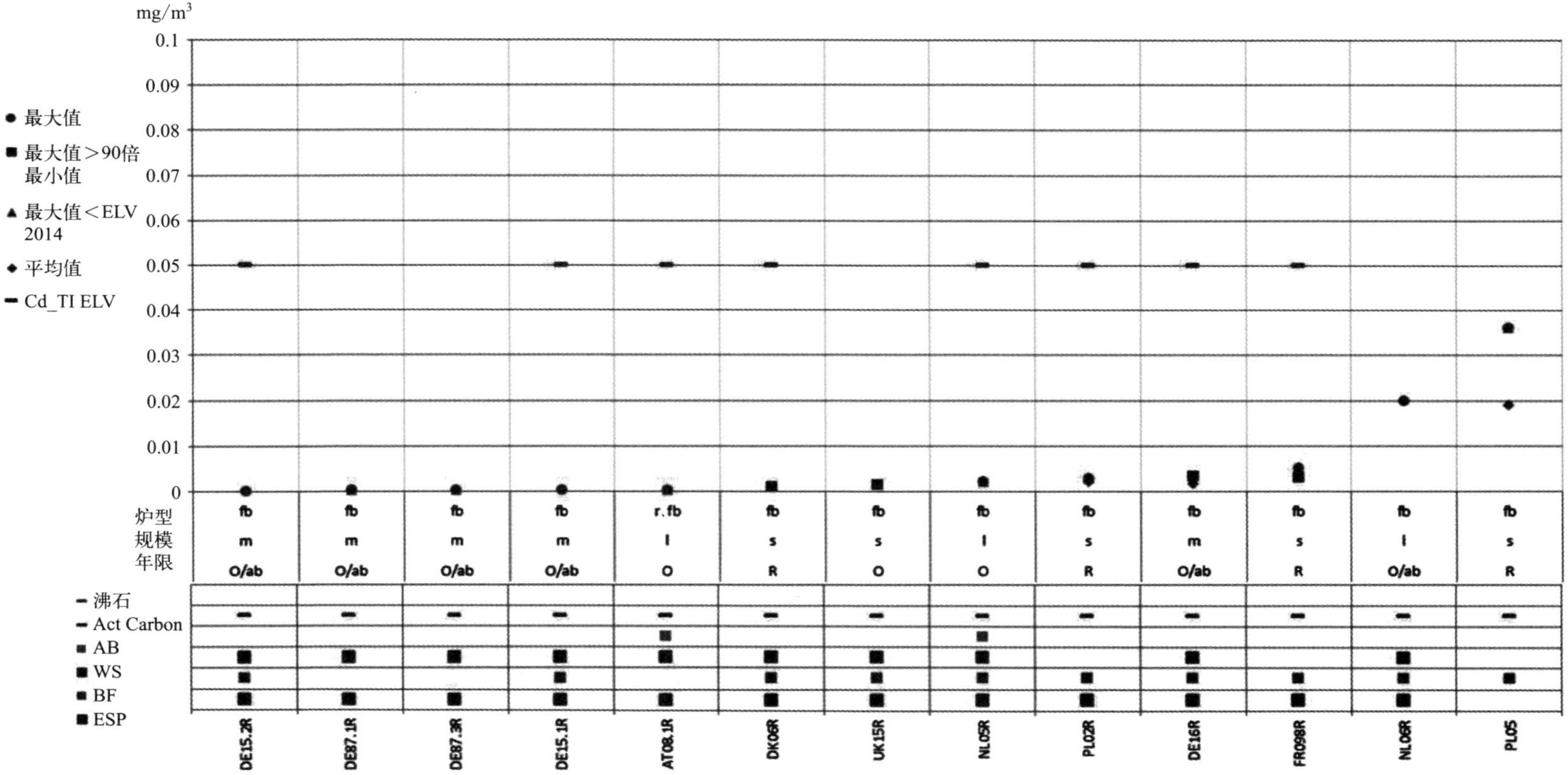

注：
炉型：g—炉排炉；r—回转窑；fb—流化床；f—除上述类型以外的炉型；gas—气化；o—其他。
年限：O—陈旧；I—中间；R—最近//[改造年份：bb—在WI BREF(2006年)之前；ab—在WI BREF(2006年)之后]。
焚烧厂规模：s—小；m—中等；l—大。
By—旁通。
采用试剂：Act Carbon—活性炭。
安装的技术：AB—吸附床；WS—湿式洗涤器；BF—袋式过滤器；ESPd—干式静电除尘器。

图 8.139 主要焚烧 SS 的参考焚烧线周期性监测 Cd＋Tl 排放至大气的排放水平[81]

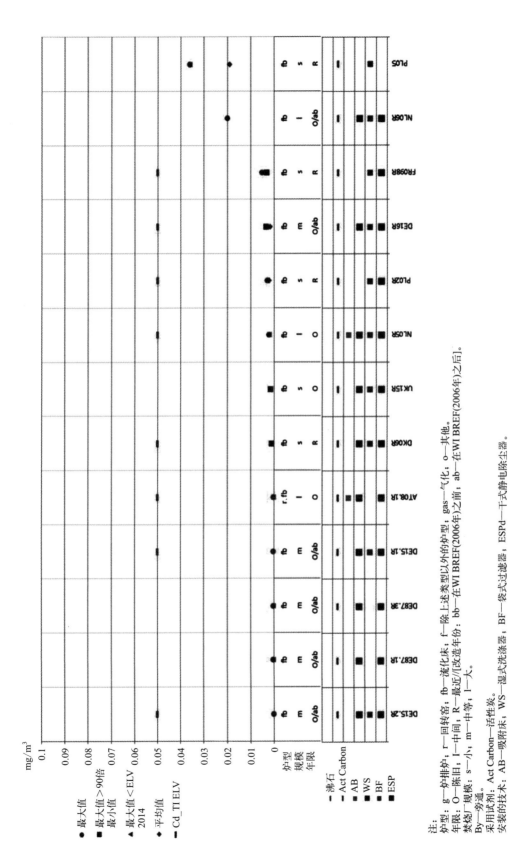

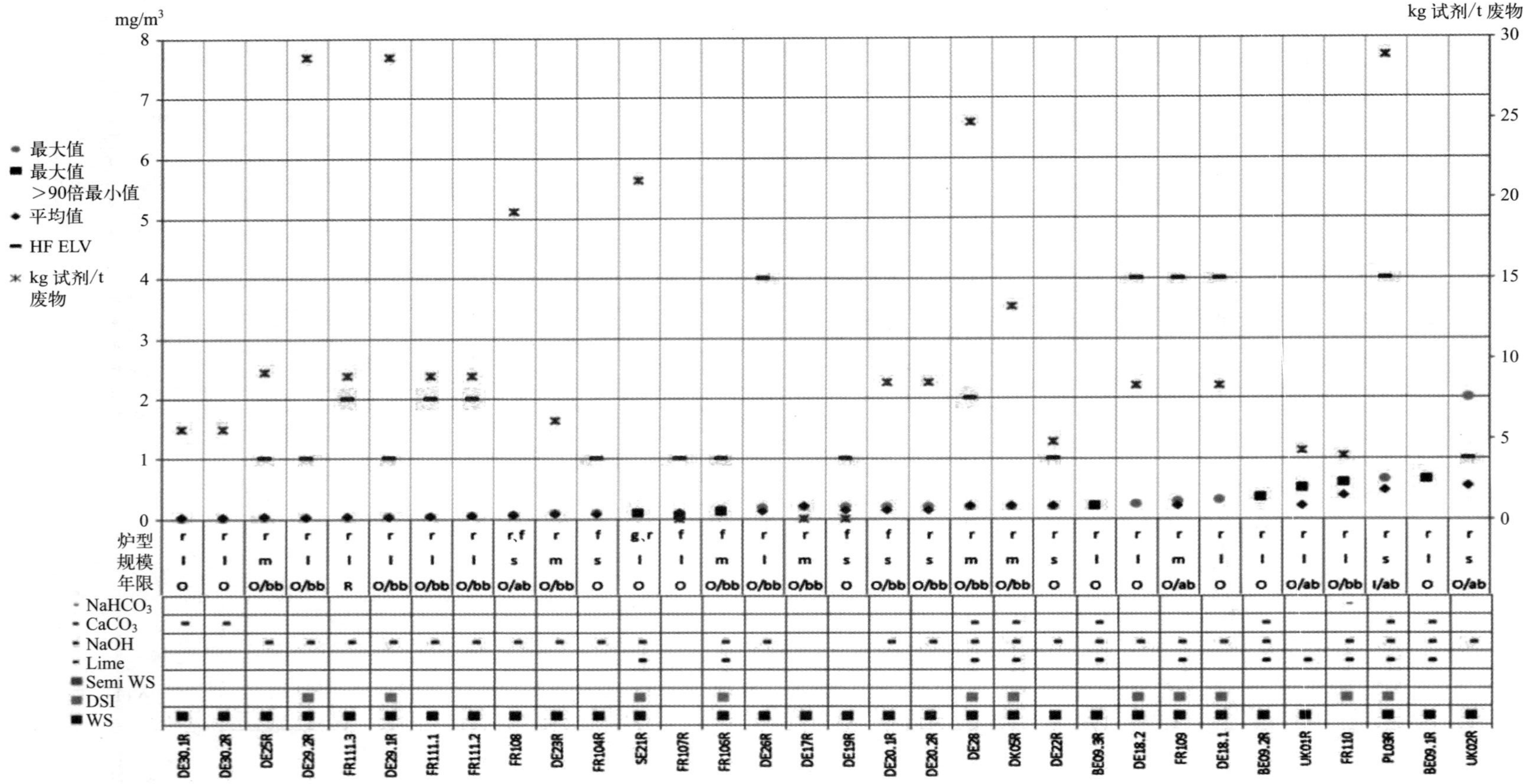

注：
炉型：g—炉排炉；r—回转窑；fb—流化床；f—除上述类型以外的炉型；gas—气化；o—其他。
年限：O—陈旧；I—中间；R—最近//[改造年份：bb—在WI BREF(2006年)之前；ab—在WI BREF(2006年)之后]。
焚烧厂规模：s—小；m—中等；l—大。
By—旁通。
采用试剂：$NaHCO_3$—碳酸氢钠；$CaCO_3$—石灰石；NaOH—氢氧化钠；Lime包括生石灰、熟石灰和高比表面积/孔隙度熟石灰。
安装的技术：Semi WS—半湿式洗涤器；DSI—干式吸附剂注入；WS—湿式洗涤器。

图 8.140　主要焚烧 HW 的参考焚烧线周期性监测 HF 排放至大气的排放水平[81]

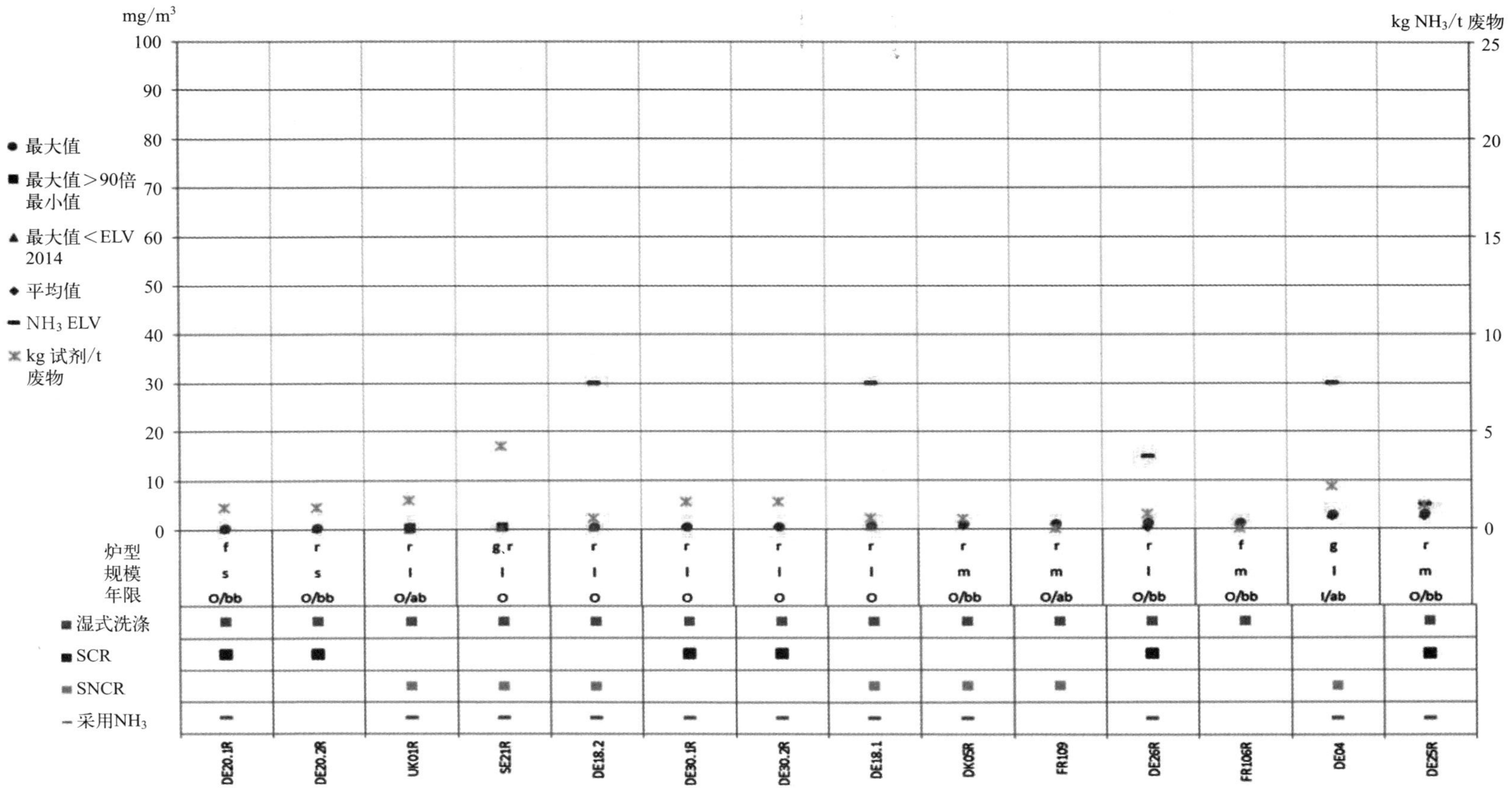

注：
炉型：g—炉排炉；r—回转窑；fb—流化床；f—除上述类型以外的炉型；gas—气化；o—其他。
年限：O—陈旧；I—中间；R—最近//[改造年份：bb—在WI BREF(2006年)之前；ab—在WI BREF(2006年)之后]。
焚烧厂规模：s—小；m—中等；l—大。
By—旁通。
采用试剂：NH_3—氨。
安装的技术：SCR—选择性催化还原；SNCR—选择性非催化还原。

图 8.141 主要焚烧 HW 的参考焚烧线周期性监测 NH_3 排放至大气的排放水平[81]

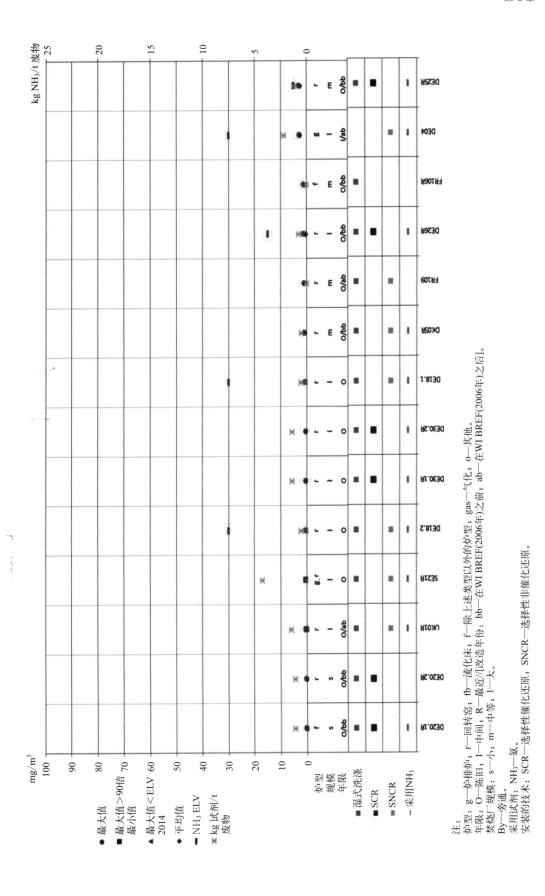

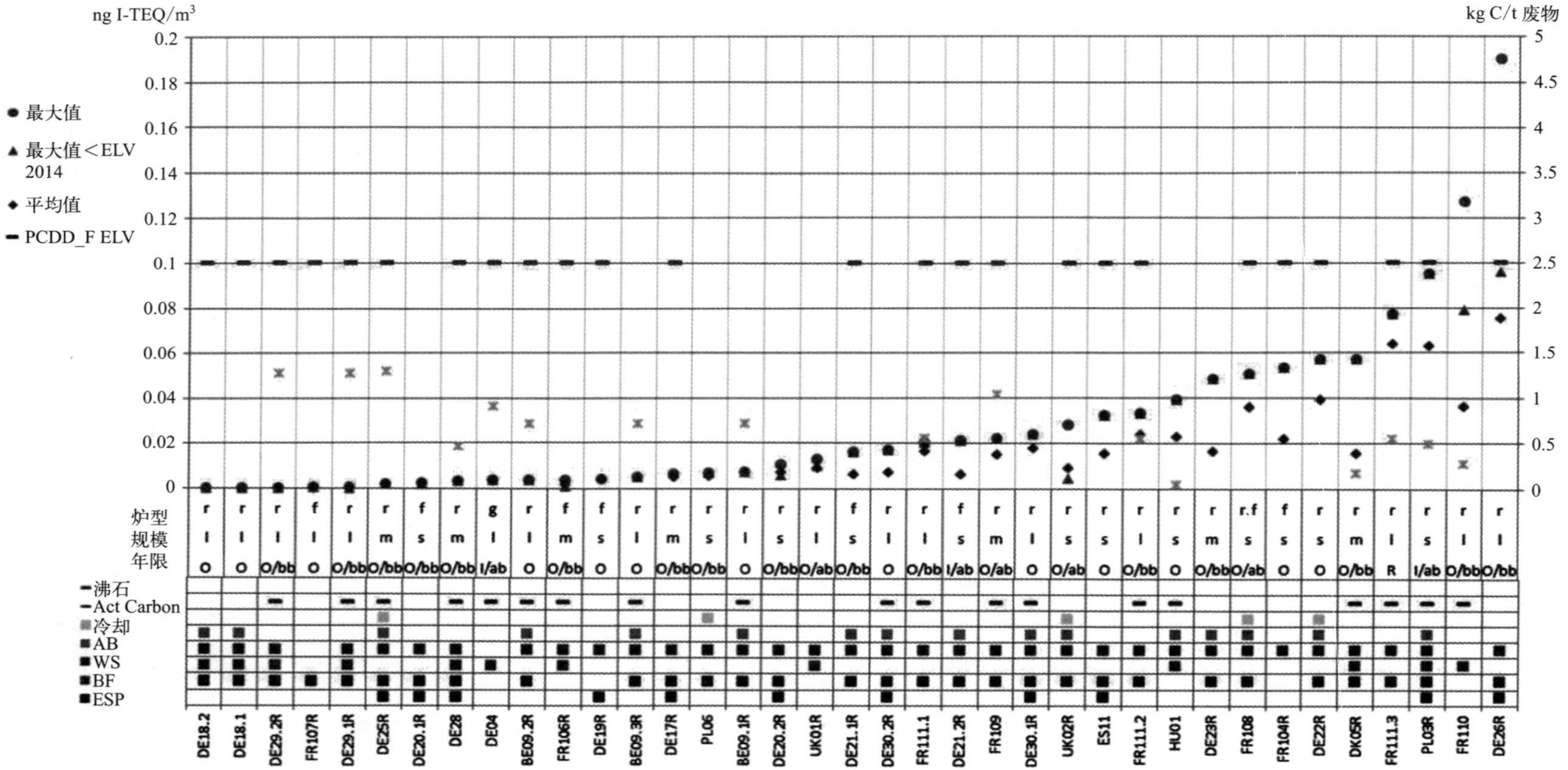

注：
炉型：g—炉排炉；r—回转窑；fb—流化床；f—除上述类型以外的炉型；gas—气化；o—其他。
年限：O—陈旧；I—中间；R—最近//[改造年份：bb—在WI BREF(2006年)之前；ab—在WI BREF(2006年)之后]。
焚烧厂规模：s—小；m—中等；l—大。
By—旁通。
采用试剂：Act Carbon—活性炭。
安装的技术：AB—吸附床；WS—湿式洗涤器；BF—袋式过滤器；ESP—静电除尘器；SCR—选择性催化还原。

图 8.142　主要焚烧 HW 的参考焚烧线周期性监测 PCDD/F 排放至大气的排放水平[81]

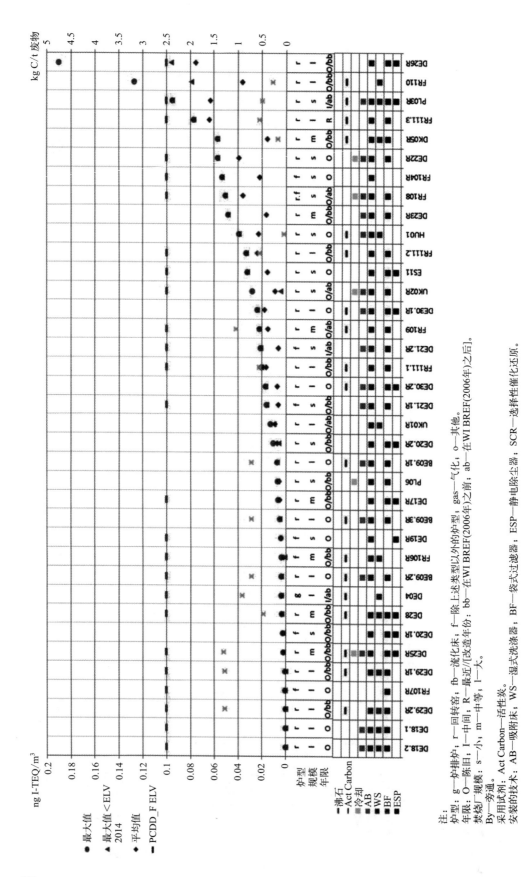

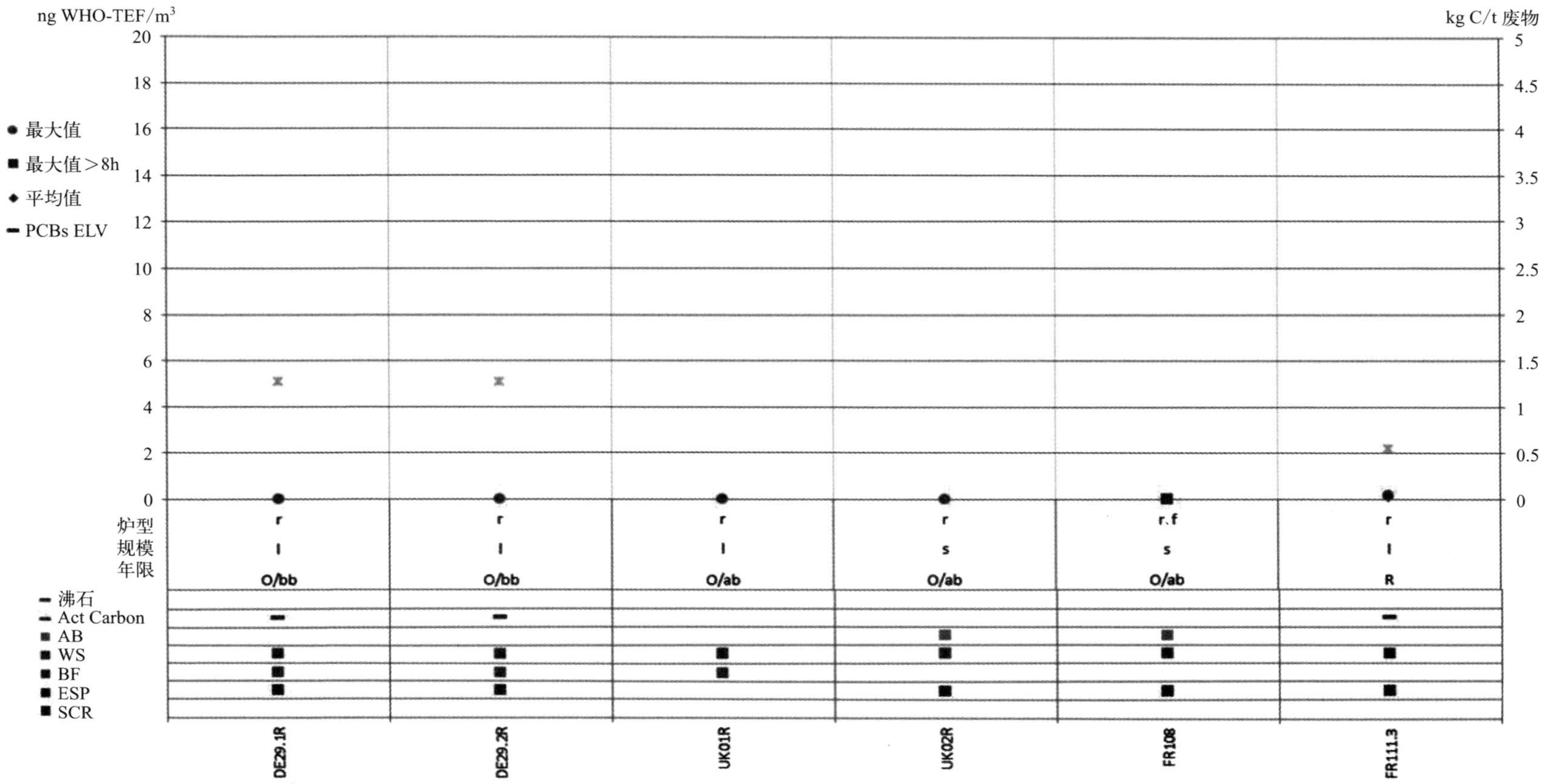

注：
炉型：g—炉排炉；r—回转窑；fb—流化床；f—除上述类型以外的炉型；gas—气化；o—其他。
年限：O—陈旧；I—中间；R—最近//[改造年份：bb—在WI BREF(2006年)之前；ab—在WI BREF(2006年)之后]。
焚烧厂规模：s—小；m—中等；l—大。
By—旁通。
采用试剂：Act Carbon—活性炭。
安装的技术：AB—吸附床；WS—湿式洗涤器；BF—袋式过滤器；ESP—静电除尘器；SCR—选择性催化还原。

图 8.143 主要焚烧 HW 的参考焚烧线周期性监测 PCB 排放至大气的排放水平[81]

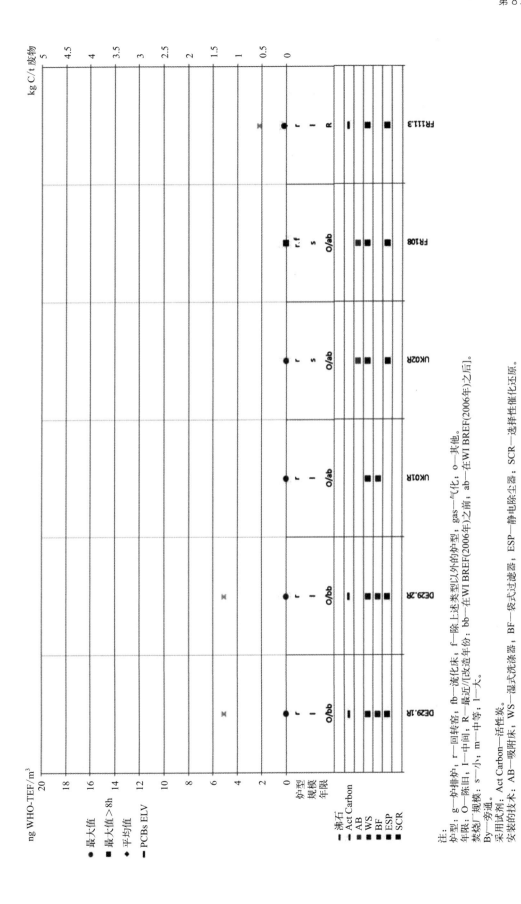

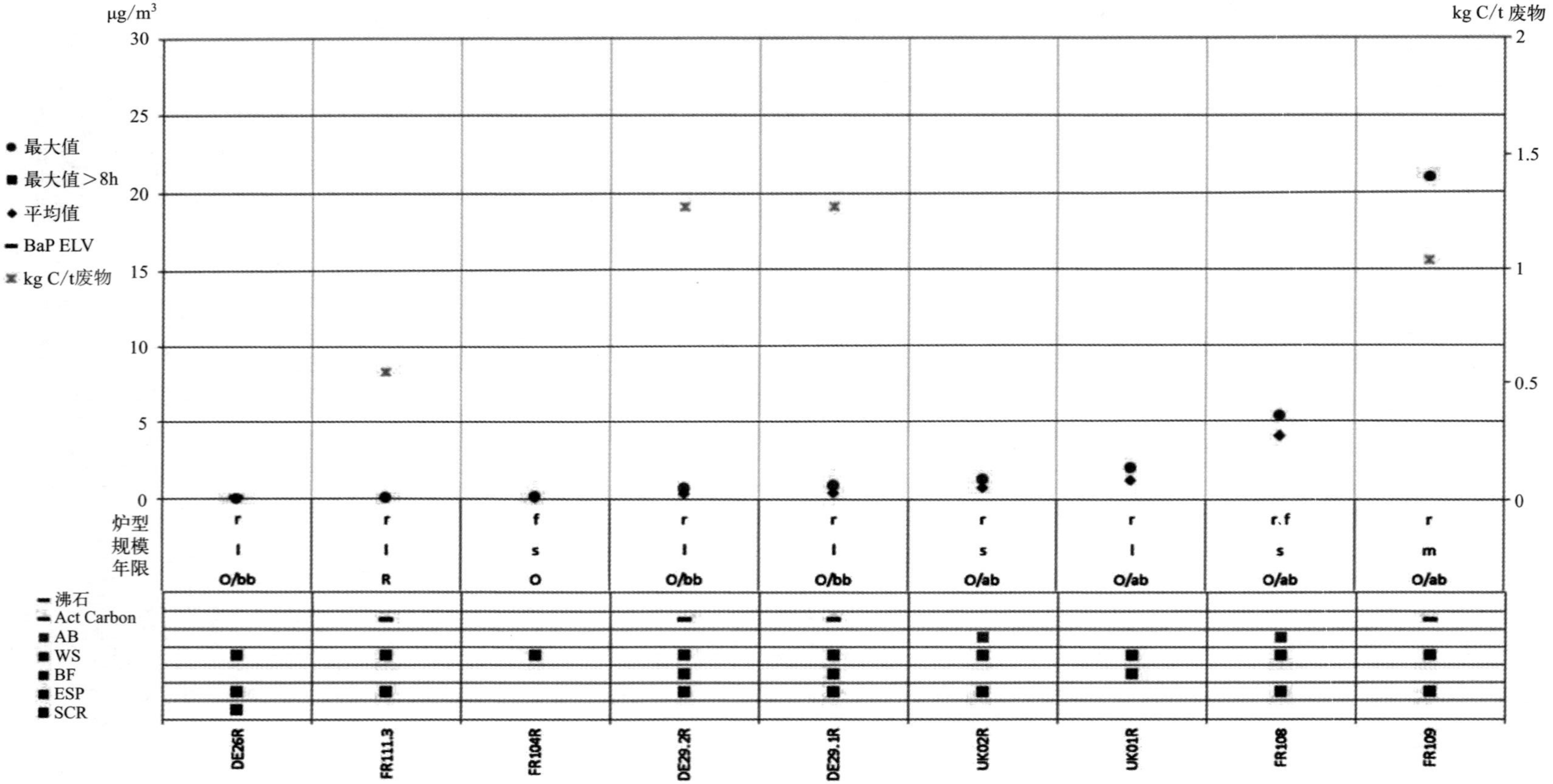

注：
炉型：g—炉排炉；r—回转窑；fb—流化床；f—除上述类型以外的炉型；gas—气化；o—其他。
年限：O—陈旧；I—中间；R—最近//[改造年份：bb—在WI BREF(2006年)之前；ab—在WI BREF(2006年)之后]。
焚烧厂规模：s—小；m—中等；l—大。
By—旁通。
采用试剂：Act Carbon—活性炭。
安装的技术：AB—吸附床；WS—湿式洗涤器；BF—袋式过滤器；ESP—静电除尘器；SCR—选择性催化还原。

图 8.144 主要焚烧 HW 的参考焚烧线周期性监测 PAH 排放至大气的排放水平[81]

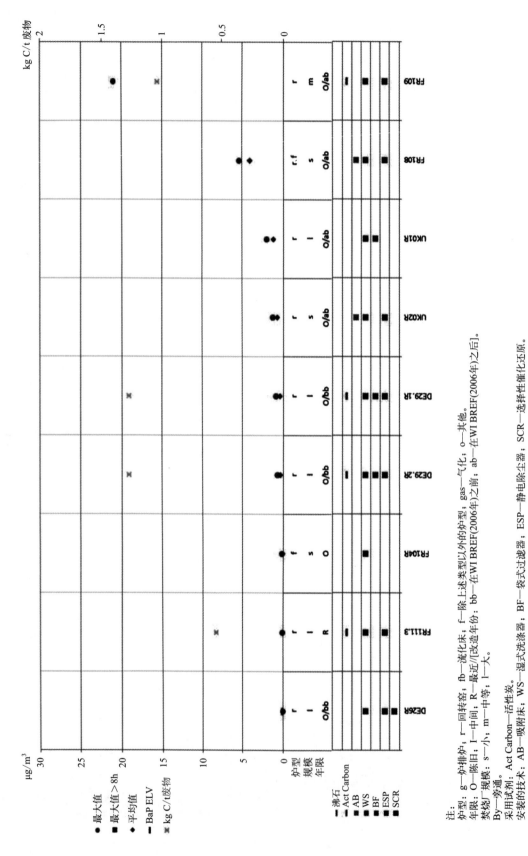

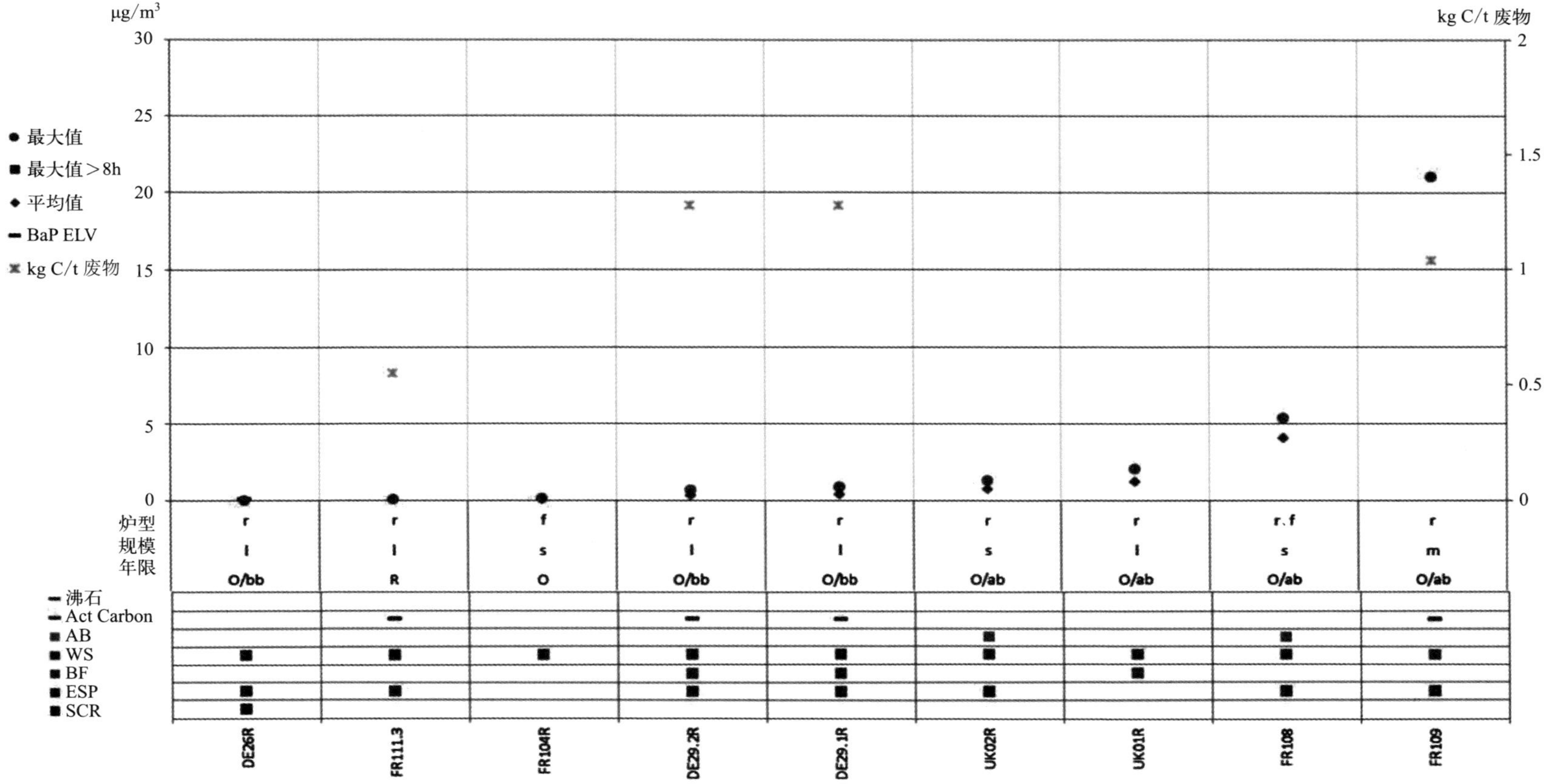

注：
炉型：g—炉排炉；r—回转窑；fb—流化床；f—除上述类型以外的炉型；gas—气化；o—其他。
年限：O—陈旧；I—中间；R—最近//[改造年份：bb—在WI BREF(2006年)之前；ab—在WI BREF(2006年)之后]。
焚烧厂规模：s—小；m—中等；l—大。
By—旁通。
采用试剂：Act Carbon—活性炭。
安装的技术：AB—吸附床；WS—湿式洗涤器；BF—袋式过滤器；ESP—静电除尘器；SCR—选择性催化还原。

图 8.145 主要焚烧 HW 的参考焚烧线周期性监测 BaP 排放至大气的排放水平[81]

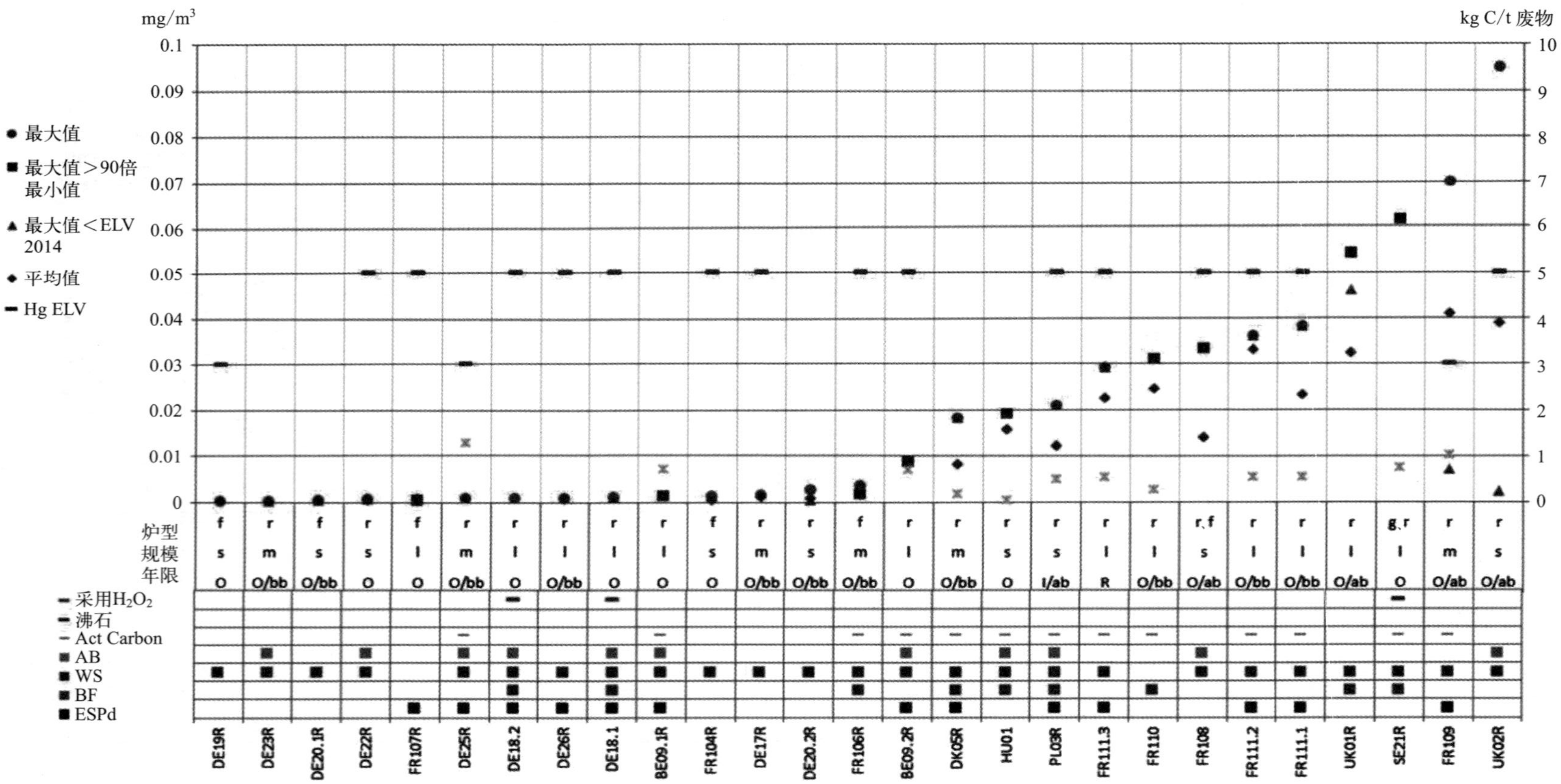

注：
炉型：g—炉排炉；r—回转窑；fb—流化床；f—除上述类型以外的炉型；gas—气化；o—其他。
年限：O—陈旧；I—中间；R—最近//[改造年份：bb—在WI BREF(2006年)之前；ab—在WI BREF(2006年)之后]。
焚烧厂规模：s—小；m—中等；l—大。
By—旁通。
采用试剂：H_2O_2—过氧化物；Act Carbon—活性炭。
安装的技术：AB—吸附床；WS—湿式洗涤器；BF—袋式过滤器；ESPd—干式静电除尘器。

图 8.146　主要焚烧 HW 的参考焚烧线周期性监测 Hg 排放至大气的排放水平[81]

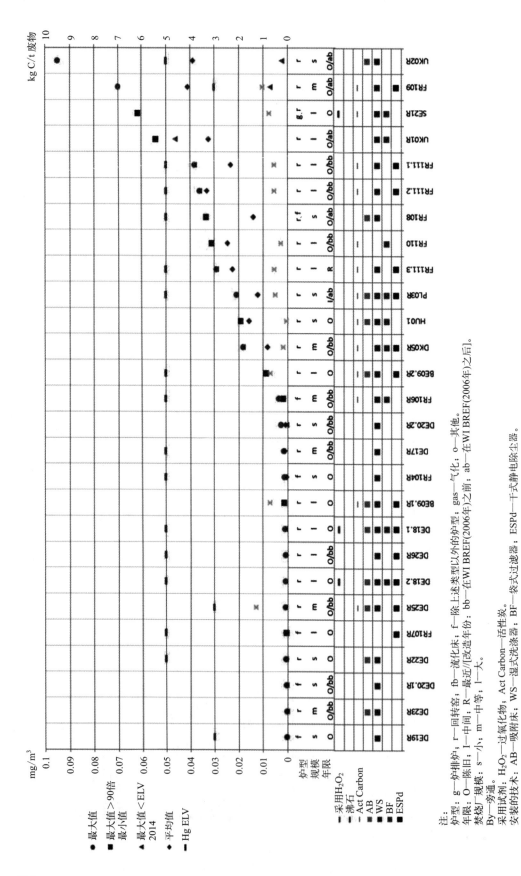

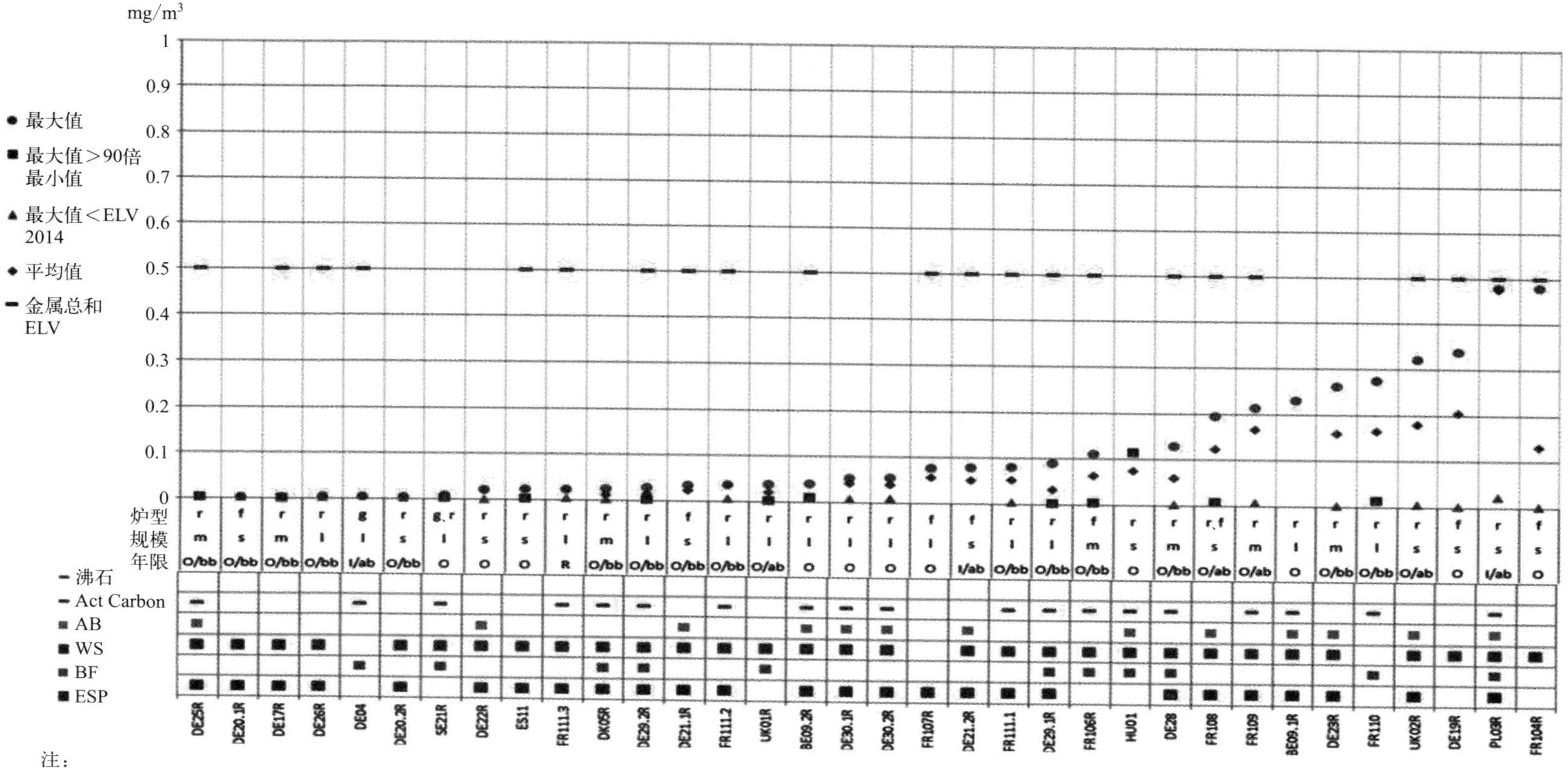

注：
炉型：g—炉排炉；r—回转窑；fb—流化床；f—除上述类型以外的炉型；gas—气化；o—其他。
年限：O—陈旧；I—中间；R—最近//[改造年份：bb—在WI BREF(2006年)之前；ab—在WI BREF(2006年)之后]。
焚烧厂规模：s—小；m—中等；l—大。
By—旁通。
采用试剂：Act Carbon—活性炭。
安装的技术：AB—吸附床；WS—湿式洗涤器；BF—袋式过滤器；ESPd—干式静电除尘器。

图 8.147　主要焚烧 HW 的参考焚烧线周期性监测 Sb＋As＋Cr＋Co＋Cu＋Pb＋Mn＋Ni＋V 排放至大气的排放水平[81]

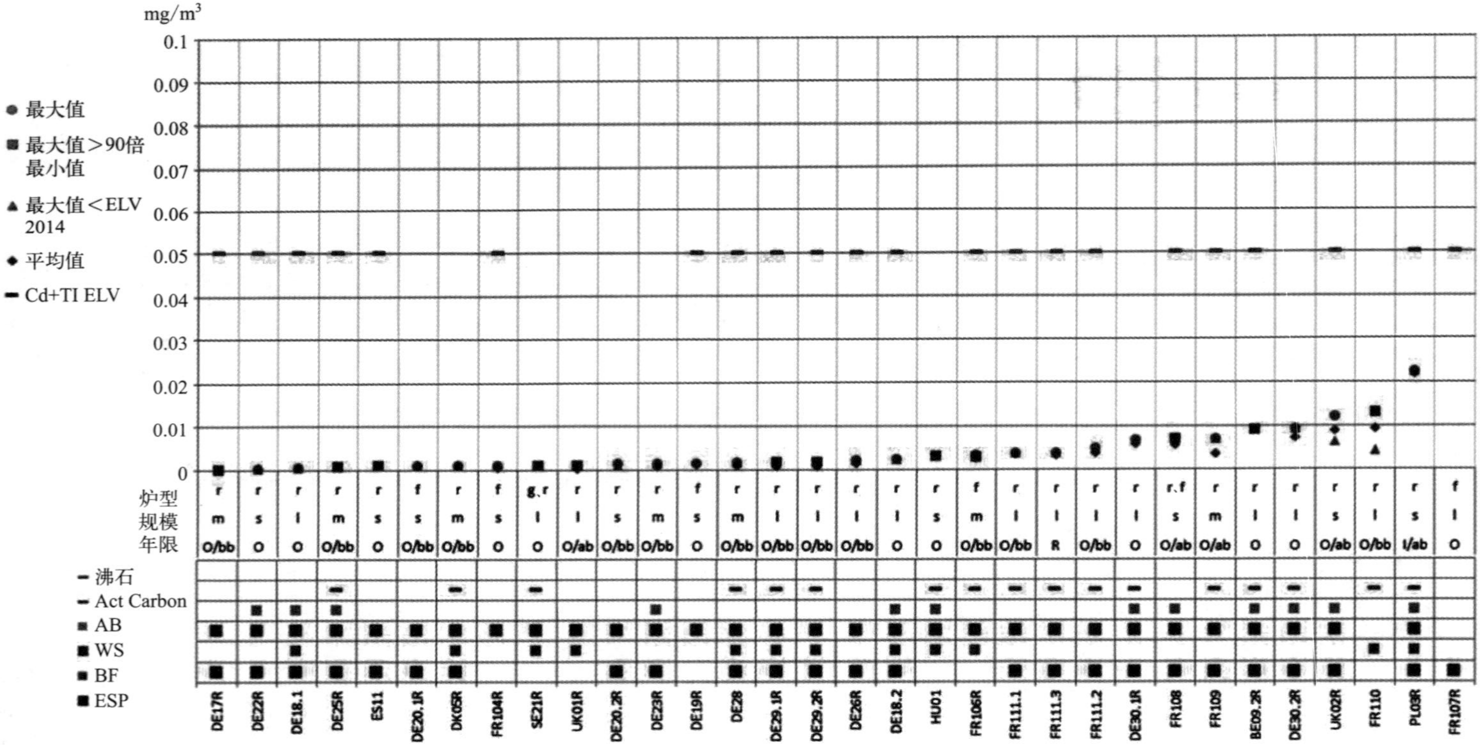

注：
炉型：g—炉排炉；r—回转窑；fb—流化床；f—除上述类型以外的炉型；gas—气化；o—其他。
年限：O—陈旧；I—中间；R—最近//[改造年份：bb—在WI BREF(2006年)之前；ab—在WI BREF(2006年)之后]。
焚烧厂规模：s—小；m—中等；l—大。
By—旁通。
采用试剂：Act Carbon—活性炭。
安装的技术：AB—吸附床；WS—湿式洗涤器；BF—袋式过滤器；ESPd—干式静电除尘器。

图 8.148 主要焚烧 HW 的参考焚烧线周期性监测 Cd＋Tl 排放至大气的排放水平[81]

8.9　比利时和法国 142 条参考废物焚烧线短时期和长时期采样测量的 PCDD/F 排放水平比较

为比较采用短时期和长时期采样测量时的排放水平，获取了比利时和法国的在相同时段内进行长时期和短时期采样测量的 142 条参考焚烧线的排放数据。法国数据通过两个行业协会提交，其中：FNADE/SVDU（全国环境和污染活动联合会/全国城市和类似废物处理和回收联合会）提交废物能源转换焚烧厂的数据，HWE（欧洲危险废物）提交危险废物焚烧厂的数据。

图 8.149 给出的数据汇总信息包括：比利时（共 17 条参考焚烧线，其中 3 条是危险废物焚烧线，报告了 360 次长时期测量和 19 次短时期测量数据[135]）、HWE（共 22 条参考焚烧线，报告了 433 次长时期测量和 70 次短时期测量数据[137]）和 FNADE/SVDU（共 103 条参考焚烧线，共报告 945 次长时期测量和 221 次短时期测量数据[136]）。该图同时给出了 3 组数据中每组的长时期和短时期采样所获得的测量结果的分布。

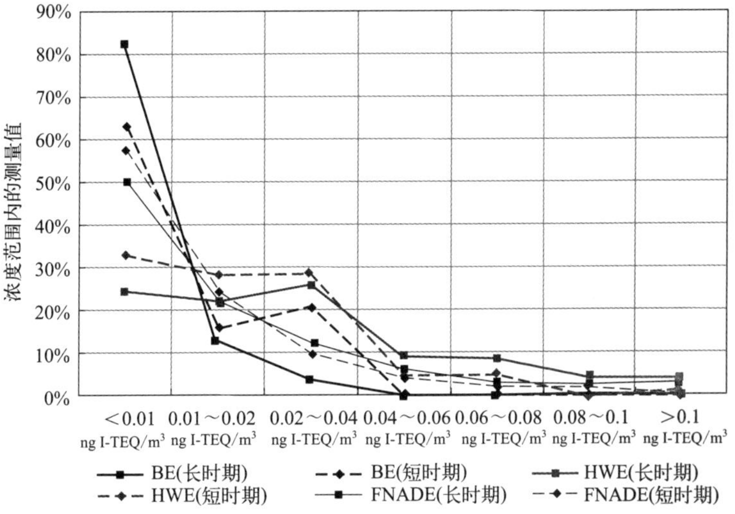

图 8.149　基于短时期和长时期采样的比利时、FNADE/SVDU 和 HWE 所提交的焚烧厂具有不同浓度范围内的 PCDD/F 测量值分布

例如，针对比利时所测量的数据，该图表明：82％的长时期测量值与 63％的短时期测量值相比而言，要低于 0.01ng I-TEQ/Nm^3；13％的长时期测量值与 16％的短时期测量，在 0.01～0.02ng I-TEQ/Nm^3 之间；同时，4％的长时期测量值与 21％的短时期测量值相比而言，其值介于 0.02ng I-TEQ/Nm^3 和 0.04ng I-TEQ/Nm^3 之间等。

就焚烧厂的性能而言，为了在短时期和长时期采样测量值之间建立等效性，如图 8.150 所示，对 3 个数据集（1738 次长时期测量和 310 次短时期测量）中长时期和短时期采样结果低于不同浓度阈值的测量次数进行累积。

例如，由该图可获得以下信息：51％的长时期测量值与 52％的短时期测量值比较而言，低于 0.01ng I-TEQ/m^3；71％的长时期测量值与 77％的短时期测量值相比而言，低于 0.02ng I-TEQ/Nm^3；85％的长时期测量值与 92％的短时期测量值相比而言，低于 0.04ng I-TEQ/m^3 等。

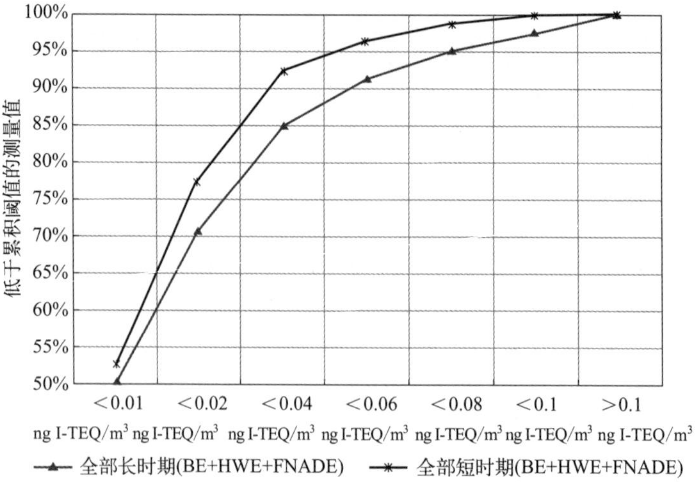

图 8.150 基于短时期和长时期采样的比利时、FNADE/SVDU 和 HWE 提交的所有焚烧厂累计的低于不同浓度阈值的测量值百分比

数据分析说明以下相关内容：

① 在 BAT-AEL 建议下限<0.01ng I-TEQ/m^3 范围内的测量次数之间观测到显著差异(48%的短时期测量值和 49%的长时期测量值是高于此排放水平值的)。

② 与短时期测量相比，更多的长时期测量情况的排放水平值超过了 BAT-AEL 的最大范围：

a. 8%的短时期测量值高于 0.04ng I-TEQ/m^3 的水平值；相对而言，在长时期采样的情况下，15%的测量值高于上述排放水平值，9%的测量值高于 0.06ng I-TEQ/m^3。

b. 4%的短时期测量值高于 0.06ng I-TEQ/m^3 的水平值；相对而言，在长时期采样的情况下，9%的测量值高于上述排放水平值，5%的测量值高于 0.08ng I-TEQ/m^3。

c. 还应该需要注意的是，大约 3%的长时期测量值高于 0.1ng I-TEQ/m^3，在 0.3～0.6ng I-TEQ/m^3 范围内还存在若干个测量值。这些测量值似乎与当前符合评估制度之外的运行条件有关，这也与长时期测量值的分布偏向于高排放水平值相关。

d. 总体而言，由 BE、HWE 和 FNADE/SVDU 所提交的额外数据表明，废物焚烧厂的 PCDD/F 排放性能具有以下等效性：在 0.01ng I-TEQ/m^3 水平进行短时期采样测量得到的值可能相当于长时期采样测量得到的 0.04ng I-TEQ/m^3 水平下的值；在 0.04ng I-TEQ/m^3 水平下进行短时期采样测量得到的值相当于长时期采样测量得到的在 0.06ng I-TEQ/m^3 水平下的值；在 0.06ng I-TEQ/m^3 水平下进行短时期采样测量得到的值相当于在长时期采样测量得到的在 0.08ng I-TEQ/m^3 水平下的值。

在由比利时、FNADE/SVDU 和 HWE 所提交的数据中，长时期采样和周期性测量的结果间存在一些差异，这可能与法国和比利时所实施的长时期采样方法的差异相关。

对于 FNADE/SVDU 所提交的焚烧厂的数据而言，其中的 83%为周期性测量值，但在长时期采样测量值中仅有 72%低于 0.02ng I-TEQ/m^3。

反之，针对比利时的焚烧厂而言，长时期采样值通常低于周期性测量值，95%的长时期采样测量值低于 0.02ng I-TEQ/m^3，而周期性的测量值仅为 79%。但是，值得注意的是，比利时焚烧厂的 4 个长时期采样测量值介于 0.04ng I-TEQ/m^3 和 0.08ng I-TEQ/m^3 之间，但这些相同的焚烧厂的所有周期性采样的测量值均低于 0.04ng I-TEQ/m^3。

FNADE/SVDU 报告了通过长时期采样获得的高排放水平值与在进行采样的时间段内所发生的启炉/停炉次数间的相关性。

词汇表

本词汇表的目的是帮助理解本书中所包含的信息。本词汇表中的术语定义并不是由法规定义的（即使其中一些可能与欧洲立法中所给出的定义相一致），其旨在帮助读者理解本书所涵盖的特定行业所采用的一些关键术语。

Ⅰ. ISO 国家代码

ISO 代码	国家
成员国①	
AT	澳大利亚
BE	比利时
BG	保加利亚
CZ	捷克共和国
CY	塞浦路斯
DE	德国
DK	丹麦
EE	爱沙尼亚
EL	希腊
ES	西班牙
FI	芬兰
FR	法国
HR	克罗地亚
HU	匈牙利
IE	爱尔兰
IT	意大利
LT	立陶宛
LU	卢森堡
LV	拉脱维亚
MT	马耳他
NL	荷兰
PL	波兰
PT	葡萄牙
RO	罗马尼亚
SE	瑞典
SI	斯洛文尼亚
SK	斯洛伐克
UK	英国
非成员国	
NO	挪威

① 成员国的顺序是基于其地名在原始语言中的字母顺序排列的。

Ⅱ. 货币单位

代码①	国家/地区	货币
成员国货币		
EUR	欧元区②	欧元(pl. 欧元)
DKK	丹麦	丹麦克朗(pl. 克朗)
GBP	英国	英镑(pl. 英镑)
其他货币		
USD	美国	US 美元(pl. 美元)

① ISO 4217 代码。

② 包括奥地利、比利时、塞浦路斯、爱沙尼亚、芬兰、法国、德国、希腊、爱尔兰、意大利、卢森堡、马耳他、荷兰、葡萄牙、斯洛伐克、斯洛文尼亚和西班牙。

Ⅲ. 单位前缀

标志	词头	10^n	含义	十进制数
T	tera	10^{12}	兆	1000000000000
G	giga	10^9	十亿	1000000000
M	mega	10^6	百万	1000000
k	kilo	10^3	千	1000
—	—	1	一	1
m	milli	10^{-3}	千分之一	0.001
μ	micro	10^{-6}	百万分之一	0.000001
n	nano	10^{-9}	十亿分之一	0.000000001

Ⅳ. 单位和度量

单位符号	单位名称	度量名称(度量符号)	转换和注解
atm	正常大气压	气压(P)	$1atm=101325N/m^2$
bar	巴	气压(P)	$1.013bar=1.013\times10^5Pa=1atm$
℃	摄氏度	温度(T) 温差(ΔT)	
d	日期	时间	
g	克	质量	
h	小时	时间	
J	焦耳	能量	
K	开尔文	温度(T) 温差(ΔT)	0℃=273.15K
kcal	千卡	能量	1kcal=4.1868kJ
kg	千克	质量	
kJ	千焦	能量	
kPa	千帕斯卡	气压	
kW・h	千瓦时	能量	1kW・h=3600kJ

续表

单位符号	单位名称	度量名称(度量符号)	转换和注解
L	升	体积	
m	米	长度	
m^2	平方米	面积	
m^3	立方米	空间	
mg	毫克	质量	$1mg=10^{-3}g$
mm	毫米		$1mm=10^{-3}m$
min	最小值		
MW_e	兆瓦 电(能量)	电能	
MW_{th}	兆瓦 热(能量)	热能 热量	
nm	纳米		$1nm=10^{-9}m$
OU_E	欧洲的气味单位	气味	
Pa	帕		$1Pa=1N/m^2$
rpm 或(RPM)	每分钟转数	转速、频率	
s	秒	时间	
St	斯托克斯	运动黏度	$1St=10^{-4}m^2/s$;旧的,cgs,单位
t	公吨	质量	1t=1000kg 或 10^6g
t/d	吨/天	质量流量 材料消耗	
t/a	吨/年	质量流量 材料消耗	
W	瓦	能量	1W=1J/s
a	年	时间	
μm	微米	长度	1W=1J/s

Ⅴ. 化学元素

符号	名称	符号	名称
Ac	锕	Mn	锰
Ag	银	mo	钼
Al	铝	N	氮
Am	镅	Na	钠
Ar	氩气	Nb	铌
As	砷	Nd	钕
At	砹	Ne	氖
Au	金	Ni	镍
B	硼	No	锘
Ba	钡	Np	镎

续表

符号	名称	符号	名称
Be	铍	O	氧
Bi	铋	Os	锇
Bk	锫	P	磷
Br	溴	Pa	镤
C	碳	Pb	铅
Ca	钙	Pd	钯
Cd	镉	Pm	钷
Ce	铈	Po	钋
Cf	锎	Pr	镨
Cl	氯	Pt	铂
Cm	锔	Pu	钚
Co	钴	Ra	镭
Cr	铬	Rb	铷
Cs	铯	Re	铼
Cu	铜	Rf	铲
Dy	镝	Rh	铑
Er	铒	Rn	氡
Es	锿	Ru	钌
Eu	铕	S	硫
F	氟	Sb	锑
Fe	铁	Sc	钪
Fm	镄	Se	硒
Fr	钫	Si	硅
Ga	镓	Sm	钐
Gd	钆	Sn	锡
Ge	锗	Sr	锶
H	氢	Ta	钽
He	氦	Tb	铽
Hf	铪	Tc	锝
Hg	汞	Te	碲
Ho	钬	Th	钍
I	碘	Ti	钛
In	铟	Tl	铊
Ir	铱	Tm	铥
K	钾	U	铀
Kr	氪	V	钒
La	镧	W	钨

续表

符号	名称	符号	名称
Li	锂	Xe	氙
Lr	铹	Y	钇
Lu	镏	Yb	镱
Md	钔	Zn	锌
Mg	镁	Zr	锆

Ⅵ. 本文件中常用的化学式

化学式	名称(说明)
CH_4	甲烷
Cl^{-1}	氯离子
CN^{-1}	氰离子
CO	一氧化碳
F^{-1}	氟离子
HCl	氯化氢
HF	氟化氢
H_2S	硫化氢
H_2SO_4	硫酸
NaOH	氢氧化钠,也叫烧碱
NH_3	氨
N_2O	氧化亚氮
NO^{2-}	亚硝酸根离子
NO^{3-}	硝酸根离子
NO_X	氮氧化物(NO 和 NO_2 的混合物)
SO_3^{2-}	亚硫酸根离子
SO_X	硫氧化物(SO_2 和 SO_3 的混合物)

Ⅶ. 缩略语

首字母缩略词	完整的短语
ACC	风冷冷凝器
AMS	自动测量系统
APC	大气污染控制,在其他地方,该术语也用于表示烟气净化(FGC)
BAT	最佳可行技术,如 IED 第 3 款第 10 条所定义
BAT-AEL	最佳可行技术-相关排放水平,如 IED 第 3 款第 13 条所定义
BAT-AEPL	最佳可行技术-相关排放绩效水平,如委员会实施的《第 2012/119/EU 号决定》3.3.2 节所描述
BF	袋式过滤器
BFB	鼓泡流化床——一种流化床(另参见 CFB)

续表

首字母缩略词	完整的短语
BOD	生化需氧量
BREF	最佳可行技术(BAT)参考文档
BTEX	苯、甲苯、乙苯、二甲苯
CAPEX	资本支出
CAS	化学文摘服务(化学品登记号)
CEFIC	欧洲化学工业委员会
CEN	欧洲标准化委员会
CFB	循环流化床——一种流化床(另参见 BFB)
CFC	氯氟烃
CFD	计算流体动力学——一种用于预测焚烧炉和其他系统中烟气流量和温度的建模技术
CHP	热电联产(协同生产)
COD	化学需氧量
CV	热值,例如,以 MJ/kg 或 MJ/m^3 为单位
DIN	德国国家标准化组织
DE	销毁效率——送入焚烧过程的物质被销毁后不会排放至所有组合环境介质的总百分比
DRE	销毁和清除效率——送入焚烧过程的物质不会从烟囱中排放的百分比
DF	区域供热——通过热水或蒸汽供热的网络
DS	干固体(含量)
EA	环境署(英格兰和威尔士)
EEA	欧洲环境署
EFTA	欧洲自由贸易协会
ELV	排放限值
EMAS	生态管理和审计计划[理事会条例(EC)第 1221/2009 号]
EMS	环境管理体系
EN	欧洲规范(EN 标准)
EPA	环境保护署(美国)
ESP	静电除尘器
EQS	环境质量标准
EU	欧盟
EU+	欧盟+EFTA(欧洲自由贸易联盟)国家+欧盟候选国
EWC	欧洲废物代码
FB	流化床
FBC	流化床燃烧
FD	强制通风——通常用于强制通风风扇,该风扇采用正压驱动(通常)下游 FGC 设备(另参见 ID)
FGC	烟气净化
FGR	烟气再循环

续表

首字母缩略词	完整的短语
FGT	烟气处理，在其他处也采用术语烟气净化（FGC）
FID	火焰离子化检测器
GHG	温室气体（例如，二氧化碳）
HCB	六氯苯
HCFC	氢氯氟烃
HFC	氢氟碳化合物
HFO	重油
HP	高压
HW	危险废物
HWI	危险废物焚烧炉
IBA	焚烧炉底灰
ID	引风机——通常用于需要引风机的环境中，其通过焚烧厂抽取焚烧气体
IED	工业排放指令（2010/75/EU）
IPPC	综合污染预防与控制
IR	红外
ISO	国际标准化组织
JRC	联合研究中心
L/S	液固比
LCA	生命周期评估
LCP	大型燃烧厂
LDAR	泄漏检测和修复
LFO	轻质燃料油
LHV	较低热值
LOI	烧失量——通常用于评估材料有机含量测试的环境中
LoW	废物清单（来自 COM 决定 2000/532/EC）
LPG	液化石油气
LOQ	定量限
MP	中间压力
MS	（欧盟）成员国
MSW	城市固体废物
MSWI	城市固体废物焚烧
N	标准——通常指温度为 273.15K 和压力为 101.325kPa 的标准条件下的气体体积
NA	不可应用
ND	未确定/未检测
NGO	非政府组织
NI	无信息
NIRS	近红外光谱

续表

首字母缩略词	完整的短语
NMVOC	非甲烷挥发性有机化合物
NOC	正常运行工况
ODS	消耗臭氧层物质——由蒙特利尔议定书定义
OJ	官方期刊(欧盟)
OPEX	运行支出/成本
OTNOC	除正常运行工况外
PAC	粉状活性炭
PAHs	多环芳烃
PCBs	多氯联苯
PCC	后燃烧室——术语,应用于发生气体燃尽的初始燃烧区之后的区域(也称为二次燃烧室或SCC)
PCDD/F	多氯二苯并二噁英/二苯并呋喃
PEMS	预测排放监测系统
PIC(s)	不完全燃烧产物
PM	颗粒物
POPs	持久性有机污染物
PRTR	欧洲污染物排放和转移登记册
PSA	变压吸附
QMS	质量管理体系
RDF	废物衍生燃料
SCR	选择性催化还原
SD	停炉
SNCR	选择性非催化还原
SRF	固体回收燃料,参见 RDF
SS	污水污泥
SSI	污水污泥焚烧
SU	启炉
TDS	总溶解固体
TEQ	毒性当量(I-TEQ:国际毒性当量)
TG	汽轮发电机
TOC	总有机碳
TMT	2,4,6-Trimercapto-1,3,5-triazine——一种用于污水处理厂重金属捕获的硫化物试剂
TSS	总悬浮固体
TWG	技术工作组
UV	紫外线
VOC	挥发性有机化合物
WDF	废物衍生燃料(也称为 RDF)

续表

首字母缩略词	完整的短语
WEP	湿式静电除尘器
WI	废物焚烧炉/焚烧
WFD	废物框架指令(2008/98/EC),其已被IED取代
WT	废物处理
WWT(P)	废水处理厂

Ⅷ. 定义

活性污泥工艺	在有氧条件下利用微生物处理城市和工业废水的生物工艺
好氧工艺	在氧气存在下进行的生物工艺
厌氧工艺	在无氧气和除二氧化碳/碳酸盐之外的其他电子接受物质的情况下所进行的生物处理工艺
生物燃料	指令2009/28/EC第2款第i条中定义的生物燃料
生物质	指令2009/28/EC第2款第e条中定义的生物质
生物废物	指令2008/98/EC第3款第4条中定义的生物废物
锅炉灰	从锅炉中除去的飞灰部分
锅炉效率	锅炉输出所产生的能量(例如,蒸汽、热水)与废物和辅助燃料输入焚烧炉的能量(以较低热值计算)之间的比率
底灰	燃烧过程中所产生的固体残余物,参见炉渣和/或底灰
底灰处理厂	用于处理源自废物焚烧的炉渣和/或底灰的工厂,目的是分离和回收有价值的部分和允许对剩余部分进行有益利用。 此处的处理不包括在焚烧厂进行的粗金属单独分离
副产品	由生产过程所产生的物质或物体,但生产过程的主要目的不是生产该物品且该产品不被视为废物,还需要符合指令2008/98/EC第5条关于废物的要求
滤饼	加压过滤后残留在过滤器上的固体或半固体物质
CAS	化学文摘服务(注册号)。美国化学学会主持化学物质登记册的部分,其为化合物、聚合物、生物序列、混合物和合金等提供唯一的数字标识符
认证	由第三方书面给出的保证产品、过程或服务符合规定要求的程序。认证可应用于仪器、设备和/或人员
通道排放	污染物通过任何类型的管沟、管子、大烟囱、烟囱管、漏斗、烟道等方式排放至环境中
医疗废物	医疗机构(例如,医院)产生的具有传染性或其他危险性的废物
复合样品	复合样品是指在给定时间段内连续采集的水样,或在给定时间段内(例如,在24h内)以连续或不连续方式采集并混合多个样品后所组成的样品
连续性测量	采用永久安装在现场的自动测量系统所进行的测量
冷却水	用于能量传递(从部件和工业设备中去除热量)的水,其所在网络与工业水保持分离,所释放的回水无须进行进一步的处理
停用	关闭诸如去污和/或拆除等设施
扩散性排放	以非通道方式(例如,灰尘、挥发性化合物、气味)排放至环境中,其可能源自"区域"源(例如,油轮)或"点"源(例如,管法兰)
沼渣	经厌氧消化处理后所剩余的固体残渣
二噁英	多氯二苯并二噁英(PCDD)和多氯二苯并呋喃(PCDF)
直接测量	在源头对所排放的化合物以特定方式进行的定量确定方式

续表

排出	通过已确定的出口(即排放通道)或系统(例如,下水道、烟囱、通风口、遏制区域、排放口)进行污染物的物理方式释放
离散	非连续,即在所有可能值之间存在着差距
引流	以自然或人工的方式从某个区域内排出的地表和地下水,其包括地表溪流和地下水途径
排水	将系统中的液体物质排至收集系统或其他存储系统,进而产生可能的液体废物流
排放	将装置中的独立或扩散源的物质、振动、热量或噪声以直接或间接方式释放至大气、水体或土地中(源自指令 2010/75/EU)
废烟气(废空气)	源自燃烧或抽取过程的烟气/空气流,其可能包括气态或颗粒成分。此外,其与通过烟囱所排放的废气间不存在联系
已有焚烧厂	非新建焚烧厂
烟气	燃烧产物和空气的混合物,其离开燃烧室并被导向经由烟囱排放
飞灰	源自燃烧室或在烟气流中形成并在烟气中进行传输的颗粒物
结垢	变为多尘物或堵塞物的过程,即非期望的诸如污垢和其他物质等异类物质,其会积聚和堵塞孔隙与涂层的表面
无组织排放	由于设计的用于容纳封闭流体(气体或液体)设备的密封性逐渐丧失而导致污染物排放至环境中的行为。无组织排放是扩散排放的一个子集
火炬	采用明火燃烧的方式高温氧化工业运行过程所产生废气中的可燃化合物。火炬主要用于燃烧因安全原因或在非常规运行工况产生下的可燃气体
危险废物	指令 2008/98/EC 第 3 款第 2 条中所定义的危险废物
IED	2010 年 11 月 24 日的欧洲议会和理事会发布的关于工业排放(综合污染预防和控制)的指令 2010/75/EU
废物焚烧	在焚烧厂中以单独方式或以与燃料相结合方式进行的废物燃烧
焚烧厂	指令 2010/75/EU 第 3 款第 40 条中所定义的废物焚烧厂,或指令 2010/75/EU 第 3 款第 41 条中所定义的废物协同焚烧厂,两者均包含在此 BREF 的范围之内
IPPC 指令	2008 年 1 月 15 日的欧洲议会和理事会发布的关于综合污染预防和控制的指令 2008/1/EC 已被新的工业排放指令 2010/75/EU 所取代(参见 IED)
实验室小规模	小容量容器中的实验室化学规模
渗滤液	通过浸出而获得的由液体组成的溶液。当其通过过滤物时,可提取溶质、悬浮固体或能够穿过过滤物的任何其他成分
泄漏	因系统/设备故障而导致气体或液体溢出系统/设备
石灰石	仅由 $CaCO_3$ 组成的矿物岩石,其被用作 $CaCO_3$ 或被用作通过煅烧生产生石灰(氧化钙)和通过生石灰水合工艺生产熟石灰(氢氧化钙)的原料
焚烧厂重大升级	对工艺和/或减排技术及相关设备进行重大调整或更换,之后焚烧厂的设计或技术会发生重大的变化
补给水	将水添加至过程中或回路中以替代诸如因泄漏或蒸发等原因而损失的水
监测	对与排放、排出、消耗、等效参数或技术措施等相关的特定化学或物理特性的变化而进行的系统监测
城市固体废物	源自家庭(混合或单独收集)以及在性质和成分上与家庭废物相当的其他来源固体废物
新建焚烧厂	在这些 BAT 结论公布后首次允许建设的焚烧厂或在废物焚烧的 BAT 结论公布后进行工艺完全更换的焚烧厂
其他非危险废弃物	既不是城市固体废物也不是污水污泥的非危险废物

续表

输出材料	废物处理厂产出的处理过的材料
焚烧厂的部分	为确定焚烧厂的总电能效率或总能源效率，焚烧厂的部分的所指如下文所示： • 焚烧线及其隔离蒸汽系统； • 蒸汽系统的一部分，其连接到一个或多个锅炉，通向冷凝式汽轮机； • 用于不同用途的相同蒸汽系统的其余部分，例如，直接输出蒸汽
糊状废物	不能进行泵送的废物（例如，污泥）
周期性测量	采用手动或自动方法以指定的时间间隔进行的测量
周期性采样	离散/单独/分离/不连续/抓取/点采样——分批采集的单个样本，或者与时间或者与流出物体积相关的样本。可识别如下 3 种格式： • 周期性时间相关采样——以相等的时间间隔采集等体积的离散样本； • 周期性流量比例采样——以相等的时间间隔采集可变体积的离散样本； • 以固定流量间隔采集的周期性样本——在通过恒定体积后采集等体积的离散样本
烟羽	源自给定点的可见的或可测量的污染物排放，其通常是经工业场所烟囱的通道排放
污染源	排放源。污染源可分为以下几类： • 点源或集中源； • 分散源； • 线源，包括移动（运输）和固定源； • 区域源
精度	指测量结果能够被持续再现的能力
主要技术	一种改变核心工艺运行方式的技术，进而减少原始的排放或消耗
吹扫	采用空气或惰性气体替代系统中的气体成分
放射性物质	放射性物质的定义同在 2016 年修订版的 IAEA 安全术语表中的定义
恢复	指令 2008/98/EC 第 3 款第 15 条中定义的恢复
回收	指令 2008/98/EC 第 3 款第 17 条中定义的回收
再利用	指令 2008/98/EC 第 3 款第 13 条中定义的再利用
参考条件	指定的条件，例如，与运行某个工艺和收集样本相关
再生	主要指设计能够使得处理过的设备（例如，活性炭）或材料（例如，废溶剂）可以再次使用的处理过程和工艺
释放	排出至环境中的实际排放（例行的、通常的或意外的）
修复	对诸如土壤、地下水、沉积物或地表水等受污染场地的污染环境介质进行遏制和/或净化以供进一步的使用。此时的场地面积可能会大于所围栏的被污染面积
报告	定期向当局或设施的内部管理人员和诸如公众等其他机构传输诸如排放和遵守许可条件等有关环境绩效信息的过程
残余物	焚烧厂或底灰处理厂所产生的任何液体或固体废物
径流	部分的降水和融雪不会渗入地下，但会作为地表径流进行移动
采样、样本	采样是收集物质的一部分进而形成对整体而言具有代表性的部分（样本）的过程，其目的是对所考虑的物质或材料进行检查（另请参见连续性采样、周期性采样）

续表

敏感受体	需要进行特别保护的区域，例如： ①居民区； ②进行人类活动的区域(例如，学校、日托中心、娱乐区、医院或疗养院)
污水污泥	源于生活、城市或工业废水的储存、加工和处理过程所产生的残留污泥，若这些残留污泥构成了危险废物则不包括在内
炉渣和/或底灰	废物焚烧后从焚烧炉中清除的固体残余物
泥浆	液体中含有固体颗粒的悬浮液，但固体颗粒的浓度低于其在污泥中的浓度
特定排放量/消耗量	与参考基准相关的排放/消耗，例如，生产能力或实际生产
随机样本	随机抽取的离散样本，其与排放体积无关。也称为抽样
标准条件	指的是参考温度为273.15K、压力为101.325kPa和具有规定的氧含量
替代参数	可测量或可计算的量，其直接或间接地与污染物的常规直接测量值密切相关，进而通过对其进行监测以用于代替某些具有实际用途的直接污染物的值。也称为代理参数
浓缩	液固分离工艺，通过沉降增加悬浮液的浓度，同时形成清澈的固体
单元	焚烧厂的一部分，在其内会进行特定的工艺操作
有效半小时均值	当自动测量系统未处于维护或故障状态时，所测量值的半小时平均值是有效的
玻璃化	物质或物质混合物转化为玻璃或未定形玻璃基质
废物定义	指令2008/98/EC第3款第1条中所定义的废物
废物层级	指令2008/98/EC第4条所规定的在废物预防和管理立法和政策中的优先顺序
废物持有者	指令2008/98/EC第3款第6条所定义的废物持有者
废物输入	进入废物处理厂待处理的废物
废油	指令2008/98/EC第3款第3条中所定义的废油
废物处理	指令2008/98/EC第3款第14条中所定义的处理
沸石	通常用作商业吸附剂的微孔铝硅酸盐矿物

参考文献

[1] UBA, Draft of a German Report for the creation of a BREF document "waste incineration", 2001.

[2] InfoMil, Dutch Notes on BAT for the Incineration of Waste, Information Centre for Environmental Licensing, 2002.

[3] Austria, State of the art for waste incineration plants, 2002.

[4] IAWG, municipal solid waste incinerator residues, Elsevier, 0-444-82563, 1997.

[5] RVF, Energy recovery by condensation and heat pumps at WTE plants in Sweden, 2002.

[6] EGTEI, Draft background document on the waste incineration sector, 2002.

[7] TWG, Comments to Draft 1 of the WI BREF, 2017.

[8] Energos, Technical literature regarding Energos Processes, 2002.

[9] VDI, 'Thermal waste treatment: state of the art-a summary. (The future of waste treatment in Europe 2002, Strasbourg) ', 2002.

[10] Juniper, The Market for Pyrolysis and Gasification in Europe, 1997.

[11] Assure, A profile of incineration in Europe (Brussels), 2001.

[12] Achternbosch, Material flows and investment costs of flue gas cleaning systems of municipal waste incinerators, Institute for technical chemistry Karlsruhe, Germany, FZKA 6726, 2002.

[13] JRC (IoE), NO_X and dioxin emissions from waste incineration plants, EUR 20114 EN, 2001.

[14] Eurostat, Waste generation and treatment statistics; data codes: env_wasmun, env_wastrt, env_ww_spd , 2018.

[15] Segers, A new secondary air injection system for MSW plants, http://www.scientecmatrix.com/tecma/scientecmatrix.nsf/fFMain? openform&ot=f&oc=waste., 2002.

[16] Wilts et al., Assessment of waste incineration capacity and waste shipments in Europe, European Topic Centre on Waste and Materials in a Green Economy (ETC/WMGE), 2017.

[17] ONYX, Application for IPC permit for EFW plant, Southampton, UK, 2000.

[18] Italy, DISMO Thermal Oxidation Process, 2002.

[19] Babcock, Water cooled grates, http://www.bbpwr.com, 2002.

[20] EKOKEM, BAT Submission by Ekokem, Finland, 2002.

[21] FNADE, Comments provided to TWG on 6 Questions Posed, 2002.

[22] Mineur, Auswirkungen betriebstechnischer optimuerungen auf die emissionen bei der verbrunnung van klarschlamm, VERA Incinerator, Hamburg, 2002.

[23] VanKessel, On-line determination of the calorific value of solid fuels, Elsevier Preprint (submitted), 2002.

[24] CEFIC, thermal treatment technologies for waste, 2002.

[25] Kommunikemi, Pre-treatment of packed waste and 3 step flue gas cleaning at KK, DK, 2002.

[26] RSP, Investigations into the efficiency of different flue gas cleaning systems for incineration plants, Reimann, sunshine and partner GmbH, 1999.

[27] Belgium, Flemish experiences with dioxin abatement and control in waste incinerators, VITO, 2002.

[28] FEAD et al., 'Energy techniques for municipal waste incinerators-proposed outline, FNADE', Personal Communication, 2002.

[29] Energy subgroup, Energy recovery from waste incineration plants-paper, 2002.

[30] UBA, Status report on CO2 emission saving through improved energy use in plants, 2002.

[31] Energy subgroup, 'Personal communication', Personal Communication, 2003.

[32] Denmark, Corrosion and inconel cladding, 2003.

[33] Finland, Recovered fuel use in fluid bed combustion and gasification, VTT Foster Wheeler, 2002.

[34] ISWA, Waste-to-Energy, State-of-the-Art-Report, 2012.

[35] Renova, 'EIPPCB site visit Sweden / Finland April 2002', Personal Communication, 2002.

[36] Gohlke, The SYNCOM plus process, 3-935317-13-1., 2002.

[37] Biollaz, Better quality MSW residues at lower cost (the PECK process) Incineration 2001, Brussels, 2001.

[38] Vehlow, Bottom ash and APC residue management. Power production from waste and biomass IV, Helsinki, 951-38-5734-4, 2002.

[39] Vrancken, Vergelijking van verwerkingsscenarios's voor restfractie van HHA en niet-specifiek categorie II bedrijfsafval,

VITO, 2001.

[40] EURITS, List of techniques for consideration as BAT, 2003.

[41] EURITS, Overview of information on Eurits members, 2002.

[42] ISWA, Energy from waste-State of the art report-Jan 2002, 2002.

[43] Eunomia, Costs for municipal waste management in the EU, 2001.

[44] RVF, Energy from waste: an inventory and review of dioxins [in Sweden], 2001.

[45] FEAD, Emissions of MWI plants for the BREF on waste incineration, 2002.

[46] Cleanaway, 'Letter to IPPC Bureau', Personal Communication, 2002.

[47] TWG, Comments to the pre-final draft of the WI BREF , 2018.

[48] ISWA. , APC residue management-an overview of important management options, 2003.

[49] Denmark, 'Clinical waste at I/S Amagerforbraending, Copenhagen', Personal Communication, 2002.

[50] CNIM, 'Possible improvements to energy recovery efficiency and their counterparts', Personal Communication, 2003.

[51] CNIM, 'Energy cycle optimisation-check list for determining local conditions', Personal Communication, 2003.

[52] Reimann, Experiences with TMT for mercury minimization in waste water from waste incineration, 2002.

[53] Suzuki and Nagayama, 'High efficiency WtE power plant using high-temperature gasifying and direct melting furnace', Thirteenth International Waste Management and Landfill Symposium, 2011, Sardinia.

[54] dechefdebien, 'FGC techniques-proposed outline. CNIM', Personal Communication, 2003.

[55] EIPPCB, Site visit reports from EIPPCB, 2002.

[56] UKEnvAgency, Solid residues from municipal waste incinerators in England and Wales, 2002.

[57] Alstom, The NID flue gas cleaning system, 2003.

[58] Andersson, PCDD/F removal from flue gases in wet scrubbers-a novel technique, 2002.

[59] CEFIC, The dry sodium bicarbonate flue gas cleaning process, 2002.

[60] Reimann, De-NO_X technologies including a comparison of SCR and SNCR, 2002.

[61] SYSAV, 'Selection of SCR for reconstructed process in Malmo', Personal Communication, 2002.

[62] Tyseley, Reports for review of operating permit AS9216, 2001.

[63] Langenkamp, Mercury in waste incineration. JRC, EUR 18978 EN, 1999.

[64] TWG, TWG Comments on Draft 1 of Waste Incineration BREF, 2003.

[65] BAFU, KVA-Rückstände in der Schweiz, 2010, p. 230.

[66] UllmansEncyclopaedia, Encyclopaedia of Industrial Chemistry 6th Edition, 2001.

[67] Inspec, Filtration p84, http: //www. p84. com/filter. html, 2004.

[68] Ebara, Comments of Ebara on first draft BREF and additional information supplied, 2003.

[69] Thermoselect, Information supplied to EIPPCB during site visit, 2003.

[70] USEPA, NO_X control technologies applicable to municipal waste combustion, 1994.

[71] JRC, N_2O emissions form waste and biomass to energy plants, 2003.

[72] El-Halwagi, Pollution prevention through process integration, 0-12-236845-2, 1997.

[73] Rijpkema, MSWC salt residues; Survey of technologies for treatment, 2000.

[74] TWG, TWG Comments on Draft 2 on Waste Incineration BREF, 2004.

[75] CEN, EN 13137: 2001 Characterization of waste-Determination of total organic carbon (TOC) in waste, sludges and sediments, 2001.

[76] CEN, EN 15169: 2007 Characterization of waste-Determination of loss on ignition in waste, sludge and sediments, 2007.

[77] ESWET, BAT candidates: (1) PAC injection upstream or into wet scrubbing systems for Dioxin and Mercury removal, (2) Ringjet Venturi scrubber, 2015.

[78] ESWET, BAT candidate, CFB semi-dry scrubber, 2015.

[79] Gass et al. , 'PCDD/F-EMISSIONS DURING COLD START-UP AND SHUT-DOWN OF A MUNICIPAL WASTE INCINERATOR', ORGANOHALOGEN COMPOUNDS, Vol. Vol. 56 (2002), 2002.

[80] Denmark, Long term sampling for mercury as an alternative for AMS, 2015

[81] TWG, Data collection 2016 , 2016.

[82] Germany, German proposal on residues treatment, 2014.

[83] Dehoust et al. , Umweltverträglichkeitsstudie der GSB-Anlagen am Standort BaarEbenhausen, Öko-Institut Berlin, Freiburg, Darmstadt, 2005.
[84] IAF, International Accreditation Forum website, 2010.
[85] COM, Best Available Techniques (BAT) Reference Document for Common Waste Water and Waste Gas Treatment/ Management Systems in the Chemical Sector (CWW BREF), European Commission-JRC IPTS EIPPCB, 2016.
[86] EU, 'Regulation (EC) No 1221/2009 of the European Parliament and of the Council of 25 November 2009 on the voluntary participation by organisations in a Community ecomanagement and audit scheme (EMAS), repealing Regulation (EC) No 761/2001 and Commission Decisions 2001/681/EC and 2006/193/EC', Official Journal of the European Union, Vol. L 342, 22. 12. 2009, 2009, pp. 1-45.
[87] COM, DG Environment: What is Emas? , 2010.
[88] CEN, EN ISO 14001: 2015 Environmental management systems-Requirements with guidance for use (ISO 14001: 2015), 2015.
[89] COM, EMAS reports & statistics. http: //ec. europa. eu/environment/emas/register/reports/reports. do , 2015.
[90] Eurits, Eurits proposal for BAT Conclusions, 2016.
[91] Austria, BAT Candidate (AT): Syncom (1), 2015.
[92] Denmark, BAT candidate (DK): Regenerative network braking unit, 2015.
[93] Italy, BAT Candidate (IT): Flameless Pressurized Oxycombustion, 2015.
[94] Finland, FI4-1_WIQ_02_BAT_candidate_External_superheater_Oulun_Energia, 2016.
[95] ESWET, -LT-SCR-Explosion Cleaning-VLN, 2015.
[96] Italy, BAT candidate (IT): Water Blowdown Recovery / Magnesium Lime Injection, 2016.
[97] Denmark et al. , BAT Candidate (DK, SE): Flue gas polishing (cleaning) of flue gases by means of scrubber technique, 2015.
[98] Belgium, BE-Flemish BAT study on treatment of bottom ashes from MSW incineration, 2016.
[99] EuLA, BAT candidate (EuLA): Co injection of hydrated lime and sodium bicarbonate, 2015.
[100] EuLA, BAT candidate (EuLA): 3/4 Dry FGC process, 2015.
[101] Sweden, BAT candidate (SE): Ammonia stripper on flue-gas condensate, 2016.
[102] CEFIC, BAT Candidate: Gore De NOX catalytic bag filtration, 2015.
[103] Denmark, BAT candidate (DK) -Waste water treatment adsorption of heavy metals, 2016.
[104] Denmark, DK BAT candidate Sorting slag for recyclable metals, 2015.
[105] Netherlands, NL3-5 02_IBA treatment questionnaire HVC Dordrecht Annex 1 ACKK332016, 2016.
[106] HWE, BAT candidate (HWE): SNCR NO_X Abatement by injection of granular urea, 2015.
[107] Austria, AT-Candidate BAT: IBA, 2015.
[108] Sweden, BAT Candidate (SE03): High-efficiency SNCR with advanced temperature measurement, 2016.
[109] Sweden, BAT Candidate (SE): ADIOX for dioxin removal in wet scrubbers and semi-wetor dry absorbers, 2016.
[110] COM, Best Available Techniques (BAT) Reference Document for Large Combustion Plants (LCP BREF), European Commission-JRC IPTS EIPPCB, 2017.
[111] Germany, BAT candidate (DE29): NET floc SMF Technology, 2016.
[112] EEB, BAT candidate (EEB): Separate injection of AC, controlled by a continuous mercury monitoring in the raw gas, 2015.
[113] Sweden, Candidate BAT (SE): Mercox, 2015.
[114] Wilken et al. , 'START-UP OF A HAZARDOUS WASTE INCINERATOR-IMPACT ON THE PCDD/PCDF-EMISSIONS', Organohalogen Compounds, Vol. Volumes 60-65, Dioxin 2003, 2003.
[115] Vosteen et al. , 'Bromine-enhanced Mercury Abatement from Combustion Flue Gases', 2015.
[116] Van Den Berg et al. , 'Polybrominated Dibenzo-p-Dioxins, Dibenzofurans, and Biphenyls: Inclusion in the Toxicity Equivalency Factor Concept for Dioxin-Like Compounds', Vol. 133 (2), 2013, p. 197-208.
[117] COM, JRC Reference Report on Monitoring of Emissions to Air and Water from IED installations (ROM REF), European Commission, JRC IPTS EIPPCB, 2018.
[118] INERIS, Study on AMS and SRM performances and their impact on the feasibility of lowering ELVs for air emissions in the context of the BREFs and BATs revision and of BATAELs elaboration according to the IED,

Institut National de l' Environnement Industriel et des Risques, 2016.
[119] EEB, Candidate BAT (EEB): Hg and SO_2 air emissions control by GORE Sorbent Polymer Catalyst, 2015.
[120] Smith et al., 'INNOVATIVE TECHNOLOGY REDUCES MERCURY EMISSIONS TO KEEP OHIO' S SEWAGE SLUDGE INCINERATORS HOT AND COSTS COOL The Road to SSI MACT Compliance for Cincinnati and Cleveland', 2017.
[121] INERIS, Study of the performances of existing and under development AMSs (Automated Measuring Systems) and SRMs (Standard Reference Methods) for air emissions at the level of and below existing ELVs (Emission Limit Values) and BATAELs (Best Available Techniques Associated Emission Levels) for Waste Incineration, Co-incineration and Large Combustion Plants, INERIS, 2017.
[122] COM, Reference Document on the Best Available Techniques for Waste Incineration, European Commission, JRC IPTS EIPPCB, 2006.
[123] FDBR, Guideline RL 7: Acceptance Testing of Waste Incineration Plants with Grate Firing Systems, FDBR, 2013.
[124] Beckmann et al., 'Online Determination of Elementary and Fractional Waste Composition for Municipal Solid Waste Incineration Plants', WASTE MANAGEMENT, Vol. Volume 7 Waste-to-Energy, 2017.
[125] Pohl and Wen, Assistenzsysteme in Kraftwerken-Handlungsempfehlungen auf Grundlage der modellbasierten Daten und Prozessanalyse, Dampferzeugerkorrosion 2017: Betrieb und Instandhaltung 4.0, Freiberg: Saxonia, 2017.
[126] EIPPCB, Report of the 2017 site visits in Germany, 2017.
[127] EIPPCB, Report of the 2017 site visits in France, 2017.
[128] Löthgren et al., 'Mercury Speciation in Flue Gases after an Oxidative Acid Wet Scrubber', Chem. Eng. Technol., Vol. 30, No. 1, 2007, p. 131-138.
[129] Andersson and Paur, Mercury reduction by the MercOx process, Description of project EU Life99 ENV/S/000626, 2005.
[130] Martin and Hanenkamp, 'Thermo-Recycling', Waste Management, Vol. Vol 7 Waste-toEnergy, 2017.
[131] Magaldi, Project Experience, high-performance conveyors, n. 16, 2017.
[132] Stultz et al., 'US Patent US5174865A: Process for purifying crude hydrochloric acid ', 1992.
[133] ADEME, Bottom ash management facilities for treatment and stabilisation of incineration bottom ash, ADEME, 2002.
[134] EdDE, Dokumentation 17: Metallrückgewinnung aus Rostaschen aus Abfallverbrennungsanlagen-Bewertung der Ressourceneffizienz, EdDE, 2015.
[135] Belgium, Belgian data on PCDD/F emissions measured with long-term sampling, 2018.
[136] SVDU-FNADE, French Comparative data on PCDD/F emission measurements performed with short-term and long-term sampling, 2018.
[137] HWE, PCDD/F emission measurements by long-term sampling in HWI, 2018.
[138] Bezak-Mazur et al., 'Phosphorus speciation in sewage sludge', Environment Protection Engineering, Vol. 40 (3), 2014, pp. 161-175.
[139] Kleemann et al., 'Comparison of phosphorus recovery from incinerated sewage sludge ash (ISSA) and pyrolysed sewage sludge char (PSSC) ', Waste Management, Vol. 60, 2017, pp. 201-210.
[140] Biswas et al., 'Leaching of phosphorus from incinerated sewage sludge ash by means of acid extraction followed by adsorption on orange waste gel', Journal of Environmental Sciences, Vol. 21 (12), 2009, pp. 1753-1760.
[141] Egle et al., 'Phosphorus recovery from municipal wastewater: An integrated comparative technological, environmental and economic assessment of P recovery technologies', Science of The Total Environment, Vol. 571, 2016, pp. 522-542.
[142] Amann et al., 'Environmental impacts of phosphorus recovery from municipal wastewater', Resources, Conservation and Recycling, Vol. 130, 2018, pp. 127-139.
[143] Healy et al., 'Resource recovery from sludge', Sewage treatment plants: economic evaluation of innovative technologies for energy efficiency, 2015.
[144] Energy subgroup, Example of an intermediate case CHP plant for the review of the WIBREF, 2019.
[145] Easymining, Project site, 2019.
[146] Phos4you, Acid extraction of phosphorus from sewage sludge incineration ash: REMONDIS TetraPhos, 2019.
[147] Langeveld and Ten Wolde, 'Phosphate recycling in mineral fertiliser production', Proceedings of the International Fertiliser Society, Vol. 727, 2014, pp. 1-24.

[148] Scheidig, 'Economic and energy aspects of phosphorus recycling from sewage sludge', Korrespondenz Abwasser Abfall, Vol. 56, 2009, pp. 1138-1146.

[149] Schönberg et al., 'The recophos process: recovering phosphorus from sewage', Österreichische Wasser-und Abfallwirtschaft, Vol. 66, 2014, pp. 403-407.

[150] Huygens et al., Technical proposals for selected new fertilising materials under the Fertilising Products Regulation (Regulation (EU) 2019/1009) -Process and quality criteria, and assessment of environmental and market impacts for precipitated phosphate salts & derivates, thermal oxidation materials & derivates and pyrolysis & gasification materials, European Commission, Joint Research Centre, 2019.

[151] AEB Amsterdam, Annual report, 2017, p. Page 28.

[152] AEB Amsterdam, Value from Waste, 2007, pp. Pages 12-14.